航天科技图书出版基金资助出版

CRC Press
Taylor & Francis Group

刚性及柔性飞行器飞行动力学建模仿真与控制

Flight Dynamics, Simulation, and Control: For Rigid and Flexible Aircraft

[英] 兰詹·文帕 (Ranjan Vepa) 著
王正杰 张 剑 李 炜 等 译

中国宇航出版社
·北京·

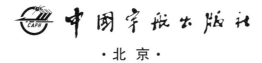

Flight Dynamics, Simulation, and Control: For Rigid and Flexible Aircraft 1st Edition/ by Ranjan Vepa / ISBN: 978-1-4665-7335-2

著作权合同登记号：图字：01－2019－1099 号

图书在版编目(CIP)数据

刚性及柔性飞行器飞行动力学建模仿真与控制 / (英) 兰詹·文帕 (Ranjan Vepa) 著；王正杰等译. -- 北京：中国宇航出版社，2019.3

书名原文：Flight Dynamics, Simulation, and Control: For Rigid and Flexible Aircraft

ISBN 978-7-5159-1611-8

Ⅰ.①刚… Ⅱ.①兰… ②王… Ⅲ.①飞行器－飞行力学－系统建模②飞行器－飞行力学－系统仿真 Ⅳ.①V412.4

中国版本图书馆 CIP 数据核字(2019)第 052144 号

责任编辑　侯丽平　　**封面设计**　宇星文化

出　版 发　行　中国宇航出版社

社　址　北京市阜成路 8 号　**邮　编**　100830
(010)60286808　(010)68768548
网　址　www.caphbook.com
经　销　新华书店
发行部　(010)60286888　(010)68371900
(010)60286887　(010)60286804(传真)
零售店　读者服务部　(010)68371105
承　印　河北画中画印刷科技有限公司

版　次　2019 年 3 月第 1 版
2019 年 3 月第 1 次印刷
规　格　787×1092
开　本　1/16
印　张　30.25
字　数　736 千字
书　号　ISBN 978-7-5159-1611-8
定　价　150.00 元

航天科技图书出版基金简介

航天科技图书出版基金是由中国航天科技集团有限公司于2007年设立的，旨在鼓励航天科技人员著书立说，不断积累和传承航天科技知识，为航天事业提供知识储备和技术支持，繁荣航天科技图书出版工作，促进航天事业又好又快地发展。基金资助项目由航天科技图书出版基金评审委员会审定，由中国宇航出版社出版。

申请出版基金资助的项目包括航天基础理论著作，航天工程技术著作，航天科技工具书，航天型号管理经验与管理思想集萃，世界航天各学科前沿技术发展译著以及有代表性的科研生产、经营管理译著，向社会公众普及航天知识、宣传航天文化的优秀读物等。出版基金每年评审1～2次，资助20～30项。

欢迎广大作者积极申请航天科技图书出版基金。可以登录中国宇航出版社网站，点击“出版基金”专栏查询详情并下载基金申请表；也可以通过电话、信函索取申报指南和基金申请表。

网址：http：//www.caphbook.com

电话：(010) 68767205，68768904

译者序

英文专著 *Flight Dynamics, Simulation, and Control: For Rigid and Flexible Aircraft* 于 2014 年 7 月出版发行，此书的作者是英国伦敦玛丽女王大学的兰詹·文帕博士。本书是目前世界上第一本系统介绍柔性（弹性）飞行器建模方面的专业书籍。

兰詹·文帕，1948 年生，在美国斯坦福大学获得博士学位，曾在美国国家航空航天局兰利研究中心工作。译者曾多次邀请兰詹·文帕博士来华交流访问，并为北京理工大学机电学院的研究生授课。2014 年兰詹·文帕博士访问期间，向译者推荐了这本新专著。

此英文专著的核心内容是阐述飞行器动力学建模、仿真与控制的基本原理与方法。书中介绍的原理与方法不但适用于传统的刚性飞行器设计，同时适用于现代柔性飞行器的设计。此专著的主要特点是通过一系列专题来讨论飞行动力学、飞行调节与控制以及飞行仿真技术，使读者更容易掌握和理解其具体的原理。飞行器气动弹性翼设计技术以及柔性翼主被动变形技术也是国内的研究热点。本书的完成会对我国飞行器设计领域的技术更新产生有力的支撑作用，为科研工作者提供重要的参考与辅助作用，也可以作为国内高校相关专业研究生以及本科生的专业教材。本书只是一本抛砖引玉的图书，相信国内科研工作者可以写出更加精彩的作品。

本书由北京理工大学王正杰教授主持翻译，共 10 章。其中，第 1 章、第 6 章由北京理工大学张剑翻译，第 2 章由四川大学李炜翻译，第 3 章、第 4 章由中国电子科学研究院杨喆翻译，第 5 章、第 9 章由中国航空综合技术研究所张娜翻译，第 7 章、第 10 章由中国航空综合技术研究所张翔翻译，第 8 章由王正杰翻译。最后由王正杰教授对全书进行了统筹与审校。除此之外，为本书翻译做出贡献的还有：陈洋、张硕、黄伟林、晋一宁、董文明、韩卓、韩静茹、蔡长青、陈昊。本书翻译出版得到了航天科技图书出版基金以及北京理工大学研究生教材出版基金资助。中国宇航出版社负责本书的版权引进以及出版工作，并一直对翻译工作给予鼓励与支持，在此我们表示由衷的感谢。

由于译者的水平有限，译文中定有许多不妥之处，欢迎读者批评指正。

致　谢

感谢我的老师：汉斯·瓦格纳（Hans Wagner），霍斯特·莱普霍尔茨（Horst Leipholz），霍尔特·阿什利（Holt Ashley），阿特·布莱森（Art Bryson）和杰夫·汉考克（Geoff Hancock）

前　言

在过去的十年里，我们看到航空旅行显著增加了。大量的廉价航空公司使普通人能够以相对合理的价格在区域之间旅行。这也导致了采用反馈控制原理的新型节能飞行器设计的出现。由于使用了复合结构和其他智能材料，这些飞行器通常更轻、更灵活。因此，将飞行器视为非刚体变得非常重要。这种考虑将需要对一些传统概念进行修正，尽管其中许多概念可以很容易地适用于这种柔性飞行器。

本书解决的核心问题涉及动力学建模、仿真和针对所选飞行器的飞行控制。建模和控制原理既适用于传统的刚性飞行器，也适用于更现代的柔性飞行器。本书的一个主要特点是，它汇集了一系列不同的技术主题，涉及对飞行动力学的理解，飞行的调节和控制，以及飞行控制系统和飞行仿真系统的设计。本书将有助于读者了解刚性和柔性飞行器控制器设计方法，并基本了解控制系统和调节器设计的过程。它也将作为研究飞行动力学仿真的有用指南，以实现基于从可观测系统测量值估计内部系统变量的监测系统。

这本书汇集了飞行力学、气动弹性和自动控制等技术主题。这将有助于设计机翼、机身和控制面等包括先进复合结构组件的混合飞行控制系统。本书的独特之处在于，它介绍了几种现代飞行器实际控制律设计的案例，并论述了非线性模型技术及其在飞行控制中的应用。

第 1 章首先介绍并回顾典型飞行器及其部件的配置。第 2 章论述了气动控制的基本原理。第 3 章介绍了飞行器平衡飞行原理，描述了飞行器的静平衡、配平稳定飞行、静稳定性分析、操纵杆固定与自由情况下静稳定裕度、操纵面铰链力矩的建模以及配平情况下升降舵偏角估计。本章阐述了单参数扰动稳定性的基本概念，讨论了攻角变化对俯仰力矩的影响及其在稳定性评估中的应用，还讨论了与水平面成一定角度的稳定飞行、飞行轨迹、俯仰角和航向、偏航和侧滑角的定义。此外，它还介绍了对机动性的评估以及从俯冲中稳定拉出所需的裕度的应用。

第 4 章主要研究飞行器非线性运动方程的发展，包括简单的二维动力学模型，以及飞行器三维运动方程的发展。讨论了一般的刚体欧拉方程和转动惯量矩阵的定义与估计。明确解释了运动诱导气动力和力矩的定义，及其固定在空间、机体、风轴等不同参考坐标系的所需条件，以及稳定轴的定义。根据机体轴自由度和风轴变量，推导了飞行器在稳定轴上的非线性动力学模型。本章论述了非线性降阶建模的概念，讨论了短周期近似法，最后导出了配平方程和非线性扰动方程。它还介绍了线性化的概念，并简要讨论了飞行器运动的线性方程。

第 5 章详细论述了小扰动运动方程，并将其表示为两组代表纵向和横向动力学的解耦方程。第 6 章介绍了线性稳定性分析的方法，并给出了飞行器动力学的方法描述，还讨论了利用小扰动方程来确定典型机动任务中控制面偏角的应用。

第 7 章介绍了飞行器动态响应的评估以及 MATLAB/SIMULINK 在确定飞行器对典型控制输入的响应中的应用。本章还介绍了飞行器非线性动力响应现象的基本情况。第 8 章论述了飞行控制、控制律设计、稳定性增强、自动驾驶仪和反馈控制器的优化设计。第 9 章介绍了飞行模拟器及其设计原则。最后，第 10 章专门研究柔性飞行器的飞行动力学，从飞行器的角度阐述了气动弹性的原理。

最后，感谢我的同事，以及在伦敦玛丽女王大学工程与材料科学学院的学生，感谢他们的支持。感谢我的妻子苏达哈（Sudaha）的理解和耐心，她的鼓励和支持为我完成这本书的编写提供了动力。也感谢我们的孩子露露（Lullu)，萨特威（Satvi ）和阿比纳夫（Abhinav ）给予的理解。

兰詹 · 文帕

英国，伦敦

作者介绍

兰詹·文帕在加州斯坦福大学获得应用力学博士学位，在霍尔特·阿什利（Holt Ashley）教授的指导下专攻气动弹性领域。他目前是英国伦敦玛丽女王大学工程与材料科学学院的讲师，并自2001年起担任该学院航空电子项目主任。在加入玛丽女王大学之前，文帕博士在美国国家航空航天局兰利研究中心工作，在那里他获得了美国国家研究委员会颁发的主动控制应用研究奖学金。随后，他在印度班加罗尔国家航空实验室结构设计部门和钦奈的印度理工学院工作。

文帕博士的研究兴趣包括飞行控制系统的设计，变形机翼和机身的空气动力学，以及其在智能结构、机器人和生物医学工程及包括风力涡轮机在内的能源系统中的应用。他对动力学和鲁棒自适应估计，以及航空航天、能源和具有不确定性的生物系统的线性和非线性控制特别感兴趣。在变形翼和变形体动力学领域的研究主要集中在气动特性及其控制，包括使用智能结构及其在航空飞行器、喷气发动机、机器人和生物医学系统控制中的应用，其他应用包括机翼涡轮和压缩机控制、最大功率点跟踪、智能襟翼的气流控制和生物动力学系统的控制。

文帕博士目前正在进行仿生变形和气动形状控制及其应用的研究，包括无人机亚声速和跨声速流中机翼截面翼型的反馈控制、飞艇和涡轮机械应用以及计算气动弹性力学（CFD计算流体动力学/ CSD计算结构动力学）与变形网格的集成，及其在主动气流控制中的应用。他特别感兴趣的是针对各种变形诱导扰动引起的层流边界层不稳定性问题的研究。文帕博士还研究了混合动力电动汽车的动力传动系中燃料电池等备用电源的最佳使用和调节、燃料电池退化建模，以及飞行器结构和系统的健康监测。在结构健康监测与控制方面，设计了基于观测器和卡尔曼滤波器的裂纹检测滤波器，并将其应用于航空弹性体结构如机舱、机罩、涡轮转子和转子叶片。研究了裂纹振动结构裂纹扩展的反馈控制和柔性补偿问题，另外，还有复合材料层合板的损伤建模、板的非线性颤振分析及其与非定常气动力的相互作用。这些研究成果有助于自主无人机的整体设计，有望在未来得到广泛应用。

文帕博士是以下三本书的作者：《仿生机器人》（剑桥大学出版社，2009年）、《智能结构动力学》（Wiley，2010年）和《能源生成的动态建模、模拟和控制》（Springer，2013年）。他是皇家航空学会（Royal Aeronautical Society）会员；电气与电子工程学会（IEEE）会员；高等教育学院院士；皇家航海学会会员；注册工程师。

目　录

第 1 章　飞行器导论

1.0　引言

空气动力学是关于气流流经飞行器机体的研究，飞行原理包含飞行力学和空气动力学。本章的重点是飞行的一般原理和飞行器的主要特征，更多信息请参见 Anderson [2000] 和 Shevell [1989] 的著作。由于机体的空气动力学特性主要受其外部几何形状影响，所以飞行器的空气动力学完全由其外部几何形状决定。而飞行器的外部几何形状则受其所有外部部件组合影响。飞行器或飞机的最简单构造，也就是典型飞行器的基本构造，被广大飞行器爱好者所熟知，它可以看作由几个独立部件组成的集合。其主要的外部组件是：机身、左右两翼、油箱吊舱或发动机舱、尾翼（包括水平尾翼和垂直尾翼）、各种控制襟翼和操纵面以及起落架。这些组件装配在一起，就形成了一个典型飞行器的完整外部形状。飞行器俯视图如图 1－1 所示。

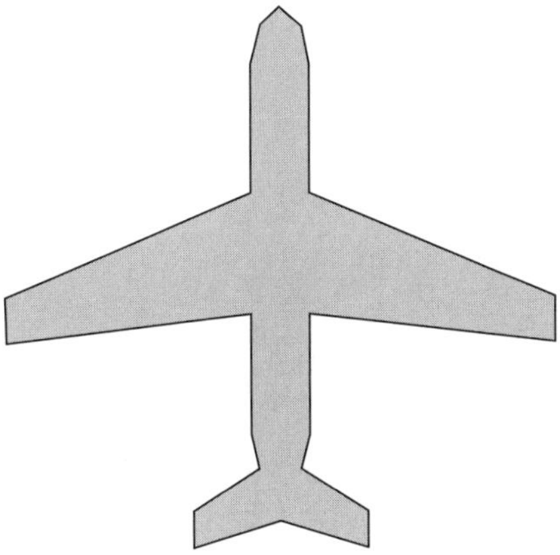

图 1－1　飞行器的俯视图

1.1　飞行器的组件

飞行器的主要组件是机身、机翼、尾翼面（统称为尾翼）、发动机、用来控制飞行器飞行的各种操纵面和起落架。

1.1.1　机身

机身是任何飞行器的主体，可容纳机组人员、乘客或者货物等。

1.1.2 机翼

机翼是飞行器的主要升力组件。包含机翼前缘、后缘、用于增大升力的尾翼、飞行器转弯时使飞行器滚转的副翼、在飞行器降落时减小机翼升力的扰流板（作用同刹车）。连接这些设备的控制和驱动装置通常在机翼下侧独木舟状的整流罩中。机翼承载着整个飞行器和其他相关系统。机翼虽然对称地分布在机身两侧，但本质上它是一个单一的气动组件。

1.1.3 尾翼面或尾翼

尾翼是稳定和控制飞行器的基本装置。通常垂直尾翼和水平尾翼都有一个固定的前部和一个铰接的后部。水平尾翼的前部被称为水平安定面，而在同一表面上的后方铰接部被称为升降舵。许多远程客机的水平安定面都可移动。垂直尾翼的固定前部被称为垂直安定面，而铰接后部被称为方向舵。无论在方向舵上还是升降舵上，附加的铰接面称为配平调整片，用于调整飞行员控制杆（控制升降舵的运动）和方向舵上的力，使得这些力的控制相互独立。水平尾翼和垂直尾翼统称为尾翼。

1.1.4 起落架

为了让飞行器从地面起飞，飞行器提供轮轴类的起落架。刹车通过支杆和减振器连接到机身。为了最大限度地减小起飞时和平稳飞行后的阻力，飞行器需安装整流罩和可伸缩的机械装置，飞行器升空后，起落架缩回到机身的密闭壳体内。

1.2 飞行基本原理

1.2.1 作用在飞行器上的力

首先来看飞行器在地面上的平衡状态，重力垂直向下并作用于飞行器的重心（CG）上，并由两组垂直向上的反作用力来平衡。其中一个反作用力作用于主起落架与地面接触的点，另一个取决于飞行器的类型，可作用于前轮或尾撬。为保持飞行期间在垂直方向的受力平衡，主起落架和前轮上的作用力必须等于主翼和尾翼平面上的升力。

在使用气球的年代，气球轴向对称于重心轴，反作用力是单个升力。由于气球和其中气体的分布，造成空气重力差，从而形成作用在重心附近的升力。然而，随着飞艇的出现，力已不再作用于一个单一的垂直线上了。通常飞行器能达到稳定飞行的平衡状态是因为所受合力平衡［如图 1 - 2（a）所示］。合力包括：

1）作用于机翼和水平尾翼的升力；

2）由外形阻力和诱导阻力组成的阻力；

3）发动机提供的推力；

4）重力。

除了力的平衡，垂直尾翼上的力还会产生扭转力矩。飞行器处于平衡状态时，所有扭转力矩互相抵消，保持转动平衡才能使飞行器在长期和持续飞行中保持稳定的方向和平稳的姿态。

机翼上表面的低压区和下表面的高压区共同形成机翼升力，这是飞行器飞行的主要原因［如图 1－2（b）所示］。机翼上表面的低压区域是由机翼弯曲表面上的气流引起的，随着气流速度增大，与其余大气部分相比压力随之降低。同样地，机翼下表面的高压区域表示压力大于周围空气的区域。机翼上下表面的压力差产生升力。这是由于上下表面气流从机翼后缘流出，导致下洗流或涡流，产生反作用在机翼上的升力。

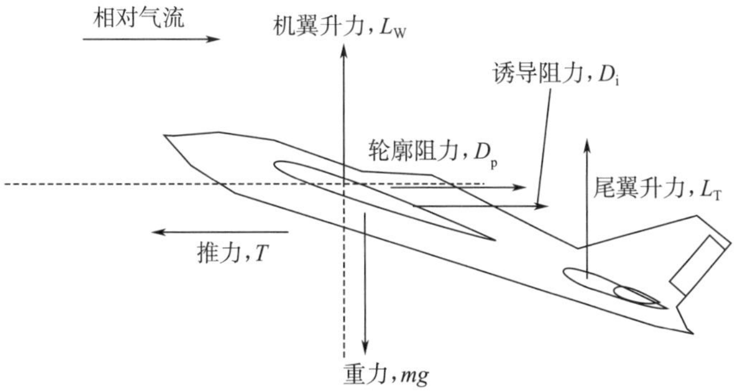

(a) 平衡状态时作用在飞机上的力

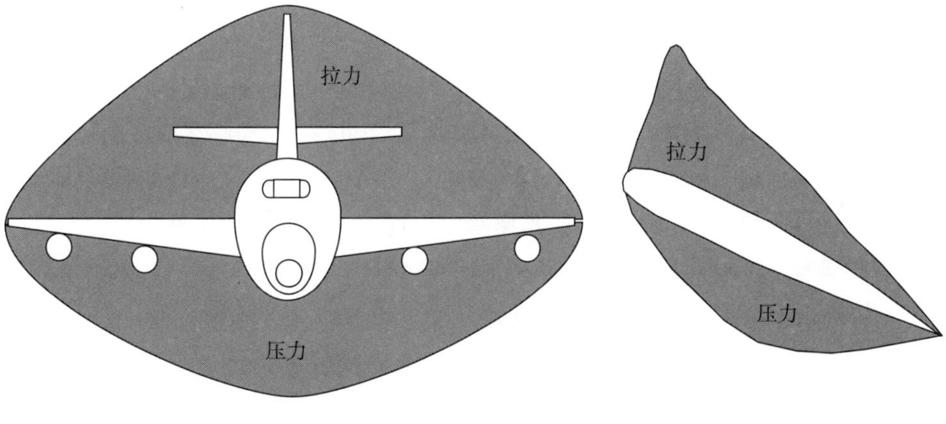

(b) 机翼上的压力分布：典型翼剖面的前视图和侧视图

图 1－2　作用在飞行器上的力及机翼上的压力分布

升力与空气密度成正比关系，同时也受空气速度的影响。空气速度越高，机翼产生的升力越大。机翼表面积的增大也会增大升力。机翼弯度和攻角也会导致升力增大。

1.2.2　阻力和它的减小

作用于飞行器上的阻力有两种不同的类型，阻力可使向前飞行的飞行器减速。第一是外形风阻，包括外形阻力和摩擦阻力。前者产生的原因是飞行器的形状和外面的层流。因而机体形状几乎总是流线型，以便将外形阻力减小到最小。后者由飞行器蒙皮和周围气流之间的粘滞摩擦产生。在接近飞行器蒙皮处，气体流速降低到零，气流形成薄的边界层。这类阻力很大程度上取决于边界层的厚度，边界层必须保持最薄，以减小阻力。上述这些阻力共同组成外形风阻，它们有一个共同特点：随飞行速度的增大而显著增大，并与空气速度的平方成正比。

第二类阻力是诱导阻力。由于机翼上下表面之间有压差，有空气从底部溢出到顶部，特别是在翼尖处。在很大程度上，诱导阻力是由气流在上、下表面的后缘处相遇引起的。空气的溢出在一个有限的角度内产生涡流。涡流积聚在翼尖，形成空气的旋转，朝翼根部的方向旋转，在翼尖产生涡流。这些翼尖涡流是诱导阻力产生的主要原因，旋转空气造成了能量的消散。在较高的空速下，翼尖涡流以更快的速率被冲走，因此诱导阻力随速度的增大而减小。

由于两种阻力随着速度的增大会产生不同的变化，合阻力在某一速度时会最小。在此速度下，两种类型的阻力对合阻力的贡献是相等的，因此无论空速是增大或减小，都会导致阻力增加。飞行器一般以略高于最小阻力速度的巡航速度飞行，因此在阻力曲线“正确的一边”工作非常重要。在“错误的一边”工作意味着空速一点微小的降低会显著地增加阻力，从而需要大功率来增大飞行器的速度。在错误的一边工作是不能接受的，不安全的，特别是当发动机已经在它的最大输出功率附近工作时。

最后，阻力必须小，并远低于由飞行器的发动机或推进装置产生的推力，以确保飞行器在飞行的各个阶段都可以产生期望的加速度。

1.2.3 气动外形：流线型

有一项减小飞行器阻力的专利，通过对各种部件外形的流线设计来实现。机身后湍流的产生会大大增加阻力，因此通过合适的外形设计，使所有的机体表面切线方向与邻近于它的气流流动方向平行，空气能够平滑地越过机体而不产生任何涡流或湍流。

流线外形也是产生升力的必要条件。

1）机翼的形状必须使上表面的气流速度高于下表面的气流速度。这会产生吸力压差，为机翼升力的主要贡献因素。

2）翼部后方有流线型下倾，称为下洗。同样，翼部前缘有流线型上倾，称为上洗。上洗和下洗一起产生弯曲的流线型气流，产生向外的惯性力。这个设计可以显著提高机翼上的升力。

1.2.4 稳定和平衡状态

飞行器上的质量分布也是确保飞行稳定的关键因素。稳定性是指飞行器受到任何外部干扰后返回到平衡状态的能力。为了确保稳定性，飞行器的重心必须靠前。因此，飞行器的尾部质量不能过大。

保持转动平衡是飞行的重要条件。飞行器飞行时，升力和重力一般不作用于同一点。在飞行的不同阶段，选择不同的操纵面，气动压心也会不断地改变。此外，有效载荷和燃料消耗也会引起飞行器的质量分布变化。燃料可高达飞行器质量的30％～45％，乘客及其他有效载荷的总质量可达最大起飞质量的15％～20％。因此保证稳定性是一个难题。解决问题的方法是使整个水平尾翼可动，使它作为一个稳定面，尾翼平面能产生升力。当有作用于重心的扰动力时，尾翼还作为长力矩臂，使飞行器恢复到平衡位置。可动或可变位置的尾翼用于重新平衡飞行器，特别是飞行器的重心位置有变化时，可保持飞行器平衡。这个由稳定面的运动来平衡飞行器的过程被称为配平。在普通的更小型的飞行器上，此功能由配平片执行，其为更小的可动操纵面，铰接于升降舵和方向舵的后部。提供配平片的飞行器通常有固定的稳定器。一些飞行器同时具有所有的可动水平尾翼来实现自动配平，以及全套的配平片来实现手动配平。为了能够配平飞行器，飞行员必须能够察觉飞行器失衡。传感器通常提供这种反馈，飞行员通常能感觉到控制杆上失衡带来的压力。当飞行器被配平，控制杆解除失衡反馈，没有任何压力加载在上面。当手离开控制杆时，飞行器可以稳定飞行。

1.3　飞行控制面：升降舵、副翼和方向舵

理解飞行空气动力学的基本原理，不仅首先要了解飞行的基本原则，还要理解它的控制原理。飞行器匀速飞行为平衡状态，此时重力与飞行器机翼产生的升力平衡，发动机推力与阻力平衡。气流流过具有特殊横截面的机翼表面，从而产生升力。

若飞行器在恒定的高度飞行，当发生失速时，升力也会有损失，必须对其进行补偿。飞行器通过增加攻角（angle of attack）来增加升力，从而对损失的升力补偿。但是攻角有一个极限（约为 15°），超出这个极限后，进一步增加攻角会导致升力丧失，因为气流会在机翼上表面与机翼分离，如图 1－3 所示。因此当飞行器失速（stall）时，攻角进一步增大或速度降低，都会导致升力急剧下降。在发生失速时的速度叫作失速速度（stalling speed），对于特定的飞行器总是相同的。

飞行器起飞和着陆是飞行最危险的时刻。这些阶段中，在低速时有最大的升力需求。为在低速阶段提供额外的升力，飞行器在前缘区域设置增升装置，诸如可伸缩的翼片（富勒襟翼）和可动的板条，可有效地增加翼部或翼型的曲率。起飞后为了减小飞行器的阻力，提高其飞行速度，起落架必须缩回飞行器的腹部内，使飞行器外形保持流线型，从而使阻力最小化。

飞行器的飞行通过驾驶舱内的控制器来控制，如控制杆、方向舵、踏板和脚刹。所有操纵面由电机（被称为动力控制装置）来间接控制。图 1－4 展示了典型飞行器上完整的控制件。

控制杆前后移动可以操作升降舵。当升降舵向下移动时，尾翼产生升力，飞行器发生俯仰，机头向下，反之亦然。升降舵被铰接在尾翼后缘的水平稳定器上，由动力控制装置自动操纵，但在大多数飞行器上也可以手动控制，飞行员可以根据需要自动切换。当通过手动控制时，有必要设置某种形式的人工感知反馈，通过施加一个力于控制杆，从而传递给致动器。力的大小由感知计算机（feel computer）来进行“计算”，感知计算机的信息输入来自飞行员、静态压力端口和水平稳定器。

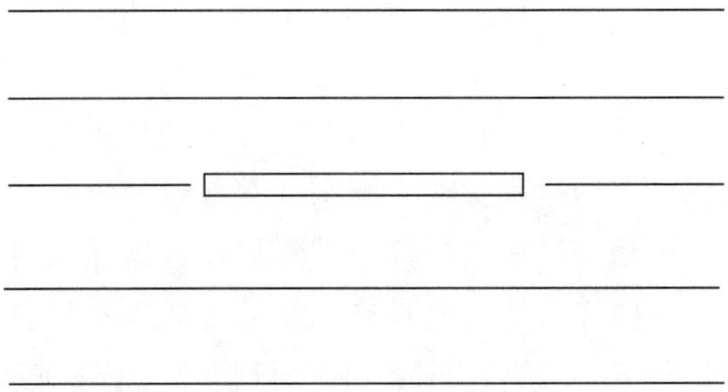

(a) 攻角0° 时机翼横截面

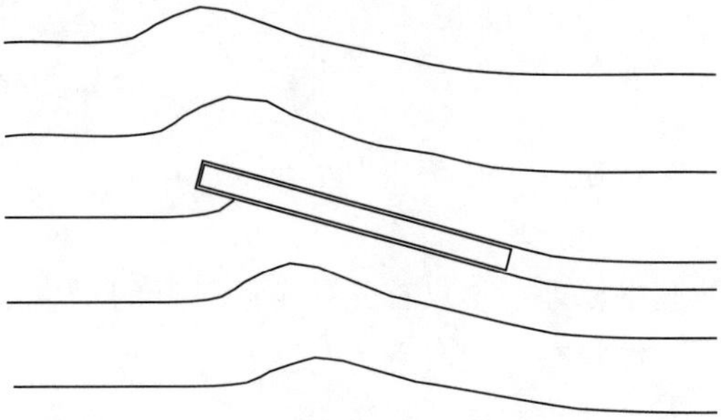

(b)攻角15° 时机翼横截面

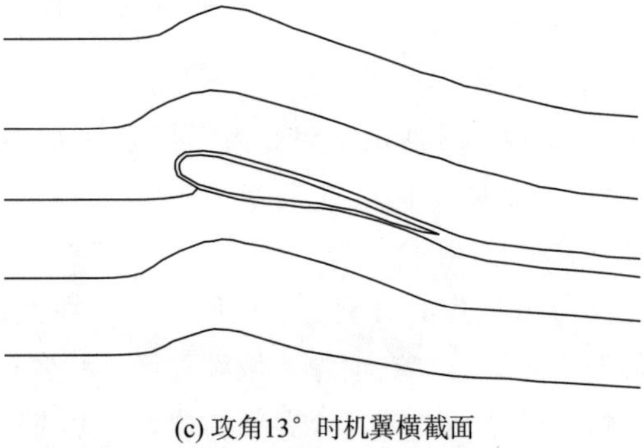

(c) 攻角13° 时机翼横截面

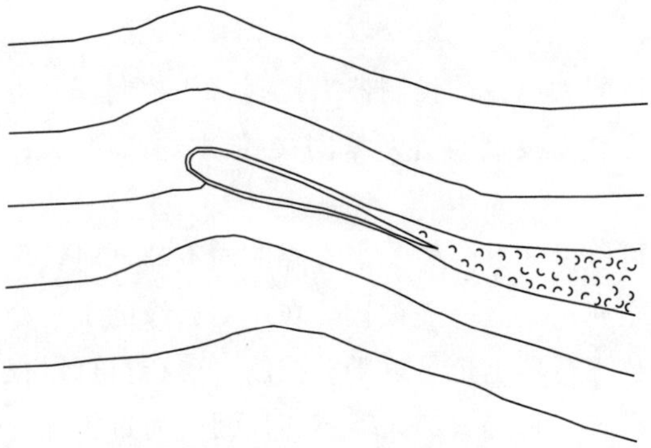

(d) 攻角18° 时机翼横截面：后缘分离开始

图 1-3 气流分离和失速发生

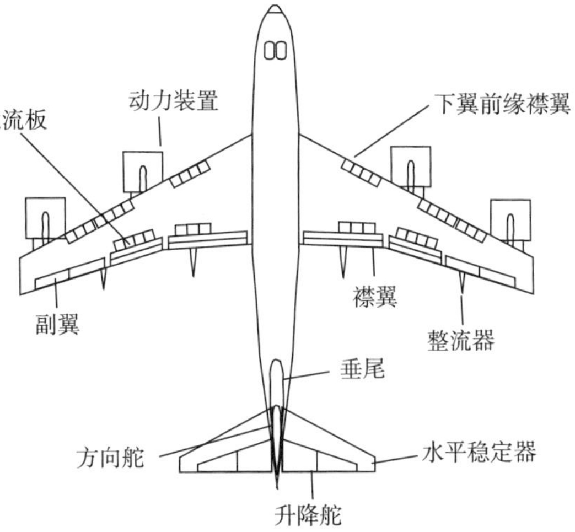

图 1 - 4　典型飞行器的完整控件

水平稳定面的功能是提供纵向配平。这是通过改变水平稳定器的攻角来实现的。它可以由电液动力控制装置驱动或通过电缆进行手动控制。飞行器飞行时，空速增加导致压心移动至机尾和空气动力中心向前移动，从而产生自动俯冲（tuck）现象。在这种状态下，飞行器的自然沉浮模态会消失，飞行器接近于不稳定状态，非常危险。为了避免这种情况，水平稳定器有时安装有自动俯仰配平补偿。水平尾翼可由飞行员的控制杆开关来设置。配平过程可以自动或手动实现。

当控制杆从左至右移动或旋转时，副翼在两翼的远端以不同的方式转动，从而产生滚转力矩，飞行器倾斜，倾斜角和副翼的差分力矩成正比例关系。滚转可能不仅仅由副翼的运动引发，但可通过它进行控制。飞行器上每个机翼都有两个副翼。当高速飞行时，外侧的那对副翼通常与机翼锁定在一起，而在低速飞行时，它们可以按比例地进行控制。当使用襟翼时，不使用外侧副翼。和升降舵一样，通常可以恢复到手动控制，同时也提供人工感觉。人工感觉装置通常由一个弹簧加载的辊子凸轮装置提供一个反馈力到控制杆，与滚转致动器的命令输入成正比。

方向舵踏板的操作会产生必要的转动力矩来转动飞行器。方向舵一般用来控制偏航(机头向右或向左)。一些飞行器设置有双舵，每个都被分成两个单独的致动部分。为了防止垂直尾翼的结构损坏（可能是由方向舵过度偏转导致的)，方向舵的运动范围被方向舵控制电路里的集成信号约束限制。方向舵控制系统通常还采用偏航阻尼器，接收来自偏航速率陀螺仪的输入，并给方向舵动力控制装备提供额外的信号，以使飞行器向偏航运动相反方向飞行，并与偏航率成正比。偏航阻尼器通常不在手动恢复模式下运作。一个类似于装在副翼上的人工感觉装置也安装在方向舵上。脚刹对装在两侧的车轮组件进行制动，同时允许差分制动以在地面上辅助方向舵。

飞行器的控制还包括各种类型的控制翼片，如平衡翼片和差动控制翼片。这些装置通常用于平衡操纵杆上的力和力矩。这种方式可以抵消由主控制面引起的反向控制力和控制力矩来保持操纵杆上面的无用作用力。因此，控制片可以在飞行中操纵副翼、升降舵和方向舵，使得飞行员在此过程中无须在操纵杆上施加指令，就可以令飞行器在“自动模式”下在某个特定的配平条件下飞行。这些控制力矩如图 1-5，图 1-6 与图 1-7 所示。

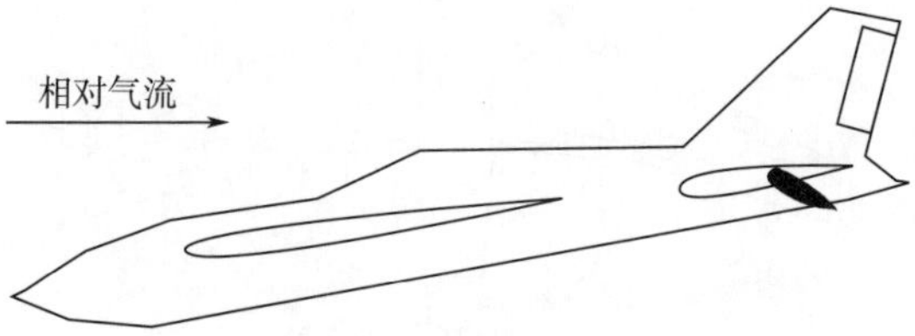

（a）升降舵下偏导致低头运动

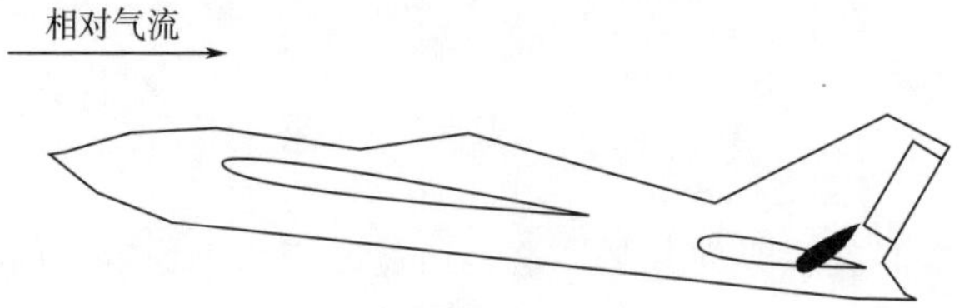

（b）升降舵上偏导致抬头运动

图 1-5　升降舵操纵

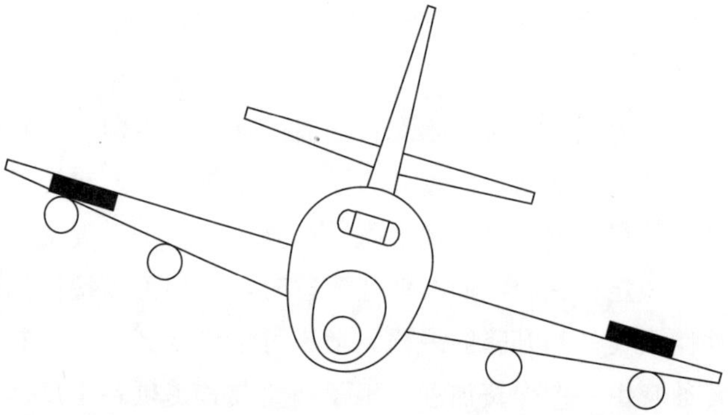

图 1-6　副翼操纵：低侧机翼上的副翼上偏，高侧机翼副翼下偏；
产生使飞行器向左侧偏转的滚转角；副翼返回正常位置后飞行器继续转弯

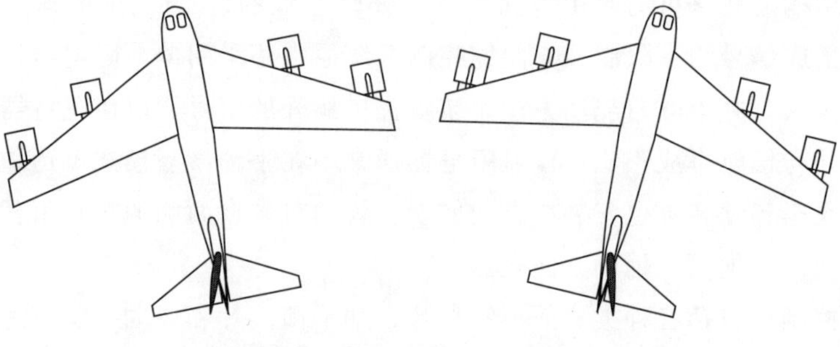

图 1-7　方向舵操纵：方向舵向左飞行器向左转，反之亦然

1.3.1　襟翼，提高升力与流场控制装置

有非常多的增升装置可以在飞行器起飞或飞行的其他阶段用来改善飞行器的主升力面的升力特性。这些流场控制装置大体可分为五类：

1）短弦长/短展长被动装置；

2）单一或多元的控制面、可变弧度或可展开的系统；

3）进气或排气系统；

4）包括 L. E. 系统在内的充气系统；

5）主被动涡流和扰流控制系统。

增升装置通常用来提高升力，但是增升的同时还伴随着阻力显著增加。在起飞过程中，需要使用增升装置来减小起飞速度与起飞滑跑距离；在着陆过程中也同样需要降低降落时的速度，减小降落滑跑距离。因此，这时阻力的增加将会很有利于减小起飞与降落过程中的滑跑距离。一部分短弦长/短展长被动装置可以减小翼端周围的升力来实现流场控制。虽然有一些方法来增加机翼升力，但是大多数飞行器应用的都是单一控制面或者多元控制面、可变弧度或可展开的控制系统。在不使用的情况下，这些装置产生的阻力非常小，几乎可以忽略不计。使用与否完全由驾驶员控制。

通过缝翼和襟翼的联合作用，可有效地增加翼段曲率，进而可以使飞行器有更大的攻角与更大的升力，可在大攻角下有效阻止失速，机翼变形如图所示（图 1－8，图 1－9）。

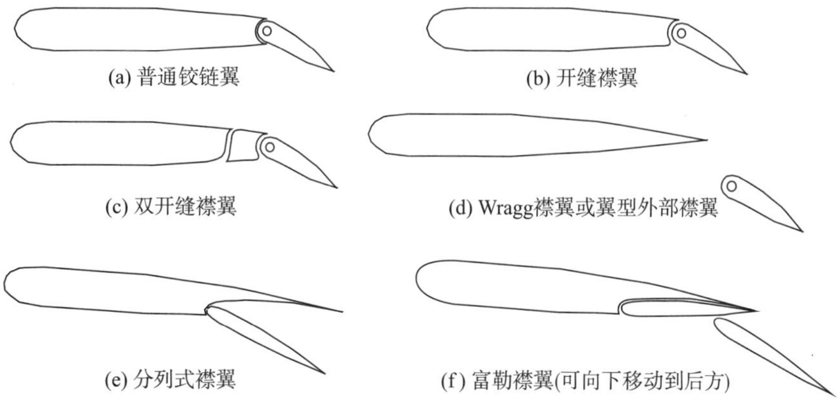

图 1－8　典型的后缘增升襟翼

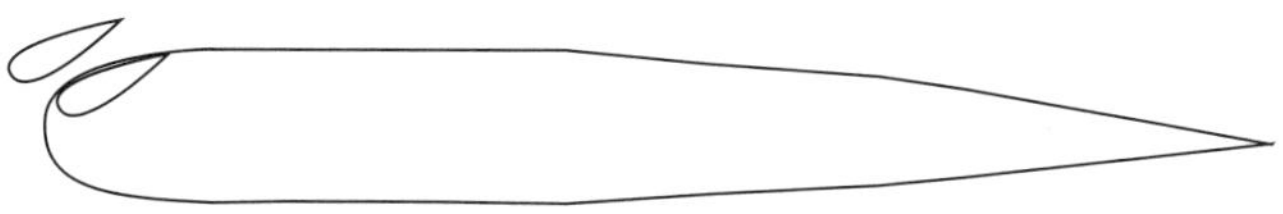

图 1－9　Handley 前缘缝翼（可在大攻角情况下拉出，用来吸附气流）

1.3.2　边界层

边界层是指在飞行器表面的一层很薄的空气层，里面的气流速度从飞行器表面处的 0

开始，一直升到迎面气流的速度。粘性阻力在此速度变化过程中起到了重要作用，通常边界层会影响外面的层流。边界层与翼表面的分离可导致升力的巨大损失。边界层分离的现象由大攻角或跨声速冲击效应引发的升力面逆压力梯度引起，它是流场分离、升力损失的主要原因。边界层分离同时也会造成阻力增加，因此导致燃料消耗增大与飞行器性能降低。气流分离导致的不稳定流场将会产生机翼上的随机载荷变化，它会导致所谓的机翼抖振现象。

在前缘翼表面附近的开口使得能量较高的空气流进上表面的边界层，从而抑制气流的分离。因此，这些开口或翼缝可以令气流分离发生在更大的攻角下，有效增加了升力系数。机翼前缘表面附近的翼缝在后缘襟翼向下的时候通过液压开启，在襟翼向上的时候自动关闭。在机翼前缘的可沿着轨道延伸至机翼前缘以形成翼缝的部分，为可移动的翼缝。它们通常被称为缝翼，其作用与固定的翼缝相同。缝翼同样由液压驱动，其展开与延伸通常与后缘的襟翼同步。

固定翼缝、可移动翼缝以及后缘襟翼的协同动作是为了增加机翼弯度，并以此来改善低速飞行情况下的机翼气动特性。前缘襟翼的展开可以给机翼造成额外的下沉，因此可在适当时候将其展开。前缘襟翼（也称为克鲁格襟翼）也是同后缘襟翼一起自动协同展开的，由电子信号与液压操纵控制单元来控制。

后缘襟翼的展开由一个位于驾驶舱控制基座的襟翼把手来控制。早期的襟翼通常都是分裂式襟翼，现在简单襟翼与延长式襟翼（富勒襟翼）已被广泛应用。后缘襟翼通常可以展开成两段的结构，分别称为内襟翼和外襟翼。它们独立接收电子信号，可以按照给定程序来对称地进行一系列协同调度。在许多老式飞行器当中，内襟翼和外襟翼的左右襟翼对称调度是由扭矩管和缆索等机械结构来实现的。

机翼的升力也可以通过控制机翼周围流场来加以控制。通常而言，在机翼和后缘襟翼之间通过的狭窄气流会从边界层吹出，产生边界层的流动，从而产生更高的升力系数。理论上，最优的方法是吹掉边界层以及从机翼上表面吸气。相比之下，吹掉边界层可以使整个弦上的靠近机翼表面处空气更稀薄。通过吹掉或者吸入边界层，机翼阻力降低，同时升力系数增大，进而升阻比增大。

喷气襟翼是另一种增大升力的手段。其本质上是将空气沿着弦长延伸线的角度流过机翼后缘的特殊翼缝。喷气襟翼本质上可以起到延伸机翼及其弯度的作用，进而可以增大作用于机翼上的升力总和。在后缘区域附近的压力要比没有喷气襟翼的情况要大得多。边界层吸附和喷气襟翼混合的系统被认为是一种很有前途的增升系统。

充气机翼非常适用于减缓飞行器机翼在飞行过程中结冰的问题。结冰这一问题通常发生在机翼前缘附近，这个问题可以通过可充气和放气的机翼前缘来减缓。在结冰的过程中，主动控制器可以用来将前缘放气，进而减少积冰。一种作用于尾部切面的环流控制系统可以让气流流过后缘部分的一个圆形的或近似圆形的区域，来加强边界层并且延迟气流分离。由于附壁效应，气流仍然会附着于后缘处，气流分离得以延迟。可以通过改变进气速度来控制分离点的位置，进而影响机翼升力。通常对于带有环流控制的襟翼而言，其增加的机翼升力较之传统机械襟翼要大大提升。类似的方法也被应用于带有涡流控制引擎的机翼上面。

另外还有一些其他的改变升力的方法。对于多数高速喷气式飞行器特别是超声速飞行器而言，通常设计后掠机翼来最大程度地减小阻力。现在众所周知的是后掠机翼在低速情况下无法提供像直机翼那样好的升力。因此对于后掠型飞行器机翼，有些机翼是可以移动的，可以通过改变后掠角来在高速情况应用后掠机翼，低速情况应用直机翼。

对于一些垂直起降的飞行器而言，升力控制完全依靠控制发动机。发动机喷管可以机械地旋转，进而将发动机排出的气体定向，来改变作用于飞行器上的发动机推力的方向。对于流体喷气发动机而言，其方向控制是基于附壁效应的，已经在一些实验项目中使用。

1.3.3　扰流板

扰流板，顾名思义，是一种通过干扰机翼周围的流线型流场来“减小”升力的装置，通常在降落过程中展开，将飞行器的全部质量都加到起落架的轮子上，防止飞行器在一个较强烈的着陆之后再弹回空中。另外，这种装置在放弃起飞的情况下也会自动开启，其作用也是将飞行器质量全部加载在轮子上，同时也可以选择让发动机反推，最终达到提升刹车效果的目的。在飞行过程中也可以展开扰流板来实现快速降低飞行速度，显著增加下沉速度（图 1-10）。扰流板偶尔也用来滚转控制。张开一侧的扰流板可使得单侧机翼的升力变小，造成飞行器的滚转。

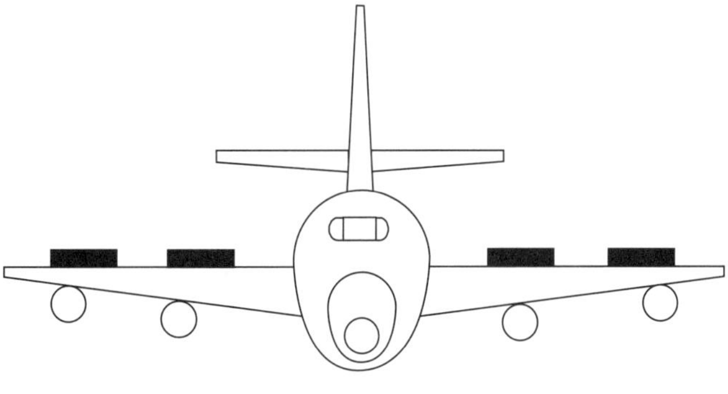

图 1-10　带有扰流板的机翼：扰流板起到减小升力或者降速的作用

扰流板通常由电子液压控制单元驱动。设计当中考虑到适当的设计余量和失效保护。在多数的民用飞行器上都有一系列的扰流板，这些扰流板通常由数个液压通道驱动。通常扰流板的执行机构会在其液压驱动系统失效的情况下返回到其未部署状态。对于战斗机而言，扰流板通常用于补充副翼滚转控制的不足，此时扰流板的输入由副翼的移动产生，并通过一种“扰流板混合器”的机械装置或者某种扰流板控制律来对其进行缓和。

1.4　飞行员的控制：油门杆，控制杆及其支架，方向舵踏板和脚刹

在驾驶舱中的飞行员实现控制的主要设备有：油门杆，控制输送到发动机的燃料；驾

驶杆可以回拉或前推使飞行器旋转或使着陆过程中的飞行器滑行平飞；控制杆及其支架可控制飞行器倾斜转弯；方向舵踏板用于改变飞行器的飞行路径，而脚刹使机轮在着陆过程中实现差动制动。

1.5　飞行模式

飞行中的速度与能耗与飞行姿态或方向的变化直接相关。飞行姿态是指机头方向同飞行航向之间所成的角度。飞行方向的垂直变化以及姿态变化将会影响到施加在飞行器上的力。匀速飞行又叫作稳定飞行，其中水平稳定飞行的情况之前已经讨论过。简化的水平稳态飞行情况下飞行器的受力示意图如图 1－11 所示，图中展示了爬升、有动力滑翔以及无动力滑翔的情况。另外还有飞行器在稳态盘旋、速度下沉、转弯爬升以及转弯滑翔的情况。

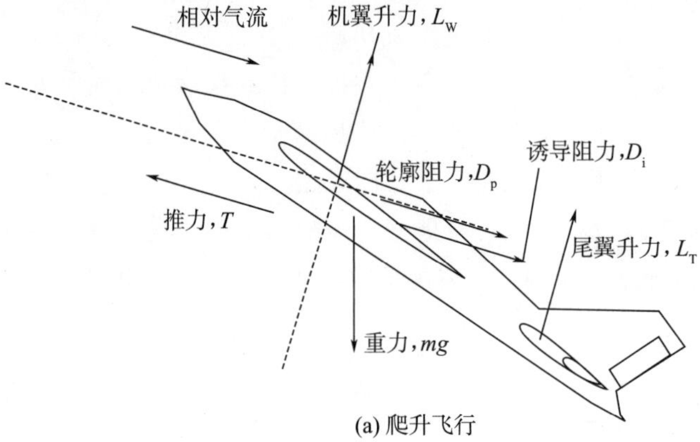

(a) 爬升飞行

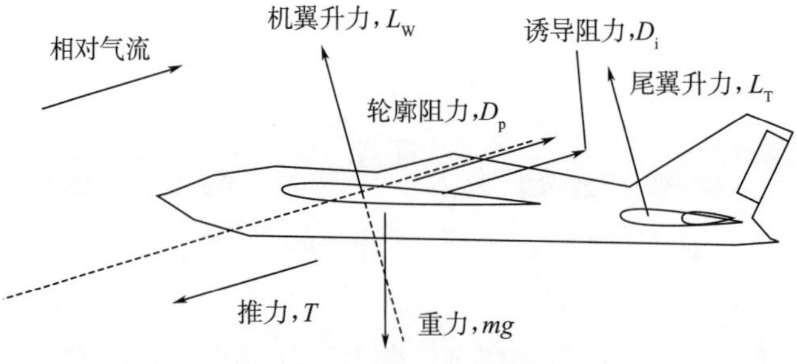

(b) 有动力滑翔

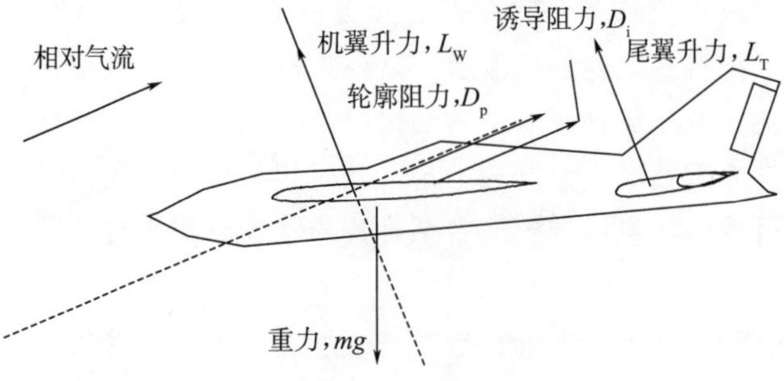

(c) 无动力滑翔

图 1－11　飞行模式

从图 1 - 11 中我们看到飞行器的气流方向同飞行器的运动方向正好相反。空气本身并未运动，它只是同飞行器之间有相对速度。气流方向很重要，因为它决定了升力与阻力的方向。我们可以得到稳定飞行的条件，按照升力与阻力的方向来求解稳定飞行情况下力的方程。

1.5.1　静态与飞行过程中的稳态裕度

前面已经讨论过稳定性的问题。飞行器的总体稳定性非常重要，尤其对于大型客机而言。这些飞行器的重要特性在于其俯仰、滚转和偏航三个姿态自由度上面的自稳定性以及在稳态飞行情况下的静稳定性。

前文已提到，飞行器尾翼产生的升力有一个很长的力臂，因此在阵风扰动等情况下，飞行器不能保持平衡状态时，尾翼可以提供足够的恢复力矩保持其平衡位置。这种特性主要由气动中心与质心之间的距离来体现。气动中心即飞行器在平衡位置下上下俯仰时，其所受到所有气动力的压力中心。这个气动中心与质心的距离被称为纵向静态稳定裕度。

滚转稳定性主要通过“上反角”配置来实现，也就是说，左右机翼都配置成与水平面成一个小的正角度（4°～10°）。因此，当飞行器向一侧滚转时，同侧对应机翼的升力会增加，造成恢复力矩，使飞行器返回到平衡状态。

偏航运动的稳定性主要由垂尾提供。其在偏航运动起的作用与水平尾翼在俯仰运动当中起的作用一样。同纵向静态稳定裕度类似，我们可以定义横向静态稳定裕度。横向稳定裕度对于飞行器航向稳定性非常重要。

上述稳定性特性涉及到的都是飞行器所需的静态稳定裕度的问题。另一方面，飞行器也必须要拥有一定的动态稳定性特性。也就是说，虽然飞行器可以从扰动位置恢复到平衡状态，但是在这个恢复过程中的运动特性也很重要。当飞行器有良好的动态稳定裕度时，我们就可以看到满意的运动特性。动态稳定裕度与静态稳定裕度同样甚至更加重要。

1.6　动力系统

目前我们对推力的表述只是一个沿着推力方向的、被标注成字母 T 的带箭头线段。但是实际上推力的产生就是另一回事了。一个向前的力可以通过将一定质量的空气向后推得到，也就是说增加这一部分空气的相对气流速度。因此，产生的推力同增加的相对空气速度之间成正比关系。因此，当能量传递到空气流的时候，推力也就随之产生。所有的飞行器产生的推力都是无一例外由一个或几个通过燃料燃烧将化学能转化为机械能的热能发动机产生。在飞行器上应用的产生推力的典型的动力系统可能是机械增压活塞发动机驱动的螺旋桨，也可能是各种各样的喷气式发动机。前者一般用于较小的通用型飞行器，后者一般用于大多数民航客机。这些发动机安装到飞行器上的方式有多种，比如安装在机翼里面特别设计的短舱当中；安在尾翼上，安在机身外面或者同机身整合到一起。驱动一个飞行器有时可能用到多达 6 台发动机。

1.6.1 螺旋桨驱动飞行器

此类飞行器一般由增压活塞发动机驱动的螺旋桨来驱动。其螺旋桨本身可被看成是一种弦长一定、展弦比很大，以及在展向上有标准扭转的翼。它令空气旋转着通过，其速度在桨叶处会分开。通过桨叶的合理设计可以使其在每个截面的翼型处产生合适的相对于三维气流的攻角，进而使每个截面产生的升力分量能够集合成一个指向运动方向的升力，而产生的阻力分量集合成一个反向扭矩。当总的反向扭矩小于发动机扭矩的时候，引擎转速会继续增大。这会引起反向力矩的增大。当反向力矩同引擎力矩平衡时，就达到了引擎的平衡转速。发动机的平衡转速以及相对应的推力决定了飞行器的平衡飞行状态。

1.6.2 喷气发动机推进

喷气发动机通过快速改变发动机内的动量，使飞行器产生向后喷出的气体，从而产生推力来实现向前推进。它通常与燃气涡轮相关。燃气涡轮是一种将热能尽可能多地转化成机械能的动力装置。当它与一个风扇在一起的时候，它会将很大质量的空气吸进飞行器当中并使其膨胀，由此产生动能。然而当气体膨胀的时候，随着动能的增大，不但其压力会降低，温度也会降低。

为了确保输入燃料与空气混合物的燃烧室能够有效工作，气体的温度必须保证在一定范围之内，不能太低。出于这种原因，被输入到涡轮当中的空气会被一个回转式压缩机提前压缩。气体在燃烧室燃烧之后获得更多的能量，之后会产生一股向后的热气流，进而产生需要的推力。涡喷发动机拥有高推重比、小尺寸、活动部件最小化、伴随低油耗的高速性能，以及通过改变喷气方向来实现除冰或进行流场（边界层）控制的能力等特点，因而特别适用于飞行器。在大多数大型客机上，涡喷发动机都取代了涡轮增压活塞发动机驱动的螺旋桨，作为它们的主要动力源。事实上，当今的研究表明，推力系统也可以取代传统的扰流板、襟翼、升降舵、副翼等控制面，成为新的控制飞行器的方法。

1.7 航电系统

通常约50%的现代客机的成本用于其航电系统。一般来说，这些航电设备可分为三种：

1）用于通信、导航与制导的独立标准航电设备，比如应答机、雷达、音响、自动驾驶仪、显示器和指示灯等。

2）驾驶舱仪表和配套电子产品。

3）同其他子系统整合的支持电子系统，如：发动机与全权限数字电子控制航电系统（FADEC Avionics）；起落架及刹车装置；飞行控制系统；燃料控制系统；液压系统；电气与动力系统；照明系统；客舱系统。

对每个类别的系统及其通用功能不在此章详细描述。

1.8　机翼与翼型的几何特征

升力是负责将飞行器保持在空中飞行的最重要的力。飞行器的主升力面是一对连接在机身上的机翼，它们能保证飞行器在合适的高度稳定飞行。这些机翼的几何造型（尤其是其俯视平面形状以及其弦向截面形状）在升力的产生当中起到重要作用。翼型本身就是机翼的弦向截面的轮廓，它由一个结构框架和周围覆盖的薄的金属或复合材料蒙皮组成。结构框架给予机翼需要的强度和刚性，蒙皮主要负责构造翼型形状来产生需要的翼型轮廓。

1.8.1　翼型几何构型

翼型的几何构型已经发展了好多年，现在已经有了一系列的标准翼型。各种对称或不对称的翼型如图 1－12 所示。

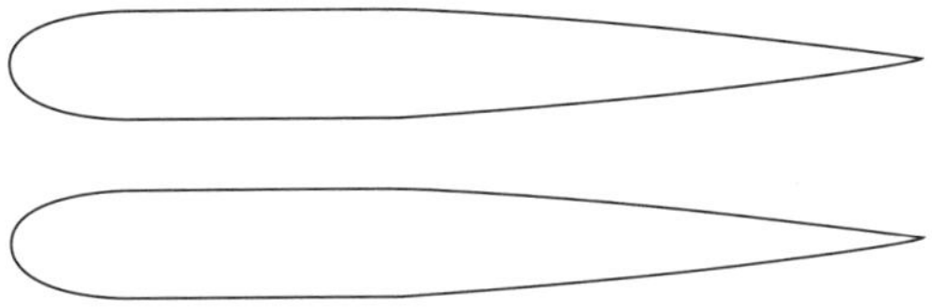

(a) 对称翼型截面的两个例子

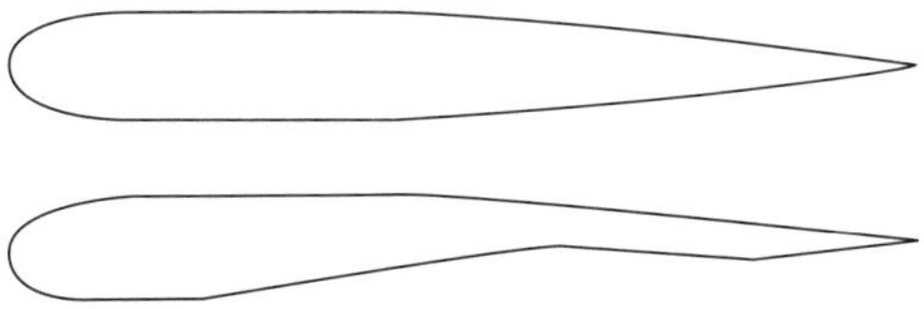

(b) 非对称翼型截面的两个例子

图 1－12　对称翼型截面与非对称翼型截面

1.8.2　弦线

弦线或弦长是翼型截面的一个重要的特征尺寸，它指从翼型前缘到翼型后缘的线［图 1－13（a）］，它决定了翼型的长度。不管它是完全在翼型截面内还是有一部分在翼型截面外，它都是定义翼型上下表面的多组位置坐标的参考。通常用小写字母 c 来表示。

1.8.3　弯度

翼型的上下表面通常被称作上下弯度线。上下弯度线中间，距上下弯度线距离相等处的那条线被称为平均弯度线。平均弯度线对于定常气流条件下的升力产生起到非常关键的作用，是决定该截面的气动升力值的决定性参数。最大弯度是指平均弯度线距离弦线的最大距离处。其大小与在弦线上的位置通常用占弦长的百分比来表示。通常而言，对于非对称翼型情况，其大小为 4%，位置在距离前缘下游 30%处［图 1-13（b）］。

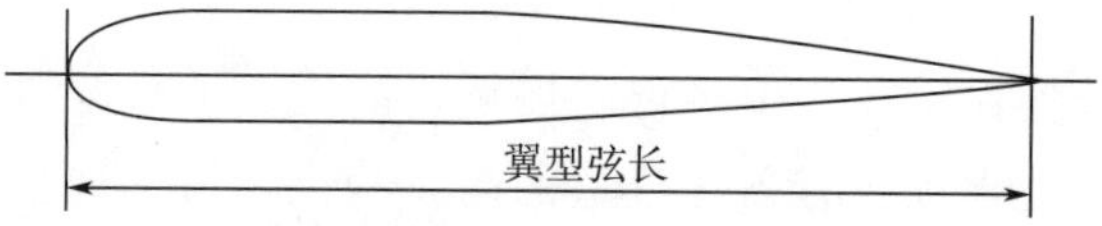

(a) 弦线的位置和翼型弦长的定义

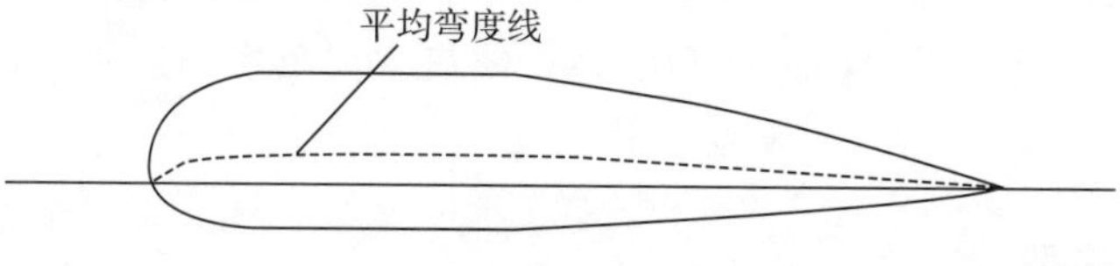

(b) 平均弯度线的位置

图 1-13　弦线和弯度

1.8.4　前缘和后缘

前缘位于翼型的前端点到翼型弦长的前端点处。一般用前缘半径以及其圆心的坐标来定义前缘圆弧。

后缘的定义更为简单：上下弯度线相交的点。虽然它看起来像是刀刃一样，但实际上它是有厚度的，其厚度为机翼结构边缘蒙皮的厚度。

1.8.5　特殊翼型

定义翼型形状的方法已经发展了许多年。其早期发展完全由美国的国家航空咨询委员会实验室（Langley Field Laboratory）的几个人完成。他们在大约 50 年的时间周期内开发了 NACA 四位数、修正四位数、五位数、六位数以及 6A 系列翼型。例如 NACA 四位数机翼被定义为：NACA MXTT。

其中，M 是平均弯度线的最大值，单位为弦的百分之一，X 是最大弯度的弦向位置，单位为弦的十分之一，TT 是最大厚度比（t/c），单位为弦的百分比。

NACA 2410 表示翼型的相对弯度为 2%的翼型，最大弯度位置在弦长的 0.4，相对厚度为 10%。

NACA 五位数翼型的情况（例如 23015）：

第一位数：设计升力系数乘以三分之二十（20/3）。也可以说它是以翼型弦长百分比的形式表示弯度线最大高度。

第二和第三个数字组合：以弦长的二百分之几的形式表示的最大弯度线高度的水平位置。另外，如果第三位数是 0，则表示后面的弯度线是一条直线。如果等于 1，则后面弯度线为一条向下弯的线。

最后两位数字相结合：以翼型弦长度的百分比形式表示的翼型的最大厚度。在 NACA 五位数翼型系列里面此位置通常出现在 30%弦长处。

不同于 NACA 四位翼型和五位翼型的是，NACA 六位翼型系列是为层流情况设计的。在这些翼型当中：

第一位数：告诉我们此翼型是一个六位数翼型。

第二位数：对于对称无弯曲翼型而言，以弦长十分比形式表示的最小压力系数处（也就是从气流加速处开始的最大吸力处）的水平距离。

第三位：以弦长十分比形式表示的近似设计升力系数。

最后两位数字相结合：以弦长百分比形式表示的翼型最大厚度。

关于 NACA 系列翼型的详细描述可在文献 Abbott & von Doenhoff（1958）当中找到。

1.8.6　方程形式定义平均弯度线

采用薄翼型理论，我们可以将一条简单的弯度线表达成零升攻角与关于前缘的力矩系数的形式

$$z_c = -2\alpha_{L=0}x\left(1-\frac{x}{c}\right)\left[1+\frac{3}{10}\left(1-\frac{C_{m_{LE}}}{\alpha_{L=0}}\right)\left(1-\frac{4x}{3c}\right)\right] \tag{1-1}$$

式中　C_L ——由翼型表面周围气动压力分布产生的升力系数［i. e. $C_L=2\pi(\alpha-\alpha_{L=0})$］；

C_{Li} ——攻角为零情况下的升力系数；

$\alpha_{L=0}=-C_{Li}/2\pi$ ——零升攻角［i. e. $C_L=2\pi(\alpha-\alpha_{L=0})=0$］；

$C_{m_{LE}}$ ——气动压力分布产生的是关于前缘的力矩系数。

在实践过程中通常采用多条弧线来对平均弯度线进行建模。NACA 四位数翼型截面的平均弧度线形状可以解析地表示为最大平均弯度线坐标处相切的两段抛物线。可用方程表示此平均弯度线如下

$$\frac{z_c}{c}=-\frac{m}{q^2}\left(2q-\frac{x}{c}\right)\frac{x}{c},\frac{x}{c}\leqslant q \tag{1-2a}$$

$$\frac{z_c}{c}=-\frac{m}{(1-q)^2}\left[(1-q)^2-\left(\frac{x}{c}-q\right)^2\right],\frac{x}{c}\geqslant q \tag{1-2b}$$

m 是以弦长的一部分的形式表示的平均弯度线最大坐标，q 为最大坐标的弦向位置。比如说对于 NACA6400 翼型而言，$m=0.06$，$q=0.4$，而对于 NACA4400 而言 $m=0.04$，$q=0.4$。

1.8.7　翼型的厚度分布

上弯度面和下弯度面之间的距离就是翼型的厚度，其值沿着不同弦长处发生变化。一种典型的翼型厚度分布（NACA 四位数翼型）可表达成

$$z_t=5t\left[a_0\sqrt{\frac{x}{c}}-a_1\frac{x}{c}-a_2\left(\frac{x}{c}\right)^2+a_3\left(\frac{x}{c}\right)^3-a_4\left(\frac{x}{c}\right)^4\right] \tag{1-3}$$

其中的系数 a_0，a_1，…，a_4 列于表 1－1 中。

表 1-1 定义 NACA 四位数翼型厚度的系数

a_0	a_1	a_2	a_3	a_4
0.296 9	0.126 0	0.351 6	0.284 3	0.101 5

最大厚度位于 $x/c=0.3$ 处，前缘半径和后缘夹角分别为

$$r_{LE}=c\times 1.101\,9\left(\frac{t}{c}\right)^2,\delta_{TE}=2\tan^{-1}\left\{1.169\,25\left(\frac{t}{c}\right)\right\} \tag{1-4}$$

方程定义的上下表面可表达如下

$$\frac{x_u}{c}=\frac{x}{c}-\frac{z_t}{c}\sin\theta,\frac{z_u}{c}=\frac{z_c}{c}-\frac{z_t}{c}\cos\theta \tag{1-5a}$$

以及

$$\frac{x_l}{c}=\frac{x}{c}+\frac{z_t}{c}\sin\theta,\frac{z_l}{c}=\frac{z_c}{c}+\frac{z_t}{c}\cos\theta \tag{1-5b}$$

$$\theta=-\alpha \tag{1-5c}$$

其中 α 为在 x 处的正的倾斜角，由弯度线方程的微分决定。因此

$$\tan\alpha=\frac{\mathrm{d}z_c}{\mathrm{d}x}=-\frac{2m}{q^2}\left(q-\frac{x}{c}\right),\frac{x}{c}\leqslant q \tag{1-6a}$$

$$\tan\alpha=\frac{\mathrm{d}z_c}{\mathrm{d}x}=-\frac{2m}{(1-q)^2}\left(q-\frac{x}{c}\right),\frac{x}{c}\geqslant q \tag{1-6b}$$

NACA16 系列翼型截面的平均弯度线可定义为

$$\frac{z_c}{c}=-\frac{C_{Li}}{4\pi}\left[\left(1-\frac{x}{c}\right)\ln\left(1-\frac{x}{c}\right)+\frac{x}{c}\ln\frac{x}{c}\right] \tag{1-7a}$$

以及

$$\frac{\mathrm{d}z_c}{\mathrm{d}x}=\frac{C_{Li}}{4\pi}\left[-\ln\left(1-\frac{x}{c}\right)+\ln\frac{x}{c}\right] \tag{1-7b}$$

1.8.8 机翼几何造型

除了翼型截面的几何形状之外，还有许多机翼的特征几何参数对于飞行器的气动力和气动力矩而言非常重要。其中包括翼展、根弦、梢弦、平均几何弦长与平均气动弦长、机翼平面形状面积以及机翼展弦比。同机翼几何造型有关的特定的角度对于机翼的气动而言也十分重要。它们包括安装角、后掠角和上反角。

翼型截面的另外一个重要参数是弦长。一个普通的机翼形状，两个翼尖之间的水平距离就是翼展。机翼的根部即机翼同机身的连接处，此处通常与机身中心线相异。在许多实际情况下二者离得很近，这样就可以假设位于同一位置。展弦比的定义是翼展的平方除以参考面积（通常取机翼平面形状面积，但有时可能包括平尾面积或者机身水平投影的面积）。平均几何弦长是机翼平面面积除以翼展。其他的包括平均气动弦长在内的一般机翼平面特征量在表 1-2 中给出。

表 1－2　一般对称机翼平面特征量，c＝弦长，s＝半展长，b＝跨度＝$2s$

特征量	关系式
机翼平面面积 S	$S=2\int_0^s c(y)\mathrm{d}y$
平均气动弦长 $\bar{\bar{c}}$	$\bar{\bar{c}}=\frac{2}{S}\int_0^s c^2(y)\mathrm{d}y$
平均几何弦长，$\bar{c}$	$\bar{c}=\frac{2}{b}\int_0^s c(y)\mathrm{d}y$
形心的 x 坐标，x_{cen}	$x_{cen}=\frac{2}{S}\int_0^s c(y)\left(\frac{c(y)}{2}+x_{LE}(y)\right)\mathrm{d}y$
平均结合弦的展向位置	$y_{cen}=\frac{2}{S}\int_0^s c(y)y\mathrm{d}y$
平均弦长的前缘位置	$x_{LE_{cen}}=\frac{2}{S}\int_0^s x_{LE}(y)c(y)\mathrm{d}y$
展弦比	$AR=\frac{b^2}{S_{\mathrm{ref}}}$
参考弦长	$c_{\mathrm{ref}}=\frac{S_{\mathrm{ref}}}{b}$
根梢比 λ，c_0 为形心处的弦长	$\lambda=\frac{c_T}{c_0}$

梯形机翼的形状如图 1－14 所示。典型的梯形机翼的前后缘都可能有后掠角或前掠角。它们在确定翼型上最大升力以及失速特性上面起着很重要的作用。梯形对称平面的主要几何关系在表 1－3 中给出。翼根处的机翼上表面倾斜角称为上反或者上反角。上反角很重要，它负责给飞行器提供足够的滚转稳定性。上反角通常取 5°～10°。对于多数现代飞行器机翼而言，其内侧部分和外侧部分的上反角可以不一样。

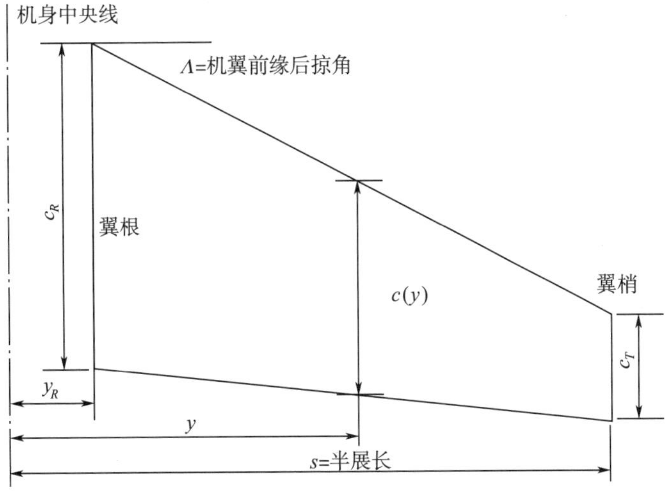

图 1－14　典型梯形机翼平面

一个典型的扭曲机翼平面如图 1 - 15 所示。与之相关的主要几何关系参数在表 1 - 4 中给出。

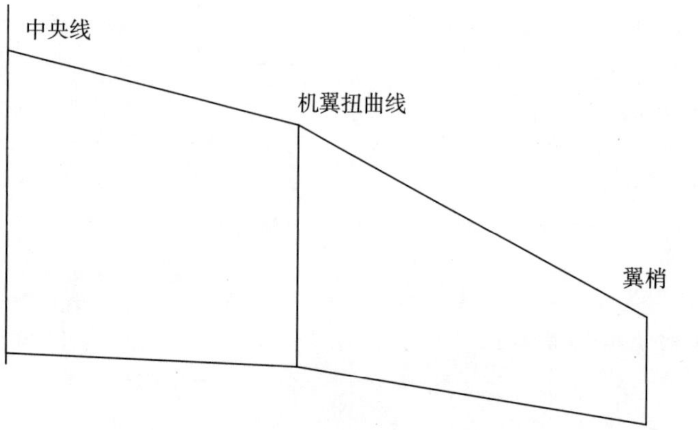

图 1 - 15　弯曲的梯形机翼平面

表 1 - 3　梯形对称机翼的平面形状，c=弦长，s=半展长，b=跨度=$2s$，$\eta=\frac{y}{s}$

特征量	关系式
前缘线	$x_{LE}(y)=x_{LE}(0)+y\tan\Lambda_{LE}(y)$
后缘线	$x_{TE}(y)=x_{TE}(0)+y\tan\Lambda_{TE}(y)$
当地弦长	$c(y)=c_0[1-(1-\lambda)\eta]$
任意位置的后掠角，n,m 为当地弦长的比例处	$\tan\Lambda_n=\tan\Lambda_m-\frac{4}{AR}\left[(n-m)\left(\frac{1-\lambda}{1+\lambda}\right)\right]$
以前缘后掠和后缘后掠形式表示的任意位置后掠角	$\tan\Lambda_n=(1-n)\tan\Lambda_{LE}+n\tan\Lambda_{TE}$
机翼平面面积	$S=s\times c_0\times(1+\lambda)$
平均弦长	$c_{\mathrm{ave}}=\frac{c_T+c_0}{2}$
平均几何弦长	$\bar{c}=\frac{S}{b}$
形心处弦长	$c_0=\left(\frac{2}{1+\lambda}\right)\sqrt{\frac{S}{AR}}$
平均气动弦长	$\bar{\bar{c}}=\frac{2c_0}{3}\left(\frac{1+\lambda+\lambda^2}{1+\lambda}\right)$
机身机翼连接处弦长，机身直径=d	$c_R=c(y_d)=c_0\left(1-(1-\lambda)\frac{d}{b}\right)$
展弦比	$AR=\frac{s}{c_0}\left(\frac{4}{1+\lambda}\right)$
形心处的 y 坐标，$y_{cen}=\frac{2}{S}\int_0^s c(y)y\mathrm{d}y$	$y_{cen}=\frac{b}{6}\left(\frac{1+2\lambda}{1+\lambda}\right)$
延展向的前缘 x 坐标位置 $x_{LE_{cen}}$	$x_{LE_{cen}}=x_{LE0}+c_0\left(\frac{1+2\lambda}{12}\right)AR\tan\Lambda_{LE}$
$y=y_{cen}$ 处弦长	$\bar{\bar{c}}$

续表

特征量	关系式
形心处的 x 坐标 x_{cen}	$x_{cen} = x_{LE_{cen}} + \frac{\bar{\bar{c}}}{2}$
平均气动弦长处的展向位置	$y_{mac} = \frac{2\lambda^2 - \lambda - 1}{3(\lambda^2 - 1)} s$
平均气动弦长处的前缘位置坐标	$x_{LE}(y_{mac}) = x_{LE}(0) + y_{mac} \tan\Lambda_{LE}(y)$
侧向力矩 $y_{cen} = \frac{2}{S}\int_0^s c(y) y \mathrm{d}y$	$y_{cen} = \frac{b}{6}\left(\frac{1+2\lambda}{1+\lambda}\right)$
滚转力矩 $y_p = \frac{2}{Ss}\int_0^s c(y) y^2 \mathrm{d}y$	$y_p = \frac{b}{12}\left(\frac{1+3\lambda}{1+\lambda}\right)$

表 1-4　分段梯形对称机翼的平面形状特征量，c=弦长，s=半展长，b=翼展=2 s，$\eta = \frac{y}{s}$，$\eta_1 = \frac{y_{\mathrm{kink}}}{s}$ 以及形心处弦长 c_0

特征量	关系式
梢弦	$\lambda_2 c_0$
后掠角突变处的弦长	$\lambda_1 c_0$
任意展向位置处的弦长	$c(y) = c_0\left(1 - (1-\lambda_1)\frac{\eta}{\eta_1}\right), 0 \leqslant \eta \leqslant \eta_1$， $c(y) = c_0\left(\lambda_2 + (\lambda_1 - \lambda_2)\frac{1-\eta}{1-\eta_1}\right), \eta_1 \leqslant \eta \leqslant 1$
平均几何弦长	$\bar{c} = \frac{c_0}{2}[\lambda_1 + \lambda_2 + (1-\lambda_2)\eta_1]$
平均气动弦长	$\bar{\bar{c}} = \frac{2c_0}{3}\frac{(1+\lambda_1+\lambda_1^2)\eta_1 + (\lambda_1^2+\lambda_2^2+\lambda_1\lambda_2)(1-\eta_1)}{[\lambda_1+\lambda_2+(1-\lambda_2)\eta_1]}$
$(k-1)^{\mathrm{th}}$ 力矩 $\bar{y}_{k-1} = \frac{2}{c_0 s^k}\int_0^s c(y) y^{k-1} \mathrm{d}y$	$\bar{y}_{k-1} = \left(\lambda_2 + \frac{\lambda_1-\lambda_2}{1-\eta_1}\right)\frac{1-\eta_1^k}{k} - \frac{\lambda_1-\lambda_2}{1-\eta_1}\frac{1-\eta_1^{k+1}}{k+1} + \eta_1^k\frac{1+\lambda_1 k}{k(k+1)}$

本章重点

· 飞行器特征

主要的飞行器部件有：机身，机翼，尾翼，起落架，发动机。

· 控制面和其他控制单元

油门，升降舵，配平片，全动平尾，副翼，方向舵，全动垂尾，襟翼（富勒襟翼），扰流板，缝翼以及其他的增升装置。

· 每个控件都有特定的功能（如控制速度，俯仰姿态，粘附力，倾斜转弯，增加升力，升力卸载，失速延迟等）。

参 考 文 献

[1] Anderson, J., Introduction to Flight, 4th ed., McGraw-Hill, New York, 2000.

[2] Shevell, R., Fundamentals of Flight, 2nd ed., Prentice Hall, Englewood Cliffs, New Jersey, 1989.

[3] Abbott I. H. & von Doenhoff, A. E., Theory of Wing Sections; Including a Summary of Data, Dover, New York, 1958.

练　习

1. 对称机翼平面的平均气动弦长由以下积分形式定义

$$\bar{\bar{c}} = \frac{2s}{S}\int_0^1 c^2\left(\frac{y}{s}\right)\mathrm{d}\left(\frac{y}{s}\right)$$

通常可以将一个任意形状的机翼分割成 j 个梯形的片条，展向任意位置的弦长可用以下关系来定义

$$c(\eta) = c_0\left(\lambda_{i+1} + (\lambda_i - \lambda_{i+1})\frac{\eta_{i+1} - \eta}{\eta_{i+1} - \eta_i}\right), \eta = \frac{y}{s}$$

$$\eta_i \leqslant \eta \leqslant \eta_{i+1}, i = 0, 2, \cdots, J-1, \eta_0 = 0, \eta_J = 1, \lambda_0 = 1$$

平均气动弦长和机翼平面面积分别由下式给出

$$\bar{\bar{c}} = \frac{2sc_0^2}{3S}\sum_{i=0}^{J-1}(\lambda_i^2 + \lambda_i\lambda_{i+1} + \lambda_{i+1}^2)(\eta_{i+1} - \eta_i), S = c_0\sum_{i=0}^{J-1}(\lambda_{i+1} + \lambda_i)(\eta_{i+1} - \eta_i)$$

机翼的展弦比是什么？

2. 证明对于一个翼面积为 S_w，展弦比为 AR，根梢比为 λ 的平直梯形机翼，其中心弦长 c_{0m} 可表示为

$$c_{0m} = \frac{2}{1+\lambda}\sqrt{\frac{S_w}{AR}}$$

3. 对于一个梯形机翼平面而言：

a）证明对于一个弦长上特定比例位置的后掠角，其与前缘后掠角之间的关系可以表达成如下形式

$$\tan\Lambda_n = \tan\Lambda_0 - \frac{4n}{AR}\frac{1-\lambda}{1+\lambda}$$

其中 $0 \leqslant n \leqslant 1$ 表示该位置在弦向的比例（例如，0 表示前缘，1/4 表示四分之一弦线，1 表示后缘等）。

b）证明在平均气动弦长上面任意的以相对于翼前缘的弦长分数形式表示的位置坐标可通过下式表示

$$\bar{x}_n = \frac{2}{S}\int_0^s (nc_{root} + y\tan\Lambda_n)\,\mathrm{d}y = \frac{3\bar{\bar{c}}}{2}\frac{(1+\lambda)}{(1+\lambda+\lambda^2)}\left(n + \left(\frac{1+2\lambda}{12}\right)AR\tan\Lambda_n\right)$$

并进一步证明

$$\bar{x}_n = \bar{\bar{c}}\left(n + \left(\frac{1+2\lambda}{8}\right)\left(\frac{1+\lambda}{1+\lambda+\lambda^2}\right)AR\tan\Lambda_0\right)$$

4. 一个椭圆形机翼平面，已知根弦 c_0 和半展长 s。

证明其平均气动弦长与机翼平面面积可以分别表示如下

$$\bar{\bar{c}} = \frac{2s}{S}\int_0^1 c^2(\eta)\,\mathrm{d}\eta = \frac{8c_0}{3\pi},\ S = 2s\int_0^1 c(\eta)\,\mathrm{d}\eta = sc_0\,\frac{\pi}{2}$$

并推导其展弦比公式。

5. 验证表 1-3 中关于展弦比、形心展向位置坐标、前缘位置坐标、形心位置处的弦长以及形心位置的弦向坐标的表达式。

6. 验证表 1-3 中关于平均气动弦长处的展向位置坐标、平均气动弦长处的前缘位置、侧滑力臂以及滚转力臂的关系式。

7. 验证表 1-4 中适用于对称的后掠角不一致的机翼平面的梢弦、后掠角突变处的当地弦长、任意展向位置弦长、平均几何弦长、平均气动弦长以及第 $k-1$ 个力臂的表达式。

第 2 章　气动流体控制的基本原理

2.0　引言

通常气动流体涉及到航空工程的方方面面。控制气动流体的物理原理是基于质量、动量和能量守恒的。正如欧拉运动方程是从经典力学牛顿运动定律导出的，控制气流动态变化的第二定律可以通过基本的物理原理推导得到。机翼附近的气流是气动流最简单的例子。在机翼理论中，通过忽略流体介质可压缩性的影响，可使得气流理想化。若考虑可压缩性，则需要考虑三种不同的情况：当流速远低于声速或气流中的压力扰动速度时的亚声速气流，当流速在声速附近时的跨声速气流，以及当流速远高于声速时的超声速气流。此外，在边界层引起摩擦的粘性力在气动流中起着关键的作用。本章中，我们介绍了气动流体控制的其本原理，可压缩性和粘性的影响，大气标准特性的定义，机翼附近的气流，升力的产生，机翼的阻力和力矩，机翼空气动力学的基本性质等。

2.1　连续性定理

连续性定理是对质量守恒原理的一种说明，即流入某一容积的流体质量等于流出它的流体质量。

2.1.1　流线和流管

流线可被看作是流体流动中的一条连续线，流线上的流体粒子速度矢量方向与流线相切，在垂直于流线的平面内的速度分量均为零。对于流线上的任意一点，每个流体粒子经过某一点的速度和压力应与前面粒子相同。而这些速度与压力值随着点的位置不同而不断变化。流线间距变宽表示流线流动速度降低，而流线之间的间距减小则表示流线流动速度增大。因此，对于一个稳定的气流，它的流线的形状保持恒定，即它不会随着时间而改变。此外，某一特定流线中的流体粒子相对于另一条流线中的流体粒子的位置保持不变。因此，流线不可相交。

如果气流中所有横截面中不同流线的相对位置均相同，则该气流被认为是二维气流。

一组彼此不重合的流线则构成流管。

2.2　伯努利定理

伯努利定理是能量守恒定律的一种表现形式，具体指在无耗散的均匀非旋转气流中，任意一点的压力能、动能和重力势能的总和为一个常数。在气动流体中，通常认为压力能与动能和势能等效。因此，与动能和势能不同的是，在压力能表述中，将传统的压力称为静态压力 p_s。与动能具有相同能量的等效压力为动压，它是通过将动能表达式除以气流体积得到。因此，动压的表达式为 $q=\frac{\rho V^2}{2}$，而势能的等效压力表达式为 $p_h=\rho gh$。

2.3　层流与边界层

将一个薄板置于均匀流动的空气中，空气流过薄板上时会产生摩擦，它附近的气流则产生延迟而附着在薄板表面的其他地方。当气流逐渐远离薄板表面，这种延迟效应则迅速变小。当气流均匀而且延迟效应限定在紧贴薄板表面的一个窄层上，而窄层之外气流仍然保持均匀的时候，那么这种气流被称为层流，而这种窄层称之为边界层。边界层的厚度由气流粘性和薄板表面的摩擦力共同决定。粘性作用仅在边界层内非常重要，而在边界层外则可以忽略。有关边界层的更多详细细节可参照 Schetz [1984]。

2.4　湍流

当气流中开始出现扰动时，将导致边界层的气流变得混乱和不规则，这样的气流被称作湍流。在空气动力学中，由于湍流的形成会导致能量损失，因此湍流是不期望出现的。在飞行的大部分阶段，总是期望飞行器处于平稳的气流中，而希望尽量避开湍流。层流到湍流的转化通常是一个多级过程。在第一种情况中，完全层流区变成部分湍流并具有了湍流内层的特征。在薄板表面出现上述变化的点即为过渡点。在过渡点后面，边界层稍微厚一些。若将边界层与薄板分开，将会导致主气流脱离，从而变成湍流。边界层从薄板上分开的点则称为分离点。在飞行器飞行过程中，由于这种分离会导致飞行器失速，因此必须避免这种分离的发生。

2.5　机翼和翼型的空气动力学特性

机翼上的相对空气流动会导致机翼上压力分布的变化。机翼上气动压力的分布特征是几个因素的综合作用结果，这些因素可被分为如下主要类别：

1）气流效应，如可压缩性和粘性；

2）翼型、机翼形状和几何参数；

3）大小和规模效应；

4）机体相对于气流的方向。

要想对翼型和机翼的空气动力学特性有一个全面的了解，对气流流过翼型的理解是必不可少的。

2.5.1 绕流和翼型

翼型周围的气流与薄板附近的气流有着许多相似的特点。对称翼型和非对称翼型周围的气流利用流线表示为图 2 - 1。

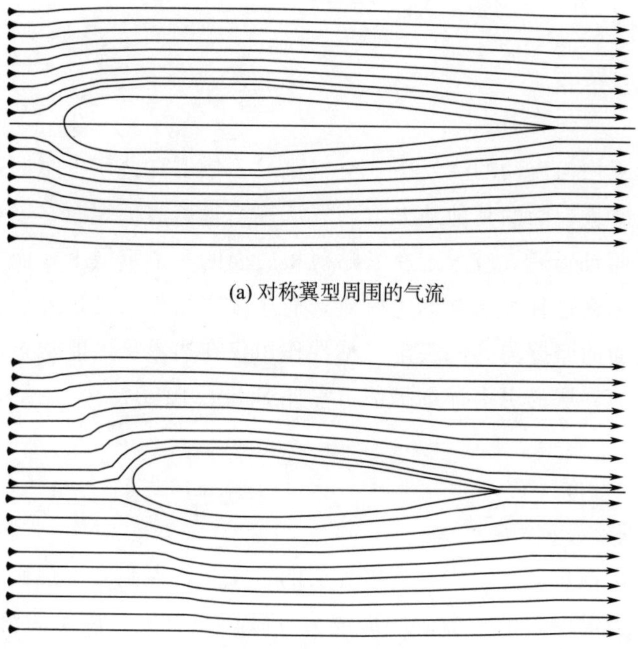

(a) 对称翼型周围的气流

(b) 非对称翼型周围的气流

图 2 - 1　翼型周围气流

非对称翼型上表面的相对较高的速度引起翼型上表面的压力下降，所产生的吸力反过来将对翼型产生升力。

2.5.2 马赫数，亚声速和超声速

气流的压力波动会引起密度的微小波动。在流体介质中，只有那些压缩或稀薄的纵波才能通过这种介质传播。这些流体介质中的扰动则以声音在该介质中的传播速度进行传送。通常利用声速来对气流的速度进行无量纲化。相对于飞行器的自由流速与该点处的声速之比被称之为马赫数，用字母 Ma 表示。随着飞行器的速度逐渐接近声速，即自由流的速度逐渐接近声速，则马赫数趋于整数 1，气流的压缩效果变得显著。根据飞行马赫数，将飞行时可能遇到的流场大致分为三种：亚声速、跨声速和超声速。在亚声速情形下，气流中的所有点均满足 $Ma<1$，且流体介质的可压缩性影响可完全忽略。因此空气密度可假定为独立于任意压力波动。在这种情形下，增加气流的横截面积会导致速度降低，压力增大，反之亦然。在超声速情形下，即 $Ma>1$，自由流穿过飞行器的速度大于气流中所有点的声速。在超声速区域，速度的增加或减少必定伴随着气流横截面积的增大或减小，压

力和速度也随之增大或减小。自然地，当气流中的某些点 $Ma \approx 1$，则气流区域为连续的，从亚声速区域到超声速区域，或从超声速到亚声速，亦或是两者的混叠区域。因此，可以预计，对这种气流的分析是一个复杂的过程，需要特殊关注。当气流中某些点 $Ma \approx 1$ 时，则该气流是跨声速的。

当自由气流的马赫数远远高于 1 时，气流中所有点的马赫数均在 4～5 的区域，这种气流便被认为是高超声速的，对这种气流的分析需要适当简化。

当一个物体以一种适当的形状，例如翼型，以亚声速在气流中运动时，气体接收到机体即将到达的信号要远远早于气流中物体到达某一点的信号。当物体以超声速运动时，气流绝对无法预先知道该物体的到达信息，物体便会切穿完全没有干扰和“不知情”的气流。这种情况可以球形干扰波在以下气流中传播的形式进行描述：1）不可压缩气流，2）亚声速的可压缩性气流，3）跨声速的可压缩性气流，4）高超声速的可压缩性气流（如图 2-2 所示）。

如图 2-2（a）所示，当干扰源相对于所述流场处于静止的情况下，扰动在各个方向上匀速传播，波阵面以同心圆的形式进行传播（二维流体）。当干扰源以远低于声速的速度运动，波阵面继续以声速和干扰源速度的差值在干扰运动的方向上进行传播。在相反方向上，干扰源以两者速度之和进行传播，而波阵面则不再以同心圆方式传播。这种情况如图 2-2（b）所示。当干扰源以声速运动时，如图 2-2（c）所示，波阵面相对于干扰源是静止的，并随时间逐渐衍变成正激波边界，在不连续的表面，压力和密度出现离散变化。最后，当干扰源以大于声速的速度运动时，它常常领先于波阵面，形成斜激波边界，如图 2-2（d）所示。锥体半角的正弦值被称之为马赫角，其值为马赫数的倒数。

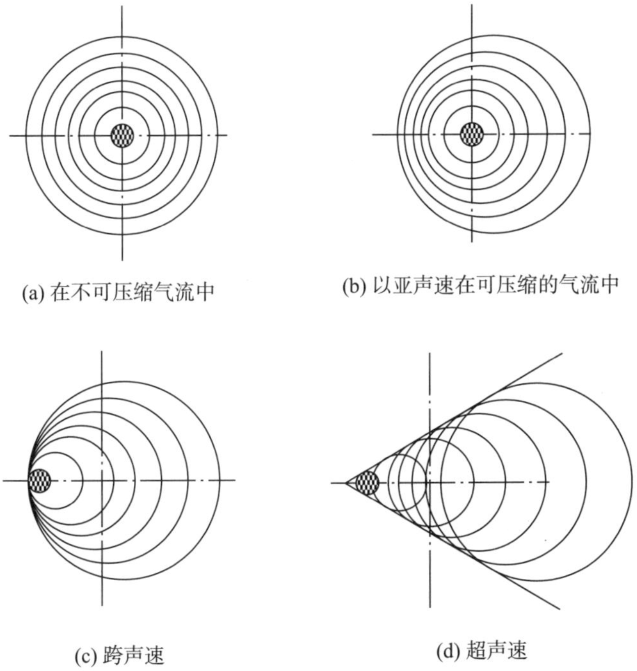

(a) 在不可压缩气流中　　(b) 以亚声速在可压缩的气流中

(c) 跨声速　　(d) 超声速

图 2-2　源于单点的球形波的传播过程

圆锥的表面形成一个振荡的边界。它将自由非干扰气流和干扰气流区域分隔开来。以跨声速和超声速流动时，物体在气流中运动时的阻力显著增加。Shapiro [1953] 讨论了可压缩性气流的特点。

2.6 大气层中的空气特性

2.6.1 大气的组成：对流层，平流层，中间层，电离层和外大气层

地球表面空气的包络层被称作大气层，它是围绕地球的宇宙边界层。相比地球的半径而言，大气层的厚度非常薄。大气质量的50%以上都是分布在地球表面 6 km 以内，75%在地球表面 10 km 以内，94%在地球表面 20 km 以内。大气在 120 km 到 150 km 的高度上逐渐开始分解为原子状态，在高于 200 km 的高度则完全处于离子状态。大气层是几种气体的混合物，主要成分为氮气（78%）和氧气（21%），而剩下的 1%是由氩气、氢气、二氧化碳和氦气组成的。概括地说，大气被分为两个区域：低层大气（最高 50 km）和高层大气。低层大气被进一步分为穿过地球表面的不同厚度的两层大气：对流层（高度从两极上空的 8 km 到赤道上空 16 km）和平流层。类似地，高层大气被分成三个区域：中间层（50～80 km），电离层（70～500 km）和外大气层（约 450 km 及以上）。高层大气和低层大气之间的显著区别在于，低层大气为均匀的混合物，而高层大气在时间和空间上是完全非均质的。它的特点是空气压力和密度都很低，通过解离和空气电离的剧烈过程，导致分子的分裂和带电粒子的形成。

各种气象和热气流起源于对流层，在这里可凝结水汽、形成云层。在对流层，气温随高度升高逐渐线性下降，在平流层的下部，气温恒定在－56.5 ℃，而在平流层的上部区域，温度随着海拔的升高而升高。

2.6.2 空气密度

随着高度的增加，大气密度和压力急剧下降。在对流层，存在着大量非均匀湍流活动。对流层在时间和空间上的不稳定性大大增加了预测飞行器飞行特性的难度。

2.6.3 温度

在对流层，随着高度的增加，空气温度急剧下降。在平流层，温度大致维持在 25～27 km 时的温度。一旦高于这个高度，温度则随着高度增加而急剧升高。在海拔高度 50 km 处，温度接近 0 ℃。而在中间层，当高度为 80 km 时，温度骤降为－80 ℃。

2.6.4 压力

在 10 km 的高度时，气压低于地面时的 3.8 倍，而空气密度低于地面处的 3 倍。当高度到达 25 km 时，气压降低为海平面处气压值的 2.4%，而空气密度降低到其相应海平面值的 3%。当高度达到 220 km 时，气压仅为海平面值的十亿分之一，而空气密度下降到

其海平面值的十亿分之一以下。

2.6.5　压力和温度的影响

压力和温度对空气密度的影响可以用所谓的通用气体定律来表述。通用气体定律，与理想气体有关，表示为

$$pv = NRT \tag{2-1}$$

式中　p ——气压；

T ——气体温度；

R ——通用气体常数；

v —— N 摩尔气体的体积。

因此，密度 ρ 可通过下式求得

$$\rho = \frac{N}{v} \tag{2-2}$$

通用气体定律还可用下式表示为

$$p = \rho RT \tag{2-3}$$

由于密度是质量与体积的比值，压力和温度间接地使密度成为通用气体定律的结果。

2.6.6　粘性

当流体的某一层滑过另一层时，会产生一种摩擦力，被称为“粘性摩擦力”。这种摩擦力的度量标准为粘性系数 μ，它是由窄层流体流过水平表面的粘度来定义的。在该层的顶部的切向应力 τ 正比于应变率，即大小等于平行于平面的速度分量变化率，方向为气流相对于水平表面法向的方向。比例常数为动态粘性系数 μ。因此

$$\tau = \mu \frac{\partial u}{\partial y} \tag{2-4}$$

2.6.7　体积弹性模量

体积弹性模量虽然在空气动力学中并不是一个关键参数，但由于它间接影响了声速，因此也是很重要的。它被定义为压强与体积应变的比值，并由下式确定

$$K = -\underset{\Delta v \to 0}{Lt} \frac{\Delta p}{\frac{\Delta v}{v}} = \underset{\Delta v \to 0}{Lt} \frac{\Delta p}{\frac{\Delta \rho}{\rho}} = \rho \frac{\mathrm{d}p}{\mathrm{d}\rho} \tag{2-5}$$

式中　Δp ——压强差；

$\frac{\Delta v}{v}$ ——体积应变。

声速的平方由下式给出

$$a^2 = \frac{K}{\rho} \tag{2-6}$$

假定流体是正压的，因此在整个流中压力密度的关系是唯一的，假设气流为等熵，其

差异可从等熵气流条件进行评定

$$pv^n = 常数 \tag{2-7}$$

2.6.8　温度随高度的变化：温度直减率

温度随着高度的增加而降低的比率称为温度直减率，在对流层中的值为 6.5 K/ km。温度直减率在对流层和平流层中的不同海拔高度具有不同的值。基于大 n 均值的长期观测可以得到一些关于温度随高度变化的标准模型。在这些标准模型中，由国际民用航空组织提出的国际标准大气在世界范围被广泛接受作为标准大气的典型模式。

2.6.9　国际标准大气（ISA）（源于 ESDU 77021，1986）

世界各地的航空工程师普遍接受利用一个通用标准来度量大气特性。因此，国际标准大气应运而生。它包括温度模型，空气密度模型和气压随高度变化模型。ISA 中海平面条件定义如下

压力，$p_0 = 1.013\ 25\times10^5\ \mathrm{N/m^2}$，　　密度，$\rho_0 = 1.225\ 05\ \mathrm{kg/m^3}$

温度，$T_0 = 15\ ℃ = 288.15\ \mathrm{K}$，　　声速，$a_0 = 340.3\ \mathrm{m/s}$

通用气体常数，$R = 287.053\ \mathrm{J/(kg\cdot K)}$，$g_0 = 9.806\ 65\ \mathrm{m/s^2}$

大气波段的高度可达 150 km，分别处理如下：

1）当海拔高度在 $0 \leqslant h \leqslant 11$ km（对流层）范围内时

$$对流层温度直减率, \mathrm{alpha} = 6.5 (L_{k,1} = 6.5\ \mathrm{K/km}) \tag{2-8a}$$

$$温度随海拔高度\ h\ 的变化, T_1 = T_0 - \mathrm{alpha} \times h \tag{2-8b}$$

$$温度比, T_{\mathrm{ratio}} = 1 - (\mathrm{alpha}/T_0) \times h \tag{2-8c}$$

$$压力比指数, n = g/(\mathrm{alpha} \times R) = 5.256 \tag{2-8d}$$

$$密度比 = T_{\mathrm{ratio}}{}^{(n-1)} \tag{2-8e}$$

$$压力比 = T_{\mathrm{ratio}}{}^{n} \tag{2-8f}$$

$$声速比\ a_1/a_0 = T_{\mathrm{ratio}}{}^{(0.5)} \tag{2-8g}$$

$$在高度\ h\ 处的密度 = 1.225\ 05 \times 密度比 \tag{2-8h}$$

2）当海拔高度在 11 km$\leqslant h \leqslant$20 km 范围内时，该范围为常温区域（平流层）

$$温度, T_2 = -56.5\ ℃ = 216.65\ \mathrm{K} \tag{2-9a}$$

$$\mathrm{alpha} = 0.0 (平流层温度直减率) \tag{2-9b}$$

$$在整个高度范围, 声速比为\ a_{20}/a_0 = 0.867\ 1 \tag{2-9c}$$

在高度 11 km 处

$$p_{20}/p_0 = 0.223\ 4, \rho_{20}/\rho_0 = 0.297\ 1 \tag{2-9d}$$

同时

$$p_2/p_{20} = \rho_2/\rho_{20} = \exp[-0.157\ 69(h - 11)] \tag{2-9e}$$

3）当海拔高度在 20 km$\leqslant h \leqslant$32 km 范围时，该范围为线性温度区域：从海拔 20 km 到 32 km，温度从 216.65 K 线性提高到 228.65 K，alpha$=-1$（温度直减率）。

$$T_3 = T_2 - \text{alpha} \times (h - h_b), h_b = 20 \text{ km} \tag{2-10}$$

4）当海拔高度在 32 km$\leqslant h \leqslant$86 km 范围时，温度可通过下式求解

$$T_4 = T_b - \text{alpha} \times (h - h_b) \tag{2-11}$$

其中 T_b 和 h_b 的值如表 2-1 所示。

表 2-1　温度直减率随高度变化表

海拔范围/km	h_b /km	alpha	T_b /K
32～47	32	−2.8	228.65
47～51	47	0	270.65
51～71	51	2.8	270.65
71～86	71	2	214.65

5）当海拔高度在 86 km$\leqslant h \leqslant$91 km 范围时，该区域温度恒定，其值为

$$T = 186.8673 \text{ K} \tag{2-12}$$

6）当海拔高度在 91 km$\leqslant h \leqslant$110 km 范围内时

$$T = T_c - A\left[1 - \left(\frac{h-91}{h_c}\right)^2\right]^{\frac{1}{2}} \tag{2-13}$$

其中 $T_c = 263.1905$ K，$A = 76.3232$ K，$h_c = 19.9429$ km。

7）当海拔高度在 110 km$\leqslant h \leqslant$120 km 范围内时

$$T = T_9 - L_{k,9}(h - h_a) \tag{2-14}$$

其中 $T_9 = 240$ K，$L_{k,9} = 12.0$ K/ km，$h_a = 110.0$ km。

8）当海拔高度在 120 km$\leqslant h \leqslant$150 km 范围内时

$$T = T_\infty - (T_\infty - T_{10})\exp\left[-\lambda \frac{(h - h_{10})(r_0 + h_{10})}{(r_0 + h)}\right] \tag{2-15}$$

其中 $T_\infty = 1000$ K，$T_{10} = 360$ K，$\lambda = 0.01875$，$h_{10} = 120$ km，地球半径 $r_0 = 6356$ km。

当海拔高度高于 86 km 时，$\rho = \dfrac{p}{RT}$，p 可通过下式求解

$$p = p_b \exp\left[-\frac{g_0 M_0}{R^*}\frac{(h - h_b)}{T_{M,b}}\right] \tag{2-16}$$

$$p = p_b\left[\frac{T_{M,b}}{T_{M,b} + L_{M,b}(h - h_b)}\right]^{\left[\frac{g_0 M_0}{R^*}\frac{1}{L_{M,b}}\right]} \tag{2-17}$$

p_b 为上述高度带底部的压力值，$\dfrac{g_0 M_0}{R^*} = 34.16$，$h_b$ 为上述高度带底部的高度值，$T_{M,b}$ 和 $L_{M,b}$ 的值如表 2-2 所示。

表 2-2 温度和压强模型参数随海拔高度变化值

海拔范围/km	h_b	$L_{M,b}$	$T_{M,b}$ /K	公式
86～91	86	0	186.946	(2-16)
91～110	91	0	186.870	(2-16)
110～120	110	12	240	(2-17)
120～150	120	12	360	(2-17)

2.7 升力和阻力的产生

为了理解升力和阻力的产生过程，假定机翼处于二维稳定的完全理想流体中。因此，流体不具有任何粘度，而且没有能量耗散，不做功，没有阻力，机翼附近不产生任何流动。因此，也就没有升力！当考虑围绕翼型流动的流线，理想地认为有两个驻点将流动域分隔为两个区域：位于翼型上方的区域和位于翼型下方的区域。分隔边界上的流线在翼型表面的驻点处结束，驻点大致位于正攻角时的前缘下方。流线在尾部驻点重新出现，大致位于在翼型后缘前的上表面处，沿着流场向下延续。当压力分布合并到表面时，便没有升力和阻力。

在实际流场中的翼型，除了上述的流动模式，还有产生一种围绕翼型的环流。如前所述，起初认为流动模型是在理想的情况下，但是由于边界层效应，下表面的流动远远滞后于上表面的流动。两种流动在上表面接近后缘处相遇，形成局部剪切流，从而导致涡流的形成。此外，涡流的形成过程很不稳定，容易扫过流线。由于涡流包含一个有限环流的漩涡，遵循涡流的基本物理特性，即机翼附近必须产生一个大小相等且方向相反的环流。直到 19 世纪末，德国数学家 Wilhelm M. Kutta 和俄罗斯科学家 Nicolai E. Joukowski，各自独立提出了升力产生的物理理论，并将其用数学公式表示出来。特别地，Kutta 假定由粘性效应所产生的环流的强度刚好足以将尾部驻点移动到后缘，从而在后缘附近维持平稳的气流。他认为，过多或过少的环流不一定会引起稳定的且具有物理意义的流动，并且该实际粘性流场从物理上要求尾部驻点保持在后缘处，因为当其离开时，后缘两侧气流的速度必须是相同的。这将确保压力或速度没有跳跃，因此要求气流在后缘平稳流动。后缘畅通的条件决定环流的强度，这个条件被称为 Kutta 条件。它允许将有限的环流叠加在已知强度的理想流场上，从而在实际粘性气流中的机翼上产生正确的流动模式，这种气流具有非常少量的粘性耗散。因此，在这种情形下，真实的流场趋近于理想的流动，符合雷诺数大的情况，$Re=\dfrac{\rho Ud}{\mu}$。雷诺数是一个无量纲的惯性粘性力，式中分子是所述流体中的自由流的密度 ρ，自由流速度 U 和一个特征距离 d 之间的乘积，而分母是粘度系数 μ。特征距离通常取为平均气动弦长 $\bar{\bar{c}}$。顺便提一下，如果气流的雷诺数过高，气流在翼面上某些点不再是层流，在经历气流分离和升力损失的情况下转变为湍流。因此，若气流要保持附着在一起，气流的雷诺数需要达到最优，这是产生升力的必要条件。

考虑到围绕翼面的理想气流能量守恒的伯努利定理，我们建立压力 p 与翼面上下两侧的速度扰动 q 的关系方程

$$p_u+\frac{1}{2}\rho(U+q_u)^2=p_l+\frac{1}{2}\rho(U+q_l)^2 \tag{2-18}$$

因此

$$p_l-p_u=\rho(q_u-q_l)\left(U+\frac{q_u+q_l}{2}\right) \tag{2-19}$$

因此，升力为

$$L=\int_0^{\bar{\bar{c}}}(p_l-p_u)\,\mathrm{d}x=\rho\int_0^{\bar{\bar{c}}}(q_u-q_l)\left(U+\frac{q_u+q_l}{2}\right)\mathrm{d}x \tag{2-20}$$

当满足 $U\gg\frac{(q_u+q_l)}{2}$

$$L=\int_0^{\bar{\bar{c}}}(p_l-p_u)\,\mathrm{d}x=\rho U\int_0^{\bar{\bar{c}}}(q_u-q_l)\,\mathrm{d}x=\rho U\Gamma \tag{2-21}$$

上式可重写为

$$L=\int_0^{\bar{\bar{c}}}(p_l-p_u)\,\mathrm{d}x=\rho U^2\,\bar{\bar{c}}\int_0^1\frac{(q_u-q_l)}{U}\,\frac{\mathrm{d}x}{\bar{\bar{c}}}=\rho U^2\,\bar{\bar{c}}\hat{\Gamma}=\rho U\Gamma \tag{2-22}$$

这就是 Kutta－Joukowski 定理，它揭示了围绕机翼的环流、涡流与升力之间的关系。

2.8　空气动力学的力和力矩

由 2.7 节可知，对于稳定的无粘性气流，Kutta－Joukowski 定理通过下式建立升力与围绕机翼的环流、涡流之间的关系

$$L=\rho U^2\,\bar{\bar{c}}\oint_\Sigma\hat{\boldsymbol{u}}\cdot\mathrm{d}\hat{\boldsymbol{l}}=\rho U^2\,\bar{\bar{c}}\hat{\Gamma}=\rho U\Gamma \tag{2-23}$$

其中，环流 Γ 定义顺时针方向为正方向。$\hat{\Gamma}$ 为相对于流体密度 ρ 的无量纲单位升力，$\bar{\bar{c}}$ 为平均气动弦长，U 为自由流速度的平方。这一乘积（通常乘以 2）称为升力系数，常用 C_L 表示。对无粘性流体非加速运动

$$\frac{\mathrm{d}}{\mathrm{d}t}\hat{\Gamma}=\frac{\mathrm{d}}{\mathrm{d}t}\oint_\Sigma\hat{\boldsymbol{u}}\cdot\mathrm{d}\hat{\boldsymbol{l}}=0 \tag{2-24}$$

且

$$\hat{\Gamma}=\oint_\Sigma\hat{\boldsymbol{u}}\cdot\mathrm{d}\hat{\boldsymbol{l}}=\text{常数} \tag{2-25}$$

当翼面从静止开始，在运动之前，流体中的净环流为零。因此，$\hat{\Gamma}$ 方程则为开尔文定理的简易数学表达，即任意时刻理想流体的总环流量（即总涡流量）必须保持为零。换句话说，若无粘性流体中产生了新的涡流或环流（即通过库塔条件的应用），则必须伴随着一个大小相等、方向相反的涡流产生，该涡流通常分布在后缘后面的尾流中。然而，由于

涡流扩散到尾流并分布其内而不产生任何的力，因此，真正起作用的力即为作用于机翼上的力。然而这种扩散的涡流表现为动能损失，产生诱导阻力。能量源是施加在机翼上的循环的能量。因此，尽管在处理气流的势能守恒问题时，整体上没有能量耗散，但是机翼附近的能量会向远场区域传输。正是这些从机翼附近传输出去的能量产生了诱导阻力或者涡流阻力。由于流场域实际上是无限大的，因此该区域内的能量守恒并没有太大的作用。在处理机翼问题上，必须考虑用包含机体的一个子域来计算作用在它上面的力和力矩。

由于机翼末梢涡流的形成，显著地加剧了有限翼展机翼上涡流扩散，如图 2-3（a）所示。成对的涡流通过气动过程在飞行器的尾流处产生，这种过程直接关系到升力的产生。穿过每个机翼前缘的气流形成了一个从翼型表面分离的边界层，并卷成一个螺旋状的涡流片。在机翼后缘后侧的一定距离处，分离的气流流线汇聚成一种包含一对涡流的主气流模式，而这对涡流以等同于翼展的距离分隔开来。每个紧密结合的涡流核心的直径仅约为翼展的 3%。这种涡流非常稳定，可以在飞行器之后持续很长的距离。小型飞行器机翼产生的翼尖涡流对尾流的影响可以忽略，而大型和重型飞行器机翼产生的翼尖涡流对于跟随其后甚至数英里之外的飞行器都是非常危险的。翼尖涡流构成整个尾迹上升涡流的一部分，大型飞行器尾流中的扰动会导致抖动、不稳定性、不可控的滚转以及跟随飞行器飞行高度的骤降。这是由于成对涡流之间的流场会诱导下降气流的产生，而在涡流上方会产生上升气流，从而在涡流附近导致严重的风梯度。由于飞行器被强大的尾流冲击后，飞行员无法完全控制飞行器，尾涡效应导致许多致命的事故的发生，尤其是着陆进场过程中的低高度飞行时，事故更加频繁。

理论上，在一个不可压缩气流或可压缩的粘性气流中，作用于机翼上的时间相关的力和力矩是可以预测的。对于这种气流，仅知道它在围绕机体附近有限的可任意选择的区域的速度场或者涡流场。此外，力和力矩可简易地表示为涡流力矩和时间导数的积分（见 Ashley 和 Landahl [1965]），这对理解作用于机翼上的力和力矩的性质十分有用。对本书而言，定义一组无量纲的气动系数会更加方便，它们可被用于表示作用在机翼上的力和力矩。

一个强度为 $\bar{\gamma}\,\bar{\bar{c}}$ 的独立涡流位于弦长为 $\bar{\bar{c}}$ 且无限翼展的薄翼表面上，薄翼以速度 U、角度 α 处于均质自由流中。薄翼引起的总环量为

$$\Gamma = \int_0^{\bar{\bar{c}}} \bar{\gamma}\,\bar{\bar{c}}\,\delta(x - x_\gamma)\,\mathrm{d}x = \bar{\gamma}\,\bar{\bar{c}} \tag{2-26}$$

垂直作用在单位翼展上的标准总吸力为 $N = \rho U \bar{\bar{c}} \bar{\gamma} \cos\alpha$ ，而作用在单位翼展上的向前推力为 $T = \rho U \bar{\bar{c}} \bar{\gamma} \sin\alpha$ 。单位翼展上的升力为（与自由流的方向正交）

$$L = N\cos\alpha + T\sin\alpha = \rho U \bar{\bar{c}} \bar{\gamma} \tag{2-27}$$

单位翼展上的相应净阻力为（方向沿着速度方向）

$$D = N\sin\alpha - T\cos\alpha = 0 \tag{2-28}$$

假设涡流的强度与垂直于翼面的速度（ $U\sin\alpha$ ）成正比，那么单位翼展的升力为

$$L = K_\gamma \rho U^2\, \bar{\bar{c}} \sin\alpha \tag{2-29}$$

式中假设 $\bar{\gamma} = K_{\gamma} U \sin\alpha$。

也可以通过将均匀流中的环线映射到薄翼上的方法来对薄翼附近的气流进行精确的分析。这种方法会产生沿着薄翼表面的漩涡的非均匀分布 $\gamma(x)$，总环量为

$$\Gamma = \int_0^{\bar{\bar{c}}} \gamma(x)\,\mathrm{d}x \tag{2-30}$$

虽然完整的分析已经超出了本章讨论的范围，我们仍然给出单位翼展上的总升力的表达式

$$L = \pi\rho U^2 \bar{\bar{c}} \sin\alpha \tag{2-31}$$

因此，上述讨论提供了有效的简化分析方法，$K_{\gamma} = \pi$ 单位翼展上的无量纲升力可以表示为

$$C_L = \frac{L}{\frac{1}{2}\rho U^2 \bar{\bar{c}}} = 2\hat{\Gamma} = 2\pi\sin\alpha \tag{2-32}$$

2.8.1 气动系数

假定机翼是无限翼展和均匀弦的直翼，考虑力和力矩作用在一个典型的机翼剖面上。按照惯例，升力、俯仰力矩和阻力通常假定作用在沿着翼剖面弦或机翼弦上的点，方向为垂直或者平行的气流方向。这些方向示于图 2-3（b）。

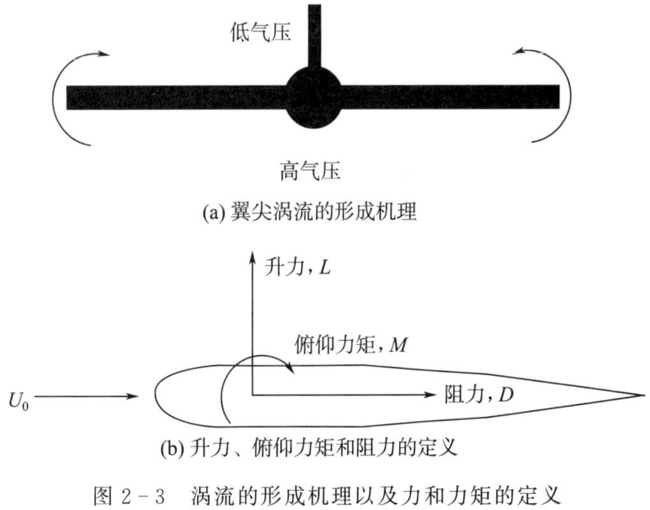

图 2-3　涡流的形成机理以及力和力矩的定义

升力、俯仰力矩和阻力通常用无量纲的升力、俯仰力矩和阻力表示。无量纲的翼剖面升力系数 C_L、翼剖面俯仰力矩系数 C_m 和翼剖面阻力系数 C_D 与翼剖面升力 L，翼剖面俯仰力矩 M 和翼剖面阻力 D 的关系为

$$L = \frac{1}{2}\rho U_0^2 \times S \times C_L \tag{2-33a}$$

$$M=\frac{1}{2}\rho U_0^2\times S\times c_{\text{ref}}\times C_m \tag{2-33b}$$

且

$$D=\frac{1}{2}\rho U_0^2\times S\times C_D \tag{2-33c}$$

其中，ρ 为自由流密度，U_0 为自由流相对于机翼的速度，c_{ref} 为参考机翼弦长，$\bar{c}$ 通常为平均气动弦长，S 为参考面积，通常情况下为机翼平面面积 S_W 。升力系数 C_L 的一个重要特征是根据它在理想流场（不可压缩的无粘性气流）中翼型为薄翼的假设分析而确定的。它在理想气流假设下的解析表达式为

$$C_L=C_{L0}+2\pi\times\sin\alpha \tag{2-34}$$

当参考坐标轴也是零升力线时，$C_{L0}=0$；即当 $\alpha=0$ 时，$C_L=0$。

升力系数相对于攻角 α 的变化也可以通过风洞实验的方法确定。在几乎所有的实验中，攻角 α 的值在小于临界值 α_s 时，其中 $\alpha_s\approx12°$ ，升力与 α 成正比关系。对于 $\alpha<\alpha_s\approx12°$，$C_L$ 可表示为

$$C_L=C_{L0}+\left.\frac{\mathrm{d}C_L}{\mathrm{d}\alpha}\right|_{\alpha=0}\alpha=\left.\frac{\mathrm{d}C_L}{\mathrm{d}\alpha}\right|_{\alpha=0}(\alpha-\alpha_0) \tag{2-35}$$

其中 $C_{L0}\equiv-\left.\frac{\mathrm{d}C_L}{\mathrm{d}\alpha}\right|_{\alpha=0}\alpha_0$，$\alpha_0$ 为零升攻角。通过分析可以知道

$$\frac{\mathrm{d}C_L}{\mathrm{d}\alpha}=a_\infty=2\pi \tag{2-36}$$

而实际实验确定的值通常要小很多。一个典型的 C_L 与 α 之间关系的实验值曲线，如图 2-4（a）所示。对于绝大多数常规的或者其他类型的飞行器，最大升力系数 C_L 在飞行器整体设计过程中起着至关重要的作用。飞行器的最小速度直接关系到起飞和着陆的距离，如果 C_L 的最大值 $C_{L_{\max}}$ 取值较大，将允许飞行器低速飞行。通过机翼获得的最大升力系数取决于机翼部分，或者在某种程度上，取决于机翼的几何形状。有着较大前缘半径的较厚翼型，其 $C_{L_{\max}}$ 的取值较大。

然而，大多数现代飞行器使用高升力装置来提高升力，如襟翼和缝翼。有着较大前缘半径的较厚翼型，其 $C_{L_{\max}}$ 的取值远远超过简单机翼的最大升力系数。最大升力系数 $C_{L_{\max}}$ 取决于襟翼或缝翼系统的类型，襟翼（前缘装置）占用的弦长，以及襟翼所占的翼展。由于一些机翼要求有副翼控制面，大多数的飞行器并没有全翼展长度的襟翼。

襟翼和缝翼可通过以下几种方法来增大最大升力系数［图 2-4（b）和图 2-4（c）］。

1）新型缝翼和开缝襟翼延长了机翼的前缘和后缘，提供一个更大的有效机翼面积。因此，当将增加的面积考虑在内，基于机翼参考面积的 C_L 值便会自动增大。

2）缝翼和开缝襟翼创建了一个通道，供机翼下表面的空气流动到机翼的上表面。尤其在大攻角情况下，下表面的压力梯度远没有上表面严重。因此，下表面边界层空气比上表面边界层的空气具有更高的冲力。这种较高冲力的空气通过这些通道（或缝隙）注入到上表面的边界层，以提供更多的冲力来克服压力梯度并保持空气不分离。

3）襟翼为机翼增加有效弯度。

最大升力与气流分离有关，在稳定的飞行中，常伴随着飞行器的失速。在气流中，邻近飞行器机体表面的一小块区域，存在一个边界层。在该区域，粘性应力起着重要作用，它使得阻力增加，从而导致机翼失速。为了说明气流分离和失速的现象，我们考虑机翼顶部表面的二维气流。由于采用的是理想气流理论进行计算，当气流流向后缘，机翼上表面的后面部分的压力逐渐增加。因此，气流的动量必须足够克服这种相反的压力梯度。在理想气流理论中，气流的动量足以将气流在后缘处返回到停滞状态。对于机翼表面的实际气流，当气流流经表面时，有附加的力作用于空气上。这主要源于机翼表面的粘性应力（表面摩擦力），它反作用于空气的运动，有减小边界层中流体速度的效果。如果压力与摩擦力的联合作用足以使机翼表面的速度为零，则气流将会从表面分离。这种现象称为“分离”。若这种分离发生在任意位置，而不仅仅局限于机翼后缘附近，它在机翼上产生的力将会使飞行器“失速”。由于气流不再依附于机翼的上表面，机翼上的压力分布并不是理想的，升力会减小，有时是非常突然的。由于分离的流动区域非常动荡，飞行器失速也会导致不稳定的振动和抖振。

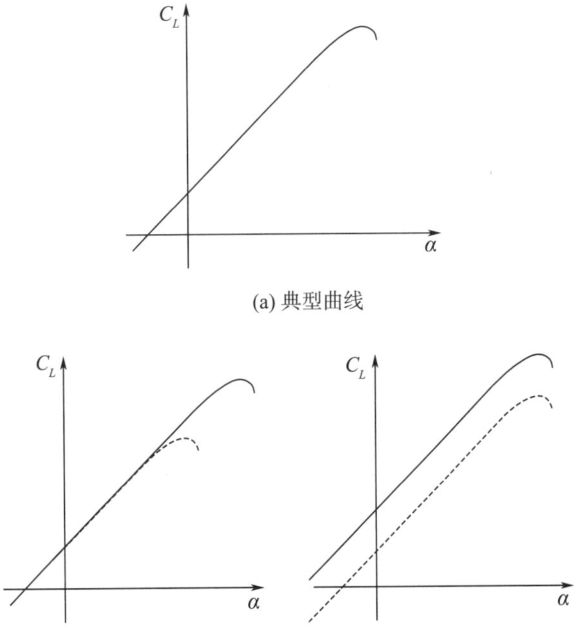

(a) 典型曲线

(b) 缝翼　(c) 襟翼

图 2-4　机翼升力系数随攻角的变化曲线

2.8.2　机翼阻力

气动阻力的计算由三部分组成：形阻力、摩擦阻力和诱导阻力，它通常由风洞中产生的测试数据估计得到。飞行器整体模型或者部分组件可通过特殊的支架悬挂在风洞中，利用气动平衡测量作用于该组件上的力和力矩。风洞试验通常在结构相似而参数取值不同

（不同的攻角或者侧滑角）的条件下进行，所获得的数据通过无量纲化和重新解释以获得相关组件的气动阻力值。计算飞行器阻力所采用的最普遍的方法是先分别估计各部件的阻力，再将各部分阻力求和得出总阻力。典型的总阻力系数和其中的形阻力、诱导阻力系数随等效空气速度（海平面）的变化曲线如图 2-5（a）所示。

不幸的是，阻力的最小值和升力的最大值并不是产生在同一攻角处，阻力的最小值产生于 1°，而升力的最大值产生于大约 15°。因此，需要通过考虑升力与阻力相对于攻角的变化率进行折中。图 2-5（b）中显示了当 $\alpha \approx 4^\circ$ 时的变化率曲线。曲线表明当攻角超过了失速角后，L/D 的值会急剧下降。这是在失速前阻力增加率急剧上升导致的。

当 L/D 比率达到最大值时，维持飞行速度的推力最小。随着攻角增大，阻力系数和平衡飞行需要较低的飞行速度。随着逐渐接近失速角，不断增大的阻力系数比速度的降低有更大的影响。相比于其他速度，在失速时需要更大的推力。另一方面，由于可输出的推力是有限的，因此最大的速度主要取决于发动机的功率。

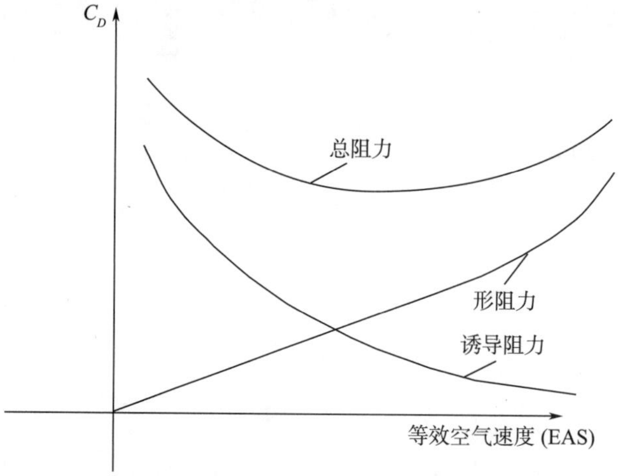

(a) 机翼阻力分量与等效空气速度(海平面)之间的关系曲线

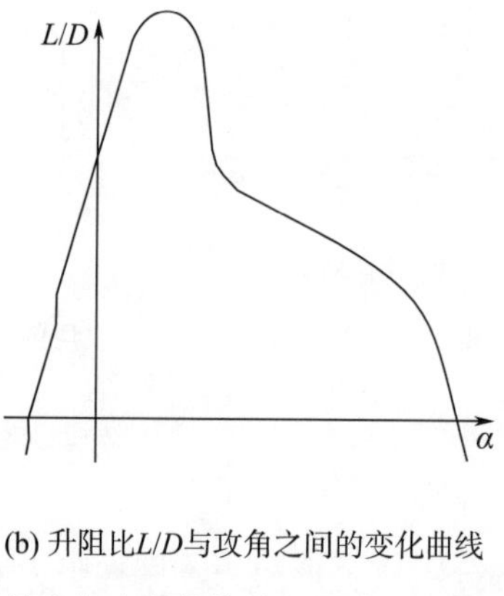

(b) 升阻比L/D与攻角之间的变化曲线

图 2-5　阻力系数与等效空气速度的关系以及升阻比与攻角之间的关系

2.8.3　飞行器升力公式和升力曲线斜率

飞行器的升力系数主要由翼身分量和尾翼分量组成。因此

$$C_L = C_L^{wb} + \frac{S_T}{S} C_L^{\mathrm{T}} \tag{2-37}$$

其中，尾翼面积 S_T 与机翼面积 S_W 之比作为无量纲的尾翼升力的衡量因子，通过将尾翼升力除以尾翼面积和动压的乘积而获得。

机翼对升力的贡献在于机翼本身，其表达式为

$$C_L^{wb} \approx a(\alpha_w - i_0), \frac{\mathrm{d}C_L^{wb}}{\mathrm{d}\alpha} = a \tag{2-38}$$

其中 α_w 为机翼攻角，i_0 为零升攻角。

对于一个无限翼展、有限厚度的矩形直翼，在马赫数较低的情况下，a 的近似表达式为

$$a_\infty = 5.65\left(1 + 0.8\frac{t}{c}\right) \tag{2-39}$$

其中 $t = t_{\max}$ 为机翼的最大厚度值，c 为机翼弦长。在有限的展弦比［展弦比，AR =(机翼翼展)^2/(机翼面积)］和相对较低的马赫数条件下，a 的近似表达式为

$$a = \frac{\pi a_\infty AR}{a_\infty + \pi\sqrt{AR^2 + 4}} \tag{2-40}$$

在不同的展弦比条件下，典型的由实验确定的 C_L 随 α 的变化曲线如图 2-6（a）所示。

尾翼平面对升力系数的贡献 C_L^{T}，可用下式表示，其中 α^{T} 为尾翼攻角，η = 上升角，β = 配平片角，a_1 = 尾翼面升力系数，a_2 = 升降舵升力系数，a_3 = 配平片升力系数

$$C_L^{\mathrm{T}} = a_1\alpha^{\mathrm{T}} + a_2\eta + a_3\beta \tag{2-41}$$

其中，C_L^{T} 还可定义为

$$C_L^{\mathrm{T}} = \frac{L^{\mathrm{T}}}{\frac{1}{2}\rho U_0^2 \times S^{\mathrm{T}}} \tag{2-42}$$

尾翼攻角 α^{T} 或者尾翼攻角与飞行器的攻角、尾翼面安定角 i_T、下洗角 ε（由于尾翼上的空气流经机翼）之间的关系如下所示

$$\alpha^{\mathrm{T}} = \alpha + i_T - \varepsilon \tag{2-43}$$

其中，飞行器的攻角 α 在图 2-6（b）中给出了定义。俯仰角 $\theta = \alpha + \gamma$，其中 α 为攻角，γ 为爬升角或航迹倾角。

下洗角 ε 代表了机翼对尾翼的干扰影响。在平稳的气流条件下，$\frac{\partial\varepsilon}{\partial\alpha}$ 以飞行器攻角 α 的形式进行经验计算，其中飞行器攻角也常用机翼攻角 α_w 表示，即

$$\alpha = \alpha_w - i_w \tag{2-44}$$

其中 i_w 为机翼安定角［图 2-6（c）］。下洗 ε 可近似表达为

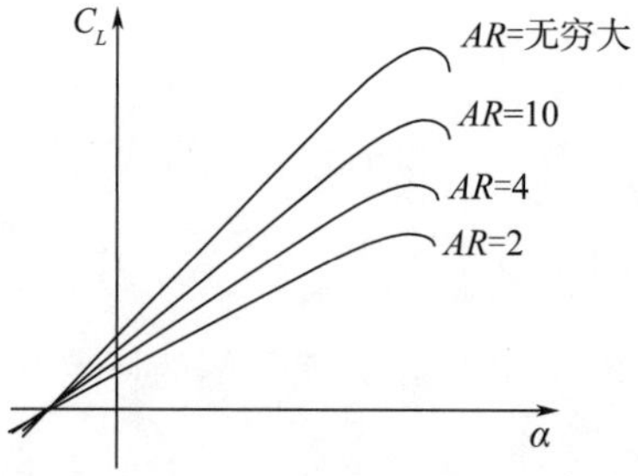

(a) 不同展弦比的机翼随攻角变化的机翼升力系数曲线

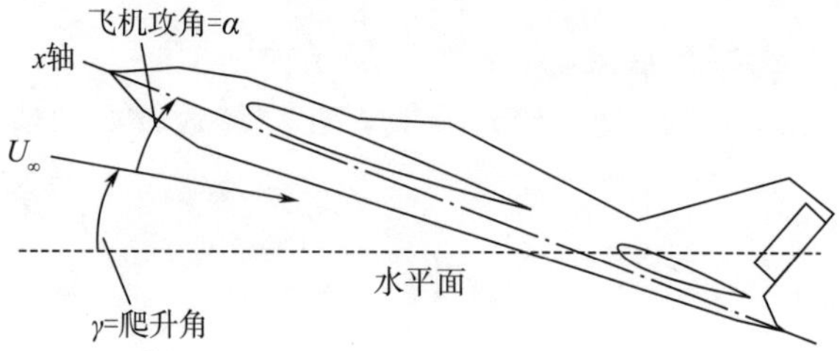

(b)飞机攻角和爬升角定义

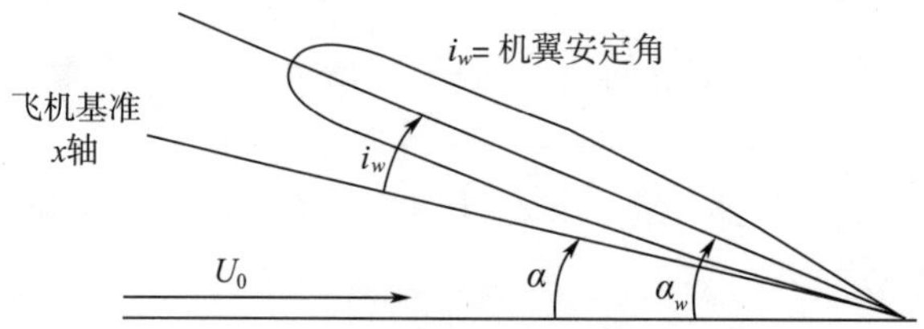

(c) 机翼安定角的定义

图 2-6

$$\varepsilon = \frac{\partial \varepsilon}{\partial \alpha}(\alpha_w - i_0) \tag{2-45}$$

其中 i_0 为零升攻角。

因此，α^{T} 为尾翼攻角，可表示为

$$\alpha^{\mathrm{T}} = (\alpha_w - i_0)\left(1 - \frac{\partial \varepsilon}{\partial \alpha}\right) + i_T + i_0 - i_w \tag{2-46}$$

而尾翼攻角可表示为

$$\alpha^{\mathrm{T}} = \frac{C_{Lw}}{\dfrac{\partial C_{Lw}}{\partial \alpha_w}}\left(1 - \frac{\partial \varepsilon}{\partial \alpha}\right) + i_T + i_0 - i_w \tag{2-47}$$

参照机翼的零升曲线，通过下述关系式定义的 η_T

$$\eta_T = i_T + i_0 - i_w \tag{2-48}$$

为尾翼面零升线的角度。因此，尾翼面的攻角可表示为

$$\alpha^T = \frac{C_{Lw}}{\frac{\partial C_{Lw}}{\partial \alpha_w}}\left(1 - \frac{\partial \varepsilon}{\partial \alpha}\right) + \eta_T \tag{2-49}$$

当升降舵和配平片固定，飞行器升力系数对于攻角的导数可表示为

$$\frac{\partial C_L}{\partial \alpha} = a + \frac{S_T}{S} a_1 \left(1 - \frac{\partial \varepsilon}{\partial \alpha}\right) \tag{2-50}$$

其中，机翼升力曲线斜率 $a = \frac{\partial C_L^{wb}}{\partial \alpha_w}$，$a_1$ 为尾翼面升力系数对于攻角的导数。

2.8.4　压心

压心是翼弦中的一点，在前缘的后面，其气动俯仰力矩为零。机翼上、下表面的气动压力的代数和产生一个合力，它具有确定的幅度和方向，可被视为作用于压心（CP）。压心的力矩为零。随着攻角的增大，压心的位置逐渐趋近于其重心。这种运动的结果是翼身升力相对整体气动力矩没有影响，只能通过控制尾翼升力使其产生显著变化。

2.8.5　气动中心

气动中心（AC）是翼弦上的一点，该点的俯仰力矩独立于攻角，即气动中的俯仰力矩系数相对于攻角的导数为零，$\frac{\partial C_m}{\partial \alpha} = 0$。在对称翼情况下，压心的位置是固定的，与气动中心一致。在弧形翼情况下，压心的位置通常位于气动中心之后。在亚声速情形下，气动中心位于接近四分之一弦长位置，即距离前缘后面 25% 的弦长。在超声速情形下，其位置移向尾部，靠近弦长中点位置。

2.8.6　俯仰力矩公式

气动俯仰力矩是所有气动力作用在飞行器表面上的力矩总和。它通常需要指定力矩的作用点。通常一个机翼或翼型的气动力矩取在前缘附近或前四分之一弦长位置。翼型的压力分布可能产生一个力矩，即使其升力为零。

任意点 x 的机翼俯仰力矩系数可利用气动中心处机翼俯仰力矩和机翼升力系数表示，其中 x 从机翼前缘开始测量并假定后缘方向为正方向

$$C_{m_x}\big|_{\text{wing-boby}} = C_{m_0} + \frac{(x - x_{ac})}{\bar{\bar{c}}} C_L^{wb} \tag{2-51}$$

对于一架飞行器，不但要考虑其机翼升力和力矩，还应考虑其尾翼升力。参照图 2-7 可知，基于重心的力矩和作用在气动中心的气动力和外部转矩具有如下关系

$$M_{cg} = M_{wb} + L_{wb}(x_{cg} - x_{ac}) - L_T l_T \tag{2-52}$$

其中 l_T 为尾翼气动中心相对于飞行器重心的水平距离（l_T 被称为尾力臂）。

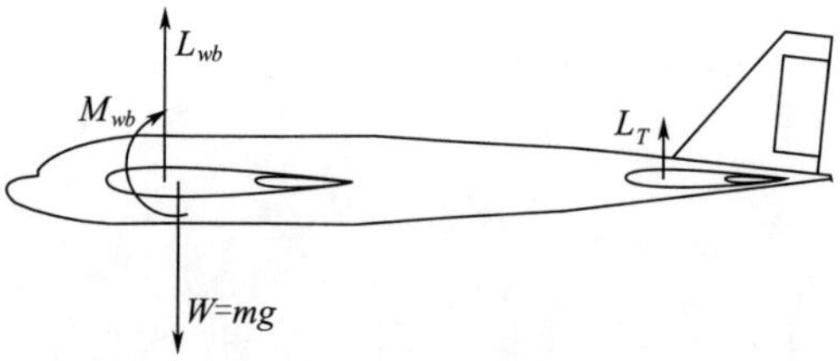

图 2-7　作用于飞行器上的力和力矩简化图

俯仰力矩对于进行飞行器稳定和配平分析有着重要作用。弧形机翼有机头向下的俯仰力矩（在零升力处），而对称翼型具有零力矩。

将俯仰力矩方程除以 $\dfrac{\rho U_0^2 S_W \bar{\bar{c}}}{2}$

$$C_{M_{cg}}=C_{M0}+\frac{(x_{cg}-x_{ac})}{\bar{\bar{c}}}C_L^{wb}-C_L^{\mathrm{T}}\frac{S_T}{S_W}\frac{l_T}{\bar{\bar{c}}} \tag{2-53}$$

然而

$$C_L^{wb}=C_L-C_L^{\mathrm{T}}\frac{S_T}{S_W} \tag{2-54}$$

且

$$C_{M_{cg}}=C_{M0}+\frac{(x_{cg}-x_{ac})}{\bar{\bar{c}}}C_L-C_L^{\mathrm{T}}\frac{S_T}{S_W}\frac{l_t}{\bar{\bar{c}}} \tag{2-55}$$

其中，$l_t=l_w+l_T$，l_w 为机翼气动中心相对于飞行器重心的水平距离，l_T 为尾力臂。

$$\bar{V}_T=\frac{S_T}{S_{\mathrm{ref}}}\times\frac{l_t}{\bar{\bar{c}}} \tag{2-56}$$

为尾翼体积比。某些时候，如果力臂的定义不同，体积比也相应地不同。这里，我们认为 $l_t \approx l_T$。

因此，飞行器的俯仰力矩系数为

$$C_{M_{cg}}=C_{M0}+C_L\frac{(x_{cg}-x_{ac})}{\bar{\bar{c}}}-\bar{V}_T C_{L_T} \tag{2-57}$$

其中，S_{ref} 为用于计算尾翼体积比 $\bar{V}_T$ 的参考面积（通常等于 S_W），尾翼升力系数 C_{L_T} 等于尾翼对升力系数 C_L^{T} 的贡献分量

$$C_{L_T}=C_L^{\mathrm{T}}\frac{S_{\mathrm{ref}}}{S_W}=C_L^{\mathrm{T}}=a_1\alpha^{\mathrm{T}}+a_2\eta+a_3\beta \tag{2-58}$$

且

$$\alpha^{\mathrm{T}}=\frac{C_L^{wb}}{a}\left(1-\frac{\partial\varepsilon}{\partial\alpha}\right)+\eta_T\approx\frac{C_L}{a}\left(1-\frac{\partial\varepsilon}{\partial\alpha}\right)+\eta_T \tag{2-59}$$

除非另有说明，我们假定 $S_{\mathrm{ref}}=S_W=S$。

我们进一步假定

$$\frac{\partial CL}{\partial \alpha}=a+\frac{S_T}{S_W}a_1\left(1-\frac{\partial \varepsilon}{\partial \alpha}\right)\approx a\,,\ \frac{\partial C_{L_T}}{\partial \alpha}=a_1\left(1-\frac{\partial \varepsilon}{\partial \alpha}\right) \tag{2-60}$$

因此

$$\frac{\partial C_{M_{cg}}}{\partial C_L}=\frac{(x_{cg}-x_{ac})}{\bar{\bar{c}}}-\bar{V}_T\frac{a_1}{a}\left(1-\frac{\partial \varepsilon}{\partial \alpha}\right)=h_{cg}-h_{ac}-\bar{V}_T\frac{a_1}{a}\left(1-\frac{\partial \varepsilon}{\partial \alpha}\right)\equiv h_{cg}-h_n \tag{2-61}$$

其中，h_{ac} 表示机翼气动中心的无量纲位置，h_n 表示飞行器在气动中心的无量纲位置，即

$$h_n=h_{ac}+\bar{V}_T\frac{a_1}{a}\left(1-\frac{\partial \varepsilon}{\partial \alpha}\right) \tag{2-62}$$

进一步地，对于操纵杆的一个固定位置，其力矩公式可表示为

$$C_{M_{cg}}=C_{M_0}+C_L\frac{(x_{cm}-x_{ac})}{\bar{\bar{c}}}-\bar{V}_T\left[\frac{a_1}{a}\left(1-\frac{\partial \varepsilon}{\partial \alpha}\right)C_L+a_1\eta_T+a_2\eta+a_3\beta\right] \tag{2-63}$$

或者

$$C_{M_{cg}}=C_{M_0}+C_L(h_{cg}-h_n)-\bar{V}_T(a_1\eta_T+a_2\eta+a_3\beta) \tag{2-64}$$

其中

$$C_L=C_L^{wb}+\frac{S_T}{S_W}C_L^{\mathrm{T}} \tag{2-65}$$

上述公式通常被称为固定操纵杆俯仰力矩公式，在静稳定分析中，“操纵杆固定”在配平和飞行器控制中具有重要的作用。

2.8.7 升降铰链力矩系数

升降铰链力矩系数可采用类似于尾翼平面升力系数的方式进行计算

$$C_H=b_1\alpha^{\mathrm{T}}+b_2\eta+b_3\beta \tag{2-66}$$

其中

$$C_H=\frac{H}{\frac{1}{2}\rho U_0^2\times S^{\mathrm{flap}}\times c^{\mathrm{flap}}} \tag{2-67}$$

式中　H ——作用于襟翼上的气动铰链力矩；

S^{flap} ——襟翼参考面积；

c^{flap} ——襟翼平均弦长。

本章重点

• **标准大气**

世界各地的航空工程师普遍接受采用一个通用标准来度量大气特性。因此，国际标准大气应运而生。

• **气动升力、阻力和俯仰力矩**

升力、俯仰力矩和阻力通常定义为无量纲的升力系数、俯仰力矩系数和阻力系数。无量纲的翼剖面升力系数 C_L 、翼剖面俯仰力矩系数 C_m 、翼剖面阻力系数 C_D 与翼剖面升力 L、翼剖面俯仰力矩 M、翼剖面阻力 D 之间的关系为

$$L=\frac{1}{2}\rho U_0^2\times S\times C_L, M=\frac{1}{2}\rho U_0^2\times S\times c\times C_m, D=\frac{1}{2}\rho U_0^2\times S\times C_D$$

其中 ρ 为自由气流密度，U_0 为自由流相对翼型的速度，c 为翼型弦长，S 为机翼平面的参考面积。

• **气动升力**

主要特征：

当 α 小于临界值时，气动升力与 α 之间是线性关系。

当超过 $\alpha=\alpha_s$ 时，机翼表面的气流会逐渐分离，使得升力减小，从而导致飞行器“失速”。

通过机翼获得的最大升力系数取决于机翼部分，或者在某种程度上，取决于机翼几何形状。

有着较大前缘半径的较厚翼型，其最大升力 $C_{L_{\max}}$ 取决于襟翼或缝翼系统的类型，襟翼（前缘装置）占用的弦长以及襟翼所占的翼展。

由于一些机翼要求有副翼控制面，大多数的飞行器并没有全长的襟翼。

对于一些较小的负值 α ，机翼的升力系数为零，即为零升攻角，$\alpha=\alpha_0$。

机翼对尾翼的干扰影响通常用下洗 ε 表示。尾翼攻角 α^{T} 或者尾翼攻角与飞行器的攻角，尾翼面安定角 i_T ，下洗角 ε（由于尾翼上的空气流经机翼）有关。

• **气动阻力**

气动阻力主要有两个部分构成：外形阻力和诱导阻力。

外形阻力本身又包含两个部分：形阻力和表面摩擦阻力。形阻力是由于飞行器的有限形状而导致的机身周围流线气流的结果。表面摩擦阻力为飞行器表面与包裹飞行器气流之间形成的粘性摩擦阻力。形阻力和表面摩擦阻力随着空速平方而成比例增大。

诱导阻力在很大程度上由上下表面气流在后缘处的交汇引起，在某些限定的角度将导致形成翼尖涡流。由于翼尖涡流在高速情况下会以很快的速率消失，因此随着速度的增加，诱导阻力将减小。

• 俯仰力矩

气动俯仰力矩是所有气动力作用在飞行器表面上的力矩总和。翼型的压力分布可能产生一个力矩，即使其升力为零。

俯仰力矩对于进行飞行器稳定和配平分析有着重要作用。

• 气动中心

气动中心（AC）是机翼弦长上的一点，该点的俯仰力矩独立于攻角，即气动中心俯仰力矩系数相对于攻角的导数为零，$\frac{\partial C_M}{\partial \alpha}=0$。

参 考 文 献

［1］ Schetz，J. A.，*Foundations of boundary layer theory for momentum，heat and mass transfer*，Prentice Hall，1984.

［2］ Shapiro，A. H.，*The Dynamics and Thermodynamics of Compressible Fluid Flow*，*Volume* 1. Ronald Press. 1953.

［3］ Ashley H. & Landahl M.，*Aerodynamics of Wings and Bodies*，Addison - Wesley，Reading，Massachusetts，1965.

练　习

1. 一架飞行器飞行于 $h=12\ 000$ m 的高空，其俯仰力矩为 $M=0.8$。

a）海平面的空气密度和声速分别为多少？

b）在高度 $h=12\ 000$ m 处，其空气密度和声速分别为多少？

c）在高度 $h=2\ 000$ m 处，其空气密度为多少？

2. 一架美国飞行器飞行于 $h=30\ 000$ ft 的高空，其俯仰力矩为 $M=0.8$。

a）海平面的空气密度和声速分别为多少？

b）在高度 $h=30\ 000$ ft 处，其空气密度和声速分别为多少？

3. 假定剖面升力系数随翼展变化的方程式如下

$$C_L=C_{L0}\sqrt{1-\eta^2},0\leqslant\eta\leqslant 1,\eta=\frac{y}{s}$$

其中，对于恒定弦长的常规机翼，其机翼升力系数为

$$C_{Lw}=\frac{2s}{S}\int_0^1 C_L c(\eta)\,\mathrm{d}\eta=\frac{2sc_0}{S}C_{L0}\ \frac{\pi}{4}$$

升力中心表达式为

$$\bar{y}_{CL}=\frac{4s}{3\pi}$$

因此，对于一个梯形平面，其升力系数为

$$C_{Lw}=\frac{2s}{S}\int_0^1 C_L c_0\left[1-\eta(1-\lambda)\right]\mathrm{d}\eta=\frac{2sc_0}{S}C_{L0}\left(\frac{\pi}{4}-\frac{(1-\lambda)}{3}\right)$$

4. 一个椭圆平面形状的机翼（翼展为 $b=7.2$ m，根弦为 $c_0=1.2$ m）以攻角 $\alpha=2°$，空速 $V=30$ m/s，高度 $h=2\ 000$ m［其空气密度：$\rho=1.0\ \mathrm{kg/m^3}$，声速：$a=332.5$ m/s，粘度系数：$\mu=1.73\times10^{-5}$ kg/（m・s）］飞行。

机翼的横截面是具有以下特征的翼型：

零升攻角：$\alpha_0=-1.2°$，升力曲线斜率：$C_{L\alpha}\big|_{AR=\infty}=\frac{0.112}{\deg}$。

攻角 $\alpha=2°$时的阻力系数：$C_{D0}=0.01$，力矩系数：$C_{M_{ac}}=-0.04$。

对于一个椭圆翼，假定

$$C_{L\alpha}=\frac{C_{L\alpha}\big|_{AR=\infty}}{1+\frac{C_{L\alpha}\big|_{AR=\infty}}{\pi AR}},C_D=C_{D0}+\frac{C_L^2}{\pi AR}$$

其中 AR 为纵横比，C_L 为机翼升力系数。

a）求解机翼的升力曲线斜率。

b）攻角 $\alpha=2°$时，计算机翼的升力系数和阻力系数。

c）攻角 $\alpha=2°$时，计算机翼的升力、阻力和俯仰力矩。

d）计算马赫数和雷诺数。

5. 考虑NACA4415翼型和典型的梯形平面形状：根弦为2.2 m，梢弦为1.2 m，翼展为8 m，前缘后掠角=15°。

a）计算平均几何弦长，平面面积，纵横比，锥度比，平均气动弦长。

b）当雷诺数为 3×10^6 时，计算机翼升力曲线斜率。

c）确定（并绘制）从零攻升角到失速点的升力曲线。

d）利用表格数据，找到最大的升阻比并计算最大升阻比对应的攻角。

［提示：参考 Ira H. Abbott & Albert E. von Doenhoff，Theory of Wing Sections; Including a Summary of Data，Dover，New York，1958，pp. 490 - 491. 如果没有这个数据，那么假设 $C_{L\alpha}\big|_{AR=\infty}=\dfrac{0.1}{\text{deg}}$，$C_{D0}=0.0065$，$C_{M_{ac}}=-0.1$，$\alpha_0=-4°$，失速角 $\alpha_s=10°$。］

6. 假设飞行器具有以下规格：

重量：$W=10\,000$ N，重心位置中心：$h_{cg}=0.5$。

机翼面积：$S=20\ \text{m}^2$，水平尾翼面积$=2\ \text{m}^2$。

机翼升力曲线：$C_{L\alpha}=0.06/\text{deg}$，气动中心：$h_{ac}=0.25$。

机翼力矩系数：$C_{M_{ac}}=-0.05$，尾翼升力曲线斜率：$C_{lat}=0.04/\text{deg}$。

零攻角 α 处的下洗：$\varepsilon_0=0$，水平尾翼体积比：$\bar{V}_H=0.6$。

尾翼下洗梯度：$\text{d}\varepsilon/\text{d}\alpha=0.3$，机翼动压$=480\ \text{N/m}^2$，尾翼对机翼的动压比：$\eta_{pr}=1$。

a）计算气动平均弦长条件下飞行器的气动中心。

b）计算 $C_{M\alpha}=(\text{d}C_M/\text{d}\alpha)$ 和 C_{M0}。

c）计算零升攻角的绝对值和配平条件下的升力系数。

d）计算海平面上的配平空速（$\rho=1.225\ \text{kg/m}^3$）。

7. 对称分布的风洞尾翼平面模型具有如下特征：

面积$=0.25\ \text{m}^2$，襟翼面积$=0.06\ \text{m}^2$，襟翼气动平均弦长为5 cm，尾翼平面升力和襟翼铰链力矩系数为 $a_1=3.5/\text{rad}$，$a_2=1.75/\text{rad}$，$a_3=0.35/\text{rad}$，$b_1=0.075/\text{rad}$，$b_2=-0.015/\text{rad}$，$b_3=-0.03/\text{rad}$。风洞的风速为60 m/s，机翼攻角为3°，配平片为5°。

a）若襟翼角度为−4°，尾翼平面的零升攻角为多少？相应的升力和力矩分别为多少？其升力和襟翼铰链力矩分别为多少？

b）襟翼在什么角度可以自由移动？

c）这种襟翼角度下的升力为多少？

8. 一架飞行器在平稳水平飞行。飞行器特征为：机翼面积$=40\ \text{m}^2$，平均气动弦长$=2.5$ m，尾翼面积$=5\ \text{m}^2$，尾翼力臂$=10$ m，尾翼升力，尾翼平面升力和升降铰链力矩系数分别为 $a=4.5/\text{rad}$，$a_1=2.8/\text{rad}$，$a_2=1.2/\text{rad}$，$a_3=0.3/\text{rad}$，$b_1=0.01/\text{rad}$，$b_2=-0.012/\text{rad}$，$b_3=-0.03/\text{rad}$。飞行条件为：$\dfrac{\text{d}\varepsilon}{\text{d}C_L}=0.1$，$C_{M0}=-0.1$，$\eta_T=-3°$，$h_{ac}=$

0.1，$h_{cg}=0.2$，$L_T=0.01mg$。

a）计算机翼和尾翼平面升力系数。

b）计算下洗角和尾翼平面攻角 α^{T}。

c）当配平片角 β 为 0 时，计算升降舵设定角 η 的值。

d）当 $C_H=0$ 时，计算 η 和 β 的值。

9. 重复练习题 8 当襟翼向下提供 25%的升力时，$C_{M0}=-0.2$。

第 3 章　平衡飞行力学

3.0　引言

本章主要讨论平衡飞行力学问题，包括稳态匀速飞行模型的建立，以及稳定状态下的空气动力学问题。同时，还在一定程度上考虑与平衡飞行力学相关的飞行性能分析，包括飞行力学和空气动力学的准静态模型，该模型将飞行动力学中的变量视为非常缓慢的物理量，是飞行器动力学中非常缓慢变化的量的飞行动力和空气动力的准稳态模型，有关飞行性能方面更详细的介绍，可以参看专门讨论分析飞行性能的文献，如 Perkin & Hage[1]，Miele[2]，Russell[3]，Hull[4]，Anderson[5]和 Vinh[6]。

下面考虑如下情况：飞行器在静止空气中，以恒定的攻角 α 水平匀速飞行。来流方向与飞行器速度方向相反。考虑到飞行器运动的对称性，作用在飞行器上的力主要包括分布式升力、阻力、重力和发动机推力，以及由升力所产生的力矩。

当飞行器处于静平衡状态时，其加速度为零，所有的力和力矩均保持平衡。因此，垂直方向和水平方向上的合力必然为零。若飞行器质量为 m，则重力为 mg，假设升力方向竖直向上（$\alpha=0$），重力 mg 竖直向下，推力和阻力在水平面内，由牛顿第一定律和第二定律可得

$$m\frac{\mathrm{d}^2 y}{\mathrm{d}t^2}=L-mg=0,m\frac{\mathrm{d}^2 x}{\mathrm{d}t^2}=T-D=0 \tag{3-1}$$

在飞行器处于爬升状态时，重力的一个分量与推力方向相反，静态平衡方程为

$$L=mg\cos\gamma,T-D=mg\sin\gamma \tag{3-2}$$

其中，γ 为飞行航迹倾角，或称爬升角。在动力滑翔时，γ 为负值，静态平衡方程可以表示为

$$L=mg\cos(-\gamma),D-T=mg\sin(-\gamma) \tag{3-3}$$

由于在滑翔时 $T=0$，故平衡方程为

$$L=mg\cos(-\gamma),D=mg\sin(-\gamma) \tag{3-4}$$

因此爬升角可以由下式估算

$$\cot(-\gamma)=L/D \tag{3-5}$$

若使净角加速度为零，则关于飞行器质心（CG）的所有力矩为零。因此有

$$C_{M_{cg}}=0 \tag{3-6}$$

方程（3-6）所示的条件使得飞行器稳定平衡或定常飞行，其实现可以有多种方式。下面对保持定常平衡飞行的原理进行简要介绍。

常规的飞行器依靠水平尾翼来平衡相对于质心的俯仰力矩，同时后缘襟翼有效地增加

了弯度进而产生较大的低头力矩，从而控制飞行器的飞行。

假设升力以集中力的形式作用于飞行器，升力的作用点即为压力中心（根据定义，升力关于这一点的力矩为零）。气动中心（焦点）的特点是关于这一点的力矩不随攻角的变化而变化。压心和焦点是弦上重要的点，为了使飞行器的对称和纵向能够有效地平衡，这两点必须预先确定。

下面考虑侧向平衡问题。侧向力和力矩在反对称飞行模式下达到平衡。首先定义侧滑角 β，如图 3－1（a）所示。在飞行器稳定侧滑状态时的力和力矩如图 3－1（b）所示，飞行器在侧滑速度方向上平衡。因此 y 方向的力平衡方程为

$$Y = mg\sin\phi \tag{3-7}$$

其中，Y 是作用在飞行器上的侧向力。

侧向飞行具有两种平衡飞行模式：

1）稳定侧滑；

2）协调转弯。

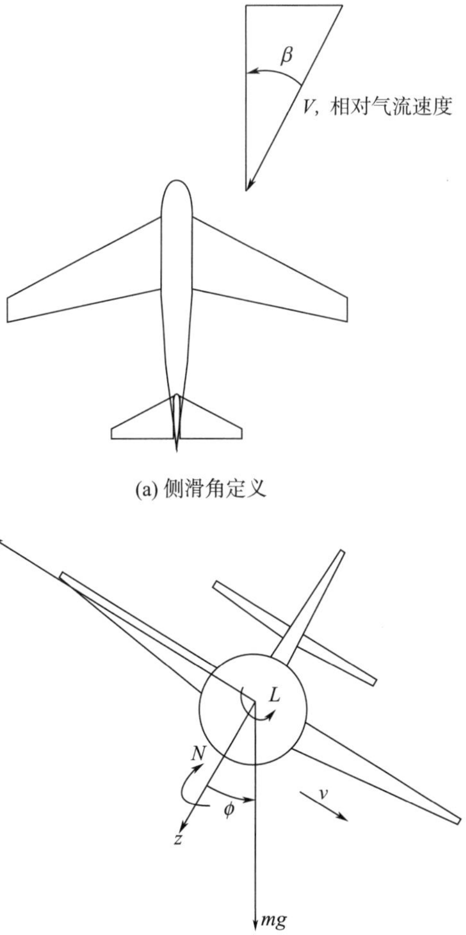

(a) 侧滑角定义

(b) 飞行器在稳定侧滑状态飞行时的侧滑速度v，滚转角ϕ和相关力矩

图 3－1　侧滑角定义及飞行器稳定侧滑状态飞行时的情况

每一种情况都要分别进行研究，并建立各自的平衡方程。

1）稳定侧滑：当飞行器仅通过副翼使其倾斜时，倾斜的升力和重力的合力将引起飞行器侧滑，同时伴随着高度的降低。如果此时增加升力，则可使侧滑保持在水平面内。因此，这种平衡飞行模式属于稳定侧滑和稳定转弯角度状态下的稳定高度飞行（如图 3-2 所示）。力平衡条件为

$$T_{\text{trim}} = \sum D_{\text{trim}} \tag{3-8a}$$

$$mg = Y_{\text{trim}} \sin\phi_{\text{trim}} + \sum L_{\text{trim}} \cos\phi_{\text{trim}}, mg\sin\phi_{\text{trim}} = \sum Y_{\text{trim}} \tag{3-8b}$$

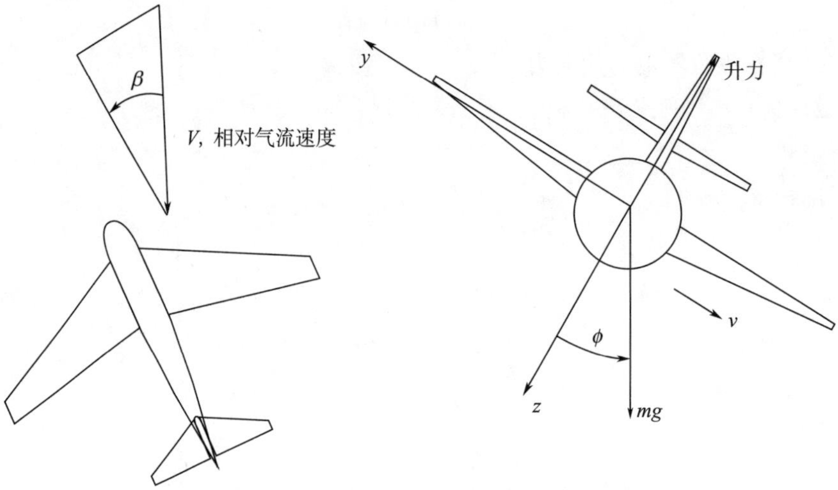

图 3-2　稳定侧滑和稳定转弯角度状态下的稳定高度飞行

2）协调转弯：当飞行器水平转弯时，升力向内倾斜产生侧滑，大量的气流在重心前产生反向的偏航力矩。同时，惯性力和离心力的合力向上，与重力相平衡。在持续的协调转弯过程中，飞行器必须保持恒定的高度、稳定的切向速度（前向速度）U、稳定的倾斜角度（即滚转角速度 p 为零）、零侧滑以及稳定的转弯速率 Ω。平衡条件为

$$T_{\text{trim}} = \sum D_{\text{trim}} \tag{3-9a}$$

$$mg - Y_{\text{trim}} \sin\phi_{\text{bank}} = \sum L_{\text{trim}} \cos\phi_{\text{bank}} \tag{3-9b}$$

和

$$mU\Omega + \sum Y_{\text{trim}} \cos\phi_{\text{bank}} = \sum L_{\text{trim}} \sin\phi_{\text{bank}} \tag{3-9c}$$

其中，$mU\Omega$ 为作用在飞行器上的达朗贝尔力（即离心力）。

如图 3-3 所示，假设在稳定转弯条件下，$Y_{\text{trim}} = 0$。考虑到 $\Omega = U/R$，则转弯半径和转弯速率可以分别表示如下

$$R = \frac{U^2}{g\tan\phi_{\text{bank}}}, \Omega = \frac{U}{R} = \frac{g\tan\phi_{\text{bank}}}{U} \tag{3-10}$$

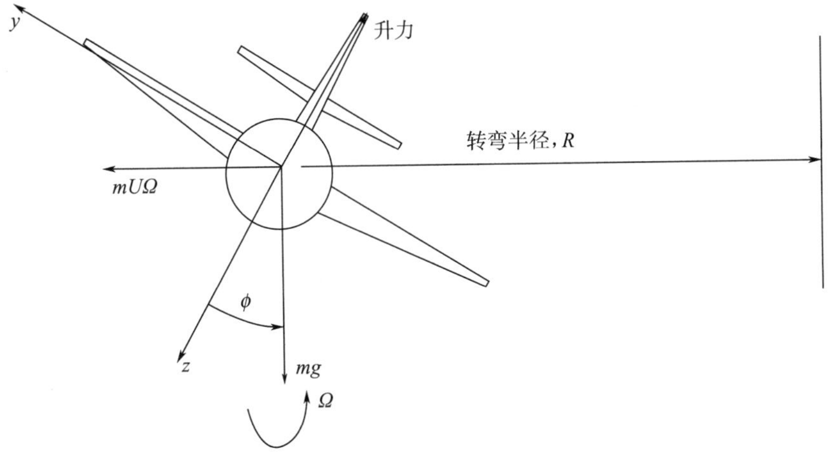

图 3-3　以稳定的切向速度（前向速度）U 持续转弯，同时具有稳定的倾斜角度（即滚转角速率 p 为零）、零侧滑以及稳定的转弯速率 Ω

3.1　平衡飞行速度

假设升力通过升力系数给出

$$L=\frac{1}{2}\rho U_0^2 C_L S \tag{3-11}$$

根据垂直方向上的平衡条件 $L=mg$，有

$$U_0 \approx \sqrt{\frac{2mg}{\rho C_L S}} \tag{3-12}$$

因此，飞行器的失速速度为

$$U_{\text{stall}} \approx \sqrt{\frac{2mg}{\rho C_L S}} \tag{3-13}$$

定义若流场所具有的动能与海平面处相同，则可定义海平面等效空气速度为

$$\frac{1}{2}\rho_0 U_E^2=\frac{1}{2}\rho U_0^2 \tag{3-14}$$

因此有

$$U_E=U_0\sqrt{\frac{\rho}{\rho_0}} \tag{3-15}$$

方程（3-15）给出了飞行速度随高度的变化关系。当飞行器以恒定速度水平飞行时，飞行速度与密度比的平方根成正比。

当飞行器滑翔飞行时，其垂直向下的“下沉速度”可以由下式得到

$$L=\frac{1}{2}\rho U_0^2 C_L S=mg\cos(-\gamma) \tag{3-16}$$

因此，等效海平面滑翔速度为

$$U_{Eg} \approx \sqrt{\frac{2mg\cos(-\gamma)}{\rho_0 C_L S}}\sin(-\gamma) = \sqrt{\frac{2mg}{\rho_0 C_L S}} \times \sqrt{\frac{C_L/C_D}{[1+(C_L+C_S)^2]^{\frac{3}{2}}}} \tag{3-17}$$

当飞行器爬升飞行时，进一步假设推力分两个部分，即发动机直接产生的推力 T_e 和传递给螺旋桨的能量所产生的推力 P 。因此有

$$L = mg\cos\gamma,\ m\frac{\mathrm{d}U}{\mathrm{d}t} = T - D - mg\sin\gamma = T_e + \frac{\eta P}{U} - D - mg\sin\gamma \tag{3-18}$$

其中，η 为螺旋桨有用功的传递系数。第二个方程可以表示为

$$m\frac{\mathrm{d}}{\mathrm{d}t}\left(\frac{U^2}{2}\right) + mgU\sin\gamma = U(T_e - D) + \eta P = m\frac{\mathrm{d}}{\mathrm{d}t}\left(\frac{U^2}{2}\right) + m\frac{\mathrm{d}}{\mathrm{d}t}(gh) \tag{3-19}$$

其中，$h = U\sin\gamma$ 。一般来说，这个方程必须通过对其他参数的积分来获得速度量。当飞行器以恒定速度爬升时，引入爬升速率

$$u_c = U\sin\gamma \tag{3-20}$$

稳定的上升速率为

$$u_{c0} = \frac{\eta P + (T_e - D)U_0}{mg} = \frac{\eta P}{mg} + \frac{(T_e - D)U_0}{L}\cos\gamma = \frac{\eta P}{mg} + \left(\frac{T_e}{mg} - \frac{D\cos\gamma}{L}\right)U_0 \tag{3-21}$$

消掉 U_0 和 $\cos\gamma$ ，得

$$u_{c0} = \frac{\eta P}{mg} + \left[\frac{T_e}{mg} - \frac{C_D}{C_L}\sqrt{1-\left(\frac{u_{c0}}{U_0}\right)^2}\right]\sqrt{\frac{2mg}{\rho C_L S}}\left[1-\left(\frac{u_{c0}}{U_0}\right)^2\right]^{\frac{1}{4}} \tag{3-22}$$

这是一个隐式方程，可以通过数值解求得 u_{c0} 。飞行器所能够达到的最大垂直速度取决于其飞行高度。飞行器的垂直速度取决于其飞行速度和飞行航迹倾角或爬升角度。爬升速率为飞行速度在垂直方向上的分量。

当 $u_{c0} = 0$ 时

$$\frac{\eta P}{mg} + \frac{T_{e0}}{mg}\sqrt{\frac{2mg}{\rho C_L S}} = \frac{C_D}{C_L}\sqrt{\frac{2mg}{\rho C_L S}} \tag{3-23}$$

由此可以估计爬升所需的最小功率。

当飞行器处于最大爬升速度时，在可用功率和爬升所需最小功率之间必须存在一个明显的差值。这一要求意味着，对于给定质量的飞行器，爬升速率取决于可用功率和所需功率之差，即存在剩余的功率。因此，当剩余的功率为零时，则爬升速率为零，飞行器保持水平飞行。若可用功率大于所需功率，剩余的功率将允许飞行器以一定的速率爬升，爬升速率是关于剩余功率的函数。

飞行器的最大爬升角或最大爬升速率仅仅存在于特定条件下。飞行器的爬升性能会随着飞行速度的变化而发生变化，同时也受到其他变量的影响。

飞行器飞行高度的增加会使得所需功率增加，而可用功率减小。因此，飞行器的爬升性能很大程度上受到飞行高度的影响。飞行器以最大爬升速率、最大爬升角飞行时的速度以及最大、最小水平飞行速度都会随着飞行高度的变化而变化。随着飞行高度的增加，这些不同的速度最终将收敛于飞行器的绝对升限。飞行器在绝对升限处没有剩余功率，且只

能以一个恒定速率保持稳定的水平飞行。因此，飞行器在绝对升限的爬升速率为零。

3.2　基本飞行性能

3.2.1　最佳飞行速度

当飞行器水平飞行时，根据总的阻力曲线，可以得到一些关于飞行速度的解析近似。阻力曲线中，有三个点尤为重要，即：阻力最小时的飞行速度、功率最小时的飞行速度以及速度阻力之比最大时的飞行速度，如图 3－4 所示。图中，阻力曲线是升力保持不变、飞行器水平飞行时的估计值。因此，当阻力最小时，升阻比（L/D）最大。升力和阻力都可以表示成升力系数和阻力系数的形式，即

$$L=\frac{1}{2}\rho U_0^2\times S\times C_L,\ D=\frac{1}{2}\rho U_0^2\times S\times C_D \tag{3-24}$$

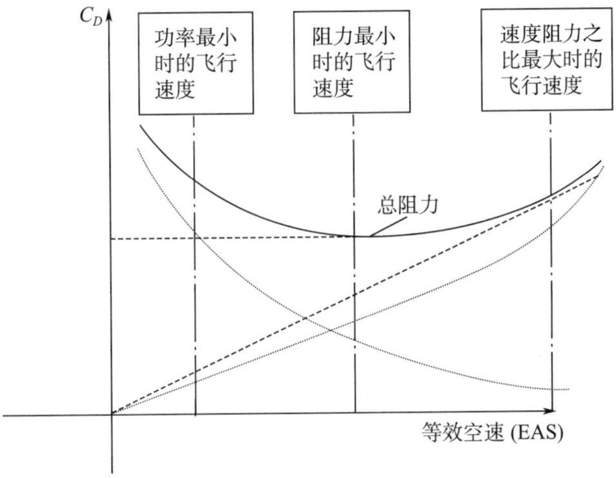

图 3－4　各种最佳飞行速度的定义

总的阻力是剖面阻力和诱导阻力之和，阻力系数可以表示为剖面阻力系数 C_{D_0} 和诱导阻力系数 C_{D_i} 两项相加

$$C_D=C_{D_0}+C_{D_i} \tag{3-25}$$

进一步可表示为

$$C_D=C_{D_0}+\frac{C_L^2}{\pi eAR}=C_{D_0}+KC_L^2 \tag{3-26}$$

其中，AR 为展弦比，C_L 为升力系数，e 为 Oswald 效率因子（常数），$K=1/\pi eAR$ 。

最小阻力速度可以通过考虑了空速的最大化 L/D 的比值得到，即

$$\frac{L}{D}=\frac{\frac{1}{2}\rho U_0^2\times S\times C_L}{\frac{1}{2}\rho U_0^2\times S\times C_D}=\frac{C_L}{C_D}=\frac{C_L}{C_{D_0}+KC_L^2} \tag{3-27}$$

当 C_D/C_L 最小时，L/D 取得最大值。由于

$$\frac{C_D}{C_L}=\frac{C_{D_0}+KC_L^2}{C_L}=\frac{C_{D_0}}{C_L}=+KC_L \tag{3-28}$$

当下式成立时，C_D/C_L 取得最小值

$$K-C_{D_0}/C_L^2=0 \tag{3-29}$$

当满足下式时，方程（3-29）成立

$$C_L=\sqrt{\frac{C_{D_0}}{K}}\equiv(C_L)_{\text{min drag}} \tag{3-30}$$

因此

$$\left(\frac{L}{D}\right)_{\max}=\frac{1}{2\sqrt{KC_{D_0}}} \tag{3-31}$$

由于

$$L=\frac{1}{2}\rho U_0^2C_LS=\frac{1}{2}\rho_0U_E^2C_LS \tag{3-32}$$

且飞行器以恒定升力飞行，满足最小阻力的平衡空速为

$$U_{\text{min drag}}=\sqrt{\frac{2L}{\rho_0(C_L)_{\text{min drag}}S}} \tag{3-33}$$

为了获得最小功率速度，必须考虑保持以恒定速度水平飞行时所需要的最小功率。功率是阻力与空速的乘积，当阻力的减小与速度的增加相同时，功率取得最小值。如果阻力减小的速度稍快或稍慢，阻力与空速的乘积便不是最小。因此，空速正比于 $\sqrt{1/C_L}$ 。当 $C_D/(C_L)^{\frac{3}{2}}$ 最小时，所需功率最小。又

$$\frac{C_D}{(C_L)^{\frac{3}{2}}}=\frac{C_{D_0}+KC_L^2}{(C_L)^{\frac{3}{2}}}=\frac{C_{D_0}}{(C_L)^{\frac{3}{2}}}+K\sqrt{C_L} \tag{3-34}$$

当满足下式时，方程（3-34）成立

$$C_L=\sqrt{\frac{C_{D_0}}{K}}\equiv(C_L)_{\text{min power}}=\sqrt{3}(C_L)_{\text{min drag}} \tag{3-35}$$

满足最小功率的平衡空速为

$$U_{\text{min power}}=\sqrt{\frac{2L}{\rho_0(C_L)_{\text{min power}}S}}=\frac{U_{\text{min drag}}}{3^{\frac{1}{4}}} \tag{3-36}$$

为获得速度阻力比最大情况下的飞行速度，必须考虑水平飞行、升力恒定情况下的阻力与速度之比的最小值。由于空速正比于 $\sqrt{1/C_L}$ ，当 $C_D/(C_L)^{\frac{1}{2}}$ 最小时，阻力与速度之比最小。然而

$$\frac{C_D}{(C_L)^{\frac{1}{2}}}=\frac{C_{D_0}+KC_L^2}{(C_L)^{\frac{1}{2}}}=\frac{C_{D_0}}{(C_L)^{\frac{1}{2}}}+K(\sqrt{C_L})^3 \tag{3-37}$$

当下式成立时，上式取得最小值

$$C_L = \sqrt{\frac{C_{D_0}}{3K}} \equiv (C_L)_{\text{max drag/speed}} = \frac{1}{\sqrt{3}}(C_L)_{\text{min drag}} \tag{3-38}$$

对应于最小功率的平衡空速为

$$U_{\text{min power}} = \sqrt{\frac{2L}{\rho_0 (C_L)_{\text{min drag/speed}} S}} = \frac{U_{\text{min drag}}}{\left(\frac{1}{3}\right)^{\frac{1}{4}}} \tag{3-39}$$

上述速度估算方法为飞行器飞行稳定操纵和稳定飞行速度范围的估算提供了思路。其他的问题，如最优飞行速度，以及与之相关的最佳航程、续航时间和成本等问题，将在有关飞行性能的章节另行介绍。

3.3　最小阻力的条件

为获得稳定水平飞行时的最小阻力，必须注意到阻力是外形阻力和诱导阻力两个分量之和，且后者与升力的平方成正比。在水平稳定飞行时，升力与重力相等，为一个常数。因此阻力与升力可以分别表示为

$$D = qSC_{D_0} + \frac{L^2}{\pi eARqS},\ L = qSC_L = W \tag{3-40}$$

观察可知，动压 q 相对总速度 U 的微分为

$$\frac{\mathrm{d}q}{\mathrm{d}U} = \rho U \tag{3-41}$$

阻力关于动压 q 的微分为

$$\frac{\mathrm{d}D}{\mathrm{d}U} = SC_{D_0} - \frac{W^2}{\pi eARq^2 S} = SC_{D_0} - \frac{4W^2}{\pi eARq^2 U^4 S} \tag{3-42}$$

因此，当阻力取得最小值时

$$\frac{\mathrm{d}D}{\mathrm{d}V} = SC_{D_0}\rho U - \frac{4W^2}{\pi eAR\rho V^3 S} = 0 \Rightarrow q = \frac{1}{2}\rho U^2 = \sqrt{\frac{1}{\pi eARC_{D_0}}}\left(\frac{W}{S}\right) \tag{3-43}$$

故最小阻力为

$$D = 2\sqrt{\frac{C_{D_0} W^2}{\pi eAR}} \tag{3-44}$$

此外，当阻力取得最小值时，外形阻力与诱导阻力相等，且它们均为总阻力的一半。最小阻力下的速度正比于翼载荷的平方根，即

$$U_{\text{min drag}} = \sqrt{\left(\frac{4}{\pi eAR\rho C_{D_0}}\right)^{\frac{1}{2}} \frac{W}{S}} \tag{3-45}$$

3.4　最小阻力速度附近的稳定性

当飞行器速度低于最小阻力速度时，如图 3－4 所示，任何导致速度增加的扰动都将

使阻力减小，使飞行速度增大。因为飞行器不会回到当前的飞行速度，所以这种情况在本质上是不稳定的。另一方面，当飞行器速度大于最小阻力速度时，任何导致速度增加的扰动都将使阻力增大，进而导致飞行速度减小。因此，飞行器将回到稳定操纵的飞行速度，并将运行于阻力曲线中稳定的一侧。

3.5 航程和续航时间的估计

对于大多数商用和军用飞行器而言，最大飞行距离或最长飞行时间是非常重要的设计要求。飞行器的航程和续航时间取决于其气动特性（主要是阻力极曲线）、推进系统性能、飞行器所能携带的燃料和操作方式。喷气式飞行器的航程和续航时间可以由 Breguet 方程得出。这里并没有给出方程的推导，但是对以恒定升力稳定巡航的情况，该方程可以通过对运动方程积分得到。关于航程的方程可以通过对瞬时巡航速度（不是常数）和消耗单位质量燃料的飞行时间的乘积，在飞行器质量变化范围区间上进行积分得到。此外，为了估计航程和续航时间，巡航推力可以表示为 $T=D=W/(L/D)$。因此有

$$R_{\text{cruise}}=-\int_{W_{0c}}^{W_{0c}-W_{\text{fuel}}}\frac{U_{\text{cruise}}\text{d}W}{\text{tsfc}_{\text{cruise}}T}=-\frac{(L/D)_{\text{cruise}}}{\text{tsfc}_{\text{cruise}}}\int_{W_{0c}}^{W_{0c}-W_{\text{fuel}}}\frac{U_{\text{cruise}}\text{d}W}{W} \tag{3-46}$$

其中，$\text{tsfc}_{\text{cruise}}$ 是巡航中的推力与燃料消耗之比，即单位时间消耗燃料的质量与推力的比值，$U_{\text{cruise}}=\sqrt{2W/\rho SC_L}$。这里通常以小时作为时间单位。巡航时的推力与燃料消耗之比 $\text{tsfc}_{\text{cruise}}$ 大约是 0.3～1.5 小时。它是喷气发动机将燃料转化为推力的量度，它与航程成反比。因为飞行速度正比于 $\sqrt{1/C_L}$，当 $C_D/(C_L)^{\frac{1}{2}}$ 最小时，阻力与速度之比最小。最大巡航航程为

$$R_{\text{cruise}}=\frac{2[(C_L)^{0.5}/C_D]_{\text{cruise}}}{\text{tsfc}_{\text{cruise}}}\sqrt{\frac{2}{\rho S}}(\sqrt{W_{0c}}-\sqrt{W_{0c}-W_{\text{fuel}}}) \tag{3-47}$$

也可以写成

$$R_{\text{cruise}}=\frac{2(L/D)_{\text{cruise}}}{\text{tsfc}_{\text{cruise}}}\sqrt{\frac{2}{\rho SC_L^*}}(\sqrt{W_{0c}}-\sqrt{W_{0c}-W_{\text{fuel}}}) \tag{3-48}$$

上式中，W_{0c} 是巡航初始时刻的飞行器重量，W_{fuel} 是消耗的燃料重量，C_L^* 是巡航中的升力系数。续航时间可以通过对消耗单位质量燃料的飞行时间在飞行器质量变化范围区间上进行积分得到。因此

$$E_{\text{cruise}}=-\int_{W_{0c}}^{W_{0c}-W_{\text{fuel}}}\frac{\text{d}W}{\text{tsfc}_{\text{cruise}}T}=-\frac{(L/D)_{\text{cruise}}}{\text{tsfc}_{\text{cruise}}}\int_{W_{0c}}^{W_{0c}-W_{\text{fuel}}}\frac{\text{d}W}{W} \tag{3-49}$$

即

$$E_{\text{cruise}}=\frac{(L/D)_{\text{cruise}}}{\text{tsfc}_{\text{cruise}}}\ln\left(\frac{W_{0c}}{W_{0c}-W_{\text{fuel}}}\right) \tag{3-50}$$

对于螺旋桨飞行器，续航时间可以表示为

$$E_{\text{cruise}}=\frac{\eta_{pr}(L/D)_{\text{cruise}}\sqrt{2\rho SC_L^*}}{\text{tsfc}_{\text{cruise}}}\left(\frac{1}{\sqrt{W_F}}-\frac{1}{\sqrt{W_{0c}}}\right) \tag{3-51}$$

其中，η_{pr} 为螺旋桨效率。

3.6　配平

为了使飞行器稳定平衡飞行，作用在飞行器上的力和力矩必须保持平衡。飞行器稳定平衡飞行的过程，类似于船舶在稳定的航线上航行的过程。这一过程称之为“配平”。“配平”一词通常用在船舶的导航中。因为大多数飞行器由操纵杆控制，操纵一个由滑轮和电缆组成的系统来控制升降舵。目前有两种不同的方法来保持飞行器在水平飞行中的稳定(或配平)。第一种方法是飞行员通过控制操纵杆来影响俯仰力矩，从而使俯仰力矩为零。这是操纵杆固定方法，通过将操纵杆固定在适当的位置，来保持飞行器的配平状态。第二种方法是使用配平调整片，配平调整片的角度可以调整，从而使得操纵杆保持在固定位置的合力为零。这种方法要求升降舵适应配平调整片。该方法使飞行员不需要控制操纵杆，因此也被称为无杆（stick free）方法。

对于飞行员通过适当的力将操纵杆（以及升降舵）保持在平衡位置，操纵杆固定情况下的力矩平衡条件，即

$$C_{M_{cg}}=0 \tag{3-52}$$

对于飞行员调整配平片使得升降舵上的气动力矩为零，操纵杆自由情况下的力矩平衡条件，即

$$C_{M_{cg}}=0,\ C_H=0 \tag{3-53}$$

因此，操纵杆自由的情况要求飞行器的俯仰力矩和升降舵的铰链力矩均为零，二者必须同时满足。就飞行员的角度而言，操纵杆自由的情况更符合实际的配平状态。

考虑操纵杆固定的情况，关于俯仰力矩系数方程的形式

$$C_{M_{cg}}=C_{M_0}+C_L(h_{cg}-h_n)-\overline{V}_T(a_1\eta_T+a_2\eta+a_3\beta) \tag{3-54}$$

其中

$$h_n\equiv h_{ac}+\overline{V}_T\frac{a_1}{a}\left(1-\frac{\partial\varepsilon}{\partial\alpha}\right) \tag{3-55}$$

升降舵偏角为

$$\eta=\frac{C_{M_0}-C_{M_{cg}}}{a_2\overline{V}_T}+\frac{(h_{cg}-h_n)}{\overline{V}_T}C_L-\frac{a_1\eta_T+a_3\beta}{a_2} \tag{3-56}$$

配平条件为

$$a_1\eta_T+a_1\eta+a_3\beta=\frac{C_{M_0}+C_L(h_{cg}-h_n)}{\overline{V}_T} \tag{3-57}$$

在配平状态下，求解升降舵角度为

$$\eta_{\text{trim}}^{\text{st. fixed}}=\frac{C_{M_0}}{a_2\overline{V}_T}-\frac{a_1\eta_T+a_3\beta}{a_2}+\frac{(h_{cg}-h_n)}{a_2\overline{V}_T}C_L \tag{3-58}$$

维持飞行器配平时所需的铰链力矩

$$C_{H_{\text{trim}}}^{\text{st. fixed}}=b_1\alpha^{\text{T}}+b_1\eta_{\text{trim}}^{\text{st. fixed}}+b_3\beta \tag{3-59}$$

消去水平尾翼攻角，代入配平的升降舵角度

$$C_{H_{\mathrm{trim}}}^{\mathrm{st.\,fixed}}=\frac{b_2C_{M_0}}{a_2\overline{V}_T}+\left[\frac{b_2(h_{cg}-h_{ac})}{a_2\overline{V}_T}+\frac{1}{a}\left(b_1-\frac{b_2a_1}{a_2}\right)\left(1-\frac{\partial\varepsilon}{\partial\alpha}\right)\right]C_L+\left(b_1-\frac{b_2a_1}{a_2}\right)\eta_T+\left(b_3-\frac{b_2a_3}{a_2}\right)\beta \tag{3-60}$$

若定义

$$\overline{b}_1\equiv b_1-\frac{b_2a_1}{a_2},\ \overline{b}_3=b_3-\frac{b_2a_3}{a_2} \tag{3-61}$$

维持飞行器配平所需的铰链力矩

$$C_{H_{\mathrm{trim}}}^{\mathrm{st.\,fixed}}=\frac{b_2C_{M_0}}{a_2\overline{V}_T}+\overline{b}_1\eta_T+\overline{b}_3\beta+\left[\frac{b_2(h_{cg}-h_{ac})}{a_2\overline{V}_T}+\frac{\overline{b}_1}{a}\left(1-\frac{\partial\varepsilon}{\partial\alpha}\right)\right]C_L \tag{3-62}$$

整理得

$$C_{H_{\mathrm{trim}}}^{\mathrm{st.\,fixed}}=\frac{b_2C_{M_0}}{a_2\overline{V}_T}+C_L\frac{b_2(h_{cg}-h_n')}{a_2\overline{V}_T}+\overline{b}_1\eta_T+\overline{b}_3\beta \tag{3-63}$$

操纵杆自由情况下，俯仰力矩和铰链力矩方程分别为

$$C_{M_{cg}}=C_{M_0}+C_L\left[h_{cg}-h_{ac}-\overline{V}_T\frac{a_1}{a}\left(1-\frac{\partial\varepsilon}{\partial\alpha}\right)\right]-\overline{V}_T(a_1\eta_T+a_1\eta+a_3\beta) \tag{3-64a}$$

$$C_H=b_1\alpha^{\mathrm{T}}+b_2\eta+b_3\beta \tag{3-64b}$$

配平条件为

$$a_1\eta_T+a_2\eta+a_3\beta=\frac{C_{M_0}+C_L\left[h_{cg}-h_{ac}-\overline{V}_T\frac{a_1}{a}\left(1-\frac{\partial\varepsilon}{\partial\alpha}\right)\right]}{\overline{V}_T} \tag{3-65a}$$

和

$$b_2\eta+b_3\beta=-b_1\alpha^{\mathrm{T}} \tag{3-65b}$$

其中，由式（2-49），有

$$\alpha^{\mathrm{T}}=\frac{C_L^{wb}}{a}\left(1-\frac{\partial\varepsilon}{\partial\alpha}\right)+\eta_T\approx\frac{C_L}{a}\left(1-\frac{\partial\varepsilon}{\partial\alpha}\right)+\eta_T \tag{3-66}$$

通过第二个条件，在俯仰力矩方程中消去升降舵偏角，相应的俯仰力矩（操纵杆自由）方程为

$$(C_{M_{cg}})_{\mathrm{stick\ free}}=C_{M_0}+C_L\left[h_{cg}-h_{ac}-\overline{V}_T\frac{a_1}{a}\left(1-\frac{\partial\varepsilon}{\partial\alpha}\right)\right]-\overline{V}_T(\overline{a}_1\eta_T+\overline{a}_3\beta) \tag{3-67a}$$

其中

$$\overline{a}_1\equiv a_1-a_2b_1/b_2,\ \overline{a}_3=a_3-a_2b_3/b_2 \tag{3-67b}$$

令上述操纵杆自由的俯仰力矩方程等于零，可以求解配平片的角度。操纵杆无操作的水平尾翼升力系数是另一个重要的量。水平尾翼的升力系数由下式给出

$$C_L^{\mathrm{T}}=a_1\alpha^{\mathrm{T}}+a_2\eta+a_3\beta \tag{3-68}$$

消去升降舵角度，得

$$(C_L^{\mathrm{T}})_{\text{stick free}} = \bar{a}_1 \alpha^{\mathrm{T}} + \bar{a}_3 \beta \tag{3-69}$$

3.7　平衡飞行的稳定性

当飞行器水平稳定飞行时，作用在飞行器上的所有力和力矩处于平衡状态。但是由于存在阵风，飞行器不断受到干扰力和干扰力矩的影响。飞行器平衡飞行的稳定性，是指飞行员不进行任何干预或采取任何行动的情况下，飞行器回到平衡状态或水平飞行状态的固有特性。静态稳定性，是指飞行器在扰动力和力矩消失之后，回到稳定平衡状态或水平稳定飞行状态的能力。动态稳定性是指当所有扰动力和力矩消失，飞行器回到稳定平衡状态或水平稳定飞行状态过程中的飞行器动力学特性。因此，稳定性所讨论的是所有扰动力和力矩消失后的问题。正的稳定性表示一种回到扰动之前的平衡状态的趋势。

过大的稳定性使得飞行器的飞行状态难以改变，从而降低了可操纵性。可操纵性是指飞行员通过控制面操纵飞行器的容易程度。因此，飞行器具有极好的稳定特性，是指在短暂的干扰后快速回到平衡状态的能力，这使得飞行员难以通过控制面控制和操纵飞行器。另一方面，不是不稳定但只是轻微稳定的飞行器比不稳定的飞行器更容易飞行。不稳定的飞行器具有偏离已配平的平衡状态的固有趋势。在所有的飞行条件中，特别是在希望飞行器具有较长时间不需要操纵即能实现稳定平衡飞行能力的时候，稳定性是一个基本的要求。

对刚体运动的描述可以转化为沿着三个垂直的坐标轴的直线运动和绕坐标轴的旋转运动，对飞行器的运动和稳定性的研究也可以类似地划分为三个区域。飞行器的纵轴通常通过质心，是飞行器的几何对称轴。关于飞行器纵轴的旋转称为滚转，沿纵轴的气动力用 X 表示，关于纵轴的力矩称为滚转力矩，用 L 表示。关于纵轴的稳定性称为飞行器的横向稳定性，它与飞行器在横向平面内的运动和关于纵轴的滚转有关。横轴通过飞行器的质心，从飞行器的一侧穿到另一侧。横轴垂直于纵轴，当飞行器处于平衡状态时，横轴位于水平面上。关于横轴的旋转称为俯仰，沿该轴的气动力用 Y 表示，关于该轴的气动力矩称为俯仰力矩，用 M 表示。关于横轴的稳定性称为纵向稳定性，包括垂直于横向平面的运动和关于横轴的俯仰运动。与其他两个轴类似，法向轴通过质心，与另外两个轴互相垂直。飞行器相对法向轴的转动称为偏航，该轴上的气动力用 Z 表示，关于该轴的力矩称为偏航力矩，用 N 表示。关于法向轴的稳定性称为飞行器的方向稳定性，它通常与横向稳定性的几个方面相耦合，且往往被当作横向稳定性的一种特殊模式。

飞行器在受到外部关于横轴的扰动俯仰力矩时，其固有的返回未扰动时稳定平衡位置的能力，称为飞行器的纵向稳定性。作用在机翼表面的升力是飞行器总升力的主要部分，作用在水平尾翼上的升力是产生俯仰力矩的主要因素。水平尾翼到飞行器质心的距离是其升力的力臂。在飞行器受到使其抬头的扰动俯仰力矩时，该力臂上会产生一个气动力矩。然而只有当飞行器的中心在焦点（俯仰力矩系数关于攻角的导数为零的点，即 $C_{M,\alpha} \equiv \partial C_M / \partial \alpha = 0$）之前时，飞行器的重力才产生一个恢复力矩的作用。飞行器的所有升力和力矩都可以假设作用在焦点上。在焦点上，任何攻角变化都不会产生附加力矩。只有焦点在质心之后，重力才会产生一个恢复力矩，使飞行器回到未扰动的平衡状态。

方向稳定性是指，当飞行器受到关于法向轴的外部扰动偏航力矩而改变位置时，其固有的恢复到未扰动稳定平衡位置的能力。垂直尾翼或者垂直稳定翼可以产生侧向力，从而大幅度增加方向稳定性或风标稳定性。这个侧向力产生的力矩是恢复力矩，可以使飞行器回到未扰动时的稳定平衡位置。

横向稳定性是指飞行器在受到关于纵轴的干扰力矩而引起滚转时，在飞行员没有进行任何操作的情况下，飞行器恢复到平衡状态的固有能力。机翼的上反角（即机翼高于水平面），可以产生净恢复力矩，使飞行器回到稳定的未扰动平衡位置。当其中一个机翼低于另一个机翼时，它在气流中的攻角更大，从而受到一个更大的升力，这就是上反角效应。此时，飞行器将得到一个恢复力矩。

3.8 纵向静稳定性

再次讨论纵向稳定性。考虑作用在质心上的气动力矩，当扰动改变攻角时，若下式成立，则气动力矩为恢复力矩

$$\partial C_{M_{cg}}/\partial\alpha < 0 \tag{3-70}$$

因为

$$\frac{\partial C_{M_{cg}}}{\partial\alpha}=\frac{\partial C_{M_{cg}}}{\partial C_L}\frac{\partial C_L}{\partial\alpha} \tag{3-71}$$

且 $\partial C_L/\partial\alpha < 0$，当 $\partial C_{M_{cg}}/\partial C_L < 0$ 时满足条件 $\partial C_{M_{cg}}/\partial\alpha < 0$。又因为

$$C_{M_{cg}}=C_{M_0}+C_L(h_{cg}-h_n)-\overline{V}_T(a_1\eta_T+a_2\eta+a_3\beta) \tag{3-72}$$

当 $h_{cg}-h_n < 0$，即飞行器质心在焦点之前时，有 $\partial C_{M_{cg}}/\partial C_L < 0$。

3.8.1 中性点（操纵杆固定）

纵向静稳定性条件要求飞行器的焦点在质心之后。飞行器的焦点被称为中性点，其定义为：当飞行器俯仰角相对于平衡位置增大或减小时，机翼和尾翼产生的所有气动力增量的压力中心位置。中性点到质心之间的距离称为纵向稳定性裕度，简称稳定性裕度。当稳定性裕度为正时，飞行器纵向稳定。前面几节中已经介绍了操纵杆固定的纵向稳定性，当 $h_{cg}-h_n<0$ 时，即 $h_{cg}<h_n$，飞行器是纵向稳定的。因此，当飞行器质心在 $h_{cg}=h_n$ 时，飞行器是中性稳定的，相应的质心位置称为操纵杆固定中性点。$H_n=h_n-h_{cg}$ 称为操作杆固定稳定性裕度，在大多数现代飞行器中，它通常是平均气动弦的 5%～20%。

3.8.2 中性点（操纵杆自由）

类似于操纵杆固定的情况，可以定义操纵杆自由中性点。考虑操纵杆自由俯仰力矩

$$(C_{M_{cg}})_{\text{stick free}}=C_{M_0}+C_L\left[h_{cg}-h_{ac}-\overline{V}_T\frac{\overline{a}_1}{a}\left(1-\frac{\partial\varepsilon}{\partial\alpha}\right)\right]-\overline{V}_T(\overline{a}_1\eta_T+\overline{a}_3\beta) \tag{3-73}$$

稳定性条件 $\partial C_{M_{cg}} / \partial C_L < 0$ 简化为

$$h_{cg} - h_{ac} - \overline{V}_T \frac{\overline{a}_1}{a}\left(1 - \frac{\partial \varepsilon}{\partial \alpha}\right) < 0 \tag{3-74a}$$

对应于操纵杆固定的情况，定义在操纵杆自由时

$$h'_n \equiv h_{ac} + \overline{V}_T \frac{\overline{a}_1}{a}\left(1 - \frac{\partial \varepsilon}{\partial \alpha}\right) \tag{3-74b}$$

由方程（3-67b）得

$$\overline{a}_1 \equiv a_1 - \frac{a_2 b_1}{b_2} \tag{3-75}$$

操纵杆自由的纵向稳定性条件为 $h_{cg} - h'_n < 0$，即 $h_{cg} < h'_n$ 时飞行器纵向稳定。因此当飞行器质心位于 $h_{cg} = h'_n$ 时飞行器中性稳定，相应的质心位置称为操纵杆自由中性点。$H'_n = h'_n - h_{cg}$ 称为操纵杆自由稳定性裕度。

3.9　操纵性

升降舵的主要作用是操纵飞行器进行各种机动，其中一些是相对容易执行的，而另一些可能是极其复杂和难以执行的。操纵性是指飞行员有效利用控制面并有效地操纵飞行器的能力。除了稳定水平平衡飞行，还存在其他形式的稳定平衡飞行模式，包括稳定的转弯，例如稳定水平转弯和稳定的从俯冲改为水平飞行。这些标准的机动平衡条件，可以通过 d'Alembert 原理和采用等效惯性力替换旋转加速度来进行修正。因此，假设飞行器受到额外的 n 倍重力加速度时，可以在平衡方程中用 $(n+1)g$ 代替 g，以修改平衡条件。

此外，旋转运动增加额外的水平尾翼攻角或滚转角，这取决于飞行器是做从俯冲改为水平飞行机动还是做稳定的水平转弯机动。下面我们讨论典型的从俯冲改为水平飞行机动的情况。

3.9.1　俯冲改为水平飞行

俯冲改为水平飞行是一个重要的机动过程，飞行员将飞行器从俯冲状态拉起，进入爬升状态，或者拉起后再进入俯冲。其基本机动包括从稳定水平飞行进入爬升或俯冲，如图 3-5 所示。

当飞行器转动时，水平尾翼攻角的净改变量为

$$\Delta\alpha^{\mathrm{T}} = \tan^{-1}\left(\frac{ql^t}{U_0}\right) \approx \frac{ql^t}{U_0} \tag{3-76}$$

其中，$l^t = l^{\mathrm{W}} + l^{\mathrm{T}}$。令转动的加速度等于 ng，有

$$ng = U_0^2/R \tag{3-77}$$

飞行器的角速度 q 为

$$q = U_0/R \tag{3-78}$$

因此有

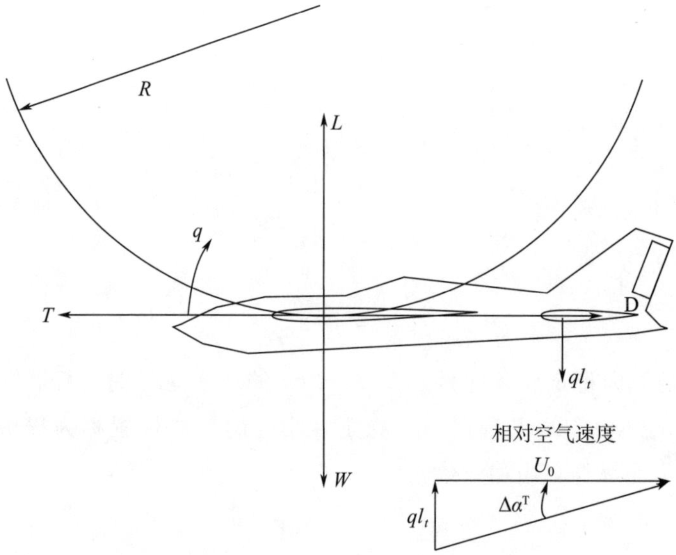

图 3-5　俯冲改为水平飞行

$$\Delta\alpha^{T} = ngl^{T}/U_0^2 \tag{3-79}$$

平衡条件修改为

$$L_{po} - mg = nmg \tag{3-80}$$

其中，L_{po} 是俯冲改水平飞行的总升力，因此有

$$L_{po} = (n+1)mg \tag{3-81}$$

故

$$C_{L_{po}} = (n+1)C_w = (n+1)C_L \tag{3-82}$$

其中，$C_{L_{po}}$ 为俯冲改水平飞行的升力系数。

3.9.2　操纵裕度：操纵杆固定

操纵裕度是飞行器机动性的量度。与稳定裕度一样，操纵裕度可以用到质心的距离表示。

重新考虑前面在讨论水平飞行时导出的俯仰力矩方程

$$C_{M_{cg}} = C_{M_0}(h_c g - h_n) - \overline{V}_T(a_1\eta_T + a_2\eta + a_3\beta) \tag{3-83}$$

在俯冲改为水平飞行时，C_L 用 $C_{L_{po}}$ 代替，η_T 用 $\eta_T + \Delta\alpha^T$ 代替，η 用 $\eta + \Delta\eta$ 代替。则

$$C_{M_{cg}} = C_{M_0} + (n+1)C_L(h_{cg} - h_n) - \overline{V}_T\left[a_1\left(\eta_T + \frac{ngl^T}{U_0^2}\right) + a_2(\eta + \Delta\eta) + a_3\beta\right] \tag{3-84}$$

上式减去俯仰力矩方程并整理

$$\frac{\Delta\eta}{n} = \frac{C_L(h_{cg} - h_n)}{a_2\overline{V}_T} - a_1\frac{gl^T}{a_2U_0^2} \tag{3-85}$$

得到

$$\frac{\Delta\eta}{n}\frac{a_2\overline{V}}{C_L}=h_{cg}-h_n-\overline{V}\frac{gl^{\mathrm{T}}}{U_0^2}\frac{a_1}{C_L} \tag{3-86}$$

又

$$L=\frac{1}{2}\rho U_0^2 C_L S_W=mg \tag{3-87}$$

因此有

$$\frac{\Delta\eta}{n}\frac{a_2\overline{V}}{C_L}=h_{cg}-h_n-\overline{V}\frac{gl^{\mathrm{T}}}{U_0^2}\frac{a_1}{mg}\frac{1}{2}\rho U_0^2 S_W=h_{cg}-h_n-\overline{V}a_1\frac{\rho S_W l^{\mathrm{T}}}{2m} \tag{3-88}$$

等式右边的量定义为俯冲改为水平飞行时所需的额外的裕度。与稳定平衡飞行不同，这个额外的裕度可以通过适当调整升降舵来提供。

令 $\mu=m/\rho S l^{\mathrm{T}}$ 为无量纲相对质量参数，上述方程可以化简为

$$-\frac{\Delta\eta}{n}\frac{a_2\overline{V}}{C_L}=h_n-h_{cg}+\frac{\overline{V}a_1}{2\mu}\equiv H_m \tag{3-89}$$

上式定义为操纵裕度（操纵杆固定）。操纵裕度以操纵点及质心在操纵点之前的距离来定义。当飞行器以最大 g 值拉起时，操纵点在最远的中性点位置。因此操纵点位于质心位置时，$\partial\eta/\partial n=0$。即使飞行器进行极端机动，也要求其像稳定飞行一样保持稳定。因此，操纵点必须位于中性点之后。

3.9.3 操纵裕度：操纵杆自由

与上述讨论类似，当操纵杆自由时，可以得到修改的裕度如下

$$-\frac{\Delta\eta}{n}\frac{a_2\overline{V}}{C_L}=h_n'-h_{cg}+\frac{\overline{V}\,\overline{a}_1}{2\mu}\equiv H_m' \tag{3-90}$$

对于静态稳定的飞行器，操纵杆固定的中性点（nx）、操纵杆自由的中性点（ne），操纵杆固定的操纵点（mx）、操纵杆自由的操纵点（me）、机翼-机身焦点（ac）以及飞行器的质心（cg）的相对位置如图 3-6 所示。

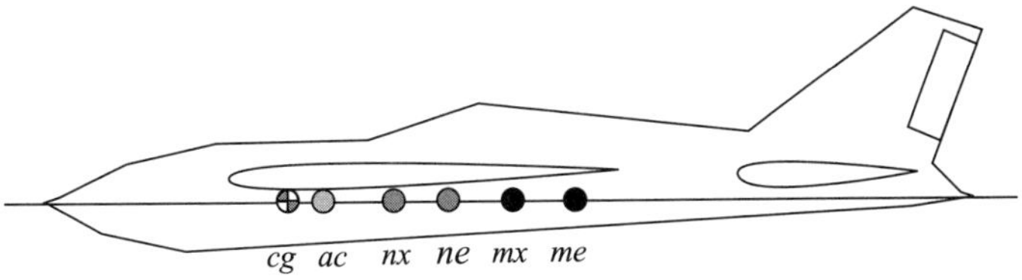

图 3-6　中性点、质心、焦点和操纵点的相对位置

3.10　横向稳定性与稳定性准则

飞行器的螺旋或横向稳定性可以采用如下方法检验：将飞行器调整为水平飞行，然后设置为 15°～20°倾斜，观察一段时间内（一般为一到两分钟）倾斜增加或减少的趋势。如果左右倾斜转弯都没有明显的倾斜变化，飞行器可以被认为是中性螺旋稳定的。如果在测

试期间，倾斜角以稳定的速率减小，则飞行器是稳定的；若增加，则飞行器不稳定。

尽管横向稳定性分析与纵向的原理非常类似，但横向的动态特性与纵向有明显不同。首先，重力和质心对横向稳定性没有直接的作用。其次，飞行器关于纵轴对称，意味着扰动滚转力矩不会产生大的恢复力矩。前面讨论过的上反角打破了这种对称，有助于产生恢复力矩。另外，由于升力矢量的方向，扰动滚转力矩会使飞行器产生侧滑，进而由于质心前面较大气流的影响，会产生一个反向的偏航力矩，进一步带来一个偏航角速度，从而产生滚转力矩。因此存在一个气动反馈作用。显然，对于稳定性而言，不允许产生这种反馈作用，因此侧向稳定性条件可以表示为

$$L_r < \frac{(-N_r)}{N_v} \times (-L_v) \tag{3-91}$$

其中，L_r 和 N_r 是无量纲滚转和偏航力矩对偏航角速度的导数，L_v 和 N_v 是无量纲滚转和偏航力矩对侧滑角的导数。后面将会看到，这一条件直接关系到飞行器侧滑模态的稳定性。

尽管较大的舵面会增加 N_v 并减小横向稳定性，方向或风标稳定性仍由舵面提供。因为 N_v 通常是正值，L_v 通常是负值（因此在上述横向稳定性条件中为负号），方向稳定性条件为

$$N_r < 0 \tag{3-92}$$

经过类似的讨论，扰动滚转力矩也会产生一个独立的滚转角速率响应，所产生的气动力矩为恢复力矩的条件为

$$L_p < 0 \tag{3-93}$$

这个特别的导数受到上反角效应和机翼后掠的影响。上反角和机翼后掠破坏了飞行器对称性，同时当滚转－偏航耦合只受舵面系统影响时，能通过舵面使飞行器更加稳定。此外，舵也是带来方向稳定性的主要因素。

最后，还有一个参数影响静稳定性：质心在垂直平面内的位置。对于一个独立的个体，若质心位置相对较高，在平衡位置上受到扰动时，它将趋向于“跌倒”。同样，飞行器质心在垂直平面内的位置越高，飞行器就越不稳定。第 6 章将给出更详细的动态稳定性分析，当满足上述条件时（尽管上述条件不充分），飞行器能够横向稳定。

3.11　飞行器稳定性裕度的实验测定

操纵杆固定的配平特性（$\eta_{\text{trim}}^{\text{st-fixed}}$ 相当于 C_L）可以作为飞行器在水平稳定飞行时是否静态稳定的判别标准。同时可以为典型通用飞行器在操纵杆固定情况下确定中性点位置的实验数据处理奠定基础。

俯仰力矩系数方程

$$C_{M_{cg}} = C_{M_0} + C_L(h_{cg} - h_n) - \overline{V}_T(a_1\eta_T + a_2\eta + a_3\beta) \tag{3-94}$$

操纵杆固定时情况如下

$$C_{M_{cg}} = C_{M_0} + C_L(h_{cg} - h_n) - \overline{V}_T(a_1\eta_T + a_2\eta + a_3\beta) = 0 \tag{3-95}$$

求解 $\eta_{\text{trim}}^{\text{st-fixed}}$ ，得

$$\eta_{\text{trim}}^{\text{st-fixed}}=\frac{C_{M_0}}{a_2\overline{V}_T}-\frac{1}{a_2}(a_1\eta_T+a_3\beta)-\frac{C_LH_n}{a_2\overline{V}_T},H_n=(h_n-h_{cg}) \tag{3-96}$$

因此对于正的稳定性裕度

$$\frac{\mathrm{d}}{\mathrm{d}C_L}\eta_{\text{trim}}^{\text{st-fixed}}=-\frac{H_n}{a_2\overline{V}_T}<0 \tag{3-97}$$

因此可以得出结论：对于给定的飞行器和给定的飞行条件，$\eta_{\text{trim}}^{\text{st-fixed}}$ 是关于升力系数 C_L 的线性函数。因此当 $H_n=0$ 时

$$\frac{\mathrm{d}}{\mathrm{d}C_L}\eta_{\text{trim}}^{\text{st-fixed}}=0 \tag{3-98}$$

对于不稳定的情况

$$\frac{\mathrm{d}}{\mathrm{d}C_L}\eta_{\text{trim}}^{\text{st-fixed}}=-\frac{H_n}{a_2\overline{V}_T}>0 \tag{3-99}$$

据此，找到飞行器操纵杆固定的中性点的一种方法是：让飞行器以不同的速度水平直线飞行，记录升降舵的配平角度。为得到不同质心位置下的中性点，需要进行多次实验。因此，为了通过实验确定飞行器的中性点，首先保持飞行器的总质量不变，通过改变部分质量在飞行器中的位置来改变质心位置，在每一种情况下测量质心的位置。

当改变升降舵增加配平攻角时，飞行速度必须减小，以保持配平。相应的，因为飞行器的总质量保持不变，C_L 可以估计出来。对于每一个质心位置，配平特性是确定的，对应于一个 C_L 曲线和一个操纵杆固定时的升降舵配平 $\eta_{\text{trim}}^{\text{st-fixed}}$ 的范围。y 轴是每一个 $\mathrm{d}\eta_{\text{trim}}^{\text{st-fixed}}/\mathrm{d}C_L$ 特性的梯度的拟合曲线，x 轴为飞行器的质心位置。其图形通常是一条直线，且需要延长至与 x 轴相交。直线与 x 轴的交点对应于中性稳定的质心位置，此时质心与中性点重合。因此中性点可以通过实验得到，进而可以估计出稳定性裕度。

3.12　平衡和稳定性相关公式总结

（1）俯仰力矩公式

$$C_{M_{cg}}=C_{M_0}+C_L\frac{(x_{cm}-x_{ac})}{\bar{\bar{c}}}-\overline{V}_TC_{LT}$$

（2）水平尾翼的攻角

$$\alpha^{\mathrm{T}}=\frac{C_L^{wb}}{a}\left(1-\frac{\partial\varepsilon}{\partial\alpha}\right)+\eta_T\approx\frac{C_L}{a}\left(1-\frac{\partial\varepsilon}{\partial\alpha}\right)+\eta_T$$

（3）水平尾翼升力系数公式

$$C_{L_T}=a_1\alpha^{\mathrm{T}}+a_2\eta+a_3\beta$$

（4）铰链力矩公式

$$C_H=b_1\alpha^{\mathrm{T}}+b_2\eta+b_3\beta\ ,\ C_H=C_L\frac{b_1}{a}\left(1-\frac{\partial\varepsilon}{\partial\alpha}\right)+b_1\eta_T+b_2\eta+b_3\beta$$

(5) 俯仰力矩公式的变形

$$C_{M_{cg}}=C_{M_0}+C_L\frac{(x_{cm}-x_{ac})}{\bar{\bar{c}}}-\overline{V}_T\left[\frac{a_1}{a}\left(1-\frac{\partial\varepsilon}{\partial\alpha}\right)C_L+a_1\eta_T+a_2\eta+a_3\beta\right]$$

或

$$C_{M_{cg}}=C_{M_0}+C_L(h_{cg}-h_n)-\overline{V}_T(a_1\eta_T+a_2\eta+a_3\beta)$$

其中

$$h_n\equiv h_{ac}+\overline{V}_T\frac{a_1}{a}\left(1-\frac{\partial\varepsilon}{\partial\alpha}\right)$$

(6) 俯仰力矩的升降舵偏角

$$\eta=\frac{C_{M_0}-C_{M_{cg}}}{a_2\overline{V}_T}+\frac{(h_{cg}-h_n)}{a_2\overline{V}_T}C_L-\frac{a_1\eta_T+a_3\beta}{a_2}$$

(7) 铰链力矩公式的变形

$$C_H=\frac{b_2(C_{M_0}-C_{M_{cg}})}{a_2\overline{V}_T}+C_L\frac{b_2(h_{cg}-h'_n)}{a_2\overline{V}_T}+\bar{b}_1\eta_T+\bar{b}_3\beta$$

其中

$$\bar{b}_1\equiv b_1-\frac{b_2a_1}{a_2},\ \bar{b}_3=b_3-\frac{b_2a_3}{a_2};\ h'_n=h_{ac}+\overline{V}_T\frac{\bar{a}_1}{a}\left(1-\frac{\partial\varepsilon}{\partial\alpha}\right)$$

且

$$\bar{a}_1\equiv a_1-\frac{a_2b_1}{b_2},\ \bar{a}_3=a_3-\frac{a_2b_3}{b_2}$$

将式(7)中的 C_H 和 η 进行整理，$\eta=\frac{C_H}{b_2}-\frac{b_1}{b_2}\alpha^{\mathrm{T}}-\frac{b_3}{b_2}\beta$，并估计 α^{T}，得

$$\eta=\frac{C_H}{b_2}-\frac{b_1}{b_2}\frac{C_L}{a}\left(1-\frac{\partial\varepsilon}{\partial\alpha}\right)-\frac{b_1}{b_2}\eta_T-\frac{b_3}{b_2}\beta$$

求解，得 β

$$\beta=\frac{C_H}{b_3}-\frac{b_1}{b_3}\frac{C_L}{a}\left(1-\frac{\partial\varepsilon}{\partial\alpha}\right)-\frac{b_1}{b_3}\eta_T-\frac{b_2}{b_3}\eta$$

(8) 俯仰力矩和铰链力矩的关系

$$C_{M_{cg}}=C_{M_0}-\overline{V}_T\frac{a_2}{b_2}C_H+C_L(h_{cg}-h'_n)-\overline{V}_T(\bar{a}_1\eta_T+\bar{a}_3\beta)$$

(9) 配平

操纵杆固定：$C_{M_{cg}}=0$

$$\eta_{\text{trim}}^{\text{st. fixed}}=\frac{C_{M_0}}{a_2\overline{V}_T}-\frac{a_1\eta_T+a_3\beta}{a_2}+\frac{(h_{cg}-h_n)}{a_2\overline{V}_T}C_L$$

$$C_{H\,\text{trim}}^{\ \text{st. fixed}}=\frac{b_2C_{M_0}}{a_2\overline{V}_T}+C_L\frac{b_2(h_{cg}-h'_n)}{a_2\overline{V}_T}+\bar{b}_1\eta_T+\bar{b}_3\beta$$

操纵杆自由：$C_{M_{cg}}=0$，$C_H=0$

$$(C_H)_{\text{stick free}} = 0 = C_L \frac{b_1}{a}\left(1-\frac{\partial \varepsilon}{\partial \alpha}\right) + b_1 \eta_T + b_2 \eta + b_3 \beta$$

$$= \frac{b_2 C_{M_0}}{a_2 \overline{V}_T} + C_L \frac{b_2 (h_{cg} - h'_n)}{a_2 \overline{V}_T} + \bar{b}_1 \eta_T + \bar{b}_3 \beta$$

$$\eta_{\text{trim}}^{\text{st. free}} = -C_L \frac{b_1}{ab_2}\left(1-\frac{\partial \varepsilon}{\partial \alpha}\right) - \frac{b_1}{b_2}\eta_T - \frac{b_3}{b_2}\beta$$

$$\beta_{\text{trim}}^{\text{st. free}} = -\frac{b_2 C_{M_0}}{a_2 \bar{b}_3 \overline{V}_T} - C_L \frac{b_2 (h_{cg} - h'_n)}{a_2 \bar{b}_3 \overline{V}_T} - \frac{\bar{b}_1}{\bar{b}_3}\eta_T$$

$$(C_{M_{cg}})_{\text{stick free}} = C_{M_0} + C_L (h_{cg} - h'_n) - \overline{V}_T (\bar{a}_1 \eta_t + \bar{a}_\beta) = 0$$

$$(C_L^{\mathrm{T}})_{\text{stick free}} = \bar{a}_1 \alpha^{\mathrm{T}} + \bar{a}_3 \beta$$

(10) 稳定性条件：中性点

操纵杆固定：$h_{cg} - h_n < 0$，$h_n \equiv h_{ac} + \overline{V}_T \dfrac{a_1}{a}\left(1-\dfrac{\partial \varepsilon}{\partial \alpha}\right)$

操纵杆自由：$h_{cg} - h'_n < 0$，$h'_n \equiv h_{ac} + \overline{V}_T \dfrac{\bar{a}_1}{a}\left(1-\dfrac{\partial \varepsilon}{\partial \alpha}\right)$

(11) 稳定性裕度

操纵杆固定：$H_n = h_n - h_{cg}$

操纵杆自由：$H'_n = h'_n - h_{cg}$

(12) 操纵裕度

操纵杆固定：$H_m \equiv -\dfrac{\Delta \eta}{n}\dfrac{a_2 \overline{V}}{C_L} = h_n - h_{cg} + \dfrac{\overline{V} a_1}{2\mu}$

操纵杆自由：$H'_m \equiv -\dfrac{\Delta \eta}{n}\dfrac{a_2 \overline{V}}{C_L} = h'_n - h_{cg} + \dfrac{\overline{V} a_1}{2\mu}$

本 章 重 点

• **平衡飞行**

为了使飞行器稳定平衡飞行，作用在飞行器上的力和力矩必须平衡。

操纵杆固定情况下的力矩平衡条件，相当于飞行员在平衡位置以适当力量握住操纵杆（升降舵保持不动），即 $C_{M_{cg}}=0$。

操纵杆自由情况下的力矩平衡条件，对应于飞行员调整配平片，以保证升降舵上无气动力矩，即 $C_{M_{cg}}=0$，$C_H=0$。

“飞行器的焦点”（或中性点）是指当飞行器俯仰角从平衡位置增大或减小时，机翼和尾翼产生的全部气动力的压力中心的位置。在操纵杆固定的情况下，质心是操纵杆固定的中性点；在操纵杆自由的情况下，质心是操纵杆自由的中性点。

• **稳定性**

稳定性是飞行器在受到扰动后，以足够快的速度恢复到初始平衡位置（匀速运动）的固有的能力。

静稳定性是飞行器在扰动力和力矩消失后，回到平衡运动状态或稳定水平飞行的能力。

动态稳定性是指在所有扰动力和力矩消失后，飞行器回到平衡状态或稳定水平飞行的整个动力学过程。

扰动（如大气湍流）改变攻角（$\Delta\alpha$）或侧滑角，导致飞行器升力面（机翼、机身、水平尾翼、垂直尾翼）上压力分布的改变，从而改变升力、侧向力、俯仰力矩、滚转力矩和偏航力矩。

通过设计升力面的几何形状（翼型截面、面积、后掠角、上反角等）和位置（取决于相当于质心的力臂长度和局部动压）可以实现飞行器的稳定。

一个分析飞行器稳定性的方法是：讨论“飞行器的焦点”（或中性点）[是指当飞行器俯仰角从平衡位置增大或减小时，机翼和尾翼产生的全部气动力的压力中心的位置]，与飞行器质心之间的距离。这就是所谓的纵向静稳定性裕度，简称稳定裕度。

对于静态稳定的飞行器，操纵杆固定的中性点（如图 3－6 中的 nx）、操纵杆自由的中性点（ne）、操纵杆固定的操纵点（mx）、操纵杆自由的操纵点（me）、机翼—机身的焦点（ac）和飞行器质心（cg）之间的相对距离是非常重要的。

• **速度稳定性**

当飞行器以略低于最小阻力的速度飞行时，引起速度增加的任何扰动都会减小阻力，使扰动增大，从而进一步增加速度。由于飞行器没有回到当前的飞行速度，因此这种情况本质上是不稳定的。另一方面，当飞行器以略高于最小阻力的速度飞行时，任何使飞行器速度增加的扰动将会增大阻力，产生相反的扰动，从而减小飞行速度。因此，飞行器能够回到其稳定飞行的速度，并且可以认为飞行器处在阻力曲线稳定的一侧。

• **控制**

飞行员通过偏转控制面实现控制。

偏转控制面改变升力或者侧向力，产生关于质心的力矩。

较高的稳定性使飞行器难以改变飞行状态，从而降低飞行器的可控性，即飞行员通过控制面操纵飞行器的容易程度。

因此，飞行器具有很好的稳定性是指飞行器具有在扰动消失后能够快速地回到未扰动的平衡状态的能力，这使得飞行员难以通过控制面控制和操纵飞行器。

另一方面，飞行器不是不稳定的，但是稳定程度很小，它比不稳定的飞行器容易飞行，而后者具有从配平状态发散的固有特性。

操纵性是指飞行员操纵控制面从而有效操纵飞行器的能力。操纵裕度是飞行器机动性的量度。与稳定性裕度类似，操纵裕度可以用到飞行器质心的距离来表示。

参考文献

[1] Perkins, C. and Hage, R., Aircraft Performance, Stability and Control, John Wiley and Sons, London, 1949.

[2] Miele, A. Flight Mechanics: Theory of Flight Paths, Addison—Wesley, New York, 1962.

[3] Russell, J. B., Performance and Stability of Aircraft, Arnold, London, 1996.

[4] Hull, D. G., Fundamentals of Airplane Flight Mechanics, Springer International, Edition, Springer, 2007.

[5] Anderson, J. Aircraft Performance and Design, McGraw Hill, New York, 1999.

[6] Vinh, N., Flight mechanics of high Performance Aircraft, Cambridge University Press, New York, 1993).

练　习

1. a）美国采用 NACA 2412 翼型的飞翼式飞行器，机翼面积 250 ft^2，翼展 50 ft，翼展效率因数 0.9。若飞行器以 6°攻角和约 9×10^6 的雷诺数飞行，求机翼的 C_L 和 C_D 。

b）如果飞翼在海平面以 $V_\infty=280$ ft/s 的速度飞行，机翼产生多大的升力，受到多大的阻力？

［提示：如果没有 NACA 2412 翼型的数据，采用 $C_{D0}=0.0098$，$\alpha_0=-2°$，$C_{L\alpha}\big|_{AR=\infty}=0.105/\text{deg}$ 。］

2. 一架美国飞行器，$C_{D0}=0.02$，$K=0.12$，以 $M=0.8$ 在 $h=30\ 000$ ft 的高度上飞行。若机翼面积 375 ft^2，产生 25 000 lb 的升力，其阻力系数和阻力分别是多少？

3. a）考虑最一般的航程表达式 $R=-\int_{W_0}^{W_0-W_{\text{fuel}}}\frac{U\text{d}W}{\text{tsfc}T}$ 和续航时间 $E=-\int_{W_0}^{W_0-W_{\text{fuel}}}\frac{\text{d}W}{\text{tsfc}T}$，证明喷气式飞行器以恒定速度飞行时的最大航程和最大续航时间分别为 $R_{\max}=-\frac{U}{\text{tsfc}}\left(\frac{C_L}{C_D}\right)_{\max}\int_{W_0}^{W_0-W_{\text{fuel}}}\frac{\text{d}W}{W}=\frac{U}{\text{tsfc}}\left(\frac{C_L}{C_D}\right)_{\max}\log_e\left(\frac{W_0}{W_0-W_f}\right)$ 和 $E_{\max}=-\frac{1}{\text{tsfc}}\left(\frac{C_L}{C_D}\right)_{\max}\int_{W_0}^{W_0-W_{\text{fuel}}}\frac{\text{d}W}{W}=\frac{1}{\text{tsfc}}\left(\frac{C_L}{C_D}\right)_{\max}\log_e\left(\frac{W_0}{W_0-W_f}\right)$ 。

b）螺旋桨驱动的发动机通常采用特定的燃油消耗率 psfc，此时航程和续航时间的一般表达式为 $R=-\int_{W_0}^{W_0-W_{\text{fuel}}}\frac{\eta_{pr}\text{d}W}{\text{psfc}T}$，续航时间 $E=-\int_{W_0}^{W_0-W_{\text{fuel}}}\frac{\eta_{pr}\text{d}W}{U\text{psfc}T}$ 。证明螺旋桨飞行器的最大航程和续航时间分别为 $R_{\max}=-\frac{\eta_{pr}}{\text{psfc}}\left(\frac{C_L}{C_D}\right)_{\max}\int_{W_0}^{W_0-W_{\text{fuel}}}\frac{\text{d}W}{W}=\frac{\eta_{pr}}{\text{psfc}}\left(\frac{C_L}{C_D}\right)_{\max}\log_e\left(\frac{W_0}{W_0-W_f}\right)$ 和 $E_{\max}=-\frac{\eta_{pr}}{U\text{psfc}}\left(\frac{C_L}{C_D}\right)_{\max}\int_{W_0}^{W_0-W_{\text{fuel}}}\frac{\text{d}W}{W}=\frac{\eta_{pr}}{U\text{psfc}}\left(\frac{C_L}{C_D}\right)_{\max}\log_e\left(\frac{W_0}{W_0-W_f}\right)$ 。

c）一架涡轮螺旋桨飞行器在 12 000 m 的高度巡航，带有 20%的燃油。其机翼面积为 250 m^2。阻力系数为 $C_D=0.021+0.051C_L^2$ 。

ⅰ）已知螺旋桨效率为 0.88，功率比油耗为 10^{-6} N/J 。确定恒定速度飞行的最大航程和续航时间。

ⅱ）若相同的飞行器，采用喷气发动机，推力比油耗为 $1.4\times10^{-5}\text{s}^{-1}$，确定恒定速度飞行的最大航程和续航时间。

4. 美国 T-37 飞行器，阻力系数为 $C_D=0.02+0.057C_L^2$，质量为 6 000 lbs（其中 500 lbs 是燃油），其喷气式发动机的推力比油耗为 $\text{tsfc}_{sl}=0.9$/h，机翼面积为 $S=184\ \text{ft}^2$。求：

a）该飞行器 $(L/D)_{\max}$ 和 $(C_L^{0.5}/C_D)_{\max}$ 的值。

b）分别求在海平面和高度 20 000 ft 时的最大续航时间和相应的飞行速度。

c）分别求在海平面和高度 20 000 ft 时的最大航程和相应的飞行速度。

5. 具有如下特性的飞行器：

重量 $W=10\ 000$ N，质心距翼根前缘的距离为 $h_{cg}=0.5$；

机翼面积为 $S=20\ \mathrm{m}^2$，机翼升力曲线斜率为 $C_{L\alpha}=0.06/\mathrm{deg}$；

焦点 $h_{ac}=0.25$，机翼力矩系数 $C_{\mathrm{Mac}}=-0.05$；

机翼安装角度 $i_w=0$，零攻角下洗 $\varepsilon_0=0$；

水平尾翼体积比例 $\overline{V}_H=0.6$，尾翼升力曲线斜率 $C_{l\alpha t}=0.04/\mathrm{deg}$；

零升攻角 $\alpha_0=-1.1°$，尾流梯度 $\mathrm{d}\varepsilon/\mathrm{d}\alpha=0.3$，机翼动压 480 N/m²，尾翼与机翼动压比 $\eta_{pr}=1$，尾翼安装角度 $i_T=3°$（前缘向下）。

a）估计水平尾翼的零升力线。

b）确定水平尾翼的攻角。

c）求出飞行器操纵杆固定的中性点及操纵杆固定稳定性裕度，飞行器是否稳定？

d）确定配平状态下 $a_2=1.8/\mathrm{rad}$ 时的升降舵角度。

6. 具有如下特性的飞行器：

质心位于机翼前缘之后的 $0.45\bar{\bar{c}}$ 处，机翼与机身焦点位于 $0.25\bar{\bar{c}}$，水平尾翼体积比为 0.4，机翼安装角为零，零升攻角为 $\alpha_0=-1.1°$，机翼升力曲线斜率为 0.08/deg，水平尾翼升力曲线斜率为 0.07/deg，$\partial\varepsilon/\partial\alpha=0.3$，$C_{\mathrm{Mac}}=-0.05$，尾翼安装角为 3°，零升下洗角度为零。飞行器重量为 12 000 N，机翼面积为 21 m²，飞行器在海平面条件下飞行。

a）计算中性点。

b）计算静态裕度，飞行器是否稳定？

7. 已知机翼面积 $S_w=16\ \mathrm{m}^2$，展弦比 $AR=4$，气动滚转力矩对滚转角速度的导数 $L_p=-0.85$。假设升力沿翼展均匀分布，升力系数的斜率为 $a_\infty=6.1/\mathrm{rad}$，计算机翼渐缩比 λ 和中心弦长 c_{0m}。假设 $L_p=-\dfrac{a_\infty}{2S_w s^2}\int_0^s cy^2\mathrm{d}y$，其中 $2s$ 为翼展，c 为弦长。

8. 飞行器具有如下特性：

$C_{M_0}=-0.03$，水平尾翼体积系数为 $\overline{V}_T=0.6$，$a=\mathrm{d}C_L^{wb}/\mathrm{d}\alpha=4.6$（每弧度），尾翼升力系数相当于水平尾翼角度的变化率（以弧度表示）为 $a_1=3.0$，尾翼升力系数相当于俯仰角的变化率（以弧度表示）为 $a_2=1.5$，水平尾翼相当于机翼倾角的平均下洗的变化率为 $\mathrm{d}\varepsilon/\mathrm{d}\alpha=-0.5$，机翼零升倾角为 $\alpha_0=-2°$，水平尾翼相当于机翼基准线的安装角度为 0°，飞行器除水平尾翼外的焦点位置为飞行器质心前 $0.05\bar{\bar{c}}$。

求配平 5°机翼倾角所需的升降舵偏角，其中配平片角度为 0°。

9. 飞行器总质量 10 000 kg，在海平面以 150 m/s 速度飞行。翼展 12 m，展弦比为 5。平均气动弦为 1.5 m，水平尾翼面积 12 m²，水平尾翼力臂 l_T 为 5 m。机翼升力曲线斜率为 5.7/rad。俯仰力矩方程中的系数以及尾翼升力和铰链力矩系数定义在表 3-1 和表 3-2 中给出。

表 3－1　俯仰力矩方程中的系数定义

$d\varepsilon/d\alpha$	C_{M_0}	η_T	h_{cg}	h_{ac}
0.5	－0.01	2°	0.2	0.05

表 3－2　尾翼升力和铰链力矩系数定义

a_1	a_2	a_3	b_1	b_2	b_3
3.1 rad^{-1}	1.2 rad^{-1}	0.5 rad^{-1}	0.1 rad^{-1}	－0.5 rad^{-1}	－0.01 rad^{-1}

ⅰ）求机翼面积 S_w 和总升力系数 C_L ；

ⅱ）求水平尾翼升力系数 C_{LT} ；

ⅱ）假设地面效应使下洗角 ε 减小 1°，求下洗角和水平尾翼倾角。

ⅲ）假设操纵杆固定，求升降舵偏角 η 、铰链力矩 C_H 和配平片角度 β 。

10. 证明操纵杆固定情况下使飞行器配平的配平片角度：$\beta_{\text{trim}}=\dfrac{C_{M_0}}{\overline{V}_T\overline{a}_3}-\dfrac{\overline{a}_1}{\overline{a}_3}\eta_T-\dfrac{C_L H'_n}{\overline{V}_T\overline{a}_3}$ 。

11. 飞行器在稳定平衡状态或配平状态下飞行。升力系数 $C_L=0.3$，升降舵处于中性位置，$\eta=0$，配平片角度为 $\beta=0$。水平尾翼体积比为 $V_T=0.48$，升力曲线斜率为 $a=4.5$，$a_1=2.8/\text{rad}$ ，$a_2=1.2/\text{rad}$ ，$d\varepsilon/d\alpha=0.4$，焦点位置为 $h_{ac}=0.18$，质心位置为 $h_{cg}=0.27$ 和 $C_{M_0}=-0.016$。升降舵偏角幅度限制为±30°。

ⅰ）求水平尾翼零升力线角度 η_T 。

ⅱ）证明配平升力系数为 1.265 时，质心最靠前的位置为 0.1。

12. 飞行器具有如下特性：

机翼面积 $S=10\ \text{m}^2$，机翼升力曲线斜率 $a=4.8$，$h_{cg}-h_{ac}=0.18$，平均气动弦，$\bar{\bar{c}}=1.5\ \text{m}$，$d\varepsilon/d\alpha=0.47$，尾翼力矩的力臂为 $l_T=10\ \text{m}$ ，尾翼升力系数和铰链力矩系数分别为 $a_1=3/\text{rad}$ ，$a_2=1.8/\text{rad}$ ，$a_3=0.3/\text{rad}$ ，$b_1=0.01/\text{rad}$ ，$b_2=-0.06/\text{rad}$ ，$b_3=-0.03/\text{rad}$ 。

求证：当操纵杆固定，且质心裕度为 0.15 时，水平尾翼面积为 1.64 m^2。

13. 飞行器在相对密度为海平面 0.61 的高度以 180 m/s 的速度飞行，操纵杆固定时，配平片角度为零。已知飞行器飞行速度为 85 m/s，单位面积的机翼载荷为 3 000 N/m^2，水平尾翼体积比为 $V_T=0.55$，且 $a_2=2.3/\text{rad}$ ，$a_3=0.5/\text{rad}$ ，$b_2=-0.15/\text{rad}$ ，$b_3=-0.003/\text{rad}$ ，求证：对于 5% 的操纵杆固定时的质心裕度，当相对密度为海平面的 0.74 时，操纵杆固定时的配平片角度为－7.67°。

14. 一架飞行器在低海拔高度上以 150 m/s 做俯冲转为水平的机动，受到额外 n 个 g 的法向过载。飞行器质量 65 000 kg，机翼升力曲线斜率 $a=4.5$，机翼面积 190 m^2，尾翼体积比为 $V_T=0.49$，尾翼力矩力臂为 $l_T=14\ \text{m}$ ，$d\varepsilon/d\alpha=0.49$，焦点位置为 $h_{ac}=0.16$，质心位置为 $h_{cg}=0.25$，$a_1=3.7/\text{rad}$ ，$a_2=2/\text{rad}$ 。求证：相对于水平飞行，升降舵偏角的变化为 $-2.288(°)/g$ 。

第4章　飞行器非线性动力学建模：运动学方程

4.0　引言

虽然 Etkin & Reid[1]，Seckel[2]，McRuer，Ashkenas and Graham[3]，Smetana[4]，Nelson[5]，Cook[6]和 Schmidt[7]等作者的许多著作已经介绍过飞行器动力学建模的相关知识，但是本章仍要回顾飞行器动力学的建模分析过程，以建立其与飞行器控制的桥梁。况且，现代飞行器普遍更灵活，这就需要我们重申一些关键的原理，以便其适应更广泛的背景。

4.1　飞行器动力学概述

从广义上讲，飞行稳定性问题可分为两大类：静态的和动态的。当飞行器静态稳定时，作用在飞行器上的力和力矩的静态模型就足以分析稳定性问题，相关的稳定性问题可以被认为是静态稳定性问题。而分析飞行器是否动态稳定，需要一个广泛的动态模型。飞行器的动态响应可进一步分为纵向和横侧向。纵向响应仅限于飞行器的纵对称面，而横侧向响应则是那些使飞行器横对称面改变的响应。实际上，由于横侧向运动会涉及到飞行器的侧滑运动，即有一个偏航角速度摄动，这样会引起飞行器在横侧向运动时，偶尔出现两种明显的不稳定运动状态：一种是慢速螺旋的，非摆动的运动状态，即螺旋运动状态；另一种则是伴随着不断滚转振动的偏航摆动运动状态，即“荷兰滚”。另外在这期间也会伴随有一种稳定的、短周期的纯滚转下沉运动状态。飞行器的纵向响应则主要表现为一个小阻尼长周期振荡，即沿着速度矢量方向的几乎不间断的长周期振荡运动。另外纵向似乎也有一个短周期运动，其特征为一个快速衰减的高频振荡。

4.2　二维平面飞行器动力学建模

在二维平面内，建立最简单的飞行器动力学模型，可以把飞行器看作刚体，在自然坐标系中定义飞行器的质心，让飞行器的平动和转动都基于该点，即飞行器的运动可以分为质点的平动和绕质点的俯仰转动。

根据图 4-1 中力和力矩及其参考方向，可以根据力和力矩的平衡原理建立如下方程

$$mU\dot{\gamma} = L + T\sin(\delta - \gamma) - mg\cos\gamma,\ m\dot{U} = -D + T\cos(\delta - \gamma) - mg\sin\gamma \quad (4-1a)$$

$$I\ddot{\theta} = M + Td \quad (4-1b)$$

其中，L、D、M 分别表示升力、阻力和俯仰力矩，其对应的系数表达式为

$$L=\frac{1}{2}\rho U^2 SC_L(\alpha,\eta),\ D=\frac{1}{2}\rho U^2 SC_D(\alpha,\eta) \tag{4-2a}$$

以及

$$M=\frac{1}{2}\rho U^2 S\bar{\bar{c}}\left[C_m(\alpha,\eta)+(q\bar{\bar{c}}/U)\frac{\partial}{\partial(q\bar{\bar{c}}/U)}C_m(\alpha,\eta)+(\dot{\alpha}\bar{\bar{c}}/U)\frac{\partial}{\partial(\dot{\alpha}\bar{\bar{c}}/U)}C_m(\alpha,\eta)\right] \tag{4-2b}$$

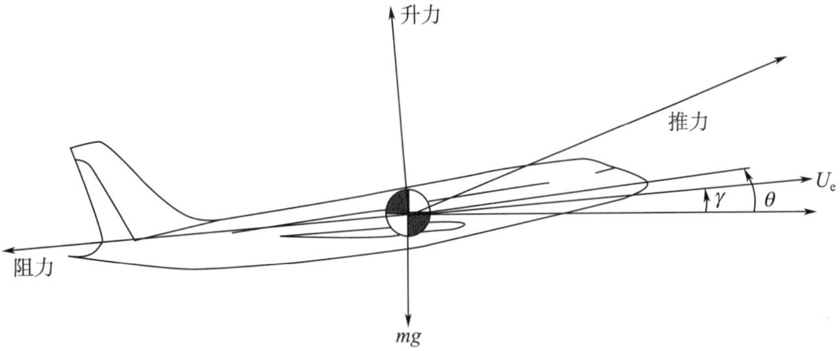

图 4-1　飞行器受力图

在式（4-1）和式（4-2）中，I 为飞行器关于俯仰轴的瞬时转动惯量，γ 为航迹倾角，θ 为俯仰角，U 为速度矢量的大小，T 为推力，δ 为推力矢量与水平方向的夹角，Td 为推力产生的俯仰力矩。航迹倾角和飞行器的俯仰角之间相差一个攻角，此攻角，以及飞行器的俯仰角速度和爬升速度为

$$\alpha=\theta-\gamma, q=\dot{\theta}\ 和\ \dot{h}=U\sin\gamma \tag{4-3}$$

飞行器的横侧向运动在水平面内垂直于飞行器的对称面，其运动学和动力学简化方程为

$$\dot{\phi}=p, V\dot{\psi}=g\tan\phi \tag{4-4}$$

飞行器的东和北两个方向上的速度分量则可以通过飞行器的速度、姿态、风速和风向表示为

$$V_{\text{east}}=V\cos\gamma\cos\psi-V_{\text{wind}}\cos\chi_{\text{wind}}, V_{\text{north}}=V\cos\gamma\sin\psi-V_{\text{wind}}\sin\chi_{\text{wind}} \tag{4-5}$$

上面这些方程的一个重要推论是飞行器可以保持稳定的水平飞行，即

$$\delta=\gamma=0, L=mg,\ D=T,\ M=0 \tag{4-6}$$

飞行器的质心运动学方程一般使用两种不同的表示形式：

1）非平衡的能量高度（energy height）模型；

2）平衡模型。

飞行器巡飞状态下比较适合运用平衡模型，而在爬升和下降状态下则比较适合运用非平衡模型。非平衡模型运用了“能量高度”的概念，定义为飞行器单位重量产生的动能和重力势能之和，即

$$h_e=\frac{E}{mg}=\frac{\left(mgh+\frac{1}{2}mU^2\right)}{mg}=h+\frac{U^2}{2g} \tag{4-7}$$

式中 m——飞行器质量；

U——飞行器实际空速；

h——飞行高度。

高度的能量变化率是 P_e，即

$$P_e=\frac{\mathrm{d}h_e}{\mathrm{d}t}=\frac{\mathrm{d}h}{\mathrm{d}t}+\frac{U}{g}\frac{\mathrm{d}U}{\mathrm{d}t} \tag{4-8}$$

如图 4-1 所示，在自然坐标系中，利用速度 U 和航迹倾角 γ，令 $\delta=\gamma$，则飞行器的动力学方程为

$$m\frac{\mathrm{d}U}{\mathrm{d}t}=T-D-mg\sin\gamma \tag{4-9a}$$

$$mU\frac{\mathrm{d}\gamma}{\mathrm{d}t}=L-mg\cos\gamma \tag{4-9b}$$

这样就得到了第一个动力学方程

$$\frac{U}{g}\frac{\mathrm{d}U}{\mathrm{d}t}+U\sin\gamma=U\left(\frac{T-D}{mg}\right) \tag{4-10}$$

而爬升频率为

$$\frac{\mathrm{d}h}{\mathrm{d}t}=U\sin\gamma \tag{4-11}$$

于是

$$P_e=\frac{\mathrm{d}h_e}{\mathrm{d}t}=\frac{\mathrm{d}h}{\mathrm{d}t}+\frac{U}{g}\frac{\mathrm{d}U}{\mathrm{d}t}=U\left(\frac{T-D}{mg}\right) \tag{4-12}$$

能量高度和单位剩余功率的概念在确定怎样最好地爬升到预定高度和达到预定空速时很有用。

假设飞行器水平飞行，即 $\gamma=0$ 和 $T=D$，则

$$m\frac{\mathrm{d}U}{\mathrm{d}t}=m\ddot{x}=0 \tag{4-13a}$$

$$mU\frac{\mathrm{d}\gamma}{\mathrm{d}t}=m\Delta\ddot{h}=L-mg=L-L_e \tag{4-13b}$$

其中 $L_e=mg$。若把升力表示为 $L=\frac{1}{2}\rho U^2AC_L$，并且假设升力系数 C_L 是恒定的，且 $L_e=\frac{1}{2}\rho U_e^2AC_L$，则

$$m\Delta\ddot{h}=L-mg=L-L_e=-\rho gAC_L\Delta h \tag{4-14}$$

即

$$\Delta\ddot{h}=-\frac{\rho gAC_L}{m}\Delta h=-\frac{\rho g^2AC_L}{L_e}\Delta h=-\omega_{ph}^2\Delta h \tag{4-15}$$

另外一种简化方法则是能量状态近似法，在运用此方法的模型中，飞行器的旋转动能可以忽略不计，于是能量平衡方程可以记为

$$\frac{1}{2}mU^2+mg\Delta h=\frac{1}{2}mU_e^2 \tag{4-16}$$

水平和垂直方向上的力平衡方程为

$$m\Delta\ddot{h}=L\cos\gamma-D\sin\gamma+T\sin\delta-mg \tag{4-17a}$$

$$m\ddot{x}=-D\cos\gamma+T\cos\delta-L\sin\gamma \tag{4-17b}$$

假设飞行器水平飞行，即 $\gamma=\delta=0$ 和 $T=D$ ，则

$$m\Delta\ddot{h}=L-mg=L-L_e \tag{4-18a}$$

$$m\ddot{x}=0 \tag{4-18b}$$

其中 $L_e=mg$。假设升力为

$$L=\frac{1}{2}\rho U^2 AC_L \tag{4-19}$$

假设升力系数 C_L 恒定不变，即

$$L_e=\frac{1}{2}\rho U_e^2 AC_L \tag{4-20}$$

于是

$$m\Delta\ddot{h}=L-mg=L-L_e=-\rho gAC_L\Delta h \tag{4-21}$$

即

$$\Delta\ddot{h}=-\frac{\rho gAC_L}{m}\Delta h=-\frac{\rho g^2AC_L}{L_e}\Delta h=-\omega_{ph}^2\Delta h \tag{4-22}$$

与前一种方法得到的结果一致。

以上得到的方程给出了飞行器自然频率的近似计算式，它与所谓的飞行器“长周期模型”相一致，即

$$\omega_{ph}=\sqrt{2}\ \frac{g}{U_e} \tag{4-23}$$

其中

$$U_e^2=\frac{2mg}{\rho AC_L} \tag{4-24}$$

飞行器的长周期振动本质上是由于飞行器能量转变造成的。在此过程中，飞行器飞行路线类似正弦曲线，飞行器的动能和重力势能构成了飞行器的总能量，即飞行器上升时其速度要降低，反之亦然。

4.3　转动惯量计算

对于控制像飞行器这样的刚性体，转动惯量的定义和计算是首要的。

考虑如图 4-2 中的连续体 B。

B 相对于 OP 轴的转动惯量定义为如下积分式

$$I_{OP}=\int_V h^2\,\mathrm{d}m \tag{4-25}$$

其中 $\mathrm{d}m$ 是 x，y，z 坐标系中 B 物体的任一质量元，h 为这一质量元到 OP 轴的垂直距

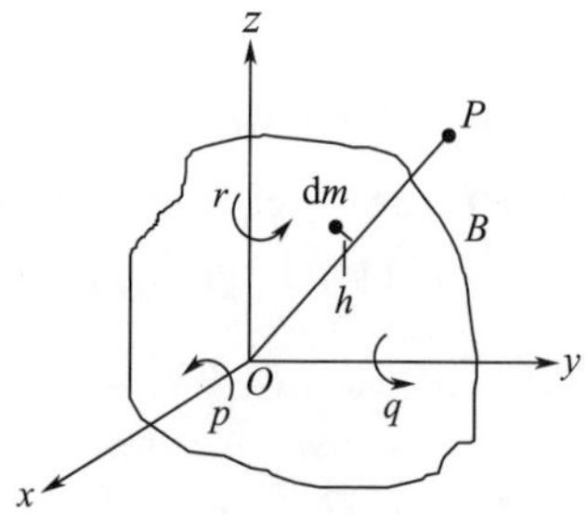

图 4-2 连续体的转动惯量

离，积分下标 V 为物体 B 的体积，应用勾股定理，则

$$h^2=(\boldsymbol{r}\cdot\boldsymbol{r})-(\boldsymbol{r}\cdot\boldsymbol{e})^2 \tag{4-26}$$

其中

$$\boldsymbol{r}=x\boldsymbol{i}+y\boldsymbol{j}+z\boldsymbol{k} \tag{4-27}$$

为质量元所在位置的方向矢量，而

$$\boldsymbol{e}=e_x\boldsymbol{i}+e_y\boldsymbol{j}+e_z\boldsymbol{k} \tag{4-28}$$

为 OP 轴方向上的单位矢量，h^2 也可以表示为

$$h^2=(\boldsymbol{r}\cdot\boldsymbol{r})(\boldsymbol{e}\cdot\boldsymbol{e})-(\boldsymbol{r}\cdot\boldsymbol{e})^2=\boldsymbol{e}\cdot[\boldsymbol{e}(\boldsymbol{r}\cdot\boldsymbol{r})-\boldsymbol{r}(\boldsymbol{r}\cdot\boldsymbol{e})]=\boldsymbol{e}\cdot[\boldsymbol{r}\times(\boldsymbol{e}\times\boldsymbol{r})] \tag{4-29}$$

于是转动惯量可以表示为

$$I_{OP}=\int_V[(\boldsymbol{r}\cdot\boldsymbol{r})(\boldsymbol{e}\cdot\boldsymbol{e})-(\boldsymbol{r}\cdot\boldsymbol{e})^2]\,\mathrm{d}m \tag{4-30}$$

于是物体关于 OP 轴的转动惯量可以表示为

$$I_{OP}=\int_V([x^2+y^2+z^2)(e_x^2+e_y^2+e_z^2)-(xe_x+ye_y+ze_z)^2]\,\mathrm{d}m \tag{4-31}$$

为了减少积分计算，定义了 6 个转动惯量分量如表 4-1 所示，于是物体关于 OP 轴的转动惯量可以表示为

$$I_{OP}=I_{xx}e_x^2+I_{yy}e_y^2+I_{zz}e_z^2-2I_{xy}e_xe_y-2I_{xz}e_xe_z-2I_{yz}e_ye_z \tag{4-32}$$

表 4-1 转动惯量分量表

积分式	各参考轴下物体的转动惯量	积分式	各参考轴下物体的惯性积
$I_{xx}=\int_V(y^2+z^2)\mathrm{d}m$	物体关于 Ox 轴的转动惯量	$I_{xy}=\int_V xy\,\mathrm{d}m$	物体关于 Ox,Oy 轴的惯性积
$I_{yy}=\int_V(x^2+z^2)\mathrm{d}m$	物体关于 Oy 轴的转动惯量	$I_{xz}=\int_V xz\,\mathrm{d}m$	物体关于 Ox,Oz 轴的惯性积
$I_{zz}=\int_V(x^2+y^2)\mathrm{d}m$	物体关于 Oz 轴的转动惯量	$I_{yz}=\int_V yz\,\mathrm{d}m$	物体关于 Oy,Oz 轴的惯性积

物体关于 OP 轴的转动惯量也可以表示为矩阵形式

$$I_{OP}=[e_x\quad e_y\quad e_z]\begin{bmatrix}I_{xx}&-I_{xy}&-I_{xz}\\-I_{xy}&I_{yy}&-I_{yz}\\-I_{xz}&-I_{yz}&I_{zz}\end{bmatrix}\begin{bmatrix}e_x\\e_y\\e_z\end{bmatrix}=[e_x\quad e_y\quad e_z]\boldsymbol{I}\begin{bmatrix}e_x\\e_y\\e_z\end{bmatrix} \tag{4-33}$$

其中

$$I=\begin{bmatrix} I_{xx} & -I_{xy} & -I_{xz} \\ -I_{xy} & I_{yy} & -I_{yz} \\ -I_{xz} & -I_{yz} & I_{zz} \end{bmatrix} \tag{4-34}$$

为转动惯量矩阵。

4.4 欧拉方程与飞行器刚体动力学

飞行器在飞行过程中的运动方程包括一组运用牛顿定律与欧拉刚体动力学方程得到的动力学方程和一些坐标系变换方程，但是，在运用牛顿和欧拉的定律或法则时必须先拟定一些基本假设：

1）飞行器在飞行过程中的质量及其分布保持不变；

2）飞行器在飞行过程中被视作刚体；

3）飞行器的质量关于飞行器的垂直面成对称分布，并且此垂直面通过飞行器的中心轴线，且此中心轴线通过飞行器质心；

4）地球被视作一个水平面，并且不计地球的自转。

单刚体的运动有六个自由度，其中三个自由度是刚体参考点（通常是刚体质心）沿着 x、y、z 方向的平动，而另外的三个自由度是刚体相对于三轴的转动。为了建立刚体运动方程，首先定义系统的动量矩矢量

$$\boldsymbol{h}=\int_V(\boldsymbol{r}\times\boldsymbol{v})\,\mathrm{d}m=\int_V\rho(\boldsymbol{r}\times\boldsymbol{v})\,\mathrm{d}V \tag{4-35}$$

式中　$\boldsymbol{r}$ ——单位质量元的位置矢量；

$\boldsymbol{v}$ ——此质量元在运动参考系当中的速度矢量。

假设刚体的相对运动是纯转动，则刚体动量矩矢量为

$$\boldsymbol{h}=\int_V\boldsymbol{r}\times(\boldsymbol{\omega}\times\boldsymbol{r})\,\mathrm{d}m=\int_V[\boldsymbol{\omega}(\boldsymbol{r}\cdot\boldsymbol{r})-\boldsymbol{r}(\boldsymbol{r}\cdot\boldsymbol{\omega})]\,\mathrm{d}m=\boldsymbol{I\omega} \tag{4-36}$$

其中 $\boldsymbol{I}$ 是转动惯量矩阵，$\boldsymbol{\omega}$ 是飞行器相对于机上某一固定点的角速度矢量，其为

$$\boldsymbol{\omega}=[p\quad q\quad r]^{\mathrm{T}} \tag{4-37}$$

或写为

$$\boldsymbol{\omega}=p\boldsymbol{i}+q\boldsymbol{j}+r\boldsymbol{k} \tag{4-38}$$

其中 $\boldsymbol{i}$，$\boldsymbol{j}$，$\boldsymbol{k}$ 为机体系中三个互相垂直的单位矢量。

如果 $\boldsymbol{h}$ 的方向刚好同飞行器机体中心轴方向相同，则 $\boldsymbol{I}$ 是对角阵。于是当 $\boldsymbol{h}$ 的方向与飞行器中心轴方向不同时，可以得到

$$\boldsymbol{h}=\boldsymbol{I\omega}=\begin{bmatrix} I_{xx} & -I_{xy} & -I_{xz} \\ -I_{xy} & I_{yy} & -I_{yz} \\ -I_{xz} & -I_{yz} & I_{zz} \end{bmatrix}\begin{bmatrix} p \\ q \\ r \end{bmatrix} \tag{4-39}$$

其中，p，q，r 为 三个方向上的角速度分量。

许多高等动力学的教科书中已经描述过非惯性坐标系（即参考轴不停旋转和线性平动的参考系）中刚体的运动。$\boldsymbol{p}$ 矢量（如平动速度矢量或角动量）在旋转坐标系中的变化率为

$$\left.\frac{\mathrm{d}\boldsymbol{p}}{\mathrm{d}\boldsymbol{t}}\right|_{\text{inertial}}=\left.\frac{\mathrm{d}\boldsymbol{p}}{\mathrm{d}t}\right|_{\text{body}}+\boldsymbol{\omega}\times\boldsymbol{p} \tag{4-40}$$

其中“×”符号表示叉积，导数中的“body”角标表示 $\boldsymbol{p}$ 相对于机体轴的导数，而此机体轴是依附于惯性不变的，$\boldsymbol{\omega}$ 则是非惯性系中 $\boldsymbol{p}$ 的角速度矢量。

于是刚体牛顿平动方程为

$$\boldsymbol{F}=m\boldsymbol{a}_O=\left.\frac{\mathrm{d}(m\boldsymbol{v})}{\mathrm{d}t}\right|_{\text{body}}+\boldsymbol{\omega}\times(m\boldsymbol{v})=m\left(\frac{\mathrm{d}\boldsymbol{v}}{\mathrm{d}t}+\boldsymbol{\omega}\times\boldsymbol{v}\right) \tag{4-41}$$

其中 $\frac{\mathrm{d}}{\mathrm{d}t}$ 代表惯性系中的导数，$\boldsymbol{a}_O$ 为相对于机体系原点的加速度矢量，$\boldsymbol{v}$ 为机体坐标系中的速度矢量

$$\boldsymbol{v}=U_b\boldsymbol{i}+V_b\boldsymbol{j}+W_b\boldsymbol{k}=U\boldsymbol{i}+V\boldsymbol{j}+W\boldsymbol{k}\text{，或者 }\boldsymbol{v}=\begin{bmatrix}U\\V\\W\end{bmatrix} \tag{4-42}$$

忽略下标“b”，$\boldsymbol{F}$ 为机体系中的合外力矢量

$$\boldsymbol{F}=X\boldsymbol{i}+Y\boldsymbol{j}+Z\boldsymbol{k}\text{，或者 }\boldsymbol{F}=\begin{bmatrix}X\\Y\\Z\end{bmatrix} \tag{4-43}$$

$\boldsymbol{\omega}$ 与 $\boldsymbol{v}$ 的叉积为

$$\boldsymbol{\omega}\times\boldsymbol{v}=\begin{vmatrix}\boldsymbol{i}&\boldsymbol{j}&\boldsymbol{k}\\p&q&r\\U&V&W\end{vmatrix}=\boldsymbol{i}(qW-rV)-\boldsymbol{j}(pW-rU)+\boldsymbol{k}(pV-qU) \tag{4-44}$$

写作矩阵形式为

$$\boldsymbol{\omega}\times\boldsymbol{v}=\begin{bmatrix}0&-r&q\\r&0&-p\\-q&p&0\end{bmatrix}\begin{bmatrix}U\\V\\W\end{bmatrix}=\begin{bmatrix}qW-rV\\rU-pW\\pV-qU\end{bmatrix} \tag{4-45}$$

为了简洁，$\boldsymbol{v}$ 的下标 O 省略了。

于是我们得到飞行器平动的三个标量方程为

$$m(\dot{U}+qW-rV)=X \tag{4-46a}$$

$$m(\dot{V}+rU-pW)=Y \tag{4-46b}$$

$$m(\dot{W}+pV-qU)=Z \tag{4-46c}$$

机体相对于参考系原点的绝对角动量定义为

$$\boldsymbol{H}=\int_V(\boldsymbol{r}\times\boldsymbol{v}_a)\,\mathrm{d}m \tag{4-47}$$

其中 $\boldsymbol{v}_a$ 是单位质量元的绝对速度。上式也可以写作

$$\boldsymbol{H}=\boldsymbol{h}+\int_V(\boldsymbol{r}\times\boldsymbol{v}_{a0})\,\mathrm{d}m=\boldsymbol{h}+m(r_{CM}\times\boldsymbol{v}_{a0}) \tag{4-48}$$

其中 $\boldsymbol{v}_{a0}$ 为同一个坐标系中中心质量元的速度。

而 $\boldsymbol{h}$ 的导数为

$$\frac{\mathrm{d}}{\mathrm{d}t}\boldsymbol{h}=\int_V\left(\boldsymbol{r}\times\frac{\mathrm{d}}{\mathrm{d}t}\boldsymbol{v}\right)\mathrm{d}m-\int_V\left(\boldsymbol{r}\times\frac{\mathrm{d}}{\mathrm{d}t}\boldsymbol{v}_0\right)\mathrm{d}m=\int_V\left(\boldsymbol{r}\times\frac{\mathrm{d}}{\mathrm{d}t}\boldsymbol{v}\right)\mathrm{d}m-m(\boldsymbol{r}_{CM}\times\boldsymbol{a}_O) \tag{4-49}$$

其中 $\boldsymbol{v}_0$ 为中心质量元在运动坐标系中的速度，$\boldsymbol{r}_{CM}$ 为中心质量元相对于机体系原点的位置矢量。

对于机体的转动，则有

$$\boldsymbol{M}=\boldsymbol{r}_{cm}\times\boldsymbol{F}=m(\boldsymbol{r}_{CM}\times\boldsymbol{a}_O)+\left.\frac{\mathrm{d}\boldsymbol{h}}{\mathrm{d}t}\right|_{\text{body}}+\boldsymbol{\omega}\times\boldsymbol{h}=m(\boldsymbol{r}_{CM}\times\boldsymbol{a}_O)+\dot{\boldsymbol{h}}+\boldsymbol{\omega}\times\boldsymbol{h} \tag{4-50}$$

其中 $\boldsymbol{M}$ 是机体系中飞行器合外力相对于机体系原点的转矩矢量，可以写成分量形式

$$\boldsymbol{M}=L\boldsymbol{i}+M\boldsymbol{j}+N\boldsymbol{k}\text{ ，或者 }\boldsymbol{M}=\begin{bmatrix}L\\M\\N\end{bmatrix} \tag{4-51}$$

在式（4-50）中，$\boldsymbol{h}$ 是飞行器的动量矩矢量。而飞行器的三方向上的转矩分量可以通过计算机体上合力的力矩求得。上述方程就是著名的欧拉方程，它描绘了机体系中飞行器角速度矢量分量是怎样响应转矩分量的。

飞行器刚体的平动动力学可以表示为一系列相对简单的方程，而飞行器的转动动力学方程要复杂很多。原因是多方面的：飞行器的质量 m 是一个标量，而飞行器转动惯量是一个 3×3 的矩阵，当机体系的原点选在质心位置时，$\boldsymbol{r}_{CM}=0$ ，并且起点在机体系原点的加速度矢量不会影响飞行器转动动力学。如果机体系的 x 轴可以选在接近飞行器“主轴”的地方，则转动惯量矩阵是一个对角阵，但更为一般的情况是矩阵 $\boldsymbol{I}$ 并非对角阵，总的来说，飞行器刚体姿态动力学不复杂。

4.5　坐标系与姿态描述

描述飞行器在空间中的姿态和方向是一个比较复杂的问题。为了定义机体在空间中的方向，首先定义三个互相垂直并且成右手系的方向轴，其原点则固定在机体重心上，建立坐标系 $O_bx_by_bz_b$， 其中

1）O_bx_b 轴为纵轴，它与机体纵轴重合并且朝向飞行器前方；

2）O_by_b 轴为横轴，它指向飞行器右侧面；

3）O_bz_b 轴为垂直轴，它指向飞行器下方。

参考系为符合右手规则的惯性系 $O_ex_ey_ez_e$， 它固定在地球表面，其中

1）O_ex_e 轴指向北；

2) $O_e y_e$ 轴指向东；

3) $O_e z_e$ 轴指向地球中心。

在完成空间固定参考系的一系列旋转之后，即绕 z 轴的偏航运动，随后是绕 y 轴的俯仰运动以及最终绕 x 轴的滚转运动，最后形成固定在机体上的坐标系。坐标转换旋转次序不仅很难用二维图来描述，而且不能被唯一地定义。但是，通过偏航-俯仰-滚转的旋转顺序完成从固定空间系到机体系的转换，是飞行器动力学中公认的坐标转换顺序，由此产生的旋转角称为欧拉角。它们产生了一套基本的坐标系来定义飞行器的姿态。

因此，机体系到惯性系的转换方程为

$$\begin{bmatrix} x_I \\ y_I \\ z_I \end{bmatrix} = \boldsymbol{T}_{IB} \times \begin{bmatrix} x_B \\ y_B \\ z_B \end{bmatrix} \tag{4-52}$$

其中

$$\begin{aligned} \boldsymbol{T}_{IB} &= \begin{bmatrix} \cos\psi & -\sin\psi & 0 \\ \sin\psi & \cos\psi & 0 \\ 0 & 0 & 1 \end{bmatrix} \begin{bmatrix} \cos\theta & 0 & \sin\theta \\ 0 & 1 & 0 \\ -\sin\theta & 0 & \cos\theta \end{bmatrix} \begin{bmatrix} 1 & 0 & 0 \\ 0 & \cos\phi & -\sin\phi \\ 0 & \sin\phi & \cos\phi \end{bmatrix} \\ &= \begin{bmatrix} \mathrm{c}\psi\,\mathrm{c}\theta & \mathrm{c}\psi\,\mathrm{s}\theta\,\mathrm{s}\phi - \mathrm{s}\psi\,\mathrm{c}\phi & \mathrm{c}\psi\,\mathrm{s}\theta\,\mathrm{c}\phi + \mathrm{s}\psi\,\mathrm{s}\phi \\ \mathrm{s}\psi\,\mathrm{c}\theta & \mathrm{s}\psi\,\mathrm{s}\theta\,\mathrm{s}\phi + \mathrm{c}\psi\,\mathrm{c}\phi & \mathrm{s}\psi\,\mathrm{s}\theta\,\mathrm{c}\phi - \mathrm{c}\psi\,\mathrm{s}\phi \\ -\mathrm{s}\theta & \mathrm{c}\theta\,\mathrm{s}\phi & \mathrm{c}\theta\,\mathrm{c}\phi \end{bmatrix} \end{aligned} \tag{4-53}$$

这里，$\mathrm{c}\theta = \cos\theta$，$\mathrm{c}\phi = \cos\phi$，$\mathrm{c}\psi = \cos\psi$，$\mathrm{s}\theta = \sin\theta$，$\mathrm{s}\phi = \sin\phi$，$\mathrm{s}\psi = \sin\psi$。下标 B 代表机体系，下标 I 代表惯性系。$\boldsymbol{T}_{IB}$ 中每一个分矩阵以及它们的乘积都是正交矩阵，变换关系可以表示为

$$\begin{bmatrix} x_B \\ y_B \\ z_B \end{bmatrix} = \boldsymbol{T}_{IB}^{-1} \times \begin{bmatrix} x_I \\ y_I \\ z_I \end{bmatrix} = \boldsymbol{T}_{BI} \times \begin{bmatrix} x_I \\ y_I \\ z_I \end{bmatrix} \tag{4-54}$$

其中

$$\begin{aligned} \boldsymbol{T}_{BI} &= \begin{bmatrix} 1 & 0 & 0 \\ 0 & \cos\phi & \sin\phi \\ 0 & -\sin\phi & \cos\phi \end{bmatrix} \begin{bmatrix} \cos\theta & 0 & -\sin\theta \\ 0 & 1 & 0 \\ \sin\theta & 0 & \cos\theta \end{bmatrix} \begin{bmatrix} \cos\psi & \sin\psi & 0 \\ -\sin\psi & \cos\psi & 0 \\ 0 & 0 & 1 \end{bmatrix} = \boldsymbol{T}_{IB}^{\mathrm{T}} \\ &= \begin{bmatrix} \mathrm{c}\psi\,\mathrm{c}\theta & \mathrm{s}\psi\,\mathrm{c}\theta & -\mathrm{s}\theta \\ \mathrm{c}\psi\,\mathrm{s}\theta\,\mathrm{s}\phi - \mathrm{s}\psi\,\mathrm{c}\phi & \mathrm{s}\psi\,\mathrm{s}\theta\,\mathrm{s}\phi + \mathrm{c}\psi\,\mathrm{c}\phi & \mathrm{c}\theta\,\mathrm{s}\phi \\ \mathrm{c}\psi\,\mathrm{s}\theta\,\mathrm{c}\phi + \mathrm{s}\psi\,\mathrm{s}\phi & \mathrm{s}\psi\,\mathrm{s}\theta\,\mathrm{c}\phi - \mathrm{c}\psi\,\mathrm{s}\phi & \mathrm{c}\theta\,\mathrm{c}\phi \end{bmatrix} \end{aligned} \tag{4-55}$$

这里需要指出，$\boldsymbol{T}_{BI}$ 和 $\boldsymbol{T}_{IB}$ 中分矩阵的乘算顺序很重要，它们并不能交换位置。但是当三个欧拉角很小时，有近似计算：$\mathrm{c}\theta = \cos\theta \approx 1$，$\mathrm{c}\phi = \cos\phi \approx 1$，$\mathrm{c}\psi = \cos\psi \approx 1$，$\mathrm{s}\theta = \sin\theta \approx \theta$，$\mathrm{s}\phi = \sin\phi \approx \phi$，$\mathrm{s}\psi = \sin\psi \approx \psi$，于是

$$\boldsymbol{T}_{IB}=\begin{bmatrix}1 & -\psi & \theta \\ \psi & 1 & -\phi \\ -\theta & \phi & 1\end{bmatrix} \tag{4-56}$$

对于速度矢量 $\boldsymbol{p}$ ，其分量可以在机体坐标系中分解得到，也可以在惯性系中分解得到。于是上面的坐标转换关系可以正反互用。在机体系中速度矢量 $\boldsymbol{p}$ 的分量用下标 B 表示为 $\boldsymbol{p}_B$ ，而在惯性系中的分量用下标 I 表示为 $\boldsymbol{p}_I$ 。

于是

$$\boldsymbol{p}_B=\boldsymbol{T}_{BI}\boldsymbol{p}_I,\ \boldsymbol{p}_I=\boldsymbol{T}_{IB}\boldsymbol{p}_B \tag{4-57}$$

以上转换关系，飞行器平动和转动都可以用。

在惯性系中动量矩变化率为

$$\frac{\mathrm{d}\boldsymbol{h}_I}{\mathrm{d}t}=\frac{\mathrm{d}(\boldsymbol{T}_{IB}\boldsymbol{h}_B)}{\mathrm{d}t}=\boldsymbol{M}_I \tag{4-58}$$

由于转换矩阵 $\boldsymbol{T}_{IB}$ 不是常量，上式可以写作

$$\boldsymbol{T}_{IB}\frac{\mathrm{d}\boldsymbol{h}_B}{\mathrm{d}t}+\frac{\mathrm{d}\boldsymbol{T}_{IB}}{\mathrm{d}t}\boldsymbol{h}_B=\boldsymbol{M}_I \tag{4-59}$$

或者

$$\frac{\mathrm{d}\boldsymbol{h}_B}{\mathrm{d}t}+\boldsymbol{T}_{BI}\frac{\mathrm{d}\boldsymbol{T}_{IB}}{\mathrm{d}t}\boldsymbol{h}_B=\boldsymbol{T}_{BI}\boldsymbol{M}_I=\boldsymbol{M}_B \tag{4-60}$$

于是

$$\boldsymbol{T}_{BI}\frac{\mathrm{d}\boldsymbol{T}_{IB}}{\mathrm{d}t}=\boldsymbol{T}_{BI}\boldsymbol{T}_{IB}\times\begin{bmatrix}0 & -r_B & q_B \\ r_B & 0 & -p_B \\ -q_B & p_B & 0\end{bmatrix}=\begin{bmatrix}0 & -r_B & q_B \\ r_B & 0 & -p_B \\ -q_B & p_B & 0\end{bmatrix} \tag{4-61}$$

以上已经建立了机体系和惯性系之间的平动转换关系，下面有必要建立机体系到惯性系之间的转动变换关系，即机体系中飞行器角速度 p_B，q_B，r_B 和欧拉角 ϕ，θ，ψ 的变化率 $\dot{\phi}$，$\dot{\theta}$，$\dot{\psi}$ 之间的变换关系。回顾惯性系到机体系需要三次变换：偏航角关于 z 轴旋转，俯仰角 θ 关于偏航旋转后的坐标系旋转，滚转角 φ 关于偏航和俯仰旋转后的坐标系旋转。欧拉角在机体系中的角速度包括关于 z 轴的偏航角速度，关于偏航转换后与 y 轴的俯仰角速度，以及关于机体系 x 轴的滚转角速度。于是惯性系到机体系的转动变换关系为

$$\begin{bmatrix}p_B \\ q_B \\ r_B\end{bmatrix}=\begin{bmatrix}1 \\ 0 \\ 0\end{bmatrix}\dot{\phi}+\begin{bmatrix}1 & 0 & 0 \\ 0 & \cos\phi & -\sin\phi \\ 0 & \sin\phi & \cos\phi\end{bmatrix}^{-1}\left\{\begin{bmatrix}0 \\ 1 \\ 0\end{bmatrix}\dot{\theta}+\begin{bmatrix}\cos\theta & 0 & \sin\theta \\ 0 & 1 & 0 \\ -\sin\theta & 0 & \cos\theta\end{bmatrix}^{-1}\begin{bmatrix}0 \\ 0 \\ 1\end{bmatrix}\dot{\psi}\right\} \tag{4-62}$$

对上面方程求解需要定义 p_B，q_B，r_B ，可以用 $\dot{\phi}$，$\dot{\theta}$，$\dot{\psi}$ 表示为

$$\begin{bmatrix}\dot{\phi} \\ \dot{\theta} \\ \dot{\psi}\end{bmatrix}=\begin{bmatrix}1 & \sin\phi\tan\theta & \cos\phi\tan\theta \\ 0 & \cos\phi & -\sin\phi \\ 0 & \sin\phi/\cos\theta & \cos\phi/\cos\theta\end{bmatrix}\begin{bmatrix}p_B \\ q_B \\ r_B\end{bmatrix} \tag{4-63}$$

或者

$$\begin{bmatrix}\dot{\phi}\\ \dot{\theta}\\ \dot{\psi}\end{bmatrix}=\begin{bmatrix}1&0&0\\0&1&0\\0&0&1\end{bmatrix}\begin{bmatrix}p_B\\q_B\\r_B\end{bmatrix}+\begin{bmatrix}0&\sin\phi\tan\theta&\cos\phi\tan\theta\\0&\cos\phi-1&-\sin\phi\\0&\sin\phi/\cos\theta&(\cos\phi/\cos\theta)-1\end{bmatrix}\begin{bmatrix}p_B\\q_B\\r_B\end{bmatrix}\tag{4-64}$$

其中第二项为非线性项。

4.6　飞行器运动方程

前面得到的欧拉方程采用以下形式

$$\frac{\mathrm{d}\boldsymbol{h}_B}{\mathrm{d}t}+\begin{bmatrix}0&-r_B&q_B\\r_B&0&-p_B\\-q_B&p_B&0\end{bmatrix}\boldsymbol{h}_B=\boldsymbol{M}_B\tag{4-65}$$

在机体系中动量矩矢量为

$$\boldsymbol{h}_B=\begin{bmatrix}h_x|_B\\h_y|_B\\h_z|_B\end{bmatrix}=\boldsymbol{I}\begin{bmatrix}p_B\\q_B\\r_B\end{bmatrix}=\begin{bmatrix}I_{xx}&-I_{xy}&-I_{xz}\\-I_{xy}&I_{yy}&-I_{yz}\\-I_{xz}&-I_{yz}&I_{zz}\end{bmatrix}\begin{bmatrix}p_B\\q_B\\r_B\end{bmatrix}\tag{4-66}$$

于是

$$\begin{bmatrix}\dot{h}_x|_B\\\dot{h}_y|_B\\\dot{h}_z|_B\end{bmatrix}+\begin{bmatrix}0&-r_B&q_B\\r_B&0&-p_B\\-q_B&p_B&0\end{bmatrix}\begin{bmatrix}h_x|_B\\h_y|_B\\h_z|_B\end{bmatrix}=\begin{bmatrix}L\\M\\N\end{bmatrix}\tag{4-67}$$

其中

$$h_x|_B=I_{xx}p_B-I_{xy}q_B-I_{xz}r_B\tag{4-68a}$$

$$h_y|_B=-I_{xy}p_B+I_{yy}q_B-I_{yz}r_B\tag{4-68b}$$

$$h_z|_B=-I_{xz}p_B-I_{yz}q_B+I_{zz}r_B\tag{4-68c}$$

为了保持对称性，可以假设 y 轴（即机体俯仰轴）为飞行器的主轴，转动惯量矩阵满足

$$\boldsymbol{I}=\begin{bmatrix}I_{xx}&0&-I_{xz}\\0&I_{yy}&0\\-I_{xz}&0&I_{zz}\end{bmatrix}\tag{4-69}$$

于是，$\boldsymbol{h}_B$ 矢量的分量可以化为

$$\begin{bmatrix}I_{xx}&-I_{xy}&-I_{xz}\\-I_{xy}&I_{yy}&-I_{yz}\\-I_{xz}&-I_{yz}&I_{zz}\end{bmatrix}\begin{bmatrix}\dot{p}_B\\\dot{q}_B\\\dot{r}_B\end{bmatrix}+\begin{bmatrix}0&-r_B&q_B\\r_B&0&-p_B\\-q_B&p_B&0\end{bmatrix}\begin{bmatrix}I_{xx}&-I_{xy}&-I_{xz}\\-I_{xy}&I_{yy}&-I_{yz}\\-I_{xz}&-I_{yz}&I_{zz}\end{bmatrix}\begin{bmatrix}p_B\\q_B\\r_B\end{bmatrix}=\boldsymbol{M}_B\tag{4-70}$$

解 $\dot{p}_B$，$\dot{q}_B$，$\dot{r}_B$，可以得到

$$\dot{p}_B = \frac{I_{zz}}{\Delta}[L + I_{xz}p_Bq_B + (I_{yy} - I_{zz})q_Br_B] + \frac{I_{xz}}{\Delta}[N - I_{xz}q_Br_B + (I_{xx} - I_{yy})p_Bq_B] \tag{4-71a}$$

$$\dot{q}_B = \frac{1}{I_{yy}}[M - (I_{xx} - I_{zz})p_Br_B - I_{xz}(p_B^2 - r_B^2)] \tag{4-71b}$$

$$\dot{r}_B = \frac{I_{xx}}{\Delta}[N - I_{xz}q_Br_B + (I_{xx} - I_{yy})p_Bq_B] + \frac{I_{xz}}{\Delta}[L + I_{xz}p_Bq_B + (I_{yy} - I_{zz})q_Br_B] \tag{4-71c}$$

其中，$\Delta = I_{xx}I_{zz} - I_{xz}^2$ 。

综上，在机体系中的牛顿刚体平动方程为

$$m\left(\dot{\boldsymbol{v}} + \begin{bmatrix} 0 & -r_B & q_B \\ r_B & 0 & -p_B \\ -q_B & p_B & 0 \end{bmatrix}\boldsymbol{v}\right) = \boldsymbol{F}_B \tag{4-72}$$

即

$$m(\dot{U} + q_BW - r_BV) = X_B \tag{4-73a}$$

$$m(\dot{V} + r_BU - p_BW) = Y_B \tag{4-73b}$$

$$m(\dot{W} + p_BV - q_BU) = Z_B \tag{4-73c}$$

为了完全定义飞行器的姿态和方位，我们需要把飞行器在惯性系下的姿态角 ϕ，θ，ψ 和机体系中的姿态角速度 $[p_B \quad q_B \quad r_B]^{\mathrm{T}}$ 联系起来，即

$$\begin{bmatrix} \dot{\phi} \\ \dot{\theta} \\ \dot{\psi} \end{bmatrix} = \begin{bmatrix} 1 & \sin\phi\tan\theta & \cos\phi\tan\theta \\ 0 & \cos\phi & -\sin\phi \\ 0 & \sin\phi/\cos\theta & \cos\phi/\cos\theta \end{bmatrix}\begin{bmatrix} p_B \\ q_B \\ r_B \end{bmatrix} \tag{4-74}$$

对于飞行器上的任意点 P ，其坐标为

$$P \equiv [x \quad y \quad z] \tag{4-75}$$

此点的速度分量 v_P 为

$$u = U + zq - yr \tag{4-76a}$$

$$v = V + xr - zp \tag{4-76b}$$

$$w = W + yp - xq \tag{4-76c}$$

P 点运动学方程为

$$\frac{\mathrm{d}}{\mathrm{d}t}\begin{bmatrix} x_i \\ y_i \\ z_i \end{bmatrix} = \boldsymbol{T}_{IB}\boldsymbol{v}_P = \boldsymbol{T}_{IB}\begin{bmatrix} u \\ v \\ w \end{bmatrix} \tag{4-77}$$

其中，$[u \quad v \quad w]^{\mathrm{T}}$ 是飞行器 P 点在机体系中的速度分量。

4.7　飞行器运动学方程

飞行器上的空气动力是由于飞行器在空气中飞行时，飞行器表面产生了空气动压而产

生的。空气动力很大程度上取决于空气相对于飞行器的速度。描述空气动力需要建立一个直角坐标系，其中一个轴的方向为飞行器空速的负方向。于是可以像前面根据机体系建立惯性系一样建立一个风轴系。

机体系到风轴系的变换关系为

$$\begin{bmatrix} x_W \\ y_W \\ z_W \end{bmatrix} = \boldsymbol{T}_{WB}(\alpha,\beta) \times \begin{bmatrix} x_B \\ y_B \\ z_B \end{bmatrix} \tag{4-78}$$

其中

$$\boldsymbol{T}_{WB}(\alpha,\beta) = \begin{bmatrix} \cos\beta & \sin\beta & 0 \\ -\sin\beta & \cos\beta & 0 \\ 0 & 0 & 1 \end{bmatrix} \begin{bmatrix} \cos\alpha & 0 & \sin\alpha \\ 0 & 1 & 0 \\ -\sin\alpha & 0 & \cos\alpha \end{bmatrix} \tag{4-79}$$

这里，α 为攻角，β 为侧滑角。与前面机体系到惯性系的转换方法相同，把滚转角设为 0，俯仰角等同于攻角 α ，偏航角等同于侧滑角 β 的负值。风速相对于飞行器在 $-x$、$-y$ 和 $-z$ 方向上有三个分量 u，v，w，当风速在惯性系不变时，机体速度在 x、y、z 方向上的三个分量为：$U_b=u$，$V_b=v$，$W_b=w$。

令

$$V_T = \sqrt{u^2+v^2+w^2} \tag{4-80}$$

根据以上关系定义 β 和 α 为

$$\cos\beta = \frac{\sqrt{u^2+w^2}}{V_T},\ \sin\beta = \frac{v}{V_T},\ \cos\alpha = \frac{u}{\sqrt{u^2+w^2}} \qquad \sin\alpha = \frac{w}{\sqrt{u^2+w^2}} \tag{4-81}$$

于是

$$\beta = \tan^{-1}\left(\frac{v}{\sqrt{u^2+w^2}}\right),\alpha = \tan^{-1}\left(\frac{w}{u}\right) \tag{4-82}$$

并且

$$\dot{V}_T = \frac{(u\dot{u}+v\dot{v}+w\dot{w})}{V_T},\dot{\beta} = \frac{\dot{v}(u^2+w^2) - v(u\dot{u}+w\dot{w})}{V_T^2(\sqrt{u^2+w^2})},\dot{\alpha} = \frac{\dot{w}u-\dot{u}w}{u^2+w^2} \tag{4-83}$$

速度分量可以写作

$$u = V_T\cos\beta\cos\alpha,v = V_T\sin\beta,w = V_T\sin\alpha\cos\beta \tag{4-84}$$

于是

$$\begin{bmatrix} u \\ v \\ w \end{bmatrix} = \boldsymbol{T}_{BW}(\alpha,\beta) \times \begin{bmatrix} V_T \\ 0 \\ 0 \end{bmatrix},\begin{bmatrix} \dot{u} \\ \dot{v} \\ \dot{w} \end{bmatrix} = \boldsymbol{T}_{BW}(\alpha,\beta) \times \begin{bmatrix} \dot{V}_T \\ V_T\dot{\beta} \\ V_T\dot{\alpha}\cos\beta \end{bmatrix} \tag{4-85}$$

风轴系到机体系的空气动力变换关系为

$$\boldsymbol{F}_{AB} = \boldsymbol{T}_{BW}(\alpha,\beta)\boldsymbol{F}_{AW}\ ,\boldsymbol{M}_{AB} = \boldsymbol{T}_{BW}(\alpha,\beta)\boldsymbol{M}_{AW} \tag{4-86}$$

其中

$$\boldsymbol{F}_{AW}=-\frac{1}{2}\rho SV^2\begin{bmatrix}C_D\\C_Y\\C_L\end{bmatrix},\boldsymbol{M}_{AW}=\frac{1}{2}\rho SV^2\begin{bmatrix}-bC_l\\\bar{c}C_m\\-bC_n\end{bmatrix}\tag{4-87}$$

欧拉方程和牛顿运动方程给出了飞行器刚体的平动和转动方程为

$$\frac{\mathrm{d}\boldsymbol{h}_B}{\mathrm{d}t}+\begin{bmatrix}0&-r_B&q_B\\r_B&0&-p_B\\-q_B&p_B&0\end{bmatrix}\boldsymbol{h}_B=\boldsymbol{M}_{NB}+\boldsymbol{T}_{BW}(\alpha,\beta)\boldsymbol{M}_{AW}\tag{4-88a}$$

和

$$m\left(\dot{\boldsymbol{v}}+\begin{bmatrix}0&-r_B&q_B\\r_B&0&-p_B\\-q_B&p_B&0\end{bmatrix}\boldsymbol{v}\right)=\boldsymbol{F}_{NB}+\boldsymbol{T}_{BW}(\alpha,\beta)\boldsymbol{F}_{AW}+\boldsymbol{F}_g\tag{4-88b}$$

其中 $\boldsymbol{F}_g$ 为重力，$\boldsymbol{F}_{NB}$ 和 $\boldsymbol{M}_{NB}$ 为非气动力和力矩，它们是由机体系中包括控制、推力和环境等产生的影响 。重力 $\boldsymbol{F}_g$ ，定义在惯性系中，而由其产生的力矩可以忽略不计。于是包含重力加速度的飞行器平动方程为

$$m\left(\dot{\boldsymbol{v}}+\begin{bmatrix}0&-r_B&q_B\\r_B&0&-p_B\\-q_B&p_B&0\end{bmatrix}\boldsymbol{v}\right)=\boldsymbol{F}_{NB}+\boldsymbol{T}_{BW}(\alpha,\beta)\boldsymbol{F}_{AW}+mg\boldsymbol{T}_{BI}\begin{bmatrix}0\\0\\1\end{bmatrix}\tag{4-89}$$

4.8　飞行器非线性动力学与稳定轴系

为了得到飞行器在配平飞行状态下的运动方程，需要建立稳定轴系。此坐标系为直角坐标系，且原点固定在机体上，坐标系的一个轴方向与飞行器的配平飞行速度矢量方向相同。假设飞行器的配平飞行速度矢量不变，那么飞行器的配平攻角和侧滑角也不变，于是，稳定轴系就是配平飞行状态下飞行器的风轴系。

机体系到稳定轴系的变换关系为

$$\begin{bmatrix}x_S\\y_S\\z_S\end{bmatrix}=\boldsymbol{T}_{WB}(\alpha_e,\beta_e)\times\begin{bmatrix}x_B\\y_B\\z_B\end{bmatrix}\tag{4-90}$$

其中

$$\begin{aligned}\boldsymbol{T}_{WB}(\alpha_e,\ \beta_e)&=\begin{bmatrix}\cos\beta_e&\sin\beta_e&0\\-\sin\beta_e&\cos\beta_e&0\\0&0&1\end{bmatrix}\begin{bmatrix}\cos\alpha_e&0&\sin\alpha_e\\0&1&0\\-\sin\alpha_e&0&\cos\alpha_e\end{bmatrix}\\&=\begin{bmatrix}\cos\alpha_e\cos\beta_e&\sin\beta_e&\sin\alpha_e\cos\beta_e\\-\cos\alpha_e\sin\beta_e&\cos\beta_e&-\sin\alpha_e\sin\beta_e\\-\sin\alpha_e&0&\cos\alpha_e\end{bmatrix}\end{aligned}\tag{4-91}$$

α_e 为配平攻角，β_e 为配平侧滑角。当 α_e 和 β_e 都为零时，稳定轴系即为机体系。

前面建立了稳定轴系，于是欧拉和牛顿运动方程在此坐标系中可以写作

$$\frac{\mathrm{d}\boldsymbol{h}_B}{\mathrm{d}t}+\begin{bmatrix}0 & -r_B & q_B\\ r_B & 0 & -p_B\\ -q_B & p_B & 0\end{bmatrix}\boldsymbol{h}_B=\boldsymbol{M}_{NB}+\boldsymbol{T}_{BW}(\alpha_e,\beta_e)\boldsymbol{M}_{AS} \tag{4-92a}$$

与

$$m\left(\dot{\boldsymbol{v}}+\begin{bmatrix}0 & -r_B & q_B\\ r_B & 0 & -p_B\\ -q_B & p_B & 0\end{bmatrix}\boldsymbol{v}\right)=\boldsymbol{F}_{NB}+\boldsymbol{T}_{BW}(\alpha_e,\beta_e)\boldsymbol{F}_{AS}+mg\boldsymbol{T}_{BI}\begin{bmatrix}0\\0\\1\end{bmatrix} \tag{4-92b}$$

其中 $\boldsymbol{F}_{AS}$ 和 $\boldsymbol{M}_{AS}$ 为稳定轴系中的空气动力和力矩。而

$$\begin{aligned}\boldsymbol{T}_{BW}(\alpha_e,\beta_e)&=\begin{bmatrix}\cos\alpha_e & 0 & -\sin\alpha_e\\ 0 & 1 & 0\\ \sin\alpha_e & 0 & \cos\alpha_e\end{bmatrix}\begin{bmatrix}\cos\beta_e & -\sin\beta_e & 0\\ \sin\beta_e & \cos\beta_e & 0\\ 0 & 0 & 1\end{bmatrix}\\ &=\begin{bmatrix}\cos\alpha_e\cos\beta_e & -\cos\alpha_e\sin\beta_e & -\sin\alpha_e\\ \sin\beta_e & \cos\beta_e & 0\\ \sin\alpha_e\cos\beta_e & -\sin\alpha_e\sin\beta_e & \cos\alpha_e\end{bmatrix}\end{aligned} \tag{4-93}$$

$$mg\boldsymbol{T}_{BI}\begin{bmatrix}0\\0\\1\end{bmatrix}=mg\begin{bmatrix}-\sin\theta\\ \sin\phi\cos\theta\\ \cos\phi\cos\theta\end{bmatrix} \tag{4-94}$$

为便于完整地阐述飞行器飞行的动力学方程，飞行器的平动方程为

$$\begin{bmatrix}m(\dot{u}+q_b w-r_b v)\\ m(\dot{v}+r_b u-p_b w)\\ m(\dot{w}+p_b v-q_b u)\end{bmatrix}=\boldsymbol{F}_{NB}+\boldsymbol{T}_{BW}(\alpha_e,\beta_e)\boldsymbol{F}_{AS}+mg\boldsymbol{T}_{BI}\begin{bmatrix}0\\0\\1\end{bmatrix} \tag{4-95}$$

其中 $\boldsymbol{F}_{AS}$ 和 $\boldsymbol{M}_{AS}$ 为稳定轴系中的力和力矩，$\boldsymbol{T}_{BW}(\alpha_e,\ \beta_e)$ 为式（4－93）和式（4－94）中重力矢量定义的转换矩阵。

于是飞行器的平动和转动方程为

$$\begin{bmatrix}m(\dot{u}+q_b w-r_b v)\\ m(\dot{v}+r_b u-p_b w)\\ m(\dot{w}+p_b v-q_b u)\end{bmatrix}-mg\begin{bmatrix}-\sin\theta\\ \sin\phi\cos\theta\\ \cos\phi\cos\theta\end{bmatrix}=\boldsymbol{F}_{NB}+\boldsymbol{T}_{BW}(\alpha_e,\beta_e)\boldsymbol{F}_{AS} \tag{4-96a}$$

与

$$\begin{aligned}&\begin{bmatrix}I_{xx}^s & -I_{xy}^s & -I_{xz}^s\\ -I_{xy}^s & I_{yy}^s & -I_{yz}^s\\ -I_{xz}^s & -I_{yz}^s & I_{zz}^s\end{bmatrix}\begin{bmatrix}\dot{p}_B\\ \dot{q}_B\\ \dot{r}_B\end{bmatrix}+\begin{bmatrix}0 & -r_B & q_B\\ r_B & 0 & -p_B\\ -q_B & p_B & 0\end{bmatrix}\begin{bmatrix}I_{xx}^s & -I_{xy}^s & -I_{xz}^s\\ -I_{xy}^s & I_{yy}^s & -I_{yz}^s\\ -I_{xz}^s & -I_{yz}^s & I_{zz}^s\end{bmatrix}\begin{bmatrix}p_B\\ q_B\\ r_B\end{bmatrix}\\ &=\boldsymbol{M}_{NB}+\boldsymbol{T}_{BW}(\alpha_e,\beta_e)\boldsymbol{M}_{AS}\end{aligned} \tag{4-96b}$$

矩阵

$$\boldsymbol{I}=\begin{bmatrix} I_{xx}^{s} & -I_{xy}^{s} & -I_{xz}^{s} \\ -I_{xy}^{s} & I_{yy}^{s} & -I_{yz}^{s} \\ -I_{xz}^{s} & -I_{yz}^{s} & I_{zz}^{s} \end{bmatrix} \tag{4-97}$$

是稳定轴系中的转动惯量矩阵。根据飞行器配平状态下的对称性，有

$$\boldsymbol{I}=\begin{bmatrix} I_{xx}^{s} & 0 & -I_{xz}^{s} \\ 0 & I_{yy}^{s} & 0 \\ -I_{xz}^{s} & 0 & I_{zz}^{s} \end{bmatrix} \tag{4-98}$$

如果令

$$\boldsymbol{M}_{AS}=[L_A \quad M_A \quad N_A]^{\mathrm{T}},\ \boldsymbol{M}_{NB}+\boldsymbol{T}_{BW}(\alpha_e,\beta_e)\boldsymbol{M}_{AS}=[L_e \quad M_e \quad N_e]^{\mathrm{T}} \tag{4-99a}$$

$$\boldsymbol{F}_{AS}=[X_A \quad Y_A \quad Z_A]^{\mathrm{T}},\ \boldsymbol{F}_{NB}+\boldsymbol{T}_{BW}(\alpha_e,\beta_e)\boldsymbol{F}_{AS}=[X_e \quad Y_e \quad Z_e]^{\mathrm{T}} \tag{4-99b}$$

并且去掉上标“s”，可以得到

$$\begin{bmatrix} \dot{u} \\ \dot{v} \\ \dot{w} \end{bmatrix}+\begin{bmatrix} 0 & -r_b & q_b \\ r_b & 0 & -p_b \\ -q_b & p_b & 0 \end{bmatrix}\begin{bmatrix} u \\ v \\ w \end{bmatrix}-g\begin{bmatrix} -\sin\theta \\ \sin\phi\cos\theta \\ \cos\phi\cos\theta \end{bmatrix}=\frac{1}{m}\begin{bmatrix} X_e \\ Y_e \\ Z_e \end{bmatrix} \tag{4-100}$$

与

$$\begin{bmatrix} \dot{p}_B \\ \dot{q}_B \\ \dot{r}_B \end{bmatrix}=\begin{bmatrix} I_{xx} & 0 & -I_{xz} \\ 0 & I_{yy} & 0 \\ -I_{xz} & 0 & I_{zz} \end{bmatrix}^{-1}\left\{\begin{bmatrix} L_e \\ M_e \\ N_e \end{bmatrix}-\begin{bmatrix} 0 & -r_B & q_B \\ r_B & 0 & -p_B \\ -q_B & p_B & 0 \end{bmatrix}\begin{bmatrix} I_{xx} & 0 & -I_{xz} \\ 0 & I_{yy} & 0 \\ -I_{xz} & 0 & I_{zz} \end{bmatrix}\begin{bmatrix} p_B \\ q_B \\ r_B \end{bmatrix}\right\} \tag{4-101}$$

或者写作

$$\dot{p}_B=\frac{I_{zz}}{\Delta}[L_e+I_{xz}p_Bq_B+(I_{yy}-I_{zz})q_Br_B]+\frac{I_{xz}}{\Delta}[N_e-I_{xz}q_Br_B+(I_{xx}-I_{yy})p_Bq_B] \tag{4-102a}$$

$$\dot{q}_B=\frac{1}{I_{yy}}[M_e-(I_{xx}-I_{zz})p_Br_B-I_{xz}(p_B^2-r_B^2)] \tag{4-102b}$$

$$\dot{r}_B=\frac{I_{xx}}{\Delta}[N_e-I_{xz}q_Br_B+(I_{xx}-I_{yy})p_Bq_B]+\frac{I_{xz}}{\Delta}[L_e+I_{xz}p_Bq_B+(I_{yy}-I_{zz})q_Br_B] \tag{4-102c}$$

其中 $\Delta=I_{xx}I_{zz}-I_{xz}^2$。

为了完成机体姿态和方向的定义，我们需要把飞行器在惯性系下的转角 ϕ，θ，ψ 和机体系的角速度分量 $[p_B \quad q_B \quad r_B]^{\mathrm{T}}$ 联系起来，即

$$\begin{bmatrix} \dot{\phi} \\ \dot{\theta} \\ \dot{\psi} \end{bmatrix}=\begin{bmatrix} 1 & \sin\phi\tan\theta & \cos\phi\tan\theta \\ 0 & \cos\phi & -\sin\phi \\ 0 & \sin\phi/\cos\theta & \cos\phi/\cos\theta \end{bmatrix}\begin{bmatrix} p_B \\ q_B \\ r_B \end{bmatrix} \tag{4-103}$$

另外，考虑到飞行器上的任意一点 P

$$P\equiv[x \quad y \quad z] \tag{4-104}$$

机体速度分量 $\boldsymbol{v}_P$ 为

$$u = U + zq_B - yr_B \tag{4-105a}$$

$$v = V + xr_B - zp_B \tag{4-105b}$$

$$w = W + yp_B - xq_B \tag{4-105c}$$

最后，以上方程加上点 P 处的运动方程才完整

$$\frac{\mathrm{d}}{\mathrm{d}t}\begin{bmatrix} x_i \\ y_i \\ z_i \end{bmatrix} = \boldsymbol{T}_{IB}\boldsymbol{v}_P = \boldsymbol{T}_{IB}\begin{bmatrix} u \\ v \\ w \end{bmatrix} \tag{4-106}$$

其中 $[u \quad v \quad w]^{\mathrm{T}}$ 为机体系中飞行器上点 P 的速度分量，而

$$\begin{aligned} \boldsymbol{T}_{IB} &= \begin{bmatrix} \cos\psi & -\sin\psi & 0 \\ \sin\psi & \cos\psi & 0 \\ 0 & 0 & 1 \end{bmatrix}\begin{bmatrix} \cos\theta & 0 & \sin\theta \\ 0 & 1 & 0 \\ -\sin\theta & 0 & \cos\theta \end{bmatrix}\begin{bmatrix} 1 & 0 & 0 \\ 0 & \cos\phi & -\sin\phi \\ 0 & \sin\phi & \cos\phi \end{bmatrix} \\ &= \begin{bmatrix} \mathrm{c}\psi\,\mathrm{c}\theta & \mathrm{c}\psi\,\mathrm{s}\theta\,\mathrm{s}\phi - \mathrm{s}\psi\,\mathrm{c}\phi & \mathrm{c}\psi\,\mathrm{s}\theta\,\mathrm{c}\phi + \mathrm{s}\psi\,\mathrm{s}\phi \\ \mathrm{s}\psi\,\mathrm{c}\theta & \mathrm{s}\psi\,\mathrm{s}\theta\,\mathrm{s}\phi + \mathrm{c}\psi\,\mathrm{c}\phi & \mathrm{s}\psi\,\mathrm{s}\theta\,\mathrm{c}\phi - \mathrm{c}\psi\,\mathrm{s}\phi \\ -\mathrm{s}\theta & \mathrm{c}\theta\,\mathrm{s}\phi & \mathrm{c}\theta\,\mathrm{c}\phi \end{bmatrix} \end{aligned} \tag{4-107}$$

其中，$\mathrm{c}\theta = \cos\theta$，$\mathrm{c}\phi = \cos\phi$，$\mathrm{c}\psi = \cos\psi$，$\mathrm{s}\theta = \sin\theta$，$\mathrm{s}\phi = \sin\phi$，$\mathrm{s}\psi = \sin\psi$，下标 B 表示机体系，而下标 I 表示惯性系。

4.8.1 风轴系中的动力学方程

风轴系到机体系的速度变换关系为

$$\begin{bmatrix} u \\ v \\ w \end{bmatrix} = \boldsymbol{T}_{BW}(\alpha,\beta) \times \begin{bmatrix} V_T \\ 0 \\ 0 \end{bmatrix} = \begin{bmatrix} \cos\alpha\cos\beta \\ \sin\beta \\ \sin\alpha\cos\beta \end{bmatrix} V_T \tag{4-108}$$

$$\begin{bmatrix} \dot{u} \\ \dot{v} \\ \dot{w} \end{bmatrix} = \boldsymbol{T}_{BW}(\alpha,\beta) \times \begin{bmatrix} \dot{V}_T \\ V_T\dot{\beta} \\ V_T\dot{\alpha}\cos\beta \end{bmatrix} = \boldsymbol{T}_{BW}(\alpha,\beta)\begin{bmatrix} 1 & 0 & 0 \\ 0 & V_T & 0 \\ 0 & 0 & V_T\cos\beta \end{bmatrix}\begin{bmatrix} \dot{V}_T \\ \dot{\beta} \\ \dot{\alpha} \end{bmatrix} \tag{4-109}$$

其中 $\boldsymbol{T}_{BW}(\alpha,\beta)$ 为

$$\boldsymbol{T}_{BW}(\alpha,\beta) = \begin{bmatrix} \cos\alpha & 0 & -\sin\alpha \\ 0 & 1 & 0 \\ \sin\alpha & 0 & \cos\alpha \end{bmatrix}\begin{bmatrix} \cos\beta & -\sin\beta & 0 \\ \sin\beta & \cos\beta & 0 \\ 0 & 0 & 1 \end{bmatrix} = \begin{bmatrix} \mathrm{c}\alpha\,\mathrm{c}\beta & -\mathrm{c}\alpha\,\mathrm{s}\beta & -\mathrm{s}\alpha \\ \mathrm{s}\beta & \mathrm{c}\beta & 0 \\ \mathrm{s}\alpha\,\mathrm{c}\beta & -\mathrm{s}\alpha\,\mathrm{s}\beta & \mathrm{c}\alpha \end{bmatrix} \tag{4-110}$$

于是

$$\begin{bmatrix} 1 & 0 & 0 \\ 0 & V_T & 0 \\ 0 & 0 & V_T\cos\beta \end{bmatrix}\begin{bmatrix} \dot{V}_T \\ \dot{\beta} \\ \dot{\alpha} \end{bmatrix} = \boldsymbol{T}_{WB}(\alpha,\beta)\begin{bmatrix} \dot{u} \\ \dot{v} \\ \dot{w} \end{bmatrix} \tag{4-111}$$

其中

$$\boldsymbol{T}_{WB}(\alpha,\beta)=\begin{bmatrix}\cos\beta & \sin\beta & 0\\ -\sin\beta & \cos\beta & 0\\ 0 & 0 & 1\end{bmatrix}\begin{bmatrix}\cos\alpha & 0 & \sin\alpha\\ 0 & 1 & 0\\ -\sin\alpha & 0 & \cos\alpha\end{bmatrix}=\begin{bmatrix}\mathrm{c}\alpha\,\mathrm{c}\beta & \mathrm{s}\beta & \mathrm{s}\alpha\,\mathrm{c}\beta\\ -\mathrm{c}\alpha\,\mathrm{s}\beta & \mathrm{c}\beta & -\mathrm{s}\alpha\,\mathrm{s}\beta\\ -\mathrm{s}\alpha & 0 & \mathrm{c}\alpha\end{bmatrix} \tag{4-112}$$

飞行器平动方程为

$$\frac{\mathrm{d}}{\mathrm{d}t}\begin{bmatrix}u\\ v\\ w\end{bmatrix}=\frac{\mathrm{d}}{\mathrm{d}t}\begin{bmatrix}u\\ v\\ w\end{bmatrix}_{p,q,r}+\frac{\mathrm{d}}{\mathrm{d}t}\begin{bmatrix}u\\ v\\ w\end{bmatrix}_{\boldsymbol{F}}=-\begin{bmatrix}0 & w & -v\\ -w & 0 & u\\ v & -u & 0\end{bmatrix}\begin{bmatrix}p_B\\ q_B\\ r_B\end{bmatrix}+\frac{\boldsymbol{F}_B}{m} \tag{4-113}$$

此外

$$\dot{V}_T=\frac{1}{V_T}[u\quad v\quad w]\frac{\mathrm{d}}{\mathrm{d}t}\begin{bmatrix}u\\ v\\ w\end{bmatrix},\dot{\beta}=\frac{\dot{v}(u^2+w^2)-v(u\dot{u}+w\dot{w})}{V_T^2\left(\sqrt{u^2+w^2}\right)},\dot{\alpha}=\frac{\dot{w}u-\dot{u}w}{u^2+w^2} \tag{4-114}$$

于是

$$V_T\begin{bmatrix}\dot{V}_T\\ V_T^2\cos\beta\times\dot{\beta}\\ V_T\cos^2\beta\times\dot{\alpha}\end{bmatrix}=\begin{bmatrix}u & v & w\\ -uv & (u^2+w^2) & -wv\\ -w & 0 & u\end{bmatrix}\frac{\mathrm{d}}{\mathrm{d}t}\begin{bmatrix}u\\ v\\ w\end{bmatrix} \tag{4-115}$$

并且

$$\begin{bmatrix}u & v & w\\ -uv & (u^2+w^2) & -wv\\ -w & 0 & u\end{bmatrix}\begin{bmatrix}0 & w & -v\\ -w & 0 & u\\ v & -u & 0\end{bmatrix}=\begin{bmatrix}0 & 0 & 0\\ -wV_T^2 & 0 & uV_T^2\\ uv & -(u^2+w^2) & vw\end{bmatrix} \tag{4-116}$$

$$\begin{bmatrix}0 & 0 & 0\\ -wV_T^2 & 0 & uV_T^2\\ uv & -(u^2+w^2) & vw\end{bmatrix}=\begin{bmatrix}1 & 0 & 0\\ 0 & V_T^3\cos\beta & 0\\ 0 & 0 & V_T^2\cos\beta\end{bmatrix}\begin{bmatrix}0 & 0 & 0\\ -\sin\alpha & 0 & \cos\alpha\\ \cos\alpha\sin\beta & -\cos\beta & \sin\alpha\sin\beta\end{bmatrix} \tag{4-117}$$

于是

$$\begin{aligned}&\begin{bmatrix}1 & 0 & 0\\ 0 & V_T & 0\\ 0 & 0 & V_T\cos\beta\end{bmatrix}\begin{bmatrix}\dot{V}_T\\ \dot{\beta}\\ \dot{\alpha}\end{bmatrix}\\ &=\frac{1}{V_T}\begin{bmatrix}1 & 0 & 0\\ 0 & V_T\cos\beta & 0\\ 0 & 0 & \cos\beta\end{bmatrix}^{-1}\begin{bmatrix}u & v & w\\ -uv & u^2+w^2 & -wv\\ -w & 0 & u\end{bmatrix}\begin{bmatrix}\dot{u}\\ \dot{v}\\ \dot{w}\end{bmatrix}_{p,q,r}+\boldsymbol{T}_{WB}(\alpha,\beta)\begin{bmatrix}\dot{u}\\ \dot{v}\\ \dot{w}\end{bmatrix}_{\boldsymbol{F}}\end{aligned} \tag{4-118}$$

在机体系和风轴系之间，飞行器动力学有微分关系

$$\begin{bmatrix} \dot{V}_T \\ V_T\dot{\beta} \\ V_T\dot{\alpha}\cos\beta \end{bmatrix} = -V_T\begin{bmatrix} 0 & 0 & 0 \\ -\mathrm{s}\alpha & 0 & \mathrm{c}\alpha \\ \mathrm{c}\alpha\,\mathrm{s}\beta & -\mathrm{c}\beta & \mathrm{s}\alpha\,\mathrm{s}\beta \end{bmatrix}\begin{bmatrix} p_B \\ q_B \\ r_B \end{bmatrix} + \frac{1}{m}\begin{bmatrix} X_A \\ Y_A \\ Z_A \end{bmatrix} +$$

$$\frac{1}{m}\begin{bmatrix} \mathrm{c}\alpha\,\mathrm{c}\beta & \mathrm{s}\beta & \mathrm{s}\alpha\,\mathrm{c}\beta \\ -\mathrm{c}\alpha\,\mathrm{s}\beta & \mathrm{c}\beta & -\mathrm{s}\alpha\,\mathrm{s}\beta \\ -\mathrm{s}\alpha & 0 & \mathrm{c}\alpha \end{bmatrix}\left\{T\begin{bmatrix} \cos\sigma \\ 0 \\ -\sin\sigma \end{bmatrix} + mg\begin{bmatrix} -\sin\theta \\ \sin\phi\cos\theta \\ \cos\phi\cos\theta \end{bmatrix}\right\} \tag{4-119}$$

机体系角速度变化率为

$$\dot{p}_B = \frac{I_{zz}}{\Delta}[L_e + I_{xz}p_Bq_B + (I_{yy} - I_{zz})q_Br_B] + \frac{I_{xz}}{\Delta}[N_e - I_{xz}q_Br_B + (I_{xx} - I_{yy})p_Bq_B] \tag{4-120a}$$

$$\dot{q}_B = \frac{1}{I_{yy}}[M_e - (I_{xx} - I_{zz})p_Br_B - I_{xz}(p_B^2 - r_B^2)] \tag{4-120b}$$

$$\dot{r}_B = \frac{I_{xx}}{\Delta}[N_e - I_{xz}q_Br_B + (I_{xx} - I_{yy})p_Bq_B] + \frac{I_{xz}}{\Delta}[L_e + I_{xz}p_Bq_B + (I_{yy} - I_{zz})q_Br_B] \tag{4-120c}$$

其中 $\Delta = I_{xx}I_{zz} - I_{xz}^2$ ，并且假定机体系中的转动惯量恒定，而外力矩为

$$[L_e \quad M_e \quad N_e]^{\mathrm{T}} = \boldsymbol{M}_{NB} + \boldsymbol{T}_{BW}(\alpha,\beta)\boldsymbol{M}_{AW}, \boldsymbol{M}_{AW} = [L_A \quad M_A \quad N_A]^{\mathrm{T}} \tag{4-121}$$

飞行器姿态角转动变化率 $\dot{\varphi}$，$\dot{\theta}$，$\dot{\psi}$ 与机体系角速度 $[p_B \quad q_B \quad r_B]^{\mathrm{T}}$ 关系为

$$\begin{bmatrix} \dot{\phi} \\ \dot{\theta} \\ \dot{\psi} \end{bmatrix} = \begin{bmatrix} 1 & \sin\phi\tan\theta & \cos\phi\tan\theta \\ 0 & \cos\phi & -\sin\phi \\ 0 & \sin\phi/\cos\theta & \cos\phi/\cos\theta \end{bmatrix}\begin{bmatrix} p_B \\ q_B \\ r_B \end{bmatrix} \tag{4-122}$$

或者写为

$$\dot{\phi} = p_B + \sin\phi\tan\theta q_B + \cos\phi\tan\theta r_B \tag{4-123a}$$

$$\dot{\theta} = \cos\phi q_B - \sin\phi r_B \tag{4-123b}$$

$$\dot{\psi} = (\sin\phi q_B + \cos\phi r_B)/\cos\theta \tag{4-123c}$$

观察最后一个方程式，$\dot{\psi}$ 前两项可以解耦，并且一旦知道 ϕ 和 θ 即可整合。

最后，以上方程加上下面的 P 点运动学方程才完整

$$\frac{\mathrm{d}}{\mathrm{d}t}\begin{bmatrix} x_i \\ y_i \\ z_i \end{bmatrix} = \boldsymbol{T}_{IB}\boldsymbol{v}_P = \boldsymbol{T}_{IB}\begin{bmatrix} u \\ v \\ w \end{bmatrix} = \boldsymbol{T}_{IB}\boldsymbol{T}_{BW}(\alpha,\beta) \times \begin{bmatrix} V_T \\ 0 \\ 0 \end{bmatrix} = \boldsymbol{T}_{IB}\begin{bmatrix} \cos\alpha\cos\beta \\ \sin\beta \\ \sin\alpha\cos\beta \end{bmatrix}V_T$$

即

$$\frac{\mathrm{d}}{\mathrm{d}t}\begin{bmatrix} x_i \\ y_i \\ z_i \end{bmatrix} = \begin{bmatrix} \mathrm{c}\psi\,\mathrm{c}\theta & \mathrm{c}\psi\,\mathrm{s}\theta\,\mathrm{s}\phi - \mathrm{s}\psi\,\mathrm{c}\phi & \mathrm{c}\psi\,\mathrm{s}\theta\,\mathrm{c}\phi + \mathrm{s}\psi\,\mathrm{s}\phi \\ \mathrm{s}\psi\,\mathrm{c}\theta & \mathrm{s}\psi\,\mathrm{s}\theta\,\mathrm{s}\phi + \mathrm{c}\psi\,\mathrm{c}\phi & \mathrm{s}\psi\,\mathrm{s}\theta\,\mathrm{c}\phi - \mathrm{c}\psi\,\mathrm{s}\phi \\ -\mathrm{s}\theta & \mathrm{c}\theta\,\mathrm{s}\phi & \mathrm{c}\theta\,\mathrm{c}\phi \end{bmatrix}\begin{bmatrix} \cos\alpha\cos\beta \\ \sin\beta \\ \sin\alpha\cos\beta \end{bmatrix}V_T \tag{4-124}$$

于是，这八个耦合的方程组就构成了一套完整的方程组，而剩下的 4 个方程则需要从其中解耦获得。

飞行器运动取决于空气动力和发动机作用在飞行器上的推力和力矩，空气动力包含升力、阻力和侧向力。空气动力所产生的力矩包括俯仰力矩、滚转力矩和偏航力矩。来流速度，攻角 α 和侧滑角 β，机体系中飞行器角速率 $[p_B \quad q_B \quad r_B]^{\mathrm{T}}$，以及控制面的偏转都能影响飞行器的气动力及其产生的力矩。更为一般地，风轴系中的空气动力及其产生的力矩可以表示为无量纲的升力系数、阻力系数和侧向力系数，以及无量纲的滚转力矩系数、俯仰力矩系数和偏航力矩系数。因此发动机推力和空气动力及其力矩可以表示为

$$\begin{bmatrix} T \\ M_T \end{bmatrix} = \begin{bmatrix} T_0 \\ M_{T0} \end{bmatrix} + \begin{bmatrix} T_{\delta T} \\ M_{\delta T} \end{bmatrix} \delta_T \tag{4-125a}$$

$$\begin{bmatrix} X_A \\ Y_A \\ Z_A \\ T \end{bmatrix} = -\frac{1}{2}\rho S V_T^2 \begin{bmatrix} C_D \\ C_Y \\ C_L \\ C_T \end{bmatrix}, \begin{bmatrix} L_A \\ M_A \\ N_A \\ M_T \end{bmatrix} = \frac{1}{2}\rho S V_T^2 \begin{bmatrix} -bC_l \\ \bar{\bar{c}} C_m \\ -bC_n \\ \bar{\bar{c}} C_{mT} \end{bmatrix} \tag{4-125b}$$

空气动力系数可以细分为：

升力系数

$$C_L = C_{L_0} + C_{L_\alpha}\alpha + C_{L_u}\left(\frac{u}{V_{T\infty}}\right) + C_{L_\eta}\eta + (C_{L_q}q + C_{L_{\dot\alpha}}\dot\alpha)\left(\frac{\bar{\bar{c}}}{2V_{T\infty}}\right) \tag{4-126a}$$

阻力系数

$$C_D = C_{D_0} + \frac{C_L^2}{\pi e A}, C_{D_0} = C_{D_{00}} + C_{D_{0\alpha}}\alpha + C_{D_{0u}}\left(\frac{u}{V_{T\infty}}\right) + C_{D_{\eta 0}}\eta \tag{4-126b}$$

侧向力系数

$$C_Y = C_{Y0} + C_{Y\beta}\beta + C_{Y\zeta}\zeta + (C_{Y_p}p + C_{Y_r}r)\left(\frac{b}{2V_{T\infty}}\right) \tag{4-126c}$$

滚转力矩系数

$$C_l = C_{l0} + C_{l\beta}\beta + C_{l\xi}\xi + C_{l\zeta}\zeta + (C_{l_p}p + C_{l_r}r)\left(\frac{b}{2V_{T\infty}}\right) \tag{4-126d}$$

俯仰力矩系数

$$C_m = C_{m0} + C_{m\alpha}\alpha + C_{mu}\left(\frac{u}{V_{T\infty}}\right) + C_{m\eta}\eta + (C_{mq}q + C_{m\dot\alpha}\dot\alpha)\left(\frac{\bar{\bar{c}}}{2V_{T\infty}}\right) \tag{4-126e}$$

偏航力矩系数

$$C_n = C_{n0} + C_{n\beta}\beta + C_{n\xi}\xi + C_{n\zeta}\zeta + (C_{np}p + C_{nr}r)\left(\frac{b}{2V_{T\infty}}\right) \tag{4-126f}$$

此外，空气动力系数 C_{L_x}，C_{D_x}，C_{Y_x}，C_{l_x}，C_{m_x}，C_{n_x} 在线性模型或者包含 α，β，p，q，r 和控制面偏转的非线性模型中都为常量，而飞行器基础的气动力系数都是由飞行器的机体、机翼、平尾和垂尾产生的。

4.8.2 降阶模型——瞬时近似模型

瞬时近似模型可以通过假定 $\dot{V}_T \approx 0$，$\phi \approx 0$，$\theta \approx 0$ 获得。5 个瞬时近似运动方程为

$$\begin{bmatrix} \dot{\beta} \\ \dot{\alpha}\cos\beta \end{bmatrix} = -\begin{bmatrix} -\sin\alpha & 0 & \cos\alpha \\ \cos\alpha\sin\beta & -\cos\beta & \sin\alpha\sin\beta \end{bmatrix}\begin{bmatrix} p_B \\ q_B \\ r_B \end{bmatrix} + \frac{1}{mV_T}\begin{bmatrix} Y_a \\ Z_a \end{bmatrix} + \tag{4-127}$$

$$\frac{1}{mV_T}\begin{bmatrix} -c\alpha\, s\beta & c\beta & -s\alpha\, s\beta \\ -s\alpha & 0 & c\alpha \end{bmatrix}\left\{T\begin{bmatrix} \cos\sigma \\ 0 \\ -\sin\sigma \end{bmatrix} + mg\begin{bmatrix} 0 \\ 0 \\ 1 \end{bmatrix}\right\}$$

$$\dot{p}_B = \frac{I_{zz}}{\Delta}[L_a + I_{xz}p_Bq_B + (I_{yy} - I_{zz})q_Br_B] + \frac{I_{xz}}{\Delta}[N_a - I_{xz}q_Br_B + (I_{xx} - I_{yy})p_Bq_B] \tag{4-128a}$$

$$\dot{q}_B = \frac{1}{I_{yy}}[M_a + M_T - (I_{xx} - I_{zz})p_Br_B - I_{xz}(p_B^2 - r_B^2)] \tag{4-128b}$$

$$\dot{r}_B = \frac{I_{xx}}{\Delta}[N_a - I_{xz}q_Br_B + (I_{xx} - I_{yy})p_Bq_B] + \frac{I_{xz}}{\Delta}[L_a + I_{xz}p_Bq_B + (I_{yy} - I_{zz})q_Br_B] \tag{4-128c}$$

$$\frac{\mathrm{d}}{\mathrm{d}t}\begin{bmatrix} x_i \\ y_i \\ z_i \end{bmatrix} = \begin{bmatrix} \cos\psi\cos\theta & \cos\psi\sin\theta\sin\phi - \sin\psi\cos\phi & \cos\psi\sin\theta\cos\phi + \sin\psi\sin\phi \\ \sin\psi\cos\theta & \sin\psi\sin\theta\sin\phi + \cos\psi\cos\phi & \sin\psi\sin\theta\cos\phi - \cos\psi\sin\phi \\ -\sin\theta & \cos\theta\sin\phi & \cos\theta\cos\phi \end{bmatrix}\begin{bmatrix} \cos\alpha\cos\beta \\ \sin\beta \\ \sin\alpha\cos\beta \end{bmatrix}V_T \tag{4-128d}$$

两个纵向的瞬时简化方程可以通过假定 $\beta \approx 0$，并且只考虑纵向的情况，于是

$$\dot{\alpha} = q_B - \left(\frac{\rho S V_T}{2m}\right)[C_T\sin(\alpha + \sigma) + C_L - C_W\cos\alpha] \tag{4-129}$$

$$\dot{q}_B = \frac{(M_a + M_T)}{I_{yy}} \tag{4-130}$$

其中

$$C_W = \frac{2mg}{\rho S V_T^2} \tag{4-131}$$

飞行器在纵向平面的运动方程可以表示为

$$\frac{\mathrm{d}x_i}{\mathrm{d}t} = \cos(\theta - \alpha)V_T,\ \frac{\mathrm{d}z_i}{\mathrm{d}t} = -\frac{\mathrm{d}h}{\mathrm{d}t} = -\sin(\theta - \alpha)V_T \tag{4-132}$$

三个横侧向（滚转下沉和荷兰滚运动）瞬时简化方程为

$$\dot{\beta} = -r_B - \frac{\rho S V_T}{2m}(C_Y + C_T\cos\sigma\sin\beta) \tag{4-133a}$$

$$\dot{p}_B = \frac{(I_{zz}L_a + I_{xz}N_a)}{\Delta} \tag{4-133b}$$

$$\dot{r}_B = \frac{(I_{xx}N_a + I_{xz}L_a)}{\Delta} \tag{4-133c}$$

横侧向运动方程为

$$\frac{\mathrm{d}}{\mathrm{d}t}\begin{bmatrix} x_i \\ y_i \end{bmatrix} = \begin{bmatrix} \mathrm{c}\psi & -\mathrm{s}\psi\mathrm{c}\phi & \mathrm{s}\psi\mathrm{s}\phi \\ \mathrm{s}\psi & \mathrm{c}\psi\mathrm{c}\phi & -\mathrm{c}\psi\mathrm{s}\phi \end{bmatrix}\begin{bmatrix} \cos\beta \\ \sin\beta \\ 0 \end{bmatrix} V_T \tag{4-134}$$

其中角 ϕ 几乎为 0

$$\frac{\mathrm{d}}{\mathrm{d}t}\begin{bmatrix} x_i \\ y_i \end{bmatrix} = \begin{bmatrix} \cos(\psi+\beta) \\ \sin(\psi+\beta) \end{bmatrix} V_T \tag{4-135}$$

4.9 平衡运动方程

为了满足线性稳定性分析和飞行控制系统设计的目的，飞行器动力学模型需要根据一些飞行状态频繁地线性化。在此状态中，假定飞行器的速度和姿态恒定，并且控制面和发动机推力能使飞行器保持平衡，然后再设计控制系统来使飞行器维持以上状态。

下面我们将要讨论飞行器的平衡过程，首先，我们认为飞行器既可以在与地面固连的惯性系中平衡，也可以在与机体固连的坐标系中平衡。假设飞行器水平并且平衡飞行，则

$$\boldsymbol{M}_{NBe} + \boldsymbol{T}_{BW}(\alpha_e,\beta_e)\boldsymbol{M}_{ASe} = \boldsymbol{0} \tag{4-136a}$$

$$\boldsymbol{F}_{NBe} + \boldsymbol{T}_{BW}(\alpha_e,\beta_e)\boldsymbol{F}_{ASe} + mg\boldsymbol{T}_{BIe}\begin{bmatrix} 0 \\ 0 \\ 1 \end{bmatrix} = \boldsymbol{0} \tag{4-136b}$$

其中下标“e”代表平衡状态下的配平状态，且用于从一般量中区分配平量。

除了以上稳态配平方程，描述飞行器平动和转动的欧拉和牛顿运动方程为

$$\frac{\mathrm{d}\boldsymbol{h}_B}{\mathrm{d}t} + \begin{bmatrix} 0 & -r_B & q_B \\ r_B & 0 & -p_B \\ -q_B & p_B & 0 \end{bmatrix}\boldsymbol{h}_B = (\boldsymbol{M}_{NB} - \boldsymbol{M}_{NBe}) + \boldsymbol{T}_{BW}(\alpha_e,\beta_e)(\boldsymbol{M}_{AS} - \boldsymbol{M}_{ASe}) \tag{4-137a}$$

$$m\left(\dot{\boldsymbol{v}} + \begin{bmatrix} 0 & -r_B & q_B \\ r_B & 0 & -p_B \\ -q_B & p_B & 0 \end{bmatrix}\boldsymbol{v}\right) = (\boldsymbol{F}_{NB} - \boldsymbol{F}_{NBe}) + \boldsymbol{T}_{BW}(\alpha_e,\beta_e)(\boldsymbol{F}_{AS} - \boldsymbol{F}_{ASe}) + mg(\boldsymbol{T}_{BI} - \boldsymbol{T}_{BIe})\begin{bmatrix} 0 \\ 0 \\ 1 \end{bmatrix} \tag{4-137b}$$

其中

$$mg(\boldsymbol{T}_{BI} - \boldsymbol{T}_{BIe})\begin{bmatrix} 0 \\ 0 \\ 1 \end{bmatrix} = mg\begin{bmatrix} -(\sin\theta - \sin\theta_e) \\ \sin\phi\cos\theta - \sin\phi_e\cos\theta_e \\ \cos\phi\cos\theta - \cos\phi_e\cos\theta_e \end{bmatrix} \tag{4-137c}$$

机体系中的动量矩矢量为

$$\boldsymbol{h}_B=\begin{bmatrix} h_x|_B \\ h_y|_B \\ h_z|_B \end{bmatrix} \tag{4-138}$$

其中

$$h_x|_B=I_{xx}p_B-I_{xy}q_B-I_{xz}r_B \tag{4-139a}$$

$$h_y|_B=-I_{xy}p_B+I_{yy}q_B-I_{yz}r_B \tag{4-139b}$$

$$h_z|_B=-I_{xz}p_B-I_{yz}q_B+I_{zz}r_B \tag{4-139c}$$

把这些分量代入方程，飞行器平动方程无变化，为

$$\begin{bmatrix} m(\dot{u}+q_b w-r_b v) \\ m(\dot{v}+r_b u-p_b w) \\ m(\dot{w}+p_b v-q_b u) \end{bmatrix}=\boldsymbol{F}_{NB}+\boldsymbol{T}_{BW}(\alpha_e,\beta_e)\boldsymbol{F}_{AS}+mg\boldsymbol{T}_{BI}\begin{bmatrix}0\\0\\1\end{bmatrix} \tag{4-140}$$

转动方程则为

$$\begin{bmatrix} I_{xx}^s & -I_{xy}^s & -I_{xz}^s \\ -I_{xy}^s & I_{yy}^s & -I_{yz}^s \\ -I_{xz}^s & -I_{yz}^s & I_{zz}^s \end{bmatrix}\begin{bmatrix}\dot{p}_B\\ \dot{q}_B\\ \dot{r}_B\end{bmatrix}+\begin{bmatrix}0 & -r_B & q_B\\ r_B & 0 & -p_B\\ -q_B & p_B & 0\end{bmatrix}\begin{bmatrix} I_{xx}^s & -I_{xy}^s & -I_{xz}^s \\ -I_{xy}^s & I_{yy}^s & -I_{yz}^s \\ -I_{xz}^s & -I_{yz}^s & I_{zz}^s \end{bmatrix}\begin{bmatrix}p_B\\ q_B\\ r_B\end{bmatrix}$$
$$=\boldsymbol{M}_{NB}+\boldsymbol{T}_{BW}(\alpha_e,\beta_e)\boldsymbol{M}_{AS} \tag{4-141}$$

现在，除了稳态配平方程，描述飞行器平动的牛顿运动方程也可以在稳定轴系中用气动力和力矩的形式表示

$$\begin{bmatrix} m(\dot{u}+q_b w-r_b v) \\ m(\dot{v}+r_b u-p_b w) \\ m(\dot{w}+p_b v-q_b u) \end{bmatrix}=(\boldsymbol{F}_{NB}-\boldsymbol{F}_{NBe})+\boldsymbol{T}_{BW}(\alpha_e,\beta_e)(\boldsymbol{F}_{AS}-\boldsymbol{F}_{ASe})+mg(\boldsymbol{T}_{BI}-\boldsymbol{T}_{BIe})\begin{bmatrix}0\\0\\1\end{bmatrix} \tag{4-142}$$

而描述飞行器转动的欧拉方程为

$$\begin{bmatrix} I_{xx}^s & -I_{xy}^s & -I_{xz}^s \\ -I_{xy}^s & I_{yy}^s & -I_{yz}^s \\ -I_{xz}^s & -I_{yz}^s & I_{zz}^s \end{bmatrix}\begin{bmatrix}\dot{p}_B\\ \dot{q}_B\\ \dot{r}_B\end{bmatrix}+\begin{bmatrix}0 & -r_B & q_B\\ r_B & 0 & -p_B\\ -q_B & p_B & 0\end{bmatrix}\begin{bmatrix} I_{xx}^s & -I_{xy}^s & -I_{xz}^s \\ -I_{xy}^s & I_{yy}^s & -I_{yz}^s \\ -I_{xz}^s & -I_{yz}^s & I_{zz}^s \end{bmatrix}\begin{bmatrix}p_B\\ q_B\\ r_B\end{bmatrix}=$$
$$(\boldsymbol{M}_{NB}-\boldsymbol{M}_{NBe})+\boldsymbol{T}_{BW}(\alpha_e,\beta_e)(\boldsymbol{M}_{AS}-\boldsymbol{M}_{ASe}) \tag{4-143}$$

上述方程可以线性化成扰动状态下的线性方程，这些内容将在后续章节中介绍。

4.9.1 扰动状态下的非线性方程

平衡状态下的扰动非线性方程为

$$\begin{bmatrix}\dot{u}\\ \dot{v}\\ \dot{w}\end{bmatrix}+\begin{bmatrix}0 & -r_b & q_b\\ r_b & 0 & -p_b\\ -q_b & p_b & 0\end{bmatrix}\begin{bmatrix}u\\ v\\ w\end{bmatrix}-g\begin{bmatrix}-(\sin\theta-\sin\theta_e)\\ \sin\phi\cos\theta-\sin\phi_e\cos\theta_e\\ \cos\phi\cos\theta-\cos\phi_e\cos\theta_e\end{bmatrix}=\frac{1}{m}\begin{bmatrix}X_e-X_{e0}\\ Y_e-Y_{e0}\\ Z_e-Z_{e0}\end{bmatrix} \tag{4-144a}$$

以及

$$\begin{bmatrix}\dot{p}_B\\ \dot{q}_B\\ \dot{r}_B\end{bmatrix}=\begin{bmatrix}I_{xx} & 0 & -I_{xz}\\ 0 & I_{yy} & 0\\ -I_{xz} & 0 & I_{zz}\end{bmatrix}^{-1}\left\{\begin{bmatrix}L_e-L_{e0}\\ M_e-M_{e0}\\ N_e-N_{e0}\end{bmatrix}-\begin{bmatrix}0 & -r_B & q_B\\ r_B & 0 & -p_B\\ -q_B & p_B & 0\end{bmatrix}\begin{bmatrix}I_{xx} & 0 & -I_{xz}\\ 0 & I_{yy} & 0\\ -I_{xz} & 0 & I_{zz}\end{bmatrix}\begin{bmatrix}p_B\\ q_B\\ r_B\end{bmatrix}\right\} \tag{4-144b}$$

4.9.2　线性化的运动方程

线性化气动载荷得

$$\begin{bmatrix}X_e-X_{e0}\\ Y_e-Y_{e0}\\ Z_e-Z_{e0}\end{bmatrix}=\begin{bmatrix}X_{Au}\Delta u+X_{A\alpha}\Delta\alpha+X_{Aq}q+X_{A\eta}\eta+X_{A\tau}\Delta\tau\\ Y_{A\beta}\Delta\beta+Y_{Ap}p+Y_{Ar}r+Y_{A\xi}\xi+Y_{A\zeta}\zeta\\ Z_{Au}\Delta u+Z_{A\alpha}\Delta\alpha+Z_{Aq}q+Z_{A\eta}\eta+Z_{A\tau}\Delta\tau\end{bmatrix} \tag{4-145a}$$

$$\begin{bmatrix}L_e-L_{e0}\\ M_e-M_{e0}\\ N_e-N_{e0}\end{bmatrix}=\begin{bmatrix}L_{A\beta}\Delta\beta+L_{Ap}p+L_{Ar}r+L_{A\xi}\xi+L_{A\zeta}\zeta\\ M_{Au}\Delta u+M_{A\alpha}\Delta\alpha+M_{Aq}q+M_{A\dot{\alpha}}\Delta\dot{\alpha}+M_{A\eta}\eta+M_{T\tau}\Delta\tau\\ N_{A\beta}\Delta\beta+N_{Ap}p+N_{Ar}r+N_{A\xi}\xi+N_{A\zeta}\zeta\end{bmatrix} \tag{4-145b}$$

在稳定平飞状态下，飞行器在稳定轴系中全部的扰动线性方程为

$$m\Delta\dot{u}+mg\Delta\theta=X_{Au}\Delta u+X_{A\alpha}\Delta\alpha+X_{Aq}q+X_{A\eta}\eta+X_{A\tau}\Delta\tau \tag{4-146a}$$

$$mU_0\Delta\dot{\alpha}-mU_0q=Z_{Au}\Delta u+Z_{A\alpha}\Delta\alpha+Z_{Aq}q+Z_{A\eta}\eta+Z_{A\tau}\Delta\tau \tag{4-146b}$$

$$I_{yy}\dot{q}=M_{Au}\Delta u+M_{A\alpha}\Delta\alpha+M_{Aq}q+M_{A\dot{\alpha}}\Delta\dot{\alpha}+M_{A\eta}\eta+M_{T\tau}\Delta\tau \tag{4-146c}$$

$$\Delta\dot{\theta}=q \tag{4-146d}$$

$$\dot{h}=U_0(\Delta\theta-\Delta\alpha) \tag{4-146e}$$

$$mU_0\Delta\dot{\beta}+mU_0r-mg\Delta\phi=Y_{A\beta}\Delta\beta+Y_{Ap}p+Y_{Ar}r+Y_{A\xi}\xi+Y_{A\zeta}\zeta \tag{4-146f}$$

$$I_{xx}\dot{p}-I_{xz}\dot{r}=L_{A\beta}\Delta\beta+L_{Ap}p+L_{Ar}r+L_{A\xi}\xi+L_{A\zeta}\zeta \tag{4-146g}$$

$$I_{zz}\dot{r}-I_{xz}\dot{p}=N_{A\beta}\Delta\beta+N_{Ap}p+N_{Ar}r+N_{A\xi}\xi+N_{A\zeta}\zeta \tag{4-146h}$$

$$\Delta\dot{\phi}=p \tag{4-146i}$$

$$\Delta\dot{\psi}=r \tag{4-146j}$$

在以上方程中，前五个表示飞行器的纵向运动，而后五个表示飞行器的横侧向运动。变量定义如下：U_0 为稳定平飞速度；Δu 为平飞速度扰动；$\Delta\alpha$ 为攻角扰动；$\Delta\beta$ 为侧滑角扰动；h 为飞行器高度；p 为机体系中的滚转角速度；$\Delta\phi$ 为滚转角扰动；q 为机体系中的俯仰角速度；$\Delta\theta$ 为俯仰角扰动；r 为机体系中的偏航角速度；$\Delta\psi$ 为偏航角扰动；ξ 为副翼偏转角；η 为升降舵偏角；ζ 为方向舵偏角；$\Delta\tau$ 为发动机推力扰动。

本章重点

• 坐标系与飞行器运动

坐标系

与大地固连的参考系：与大地固连，为典型惯性系。

与机体固连的参考系：与机体固连，通常位于飞行器重心。

风轴系：与风速相对于飞行器的方向固连。

稳定轴系：风速不变时的风轴系，当飞行器配平飞行时，它也固连在机体上。

机体固连系

原点位于飞行器重心，x 轴沿着机身方向并且指向前，y 轴指向飞行员的右方，z 轴指向下（右手规则）。

参量	滚转	俯仰	偏航	记号
轴	x	Y	z	
速度	u	v	w	
气动力	X(轴向)	Y(侧向)	Z(法向)	$Cy=Y/qS$
气动力矩	L	M	N	
方向	右机翼向下	抬头	机头右方	
空气动力系数	$C_L=L/qSb$	$C_M=M/qS\bar{\bar{c}}$	$C_N=N/qSb$	q=动压
	(S=总机翼面积,B=翼展,$\bar{\bar{c}}$=MAC)			
角	Bank，ϕ	$\alpha=\tan^{-1}(w/u)$	$\beta=\sin^{-1}(v/V)$	

参考文献

[1] Etkin B. and Reid, L. D., *Dynamics of Flight; Stability and Control*, 3rd ed., John Wiley & Sons, New York, 1998.

[2] Seckel, E., *Stability and Control of Airplanes and Helicopters*, Academic Press, New York, 1964.

[3] McRuer D, Ashkenas I. and Graham, D., *Aircraft Dynamics and Automatic Control*, Princeton University Press, 1973.

[4] Smetana F. O., *Computer Assisted Analysis of Aircraft Performance*, Stability and Control, McGraw-Hill College, 1984.

[5] Nelson, R. C., *Flight Stability and Automatic Control*, 2nd ed., McGraw-Hill, New York, 1998.

[6] Cook, M. V., *Flight Dynamics Principles*, Arnold, London, 1997.

[7] Schmidt, L. V., *Introduction to Aircraft Flight Dynamics*, AIAA Education Series, 1998.

练 习

1. 有飞行器在惯性系的姿态角速度到机体系姿态角速度的变换关系如下

$$\begin{bmatrix} p_B \\ q_B \\ r_B \end{bmatrix} = \begin{bmatrix} 1 \\ 0 \\ 0 \end{bmatrix} \dot{\phi} + \begin{bmatrix} 1 & 0 & 0 \\ 0 & \cos\phi & -\sin\phi \\ 0 & \sin\phi & \cos\phi \end{bmatrix}^{-1} \left\{ \begin{bmatrix} 0 \\ 1 \\ 0 \end{bmatrix} \dot{\theta} + \begin{bmatrix} \cos\theta & 0 & \sin\theta \\ 0 & 1 & 0 \\ -\sin\theta & 0 & \cos\theta \end{bmatrix}^{-1} \begin{bmatrix} 0 \\ 0 \\ 1 \end{bmatrix} \dot{\psi} \right\}$$

即

$$\begin{bmatrix} p_B \\ q_B \\ r_B \end{bmatrix} = \begin{bmatrix} 1 \\ 0 \\ 0 \end{bmatrix} \dot{\phi} + \begin{bmatrix} 0 \\ \cos\phi \\ -\sin\phi \end{bmatrix} \dot{\theta} + \begin{bmatrix} -\sin\theta \\ \sin\phi\cos\theta \\ \cos\phi\cos\theta \end{bmatrix} \dot{\psi}$$

求其反向变换，即机体系姿态角速度到惯性系姿态角速度的变换关系。

2. 用状态空间形式表示飞行器的纵向线性方程。

3. 用状态空间形式表示飞行器的横侧向线性方程。

4. 假设飞行器的空气动力系数和推力系数已作线性近似处理，用 α 和 q_B 线性化飞行器的两个纵向瞬态方程，并且表示成状态空间形式。

5. 假设飞行器的空气动力系数和推力系数已作线性近似处理，用 β，p_B，r_B 线性化飞行器的三个滚转下沉与荷兰滚运动的横侧向瞬态方程，并且表示成状态空间形式。

第 5 章　小扰动与线性化，耦合的运动方程

5.0　引言

尽管在之前的章节中，我们已经推导了稳定平衡飞行状态下的线性动力学方程，在本章中，我们继续进行一些更细节的推导。这对于理解简化模型的局限性及其应用背景十分有益。

5.1　小扰动原理与线性化

现在介绍考虑了配平条件的小扰动近似。飞行器稳定操纵下，线速度和角速度受到扰动，扰动方程可表示如下

$$\begin{bmatrix} u \\ v \\ w \end{bmatrix} = \begin{bmatrix} U_e + \Delta u \\ V_e + \Delta v \\ W_e + \Delta w \end{bmatrix}, \begin{bmatrix} p_B \\ q_B \\ r_B \end{bmatrix} = \begin{bmatrix} \Delta p \\ \Delta q \\ \Delta r \end{bmatrix}, \begin{bmatrix} \phi \\ \theta \\ \psi \end{bmatrix} = \begin{bmatrix} \phi_e + \Delta \phi \\ \theta_e + \Delta \theta \\ \psi_e + \Delta \psi \end{bmatrix} \tag{5-1}$$

其中 U_e，V_e 和 W_e 代表飞行器稳定配平时的速度分量，且假设机体坐标系下稳定状态的角速度为零。它们与配平攻角和配平侧滑角关系如下所示

$$\alpha_e = \tan^{-1}\left(\frac{W_e}{\sqrt{U_e^2 + V_e^2}}\right), \beta_e = \tan^{-1}\left(\frac{V_e}{U_e}\right) \tag{5-2}$$

因此

$$V_e = U_e \tan\beta_e, W_e = \sqrt{U_e^2 + V_e^2}\tan\alpha_e = U_e\sqrt{1 + (\tan\beta_e)^2}\tan\alpha_e \tag{5-3}$$

线性运动方程可表示为

$$\begin{bmatrix} m(\Delta\dot{u} + \Delta q W_e - \Delta r V_e) \\ m(\Delta\dot{v} + \Delta r U_e - \Delta p W_e) \\ m(\Delta\dot{w} + \Delta p V_e - \Delta q U_e) \end{bmatrix} = (\boldsymbol{F}_{NB} - \boldsymbol{F}_{NBe}) + \boldsymbol{T}_{BW}(\alpha_e, \beta_e)(\boldsymbol{F}_{AS} - \boldsymbol{F}_{ASe}) + mg(\boldsymbol{T}_{BI} - \boldsymbol{T}_{BIe})\begin{bmatrix} 0 \\ 0 \\ 1 \end{bmatrix} \tag{5-4}$$

和

$$\begin{bmatrix} I_{xx}^s & 0 & -I_{xz}^s \\ 0 & I_{yy}^s & 0 \\ -I_{xz}^s & 0 & I_{zz}^s \end{bmatrix}\begin{bmatrix} \Delta\dot{p} \\ \Delta\dot{q} \\ \Delta\dot{r} \end{bmatrix} = (\boldsymbol{M}_{NB} - \boldsymbol{M}_{NBe}) + \boldsymbol{T}_{BW}(\alpha_e, \beta_e)(\boldsymbol{M}_{AS} - \boldsymbol{M}_{ASe}) \tag{5-5}$$

进一步，重力扰动矢量为

$$mg(\boldsymbol{T}_{BI}-\boldsymbol{T}_{BIe})\begin{bmatrix}0\\0\\1\end{bmatrix}\approx mg\begin{bmatrix}0 & -\cos\theta_e & 0\\ \cos\phi_e\cos\theta_e & -\sin\phi_e\sin\theta_e & 0\\ -\sin\phi_e\cos\theta_e & \cos\phi_e\sin\theta_e & 0\end{bmatrix}\begin{bmatrix}\Delta\phi\\ \Delta\theta\\ \Delta\psi\end{bmatrix} \tag{5-6}$$

我们还能得到如下关系

$$\begin{bmatrix}\Delta\dot{\phi}\\ \Delta\dot{\theta}\\ \Delta\dot{\psi}\end{bmatrix}=\begin{bmatrix}1 & \sin\phi_e\tan\theta_e & \cos\phi_e\tan\theta_e\\ 0 & \cos\phi_e & -\sin\phi_e\\ \sin\phi_e/\cos\theta_e & \cos\phi_e/\cos\theta_e & 0\end{bmatrix}\begin{bmatrix}\Delta p\\ \Delta q\\ \Delta r\end{bmatrix} \tag{5-7}$$

最终，补充上飞行器位置扰动方程后可以得到完整的方程为

$$\begin{aligned}\frac{\mathrm{d}}{\mathrm{d}t}\begin{bmatrix}\Delta x\\ \Delta y\\ \Delta z\end{bmatrix}&=\boldsymbol{T}_{IB}(\psi_e+\Delta\psi,\theta_e+\Delta\theta,\phi_e+\Delta\phi)\begin{bmatrix}U_e+\Delta u\\ V_e+\Delta v\\ W_e+\Delta w\end{bmatrix}-\boldsymbol{T}_{IB}(\psi_e,\theta_e,\phi_e)\begin{bmatrix}U_e\\ V_e\\ W_e\end{bmatrix}\\ &=\boldsymbol{T}_{IB}(\psi_e,\theta_e,\phi_e)\begin{bmatrix}\Delta u\\ \Delta v\\ \Delta w\end{bmatrix}+\Delta\boldsymbol{T}_{IB}(\psi_e,\theta_e,\phi_e)\begin{bmatrix}U_e\\ V_e\\ W_e\end{bmatrix}\end{aligned} \tag{5-8}$$

其中

$$\boldsymbol{T}_{IB}(\psi,\theta,\phi)=\begin{bmatrix}\cos\psi & -\sin\psi & 0\\ \sin\psi & \cos\psi & 0\\ 0 & 0 & 1\end{bmatrix}\begin{bmatrix}\cos\theta & 0 & \sin\theta\\ 0 & 1 & 0\\ -\sin\theta & 0 & \cos\theta\end{bmatrix}\begin{bmatrix}1 & 0 & 0\\ 0 & \cos\phi & -\sin\phi\\ 0 & \sin\phi & \cos\phi\end{bmatrix} \tag{5-9}$$

$$\Delta\boldsymbol{T}_{IB}(\psi_e,\theta_e,\phi_e)=\boldsymbol{T}_{IB}(\psi_e+\Delta\psi,\theta_e+\Delta\theta,\phi_e+\Delta\varphi)-\boldsymbol{T}_{IB}(\psi_e,\theta_e,\phi_e) \tag{5-10}$$

$[\Delta u \quad \Delta v \quad \Delta w]^{\mathrm{T}}$ 是机体系下飞行器扰动速度矢量。

在稳定坐标系下，气动力和力矩可以用风轴系下的气动力和力矩表示

$$\boldsymbol{F}_{AS}=\boldsymbol{T}_{WB}(\alpha_e,\beta_e)\boldsymbol{T}_{BW}(\alpha,\beta)\boldsymbol{F}_{AW}=\boldsymbol{T}_{BW}(\alpha-\alpha_e,\beta-\beta_e)\boldsymbol{F}_{AW} \tag{5-11a}$$

和

$$\boldsymbol{M}_{AS}=\boldsymbol{T}_{WB}(\alpha_e,\beta_e)\boldsymbol{T}_{BW}(\alpha,\beta)\boldsymbol{M}_{AW}=\boldsymbol{T}_{BW}(\alpha-\alpha_e,\beta-\beta_e)\boldsymbol{M}_{AW} \tag{5-11b}$$

在小扰动假设下，可以写为

$$\Delta\alpha=\alpha-\alpha_e,\quad \Delta\beta=\beta-\beta_e$$

并且有

$$\boldsymbol{T}_{BW}(\alpha-\alpha_e,\beta-\beta_e)=\boldsymbol{T}_{BW}(\Delta\alpha,\Delta\beta)=\begin{bmatrix}1 & -\Delta\beta & -\Delta\alpha\\ \Delta\beta & 1 & 0\\ \Delta\alpha & 0 & 1\end{bmatrix} \tag{5-12}$$

因此

$$\boldsymbol{F}_{AS}=\begin{bmatrix}1 & -\Delta\beta & -\Delta\alpha\\ \Delta\beta & 1 & 0\\ \Delta\alpha & 0 & 1\end{bmatrix}\boldsymbol{F}_{AW},\ \boldsymbol{M}_{AS}=\begin{bmatrix}1 & -\Delta\beta & -\Delta\alpha\\ \Delta\beta & 1 & 0\\ \Delta\alpha & 0 & 1\end{bmatrix}\boldsymbol{M}_{AW} \tag{5-13}$$

由于 $\boldsymbol{F}_{ASe}=\boldsymbol{F}_{AWe}$ 和 $\boldsymbol{M}_{ASe}=\boldsymbol{M}_{AWe}$ ，所以稳定坐标系下的气动力和气动力矩可以用风轴

系下的气动力和气动力矩表示。

5.2　气动力和力矩的线性化：稳定性导数的概念

风轴系下的气动力和力矩都是动压的函数，动压定义如下

$$q=\frac{1}{2}\rho\left(u^{2}+v^{2}+w^{2}\right)=\frac{1}{2}\rho U^{2} \tag{5-14}$$

它的单位是压力单位。风轴系下的气动力和力矩可以用以下量来表示：无量纲的气动力系数 C_{WX}，C_{WY}，C_{WZ} 和无量纲气动力矩系数 C_{WL}，C_{WM} 和 C_{WN}，参考面积（通常是机翼的平面面积）S 和一些参考长度，l_L，l_M 和 l_N

$$\boldsymbol{F}_{AW}=\begin{bmatrix}X_W\\Y_W\\Z_W\end{bmatrix}=qS\begin{bmatrix}C_{WX}\\C_{WY}\\C_{WZ}\end{bmatrix}=-\frac{1}{2}\rho V^2 S\begin{bmatrix}C_D\\C_Y\\C_L\end{bmatrix} \tag{5-15}$$

和

$$\boldsymbol{M}_{AW}=\begin{bmatrix}L_W\\M_W\\N_W\end{bmatrix}=qS\begin{bmatrix}l_L C_{WL}\\l_M C_{WM}\\l_N C_{WN}\end{bmatrix}=\frac{1}{2}\rho V^2 S\begin{bmatrix}\bar{\bar{c}}C_m\\-bC_l\\-bC_n\end{bmatrix} \tag{5-16}$$

其中，$\bar{\bar{c}}$ 是平均气动弦长，b 是翼展。

系数 C_{WX} 与阻力系数 C_D 大小相等符号相反，即：$C_{WX}=-C_D$。系数 C_{WZ} 与升力系数 C_L 大小相等符号相反，即：$C_{WZ}=-C_L$ 等。

通常，我们可以将风轴系下的气动力和力矩进行泰勒展开，保留相关项。泰勒展开之后，我们可以得到如下表达式

$$\begin{aligned}\begin{bmatrix}X_W\\Y_W\\Z_W\end{bmatrix}\approx\begin{bmatrix}X_{W_e}\\Y_{W_e}\\Z_{W_e}\end{bmatrix}&+\left[\frac{\partial}{\partial u}\begin{bmatrix}X_W\\Y_W\\Z_W\end{bmatrix}_e\ \frac{\partial}{\partial v}\begin{bmatrix}X_W\\Y_W\\Z_W\end{bmatrix}_e\ \frac{\partial}{\partial w}\begin{bmatrix}X_W\\Y_W\\Z_W\end{bmatrix}_e\right]\begin{bmatrix}\Delta u\\\Delta v\\\Delta w\end{bmatrix}_{\text{wind}}+\frac{\partial}{\partial\dot{w}}\begin{bmatrix}X_W\\Y_W\\Z_W\end{bmatrix}_e\Delta\dot{w}_{\text{wind}}+\\&\left[\frac{\partial}{\partial p}\begin{bmatrix}X_W\\Y_W\\Z_W\end{bmatrix}_e\ \frac{\partial}{\partial q}\begin{bmatrix}X_W\\Y_W\\Z_W\end{bmatrix}_e\ \frac{\partial}{\partial r}\begin{bmatrix}X_W\\Y_W\\Z_W\end{bmatrix}_e\right]\begin{bmatrix}\Delta p\\\Delta q\\\Delta r\end{bmatrix}_{\text{wind}}+\left[\frac{\partial}{\partial\dot{p}}\begin{bmatrix}X_W\\Y_W\\Z_W\end{bmatrix}_e\ \frac{\partial}{\partial\dot{q}}\begin{bmatrix}X_W\\Y_W\\Z_W\end{bmatrix}_e\ \frac{\partial}{\partial\dot{r}}\begin{bmatrix}X_W\\Y_W\\Z_W\end{bmatrix}_e\right]\begin{bmatrix}\Delta\dot{p}\\\Delta\dot{q}\\\Delta\dot{r}\end{bmatrix}_{\text{wind}}\end{aligned} \tag{5-17a}$$

$$\begin{aligned}\begin{bmatrix}L_W\\M_W\\N_W\end{bmatrix}\approx\begin{bmatrix}L_{W_e}\\M_{W_e}\\N_{W_e}\end{bmatrix}&+\left[\frac{\partial}{\partial u}\begin{bmatrix}L_W\\M_W\\N_W\end{bmatrix}_e\ \frac{\partial}{\partial v}\begin{bmatrix}L_W\\M_W\\N_W\end{bmatrix}_e\ \frac{\partial}{\partial w}\begin{bmatrix}L_W\\M_W\\N_W\end{bmatrix}_e\right]\begin{bmatrix}\Delta u\\\Delta v\\\Delta w\end{bmatrix}_{\text{wind}}+\frac{\partial}{\partial\dot{w}}\begin{bmatrix}L_W\\M_W\\N_W\end{bmatrix}_e\Delta\dot{w}_{\text{wind}}+\\&\left[\frac{\partial}{\partial p}\begin{bmatrix}L_W\\M_W\\N_W\end{bmatrix}_e\ \frac{\partial}{\partial q}\begin{bmatrix}L_W\\M_W\\N_W\end{bmatrix}_e\ \frac{\partial}{\partial r}\begin{bmatrix}L_W\\M_W\\N_W\end{bmatrix}_e\right]\begin{bmatrix}\Delta p\\\Delta q\\\Delta r\end{bmatrix}_{\text{wind}}+\left[\frac{\partial}{\partial\dot{p}}\begin{bmatrix}L_W\\M_W\\N_W\end{bmatrix}_e\ \frac{\partial}{\partial\dot{q}}\begin{bmatrix}L_W\\M_W\\N_W\end{bmatrix}_e\ \frac{\partial}{\partial\dot{r}}\begin{bmatrix}L_W\\M_W\\N_W\end{bmatrix}_e\right]\begin{bmatrix}\Delta\dot{p}\\\Delta\dot{q}\\\Delta\dot{r}\end{bmatrix}_{\text{wind}}\end{aligned} \tag{5-17b}$$

其中，导数项是在飞行器配平条件下得到的数值。将扰动线速度和角速度转化到机体坐标系下

$$\begin{bmatrix} X_W \\ Y_W \\ Z_W \end{bmatrix} \approx \begin{bmatrix} X_{W_e} \\ Y_{W_e} \\ Z_{W_e} \end{bmatrix} + \left[\frac{\partial}{\partial u}\begin{bmatrix} X_W \\ Y_W \\ Z_W \end{bmatrix}_e \quad \frac{\partial}{\partial v}\begin{bmatrix} X_W \\ Y_W \\ Z_W \end{bmatrix}_e \quad \frac{\partial}{\partial w}\begin{bmatrix} X_W \\ Y_W \\ Z_W \end{bmatrix}_e \right] \boldsymbol{T}_{WB}(\alpha,\beta)\begin{bmatrix} \Delta u \\ \Delta v \\ \Delta w \end{bmatrix} +$$
$$\left[\frac{\partial}{\partial p}\begin{bmatrix} X_W \\ Y_W \\ Z_W \end{bmatrix}_e \quad \frac{\partial}{\partial q}\begin{bmatrix} X_W \\ Y_W \\ Z_W \end{bmatrix}_e \quad \frac{\partial}{\partial r}\begin{bmatrix} X_W \\ Y_W \\ Z_W \end{bmatrix}_e \right] \boldsymbol{T}_{WB}(\alpha,\beta)\begin{bmatrix} \Delta p \\ \Delta q \\ \Delta r \end{bmatrix} + \frac{\partial}{\partial \dot{w}}\begin{bmatrix} X_W \\ Y_W \\ Z_W \end{bmatrix}_e \boldsymbol{T}_{WB}(\alpha,\beta)\begin{bmatrix} 0 \\ 0 \\ 1 \end{bmatrix}\Delta \dot{w} +$$
$$\left[\frac{\partial}{\partial \dot{p}}\begin{bmatrix} X_W \\ Y_W \\ Z_W \end{bmatrix}_e \quad \frac{\partial}{\partial \dot{q}}\begin{bmatrix} X_W \\ Y_W \\ Z_W \end{bmatrix}_e \quad \frac{\partial}{\partial \dot{r}}\begin{bmatrix} X_W \\ Y_W \\ Z_W \end{bmatrix}_e \right] \boldsymbol{T}_{WB}(\alpha,\beta)\begin{bmatrix} \Delta \dot{p} \\ \Delta \dot{q} \\ \Delta \dot{r} \end{bmatrix} \tag{5-18a}$$

和

$$\begin{bmatrix} L_W \\ M_W \\ N_W \end{bmatrix} \approx \begin{bmatrix} L_{W_e} \\ M_{W_e} \\ N_{W_e} \end{bmatrix} + \left[\frac{\partial}{\partial u}\begin{bmatrix} L_W \\ M_W \\ N_W \end{bmatrix}_e \quad \frac{\partial}{\partial v}\begin{bmatrix} L_W \\ M_W \\ N_W \end{bmatrix}_e \quad \frac{\partial}{\partial w}\begin{bmatrix} L_W \\ M_W \\ N_W \end{bmatrix}_e \right] \boldsymbol{T}_{WB}(\alpha,\beta)\begin{bmatrix} \Delta u \\ \Delta v \\ \Delta w \end{bmatrix} +$$
$$\left[\frac{\partial}{\partial p}\begin{bmatrix} L_W \\ M_W \\ N_W \end{bmatrix}_e \quad \frac{\partial}{\partial q}\begin{bmatrix} L_W \\ M_W \\ N_W \end{bmatrix}_e \quad \frac{\partial}{\partial r}\begin{bmatrix} L_W \\ M_W \\ N_W \end{bmatrix}_e \right] \boldsymbol{T}_{WB}(\alpha,\beta)\begin{bmatrix} \Delta p \\ \Delta q \\ \Delta r \end{bmatrix} + \frac{\partial}{\partial \dot{w}}\begin{bmatrix} L_W \\ M_W \\ N_W \end{bmatrix}_e \boldsymbol{T}_{WB}(\alpha,\beta)\begin{bmatrix} 0 \\ 0 \\ 1 \end{bmatrix}\Delta \dot{w} +$$
$$\left[\frac{\partial}{\partial \dot{p}}\begin{bmatrix} L_W \\ M_W \\ N_W \end{bmatrix}_e \quad \frac{\partial}{\partial \dot{q}}\begin{bmatrix} L_W \\ M_W \\ N_W \end{bmatrix}_e \quad \frac{\partial}{\partial \dot{r}}\begin{bmatrix} L_W \\ M_W \\ N_W \end{bmatrix}_e \right] \boldsymbol{T}_{WB}(\alpha,\beta)\begin{bmatrix} \Delta \dot{p} \\ \Delta \dot{q} \\ \Delta \dot{r} \end{bmatrix} \tag{5-18b}$$

现在，依照小扰动线性化假设

$$\boldsymbol{T}_{WB}(\alpha,\beta) = \boldsymbol{T}_{WB}(\alpha_e,\beta_e)\boldsymbol{T}_{WB}(\alpha-\alpha_e,\beta-\beta_e) = \boldsymbol{T}_{WB}(\alpha_e,\beta_e)\begin{bmatrix} 1 & -\Delta\beta & -\Delta\alpha \\ \Delta\beta & 1 & 0 \\ \Delta\alpha & 0 & 1 \end{bmatrix}^{\mathrm{T}} \tag{5-19}$$

只保留线性项，气动力和力矩可近似为

$$\begin{bmatrix}X_W\\Y_W\\Z_W\end{bmatrix}\approx\begin{bmatrix}X_{W_e}\\Y_{W_e}\\Z_{W_e}\end{bmatrix}+\left[\frac{\partial}{\partial u}\begin{bmatrix}X_W\\Y_W\\Z_W\end{bmatrix}_e\ \frac{\partial}{\partial v}\begin{bmatrix}X_W\\Y_W\\Z_W\end{bmatrix}_e\ \frac{\partial}{\partial w}\begin{bmatrix}X_W\\Y_W\\Z_W\end{bmatrix}_e\right]\boldsymbol{T}_{WB}(\alpha_e,\beta_e)\begin{bmatrix}\Delta u\\\Delta v\\\Delta w\end{bmatrix}+$$
$$\left[\frac{\partial}{\partial p}\begin{bmatrix}X_W\\Y_W\\Z_W\end{bmatrix}_e\ \frac{\partial}{\partial q}\begin{bmatrix}X_W\\Y_W\\Z_W\end{bmatrix}_e\ \frac{\partial}{\partial r}\begin{bmatrix}X_W\\Y_W\\Z_W\end{bmatrix}_e\right]\boldsymbol{T}_{WB}(\alpha_e,\beta_e)\begin{bmatrix}\Delta p\\\Delta q\\\Delta r\end{bmatrix}+\frac{\partial}{\partial\dot{w}}\begin{bmatrix}X_W\\Y_W\\Z_W\end{bmatrix}_e\boldsymbol{T}_{WB}(\alpha_e,\beta_e)\begin{bmatrix}0\\0\\1\end{bmatrix}\Delta\dot{w}+$$
$$\left[\frac{\partial}{\partial\dot{p}}\begin{bmatrix}X_W\\Y_W\\Z_W\end{bmatrix}_e\ \frac{\partial}{\partial\dot{q}}\begin{bmatrix}X_W\\Y_W\\Z_W\end{bmatrix}_e\ \frac{\partial}{\partial\dot{r}}\begin{bmatrix}X_W\\Y_W\\Z_W\end{bmatrix}_e\right]\boldsymbol{T}_{WB}(\alpha_e,\beta_e)\begin{bmatrix}\Delta\dot{p}\\\Delta\dot{q}\\\Delta\dot{r}\end{bmatrix}\tag{5-20a}$$

和

$$\begin{bmatrix}L_W\\M_W\\N_W\end{bmatrix}\approx\begin{bmatrix}L_{W_e}\\M_{W_e}\\N_{W_e}\end{bmatrix}+\left[\frac{\partial}{\partial u}\begin{bmatrix}L_W\\M_W\\N_W\end{bmatrix}_e\ \frac{\partial}{\partial v}\begin{bmatrix}L_W\\M_W\\N_W\end{bmatrix}_e\ \frac{\partial}{\partial w}\begin{bmatrix}L_W\\M_W\\N_W\end{bmatrix}_e\right]\boldsymbol{T}_{WB}(\alpha_e,\beta_e)\begin{bmatrix}\Delta u\\\Delta v\\\Delta w\end{bmatrix}+$$
$$\left[\frac{\partial}{\partial p}\begin{bmatrix}L_W\\M_W\\N_W\end{bmatrix}_e\ \frac{\partial}{\partial q}\begin{bmatrix}L_W\\M_W\\N_W\end{bmatrix}_e\ \frac{\partial}{\partial r}\begin{bmatrix}L_W\\M_W\\N_W\end{bmatrix}_e\right]\boldsymbol{T}_{WB}(\alpha_e,\beta_e)\begin{bmatrix}\Delta p\\\Delta q\\\Delta r\end{bmatrix}+\frac{\partial}{\partial\dot{w}}\begin{bmatrix}L_W\\M_W\\N_W\end{bmatrix}_e\boldsymbol{T}_{WB}(\alpha_e,\beta_e)\begin{bmatrix}0\\0\\1\end{bmatrix}\Delta\dot{w}+$$
$$\left[\frac{\partial}{\partial\dot{p}}\begin{bmatrix}L_W\\M_W\\N_W\end{bmatrix}_e\ \frac{\partial}{\partial\dot{q}}\begin{bmatrix}L_W\\M_W\\N_W\end{bmatrix}_e\ \frac{\partial}{\partial\dot{r}}\begin{bmatrix}L_W\\M_W\\N_W\end{bmatrix}_e\right]\boldsymbol{T}_{WB}(\alpha_e,\beta_e)\begin{bmatrix}\Delta\dot{p}\\\Delta\dot{q}\\\Delta\dot{r}\end{bmatrix}\tag{5-20b}$$

这些导数在大多数教科书中被称为“稳定性导数”，是在稳定轴系中配平状态下推导的气动力和力矩导数。通常情况下，在稳定轴系中更容易直接得到线性化的运动方程。

5.3　稳定轴系下的直接形式

稳定轴系实际上就是机体固定坐标系，尽管它的坐标轴和飞行器的主轴不重合。为了将惯性矩转化到稳定轴系中，必须注意到一个事实，刚体转动动能在任何坐标体系下都是不变的。从而有

$$T_{rot}=\frac{1}{2}\boldsymbol{\omega}_b^{\mathrm{T}}\boldsymbol{I}_b\boldsymbol{\omega}_b=\frac{1}{2}\boldsymbol{\omega}_s^{\mathrm{T}}\boldsymbol{I}_s\boldsymbol{\omega}_s=\frac{1}{2}\boldsymbol{\omega}_s^{\mathrm{T}}\boldsymbol{T}_{WB}(\alpha_e,\beta_e)\boldsymbol{I}_b\boldsymbol{T}_{BW}(\alpha_e,\beta_e)\boldsymbol{\omega}_s\tag{5-21}$$

因此可得

$$\boldsymbol{I}_s=\begin{bmatrix} I_{xx}^s & -I_{xy}^s & -I_{xz}^s \\ -I_{xy}^s & I_{yy}^s & -I_{yz}^s \\ -I_{xz}^s & -I_{yz}^s & I_{zz}^s \end{bmatrix}=\boldsymbol{T}_{WB}(\alpha_e,\beta_e)\boldsymbol{I}_b\boldsymbol{T}_{BW}(\alpha_e,\beta_e)$$

$$=\boldsymbol{T}_{WB}(\alpha_e,\beta_e)\begin{bmatrix} I_{xx} & 0 & -I_{xz} \\ 0 & I_{yy} & 0 \\ -I_{xz} & 0 & I_{zz} \end{bmatrix}\boldsymbol{T}_{BW}(\alpha_e,\beta_e) \tag{5-22}$$

稳定轴系中非线性平动方程为

$$m\begin{bmatrix} \dot{u}_s+q_s w_s-r_s v_s \\ \dot{v}_s+r_s u_s-p_s w_s \\ \dot{w}_s+p_s v_s-q_s u_s \end{bmatrix}=\boldsymbol{T}_{WB}(\alpha_e,\beta_e)(\boldsymbol{F}_{NB}-\boldsymbol{F}_{NBe})+(\boldsymbol{F}_{AS}-\boldsymbol{F}_{ASe})+$$

$$mg\boldsymbol{T}_{WB}(\alpha_e,\beta_e)(\boldsymbol{T}_{BI}-\boldsymbol{T}_{BIe})\begin{bmatrix}0\\0\\1\end{bmatrix} \tag{5-23a}$$

转动方程为

$$\begin{bmatrix} I_{xx}^s & -I_{xy}^s & -I_{xz}^s \\ -I_{xy}^s & I_{yy}^s & -I_{yz}^s \\ -I_{xz}^s & -I_{yz}^s & I_{zz}^s \end{bmatrix}\begin{bmatrix}\dot{p}_s\\ \dot{q}_s\\ \dot{r}_s\end{bmatrix}+\begin{bmatrix} q_s r_s(I_{zz}^s-I_{yy}^s)-I_{xz}^s p_s q_s+I_{xy}^s p_s r_s+I_{yz}^s(r_s^2-q_s^2) \\ r_s p_s(I_{xx}^s-I_{zz}^s)-I_{xy}^s q_s r_s+I_{yz}^s q_s p_s+I_{xz}^s(p_s^2-r_s^2) \\ p_s q_s(I_{yy}^s-I_{xx}^s)-I_{yz}^s r_s p_s+I_{xz}^s q_s r_s+I_{xy}^s(q_s^2-p_s^2) \end{bmatrix}$$

$$=\boldsymbol{T}_{WB}(\alpha_e,\beta_e)(\boldsymbol{M}_{NB}-\boldsymbol{M}_{NBe})+(\boldsymbol{M}_{AS}-\boldsymbol{M}_{ASe}) \tag{5-23b}$$

小扰动近似法，与稳定轴的配平条件相兼容，是相当简单的。飞行器的速度和角速度在稳定的工作状态下受到扰动。因此，扰动量满足如下关系

$$\begin{bmatrix}u_s\\v_s\\w_s\end{bmatrix}=\begin{bmatrix}U_e^s+\Delta u_s\\ \Delta v_s\\ \Delta w_s\end{bmatrix},\begin{bmatrix}\Delta u_s\\ \Delta v_s\\ \Delta w_s\end{bmatrix}=\boldsymbol{T}_{WB}(\alpha_e,\beta_e)\begin{bmatrix}\Delta u\\ \Delta v\\ \Delta w\end{bmatrix},\begin{bmatrix}p_s\\q_s\\r_s\end{bmatrix}=\begin{bmatrix}\Delta p_s\\ \Delta q_s\\ \Delta r_s\end{bmatrix}=\boldsymbol{T}_{WB}(\alpha_e,\beta_e)\begin{bmatrix}\Delta p\\ \Delta q\\ \Delta r\end{bmatrix} \tag{5-24}$$

$$\begin{bmatrix}\phi_s\\ \theta_s\\ \psi_s\end{bmatrix}=\boldsymbol{T}_{WB}(\alpha_e,\beta_e)\begin{bmatrix}\phi\\ \theta\\ \psi\end{bmatrix},\begin{bmatrix}\phi_{se}\\ \theta_{se}\\ \psi_{se}\end{bmatrix}=\boldsymbol{T}_{WB}(\alpha_e,\beta_e)\begin{bmatrix}\phi_e\\ \theta_e\\ \psi_e\end{bmatrix},\begin{bmatrix}\Delta\phi_s\\ \Delta\theta_s\\ \Delta\psi_s\end{bmatrix}=\boldsymbol{T}_{WB}(\alpha_e,\beta_e)\begin{bmatrix}\Delta\phi\\ \Delta\theta\\ \Delta\psi\end{bmatrix} \tag{5-25}$$

其中

$$\boldsymbol{T}_{WB}(\alpha_e,\beta_e)=\begin{bmatrix}\cos\beta_e & \sin\beta_e & 0\\ -\sin\beta_e & \cos\beta_e & 0\\ 0 & 0 & 1\end{bmatrix}\begin{bmatrix}\cos\alpha_e & 0 & \sin\alpha_e\\ 0 & 1 & 0\\ -\sin\alpha_e & 0 & \cos\alpha_e\end{bmatrix} \tag{5-26}$$

U_e^s 表示飞行器的稳定配平速度。稳定状态下稳定轴角速度都假定为零。

稳定轴系中的线性运动方程为

$$\begin{bmatrix} m\Delta\dot{u}_s \\ m(\Delta\dot{v}_s+\Delta r_s U_e^s) \\ m(\Delta\dot{w}_s-\Delta q_s U_e^s) \end{bmatrix} = \boldsymbol{T}_{WB}(\alpha_e,\beta_e)(\boldsymbol{F}_{NB}-\boldsymbol{F}_{NBe})+(\boldsymbol{F}_{AS}-\boldsymbol{F}_{ASe})+mg\boldsymbol{T}_{WB}(\alpha_e,\beta_e)(\boldsymbol{T}_{BI}-\boldsymbol{T}_{BIe})\begin{bmatrix}0\\0\\1\end{bmatrix} \tag{5-27}$$

或

$$\begin{bmatrix} m\Delta\dot{u}_s \\ m(\Delta\dot{v}_s+\Delta r_s U_e^s) \\ m(\Delta\dot{w}_s-\Delta q_s U_e^s) \end{bmatrix} = \boldsymbol{T}_{WB}(\alpha_e,\beta_e)(\boldsymbol{F}_{NB}-\boldsymbol{F}_{NBe})+(\boldsymbol{F}_{AS}-\boldsymbol{F}_{ASe})+ mg\boldsymbol{T}_{WB}(\alpha_e,\beta_e)\begin{bmatrix} 0 & -\cos\theta_e \\ \cos\phi_e\cos\theta_e & -\sin\phi_e\sin\theta_e \\ -\sin\phi_e\cos\theta_e & \cos\phi_e\sin\theta_e \end{bmatrix}\begin{bmatrix}\Delta\phi\\ \Delta\theta\end{bmatrix} \tag{5-28}$$

和

$$\begin{bmatrix} I_{xx}^s & -I_{xy}^s & -I_{xz}^s \\ -I_{xy}^s & I_{yy}^s & -I_{yz}^s \\ -I_{xz}^s & -I_{yz}^s & I_{zz}^s \end{bmatrix}\begin{bmatrix}\Delta\dot{p}_s\\ \Delta\dot{q}_s\\ \Delta\dot{r}_s\end{bmatrix} = \boldsymbol{T}_{WB}(\alpha_e,\beta_e)(\boldsymbol{M}_{NB}-\boldsymbol{M}_{NBe})+(\boldsymbol{M}_{AS}-\boldsymbol{M}_{ASe}) \tag{5-29}$$

稳定轴系中的扰动气动力和力矩的矢量表示定义如下

$$\boldsymbol{F}_{AS}-\boldsymbol{F}_{ASe} = \left.\begin{bmatrix}\mathring{X}_W\\ \mathring{Y}_W\\ \mathring{Z}_W\end{bmatrix}\right|_{\text{stability axes}},\quad \boldsymbol{M}_{AS}-\boldsymbol{M}_{ASe} = \left.\begin{bmatrix}\mathring{L}_W\\ \mathring{M}_W\\ \mathring{N}_W\end{bmatrix}\right|_{\text{stability axes}} \tag{5-30}$$

稳定轴系中扰动气动力和力矩的分量可用稳定性导数表示为

$$\left.\begin{bmatrix}\mathring{X}_W\\ \mathring{Y}_W\\ \mathring{Z}_W\end{bmatrix}\right|_{\text{stability}} = \left.\begin{bmatrix}\mathring{X}_W\\ \mathring{Y}_W\\ \mathring{Z}_W\end{bmatrix}\right|_{\text{without controls}} + \left.\begin{bmatrix}\mathring{X}_W\\ \mathring{Y}_W\\ \mathring{Z}_W\end{bmatrix}\right|_{\text{controls}} \tag{5-31}$$

和

$$\left.\begin{bmatrix}\mathring{L}_W\\ \mathring{M}_W\\ \mathring{N}_W\end{bmatrix}\right|_{\text{stability}} = \left.\begin{bmatrix}\mathring{L}_W\\ \mathring{M}_W\\ \mathring{N}_W\end{bmatrix}\right|_{\text{without controls}} + \left.\begin{bmatrix}\mathring{L}_W\\ \mathring{M}_W\\ \mathring{N}_W\end{bmatrix}\right|_{\text{controls}} \tag{5-32}$$

在没有控制器的参与下

$$\left.\begin{bmatrix}\mathring{X}_W\\\mathring{Y}_W\\\mathring{Z}_W\end{bmatrix}\right|_{\text{without controls}}\approx\begin{bmatrix}\mathring{X}_u&\mathring{X}_v&\mathring{X}_w\\\mathring{Y}_u&\mathring{Y}_v&\mathring{Y}_w\\\mathring{Z}_u&\mathring{Z}_v&\mathring{Z}_w\end{bmatrix}\begin{bmatrix}\Delta u_s\\\Delta v_s\\\Delta w_s\end{bmatrix}+\begin{bmatrix}\mathring{X}_{\dot{w}}\\\mathring{Y}_{\dot{w}}\\\mathring{Z}_{\dot{w}}\end{bmatrix}\Delta\dot{w}_s+\begin{bmatrix}\mathring{X}_p&\mathring{X}_q&\mathring{X}_r\\\mathring{Y}_p&\mathring{Y}_q&\mathring{Y}_r\\\mathring{Z}_p&\mathring{Z}_q&\mathring{Z}_r\end{bmatrix}\begin{bmatrix}\Delta p_s\\\Delta q_s\\\Delta r_s\end{bmatrix}+\begin{bmatrix}\mathring{X}_{\dot{p}}&\mathring{X}_{\dot{q}}&\mathring{X}_{\dot{r}}\\\mathring{Y}_{\dot{p}}&\mathring{Y}_{\dot{q}}&\mathring{Y}_{\dot{r}}\\\mathring{Z}_{\dot{p}}&\mathring{Z}_{\dot{q}}&\mathring{Z}_{\dot{r}}\end{bmatrix}\begin{bmatrix}\Delta\dot{p}_s\\\Delta\dot{q}_s\\\Delta\dot{r}_s\end{bmatrix}\tag{5-33}$$

和

$$\left.\begin{bmatrix}\mathring{L}_W\\\mathring{M}_W\\\mathring{N}_W\end{bmatrix}\right|_{\text{without controls}}\approx\begin{bmatrix}\mathring{L}_u&\mathring{L}_v&\mathring{L}_w\\\mathring{M}_u&\mathring{M}_v&\mathring{M}_w\\\mathring{N}_u&\mathring{N}_v&\mathring{N}_w\end{bmatrix}\begin{bmatrix}\Delta u_s\\\Delta v_s\\\Delta w_s\end{bmatrix}+\begin{bmatrix}\mathring{L}_{\dot{w}}\\\mathring{M}_{\dot{w}}\\\mathring{N}_{\dot{w}}\end{bmatrix}\Delta\dot{w}_s+\begin{bmatrix}\mathring{L}_p&\mathring{L}_q&\mathring{L}_r\\\mathring{M}_p&\mathring{M}_q&\mathring{M}_r\\\mathring{N}_p&\mathring{N}_q&\mathring{N}_r\end{bmatrix}\begin{bmatrix}\Delta p_s\\\Delta q_s\\\Delta r_s\end{bmatrix}+\begin{bmatrix}\mathring{L}_{\dot{p}}&\mathring{L}_{\dot{q}}&\mathring{L}_{\dot{r}}\\\mathring{M}_{\dot{p}}&\mathring{M}_{\dot{q}}&\mathring{M}_{\dot{r}}\\\mathring{N}_{\dot{p}}&\mathring{N}_{\dot{q}}&\mathring{N}_{\dot{r}}\end{bmatrix}\begin{bmatrix}\Delta\dot{p}_s\\\Delta\dot{q}_s\\\Delta\dot{r}_s\end{bmatrix}\tag{5-34}$$

在有控制器参与的情况下

$$\left.\begin{bmatrix}\mathring{X}_W\\\mathring{Y}_W\\\mathring{Z}_W\end{bmatrix}\right|_{\text{controls}}\approx\begin{bmatrix}\mathring{X}_\eta&\mathring{X}_\tau&\mathring{X}_\xi&\mathring{X}_\zeta\\\mathring{Y}_\eta&\mathring{Y}_\tau&\mathring{Y}_\xi&\mathring{Y}_\zeta\\\mathring{Z}_\eta&\mathring{Z}_\tau&\mathring{Z}_\xi&\mathring{Z}_\zeta\end{bmatrix}\begin{bmatrix}\Delta\eta\\\Delta\tau\\\Delta\xi\\\Delta\zeta\end{bmatrix}\tag{5-35}$$

和

$$\left.\begin{bmatrix}\mathring{L}_W\\\mathring{M}_W\\\mathring{N}_W\end{bmatrix}\right|_{\text{controls}}\approx\begin{bmatrix}\mathring{L}_\eta&\mathring{L}_\tau&\mathring{L}_\xi&\mathring{L}_\zeta\\\mathring{M}_\eta&\mathring{M}_\tau&\mathring{M}_\xi&\mathring{M}_\zeta\\\mathring{N}_\eta&\mathring{N}_\tau&\mathring{N}_\xi&\mathring{N}_\zeta\end{bmatrix}\begin{bmatrix}\Delta\eta\\\Delta\tau\\\Delta\xi\\\Delta\zeta\end{bmatrix}\tag{5-36}$$

在上述方程中，只包含了影响气动力和气动力矩较明显的扰动项。

这里有一个重要的关系，能帮助理解扰动气动力和力矩矢量在风轴系和稳定轴系之间的转化过程。因为气动力和力矩通常是在风轴系中给出的，因此在计算稳定轴系下的稳定性导数时这一关系尤其有用。在稳定轴系中，气动力和力矩可以用风轴系中的力和力矩表示为

$$\boldsymbol{F}_{AS}=\boldsymbol{T}_{WB}(\alpha_e,\beta_e)\boldsymbol{T}_{BW}(\alpha,\beta)\boldsymbol{F}_{AW}=\boldsymbol{T}_{BW}(\alpha-\alpha_e,\beta-\beta_e)\boldsymbol{F}_{AW}\tag{5-37a}$$

和

$$\boldsymbol{M}_{AS}=\boldsymbol{T}_{WB}(\alpha_e,\beta_e)\boldsymbol{T}_{BW}(\alpha,\beta)\boldsymbol{M}_{AW}=\boldsymbol{T}_{BW}(\alpha-\alpha_e,\beta-\beta_e)\boldsymbol{M}_{AW}\tag{5-37b}$$

考虑到配平飞行，有 $\boldsymbol{F}_{ASe}=\boldsymbol{F}_{AWe}$ 和 $\boldsymbol{M}_{ASe}=\boldsymbol{M}_{AWe}$。用前面的方程减去这对方程，得

$$\begin{aligned}\boldsymbol{F}_{AS}-\boldsymbol{F}_{ASe}&=\boldsymbol{T}_{BW}(\alpha-\alpha_e,\beta-\beta_e)\boldsymbol{F}_{AW}-\boldsymbol{F}_{AWe}\\&=\boldsymbol{F}_{AW}-\boldsymbol{F}_{AWe}+[\boldsymbol{T}_{BW}(\alpha-\alpha_e,\beta-\beta_e)-\boldsymbol{I}]\boldsymbol{F}_{AW}\end{aligned} \tag{5-38a}$$

$$\begin{aligned}\boldsymbol{M}_{AS}-\boldsymbol{M}_{ASe}&=\boldsymbol{T}_{BW}(\alpha-\alpha_e,\beta-\beta_e)\boldsymbol{M}_{AW}-\boldsymbol{M}_{AWe}\\&=\boldsymbol{M}_{AW}-\boldsymbol{M}_{AWe}+[\boldsymbol{T}_{BW}(\alpha-\alpha_e,\beta-\beta_e)-\boldsymbol{I}]\boldsymbol{M}_{AW}\end{aligned} \tag{5-38b}$$

可表示为

$$\boldsymbol{F}_{AS}-\boldsymbol{F}_{ASe}=\boldsymbol{T}_{BW}(\alpha-\alpha_e,\beta-\beta_e)(\boldsymbol{F}_{AW}-\boldsymbol{F}_{AWe})+[\boldsymbol{T}_{BW}(\alpha-\alpha_e,\beta-\beta_e)-\boldsymbol{I}]\boldsymbol{F}_{AWe} \tag{5-39a}$$

$$\boldsymbol{M}_{AS}-\boldsymbol{M}_{ASe}=\boldsymbol{T}_{BW}(\alpha-\alpha_e,\beta-\beta_e)(\boldsymbol{M}_{AW}-\boldsymbol{M}_{AWe})+[\boldsymbol{T}_{BW}(\alpha-\alpha_e,\beta-\beta_e)-\boldsymbol{I}]\boldsymbol{M}_{AWe} \tag{5-39b}$$

从而风轴系中的力和力矩可表示为

$$\boldsymbol{F}_{AW}=\boldsymbol{T}_{WB}(\alpha-\alpha_e,\beta-\beta_e)(\boldsymbol{F}_{AS}-\boldsymbol{F}_{ASe})+\boldsymbol{T}_{WB}(\alpha-\alpha_e,\beta-\beta_e)\boldsymbol{F}_{AWe} \tag{5-40a}$$

和

$$\boldsymbol{M}_{AW}=\boldsymbol{T}_{WB}(\alpha-\alpha_e,\beta-\beta_e)(\boldsymbol{M}_{AS}-\boldsymbol{M}_{ASe})+\boldsymbol{T}_{WB}(\alpha-\alpha_e,\beta-\beta_e)\boldsymbol{M}_{AWe} \tag{5-40b}$$

但是，因为

$$\boldsymbol{T}_{BW}(\alpha_e,\beta_e)=\begin{bmatrix}\cos\alpha_e & 0 & -\sin\alpha_e\\ 0 & 1 & 0\\ \sin\alpha_e & 0 & \cos\alpha_e\end{bmatrix}\begin{bmatrix}\cos\beta_e & -\sin\beta_e & 0\\ \sin\beta_e & \cos\beta_e & 0\\ 0 & 0 & 1\end{bmatrix} \tag{5-41}$$

且由于 $\boldsymbol{T}_{BW}(\alpha_e,\beta_e)\boldsymbol{T}_{WB}(\alpha_e,\beta_e)=\boldsymbol{I}$

$$\boldsymbol{T}_{WB}(\alpha_e,\beta_e)=\begin{bmatrix}\cos\beta_e & \sin\beta_e & 0\\ -\sin\beta_e & \cos\beta_e & 0\\ 0 & 0 & 1\end{bmatrix}\begin{bmatrix}\cos\alpha_e & 0 & \sin\alpha_e\\ 0 & 1 & 0\\ -\sin\alpha_e & 0 & \cos\alpha_e\end{bmatrix} \tag{5-42}$$

和

$$\boldsymbol{T}_{BW}(\alpha-\alpha_e,\beta-\beta_e)=\boldsymbol{T}_{BW}(\Delta\alpha,\Delta\beta)=\begin{bmatrix}1 & -\Delta\beta & -\Delta\alpha\\ \Delta\beta & 1 & 0\\ \Delta\alpha & 0 & 1\end{bmatrix} \tag{5-43}$$

$$\boldsymbol{T}_{WB}(\alpha-\alpha_e,\beta-\beta_e)=\boldsymbol{T}_{WB}(\Delta\alpha,\Delta\beta)=\begin{bmatrix}1 & \Delta\beta & \Delta\alpha\\ -\Delta\beta & 1 & 0\\ -\Delta\alpha & 0 & 1\end{bmatrix} \tag{5-44}$$

从而，在小扰动假设下有

$$\boldsymbol{F}_{AW}=\begin{bmatrix}1 & \Delta\beta & \Delta\alpha\\ -\Delta\beta & 1 & 0\\ -\Delta\alpha & 0 & 1\end{bmatrix}(\boldsymbol{F}_{AS}-\boldsymbol{F}_{ASe})+\begin{bmatrix}1 & \Delta\beta & \Delta\alpha\\ -\Delta\beta & 1 & 0\\ -\Delta\alpha & 0 & 1\end{bmatrix}\boldsymbol{F}_{AWe} \tag{5-45a}$$

和

$$\boldsymbol{M}_{AW}=\begin{bmatrix}1 & \Delta\beta & \Delta\alpha\\ -\Delta\beta & 1 & 0\\ -\Delta\alpha & 0 & 1\end{bmatrix}(\boldsymbol{M}_{AS}-\boldsymbol{M}_{ASe})+\begin{bmatrix}1 & \Delta\beta & \Delta\alpha\\ -\Delta\beta & 1 & 0\\ -\Delta\alpha & 0 & 1\end{bmatrix}\boldsymbol{M}_{AWe} \tag{5-45b}$$

相应的逆矩阵为

$$\boldsymbol{F}_{AS}-\boldsymbol{F}_{ASe}=\begin{bmatrix}1 & -\Delta\beta & -\Delta\alpha\\ \Delta\beta & 1 & 0\\ \Delta\alpha & 0 & 1\end{bmatrix}(\boldsymbol{F}_{AW}-\boldsymbol{F}_{AWe})+\begin{bmatrix}0 & -\Delta\beta & -\Delta\alpha\\ \Delta\beta & 0 & 0\\ \Delta\alpha & 0 & 0\end{bmatrix}\boldsymbol{F}_{AWe} \tag{5-46a}$$

$$\boldsymbol{M}_{AS}-\boldsymbol{M}_{ASe}=\begin{bmatrix}1 & -\Delta\beta & -\Delta\alpha\\ \Delta\beta & 1 & 0\\ \Delta\alpha & 0 & 1\end{bmatrix}(\boldsymbol{M}_{AW}-\boldsymbol{M}_{AWe})+\begin{bmatrix}0 & -\Delta\beta & -\Delta\alpha\\ \Delta\beta & 0 & 0\\ \Delta\alpha & 0 & 0\end{bmatrix}\boldsymbol{M}_{AWe} \tag{5-46b}$$

5.4 解耦的运动方程

5.4.1 纵向对称面的运动

解耦的纵向运动方程对扰动的响应仅限于纵向对称平面，即 Oxz 平面。在此对称平面中，作用在飞行器上的力只有沿轴向的力 X 和法向力 Z，以及引起飞行器角运动的俯仰力矩 M。因为假定没有横向运动，所有横向运动变量 p，r 和 v，以及变量 X，Z 和 M 中与横向变量有关的导数项都为零。那么，纵向对称运动方程的推导就是保留全阶方程中相应方向的方程且令所有耦合项为零，特别是 $\beta_e=0$ 且 $V_e=0$。

通常将方程表示成如下形式

$$\begin{bmatrix}m\Delta\dot{u}_s\\ m(\Delta\dot{w}_s-\Delta qU_e^s)\end{bmatrix}=\begin{bmatrix}\cos\alpha_e & \sin\alpha_e\\ -\sin\alpha_e & \cos\alpha_e\end{bmatrix}\left\{\begin{bmatrix}X_{NB}\\ Z_{NB}\end{bmatrix}-\begin{bmatrix}X_{NBe}\\ Z_{NBe}\end{bmatrix}\right\}+\begin{bmatrix}\mathring{X}_W\\ \mathring{Z}_W\end{bmatrix}+ mg\begin{bmatrix}\cos\alpha_e & \sin\alpha_e\\ -\sin\alpha_e & \cos\alpha_e\end{bmatrix}\begin{bmatrix}-\cos\theta_e\\ \sin\theta_e\end{bmatrix}\Delta\theta \tag{5-47a}$$

$$I_{yy}^s\Delta\dot{q}_s=M_{NB}-M_{NBe}+\mathring{M}_W \tag{5-47b}$$

其中，稳定轴系中气动力扰动矢量分量和俯仰力矩与对应风轴系中的分量有如下关系

$$\begin{bmatrix}\mathring{X}_W\\ \mathring{Y}_W\\ \mathring{Z}_W\end{bmatrix}=\begin{bmatrix}X_W\\ Y_W\\ Z_W\end{bmatrix}-\begin{bmatrix}X_{We}\\ Y_{We}\\ Z_{We}\end{bmatrix}+\frac{1}{U_e}\begin{bmatrix}0 & 0 & -\Delta w\\ 0 & 1 & 0\\ \Delta w & 0 & 0\end{bmatrix}\begin{bmatrix}X_W\\ Y_W\\ Z_W\end{bmatrix} \tag{5-48a}$$

$$\mathring{M}_W=M_W-M_{We} \tag{5-48b}$$

稳定坐标系中的俯仰角扰动量与风轴系中的相同，$\Delta\theta_s=\Delta\theta$。机体坐标系中的攻角扰

动量为

$$\Delta\alpha \approx \frac{\Delta w}{\sqrt{U_e^2+V_e^2}} \approx \frac{\Delta w}{U_e} \tag{5-49}$$

进一步

$$\begin{bmatrix}\Delta u\\ \Delta v\\ \Delta w\end{bmatrix}=\boldsymbol{T}_{BW}(\alpha_e,\beta_e)\begin{bmatrix}\Delta u_s\\ \Delta v_s\\ \Delta w_s\end{bmatrix},\begin{bmatrix}\Delta\phi\\ \Delta\theta\\ \Delta\psi\end{bmatrix}=\boldsymbol{T}_{BW}(\alpha_e,\beta_e)\begin{bmatrix}\Delta\phi_s\\ \Delta\theta_s\\ \Delta\psi_s\end{bmatrix} \tag{5-50}$$

其中

$$\boldsymbol{T}_{BW}(\alpha_e,\beta_e)=\begin{bmatrix}\cos\alpha_e & 0 & -\sin\alpha_e\\ 0 & 1 & 0\\ \sin\alpha_e & 0 & \cos\alpha_e\end{bmatrix}\begin{bmatrix}\cos\beta_e & -\sin\beta_e & 0\\ \sin\beta_e & \cos\beta_e & 0\\ 0 & 0 & 1\end{bmatrix}$$

$$=\begin{bmatrix}\cos\alpha_e\cos\beta_e & -\cos\alpha_e\sin\beta_e & -\sin\alpha_e\\ \sin\beta_e & \cos\beta_e & 0\\ \sin\alpha_e\cos\beta_e & -\sin\alpha_e\sin\beta_e & \cos\alpha_e\end{bmatrix} \tag{5-51}$$

$$\Delta w=[\cos\beta_e\sin\alpha_e\Delta u_s-\sin\beta_e\sin\alpha_e\Delta v_s+\cos\alpha_e\Delta w_s] \tag{5-52}$$

稳定轴系中的气动力和力矩扰动矢量 $\mathring{X}_W$，$\mathring{Z}_W$，$\mathring{M}_W$ 可以用之前提到的稳定轴系气动导数表示。

5.4.2　垂直于对称面的横向运动

横向运动可以用侧向力 Y，滚转力矩 L 和偏航力矩 N 描述。由于纵向运动变量 Δu_s，Δw_s，$\Delta\dot{w}_s$ 和 Δq_s 假定为零，Y，L 和 N 中与纵向运动对应的导数项为零。因此，横向非对称运动方程可通过提取全阶方程中与侧向力、滚转力矩以及偏航力矩相关的方程并令相关耦合项为零得到。

通常用稳定轴系下的扰动量侧向力 $\mathring{Y}_W$，扰动滚转力矩 $\mathring{L}_W$ 和偏航力矩 $\mathring{N}_W$ 写成运动方程为

$$m(\Delta\dot{v}_s+\Delta r_s U_e^s)=\cos\beta_e(Y_{NB}-Y_{NBe})+\mathring{Y}_{AW}+mg\cos\beta_e\cos\theta_e\cos\phi_e\Delta\phi \tag{5-53a}$$

$$\begin{bmatrix}I_{xx}^s & -I_{xz}^s\\ -I_{xz}^s & I_{zz}^s\end{bmatrix}\begin{bmatrix}\Delta\dot{p}_s\\ \Delta\dot{r}_s\end{bmatrix}=\begin{bmatrix}\cos\beta_e & 0\\ 0 & 1\end{bmatrix}\begin{bmatrix}\cos\alpha_e & \sin\alpha_e\\ -\sin\alpha_e & \cos\alpha_e\end{bmatrix}\left\{\begin{bmatrix}L_{NB}\\ N_{NB}\end{bmatrix}-\begin{bmatrix}L_{NBe}\\ N_{NBe}\end{bmatrix}\right\}+\begin{bmatrix}\mathring{L}_W\\ \mathring{N}_W\end{bmatrix} \tag{5-53b}$$

其中，气动力矩扰动矢量在稳定轴系和风轴系下的表述有如下关系

$$\begin{bmatrix}\mathring{L}_W\\ \mathring{M}_W\\ \mathring{N}_W\end{bmatrix}=\begin{bmatrix}L_W\\ M_W\\ N_W\end{bmatrix}-\begin{bmatrix}L_{We}\\ M_{We}\\ N_{We}\end{bmatrix} \tag{5-54}$$

5.5 稳定轴系中气动导数表示的耦合运动方程

气动力和力矩分量可用稳定轴系中的气动导数表示为

$$\begin{bmatrix}\mathring{X}_W\\ \mathring{Y}_W\\ \mathring{Z}_W\end{bmatrix}\approx\begin{bmatrix}\mathring{X}_u & \mathring{X}_v & \mathring{X}_w\\ \mathring{Y}_u & \mathring{Y}_v & \mathring{Y}_w\\ \mathring{Z}_u & \mathring{Z}_v & \mathring{Z}_w\end{bmatrix}\begin{bmatrix}\Delta u_s\\ \Delta v_s\\ \Delta w_s\end{bmatrix}+\begin{bmatrix}\mathring{X}_{\dot{w}}\\ \mathring{Y}_{\dot{w}}\\ \mathring{Z}_{\dot{w}}\end{bmatrix}\Delta\dot{w}_s+$$

$$\begin{bmatrix}\mathring{X}_p & \mathring{X}_q & \mathring{X}_r\\ \mathring{Y}_p & \mathring{Y}_q & \mathring{Y}_r\\ \mathring{Z}_p & \mathring{Z}_q & \mathring{Z}_r\end{bmatrix}\begin{bmatrix}\Delta p_s\\ \Delta q_s\\ \Delta r_s\end{bmatrix}+\begin{bmatrix}\mathring{X}_{\dot{p}} & \mathring{X}_{\dot{q}} & \mathring{X}_{\dot{r}}\\ \mathring{Y}_{\dot{p}} & \mathring{Y}_{\dot{q}} & \mathring{Y}_{\dot{r}}\\ \mathring{Z}_{\dot{p}} & \mathring{Z}_{\dot{q}} & \mathring{Z}_{\dot{r}}\end{bmatrix}\begin{bmatrix}\Delta\dot{p}_s\\ \Delta\dot{q}_s\\ \Delta\dot{r}_s\end{bmatrix} \tag{5-55a}$$

和

$$\begin{bmatrix}\mathring{L}_W\\ \mathring{M}_W\\ \mathring{N}_W\end{bmatrix}\approx\begin{bmatrix}\mathring{L}_u & \mathring{L}_v & \mathring{L}_w\\ \mathring{M}_u & \mathring{M}_v & \mathring{M}_w\\ \mathring{N}_u & \mathring{N}_v & \mathring{N}_w\end{bmatrix}\begin{bmatrix}\Delta u_s\\ \Delta v_s\\ \Delta w_s\end{bmatrix}+\begin{bmatrix}\mathring{L}_{\dot{w}}\\ \mathring{M}_{\dot{w}}\\ \mathring{N}_{\dot{w}}\end{bmatrix}\Delta\dot{w}_s+$$

$$\begin{bmatrix}\mathring{L}_p & \mathring{L}_q & \mathring{L}_r\\ \mathring{M}_p & \mathring{M}_q & \mathring{M}_r\\ \mathring{N}_p & \mathring{N}_q & \mathring{N}_r\end{bmatrix}\begin{bmatrix}\Delta p_s\\ \Delta q_s\\ \Delta r_s\end{bmatrix}+\begin{bmatrix}\mathring{L}_{\dot{p}} & \mathring{L}_{\dot{q}} & \mathring{L}_{\dot{r}}\\ \mathring{M}_{\dot{p}} & \mathring{M}_{\dot{q}} & \mathring{M}_{\dot{r}}\\ \mathring{N}_{\dot{p}} & \mathring{N}_{\dot{q}} & \mathring{N}_{\dot{r}}\end{bmatrix}\begin{bmatrix}\Delta\dot{p}_s\\ \Delta\dot{q}_s\\ \Delta\dot{r}_s\end{bmatrix} \tag{5-55b}$$

因此，纵向运动方程为（忽略控制量或控制量固定）

$$\begin{bmatrix}m\Delta\dot{u}_s\\ m(\Delta\dot{w}_s-\Delta qU_e^s)\end{bmatrix}=\begin{bmatrix}\cos\alpha_e & \sin\alpha_e\\ -\sin\alpha_e & \cos\alpha_e\end{bmatrix}\left\{\begin{bmatrix}X_{NB}\\ Z_{NB}\end{bmatrix}-\begin{bmatrix}X_{NBe}\\ Z_{NBe}\end{bmatrix}\right\}+$$

$$\begin{bmatrix}\Delta u_s\mathring{X}_u+\Delta w_s\mathring{X}_w+\Delta\dot{w}_s\mathring{X}_{\dot{w}}+\Delta q_s\mathring{X}_q+\Delta\dot{q}_s\mathring{X}_{\dot{q}}\\ \Delta u_s\mathring{Z}_u+\Delta w_s\mathring{Z}_w+\Delta\dot{w}_s\mathring{Z}_{\dot{w}}+\Delta q_s\mathring{Z}_q+\Delta\dot{q}_s\mathring{Z}_{\dot{q}}\end{bmatrix}+$$

$$mg\begin{bmatrix}\cos\alpha_e & \sin\alpha_e\\ -\sin\alpha_e & \cos\alpha_e\end{bmatrix}\begin{bmatrix}-\cos\theta_e\\ \sin\theta_e\end{bmatrix}\Delta\theta_s \tag{5-56a}$$

$$I_{yy}^s\Delta\dot{q}_s=M_{NB}-M_{NBe}+\Delta u_s\mathring{M}_u+\Delta w_s\mathring{M}_w+\Delta\dot{w}_s\mathring{M}_{\dot{w}}+\Delta q_s\mathring{M}_q+\Delta\dot{q}_s\mathring{M}_{\dot{q}} \tag{5-56b}$$

这里

$$\Delta\dot{\theta}_s=\Delta q_s \tag{5-57a}$$

$$\Delta\dot{h}\approx U\gamma=U(\Delta\theta-\Delta\alpha)\approx U_e(\Delta\theta-\Delta\alpha) \tag{5-57b}$$

$$\Delta\theta_s=\Delta\theta \tag{5-57c}$$

$$\Delta\alpha\approx\frac{\Delta w}{\sqrt{U_e^2+V_e^2}}\approx\frac{\Delta w}{U_e} \tag{5-57d}$$

其中 h 以向上为正。

横向运动方程写为

$$m(\Delta\dot{v}_s+\Delta r_s U_e^s)=\cos\beta_e(Y_{NB}-Y_{NBe})+\Delta v_s\mathring{Y}_v+\Delta p_s\mathring{Y}_p+\Delta r_s\mathring{Y}_r+\Delta\dot{p}_s\mathring{Y}_{\dot{p}}+\Delta\dot{r}_s\mathring{Y}_{\dot{r}}+ mg\cos\beta_e\cos\theta_e\cos\phi_e\Delta\phi \tag{5-58a}$$

$$\begin{bmatrix} I_{xx}^s & -I_{xz}^s \\ -I_{xz}^s & I_{zz}^s \end{bmatrix}\begin{bmatrix}\Delta\dot{p}_s \\ \Delta\dot{r}_s\end{bmatrix}=\begin{bmatrix}\cos\beta_e & 0 \\ 0 & 1\end{bmatrix}\begin{bmatrix}\cos\alpha_e & \sin\alpha_e \\ -\sin\alpha_e & \cos\alpha_e\end{bmatrix}\left\{\begin{bmatrix}L_{NB} \\ N_{NB}\end{bmatrix}-\begin{bmatrix}L_{NBe} \\ N_{NBe}\end{bmatrix}\right\}+ \begin{bmatrix}\Delta v_s\mathring{L}_v+\Delta p_s\mathring{L}_p+\Delta r_s\mathring{L}_r+\Delta\dot{p}_s\mathring{L}_{\dot{p}}+\Delta\dot{r}_s\mathring{L}_{\dot{r}} \\ \Delta v_s\mathring{N}_v+\Delta p_s\mathring{N}_p+\Delta r_s\mathring{N}_r+\Delta\dot{p}_s\mathring{N}_{\dot{p}}+\Delta\dot{r}_s\mathring{N}_{\dot{r}}\end{bmatrix} \tag{5-58b}$$

这里

$$\Delta\dot{\phi}_s=\Delta p_s \tag{5-59a}$$

$$\Delta\dot{\psi}_s=\Delta r_s \tag{5-59b}$$

以及

$$\begin{bmatrix}\Delta u \\ \Delta v \\ \Delta w\end{bmatrix}=\boldsymbol{T}_{BW}(\alpha_e,\beta_e)\begin{bmatrix}\Delta u_s \\ \Delta v_s \\ \Delta w_s\end{bmatrix},\begin{bmatrix}\Delta\phi \\ \Delta\theta \\ \Delta\psi\end{bmatrix}=\boldsymbol{T}_{BW}(\alpha_e,\beta_e)\begin{bmatrix}\Delta\phi_s \\ \Delta\theta_s \\ \Delta\psi_s\end{bmatrix} \tag{5-60}$$

其中，$\boldsymbol{T}_{BW}(\alpha_e,\ \beta_e)$ 和 Δw 在方程（5－51）和（5－52）中已定义，且有

$$\Delta\phi=[\cos\beta_e\cos\alpha_e\Delta\phi_s-\sin\beta_e\cos\alpha_e\Delta\theta_s-\sin\alpha_e\Delta\psi_s] \tag{5-61}$$

稳定轴系与机体系（主轴）中的惯性矩关系如下

$$\begin{aligned}\boldsymbol{I}_s&=\begin{bmatrix} I_{xx}^s & -I_{xy}^s & -I_{xz}^s \\ -I_{xy}^s & I_{yy}^s & -I_{yz}^s \\ -I_{xz}^s & -I_{yz}^s & I_{zz}^s\end{bmatrix}=\boldsymbol{T}_{WB}(\alpha_e,\beta_e)\boldsymbol{I}_b\boldsymbol{T}_{BW}(\alpha_e,\beta_e) \\ &=\boldsymbol{T}_{WB}(\alpha_e,\beta_e)\begin{bmatrix} I_{xx}^b & 0 & 0 \\ 0 & I_{xx}^b & 0 \\ 0 & 0 & I_{xx}^b\end{bmatrix}\boldsymbol{T}_{BW}(\alpha_e,\beta_e)\end{aligned} \tag{5-62}$$

当 $\beta_e=0$ 时，关系式转化为

$$I_{xx}^s=I_{xx}^b\cos^2(\alpha_e)+I_{zz}^b\sin^2(\alpha_e) \tag{5-63a}$$

$$I_{zz}^s=I_{xx}^b\sin^2(\alpha_e)+I_{zz}^b\cos^2(\alpha_e) \tag{5-63b}$$

$$I_{xz}^s=(I_{xx}^b-I_{zz}^b)\frac{\sin(2\alpha_e)}{2} \tag{5-63c}$$

需要注意到：

1）所有的配平量都是在机体坐标系下给出的；

2）扰动项在机体系和稳定轴系中都可以定义，但是在稳定轴系中定义更为方便；

3）稳定轴系中所有包含重力的项都必须重点处理。

5.6 气动控制和发动机推力

本节讨论添加气动控制及发动机推力后作用在飞行器上的力和力矩的情况。为此，我们将作用在飞行器上的力和力矩表示如下

$$\begin{bmatrix}\mathring{X}_W\\\mathring{Y}_W\\\mathring{Z}_W\end{bmatrix}=\begin{bmatrix}\mathring{X}_W\\\mathring{Y}_W\\\mathring{Z}_W\end{bmatrix}\Bigg|_{\text{without controls}}+\begin{bmatrix}\mathring{X}_W\\\mathring{Y}_W\\\mathring{Z}_W\end{bmatrix}\Bigg|_{\text{controls}} \tag{5-64a}$$

和

$$\begin{bmatrix}\mathring{L}_W\\\mathring{M}_W\\\mathring{N}_W\end{bmatrix}=\begin{bmatrix}\mathring{L}_W\\\mathring{M}_W\\\mathring{N}_W\end{bmatrix}\Bigg|_{\text{without controls}}+\begin{bmatrix}\mathring{L}_W\\\mathring{M}_W\\\mathring{N}_W\end{bmatrix}\Bigg|_{\text{controls}} \tag{5-64b}$$

其中

$$\begin{aligned}\begin{bmatrix}\mathring{X}_W\\\mathring{Y}_W\\\mathring{Z}_W\end{bmatrix}\Bigg|_{\text{without controls}}\approx&\begin{bmatrix}\mathring{X}_u&\mathring{X}_v&\mathring{X}_w\\\mathring{Y}_u&\mathring{Y}_v&\mathring{Y}_w\\\mathring{Z}_u&\mathring{Z}_v&\mathring{Z}_w\end{bmatrix}\begin{bmatrix}\Delta u_s\\\Delta v_s\\\Delta w_s\end{bmatrix}+\begin{bmatrix}\mathring{X}_{\dot{w}}\\\mathring{Y}_{\dot{w}}\\\mathring{Z}_{\dot{w}}\end{bmatrix}\Delta\dot{w}_s+\\&\begin{bmatrix}\mathring{X}_p&\mathring{X}_q&\mathring{X}_r\\\mathring{Y}_p&\mathring{Y}_q&\mathring{Y}_r\\\mathring{Z}_p&\mathring{Z}_q&\mathring{Z}_r\end{bmatrix}\begin{bmatrix}\Delta p_s\\\Delta q_s\\\Delta r_s\end{bmatrix}+\begin{bmatrix}\mathring{X}_{\dot{p}}&\mathring{X}_{\dot{q}}&\mathring{X}_{\dot{r}}\\\mathring{Y}_{\dot{p}}&\mathring{Y}_{\dot{q}}&\mathring{Y}_{\dot{r}}\\\mathring{Z}_{\dot{p}}&\mathring{Z}_{\dot{q}}&\mathring{Z}_{\dot{r}}\end{bmatrix}\begin{bmatrix}\Delta\dot{p}_s\\\Delta\dot{q}_s\\\Delta\dot{r}_s\end{bmatrix}\end{aligned} \tag{5-65a}$$

和

$$\begin{aligned}\begin{bmatrix}\mathring{L}_W\\\mathring{M}_W\\\mathring{N}_W\end{bmatrix}\Bigg|_{\text{without controls}}\approx&\begin{bmatrix}\mathring{L}_u&\mathring{L}_v&\mathring{L}_w\\\mathring{M}_u&\mathring{M}_v&\mathring{M}_w\\\mathring{N}_u&\mathring{N}_v&\mathring{N}_w\end{bmatrix}\begin{bmatrix}\Delta u_s\\\Delta v_s\\\Delta w_s\end{bmatrix}+\begin{bmatrix}\mathring{L}_{\dot{w}}\\\mathring{M}_{\dot{w}}\\\mathring{N}_{\dot{w}}\end{bmatrix}\Delta\dot{w}_s+\\&\begin{bmatrix}\mathring{L}_p&\mathring{L}_q&\mathring{L}_r\\\mathring{M}_p&\mathring{M}_q&\mathring{M}_r\\\mathring{N}_p&\mathring{N}_q&\mathring{N}_r\end{bmatrix}\begin{bmatrix}\Delta p_s\\\Delta q_s\\\Delta r_s\end{bmatrix}+\begin{bmatrix}\mathring{L}_{\dot{p}}&\mathring{L}_{\dot{q}}&\mathring{L}_{\dot{r}}\\\mathring{M}_{\dot{p}}&\mathring{M}_{\dot{q}}&\mathring{M}_{\dot{r}}\\\mathring{N}_{\dot{p}}&\mathring{N}_{\dot{q}}&\mathring{N}_{\dot{r}}\end{bmatrix}\begin{bmatrix}\Delta\dot{p}_s\\\Delta\dot{q}_s\\\Delta\dot{r}_s\end{bmatrix}\end{aligned} \tag{5-65b}$$

增加控制后的作用也可采用相似的方式进行扩展。因此，增加气动力控制和发动机推力后产生的力和力矩可表示如下

$$\begin{bmatrix}\mathring{X}_W\\ \mathring{Y}_W\\ \mathring{Z}_W\end{bmatrix}\Bigg|_{\text{controls}} \approx \begin{bmatrix}\mathring{X}_\eta & \mathring{X}_\tau & \mathring{X}_\xi & \mathring{X}_\zeta\\ \mathring{Y}_\eta & \mathring{Y}_\tau & \mathring{Y}_\xi & \mathring{Y}_\zeta\\ \mathring{Z}_\eta & \mathring{Z}_\tau & \mathring{Z}_\xi & \mathring{Z}_\zeta\end{bmatrix}\begin{bmatrix}\Delta\eta\\ \Delta\tau\\ \Delta\xi\\ \Delta\zeta\end{bmatrix} \tag{5-66a}$$

和

$$\begin{bmatrix}\mathring{L}_W\\ \mathring{M}_W\\ \mathring{N}_W\end{bmatrix}\Bigg|_{\text{controls}} \approx \begin{bmatrix}\mathring{L}_\eta & \mathring{L}_\tau & \mathring{L}_\xi & \mathring{L}_\zeta\\ \mathring{M}_\eta & \mathring{M}_\tau & \mathring{M}_\xi & \mathring{M}_\zeta\\ \mathring{N}_\eta & \mathring{N}_\tau & \mathring{N}_\xi & \mathring{N}_\zeta\end{bmatrix}\begin{bmatrix}\Delta\eta\\ \Delta\tau\\ \Delta\xi\\ \Delta\zeta\end{bmatrix} \tag{5-66b}$$

其中，$\Delta\eta$ 为升降舵偏角；$\Delta\tau$ 为发动机推力增量；$\Delta\xi$ 为副翼偏角，注意左右侧副翼是反对称偏转的；$\Delta\zeta$ 为方向舵偏角。

因此，包含气动控制力和发动机推力的纵向运动方程为

$$\begin{aligned}\begin{bmatrix}m\Delta\dot{u}_s\\ m(\Delta\dot{w}_s-\Delta q U_e^s)\end{bmatrix}=&\begin{bmatrix}\cos\alpha_e & \sin\alpha_e\\ -\sin\alpha_e & \cos\alpha_e\end{bmatrix}\left\{\begin{bmatrix}X_{NB}\\ Z_{NB}\end{bmatrix}-\begin{bmatrix}X_{NBe}\\ Z_{NBe}\end{bmatrix}\right\}+\\ &\begin{bmatrix}\Delta u_s\mathring{X}_u+\Delta w_s\mathring{X}_w+\Delta\dot{w}_s\mathring{X}_{\dot{w}}+\Delta q_s\mathring{X}_q+\Delta\dot{q}_s\mathring{X}_{\dot{q}}+\Delta\eta\mathring{X}_\eta+\Delta\tau\mathring{X}_\tau\\ \Delta u_s\mathring{Z}_u+\Delta w_s\mathring{Z}_w+\Delta\dot{w}_s\mathring{Z}_{\dot{w}}+\Delta q_s\mathring{Z}_q+\Delta\dot{q}_s\mathring{Z}_{\dot{q}}+\Delta\eta\mathring{Z}_\eta+\Delta\tau\mathring{Z}_\tau\end{bmatrix}+\\ &mg\begin{bmatrix}\cos\alpha_e & \sin\alpha_e\\ -\sin\alpha_e & \cos\alpha_e\end{bmatrix}\begin{bmatrix}-\cos\theta_e\\ \sin\theta_e\end{bmatrix}\Delta\theta_s\end{aligned} \tag{5-67a}$$

$$I_{yy}^s\Delta\dot{q}_s=M_{NB}-M_{NBe}+\Delta u_s\mathring{M}_u+\Delta w_s\mathring{M}_w+\Delta\dot{w}_s\mathring{M}_{\dot{w}}+\Delta q_s\mathring{M}_q+\Delta\dot{q}_s\mathring{M}_{\dot{q}}+\Delta\eta\mathring{M}_\eta+\Delta\tau\mathring{M}_\tau \tag{5-67b}$$

且有

$$\Delta\dot{\theta}_s=\Delta q_s \tag{5-68a}$$

$$\Delta\dot{h}\approx U_e(\Delta\theta_s-\Delta\alpha_s) \tag{5-68b}$$

横向运动方程为

$$\begin{aligned}m(\Delta\dot{v}_s+\Delta r_s U_e^s)=&\cos\beta_e(Y_{NB}-Y_{NBe})+\\ &\Delta v_s\mathring{Y}_v+\Delta p_s\mathring{Y}_p+\Delta r_s\mathring{Y}_r+\Delta\dot{p}_s\mathring{Y}_{\dot{p}}+\Delta\dot{r}_s\mathring{Y}_{\dot{r}}+\Delta\xi\mathring{Y}_\xi+\Delta\zeta\mathring{Y}_\zeta+\\ &mg\cos\beta_e\cos\theta_e\cos\phi_e\Delta\phi\end{aligned} \tag{5-69a}$$

$$\begin{aligned}\begin{bmatrix}I_{xx}^s & -I_{xz}^s\\ -I_{xz}^s & I_{zz}^s\end{bmatrix}\begin{bmatrix}\Delta\dot{p}_s\\ \Delta\dot{r}_s\end{bmatrix}=&\begin{bmatrix}\cos\beta_e & 0\\ 0 & 1\end{bmatrix}\begin{bmatrix}\cos\alpha_e & \sin\alpha_e\\ -\sin\alpha_e & \cos\alpha_e\end{bmatrix}\left\{\begin{bmatrix}L_{NB}\\ N_{NB}\end{bmatrix}-\begin{bmatrix}L_{NBe}\\ N_{NBe}\end{bmatrix}\right\}+\\ &\begin{bmatrix}\Delta v_s\mathring{L}_v+\Delta p_s\mathring{L}_p+\Delta r_s\mathring{L}_r+\Delta\dot{p}_s\mathring{L}_{\dot{p}}+\Delta\dot{r}_s\mathring{L}_{\dot{r}}+\Delta\xi\mathring{L}_\xi+\Delta\zeta\mathring{L}_\zeta\\ \Delta v_s\mathring{N}_v+\Delta p_s\mathring{N}_p+\Delta r_s\mathring{N}_r+\Delta\dot{p}_s\mathring{N}_{\dot{p}}+\Delta\dot{r}_s\mathring{N}_{\dot{r}}+\Delta\xi\mathring{N}_\xi+\Delta\zeta\mathring{N}_\zeta\end{bmatrix}\end{aligned} \tag{5-69b}$$

且有

$$\Delta\dot{\phi}_s = \Delta p_s \tag{5-70a}$$

$$\Delta\dot{\psi}_s = \Delta r_s \tag{5-70b}$$

在配平角 β_e 和 α_e 为零或接近零时，包含气动力和推力控制的纵向运动方程可化简为

$$\begin{bmatrix} m\Delta\dot{u}_s \\ m(\Delta\dot{w}_s - \Delta q U_e^s) \end{bmatrix} = \left\{ \begin{bmatrix} X_{NB} \\ Z_{NB} \end{bmatrix} - \begin{bmatrix} X_{NBe} \\ Z_{NBe} \end{bmatrix} \right\} + mg \begin{bmatrix} -\cos\theta_e \\ \sin\theta_e \end{bmatrix} \Delta\theta_s + \begin{bmatrix} \Delta u_s \mathring{X}_u + \Delta w_s \mathring{X}_w + \Delta\dot{w}_s \mathring{X}_{\dot{w}} + \Delta q_s \mathring{X}_q + \Delta\dot{q}_s \mathring{X}_{\dot{q}} + \Delta\eta \mathring{X}_\eta + \Delta\tau \mathring{X}_\tau \\ \Delta u_s \mathring{Z}_u + \Delta w_s \mathring{Z}_w + \Delta\dot{w}_s \mathring{Z}_{\dot{w}} + \Delta q_s \mathring{Z}_q + \Delta\dot{q}_s \mathring{Z}_{\dot{q}} + \Delta\eta \mathring{Z}_\eta + \Delta\tau \mathring{Z}_\tau \end{bmatrix} \tag{5-71}$$

$$I_{yy}^s \Delta\dot{q}_s = M_{NB} - M_{NBe} + \Delta u_s \mathring{M}_u + \Delta w_s \mathring{M}_w + \Delta\dot{w}_s \mathring{M}_{\dot{w}} + \Delta q_s \mathring{M}_q + \Delta\dot{q}_s \mathring{M}_{\dot{q}} + \Delta\eta \mathring{M}_\eta + \Delta\tau \mathring{M}_\tau \tag{5-72}$$

且有

$$\Delta\dot{\theta}_s = \Delta q_s \tag{5-73a}$$

$$\Delta\dot{h} = U_e^s(\Delta\theta - \Delta\alpha) \tag{5-73b}$$

横向运动方程为

$$\begin{aligned} m(\Delta\dot{v}_s + \Delta r_s U_e^s) = {} & (Y_{NB} - Y_{NBe}) + \\ & \Delta v_s \mathring{Y}_v + \Delta p_s \mathring{Y}_p + \Delta r_s \mathring{Y}_r + \Delta\dot{p}_s \mathring{Y}_{\dot{p}} + \Delta\dot{r}_s \mathring{Y}_{\dot{r}} + \Delta\xi \mathring{Y}_\xi + \Delta\zeta \mathring{Y}_\zeta + \\ & mg\cos\theta_e \cos\phi_e \Delta\phi \end{aligned} \tag{5-74a}$$

$$\begin{bmatrix} I_{xx}^s & -I_{xz}^s \\ -I_{xz}^s & I_{zz}^s \end{bmatrix} \begin{bmatrix} \Delta\dot{p}_s \\ \Delta\dot{r}_s \end{bmatrix} = \left\{ \begin{bmatrix} L_{NB} \\ N_{NB} \end{bmatrix} - \begin{bmatrix} L_{NBe} \\ N_{NBe} \end{bmatrix} \right\} + \begin{bmatrix} \Delta v_s \mathring{L}_v + \Delta p_s \mathring{L}_p + \Delta r_s \mathring{L}_r + \Delta\dot{p}_s \mathring{L}_{\dot{p}} + \Delta\dot{r}_s \mathring{L}_{\dot{r}} + \Delta\xi \mathring{L}_\xi + \Delta\zeta \mathring{L}_\zeta \\ \Delta v_s \mathring{N}_v + \Delta p_s \mathring{N}_p + \Delta r_s \mathring{N}_r + \Delta\dot{p}_s \mathring{N}_{\dot{p}} + \Delta\dot{r}_s \mathring{N}_{\dot{r}} + \Delta\xi \mathring{N}_\xi + \Delta\zeta \mathring{N}_\zeta \end{bmatrix} \tag{5-74b}$$

且有

$$\Delta\dot{\phi}_s = \Delta p_s \tag{5-75a}$$

$$\Delta\dot{\psi}_s = \Delta r_s \tag{5-75b}$$

上面方程两端除以 m 和 I_{yy}^s，纵向运动方程又可写为

$$\begin{bmatrix} \Delta\dot{u}_s \\ \Delta\dot{w}_s - \Delta q U_e^s \end{bmatrix} = \frac{1}{m} \left\{ \begin{bmatrix} X_{NB} \\ Z_{NB} \end{bmatrix} - \begin{bmatrix} X_{NBe} \\ Z_{NBe} \end{bmatrix} \right\} + g \begin{bmatrix} -\cos\theta_e \\ \sin\theta_e \end{bmatrix} \Delta\theta_s + \begin{bmatrix} \Delta u_s X_u + \Delta w_s X_w + \Delta\dot{w}_s X_{\dot{w}} + \Delta q_s X_q + \Delta\dot{q}_s X_{\dot{q}} + \Delta\eta X_\eta + \Delta\tau X_\tau \\ \Delta u_s Z_u + \Delta w_s Z_w + \Delta\dot{w}_s Z_{\dot{w}} + \Delta q_s Z_q + \Delta\dot{q}_s Z_{\dot{q}} + \Delta\eta Z_\eta + \Delta\tau Z_\tau \end{bmatrix} \tag{5-76a}$$

$$\Delta\dot{q}_s=\frac{1}{I_{yy}^s}(M_{NB}-M_{NBe})+\Delta u_sM_u+\Delta w_sM_w+\Delta\dot{w}_sM_{\dot{w}}+\Delta q_sM_q+\Delta\dot{q}_sM_{\dot{q}}+\Delta\eta M_\eta+\Delta\tau M_\tau \tag{5-76b}$$

且

$$\Delta\dot{\theta}_s=\Delta q_s \tag{5-77a}$$

$$\Delta\dot{h}=U_e^s(\Delta\theta-\Delta\alpha) \tag{5-77b}$$

其中导数项被称为状态空间导数。

重新排列方程，得

$$\begin{bmatrix}1 & -X_{\dot{w}} & -X_{\dot{q}} & 0 & 0\\ 0 & 1-Z_{\dot{w}} & -Z_{\dot{q}} & 0 & 0\\ 0 & -M_{\dot{w}} & 1-M_{\dot{q}} & 0 & 0\\ 0 & 0 & 0 & 1 & 0\\ 0 & 0 & 0 & 0 & 1\end{bmatrix}\begin{bmatrix}\Delta\dot{u}_s\\ \Delta\dot{w}_s\\ \Delta\dot{q}_s\\ \Delta\dot{\theta}_s\\ \Delta\dot{h}\end{bmatrix}=\begin{bmatrix}X_u & X_w & X_q & -g\cos\theta_e & 0\\ Z_u & Z_w & Z_q+U_e^s & -g\sin\theta_e & 0\\ M_u & M_w & M_q & 0 & 0\\ 0 & 0 & 1 & 0 & 0\\ 0 & -1 & 0 & U_e^s & 0\end{bmatrix}\begin{bmatrix}\Delta u_s\\ \Delta w_s\\ \Delta q_s\\ \Delta\theta_s\\ \Delta h\end{bmatrix}+$$

$$\begin{bmatrix}X_\eta & X_\tau\\ Z_\eta & Z_\tau\\ M_\eta & M_\tau\\ 0 & 0\\ 0 & 0\end{bmatrix}\begin{bmatrix}\Delta\eta\\ \Delta\tau\end{bmatrix}+\begin{bmatrix}\frac{1}{m}(X_{NB}-X_{NBe})\\ \frac{1}{m}(Z_{NB}-Z_{NBe})\\ \frac{1}{I_{yy}^s}(M_{NB}-M_{NBe})\\ 0\\ 0\end{bmatrix} \tag{5-78}$$

由于最后一个方程和前四个方程是独立的，所以通常表示为

$$\begin{bmatrix}1 & -X_{\dot{w}} & -X_{\dot{q}} & 0\\ 0 & 1-Z_{\dot{w}} & -Z_{\dot{q}} & 0\\ 0 & -M_{\dot{w}} & 1-M_{\dot{q}} & 0\\ 0 & 0 & 0 & 1\end{bmatrix}\begin{bmatrix}\Delta\dot{u}_s\\ \Delta\dot{w}_s\\ \Delta\dot{q}_s\\ \Delta\dot{\theta}_s\end{bmatrix}=\begin{bmatrix}X_u & X_w & X_q & -g\cos\theta_e\\ Z_u & Z_w & Z_q+U_e^s & -g\sin\theta_e\\ M_u & M_w & M_q & 0\\ 0 & 0 & 1 & 0\end{bmatrix}\begin{bmatrix}\Delta u_s\\ \Delta w_s\\ \Delta q_s\\ \Delta\theta_s\end{bmatrix}+$$

$$\begin{bmatrix}X_\eta & X_\tau\\ Z_\eta & Z_\tau\\ M_\eta & M_\tau\\ 0 & 0\end{bmatrix}\begin{bmatrix}\Delta\eta\\ \Delta\tau\end{bmatrix}+\begin{bmatrix}\frac{1}{m}(X_{NB}-X_{NBe})\\ \frac{1}{m}(Z_{NB}-Z_{NBe})\\ \frac{1}{I_{yy}^s}(M_{NB}-M_{NBe})\\ 0\end{bmatrix} \tag{5-79a}$$

高度方程可表示为

$$\Delta\dot{h}=-\Delta w_s+U_e^s\Delta\theta_s \tag{5-79b}$$

在大多数实际情况中，导数 $X_{\dot{q}}$，$Z_{\dot{q}}$ 和 $M_{\dot{q}}$ 非常小，可忽略不计。方程两端乘以 $\boldsymbol{M}^{-1}$，其中

$$\boldsymbol{M}=\begin{bmatrix}1 & 0 & 0 & 0\\ 0 & 1 & 0 & 0\\ 0 & -M_{\dot{w}} & 1 & 0\\ 0 & 0 & 0 & 1\end{bmatrix} \tag{5-80}$$

最终方程可化为

$$\begin{bmatrix}1 & 0 & 0 & -X_{\dot{q}}\\ 0 & 1 & 0 & 0\\ 0 & 0 & 1 & -Z_{\dot{q}}\\ 0 & 0 & 0 & 1-M_{\dot{q}}-M_{\dot{w}}Z_{\dot{q}}\end{bmatrix}\begin{bmatrix}\Delta\dot{u}\\ \Delta\dot{\theta}\\ \Delta\dot{w}\\ \dot{q}_B\end{bmatrix}$$

$$=\begin{bmatrix}X_u & -g\cos\theta_0 & X_w & 0\\ 0 & 0 & 0 & 1\\ Z_u & -g\sin\theta_0 & Z_w & U_e^s+Z_q\\ M_u+M_{\dot{w}}Z_u & -M_{\dot{w}}g\sin\theta_0 & M_w+M_{\dot{w}}Z_w & M_q+M_{\dot{w}}(U_e^s+Z_q)\end{bmatrix}\begin{bmatrix}\Delta u\\ \Delta\theta\\ \Delta w\\ q_B\end{bmatrix}+$$

$$\begin{bmatrix}X_\eta & X_\tau\\ 0 & 0\\ Z_\eta & Z_\tau\\ M_\eta+M_{\dot{w}}Z_\eta & M_\tau+M_{\dot{w}}Z_\tau\end{bmatrix}\begin{bmatrix}\Delta\eta\\ \Delta\tau\end{bmatrix}+\boldsymbol{M}^{-1}\begin{bmatrix}\dfrac{1}{m}(X_{NB}-X_{NBe})\\ \dfrac{1}{m}(Z_{NB}-Z_{NBe})\\ \dfrac{1}{I_{yy}^s}(M_{NB}-M_{NBe})\\ 0\end{bmatrix} \tag{5-81}$$

方程可以表示成一阶方程组的形式，这种形式在 Cook 的专著中被称为简化形式，表示如下

$$\begin{bmatrix}1 & 0 & -x_{\dot{q}} & 0\\ 0 & 1 & -z_{\dot{q}} & 0\\ 0 & 0 & 1-m_{\dot{q}} & 0\\ 0 & 0 & 0 & 1\end{bmatrix}\begin{bmatrix}\Delta\dot{u}_s\\ \Delta\dot{w}_s\\ \Delta\dot{q}_s\\ \Delta\dot{\theta}_s\end{bmatrix}=\begin{bmatrix}x_u & x_w & x_q & x_\theta\\ z_u & z_w & z_q & z_\theta\\ m_u & m_w & m_q & m_\theta\\ 0 & 0 & 1 & 0\end{bmatrix}\begin{bmatrix}\Delta u_s\\ \Delta w_s\\ \Delta q_s\\ \Delta\theta_s\end{bmatrix}+$$

$$\begin{bmatrix}x_\eta & x_\tau\\ z_\eta & z_\tau\\ m_\eta & m_\tau\\ 0 & 0\end{bmatrix}\begin{bmatrix}\Delta\eta\\ \Delta\tau\end{bmatrix}+\boldsymbol{M}^{-1}\begin{bmatrix}\dfrac{1}{m}(X_{NB}-X_{NBe})\\ \dfrac{1}{m}(Z_{NB}-Z_{NBe})\\ \dfrac{1}{I_{yy}^s}(M_{NB}-M_{NBe})\\ 0\end{bmatrix} \tag{5-82}$$

类似地，横向运动方程表示为

$$\Delta\dot{v}_s + \Delta r_s U_e^s = \frac{1}{m}(Y_{NB} - Y_{NBe}) + \Delta v_s Y_v + \Delta p_s Y_p + \Delta r_s Y_r + \Delta\dot{p}_s Y_{\dot{p}} + \Delta\dot{r}_s Y_{\dot{r}} + \Delta\xi Y_\xi + \Delta\zeta Y_\zeta + g\cos\theta_e \cos\phi_e \Delta\phi \tag{5-83a}$$

$$\begin{bmatrix} 1 & -\dfrac{I_{xz}^s}{I_{xx}^s} \\ -\dfrac{I_{xz}^s}{I_{zz}^s} & 1 \end{bmatrix}\begin{bmatrix}\Delta\dot{p}_s \\ \Delta\dot{r}_s\end{bmatrix} = \begin{bmatrix} I_{xx}^s & \\ & I_{zz}^s \end{bmatrix}^{-1}\left\{\begin{bmatrix} L_{NB} \\ N_{NB}\end{bmatrix} - \begin{bmatrix} L_{NBe} \\ N_{NBe}\end{bmatrix}\right\} + \begin{bmatrix}\Delta v_s L_v + \Delta p_s L_p + \Delta r_s L_r + \Delta\dot{p}_s L_{\dot{p}} + \Delta\dot{r}_s L_{\dot{r}} + \Delta\xi L_\xi + \Delta\zeta L_\zeta \\ \Delta v_s N_v + \Delta p_s N_p + \Delta r_s N_r + \Delta\dot{p}_s N_{\dot{p}} + \Delta\dot{r}_s N_{\dot{r}} + \Delta\xi N_\xi + \Delta\zeta N_\zeta\end{bmatrix} \tag{5-83b}$$

且有

$$\Delta\dot{\phi}_s = \Delta p_s, \Delta\dot{\psi}_s = \Delta r_s \tag{5-84}$$

同样，其中导数项被称为状态空间导数。

重新排列方程，可得

$$\begin{bmatrix} 1 & -Y_{\dot{p}} & -Y_{\dot{r}} & 0 & 0 \\ 0 & 1-L_{\dot{p}} & -\dfrac{I_{xz}^s}{I_{xx}^s} - L_{\dot{r}} & 0 & 0 \\ 0 & -\dfrac{I_{xz}^s}{I_{zz}^s} - N_{\dot{p}} & 1-N_{\dot{r}} & 0 & 0 \\ 0 & 0 & 0 & 1 & 0 \\ 0 & 0 & 0 & 0 & 1 \end{bmatrix}\begin{bmatrix}\Delta\dot{v}_s \\ \Delta\dot{p}_s \\ \Delta\dot{r}_s \\ \Delta\dot{\phi}_s \\ \Delta\dot{\psi}_s\end{bmatrix} =$$

$$\begin{bmatrix} Y_v & Y_p & Y_r - U_e^s & g\cos\phi_e\cos\theta_e & 0 \\ L_v & L_p & L_r & 0 & 0 \\ N_v & N_p & N_r & 0 & 0 \\ 0 & 1 & 0 & 0 & 0 \\ 0 & 0 & 1 & 0 & 0 \end{bmatrix}\begin{bmatrix}\Delta v_s \\ \Delta p_s \\ \Delta r_s \\ \Delta\phi_s \\ \Delta\psi_s\end{bmatrix} + \begin{bmatrix} Y_\xi & Y_\zeta \\ L_\xi & L_\zeta \\ N_\xi & N_\zeta \\ 0 & 0 \\ 0 & 0 \end{bmatrix}\begin{bmatrix}\Delta\xi \\ \Delta\zeta\end{bmatrix} + \begin{bmatrix}\dfrac{1}{m}(Y_{NB} - Y_{NBe}) \\ \dfrac{1}{I_{xx}^s}(L_{NB} - L_{NBe}) \\ \dfrac{1}{I_{zz}^s}(N_{NB} - N_{NBe}) \\ 0 \\ 0\end{bmatrix} \tag{5-85}$$

和纵向的情况类似，最后一个方程与其他方程是独立的。因此，上面的方程可表示为

$$\begin{bmatrix}1 & -Y_{\dot{p}} & -Y_{\dot{r}} & 0\\ 0 & 1-L_{\dot{p}} & -\dfrac{I_{xz}^{s}}{I_{xx}^{s}}-L_{\dot{r}} & 0\\ 0 & -\dfrac{I_{xz}^{s}}{I_{zz}^{s}}-N_{\dot{p}} & 1-N_{\dot{r}} & 0\\ 0 & 0 & 0 & 1\end{bmatrix}\begin{bmatrix}\Delta\dot{v}_s\\ \Delta\dot{p}_s\\ \Delta\dot{r}_s\\ \Delta\dot{\phi}_s\end{bmatrix}=$$

$$\begin{bmatrix}Y_v & Y_p & Y_r-U_e^s & -g\cos\phi_e\cos\theta_e\\ L_v & L_p & L_r & 0\\ N_v & N_p & N_r & 0\\ 0 & 1 & 0 & 0\end{bmatrix}\begin{bmatrix}\Delta v_s\\ \Delta p_s\\ \Delta r_s\\ \Delta\phi_s\end{bmatrix}+\begin{bmatrix}Y_\xi & Y_\zeta\\ L_\xi & L_\zeta\\ N_\xi & N_\zeta\\ 0 & 0\end{bmatrix}\begin{bmatrix}\Delta\xi\\ \Delta\zeta\end{bmatrix}+\begin{bmatrix}\dfrac{1}{m}(Y_{NB}-Y_{NBe})\\ \dfrac{1}{I_{xx}^s}(L_{NB}-L_{NBe})\\ \dfrac{1}{I_{zz}^s}(N_{NB}-N_{NBe})\\ 0\end{bmatrix}$$

(5-86a)

$$\Delta\dot{\psi}_s=\Delta r_s \tag{5-86b}$$

同样，在多数实际情况中，$Y_{\dot{q}}$，$L_{\dot{q}}$，$N_{\dot{q}}$，$Y_{\dot{r}}$，$L_{\dot{r}}$ 和 $N_{\dot{r}}$ 都非常小，可以忽略不计。在方程两端乘以 $\boldsymbol{M}^{-1}$，其中

$$\boldsymbol{M}=\begin{bmatrix}1 & 0 & 0 & 0\\ 0 & 1 & -\dfrac{I_{xz}^s}{I_{xx}^s} & 0\\ 0 & -\dfrac{I_{xz}^s}{I_{zz}^s} & 1 & 0\\ 0 & 0 & 0 & 1\end{bmatrix} \tag{5-87}$$

将方程表示成一阶的简化形式

$$\begin{bmatrix}1 & -y_{\dot{p}} & -y_{\dot{r}} & 0\\ 0 & 1-l_{\dot{p}} & -l_{\dot{r}} & 0\\ 0 & -n_{\dot{p}} & 1-n_{\dot{r}} & 0\\ 0 & 0 & 0 & 1\end{bmatrix}\begin{bmatrix}\Delta\dot{v}_s\\ \Delta\dot{p}_s\\ \Delta\dot{r}_s\\ \Delta\dot{\phi}_s\end{bmatrix}=$$

$$\begin{bmatrix}y_v & y_p & y_r & y_\phi\\ l_v & l_p & l_r & l_\phi\\ n_v & n_p & n_r & n_\phi\\ 0 & 1 & 0 & 0\end{bmatrix}\begin{bmatrix}\Delta v_s\\ \Delta p_s\\ \Delta r_s\\ \Delta\phi_s\end{bmatrix}+\begin{bmatrix}y_\xi & y_\zeta\\ l_\xi & l_\zeta\\ n_\xi & n_\zeta\\ 0 & 0\end{bmatrix}\begin{bmatrix}\Delta\xi\\ \Delta\zeta\end{bmatrix}+\boldsymbol{M}^{-1}\begin{bmatrix}\dfrac{1}{m}(Y_{NB}-Y_{NBe})\\ \dfrac{1}{I_{xx}^s}(L_{NB}-L_{NBe})\\ \dfrac{1}{I_{zz}^s}(N_{NB}-N_{NBe})\\ 0\end{bmatrix} \tag{5-88}$$

上面的简化方程是“标准”的横纵向解耦线性运动方程，这些方程在飞行动力学的教材中经常被引用。

因为这些方程是在机体固定的稳定轴系下推导的，所以，通常这些方程中不使用上标

或者下标，扰动量也不特别标明“Δ”。

5.7　无量纲纵向和横向动力学方程

稳定性导数的分类如图 5-1 所示，定义气动系数和无量纲的稳定导数本质上是为了方便计算气动参数和稳定性导数。

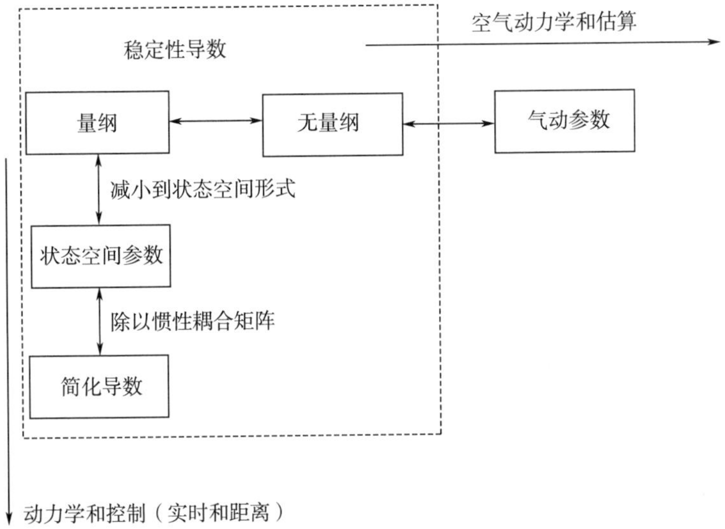

图 5-1　稳定性导数分类

另一方面，状态空间形式与简化形式的导数方程有利于计算飞行器振荡模态的自然振荡频率与阻尼比。下一章的例子将会介绍稳定性导数的应用。下面说明方程从有量纲形式转化到无量纲形式的方法。

有量纲稳定导数 $\mathring{X}_u$，$\mathring{X}_w$，$\mathring{Z}_u$，$\mathring{Z}_w$，$\mathring{Z}_q$，$\mathring{M}_u$，$\mathring{M}_w$，$\mathring{M}_q$，$\mathring{M}_{\dot{w}}$ 等表示的纵向和横向扰动运动方程为

$$\begin{bmatrix} m & 0 & 0 & -\mathring{X}_{\dot{q}} \\ 0 & 1 & 0 & 0 \\ 0 & 0 & m & -\mathring{Z}_{\dot{q}} \\ 0 & 0 & -\mathring{M}_{\dot{w}} & I_{yy}-\mathring{M}_{\dot{q}} \end{bmatrix} \frac{\mathrm{d}}{\mathrm{d}t}\begin{bmatrix} \Delta u \\ \Delta\theta \\ \Delta w \\ q_B \end{bmatrix} = \begin{bmatrix} \mathring{X}_u & -mg & \mathring{X}_w & 0 \\ 0 & 0 & 0 & 1 \\ \mathring{Z}_u & 0 & \mathring{Z}_w & mU_e^s+\mathring{Z}_q \\ \mathring{M}_u & 0 & \mathring{M}_w & \mathring{M}_q \end{bmatrix} \begin{bmatrix} \Delta u \\ \Delta\theta \\ \Delta w \\ q_B \end{bmatrix} + \begin{bmatrix} \mathring{X}_\eta & \mathring{X}_\tau \\ 0 & 0 \\ \mathring{Z}_\eta & \mathring{Z}_\tau \\ \mathring{M}_\eta & \mathring{M}_\tau \end{bmatrix} \begin{bmatrix} \Delta\eta \\ \Delta\tau \end{bmatrix} \tag{5-89a}$$

和

$$\begin{bmatrix} m & -\mathring{Y}_{\dot{p}} & -\mathring{Y}_{\dot{r}} & 0 \\ 0 & I_{xx}-\mathring{L}_{\dot{p}} & -I_{xz}-\mathring{L}_{\dot{r}} & 0 \\ 0 & -I_{xz}-\mathring{N}_{\dot{p}} & I_{zz}-\mathring{N}_{\dot{r}} & 0 \\ 0 & 0 & 0 & 1 \end{bmatrix} \frac{\mathrm{d}}{\mathrm{d}t} \begin{bmatrix} \Delta v \\ \Delta p \\ \Delta r \\ \Delta\phi \end{bmatrix} = \begin{bmatrix} \mathring{Y}_v & \mathring{Y}_p & \mathring{Y}_r - mU_e & mg \\ \mathring{L}_v & \mathring{L}_p & \mathring{L}_r & 0 \\ \mathring{N}_v & \mathring{N}_p & \mathring{N}_r & 0 \\ 0 & 1 & 0 & 0 \end{bmatrix} \begin{bmatrix} \Delta v \\ \Delta p \\ \Delta r \\ \Delta\phi \end{bmatrix} + \begin{bmatrix} Y_\xi & Y_\zeta \\ L_\xi & L_\zeta \\ N_\xi & N_\zeta \\ 0 & 0 \end{bmatrix} \begin{bmatrix} \Delta\xi \\ \Delta\zeta \end{bmatrix} \tag{5-89b}$$

我们可以定义标准的无量纲参数 τ，μ_1，μ_2，i_x，i_y，i_z，并解释它们的物理含义，从而可以建立有量纲状态量 Δu，Δw，Δv，Δp，q_B，Δr 与无量纲状态量 $\Delta\overline{u}$，$\Delta\overline{w}$，$\Delta\overline{v}$，$\Delta\overline{p}$，$\overline{q}_B$，$\Delta\overline{r}$ 之间的关系。

对于无量纲的纵向运动方程，令 $\tau=t/\hat{t}$，

$$\hat{t}=\frac{m}{\frac{1}{2}\rho U_e^s S_w}=\frac{mU_e^s}{q_s}=\frac{C_w U_e^s}{g},q_s=\frac{1}{2}\rho(U_e^s)^2 S_w \tag{5-90}$$

那么

$$\frac{\partial}{\partial t}=\frac{1}{\hat{t}}\frac{\partial}{\partial\tau} \tag{5-91}$$

令

$$\Delta\overline{u}=\frac{\Delta u}{U_e^s},\Delta\overline{w}=\frac{\Delta w}{U_e^s} \tag{5-92}$$

和

$$\overline{q}_B=\frac{\overline{\overline{c}}}{U_e^s}\frac{\partial}{\partial t}\theta=\frac{\overline{\overline{c}}}{U_e^s\hat{t}}\frac{\partial}{\partial\tau}\theta=\frac{1}{\mu_1}\frac{\partial}{\partial\tau}\theta=\frac{\hat{t}}{\mu_1}q_B \tag{5-93}$$

其中

$$\mu_1=\frac{U_e^s\hat{t}}{\overline{\overline{c}}} \tag{5-94}$$

为了将横向方程无量纲化，引入无量纲参数

$$\mu_2=\frac{U_e^s\hat{t}}{b},i_x=\frac{I_{xx}}{mb^2},i_z=\frac{I_{zz}}{mb^2},\Delta\overline{v}=\frac{\Delta v}{U_e^s} \tag{5-95}$$

$$\Delta\overline{p}=\overline{p}_B=\frac{b}{U_e^s}\frac{\partial}{\partial t}\phi=\frac{b}{U_e^s\hat{t}}\frac{\partial}{\partial\tau}\phi=\frac{1}{\mu_2}\frac{\partial}{\partial\tau}\phi=\frac{\hat{t}}{\mu_2}p_B \tag{5-96}$$

和

$$\Delta\overline{r}=\overline{r}_B=\frac{b}{U_e^s}\frac{\partial}{\partial t}\psi=\frac{b}{U_e^s\hat{t}}\frac{\partial}{\partial\tau}\psi=\frac{1}{\mu_2}\frac{\partial}{\partial\tau}\psi=\frac{\hat{t}}{\mu_2}r_B \tag{5-97}$$

$\hat{t}$ 是气动时间参数，它是惯性动量和气动力的比值。因子 μ_1 是弦向气动距离和几何距离之间的比值，也可以理解为动能和压力能之间的比值。因子 μ_2 是展向的气动距离和几何距离的比值。

$$i_y=\frac{I_{yy}}{m\bar{\bar{c}}^2},i_x=\frac{I_{xx}}{mb^2},i_z=\frac{I_{zz}}{mb^2} \tag{5-98}$$

这些比值为无量纲惯性矩参数。

因此，我们可以将纵向和横侧向扰动运动方程化成标准的无量纲形式

$$\frac{1}{\mu_1}\begin{bmatrix}\mu_1 & 0 & 0 & -X_{\dot q}\\0 & \mu_1 & 0 & 0\\0 & 0 & \mu_1 & -Z_{\dot q}\\0 & 0 & -M_{\dot w} & \mu_1 i_y-M_{\dot q}\end{bmatrix}\frac{\partial}{\partial\tau}\begin{bmatrix}\Delta\bar u\\\Delta\theta\\\Delta\bar w\\\bar q_B\end{bmatrix}=\begin{bmatrix}X_u & -C_w & X_w & 0\\0 & 0 & 0 & \mu_1\\Z_u & 0 & Z_w & \mu_1+Z_q\\M_u & 0 & M_w & M_q\end{bmatrix}\begin{bmatrix}\Delta\bar u\\\Delta\theta\\\Delta\bar w\\\bar q_B\end{bmatrix}+\begin{bmatrix}X_\eta & X_\tau\\0 & 0\\Z_\eta & Z_\tau\\M_\eta & M_\tau\end{bmatrix}\begin{bmatrix}\Delta\eta\\\Delta\tau\end{bmatrix} \tag{5-99a}$$

和

$$\frac{1}{\mu_2}\begin{bmatrix}\mu_2 & -Y_{\dot p} & -Y_{\dot r} & 0\\0 & \mu_2 i_x-L_{\dot p} & -\mu_2 i_x\frac{I_{xz}}{I_{xx}}-L_{\dot r} & 0\\0 & -\mu_2 i_z\frac{I_{xz}}{I_{xx}}-N_{\dot p} & \mu_2 i_z-N_{\dot r} & 0\\0 & 0 & 0 & \mu_2\end{bmatrix}\frac{\partial}{\partial\tau}\begin{bmatrix}\Delta\bar v\\\Delta\bar p\\\Delta\bar r\\\Delta\phi\end{bmatrix}=$$

$$\begin{bmatrix}Y_v & Y_p & Y_r-\mu_2 & C_w\\L_v & L_p & L_r & 0\\N_v & N_p & N_r & 0\\0 & \mu_2 & 0 & 0\end{bmatrix}\begin{bmatrix}\Delta\bar v\\\Delta\bar p\\\Delta\bar r\\\Delta\phi\end{bmatrix}+\begin{bmatrix}Y_\xi & Y_\zeta\\L_\xi & L_\zeta\\N_\xi & N_\zeta\\0 & 0\end{bmatrix}\begin{bmatrix}\Delta\xi\\\Delta\zeta\end{bmatrix} \tag{5-99b}$$

考虑纵向运动方程且忽略状态量 Δu，Δw，q_B 和 t，可以得到

$$\begin{bmatrix}m & 0 & 0 & -\mathring{X}_{\dot q}\\0 & 1 & 0 & 0\\0 & 0 & m & -\mathring{Z}_{\dot q}\\0 & 0 & -\mathring{M}_{\dot w} & I_{yy}-\mathring{M}_{\dot q}\end{bmatrix}\frac{\partial}{\partial\tau}\begin{bmatrix}U_e^s\Delta\bar u\\\Delta\theta\\U_e^s\Delta\bar w\\\frac{\mu_1}{\hat t}\bar q_B\end{bmatrix}=$$

$$\hat t\begin{bmatrix}\mathring{X}_u & -mg & \mathring{X}_w & 0\\0 & 0 & 0 & 1\\\mathring{Z}_u & 0 & \mathring{Z}_w & mU_e^s+\mathring{Z}_q\\\mathring{M}_u & 0 & \mathring{M}_w & \mathring{M}_q\end{bmatrix}\begin{bmatrix}U_e^s\Delta\bar u\\\Delta\theta\\U_e^s\Delta\bar w\\\frac{\mu_1}{\hat t}\bar q_B\end{bmatrix}+\hat t\begin{bmatrix}\mathring{X}_\eta & \mathring{X}_\tau\\0 & 0\\\mathring{Z}_\eta & \mathring{Z}_\tau\\\mathring{M}_\eta & \mathring{M}_\tau\end{bmatrix}\begin{bmatrix}\Delta\eta\\\Delta\tau\end{bmatrix} \tag{5-100}$$

将下式代入

$$\hat t=\frac{m}{\frac{1}{2}\rho U_e^s S_w}=\frac{mU_e^s}{q_s}=\frac{C_w U_e^s}{g},\frac{\mu_1}{\hat t}=\frac{U_e^s}{\bar{\bar{c}}} \tag{5-101}$$

有

$$\frac{1}{mU_e^s}\begin{bmatrix} m & 0 & 0 & -\mathring{X}_{\dot{q}} \\ 0 & mU_e^s & 0 & 0 \\ 0 & 0 & m & -\mathring{Z}_{\dot{q}} \\ 0 & 0 & -\mathring{M}_{\dot{w}} & I_{yy}-\mathring{M}_{\dot{q}} \end{bmatrix}\frac{\partial}{\partial\tau}\begin{bmatrix} U_e^s\Delta\overline{u} \\ \Delta\theta \\ U_e^s\Delta\overline{w} \\ \frac{U_e^s}{\bar{\bar{c}}}\overline{q}_B \end{bmatrix}=$$

$$\frac{1}{q_s}\begin{bmatrix} \mathring{X}_u & -mg & \mathring{X}_w & 0 \\ 0 & 0 & 0 & mU_e^s \\ \mathring{Z}_u & 0 & \mathring{Z}_w & mU_e^s+\mathring{Z}_q \\ \mathring{M}_u & 0 & \mathring{M}_w & \mathring{M}_q \end{bmatrix}\begin{bmatrix} U_e^s\Delta\overline{u} \\ \Delta\theta \\ U_e^s\Delta\overline{w} \\ \frac{U_e^s}{\bar{\bar{c}}}\overline{q}_B \end{bmatrix}+\frac{1}{q_s}\begin{bmatrix} \mathring{X}_\eta & \mathring{X}_\tau \\ 0 & 0 \\ \mathring{Z}_\eta & \mathring{Z}_\tau \\ \mathring{M}_\eta & \mathring{M}_\tau \end{bmatrix}\begin{bmatrix} \Delta\eta \\ \Delta\tau \end{bmatrix} \tag{5-102}$$

引入无量纲导数项，且将最后方程除以 $\bar{\bar{c}}$ ，可得

$$\frac{1}{\mu_1}\begin{bmatrix} \mu_1 & 0 & 0 & -X_{\dot{q}} \\ 0 & \mu_1 & 0 & 0 \\ 0 & 0 & \mu_1 & -Z_{\dot{q}} \\ 0 & 0 & -M_{\dot{w}} & \mu_1 i_y-M_{\dot{q}} \end{bmatrix}\frac{\partial}{\partial\tau}\begin{bmatrix} \Delta\overline{u} \\ \Delta\theta \\ \Delta\overline{w} \\ \overline{q}_B \end{bmatrix}=\begin{bmatrix} X_u & -C_w & X_w & 0 \\ 0 & 0 & 0 & \mu_1 \\ Z_u & 0 & Z_w & \mu_1+Z_q \\ M_u & 0 & M_w & M_q \end{bmatrix}\begin{bmatrix} \Delta\overline{u} \\ \Delta\theta \\ \Delta\overline{w} \\ \overline{q}_B \end{bmatrix}+\begin{bmatrix} X_\eta & X_\tau \\ 0 & 0 \\ Z_\eta & Z_\tau \\ M_\eta & M_\tau \end{bmatrix}\begin{bmatrix} \Delta\eta \\ \Delta\tau \end{bmatrix} \tag{5-103}$$

其中

$$i_y=\frac{I_{yy}}{m\,\bar{\bar{c}}^2} \tag{5-104}$$

依照处理纵向运动方程的步骤，可以得到横向运动方程

$$\frac{1}{\mu_2}\begin{bmatrix} \mu_2 & -Y_{\dot{p}} & -Y_{\dot{r}} & 0 \\ 0 & \mu_2 i_x-L_{\dot{p}} & -\mu_2 i_x\frac{I_{xz}}{I_{xx}}-L_{\dot{r}} & 0 \\ 0 & -\mu_2 i_z\frac{I_{xz}}{I_{xx}}-N_{\dot{p}} & \mu_2 i_z-N_{\dot{r}} & 0 \\ 0 & 0 & 0 & \mu_2 \end{bmatrix}\frac{\partial}{\partial\tau}\begin{bmatrix} \Delta\overline{v} \\ \Delta\overline{p} \\ \Delta\overline{r} \\ \Delta\phi \end{bmatrix}=$$

$$\begin{bmatrix} Y_v & Y_p & Y_r-\mu_2 & C_w \\ L_v & L_p & L_r & 0 \\ N_v & N_p & N_r & 0 \\ 0 & \mu_2 & 0 & 0 \end{bmatrix}\begin{bmatrix} \Delta\overline{v} \\ \Delta\overline{p} \\ \Delta\overline{r} \\ \Delta\phi \end{bmatrix}+\begin{bmatrix} Y_\xi & Y_\zeta \\ L_\xi & L_\zeta \\ N_\xi & N_\zeta \\ 0 & 0 \end{bmatrix}\begin{bmatrix} \Delta\xi \\ \Delta\zeta \end{bmatrix} \tag{5-105}$$

到此，可以得到 9 个有量纲稳定导数 $\mathring{X}_u$，$\mathring{X}_w$，$\mathring{Z}_u$，$\mathring{Z}_w$，$\mathring{Z}_q$，$\mathring{M}_u$，$\mathring{M}_w$，$\mathring{M}_q$，$\mathring{M}_{\dot{w}}$ 与相应无量纲稳定导数 X_u，X_w，Z_u，Z_w，Z_q，M_u，M_w，M_q，$M_{\dot{w}}$ 之间的关系。

比较最后两组纵向运动方程左边的项

$$\frac{\mathring{M}_{\dot{w}}U_e^s}{mU_e^s\bar{\bar{c}}}=\frac{M_{\dot{w}}}{\mu_1},M_{\dot{w}}=\frac{\mathring{M}_{\dot{w}}}{m\bar{\bar{c}}}\mu_1=\frac{\mathring{M}_{\dot{w}}}{m\bar{\bar{c}}}\frac{m}{\frac{1}{2}\rho S_w\bar{\bar{c}}}=\frac{\mathring{M}_{\dot{w}}}{\frac{1}{2}\rho S_w\bar{\bar{c}}^2} \tag{5-106}$$

变换形式

$$M_{\dot{w}}=\frac{\mathring{M}_{\dot{w}}(U_e^s)^2}{qS_w\bar{\bar{c}}^2}=\frac{\mathring{M}_{\dot{w}}}{\frac{1}{2}\rho S_w\bar{\bar{c}}^2} \tag{5-107}$$

比较最后两组纵向运动方程右边的项

$$X_u=\frac{\mathring{X}_uU_e^s}{qS_w};\ X_w=\frac{\mathring{X}_wU_e^s}{qS_w};\ Z_u=\frac{\mathring{Z}_uU_e^s}{qS_w};\ Z_w=\frac{\mathring{Z}_wU_e^s}{qS_w};\ Z_q=\frac{\mathring{Z}_qU_e^s}{qS_w\bar{\bar{c}}} \tag{5-108}$$

$$M_u=\frac{\mathring{M}_uU_e^s}{qS_w\bar{\bar{c}}};\ M_w=\frac{\mathring{M}_wU_e^s}{qS_w\bar{\bar{c}}};\ M_q=\frac{\mathring{M}_qU_e^s}{qS_w\bar{\bar{c}}^2} \tag{5-109}$$

以上就是有量纲稳定性导数 $\mathring{X}_u$，$\mathring{X}_w$，$\mathring{Z}_u$，$\mathring{Z}_w$，$\mathring{Z}_q$，$\mathring{M}_u$，$\mathring{M}_w$，$\mathring{M}_q$，$\mathring{M}_{\dot{w}}$ 和无量纲稳定性导数 X_u，X_w，Z_u，Z_w，Z_q，M_u，M_w，M_q，$M_{\dot{w}}$ 之间的关系式。

5.8　纵向和横向运动方程的状态空间形式

在分析飞行器运动方程时，通常将方程化为状态空间形式。平动运动方程通过质量进行标准化转换，转动运动方程通过转动惯量进行标准化转换。在进行标准化转换之后，会得到新的有量纲的稳定性导数。这些新的稳定性导数是准量纲的，被称为状态空间导数，它们的量纲和状态空间方程所对应的系数一致。机体固定参考系下的纵向运动方程，用状态空间导数可表示为

$$\begin{bmatrix}1&0&0&-X_{\dot{q}}\\0&1&0&0\\0&0&1&-Z_{\dot{q}}\\0&0&-M_{\dot{w}}&1-M_{\dot{q}}\end{bmatrix}\begin{bmatrix}\Delta\dot{u}\\\Delta\dot{\theta}\\\Delta\dot{w}\\\dot{q}_B\end{bmatrix}=\begin{bmatrix}X_u&-g&X_w&0\\0&0&0&1\\Z_u&0&Z_w&U_e^s+Z_q\\M_u&0&M_w&M_q\end{bmatrix}\begin{bmatrix}\Delta u\\\Delta\theta\\\Delta w\\q_B\end{bmatrix}+\begin{bmatrix}X_\eta&X_\tau\\0&0\\Z_\eta&Z_\tau\\M_\eta&M_\tau\end{bmatrix}\begin{bmatrix}\Delta\eta\\\Delta\tau\end{bmatrix} \tag{5-110}$$

其中，$\Delta\eta$ 为在配平位置的偏转角，$\Delta\tau$ 为相对于配平发动机推力的变化量。

类似地，相应的机体系下的横侧向运动方程为

$$\begin{bmatrix}1&-Y_{\dot{p}}&-Y_{\dot{r}}&0\\0&1-L_{\dot{p}}&-\frac{I_{xz}}{I_{xx}}-L_{\dot{r}}&0\\0&-\frac{I_{xz}}{I_{xx}}-N_{\dot{p}}&1-N_{\dot{r}}&0\\0&0&0&1\end{bmatrix}\frac{\mathrm{d}}{\mathrm{d}t}\begin{bmatrix}\Delta v\\\Delta p\\\Delta r\\\Delta\phi\end{bmatrix}=\begin{bmatrix}Y_v&Y_p&Y_r-U_e&g\\L_v&L_p&L_r&0\\N_v&N_p&N_r&0\\0&1&0&0\end{bmatrix}\begin{bmatrix}\Delta v\\\Delta p\\\Delta r\\\Delta\phi\end{bmatrix}+\begin{bmatrix}Y_\xi&Y_\zeta\\L_\xi&L_\zeta\\N_\xi&N_\zeta\\0&0\end{bmatrix}\begin{bmatrix}\Delta\xi\\\Delta\zeta\end{bmatrix} \tag{5-111}$$

5.9　纵向和横向运动方程的简化表达式

忽略纵向运动方程左边与 $\dot{q}$ 相关的导数项和横向运动方程左侧所有的速度导数项。将

这两组方程左侧的系数矩阵分别简化为方程（5-80）和（5-87）。

将两组运动方程分别乘以两个矩阵的逆可得到简化运动方程。机体系下的纵向运动方程的简化形式为

$$\begin{bmatrix}1 & 0 & -x_{\dot{q}} & 0\\ 0 & 1 & -z_{\dot{q}} & 0\\ 0 & 0 & 1-m_{\dot{q}} & 0\\ 0 & 0 & 0 & 1\end{bmatrix}\frac{\mathrm{d}}{\mathrm{d}t}\begin{bmatrix}u\\ w\\ q\\ \theta\end{bmatrix}=\begin{bmatrix}x_u & x_w & x_q & x_\theta\\ z_u & z_w & z_q & z_\theta\\ m_u & m_w & m_q & m_\theta\\ 0 & 0 & 1 & 0\end{bmatrix}\begin{bmatrix}u\\ w\\ q\\ \theta\end{bmatrix}+\begin{bmatrix}x_\eta & x_\tau\\ z_\eta & z_\tau\\ m_\eta & m_\tau\\ 0 & 0\end{bmatrix}\begin{bmatrix}\eta\\ \tau\end{bmatrix} \tag{5-112}$$

其中，η 是升降舵偏角扰动量；τ 是发动机推力扰动量。

同样，机体坐标系下横侧向简化运动方程表达式如下

$$\begin{bmatrix}1 & -y_{\dot{p}} & -y_{\dot{r}} & 0 & 0\\ 0 & 1-l_{\dot{p}} & -l_{\dot{r}} & 0 & 0\\ 0 & -n_{\dot{p}} & 1-n_{\dot{r}} & 0 & 0\\ 0 & 0 & 0 & 1 & 0\\ 0 & 0 & 0 & 0 & 1\end{bmatrix}\frac{\mathrm{d}}{\mathrm{d}t}\begin{bmatrix}v\\ p\\ r\\ \phi\\ \psi\end{bmatrix}=\begin{bmatrix}y_v & y_p & y_r & y_\phi & y_\psi\\ l_v & l_p & l_r & 0 & 0\\ n_v & n_p & n_r & 0 & 0\\ 0 & 1 & 0 & 0 & 0\\ 0 & 0 & 1 & 0 & 0\end{bmatrix}\begin{bmatrix}v\\ p\\ r\\ \phi\\ \psi\end{bmatrix}+\begin{bmatrix}y_\xi & y_\zeta\\ l_\xi & l_\zeta\\ n_\xi & n_\zeta\\ 0 & 0\end{bmatrix}\begin{bmatrix}\xi\\ \zeta\end{bmatrix} \tag{5-113}$$

其中，ξ 和 ζ 分别表示副翼和方向舵偏角。上述方程中，扰动量和初始状态量并没有明显的区分。

本 章 重 点

- **小扰动运动方程**

飞行器的运动方程可以解耦成纵向对称运动方程和非对称的横向运动方程。

运动方程可以表示成简洁的一阶状态方程。

- **俯仰、滚转和偏航控制**

纵向控制（俯仰轴）采用升降舵。

控制力和力矩导数：$C_{L_\eta} \equiv \dfrac{\partial C_L}{\partial \eta}$，$C_{M_\eta} \equiv \dfrac{\partial C_M}{\partial \eta}$

线性方程：$C_L = C_{L_0} + C_{L_\alpha}\alpha + C_{L_\eta}\eta$，$C_M = C_{M_0} + C_{M_\alpha}\alpha + C_{M_\eta}\eta$

（C_L 表示纵向运动的升力系数）

滚转控制（滚转轴）采用副翼。

控制力和力矩导数：$C_{L_\xi} \equiv \dfrac{\partial C_L}{\partial \xi}$

线性方程：$C_L = C_{L_\beta}\beta + C_{L_\xi}\xi$

（C_L 表示横向运动中滚转运动的升力系数）

方向控制（偏航轴）采用方向舵。

控制力和力矩导数：$C_{Y_\zeta} \equiv \dfrac{\partial C_Y}{\partial \zeta}$，$C_{n_\zeta} \equiv \dfrac{\partial C_n}{\partial \zeta}$

线性方程：$C_Y = C_{Y_\beta}\beta + C_{Y_\zeta}\zeta$，$C_n = C_{n_\beta}\beta + C_{n_\zeta}\zeta$ 。

参 考 文 献

[1] Cook, M. V., *Flight Dynamics Principles*, Arnold, London, 1997.

练　习

1. 思考稳定轴系下的惯性力矩与机体主轴下的惯性力矩的关系。推导它们之间的变换矩阵。

2. 按照5.7节中横向无量纲稳定导数的推导方法，求如下导数的具体表达式：Y_v，Y_p，Y_r，L_v，L_p，L_r，N_v，N_p，N_r。

3. 状态空间形式的纵向扰动运动方程如下

$$\begin{bmatrix} 1 & 0 & 0 & -X_{\dot{q}} \\ 0 & 1 & 0 & 0 \\ 0 & 0 & 1 & -Z_{\dot{q}} \\ 0 & 0 & -M_{\dot{w}} & 1-M_{\dot{q}} \end{bmatrix} \begin{bmatrix} \Delta\dot{u} \\ \Delta\dot{\theta} \\ \Delta\dot{w} \\ \dot{q}_B \end{bmatrix} = \begin{bmatrix} X_u & -g & X_w & 0 \\ 0 & 0 & 0 & 1 \\ Z_u & 0 & Z_w & U_e^s+Z_q \\ M_u & 0 & M_w & M_q \end{bmatrix} \begin{bmatrix} \Delta u \\ \Delta\theta \\ \Delta w \\ q_B \end{bmatrix} + \begin{bmatrix} X_\eta & X_\tau \\ 0 & 0 \\ Z_\eta & Z_\tau \\ M_\eta & M_\tau \end{bmatrix} \begin{bmatrix} \Delta\eta \\ \Delta\tau \end{bmatrix}$$

将其变成状态空间的标准形式

$$\begin{bmatrix} \Delta\dot{u} \\ \Delta\dot{\theta} \\ \Delta\dot{w} \\ \dot{q}_B \end{bmatrix} = \begin{bmatrix} x_u & x_\theta & x_w & x_q \\ 0 & 0 & 0 & 1 \\ z_u & z_\theta & z_w & z_q \\ m_u & m_\theta & m_w & m_q \end{bmatrix} \begin{bmatrix} \Delta u \\ \Delta\theta \\ \Delta w \\ q_B \end{bmatrix} + \begin{bmatrix} x_\eta & x_\tau \\ 0 & 0 \\ z_\eta & z_\tau \\ m_\eta & m_\tau \end{bmatrix} \begin{bmatrix} \Delta\eta \\ \Delta\tau \end{bmatrix}$$

写出两种方程中各个导数之间的关系。

4. 状态空间形式的横侧向扰动运动方程如下

$$\begin{bmatrix} 1 & 0 & 0 & 0 \\ 0 & 1 & -\dfrac{I_{xz}}{I_{xx}} & 0 \\ 0 & -\dfrac{I_{xz}}{I_{zz}} & 1 & 0 \\ 0 & 0 & 0 & 1 \end{bmatrix} \begin{bmatrix} \Delta\dot{v}_s \\ \Delta\dot{p}_s \\ \Delta\dot{r}_s \\ \Delta\dot{\phi}_s \end{bmatrix} = \begin{bmatrix} Y_v & Y_p & Y_r-U_e & g \\ L_v & L_p & L_r & 0 \\ N_v & N_p & N_r & 0 \\ 0 & 1 & 0 & 0 \end{bmatrix} \begin{bmatrix} \Delta v_s \\ \Delta p_s \\ \Delta r_s \\ \Delta\phi_s \end{bmatrix} + \begin{bmatrix} Y_\xi & Y_\zeta \\ L_\xi & L_\zeta \\ N_\xi & N_\zeta \\ 0 & 0 \end{bmatrix} \begin{bmatrix} \Delta\xi \\ \Delta\zeta \end{bmatrix}$$

将其变成状态空间的标准形式

$$\begin{bmatrix} \Delta\dot{v}_s \\ \Delta\dot{p}_s \\ \Delta\dot{r}_s \\ \Delta\dot{\phi}_s \end{bmatrix} = \begin{bmatrix} y_v & y_p & y_r & y_\phi \\ l_v & l_p & l_r & 0 \\ n_v & n_p & n_r & 0 \\ 0 & 1 & 0 & 0 \end{bmatrix} \begin{bmatrix} \Delta v_s \\ \Delta p_s \\ \Delta r_s \\ \Delta\phi_s \end{bmatrix} + \begin{bmatrix} y_\xi & y_\zeta \\ l_\xi & l_\zeta \\ n_\xi & n_\zeta \\ 0 & 0 \end{bmatrix} \begin{bmatrix} \Delta\xi \\ \Delta\zeta \end{bmatrix}$$

写出两种方程中各个导数之间的关系。

5. a）将无量纲纵向稳定性导数表示成简洁的形式。

b）将无量纲横向稳定性导数表示成简洁的形式。

第6章 纵向与横向线性稳定性与控制

6.0 简介

要定义飞行器运动稳定性的概念，首先要从“平衡飞行”（以下简称为“平飞”）的概念开始。平飞是指飞行器稳定运动的飞行状态。当飞行器沿着一条平飞路径飞行的时候，如果一个给定大小的扰动施加到飞行器上，导致其运动状态偏离原有的状态的量不会超过一个规定的值，那么我们就可以说这种飞行状态是动态稳定的。从实际角度出发，如果一架飞行器在一个小扰动之后的运动是发散的，不论发散的速度有多慢，都可以说飞行器在动力学上是不稳定的；如果一段时间之后能够恢复到平飞状态，那么就是动态稳定的。

6.1 动态稳定性与静态稳定性

当必要的稳定条件完全由静态平衡条件确定，不依赖于动态平衡条件，并且在满足这些条件的情况下飞行器的平衡态是稳定的，那么就可以说它是静态稳定的。事实上静态稳定条件只是动态稳定条件的一个子集。

6.1.1 纵向稳定性分析

为了建立纵向动力学稳定性条件，我们假设状态矢量的解有如下形式

$$[\Delta u(t) \quad \Delta\theta(t) \quad \Delta w(t) \quad q_B(t)]^{\mathrm{T}} = [\Delta u_0 \quad \Delta\theta_0 \quad \Delta w_0 \quad q_{B0}]^{\mathrm{T}} \exp(\lambda t) \tag{6-1}$$

这种假设解的选择最适合于进行稳定性分析。如果得出了这一形式的某个解，且该解的 λ 值实部大于零，则这个解会以指数形式发散，换言之当飞行器受到扰动之后，状态量成指数形式发散，也就是说此状态是不稳定的；反之，如果得到的所有解的 λ 值实部都小于零，那么这些解就都不会指数发散，换言之所有的解都是收敛的，飞行器的平衡态是稳定的；如果有一些解的 λ 的实部等于零，其他解的 λ 实部都小于零，那么其受扰动后的状态将会既不收敛也不发散，因此这种情况下认为飞行器处于中立稳定状态。由此可见，飞行器受扰动状态下的稳定性完全取决于 λ 实部的正负号。

将假设的解用运动方程的形式代替，并固定控制量，可得

$$\lambda \begin{bmatrix} 1 & 0 & 0 & -X_{\dot{q}} \\ 0 & 1 & 0 & 0 \\ 0 & 0 & 1 & -Z_{\dot{q}} \\ 0 & 0 & -M_{\dot{w}} & 1-M_{\dot{q}} \end{bmatrix} \begin{bmatrix} \Delta u_0 \\ \Delta\theta_0 \\ \Delta w_0 \\ q_{B0} \end{bmatrix} \exp(\lambda t) = \begin{bmatrix} X_u & -g & X_w & 0 \\ 0 & 0 & 0 & 1 \\ Z_u & 0 & Z_w & U_e^s \\ M_u & 0 & M_w & M_q \end{bmatrix} \begin{bmatrix} \Delta u_0 \\ \Delta\theta_0 \\ \Delta w_0 \\ q_{B0} \end{bmatrix} \exp(\lambda t) \tag{6-2}$$

可进一步整理成

$$\left\{\begin{bmatrix} X_u & -g & X_w & 0 \\ 0 & 0 & 0 & 1 \\ Z_u & 0 & Z_w & U_e^s + Z_q \\ M_u & 0 & M_w & M_q \end{bmatrix} - \lambda \begin{bmatrix} 1 & 0 & 0 & -X_{\dot{q}} \\ 0 & 1 & 0 & 0 \\ 0 & 0 & 1 & -Z_{\dot{q}} \\ 0 & 0 & -M_{\dot{w}} & 1-M_{\dot{q}} \end{bmatrix}\right\} \begin{bmatrix} \Delta u_0 \\ \Delta\theta_0 \\ \Delta w_0 \\ q_{B0} \end{bmatrix} = \begin{bmatrix} 0 \\ 0 \\ 0 \\ 0 \end{bmatrix} \tag{6-3}$$

由线性代数相关理论，上式有非零解等价于

$$\left|\begin{bmatrix} X_u & -g & X_w & 0 \\ 0 & 0 & 0 & 1 \\ Z_u & 0 & Z_w & U_e^s + Z_q \\ M_u & 0 & M_w & M_q \end{bmatrix} - \lambda \begin{bmatrix} 1 & 0 & 0 & -X_{\dot{q}} \\ 0 & 1 & 0 & 0 \\ 0 & 0 & 1 & -Z_{\dot{q}} \\ 0 & 0 & -M_{\dot{w}} & 1-M_{\dot{q}} \end{bmatrix}\right| = 0 \tag{6-4}$$

忽略与 $\dot{q}$ 相关的项，上式可整理为

$$\begin{vmatrix} X_u - \lambda & -g & X_w & 0 \\ 0 & -\lambda & 0 & 1 \\ Z_u & 0 & Z_w - \lambda & U_e^s + Z_q \\ M_u & 0 & M_w - \lambda M_{\dot{w}} & M_q - \lambda \end{vmatrix} = 0 \tag{6-5}$$

求解这个行列式方程就等价于求解下面这个关于 λ 的四阶多项式方程，这个方程也被称为行列式的特征方程

$$a_4\lambda^4 + a_3\lambda^3 + a_2\lambda^2 + a_1\lambda + a_0 = 0 \tag{6-6}$$

等式两边同时除以 a_4，可得

$$\Delta(\lambda) = \lambda^4 + b_3\lambda^3 + b_2\lambda^2 + b_1\lambda + b_0 = 0 \tag{6-7}$$

其中

$$b_i = \frac{a_i}{a_4}, i = 0,1,2,3 \tag{6-8}$$

这就是特征方程的最终形式，方程的根决定了飞行器未被扰动状态下的纵向稳定性，这个状态代表了飞行器某个平衡飞行状态。所有飞行器的纵向动力学特征方程的根都有固定的特性，可表示为

$$\lambda_k = -\omega_k\left(\zeta_k \pm \sqrt{-1}\sqrt{1-\zeta_k^2}\right), k = 1,2 \tag{6-9}$$

特征方程可以写成

$$\Delta(\lambda) = (\lambda^2 + 2\zeta_1\omega_1\lambda + \omega_1^2) \times (\lambda^2 + 2\zeta_2\omega_2\lambda + \omega_2^2) = 0 \tag{6-10}$$

其中系数 b_i（$i=0$，1，2，3）的值与阻尼比 ζ_k 和自然频率 ω_k 相关，$k=1$，2。关系如下：$b_3 = 2\zeta_1\omega_1 + 2\zeta_2\omega_2$，$b_2 = \omega_1^2 + \omega_2^2 + 4\zeta_1\zeta_2\omega_1\omega_2$，$b_1 = 2\omega_1\omega_2(\zeta_1\omega_2 + \zeta_2\omega_1)$，$b_0 = \omega_1^2\omega_2^2$。因为 $\omega_1^2 > 0$，$\omega_2^2 > 0$，所以稳定性完全取决于 ζ_k 的符号。

在稳定飞行的情况下

$$\frac{\mathrm{d}}{\mathrm{d}t}[u \quad w \quad q \quad \theta]^{\mathrm{T}} = [0 \quad 0 \quad 0 \quad 0]^{\mathrm{T}} \tag{6-11}$$

存在非零解的行列式条件退化成

$$\begin{vmatrix} X_u-\lambda & -g & X_w & 0 \\ 0 & -\lambda & 0 & 1 \\ Z_u & 0 & Z_w-\lambda & U_e^s+Z_q \\ M_u & 0 & M_w-\lambda M_{\dot{w}} & M_q-\lambda \end{vmatrix}_{\lambda=0}=0 \tag{6-12}$$

平衡飞行意味着方程的解为通解，通解成为唯一解的条件是

$$\begin{vmatrix} X_u-\lambda & -g & X_w & 0 \\ 0 & -\lambda & 0 & 1 \\ Z_u & 0 & Z_w-\lambda & U_e^s+Z_q \\ M_u & 0 & M_w-\lambda M_{\dot{w}} & M_q-\lambda \end{vmatrix}_{\lambda=0}>0 \tag{6-13}$$

因此对于静稳状态，我们需要 $b_0>0$，即要求 $\omega_1^2\times\omega_2^2>0$，这个条件默认是成立的。如果这一条件不满足，那么就意味着两对共轭复根的假设不成立，复根发生了分解并且必有一个根的实部为正，此系统就肯定是不稳定的。下面，我们假定系统是静态稳定的，即 $\omega_1^2\times\omega_2^2>0$。两个自然频率 ω_1 和 ω_2 数值上的差别通常较大。较小的频率 ω_1 对应的是之前讨论过的长周期振动。因此此情况下 ω_1^2 正比于 C_L 。较高的频率 ω_2 对应飞行器的所谓的短周期振动模态。在此情况下，ω_2^2 直接相关于

$$-\frac{\partial C_m}{\partial\alpha}=-\frac{\partial C_m}{\partial C_L}\times\frac{\partial C_L}{\partial\alpha} \tag{6-14}$$

$-\dfrac{\partial C_m}{\partial C_L}$ 为飞行器静态稳定性裕度，其值必须大于零，这确保了俯仰运动产生的气动力矩是一个恢复力矩。当四个 λ 的值解出来之后，就可以找到状态矢量的解

$$\boldsymbol{x}_0=[\Delta u_0 \quad \Delta\theta_0 \quad \Delta w_0 \quad q_{B0}]^{\mathrm{T}} \tag{6-15}$$

或者

$$\boldsymbol{x}_0=\frac{1}{\Delta\theta_0}[\Delta u_0 \quad \Delta\theta_0 \quad \Delta w_0 \quad q_{B0}]^{\mathrm{T}} \tag{6-16}$$

此矢量可通过在以下方程中代入每个 λ 的值来求得

$$\left\{\begin{bmatrix} X_u & -g & X_w & 0 \\ 0 & 0 & 0 & 1 \\ Z_u & 0 & Z_w & U_e^s+Z_q \\ M_u & 0 & M_w & M_q \end{bmatrix}-\lambda\begin{bmatrix} 1 & 0 & 0 & -X_{\dot{q}} \\ 0 & 1 & 0 & 0 \\ 0 & 0 & 1 & -Z_{\dot{q}} \\ 0 & 0 & -M_{\dot{w}} & 1-M_{\dot{q}} \end{bmatrix}\right\}\begin{bmatrix} \Delta u_0 \\ \Delta\theta_0 \\ \Delta w_0 \\ q_{B0} \end{bmatrix}=\begin{bmatrix} 0 \\ 0 \\ 0 \\ 0 \end{bmatrix} \tag{6-17}$$

要解此方程，首先要将某个典型未知状态量单位化（如 $\Delta\theta_0$），然后求解其他状态量。因此实际上就是在以下方程中求解 $\dfrac{\Delta u_0}{\Delta\theta_0}$，$\dfrac{\Delta w_0}{\Delta\theta_0}$ 和 $\dfrac{q_{B0}}{\Delta\theta_0}$ 三个比值

$$\begin{bmatrix} X_u-\lambda & X_w & 0 \\ Z_u & Z_w-\lambda & U_e^s+Z_q \\ M_u & M_w-\lambda M_{\dot{w}} & M_q-\lambda \end{bmatrix}\frac{1}{\Delta\theta_0}\begin{bmatrix} \Delta u_0 \\ \Delta w_0 \\ q_{B0} \end{bmatrix}=\begin{bmatrix} g \\ 0 \\ 0 \end{bmatrix} \tag{6-18}$$

方程的解代表了每一对特征值 $\lambda(\lambda=\lambda_{k\pm}, k=1, 2)$ 对应的状态量相对运动，相当于

飞行器的振动模态，飞行器的总体运动是两对互相独立模态运动的叠加；也就是说，总的运动通过将每个模态与任意常数相乘，再将两对模态的乘积结果相加得到。第一对对应长周期模态（有较低的自然频率 ω_1），第二对对应短周期模态（有较高自然频率 ω_2）。

关于特征多项式计算与长短周期阻尼比和自然频率的基础知识在之前已经提到过。更具体的讨论将在后文中展开。

一般情况下，与稳定性导数相关的原始数据都以英制单位形式给出，这些数据对于纵向稳定性分析非常重要。由于需要对数据进行对比，必须将这些单位转化为标准单位。完整的单位转换关系如表 6－1 所示。

表 6－1　转换变量和常量表

参数/常量	符号	美制单位	标准单位换算
质量	m	slug	14.594 kg
长度	l	foot	0.304 8 m
速度	V	ft/s	0.304 8 m/s
加速度	a	ft/s^2	0.304 8 m/s^2
力	F	lb	4.448 N
力矩	M	lb－ft	1.356 N m
密度	ρ	slug/ft^3	515.383 kg/m^3
惯量	I	slug ft^2	1.355 8 kg m^2
压力	p	lb / ft^2	47.877 8 N/m^2
1 节	kt	1.689 ft/s	0.515 m/s
海平面密度 ρ（空气）	ρ_0	0.002 38 slug/ft^3	1.225 kg/m^3
海平面声速	a_0	1 116.44 ft/s	340.29 m/s
弧度	rad	57.3°	57.3°
重力加速度	g	32.17 ft/s^2	9.81 m/s^2

例 6－1　DC－8 飞行器水平飞行下的纵向动力学。

此民航客机的稳定性导数相关数据在表 6－2 和表 6－3 中列出。假定稳定性导数值为零

$$X_{\dot{w}}=Z_{\dot{w}}=X_q=X_{\dot{q}}=Z_q=Z_{\dot{q}}=M_{\dot{q}}=0,\ \theta_e=0$$

同时假定控制量不变。

表 6－2　DC－8（四引擎喷气客机）的稳定性导数

总体数据(标准单位)					
翼展	43.373 04	C_m	7.010 4	展弦比	7.788 188 462
翼面积	241.547 90				
飞行条件					
	8001	8002		8003	8004

续表

	路线	保持	巡航	速度
h(m)	0	4 572	10 058.4	10 058.4
M	0.219	0.443	0.84	0.88
a(m/s)	340.461 6	322.478 4	299.313 6	299.313 6
rho(kg/m/m/m)	1.225	0.770 647 603	0.409 535 324	0.409 535 324
$V-t_0$(m/s)	74.218 8	142.707 36	251.216 16	263.182 608
Dynamic pr. (N/m/m)	3 400.286 578	7 850.534 923	12 927.025 85	14 189.086 6

质量数据

	8001	8002	8003	8004
	路线	保持	巡航	速度
Weight(N)	845 120	845 120	1 023 040	1 023 040
m(kg)	86 040.738 37	86 040.738 37	104 167.626 1	104 167.626 1
$I-xx$ (kg·m·m)	4 186 398.073	4 213 494.5	5 107 676.613	5 107 676.613
$I-yy$	3 983 174.865	3 983 174.865	4 823 164.123	4 823 164.123
$I-zz$	7 559 903.316	7 966 349.731	9 659 876.459	9 659 876.459
$I-xz$	37 934.998 72	−87 385.979 19	60 966.962 23	72 753.908 26
$Xcg/\bar{\bar{c}}$	0.15	0.15	0.15	0.15

配平条件

	8001	8002	8003	8004
	路线	保持	巡航	速度
q_0	0	0	0	0
U_0 (m/s)	74.218 8	142.707 36	251.216 16	263.182 608
W_0	0	0	0	0
delta - fl(deg)	35	0	0	0

纵向状态空间导数

	8001	8002	8003	8004
	路线	保持	巡航	速度
T_u(1/s)	−0.000 595	−0.000 084 6	0.000 599	0.000 733
X_u(1/s, $T=0$)	−0.028 51	−0.007 07	−0.014 5	−0.047 1
X_u(total)	−0.029 1	−0.007 14	−0.014	−0.046 3
X_w(1/s)	0.062 9	0.032 1	0.004 3	−0.025 9
Xelev	0	0	0	0
Z_u(1/s, $T=0$)	−0.250 6	−0.132 9	−0.073 5	0.062 2
Z_u(total)	−0.250 6	−0.132 9	−0.073 5	0.062 2
$Z_{\dot{w}}$	0	0	0	0
Z_w(1/s)	−0.6277	−0.756	−0.806	−0.865

续表

Zele(m/s/s/rad)	−3.105 912	−7.223 76	−10.546 08	−11.765 28
M_u(1/s/m, T=0)	−2.526 25E−05	−0.000 206 693	−0.002 578 74	−0.008 333 333
M_u(total)	−2.526 25E−05	−0.000 206 693	−0.002 578 74	−0.008 333 333
$M_{\dot{w}}$(1/m)	−0.003 503 937	−0.002 362 205	−0.001 673 228	−0.001 706 037
M_w(1/s/m)	−0.028 543 307	−0.035 104 987	−0.036 417 323	−0.045 603 675
M_q(1/s)	−0.792 4	−0.991	−0.924	−1.008
Mele(1/s/s)	−1.35	−3.24	−4.59	−5.12
横向状态空间导数				
	8001	8002	8003	8004
	路线	保持	巡航	速度
Y_v(1/s)	−0.111 3	−0.100 8	−0.086 8	−0.093 1
Yail(m/s/s/rad)	0	0	0	0
Yrud(m/s/s/rad)	1.764 792	4.108 704	5.586 984	6.132 576
VLv(1/s/s)	−1.335	−2.68	−4.43	−5.05
L_p(1/s)	−0.95	−1.233	−1.18	−1.289
L_r	0.612	0.391	0.336	0.35
Lail(1/s/s)	−0.726	−1.62	−2.11	−2.3
Lrud	−0.184 8	0.374	0.559	0.63
VNv(1/s/s)	0.763	1.271	2.17	2.47
N_p(1/s)	−0.119 2	−0.048	−0.012 94	−0.007 44
N_r	−0.268	−0.252	−0.23	−0.252
Nail(1/s/s)	−0.049 6	−0.036 5	−0.051 9	−0.061 5
Nrud	−0.39	−0.86	−1.168	−1.282

表 6-3　某巡航条件下的 DC-8 非零纵向稳定性导数值

U_e^s (m/s)	251.216 16						
X_u (1/s)	−0.014	Z_u (1/s)	−0.0735	M_u (1/s/m)	−0.00257874	M_w (1/s/m)	−0.036417323
X_w (1/s)	0.0043	Z_w	−0.806	$M_{\dot{w}}$ (1/m)	−0.001673228	M_q (1/s)	−0.924

运动线性方程为

$$\begin{bmatrix} 1 & 0 & 0 & 0 \\ 0 & 1 & 0 & 0 \\ 0 & 0 & 1 & 0 \\ 0 & 0 & -M_{\dot{w}} & 1 \end{bmatrix} \begin{bmatrix} \Delta\dot{u} \\ \Delta\dot{\theta} \\ \Delta\dot{w} \\ \dot{q}_B \end{bmatrix} = \begin{bmatrix} X_u & -g & X_w & 0 \\ 0 & 0 & 0 & 1 \\ Z_u & 0 & Z_w & U_e^s \\ M_u & 0 & M_w & M_q \end{bmatrix} \begin{bmatrix} \Delta u \\ \Delta\theta \\ \Delta w \\ q_B \end{bmatrix} \tag{6-19}$$

与高度有关的方程

$$\dot{h} = U_e^s\left(\Delta\theta - \frac{\Delta w}{U_e^s}\right) \tag{6-20}$$

因此线性动力学又由下式决定

$$\begin{bmatrix}1 & 0 & 0 & 0\\0 & 1 & 0 & 0\\0 & 0 & 1 & 0\\0 & 0 & 0.001\,673 & 1\end{bmatrix}\begin{bmatrix}\Delta\dot{u}\\\Delta\dot{\theta}\\\Delta\dot{w}\\\dot{q}_B\end{bmatrix}=\begin{bmatrix}-0.014 & -9.81 & 0.004\,3 & 0\\0 & 0 & 0 & 1\\-0.073\,5 & 0 & -0.806 & 251.22\\-0.002\,578 & 0 & -0.036\,42 & -0.924\end{bmatrix}\begin{bmatrix}\Delta u\\\Delta\theta\\\Delta w\\q_B\end{bmatrix}\tag{6-21}$$

可整理成

$$\begin{bmatrix}\Delta\dot{u}\\\Delta\dot{\theta}\\\Delta\dot{w}\\\dot{q}_B\end{bmatrix}=\begin{bmatrix}-0.014 & -9.81 & 0.0043 & 0\\0 & 0 & 0 & 1\\-0.073\,5 & 0 & -0.806 & 251.22\\-0.002\,5 & 0 & -0.035\,1 & -1.344\,3\end{bmatrix}\begin{bmatrix}\Delta u\\\Delta\theta\\\Delta w\\q_B\end{bmatrix}\tag{6-22}$$

特征多项式

$$\Delta(\lambda)=\lambda^4+2.164\,3\lambda^3+9.931\,7\lambda^2+0.117\,2\lambda+0.005\,5\tag{6-23}$$

其最终的长短周期阻尼比和自然频率的结果在表 6 - 5 中列出。

例 6 - 2 波音 747 飞行器在平飞情况下的纵向动力学：海拔 20 000 ft，飞行速度 U_e 为 830 ft/s（马赫数为 0.8），飞行器重 637 000 lb，波音 747 及其他一些飞行器的稳定性导数可以从 Heffley 和 Jewell 的文献[1]中找到。总体的纵向耦合运动方程为

$$\frac{\mathrm{d}}{\mathrm{d}t}\begin{bmatrix}u\\w\\q\\\theta\end{bmatrix}=\begin{bmatrix}-0.006\,43 & 0.026\,3 & 0 & -32.2\\-0.094\,1 & -0.624 & 820 & 0\\-0.000\,222 & -0.001\,53 & -0.668 & 0\\0 & 0 & 1 & 0\end{bmatrix}\begin{bmatrix}u\\w\\q\\\theta\end{bmatrix}-\begin{bmatrix}0\\32.7\\2.08\\0\end{bmatrix}\eta\tag{6-24}$$

关于高度的方程为

$$\dot{h}=U_e\left(\theta-\frac{w}{U_e}\right)\tag{6-25}$$

对应的特征多项式

$$\Delta(\lambda)=\lambda^4+1.298\,4\lambda^3+1.682\,2\lambda^2+0.010\,0\lambda+0.000\,2\tag{6-26}$$

当 $M=0.65$ $h=20\,000$ ft，特征多项式为

$$\Delta(\lambda)=\lambda^4+1.195\,5\lambda^3+1.596\,0\lambda^2+0.010\,6\lambda+0.0067\,6\tag{6-27}$$

得出的两种飞行的长短周期阻尼比与自然频率在表 6 - 5 中给出。

例 6 - 3 F - 104 Starfighter 战斗机纵向动力学

F - 104 的稳定性导数在表 6 - 4 中给出。其线性动力学方程可表示为

表 6 - 4 F - 104 Starfighter 战斗机在巡航状态下的非零纵向稳定性导数值

U_e^s (ft/s)	305						
X_u (1/s)	−0.035 2	Z_u (1/s)	−0.21	M_u (1/s/ft)	−0.0	M_w (1/s/ft)	−0.000 56
X_w (1/s)	0.107	Z_w (1/s)	−0.44	$M_{\dot{w}}$ (1/ft)	−0.015 6	M_q (1/s)	−0.279

$$\begin{bmatrix}1 & 0 & 0 & 0\\0 & 1 & 0 & 0\\0 & 0 & 1 & 0\\0 & 0 & 0.0156 & 1\end{bmatrix}\begin{bmatrix}\Delta\dot{u}\\\Delta\dot{\theta}\\\Delta\dot{w}\\\dot{q}_B\end{bmatrix}=\begin{bmatrix}-0.0352 & -32.17 & 0.107 & 0\\0 & 0 & 0 & 1\\-0.21 & 0 & -0.44 & 305\\-0.00 & 0 & -0.00056 & -0.279\end{bmatrix}\begin{bmatrix}\Delta u\\\Delta\theta\\\Delta w\\q_B\end{bmatrix} \tag{6-28}$$

表 6-5　长短周期阻尼比与自然频率

飞行器与飞行条件	模态	阻尼比	自然频率
DC-8	长周期	0.247 6	0.023 7
	短周期	0.342 0	3.147 4
波音 747 $h=20\ 000$ ft，$M=0.8$	长周期	0.289 0	0.010 2
	短周期	0.499 4	1.294 0
波音 747 $h=20\ 000$ ft，$M=0.65$	长周期	0.026 7	0.0653
	短周期	0.473 0	1.260 0
F-104 Starfighter	长周期	0.194 4	0.143 1
	短周期	-0.034 1	两个实根 -5.422 5

方程（6-28）可整理成

$$\begin{bmatrix}\Delta\dot{u}\\\Delta\dot{\theta}\\\Delta\dot{w}\\\dot{q}_B\end{bmatrix}=\begin{bmatrix}-0.0352 & -32.17 & 0.107 & 0\\0 & 0 & 0 & 1\\-0.21 & 0 & -0.44 & 305\\-0.0033 & 0 & 0.0063 & -5.0370\end{bmatrix}\begin{bmatrix}\Delta u\\\Delta\theta\\\Delta w\\q_B\end{bmatrix} \tag{6-29}$$

对应的特征多项式

$$\Delta(\lambda)=\lambda^4+5.5122\lambda^3+0.5088\lambda^2+0.1220\lambda+0.0038 \tag{6-30}$$

得出的长短周期阻尼比与自然频率结果在表 6-5 中给出。

6.1.2　横向动力学与稳定性

横向状态矢量可用如下形式表示

$$[\Delta v(t)\quad \Delta p(t)\quad \Delta r(t)\quad \Delta\phi(t)]^{\mathrm{T}}=[\Delta v_0\quad \Delta p_0\quad \Delta r_0\quad \Delta\phi_0]^{\mathrm{T}}\exp(\lambda t) \tag{6-31}$$

将其代入运动方程当中，且令控制量固定，等号左边忽略速度导数，可得

$$\lambda\begin{bmatrix}1 & 0 & 0 & 0\\0 & 1 & -\dfrac{I_{xz}}{I_{xx}} & 0\\0 & -\dfrac{I_{xz}}{I_{zz}} & 1 & 0\\0 & 0 & 0 & 1\end{bmatrix}\begin{bmatrix}\Delta v_0\\\Delta p_0\\\Delta r_0\\\Delta\phi_0\end{bmatrix}\exp(\lambda t)=\begin{bmatrix}Y_v & Y_p & Y_r-U_e & g\\L_v & L_p & L_r & 0\\N_v & N_p & N_r & 0\\0 & 1 & 0 & 0\end{bmatrix}\begin{bmatrix}\Delta v_0\\\Delta p_0\\\Delta r_0\\\Delta\phi_0\end{bmatrix}\exp(\lambda t) \tag{6-32}$$

对应的齐次方程为

$$\left\{\begin{bmatrix} Y_v & Y_p & Y_r-U_e & g \\ L_v & L_p & L_r & 0 \\ N_v & N_p & N_r & 0 \\ 0 & 1 & 0 & 0 \end{bmatrix}-\lambda\begin{bmatrix} 1 & 0 & 0 & 0 \\ 0 & 1 & -\dfrac{I_{xz}}{I_{xx}} & 0 \\ 0 & -\dfrac{I_{xz}}{I_{zz}} & 1 & 0 \\ 0 & 0 & 0 & 1 \end{bmatrix}\right\}\begin{bmatrix} \Delta v_0 \\ \Delta p_0 \\ \Delta r_0 \\ \Delta \phi_0 \end{bmatrix}=\begin{bmatrix} 0 \\ 0 \\ 0 \\ 0 \end{bmatrix} \tag{6-33}$$

此齐次联立方程组要有非零解，必须有

$$\left|\begin{bmatrix} Y_v & Y_p & Y_r-U_e & g \\ L_v & L_p & L_r & 0 \\ N_v & N_p & N_r & 0 \\ 0 & 1 & 0 & 0 \end{bmatrix}-\lambda\begin{bmatrix} 1 & 0 & 0 & 0 \\ 0 & 1 & -\dfrac{I_{xz}}{I_{xx}} & 0 \\ 0 & -\dfrac{I_{xz}}{I_{zz}} & 1 & 0 \\ 0 & 0 & 0 & 1 \end{bmatrix}\right|=0 \tag{6-34}$$

即此行列式的值为零

$$\begin{vmatrix} Y_v-\lambda & Y_p & Y_r-U_e & g \\ L_v & L_p-\lambda & L_r+\lambda\dfrac{I_{xz}}{I_{xx}} & 0 \\ N_v & N_p+\dfrac{I_{xz}}{I_{zz}} & N_r-\lambda & 0 \\ 0 & 1 & 0 & -\lambda \end{vmatrix}=0 \tag{6-35}$$

对应的特征方程

$$a_4\lambda^4+a_3\lambda^3+a_2\lambda^2+a_1\lambda+a_0=0 \tag{6-36}$$

等式两边除以最高次项的系数 a_4 可得

$$\Delta(\lambda)=\lambda^4+b_3\lambda^3+b_2\lambda^2+b_1\lambda+b_0=0 \tag{6-37}$$

其中

$$b_i=\frac{a_i}{a_4},i=0,1,2,3 \tag{6-38}$$

这就是特征方程的最终形式，方程的根决定了某个平衡飞行状态的飞行器未扰动状态下的航向（偏航）与横向（侧滑）稳定性。对于任意飞行器的横向动力学而言，其特征方程的根形式大体相同，可以表示如下

$$\lambda_d=-\omega_d\left(\zeta_d\pm\sqrt{-1}\sqrt{1-\zeta_d^2}\right),\ \lambda_0=-1/T_0,\ \lambda_s=-1/T_s \tag{6-39}$$

相当于特征方程可以写成

$$\Delta(\lambda)=[\lambda+1/T_s]\,[\lambda+1/T_o]\,[\lambda^2+2\zeta_d\omega_d\lambda+\omega_d^2]=0 \tag{6-40}$$

特征方程的一对共轭复根对应荷兰滚模态，荷兰滚模态的最简形式是偏航和滚转的耦合模态。当面向飞行器主对称面看过去的时候，飞行器的翼尖会产生荷兰滚振动，其轨迹为椭圆轨道。

特征方程的另外两个实根，一个根对应一个小的时间常数 T_o，对应滚动模态（滚转运动为主），该模态总是稳定的（T_o 总是正的）。另一个根对应一个大的时间常数 T_s，对应为螺旋发散模态（偏航运动为主），此根有时可能会发散（时间常数为负）。螺旋模态通常伴随一个小的滚转力矩，其稳定性由滚转力矩的形成状态决定。如果产生的滚转力矩同干扰扭矩的方向相反，则此模态稳定。因此螺旋模态的稳定性只由滚动轴方程决定。

为了保证航向与横向的稳定，同纵向的情况类似，我们需要

$$[\lambda+1/T_s]\,[\lambda+1/T_o]\,[\lambda^2+2\zeta_d\omega_d\lambda+\omega_d^2]\,\big|_{\lambda=0}>0 \tag{6-41}$$

为保证航向稳定性，滚转和偏航的阻尼以及偏航方向的气动响应频率必须足够大。为保证横向稳定性，必须保证能够产生可抵消扰动的恢复滚转力矩。

例 6-4　DC-8 的横向动力学。

DC-8 飞行器的横向动力学状态空间导数形式在表 6-6 中给出。

表 6-6　DC-8 飞行器巡航状态下非零的横向稳定性导数值

U_e^s (m/s)	251.216 16			$\dfrac{I_{xz}}{I_{xx}}$	0.011 9	$\dfrac{I_{xz}}{I_{zz}}$	0.006 3
Y_v	−0.086 8	L_p	−1.18	N_v	0.008 637 9	N_r	−0.23
L_v	−0.017 634	L_r	0.336	N_p	−0.012 94		

假设控制面固定，运动扰动方程可表示为

$$\begin{bmatrix}1&0&0&0\\0&1&-0.011\,9&0\\0&-0.006\,3&1&0\\0&0&0&1\end{bmatrix}\frac{\mathrm{d}}{\mathrm{d}t}\begin{bmatrix}\Delta v\\\Delta p\\\Delta r\\\Delta\phi\end{bmatrix}=\begin{bmatrix}-0.086\,8&0&-251.22&9.81\\-0.017\,6&-1.18&0.336&0\\0.008\,64&-0.012\,94&-0.23&0\\0&1&0&0\end{bmatrix}\begin{bmatrix}\Delta v\\\Delta p\\\Delta r\\\Delta\phi\end{bmatrix} \tag{6-42}$$

可整理成

$$\frac{\mathrm{d}}{\mathrm{d}t}\begin{bmatrix}\Delta v\\\Delta p\\\Delta r\\\Delta\phi\end{bmatrix}=\begin{bmatrix}-0.086\,8&0&-251.22&9.81\\-0.017\,5&-1.180\,2&0.333&0\\0.008\,5&-0.020\,4&-0.227\,9&0\\0&1&0&0\end{bmatrix}\begin{bmatrix}\Delta v\\\Delta p\\\Delta r\\\Delta\phi\end{bmatrix} \tag{6-43}$$

特征多项式为

$$\Delta(\lambda)=\lambda^4+1.494\,9\lambda^3+2.540\,8\lambda^2+2.814\,2\lambda+0.011\,2 \tag{6-44}$$

得出的荷兰滚阻尼比和自然频率以及滚动模态和螺旋模态对应的根都在表 6-7 中给出。

例 6-5　波音 747 在海拔 40 000 ft，飞行速度 U_e 为 774 ft/s（马赫数为 0.8）状态下水平飞行情况的横向动力学。

横向耦合运动方程如下

$$\frac{\mathrm{d}}{\mathrm{d}t}\begin{bmatrix}\beta\\p\\r\\\phi\end{bmatrix}=\begin{bmatrix}-0.005\,58 & 0.080\,2 & -0.996\,8 & 0.041\,5\\-3.05 & -0.465\,0 & 0.388 & 0\\0.598 & -0.031\,8 & -0.115 & 0\\0 & 1 & 0.080\,5 & 0\end{bmatrix}\begin{bmatrix}\beta\\p\\r\\\phi\end{bmatrix}+\begin{bmatrix}0.007\,29\\0.153\\-0.475\\0\end{bmatrix}\zeta \tag{6-45}$$

特征多项式

$$\Delta(\lambda)=\lambda^4+0.585\,6\lambda^3+0.909\,7\lambda^2+0.508\,3\lambda+0.003\,7 \tag{6-46}$$

当 $M=0.65$，$h=$ 20 000 ft 时

$$\Delta(s)=s^4+1.099\,9s^3+1.317\,5s^2+1.059\,4s+0.0112\,9 \tag{6-47}$$

得出的两种飞行条件下的荷兰滚阻尼比与自然频率以及滚转、螺旋模态对应的特征根都在表 6－7 中给出。

例 6－6　高机动性战斗机的横向动力学。

假设控制量固定，横向耦合运动方程为

$$\frac{\mathrm{d}}{\mathrm{d}t}\begin{bmatrix}\beta\\p\\r\\\phi\end{bmatrix}=\begin{bmatrix}-0.746 & 0.006 & -0.999 & 0.0369\\-12.9 & -0.746 & 0.387 & 0\\4.31 & 0.024 & -0.174 & 0\\0 & 1 & 0 & 0\end{bmatrix}\begin{bmatrix}\beta\\p\\r\\\phi\end{bmatrix} \tag{6-48}$$

特征多项式

$$\Delta(\lambda)=\lambda^4+1.494\,9\lambda^3+2.540\,8\lambda^2+2.814\,2\lambda+0.011\,2 \tag{6-49}$$

得出的荷兰滚阻尼比与自然频率以及滚转、螺旋模态对应的特征根在表 6－7 中给出。

表 6－7　例 6－4，例 6－5，例 6－6 得出的荷兰滚阻尼比和自然频率以及滚转、螺旋模态对应的特征根

飞行器及飞行条件	模态	阻尼比或特征根	自然频率或时间常数
DC－8	荷兰滚	0.079 4	1.495 7
	滚动	－1.253 4	0.8 s
	螺旋	－0.004 0	249.63 s
波音 747 h＝20 000 ft,M＝0.8	荷兰滚	0.009 5	0.9463
	滚动	－0.560 3	1.78 s
	螺旋	－0.007 3	136.55 s
波音 747 h＝20 000 ft,M＝0.65	荷兰滚	0.082 3	1.07
	滚动	－0.913 0	1.095 3 s
	螺旋	－0.010 8	92.586 1 s
战斗机	荷兰滚	0.211 0	2.120 2
	滚动	－0.765 3	1.31 s
	螺旋	－0.006 2	161.68 s

6.2　横向模态的飞行动力学与稳定性描述

为了能够尽可能领会飞行动力学建模的有用之处，我们首先建立稳定配平飞行条件下的飞行器纵向运动方程。假设除控制力外，没有其他的力和力矩。在此条件下运动方程为

$$\begin{bmatrix}1 & 0 & -x_{\dot{q}} & 0\\ 0 & 1 & -z_{\dot{q}} & 0\\ 0 & 0 & 1-m_{\dot{q}} & 0\\ 0 & 0 & 0 & 1\end{bmatrix}\begin{bmatrix}\Delta\dot{u}_s\\ \Delta\dot{w}_s\\ \Delta\dot{q}_s\\ \Delta\dot{\theta}_s\end{bmatrix}=\begin{bmatrix}x_u & x_w & x_q & x_\theta\\ z_u & z_w & z_q & z_\theta\\ m_u & m_w & m_q & m_\theta\\ 0 & 0 & 1 & 0\end{bmatrix}\begin{bmatrix}\Delta u_s\\ \Delta w_s\\ \Delta q_s\\ \Delta\theta_s\end{bmatrix}+\begin{bmatrix}x_\eta & x_\tau\\ z_\eta & z_\tau\\ m_\eta & m_\tau\\ 0 & 0\end{bmatrix}\begin{bmatrix}\Delta\eta\\ \Delta\tau\end{bmatrix}\tag{6-50}$$

以及

$$\Delta\dot{h}=-\Delta w_s+U_e^s\Delta\theta_s\tag{6-51}$$

最后一个方程独立于其他方程，代表高度积分模态。

6.2.1　纵向动力学的快慢响应划分

将纵向动力学分解成快响应部分和慢响应部分将会带来很多便利。为了完成这种分解，我们假定相比于慢响应部分而言，快响应部分将会很快稳定。在此基础上我们就可以讨论关于 Δu_s 与 $\Delta\theta_s$ 的慢响应动力学。在稳定配平状态下飞行时，Δu_s 和 $\Delta\theta_s$ 被认为很小而且变化很慢。因此，令 $\Delta\dot{w}_s=\Delta\dot{q}_s=0$（快响应部分很快稳定），我们可以得到

$$\begin{bmatrix}1 & 0 & -x_{\dot{q}} & 0\\ 0 & 1 & -z_{\dot{q}} & 0\\ 0 & 0 & 1-m_{\dot{q}} & 0\\ 0 & 0 & 0 & 1\end{bmatrix}\begin{bmatrix}\Delta\dot{u}_s\\ 0\\ 0\\ \Delta\dot{\theta}_s\end{bmatrix}=\begin{bmatrix}x_u & x_w & x_q & x_\theta\\ z_u & z_w & z_q & z_\theta\\ m_u & m_w & m_q & m_\theta\\ 0 & 0 & 1 & 0\end{bmatrix}\begin{bmatrix}\Delta u_s\\ \Delta w_s\\ \Delta q_s\\ \Delta\theta_s\end{bmatrix}+\begin{bmatrix}x_\eta & x_\tau\\ z_\eta & z_\tau\\ m_\eta & m_\tau\\ 0 & 0\end{bmatrix}\begin{bmatrix}\Delta\eta\\ \Delta\tau\end{bmatrix}\tag{6-52}$$

整理可得

$$\begin{bmatrix}\Delta\dot{u}_s\\ \Delta\dot{\theta}_s\\ 0\\ 0\end{bmatrix}=\begin{bmatrix}x_u & x_\theta & x_w & x_q\\ 0 & 0 & 0 & 1\\ z_u & z_\theta & z_w & z_q\\ m_u & m_\theta & m_w & m_q\end{bmatrix}\begin{bmatrix}\Delta u_s\\ \Delta\theta_s\\ \Delta w_s\\ \Delta q_s\end{bmatrix}+\begin{bmatrix}x_\eta & x_\tau\\ 0 & 0\\ z_\eta & z_\tau\\ m_\eta & m_\tau\end{bmatrix}\begin{bmatrix}\Delta\eta\\ \Delta\tau\end{bmatrix}\tag{6-53}$$

可进一步写成

$$\begin{gathered}\begin{bmatrix}\Delta\dot{u}_s\\ \Delta\dot{\theta}_s\end{bmatrix}=\begin{bmatrix}x_u & x_\theta\\ 0 & 0\end{bmatrix}\begin{bmatrix}\Delta u_s\\ \Delta\theta_s\end{bmatrix}+\begin{bmatrix}x_w & x_q\\ 0 & 1\end{bmatrix}\begin{bmatrix}\Delta w_s\\ \Delta q_s\end{bmatrix}+\begin{bmatrix}x_\eta & x_\tau\\ 0 & 0\end{bmatrix}\begin{bmatrix}\Delta\eta\\ \Delta\tau\end{bmatrix}\\ \begin{bmatrix}z_u & z_\theta\\ m_u & m_\theta\end{bmatrix}\begin{bmatrix}\Delta u_s\\ \Delta\theta_s\end{bmatrix}+\begin{bmatrix}z_w & z_q\\ m_w & m_q\end{bmatrix}\begin{bmatrix}\Delta w_s\\ \Delta q_s\end{bmatrix}+\begin{bmatrix}z_\eta & z_\tau\\ m_\eta & m_\tau\end{bmatrix}\begin{bmatrix}\Delta\eta\\ \Delta\tau\end{bmatrix}=\begin{bmatrix}0\\ 0\end{bmatrix}\end{gathered}\tag{6-54}$$

从后两个方程可得

$$\begin{bmatrix}\Delta w_s\\ \Delta q_s\end{bmatrix}=-\begin{bmatrix}z_w & z_q\\ m_w & m_q\end{bmatrix}^{-1}\left\{\begin{bmatrix}z_u & z_\theta\\ m_u & m_\theta\end{bmatrix}\begin{bmatrix}\Delta u_s\\ \Delta\theta_s\end{bmatrix}+\begin{bmatrix}z_\eta & z_\tau\\ m_\eta & m_\tau\end{bmatrix}\begin{bmatrix}\Delta\eta\\ \Delta\tau\end{bmatrix}\right\} \tag{6-55}$$

代入可将前两个方程写成

$$\begin{aligned}\begin{bmatrix}\Delta\dot{u}_s\\ \Delta\dot{\theta}_s\end{bmatrix}=&\begin{bmatrix}x_u & x_\theta\\ 0 & 0\end{bmatrix}\begin{bmatrix}\Delta u_s\\ \Delta\theta_s\end{bmatrix}-\begin{bmatrix}x_w & x_q\\ 0 & 1\end{bmatrix}\begin{bmatrix}z_w & z_q\\ m_w & m_q\end{bmatrix}^{-1}\begin{bmatrix}z_u & z_\theta\\ m_u & m_\theta\end{bmatrix}\begin{bmatrix}\Delta u_s\\ \Delta\theta_s\end{bmatrix}+\\ &\begin{bmatrix}x_\eta & x_\tau\\ 0 & 0\end{bmatrix}\begin{bmatrix}\Delta\eta\\ \Delta\tau\end{bmatrix}-\begin{bmatrix}x_w & x_q\\ 0 & 1\end{bmatrix}\begin{bmatrix}z_w & z_q\\ m_w & m_q\end{bmatrix}^{-1}\begin{bmatrix}z_\eta & z_\tau\\ m_\eta & m_\tau\end{bmatrix}\begin{bmatrix}\Delta\eta\\ \Delta\tau\end{bmatrix}\end{aligned} \tag{6-56}$$

最终可简化为

$$\begin{aligned}\begin{bmatrix}\Delta\dot{u}_s\\ \Delta\dot{\theta}_s\end{bmatrix}=&\left\{\begin{bmatrix}x_u & x_\theta\\ 0 & 0\end{bmatrix}-\begin{bmatrix}x_w & x_q\\ 0 & 1\end{bmatrix}\begin{bmatrix}z_w & z_q\\ m_w & m_q\end{bmatrix}^{-1}\begin{bmatrix}z_u & z_\theta\\ m_u & m_\theta\end{bmatrix}\right\}\begin{bmatrix}\Delta u_s\\ \Delta\theta_s\end{bmatrix}+\\ &\left\{\begin{bmatrix}x_\eta & x_\tau\\ 0 & 0\end{bmatrix}-\begin{bmatrix}x_w & x_q\\ 0 & 1\end{bmatrix}\begin{bmatrix}z_w & z_q\\ m_w & m_q\end{bmatrix}^{-1}\begin{bmatrix}z_\eta & z_\tau\\ m_\eta & m_\tau\end{bmatrix}\right\}\begin{bmatrix}\Delta\eta\\ \Delta\tau\end{bmatrix}\end{aligned} \tag{6-57}$$

这些方程代表了长周期模态的运动方程，对此模态可以有许多有趣的解释。另外两个状态分在此模态的约束条件中。以上运动方程的特征方程是一个二阶多项式，对大多数飞行器而言它代表轻阻尼振荡环节。事实上这里可以有一种基于质点近似的有趣的解释，可以很简单地估计长周期振荡的自然频率。

现在再来考虑纵向动力学当中的快响应部分。将四个状态量的顺序重新排列可得

$$\begin{bmatrix}1 & 0 & 0 & -\\ 0 & 1 & 0 & 0\\ 0 & 0 & 1 & -z_{\dot{q}}\\ 0 & 0 & 0 & 1-m_{\dot{q}}\end{bmatrix}\begin{bmatrix}\Delta\dot{u}_s\\ \Delta\dot{\theta}_s\\ \Delta\dot{w}_s\\ \Delta\dot{q}_s\end{bmatrix}=\begin{bmatrix}x_u & x_\theta & x_w & x_q\\ 0 & 0 & 0 & 1\\ z_u & z_\theta & z_w & z_q\\ m_u & m_\theta & m_w & m_q\end{bmatrix}\begin{bmatrix}\Delta u_s\\ \Delta\theta_s\\ \Delta w_s\\ \Delta q_s\end{bmatrix}+\begin{bmatrix}x_\eta & x_\tau\\ 0 & 0\\ z_\eta & z_\tau\\ m_\eta & m_\tau\end{bmatrix}\begin{bmatrix}\Delta\eta\\ \Delta\tau\end{bmatrix} \tag{6-58}$$

考虑后两个方程，并认为在其中 Δu_s 和 $\Delta\theta_s$ 的影响可以忽略，这样可以得到

$$\begin{bmatrix}1 & -z_{\dot{q}}\\ 0 & 1-m_{\dot{q}}\end{bmatrix}\begin{bmatrix}\Delta\dot{w}_s\\ \Delta\dot{q}_s\end{bmatrix}=\begin{bmatrix}z_w & z_q\\ m_w & m_q\end{bmatrix}\begin{bmatrix}\Delta w_s\\ \Delta q_s\end{bmatrix}+\begin{bmatrix}z_\eta & z_\tau\\ m_\eta & m_\tau\end{bmatrix}\begin{bmatrix}\Delta\eta\\ \Delta\tau\end{bmatrix} \tag{6-59}$$

或者写成

$$\begin{bmatrix}\Delta\dot{w}_s\\ \Delta\dot{q}_s\end{bmatrix}=\begin{bmatrix}1 & \dfrac{z_{\dot{q}}}{1-m_{\dot{q}}}\\ 0 & \dfrac{1}{1-m_{\dot{q}}}\end{bmatrix}\begin{bmatrix}z_w & z_q\\ m_w & m_q\end{bmatrix}\begin{bmatrix}\Delta w_s\\ \Delta q_s\end{bmatrix}+\begin{bmatrix}1 & \dfrac{z_{\dot{q}}}{1-m_{\dot{q}}}\\ 0 & \dfrac{1}{1-m_{\dot{q}}}\end{bmatrix}\begin{bmatrix}z_\eta & z_\tau\\ m_\eta & m_\tau\end{bmatrix}\begin{bmatrix}\Delta\eta\\ \Delta\tau\end{bmatrix} \tag{6-60}$$

如果令

$$\begin{bmatrix} z'_w & z'_q \\ m'_w & m'_q \end{bmatrix} = \begin{bmatrix} 1 & \dfrac{z_{\dot{q}}}{1-m_{\dot{q}}} \\ 0 & \dfrac{1}{1-m_{\dot{q}}} \end{bmatrix} \begin{bmatrix} z_w & z_q \\ m_w & m_q \end{bmatrix}, \begin{bmatrix} z'_\eta & z'_\tau \\ m'_\eta & m'_\tau \end{bmatrix} = \begin{bmatrix} 1 & \dfrac{z_{\dot{q}}}{1-m_{\dot{q}}} \\ 0 & \dfrac{1}{1-m_{\dot{q}}} \end{bmatrix} \begin{bmatrix} z_\eta & z_\tau \\ m_\eta & m_\tau \end{bmatrix} \tag{6-61}$$

那么短周期方程可以写成

$$\begin{bmatrix} \Delta\dot{w}_s \\ \Delta\dot{q}_s \end{bmatrix} = \begin{bmatrix} z'_w & z'_q \\ m'_w & m'_q \end{bmatrix} \begin{bmatrix} \Delta w_s \\ \Delta q_s \end{bmatrix} + \begin{bmatrix} z'_\eta & z'_\tau \\ m'_\eta & m'_\tau \end{bmatrix} \begin{bmatrix} \Delta\eta \\ \Delta\tau \end{bmatrix} \tag{6-62}$$

上面的一对一阶方程即代表快响应部分，它可以简化为关于 Δw_s 的二阶方程。这些就是纵向短周期运动的标准近似方程。它是纵向动力学的主要部分，在很大程度上取决于飞行器的纵向稳定性。

6.2.2　横向动力学的快慢响应划分

接下来考虑稳定配平飞行情况下的飞行器横向运动方程。同样假定除了控制力之外没有其他外力或力矩。此情况下方程如下

$$\begin{bmatrix} 1 & -y_{\dot{p}} & -y_{\dot{r}} & 0 \\ 0 & 1-l_{\dot{p}} & -l_{\dot{r}} & 0 \\ 0 & -n_{\dot{p}} & 1-n_{\dot{r}} & 0 \\ 0 & 0 & 0 & 1 \end{bmatrix} \begin{bmatrix} \Delta\dot{v}_s \\ \Delta\dot{p}_s \\ \Delta\dot{r}_s \\ \Delta\dot{\phi}_s \end{bmatrix} = \begin{bmatrix} y_v & y_p & y_r & y_\phi \\ l_v & l_p & l_r & l_\phi \\ n_v & n_p & n_r & n_\phi \\ 0 & 1 & 0 & 0 \end{bmatrix} \begin{bmatrix} \Delta v_s \\ \Delta p_s \\ \Delta r_s \\ \Delta\phi_s \end{bmatrix} + \begin{bmatrix} y_\xi & y_\zeta \\ l_\xi & l_\zeta \\ n_\xi & n_\zeta \\ 0 & 0 \end{bmatrix} \begin{bmatrix} \Delta\xi \\ \Delta\zeta \end{bmatrix} \tag{6-63}$$

以及

$$\Delta\dot{\psi}_s = \Delta r_s \tag{6-64}$$

与纵向情况当中的高度积分模态相类似，这个最后的方程代表方向积分模态。另外四个方程当中的第二个代表快响应方程，衰减非常快（瞬间稳定）。因此，假定

$$\Delta\dot{p}_s = 0 \tag{6-65}$$

以及

$$l_{\dot{r}}\Delta\dot{r}_s + [l_v \quad l_p \quad l_r \quad l_\phi] \begin{bmatrix} \Delta v_s \\ \Delta p_s \\ \Delta r_s \\ \Delta\phi_s \end{bmatrix} + [l_\xi \quad l_\zeta] \begin{bmatrix} \Delta\xi \\ \Delta\zeta \end{bmatrix} = 0 \tag{6-66}$$

经整理可将 Δp_s 表示如下

$$\Delta p_s = -\frac{l_{\dot{r}}}{l_p}\Delta\dot{r}_s - \frac{1}{l_p}[l_v \quad l_r \quad l_\phi] \begin{bmatrix} \Delta v_s \\ \Delta r_s \\ \Delta\phi_s \end{bmatrix} - \frac{1}{l_p}[l_\xi \quad l_\zeta] \begin{bmatrix} \Delta\xi \\ \Delta\zeta \end{bmatrix} \tag{6-67}$$

从方程中消去 Δp_s，我们得到

$$\begin{bmatrix} 1 & -y_{\dot{r}}+\dfrac{l_{\dot{r}}}{l_p}y_p & 0 \\ 0 & 1-n_{\dot{r}}+\dfrac{l_{\dot{r}}}{l_p}n_p & 0 \\ 0 & \dfrac{l_{\dot{r}}}{l_p} & 1 \end{bmatrix}\begin{bmatrix}\Delta\dot{v}_s \\ \Delta\dot{r}_s \\ \Delta\dot{\phi}_s\end{bmatrix}=\begin{bmatrix} y_v & y_r & y_\phi \\ n_v & n_r & n_\phi \\ 0 & 0 & 0 \end{bmatrix}\begin{bmatrix}\Delta v_s \\ \Delta r_s \\ \Delta\phi_s\end{bmatrix}-\frac{1}{l_p}\begin{bmatrix} y_p \\ n_p \\ 1\end{bmatrix}\begin{bmatrix} l_v & l_r & l_\phi\end{bmatrix}\begin{bmatrix}\Delta v_s \\ \Delta r_s \\ \Delta\phi_s\end{bmatrix}-$$
$$\frac{1}{l_p}\begin{bmatrix} y_p \\ n_p \\ 1\end{bmatrix}\begin{bmatrix} l_\xi & l_\zeta\end{bmatrix}\begin{bmatrix}\Delta\xi \\ \Delta\zeta\end{bmatrix}+\begin{bmatrix} y_\xi & y_\zeta \\ n_\xi & n_\zeta \\ 0 & 0\end{bmatrix}\begin{bmatrix}\Delta\xi \\ \Delta\zeta\end{bmatrix} \tag{6-68}$$

可进一步简化为

$$\begin{bmatrix} 1 & -y_{\dot{r}}+\dfrac{l_{\dot{r}}}{l_p}y_p & 0 \\ 0 & 1-n_{\dot{r}}+\dfrac{l_{\dot{r}}}{l_p}n_p & 0 \\ 0 & \dfrac{l_{\dot{r}}}{l_p} & 1 \end{bmatrix}\begin{bmatrix}\Delta\dot{v}_s \\ \Delta\dot{r}_s \\ \Delta\dot{\phi}_s\end{bmatrix}=\left\{\begin{bmatrix} y_v & y_r & y_\phi \\ n_v & n_r & n_\phi \\ 0 & 0 & 0 \end{bmatrix}-\frac{1}{l_p}\begin{bmatrix} y_p \\ n_p \\ 1\end{bmatrix}\begin{bmatrix} l_v & l_r & l_\phi\end{bmatrix}\right\}\begin{bmatrix}\Delta v_s \\ \Delta r_s \\ \Delta\phi_s\end{bmatrix}+$$
$$\left\{\begin{bmatrix} y_\xi & y_\zeta \\ n_\xi & n_\zeta \\ 0 & 0\end{bmatrix}-\frac{1}{l_p}\begin{bmatrix} y_p \\ n_p \\ 1\end{bmatrix}\begin{bmatrix} l_\xi & l_\zeta\end{bmatrix}\right\}\begin{bmatrix}\Delta\xi \\ \Delta\zeta\end{bmatrix} \tag{6-69}$$

现在我们可以看到最后一行可以忽略。此模态为螺旋模态，代表滚转运动时，受重力作用，飞行器侧滑并偏航。此模态经常是不稳的，尽管飞行员控制它相对比较容易。接下来我们得到荷兰滚模态的近似方程如下

$$\begin{bmatrix} 1 & -y_{\dot{r}}+\dfrac{l_{\dot{r}}}{l_p}y_p \\ 0 & 1-n_{\dot{r}}+\dfrac{l_{\dot{r}}}{l_p}n_p \end{bmatrix}\begin{bmatrix}\Delta\dot{v}_s \\ \Delta\dot{r}_s\end{bmatrix}=$$
$$\left\{\begin{bmatrix} y_v & y_r \\ n_v & n_r \end{bmatrix}-\frac{1}{l_p}\begin{bmatrix} y_p \\ n_p\end{bmatrix}\begin{bmatrix} l_v & l_r\end{bmatrix}\right\}\begin{bmatrix}\Delta v_s \\ \Delta r_s\end{bmatrix}+\left\{\begin{bmatrix} y_\xi & y_\zeta \\ n_\xi & n_\zeta\end{bmatrix}-\frac{1}{l_p}\begin{bmatrix} y_p \\ n_p\end{bmatrix}\begin{bmatrix} l_\xi & l_\zeta\end{bmatrix}\right\}\begin{bmatrix}\Delta\xi \\ \Delta\zeta\end{bmatrix} \tag{6-70}$$

可表示为

$$\begin{bmatrix}\Delta\dot{v}_s \\ \Delta\dot{r}_s\end{bmatrix}=\boldsymbol{A}\begin{bmatrix}\Delta v_s \\ \Delta r_s\end{bmatrix}+\begin{bmatrix} 1 & -y_{\dot{r}}+\dfrac{l_{\dot{r}}}{l_p}y_p \\ 0 & 1-n_{\dot{r}}+\dfrac{l_{\dot{r}}}{l_p}n_p \end{bmatrix}^{-1}\left\{\begin{bmatrix} y_\xi & y_\zeta \\ n_\xi & n_\zeta\end{bmatrix}-\frac{1}{l_p}\begin{bmatrix} y_p \\ n_p\end{bmatrix}\begin{bmatrix} l_\xi & l_\zeta\end{bmatrix}\right\}\begin{bmatrix}\Delta\xi \\ \Delta\zeta\end{bmatrix} \tag{6-71}$$

其中

$$\boldsymbol{A}=\begin{bmatrix}1 & -y_{\dot{r}}+\dfrac{l_{\dot{r}}}{l_{\dot{p}}}y_{\dot{p}} \\ 0 & 1-n_{\dot{r}}+\dfrac{l_{\dot{r}}}{l_{\dot{p}}}n_{\dot{p}}\end{bmatrix}^{-1}\left\{\begin{bmatrix}y_v & y_r \\ n_v & n_r\end{bmatrix}-\frac{1}{l_p}\begin{bmatrix}y_p \\ n_p\end{bmatrix}\begin{bmatrix}l_v & l_r\end{bmatrix}\right\} \tag{6-72}$$

从标准二阶耦合方程组得到计算自然频率与阻尼比的公式，如 $2\zeta=-\mathrm{Trace}(\boldsymbol{A})$ 以及 $\omega_n^2=\det|\boldsymbol{A}|$。阻尼比主要由导数 n_r 决定，因此为保证稳定，需要 $n_r<0$。

滚动模态的方程为

$$(1-l_{\dot{p}})\Delta\dot{p}_s=l_p\Delta p_s+[l_\xi \quad l_\zeta]\begin{bmatrix}\Delta\xi \\ \Delta\zeta\end{bmatrix} \tag{6-73}$$

荷兰滚耦合了滚转和偏航运动，当滚动收敛由机翼滚动高阻尼获得时，荷兰滚模态是不稳定的。该运动相对比较精确的时间常数可由稳定性导数 l_p 得到，通常都是稳定的。

由于滚动模态和荷兰滚模态的响应都比螺旋模态快，为了得到螺旋模态的近似结果，在横向方程当中令 $\Delta\dot{v}_s=\Delta\dot{p}_s=\Delta\dot{r}_s=0$。在最后一个螺旋模态的方程当中消除 Δv_s，Δp_s 以及 Δr_s，可得

$$\begin{bmatrix}1 & -y_{\dot{p}} & -y_{\dot{r}} & 0 \\ 0 & 1-l_{\dot{p}} & -l_{\dot{r}} & 0 \\ 0 & -n_{\dot{p}} & 1-n_{\dot{r}} & 0 \\ 0 & 0 & 0 & 1\end{bmatrix}\begin{bmatrix}0 \\ 0 \\ 0 \\ \Delta\dot{\phi}_s\end{bmatrix}=\begin{bmatrix}0 \\ 0 \\ 0 \\ \Delta\dot{\phi}_s\end{bmatrix}=\begin{bmatrix}y_v & y_p & y_r & y_\phi \\ l_v & l_p & l_r & l_\phi \\ n_v & n_p & n_r & n_\phi \\ 0 & 1 & 0 & 0\end{bmatrix}\begin{bmatrix}\Delta v_s \\ \Delta p_s \\ \Delta r_s \\ \Delta\phi_s\end{bmatrix}+\begin{bmatrix}y_\xi & y_\zeta \\ l_\xi & l_\zeta \\ n_\xi & n_\zeta \\ 0 & 0\end{bmatrix}\begin{bmatrix}\Delta\xi \\ \Delta\zeta\end{bmatrix} \tag{6-74}$$

前三个方程可整理成

$$\begin{bmatrix}y_v & y_p & y_r \\ l_v & l_p & l_r \\ n_v & n_p & n_r\end{bmatrix}\begin{bmatrix}\Delta v_s \\ \Delta p_s \\ \Delta r_s\end{bmatrix}=-\begin{bmatrix}y_\phi \\ l_\phi \\ n_\phi\end{bmatrix}\Delta\phi_s-\begin{bmatrix}y_\xi & y_\zeta \\ l_\xi & l_\zeta \\ n_\xi & n_\zeta\end{bmatrix}\begin{bmatrix}\Delta\xi \\ \Delta\zeta\end{bmatrix} \tag{6-75}$$

因此

$$\begin{bmatrix}\Delta v_s \\ \Delta p_s \\ \Delta r_s\end{bmatrix}=-\begin{bmatrix}y_v & y_p & y_r \\ l_v & l_p & l_r \\ n_v & n_p & n_r\end{bmatrix}^{-1}\begin{bmatrix}y_\phi \\ l_\phi \\ n_\phi\end{bmatrix}\Delta\phi_s-\begin{bmatrix}y_v & y_p & y_r \\ l_v & l_p & l_r \\ n_v & n_p & n_r\end{bmatrix}^{-1}\begin{bmatrix}y_\xi & y_\zeta \\ l_\xi & l_\zeta \\ n_\xi & n_\zeta\end{bmatrix}\begin{bmatrix}\Delta\xi \\ \Delta\zeta\end{bmatrix} \tag{6-76}$$

螺旋模态的方程为

$$\Delta\dot{\phi}_s+[0 \quad 1 \quad 0]\begin{bmatrix}y_v & y_p & y_r \\ l_v & l_p & l_r \\ n_v & n_p & n_r\end{bmatrix}^{-1}\begin{bmatrix}y_\phi \\ l_\phi \\ n_\phi\end{bmatrix}\Delta\phi_s+[0 \quad 1 \quad 0]\begin{bmatrix}y_v & y_p & y_r \\ l_v & l_p & l_r \\ n_v & n_p & n_r\end{bmatrix}^{-1}\begin{bmatrix}y_\xi & y_\zeta \\ l_\xi & l_\zeta \\ n_\xi & n_\zeta\end{bmatrix}\begin{bmatrix}\Delta\xi \\ \Delta\zeta\end{bmatrix}=0 \tag{6-77}$$

在稳定轴系中，有 $l_\phi=n_\phi=0$。另外当控制量固定的时候

$$\Delta\dot{\phi}_s+[0 \quad 1 \quad 0]\begin{bmatrix}y_v & y_p & y_r \\ l_v & l_p & l_r \\ n_v & n_p & n_r\end{bmatrix}^{-1}\begin{bmatrix}y_\phi \\ 0 \\ 0\end{bmatrix}\Delta\phi_s=0 \tag{6-78}$$

可化简为

$$\Delta\dot{\phi}_s+\frac{[y_\phi(l_r n_v-l_v n_r)]}{\Delta}\Delta\phi_s=0 \tag{6-79}$$

其中

$$\Delta=[y_v(l_p n_r-l_r n_p)+y_p(l_r n_v-l_v n_r)+y_r(l_v n_p-l_p n_v)]\approx y_r(l_v n_p-l_p n_v) \tag{6-80}$$

因此螺旋模态方程可简化为

$$\Delta\dot{\phi}_s+\frac{[y_\phi(l_r n_v-l_v n_r)]}{\Delta}\Delta\phi_s+[0\quad 1\quad 0]\begin{bmatrix}y_v & y_p & y_r\\ l_v & l_p & l_r\\ n_v & n_p & n_r\end{bmatrix}^{-1}\begin{bmatrix}y_\xi & y_\zeta\\ l_\xi & l_\zeta\\ n_\xi & n_\zeta\end{bmatrix}\begin{bmatrix}\Delta\xi\\ \Delta\zeta\end{bmatrix}=0 \tag{6-81}$$

因此螺旋模态的稳定性条件完全取决于滚转与偏航力矩的导数。由于导数 y_r 是负的，导数 y_ϕ 是正的，所以稳定性条件为

$$l_r<\frac{-n_r}{n_v}(-l_v) \tag{6-82}$$

当 $(l_v n_p-l_p n_v)>0$ 时，螺旋模态稳定性条件与横向静稳定性条件完全等价。

当得到滚转角这一状态量之后，其他状态量可由以下方程得到

$$\begin{bmatrix}y_v & y_p & y_r\\ l_v & l_p & l_r\\ n_v & n_p & n_r\end{bmatrix}\begin{bmatrix}\Delta v_s\\ \Delta p_s\\ \Delta r_s\end{bmatrix}=-\begin{bmatrix}y_\phi\\ l_\phi\\ n_\phi\end{bmatrix}\Delta\phi_s-\begin{bmatrix}y_\xi & y_\zeta\\ l_\xi & l_\zeta\\ n_\xi & n_\zeta\end{bmatrix}\begin{bmatrix}\Delta\xi\\ \Delta\zeta\end{bmatrix} \tag{6-83}$$

大多数分析表明快速反应系统更为重要，因此从横向方程组当中除去螺旋模态部分

$$\begin{bmatrix}1 & -y_{\dot{p}} & -y_{\dot{r}}\\ 0 & 1-l_{\dot{p}} & -l_{\dot{r}}\\ 0 & -n_{\dot{p}} & 1-n_{\dot{r}}\end{bmatrix}\begin{bmatrix}\Delta\dot{v}_s\\ \Delta\dot{p}_s\\ \Delta\dot{r}_s\end{bmatrix}=\begin{bmatrix}y_v & y_p & y_r\\ l_v & l_p & l_r\\ n_v & n_p & n_r\end{bmatrix}\begin{bmatrix}\Delta v_s\\ \Delta p_s\\ \Delta r_s\end{bmatrix}+\begin{bmatrix}y_\xi & y_\zeta\\ l_\xi & l_\zeta\\ n_\xi & n_\zeta\end{bmatrix}\begin{bmatrix}\Delta\xi\\ \Delta\zeta\end{bmatrix} \tag{6-84}$$

变换顺序至更方便的形式

$$\begin{bmatrix}1 & -y_{\dot{r}} & -y_{\dot{p}}\\ 0 & -n_{\dot{r}} & 1-n_{\dot{p}}\\ 0 & 1-l_{\dot{r}} & -l_{\dot{p}}\end{bmatrix}\begin{bmatrix}\Delta\dot{v}_s\\ \Delta\dot{r}_s\\ \Delta\dot{p}_s\end{bmatrix}=\begin{bmatrix}y_v & y_r & y_p\\ n_v & n_r & n_p\\ l_v & l_r & l_p\end{bmatrix}\begin{bmatrix}\Delta v_s\\ \Delta r_s\\ \Delta p_s\end{bmatrix}+\begin{bmatrix}y_\xi & y_\zeta\\ n_\xi & n_\zeta\\ l_\xi & l_\zeta\end{bmatrix}\begin{bmatrix}\Delta\xi\\ \Delta\zeta\end{bmatrix} \tag{6-85}$$

系统的特征方程为

$$(T_{rs}s+1)(s^2+2\zeta_{Dr}\omega_{Dr}s+\omega_{Dr}^2)=0 \tag{6-86}$$

这里我们近似地取滚动模态的时间常数 $T_{rs}=-\frac{1}{l_p}$。当滚动速度非常快且重力作用比较小的情况下，上面的方程组更适用。另一方面，由于此模态相对稳定，当假定滚转速度很小的时候，为便于稳定性和临界点分析，螺旋、荷兰滚模态近似表达法更适用。

例 6-7 DC-8 飞行器平飞情况下的纵向动力学。

应用上述长短周期近似的动力学模型来重新考虑例 6-1，得到其长短周期阻尼比和自

然频率。

运动方程为

$$\begin{bmatrix}1&0&0&0\\0&1&0&0\\0&0&1&0\\0&0&0.001\,673&1\end{bmatrix}\begin{bmatrix}\Delta\dot{u}\\\Delta\dot{\theta}\\\Delta\dot{w}\\\dot{q}_B\end{bmatrix}=\begin{bmatrix}-0.014&-9.81&0.004\,3&0\\0&0&0&1\\-0.073\,5&0&-0.806&251.22\\-0.002\,578&0&-0.036\,42&-0.924\end{bmatrix}\begin{bmatrix}\Delta u\\\Delta\theta\\\Delta w\\q_B\end{bmatrix}\tag{6-87}$$

令 $\Delta u=\Delta\theta=0$，则可对其进行短周期近似至如下形式

$$\begin{bmatrix}1&0\\0.001\,67\,3&1\end{bmatrix}\begin{bmatrix}\Delta\dot{w}\\\dot{q}_B\end{bmatrix}=\begin{bmatrix}-0.806&251.22\\-0.036\,42&-0.924\end{bmatrix}\begin{bmatrix}\Delta w\\q_B\end{bmatrix}\tag{6-88}$$

或者

$$\begin{bmatrix}\Delta\dot{w}\\\dot{q}_B\end{bmatrix}=\begin{bmatrix}-0.806&251.22\\-0.035\,07&-1.344\,3\end{bmatrix}\begin{bmatrix}\Delta w\\q_B\end{bmatrix}\tag{6-89}$$

特征多项式为

$$\Delta(\lambda)=\lambda^2+2.150\,3\lambda+9.546\tag{6-90}$$

特征多项式的根为 $-1.075\,2\pm i2.896\,6$，对应的阻尼比为 0.348，自然频率为 3.089 7。例 6-1 当中得到的对应结果为 0.342 和 3.147 4。

为进行长周期近似，假定快响应方程条件瞬间满足，因此

$$\begin{bmatrix}1&0\\0.001\,673&1\end{bmatrix}\begin{bmatrix}\Delta\dot{w}\\\dot{q}_B\end{bmatrix}=\begin{bmatrix}-0.806&251.22\\-0.036\,42&-0.924\end{bmatrix}\begin{bmatrix}\Delta w\\q_B\end{bmatrix}+\begin{bmatrix}-0.073\,5\\-0.002\,578\end{bmatrix}\Delta u=\begin{bmatrix}0\\0\end{bmatrix}\tag{6-91}$$

而且

$$\begin{aligned}\begin{bmatrix}\Delta w\\q_B\end{bmatrix}&=\begin{bmatrix}-0.806&251.22\\-0.036\,42&-0.924\end{bmatrix}^{-1}\begin{bmatrix}0.073\,5\\0.002\,578\end{bmatrix}\Delta u\\&=0.101\,1\begin{bmatrix}-0.924&-251.22\\0.036\,42&-0.806\end{bmatrix}\begin{bmatrix}0.073\,5\\0.002\,578\end{bmatrix}\Delta u=\begin{bmatrix}-0.072\,3\\0.000\,061\end{bmatrix}\Delta u\end{aligned}\tag{6-92}$$

从方程组当中的前两个关于 Δu 和 $\Delta\theta$ 的方程中可得

$$\begin{bmatrix}\Delta\dot{u}\\\Delta\dot{\theta}\end{bmatrix}=\begin{bmatrix}-0.014&-9.81\\0&0\end{bmatrix}\begin{bmatrix}\Delta u\\\Delta\theta\end{bmatrix}+\begin{bmatrix}0.004\,3&0\\0&1\end{bmatrix}\begin{bmatrix}\Delta w\\q_B\end{bmatrix}\tag{6-93}$$

消去快响应状态量，得

$$\begin{bmatrix}\Delta\dot{u}\\\Delta\dot{\theta}\end{bmatrix}=\begin{bmatrix}-0.014&-9.81\\0&0\end{bmatrix}\begin{bmatrix}\Delta u\\\Delta\theta\end{bmatrix}+\begin{bmatrix}0.004\,3&0\\0&1\end{bmatrix}\begin{bmatrix}-0.072\,3\\0.000\,061\end{bmatrix}\Delta u\tag{6-94}$$

并化简为

$$\begin{bmatrix}\Delta\dot{u}\\ \Delta\dot{\theta}\end{bmatrix}=\begin{bmatrix}-0.014 & -9.81\\ 0.000\ 061 & 0\end{bmatrix}\begin{bmatrix}\Delta u\\ \Delta\theta\end{bmatrix} \tag{6-95}$$

因此对应的特征多项式为

$$\Delta(\lambda)=\lambda^2+0.014\lambda+0.000\ 594\ 1 \tag{6-96}$$

得到的特征根为$-0.000\ 7\pm i0.023\ 3$，对应的阻尼比为0.287 2，自然频率为0.024 4。例6-1当中对应的结果为0.247 6和0.023 7。模型的振幅比由下式给出

$$\frac{\Delta u_0}{\Delta\theta_0}=\frac{\lambda}{0.000\ 061} \tag{6-97}$$

例6-8 DC-8的横航向动力学。

应用上面提到过的模态简化近似的方法重新考虑例6-4，并得出对应的横航向模态阻尼比与自然频率。

运动方程为

$$\begin{bmatrix}1 & 0 & 0 & 0\\ 0 & 1 & -0.011\ 9 & 0\\ 0 & -0.006\ 3 & 1 & 0\\ 0 & 0 & 0 & 1\end{bmatrix}\frac{\mathrm{d}}{\mathrm{d}t}\begin{bmatrix}\Delta v\\ \Delta p\\ \Delta r\\ \Delta\phi\end{bmatrix}=\begin{bmatrix}-0.086\ 8 & 0 & -251.22 & 9.81\\ -0.017\ 6 & -1.18 & 0.336 & 0\\ 0.008\ 64 & -0.012\ 94 & -0.23 & 0\\ 0 & 1 & 0 & 0\end{bmatrix}\begin{bmatrix}\Delta v\\ \Delta p\\ \Delta r\\ \Delta\phi\end{bmatrix} \tag{6-98}$$

两边同时乘以“质量矩阵”的逆

$$\frac{\mathrm{d}}{\mathrm{d}t}\begin{bmatrix}\Delta v\\ \Delta p\\ \Delta r\\ \Delta\phi\end{bmatrix}=\begin{bmatrix}-0.086\ 8 & 0 & -251.22 & 9.81\\ -0.017\ 5 & -1.180\ 2 & 0.333 & 0\\ 0.008\ 5 & -0.020\ 4 & -0.227\ 9 & 0\\ 0 & 1 & 0 & 0\end{bmatrix}\begin{bmatrix}\Delta v\\ \Delta p\\ \Delta r\\ \Delta\phi\end{bmatrix} \tag{6-99}$$

应用滚动模态近似的假设，令$\Delta v=\Delta r=\Delta\phi=0$可得到

$$\Delta\dot{p}=-1.180\ 2\Delta p \tag{6-100}$$

时间常数为$T_{rs}=\dfrac{1}{1.180\ 2}=0.847\ 3\ \mathrm{s}$。在例6-4中这个值为：极点位置$-1.253\ 4$，时间常数0.8 s。

假定滚动方程瞬间满足

$$\frac{\mathrm{d}}{\mathrm{d}t}\Delta p=[-0.017\ 5\quad -1.180\ 2\quad 0.333\quad 0]\begin{bmatrix}\Delta v\\ \Delta p\\ \Delta r\\ \Delta\phi\end{bmatrix}=0 \tag{6-101}$$

因此

$$\Delta p=(0.333\Delta r-0.017\ 5\Delta v)/1.180\ 2=0.282\Delta r-0.014\ 8\Delta v \tag{6-102}$$

在其他三个方程当中消去Δp

$$\frac{\mathrm{d}}{\mathrm{d}t}\begin{bmatrix}\Delta v\\ \Delta r\\ \Delta\phi\end{bmatrix}=\begin{bmatrix}-0.0868 & 0 & -251.22 & 9.81\\ 0.0085 & -0.0204 & -0.2279 & 0\\ 0 & 1 & 0 & 0\end{bmatrix}\begin{bmatrix}\Delta v\\ 0.282\Delta r-0.0148\Delta v\\ \Delta r\\ \Delta\phi\end{bmatrix} \tag{6-103}$$

令 $\Delta\phi=0$，可得

$$\frac{\mathrm{d}}{\mathrm{d}t}\begin{bmatrix}\Delta v\\ \Delta r\end{bmatrix}=\begin{bmatrix}-0.0868 & 0 & -251.22\\ 0.0085 & -0.0204 & -0.2279\end{bmatrix}\begin{bmatrix}\Delta v\\ 0.282\Delta r-0.0148\Delta v\\ \Delta r\end{bmatrix} \tag{6-104}$$

简化为

$$\frac{\mathrm{d}}{\mathrm{d}t}\begin{bmatrix}\Delta v\\ \Delta r\end{bmatrix}=\begin{bmatrix}-0.0868 & -251.22\\ 0.0088 & -0.2337\end{bmatrix}\begin{bmatrix}\Delta v\\ \Delta r\end{bmatrix} \tag{6-105}$$

特征方程为

$$\Delta(\lambda)=\lambda^2+0.3205\lambda+2.231=0 \tag{6-106}$$

特征方程的根为$-0.1603\pm \mathrm{i}1.485$，对应的阻尼比为 0.107 3，自然频率为 1.493 7。例 6-4 当中相应的结果为 0.079 4 和 1.495 7。模型的振幅比可表示为

$$\frac{\Delta v_0}{\Delta\psi_0}=\frac{\lambda(\lambda+0.2337)}{0.0088} \tag{6-107}$$

为了建立螺旋模态的近似，假定前三个方程瞬间满足，因此

$$\frac{\mathrm{d}}{\mathrm{d}t}\begin{bmatrix}\Delta v\\ \Delta p\\ \Delta r\end{bmatrix}=\begin{bmatrix}-0.0868 & 0 & -251.22\\ -0.0175 & -1.1802 & 0.333\\ 0.0085 & -0.0204 & -0.2279\end{bmatrix}\begin{bmatrix}\Delta v\\ \Delta p\\ \Delta r\end{bmatrix}+\begin{bmatrix}9.81\\ 0\\ 0\end{bmatrix}\Delta\phi=\begin{bmatrix}0\\ 0\\ 0\end{bmatrix} \tag{6-108}$$

以及

$$\begin{bmatrix}\Delta v\\ \Delta p\\ \Delta r\end{bmatrix}=-\begin{bmatrix}-0.0868 & 0 & -251.22\\ -0.0175 & -1.1802 & 0.333\\ 0.0085 & -0.0204 & -0.2279\end{bmatrix}^{-1}\begin{bmatrix}9.81\\ 0\\ 0\end{bmatrix}\Delta\phi \tag{6-109}$$

所以

$$\Delta\dot{\phi}=-\begin{bmatrix}0 & 1 & 0\end{bmatrix}\begin{bmatrix}-0.0868 & 0 & -251.22\\ -0.0175 & -1.1802 & 0.333\\ 0.0085 & -0.0204 & -0.2279\end{bmatrix}^{-1}\begin{bmatrix}9.81\\ 0\\ 0\end{bmatrix}\Delta\phi=-0.0043\Delta\phi \tag{6-110}$$

对应的时间常数为 $T_s=1/0.0043=231.90\ \mathrm{s}$。在例 6-4 当中得到的相应数值是：极点位置$-0.004$，时间常数 249.63 s。

6.2.3 横纵向模态方程总结

此部分主要总结速度为常数情况下，平衡态标准无控飞行小扰动条件下对应的各个线性化运动模态的主要特点。

(1) 长周期

此模态基本上可看作一个能量保存的过程，在此过程中飞行器的动能（包括直线运动和转动）与重力势能的总和始终为常数。产生的化学能全部且持续地被飞行中耗散的能量平衡掉。观察稳态飞行可以发现长周期可用一个椭圆来描述，长短轴的比为 $\sqrt{2}$ 。如果进一步解释，当飞行器向上爬升时，前向加速度是负的，俯仰姿态角是正的，并大体同飞行轨迹匹配，这表明沿着椭圆的运动是逆时针的。长周期振荡会变成一个非振荡的收敛运动和一个发散运动，尤其在高亚声速飞行时。不稳定的发散部分被称作“tuck 模态”，因为这种运动表现为速度增加缓慢与姿态为低头方向。这种静不稳现象的原因在于俯仰力矩关于前向速度的导数是负的，因此当速度增加的时候，飞行器头部有一个“向下卷”的倾向。

对“tuck 模态”的理解非常关键，因为它提供了俯仰轴失衡的主要机制，是一种基本的非线性模态。

还可以将长周期方程写成

$$\begin{bmatrix}\Delta\dot{u}_s\\ \Delta\dot{\theta}_s\end{bmatrix}=\left\{\begin{bmatrix}x_u & x_\theta\\ 0 & 0\end{bmatrix}-\begin{bmatrix}x_w & x_q\\ 0 & 1\end{bmatrix}\begin{bmatrix}z_w & z_q\\ m_w & m_q\end{bmatrix}^{-1}\begin{bmatrix}z_u & z_\theta\\ m_u & m_\theta\end{bmatrix}\right\}\begin{bmatrix}\Delta u_s\\ \Delta\theta_s\end{bmatrix}+\left\{\begin{bmatrix}x_\eta & x_\tau\\ 0 & 0\end{bmatrix}-\begin{bmatrix}x_w & x_q\\ 0 & 1\end{bmatrix}\begin{bmatrix}z_w & z_q\\ m_w & m_q\end{bmatrix}^{-1}\begin{bmatrix}z_\eta & z_\tau\\ m_\eta & m_\tau\end{bmatrix}\right\}\begin{bmatrix}\Delta\eta\\ \Delta\tau\end{bmatrix}\tag{6-111}$$

(2) 短周期

短周期模态是沿着俯仰轴振动的模态，其振幅可能衰减也可能增大。对于静稳的无控飞行器来说，振动的周期较短，振幅增加或衰减较慢。在静不稳情况下，在飞行员操纵下振幅增加较快。总的说来，短周期模态是飞行器升降轴扰动和俯仰角速度耦合的高频振动。不管是在能量耗散方面还是能量转化方面，气动耦合都是最关键的因素。

$$\begin{bmatrix}\Delta\dot{w}_s\\ \Delta\dot{q}_s\end{bmatrix}=\begin{bmatrix}1 & \dfrac{z_{\dot{q}}}{1-m_{\dot{q}}}\\ 0 & \dfrac{1}{1-m_{\dot{q}}}\end{bmatrix}\begin{bmatrix}z_w & z_q\\ m_w & m_q\end{bmatrix}\begin{bmatrix}\Delta w_s\\ \Delta q_s\end{bmatrix}+\begin{bmatrix}1 & \dfrac{z_{\dot{q}}}{1-m_{\dot{q}}}\\ 0 & \dfrac{1}{1-m_{\dot{q}}}\end{bmatrix}\begin{bmatrix}z_\eta & z_\tau\\ m_\eta & m_\tau\end{bmatrix}\begin{bmatrix}\Delta\eta\\ \Delta\tau\end{bmatrix}\tag{6-112}$$

(3) 第三振动模态

对于战斗机而言，其重心经常位于气动中心之后。此时飞行器就是不稳定的或者临界稳定的。特征方程有四个实根。当重心再往后移的时候，一对实根变成了一对共轭复根，这对根既不与长周期对应也不与短周期对应。一般称其为第三振动模态。

（4）滚动模态

滚动模态由机翼的高阻尼效应导致，它与升力系数关于有效攻角变化的斜率直接相关。此模态也会受到副翼偏航引起的侧滑运动的影响

$$(1-l_{\dot{p}})\Delta\dot{p}_s=l_p\Delta p_s+[l_\xi \quad l_\zeta]\begin{bmatrix}\Delta\xi\\ \Delta\zeta\end{bmatrix} \tag{6-113}$$

（5）荷兰滚模态

荷兰滚是横向和航向动力学耦合运动模态。在荷兰滚运动当中航向角和侧滑角的相位始终相异，其偏航与侧滑运动与相对平缓的偏航振荡相一致，这说明滚转运动影响相对较小。然而倾斜角并不能被完全忽略。倾斜角发生在偏航与侧滑中间，也就是说滚转运动之后是侧滑运动，而偏航运动又在滚转之前。

$$\begin{bmatrix}1 & -y_{\dot{r}}+\dfrac{l_{\dot{r}}}{l_p}y_p\\ 0 & 1-n_{\dot{r}}+\dfrac{l_{\dot{r}}}{l_p}n_p\end{bmatrix}\begin{bmatrix}\Delta\dot{v}_s\\ \Delta\dot{r}_s\end{bmatrix}=\left\{\begin{bmatrix}y_v & y_r\\ n_v & n_r\end{bmatrix}-\frac{1}{l_p}\begin{bmatrix}y_p\\ n_p\end{bmatrix}[l_v \quad l_r]\right\}\begin{bmatrix}\Delta v_s\\ \Delta r_s\end{bmatrix}+ \left\{\begin{bmatrix}y_\xi & y_\zeta\\ n_\xi & n_\zeta\end{bmatrix}-\frac{1}{l_p}\begin{bmatrix}y_p\\ n_p\end{bmatrix}[l_\xi \quad l_\zeta]\right\}\begin{bmatrix}\Delta\xi\\ \Delta\zeta\end{bmatrix} \tag{6-114}$$

（6）螺旋模态

螺旋模态是一个反映侧滑和滚转同偏航之间关系的模态。当一个无控飞行器滚转时，重力导致其侧滑，进而导致偏航。偏航运动又会再次产生滚转力矩，可将此力矩看成一种空气动力学上的反馈。然而只要此反馈滚转力矩不会加剧滚转运动（垂尾产生正反馈，上反角效应产生负反馈），此模态就是稳定的。螺旋模态的运动特点是在很小侧滑加速度下的倾斜与偏航运动。当此模态不稳时飞行器将会沿着一个逐渐收紧的螺旋线下降

$$\Delta\dot{\phi}_s+\frac{[y_\phi(l_rn_v-l_vn_r)]}{\Delta}\Delta\phi_s+[0 \quad 1 \quad 0]\begin{bmatrix}y_v & y_p & y_r\\ l_v & l_p & l_r\\ n_v & n_p & n_r\end{bmatrix}^{-1}\begin{bmatrix}y_\xi & y_\zeta\\ l_\xi & l_\zeta\\ n_\xi & n_\zeta\end{bmatrix}\begin{bmatrix}\Delta\xi\\ \Delta\zeta\end{bmatrix}=0 \tag{6-115}$$

其中

$$\Delta=[y_v(l_pn_r-l_rn_p)+y_p(l_rn_v-l_vn_r)+y_r(l_vn_p-l_pn_v)]\approx y_r(l_vn_p-l_pn_v) \tag{6-116}$$

出于完整性考虑，我们可以看到另外两个线性化飞行动力学模态，即两个直接积分模态：纵向关于高度的以及横航向关于航向角的。

6.3　飞行器的升力与阻力计算

在对飞行器稳定性计算当中，稳定性气动导数十分关键，目前为止本章还没有讨论气动导数的计算问题。在第 2 章当中，我们讨论了关于翼型的重要气动特性。第 2 章对翼型

气动效应的分析都是基于无限翼展假设，现在为了讨论稳定性气动导数的估算问题，必须考虑有限翼展产生的效应。

有限翼展机翼的基本特点在于它可以激发起展向的气流流动，在机翼两端翼梢处产生强有力的涡流。展向的气流上卷将导致诱导流，会显著降低局部攻角。局部攻角的减小是由下洗作用引起的，减小的这部分攻角被称为诱导攻角 α_{in}，α_{in} 同升力系数 C_L 成正比关系，同展弦比 AR 成反比关系，可表示如下

$$\alpha_{\text{in}}=\frac{C_L}{\pi eAR}\approx\frac{w_{\text{in}}}{U_e} \tag{6-117}$$

在上式中 e 表示 Oswald 效率因子，当机翼为平直无后掠、展向翼载荷分布是一个椭圆的时候，可以认为 e 等于 1，α_{in} 沿展向分布为常值。对于其他的翼载荷情况，根据 Prandtl 的升力线理论，α_{in} 沿展向的分布也是接近常数的。第 2 章指出，对于翼型而言，升力系数可以用攻角的形式表示如下

$$C_L=a_\infty(\alpha-\alpha_0) \tag{6-118}$$

对于有限翼展而言，可写成

$$C_L=a_\infty(\alpha-\alpha_0-\alpha_{\text{in}})=a_\infty\left(\alpha-\alpha_0-\frac{w_{\text{in}}}{U_e}\right) \tag{6-119}$$

将 α_{in} 代入以写出 C_L

$$C_L=\left(\frac{a_\infty}{1+\dfrac{a_\infty}{\pi eAR}}\right)(\alpha-\alpha_0) \tag{6-120}$$

因此 C_L 可以写成 $C_L=a(\alpha-\alpha_0)$ ，其中

$$a=\frac{a_\infty}{1+a_\infty/\pi eAR} \tag{6-121}$$

Prandtl 理论假定在翼展的每个位置上，翼上的所有涡旋集中在四分之一弦长处的一点上成为一单个的涡 Γ。考虑到它沿着翼展方向可能变化，Γ 的大小不是常值。因此，本地环量的强度 Γ 是一个关于 y 的函数。Prandtl 应用 Biot - Savart 法则来估计诱导下洗。可表示如下

$$w_{\text{in}}=\frac{1}{4\pi}\int_{y=-b/2}^{y=+b/2}\frac{1}{(y_1-y)}\frac{\mathrm{d}\Gamma}{\mathrm{d}y}\mathrm{d}y \tag{6-122}$$

根据 Kutta - Joukowski 定理，单位展向长度上的升力为 $L=\rho U_e\Gamma(y_1)$ 。因此，升力系数也可以表示如下

$$C_L=\frac{2L}{\rho U_e^2\bar{\bar{c}}}=a_\infty\left(\alpha-\alpha_0-\frac{1}{4\pi U_e}\int_{y=-b/2}^{y=+b/2}\frac{1}{(y_1-y)}\frac{\mathrm{d}\Gamma}{\mathrm{d}y}\mathrm{d}y\right)=\frac{2\Gamma}{U_e\bar{\bar{c}}} \tag{6-123}$$

Prandtl 求解这个积分得到了 Γ。因此这个解只适用于预测展弦比非常大的机翼的升力情况。对于小展弦比情况，$AR\to 0$，由小展弦比理论预测 $a=\dfrac{\pi AR}{2}$。为保证升力系数表达式可以同时适用于小展弦比和大展弦比情况，表达式可经验性地改写为

$$C_{L_\alpha} = a = \frac{a_\infty AR}{2 + \sqrt{4 + (2\pi AR/a_\infty)^2 (1 - M_\infty^2 + \tan^2\Lambda_{c/2})}} \tag{6-124}$$

其中 $\Lambda_{c/2}$ 为翼中弦处的后掠角。

最后考虑压缩性影响，将翼型的 Prandtl-Glauert 相似性规则推广为

$$a_\infty(M) = \frac{a_\infty|_{M=0}}{\sqrt{1-M_\infty^2}} \tag{6-125}$$

对于大展弦比机翼而言，Von Karman 和 Tsien（Shapiro[2]）将其相似性规则推广

$$a = \frac{a_\infty}{1 + \dfrac{M_\infty^2}{2} \dfrac{a_\infty}{1+\sqrt{1-M_\infty^2}}} \tag{6-126}$$

Laitone[3]给出了另外一种推广方式

$$a = \frac{a_\infty}{1 + \dfrac{M_\infty^2}{2} \dfrac{1 + \dfrac{\gamma-1}{2}M_\infty^2}{1+\sqrt{1-M_\infty^2}} a_\infty} \tag{6-127}$$

另外一种针对一般情况展弦比的经验公式[4]可表示为

$$a = K_{wb} \frac{a_\infty AR}{2 + \sqrt{4 + \left(\dfrac{2\pi\sqrt{1-M_\infty^2}AR}{a_\infty}\right)^2 \left(1 + \left(\dfrac{\tan\Lambda_{c/2}}{\sqrt{1-M_\infty^2}}\right)^2\right)}} \tag{6-128}$$

方程中的修正系数 K_{wb} 是一个关于机身投影面积与机翼投影面积之比的函数，其值一般在 0.93 和 1.006 5 之间变动。

最终需要强调，虽然前面讨论了对于有限展弦比机翼的升力系数表达式，但是对于稳定性计算来讲，中立点位置的机翼俯仰力矩系数才是重点。水平尾翼（ht）对于飞行器升力曲线的贡献可表达为

$$C_{L_\alpha}(ht) = (S_{ht}/S_w)\eta_{hte}(1 - \mathrm{d}\varepsilon/\mathrm{d}\alpha)C_{L_\alpha,ht} \tag{6-129}$$

在方程（6-129）中，S_{ht}/S_w 是平尾面积与机翼面积之比。η_{hte} 是平尾效率系数。$\mathrm{d}\varepsilon/\mathrm{d}\alpha$ 是跟机翼攻角相关的下洗角导数。$C_{L_\alpha,ht}$ 是平尾升力曲线斜率。

6.3.1 机身的升力与力矩

受机翼流场影响，机身对翼身俯仰力矩的贡献可以导致飞行器稳定性下降。根据瘦长体机身理论，机身上的升力分布可用下式表示

$$\mathrm{d}L/\mathrm{d}x = \rho U_e^2 \alpha \, \mathrm{d}S_f/\mathrm{d}x \tag{6-130}$$

其中 $S_f = \pi w_d^2/4$，是基于机身宽度算出的机身横断面积，w_d 为机身宽度，x 为气流方向的空间坐标。通常总的机身升力系数被认为是零，而机身升力分布产生的相对于机头（$x=0$ 处）的俯仰力矩等于

$$M_f = -\int_0^{x_f} x \frac{\mathrm{d}L}{\mathrm{d}x}\mathrm{d}x = -\rho U_e^2 \alpha \int_0^{x_f} x \frac{\mathrm{d}S_f}{\mathrm{d}x}\mathrm{d}x \tag{6-131}$$

分部积分可得

$$M_f = \rho U_e^2 \alpha \int_0^{x_f} S_f \mathrm{d}x = \rho U_e^2 \alpha V_f, V_f = \int_0^{x_f} S_f \mathrm{d}x \tag{6-132}$$

对飞行器俯仰力矩的影响为

$$C_{mf} = \frac{2M_f}{\rho U_e^2 S_w \bar{\bar{c}}} = \frac{2V_f}{S_w \bar{\bar{c}}} \alpha \tag{6-133}$$

因此俯仰力矩对攻角的导数增大了，使得飞行器中性点更靠近质心。因此机身对整个飞行器静稳定性产生负面作用。

6.3.2　机翼-尾翼干扰效应

在第 2 章估算平尾升力部分，介绍下洗角时，已经就机翼流场对尾翼的作用进行了建模。下洗角可认为是与诱导下洗成正比，可表示为

$$\varepsilon = \kappa C_L / \pi e AR, 0 \leqslant \kappa \leqslant 2 \tag{6-134}$$

$\kappa = 2$ 表示平尾相对于下洗气流的距离相对较远，但是处于下洗场当中。对于高平尾来讲不受机翼的影响，$\kappa = 0$。

通常认为下洗角只与攻角成正比，而不是应用方程（6 - 134）。下式从参考文献［4］中得出

$$\mathrm{d}\varepsilon / \mathrm{d}\alpha = \sqrt{2} \times \pi \left(K_a K_\lambda K_H \sqrt{\cos \Lambda_{c/2}} \right)^{1.19} \tag{6-135a}$$

$$K_a = \frac{1}{AR} - \frac{1}{1 + AR^{1.7}}, K_\lambda = \frac{(10 - 3\lambda)}{7}, K_H = \frac{(1 - h_H / b)}{\sqrt[3]{2 l_t / b}} \tag{6-135b}$$

在方程（6 - 135b）当中，AR 是机翼展弦比，λ 为机翼根梢比，h_H/b 是水平尾翼相对于机身的高度同翼展的比值，l_t/b 是平尾气动中心与机翼气动中心之间的距离同翼展的比值。

6.3.3　估算机翼最大升力系数

为了估算现代增升装置对 $C_{L_{\max}}$ 增加的影响，可能会用到下面的这种简便方法。首先，$C_{L_{\max}}$ 的变化由下式决定

$$\Delta C_{L_{\max}} = \Delta c_{l\max} \left(\frac{S_{\text{flap}}}{S_{\text{ref}}} \right) \cos(\Lambda_{hl}) \tag{6-136}$$

其中 $\Delta c_{l_{\max}}$ 是翼型 c_l 最大的增量，根据特定的襟翼系统可得出该值。S_{flap} 是襟翼延伸出的机翼面积，Λ_{hl} 是铰链位置处的后掠角。$\Delta c_{l_{\max}}$ 可以通过多种手段得到，如实验测试数据，也可以通过表 6 - 8 来近似。需要指出的是，此表给出的数值是在最优的攻角和襟翼偏转角情况下所能达到的最大增加值。由于同一些极端襟翼配置（比如襟翼偏转了将近 50°）相关的诱导阻力的存在，这种设置通常只适用于着陆的情况。起飞情况下的襟翼一般为 25°，此时的 $\Delta c_{l_{\max}}$ 大约为降落时的 70%。

表 6-8　增升装置产生的翼型升力系数增量（引自 Raymer[5]）

增升装置	$\Delta c_{l\max}$
后缘襟翼	
平的	0.9
单开缝	1.3
富勒襟翼	1.3（c_f/c）
双缝	1.6（c_f/c）
三缝	1.9（c_f/c）
前缘装置	
固定式翼缝	0.2
下垂前缘	0.3
克鲁格襟翼	0.3
前缘条板襟翼	0.4（c_f/c）

6.3.4　阻力估算

诱导阻力是三维升力在阻力方向的分量

$$D_i = L\sin\alpha_{in}\text{，或 } C_{D_i} = C_L\sin\alpha_{in} \tag{6-137}$$

由于 α_{in} 较小，则 $\sin\alpha_{in}=\alpha_{in}$，之后

$$C_{D_i} = C_L\alpha_{in} = C_L\frac{C_L}{\pi eAR} = \frac{C_L^2}{\pi eAR} \tag{6-138}$$

对于椭圆翼来说，翼展效率系数 e 取值为 1。对于常见机翼形状，e 值通常取 0.5 到 1 之间。Oswald 翼展效率因子经常表示为

$$e = \frac{1}{k} \tag{6-139}$$

其中 k 为 Oswald 反翼展效率因子，可由以下经验公式得到

$$k = 4.61(1-0.045AR^{0.65})(\cos\Lambda_{LE})^{0.15} - 3.1 \tag{6-140}$$

对于由多个部件组成的飞行器来说，总的 k 值是由每个独立部分的 k 值求和而得的。更多计算 Oswald 翼展效率系数方法的内容可见参考文献［6］。

总的阻力是翼型阻力与诱导阻力之和

$$C_D = C_{D0} + \frac{C_L^2}{\pi eAR} \tag{6-141}$$

飞行器上有许多减小诱导阻力的装置。翼尖小翼是其中最有效、应用最广的装置。另外，在翼尖处携带了附加油箱的喷气战斗机的诱导阻力也会小幅减小。所有这些装置都抑制了翼尖湍流，从而也就减小了下洗与诱导阻力。然而，第 3 章指出，翼型阻力是由蒙皮摩擦阻力和形阻所组成的。其中蒙皮摩擦阻力是构成翼型阻力的主要部分。在流场中，机翼表面上的面元将会受到一个与此表面相切的剪应力和一个与此表面相正交的压力。该剪应力乘以面元的面积就得到剪力。此剪力沿自由流动方向的分量造成了蒙皮摩擦阻力。总

的来说，蒙皮摩擦阻力的阻力系数可以用下式来计算

$$C_{D0}=C_fFQ\frac{S_{\text{wet}}}{S_{\text{ref}}} \tag{6-142}$$

其中 F 为形状因子，Q 为干扰因子，C_f 为机身平均蒙皮摩擦系数，$S_{\text{ref}}=S_w$ 为机翼平面面积。当 $FQ=1$ 时，$C_{D0}=C_fS_{\text{wet}}/S_{\text{ref}}$。总的摩擦阻力是由整个浸湿面积上的剪力分布积分而来。要不然也可以通过摩擦阻力系数（即用动压值对其进行了无量纲化的剪应力）在整个浸湿面积上的积分来求总的摩擦阻力系数。湍流边界层处（$Re>10^7$）的蒙皮摩擦阻力系数通常基于实验来确定，通过对测得数据的曲线拟合整理而成。有两个常见的近似结果：适用于各种雷诺数情况的 Von Karman 的精确对数拟合和适用于不可压缩流体的幂定律拟合，其表达式分别如下

$$C_f=\frac{0.455}{[(\log Re)^{2.58}]},\ C_f=\frac{0.074}{[(Re)^{0.2}]} \tag{6-143a}$$

对于可压缩流体可近似写成

$$C_f=\frac{(C_f)_{\text{incompressible}}}{[(1+0.144M^2)^{0.65}]} \tag{6-143b}$$

英国工程数据库（ESDU69011[8]，ESDU69020[9]）当中的 Spalding 和 Chi[7] 的近似方法是一种更好的近似。

对于层流情况（$Re<5\times10^5$）而言，包括压缩性修正的近似表达式为

$$C_f=\frac{1.328}{(Re)^{0.5}(1+0.12M^2)^{0.12}} \tag{6-143c}$$

对于机翼而言，其雷诺数基于其外露部分的平均气动弦长求得；对于机身或短舱而言，其雷诺数则基于其长度。对于多数飞行器而言，其周围的流场大部分都是湍流，所以摩擦系数可以用湍流边界层的公式求得。

形状因子 F 是用来度量某一特定形状的成流线型程度的。因此它对翼型阻力有较大影响，因为较细的机体产生较小的反向压力梯度，进而减小尾部附近的边界层增厚现象。形状因子是关于飞行器各部分细长比的函数。对于机翼而言，是关于厚度同弦长的比 t/c 的函数。总的来说，细长比越小，形状因子越小，虽然某些形状（如钝的尾缘）比其他形状有更大的压差阻力。典型机翼的形状因子公式可表示成如下形式

$$F_{\text{wing}}=[(F^*-1)\cos^2\Lambda_{0.5c}]+1,\ F^*=1+\frac{t_{\max}}{\bar{c}}\left[3.3-\frac{t_{\max}}{\bar{c}}\left(0.008-27\frac{t_{\max}}{\bar{c}}\right)\right] \tag{6-144a}$$

总的来说，形状因子公式有几种固定模式

$$F^*=F_0^*\left\{1+L_W\frac{t_{\max}}{\bar{c}}+f_2\left(\frac{t_{\max}}{\bar{c}}\right)^2\right\} \tag{6-144b}$$

这些固定模式总结于表 6-9 中。

表 6-9　形状因子估算（Gur，Mason，and Schetz[10]）

名称	L_W	f_2	F_0^*
Hoerner [11]	2	60	1
Torenbeek[12]	2.7	100	1
Nikolai [13,14]，Raymer [5]	$0.6/\max\left(\frac{x}{c}\right)$	100	$1.34M^{0.18}[\cos(S_{w\_max\_thickline})]^{0.28}$
无后掠低速情况 最厚处 $x/c=0.3$	2	100	1

对于长为 l，宽为 d 的机身而言，其典型的形状因子估算表达式为

$$F^* = \left\{1+0.0025\frac{l}{d}+60\left(\frac{l}{d}\right)^{-3}\right\} \tag{6-145}$$

翼型阻力不只由各部分的尺寸和形状决定，还由不同部件之间以及部件周围的气动耦合决定。干扰因子的值可以从 1（比如对于机身与表面无棱角的机翼）到 1.5（比如对于机身上部凸起的短舱）不等。

空气只能影响到其接触到的表面，同时也只能被这些表面影响。所以，同摩擦或压力作用相联系的面积是浸湿面积，即真正暴露在空气当中的面积。这个值完全由飞行器的几何外形决定，并且在实际当中很难估计。一种简单常用的估计方法是

$$S_{\text{wet}} = 2S_w \text{ 或 } S_{\text{wet}} = 3S_w \tag{6-146}$$

其他影响翼型阻力的是：副翼效应、螺旋桨旋转、引擎或推进效应、底部阻力效应，以及渗漏和凸起效应。

6.4　纵向气动导数估算

计算稳定性导数的一种可行方法是：建立未知导数同多种气动参数组成的极小集之间的联系。这些气动参数可从基本的气动力和气动力矩当中得出。这些力和力矩通过沿着风轴分解，并依据标准做法进行无量纲化得到气动参数。为完成这一过程，首先要进行一系列关于平衡态或配平状态的确定。配平方程可以用来减小未知独立气动参数的数量。总的来说，选取的气动参数应可以用计算（理论求解或者数值方法模拟）或者实验测量的方法得出。

考虑一般飞行配平状态，假设控制面固定，我们作一简要讨论。

在一般飞行情况下，假设 θ 和 i_E 的初始值为零。平衡飞行状态为：

1）力平衡，x 轴：$T_0=\left(\sum D\right)_0$

2）力矩平衡，z 轴：$mg=\left(\sum L\right)_0$

假设考虑平衡飞行时爬升角等于零，当 $\alpha_E=\theta$ 且 θ 很小但不等于零的时候，升力和阻力两个方向的干扰力分别为

$$X = L\sin\alpha_E - D\cos\alpha_E + T = \frac{\rho V^2 S_w}{2}[C_L \sin\alpha_E - C_D\cos\alpha_E + C_T] \tag{6-147a}$$

$$Z = -L\cos\alpha_E - D\sin\alpha_E = -\frac{\rho V^2 S_w}{2}[C_L\cos\alpha_E + C_D\sin\alpha_E] \tag{6-147b}$$

进而扰动力矩方程可以写成

$$M = \frac{1}{2}\rho V^2 S_w \bar{\bar{c}} C_m \tag{6-148}$$

通常在气动中心处估算。

升力系数可以写成三部分的和

$$C_L = C_{L_W} + C_{L_F} + C_{L\alpha_T}\alpha_T \tag{6-149a}$$

阻力系数可写成（具体可参考 6.3.4 节阻力估算部分）

$$C_D = C_{D_W} + C_{D_0} + C_{D_T} + C_{D_{\text{Other}}} \tag{6-149b}$$

飞行器气动中心处的力矩系数

$$C_{M_{ac}} = (C_{M_{ac}})_{\text{wing}} + \left(\frac{\partial C_{M_{ac}}}{\partial\alpha}\right)_{\text{fuselage}}\alpha_{\text{fuselage}} + \left(\frac{\partial C_{M_{ac}}}{\partial\alpha}\right)_{\text{tailplane}}\alpha_T \tag{6-149c}$$

根据第 2 章式（2-46）定义，平尾攻角可用机翼攻角表示，因此上式中可以消去平尾攻角。分别对上面给出的 X，Y 和 M 在各个扰动自由度上求偏微分，可以得出各个稳定性导数的表达式。因此关于前向速度扰动的稳定性表达式可以通过如下方式求解

$$\begin{gathered}\frac{1}{\frac{1}{2}\rho V^2 S_w}\frac{\partial X}{\partial u} = \left(\frac{\partial C_L}{\partial u}\theta + C_L\frac{\partial\theta}{\partial u} - \frac{\partial C_D}{\partial u} + C_D\theta\frac{\partial\theta}{\partial u}\right) + \\ \frac{2}{V}(C_L\theta - C_D)\frac{\partial V}{\partial u} + \frac{1}{\frac{1}{2}\rho V^2 S_w}\frac{\partial T}{\partial u}\end{gathered} \tag{6-150}$$

只保留线性项，且由于 $\frac{\partial V}{\partial u}\approx 1$

$$\frac{1}{\frac{1}{2}\rho V S_w}\frac{\partial X}{\partial u} = -V\frac{\partial C_D}{\partial u} - 2C_D + \frac{1}{\frac{1}{2}\rho V S_w}\frac{\partial T}{\partial u} \tag{6-151}$$

考虑稳定配平状态下的攻角 α_E 影响，假设配平攻角很小，推力方向相关系数为

$$\frac{1}{\frac{1}{2}\rho V S_w}\frac{\partial X}{\partial u} = -V\frac{\partial C_D}{\partial u} - 2C_D + 2C_T + 2C_L\alpha_E + V\frac{\partial C_T}{\partial u} \tag{6-152}$$

类似地，相应的 Z 方向导数

$$\frac{1}{\frac{1}{2}\rho V S_w}\frac{\partial Z}{\partial u} = -V\frac{\partial C_L}{\partial u} - 2C_L - 2C_D\alpha_E \tag{6-153}$$

另外，压缩效应也可以考虑进其中。可以注意到

$$V\frac{\partial}{\partial u} \approx M_\infty\frac{\partial}{\partial M_\infty} = -\frac{M_\infty^2}{\sqrt{1-M_\infty^2}}\frac{\partial}{\partial\sqrt{1-M_\infty^2}} \tag{6-154}$$

关于阻力系数的导数为

$$V\frac{\partial C_D}{\partial u}=V\frac{\partial C_{D0}}{\partial u}+\frac{2C_L}{\pi eAR}V\frac{\partial C_L}{\partial u} \tag{6-155}$$

因此，对于 Prandtl－Glauert 相似性法则下的二维翼型来说

$$V\frac{\partial C_L}{\partial u}\approx-\frac{M_\infty^2}{1-M_\infty^2}C_L \tag{6-156}$$

升力系数关于自由流马赫数的导数值可以通过前面部分给出的升力曲线图计算出。

另外，对于现代喷气发动机飞行器，推力是常值

$$C_T=\frac{T}{\frac{1}{2}\rho V^2S} \tag{6-157}$$

对于螺旋桨引擎功率是常值的情况

$$C_T=\frac{P}{\frac{1}{2}\rho V^3S} \tag{6-158}$$

因此

$$V\frac{\partial C_T}{\partial u}\approx-nC_T \tag{6-159}$$

其中 $n=2$ 表示引擎推力为常值，$n=3$ 表示引擎功率为常值。推力系数可以在平衡状态下估算出来

$$C_T=C_{T0}=C_L\sin\alpha_E-C_D\cos\alpha_E \tag{6-160}$$

由于 $\frac{\partial V}{\partial w}\approx0$，$\frac{\partial w}{\partial\alpha}\approx V$，且 $\frac{\partial T}{\partial w}=0$，我们也可以给出

$$\frac{1}{\frac{1}{2}\rho VS_w}\frac{\partial X}{\partial w}=-\frac{\partial C_D}{\partial\alpha}+C_L \tag{6-161}$$

以及

$$\frac{1}{\frac{1}{2}\rho VS_w}\frac{\partial Z}{\partial w}=-\frac{\partial C_L}{\partial\alpha}-C_D \tag{6-162}$$

要得到升力系数关于攻角的导数（这些导数通常而言非常重要），首先需知道机翼展弦比、压缩效应、控制面占局部翼展还是全部翼展的相关信息。与攻角相关的阻力系数主要由两个主要部分组成：一部分是与翼型阻力相关，一部分是与诱导阻力相关。因此阻力系数可表示如下

$$C_D=C_{D_0}+C_{Di}\text{，}C_{Di}=\frac{C_L^2}{e\pi A} \tag{6-163}$$

其中 $e=\frac{1}{k}=\frac{1}{1+\delta}$ 为 Oswald 翼展效率因子。上式可进一步写成

$$\frac{\partial C_D}{\partial\alpha}=2\frac{C_L}{e\pi A}\frac{\partial C_L}{\partial\alpha} \tag{6-164}$$

要得到前向飞行时稳态俯仰力矩系数关于前向速度扰动量的导数，我们可以将俯仰力矩系数表示如下

$$\frac{1}{\frac{1}{2}\rho V^2 S_w \bar{\bar{c}}}\frac{\partial M}{\partial u}=\frac{2}{V}C_m+\frac{\partial C_m}{\partial u} \tag{6-165}$$

考虑速度变化引发的推力变化及其影响，我们把上式修改成如下

$$\frac{1}{\frac{1}{2}\rho V^2 S_w \bar{\bar{c}}}\frac{\partial M}{\partial u}=\frac{2}{V}C_m+\frac{\partial C_m}{\partial u}+\frac{mr_T\bar{\bar{c}}}{I_{yy}}\frac{\partial C_T}{\partial u} \tag{6-166}$$

其中 r_T 表示推力矢量的俯仰方向力臂。

当平衡态 C_m 值等于零的时候，俯仰力矩导数由俯仰力矩系数的导数得出。

飞行器气动中心处的力矩系数可表示为

$$C_{M_{ac}}=-(H_n)\frac{\partial C_L}{\partial \alpha}\alpha \tag{6-167}$$

其中

$$H_n=-\frac{\partial C_{M_{ac}}}{\partial C_L} \tag{6-168}$$

为稳定性裕度。力矩系数为机翼、机身和平尾三个部分之和。因此

$$\frac{1}{\frac{1}{2}\rho V S_w \bar{\bar{c}}}\frac{\partial M_{ac}}{\partial w}=\frac{\partial C_{M_{ac}}}{\partial \alpha} \tag{6-169}$$

另外，计算关于俯仰角和俯仰角速度的导数，应将机翼部分和平尾部分影响分开考虑。平尾部分由稳定俯仰转动引起的攻角摄动很容易估算。由俯仰转动引起的平尾下洗可近似表示为 $w=l_t$，$\theta=l_t q$，因此平尾攻角摄动为 $\alpha_t=ql_t/V$。故其导数

$$\frac{\partial \alpha_T}{\partial q}=\frac{l_t}{V} \tag{6-170}$$

平尾对 x 方向力的作用

$$X=-\frac{1}{2}\rho V^2 S_T C_{D_T} \tag{6-171}$$

因此

$$X=-\frac{1}{2}\rho V^2 S_w\frac{\partial C_{D_T}}{\partial \alpha_T}\frac{S_T}{S_W}\frac{l_t}{\bar{\bar{c}}}\frac{q\bar{\bar{c}}}{V} \tag{6-172}$$

此处引入平尾机身体积比 $\bar{V}_T=\frac{S_T}{S_w}\times\frac{l_t}{\bar{\bar{c}}}$ 以及 $\bar{q}$，其中

① 有的参考书定义 $\bar{q}=\frac{q\bar{\bar{c}}}{2V}$。

$$\bar{q}=\frac{q\bar{\bar{c}}}{V},\ \frac{1}{\frac{1}{2}\rho V^2 S_w}\frac{\partial X}{\partial \bar{q}}=-\bar{V}_T\frac{\partial C_{D_T}}{\partial \alpha_T} \tag{6-173}$$

同样

$$\frac{1}{\frac{1}{2}\rho V^2 S_w}\frac{\partial Z}{\partial \bar{q}}=-\bar{V}_T\frac{\partial C_{L_T}}{\partial \alpha_T} \tag{6-174}$$

以及

$$C_{M_{ac},\bar{q}}=\frac{1}{\frac{1}{2}\rho V^2 S_w}\frac{\partial M_{ac}}{\partial \bar{q}}=-\bar{V}_T\frac{l_t}{\bar{\bar{c}}}\frac{\partial C_{L_T}}{\partial \alpha_T} \tag{6-175}$$

这是另外一个非常重要的稳定性导数，它可以获得飞行器的俯仰阻尼。

在与加速度项有关的扰动方面，可以用下洗滞后效应来分析估算平尾攻角相对于机翼法向加速度的导数。假设水平尾翼沉浸于下洗气流当中，这样，当机翼攻角发生变化时，这种变化经过一个确定的时间延迟影响到平尾，这个延迟时间就是扰动从机翼传递到平尾所需要的时间。因此平尾当前时刻的下洗同之前某一时刻的攻角变化相关。

为了估算下洗滞后，我们考虑下洗，并且将其关于攻角展开成泰勒公式形式如下（其中 $\alpha=\alpha_w$）

$$\varepsilon(t-\Delta t)=\varepsilon_0+\frac{\partial\varepsilon(t-\Delta t)}{\partial\alpha(t-\Delta t)}\left(\alpha-\Delta t\dot{\alpha}+\frac{(\Delta t)^2}{2}\ddot{\alpha}-\cdots\right) \tag{6-176}$$

其中无量纲时间变量 $\tau=\left(\frac{2V}{\bar{\bar{c}}}\right)t$，并且可以看出 $\Delta t=\frac{l_t}{V}$，进而就有 $\Delta\tau=\frac{2l_t}{\bar{\bar{c}}}$ 并且平尾处的下洗可以写成

$$\varepsilon=\varepsilon_0+\frac{\partial\varepsilon}{\partial\alpha}\left(\alpha-\frac{2l_t}{\bar{\bar{c}}}\alpha'+\frac{1}{2}\left(\frac{2l_t}{\bar{\bar{c}}}\right)^2\alpha''-\cdots\right) \tag{6-177}$$

其中 $\varepsilon_0=-\frac{\partial\varepsilon}{\partial\alpha}i_0$，因为零升情况没有下洗，另外 $(')=\frac{\partial}{\partial\tau}$。

但是从方程（2-43）和（2-44）可知

$$\alpha_T=\alpha_w-i_w+i_T-\varepsilon \tag{6-178}$$

方程（6-178）和（6-177）联立可得

$$\alpha_T=(\alpha_w-i_0)\left(1-\frac{\partial\varepsilon}{\partial\alpha_T}\right)+i_T+i_0-i_w+\frac{\partial\varepsilon}{\partial\alpha_T}\left[\frac{2l_t}{\bar{\bar{c}}}\alpha'-\frac{1}{2}\left(\frac{2l_t}{\bar{\bar{c}}}\right)^2\alpha''\right] \tag{6-179}$$

考虑平尾对俯仰力矩系数的影响

$$(C_m)_{\text{tail}}=\left(\frac{dC_m}{d\alpha}\right)_{\substack{\text{tail}\\ \text{part}}}\alpha_T=-\left(\frac{dC_L}{d\alpha}\right)_{\substack{\text{tail}\\ \text{part}}}\frac{l_t}{\bar{\bar{c}}}\frac{S_T}{S_w}\alpha_T \tag{6-180}$$

联立（6-179）和（6-180）可得

$$\frac{dC_m}{d\alpha'}=\frac{dC_m}{d\alpha_T}\frac{\partial\alpha_T}{\partial\alpha'}=C_{m_{\alpha'}}=-(C_{L_\alpha})_{\text{tail}}\frac{l_t}{\bar{\bar{c}}}\frac{S_T}{S_w}\times\frac{\partial\varepsilon}{\partial\alpha_T}\frac{2l_t}{\bar{\bar{c}}}=2C_{M_{ac},\bar{q}}\frac{\partial\varepsilon}{\partial\alpha_T} \tag{6-181}$$

将其与（6－175）联立可得

$$\frac{1}{\frac{1}{2}\rho\bar{\bar{c}}^2S_w}\frac{\partial M_{ac}}{\partial\dot{w}}=\frac{1}{2}\frac{\partial C_m}{\partial\alpha'}=\frac{1}{2}C_{m_{\alpha'}}=C_{M_{ac},\bar{q}}\frac{\partial\varepsilon}{\partial\alpha_T}=\frac{1}{\frac{1}{2}\rho V^2S_w}\frac{\partial M_{ac}}{\partial\bar{q}}\frac{\partial\varepsilon}{\partial\alpha_T}\quad(6-182)$$

其他同加速度相关的导数也可用类似方法求得。整理如下

$$\frac{1}{\frac{1}{2}\rho\bar{\bar{c}}S_w}\frac{\partial X}{\partial\dot{w}}=\frac{1}{\frac{1}{2}\rho V\bar{\bar{c}}S_w}\frac{\partial X}{\partial\bar{q}}\frac{\partial\varepsilon}{\partial\alpha}\quad(6-183)$$

以及

$$\frac{1}{\frac{1}{2}\rho\bar{\bar{c}}S_w}\frac{\partial Z}{\partial\dot{w}}=\frac{1}{\frac{1}{2}\rho V\bar{\bar{c}}S_w}\frac{\partial Z}{\partial\bar{q}}\frac{\partial\varepsilon}{\partial\alpha}\quad(6-184)$$

向前，向上以及俯仰方向的关于速度 u 和 w、俯仰角速度以及法向加速度 $\dot{w}$ 的十二个纵向稳定性导数已经在方程（6－152），（6－153），（6－161），（6－162），（6－166），（6－169），(6－173）～（6－175）和（6－182）～（6－184）当中同气动系数建立关系。

6.5　横向气动导数估算

为了得到横向气动导数，我们主要考虑图 6－1 中的侧滑角 β 以及稳定侧滑中的飞行器受到的力和力矩（图 6－2）。飞行器在侧滑速度方向是平衡的，因此 y 方向的力平衡方程为

$$Y=mg\sin\phi\quad(6-185)$$

由翼或者横向阻力引起的侧向力主要由垂尾、机身、机翼上反角以及发动机舱引起。假设侧向力主要由机身和垂直尾翼提供，因此侧向力 Y 可表示为

$$Y=\frac{1}{2}\rho V^2S_sC_{Y_B}\beta-\frac{1}{2}\rho V^2S_v\left(\frac{\mathrm{d}C_L}{\mathrm{d}\alpha}\right)_{\text{vt—tail}}\beta\quad(6-186)$$

其中，S_s 为机身侧向面积，S_v 为垂尾面积，C_{Y_B} 为机身侧向力系数。

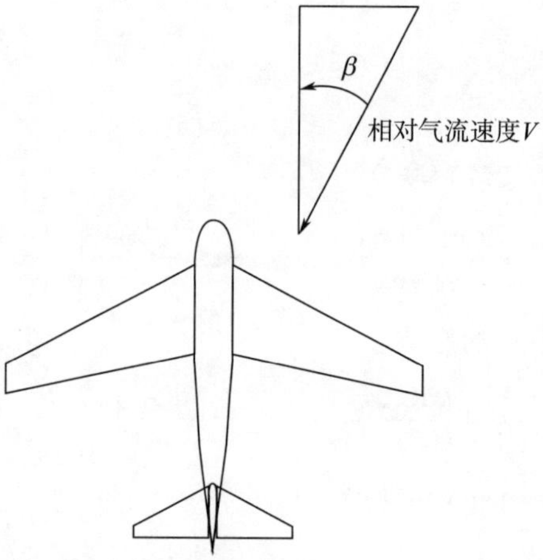

图 6－1　侧滑角的定义

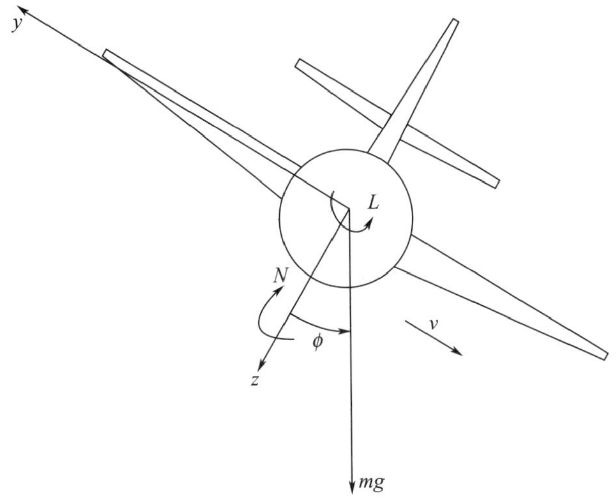

图 6-2　飞行器稳定侧滑情况下的侧滑速度 v，滚转角 ϕ 以及相关的力矩

同平尾的诱导下洗概念相似，我们引入诱导侧洗这样的概念来描述机翼尾流与垂尾之间的影响。因此，假设由尾迹诱发的侧洗角 σ 可以这样给出

$$\sigma = (\partial\sigma/\partial\beta)\beta \tag{6-187}$$

其中 $\dfrac{\partial\sigma}{\partial\beta}$ 为常数。从涡流的特性来看，可以预测到这种效应会极大地减小侧滑角。因此侧向力 Y 可表示为

$$Y = \frac{1}{2}\rho V^2 S_s C_{Y_B}\beta - \frac{1}{2}\rho V^2 S_v\left(\frac{\mathrm{d}C_L}{\mathrm{d}\alpha}\right)_{\text{vt-tail}}\left(1-\frac{\partial\sigma}{\partial\beta}\right)\beta \tag{6-188}$$

由此得出

$$C_{Y_\beta} = \frac{S_s}{S_w}C_{Y_B} - \frac{S_v}{S_w}\left(\frac{\mathrm{d}C_L}{\mathrm{d}\alpha}\right)_{\text{vt-tail}}\left(1-\frac{\partial\sigma}{\partial\beta}\right) \tag{6-189}$$

在控制面固定的情况下，侧滑角的滚转力矩导数是由翼上反、机翼和垂直尾翼的共同效应产生的。在初步估算当中可以忽略机身的作用。由侧滑摄动引起的滚转力矩可以通过将机翼模型简化为一系列展向分布的片条来得到

$$L = -\frac{1}{2}\rho V^2\left(\frac{2v}{V}\right)\left[\int_0^s\left(\left(C_{l_\alpha}\right)_{\substack{\text{local}\\ \text{wing}}}\Gamma + 2C_L\tan\Lambda_{\frac{1}{4}}\right)c(y)y\,\mathrm{d}y\right] \tag{6-190}$$

垂尾对滚转力矩的影响可以通过垂尾产生的侧向力对滚转轴的力矩求得

$$L_{\text{vt-tail}} = -\frac{1}{2}\rho V^2 Sb\left(C_{l_\alpha}\right)_{\text{vt-tail}}\bar{V}_{\text{vt-tail}}\frac{z_v}{l_v}\left(1-\frac{\partial\sigma}{\partial\beta}\right)\frac{v}{V},\ \bar{V}_{\text{vt-tail}} = \frac{S_V l_v}{Sb} \tag{6-191}$$

其中 $\bar{V}_{\text{vt-tail}}$ 是垂尾机身体积比，z_v/l_v 是垂尾压心同飞行器 x 轴之间的距离与垂尾压心同飞行器质心之间的水平距离之比。这样滚转力矩系数就很容易得出。

侧滑引起的偏航力矩完全由垂尾产生，可通过计算垂尾侧向力对偏航轴产生的力矩来得到

$$N=\frac{1}{2}\rho V^2 Sb\,(C_{l_\alpha})_{\text{vt-tail}}\bar{V}_{\text{vt-tail}}\left(1-\frac{\partial\sigma}{\partial\beta}\right)\frac{v}{V} \tag{6-192}$$

采用 3D 升力面法或者片条理论法可以估算出由滚转角速度引起的滚转力矩。估算侧向力导数与偏航力矩导数，同样可以使用 3D 升力面法或片条理论，另外，由于这些导数主要由垂尾载荷与侧滑引起的修正偏航力矩产生，所以也可以据此估算。估算偏航角速度相关导数也可以采用类似方法。

滚转速率影响到的横向导数有侧向力导数、滚转力矩导数与偏航力矩导数。首先考虑由滚转速率引起的侧向力变化，侧向力系数可这样估算：滚转角速度恒定时，垂尾上任意垂直位置的攻角与滚转速率之间的关系如下

$$\alpha\approx\tan\alpha=\frac{pz}{V} \tag{6-193}$$

沿垂尾某个弦向片条上由此增加的侧向力为

$$\delta Y=-\frac{1}{2}\rho V^2\,(C_{l_\alpha})_{\text{vt-tail}}\,\frac{pz}{V}c\,(z)\,\mathrm{d}z \tag{6-194}$$

沿垂尾高度方向积分

$$Y=-\frac{1}{2}\rho VSb\times\frac{p}{Sb}\int_0^{z_F}(C_{l_\alpha})_{\text{vt-tail}}c\,(z)\,z\,\mathrm{d}z \tag{6-195}$$

分析滚转速度引起的滚转力矩变化，首要考虑恒定滚转速度在机翼沿翼展方向任意坐标值处产生的当地攻角偏差

$$\alpha\approx\tan\alpha=\frac{py}{V} \tag{6-196}$$

右侧机翼弦向片条上面因升力与阻力增加而产生的侧向力增量

$$\delta Z=-\delta\,\mathrm{Lift}\cos\left(\frac{py}{V}\right)-\delta D\sin\left(\frac{py}{V}\right)=-\delta\,\mathrm{Lift}-\delta D\left(\frac{py}{V}\right) \tag{6-197a}$$

其中

$$\delta\,\mathrm{Lift}=\frac{1}{2}\rho V^2 C_{l_\alpha}\left(\alpha_e+\frac{py}{V}\right)c(y)\mathrm{d}y \tag{6-197b}$$

以及

$$\delta D=\frac{1}{2}\rho V^2 C_D c(y)\mathrm{d}y \tag{6-197c}$$

因此，由滚转速率引起的滚转力矩增量可表示为

$$\delta L=-\frac{1}{2}\rho V^2\left(C_{l_\alpha}\alpha_e+(C_{l_\alpha}+C_D)\frac{py}{V}\right)c(y)y\,\mathrm{d}y \tag{6-198}$$

只考虑滚转速率的影响，在整个翼展上积分

$$L=-\frac{1}{2}\rho V^2 Sb^2\times\frac{2p}{VSb^2}\int_0^s(C_{l_\alpha}+C_D)c(y)y^2\mathrm{d}y \tag{6-199}$$

分析滚转速率对偏航力矩的影响，与计算滚转力矩影响相似，首先得到恒定滚转速率下右侧机翼任意展向位置上的弦向片条处增加的升力与阻力

$$\delta X = \delta \text{Lift}\sin\left(\frac{py}{V}\right) - \delta D\cos\left(\frac{py}{V}\right) = \delta\text{Lift}\left(\frac{py}{V}\right) - \delta D \tag{6-200}$$

其中

$$\delta\text{Lift} = \frac{1}{2}\rho V^2 C_{l_\alpha}\left(\alpha_e + \frac{py}{V}\right)c(y)\mathrm{d}y \tag{6-201}$$

由于只有左右机翼阻力差值对偏航力矩有影响。阻力变化可表示为

$$\delta D = \frac{1}{2}\rho V^2 \frac{\partial C_D}{\partial\alpha}\left(\alpha_e + \frac{py}{V}\right)c(y)\mathrm{d}y \tag{6-202}$$

因此，滚转力矩引起的偏航力矩增量

$$\delta N = -\frac{1}{2}\rho V^2\left(C_l - \frac{\partial C_D}{\partial\alpha}\right)\left(\frac{py}{V}\right)c(y)y\mathrm{d}y \tag{6-203}$$

只考虑滚转速率的影响，在整个翼展上积分

$$N = -\frac{1}{2}\rho V^2 Sb^2 \times \frac{2p}{VSb^2}\int_0^s\left(C_l - \frac{\partial C_D}{\partial\alpha}\right)c(y)y^2\mathrm{d}y \tag{6-204}$$

侧向力、滚转力矩与偏航力矩关于偏航角速度导数的推导过程与滚转角速度的计算过程相似。

先考虑偏航角速度引起的侧向力：垂尾上任意垂直位置处恒定偏航角速度引起的当地攻角变化为

$$\alpha \approx \tan\alpha = \frac{rl_v}{V} \tag{6-205}$$

其中 l_v 是偏航当中垂尾气动中心相对于飞行器偏航轴之间的水平距离。

为了估算偏航角速度引起的侧向力，考虑垂尾上的任意位置弦向片条处侧向力增量

$$\delta Y = \frac{1}{2}\rho V^2 (C_{l_\alpha})_{\text{vt-tail}}\frac{rl_v}{V}c(z)\mathrm{d}z \tag{6-206}$$

在垂尾高度上积分

$$Y = \frac{1}{2}\rho VSb \times \frac{rl_v}{Sb}\int_0^{zF}(C_{l_\alpha})_{\text{vt-tail}}c(z)\mathrm{d}z \tag{6-207}$$

因此

$$Y = \frac{1}{2}\rho VSb(C_{l_\alpha})_{\text{vt-tail}} \times \frac{S_V l_v}{Sb}r = \frac{1}{2}\rho VSb(C_{l_\alpha})_{\text{vt-tail}} \times \bar{V}_{\text{vt-tail}}r \tag{6-208}$$

计算偏航角速度引起的滚转力矩，考虑右侧机翼任意位置的弦向片条处的当地空速

$$V_r = V - ry \tag{6-209}$$

此片条处的升力增加值为

$$\delta\text{Lift} = \frac{1}{2}\rho(V - ry)^2 C_{L_y}c(y)\mathrm{d}y \tag{6-210}$$

因此偏航速度引起的滚转力矩为

$$\delta L = -\frac{1}{2}\rho V^2\left(1 - \frac{2ry}{V}\right)C_{L_y}c(y)y\mathrm{d}y \tag{6-211}$$

只考虑偏航角速度的影响，在整个翼展上积分

$$L=\frac{1}{2}\rho VSb^{2}\times\frac{4r}{Sb^{2}}\int_{0}^{s}C_{L_{y}}c(y)y^{2}\mathrm{d}y \tag{6-212}$$

当升力系数 C_{L_y} 为常值时，公式右侧的积分值完全由机翼的几何形状决定并可以被精确求出。对于矩形翼而言上式可简化为

$$L=\frac{1}{2}\rho VSb^{2}\times\frac{C_{L_{y}}}{6}r \tag{6-213}$$

另外还可以通过侧向力表达式计算出垂尾引起的滚转力矩。因此垂尾引起的附加滚转力矩为

$$L_{\text{r-fin}}=\frac{1}{2}\rho VSb(C_{l_{\alpha}})_{\text{vt-tail}}\times\bar{V}_{\text{vt-tail}}z_{v}r \tag{6-214}$$

其中 z_v 为垂尾压心同飞行器 x 轴之间的距离。

在估算偏航角速度引起的偏航力矩时，仍然是考虑右侧机翼的弦向片条，片条上的当地空速由式（6-209）给出。由此产生的此片条上的阻力变化为

$$\partial D=\frac{1}{2}\rho(V-ry)^{2}C_{D_{y}}c(y)\mathrm{d}y \tag{6-215}$$

因此，考虑由此引起的偏航力矩增量

$$\partial N=\frac{1}{2}\rho V^{2}\left(1-\frac{2ry}{V}\right)C_{D_{y}}c(y)y\mathrm{d}y \tag{6-216}$$

考虑到滚转角速度产生的力矩增量在翼展上的分布，将其积分

$$N=-\frac{1}{2}\rho VSb^{2}\times\frac{4r}{Sb^{2}}\int_{0}^{s}C_{D_{y}}c(y)y^{2}\mathrm{d}y \tag{6-217}$$

与滚转力矩的情况类似，垂尾产生的作用可以很容易加进来（通过计算其侧向力相对于偏航转动中心产生的力矩）

$$N=-\frac{1}{2}\rho VSb^{2}\times\frac{4r}{Sb^{2}}\int_{0}^{s}C_{D_{y}}c(y)y^{2}\mathrm{d}y+\frac{1}{2}\rho VSb(C_{l_{\alpha}})_{\text{vt-tail}}\times\bar{V}_{\text{vt-tail}}l_{v}r \tag{6-218}$$

6.6 配平飞行状态下扰动分析

确定飞行的稳定平衡状态，配平飞行与配平飞行条件非常重要。一个平衡态可能同许多机动相联系，因此，需要理解几种同飞行器飞行相关的基本机动形式。本节考虑了主要的纵向与横向机动情况下的平衡或配平状态，并且通过飞行动力学建立了很有用的小扰动方程，假设这些平衡状态为稳定的。另一方面，确立稳定性条件并保证这些条件在计算关于配平飞行的其他设计之前能够满足，也很重要。

6.6.1 纵向配平飞行的扰动分析

主要的纵向平衡飞行条件是：

1）稳定水平飞行；

2）稳定爬升或下降；

3）从平飞转向拉起爬升或下降的机动。

稳定平飞状态（$\gamma=0$）可被表示成：

1）x 轴力平衡，$T\cos i_E = mg\sin\theta + \sum D\cos\theta - L\sin\theta$

2）z 轴力平衡，$mg\cos\theta = T\sin i_E + \sum L\cos\theta + D\sin\theta$

3）力矩平衡。

a）关于平尾压心（包含了阻力的影响，这些影响在某些情况下可忽略不计）

$$M_{ac} + (M_{ac})_{\text{tailplane}} + L_w(l_w + l_T) + D_w(z_{Dw} + z_{wt})\bar{\bar{c}} + D_p(h_{Dp} + h_{wt})\bar{\bar{c}} = mgl_t \tag{6-219}$$

b）关于飞行器重心

$$M_{ac} + (M_{ac})_{\text{tailplane}} + L_w l_w + D_w z_{Dw}\bar{\bar{c}} + D_p z_{Dp}\bar{\bar{c}} = L_T l_T \tag{6-220}$$

其中，$\theta=\alpha+\gamma$ 为俯仰角；α 为攻角；γ 为爬升角或飞行轨迹角；i_E 为引擎推力同飞行器 x 轴之间的角度差；l_w，l_T 分别为机翼和平尾气动中心与飞行器质心之间的水平距离，l_T 称为尾翼力臂。有的时候另外一种尾翼力臂可定义为 $l_t = l_T + l_w$，并且有相应的不一样的体积比。可以注意到，$l_t \approx l_T$，$z_{wt}\bar{\bar{c}}$ 为垂尾压心相对于质心之间的垂直高度（向上为正），$z_{Dw}\bar{\bar{c}}$，$z_{Dp}\bar{\bar{c}}$ 为机翼和寄生阻力中心的垂直高度。

推力矢量对抬头俯仰力矩的贡献可以忽略，因为相应的力臂一般而言都很小。经常假设推力矢量同 x 轴重合，也就是说 $i_E=0$。

根据图 6-3 我们可以将力平衡条件写成

$$T\cos\theta_{\text{trim}} = \sum D \tag{6-221}$$

$$mg = T\sin\theta_{\text{trim}} + \sum L \tag{6-222}$$

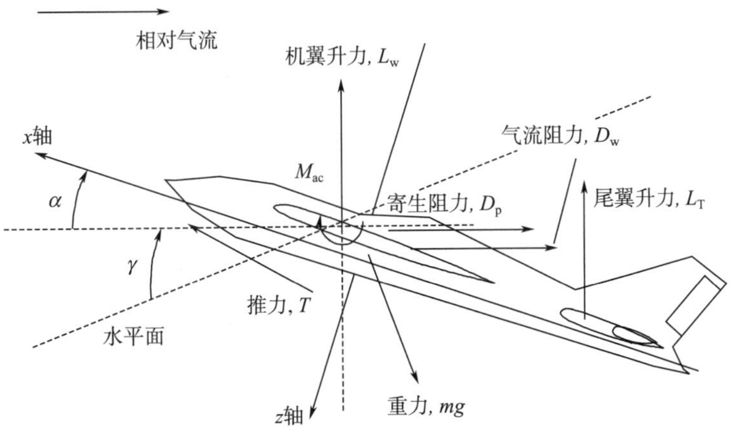

图 6-3　飞行器飞行中受到的和风轴相关的作用力

根据这些平衡条件可以建立关于 $\theta_{\text{trim}}=\alpha_{\text{trim}}$ 与 η_{trim} 的公式。基于此可以定义诸如升降舵配平裕度之类的控制裕度。

在稳定爬升或下降情况下，力平衡条件可修改成

$$T_{\mathrm{trim}}\cos\alpha_{\mathrm{trim}}=mg\sin\gamma_{\mathrm{trim}}+\sum D_{\mathrm{trim}} \tag{6-223}$$

$$mg\cos\gamma_{\mathrm{trim}}=T_{\mathrm{trim}}\sin\alpha_{\mathrm{trim}}+\sum L_{\mathrm{trim}} \tag{6-224}$$

类似地，从平飞到爬升或下降的转换爬升机动平衡条件可以表述成与配平角、配平力以及与这些角度和力的扰动有关的形式。类似于升降舵配平裕度，可以定义一个相应的控制裕度：升降舵机动裕度，且在所谓的“机动点”上升降舵机动裕度等于零。如果要有一个正的升降舵机动裕度，机动点必须位于质心后面。这方面的具体内容可参考 Hancock 的书籍[15]。

考虑从平飞到爬升或俯冲的转换机动过程，假设这些配平条件相对于相应的平飞状态而言属于小扰动，这样就可以用小扰动方程来求解这些扰动状态。因此，包含控制面偏转的纵向小扰动状态空间方程

$$\begin{bmatrix} X_u & -g & X_w & 0 \\ 0 & 0 & 0 & 1 \\ Z_u & 0 & Z_w & U_e^s \\ M_u & 0 & M_w & M_q \end{bmatrix}\begin{bmatrix}\Delta u\\ \Delta\theta\\ \Delta w\\ q_B\end{bmatrix}+\begin{bmatrix} X_\eta & X_\tau \\ 0 & 0 \\ Z_\eta & Z_\tau \\ M_\eta & M_\tau\end{bmatrix}\begin{bmatrix}\Delta\eta\\ \Delta\tau\end{bmatrix}=\begin{bmatrix}0\\0\\0\\0\end{bmatrix} \tag{6-225}$$

加入条件 $\Delta q=q_B=0$，方程简化为

$$\begin{bmatrix} X_u & -g & X_w \\ Z_u & 0 & Z_w \\ M_u & 0 & M_w \end{bmatrix}\begin{bmatrix}\Delta u\\ \Delta\theta\\ \Delta w\end{bmatrix}=-\begin{bmatrix} X_\eta & X_\tau \\ Z_\eta & Z_\tau \\ M_\eta & M_\tau\end{bmatrix}\begin{bmatrix}\Delta\eta\\ \Delta\tau\end{bmatrix} \tag{6-226}$$

从第二和第三个方程可得

$$\begin{bmatrix}\Delta u\\ \Delta w\end{bmatrix}=-\begin{bmatrix} Z_u & Z_w \\ M_u & M_w\end{bmatrix}^{-1}\begin{bmatrix} Z_\eta & Z_\tau \\ M_\eta & M_\tau\end{bmatrix}\begin{bmatrix}\Delta\eta\\ \Delta\tau\end{bmatrix}=-\frac{1}{(Z_uM_w-Z_wM_u)}\begin{bmatrix} M_w & -Z_w \\ -M_u & Z_u\end{bmatrix}\begin{bmatrix} Z_\eta & Z_\tau \\ M_\eta & M_\tau\end{bmatrix}\begin{bmatrix}\Delta\eta\\ \Delta\tau\end{bmatrix} \tag{6-227}$$

以及

$$\begin{bmatrix}\Delta\eta\\ \Delta\tau\end{bmatrix}=-\begin{bmatrix} Z_\eta & Z_\tau \\ M_\eta & M_\tau\end{bmatrix}^{-1}\begin{bmatrix} Z_u & Z_w \\ M_u & M_w\end{bmatrix}\begin{bmatrix}\Delta u\\ \Delta w\end{bmatrix}=-\frac{1}{(Z_\eta M_\tau-Z_\tau M_\eta)}\begin{bmatrix} M_\tau & -Z_\tau \\ -M_\eta & Z_\eta\end{bmatrix}\begin{bmatrix} Z_u & Z_w \\ M_u & M_w\end{bmatrix}\begin{bmatrix}\Delta u\\ \Delta w\end{bmatrix} \tag{6-228}$$

从第一个方程当中可得

$$\Delta\theta=\frac{1}{g}\left[X_u \quad X_w \quad X_\eta\right]\left[\Delta u \quad \Delta w \quad \Delta\eta \quad \Delta\tau\right]^{\mathrm{T}} \tag{6-229}$$

因此对给定的前向和法向速度，可以估算相应的升降舵偏转角度和推力的设定。

例 6-9 考虑波音 747 在 20 000 ft 高度，空速 U_e 为 830 ft/s（马赫数为 0.8），质量为 637 000 lb 情况下的纵向平飞动力学。

给定的纵向耦合运动方程为

$$\frac{\mathrm{d}}{\mathrm{d}t}\begin{bmatrix} u \\ w \\ q \\ \theta \end{bmatrix} = \begin{bmatrix} -0.006\,43 & 0.026\,3 & 0 & -32.2 \\ -0.094\,1 & -0.624 & 820 & 0 \\ -0.000\,222 & -0.001\,53 & -0.668 & 0 \\ 0 & 0 & 1 & 0 \end{bmatrix}\begin{bmatrix} u \\ w \\ q \\ \theta \end{bmatrix} - \begin{bmatrix} 0 \\ 32.7 \\ 2.08 \\ 0 \end{bmatrix}\eta \tag{6-230}$$

其中 η 和 θ 的单位为弧度。

确定要使得俯仰角降低 8°（0.14 rad），升降舵设定角度要增加多少。

考虑升降舵设定角增加单位角度，相应的前向速度和法向速度的扰动为

$$\begin{bmatrix} -0.094\,1 & -0.62\,4 & 820 & 0 \\ -0.000\,222 & -0.001\,53 & -0.668 & 0 \end{bmatrix}\begin{bmatrix} u \\ w \\ 0 \\ \theta \end{bmatrix} = \begin{bmatrix} 32.7 \\ 2.08 \end{bmatrix}\eta \tag{6-231}$$

以及

$$\begin{bmatrix} u \\ w \end{bmatrix} = \begin{bmatrix} -0.094\,1 & -0.624 \\ -0.000\,222 & -0.001\,53 \end{bmatrix}^{-1}\begin{bmatrix} 32.7 \\ 2.08 \end{bmatrix}\eta \tag{6-232}$$

从第一个运动方程可以得出

$$\theta = \frac{1}{32.2}[-0.006\,43 \quad 0.026\,3]\begin{bmatrix} u \\ w \end{bmatrix} \tag{6-233}$$

消去扰动速度分量

$$\theta = \frac{1}{32.2}[-0.006\,43 \quad 0.026\,3]\begin{bmatrix} -0.094\,1 & -0.624 \\ -0.000\,222 & -0.001\,53 \end{bmatrix}^{-1}\begin{bmatrix} 32.7 \\ 2.08 \end{bmatrix}\eta \tag{6-234}$$

整理得到

$$\eta = 32.2\left[[-0.006\,43 \quad 0.026\,3]\begin{bmatrix} -0.094\,1 & -0.624 \\ -0.000\,222 & -0.001\,53 \end{bmatrix}^{-1}\begin{bmatrix} 32.7 \\ 2.08 \end{bmatrix}\right]^{-1}\theta \tag{6-235}$$

可简化为

$$\eta = -\frac{1}{74.036}\theta = -0.013\,5\theta \tag{6-236}$$

因此 $\eta = 0.108°$ 为配平舵偏角基础上的升降舵角度增量。

6.6.2　横向配平飞行的扰动分析

横向飞行当中两个主要配平飞行模态分别为：

1）稳定侧滑；

2）协调倾斜转弯。

在此分开讨论这两种情况。

6.6.2.1　稳定侧滑的控制设定

考虑不增加空速，飞行器高度降低时的稳定侧滑情况，机翼变低使得机翼上的气流更大，进而产生向更低一侧机翼的侧滑，相应的寄生气动力矩就成为反向偏航力矩。在侧滑中，当副翼产生的偏航力矩被方向舵抵消，以至于偏航运动被抑制的时候，机翼就会变得更低。此平衡模态下的稳定飞行有一个稳定的侧滑角和滚转角，但是没有偏航运动（见图 6-4）。

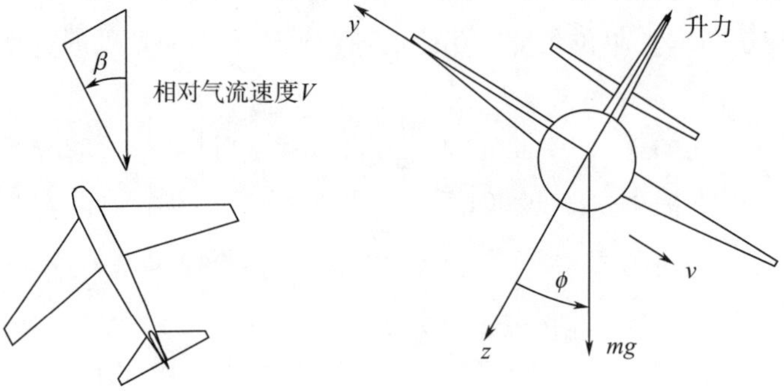

图 6-4　稳定侧滑与稳定滚转角下的稳定平飞

稳定平衡条件为

$$T_{\text{trim}} = \sum D_{\text{trim}} \tag{6-237}$$

$$mg = T_{\text{trim}} \sin\phi_{\text{trim}} + \sum L_{\text{trim}} \tag{6-238}$$

以及

$$mg\sin\phi_{\text{trim}} = \sum Y_{\text{trim}} \tag{6-239}$$

假设这些配平条件相对于相应的稳态平飞而言属于小扰动，我们就可以用小扰动方程来求解这些扰动状态。因此，考虑带有控制面偏转的横向稳定小扰动状态空间方程

$$\begin{bmatrix} Y_v & Y_p & Y_r - U_e & g \\ L_v & L_p & L_r & 0 \\ N_v & N_p & N_r & 0 \\ 0 & 1 & 0 & 0 \end{bmatrix} \begin{bmatrix} \Delta v \\ \Delta p \\ \Delta r \\ \Delta\phi \end{bmatrix} + \begin{bmatrix} Y_\xi & Y_\zeta \\ L_\xi & L_\zeta \\ N_\xi & N_\zeta \\ 0 & 0 \end{bmatrix} \begin{bmatrix} \Delta\xi \\ \Delta\zeta \end{bmatrix} = \begin{bmatrix} 0 \\ 0 \\ 0 \\ 0 \end{bmatrix} \tag{6-240}$$

加入条件 $\Delta p = 0$ 以及 $\Delta r = 0$，因此方程简化为

$$\begin{bmatrix} Y_v & g \\ L_v & 0 \\ N_v & 0 \end{bmatrix} \begin{bmatrix} \Delta v \\ \Delta\phi \end{bmatrix} + \begin{bmatrix} Y_\xi & Y_\zeta \\ L_\xi & L_\zeta \\ N_\xi & N_\zeta \end{bmatrix} \begin{bmatrix} \Delta\xi \\ \Delta\zeta \end{bmatrix} = \begin{bmatrix} 0 \\ 0 \\ 0 \end{bmatrix} \tag{6-241}$$

从第二、第三个方程当中得出

$$\begin{bmatrix} \Delta\xi \\ \Delta\zeta \end{bmatrix} = -\begin{bmatrix} L_\xi & L_\zeta \\ N_\xi & N_\zeta \end{bmatrix}^{-1} \begin{bmatrix} L_v \\ N_v \end{bmatrix} \Delta v = -\frac{1}{(L_\xi N_\zeta - L_\zeta N_\xi)} \begin{bmatrix} N_\zeta & -L_\zeta \\ -N_\xi & L_\xi \end{bmatrix} \begin{bmatrix} L_v \\ N_v \end{bmatrix} \Delta v \tag{6-242}$$

从第一个方程可得出

$$\Delta\phi = -\frac{1}{g}\begin{bmatrix} Y_v & Y_\xi & Y_\zeta \end{bmatrix}\begin{bmatrix} \Delta v & \Delta\xi & \Delta\zeta \end{bmatrix}^{\mathrm{T}} \tag{6-243}$$

定义逆矩阵

$$\Delta_{ra} = \begin{bmatrix} L_\xi & L_\zeta \\ N_\xi & N_\zeta \end{bmatrix}^{-1} \tag{6-244}$$

非对角元素很小的时候可以将其忽略。

6.6.2.2　协调倾斜转弯的控制设定

当控制杆向左移动的时候飞行器的背侧会向左偏，随即在升力分量的作用下产生一个低侧机翼方向的侧滑。同样，在侧滑情况下，中心前面更大的气流会导致飞行器转向低侧机翼方向。在无控情况下它会转向低侧机翼方向螺旋运动。另一方面，当向机头方向踩左侧方向舵的踏板的时候，飞行器不只会往左边偏转，而且右边速度更快的外侧机翼会产生右翼上的额外升力并导致飞行器滚转。因此，不但副翼与升降舵之间的输入响应耦合很明显，而且这意味着如果想要产生一个顺滑的没有任何侧滑的转弯，控制杆和方向舵踏板需要同时协同移动。这就是协调转弯的基础。

当飞行器保持一个持续转弯的状态，稳定的高度、稳定的切向速度（前向速度）U、稳定的滚转角（即滚转速度 p 为零）、零侧滑和一个不变的转弯速率 Ω 时，其平衡方程可表达如下

$$T_{\mathrm{trim}} = \sum D_{\mathrm{trim}} \tag{6-245}$$

$$mg - Y_{\mathrm{trim}}\sin\phi_{\mathrm{trim}} = \sum L_{\mathrm{trim}}\cos\phi_{\mathrm{bank}} \tag{6-246}$$

以及

$$mU\Omega + \sum Y_{\mathrm{trim}}\cos\phi_{\mathrm{bank}} = \sum L_{\mathrm{trim}}\sin\phi_{\mathrm{bank}} \tag{6-247}$$

其中 $mU\Omega$ 为作用在飞行器上的达朗贝尔惯性力（又称为离心力）。

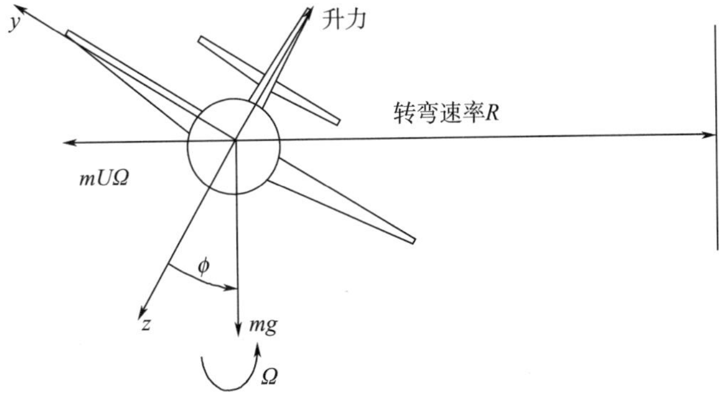

图 6-5　保持稳定切向速度（前向速度）U、稳定滚转角（即滚转速度 p 为零）、零侧滑以及稳定转弯速率 Ω 情况下的持续转弯

考虑图 6－5 所示的情况，假设在稳定转弯条件下 $Y_{\text{trim}}=0$，并且注意 $\Omega=\dfrac{U}{R}$，转弯半径和转弯速率分别为

$$R=\frac{U^2}{g\tan\phi_{\text{bank}}},\ \Omega=\frac{U}{R}=\frac{g\tan\phi_{\text{bank}}}{U} \tag{6-248}$$

此角速度在机体系上的分量可表示为

$$\begin{bmatrix} p_B \\ q_B \\ r_B \end{bmatrix}=\begin{bmatrix} 1 & 0 & 0 \\ 0 & \cos\phi & -\sin\phi \\ 0 & \sin\phi & \cos\phi \end{bmatrix}\begin{bmatrix} 0 \\ 0 \\ \Omega \end{bmatrix} \tag{6-249}$$

同样假设这些配平状态相对于那些对应的稳态平飞来讲属于小扰动，我们可以用小扰动方程来求解这些扰动量。因此考虑包含控制面偏转的稳定小扰动线性空间方程如下

$$\begin{bmatrix} Y_v & Y_p & Y_r-U_e & g \\ L_v & L_p & L_r & 0 \\ N_v & N_p & N_r & 0 \\ 0 & 1 & 0 & 0 \end{bmatrix}\begin{bmatrix} \Delta v \\ \Delta p \\ \Delta r \\ \Delta\phi \end{bmatrix}+\begin{bmatrix} Y_\xi & Y_\zeta \\ L_\xi & L_\zeta \\ N_\xi & N_\zeta \\ 0 & 0 \end{bmatrix}\begin{bmatrix} \Delta\xi \\ \Delta\zeta \end{bmatrix}=\begin{bmatrix} 0 \\ 0 \\ 0 \\ 0 \end{bmatrix} \tag{6-250}$$

增加额外条件 $\Delta v=0$，$\Delta p=0$，因此方程可简化为

$$\begin{bmatrix} Y_r-U_e & g \\ L_r & 0 \\ N_r & 0 \end{bmatrix}\begin{bmatrix} \Delta r \\ \Delta\phi \end{bmatrix}+\begin{bmatrix} Y_\xi & Y_\zeta \\ L_\xi & L_\zeta \\ N_\xi & N_\zeta \end{bmatrix}\begin{bmatrix} \Delta\xi \\ \Delta\zeta \end{bmatrix}=\begin{bmatrix} 0 \\ 0 \\ 0 \end{bmatrix} \tag{6-251}$$

根据第二和第三个方程可得

$$\begin{bmatrix} \Delta\xi \\ \Delta\zeta \end{bmatrix}=-\begin{bmatrix} L_\xi & L_\zeta \\ N_\xi & N_\zeta \end{bmatrix}^{-1}\begin{bmatrix} L_r \\ N_r \end{bmatrix}\Delta r=-\frac{1}{(L_\xi N_\zeta-L_\zeta N_\xi)}\begin{bmatrix} N_\zeta & -L_\zeta \\ -N_\xi & L_\xi \end{bmatrix}\begin{bmatrix} L_r \\ N_r \end{bmatrix}\Delta r \tag{6-252}$$

从第一个方程可得

$$\Delta\phi=-\frac{1}{g}\left[Y_r-U_e \quad Y_\xi \quad Y_\zeta\right]\left[\Delta r \quad \Delta\xi \quad \Delta\zeta\right]^{\mathrm{T}} \tag{6-253}$$

定义逆矩阵

$$\Delta_{r\acute{a}}=\begin{bmatrix} L_\xi & L_\zeta \\ N_\xi & N_\zeta \end{bmatrix}^{-1}$$

在非对角元素比较小的情况下可将其忽略。

例 6－10 DC－8 的协调转弯。

假设 DC－8 沿着 10 km 的半径进行协调转弯时，其滚转角为 ϕ，前向速度为 $U=251.5$ m/s，求解其横向控制方程。

现在考虑 DC－8 的横向动力学状态空间导数（见表 6－10）。

表 6-10　DC-8 在巡航状态下的非零横向导数值

U_e^s /(m/s)	251.216 16			$\frac{I_{xz}}{I_{xx}}$	0.011 9	$\frac{I_{xz}}{I_{zz}}$	0.006 3
Y_v	−0.086 8	L_p	−1.18	N_v	0.008 637 9	N_r	−0.23
L_v	−0.017 634	L_r	0.336	N_p	−0.012 94		
控制量		Y_ξ	0.0	L_ξ	−2.11	N_ξ	−0.051 9
		Y_ζ	5.586 98	L_ζ	0.559	N_ζ	−1.168

考虑控制面固定情况，扰动运动方程为

$$\begin{bmatrix}1&0&0&0\\0&1&-0.0119&0\\0&-0.0063&1&0\\0&0&0&1\end{bmatrix}\frac{\mathrm{d}}{\mathrm{d}t}\begin{bmatrix}\Delta v\\\Delta p\\\Delta r\\\Delta\phi\end{bmatrix}=\begin{bmatrix}-0.086\,8&0&-251&9.81\\-0.017\,6&-1.18&0.336&0\\0.008\,64&-0.012\,94&-0.23&0\\0&1&0&0\end{bmatrix}\begin{bmatrix}\Delta v\\\Delta p\\\Delta r\\\Delta\phi\end{bmatrix}+\begin{bmatrix}0.0&5.587\\-2.11&0.559\\-0.051\,9&-1.168\\0&0\end{bmatrix}\begin{bmatrix}\xi\\\zeta\end{bmatrix} \tag{6-254}$$

设定所有状态量，令 Δp 为零

$$\Delta\dot{p}=-1.18\Delta p+[-2.11\quad 0.559]\,[\xi\quad\zeta]^{\mathrm{T}} \tag{6-255}$$

因此相应的时间常数为 $T_{rs}=\dfrac{1}{1.18}=0.847\,4\ \mathrm{s}$。

假设控制面固定，滚转方程立刻满足

$$\Delta\dot{p}=[-0.017\,6\quad -1.18\quad 0.33\,6\quad 0]\,[\Delta v\quad\Delta p\quad\Delta r\quad\Delta\phi]^{\mathrm{T}}=0 \tag{6-256}$$

因此

$$\Delta p=\frac{0.336\Delta r-0.017\,6\Delta v}{1.18}=0.285\Delta r-0.014\,9\Delta v \tag{6-257}$$

在其他三个方程当中消去 Δp

$$\frac{\mathrm{d}}{\mathrm{d}t}\begin{bmatrix}\Delta v\\\Delta r\\\Delta\phi\end{bmatrix}=\begin{bmatrix}-0.086\,8&0&-251&9.81\\0.008\,64&-0.012\,94&-0.23&0\\0&1&0&0\end{bmatrix}\begin{bmatrix}\Delta v\\0.285\Delta r-0.014\,9\Delta v\\\Delta r\\\Delta\phi\end{bmatrix} \tag{6-258}$$

并设定 $\Delta\phi=0$，可得

$$\frac{\mathrm{d}}{\mathrm{d}t}\begin{bmatrix}\Delta v\\\Delta r\end{bmatrix}=\begin{bmatrix}-0.086\,8&0&-251\\0.008\,64&-0.012\,94&-0.23\\0&1&0\end{bmatrix}\begin{bmatrix}\Delta v\\0.285\Delta r-0.0149\Delta v\\\Delta r\end{bmatrix} \tag{6-259}$$

可简化为

$$\frac{\mathrm{d}}{\mathrm{d}t}\begin{bmatrix}\Delta v\\ \Delta r\end{bmatrix}=\begin{bmatrix}-0.086\ 8 & -251\\ 0.008\ 8 & -0.233\ 7\end{bmatrix}\begin{bmatrix}\Delta v\\ \Delta r\end{bmatrix} \tag{6-260}$$

因此该子系统的特征方程（荷兰滚模态）为

$$\Delta(\lambda)=\lambda^2+0.320\ 5\lambda+2.231=0 \tag{6-261}$$

特征多项式的根为$-0.160\ 3\pm \mathrm{i}1.485$，对应的阻尼比为0.107 3，对应的有阻尼自然频率为1.485 rad/s。无阻尼自然频率为1.493 7 rad/s。

假设飞行器初始阶段处于稳定平飞状态，$\Delta r=\Omega=251/10\ 000=0.025\ 1$。根据稳定平飞状态的假设，增量$\Delta v=0$以及$\Delta p=0$，则从第二和第三个方程可得

$$\begin{bmatrix}-2.11 & 0.559\\ -0.051\ 9 & -1.168\end{bmatrix}\begin{bmatrix}\xi\\ \zeta\end{bmatrix}=-\begin{bmatrix}0.336\\ -0.23\end{bmatrix}\Delta r \tag{6-262}$$

通过第一个方程可得

$$\Delta\phi=-\frac{1}{9.81}\begin{bmatrix}251 & 5.587\end{bmatrix}\begin{bmatrix}\Delta r\\ \Delta\zeta\end{bmatrix} \tag{6-263}$$

由此可得副翼与方向舵的偏角

$$\begin{bmatrix}\xi\\ \zeta\end{bmatrix}=-\begin{bmatrix}-2.11 & 0.559\\ -0.051\ 9 & -1.168\end{bmatrix}^{-1}\begin{bmatrix}0.336\\ -0.23\end{bmatrix}\Delta r=-\begin{bmatrix}-0.468\ 4 & -0.224\ 2\\ 0.020\ 8 & -0.846\ 2\end{bmatrix}\begin{bmatrix}0.336\\ -0.23\end{bmatrix}\Delta r \tag{6-264}$$

可简化为

$$\begin{bmatrix}\xi\\ \zeta\end{bmatrix}=\begin{bmatrix}0.105\ 7\\ -0.201\ 6\end{bmatrix}\Delta r=\begin{bmatrix}0.002\ 64\\ -0.005\ 08\end{bmatrix}\mathrm{rad}=\begin{bmatrix}0.151^\circ\\ -0.291^\circ\end{bmatrix} \tag{6-265}$$

进而估算滚转角为

$$\Delta\phi=-\begin{bmatrix}\frac{251}{9.81} & \frac{5.587}{9.81}\end{bmatrix}\begin{bmatrix}\Delta r\\ \zeta\end{bmatrix}=-\begin{bmatrix}\frac{251}{9.81} & \frac{5.587}{9.81}\end{bmatrix}\begin{bmatrix}0.025\ 1\\ -0.005\ 08\end{bmatrix}=-0.64\ \mathrm{rad} \tag{6-266}$$

或者

$$\Delta\phi=-0.64\ \mathrm{rad}=-36.7^\circ \tag{6-267}$$

6.6.3 耦合配平飞行的扰动

耦合配平飞行对于在高角速度状态下飞行或反常的、“失控”的状态下飞行而言非常重要。在这些情况下，稳态或扰动飞行状态的耦合运动方程中的相关扰动项就不能再假设为是小扰动了。多数情况下要采用解耦配平飞行的方法来开始分析。

6.6.4 复杂机动的简化分析：横移机动

为了给飞行器飞行航迹带来侧向位移量，让飞行器与给定的路线重合，必须有一个横向的力相交于初始的飞行轨迹，使其产生向给定路线方向运动的加速度。这就必须使得飞

行器在接近正确航迹的地方飞行且有一个反向力使得飞行器总是同中心线匹配，横向的速度分量可以忽略。在机动的实现过程中，产生这种必要的力的方法有两种。一种方法涉及到倾斜协调转弯，另一种方法基于侧滑转弯。

考虑协调转弯的方法，假设在只有倾斜稳定转弯的情况下，偏航角速度同飞行器侧滑速度分别为

$$r=\frac{\mathrm{d}\psi}{\mathrm{d}t}=\frac{g}{V}\sin\phi\approx\frac{g}{V}\phi,\ \frac{\mathrm{d}y}{\mathrm{d}t}=V\sin\psi\approx V\psi \tag{6-268}$$

假设机动由两部分组成，每一部分都涉及到协调转弯。假设第一部分，在 T_1 时间内以最大滚转角 ϕ_1 稳定转动，第二个滚转相应的时间与最大角度为 T_2 和 ϕ_2。假设滚转角随时间的变化为正弦曲线

$$\phi=\phi_i\sin\frac{\pi t}{T_i} \tag{6-269}$$

航向角 ψ_i，横向速度以及位置都分别给出（其中 $\psi_0=0$）

$$\psi_i=\phi_i\frac{g}{V}\frac{T_i}{\pi}\left(1-\cos\frac{\pi t}{T_i}\right),\ \frac{\mathrm{d}y}{\mathrm{d}t}=V\psi,\ y_i=V\psi_{(i-1)T}t+\phi_i\frac{g}{\pi}T_i\left(t-\frac{T_i}{\pi}\sin\frac{\pi t}{T_i}\right) \tag{6-270}$$

在时间 $t=T_i$ 时，航向角与经过的横向位移分别为

$$\psi_{iT}=\phi_i\frac{2g}{V}\frac{T_i}{\pi},y_{iT}=V\psi_{(i-1)T}T_i+\phi_i\frac{g}{\pi}T_i^2 \tag{6-271}$$

总的航向角位移必须为零，因此

$$\psi_T=\psi_{1T}+\psi_{2T}=\frac{2g}{\pi V}(\phi_1T_1+\phi_2T_2)=0 \tag{6-272}$$

总的机动时间为 $T=T_1+T_2$，总的横向经过的位移为

$$y_T=y_{1T}+y_{1T}=\frac{g}{\pi}\phi_1T_1^2+V\psi_{1T}T_2+\frac{g}{\pi}\phi_2T_2^2=\frac{g}{\pi}\phi_1T_1^2+\frac{2g}{\pi}\phi_1T_1T_2+\frac{g}{\pi}\phi_2T_2^2=\frac{g}{\pi}\phi_1T_1T$$

但是，总的机动时间满足如下关系

$$T=T_1+T_2=T_1\left(\frac{\phi_2-\phi_1}{\phi_2}\right) \tag{6-273}$$

因此总的侧滑位移与两次机动过程当中总的机动时间和最大滚转角相关

$$y_T=\frac{g}{\pi}\left(\frac{\phi_1\phi_2}{\phi_2-\phi_1}\right)T^2 \tag{6-274}$$

在给定了两个机动过程中需要的侧滑位移与最大滚转角的情况下，此关系对于估算总的机动时间而言很有效

$$\phi_1=\frac{2\pi}{T^2}\frac{y_T}{g} \tag{6-275}$$

本章重点

• 纵向稳定性

关于 y 轴的，在飞行器对称面 xz 内的运动。扰动改变攻角 α 。为了让飞行稳定，如果 α 增加，产生的俯仰力矩必须是负的（即产生低头力矩来减小 α ）。也就是说，$C_{m\alpha} < 0$（$\dfrac{\partial C_m}{\partial \alpha} \equiv C_{m\alpha}$，纵向稳定性导数）。

飞行器的气动中心必须在质心后面以保证稳定性。通常而言机身对稳定性的作用是负的，机翼对稳定性有轻微的负的作用，而平尾对稳定性有很大作用。

平尾设计参数：平尾体积比；平尾安装角 i_t ；尾翼在下洗气流当中的位置。机翼下洗可在平尾处减小有效攻角。

重心位置最靠后的情况往往用于临界稳定性情况（即稳定性最小的情况）。重心位置最靠前的情况对应的是临界控制情况（最稳定的情况）。

• 航向稳定性

在 xy 平面内关于 z 轴的运动。扰动（比如横向突风）会产生侧滑角 β 的变化。

有航向稳定性的飞行器像风向标一样，正向侧滑角产生的偏航力矩必须是正的（机头向右），也就是说航向稳定性导数 $\dfrac{\partial C_n}{\partial \beta} \equiv C_{n_\beta} > 0$。

靠前的机身对于稳定性而言有很大的负的影响，机翼对于稳定性有较小的影响，垂尾对于稳定性有很大的影响。

垂尾设计参数：垂尾体积比；尾翼在侧洗当中的位置。机翼的侧洗会增加垂尾的有效侧洗角。

• 滚转稳定性

关于 x 轴的，在 yz 平面内的运动。由于重力分量的作用，飞行器的滚转会造成侧滑。

为了保证滚转稳定性，如果 $\hat{\alpha}$ 是正的（也就是说飞行器向右侧侧滑），产生的滚转力矩必须为负（右翼向上，左翼向下），也就是说滚转稳定性导数 $\dfrac{\partial C_l}{\partial \beta} \equiv C_{l_\beta} < 0$。

机身不影响滚转稳定性，垂尾对滚转稳定性影响较小。对滚转稳定性主要的影响因素是高翼布局、上反角与后掠角。

在侧滑运动当中，上反角使得向下运动的机翼的攻角变大。可用片条理论来近似估算大展弦比小后掠机翼由上反角引起的 C_{l_β} 的值。

• 自然模态：纵向运动

总的说来，纵向稳定的飞行器有两个明显的振动运动。

长周期——轻阻尼与长时间周期。通过俯仰姿态角、高度与在一个接近稳定的 α 情况下的前向速度的变化来体现。

短周期——较大的阻尼与很小的时间周期。通过稳定的速度与很快的攻角与俯仰角变化来体现。

• 自然模态：横向运动

耦合的滚转、侧滑与偏航运动。

飞行器的响应主要有三种运动：

滚转模态——高阻尼滚转收敛运动；

荷兰滚模态——主要为侧滑与偏航运动；

螺旋模态——缓慢的收敛或发散运动。本质上是有较小侧滑角情况下的偏航运动。

• 气动导数估算

ⅰ）速度相关导数

前向速度 u 的增加会引起升力与阻力的改变（或者轴向力与法向力）。对于喷气式引擎而言推力假定为不随速度而变化。

轴向力导数（速度阻尼）$\frac{\partial X}{\partial u}=-\rho u_0 SC_{D_0}$，其中脚标“0”代表最初的或者参考的飞行条件。

法向力导数 $\frac{\partial Z}{\partial u}=-\rho u_0 SC_{L_0}$。

俯仰力矩导数 $\frac{\partial M}{\partial u}=0$（低速情况）。

ⅱ）俯仰速率导数

俯仰角速度 q 为俯仰角变化的速度，指的是 α 保持常值时飞行器关于 y 轴的转速。

俯仰速率改变平尾处的有效攻角 $\left(\Delta\alpha_t=\frac{ql_t}{u_0}\right)$，因此产生法向力（或升力）以及俯仰力矩。

法向力导数（只考虑平尾）：$C_{z_q}\equiv\frac{\partial C_z}{\partial(q\bar{c}/2u_0)}=-2C_{L_{\alpha_t}}\eta V_H$。

俯仰阻尼导数（只考虑平尾）：$C_{m_q}\equiv\frac{\partial C_m}{\partial(q\bar{c}/2u_0)}=-2C_{L_{\alpha_t}}\eta V_H\frac{l_t}{\bar{c}}$。

对于全机而言，俯仰速率导数会增加一个小的百分比（非常近似于经验结果）。

ⅲ）关于 α 变化率（即 $\dot{\alpha}$）的气动导数

当 α 变化很快的时候，机翼和尾翼上面的压力分布没有立刻变化（也就是说有一个时间延迟），这产生了有效攻角的变化：$\Delta\alpha_t=\frac{\partial\varepsilon}{\partial\alpha}\dot{\alpha}\frac{l_t}{u_0}$。

法向力系数（只考虑平尾）：$C_{z_{\dot{\alpha}}}\equiv\frac{\partial C_z}{\partial(\dot{\alpha}\bar{c}/2u_0)}=-2C_{L_{\alpha_t}}\eta V_H\frac{\partial\varepsilon}{\partial\alpha}$。

俯仰阻尼系数（只考虑平尾）：$C_{m_{\dot{\alpha}}}\equiv\frac{\partial C_m}{\partial(\dot{\alpha}\bar{c}/2u_0)}=-2C_{L_{\alpha_t}}\eta V_H\frac{l_t}{\bar{c}}\frac{\partial\varepsilon}{\partial\alpha}$。

对于整个飞行器来说，$\dot{\alpha}$ 会增加一个很小的百分比（非常接近于经验结果）。

ⅳ）滚转速率导数

滚转速率（p，关于 x 轴的转动运动）会产生机翼（平尾）展向的速度线性分布，造成当地攻角的变化。滚转力矩由左右机翼上升力的差值产生。

滚转阻尼 $C_{l_p} \equiv \dfrac{\partial C_n}{\partial(pb/2u_0)} = -\dfrac{4C_{L_{\alpha_w}}}{Sb^2}\displaystyle\int_0^{b/2} cy^2\mathrm{d}y$，其中 c 为机翼弦长。

滚转运动引起的偏航力矩（因为滚转和偏航是耦合的）：$C_{n_p} \equiv \dfrac{\partial C_n}{\partial(pb/2u_0)} = -\dfrac{C_L}{8}$，（非常接近的值），其中升力系数由具体的飞行条件决定（在平直飞行时认为 $L=W$）。

滚转速度引起的侧向力 C_{y_q} 被认为很小，通常都忽略掉。

ⅴ）偏航角速度导数

偏航角速度（r，沿着 z 的角速度）产生了因当地侧滑角变化引起的侧向力：$\Delta\beta = -\dfrac{rl_v}{u_0}$。

侧向力导数：$C_{y_r} \equiv \dfrac{\partial C_y}{\partial(rb/2u_0)} \approx -2(C_{y_\beta})_{VT}\dfrac{l_v}{b}$。

偏航阻尼：$C_{n_r} \equiv \dfrac{\partial C_n}{\partial(rb/2u_0)} \approx -2(C_{n_\beta})_{VT}\dfrac{l_v}{b}$。

滚转力矩系数：$C_{l_r} \equiv \dfrac{\partial C_l}{\partial(rb/2u_0)} \approx \dfrac{C_L}{4} - 2\dfrac{z_v}{b}(C_{y_\beta})_{VT}\dfrac{l_v}{b}$。

参考文献

[1] Heffley, R. K. & Jewell W. F. , Aircraft Handling Qualities Data, NASA CR - 2144, December, 1972.

[2] Shapiro, A. H. , *The Dynamics and Thermodynamics of Compressible Fluid Flow*, *Volume* 1. Ronald Press. 1953.

[3] Laitone. E. V. , New Compressibility Correction for Two - Dimensional Subsonic Flow, *Journal of the Aeronautical Sciences* (*Institute of the Aeronautical Sciences*), 18 (5), 350 - 350, 1951.

[4] *Anonymous*, USAF Stability and Control DATCOM, Flight Control Division, Air Force Flight Dynamics Laboratory, Wright - Patterson Air Force Base, Ohio, October 1960, Revised April 1976.

[5] Raymer, D. P. , *Aircraft design*: *a conceptual approach*, AIAA education series, American Institute of Aeronautics and Astronautics (AIAA), 1989.

[6] NiţăM. and Scholz D. , (2012), Estimating the Oswald Factor from Basic Aircraft Geometrical Parameters, *Deutscher Luft - und Raumfahrtkongress*, Berlin, 2012.

[7] Spalding, D. and Chi, S. , The Drag of a Compressible Turbulent Boundary Layer on a Smooth Flat Plate With and Without Heat Transfer, *AIAA Journal*, 18 (1), 117 - 143, 1964.

[8] ESDU 69011, Heat transfer by forced convection between a two - dimensional turbulent boundary layer and a smooth flat plate, with application to wedges, cylinders and cones, Engineering Services Data Unit (ESDU), IHS Inc. , London, 1969.

[9] ESDU 68020, The compressible two - dimensional turbulent boundary layer, both with and without heat transfer, on a smooth flat plate, with application to wedges, cylinders, and cones, Engineering Services Data Unit (ESDU), IHS Inc. , London, 1988.

[10] Gur, O. , Mason, W. H. and Schetz, J. A. , Full - Configuration Drag Estimation, *Journal of Aircraft*, 47 (4), 1356 - 1367, 2010.

[11] Hoerner, S. F. , *Fluid Dynamic Drag*, Dayton, Ohio, Otterbein Press, 1951.

[12] Torenbeek, E. , *Synthesis of Subsonic Airplane Design*, Springer, 1982.

[13] Nicolai, L. M. , Estimating R/C Model Aerodynamics and Performance, Lockheed Martin Aeronautical Company Paper, June, 2009.

[14] Nicolai, L. M. , *Fundamentals of Aircraft Design*, E. P. Domicone, Fairborn, OH, 1975.

[15] Hancock, G. J. , *An Introduction to the Flight Dynamics of Rigid Aeroplanes*, Ellis Horwood, 1995, Section Ⅲ. 5 - Ⅲ. 6.

练　习

1. F－15 战斗机在 556.3 ft/s 的亚声速稳定平飞状态下的纵向扰动方程为

$$\begin{bmatrix}\Delta\dot{u}\\ \Delta\dot{\alpha}\\ \Delta\dot{q}\\ \Delta\dot{\theta}\end{bmatrix}=\begin{bmatrix}-0.0082 & -25.7084 & 0 & -32.1709\\ -0.0002 & -1.2763 & 1 & 0\\ 0.0007 & 1.0218 & -2.4052 & 0\\ 0 & 0 & 1 & 0\end{bmatrix}\begin{bmatrix}\Delta u\\ \Delta\alpha\\ \Delta q\\ \Delta\theta\end{bmatrix}+\begin{bmatrix}-6.8094\\ -0.1497\\ -14.0611\\ 0\end{bmatrix}\Delta\eta$$

a）求解在升降舵固定情况下的一对短周期近似模态，并计算此模态对应的特征多项式和特征根。

b）求解在飞行器升降舵固定情况下的一对长周期振荡模态，并且计算相应的有阻尼自然频率和阻尼比。

c）利用 MATLAB 以及合适的 m 文件来得到准确的四阶特征方程及其特征根，并计算横向运动的有阻尼自然频率以及阻尼比。

2. 一种未来的 SST 大型客机在以 420ft/s 的亚声速做稳定平飞的状态下的纵向扰动动力学方程为

$$\begin{bmatrix}\Delta\dot{u}\\ \Delta\dot{w}\\ \Delta\dot{q}\\ \Delta\dot{\theta}\end{bmatrix}=\begin{bmatrix}-0.0193 & -0.0516 & 0 & -16.4543\\ -0.1443 & -0.8102 & -11.5737 & -104.2678\\ 0.0002 & -0.0029 & -0.5811 & -0.3672\\ 0 & 0 & 1 & 0\end{bmatrix}\begin{bmatrix}\Delta u\\ \Delta w\\ \Delta q\\ \Delta\theta\end{bmatrix}+\begin{bmatrix}-0.0442\\ -0.5304\\ -0.0258\\ 0.0000\end{bmatrix}\Delta\eta$$

a）证明特征多项式为

$$\lambda^4+1.4106\lambda^3+0.8238\lambda^2+0.0380\lambda+0.0200=$$
$$(\lambda^2+0.0034\lambda+0.0251)(\lambda^2+1.4072\lambda+0.7940)$$

b）求解在飞行器升降舵固定情况下的一对长周期振荡模态，并且计算相应的有阻尼自然频率和阻尼比。

c）求解在俯仰角减小 4°情况下的升降舵设定角度。

3. F－15 战斗机在稳定平飞状态下，以 556.3 ft/s 的速度飞行时的扰动横向动力学方程为

$$\begin{bmatrix}\Delta\dot{\beta}\\ \Delta\dot{p}\\ \Delta\dot{r}\\ \Delta\dot{\phi}\end{bmatrix}=\begin{bmatrix}-0.2720 & 0.0032 & -1 & 0.0578\\ -43.3660 & -2.4923 & 1.8964 & 0\\ 6.5529 & -0.0573 & -0.7759 & 0\\ 0 & 1 & 0.0032 & 0\end{bmatrix}\begin{bmatrix}\Delta\beta\\ \Delta p\\ \Delta r\\ \Delta\phi\end{bmatrix}+\begin{bmatrix}-0.0003 & 0.0420\\ 8.5397 & 0.7107\\ 0.0849 & -3.4512\\ 0 & 0\end{bmatrix}\begin{bmatrix}\Delta\xi\\ \Delta\zeta\end{bmatrix}$$

a）求滚动模态的近似方程，计算此模态的时间常数。

b）求解三个荷兰滚耦合模态和螺旋模态的近似方程，求解中假设控制面固定。找到同这些运动相对应的特征多项式。

c）考查螺旋模态运动是否稳定。

d）利用 MATLAB 以及合适的 m 文件来得到准确的四阶特征方程及其特征根，并计算横向运动的有阻尼自然频率以及阻尼比。

4. 一种未来的 SST 大型客机在以 420 ft/s 的亚声速做稳定平飞的状态下的横向扰动动力学方程为

$$\begin{bmatrix}\Delta\dot{v}\\ \Delta\dot{p}\\ \Delta\dot{r}\\ \Delta\dot{\phi}\end{bmatrix}=\begin{bmatrix}-0.0893 & 1.2546 & 1.0311 & 8.4045\\ -0.0161 & -1.5392 & 0.5677 & -0.2403\\ 0.0017 & -0.0654 & -0.1583 & 0.0249\\ 0 & 1 & 0.117 & 0\end{bmatrix}\begin{bmatrix}\Delta v\\ \Delta p\\ \Delta r\\ \Delta\phi\end{bmatrix}+\begin{bmatrix}-0.0601 & 0.0495\\ 0.0664 & 0.0022\\ 0.0063 & -0.0044\\ 0 & 0\end{bmatrix}\begin{bmatrix}\Delta\xi\\ \Delta\zeta\end{bmatrix}$$

a）求滚动模态的近似方程，计算此模态的时间常数。

b）求解三个荷兰滚耦合模态和螺旋模态的近似方程，求解中假设控制面固定。找到同这些运动相对应的特征多项式。

c）考查螺旋模态运动是否稳定。

d）在假设 $\Delta p=\Delta r=0$ 的情况下求解稳定滚转角与稳定侧滑速度之间的关系。求解侧滑速度单位变化情况下的副翼和方向舵设定。

5. 考虑以简单导数形式（表 6－11）给出的某战斗机横向动力学。

表 6－11　某战斗机的非零横向稳定性导数值

y_v	−0.076 8	Ul_v	−12.9	l_r	0.387	n_p	0.024
y_p/U	0.006	l_p	−0.746	Un_v	4.31	n_r	−0.174
y_r/U	−0.999	y_ξ/U	0.0	l_ξ	−1.61	n_ξ	−0.034 6
y_ϕ/U	0.036 9	y_ζ/U	0.029 18	l_ζ	0.42	n_ζ	−0.78

扰动运动方程为

$$\frac{\mathrm{d}}{\mathrm{d}t}\begin{bmatrix}\beta\\ \Delta p\\ \Delta r\\ \Delta\phi\end{bmatrix}=\begin{bmatrix}y_v & y_p/U & y_r/U & y_\phi/U\\ Ul_v & l_p & l_r & 0\\ Un_v & n_p & n_r & 0\\ 0 & 1 & 0 & 0\end{bmatrix}\begin{bmatrix}\beta\\ \Delta p\\ \Delta r\\ \Delta\phi\end{bmatrix}+\begin{bmatrix}y_\xi/U & y_\zeta/U\\ l_\xi & l_\zeta\\ n_\xi & n_\zeta\\ 0 & 0\end{bmatrix}\begin{bmatrix}\Delta\xi\\ \Delta\zeta\end{bmatrix}$$

a）求滚动模态的近似方程，计算此模态的时间常数。

b）求解控制面固定情况下的一对荷兰滚模态近似振动方程，并计算其阻尼比和有阻尼自然频率。

c）求解在前向速度 $U=280$ m/s 、倾斜转弯半径 10 km 情况下对应的滚转角，以及在此滚转角下的横向扰动控制设定。

6. 考虑表 6－12 给出的 F－16 改进型 AFTI－16 飞行器的简化状态空间导数与横向动力学。

表 6-12　飞行器的简化状态空间导数

y_ϕ	32.17	l_v	−0.032 202	n_v	0.003 845 6
y_v	−0.154 099	l_p	−0.893 601	n_p	−0.000 888
y_p	49.185 039	l_r	0.318 845	n_r	−0.278 676
y_r	−595.998				

表 6-12 中 AFTI-16 飞行器以 597 ft/s 的配平稳定平飞速度飞行情况下的横向线性（小扰动）动力学方程为

$$\begin{bmatrix}\Delta\dot{v}_s\\\Delta\dot{p}_s\\\Delta\dot{r}_s\\\Delta\dot{\phi}_s\end{bmatrix}=\begin{bmatrix}y_v & y_p & y_r & y_\phi\\l_v & l_p & l_r & 0\\n_v & n_p & n_r & 0\\0 & 1 & 0 & 0\end{bmatrix}\begin{bmatrix}\Delta v_s\\\Delta p_s\\\Delta r_s\\\Delta\phi_s\end{bmatrix}$$

a）求滚动模态的近似方程，计算此模态的时间常数。

b）求解控制面固定情况下的一对荷兰滚模态近似振动方程，并计算其阻尼比和有阻尼自然频率。

c）考查螺旋模态运动是否稳定。

7. AFTI-16 战斗机是一种左右副翼和左右平尾都可以独立作动的非传统飞行器。以 597 ft/s 的前向速度进行稳定平飞的该飞行器的横向线性（小扰动）动力学方程为

$$\begin{bmatrix}\Delta\dot{v}_s\\\Delta\dot{p}_s\\\Delta\dot{r}_s\\\Delta\dot{\phi}_s\\\Delta\dot{\psi}_s\end{bmatrix}=\begin{bmatrix}y_v & y_p & y_r & y_\phi & 0\\l_v & l_p & l_r & 0 & 0\\n_v & n_p & n_r & 0 & 0\\0 & 1 & 0 & 0 & 0\\0 & 0 & 1 & 0 & 0\end{bmatrix}\begin{bmatrix}\Delta\dot{v}_s\\\Delta p_s\\\Delta r_s\\\Delta\phi_s\\\Delta\psi_s\end{bmatrix}+\begin{bmatrix}y_\xi & y_{\eta d} & y_{ca} & y_\zeta\\l_\xi & l_{\eta d} & l_{ca} & l_\zeta\\n_\xi & n_{\eta d} & n_{ca} & n_\zeta\\0 & 0 & 0 & 0\\0 & 0 & 0 & 0\end{bmatrix}\begin{bmatrix}\Delta\xi\\\Delta\eta_d\\\Delta c_a\\\Delta\zeta\end{bmatrix}$$

控制面为副翼（左右副翼反对称偏转）、升降舵（左右升降舵反对称偏转或不对称偏转）、鸭翼以及方向舵。状态空间导数见表 6-12，关于控制量的导数见表 6-13。

表 6-13　AFTI-16 的非零横向控制导数

$y_{\eta d}$	8.595 606	$l_{\eta d}$	−13.583 2	$n_{\eta d}$	−1.505 47
y_ξ	0.213 129	l_ξ	−17.446 8	n_ξ	−0.268 303
y_{ca}	4.378 995	l_{ca}	0.414 519	n_{ca}	1.510 08
y_ζ	12.635 505	l_ζ	3.923 25	n_ζ	−1.966 51

a）假设升降舵（左边的和右边的）以及鸭翼都固定，求解在以 23 835 ft 的转弯半径进行倾斜转弯的过程中的相应滚转角 ϕ 与副翼、方向舵设定（即第一个和第四个控制量）。

b）假设副翼与方向舵因故障而无法控制，确定应用平尾的不对称偏转与鸭翼（即第二个和第三个控制量）能否完成同样的控制。

8. 以 597 ft/s 的速度稳定平飞状态下的 AFTI-16 的小扰动横向线性动力学方程可表

达如下

$$\frac{\mathrm{d}}{\mathrm{d}t}\begin{bmatrix}\beta\\ \Delta p\\ \Delta r\\ \Delta\phi\end{bmatrix}=\begin{bmatrix}y_v & y_p/U & y_r/U & y_\phi/U\\ Ul_v & l_p & l_r & 0\\ Un_v & n_p & n_r & 0\\ 0 & 1 & 0 & 0\end{bmatrix}\begin{bmatrix}\beta\\ \Delta p\\ \Delta r\\ \Delta\phi\end{bmatrix}+\begin{bmatrix}y_\xi/U & y_\zeta/U\\ l_\xi & l_\zeta\\ n_\xi & n_\zeta\\ 0 & 0\end{bmatrix}\begin{bmatrix}\Delta\xi\\ \Delta\zeta\end{bmatrix}$$

a）应用之前练习题当中定义过的导数数据，确定在假设 $\Delta p=\Delta r=0$ 的情况下稳定滚转角同稳定侧滑速度之间的关系。确定侧滑速度产生单位变化时的副翼与升降舵设定。

b）求解在以 597 ft/s 的前向速度、30 000 ft 的转弯半径进行倾斜转弯时所需的滚转角与相应的横向扰动控制量设定。

9. 某种战斗机的包括升降舵伺服执行机构的完整纵向动力学方程可表示如下

$$\begin{bmatrix}\Delta\dot{u}_s\\ \Delta\dot{\alpha}_s\\ \Delta\dot{q}_s\\ \Delta\dot{\theta}_s\\ \Delta\dot{h}\\ \Delta\dot{\eta}\end{bmatrix}=\begin{bmatrix}x_u & U_s^e x_w & 0 & -g & 0 & x_\eta\\ \dfrac{z_u}{U_s^e} & z_w & 1 & 0 & 0 & \dfrac{z_\eta}{U_s^e}\\ m_u & U_s^e m_w & m_q & 0 & 0 & m_\eta\\ 0 & 0 & 1 & 0 & 0 & 0\\ 0 & U_s^e & 0 & U_s^e & 0 & 0\\ 0 & 0 & 0 & 0 & 0 & -p_\eta\end{bmatrix}\begin{bmatrix}\Delta u_s\\ \Delta\alpha_s\\ \Delta q_s\\ \Delta\theta_s\\ \Delta h\\ \Delta\eta\end{bmatrix}+\begin{bmatrix}0\\0\\0\\0\\0\\p_\eta\end{bmatrix}\Delta\eta_c$$

可用状态方程形式 $\dot{\boldsymbol{x}}=\boldsymbol{A}\boldsymbol{x}+\boldsymbol{B}\boldsymbol{u}$ 表示，其中

$$\boldsymbol{A}=\begin{bmatrix}-0.050\,7 & -3.861 & 0 & -32.17 & 0 & 0\\ -0.001\,17 & -9.516\,4 & 1 & 0 & 0 & -0.071\,7\\ -0.000\,129 & 1.416\,8 & -0.493\,2 & 0 & 0 & -1.645\\ 0 & 0 & 1 & 0 & 0 & 0\\ 0 & -234.61 & 0 & 234.61 & 0 & 0\\ 0 & 0 & 0 & 0 & 0 & -20.2\end{bmatrix},\ \boldsymbol{B}=\begin{bmatrix}0\\0\\0\\0\\0\\20.2\end{bmatrix}$$

a）求解升降舵固定情况下的一对短周期模态近似方程，计算此模态对应的特征多项式和特征根。

b）求解控制面固定情况下的一对长周期模态近似振动方程，并计算其阻尼比和有阻尼自然频率。

10. 完整的 AFTI－16 横向方程可表示如下

$$\frac{\mathrm{d}}{\mathrm{d}t}\begin{bmatrix}\Delta v_s\\ \Delta p_s\\ \Delta r_s\\ \Delta\phi_s\\ \Delta\psi_s\end{bmatrix}=\begin{bmatrix}y_v & y_p & y_{ra}-U_e^s & y_\phi & 0\\ l_v & l_p & l_r & 0 & 0\\ n_v & n_p & n_r & 0 & 0\\ 0 & 1 & 0 & 0 & 0\\ 0 & 0 & 1 & 0 & 0\end{bmatrix}\begin{bmatrix}\Delta v_s\\ \Delta p_s\\ \Delta r_s\\ \Delta\phi_s\\ \Delta\psi_s\end{bmatrix}+\begin{bmatrix}y_\xi & y_{\eta d} & y_{ca} & y_\zeta\\ l_\xi & l_{\eta d} & l_{ca} & l_\zeta\\ n_\xi & n_{\eta d} & n_{ca} & n_\zeta\\ 0 & 0 & 0 & 0\\ 0 & 0 & 0 & 0\end{bmatrix}\begin{bmatrix}\Delta\xi\\ \Delta\eta_d\\ \Delta c_a\\ \Delta\zeta\end{bmatrix}$$

a）求解滚转模态近似方程，并讨论此模态在什么条件下稳定。

b）求解荷兰滚振动的一对近似方程，建立荷兰滚振动的稳定性条件。

11. a）证明对于平直的、弦长沿展向不变的（即矩形机翼）、展向的载荷分布是一个常值（也就是说每个截面的升力系数一样）的机翼而言，由偏航角速度和机翼升力引起的滚转力矩可用机翼的升力系数 C_{Lw} 表达为

$$C_{Lr}\big|_{\text{wing}}=C_{Lw}/3$$

在此基础上，估算对于根梢比为 λ 的机翼而言，其滚转力矩相对于偏航角速度的导数用机翼升力系数 $C_{L\omega}$ 表示的表达式形式。

b）证明对于平直的、弦长沿展向不变的（即矩形机翼）、有椭圆形展向载荷分布的机翼而言，由偏航角速度和机翼升力引起的机翼滚转力矩可表达成机翼升力系数 C_{Lw} 的形式如下

$$C_{Lr}\big|_{\text{wing}}=C_{Lw}/4$$

在此基础上，估算对于根梢比为 λ 的机翼而言，其滚转力矩相对于偏航角速度的导数用机翼升力系数 C_{Lw} 表示的表达式形式。

c）证明对于平直的、弦长沿展向不变的机翼（即矩形机翼）而言，由机翼升力产生的滚转阻尼的分布可用机翼的沿展向成椭圆形的升力曲线 $C_{Lw,\alpha}$ 形式表示为

$$C_{Lp}\big|_{\text{wing}}=-C_{Lw,\alpha}/8$$

在此基础上，估算对于根梢比为 λ 的机翼而言，其滚转阻尼用机翼升力曲线 $C_{Lw,\alpha}$ 表示的表达式形式。

d）证明对于平直的、弦长沿展向不变的（即矩形机翼）、有椭圆形展向载荷分布的机翼而言，由滚转角速度和机翼升力引起的机翼偏航力矩可表达成机翼升力系数 C_{Lw} 的形式如下

$$C_{Np}\big|_{\text{wing}}=-C_{Lw}/8$$

在此基础上，估算对于根梢比为 λ 的机翼而言，其偏航力矩用滚转角速度的导数用机翼升力系数 C_{Lw} 表示的表达式形式。

12. 证明偏航力矩关于滚转角速度的导数的表达式可写成

$$N_p=-\int_{-1/2}^{1/2}(C_L-\partial C_D/\partial\alpha)\ [c(\eta)/\bar{c}]\ \eta^2\mathrm{d}\eta+\frac{l_F}{S_W b}\int_0^{\text{fin height}}a_F c_F(z)z\mathrm{d}z$$

并给出推导此表达式所需要的所有假设条件。

13. 对于第 3 章练习题 5 当中的那款飞行器的特征参数的定义而言，增加条件：展弦比为 6.89，机翼展长相对于平均气动弦长的比值为 6.8，机翼根梢比为 0.3，平尾相对于机翼的垂直高度与平均气动弦长的比值为 1.5，机翼中弦处的后掠角为 5°，机翼最大厚度与弦长的比值为 0.12，机身长细比为 2.12，$e=0.7766$，$\bar{V}_T=0.66$，$\dfrac{l_t}{\bar{c}}=5.68$ 以及 $C_{D0}=0.1$。做适当的简化以估算主要的纵向无量纲稳定性导数。

第 7 章　飞行器动力学响应：数值仿真和非线性现象

7.0　引言

本章重点介绍输入信号为飞行员的控制指令以及由阵风和大气湍流所产生的扰动时飞行器的动力学响应。阵风和大气湍流常常会对飞行器施加一个扰动力和力矩，对这种干扰所产生的影响进行准确的评估十分重要。飞行力学仿真方法在文献 Stevens 和 Lewis[1] 以及 Zipfel [2] 中有详细论述。

7.1　纵向和横向的模型方程

纵向小扰动运动方程已经在第 5 章中提到，即

$$
\begin{bmatrix}1 & -X_{\dot{w}} & -X_{\dot{q}} & 0\\ 0 & 1-Z_{\dot{w}} & -Z_{\dot{q}} & 0\\ 0 & -M_{\dot{w}} & 1-M_{\dot{q}} & 0\\ 0 & 0 & 0 & 1\end{bmatrix}\begin{bmatrix}\Delta\dot{u}_s\\ \Delta\dot{w}_s\\ \Delta\dot{q}_s\\ \Delta\dot{\theta}_s\end{bmatrix}=\begin{bmatrix}X_u & X_w & X_q & -g\cos\theta_e\\ Z_u & Z_w & Z_q+U_e^s & g\sin\theta_e\\ M_u & M_w & M_q & 0\\ 0 & 0 & 1 & 0\end{bmatrix}\begin{bmatrix}\Delta u_s\\ \Delta w_s\\ \Delta q_s\\ \Delta\theta_s\end{bmatrix}+
$$

$$
\begin{bmatrix}X_\eta & X_\tau\\ Z_\eta & Z_\tau\\ M_\eta & M_\tau\\ 0 & 0\end{bmatrix}\begin{bmatrix}\Delta\eta\\ \Delta\tau\end{bmatrix}+\begin{bmatrix}(X_{NB}-X_{NBe})/m\\ (Z_{NB}-Z_{NBe})/m\\ (M_{NB}-M_{NBe})/I_{yy}^s\\ 0\end{bmatrix} \tag{7-1}
$$

油门量经过标准化处理，$\Delta\tau=1$，表示为最大功率，$\Delta\tau>1$ 表示功率超过最大值。用 $\boldsymbol{M}^{-1}$ 乘以上述的耦合方程组，这里

$$
\boldsymbol{M}=\begin{bmatrix}1 & -X_{\dot{w}} & 0 & 0\\ 0 & 1-Z_{\dot{w}} & 0 & 0\\ 0 & -M_{\dot{w}} & 1 & 0\\ 0 & 0 & 0 & 1\end{bmatrix} \tag{7-2}
$$

写成最简形式为

$$\begin{bmatrix} 1 & 0 & -x_{\dot{q}} & 0 \\ 0 & 1 & -z_{\dot{q}} & 0 \\ 0 & 0 & 1-m_{\dot{q}} & 0 \\ 0 & 0 & 0 & 1 \end{bmatrix} \begin{bmatrix} \Delta\dot{u}_s \\ \Delta\dot{w}_s \\ \Delta\dot{q}_s \\ \Delta\dot{\theta}_s \end{bmatrix} = \begin{bmatrix} x_u & x_w & x_q & x_\theta \\ z_u & z_w & z_q & z_\theta \\ m_u & m_w & m_q & m_\theta \\ 0 & 0 & 1 & 0 \end{bmatrix} \begin{bmatrix} \Delta u_s \\ \Delta w_s \\ \Delta q_s \\ \Delta\theta_s \end{bmatrix} + \begin{bmatrix} x_\eta & x_\tau \\ z_\eta & z_\tau \\ m_\eta & m_\tau \\ 0 & 0 \end{bmatrix} \begin{bmatrix} \Delta\eta \\ \Delta\tau \end{bmatrix} + \boldsymbol{M}^{-1} \begin{bmatrix} (X_{NB} - X_{NBe})/m \\ (Z_{NB} - Z_{NBe})/m \\ (M_{NB} - M_{NBe})/I_{yy}^s \\ 0 \end{bmatrix} \tag{7-3}$$

忽略等式左边较小的导数以及等式右边除升降舵和油门输入以外的所有外力，可以得到方程组的简化形式

$$\begin{bmatrix} \Delta\dot{u}_s \\ \Delta\dot{w}_s \\ \Delta\dot{q}_s \\ \Delta\dot{\theta}_s \end{bmatrix} = \begin{bmatrix} x_u & x_w & x_q & x_\theta \\ z_u & z_w & z_q & z_\theta \\ m_u & m_w & m_q & m_\theta \\ 0 & 0 & 1 & 0 \end{bmatrix} \begin{bmatrix} \Delta u_s \\ \Delta w_s \\ \Delta q_s \\ \Delta\theta_s \end{bmatrix} + \begin{bmatrix} x_\eta & x_\tau \\ z_\eta & z_\tau \\ m_\eta & m_\tau \\ 0 & 0 \end{bmatrix} \begin{bmatrix} \Delta\eta \\ \Delta\tau \end{bmatrix} \tag{7-4}$$

或者考虑到攻角扰动 $\Delta\alpha_s$，也可以写成

$$\begin{bmatrix} \Delta\dot{u}_s \\ \Delta\dot{\alpha}_s \\ \Delta\dot{q}_s \\ \Delta\dot{\theta}_s \end{bmatrix} = \begin{bmatrix} x_u & U_s^e x_w & x_q & x_\theta \\ \dfrac{z_u}{U_s^e} & z_w & \dfrac{z_q}{U_s^e} & \dfrac{z_\theta}{U_s^e} \\ m_u & U_s^e m_w & m_q & m_\theta \\ 0 & 0 & 1 & 0 \end{bmatrix} \begin{bmatrix} \Delta u_s \\ \Delta\alpha_s \\ \Delta q_s \\ \Delta\theta_s \end{bmatrix} + \begin{bmatrix} x_\eta & x_\tau \\ \dfrac{z_\eta}{U_s^e} & \dfrac{z_\tau}{U_s^e} \\ m_\eta & m_\tau \\ 0 & 0 \end{bmatrix} \begin{bmatrix} \Delta\eta \\ \Delta\tau \end{bmatrix}$$

表达成状态矢量的形式为

$$\begin{bmatrix} \Delta\dot{u}_s \\ \Delta\dot{\alpha}_s \\ \Delta\dot{q}_s \\ \Delta\dot{\theta}_s \end{bmatrix} = \boldsymbol{A} \begin{bmatrix} \Delta u_s \\ \Delta\alpha_s \\ \Delta q_s \\ \Delta\theta_s \end{bmatrix} + \boldsymbol{B} \begin{bmatrix} \Delta\eta \\ \Delta\tau \end{bmatrix} \text{或者} \begin{bmatrix} \Delta\dot{u}_s \\ \Delta\dot{w}_s \\ \Delta\dot{q}_s \\ \Delta\dot{\theta}_s \end{bmatrix} = \boldsymbol{A} \begin{bmatrix} \Delta u_s \\ \Delta w_s \\ \Delta q_s \\ \Delta\theta_s \end{bmatrix} + \boldsymbol{B} \begin{bmatrix} \Delta\eta \\ \Delta\tau \end{bmatrix} \tag{7-5}$$

$$\text{即 } \dot{\boldsymbol{x}} = \boldsymbol{A}\boldsymbol{x} + \boldsymbol{B}\boldsymbol{u}\text{，其中 } \boldsymbol{x} = \begin{bmatrix} \Delta u_s \\ \Delta\alpha_s \\ \Delta q_s \\ \Delta\theta_s \end{bmatrix} \text{或者 } \boldsymbol{x} = \begin{bmatrix} \Delta u_s \\ \Delta w_s \\ \Delta q_s \\ \Delta\theta_s \end{bmatrix}, \boldsymbol{u} = \begin{bmatrix} \Delta\eta \\ \Delta\tau \end{bmatrix} \tag{7-6}$$

飞行器横向小扰动运动方程已经在第 5 章中提到，即

$$
\begin{bmatrix} 1 & -Y_{\dot{p}} & -Y_{\dot{r}} & 0 \\ 0 & 1-L_{\dot{p}} & -I_{xz}^{s}/I_{xx}^{s}-L_{\dot{r}} & 0 \\ 0 & -I_{xz}^{s}/I_{zz}^{s}-N_{\dot{p}} & 1-N_{\dot{r}} & 0 \\ 0 & 0 & 0 & 1 \end{bmatrix} \begin{bmatrix} \Delta\dot{v}_{s} \\ \Delta\dot{p}_{s} \\ \Delta\dot{r}_{s} \\ \Delta\dot{\phi}_{s} \end{bmatrix} =
$$

$$
\begin{bmatrix} Y_{v} & Y_{p} & Y_{r}-U_{e}^{s} & g\cos\phi_{e}\cos\theta_{e} \\ L_{v} & L_{p} & L_{r} & 0 \\ N_{v} & N_{p} & N_{r} & 0 \\ 0 & 1 & 0 & 0 \end{bmatrix} \begin{bmatrix} \Delta v_{s} \\ \Delta p_{s} \\ \Delta r_{s} \\ \Delta\phi_{s} \end{bmatrix} + \begin{bmatrix} Y_{\xi} & Y_{\zeta} \\ L_{\xi} & L_{\zeta} \\ N_{\xi} & N_{\zeta} \\ 0 & 0 \end{bmatrix} \begin{bmatrix} \Delta\xi \\ \Delta\zeta \end{bmatrix} + \begin{bmatrix} (Y_{NB}-Y_{NBe})/m \\ (L_{NB}-L_{NBe})/I_{xx}^{s} \\ (N_{NB}-N_{NBe})/I_{zz}^{s} \\ 0 \end{bmatrix} \tag{7-7}
$$

用 $\boldsymbol{M}^{-1}$ 乘以上述的耦合方程组，在这里

$$
\boldsymbol{M} = \begin{bmatrix} 1 & 0 & 0 & 0 \\ 0 & 1 & -I_{xz}^{s}/I_{xx}^{s} & 0 \\ 0 & -I_{xz}^{s}/I_{zz}^{s} & 1 & 0 \\ 0 & 0 & 0 & 1 \end{bmatrix} \tag{7-8}
$$

写出这组一阶方程组的最简形式

$$
\begin{bmatrix} 1 & -y_{\dot{p}} & -y_{\dot{r}} & 0 \\ 0 & 1-l_{\dot{p}} & -l_{\dot{r}} & 0 \\ 0 & -n_{\dot{p}} & 1-n_{\dot{r}} & 0 \\ 0 & 0 & 0 & 1 \end{bmatrix} \begin{bmatrix} \Delta\dot{v}_{s} \\ \Delta\dot{p}_{s} \\ \Delta\dot{r}_{s} \\ \Delta\dot{\phi}_{s} \end{bmatrix} = \begin{bmatrix} y_{v} & y_{p} & y_{r} & y_{\phi} \\ l_{v} & l_{p} & l_{r} & l_{\phi} \\ n_{v} & n_{p} & n_{r} & n_{\phi} \\ 0 & 1 & 0 & 0 \end{bmatrix} \begin{bmatrix} \Delta v_{s} \\ \Delta p_{s} \\ \Delta r_{s} \\ \Delta\phi_{s} \end{bmatrix} + \begin{bmatrix} y_{\xi} & y_{\zeta} \\ l_{\xi} & l_{\zeta} \\ n_{\xi} & n_{\zeta} \\ 0 & 0 \end{bmatrix} \begin{bmatrix} \Delta\xi \\ \Delta\zeta \end{bmatrix} + \boldsymbol{M}^{-1} \begin{bmatrix} (Y_{NB}-Y_{NBe})/m \\ (L_{NB}-L_{NBe})/I_{xx}^{s} \\ (N_{NB}-N_{NBe})/I_{zz}^{s} \\ 0 \end{bmatrix} \tag{7-9}
$$

忽略等式左边较小的导数以及等式右边除副翼和方向舵输入以外的所有外力，可以得到方程组的简化形式

$$
\begin{bmatrix} \Delta\dot{v}_{s} \\ \Delta\dot{p}_{s} \\ \Delta\dot{r}_{s} \\ \Delta\dot{\phi}_{s} \end{bmatrix} = \begin{bmatrix} y_{v} & y_{p} & y_{r} & y_{\phi} \\ l_{v} & l_{p} & l_{r} & l_{\phi} \\ n_{v} & n_{p} & n_{r} & n_{\phi} \\ 0 & 1 & 0 & 0 \end{bmatrix} \begin{bmatrix} \Delta v_{s} \\ \Delta p_{s} \\ \Delta r_{s} \\ \Delta\phi_{s} \end{bmatrix} + \begin{bmatrix} y_{\xi} & y_{\zeta} \\ l_{\xi} & l_{\zeta} \\ n_{\xi} & n_{\zeta} \\ 0 & 0 \end{bmatrix} \begin{bmatrix} \Delta\xi \\ \Delta\zeta \end{bmatrix} \tag{7-10}
$$

或者写成

$$
\begin{bmatrix} \Delta\dot{\beta}_{s} \\ \Delta\dot{p}_{s} \\ \Delta\dot{r}_{s} \\ \Delta\dot{\phi}_{s} \end{bmatrix} = \begin{bmatrix} y_{v} & \dfrac{y_{p}}{U_{e}^{s}} & \dfrac{y_{r}}{U_{e}^{s}} & \dfrac{y_{\phi}}{U_{e}^{s}} \\ U_{e}^{s}l_{v} & l_{p} & l_{r} & l_{\phi} \\ U_{e}^{s}n_{v} & n_{p} & n_{r} & n_{\phi} \\ 0 & 10 & 0 & \end{bmatrix} \begin{bmatrix} \Delta\beta_{s} \\ \Delta p_{s} \\ \Delta r_{s} \\ \Delta\phi_{s} \end{bmatrix} + \begin{bmatrix} \dfrac{y_{\xi}}{U_{e}^{s}} & \dfrac{y_{\zeta}}{U_{e}^{s}} \\ l_{\xi} & l_{\zeta} \\ n_{\xi} & n_{\zeta} \\ 0 & 0 \end{bmatrix} \begin{bmatrix} \Delta\xi \\ \Delta\zeta \end{bmatrix} \tag{7-11}
$$

这里，侧滑角 $\Delta\beta_{s}$ 和 Δv_{s} 的线性关系为

$$
\Delta\beta_{s} = \Delta v_{s}/U_{e}^{s} \tag{7-12}
$$

该横向小扰动方程也可以表示为状态矢量形式

$$\begin{bmatrix}\Delta\dot{v}_s\\ \Delta\dot{p}_s\\ \Delta\dot{r}_s\\ \Delta\dot{\phi}_s\end{bmatrix}=\boldsymbol{A}\begin{bmatrix}\Delta v_s\\ \Delta p_s\\ \Delta r_s\\ \Delta\phi_s\end{bmatrix}+\boldsymbol{B}\begin{bmatrix}\Delta\xi\\ \Delta\zeta\end{bmatrix}\ \text{或者}\ \begin{bmatrix}\Delta\dot{\beta}_s\\ \Delta\dot{p}_s\\ \Delta\dot{r}_s\\ \Delta\dot{\phi}_s\end{bmatrix}=\boldsymbol{A}\begin{bmatrix}\Delta\beta_s\\ \Delta p_s\\ \Delta r_s\\ \Delta\phi_s\end{bmatrix}+\boldsymbol{B}\begin{bmatrix}\Delta\xi\\ \Delta\zeta\end{bmatrix} \tag{7-13}$$

$$\text{即}\ \dot{\boldsymbol{x}}=\boldsymbol{A}\boldsymbol{x}+\boldsymbol{B}\boldsymbol{u}\text{，其中}\ \boldsymbol{x}=\begin{bmatrix}\Delta v_s\\ \Delta p_s\\ \Delta r_s\\ \Delta\phi_s\end{bmatrix}\ \text{或者}\ \boldsymbol{x}=\begin{bmatrix}\Delta\beta_s\\ \Delta p_s\\ \Delta r_s\\ \Delta\phi_s\end{bmatrix}\ \text{和}\ \boldsymbol{u}=\begin{bmatrix}\Delta\xi\\ \Delta\zeta\end{bmatrix} \tag{7-14}$$

6.2.1 节讨论了匀速运动飞行器在保持前向平衡状态时，小扰动简化条件下运动方程。描述的运动方程包括纵向短周期、长周期，以及横向的滚转、荷兰滚和螺旋模态。出于完整性的考虑，在飞行器动力学的线性化描述中除上述模态以外还有另外两种模态，它们可以分别表示为纵向情况下的高度和横向情况下的方向模态，可以通过积分获得。

7.2　飞行器动力学响应的计算方法

现代飞行器设计中，对飞行器相对于控制输入信号和扰动输入信号的动力学响应进行数值预测和分析非常重要。其中，扰动信号包括大气中的阵风、湍流、地形阵风、波动阵风和乱流等。对飞行器动力学响应，尤其是阵风和其他扰动情况下的响应的研究已经取得了一定的进展，这使得商业飞行器在质量方面有所减轻，安全性有所增强。对飞行器动力学响应的估计包括一组常微分方程的数值解。这些常微分方程可以表示为状态空间中的一组耦合非线性一阶微分方程，并通过一系列函数与一阶时间导数相联系起来。在建立用微分方程表示的飞行器动态模型时，应该更多地强调对飞行器微分方程的状态空间模型化方法。这种模型化方法尤其适用于 SIMULINK 环境下的飞行器模型的仿真，以及 MTALAB 和 SIMULINK 软件分析工具的开发和应用。基本飞行器动力学可以由飞行器的非线性状态空间模型和相关联的分析工具来表示。这些工具能够修正飞行器的稳态飞行模型，执行数字模拟，并从中获得飞行器动力学的线性状态空间描述。线性控制系统设计技术可以应用于这些线性化飞行器模型，得到的控制律可以用非线性模拟仿真来验证。

这些分析功能大多是通用性，SIMULINK 和 MATLAB 包含了实现这些功能的一些内置软件函数。虽然不需要（而且通常不可能）了解这些内置工具所使用的精确算法，但对于基本理论有一个大致的了解还是很有帮助的。为此，本章介绍了模拟仿真的理论（特别是数值积分），系统线性化，以及线性系统分析的一些基础。

7.2.1　拉普拉斯变换

拉普拉斯变换是一种计算一组常微分方程描述的系统动态响应的方法。它使用传递函数对实际中的非线性系统进行线性时不变模拟。由于大多数系统是非线性的，所以通常数值模拟是首选的方法。另一方面，传递函数有助于了解平衡解的稳定性。通常是利用小扰动来扰乱平衡，然后观察线性小扰动方程的平衡解的稳定性。通过对小扰动（线性）方程进行拉普拉斯变换，我们可以利用拉普拉斯变换变量 s 将其变换为代数方程。

此外，在单输入单输出系统中，我们可以通过求解输入到输出的转换方程，并利用含有 s 的多项式比值的形式来表示输出和输入的比值。其中，分母多项式的根为极点，分子多项式的根为零点。因此，这种表示形式也被称为零极点表示。

7.2.2　飞行器响应传递函数

对控制系统设计的分析方法多数采用飞行器动力学的数学模型。在控制系统设计中通常采用飞行器的动力学传递函数，利用传递函数将系统的输出状态和输入状态联系起来，而系统的输入可以看作是主要的控制变量。这里我们举两个例子来确定飞行器的传递函数：1）升降舵对俯仰角速度的传递函数，2）副翼对滚转角速度的传递函数。

例 1　升降舵对俯仰角速度的传递函数。

假定飞行器以恒定的速度 U_s^e 做水平稳定飞行，小扰动情况下飞行器的简化线性纵向动力学模型可以用状态变量、稳定性导数和升降舵输入量 $\Delta\eta$ 共同表示为

$$\begin{bmatrix}\Delta\dot{u}_s\\ \Delta\dot{w}_s\\ \Delta\dot{q}_s\\ \Delta\dot{\theta}_s\end{bmatrix}=\begin{bmatrix}x_u & x_w & x_q & x_\theta\\ z_u & z_w & z_q & z_\theta\\ m_u & m_w & m_q & m_\theta\\ 0 & 0 & 1 & 0\end{bmatrix}\begin{bmatrix}\Delta u_s\\ \Delta w_s\\ \Delta q_s\\ \Delta\theta_s\end{bmatrix}+\begin{bmatrix}x_\eta\\ z_\eta\\ m_\eta\\ 0\end{bmatrix}\Delta\eta \tag{7-15}$$

状态变量为稳定轴上的扰动量，其中 Δu_s 为前进速度扰动量，Δw_s 为垂直速度扰动量，Δq_s 为俯仰角速度扰动量，$\Delta\theta_s$ 为俯仰角扰动量。

对纵向运动方程进行拉普拉斯变换，消去俯仰角速度和高度扰动状态变量后得到

$$\begin{bmatrix}s\Delta u_s\\ s\Delta w_s\\ s^2\Delta\theta_s\end{bmatrix}=\begin{bmatrix}x_u & x_w & sx_q+x_\theta\\ z_u & z_w & sz_q+z_\theta\\ m_u & m_w & sm_q+m_\theta\end{bmatrix}\begin{bmatrix}\Delta u_s\\ \Delta w_s\\ \Delta\theta_s\end{bmatrix}+\begin{bmatrix}x_\eta\\ z_\eta\\ m_\eta\end{bmatrix}\Delta\eta \tag{7-16}$$

所以有

$$\begin{bmatrix}s-x_u & -x_w\\ -z_u & s-z_w\end{bmatrix}\begin{bmatrix}\Delta u_s\\ \Delta w_s\end{bmatrix}=\begin{bmatrix}sx_q+x_\theta\\ sz_q+z_\theta\end{bmatrix}\Delta\theta_s+\begin{bmatrix}x_\eta\\ z_\eta\end{bmatrix}\Delta\eta \tag{7-17}$$

偏航动力学特性由下式确定

$$s^2\Delta\theta_s=(sm_q+m_\theta)\Delta\theta_s+[m_u\quad m_w]\begin{bmatrix}\Delta u_s\\ \Delta w_s\end{bmatrix}+m_\eta\Delta\eta \tag{7-18}$$

但是

$$\begin{bmatrix}\Delta u_s\\ \Delta w_s\end{bmatrix}=\begin{bmatrix}s-x_u & -x_w\\ -z_u & s-z_w\end{bmatrix}^{-1}\begin{bmatrix}sx_q+x_\theta\\ sz_q+z_\theta\end{bmatrix}\Delta\theta_s+\begin{bmatrix}s-x_u & -x_w\\ -z_u & s-z_w\end{bmatrix}^{-1}\begin{bmatrix}x_\eta\\ z_\eta\end{bmatrix}\Delta\eta \tag{7-19}$$

令

$$\Delta_2 \equiv \det\begin{bmatrix} s-x_u & -x_w \\ -z_u & s-z_w \end{bmatrix} = s^2 - s(x_u + z_w) + x_u z_w - z_u x_w \tag{7-20}$$

再令“Adj”表示伴随矩阵，有

$$\begin{bmatrix} \Delta u_s \\ \Delta w_s \end{bmatrix} = \mathrm{Adj}\begin{bmatrix} s-x_u & -x_w \\ -z_u & s-z_w \end{bmatrix}\begin{bmatrix} sx_q + x_\theta \\ sz_q + z_\theta \end{bmatrix}\frac{\Delta\theta_s}{\Delta_2} + \mathrm{Adj}\begin{bmatrix} s-x_u & -x_w \\ -z_u & s-z_w \end{bmatrix}\begin{bmatrix} x_\eta \\ z_\eta \end{bmatrix}\frac{\Delta\eta}{\Delta_2} \tag{7-21}$$

因此，从俯仰动力学方程

$$s^2\Delta\theta_s = (sm_q + m_\theta)\Delta\theta_s + [m_u \quad m_w]\begin{bmatrix} \Delta u_s \\ \Delta w_s \end{bmatrix} + m_\eta \Delta\eta \tag{7-22}$$

中消去 $[\Delta u_s \quad \Delta w_s]^{\mathrm{T}}$，并求解传递函数

$$\frac{\Delta q_s}{\Delta\eta} = \frac{s\Delta\theta_s}{\Delta\eta} = \frac{s\left\{m_\eta\Delta_2 + [m_u \quad m_w]\,\mathrm{Adj}\begin{bmatrix} s-x_u & -x_w \\ -z_u & s-z_w \end{bmatrix}\begin{bmatrix} x_\eta \\ z_\eta \end{bmatrix}\right\}}{\left\{(s^2 - sm_q - m_\theta)\Delta_2 - [m_u \quad m_w]\left[\mathrm{Adj}\begin{bmatrix} s-x_u & -x_w \\ -z_u & s-z_w \end{bmatrix}\right]\begin{bmatrix} sx_q + x_\theta \\ sz_q + z_\theta \end{bmatrix}\right\}} \tag{7-23}$$

由于

$$\mathrm{Adj}\begin{bmatrix} s-x_u & -x_w \\ -z_u & s-z_w \end{bmatrix} = \begin{bmatrix} s-z_w & x_w \\ z_u & s-x_u \end{bmatrix} \tag{7-24}$$

因此

$$\frac{\Delta q_s}{\Delta\eta} = \frac{s\Delta\theta_s}{\Delta\eta} = \frac{s\left\{m_\eta\Delta_2 + [m_u \quad m_w]\begin{bmatrix} s-z_w & x_w \\ z_u & s-x_u \end{bmatrix}\begin{bmatrix} x_\eta \\ z_\eta \end{bmatrix}\right\}}{\left\{(s^2 - sm_q - m_\theta)\Delta_2 - [m_u \quad m_w]\begin{bmatrix} s-z_w & x_w \\ z_u & s-x_u \end{bmatrix}\begin{bmatrix} sx_q + x_\theta \\ sz_q + z_\theta \end{bmatrix}\right\}} \tag{7-25}$$

该传递函数可以简化为

$$\frac{q(s)}{\eta(s)} = \frac{K_q s\,[s + 1/T_\theta]\,[s + 1/T_q]}{\Delta(s)} \tag{7-26}$$

其中

$$\Delta(s) = s\,[s^2 + 2\zeta_p\omega_p s + \omega_p^2]\,[s^2 + 2\zeta_s\omega_s s + \omega_s^2] \tag{7-27}$$

例 2 副翼对滚转角速度的传递函数。

假定战斗机以恒定的速度 U_s^e 做稳定的水平飞行，在小扰动情况下其简化的线性横向动力学模型可以用状态变量、简明稳定性导数和副翼输入 $\Delta\xi$ 以及方向舵输入 $\Delta\zeta$ 共同表示为

$$\begin{bmatrix} \Delta\dot{v}_s \\ \Delta\dot{p}_s \\ \Delta\dot{r}_s \\ \Delta\dot{\phi}_s \end{bmatrix} = \begin{bmatrix} y_v & y_p & y_r & y_\phi \\ l_v & l_p & l_r & l_\phi \\ n_v & n_p & n_r & n_\phi \\ 0 & 1 & 0 & 0 \end{bmatrix}\begin{bmatrix} \Delta v_s \\ \Delta p_s \\ \Delta r_s \\ \Delta\phi_s \end{bmatrix} + \begin{bmatrix} y_\xi & y_\zeta \\ l_\xi & l_\zeta \\ n_\xi & n_\zeta \\ 0 & 0 \end{bmatrix}\begin{bmatrix} \Delta\xi \\ \Delta\zeta \end{bmatrix} \tag{7-28}$$

状态变量为稳定轴上的扰动量，其中 Δv_s 为侧滑速度扰动量，Δp_s 为滚转角速度扰动量，Δr_s 为偏航角速度扰动量，$\Delta \phi_s$ 为滚转角扰动量。

对横向运动方程进行拉普拉斯变换，消去滚转角和偏航角扰动状态变量以及方向舵输入后得到

$$\begin{bmatrix} s\Delta v_s \\ s^2\Delta\phi_s \\ s\Delta r_s \end{bmatrix} = \begin{bmatrix} y_v & sy_p + y_\phi & y_r \\ l_v & sl_p + l_\phi & l_r \\ n_v & sn_p + n_\phi & n_r \end{bmatrix} \begin{bmatrix} \Delta v_s \\ \Delta\phi_s \\ \Delta r_s \end{bmatrix} + \begin{bmatrix} y_\xi \\ l_\xi \\ n_\xi \end{bmatrix} \Delta\xi \tag{7-29}$$

因此

$$\begin{bmatrix} s-y_v & -y_r \\ -n_v & s-n_r \end{bmatrix} \begin{bmatrix} \Delta v_s \\ \Delta r_s \end{bmatrix} = \begin{bmatrix} y_\xi \\ n_\xi \end{bmatrix} \Delta\xi + \begin{bmatrix} sy_p + y_\phi \\ sn_p + n_\phi \end{bmatrix} \Delta\phi_s \tag{7-30}$$

滚转动力学特性由下式确定

$$s^2\Delta\phi_s - (sl_p + l_\phi)\Delta\phi_s = [l_v \quad l_r] \begin{bmatrix} \Delta v_s \\ \Delta r_s \end{bmatrix} + l_\xi \Delta\xi \tag{7-31}$$

但是

$$\begin{bmatrix} \Delta v_s \\ \Delta r_s \end{bmatrix} = \begin{bmatrix} s-y_v & -y_r \\ -n_v & s-n_r \end{bmatrix}^{-1} \begin{bmatrix} y_\xi \\ n_\xi \end{bmatrix} \Delta\xi + \begin{bmatrix} s-y_v & -y_r \\ -n_v & s-n_r \end{bmatrix}^{-1} \begin{bmatrix} sy_p + y_\phi \\ sn_p + n_\phi \end{bmatrix} \Delta\phi_s \tag{7-32}$$

令

$$\Delta_2 \equiv \det \begin{bmatrix} s-y_v & -y_r \\ -n_v & s-n_r \end{bmatrix} = s^2 - s(y_v + n_r) + y_v n_r - n_v y_r \tag{7-33}$$

$$\begin{bmatrix} \Delta v_s \\ \Delta r_s \end{bmatrix} = \mathrm{Adj} \begin{bmatrix} s-y_v & -y_r \\ -n_v & s-n_r \end{bmatrix} \begin{bmatrix} sy_p + y_\phi \\ sn_p + n_\phi \end{bmatrix} \frac{\Delta\phi_s}{\Delta_2} + \mathrm{Adj} \begin{bmatrix} s-y_v & -y_r \\ -n_v & s-n_r \end{bmatrix} \begin{bmatrix} y_\xi \\ n_\xi \end{bmatrix} \frac{\Delta\xi}{\Delta_2} \tag{7-34}$$

因此，从滚转动力学方程

$$s^2\Delta\phi_s - (sl_p + l_\phi)\Delta\phi_s = [l_v \quad l_r] \begin{bmatrix} \Delta v_s \\ \Delta r_s \end{bmatrix} + l_\xi \Delta\xi \tag{7-35}$$

中消去

$$[\Delta v_s \quad \Delta r_s]^{\mathrm{T}} \tag{7-36}$$

并求解传递函数

$$\frac{\Delta p_s}{\Delta\xi} = \frac{s\left\{ [l_v \; l_r] \,\mathrm{Adj} \begin{bmatrix} s-y_v & -y_r \\ -n_v & s-n_r \end{bmatrix} \begin{bmatrix} y_\xi \\ n_\xi \end{bmatrix} + \Delta_2 l_\xi \right\}}{\left[(s^2 - sl_p - l_\phi)\Delta_2 - [l_v \quad l_r] \,\mathrm{Adj} \begin{bmatrix} s-y_v & -y_r \\ -n_v & s-n_r \end{bmatrix} \begin{bmatrix} sy_p + y_\phi \\ sn_p + n_\phi \end{bmatrix} \right]} \tag{7-37}$$

但由于

$$\mathrm{Adj} \begin{bmatrix} s-y_v & -y_r \\ -n_v & s-n_r \end{bmatrix} = \begin{bmatrix} s-n_r & y_r \\ n_v & s-y_v \end{bmatrix} \tag{7-38}$$

代入式（7－37）得

$$\frac{\Delta p_s}{\Delta \xi}=\frac{s\left\{[l_v \quad l_r]\begin{bmatrix} s-n_r & y_r \\ n_v & s-y_v \end{bmatrix}\begin{bmatrix} y_\xi \\ n_\xi \end{bmatrix}+\Delta_2 l_\xi\right\}}{\left\{(s^2-sl_p-l_\phi)\Delta_2-[l_v \quad l_r]\begin{bmatrix} s-n_r & y_r \\ n_v & s-y_v \end{bmatrix}\begin{bmatrix} sy_p+y_\phi \\ sn_p+n_\phi \end{bmatrix}\right\}} \tag{7-39}$$

该传递函数可以简化为

$$\frac{p(s)}{\xi(s)}=\frac{K_{pa}s\,[T_{\phi a}s+1]\,[s^2+2\zeta_{\phi a}\omega_{\phi a}s+\omega_{\phi a}^2]}{[s+1/T_s]\,[s+1/T_o]\,[s^2+2\zeta_d\omega_d s+\omega_d^2]} \tag{7-40}$$

一旦传递函数确定，就可以通过标准拉普拉斯变换和拉普拉斯反变换得到对特定输入的响应。

7.2.3 直接数值积分法

求解微分方程数值解最简单的方法是欧拉法，但是这种方法不仅不精确而且不能收敛到正确的结果，使用高阶泰勒级数展开较为精确，但会计算较多的高阶导数。为此，可以在一定的时间间隔内取若干个点，按顺序计算其一阶导数，这种单位步长法能够与高阶泰勒级数方法的精度近似。因此，计算高阶导数的工作量就被计算给定某一点处的函数值所取代，该种方法称为龙格-库塔法。通过不同的加权系数对每个步长内的函数值进行求和，以求得下个步长的起始梯度矢量。然后求出各加权系数，对泰勒级数展开的特定顺序进行精确的估计。计算下一步时需要使用前一步的结果，这种方法称为多步法。当某一时间间隔内的评估函数的加权系数仅取决于前一时刻已求出的状态矢量的值时，该龙格-库塔法是显式的，否则为隐式的。显式的龙格-库塔法比较容易实现，因为它只需要对函数进行估算即可，而且显式的龙格-库塔法可以实现自启动，这意味着不需要任何其他的算法和技巧来开启它的运算过程。然而，显式只是条件稳定的。例如，如下形式的一组数值积分方程

$$\frac{\mathrm{d}y}{\mathrm{d}t}=\boldsymbol{f}(\boldsymbol{y},t) \tag{7-41}$$

给出一组初始条件 $\boldsymbol{y}(0)=\boldsymbol{y}_0$，使用四阶 R－K 公式，选择一个合适的步长 Δt，在第 n 个时间步长结束时执行以下四个函数的估算，用来在下一时刻结束时预测矢量 $\boldsymbol{y}(t)$

$$\boldsymbol{k}_1=\boldsymbol{f}[\boldsymbol{y}(n\Delta t),n\Delta t] \tag{7-42a}$$

$$\boldsymbol{k}_2=f[y(n\Delta t)+0.5\Delta t\boldsymbol{k}_1,n\Delta t+0.5\Delta t] \tag{7-42b}$$

$$\boldsymbol{k}_3=f[y(n\Delta t)+0.5\Delta t\boldsymbol{k}_2,n\Delta t+0.5\Delta t] \tag{7-42c}$$

$$\boldsymbol{k}_4=f[y(n\Delta t)+\Delta t\boldsymbol{k}_3,n\Delta t+\Delta t] \tag{7-42d}$$

下一时刻结束时的矢量 $\boldsymbol{y}(t)$ 为

$$\boldsymbol{y}(n\Delta t+\Delta t)=\boldsymbol{y}(n\Delta t)+\frac{\Delta t}{6}(\boldsymbol{k}_1+2\boldsymbol{k}_2+2\boldsymbol{k}_3+\boldsymbol{k}_4) \tag{7-42e}$$

在连续时间动态系统仿真中最重要的数值计算是轨迹的计算。计算轨迹通常的方法是把积分程序看作是一个给定了初始条件、终了时间、误差容忍度的黑箱，然后得出终态。虽然用户与积分程序相隔离，即大多数用户对数值积分的很多缺陷一无所知，但是这种计

算方法是没有任何问题的。软件中有很多种可供选择的积分程序，每一种都有独特之处。而关键的问题在于：怎样基于程序的种类，积分误差的增长和衰减方式以及其他的注意事项选择合适的程序。MATLAB/SIMULINK 是市场上常用的一种“黑箱”工具。它们不仅在工程研究领域很受欢迎，而且在积分和参数的最优选择方面也很容易。选择最优参数是为了程序能够有效运行。最流行的是 5 阶龙格-库塔法，该方法是利用 6 个功能函数分七步来计算 4 阶和 5 阶的精确解。在 5 阶 Dormand - Price 算法中对于某一时间段内的函数估计值，选择其加权求和系数来减小 5 阶响应的误差，与之不同，在 Runge - Kutta - Fehlberg 法中则是选择其加权求和系数来减小 4 阶响应的误差。Bagacki - Shampine 是一种更简便的算法，利用 3 次函数求值，来计算 2 阶和 3 阶的精确解。最常用的多步法是 Adams - Bashforth 法，这是一种显式四阶算法。相应的隐式多步四阶算法是 Adams - Moulton 法，它比显式法更精确。对于相同的阶数，Adams - Bashforth 和 Adams - Moulton 法可以作为一个预估—校正对，前者显式法可以用于预测，后者隐式法可以产生一种改进的解决方案。这种方法被称为预估校正 Adams - Moulton - Bashforth 法。

微分方程刚性系统的特征是具有很分散的特征值。这种系统的刚度可以由多自由度振动系统的物理质量和刚度特性产生，这两者可以广泛地适用于各种微分方程的刚性系统。然而，在大多数情况下，刚性是由一些数值诱导产生的，这些数值来源于离散过程或者方程系数的突变。很多算法都用于刚性方程，比如数值微分公式（NDFs）或者 Gear 法，二阶改进 Rosenbrock 公式，使用“自由”插值的梯形积分法（TR），包含二阶后向差分公式（BDF）的梯形积分法。数值微分公式（NDFS）与二阶后向差分公式（BDF）有关，但比它们更有效，因为 NDFS 能够构成解决权重系数的雅可比矩阵。在基于二阶改进 Rosenbrock 公式的方法中，Rosenbrock 公式常用于简化雅可比行列式。对于梯形积分法（TR），第一，它是利用一个“自由”的插值实现，第二，它本质上是一种隐式的龙格-库塔法，分两步实现：首先进行梯形积分法，然后使用二阶后向差分公式。

SIMULINK 还提供了一种图形化工具，允许在进行数字仿真之前，将微分方程在电脑屏幕上用图形表示出来。用框图形式表示数学模型对 SIMULINK 的使用有了极大的帮助。因此，我们将简要地回顾一下一组典型动力学系统“运动”的耦合常微分方程的框图表示方法。

7.3　系统的框图表示法

在很多控制系统中，系统方程可以写成由许多组成部分组合而成的形式，这些组成部分之间不受影响，除非其中一个部分的输入是另一个部分的输出。在这种情况下，很容易画出表示各部分之间关系的框图。这种框图法称为控制系统的闭环传函的图形表示。其中的组成部分可以用各自典型的输入输出传递函数来表征。很多仿真程序需要将它们的输入表示为特定的图形，类似于框图，但仅有几个有限的组件类型。一般地，这些组件包括信号输入装置和信号输出显示装置，以及三个或四个组成部分，如增益或衰减器，简单的一阶滞后滤波器，多输入单输出求和放大器和纯积分器。

在开始用框图形式表示系统之前，首先必不可少的是选取适当的输入和输出元件。然后确定系统的最小状态数，把方程表示为状态空间的形式。从该软件包组件库中选择与状态数目相同的积分器。将增益参数乘以输入以后发送给输出，这个简单的增益成分也需要画出其模拟框图。下面举例说明。

仅使用简单的模块，例如求和器、积分器、增益或者衰减器、合适的源和汇，一个近似短周期动力学的框图是仿真的基础。考虑如下的短周期方程，假定初始时刻的导数很小，可以忽略不计，运动方程如下

$$\begin{bmatrix}\Delta\dot{w}_s\\ \Delta\dot{q}_s\end{bmatrix}=\begin{bmatrix}z_w & z_q\\ m_w & m_q\end{bmatrix}\begin{bmatrix}\Delta w_s\\ \Delta q_s\end{bmatrix}+\begin{bmatrix}z_\eta & z_\tau\\ m_\eta & m_\tau\end{bmatrix}\begin{bmatrix}\Delta\eta\\ \Delta\tau\end{bmatrix} \tag{7-43}$$

这是一个双输入双输出系统。在第一步中，我们需要两个积分器，如图 7－1 所示。积分器的输入是其输出值对时间的导数。为了简单起见，小扰动条件下与实际情况在图中没有明显的区别。在第二步中，把求和放大器加到框图中，并连接上反馈元件。在接下来的一步中，连接上交叉反馈元件，如图 7－2 所示。

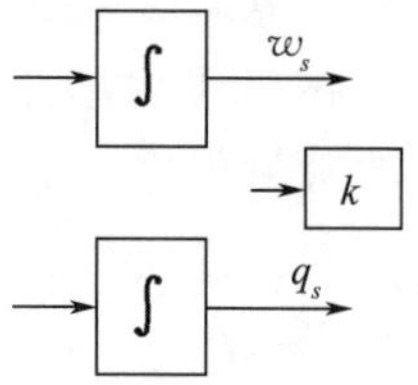

图 7－1　短周期方程的仿真：第一步

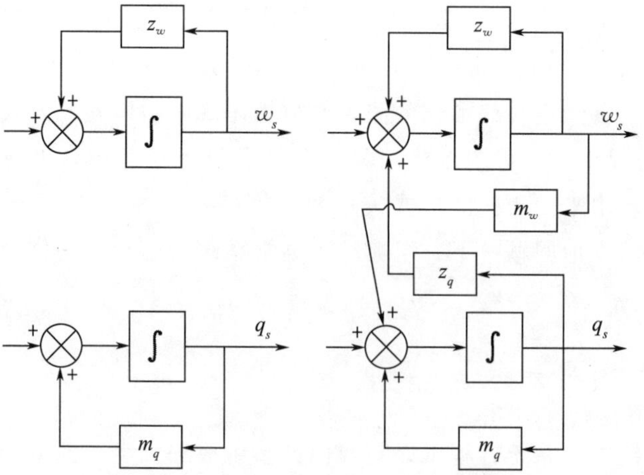

图 7－2　短周期方程仿真：第二步和第三步

在下一步中对输入信号进行设置，如图 7－3 所示。

为了完成仿真，需要加入合适的输入信号源，以及显示输出接收器，如图 7－4 所示。

这种运动方程图形表示法的优点在于这些图表可以在软件包的输入窗口的屏幕上显示出来。选择合适的积分常数之后就可以运行该仿真了。SIMULINK 是一个典型的软件包，

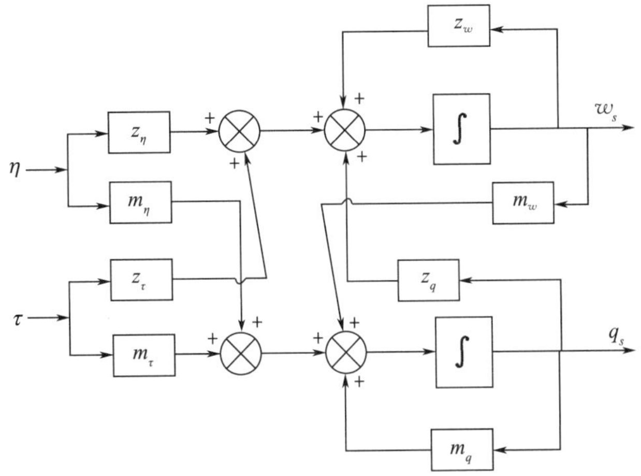

图 7-3　短周期动力学仿真：第四步

提供了这样的图形输入设备。

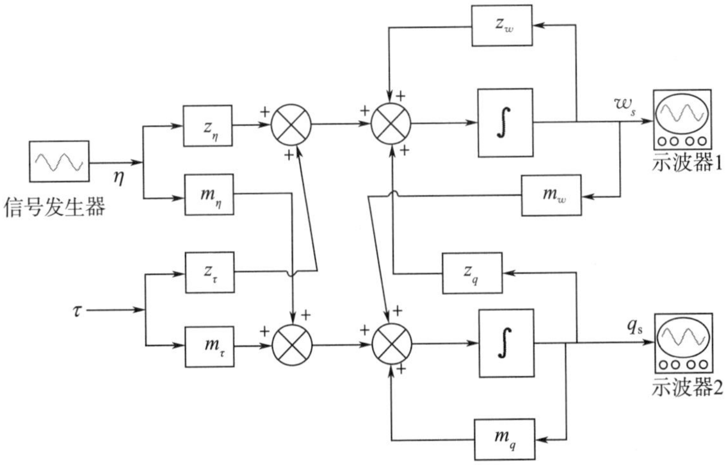

图 7-4　短周期动力学完整的仿真图表

在模型的表示中加入耦合项是非常有用的。假定在这种情况下没有推力输入，短周期的变量方程就可以写成

$$\begin{bmatrix} \Delta\dot{\alpha}_s \\ \Delta\dot{q}_s \end{bmatrix} = \begin{bmatrix} z_w & 1 \\ U_s^e m_w & m_q \end{bmatrix} \begin{bmatrix} \Delta\alpha_s \\ \Delta q_s \end{bmatrix} + \begin{bmatrix} \dfrac{z_\eta}{U_s^e} & \dfrac{z_u}{U_s^e} \\ m_\eta & m_u \end{bmatrix} \begin{bmatrix} \Delta\eta \\ \Delta u_s \end{bmatrix} \tag{7-44}$$

或者

$$\begin{bmatrix} \Delta\dot{w}_s \\ \Delta\dot{q}_s \end{bmatrix} = \begin{bmatrix} z_w & z_q \\ m_w & m_q \end{bmatrix} \begin{bmatrix} \Delta w_s \\ \Delta q_s \end{bmatrix} + \begin{bmatrix} z_\eta & z_u \\ m_\eta & m_u \end{bmatrix} \begin{bmatrix} \Delta\eta \\ \Delta u_s \end{bmatrix},\ \Delta\alpha_s = \frac{\Delta w_s}{U_s^e} \tag{7-45}$$

在 SIMULINK 中，方程（7-44）和（7-45）所表示的模型如图 7-5 所示。

完整的长周期动力学模型如图 7-6 所示。

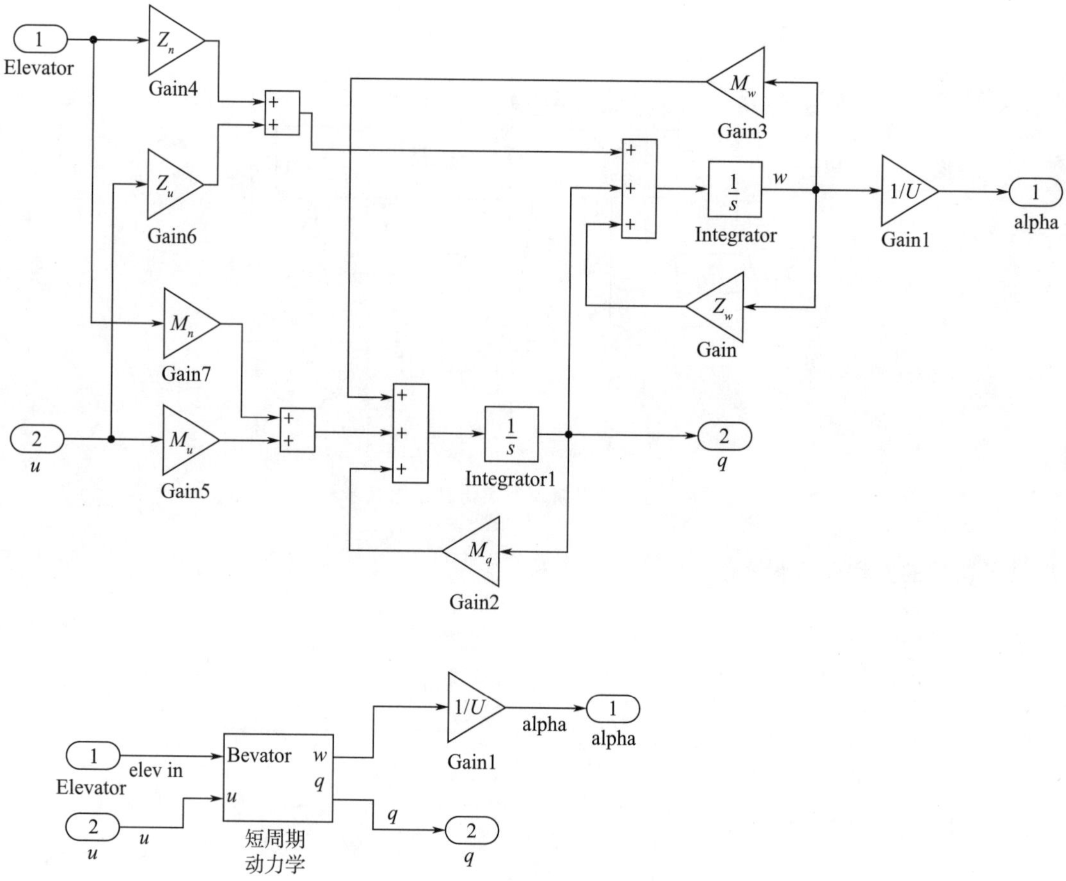

图 7-5　短周期动力学模型

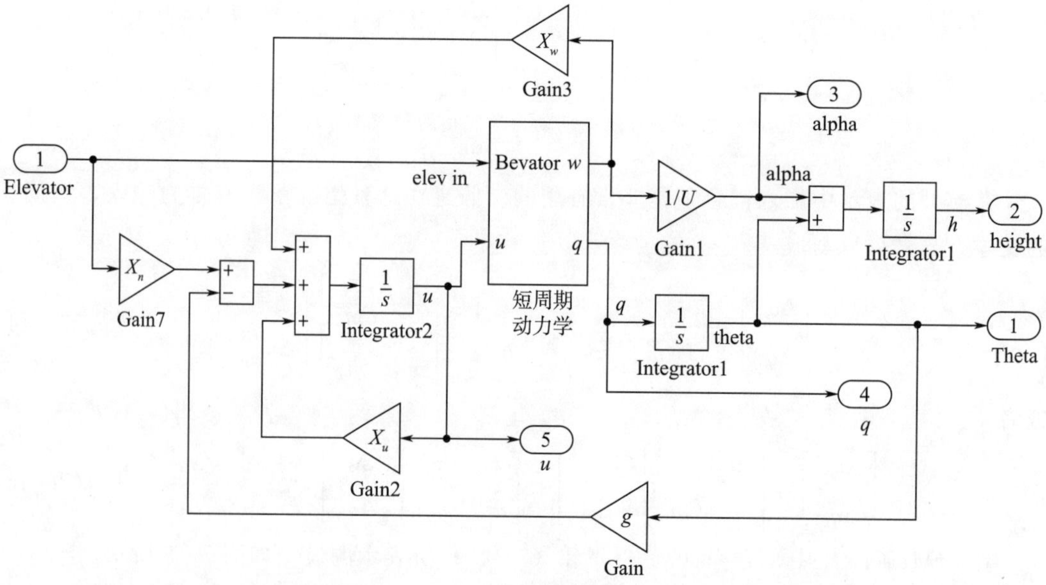

图 7-6　飞行器长周期动力学模型

同样的，一种表示飞行器横向动力学的逐步法如图 7－7 和图 7－8 所示。

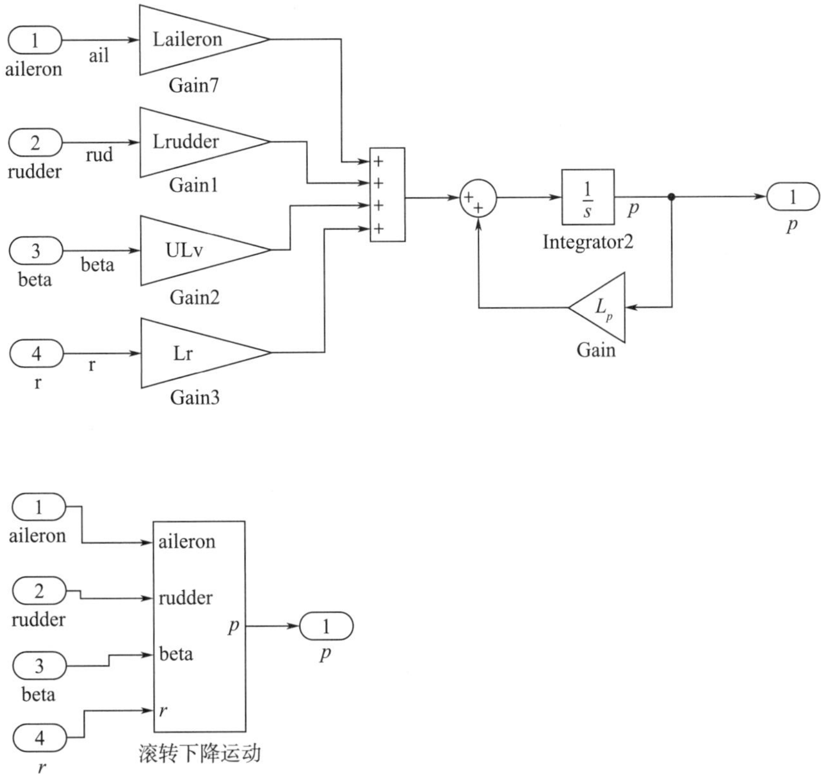

（a）滚转下降动力学模型

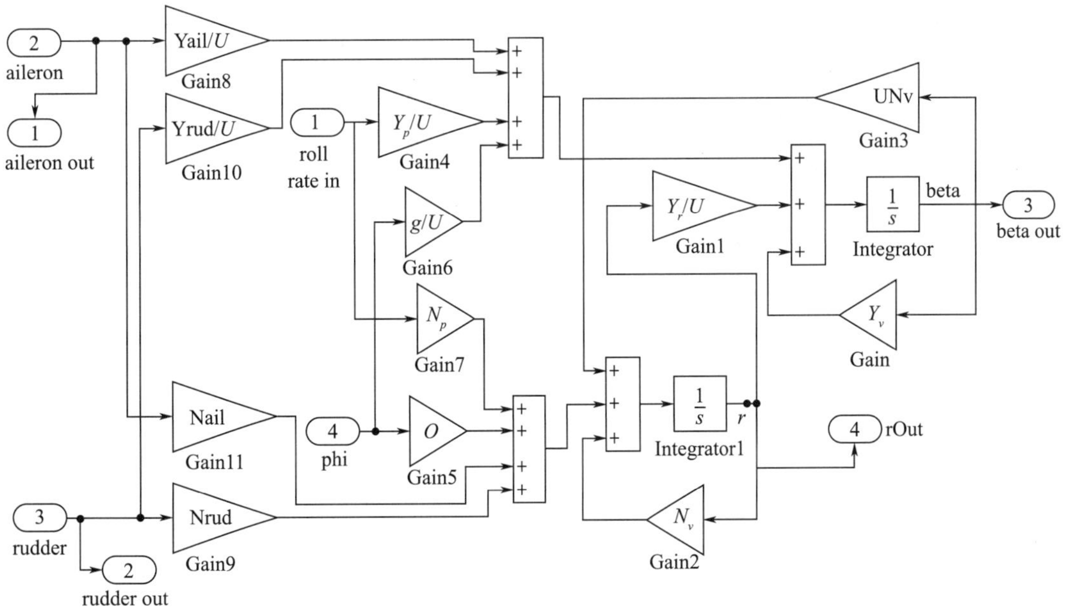

（b）荷兰滚动力学模型：倾斜角是常数

图 7－7　飞行器横向动力学模型 1

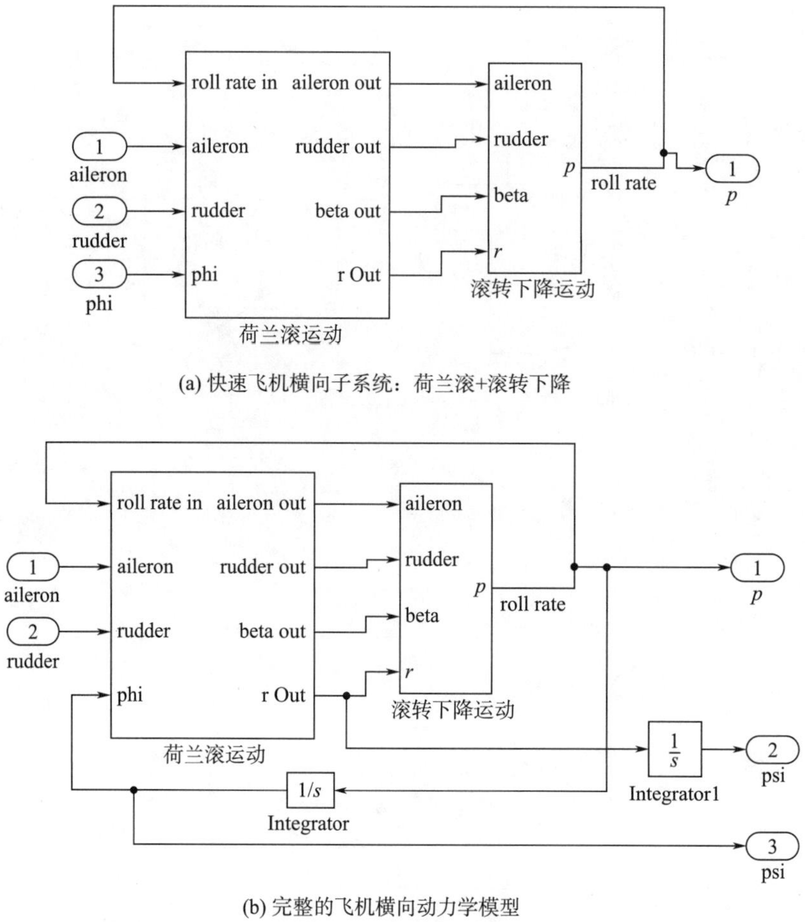

图 7-8　飞行器横向动力学模型 2

7.3.1　利用 MATLAB/SIMULINK 进行飞行数值仿真

MATLAB 或 SIMULINK 可以用于对上述的 EOMs 进行数值积分。它使原型机的开发变得简单。当选择 MTALAB 时，为了调试编码，最初函数“ode23”用于对 EOMs 进行数值积分。m-函数“ode23”使用二阶和三阶的 R-K 公式来对系统的常微分方程进行数值积分。当调试代码时，积分的公差设置在 1×10^{-6}。当调试完仿真程序时，可以同时使用四阶和五阶的 R-K 积分公式并调用函数“ode45”，公差会降到 1×10^{-12}。

7.4　大气扰动：确定性扰动

在过去的 20 年中，模拟大气扰动的方法有了迅速的发展。它主要得益于控制系统理论和计算机硬件的进步。真正的大气扰动是非常不规则的，而且很少表现为一种可预测的标准模式。经过数十年的努力，人们已经建立了接近大气扰动的仿真模型。模拟大气扰动的技术可以分为以下几类：

1）叠加有限个余弦波。

2）对阵风扰动时间序列的原型测量。

3）确定性不规则阵风建模。

4）随机性不规则阵风建模。

5）使用合适的数字滤波器滤波白噪声。

飞行过程中的大气扰动可以通过一系列信号的叠加来模拟，这些信号包括风速的随机变化以及由确定形式的阵风引起的确定性扰动。按照联邦航空委员会条例（FAR）236，这种形式的阵风具有 1 - cos 型阵风剖面。扰动模型决定了飞行器在阵风情况下的载荷系数和响应。我们假定扰动流场在空间中是瞬时冻结的，从而飞行器能够以恒定的速度通过。

典型战斗机水平稳定飞行时的简化纵、横向动力学方程，在分离了空气动力学和惯性导数，并加入阵风影响之后，可以表示为如下形式

$$\begin{bmatrix}\Delta\dot{u}_s\\ \Delta\dot{\alpha}_s\\ \Delta\dot{q}_s\\ \Delta\dot{\theta}_s\\ \Delta\dot{h}\end{bmatrix}=\begin{bmatrix}x_u & U_s^e x_w & 0 & -g & 0\\ \frac{z_u}{U_s^e} & z_w & 1+z_q & 0 & 0\\ m_u & U_s^e m_w & m_q & 0 & 0\\ 0 & 0 & 1 & 0 & 0\\ 0 & -U_s^e & 0 & U_s^e & 0\end{bmatrix}\begin{bmatrix}\Delta u_s\\ \Delta\alpha_s\\ \Delta q_s\\ \Delta\theta_s\\ \Delta h\end{bmatrix}+\begin{bmatrix}x_\eta & x_\tau\\ \frac{z_\eta}{U_s^e} & \frac{z_\tau}{U_s^e}\\ m_\eta & m_\tau\\ 0 & 0\\ 0 & 0\end{bmatrix}\begin{bmatrix}\Delta\eta\\ \Delta\tau\end{bmatrix}+\begin{bmatrix}x_u & U_s^e x_w & 0\\ \frac{z_u}{U_s^e} & z_w & z_q\\ m_u & U_s^e m_w & m_q\\ 0 & 0 & 0\\ 0 & 0 & 0\end{bmatrix}\begin{bmatrix}\Delta u_g\\ \Delta\alpha_g\\ \Delta q_g\end{bmatrix}\tag{7-46}$$

和

$$\begin{bmatrix}\Delta\dot{\beta}_s\\ \Delta\dot{p}_s\\ \Delta\dot{r}_s\\ \Delta\dot{\phi}_s\\ \Delta\dot{\psi}_s\end{bmatrix}=\begin{bmatrix}y_v & \frac{y_p}{U_e^s} & \frac{y_r}{U_e^s}-1 & \frac{g}{U_e^s} & 0\\ U_e^s l_v & l_p & l_r & 0 & 0\\ U_e^s n_v & n_p & n_r & 0 & 0\\ 0 & 1 & 0 & 0 & 0\\ 0 & 0 & 1 & 0 & 0\end{bmatrix}\begin{bmatrix}\Delta\beta_s\\ \Delta p_s\\ \Delta r_s\\ \Delta\phi_s\\ \Delta\psi_s\end{bmatrix}+\begin{bmatrix}\frac{y_\xi}{U_e^s} & \frac{y_\zeta}{U_e^s}\\ l_\xi & l_\zeta\\ n_\xi & n_\zeta\\ 0 & 0\\ 0 & 0\end{bmatrix}\begin{bmatrix}\Delta\xi\\ \Delta\zeta\end{bmatrix}+\begin{bmatrix}y_v & \frac{y_p}{U_e^s} & \frac{y_r}{U_e^s}\\ U_e^s l_v & l_p & l_r\\ U_e^s n_v & n_p & n_r\\ 0 & 0 & 0\\ 0 & 0 & 0\end{bmatrix}\begin{bmatrix}\Delta\beta_g\\ \Delta p_g\\ \Delta r_g\end{bmatrix}\tag{7-47}$$

其中

$$\Delta\alpha_g=\Delta w_g/U_s^e\ ,\ \Delta\beta_g=\Delta v_g/U_s^e\tag{7-48}$$

矢量 $[\Delta u_g\quad \Delta v_g\quad \Delta w_g]^{\mathrm{T}}$ 和 $[\Delta p_g\quad \Delta q_g\quad \Delta r_g]^{\mathrm{T}}$ 中的元素是平移阵风和旋转阵风速度矢量分量。

假定稳定轴附近平移和旋转阵风速度矢量产生的总阵风速度扰动可以使用线性近似

$$\begin{bmatrix}\Delta u\\ \Delta v\\ \Delta w\end{bmatrix}=\begin{bmatrix}\Delta u_g\\ \Delta v_g\\ \Delta w_g\end{bmatrix}+\left[\nabla\begin{bmatrix}\Delta u\\ \Delta v\\ \Delta w\end{bmatrix}^{\mathrm{T}}\right]^{\mathrm{T}}\begin{bmatrix}x\\ y\\ z\end{bmatrix}\tag{7-49}$$

也可以表示为

$$\begin{bmatrix}\Delta u\\ \Delta v\\ \Delta w\end{bmatrix}=\begin{bmatrix}\Delta u_g\\ \Delta v_g\\ \Delta w_g\end{bmatrix}+\frac{1}{2}\left[\left(\nabla\begin{bmatrix}\Delta u\\ \Delta v\\ \Delta w\end{bmatrix}^{\mathrm{T}}\right)^{\mathrm{T}}+\nabla\begin{bmatrix}\Delta u\\ \Delta v\\ \Delta w\end{bmatrix}^{\mathrm{T}}\right]\begin{bmatrix}x\\ y\\ z\end{bmatrix}+\begin{bmatrix}0 & -\Delta r_g & \Delta q_g\\ \Delta r_g & 0 & -\Delta p_g\\ -\Delta q_g & \Delta p_g & 0\end{bmatrix}\begin{bmatrix}x\\ y\\ z\end{bmatrix} \tag{7-50}$$

即

$$\frac{1}{2}\left[\left(\nabla\begin{bmatrix}\Delta u\\ \Delta v\\ \Delta w\end{bmatrix}^{\mathrm{T}}\right)^{\mathrm{T}}-\nabla\begin{bmatrix}\Delta u\\ \Delta v\\ \Delta w\end{bmatrix}^{\mathrm{T}}\right]=\begin{bmatrix}0 & -\Delta r_g & \Delta q_g\\ \Delta r_g & 0 & -\Delta p_g\\ -\Delta q_g & \Delta p_g & 0\end{bmatrix} \tag{7-51}$$

也可以假设应变速率分量

$$\frac{1}{2}\left[\left(\nabla\begin{bmatrix}\Delta u\\ \Delta v\\ \Delta w\end{bmatrix}^{\mathrm{T}}\right)^{\mathrm{T}}+\nabla\begin{bmatrix}\Delta u\\ \Delta v\\ \Delta w\end{bmatrix}^{\mathrm{T}}\right]=\begin{bmatrix}0 & 0 & 0\\ 0 & 0 & 0\\ 0 & 0 & 0\end{bmatrix} \tag{7-52}$$

因此，假设飞行器几乎是一个薄板，风速的角速度可以近似为

$$\Delta p_g=\frac{1}{2}\left(\frac{\mathrm{d}\Delta v}{\mathrm{d}z}-\frac{\mathrm{d}\Delta w}{\mathrm{d}y}\right)\approx\frac{\mathrm{d}\Delta v}{\mathrm{d}z}\approx-\frac{\mathrm{d}\Delta w}{\mathrm{d}y} \tag{7-53a}$$

$$\Delta q_g=\frac{1}{2}\left(\frac{\mathrm{d}\Delta u}{\mathrm{d}z}-\frac{\mathrm{d}\Delta w}{\mathrm{d}x}\right)\approx\frac{\mathrm{d}\Delta u}{\mathrm{d}z}\approx-\frac{\mathrm{d}\Delta w}{\mathrm{d}x} \tag{7-53b}$$

$$\Delta r_g=\frac{1}{2}\left(\frac{\mathrm{d}\Delta v}{\mathrm{d}x}-\frac{\mathrm{d}\Delta u}{\mathrm{d}y}\right)\approx\frac{\mathrm{d}\Delta v}{\mathrm{d}x} \tag{7-53c}$$

进一步采用泰勒假设，当大气扰动是波浪状时，可以有

$$\Delta q_g\approx-\frac{\mathrm{d}\Delta w}{\mathrm{d}x}\approx-\frac{1}{\bar{U}}\frac{\mathrm{d}\Delta w}{\mathrm{d}t} \tag{7-54}$$

其中 $\bar{U}\approx U_{\mathrm{mean}}^{\mathrm{wind}}$ ，表示由不均匀阵风所引起的平均风速。阵风是快速流动的空气的瞬时浪涌，它可以从三维空间的任何方向和任何角度产生。有些阵风在空间中有着很尖锐的边界，飞行器会在没有任何警告的情况下突然飞入其中。对于没有尖锐边界的阵风，飞行器会逐渐飞入其中。比起飞行器进入阵风时的飞行速度，更重要的是飞行器以什么形式（突然还是逐渐）进入阵风中。

下式给出一种离散阵风模型

$$U_{\mathrm{wind}}=\begin{cases}0, & x<0\\ \dfrac{U_m}{2}\left[1-\cos\left(\dfrac{\pi x}{d_m}\right)\right], & 0\leqslant x\leqslant d_m\\ U_m & x>d_m\end{cases} \tag{7-55}$$

其中，U_m 是阵风的幅值，d_m 是阵风的长度，x 是经过的距离。假定阵风作用于机体一个方向上，相应的，在此机体轴上阵风线速度的表达式是可以求得的。

经过以上过程，确定性阵风的平移分量可以建模为

$$\begin{bmatrix}\Delta u_g \\ \Delta v_g \\ \Delta w_g\end{bmatrix} = -\frac{1}{2}\begin{bmatrix}\Delta u_{g0} \\ \Delta v_{g0} \\ \Delta w_{g0}\end{bmatrix}[1-\cos(\omega_g t)] \tag{7-56}$$

平均风相对于地面的速度和方向并非总是沿飞行路径恒定的。平均风沿飞行路径的这种变化——不包括任何随机波动和湍流——称为风切变。风切变对飞行器运动的影响非常重要，无论何时何地，这种影响都会表现得十分显著。因此，在飞行器起飞和降落阶段风切变的影响特别重要。如果采用国际民用航空组织（ICAO）标准大气模型，大气下游的温度分布以标准的非零递减率递减。该递减率的典型理想化阵风模型可以通过以下表达式给出

$$V_w = V_w|_{h=9.15\ \mathrm{m}} \times (h^{0.2545} - 0.4097)/1.3470,(0 < h < 300\ \mathrm{m}) \tag{7-57a}$$

$$V_w = 2.86585 \times V_w|_{h=9.15\ \mathrm{m}},(h \geqslant 300\ \mathrm{m}) \tag{7-57b}$$

其中，$V_w|_{h=9.15\ \mathrm{m}}$ 为 9.15 m 高度处的风速。如果风速矢量的方向相对于北是 ψ_{wind}（当风从北面吹过来时这个值为零），则它在沿机体轴的两个水平面上分量可以由下式给出。其中，飞行器的攻角等于 ψ

$$u_{\mathrm{wind}} = V_w\cos(\psi_{\mathrm{wind}} - \pi - \psi),v_{\mathrm{wind}} = V_w\sin(\psi_{\mathrm{wind}} - \pi - \psi) \tag{7-58}$$

因此，阵风横向速度分量和阵风自转速度分量 Δv_g 和 Δr_g 是可以确定的。

给定一个风切变剖面，由于大气边界效应，可以用以下形式表示作为高度和距离地面 20 ft（6 m）处测得的风速的函数

$$\Delta u = W_{20}\frac{\ln\left(\dfrac{z}{z_0}\right)}{\ln\left(\dfrac{20}{z_0}\right)},\ 1000 > z > 3\ \mathrm{ft} \tag{7-59}$$

其中 Δu 是平均风速，W_{20}是距离地面 20 ft（6 m）处测得的风速，z 表示高度，z_0 是一个常数，对于 C 类飞行阶段，它等于 0.15 ft，对于其他飞行阶段，它等于 2.0 ft。当 $z = z_{CG}$ 时，Δu_g 和 Δq_g 是可以得到的，其中 z_{CG} 表示飞行器重心相对于地面的高度。（C 类飞行阶段被定义为终端飞行阶段，其中包括起飞、进场和着陆。）考虑到当地的科里奥利效应，在地球表面附近的风切变速度剖面改进后的表达式可写成

$$\Delta u = W_{20}\frac{\ln\left(\dfrac{z}{z_0}\right) + 5.75\dfrac{12\omega_s\sin\varphi \times z}{U*}}{\ln\left(\dfrac{20}{z_0}\right) + 5.75\dfrac{12\omega_s\sin\varphi \times 20}{U*}},\ 1000 > z > 3\ \mathrm{ft} \tag{7-60}$$

式（7-60）中，ω_s 是恒星速率，φ 是纬度，$U*$ 是摩擦速度（正比于湍流剪切应力，但在下边界层中是恒定不变的）。因此，当 $z = z_{CG}$ 时，Δu_g 和 Δq_g 的表达式是可以求得的，其中 z_{CG} 表示飞行器重心相对于地面的高度。

微爆气流是一种比较剧烈的风切变。微爆气流中，巨大的头风和尾风之间间隔的时间非常短。因此，飞行器在通过微爆气流时会受到剧烈的风切变，如图 7-9 所示。1988 年，NASA 研发出一种微爆模型，这个模型基于边界层滞流，采用风速在水平和垂直方向的近似值，如下式给出

$$u=\frac{\lambda r}{2}\times\left(\frac{1}{(r/R)^{2}}\right)(1-\exp[-(r/R)^{2}])(\exp[-(z/z^{*})]-\exp[-(z/\varepsilon)])$$

(7 - 61a)

$$w=-\lambda\times\exp[-(r/R)^{2}](\varepsilon(\exp[-(z/\varepsilon)]-1)-z^{*}(\exp[-(z/z^{*})]-1))$$

(7 - 61b)

其中 λ 是比例系数，r 是径向距离，R 是气流轴的半径，z 是高度，z^{*} 是边界层以外的特征高度，ε 是边界层内的特征高度，然后可以得出在微爆气流中关于机体的阵风角速度的相应表达式。

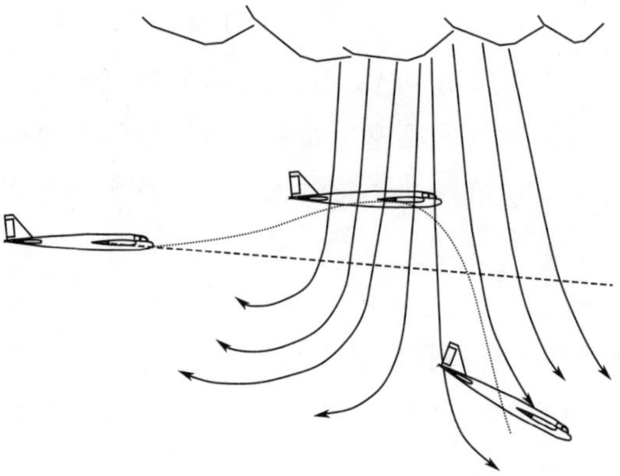

图 7 - 9　飞行器通过微爆气流

基于早前由 Ivan 创建的模型，Zhao & Bryson[3-4] 建立了一种环形涡流模型来模拟下冲气流的流场。这个模型的优点在于能够采用叠加原理和多环涡流模型来更好地描述流场。模型对每个环形涡流采用 6 个参数描述：Γ ——环形涡流模型循环，R ——涡环的半径，R_c ——有限的圆的半径，以及 X，Y，Z 表示环心的三维坐标。三个坐标定义（x，y，h）下任意点的诱导速度（u，w）可以通过下列关系式来计算

$$\begin{aligned}
&x_1=x-X-R,x_2=x-X+R,h_p=h-H,h_m=h+H,r_{1p}=\sqrt{x_1^2+h_p^2}\\
&r_{2p}=\sqrt{x_2^2+h_p^2},r_{1m}=\sqrt{x_1^2+h_m^2},r_{2m}=\sqrt{x_2^2+h_m^2},\zeta=1-\exp(-r_0^2/R_c^2)\\
&r_0=\min(r_{1p},r_{2p}),r_{xp}=\sqrt{(x-X)^2+h_p^2+R^2},r_{xm}=\sqrt{(x-X)^2+h_m^2+R^2}\\
&r_{hp}=[(x-X)^2/4+h_p^2+R^2]^{3/4},r_{hm}=[(x-X)^2/4+h_m^2+R^2]^{3/4}
\end{aligned}$$

(7 - 62)

当 $r_0<\varepsilon$ 时，其中 ε 很小，表示接近圆心的时刻，$(u,w)=(0,0)$，否则

$$u=\frac{1.182\Gamma\zeta}{2\pi}\left[\frac{R}{r_{xp}}\left(\frac{h_p}{r_{2p}^2}-\frac{h_p}{r_{1p}^2}\right)-\frac{R}{r_{xm}}\left(\frac{h_m}{r_{2m}^2}-\frac{h_m}{r_{1m}^2}\right)\right]\quad(7-63a)$$

$$w=\frac{1.576\Gamma\zeta}{2\pi}\left[\frac{R}{r_{hp}}\left(\frac{x_1}{r_{1p}^{3/2}}-\frac{x_2}{r_{2p}^{3/2}}\right)-\frac{R}{r_{hm}}\left(\frac{x_1}{r_{1m}^{3/2}}-\frac{x_2}{r_{2m}^{3/2}}\right)\right]\quad(7-63b)$$

Zhao & Bryson[3] 采用了两个环涡流模型来模拟典型的下冲气流。表 7 - 1 列出了两组参数，一组代表较平和的下冲气流，另一组代表较剧烈的下冲气流。

表 7－1　下冲气流参数

参数	平和下冲气流	剧烈下冲气流
Γ_1 (ft²/s)	200 000	400 000
R_1 (ft)	5 500	5 000
H_1 (ft)	2 000	2 000
R_{c1} (ft)	500	500
Γ_2 (ft²/s)	120 000	280 000
R_2 (ft)	4 000	3 500
H_2 (ft)	2 500	2 000
R_{c2} (ft)	500	300

从以上数据可以建立一个对应于下冲气流的完整的阵风模型。

7.5　随机大气扰动建模原则

7.5.1　白噪声：功率谱和自相关

过滤器是一个单输入-单输出（SISO）系统，该系统是线性时不变的，并且可以由以下关系来表示，$Y(t)=L(X(t))$，其中 $L(\ )$ 是一个线性函数。

考虑两个任意的输入 $X_1(t)$ 和 $X_2(t)$ 和两个任意的常数 a，b，如果

$$L(aX_1(t)+bX_2(t))=aL(X_1(t))+bL(X_2(t)) \tag{7-64}$$

则该系统是线性的。

如果

$$L(X(t-t_0))=Y(t-t_0) \tag{7-65}$$

则该系统是时不变的，其中 t_0 是一个任意时间偏移。

在概率理论中，一个随机过程或者一个随机序列是一个或多个随机变量的集合，这些随机变量代表随机值或系统随时间的变化。一个随机过程对应着一个概率密度函数 $f(\zeta,t)$，这个函数映射某一个域的随机变量或信号 ζ。令 ζ 为一个连续随机变量，则 ζ 的概率密度函数 $f(\zeta,t)$ 为

$$f(\zeta,t)\mathrm{d}\zeta=p\{\zeta\leqslant\zeta(t)\leqslant\zeta+\mathrm{d}\zeta\} \tag{7-66}$$

其中，$p\{x(t)\}$ 是概率函数。

对于一个随机过程，一阶概率分布函数和一阶概率密度函数可以定义为

$$F(x,t)=p\{x(t)\leqslant x\} \tag{7-67a}$$

$$f(x,t)=\frac{\partial F(x,t)}{\partial x} \tag{7-67b}$$

随机过程中随机变量的总体平均数称为期望值，定义如下

$$E(x(t))=\int_{-\infty}^{\infty}xf(x,t)\,\mathrm{d}x \tag{7-68}$$

自相关函数定义如下

$$R_x(t_1,t_2)=\int_{-\infty}^{\infty}\int_{-\infty}^{\infty}x_1x_2f(x_1,x_2;t_1,t_2)\mathrm{d}x_1\mathrm{d}x_2=E\{x_1(t)x_2(t)\} \tag{7-69}$$

其中 f 是随机变量，$x(t_1)=x_1$，$x(t_2)=x_2$。

如果一个随机序列 $x(t)$ 在统计学上相对于原点的距离是独立的，那么可以称作是严格意义上的稳定（SSS）。换句话说，$x(t)$ 在统计学上等于 $x(t+c)$，其中 c 是任意值。当一个随机序列 $x(t)$ 的期望值（平均值）是常数，那么可以称作是广义上的稳定（WSS）：$E\{(x(t)\}=\eta$ 且它的自相关函数仅与 t_1 和 t_2 的差值（$\tau=t_1-t_2$）和独立性有关

$$E\{x(t+\tau)x^*(t)\}=R(\tau) \tag{7-70}$$

白噪声是理想化的，作为激励，它可以代表一种遍历性随机序列。这种随机序列是一种带有功率谱的随机噪声，这些噪声的频率都是相互独立的，并且在任意频率点它们的值都是相同的，可以定义为以下形式

$$S_w(f)=q=N_0/2 \tag{7-71}$$

这种噪声之所以被称为白噪声是因为它的密度谱广泛分布于频域，就像白光一样。它的自相关函数是功率谱密度的傅里叶反变换。因此，白噪声的自相关函数可以表示为以下形式（见图 7-10a 和图 7-10b）

$$R_w(\tau)=q\delta(\tau)=N_0\delta(\tau)/2 \tag{7-72}$$

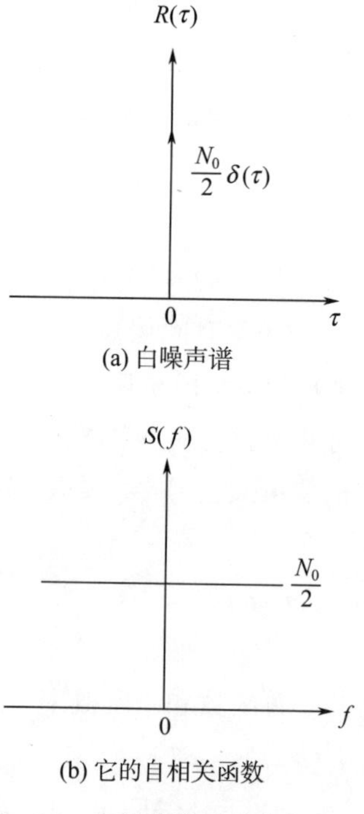

图 7-10 白噪声谱及其自相关函数

7.5.2　输入为随机序列的线性时不变系统

对于由线性函数 L 定义的输入为 $x(t)$ 、输出为 $y(t)$ 的线性系统，如果输入是一个随机序列，则输出也是一个随机序列。为了获得输出和输入自相关函数之间的关系，应注意到，线性系统输出的期望等于输入的期望经过线性系统的输出。

由此可以得出结论

$$E\{L[x(t)]\}=L[E\{x(t)\}] \tag{7-73}$$

由于线性算子 L 和期望算子 E 都是线性的，则有

$$R_{xy}(t_1,t_2)=L_2[R_{xx}(t_1,t_2)] \tag{7-74}$$

其中 R_{xy} 为 $x(t)$ 和 $y(t)$ 的互相关函数，L_n 表示系统作用在 t_n 时刻，t_n 是一个独立变量，作为一个参数来处理。通过这种关系，我们可以找到输入谱和输出谱之间的关系。对于一个广义的平稳序列 $x(t)$ 来说，功率谱密度函数是它自相关函数的傅里叶变换

$$S(\omega)=\int_{-\infty}^{\infty}R_{xx}(\tau)\mathrm{e}^{-\mathrm{j}\omega\tau}\mathrm{d}\tau \tag{7-75}$$

由于 $R(-\tau)=R^*(\tau)$ 和 $S(\omega)$ 均为变量 ω 的实函数。利用傅里叶反变换有

$$R_{xx}(\tau)=\frac{1}{2\pi}\int_{-\infty}^{\infty}S(\omega)\mathrm{e}^{\mathrm{j}\omega z}\mathrm{d}\omega \tag{7-76}$$

这意味着 $R_{xx}(z)$ 可以由谱函数 $S(\omega)$ 求得。我们可以找到无限多个具有相同谱函数 $S(\omega)$ 的序列。有两种常用的近似定理，用于通过另一个随机序列及谱函数求取具有给定谱函数的随机序列。

考虑如下随机序列

$$x(t)=a\,\mathrm{e}^{\mathrm{j}(\omega t-\varphi)} \tag{7-77}$$

其中，a 是一个实常数，ω 是一个随机变量，且密度函数为 $f_\omega(\omega)$，φ 是一个独立的随机变量，且在（0，2π）上均匀分布。可以证明这个序列是一个均值为零的广义平稳序列，其自相关函数可以由下式给出

$$R_x(\tau)=a^2E\{\mathrm{e}^{\mathrm{j}\omega\tau}\}=a^2\int_{-\infty}^{+\infty}f_\omega(\omega)\mathrm{e}^{\mathrm{j}\omega\tau}\mathrm{d}\omega \tag{7-78}$$

因此，它的谱函数可以由其自相关函数经过傅里叶变换得到

$$S_x(\omega)=F\{R_x(\tau)\} \tag{7-79}$$

以及

$$R_x(\tau)=\frac{1}{2\pi}\int_{-\infty}^{+\infty}S_x(\omega)\mathrm{e}^{\mathrm{j}\omega\tau}\mathrm{d}\omega \tag{7-80}$$

由此可以得出结论

$$S_x(\omega)=2\pi a^2f_\omega(\omega) \tag{7-81}$$

这里涉及到功率谱密度函数 $x(t)$ 和概率密度函数 ω。令 $\tau=0$，代入公式（7-81）

$$R_x(0)=a^2\int_{-\infty}^{+\infty}f_\omega(\omega)\mathrm{d}\omega=a^2=\frac{1}{2\pi}\int_{-\infty}^{+\infty}S_\omega(\omega)\mathrm{d}\omega \tag{7-82}$$

因此，为了找到一个具有该种谱函数的随机序列，我们假设概率密度函数为

$$f_{\omega}=\frac{S(\omega)}{2\pi a^{2}} \tag{7-83}$$

从而，$a^2=R_x(0)$，$R(0)$ 为信号的初始功率。通过这种方法，具有公式（7-78）定义的自相关函数的序列的谱函数为 $S(\omega)$。

另一个等式基于线性系统的脉冲响应。考虑一个线性时不变系统的脉冲响应 $[h(t)]$。对于任意输入 $x(t)$ 的响应可以由卷积积分定义为

$$y(t)=\int_0^t h(t-\tau)x(\tau)\,\mathrm{d}\tau \tag{7-84}$$

通常由 $y(t)=h(t)*u(t)$ 来表示。如果 $x(t)$ 是一个广义平稳序列，则输入的互相关函数和输入的自相关函数有以下关系

$$R_{xy}(t)=h^*(-t)*R_{xx}(t)=\int_{-\infty}^{\infty} h^*(\tau)R_{xx}(\tau+t)\,\mathrm{d}\tau \tag{7-85}$$

其中，$h^*(t)$ 为 $h(t)$ 的复共轭。

类似地，输出的自相关函数和输入的互相关函数之间的关系为

$$R_{yy}(t)=h(t)*R_{xy}(t)=\int_{-\infty}^{\infty} h(\tau)R_{xy}(t-\tau)\,\mathrm{d}\tau \tag{7-86}$$

两式消去互相关函数，输出和输入的自相关函数的关系为

$$R_{yy}(t)=R_{xx}(t)*h(t)*h^*(-t) \tag{7-87}$$

对上式两边同时进行傅里叶变换有

$$S_{yy}(f)=S_{xx}(f)H(f)H^*(f)=S_{xx}(f)\,|H(f)|^2 \tag{7-88}$$

如果系统的输入是白噪声且 $q=1$，则有

$$R_{xx}(\tau)=q\delta(\tau)=\delta(\tau),S_{xx}(f)=1 \tag{7-89a}$$

$$S_{yy}(f)=S_{xx}(f)\,|H(f)|^2\Rightarrow|H(f)|=\sqrt{S_{yy}(f)} \tag{7-89b}$$

所以为了得到一个具有特定谱的序列，我们定义一个具有以下传递函数的系统

$$|H(f)|=\sqrt{S(f)},\langle H(f)\rangle=0 \tag{7-90}$$

当系统的输入是白噪声时，系统的输出谱函数就是 $S(f)$，因此

$$S_{yy}(f)=|H(f)|^2S_{xx}(f)=(\sqrt{S(f)})^2\times 1=S(f) \tag{7-91}$$

7.6 大气湍流模型建模

根据标准参考文献，湍流是风以预定的方式沿水平和旋转方向波动，是由速度谱定义的一个随机过程。冯·卡门和德莱顿风湍流模型采用了类似的谱函数表示湍流场。德莱顿风湍流模型更适用于模拟仿真，而且它可以通过适当的整形滤波器过滤掉有限带宽的白噪声，在输入中可加入实际的湍流。MATLAB-SIMULINK 中的航天模块库不仅能够提供典型仿真情况下所需的这些模型，而且提供美军标 MIL-F-8785C 和 MIL-HDBK-1797 中所规定的各种湍流谱函数。我们不在这里重复这些函数了。

为了说明谱函数的使用方法，我们考虑在垂直速度场中加入湍流输入扰动的情况。这

种情况下，湍流谱函数采用冯·卡门谱更适合，冯卡门谱适用于阵风的波长比飞行器的长度 $L(\lambda > 8L)$ 相对要长的情况，而德莱顿谱更适用于对宽带阵风的近似。

利用冯·卡门谱对垂直阵风频谱进行建模可得

$$\Phi_{ww}(\bar{\omega}) = \sigma_{ww}^2 \frac{L_s}{\pi U_s^e} \frac{\left[1 + \frac{8}{3}(1.339 L_s \bar{\omega})^2\right]}{[1 + (1.339 L_s \bar{\omega})^2]^{\frac{11}{6}}}, \bar{\omega} = \frac{\omega}{U_s^e} \tag{7-92}$$

对水平方向进行建模有

$$\Phi_{uu}(\bar{\omega}) = \sigma_{uu}^2 \frac{2L_s}{\pi U_s^e} \frac{1}{[1 + (1.339 L_s \bar{\omega})^2]^{\frac{5}{6}}} \tag{7-93}$$

其中 ω 是阵风频率，σ_{ww} 和 σ_{uu} 是阵风强度，L_s 是湍流尺度的长度。

遗憾的是，由于仿真滤波器的功率很小，如果没有进一步的近似，阵风的模拟是不可能在实际中实现的。因此，对横向和纵向频谱通常使用的是德莱顿近似。垂直方向和水平方向的德莱顿谱（MIL－F－8785C）可以做如下近似

$$\Phi_{ww}(\bar{\omega}) = \sigma_{ww}^2 \frac{L_s}{\pi U_s^e} \frac{[1 + 3(L_s \bar{\omega})^2]}{[1 + (L_s \bar{\omega})^2]^2}, \Phi_{uu}(\bar{\omega}) = \sigma_{uu}^2 \frac{2L_s}{\pi U_s^e} \frac{1}{[1 + (L_s \bar{\omega})^2]} \tag{7-94}$$

阵风的强度等于谱密度曲线下的面积。从而

$$o_{ww}^2 = \int_0^\infty \Phi_{ww}(\bar{\omega})\,\mathrm{d}\bar{\omega} \tag{7-95}$$

类似的积分公式也适用于其他方向。

假定，阵风由单位强度的白噪声产生。白噪声是一种理想化的随机噪声，在一个非常大的频率范围内，具有相同的功率谱。根据随机过程理论，典型的功率谱可以假定为输入是单位强度白噪声的噪声整形滤波器的输出，它的传递函数由下式给出

$$G_{uu}(\bar{s}) = \sigma_{uu} \sqrt{\frac{2L_s}{\pi U_s^e}} \frac{1}{1 + L_s \bar{s}}, \bar{s} = \mathrm{i}\bar{\omega} \tag{7-96}$$

然后可以得出

$$\Phi_{uu}(\omega) = G_{uu}(\mathrm{i}\bar{\omega}) \times G_{uu}(-\mathrm{i}\bar{\omega}) \times 1 = \sigma_{uu}^2 \frac{2L_s}{\pi U_s^e} \frac{1}{[1 + (L_s \bar{\omega})^2]} \tag{7-97}$$

整形滤波器相应的状态矢量方程为

$$L_s \dot{z}(t) = -U_s^e z(t) + K_G U_e^s w(t), \Delta u_t = z(t), K_G = \sigma_{uu} \sqrt{\frac{2L_s}{\pi U_s^e}} \tag{7-98}$$

其中 $w(t)$ 是单位强度的白噪声。

德莱顿谱的水平和侧向速度分量有一个有趣的特征，它们可以通过一个二阶滤波器过滤白噪声来模拟。这些速度分量定义如下

$$\begin{bmatrix} \Delta v_t \\ \Delta w_t \end{bmatrix} = \begin{bmatrix} n_1 \\ n_2 \end{bmatrix}, n = \sigma_T \sqrt{\frac{L_T/U_0}{2\pi}} \left[1 \quad \sqrt{3}(L_T/U_0)\right] \begin{bmatrix} x_1 \\ x_2 \end{bmatrix}, U_0 = U_s^e \tag{7-99a}$$

$$\frac{\mathrm{d}}{\mathrm{d}t} \begin{bmatrix} x_1(t) \\ x_2(t) \end{bmatrix} = \begin{bmatrix} 0 & 1 \\ -(U_0/L_T)^2 & -2U_0/L_T \end{bmatrix} \begin{bmatrix} x_1(t) \\ x_2(t) \end{bmatrix} + \begin{bmatrix} 0 \\ (U_0/L_T)^2 \end{bmatrix} w_n(t) \tag{7-99b}$$

这表明，输出信号的频谱和德莱顿谱能够很好地匹配。从而

$$S_{nn}(f)=|H(f)|^2 S_{ww}(f)=S_{Dryden}(f) \tag{7-100}$$

因此，湍流阵风速度的三维坐标可以定义为

$$\begin{bmatrix}\Delta u_g\\ \Delta v_g\\ \Delta w_g\end{bmatrix}=\begin{bmatrix}\Delta u_t\\ \Delta v_t\\ \Delta w_t\end{bmatrix} \tag{7-101}$$

一般说来，根据冯·卡门和德莱顿近似值，湍流谱在全部三个平移轴和旋转轴中的近似值在表 7-2 中列出（根据盖奇的文献[5]）。

表 7-2 1980 年（MIL-F-8785C）和 1997 年（MIL-HDBK-1797）公布的美国军方参考手册中的德莱顿和冯·卡门谱模型，MIL-F-8785C 中 $m_f=1$，MIL-HDBK-1797 中 $m_f=2$，$U_0=U_s^e$

频谱的比较	德莱顿模型	冯·卡门模型
$\Phi_{uu}(\omega)$	$\dfrac{2\sigma_{uu}^2 L_u}{\pi U_0}\dfrac{1}{1+(L_u\omega/U_0)^2}$	$\dfrac{2\sigma_{uu}^2 L_u}{\pi U_0}\dfrac{1}{[1+(1.339L_u\omega/U_0)^2]^{5/6}}$
$\Phi_{vv}(\omega)$	$\dfrac{m_f\sigma_{vv}^2 L_v}{\pi U_0}\dfrac{1+3(m_f L_v\omega/U_0)^2}{[1+(m_f L_v\omega/U_0)^2]^2}$	$\dfrac{m_f\sigma_{vv}^2 L_v}{\pi U_0}\dfrac{1+(8/3)(1.339m_f L_v\omega/U_0)^2}{[1+(1.339m_f L_v\omega/U_0)^2]^{11/6}}$
$\Phi_{ww}(\omega)$	$\dfrac{m_f\sigma_{ww}^2 L_w}{\pi U_0}\dfrac{1+3(m_f L_w\omega/U_0)^2}{[1+(m_f L_w\omega/U_0)^2]^2}$	$\dfrac{m_f\sigma_{ww}^2 L_w}{\pi U_0}\dfrac{1+(8/3)(1.339m_f L_w\omega/U_0)^2}{[1+(1.339m_f L_w\omega/U_0)^2]^{11/6}}$
$\Phi_{pp}(\omega)$	$\dfrac{\sigma_{ww}^2}{U_0 L_w}\dfrac{0.8(L_w\pi/4b)^{1/3}}{1+(4b\omega/\pi U_0)^2}$	$\dfrac{\sigma_{ww}^2}{U_0 L_w}\dfrac{0.8(L_w\pi/4b)^{1/3}}{1+(4b\omega/\pi U_0)^2}$
$\Phi_{qq}(\omega)$	$\dfrac{\pm(\omega/U_0)^2}{1+(4b\omega/\pi U_0)^2}\Phi_{ww}(\omega)$	$\dfrac{\pm(\omega/U_0)^2}{1+(4b\omega/\pi U_0)^2}\Phi_{ww}(\omega)$
$\Phi_{rr}(\omega)$	$\dfrac{\pm(\omega/U_0)^2}{1+(3b\omega/\pi U_0)^2}\Phi_{vv}(\omega)$	$\dfrac{\pm(\omega/U_0)^2}{1+(3b\omega/\pi U_0)^2}\Phi_{vv}(\omega)$

为了把连续白噪声整形滤波表示为一个紧凑的结构，首先涉及到一组归一化滤波器，依据以下标准拉普拉斯变换

$$H_u(s)=\sigma_{uu}\sqrt{\frac{L_u}{\pi U_0}}\bar{H}_u(\bar{s}),H_v(s)=\sigma_{vv}\sqrt{\frac{L_v}{\pi U_0}}\bar{H}_v(\bar{s}),H_w(s)=\sigma_{ww}\sqrt{\frac{L_w}{\pi U_0}}\bar{H}_w(\bar{s}) \tag{7-102a}$$

$$H_p(s)=\sigma_{ww}\sqrt{\frac{L_w}{\pi U_0}}\bar{H}_p(\bar{s}),H_q(s)=\sigma_{ww}\sqrt{\frac{L_w}{\pi U_0}}\bar{H}_q(\bar{s}),H_r(s)=\sigma_{vv}\sqrt{\frac{L_v}{\pi U_0}}\bar{H}_r(\bar{s}) \tag{7-102b}$$

其中 $\bar{s}=s/U_0$。连续归一化白噪声整形滤波器在表 7-3 中列出（根据盖奇的文献[5]）。

表 7-3 能够从白噪声中获得德莱顿和冯·卡门谱的近似值的连续标准化整形滤波器列表

滤波器	德莱顿模型	冯·卡门模型
$\bar{H}_u(\bar{s})$	$\dfrac{\sqrt{2}}{1+L_u\bar{s}}$	$\dfrac{\sqrt{2}(1+0.25L_u s/U_0)}{1+1.357L_u\bar{s}+0.1987(L_u\bar{s})^2}$

续表

滤波器	德莱顿模型	冯·卡门模型
$\bar{H}_v(\bar{s})$	$\dfrac{\sqrt{m_f}(1+m_f\sqrt{3}L_v\bar{s})}{(1+m_fL_v\bar{s})^2}$	$\dfrac{1+2.7478L_v\bar{s}+0.3398(L_v\bar{s})^2}{1+2.9958L_v\bar{s}+1.9754(L_v\bar{s})^2+0.1539(L_v\bar{s})^3}$
$\bar{H}_w(\bar{s})$	$\dfrac{\sqrt{m_f}(1+m_f\sqrt{3}L_w\bar{s})}{(1+m_fL_w\bar{s})^2}$	$\dfrac{1+2.7478L_w\bar{s}+0.3398(L_w\bar{s})^2}{1+2.9958L_w\bar{s}+1.9754(L_w\bar{s})^2+0.1539(L_w\bar{s})^3}$
$\bar{H}_p(\bar{s})$	$\left(\dfrac{0.128\pi^4}{m_f^2bL_w^5}\right)^{\frac{1}{6}}\dfrac{1}{1+4b\bar{s}/\pi}$	$\left(\dfrac{0.128\pi^4}{bL_w^5}\right)^{\frac{1}{6}}\dfrac{1}{1+4b\bar{s}/\pi}$
$\bar{H}_q(\bar{s})$	$\dfrac{\pm\bar{s}}{1+4b\bar{s}/\pi}\bar{H}_w(s)$	$\dfrac{\pm\bar{s}}{1+4b\bar{s}/\pi}\bar{H}_w(s)$
$\bar{H}_r(\bar{s})$	$\dfrac{\mp\bar{s}}{1+3b\bar{s}/\pi}\bar{H}_v(s)$	$\dfrac{\mp\bar{s}}{1+3b\bar{s}/\pi}\bar{H}_v(s)$

7.7　飞行器的非线性动力学响应

在过去的几年中，飞行器以大攻角和超出常规限制的姿态和速率来飞行的能力已经成为一个重要的课题。最近 NASA 对于军用和商用飞行器做大攻角飞行的兴趣热潮已经达到了顶点，并为高性能飞行器 F-18 提供了专项拨款，来研究和减少这种飞行器飞行时的实际约束。这样就要求飞行器在整个飞行包线内提高敏捷性与自由的机动性。这种要求自然而然地需要对飞行器运动的非线性模态有更好的理解。对模态有一个全面的认识，不仅需要了解作用在飞行器上的力和力矩之间的动力学平衡条件和影响，也需要了解产生气动力的能量源，也就是由速度产生的动能，由高度产生的势能，由推进装置中燃料消耗获得的化学能。我们常采用术语“能量状态”来描述飞行器（飞行员）可利用的各种能源的多少，以及机动飞行期间的瞬时能耗。为了使飞行器状态和机动达到期望的平衡，人们需要管理能量状态。飞行器的机动是气动力和力矩产生的最终结果，但是为了保证操纵的有效性，飞行器必须在很多状态变量的约束条件下操纵。然而，飞行员不能直接控制能量传送装置，只能通过控制面或阀来控制一些力和力矩。对状态变量进行约束有更大意义。比如，为了避免机翼表面的气流分离，抬头攻角不能高于 24°，低头攻角不能高于 10°，倾斜角在 45°以内，空速在飞行条件所允许的范围内。超过这些限制就会导致气流分离。当机翼周围的气流和吸力面分离时，就会产生失速。进入失速状态将会引起振动，失去俯仰和滚转控制，导致飞行员无法抑制下降速率。关于气流分离的影响和失速的特点在 Rom 的文献[6]和 Tobak 等的文献[7]中有所论及。虽然，今天的飞行员在恢复技术方面进行了广泛的训练，但本书的重点主要是研究飞行器的非线性运动模式。通过应用手动控制或通过反馈控制的恢复技术尽管很重要，但不在本书讨论范围内。

在飞行器的非线性动力学研究中，通常先建立一组合适的参考坐标系，然后引出一组完整的非线性微分方程，用来控制飞行器的运动。但必须说明的是，在文献中很少能够阐述完整的推导过程以及带有飞行器非线性模型特点的公式结论。尽管，无论选取何种坐标轴，飞行器动力学似乎都是相同的，而且飞行器的响应也和坐标轴的选取无关，但是当建立一个合适的参考坐标系时，飞行器的平衡状态更容易被发现。并且，此坐标系也易于研究平衡状态下在扰动下的行为和其自身的稳定性。所谓的“落叶式飞行”就是一个典型的例子，如果坐标系选择合适的话，它就是一个全耦合的非线性模型，对它的分析不仅简单而且是有意义的。在进行非线性飞行器动力学仿真时，通常情况下，在建立一组匹配的参考轴和相关的表示力和力矩的平衡的动力学方程之前，需要对运动模式的物理学以及主要特征有全面的了解。飞行器非线性运动方程通常是最先建立起来。在这一部分中，基于这种方法，总结了飞行器运动的主要非线性模式，然后进行分类。解释了描述动力学特征的非线性模式与基于小扰动线性化方程的传统线性模式之间的关系。本节的目标是建立飞行器的线性运动整体方程以及对应的非线性部分。

7.7.1 飞行器非线性运动模型及其分析

对应于平衡状态下小扰动的线性运动模型在相关文献中有很好的描述，在平衡状态下，飞行器以一个恒定向前的速度做平稳的无控飞行。飞行器的非线性运动模型包括非线性运动学、非线性动力学和非线性空气动力学。对于非线性运动学和非线性空气动力学的建模，既有可靠的方法也有正在试验的方法。空气动力的非线性会对动力学产生许多问题。非线性空气动力下的气动载荷，既可以用经典的静态非线性模型描述，也可以用非线性迟滞效应的动力学响应模型表示。因此，在飞行器动力学建模中，最重要的是对非线性非定常气动效应的建模。

非线性飞行器动力学模型是理解飞行器在空气动力学环境中的行为所必需的计算原型。建模的基础源于以下事实：

1）只有行为的某些方面，如压力分布以及压力分布在飞行器上引起的力和力矩的变化，对飞行器起重要作用，反过来也会影响非线性动力学。其他方面，如湍流和分离，属于次级影响。

2）从实用的角度来看，将非线性飞行器动力学的整个行为封装在单个模型中可能是不切实际和低效的。

3）虽然需要理解飞行器动力学的全部定性行为模型，但考虑到特定的应用而设计特定的计算原型；实验对于建立中等复杂程度的模型也是必需的，能够展示出作用在飞行器上的感兴趣的定性行为。

通常采用分岔分析方法来研究从线性对应部分演化而来的非线性运动，称为“分离”。术语“分离”还用于表示受控状态和非受控状态之间的边界，该边界被认为是线性和非线性行为之间的边界的同义词。分岔分析可以用降阶局部模型来执行，降阶局部模型可以描述飞行器在状态空间的局部邻域中的行为。这些不是全局分析的工具。分岔分析方法已经被很多学者应用（Mehra et al[8]，Zagaynov & Goman[9]，Adams[10]，Guicheteau[11]，Lowenberg[12]，Planeaux et al.[13]，Jahnke & Culick[14]，Patel and Littleboy[15]），他们不仅证明了该方法的有效性，而且通过确定飞行器可达到的所有稳态条件，在飞行包线中建立了分离区。这是通过对分岔图的详细分析或通过连续方法来完成的。(可以回顾，连续方法[16]是分岔分析的补充方法，它寻求参数化曲线和曲面形式的非线性方程的解。）分岔分析不能真正提供分离前的瞬态行为，或者实际上是分离点附近的精确行为。因此，不仅需要对飞行器的完全非线性动力学进行建模，还需要理解飞行器的非线性行为模式。

虽然，在飞行器动力学的分析中需要考虑许多种非线性空气动力学，但是，飞行器非线性动力学主要考虑由跨声速流中的激波、分离气流和气流中的涡流所引起的（参见 Lee 等[17]，Katz[18]，Ekaterinaris 和 Platzer[19]中的例子)。当机翼上方有气流流过时，边界层会出现一个固定不变结构。起初，边界层是很薄的，粘滞效应被局限于某一很小的区域，而且有时可以忽略流体摩擦。尽管一开始边界层很薄，但它可以随着攻角的增加而急剧变厚，使气流分离。机翼表面的气流在飞行器下游产生一个很大的气流分离，从而引起尾流，这种尾流通常是高度不稳定的，而且会在下游出现大的涡流。大涡流的频率有固定的规律，而且会消耗很多能量。涡诱导流通常与不稳定的气流分离有关，是边界层局部增厚的后果。这些都是由前缘附近一个密集的核心涡流的出现而引发的。在边界层有一个相当大的气流循环，这可以引起大量的能量耗散以及升力的流失。飞行马赫数越高，三维分离流被过渡期湍流边界层、激波和它们自身的相互作用进一步复杂化。这些相互作用通常会导致机翼的升力性能急剧下降。

当跨声速飞行时，由于冲击波的存在，气流是非粘性的，不会发生气流分离。由激波运动产生的不稳定力会使机翼单自由度的俯仰运动失去平衡，并通过降低在所谓的跨声速凹坑状况下的颤振速度来影响弯曲-扭转颤振。我们已经知道，位于机翼上下表面的激波的运动是周期性的，它相对于机翼运动的受迫振动有一个很大的相位滞后。当马赫数数接近一致时，这些激波的相对运动就是反常现象的主要因素。在某些相对于机翼角速度的低频会出现特殊的冲击型特性，使机翼产生与平移速度相同的前缘速度。在振荡周期的某一部分冲击消失，而在一段时间之后会再次出现。激波产生的力通常是非线性的，而且通常会出现一些谐波。

当粘滞效应存在时，冲击波边界层相互作用，与流动分离相关的非线性就会发生。低速飞行时，在直升机桨叶的动力学失速中也可以发现与气流分离有关的空气动力学非线性。在小攻角的情况下，气流是连在一起的，但当攻角接近临界角时机翼前缘就会产生气流分离。前缘涡流会沿着机翼表面向下游运动，在穿过前缘一定距离之后，机翼表面升力最终会在后缘流失。在涡流下行过程中，气流会从后缘开始重新附着到上表面并向上游运动，而在下表面就会发生气流分离，随着涡流的上行，上表面也会发生气流分离。

在上述两种情况中，升力和力矩系数都表现出一种迟滞的特性。然而这种特性在不同情况下性质不同（例如参见 Prananta 等[20]和 Wegener[21]）。在低速气流分离的情况下，可以认为有三种类型的滞回曲线，一种是低于 C_{Lmax}，第二种是在 C_{Lmax} 附近，第三种类型是高于 C_{Lmax}。在滞回曲线位于 C_{Lmax} 附近的情况中，有很明显的证据可以证明空气动力学分叉的存在，这种空气动力学分叉是由在气流中大量前缘分离气泡的不稳定性造成的。在跨声速飞行时，气流中的激波现象可以引发气流分离。激波运动在机翼表面引起巨大的压力脉冲，而压力脉冲反过来也会引发伴随着迟滞现象的气流分离。量化激波运动对非定常气动特性的影响，需要研究由频率变化引起的激波运动的振幅和相角的变化。当气流分离发生时，激波导致的升力系数开始下降，在 C_L-M 曲线中有一个明显的下降。在这些马赫数时，阻力系数急剧增加。这种现象称为“激波失速”。这种迟滞现象的相角要滞后于 C_{Lmax} 的相角，与飞行器失速较为类似。

另一种类型的气动非线性随前缘和翼尖涡流的形成而出现。这种涡流随时间振荡，其强度取决于静态攻角和机翼运动的振幅。这种类型的气流可以通过对涡流的非定常分布来建模。机翼和尾流用涡流栅格模拟。机翼的部分位置（被称为涡流栅格）是特定的，存在有限的压力突变。被称为自由涡格的尾流部分的位置并不是特定的。气动载荷可以通过计算穿过每一个涡流栅格的压力突变来获得。然而，对于大振幅运动，当机翼上表面或者下表面形成卷起涡流时，关于机翼振荡的相位滞后会非常大，从而导致运动的不稳定。气流分离和激涡的流动都可以引起各种机翼和飞行器配置的旋转运动，有时会导致对循环滚转振幅的限制，通常这被称为“机翼摇摆”。基于许多实验观察，对该现象的研究证明了前缘涡流在推进运动方面的作用（参见 Katz[18]）。

7.7.2 大攻角动力学及其影响

当对称飞行器的纵向稳定性超出了稳定平均状态所已知的线性化时，对长周期和短周期情况下对称飞行器纵向方程必须基于纵向和横向力的平衡（无侧向力）以及俯仰力矩的平衡来建立。此外，相对于俯仰力矩为零时的攻角和航迹角也应适当考虑。在小攻角和小航迹角的情况下，方程可以简化为一对微分方程，包括一组非线性校正。通过小扰动方法可以看出受迫振动发生在短周期的谐频处（两倍或三倍的频率），而自由振动可能会有振幅的衰减和增长。此外，局部的分叉分析表明分叉类型是霍普夫型，短周期线性模型演变成了非线性模型。当有一对跨越 s 复平面虚轴的复共轭特征值时，霍普夫型分叉就会出现。其结果是会有一个或更多的周期响应，可能是稳定或者不稳定的。稳定的高次谐波和霍普夫型分叉的存在表明一个相对简单稳定的边界和一个相对复杂的后临界或者后分叉响应。因此，对模型的全局分析和描述是必不可少的。

在飞行动力学中最常见的分叉现象是叉式分叉和霍普夫族式分叉（Liebst [22]，Macmillen 和 Thompson [23]，*Gránásy*，Thomasson，Sørensen 和 Mosekilde [24]）。在叉式分叉中，由于分叉边界是交叉的且原始平衡状态是变化的，所以平衡态的数目从 1 到 3 不等，出现一种还是更多种分叉现象取决于分叉参数的选择。典型的参数有飞行速度、攻角、侧滑角、滚转率和升降舵偏角的稳定分量。然而简单的分析模型只能获得这些分叉现象的机械特性，分叉会导致各种不良的运动。飞行仿真可以对分叉现象提供一个完整的解释，尤其对于导致飞行器翻滚的长周期叉式分叉现象及导致纵向运动中出现失速/过失速的短周期霍普夫式分叉现象。在横向情况下，螺旋模式叉式分叉和霍普夫式分叉会导致飞行器以适当高度和大攻角飞行时，机翼摇晃型滚转振荡，也会引起纵向/横向耦合过失速模式中失速自旋运动，比如水平螺旋和高度螺旋。如果飞行员控制不当，机翼摇摆或失速诱导自旋的问题就会进一步恶化从而导致“飞行员诱导振荡”（Katz[18]，Saad 和 Liebst[25]）。Liebst[25]的复杂耦合模型表明，在飞行动力学和空气动力学分叉以及飞行员行为动力学之间存在着更深入的耦合。这些现象中的气动的迟滞作用可以被显著地减缓，并且当迟滞作用减缓时，通过飞行模拟可以得到对这些现象的解释。这些动态现象涉及飞行动力学和空气动力学分叉耦合，尤其是与旋涡流动相关的特别鞍点和周期加倍型分叉的耦合，在实际中很难建模。飞行动力学模型，不仅能够解释这些现象，并且对气动和控制工程师而言，也可以帮助他们设计更好的控制器，能够适用于失速诱导自旋或机翼摇摆型滚转模式下的飞行器控制。

7.7.3　过失速特性

高攻角飞行会产生很多后果，不仅影响飞行器纵向动力学而且影响整个机体的运动。这一系列后果在气流分离之后会演变成失速现象。鉴于它在引起一系列横向运动，而这些横向运动反过来又造成灾难性后果方面的重要性，这里对它进行简要回顾。前面已经讲过，攻角增大引起气流分离。随着机翼倾角的不断增大，在上表面的机翼前缘附近会出现逆流区域，它不仅面积增大，而且还向前缘的上游传播移动 。结果就会出现一块分离的区域，这个区域很薄但覆盖了整个机翼上表面。由于分流层的形成，驻点向机翼下表面的尾部移动，前缘吸力峰值会有所增长。而升力相对于攻角的斜率（升力曲线斜率）和力矩系数几乎保持不变，所以升力随攻角的增长几乎是线性的。随着攻角的进一步增大，分离区域最终会达到机翼前缘附近，前缘吸力峰值的增长会突然停止，同时升力曲线斜率下降。攻角进一步的增长就会导致在前缘尾部形成一个流动涡流，会触发升力曲线斜率的增加。此外，前缘涡流还会向下游运动，紧接着从主要的流动和前缘中分离出来。最终导致失速开始和升力曲线斜率的下降。随着前缘涡流周期性的分离，会有一个周期性的力作用于机翼上，由于在两机翼上的分离过程的固有不对称性，还会引起滚转力矩。因此，这种分离过程不仅可以产生振荡的俯仰力矩，而且会导致耦合至横向模型。

过失速现象提供了大量可以支持纵向和横向模型耦合的机理。当一个机翼向下运动时，攻角相对于机翼增大。在失速状况下机翼会向下运动，结果就会导致升力的下降，这会使机翼进一步拉低，并进一步促进飞行器的自旋。随后在升力曲线斜率峰值附近出现的具有大攻角的滚转运动具有再生的趋势，即，其行为类似于具有正反馈的系统。然后，飞行器处于近似自旋的状态，这种特征倾向于加重自旋模式。类似地，随着攻角的增加，逐渐增大的阻力会在滚动的机翼上引起纯偏航力矩，产生耦合的旋转运动，具有大攻角和近似常数的滚转、偏航速率。

7.7.4　翻滚和自旋

在翻滚和自旋的情况下，飞行器以一个很小的螺旋型运动沿直线飞行。由于俯冲俯仰气动力矩随攻角变化非线性，在飞行器上主要表现为绕俯仰轴的翻滚。在很多情况下，当模型是收敛的（或者不稳定时是发散的）时，tuck 模式是一种退化的长周期振动，最终会导致翻滚，随后会出现分叉。虽然在失速之前，俯冲气动俯仰力矩可能是常数或者随攻角增加，但在过失速区域它会出现一个急剧的减小。当飞行器处于曲线顶点附近时，任何攻角的增加都会进一步增加攻角，从而促进俯仰或滚转的自旋。因此，在这种情况下，力矩失速是有可能的，滚转模型也是非线性运动的一种。

7.7.5 横向动力学现象

前面已经讨论过大攻角如何引起升力失速和翼尖失速，而且阻力曲线的不对称性可以引起横向力矩，从而导致横向上出现一些典型的大运动。然而还有以下一些情况：滚转力矩失速和俯仰力矩失速可以在横向模型中引起响应。翻滚和自旋是关于俯仰或滚转轴的力矩失速的响应。其他翻滚机制与绕俯仰轴翻滚的作用机制是没有太大差别的。通常，对于三个不同的轴并没有三个独立的翻滚模型。在实际中，只有一种翻滚模型或绕某一轴的自旋是稳定的，但其在三个维度上是耦合的并且方向是任意的。

7.7.6 水平自旋和深度自旋

在某些情况下，诸如副翼和方向舵的控制面也可以产生自旋。后掠翼可以通过延时跨声速阻力的增长来实现高速飞行。然而，后掠翼的引入会带来低速大攻角的问题。这是由于失去控制之后后掠翼的倾斜会引起翼尖先失速。这不仅会引起升力中心顺向后移，导致飞行器向上仰起，而且会限制副翼的作用。如果其中一个后掠翼尖比另一个失速快，所带来的不对称性会使飞行器发生偏航和滚转，最终导致自旋。弦向失速会阻碍约束顺翼展方向的流动，前缘缝翼和将尾翼重新定位到远离主翼尾迹的地方可以避免高速飞行中的翼尖失速。

自旋经过四个过程演变：分离，过失速旋转，初始自旋和深度自旋。在失速和分离之后通常有关于一个或多个轴的无控制运动，统称为过失速旋转。这些失速旋转通常是急转的形式，并在有限的时间内引起翻滚运动。在一些飞行器中，没有过失速旋转过程，而是直接进入初始旋转。随着深度自旋的充分演变，会出现一个中间阶段，此时惯性力和力矩仍然相当的小。在这个阶段，飞行器会处于一个初始旋转状态。深度自旋通常会具有稳定的滚转和偏航速率，偶尔会具有稳定的俯仰速率，振动自旋在俯仰姿态和滚转、偏航速率上会出现波动。稳定自旋的特征是滚转和偏航速率稳定，为一个较大的非零值，攻角 α 和侧滑角 β 以最小的变化率变化并伴随小而稳定的波动。在这种模型中，飞行器在整个运动中依然保持着失速。振动自旋主要具有俯仰振动和适度的横向运动并具有严重失速的特点。它的特点是有同步滚转和偏航速率，并以非零的平均值波动。在这种模型中，飞行器在整个运动中依然保持着失速。攻角 α 的波动是稳定的，而侧滑角 β 波动则可能很大。在运动中，α 和 β 的变化率保持稳定。

自旋通常由偏航和滚转运动组成，且旋转轴通常是垂直的。水平自旋模型主要由偏航构成，而深度自旋是急剧下降的且多数情况下起伏不定。飞行器的重心沿着位于旋转轴附近的螺旋路径。这种运动可以简单地由螺旋理论来描述。（螺旋是关于同一轴的旋转和平移的组合，任何一种旋转和平移的组合都可以表示为三维空间中关于某一轴的螺旋。）

7.7.7 机翼下坠，机翼摇摆和机头晃动

机翼下坠是一种特殊的非线性模型，通常由不稳定滚转力矩失速伴随侧滑引起。机翼下坠是一种不可接受、不可控的突然横向滚降，并迅速使倾斜角变化达 60°。然后，机翼会以一个有限的倾斜角达到稳定平衡状态。

机翼摇摆是一种自激的滚转-侧滑耦合，由大攻角情况下阻尼减小引起，通常导致飞行器失控。其中高后掠翼和细长体（机身前部的三角翼）机翼摇摆情况尤其重要。机翼摇摆现象及其相关问题在 Orlik - Rükemann[26]，Ericsson[27]，Katz[18]中有广泛的评述。

当机身抬头至大攻角时，垂尾就会被湍流以及能够降低飞行器方向控制能力的静止气流所包围。因此，即使在零侧滑状态，作用在机头上小的侧向力，甚至是零侧向力，都可以影响方向稳定性，形成很大的偏航力矩。这些小侧向力由前机体涡流的不对称开口所引起。诸如雷达天线缝隙、压痕等小的表面缺陷会影响涡流的强度和路径。净侧向力就会增加，流动也会变得不稳定。飞行器在大攻角下承受剧烈的偏航力矩，这种情况被称为机头切变起飞。这种情况不稳定，可能会引发灾难。

7.7.8 全耦合运动：落叶式下落

空气相对于飞行器是静止时，飞行器运动模型可以近似等价于同样的飞行器自由落体时的运动模型。尽管 150 年前 James Clerk Maxwell 就率先考虑了物体自由落体运动，但是最一般情况下的方程到今天也未得到解决。到目前为止，仍然没有对所观察到的机体颤振和翻滚现象得到满意的解释，它不能认为是一种稳定平衡，充其量是一种混乱的状态。现代降落伞是专门设计来避免这个问题的。自由落体机构往往作为预测飞行器复杂模态行为的模型。如以下三个例子：一个下落的球体，一个下落的圆形薄板和一个自由下落的滚动哑铃。球体是对称的，可以解释直线运动中的阻力特性，而下落的薄板可以解释气动涡流和薄板所受合外力矩影响之间的耦合效果。在这种情况中，会出现显著的涡激振荡，并外加反向偏航初期所耦合的侧滑。任何人都可以简单地通过在一个装满水的高玻璃瓶中扔下一枚轻扁的圆硬币来观察到这种运动复杂的特点。自由下落的哑铃是战斗机的典型模型，它可以描述传统的滚转-俯仰的惯性耦合；由于地球引力对俯仰轴的力矩所引起的俯仰运动的惯性耦合，哑铃会在俯仰方向上产生振荡。

飞行动力学的领域从平衡飞行的局部静稳定性延伸到全局的动力学特性。坐标系统对建立控制动力学方程起到了关键的作用。习惯上，这些都定义在小扰动的范围内，这种小扰动是飞行器在一个固定高度以恒定速度做均匀平衡飞行时所受到的。它们采用的是著名的欧拉角序列，但有很多的缺陷。另一种方法是四元数法。因此，可以看出，利用各种相关的坐标系统，可以建立一系列非线性动力学模型。这些坐标系统的主要贡献是，我们可以很容易地得到瞬时速度矢量和瞬时旋转矢量以及角速度矢量之间的关系，从而给出飞行器是否处于平衡飞行，包括平移或者旋转平衡状态。尽管有很多种典型的飞行器运动，但落叶式下落和飞行器自旋，包括自由落体自旋、水平螺旋和深度螺旋是最重要的。如果能

够高真度地仿真出这些运动，那么原则上，其他类型的运动模型也可以实现。

尤其是落叶式下落，它是耦合了攻角、侧滑角以及自旋的运动。这种运动由动力学力矩和气动力矩的相互作用产生，并包含所有轴之间的强耦合。这种运动的分析只能在传统的坐标系统下进行。该种基于传统坐标系统的分析可以预测模型的振幅和频率。落叶式下落还可以描述为一种不稳定的过失速自旋，而且飞行器无法从这种状态中恢复过来。

这种运动的特点是具有一个超前的相位角，周期性滚转以及偏航角速率波动很小或者为零。飞行器姿态角的变化率有时会超过$\pm 90°/s$。与自旋不同，这种运动中不会出现连续单向的航向角变化，主要在滚转和偏航方向会出现振荡，且振荡平均值很小或为零。在这种模型中，攻角在运动中偶尔会降低至失速攻角。α 的波动和 β 的波动一样大。α 和 β 的变化率在运动中会出现一个很大的极值。用一些关键变量，对落叶式下落进行仿真可再现出相关运动的主要特点。一般地，相关运动可以分为两种类型：缓慢的落叶式下落和快速落叶式下落。这两种类型主要的不同之处在于攻角平均值的高低，偏航角速率偏差的情况和运动周期的减小程度，也就是振荡频率的增加程度。仿真实验同样表明，快速和慢速的落叶式下落之间没有明显的界限。

7.7.9　再生现象

在小扰动的影响下，飞行器在水平飞行中会受到某种再生现象的影响，这会导致飞行器能源再分配，从而出现不稳定状况。术语“再生”是借鉴反馈放大理论，指的是正反馈。正反馈可能会失稳，并且存在两种与非线性空气动力学有关的明显再生机制，它们对于运动模式会产生影响：

1）过失速再生耦合：主要由稳定或不稳定气流分离效应引起，这些分离效应可能独立地发生在两片机翼/尾翼上，从而引起横向的稳定或不稳定失衡。横向力矩反过来又会导致升力损失，引起攻角上升或降低。

2）反向滚转-偏航耦合：这是一种典型的耦合，甚至在线性情况下也存在，并且会引起螺旋模型的不稳定。大攻角效应可实质上改变耦合的属性，同时也是影响所有耦合运动的主要效应。

这两种机制最终导致了难以分开的完全耦合运动。然而，能使耦合运动分开的是导致这些效应的主要机理。

在控制耦合模态中，由于人类行为的不可预测性，飞行员耦合模态似乎是导致再生型不稳定的主要原因。飞行员诱导振荡会在下一章介绍。通常可以假设，自动飞行控制系统不仅定义明确，而且可以用最优设计来满足最合适的性能指标。虽然，我们难以建立一组与自动控制飞行相关的通用控制耦合模型，但是可以安全地假设它们并不是不稳定的。

本 章 重 点

• 飞行器响应

自由响应

　对瞬间扰动的响应

　操纵杆自由的自然运动

　计算机飞行的自然运动

受迫响应

　对控制输入的响应

　对持续干扰的响应：阵风，风切变，微爆和湍流

• 控制响应（阶跃输入）

纯滚运动：滚动下降模型

荷兰滚运动

短周期/长周期运动

• 对干扰的受迫响应

典型干扰：阵风，风切变，微爆和湍流

参考文献

[1] Brian L. Stevens and Frank L. Lewis, "Aircraft Control and Simulation", Interscience, 1st Edition (1992), ISBN: 0471613975.

[2] Peter H. Zipfel, "Modeling and Simulation of Aerospace Vehicle Dynamics" (AIAA Education Series).

[3] Zhao, Y. and Bryson, A. E. Jr., 1990, Optimal Paths through Downbursts, J. of Guidance, Control and Dynamiccs, 13 (5), pp. 813 - 818.

[4] Zhao, Y. and Bryson, A. E. Jr., 1990, Control of Aircraft' s in Downbursts, J. of Guidance, Control and Dynamiccs, 13 (5), pp. 819 - 823.

[5] Gage, S., Creating a Unified Graphical Wind Turbulence Model from MultipleSpecifications, AIAA 2003 - 5529, AIAA Modeling and Simulation Technologies Conference and Exhibit 11 - 14 August 2003, Austin, Texas.

[6] Rom, J., High angle - of - attack aerodynamics: subsonic, transonic, and supersonic flows, SpringerVerlag, New York, Chapter 6, Section 6.1.4, 1992, pp. 166 - 170.

[7] Tobak, M. and Chapman, G. T., 1985, Non - linear Problems in Flight Dynamics involving Aerodynamic Bifurcations, AGARD Symposium on Unsteady Aerodynamics Fundamentals and Applications to Aircraft Dynamics, Göttingen, Germany, May 6 - 9, 1985, Paper No. 25.

[8] Mehra, R. D., Kessel, W. C. & Carroll, J. V., Global stability and control analysis of aircraft at high angles - of attack, Annual Technical Report 1, ONR - CR215 - 248 - 1, 1977, Scientific Systems Inc., USA.

[9] Zagaynov, G. I. and Goman, M. G., Bifurcation analysis of critical aircraft flight regimes. ICAS - 84 - 4.2.1, 1984.

[10] AdamsJr, W. M., Analytical prediction of airplane equilibrium spin characteristics. NASA Technical Note, NASA - TN - D - 6926, 1972, Langley Research Centre. Hampton, Va.

[11] Guicheteau, P., Bifurcation theory in flight dynamics: an application to a real combat aircraft. ICAS Paper 116 (90 - 5.10.4), 1990.

[12] Lowenberg, M., Stability and controllability evaluation of sustained flight manoeuvres. AIAA - 96 - 3422, AIAA AFM Conference, San Diego, 1996, pp. 490 - 499.

[13] Planeaux, J. B., Beck, J. A. & Baumann, D. D., Bifurcation analysis of a model fighter aircraft with control augmentation, AIAA Paper 90 - 2836, 1990.

[14] Jahnke, C. C. and Culick, F. E. C., Application of bifurcation theory to high - angle - of - attack dynamics of the F - 14. J. Aircraft 31, 1994, pp. 26 - 34.

[15] Patel, Y. andLittleboy, D., Piloted simulation tools for aircraft departure analysis, Phil. Trans. R. Soc. Lond. A, 356, 1745, October 15, 1998, pp. 2203 - 2221.

[16] Cummings, P. A., Continuation Methods for Qualitative Analysis of Aircraft Dynamics, NASA/

CR - 2004 - 213035, NIA Report No. 2004 - 06, National Institute of Aerospace, Hampton, Virginia, July, 2004.

[17] Lee, B. H. K., Price, S. J., Wong Y. S., Non - linearAeroelastic Analysis of Airfoils: Bifurcation and Chaos, Progress in Aerospace Sciences 35, 1999, pp. 205 - 334.

[18] Katz, J., Wing/vortex interactions and wing rock, Progress in Aerospace Sciences, 35, 1999, pp. 727 - 750.

[19] Ekaterinaris, J. A., and Platzer, M. F., Computational Prediction of Aerofoil Dynamic Stall, Progress in Aerospace Sciences, 33, 1997, pp. 759 - 846, Elsevier Science Ltd.

[20] Prasanta, B. B., Hounjet M. H. L. and Zwaan R. J., Thin Layer Navier Stokes Solver and its application for Aeroelastic analysis of an aerofoil in Transonic flow, Proceedings of an International Forum on Aeroelasticity and Structural Dynamics, 26 - 28 June, 1995, Royal Aeronautical Society, London, Paper No. 15.

[21] Wegner, W., Prediction of Unsteady Aerodynamic Forces for Elastically Oscillating wings using CFD methods, Proceedings of an International Forum onAeroelasticity and Structural Dynamics, 26 - 28 June, 1995, Royal Aeronautical Society, London, Paper No. 11.

[22] Liebst, Brad S., The dynamics, prediction and control of wing rock in high - performance aircraft, Phil. Trans. R. Soc. Lond. A, 356, 1998, pp. 2257 - 2276.

[23] Macmillen, F. B. J. and Thompson, J. M. T., Bifurcation analysis in the flight dynamic process? A view from the aircraft industry", Phil. Trans. R. Soc. Lond. A, 356, 1998, pp. - 2321 - 2333.

[24] Gránásy, P., Thomasson, P. G., Sørensen, C. B. and Mosekilde, E., Non - linear flight dynamics at high angles - of - attack, The Aeronautical Journal, June - July, 1998, pp. 337 - 343.

[25] Saad, A. A., Liebst, B. S., Computational simulation of wing rock in three degrees of freedom for a generic fighter with chine - shaped forebody, The Aeronautical Journal, 107, January 2003, pp. 49 - 56.

[26] Orlik - Rükemann, K. J., Aerodynamic Aspects of Aircraft Dynamics at High Angles of Attack Presented at AIAA AFM Conf. Aug., San Diego, CA 1982, AIAA - 82 - 1363. Also in AIAA' s J. of Aircraft, 20, Sept., 1983.

[27] Ericson, L. E., Wing Rock Analysis of Slender Delta Wings, Review and Extension, J. Aircraft, 32, (6), (Nov. - Dec.), 1995, pp. 1221 - 1226.

[28] Mueller, J. B., Paluszek, M. A. and Zhao, Y., Development of an Aerodynamic Model and Control Law Design for a High Altitude Airship, AIAA Paper (http: //www. psatellite. com/papers/aiaa _ uav _ 2004 _ ltav. pdf).

[29] Kornienko, A., System Identification Approach for Determining Flight Dynamical Characteristics of an Airship from Flight Data, Ph. D. Dissertation, Institut für Flugmechanik und Flugregelung Universität Stuttgart, 2006 (http: //elib. uni - stuttgart. de/opus/volltexte/2006/2880/pdf/Dissertation _ Kornienko. pdf).

[30] Thomson, W. T., Theory of Vibration with Applications, 4th ed., Chapman & Hall, 1993, Chapter 13.

[31] Rao, S. S., Mechanical Vibrations, 3rd ed., Prentice Hall, 1995, Chapter 14.

练　习

1. 考虑第 6 章练习题 1 中所给的 F15 战斗机的纵向动力学。如果利用速率陀螺仪测量俯仰率，俯仰率测量值 q_m 可以通过状态空间方程表示为

$$\dot{\boldsymbol{x}} = \boldsymbol{A}\boldsymbol{x} + \boldsymbol{B}\eta, q_m = \boldsymbol{C}\boldsymbol{x} + \boldsymbol{D}\eta$$

用 $\boldsymbol{\Phi}$ 表示 $(s\boldsymbol{I} - \boldsymbol{A})^{-1}$，升降舵到俯仰率的传递函数可以表示为

$$\frac{Q_m(s)}{H(s)} = [\boldsymbol{D} + \boldsymbol{C}\boldsymbol{\Phi}\boldsymbol{B}]$$

其中 $Q_m(s) = L[q_m(t)]$，$H(s) = L[\eta(t)]$。注：$L(\quad)$ 为拉普拉斯变换。

通过消除法试确定升降舵到俯仰率测量值的传递函数。

2. 考虑第 6 章练习题 1 中给出的 F－15 战斗机的纵向动力学。其特征方程表示为

$$\Delta(s) = s\,[s^2 + 2\zeta_p\omega_p s + \omega_p^2]\,[s^2 + 2\zeta_s\omega_s s + \omega_s^2] = 0$$

i）求长周期阻尼系数 ζ_p，长周期模型的固有频率 ω_p，短周期的阻尼系数 ζ_s 和短周期的固有频率 ω_s。如果长周期阻尼系数 ζ_p 设定为 0.7，且短周期阻尼系数 ζ_s 设定为 0.75，相应的固有频率保持不变，计算所要求的特征多项式的系数。

ii）

a）升降舵到切向速度扰动的传递函数（T. F.）表示为

$$\frac{u(s)}{\eta(s)} = \frac{K_u\,[s + 1/T_u]\,[s^2 + 2\zeta_u\omega_u s + \omega_u^2]}{\Delta(s)}$$

b）升降舵到法向速度扰动的传递函数表示为

$$\frac{w(s)}{\eta(s)} = \frac{K_w\,[s + 1/T_w]\,[s^2 + 2\zeta_w\omega_w s + \omega_w^2]}{\Delta(s)}$$

c）升降舵到俯仰率的传递函数表示为

$$\frac{q(s)}{\eta(s)} = \frac{K_q s\,[s + 1/T_\theta]\,[s + 1/T_q]}{\Delta(s)}$$

得出这些传递函数的零极点。试求升降舵对阶跃输入的相关输出响应。

3. 考虑第 6 章练习题 3 中给出的 F－15 战斗机的横向动力学。其特征方程表示为

$$\Delta(s) = [s + 1/T_s]\,[s + 1/T_p]\,[s^2 + 2\zeta_d\omega_d s + \omega_d^2] = 0$$

i）求滚转下降模型的时间常数（T_p），螺旋模型的时间常数（T_s），荷兰滚振荡的阻尼率和固有频率（分别是 ζ_d 和 ω_d）。

ii）练习：

a）方向舵到偏航率的传递函数（T. F.）表示为

$$\frac{r(s)}{\zeta(s)} = \frac{K_r\,[s + 1/T_r]\,[s^2 + 2\zeta_r\omega_r s + \omega_r^2]}{[s + 1/T_s]\,[s + 1/T_p]\,[s^2 + 2\zeta_d\omega_d s + \omega_d^2]}$$

求出 K_r，T_r，ζ_r 和 ω_r。

b）副翼到偏航率的传递函数表示为

$$\frac{r(s)}{\xi(s)}=\frac{K_{ra}[s+1/T_{ra}][s^2+2\zeta_{ra}\omega_{ra}s+\omega_{ra}^2]}{[s+1/T_s][s+1/T_p][s^2+2\zeta_d\omega_d s+\omega_d^2]}$$

求出 K_{ra}，T_{ra}，ζ_{ra} 和 ω_{ra}。

c）方向舵到滚转率的传递函数表示为

$$\frac{p(s)}{\zeta(s)}=\frac{K_p[s+1/T_{p1}][s+1/T_{p2}][s+1/T_{p3}]}{[s+1/T_s][s+1/T_p][s^2+2\zeta_d\omega_d s+\omega_d^2]}$$

求出该传递函数的零点。

d）滚转角到副翼的传递函数表示为

$$\frac{\phi(s)}{\xi(s)}=\frac{K_{\varphi a}[T_{\varphi a}s+1][s^2+2\zeta_{\varphi a}\omega_{\varphi a}s+\omega_{\varphi a}^2]}{[s+1/T_s][s+1/T_p][s^2+2\zeta_d\omega_d s+\omega_d^2]}$$

求出该传递函数的零极点。试求方向舵或副翼对于阶跃输入的相关输出响应。

4. 考虑在稳定水平飞行时的简化飞行器纵向动力学。根据积分器、增益、加法放大器和分离点，该方程可以表示为图 7 - 11 的形式。图中，U 这个量是稳定轴方向的平衡飞行速度 U_s^e。

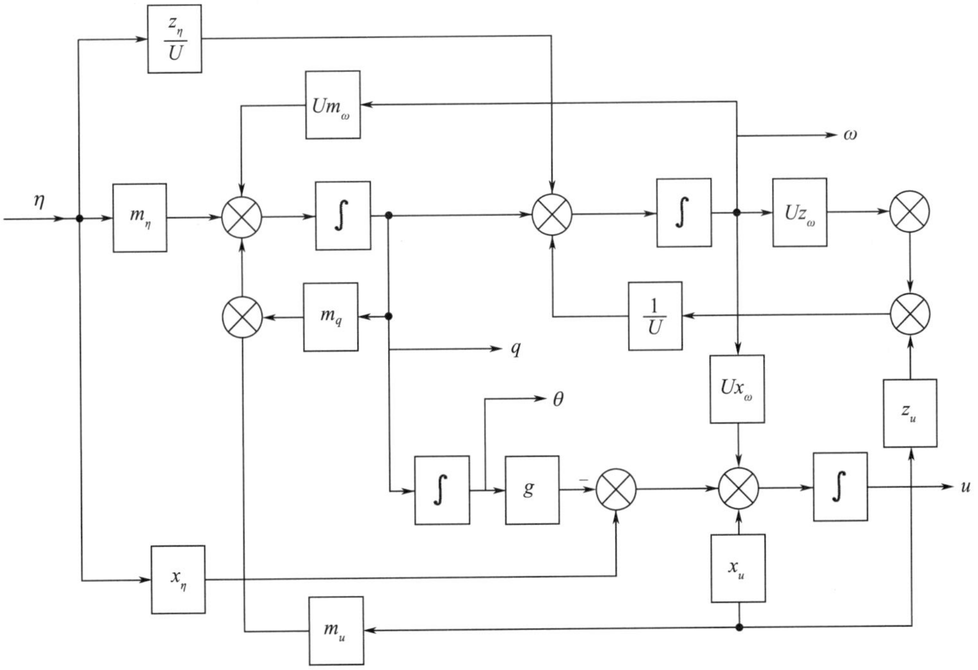

图 7 - 11　飞行器纵向动力学

求出该图相应的状态空间方程，并验证它们与简化的飞行器纵向动力学是相对应的。

5. 考虑在稳定水平飞行时的简化飞行器横向动力学。根据积分器、增益、加法放大器和分离点，该方程可以表示为图 7 - 12 的形式。图中，U 这个量是 U_s^e。

求出该图相应的状态空间方程，并验证它们与简化的飞行器横向动力学是相对应的。

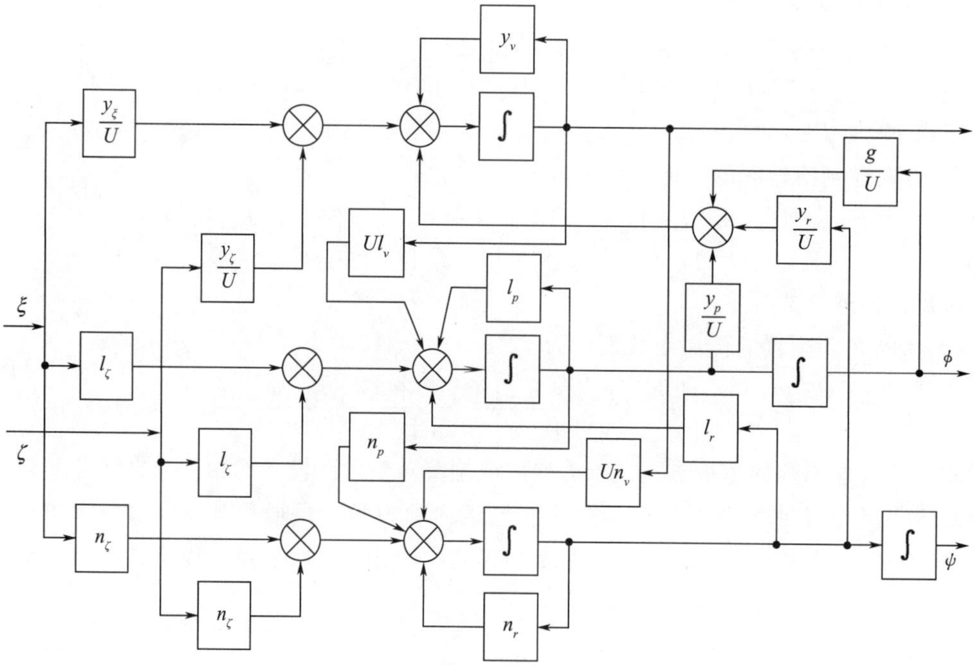

图 7－12　飞行器横向动力学

6. 用油门进行配平使 AFTI/F－16 飞行器处于稳定的水平飞行，在这种状态下受到小扰动时，飞行器的简化线性纵向动力学方程可以表示为

$$\begin{bmatrix}\Delta\dot{u}_s\\ \Delta\dot{\alpha}_s\\ \Delta\dot{q}_s\\ \Delta\dot{\theta}_s\\ \Delta\dot{h}\end{bmatrix}=\begin{bmatrix}x_u & U_s^e x_w & 0 & -g & 0\\ \frac{z_u}{U_s^e} & z_w & 1 & 00 & \\ m_u & U_s^e m_w & m_q & 0 & 0\\ 0 & 0 & 1 & 0 & 0\\ 0 & -U_s^e & 0 & U_s^e & 0\end{bmatrix}\begin{bmatrix}\Delta u_s\\ \Delta\alpha_s\\ \Delta q_s\\ \Delta\theta_s\\ \Delta h\end{bmatrix}+\begin{bmatrix}x_\eta\\ \frac{z_\eta}{U_s^e}\\ m_\eta\\ 0\\ 0\end{bmatrix}\Delta\eta$$

ⅰ）求出一组简化的近似方程来控制飞行器短周期模型动力学特性。

ⅱ）仅采用简化的框图，如一个求和器，一个积分器，一个增益或者衰减器和适当的源和汇，画出整洁的 SIMULINK 框图，来近似表示战斗机的短周期动力学特性。

标注你所画的框图以便于清楚地表示各段相关的输入和输出，信号符号的变化以及各块的传递函数，并假设升降舵的输入是一个单位阶跃信号，对短周期动力学进行仿真，并在视野范围内显示所有的状态。对你在屏幕上观察到的结果进行标注并验证你的结果。

ⅲ）试利用与 ⅱ）中相同类别的块和之前部分中创建的任意一种块画出整洁的 SIMULINK 框图，来表示战斗机的简化线性全纵向动力学模型。

标注你所画的框图以便于清楚地表示各段相关的输入和输出，信号符号的变化以及各块的传递函数，并假设升降舵的输入是一个单位阶跃信号，对纵向动力学进行仿真，并在视野范围内显示所有的状态。对你在屏幕上观察到的结果进行标注并验证你的结果。

7. AFTI/F-16 飞行器在水平飞行时受到小扰动的简化线性横向动力学模型可以表示为

$$\begin{bmatrix}\Delta\dot{\beta}_s\\ \Delta\dot{p}_s\\ \Delta\dot{r}_s\\ \Delta\dot{\phi}_s\\ \Delta\dot{\psi}_s\end{bmatrix}=\begin{bmatrix} y_v & \dfrac{y_p}{U_e^s} & \dfrac{y_r}{U_e^s} & \dfrac{g}{U_e^s} & 0\\ U_e^s l_v & l_p & l_r & 0 & 0\\ U_e^s n_v & n_p & n_r & 0 & 0\\ 0 & 1 & 0 & 0 & 0\\ 0 & 0 & 1 & 0 & 0\end{bmatrix}\begin{bmatrix}\Delta\beta_s\\ \Delta p_s\\ \Delta r_s\\ \Delta\phi_s\\ \Delta\psi_s\end{bmatrix}+\begin{bmatrix}\dfrac{y_\xi}{U_e^s} & \dfrac{y_\zeta}{U_e^s}\\ l_\xi & l_\zeta\\ n_\xi & n_\zeta\\ 0 & 0\\ 0 & 0\end{bmatrix}\begin{bmatrix}\Delta\xi\\ \Delta\zeta\end{bmatrix}$$

ⅰ）仅采用简化的框图，如一个求和器，一个积分器，一个增益或者衰减器和适当的源和汇，画出整洁的 SIMULINK 框图，来近似表示战斗机滚转下降模型的动力学特性。

标注你所画的框图以便于清楚地表示各段相关的输入和输出，信号符号的变化以及各块的传递函数，并假设副翼的输入是一个单位阶跃信号，对滚转下降动力学进行仿真，并在视野范围内显示所有的状态。对你在屏幕上观察到的结果进行标注并验证你的结果。

ⅱ）在典型的战斗机中，假设螺旋模型的动力学特性很微弱可以忽略不计。试利用与ⅰ）中相同类别的块和之前部分中创建的任意一种块画出整洁的 SIMULINK 框图，来表示战斗机剩余的更快横向模型的简化线性耦合纵向动力学模型。

标注你所画的框图以便于清楚地表示各段相关的输入和输出，信号符号的变化以及各块的传递函数，并假设副翼的输入是一个单位阶跃信号，对快速横向动力学进行仿真，并在视野范围内显示所有的状态。对你在屏幕上观察到的结果进行标注并验证你的结果。

ⅲ）试利用与ⅰ）和ⅱ）中相同类别的块和之前部分中创建的任意一种块画出整洁的 SIMULINK 框图，来表示战斗机的简化线性全横向动力学模型。

标注你所画的框图以便于清楚地表示各段相关的输入和输出，信号符号的变化以及各块的传递函数，并假设升降舵的输入是一个单位阶跃信号，对全横向动力学进行仿真，并在视野范围内显示所有的状态。对你在屏幕上观察到的结果进行标注并验证你的结果。如果阶跃输入是对方向舵的，响应会有什么不同?

8. 仅采用简单的模块，比如一个求和点，矢量或标量信号积分器，一个标量或矢量积，一个标量或矩阵增益，或一个衰减器，一个适当的总线合路器，总线分路器以及源和汇。刚体受到外转矩矢量会具有角速度矢量，其运动方程的框图表示如图 7-13 所示。假设参考坐标系固定于刚体的质心位置。在框图中，$\boldsymbol{I}$ 表示惯性矩阵，$\boldsymbol{I}_{in}$ 表示惯性矩阵的逆，$\boldsymbol{LMN}$ 表示外转矩矢量以及 $\boldsymbol{pqr}$ 表示角速度矢量。

ⅰ）绘制一个整齐的框图，来表示在与刚体固连的坐标系中建立的刚体合外力方程，坐标系的原点位于刚体的质心，并将刚体的平移速度与所受外力联系起来。分别包括由重力引起的外力和其他外力。

ⅱ）绘制框图，表示欧拉角速率（姿态角速率）和角速度分量之间的关系。

ⅲ）如果参考系固定在刚体上的任意点，修改框图。分别包括由重力引起的力和力矩

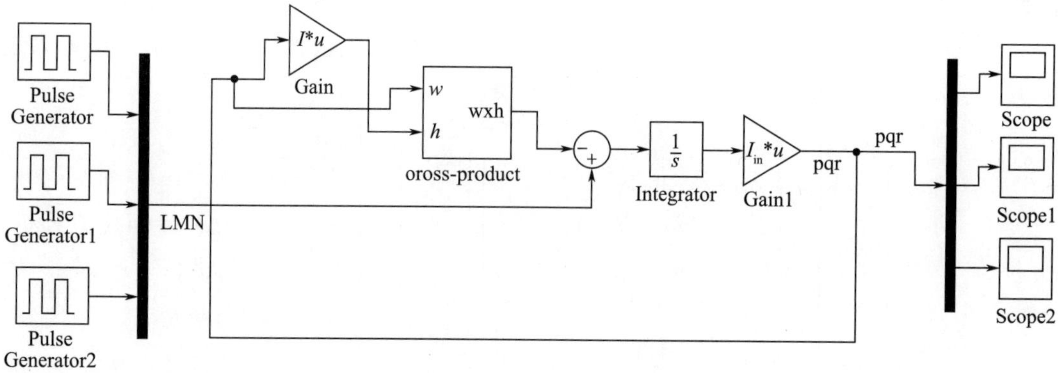

图 7-13　刚体运动欧拉方程的框图表示

以及其他外力和力矩。

9. ⅰ）从以下的关系入手（Thomson[30]）

$$H(\mathrm{i}\omega)=|H(\mathrm{i}\omega)|\exp[\mathrm{i}\phi(\omega)]$$

得出

$$H^*(\mathrm{i}\omega)=|H(\mathrm{i}\omega)|\exp[-\mathrm{i}2\phi(\omega)]$$

ⅱ）考虑卷积积分

$$x(t)=\int_0^\infty f(t-\tau)h(\tau)\,\mathrm{d}\tau$$

利用傅里叶变换可以得出

$$X(\mathrm{i}\omega)=F(\mathrm{i}\omega)H(\mathrm{i}\omega)\text{，}\bar{x}^2=\int_0^\infty S_F(\omega)\;|H(\mathrm{i}\omega)|^2\mathrm{d}\omega$$

其中

$$S_F(\omega)=\lim_{T\to\infty}\frac{1}{2\pi T}F(\mathrm{i}\omega)F^*(\mathrm{i}\omega)$$

ⅲ）线性系统对频谱噪声激励的均方差响应可以表示为

$$\bar{y}^2=\int_0^\infty S_x(f_+)\;|H(f)|^2\mathrm{d}f$$

对于一个单自由度振动系统，其传递函数 $H(f)$ 可以表示为

$$H(f)=\frac{1}{k}\times\frac{1}{(1-r^2+2\zeta r\sqrt{-1})},r=f/f_n$$

因此

$$\bar{y}^2=\int_0^\infty S_x(f_+)\;|H(f)|^2\mathrm{d}f=\int_0^\infty S_x(f_+)\frac{1}{k^2}\left(\frac{1}{(1-r^2)^2+4\zeta^2r^2}\right)\mathrm{d}f$$

于是有

$$\bar{y}^2=\int_0^\infty S_x(f_+)\frac{1}{k^2}\left[\frac{1}{(1-r^2)^2+4\zeta^2r^2}\right]\mathrm{d}f=S_x(f_0)\frac{f_0}{k^2}\int_0^\infty\left[\frac{1}{(1-r^2)^2+4\zeta^2r^2}\right]\mathrm{d}r=S_x(f_0)\frac{f_0}{k^2}\frac{\pi}{4\zeta}$$

一辆汽车行驶在粗糙路面上的简化模型包括：一个质量为 m 的车体，与弹性系数为 k

的弹簧和阻尼系数为 c 的阻尼器相连。假设轮胎是刚性的并与地面连续接触，且汽车以恒定的速度 V 运动。假设由地面粗糙度产生的汽车相对于地面的速度（输入）为单点输入。假设由地面产生的输入 PSD 为 S_0，得出车体在垂直方向上的 PSD 响应以及车体垂直位移的均方值。

10. 一台质量为 270 kg，固有频率为 25 Hz 的喷气式发动机放在支架上进行测试。喷射力的谱密度是一个 1～100 Hz 的有限带宽的高斯白噪声。可以假定支架对发动机的运动有一个阻尼系数为 0.1 的微弱衰减。

确定喷射力的振幅超过 0.012 m 的概率。（提示：计算响应的均方值和方差，运用高斯概率分布的结果）。

11.

ⅰ）整形滤波器可以从单位强度的白噪声中得出垂直和水平的德莱顿谱，试确定该整形滤波器的传递函数。

并确定在各个情况下噪声整形滤波器的状态方程。

ⅱ）1997 年出版的 MIL－HDBK－1797 中给出了一种垂直谱更好的近似。

整形滤波器可以从单位强度的白噪声中得出更新的垂直谱，试确定该整形滤波器的传递函数。

并确定在这种情况下噪声整形滤波器的状态方程。

ⅲ）比较每一个德莱顿谱和冯·卡门谱的垂直和水平方向上的频率（MIL－F－8785C 和 MIL－HDBK－1797）。

为了便于比较，在指定的高度选取指定的发生频率。如在 3 000 m 的高度发生概率为 1%，σ_w^2 是 8 m^2/s^2。当 σ_w 为 1 m/s 时，L_s 为 800 m 且 U_s^e 为 200 m/s

$$K_G=\sigma_w\sqrt{L_s/(\pi U_s^e)}=\sqrt{4/\pi}$$

这是一个合理的选择。在高海拔地区，可以假设垂直和水平方向的湍流强度是相同的。

12. 由于大气湍流引起的沿一个稳定飞行路径飞行的升力飞行器运动可以表示为一个单自由度振动，并通过以下控制方程表示

$$\ddot{h}(t)+2\zeta\omega_n\dot{h}(t)+\omega_n^2h(t)=F(t)/m$$

其中，h 是飞行器的垂直位移，m 是飞行器的质量，$F(t)$ 为作用在它上面的净垂直力，ω_n 是垂直方向振动的固有频率，ζ 是阻尼率。气动力函数 $F(t)$ 的谱密度为

$$S_{FF}(\omega)=S_{ww}(\omega)\Big/\left(1+\frac{\pi\omega c}{U_s^e}\right)$$

其中，c 为平均气动弦长，U_s^e 是稳定的飞行速度，$S_{ww}(\omega)$ 是风速垂直分量的谱密度，可以近似为

$$S_{ww}(\omega)=\sigma_w^2\frac{L_s}{U_s^e}\frac{[1+(L_s\bar{\omega})^2]}{[1+(L_s\bar{\omega})^2]^2},\bar{\omega}=\frac{\omega}{U_s^e}$$

ⅰ）找出飞行器在垂直方向上响应的功率谱密度，以及飞行器垂直位移的均方值。

ⅱ）假设外力函数 $F(t)$ 的功率谱密度是一个常数 S_0，且相应的质心平均位移为 δ，则有以下的关系式

$$m=\sqrt{\frac{\pi S_0}{2\delta\omega_n^2\ (\omega_n^2-\omega_d^2)^{1/2}}},k=\omega_n^2 m\ ,c=\sqrt{\frac{2\pi S_0\ (\omega_n^2-\omega_d^2)^{1/2}}{\delta\omega_n^2}}=16m\ (\omega_n^2-\omega_d^2)^2$$

其中 ω_d 是垂直方向振动的有阻尼固有频率，c 是阻尼系数，k 是劲度系数。

13. ⅰ）考虑一个两自由度的振动系统，如图 7-14 所示，推导出运动方程。假设质量为 m_1 的车体受到理想白噪声的激励，这种白噪声可以代表遍历性随机过程，然后利用适当的变换，导出两者位移之间的互相关函数的一般表达式。同样求出两者位移响应的平均值。假设 $m_1=m$，$m_2=2m$，$k_1=k_2=k$ 和 $c_1=c_2=c=0.02\sqrt{km}$。

ⅱ）把运动方程改写成状态空间形式的一阶微分方程，然后推导出状态矢量之间的相关函数的一般方程。再一次尽可能地使用主坐标，得出自相关矩阵的稳定状态解。

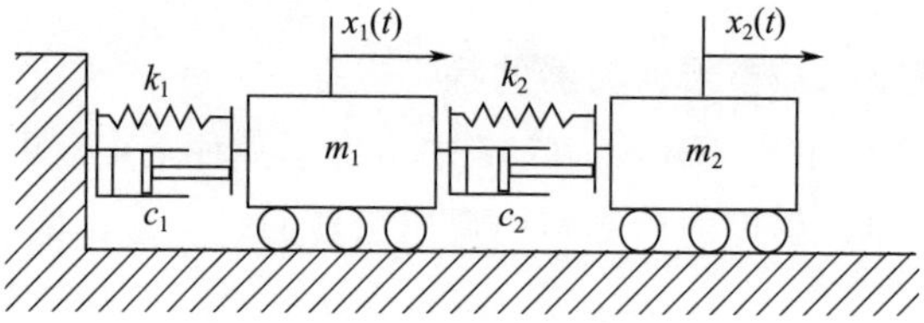

图 7-14　两自由度振动模型

14. 考虑 F-18 大攻角研究型飞行器（HARV）的纵向动力学模型，假设其在海平面上以速度 $U_s^e=250$ ft/s 和 30°的攻角做水平直线平衡飞行。控制量为安定面偏角 η 以及推力矢量角 τ，并包含三种扰动输入量，水平阵风 u_g，垂直阵风 w_g 和垂直阵风的加速度分量 n_{wg}。扰动速度的单位是 ft/s 而俯仰角速率的单位为 rad/s，以及俯仰角的单位是 rad。机体轴的动力学方程的形式为

$$\dot{\boldsymbol{x}}=\boldsymbol{A}\boldsymbol{x}+\boldsymbol{B}\boldsymbol{u}\ \text{其中}\ \boldsymbol{x}=[\Delta u_b\quad \Delta w_b\quad \Delta q_b\quad \Delta\theta_b]^{\mathrm{T}},\boldsymbol{u}=[\eta\quad \tau\quad u_g\quad w_g\quad n_{wg}]^{\mathrm{T}}$$

$$\boldsymbol{A}=\begin{bmatrix} 0.009\,500\,00 & 0.025\,70 & -110.000 & -27.860\,037 \\ -0.131\,000\,00 & -0.230\,001\,9 & 0.525\,59 & -16.085\,000 \\ 1.900\mathrm{E}-03 & -0.003\,096\,697 & -0.310\,00 & 0 \\ 0 & 0 & 1 & 0 \end{bmatrix}$$

$$\boldsymbol{B}=\begin{bmatrix} -1.230\,00 & -0.007\,800\,0 & -0.009\,5 & -0.025\,7 & 0 \\ -13.100\,0 & -16.100\,00 & 0.131\,00 & 0.230\,0 & 0 \\ -1.230\,00 & -2.530\,000 & -0.001\,9 & 0.003\,096\,697 & 0.001\,627\,078 \\ 0 & 0 & 0 & 0 & 0 \end{bmatrix}$$

另外，以下输出状态是可以测量的：1）稳定轴向速度，2）攻角，3）飞行路径偏角，4）高度率，5）在传感器位置的机体轴向加速度，6）在传感器位置的机体轴垂直加速度。在测量方程

$$\boldsymbol{y}=\boldsymbol{C}\boldsymbol{x}+\boldsymbol{D}\boldsymbol{u}$$

中，测量矩阵 $\boldsymbol{C}$ 和 $\boldsymbol{D}$ 由下式给出

$$
\boldsymbol{C}=\begin{bmatrix}
0.8660254 & 0.500000 & 0 & 0\\
-2.272727\mathrm{E}-03 & 3.936479\mathrm{E}-03 & 0 & 0\\
2.272727\mathrm{E}-03 & -3.936479\mathrm{E}-03 & 0 & 1\\
0.500000 & -0.8660254 & 0 & 220\\
9.50000\mathrm{E}-03 & 0.0257000 & 0 & 0\\
-0.1437300 & -0.2092521 & 2.077000 & 0
\end{bmatrix}
$$

$$
\boldsymbol{D}=\begin{bmatrix}
 & 0 & 0 & & 0\\
0 & 0 & 0 & 0 & 0\\
0 & 0 & 0 & 0 & 0\\
0 & 0 & 0 & 0 & 0\\
-1.23000 & -0.0095000 & -0.0078000 & -0.02570 & 0\\
-4.85900 & 0.851000 & -0.143730 & 0.2092521 & -0.0109014
\end{bmatrix}
$$

i）假设阵风的垂直分量由德莱顿模型给出，使用 MATLAB 矩阵分析工具确定飞行器在以上 6 个输出中的响应。

ii）此外，假设水平阵风的一个恒定输入（单位阶跃）等于垂直分量最大值的四分之一，重复计算输出值。

iii）加入垂直阵风加速度分量的影响，并确定飞行器能够承受的最大临界值。申明你所评判的标准。

iv）假设飞行器在纵向和垂直方向受到乱流的作用，试分别确定这两种情况下，法向加速度和俯仰率状态的输出谱密度。采用白噪声形式输入，其中整形滤波器由一个适当的德莱顿谱近似构成。

（乱流谱的近似由德莱顿乱流模型给出，单位为美国标准单位。对于研究中的基准高度，可以假定 $\sigma_u=10.8$ ft/s，$\sigma_w=6.88$ ft/s，$L_u=65574$ ft 及 $L_w=26229$ ft。）

15. 仿真实例研究：这个练习题中，要求对飞艇的完整动力学进行仿真。在之前练习题中生成的框图必须扩展到对飞艇完整动力学的图表仿真。重力及力矩，浮力及力矩，气动力及力矩和控制力及力矩必须有明确的定义。浮力的中心位置假设由矢量 $\boldsymbol{r}_{bu}=[x_{bu}\quad 0\quad z_{bu}]^{\mathrm{T}}$ 确定，重力的中心位置由矢量 $\boldsymbol{r}_{cg}=[x_G\quad 0\quad z_G]^{\mathrm{T}}$ 确定，两者都与体积的中心有关。对于静稳定性有 $z_{bu}>z_G$。重力矢量方向的单位矢量为 $[k_x\quad k_y\quad k_z]^{\mathrm{T}}=\boldsymbol{T}_{BI}\times[0\quad 0\quad 1]^{\mathrm{T}}$，重力和浮力的矢量为 $\boldsymbol{F}_{BG}=\boldsymbol{W}-\boldsymbol{B}$，$\boldsymbol{W}=mg\ [k_x\quad k_y\quad k_z]^{\mathrm{T}}$，$\boldsymbol{B}=B\,[k_x\quad k_y\quad k_z]^{\mathrm{T}}$，而位于质心位置的重力矩和浮力矩为

$$
\begin{bmatrix}L_G\\ M_G\\ N_G\end{bmatrix}=\boldsymbol{r}_{cg}\times\boldsymbol{W}-\boldsymbol{r}_{bu}\times\boldsymbol{B}=\begin{bmatrix}k_y(Bz_{bu}-mgz_G)\\ k_x(mgz_G-Bz_{bu})+k_z(Bx_{bu}-mgx_G)\\ k_y(mgx_G-Bx_{bu})\end{bmatrix}
$$

由于三个推力 T_L，T_R，T_S 产生的推进控制力，分别作用于相对于机体 y 轴的顺时针角度 $\theta_{L\varepsilon}$，$\theta_{R\varepsilon}$，$\theta_{S\varepsilon}$，可由下式给出

$$\boldsymbol{F}_{BT}=\begin{bmatrix}X_T\\Y_T\\Z_T\end{bmatrix}=\begin{bmatrix}T_L\cos\theta_{L\varepsilon}+T_R\cos\theta_{R\varepsilon}+T_S\cos\theta_{S\varepsilon}\\0\\-T_L\sin\theta_{L\varepsilon}-T_R\sin\theta_{R\varepsilon}-T_S\sin\theta_{S\varepsilon}\end{bmatrix}$$

而在机体系中，推进控制力矩最初是由下式给出

$$\begin{bmatrix}L_T\\M_T\\N_T\end{bmatrix}=\begin{bmatrix}y_L(T_L\sin\theta_{L\varepsilon}-T_R\sin\theta_{R\varepsilon})\\T_L(z_L\cos\theta_{L\varepsilon}+x_L\sin\theta_{L\varepsilon})+T_R(z_L\cos\theta_{R\varepsilon}+x_L\sin\theta_{R\varepsilon})+T_S(z_S\cos\theta_{S\varepsilon}+x_S\sin\theta_{S\varepsilon})\\y_L(T_L\cos\theta_{L\varepsilon}-T_R\cos\theta_{R\varepsilon})\end{bmatrix}$$

其中 y_L 表示左右舷推进器距离机体 x 轴的距离。假设右舷推进器是关于机体 $x-z$ 平面对称分布的。假设后方推进器的机体轴坐标 x_S，y_S，在机体轴 $x-z$ 平面内。表 7 - 4 中给出了一艘原型飞艇的一系列典型非零参数集。

表 7 - 4 飞艇参数（摘自 Kornienko［2007］，但有修改）

尺寸			
长度，L/m	15	**质心位置（在 200 m 高度）**	
a_1	5	x_c /m	0
a_2/a_1	2	y_c /m	0
x_{cv} /m	6.875	z_c /m	0.45
最大厚度 $2b$ /m	3.7	**左右舷推进器位置**	
艇体体积/m^3	107.42	x_L /m	8.13
艇体参考面积 /m^2	22.597 3	y_L /m	0.6
跨度宽度/m	4.3	z_L /m	0.2
垂直安定面面积/m^2	2.88		
惯量属性		**尾部推进器位置**	
质量（在 200 m 高度）/ kg	136.8	x_S /m	12.5
I_{xx} /(kg/m^2)	213	y_S /m	0
I_{yy} /(kg/m^2)	3 310	z_S /m	0.25
I_{zz} /(kg/m^2)	3 211	三个完全相同的推进器各自最大的推力：120 N	
I_{xz} /(kg/m^2)	88		

在飞行路径轴线上描述飞行器的气动力和力矩比较常见，也就是利用真实的速度 U，攻角 α 和侧滑角 β 来取代线性速度分量 u，v 和 w。这些角度由典型的框图确定，如图 7 - 15 所示。

为了达到应用细长体理论来计算气动载荷的目的，将飞艇建模为一个轴对称的双椭球体，如图 7 - 16 所示。艇体体积和艇体体积的参考面积分别由下式给出

$$V_H=2\pi(a_1+a_2)b^2/3,S_{\text{ref}}=V_H^{2/3}$$

对于双椭球体，其体坐标原点是固定的，体积的中心位于 x 轴上的一点

$$x_{cv}=(5a_1+3a_2)/8$$

从艇艏指向艇体的尾部。

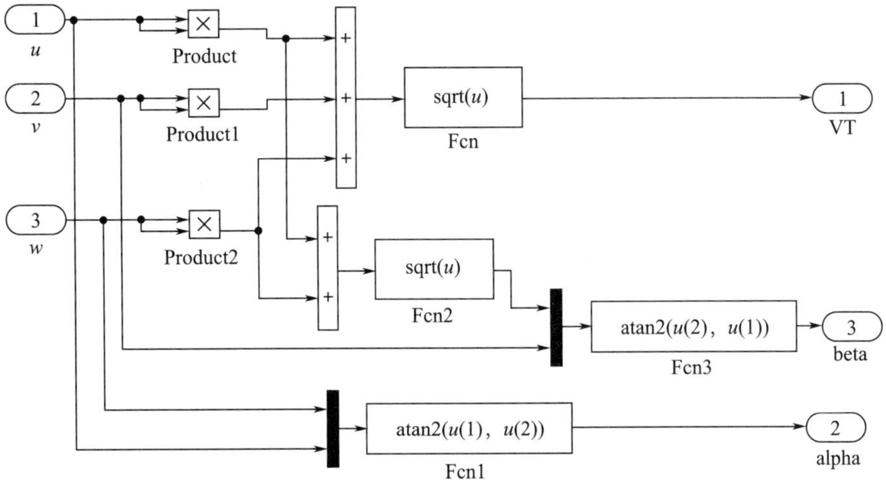

图 7-15　计算攻角和侧滑角的仿真框图

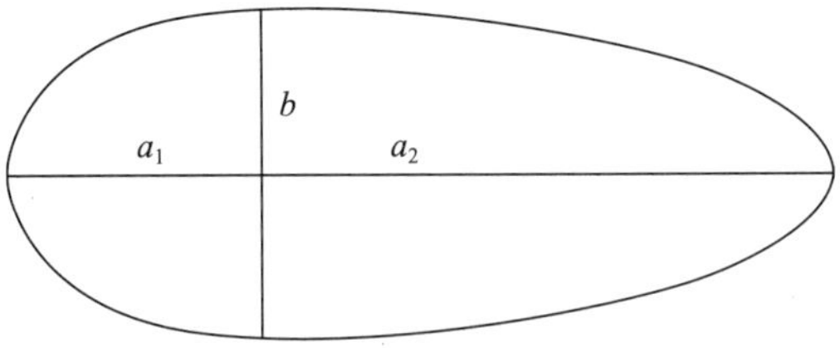

图 7-16　飞艇艇体的双椭球几何结构（摘自 Mueller，Paluszek and Zhao [2004]）

如果使用 p，q 和 r 分别表示 x，y，z 轴方向的角速度，令 ζ_T 和 ζ_B 表示方向舵的顶部和底部后缘襟翼的变形量，ξ_L 和 ξ_R 表示升降舵左右后缘襟翼的变形量，气动力和力矩的方程可以写成

$$\boldsymbol{F}_{BA}=\begin{bmatrix}X_A\\Y_A\\Z_A\end{bmatrix},\boldsymbol{M}_{BA}=\begin{bmatrix}L_A\\M_A\\N_A\end{bmatrix}$$

其中

$$\begin{bmatrix}X_A\\Y_A\\Z_A\end{bmatrix}=\frac{1}{2}\rho V_T^2\begin{bmatrix}C_{X1}\cos^2\alpha\cos^2\beta+C_{Y1}\sin(2\alpha)\sin(\alpha/2)\\C_{Y1}\sin(2\beta)\cos(\beta/2)+C_{Y2}\sin(2\beta)+C_{Y3}\sin\beta\sin|\beta|+C_{Y4}(\zeta_T+\zeta_B)\\C_{Y1}\sin(2\alpha)\cos(\alpha/2)+C_{Y2}\sin(2\alpha)+C_{Z3}\sin\alpha\sin|\alpha|+C_{Y4}(\xi_L+\xi_R)\end{bmatrix}$$

$$\begin{bmatrix}L_A\\M_A\\N_A\end{bmatrix}=\frac{1}{2}\rho V_T^2\begin{bmatrix}C_{L1}(\xi_L-\xi_R+\zeta_B-\zeta_T)+C_{L2}\sin\beta\sin|\beta|\\C_{M1}\sin(2\alpha)\cos(\alpha/2)+C_{M2}\sin(2\alpha)+C_{M3}\sin\alpha\sin|\alpha|+C_{M4}(\xi_L+\xi_R)\\-C_{M1}\sin(2\beta)\cos(\beta/2)-C_{M2}\sin(2\beta)-C_{M3}\sin\beta\sin|\beta|-C_{M4}(\zeta_T+\zeta_B)\end{bmatrix}$$

下面的表 7-5 和表 7-6 中定义了 12 个气动系数 C_{X1}，C_{Y1}，C_{Y2}，…，C_{Y4}，C_{Z3}，C_{L1}，C_{L2}，C_{M1}，…，C_{M4}。

表 7-5 气动系数和相关参数

系数	公式
C_{X1}	$-[C_{Dh0}S_h+C_{Df0}S_f+C_{Dg0}S_g]$
C_{Y1}	$k_{21}\eta_k S_h I_1, k_{21}=\dfrac{\beta_k}{\beta_k-2}-\dfrac{\alpha_k}{\alpha_k-2}$
C_{Y2}	$-\dfrac{1}{2}\left(\dfrac{\partial C_L}{\partial\alpha}\right)_f S_f\eta_f$
C_{Y3}	$-[C_{Dch}J_1S_h+C_{Dcf}S_f+C_{Dcg}S_g]$
C_{Y4}	$-\dfrac{1}{2}\left(\dfrac{\partial C_L}{\partial\xi}\right)_f S_f\eta_f$
C_{Z3}	$-[C_{Dch}J_1S_h+C_{Dcf}S_f]$
C_{L1}	$\dfrac{1}{2}\left(\dfrac{\partial C_L}{\partial\zeta}\right)_f S_f\eta_f l_{f3}$
C_{L2}	$-C_{Dcg}S_g l_{gz}$
C_{M1}	$k_{21}\eta_k S_h I_2 L, k_{21}=\dfrac{\beta_k}{\beta_k-2}-\dfrac{\alpha_k}{\alpha_k-2}, L=(a_1+a_2)$
C_{M2}	$-\dfrac{1}{2}\left(\dfrac{\partial C_L}{\partial\alpha}\right)_f S_f\eta_f l_{f1}$
C_{M3}	$-[C_{Dch}J_2S_hL+C_{Dcf}S_f l_{f2}]$
C_{M4}	$-\dfrac{1}{2}\left(\dfrac{\partial C_L}{\partial\xi}\right)_f S_f\eta_f l_{f1}$

表 7-6 气动系数中的参数定义

参数	定义公示	值	单位
C_{Dh0}	艇体零攻角阻力系数	0.025	
C_{Df0}	垂直安定面零攻角阻力系数	0.006	
C_{Dg0}	刚多拉小船零攻角阻力系数	0.01	
C_{Dch}	船体交叉流阻力系数	0.5	
C_{Dcf}	垂直安定面交叉流阻力系数	1.0	
C_{Dcg}	刚多拉小船交叉流阻力系数	1.0	
$\left(\dfrac{\partial C_L}{\partial\alpha}\right)_f$	零倾角下,垂直安定面升力系数对攻角的导数	5.73	
$\left(\dfrac{\partial C_L}{\partial\xi}\right)_f$	垂直安定面升力系数对襟翼偏角的导数	1.24	
S_{ref},S_h	艇体参考面积,$V_H^{2/3}$	22.597 3	m^2
S_f	垂直安定面参考面积	10.132	m^2
S_g	刚多拉小船参考面积	0.56	m^2
l_{hf}	机头到垂直安定面前缘 x 方向的距离		
l_h	原点到垂直安定面前缘 x 方向的距离		
l_{f1}	原点到垂直安定面气动中心 x 方向的距离	7.05	m

续表

参数	定义公示	值	单位
l_{f2}	原点到垂直安定面几何中心 x 方向的距离	7.782	m
l_{f3}	原点到垂直安定面气动中心 y,z 方向的距离	1.098	m
l_{gx}	原点到小船体气动中心 x 方向的距离	1.752	m
l_{gz}	原点到小船体气动中心 z 方向的距离	2.4	m
η_f	艇体对垂直安定面的影响的安定面效率因子	0.29	
η_k	垂直安定面对船体的影响的艇体效率因子	1.19	

这里唯一不稳定的因素就是有效质量和惯性效应。假设其他与速度相关的不稳定气动载荷是可以忽略的。有效质量和惯性矩阵基于一个单向轴对称的椭圆体，其半长轴和半短轴分别等于 a 和 b 。

有效质量和惯性矩阵为

$$\boldsymbol{M}_{VM}=-\rho_{air}V_H\begin{bmatrix}\dfrac{\alpha_k}{\alpha_k-2} & 0 & 0\\ 0 & \dfrac{\beta_k}{\beta_k-2} & 0\\ 0 & 0 & \dfrac{\beta_k}{\beta_k-2}\end{bmatrix}$$

$$\boldsymbol{I}_{VI}=\frac{\rho_{air}V_H}{5}\frac{a^2-b^2}{a^2+b^2}\times\begin{bmatrix}0 & 0 & 0\\ 0 & \dfrac{(b^2-a^2)(\beta_k-\alpha_k)}{2(b^2-a^2)+(b^2+a^2)(\beta_k-\alpha_k)} & 0\\ 0 & 0 & \dfrac{(b^2-a^2)(\beta_k-\alpha_k)}{2(b^2-a^2)+(b^2+a^2)(\beta_k-\alpha_k)}\end{bmatrix}$$

其中，$a=0.5(a_1+a_2)$，常数 α_k 和 β_k 在表 7－7 中定义如下。

表 7－7　计算有效质量和惯性矩阵的参数

参数	公式	值
b/a	b/a	0.246 7
e	$\sqrt{1-(b/a)^2}$	0.969 1
f	$\log\left(\dfrac{1+e}{1-e}\right)$	4.154 3
g	$(1-e^2)/e^3$	0.066 9
α_k	$2g(0.5f-e)$	0.146 2
β_k	$\dfrac{1}{e^2}-\dfrac{fg}{2}$	0.925 9

表 7－5 和表 7－6 中相关的无量纲积分列表见表 7－8。

表 7-8 表 7-5 和 7-6 中相关的无量纲积分列表

参数	定义或公式	值
f_h	$\dfrac{l_{hf}-a_1}{a_2}$	0.553 6
$\bar{S}_{\text{ref}}$	$S_{\text{ref}}/\pi b^2 = V_H^{2/3}/\pi b^2$	2.101 7
I_1	$\dfrac{1}{S_{\text{ref}}}\int_{-a_1}^{a_2}\dfrac{\mathrm{d}S(x)}{\mathrm{d}x}\mathrm{d}x=\dfrac{1}{\bar{S}_{\text{ref}}}(1-f_h^2)$	0.33
I_2	$\dfrac{1}{l_h S_{\text{ref}}}\int_{-a_1}^{a_2}\dfrac{\mathrm{d}S(x)}{\mathrm{d}x}x\,\mathrm{d}x=\dfrac{1}{3L\bar{S}_{\text{ref}}}(a_1-3a_1f_h^2-2a_2f_h^3)-\dfrac{x_{cv}}{L}I_1$	−0.69
J_1	$\dfrac{1}{S_{\text{ref}}}\int_{-a_1}^{a_2}2r(x)\mathrm{d}x=\dfrac{1}{2b\bar{S}_{\text{ref}}}\left(\dfrac{a_1}{2}+\dfrac{a_2f_h}{\pi}\sqrt{1-f_h^2}+\dfrac{2a_2}{\pi}\sin^{-1}(f_h)\right)$	1.31
J_2	$\dfrac{1}{l_h S_{\text{ref}}}\int_{-a_1}^{a_2}2r(x)x\,\mathrm{d}x=J_1\dfrac{(a_1-x_{cv})}{L}+\dfrac{2}{3\pi bL\bar{S}_{\text{ref}}}[a_2^2-a_1^2-a_2^2(1-f_h^2)^{3/2}]$	0.53

第 8 章　飞行控制

8.0　自动飞行控制系统简介

自动飞行控制系统的设计包括了一系列的自动驾驶仪设计，所以自动飞行控制系统的设计通常从选择自动驾驶仪的适当功能开始。下一步是从一个完整计算机指令系统能达成的控制器中选择一个合适的控制器。这些控制器可以是简单的 PID 控制器，也可以是略复杂一些的观测/预估控制器、自适应控制器、内模控制器，或者更加复杂的非线性控制器。控制器的选择基于多重考虑，诸如功能需求、安全性、稳定裕度、鲁棒性和操纵品质等。自动飞行控制系统设计的最后一步是选择合适的执行方式，例如最现代化的大型民用客机的执行方式都采用的是数字式。

不过，有一种基本控制结构已经出现了很多年，并且为自动飞行控制系统的设计提供了基本方法，这就是早期的飞行控制系统（图 8－1）。早期的飞行控制器是机械信号控制，现在常被作为手动操作的备用系统安置在飞行器上，以防止所有主要控制器失效。

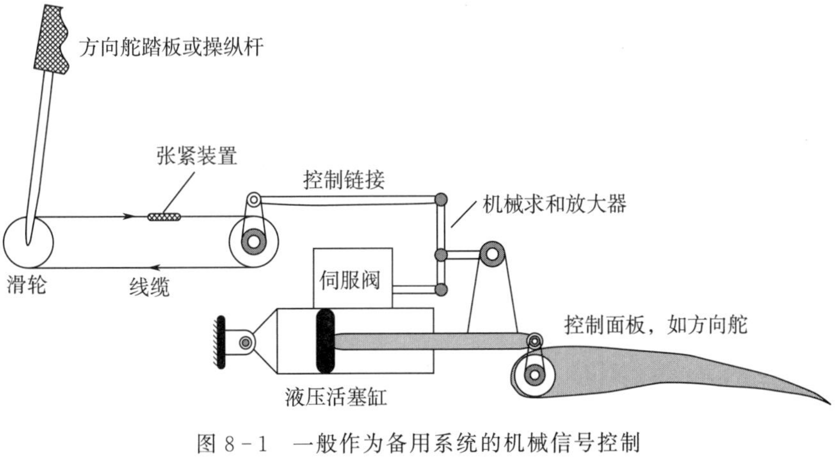

图 8－1　一般作为备用系统的机械信号控制

现代信号传输和控制的手段事实上都是纯电子的。操纵杆的位置信息由一个经典的位置传感器或者编码器测量，其输出的控制电信号作为飞控系统的主要输入（图 8－2）。飞控系统的输出电信号驱动一个集成的电液执行机构，该执行机构集成有提供液压油的储液器。现代的飞控系统围绕图 8－3 和图 8－4 所示的电液执行系统设计和制造。这种集成系统的主要特征是没有伺服阀和管道传送液压油，每个执行器都集成有自己的内嵌式泵完成驱动。

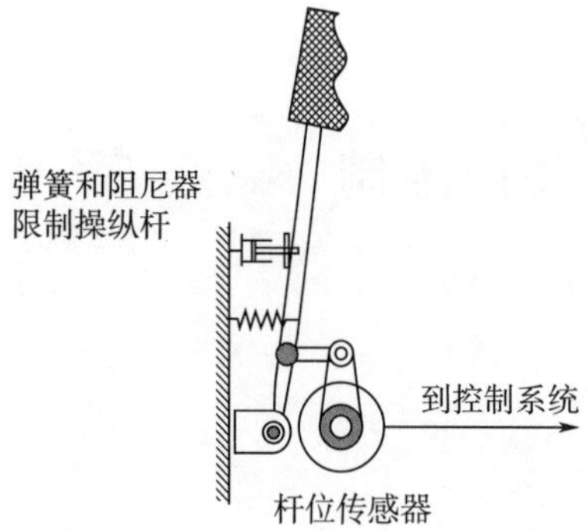

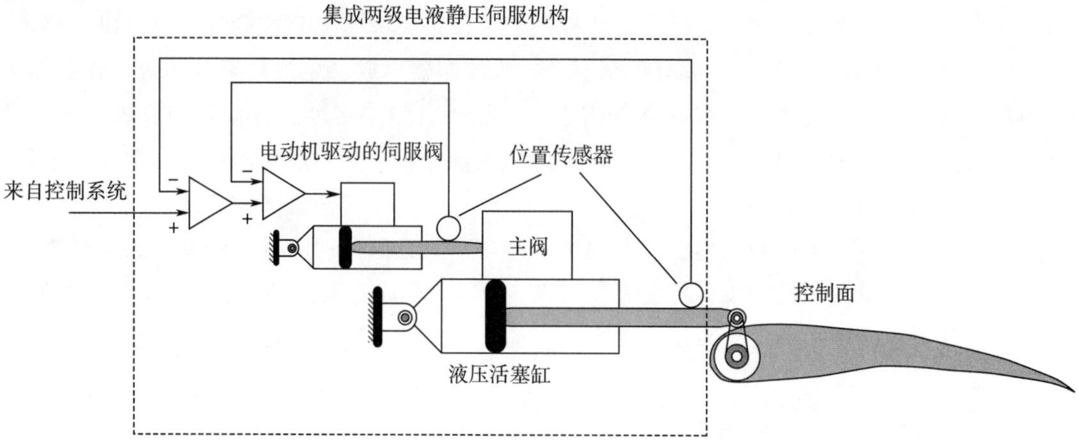

图 8-2　电子信号（“电传飞行”）液压控制

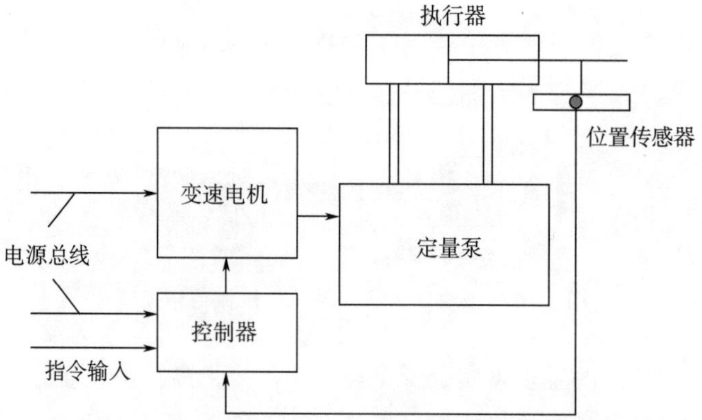

图 8-3　集成了变速电动机和定量泵的电液执行系统原理图

在每种电液执行器中，一个电动机驱动包含了泵和储液器的完整液压系统。该液压系统提供动力驱动控制舵面到期望的位置。鉴于此类执行器有效地避免了诸如液压泄漏等问题，因此系统具有更高的安全性和可靠性。以上便是电传飞行（FBW）执行器的基本原理。一台现有的飞控计算机即可用来合成舵指令和油门指令。

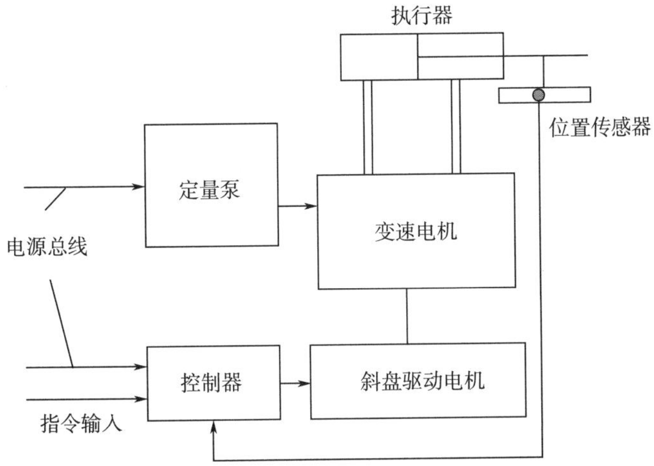

图 8-4　集成了定速电动机和变量泵的电液执行系统原理图

8.1　飞行控制系统的功能

飞行控制系统的功能通常因飞行器复杂程度和功能的不同而有所差异。大多数飞行控制系统的最重要功能是在保证达到其他性能约束的情况下提高飞行器飞行的稳定性。飞行器的纵向运动，包括一般由升降舵控制的俯仰运动，还能够被推力或者是油门辅助控制。飞行器滚转和偏航耦合的横侧向运动分别由副翼和方向舵控制。大多数飞行控制器设计的任务就是调节飞行器在稳定平飞状态下的小扰动运动。还有一些特殊的自动驾驶仪，如控制飞行器自动降落，或者控制飞行器自动巡飞盘旋。这些小的扰动运动是关于某一直角坐标系的平动和转动，原点在飞行器的质心，与飞机的几何对称轴重合。

由第 6 章可知，任何典型飞行器的动力学可以简便地分为两个独立的运动模态，一般叫做纵向运动和横侧向运动。用来描述纵向运动的变量有前向速度、攻角、俯仰角速率、俯仰角和高度。用来描述横侧向运动的变量有偏航位移、侧滑角、偏航速度、滚转角速率、偏航角速率、滚转角和偏航角。飞行器的运动响应最好按照其模态来描述：纵向运动分为长周期和短周期模态；横侧向运动分为荷兰滚、螺旋和滚转模态。在一个典型的飞行器中，首先考虑其纵向模态，相比俯仰运动，前向速度常常改变得很慢。因此，常设定前向速度为常值保持不变，这也就产生了短周期快变化近似模态。另一方面，由于俯仰运动相对较快，它对应的方程假定为瞬时成立，这就得到了简化的长周期沉浮运动模型。类似的近似在横侧向运动中也能得到，如滚转衰减运动较其他横测向运动而言发生得更快，滚转角速率积分比其他横侧向模态发生得更慢。对应纵向运动和横侧向运动，飞行器飞行控制系统和自动驾驶仪可以大致分为纵向和横侧向控制系统以及纵向和横侧向自动驾驶仪。

自动飞行控制系统功能的实现可以大致分为两个过程，一个是内回路设计，一个是外回路设计。基于自动驾驶仪的设计目的，明确飞行器动力学和航迹运动学之间的联系是非常重要的，两者的联系如图 8-5 所示。

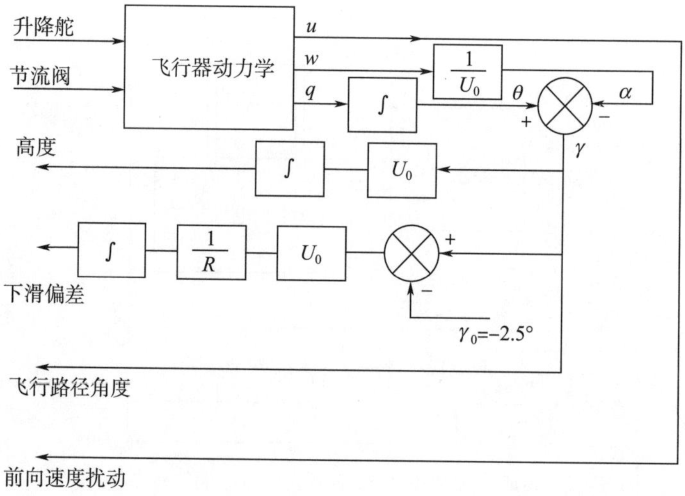

(a) 纵向运动

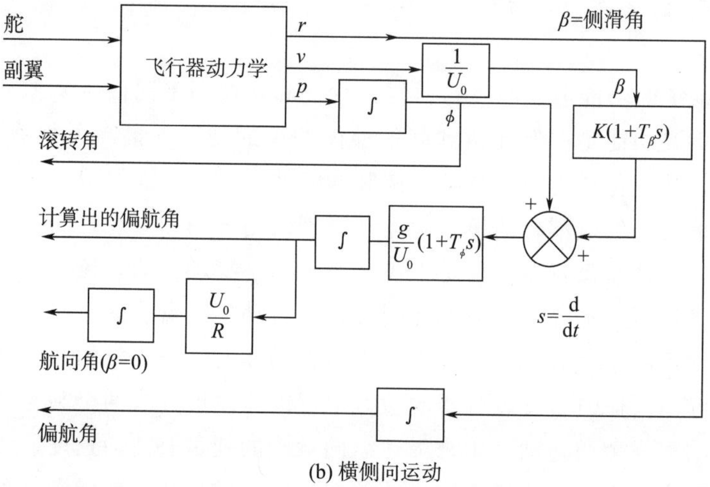

(b) 横侧向运动

图 8－5　飞行航迹运动学展现飞行器动力学的输入输出，包括偏航角解算

内回路的功能是给飞行员提供一个在飞行包线里具有良好操纵性的飞行器。操纵性描述的是在阵风和风切变等因素产生干扰力的情况下，飞行器对于飞行员输入的响应。最为常见的操纵性指标指的是飞行器自然运动模态的阻尼和固有频率。其他指标也有控制灵敏度（杆力/ g ）和转弯飞行中允许的最大侧滑或者侧向加速度。考虑纵向控制时，值得注意的是，当静态稳定裕度不充分或者由于推力、襟翼、干扰和容易激发的长周期模态导致显著配平变化时，俯仰姿态控制的精确要求可以降低。在自动驾驶时，长周期沉浮运动会改变飞行轨迹和空速，并降低拉平指令的跟随能力，甚至可能会要求飞行员进行干预，从而增加飞行员的工作负荷。即使达到了精确的姿态控制，当飞行器处于低速或诱导阻力大于形阻的速度范围时，飞行器对俯仰姿态的响应仍会受到不利影响。初始航迹对俯仰姿态指令的迟缓响应使得以姿态为输入量的航迹控制难以实现。虽然推力控制是改变航迹非常

有效的方法，但因为耦合了航迹、空速以及推力响应延迟，使得基于推力的飞行航迹控制变得几乎不可能。

在横侧向/航向控制的情况下，滚转控制能力会在不足的侧向控制力以及较低的滚动阻尼的影响下大幅减小。较低的航向稳定性与荷兰滚阻尼，以及横侧向控制中较大的偏航力矩都会相互影响，从而进一步降低航向控制能力。

增稳系统，在飞行员输入和控制面偏转之间以内回路的形式建立直接的联系，其设计目的是增强飞行器的固有稳定性。指令增稳系统，指的是飞行计算机将飞行员输入转化成一个“要求”，飞行计算机进一步尝试满足这个控制“要求”，但操纵杆偏转和控制面偏转之间没有特定的对应关系。指令增稳系统为飞行员提供了一个精确控制飞行器的方法，实际飞行中使飞行员保持控制杆在一个特定位置以产生特定的俯仰角信号指令，升降舵也会通过持续运动来传递控制指令。因此，指令增稳系统是飞行器的一个子系统，这个子系统在保证飞行器稳定飞行的同时能靠改变比例系数，寻找一个和控制输入成比例的特定的飞行器响应。这个系统同时具有前馈回路和反馈回路：反馈回路增强飞行器固有稳定性；前馈回路增强对特定模式下飞行员响应的操控性。

应用于现代民航客机中最简单的纵向自动驾驶仪是法向加速度自动驾驶仪，如图 8－6 所示。在这个系统中，除了增加欠稳定的纵向模态的阻尼，还要控制飞行器去响应典型的操纵指令，如法向加速度或者是相对于 g 的特定值。其中，飞行员通过移动操纵杆产生固定偏量而生成特定的法向加速度指令。控制系统测量飞行器的 g 值，然后升降舵持续偏转直到测量值和指令期望值的误差减为 0。控制参数中的实际增益值根据确保短周期模态的稳定性得出。像限幅器这样的保护设备均被融入控制回路中以阻止飞行员施加给飞行器过大的 g 或在低速情况下误使飞行器失速。此外由于飞行器的性能取决于不同的大气环境，而大气环境在整个飞行包线上是不断变化的，故可变的控制参数的

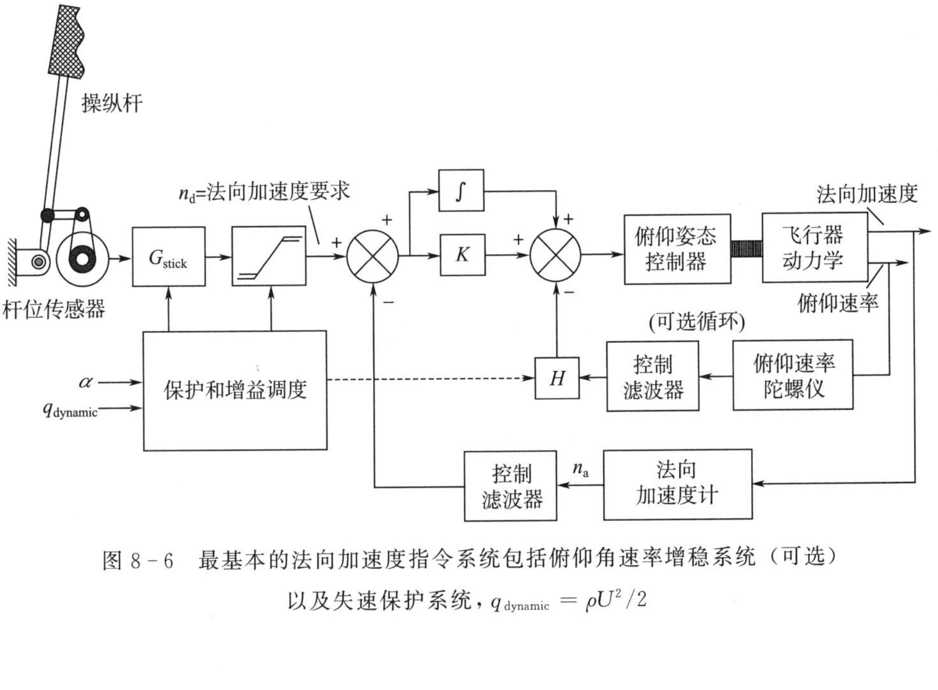

图 8－6　最基本的法向加速度指令系统包括俯仰角速率增稳系统（可选）以及失速保护系统，$q_{dynamic} = \rho U^2/2$

增益和描述限幅特性的参数应该随着当地动压和攻角实时切换。通常来说，动压增加时，主回路的增益应当减小。

另一个内回路的常见示例是“偏航阻尼器”，如图 8－7 所示。它的任务是增加荷兰滚模态的阻尼。荷兰滚模态是与偏航动力学有关的主要模态，因此偏航阻尼器可以提供横侧向增稳特性。偏航阻尼器感受飞行器的偏航角速度，然后合成一个适当的控制信号给方向舵，方向舵控制舵面偏转，使飞行器达到期望的响应。

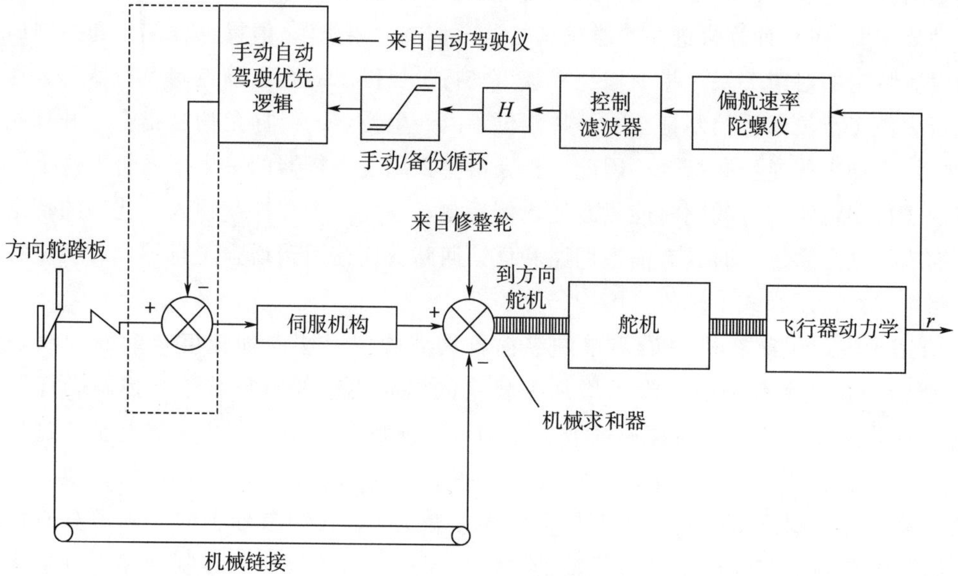

图 8－7　手动/备用偏航阻尼器回路

一个变形的法向加速度指令系统是 $C^*(t)$ 指令系统。它是一个飞行器纵向飞行品质的量度，其定义为

$$C^*(t)=n_{zp}(t)+U_c\dot{\theta}/g \tag{8-1}$$

式中　n_{zp} ——飞行员所处位置的法向加速度过载值；

U_c ——用来定义 $C^*(t)$ 的某种速度值。

因此，指令系统 $C^*(t)$ 等效于法向加速度指令系统，它本质上是保证在飞行包线内飞行器的操纵方式被有效控制。图 8－8 表示的是一个高度驾驶仪的核心，此类驾驶仪广泛应用于大多数现代客机。飞行管理和导航系统（FMGS）给出一个高度指令，指令信号与测量的高度以及高度变化率相比较，产生的误差信号乘以一个合适的增益，输入到自动驾驶仪产生控制指令。在自动驾驶仪工作之前，飞行器配平到一个合适的初始状态。这以后，由 FMGS 接管飞行器直到飞行员选择重新介入为止。

其他一些纵向自动驾驶模式在大多数民航客机中也有应用，它们或者是作为独立的自动驾驶模式，或者作为更为复杂的自驾仪的辅助系统，如耦合了自动着陆和自动复飞设施的仪表着陆系统（ILS）。图 8－9 为以使用升降舵为主要控制输入的俯仰姿态驾驶仪，图 8－10 为马赫数保持驾驶仪。

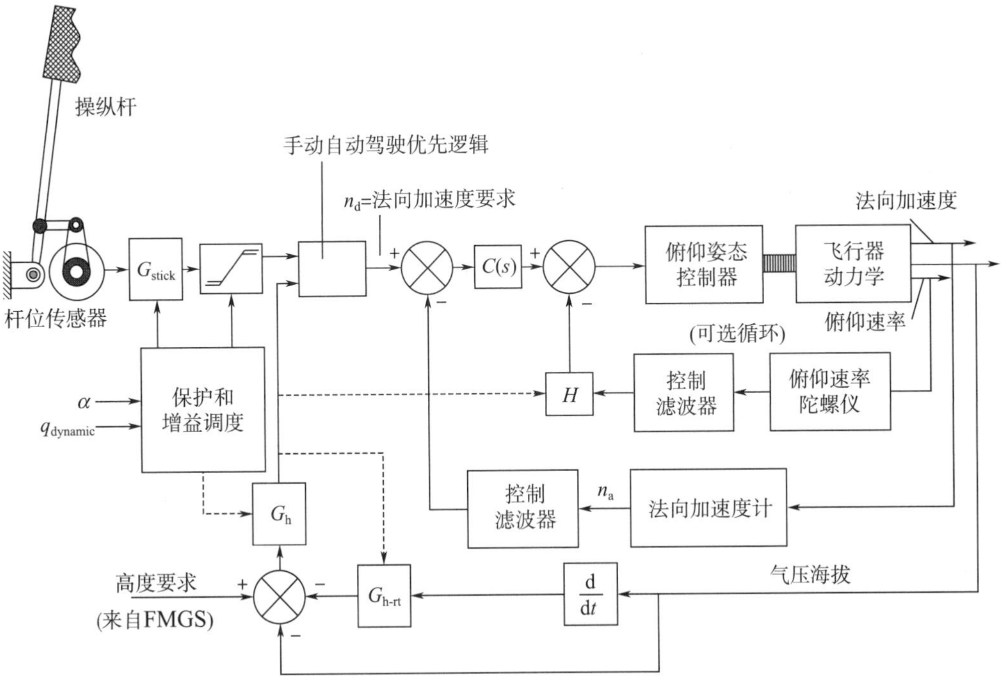

图 8-8　高度保持自动驾驶仪

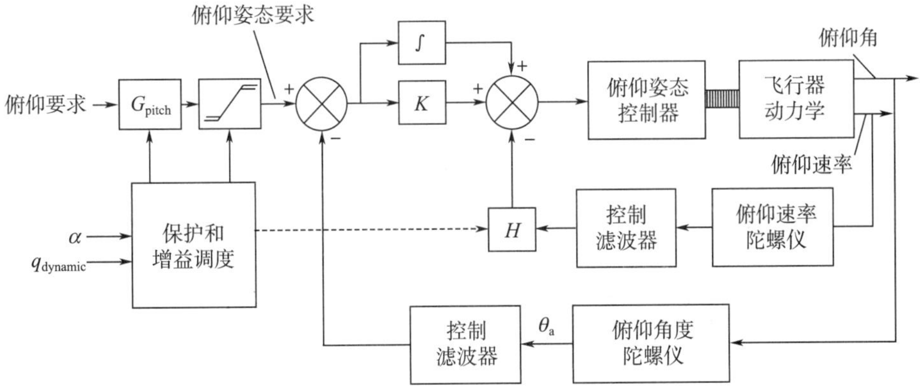

图 8-9　俯仰姿态指令控制系统（自动驾驶模式）

在横侧向模态下，基础自动驾驶仪控制飞行器沿着一个设定的方向飞行。飞行器航向角（航向角为侧滑角和偏航角的和）的改变，一般靠飞行器的倾斜并抑制伴随而来的侧滑实现，形成协调转弯。有几种方法可以实现这样的一个系统。对于军用飞行器，当侧滑角可测量时，基本内回路可使用滚转角速率、偏航角速率以及侧滑角作为反馈。当侧滑角不能测量时，内回路使用方向舵通道和副翼通道的交叉反馈来抑制侧滑响应，使得航向角基本等于偏航角。两个协调转弯系统的框图如图 8-11 所示，第一个基于侧滑角测量，第二个基于包括副翼到方向舵的交叉反馈和使用角速率反馈的侧滑抑制。图 8-11（a）只给出内回路。回路中的冲洗滤波器主要用以消除在稳定转弯中产生的偏航角速率。

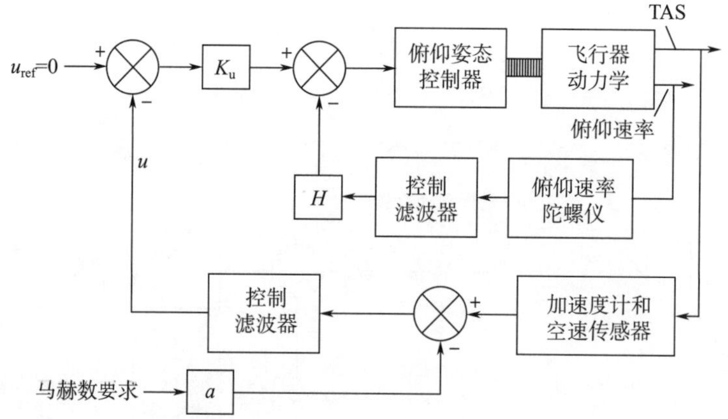

图 8-10　马赫数保持控制系统（自动驾驶模式），a 是声速

发动机油门控制是速度控制和构建典型自动油门系统的主要手段，自动油门系统如图 8-12 所示。仅发动机推力控制经常作为纵向和横侧向飞行控制的备用方法。图 8-13 和图 8-14 中给出了基于仅使用推力控制的纵向和横侧向自动驾驶仪示例，左侧发动机总推力加上差分推力输入，右侧发动机总推力减去差分推力输入。图 8-15 和图 8-16 中是典型的仪表着陆和位置跟踪自动驾驶仪，它是根据俯仰姿态和早期航向跟踪自动驾驶仪制造的。多数自动驾驶仪控制板上都有切换旋钮，它可以在全向导航和位置跟踪模式之间切换。图 8-17 显示了一个典型的自动着陆自驾仪，其使用横侧向航向保持自驾仪沿着特定轨迹平滑降落，这条轨迹通常称作拉平降落轨迹。

上述自动驾驶仪的全部指令构成了现代民航客机上的最小系统。此外，自动驾驶仪还包括升力卸减自驾仪、减速板自驾仪、过载缓和自驾仪等，这些自驾仪利用辅助控制面，如扰流板、襟翼、襟副翼等。通过控制面板［也被称为飞行控制单元（FCU）］，可以实现不同自动驾驶仪之间的选择和切换。比较典型的是，飞行器上有一个自动驾驶模式的按钮（和人工驾驶相对）。飞行员在飞行器自动驾驶过程中，可以终止自驾系统选择备用系统，还可以使用另一个转换键来决定优先手动输入还是自动驾驶仪输入。对于主要的推力控制而言，飞行员可以在指示空速（IAS）保持跟踪自动驾驶仪和马赫数保持跟踪自动驾驶仪中选择。在横侧向上，飞行员可以选择航向保持跟踪驾驶仪或者航迹保持跟踪驾驶仪。在纵向上，升降舵伺服受到飞行管理和制导计算机中多个自驾输出的影响，如高度保持跟踪驾驶仪、速度保持驾驶仪、法向速度保持跟踪驾驶仪或航迹角保持跟踪驾驶仪。不是所有的自驾仪都能在备用模式下使用。飞行员可以通过其他按钮选择驾驶仪的普通功能模式或者进场着陆模式。

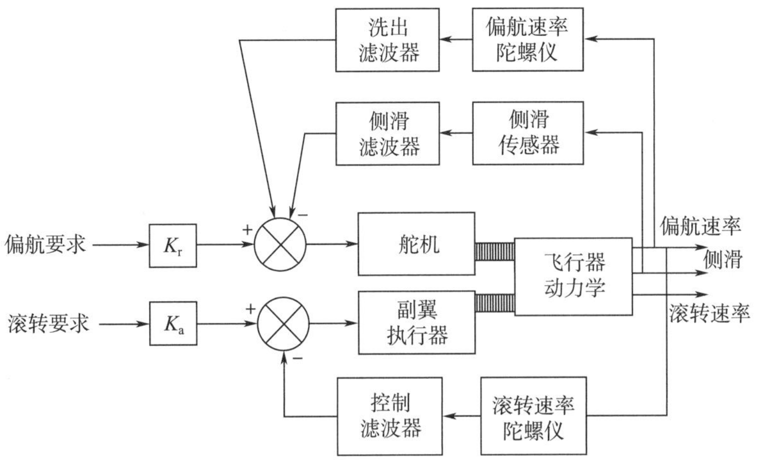

(a) 包含侧滑反馈和一个高通滤波器的内回路，用于消除稳定转弯中偏航角速率的反馈

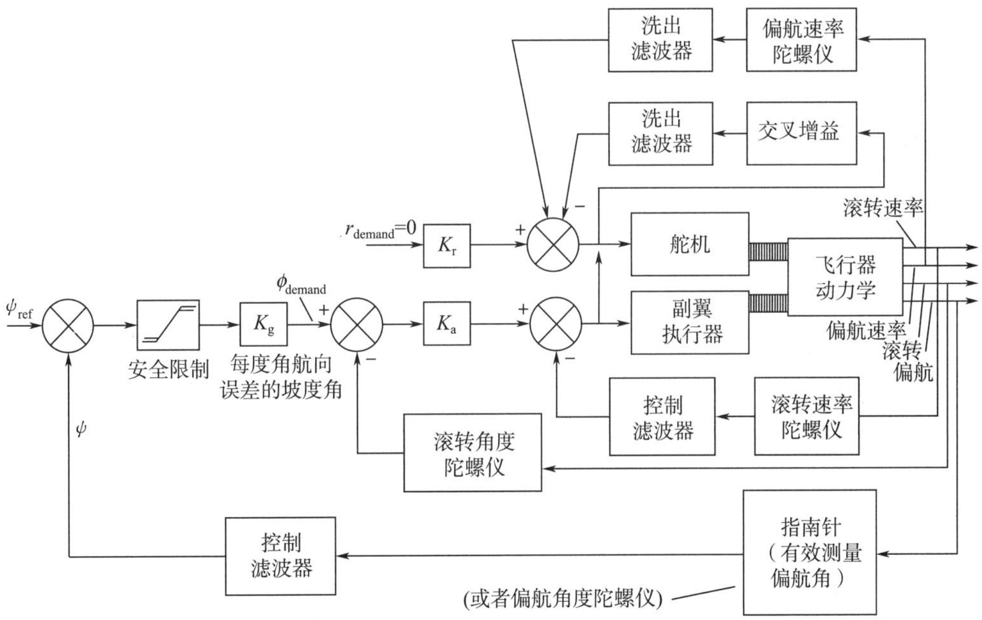

(b) 有交叉反馈的副翼和方向舵通道(无侧滑抑制，偏航陀螺可以替换磁强计)

图 8－11　典型的有侧滑反馈和无侧滑反馈的横侧向自动驾驶仪

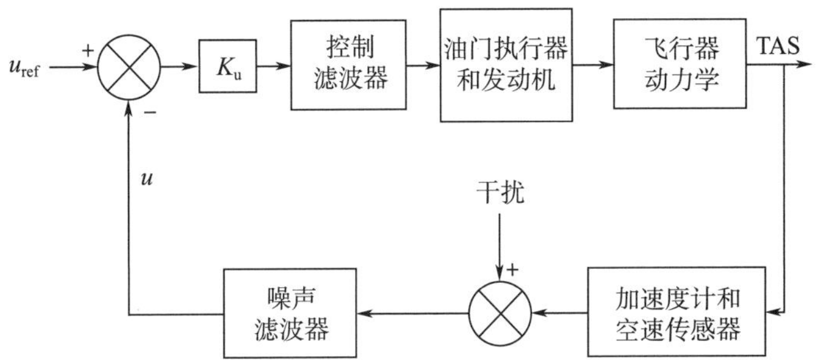

图 8－12　典型的可以控制飞行器速度的自动油门自动驾驶仪，额外的噪声滤波器用于减弱传感器干扰

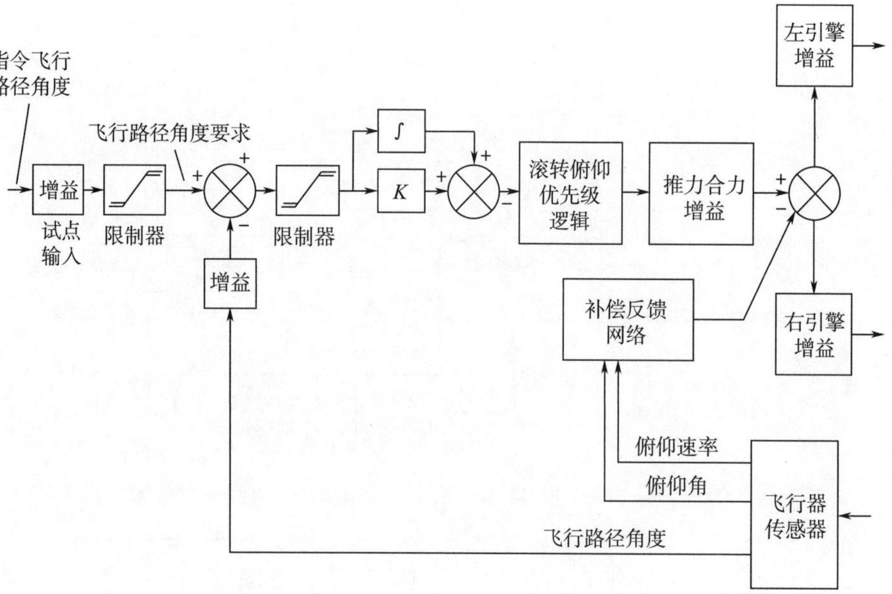

图 8-13　省略内回路的典型的只有推力控制的纵向飞行控制系统

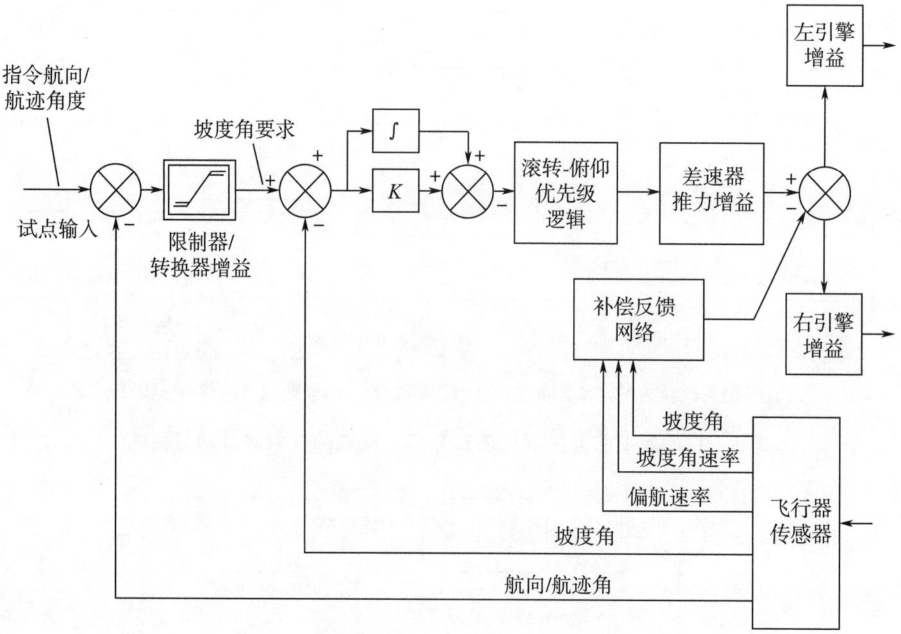

图 8-14　省略内回路的典型的只有推力控制的横侧向飞行控制系统

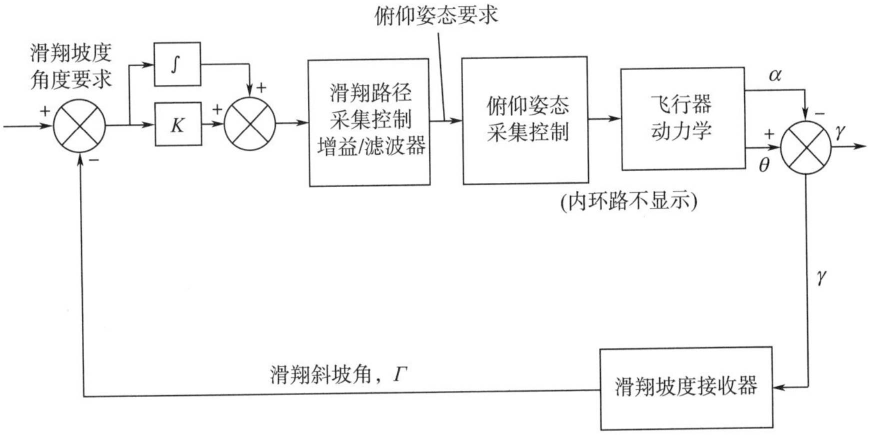

图 8-15　纵向仪表着陆捕获自动驾驶仪，用以获得下滑道

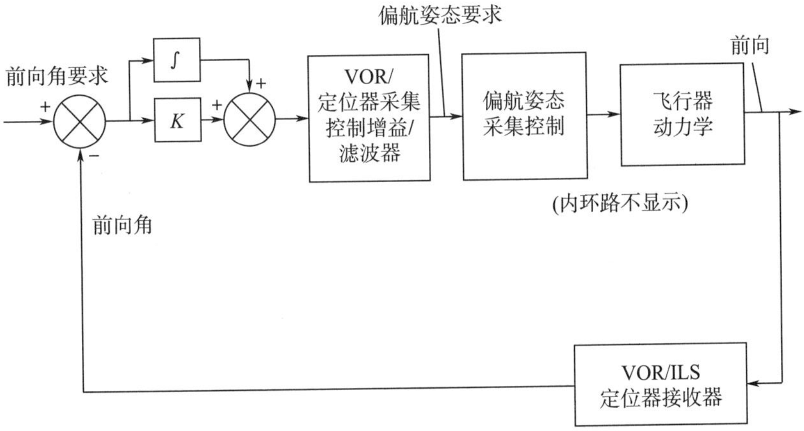

图 8-16　全向导航/横侧向仪表着陆捕获自动驾驶仪，用以获得全向导航/定位的航向

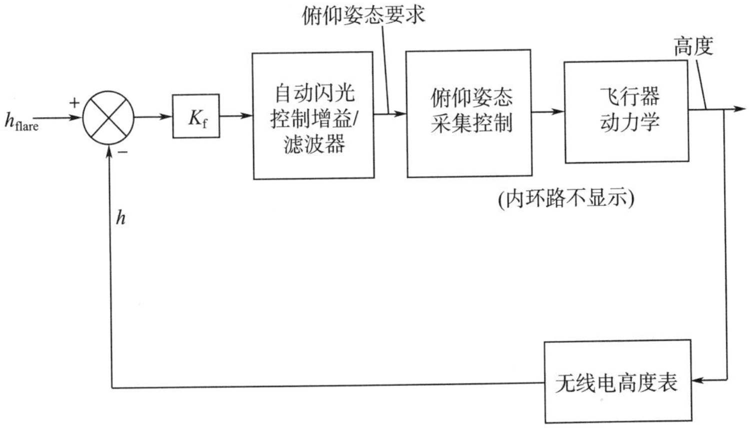

图 8-17　含自动拉平控制的自动着陆自动驾驶仪框图

飞行控制单元的设计需要允许在不同的飞行状态下选择不同的驾驶仪设备，同时还需要在所有飞行状态下为飞行器提供一定的保护措施和安全机制。这在整个飞行器的控制系统设计中是极其重要的一环。

飞行器自动飞行控制系统中最后环节是选择控制律，设计控制参数，使得整个系统投入实际使用，后文将给出几个飞行控制律设计的例子。如果整个系统是数字系统，则控制律的选择有很大的弹性。

另一方面是硬件和软件必须具有完整性和可靠性。为了理解这个要求的严厉性，举个例子说明：对民航客机而言，设计者必须保证由于控制系统失效而导致灾难性后果的概率在每小时 10^{-10} 的数量级范围内。

8.2 集成飞行控制系统

纵观历史，我们可以比较公平地说，协和超声速客机预示了集成航电系统的来临，虽然其设计说明书似乎最初只和导航系统有关。协和客机在 20 世纪 70 年代建造，其设计说明书最早在 1962 年撰写。例如，导航系统最初被要求在航线飞行时，航线横向偏差能保持在 ±20 海里以内，等价于一个 2σ 的误差。在距离目标 50 海里时，位置误差要求小于 5 海里。在预计到达目的地还剩 30 min 时，导航系统预估的时间误差小于 3 min，最好是小于 1 min。协和客机的航电系统如图 8-18 所示。

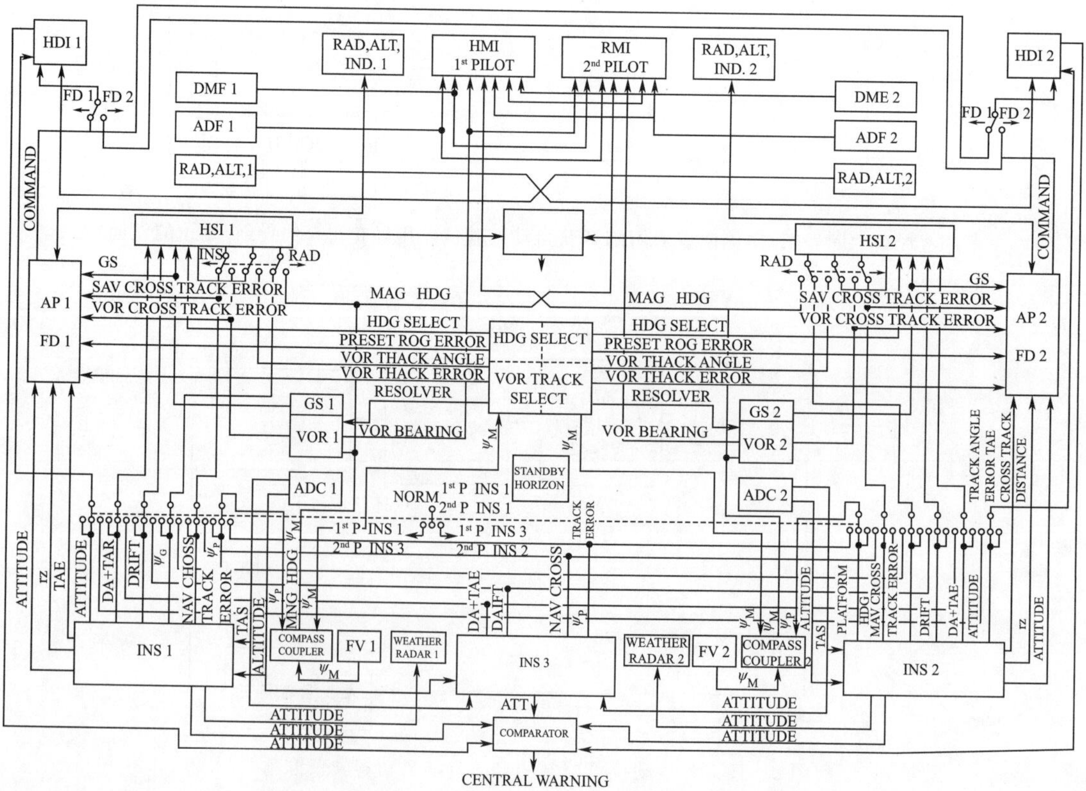

图 8-18 协和客机航电系统（参考文献 Hill[1]，经加拿大航空航天学会允许使用）

最初安装在协和客机里的导航设备大体上分为两类：传统无线电导航设备和其他自成体系的单元。前者由两个甚高频全向（VOR）单元、一个带两个水平位置指示器（HSI）的仪表着陆系统（ILS），两个带两个无线电磁强计（RMI）的自动航向寻找（ADF）单元，一对雷达高度计和一对测距（DME）单元组成。自成体系的单元包括 3 个完整独立的惯性导航系统，一对集成有飞行指引仪和两个大气数据计算机的自动驾驶仪。

集成航电系统发展的下一阶段是数字电路的硬软件发展，它为航电系统的进一步集成提供了动力。为了达到这一点，人们通常将模拟滤波器换成等效的数字滤波器。这个特征在分析典型现代战斗机的纵向、横向和航向飞行控制系统的例子中已有体现。这些系统的功能模块框图如图 8－19～图 8－21 所示。

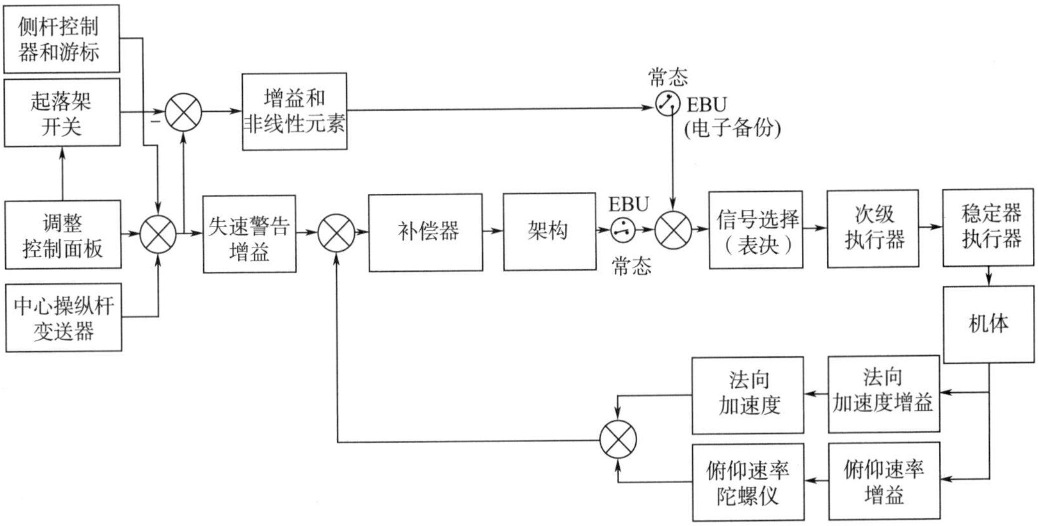

图 8－19　单一航线纵向飞行控制系统的简化功能框图

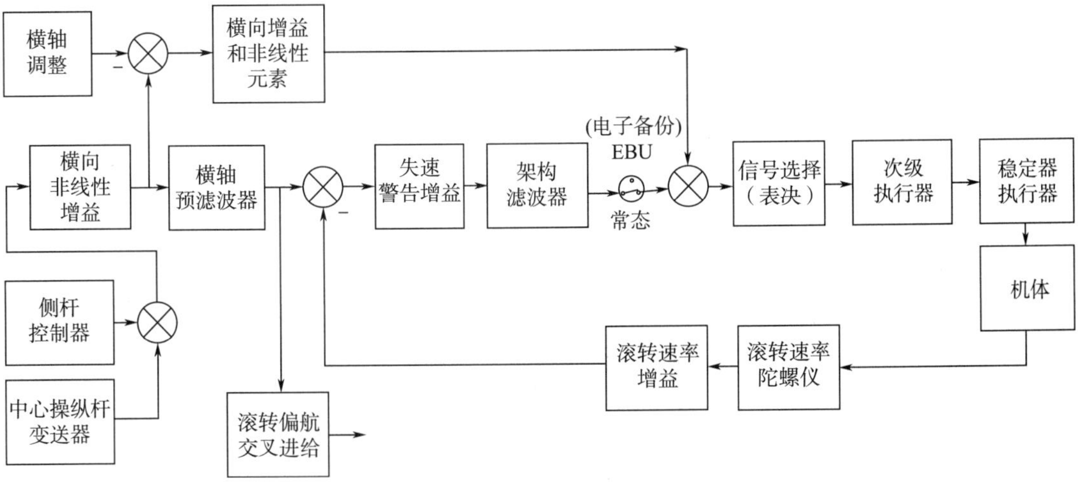

图 8－20　单一航线横侧向（滚转通道）飞行控制系统的简化功能框图

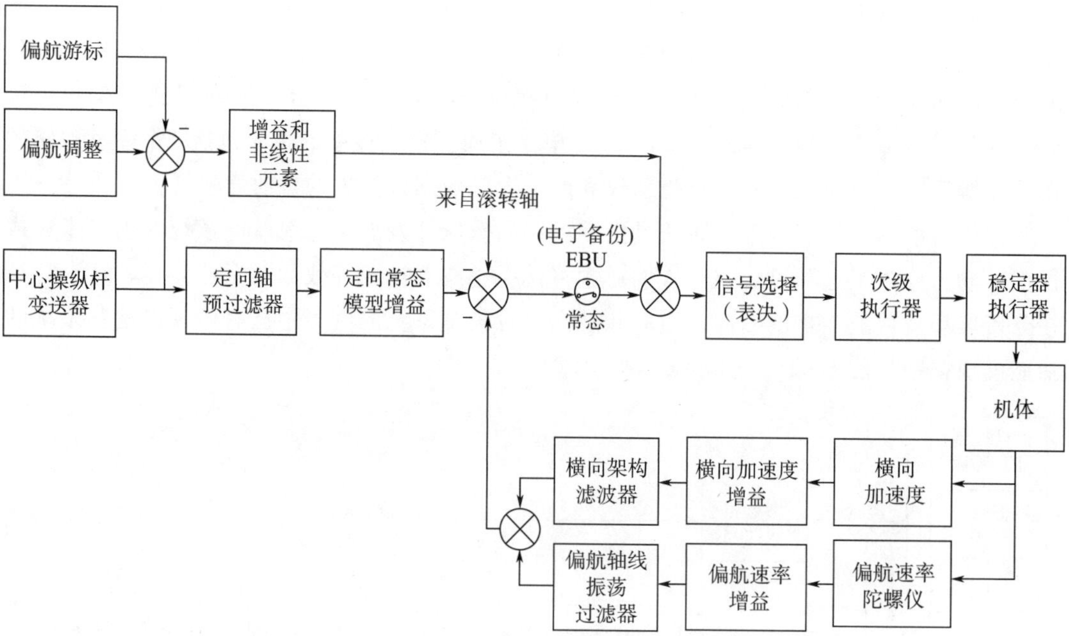

图 8-21　单一航线航向飞行控制系统的简化功能框图

图 8-19～图 8-21 中，有一些功能模块表示模拟滤波模块。当这些模块被数学建模并表示成一个输入输出函数关系时，这个特征愈加明显。因此可以将这些模拟信号处理模块替换成它们的数字等效形式。模拟传函的规则以及传感器和执行器模型的传函都有标准的形式，这将在以后的章节中讨论。

计算机飞行系统经常容易和电传飞行控制系统混淆。在典型的电传控制系统中，如图 8-22 所示，方向舵的运动由电控系统感应，然后与自动驾驶仪的输入融合，信号经过适当的放大，然后用于控制电液压伺服执行器。为了满足适应电传系统失效的需求，系统会使用一个机械备份或者说一个恢复系统，该备份或系统可以通过一个典型的机械离合器启用或者解除。计算机飞行控制系统是集成的数字系统，如图 8-23 所示的单一框图，它由一组分布的计算机系统完成所有的解算功能。各个计算机分系统通常由总线连在一起，总线是计算机在整个系统内通信的一般方法。数据输入到计算机，虽然图上画出的是将数据分成了模块分别输入，但实际上所有数据都通过一个飞行数据获取单元（FDAU），利用通信协议编排好顺序在一架飞行器上统一输入。FDAU 从传感器和多种飞行器系统中，通过 I/O 口获得输入信号。表 8-1 中列出了商业客机的典型数据输入。

使用这样一个集中的 FDAU 既有优势也有缺陷。其主要的优势是促进了集成，主要的缺陷是不利于冗余的需求。从飞行控制计算机输出到伺服执行器和其他硬件系统（主要包括冗余的计算机模块）的控制指令和其他计算输出，本质上是通过总线连接在 FDAU 上的一些数据源或者数据库。表 8-2 中列出了一组在冗余计算机中软件编程实现的典型的控制功能（控制规律）。飞行员可以在防眩板上的模式选择区域通过选择转换器来实现这些控制功能。

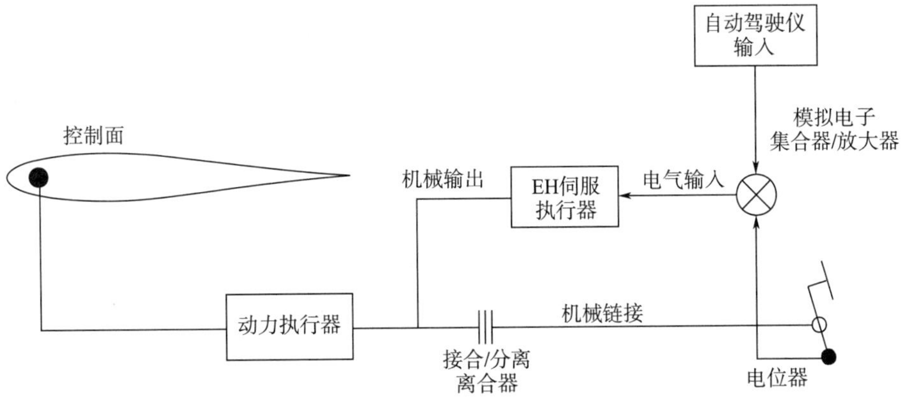

图 8-22　基本的电传飞行系统和计算机飞行系统比较：电传飞行中带有机械恢复的方向舵控制原理

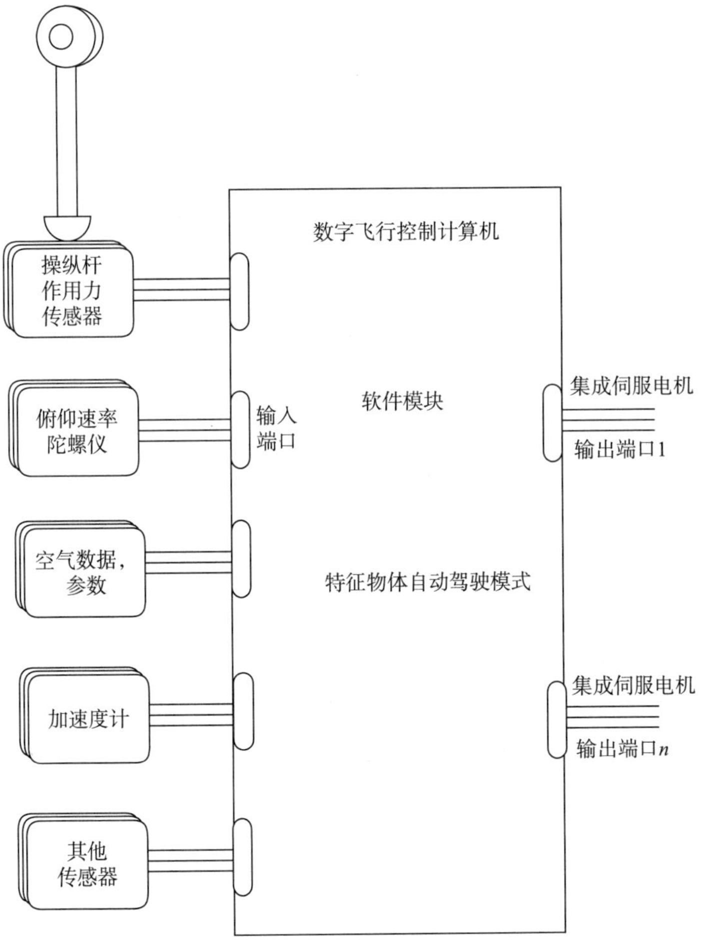

图 8-23　基本的电传飞行系统和计算机飞行系统比较：计算机飞行控制系统的原理

表 8-1 飞行数据获取单元（FDAU）的典型输入信号

模拟信号和数字信号	离散输入
模拟输入 1)加速度计 2)副翼位置发射机 3)制动压力变送器 4)控制柱位置传感器 5)控制轮位置传感器 6)升降位置变送器 7)水平安定面位置变送器 8)方向舵踏板位置传感器 9)方向舵位置变送器 10)速度刹车手柄位置变送器 数字输入 1)自动油门计算机 2)信号调节器输入 3)测速装置 4)数字大气数据计算机 5)数字失速警告计算机 6)数字到模拟适配器 7)EFIS 控制面板 8)EFIS 符号发生器 9)初级 EIS 10)高级 EIS 11)飞行控制计算机 12)飞行管理计算机 13)地面接近警告计算机 14)惯性参考单位 15)TCAS	离散输入 1)飞行器 ID 短路插座 2)交替制动选择阀开关 3)自动油门计算机 4)列切换模块 5)隔室过热控制模块 6)EFIS 传输中继 7)引擎附件单元 8)发动机低怠速灯禁止继电器 9)火灾探测模块 10)飞行控制计算机 11)飞行控制模块 12)HF 收发器 13)IRS 转接继电器 14)起落架逻辑架 15)前缘襟翼/板条位置指示器模块 16)遮光板面板灯 17)标记信标接收器 18)主警告信号器 19)稳定器修剪切断继电器 20)失速警告计算机 21)系统 A 和 B 电动泵低压开关 22)系统 A 和 B 引导泵低压开关 23)后缘襟翼旁通阀 24)VHF 收发器

表 8-2 集成飞行控制计算模块和目标

分类	模式
纵向	雷达高度调整/保持
	俯仰姿态调整/保持
	马赫数调整/保持
	自动/手动方式
横向	追踪获取
	航向保持
	航向获取
	倾斜转弯姿态
	自动/手动方式
自动节流阀	校准空速保持
自动着陆	光线控制
	侧向 ILS(获取和保持)
	纵向 ILS

8.2.1　导航系统与飞控系统的接口

计算机为纵向自驾仪提供高度和空速指令。当推力回路开环时，该自动驾驶仪即是一个高度保持自动驾驶仪。当推力回路闭合时，它就是一个垂直航迹保持/获得自动驾驶仪。一个典型的耦合系统框图如图 8－24 所示。导航系统的信号输入可以在飞行管理系统或者飞行员驾驶杆系统和推力指令之间切换。驾驶杆和油门杆以及控制限幅并没有在图中给出。

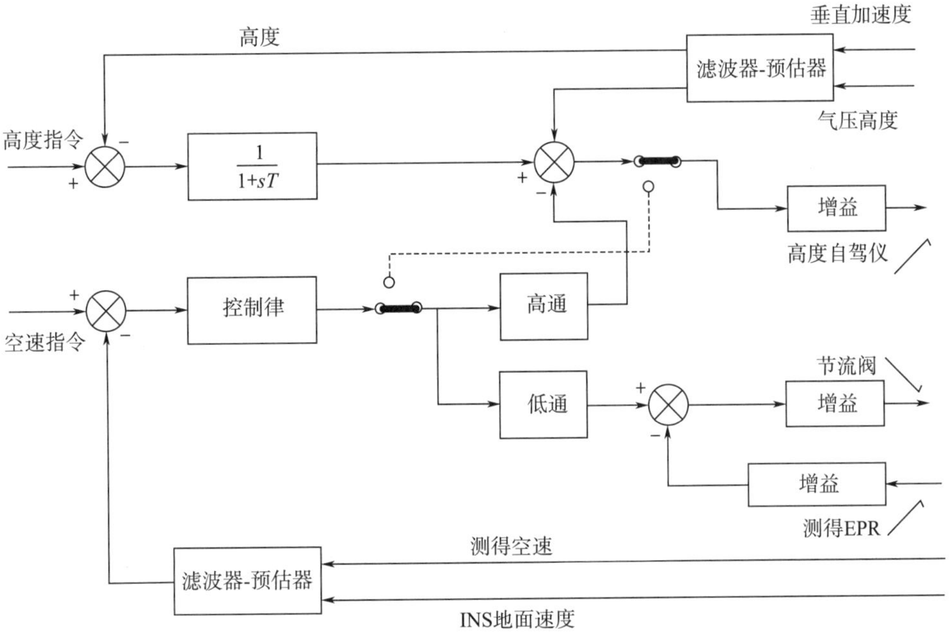

图 8－24　FM 计算机/纵向自动驾驶仪耦合子系统（巡航时的标准控制）

上述例子中，假设纵向运动时，升降舵控制和油门控制可同时进行。纵向和横侧向飞行控制律的设计是为了在执行油门（或推力）控制模式时，采用合适的滚转/俯仰优先级逻辑；执行舵面控制模式时，升降舵只负责纵向运动，副翼和方向舵只负责横侧向运动。并适用于同时执行的模式，即油门及相关的控制面同时有效运转。前文中已分别讨论过，自动驾驶仪在两个不同时发生的模式下的纵向和横侧向工作情况。

8.2.2　飞行管理系统

当 FM 计算机、性能数据计算机、自动驾驶仪和飞行指引仪、自动油门和惯性参考系统（IRS’s）被作为一个集成系统使用时，其统称为飞行管理系统（FMS）。FMS 拥有 4 维导航能力（经度、纬度、高度和时间），在飞行过程中不断优化飞行状态以达到最经济的飞行。因此，FMS 是 FMGCS（飞行管理制导控制系统）的简单集成。FMS 的核心是 FMC（飞行管理计算机），它使用飞行器传感器和自己数据库中的数据进行导航解算，生成导航和控制指令。FMC 减少了大量之前需飞行员手动完成的人工解算和日常工作。现在的 FMS 能自动控制一架飞行器完成起飞到着陆的整个过程，但是可能无法对异常事件提供足够的鲁棒性响应。因此，目前 FMS 只具有在所谓的规范操作情况下，控制飞行器从起飞到降落的能力。

8.3 飞行控制系统设计

增益调度法是一种满足不同飞行状态的常用的飞行控制律，这种方法要求控制律的设计需满足多个飞行条件构成的庞大矩阵。每一次设计都将是一个耗时的过程，设计过程一般基于经典时域或频域方法，对控制结构或参数进行设计。在飞行控制系统的设计过程中，首先要做的是为闭环系统选择一个合适的结构。常见的控制结构如下。

（1）比例反馈控制

这通常是用于单位反馈系统的最简单控制器形式。期望输出和实际输出的误差只要乘上一个增益，得到的信号即作为系统的控制输入。

（2）比例微分反馈控制

该控制是将简单的比例增益替代为期望值与实际输出值的误差以及误差一阶导数的有权重线性组合。这种情况等效于在闭环传递函数中增加一个零点。在位置控制中，使用比例微分控制等效于增加了一个速度反馈。采用这种控制使设计者可以分别设计闭环阻尼率和闭环响应频率。这种类型的控制器通常用于伺服电机的设计中。

（3）积分控制

一般而言，比例反馈可以调整一个系统的自然频率，输出或者误差的变化率反馈将增加系统的阻尼和稳定性。当系统本身不包含积分器时，单靠比例和微分反馈几乎无法使这个系统的稳态误差为零。为了获得更好的控制精度，控制输入中加入了积分环节。积分器的实现可以利用运算放大器或者是系统内存中的数字软件，又或者是一个在误差为零时仍能保持变换后的新的位置的电机。它们共同作用时在误差为零的情况下输出端保持一个固定的输出值。这种特性能在很多情况下发挥作用，如：在横风中或发动机失效时固定方向舵偏角使飞行器保持平衡。

（4）补偿器和控制滤波器

前文所述的反馈回路和前向通路上的滤波器一般统称为校正网络或者控制补偿器，这些滤波器都由控制系统设计者设计，以使被控系统满足设计指标。总的来说，这些滤波器可以从滞后滤波器、超前滤波器、超前-滞后滤波器和其他高阶滤波器中选择。

以上提到的控制类型基本都是线性控制器，可以通过连续时域的模拟方法或者离散时域的数字硬件实现。下面将介绍一些其他类型的控制结构。

（5）基于观测器的设计

观测器是一类特殊的补偿器或估计器，在理想的设计条件下，观测器的极点不会影响系统的闭环性能。通常通过在前向通路与反馈通路中执行控制滤波器实现。一般选择前向通路和反馈通路的控制滤波器具有相同的开环特性方程。

上述所有控制结构基本上都是线性控制器，可以用模拟电路实现连续时域的控制，也可以用数字硬件实现离散时域的控制。

（6）其他类型控制器

①非线性控制器

在许多实际情况中，不符合叠加原理的非线性元素应该慎重使用。典型的例子是控制系统含有继电器、带抖颤的伺服阀以及带限幅的伺服作动器时，需要利用基于描述函数的线性化技术来分析和设计控制系统。

②Bang - Bang（开关）和变结构系统

Bang - bang 控制器是典型的非线性控制系统，包含一个简单的继电器，用于在两个不同的电平之间切换控制输入。这种系统也称为开关控制器。变结构系统是开关控制器的统称，其输入基于切换标准，在若干离散级别之间切换。切换标准提供了基于控制输入从一个到另一个离散级别变化的逻辑。切换标准本质上是控制器的输入信号是否属于某些预定域或集合的一组规则。

③模糊逻辑控制器

模糊逻辑控制器可以被看做是变结构控制器的演化，其转换标准基于模糊子集的概念。整个输入集合根据对应的域和范围被分级为各个子集，控制器的输入可以根据预先定义的域和范围赋予对应子集值。这些对应规则产生了分级的控制量输出。使用模糊子集度量的控制量在输入到系统之前将进行反模糊化处理。可以证明，模糊逻辑控制器特别适用于对被动系统的控制，这种被动系统的描述可以比较模糊而且无须考虑稳定性问题。

④自适应控制器

一种自适应控制的方法是使用参数估计方法来辨识系统的参数，然后利用它更新和校正控制器参数。这种方法被称为“Self - Tuning（自校正）”。另一种自适应控制的方法基于被控系统的模型仿真得出一个期望的输出，然后利用实际输出和期望输出的误差来调整控制器参数。后一种自适应控制通常被称为“Model Reference Adaptive control（模型参考自适应控制）”。“Self - Tuning（自校正）” PID 控制器广泛应用于工业中。

⑤专家控制器

专家控制器是一类自适应控制器，其自适应规律是基于专家系统的规则。这里所提及的自适应是通过逻辑判断、推理或者作为专家系统一部分的推理机实现。虽然自适应控制器和专家控制器都被认为是自学习控制系统，但是这种学习机制是规定好的，因此这种方法更确切地说是一种闭环控制调度器。基于模糊逻辑的专家控制器在调整 PID 控制增益方面得到了广泛运用。

⑥自组织控制器

自组织控制器也具有学习的能力，这种学习相比于专家控制器更为直接和显然。例如：如果一个控制器的外环是模糊逻辑控制器，其评估一个性能指标，在此基础上，一个规则转换器将在模糊逻辑控制器中修改转换准则。规则转换器也是一个模糊逻辑系统，它将减小不常使用的规则的权重，加强经常使用的规则的权重。模糊逻辑自适应控制器在控制工业中使用并不广泛，在航空领域，专家控制系统被开发用来当做低权威专家控制器和控制建议系统。

⑦神经网络控制器

神经网络控制器是基于 Hopfield 神经元概念提出的一种新方法。这种方法的有趣之处就在于其在求解的过程中具有学习的能力。比如：如果要求取性能指标的加权和的最小值，最初无从知晓的权值将自动更新直到获得一个可接受的结果。值得强调的是，神经网络算法是一种求解技术，由于其并行处理思路，面对传统方法不好求解的大型优化问题时，可以大大提高求解速度。

控制系统的分析与设计总的来说可以分为时域设计和频域设计。在时域的分析和设计计算中，使用的是真实的物理变量。这种方法在计算上更多地依靠计算机辅助工具。直接可测量并用于计算的物理变量有电压、电流、位置、速度、温度、流速、压强等。与之不同的，在频域中，物理变量在分析和设计计算开始之前，先进行了数学上的转化。这些转化在某些方面简化了问题，但使得时域计算变得几乎不可能。在另一方面，虽然这些变量物理上不可测量，但大概的输入输出关系客观上却更容易获得，而且系统的性质和类别也可以被探究和区分。从这种意义上来说，频域法仍然是重要且不可或缺的。

8.3.1　框图代数学

当我们寻求诸如稳定性特征的系统本质属性时，表达成动力学方程形式的数学关系则需进行变形和转化。但是，分析稳定性的过程不仅不直观，而且牵涉到一大堆冗长乏味的数学推导。如果将方程组变化为框图，动力学分析的过程将会获得巨大的帮助。

使用框图的直接好处就是能实际表示它们代表的真实物理过程，而且进一步系统地使用框图合并的规则，就可以不费力地获得简化的框图。

基于这些简单的框图，控制工程的基本组成单元可以被划分为不同的组，由框图中的标准形式代替。一个框图的基础元素是一个方块，一个输入信号流入这个块，一个输出信号流出这个块，如图 8-25 所示。在图中，D 是一个微分算子。在考虑拉普拉斯变量 s 时，将其设定为微分算子，即 $s = D \equiv \mathrm{d}/\mathrm{d}t$。

因此，积分运算符可以表达为

$$\frac{1}{s} \equiv \frac{1}{D} \equiv \int_0^t (\ \ )\,\mathrm{d}t \tag{8-2}$$

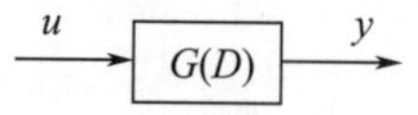

图 8-25　具有单输入单输出的框图

输入信号和输出信号的关系可以表达为 $y(t) = G(D)u(t)$，其中 $G(D)$ 作用于输入信号而产生输出信号，它就是为人所熟知的传递函数。整个方框可以解释成一个乘法的标志。另一个组成控制框图的重要元素是比较器。它的作用就是将参考的输入信号减去反馈的信号，从而产生误差信号。数学关系式可以表达为 $e = y_i - y$。

一个典型比较器的框图形式如图 8-26 所示。圆形符号可以看做是加法操作，指向它的箭头表示输入，指向外部的箭头表示输出。每个输入箭头顶端的符号表示这路输入值是用于加还是用于减。一个典型的非单位反馈系统的框图，如图 8－27 所示。

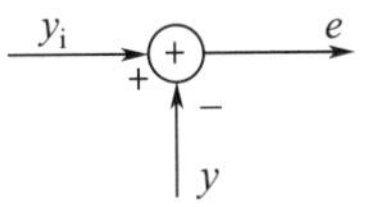

图 8－26　比较器

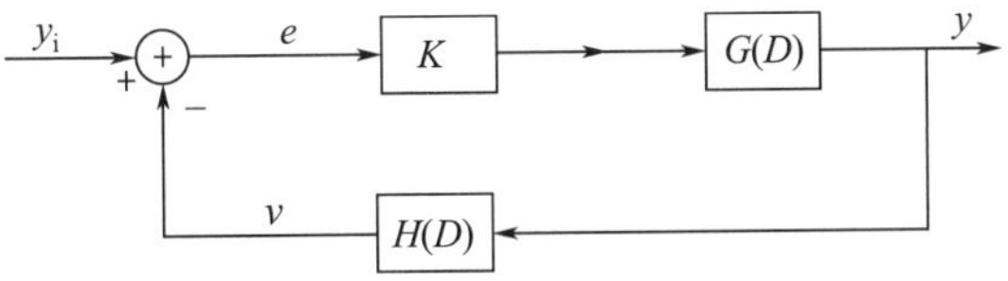

图 8－27　非单位反馈系统的框图

根据每个模块的数学表达形式，我们可以得到下述关系式

$$y=G(D)Ke, e=y_i-v, v=H(D)y \tag{8-3}$$

消去除了 y_i 和 y 以外的变量

$$y=G(D)K(y_i-v)=G(D)K[y_i-H(D)y] \tag{8-4}$$

重新对方程进行变形

$$[1+G(D)KH(D)]y=G(D)Ky_i \tag{8-5}$$

因此得到输出和输入的比值

$$\frac{y}{y_i}=\frac{G(D)K}{1+G(D)KH(D)} \tag{8-6}$$

上述方程表示了一个开环传函和闭环传函之间的转换关系，而且使得反馈系统被简化为如图 8－28 所示的单一模块

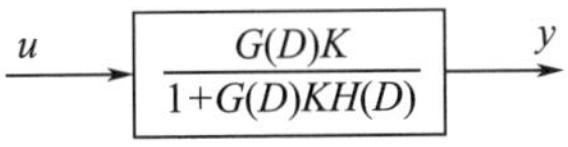

图 8－28　非单位反馈系统的单个模块表示

闭环传递函数为

$$T(D)=\frac{KG(D)}{1+KG(D)H(D)} \text{ 或者 } T(s)=\frac{KG(s)}{1+KG(s)H(s)} \tag{8-7}$$

式中，算子“D”被替换成了拉普拉斯变量“s”。

其他一些框图简化规则也可以公式化表示，如表 8－3 所示。也就是说，一些复杂的闭环反馈回路也可用简单的框图块表示。

表 8－3　框图变换：单输入单输出系统

原框图	等效框图
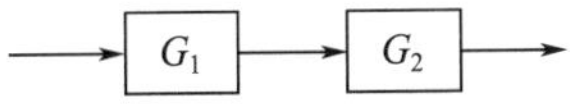	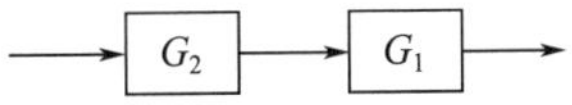

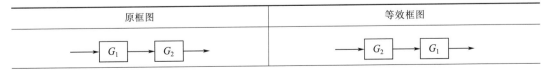

续表

原框图	等效框图
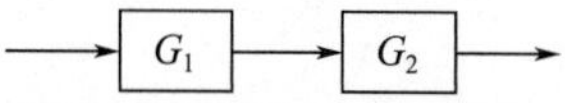	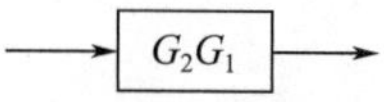
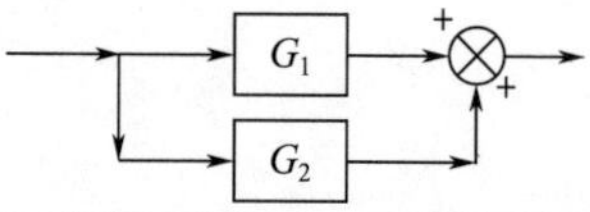	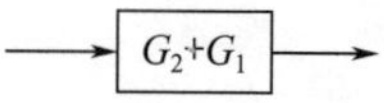
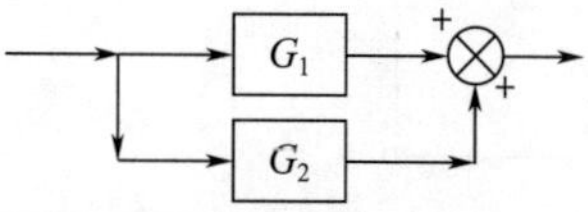	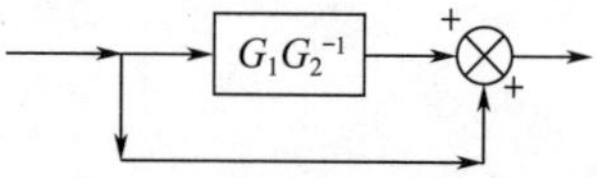
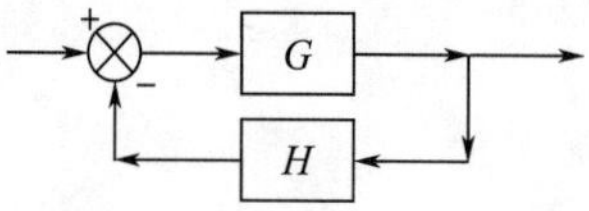	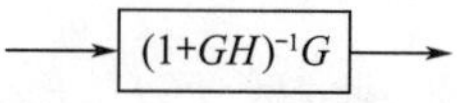
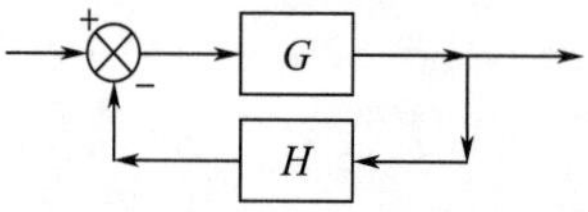	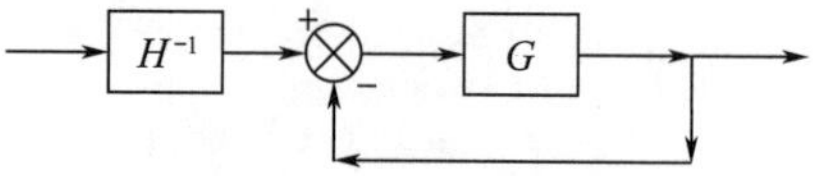
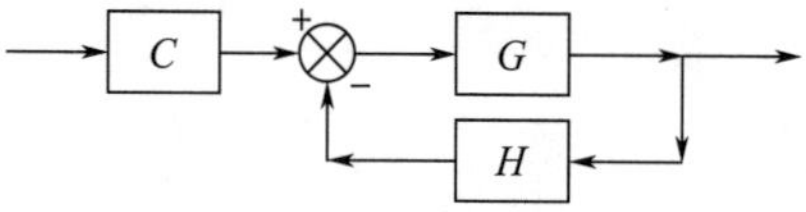	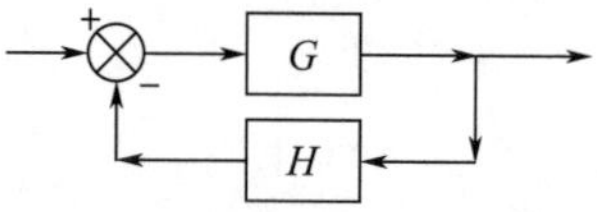
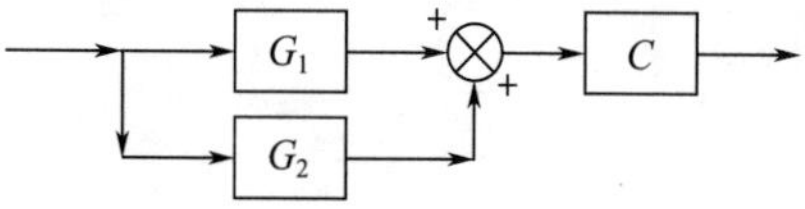	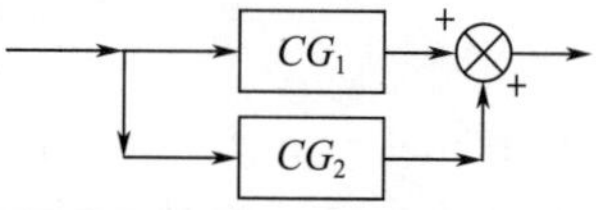
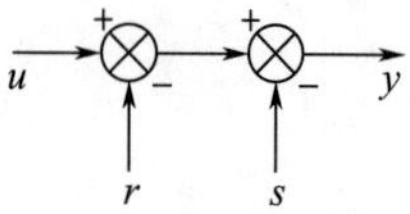	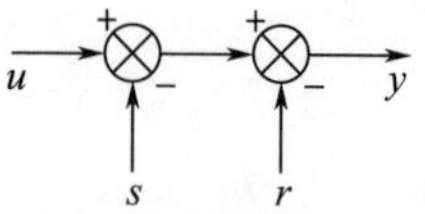
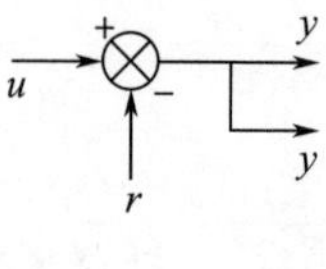	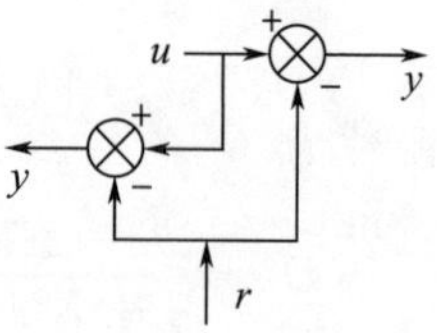
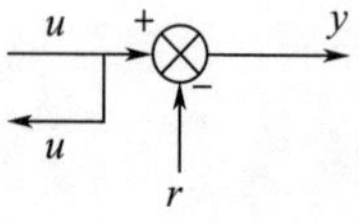	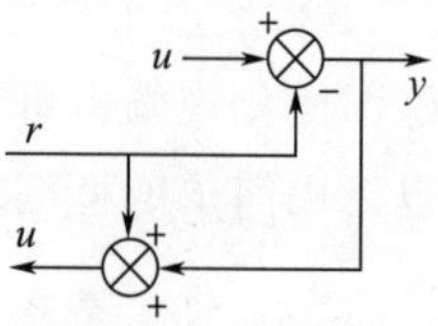

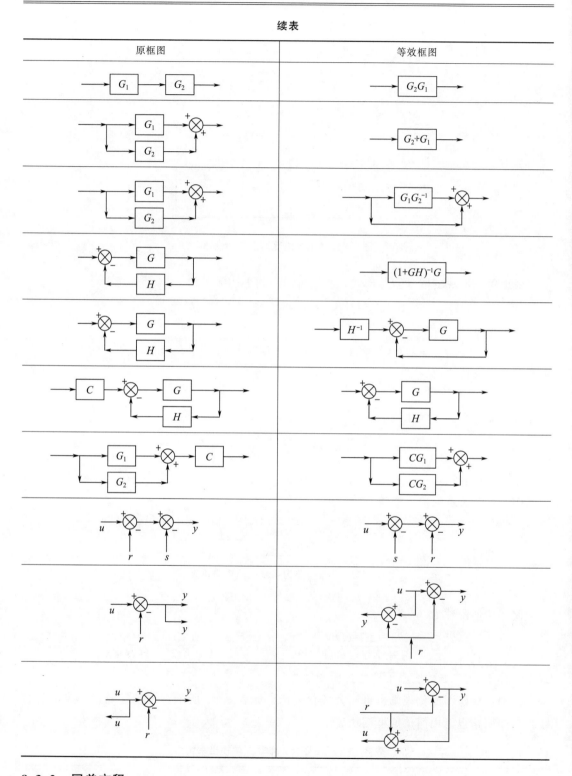

8.3.2　回差方程

闭环特征方程可以由如下方程获得

$$1+KG(D)H(D)=0 \tag{8-8}$$

上式的右边项可以认为是闭环特征多项式和开环特征多项式的比，这就是回差方程，其表示在没有实际输入的情况下，反馈回路末端的值和理论上的输入值之差。当回路闭合时，这个差值即设为 0。函数 $KG(D)H(D)$ 是开环传函，闭环传函的特征方程可以通过使开环传函等于 -1 而获得。这样，我们可以通过开环传函而获得闭环特征方程的根和增益。

将传递函数 $G(D)$ 和 $H(D)$ 定义成 $G(D)=N(D)/P(D)$ 和 $H(D)=M(D)/L(D)$，闭环传函可以表示成

$$G_C(D)=\frac{KG(D)}{1+KG(D)H(D)}=\frac{KN(D)/P(D)}{1+KN(D)M(D)/P(D)L(D)}=\frac{KN(D)L(D)}{P(D)L(D)+KN(D)M(D)} \tag{8-9}$$

回差方程为

$$1+KG(D)H(D)=\frac{P(D)L(D)+KN(D)M(D)}{P(D)L(D)}=\frac{\text{闭环特征方程}}{\text{开环特征多项式}}=0 \tag{8-10}$$

闭环特征方程如下

$$P(D)L(D)+KN(D)M(D)=0 \tag{8-11}$$

8.3.3　拉普拉斯变换

很多信号都可以表示成复数指数形式的线性和，其中复数指数中指数的系数通常是线性时不变系统的特征方程式的特征根。这就导致了一个关于时间 t 的函数的拉普拉斯变换。

任何关于时间的函数都可以表示成无限个复指数（e^{st}，$s=\sigma+i\omega$）的和。拉普拉斯变换可以用来分析稳定的和不稳定的系统（有无限能量的信号），在系统稳定性判断和分析中起着重要作用。

线性时不变系统的分析可以通过变换方法来实现，这种方法通常被称为 s 平面分析法或者是频域分析法。

对控制系统分析最有用的就是拉普拉斯变换。在实际运用中，这种变换中变量 s 等效于算子 D。它也和正弦曲线的频率相对应，因此拉普拉斯变换对应一种更简洁的易于测量和解释的量。还有许多其他变换，如 z 变换运用在离散系统的分析中，傅里叶变换是拉普拉斯变换的推广，对信号分析和处理是非常有用的。常规信号 $x(t)$ 的拉普拉斯变换由如下积分形式定义

$$X(s)=\int_{-\infty}^{\infty}x(t)e^{-st}\,dt \tag{8-12}$$

拉普拉斯变换是关于变量 s 的函数，拉普拉斯变换和反变换的结果一般不通过定义直接求解，而是查表得到。

8.3.4　无控系统和有控系统的稳定性

设计全局稳定的多模式控制器以保证系统的安全性是一个非常重要的问题。非线性系

统的控制律合成方法在本质上分为两类：第一种主要是基于稳定性分析，第二种主要是基于最优化理论。每一类方法都有其自身的优点和缺点。

100 多年前 A. M. Lyapunov 在他的论文里首先提出了对渐进系统的分析。Lyapunov 方法不仅是非线性系统稳定性分析的基本工具，也是控制律合成的重要工具。Lyapunov 将非线性系统的分析分为两大类，第一类问题是可以通过一些方法简化为线性系统精确求解的问题。这不仅包括精确方法，还包括在某些情况下的近似方法，这些方法中线性化系统的稳定性也会提供关于非线性系统平衡稳定性的有用信息。

对于线性系统而言，分析解的稳定性可以不通过获得精确的解来完成。评估稳定性的方法，如 Routh Hurwitz 方法和 Routh 列表法，允许控制系统的设计者对重要系统增益确定界限以保持系统稳定。

考虑到稳定性的定义，如果系统处在平衡状态，任何有限大小的干扰作用在系统上都会引起一个跟随干扰的自由运动。如果自由运动最终消失，这个系统就是稳定的。从另一方面来看，如果自由运动最终由一个有限幅度的运动逐渐变成发散的无限幅度的运动，则这个运动是不稳定的。如果自由运动不消失也不发散，则称系统中性稳定。

为了评估一个系统的稳定性，我们必须考量输入－输出传递函数，给出一个如下形式的传函

$$\frac{y(t)}{u(t)}=G(D)=\frac{Y(D)}{U(D)} \tag{8-13}$$

在自由运动的情况下，我们可以假设 $u(t)=0$。

对分子分母进行有理化，在没有输入的情况下，自由响应的方程应该是

$$P(D)y(t)=0 \tag{8-14}$$

式中，$P(D)$ 一般是关于算子 D 的多项式。

为了求解式（8-14），我们假设

$$y(t)=A\mathrm{e}^{pt} \tag{8-15}$$

$$Dy(t)=pA\mathrm{e}^{pt},D^2y(t)=p^2A\mathrm{e}^{pt},D^3y(t)=p^3A\mathrm{e}^{pt},D^4y(t)=p^4A\mathrm{e}^{pt} \tag{8-16}$$

因此有

$$P(D)y(t)=P(p)A\mathrm{e}^{pt}=P(p)y(t) \tag{8-17}$$

于是

$$P(D)y(t)=P(p)y(t)=0 \tag{8-18}$$

由于响应不可忽略且不为零，故 $y(t)\neq 0$ 且 $P(p)=0$。方程 $P(p)=0$ 就叫做特征方程。特征方程的根 p_1，p_2，p_3，…，p_n 一般情况下是复数形式 $p=q+\mathrm{i}r$，其中 $\mathrm{i}=\sqrt{-1}$，响应 $y(t)$ 有如下形式

$$y(t)=\sum A_k\mathrm{e}^{p_kt} \tag{8-19}$$

或者写作

$$y(t)=A_1\mathrm{e}^{p_1t}+A_2\mathrm{e}^{p_2t}+A_3\mathrm{e}^{p_3t}+\cdots+A_n\mathrm{e}^{p_nt} \tag{8-20}$$

为了响应的稳定，特征根的实部必须全部为负数。

下面对二次、三次、四次特征方程的情况分别进行分析，这些特征方程的根分析起来都非常简单。

二次方程：$p_2+a_1p+a_0=0$，如果 a_1，a_0 都大于零，则两个根均具有负实部。

三次方程：$p_3+a_2p^2+a_1p+a_0=0$，一个三次方程一般有一个实数根和两个复数根

$$p_1=q_1, p_2=q_2+\mathrm{i}r_2, p_3=q_2-\mathrm{i}r_2 \tag{8-21}$$

特征方程可以写成：$(p-q_1)(p-q_2-\mathrm{i}r_2)(p-q_2+\mathrm{i}r_2)=0$，且

$$a_2=-(2q_2+q_1), a_1=q_2^2+2q_2q_1+r_2^2, a_0=-q_1(q_2^2+r_2^2) \tag{8-22}$$

当系统稳定时，a_2，a_1，a_0 都比 0 大，进一步

$$a_1a_2-a_0=-2q_2(2q_2^2+2q_2q_1+r_2^2)>0 \tag{8-23}$$

因此

$$a_2>0, a_1>0, a_0>0, a_2a_1-a_0>0 \tag{8-24}$$

以上四个条件均满足则能保证系统的稳定。

四次方程：$p^4+a_3p^3+a_2p^2+a_1p+a_0=0$ 稳定的条件是

$$a_3>0, a_2>0, a_1>0, a_0>0, a_3a_2a_1>(a_1^2-a_0a_3^2) \tag{8-25}$$

一般稳定性条件可以由紧凑形式给出。给出代数特征方程的形式

$$F(s)=a_0s^n+a_1s^{n-1}+\cdots+a_{n-1}s+a_n=0 \tag{8-26}$$

式中，系数 a_r 是实数，构造如下 n 个行列式

$$D_1=a_1, D_2=\begin{vmatrix} a_1 & a_0 \\ a_3 & a_2 \end{vmatrix}, D_3=\begin{vmatrix} a_1 & a_0 & 0 \\ a_3 & a_2 & a_1 \\ a_5 & a_4 & a_3 \end{vmatrix},$$

$$D_n=\begin{vmatrix} a_1 & a_0 & 0 & 0 & & & \cdots & & \\ a_3 & a_2 & a_1 & a_0 & 0 & & \cdots & 0 & 0 \\ a_5 & a_4 & a_3 & a_2 & a_1 & a_0 & \cdots & 0 & 0 \\ \vdots & \vdots & \vdots & \vdots & \vdots & \vdots & \vdots & & \\ a_{2n-1} & a_{2n-2} & a_{2n-3} & & & & \cdots & & a_n \end{vmatrix} \tag{8-27}$$

特征方程 $F(s)=0$ 的根都有负实部的充分必要条件是

$$D_1>0, D_2>0, D_3>0, D_n>0 \tag{8-28}$$

这些条件可以用 Routh 列表方法证实。

8.3.5　Routh 列表法

Routh 列表法是不用求解特征方程根就能快速判断特征方程稳定性的方法，如表 8-4 所示。

表 8-4　Routh 列表

P_n	a_0	a_2	a_4	a_6	…	…
P_{n-1}	a_1	a_3	a_5	a_7	…	…
P_{n-2}	b_1	b_2	b_3	b_4	…	…

续表

P_{n-3}	c_1	c_2	c_3	…	…
P_{n-4}	d_1	d_2	d_3	…	…
…		…	…		
…	…	…			
P_0	…				

表的前两行是特征方程的系数。其他的行中所有元素都由之前的 4 个元素按照下述规律求得

$$b_1=\frac{a_2a_1-a_0a_3}{a_1},b_2=\frac{a_4a_1-a_0a_5}{a_1},b_3=\frac{a_6a_1-a_0a_7}{a_1} \tag{8-29a}$$

$$c_1=\frac{a_3b_1-a_1b_2}{b_1},c_2=\frac{a_5b_1-a_1b_3}{b_1},d_1=\frac{b_2c_1-b_1c_2}{c_1} \tag{8-29b}$$

计算直到获得的元素全部为 0 为止，在行 p_0 只剩下一个元素之前，每一行都在逐步缩短。

判断稳定的条件是：

1）在表中第一列的每次符号变换表示有根出现了正实部；

2）为了稳定，第一列的所有值都必须为正；

3）特殊情况特殊处理。

8.3.6　频率响应

研究控制工程组件的重要技术是分析典型正弦输入下组件的输出。一个有正弦输入和正弦输出的典型系统如图 8 - 29 所示。

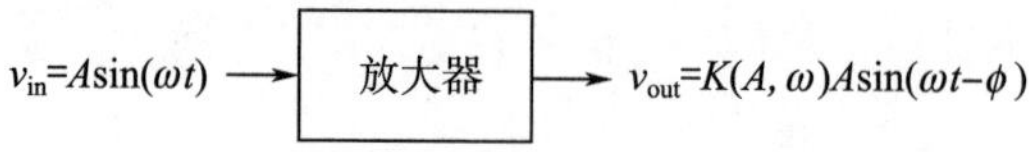

图 8 - 29　一个控制工程子系统的频域响应

考虑传函方程为

$$Y(D)/U(D)=N(D)/P(D) \tag{8-30}$$

因此

$$P(D)Y(D)=N(D)U(D) \tag{8-31}$$

假设

$$u(t)=\exp(\mathrm{i}\omega t),\frac{\mathrm{d}}{\mathrm{d}t}u(t)=\mathrm{i}\omega\times\exp(\mathrm{i}\omega t) \tag{8-32}$$

且

$$DU(D)=\mathrm{i}\omega U(D),D^2U(D)=-\omega^2U(D),D^3U(D)=-\mathrm{i}\omega^3U(D),\cdots \tag{8-33}$$

结果是

$$\frac{Y(\mathrm{i}\omega)}{U(\mathrm{i}\omega)}=\frac{N(\mathrm{i}\omega)}{P(\mathrm{i}\omega)}=\left|\frac{N(\mathrm{i}\omega)}{P(\mathrm{i}\omega)}\right|\exp(-\mathrm{i}\phi)=K\exp(-\mathrm{i}\phi) \tag{8-34}$$

输出幅值大小和输入幅值大小的比率 K 是子系统的增益。输出滞后输入一个特定的相位 ϕ。由于对于不同的信号输入，子系统输入输出的形式需要一致，故可以在复数域下表示这个输入输出关系

$$\frac{v_{\mathrm{out}}}{v_{\mathrm{in}}}=\frac{KA\exp(\mathrm{i}\omega t-\phi)}{A\exp(\mathrm{i}\omega t)}=\left|\frac{v_{\mathrm{out}}}{v_{\mathrm{in}}}\right|\exp(-\mathrm{i}\phi)=K(A,\omega)\exp(-\mathrm{i}\phi) \tag{8-35}$$

理想状态下，我们假定 K 值和 A、ω 均无关，在设计者关心的频段，相位滞后越小越好。子系统的增益常用分贝作单位，此时，增益定义如下

$$G=10\log_{10}\left(\frac{v_{\mathrm{out}}}{v_{\mathrm{in}}}\right)^2=20\log_{10}\left|\frac{v_{\mathrm{out}}}{v_{\mathrm{in}}}\right|=20\log_{10}K \tag{8-36}$$

因此一个典型子系统的频率响应可以表示为一个增益关于频率在对数分度上的图像，如图 8－30 所示。这时系统工作在线性输出的状态，如图 8－31 所示。在图 8－30 所示的例子中，其最大增益约为 43 dB，增益在 40 dB 以上时，对应的频率范围是 0.2≤f≤20 000 Hz。

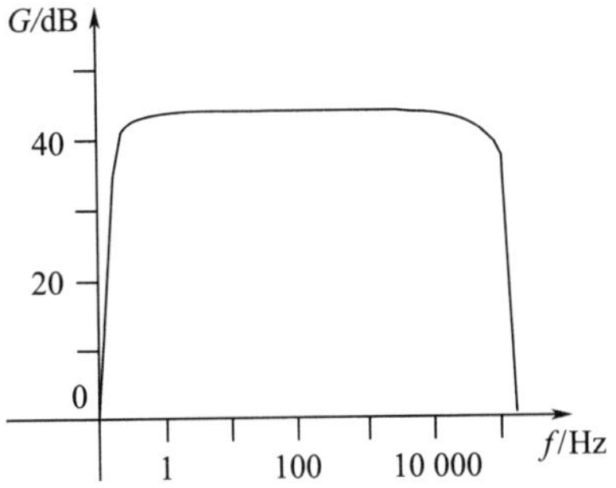

图 8－30　典型子系统的频域特性

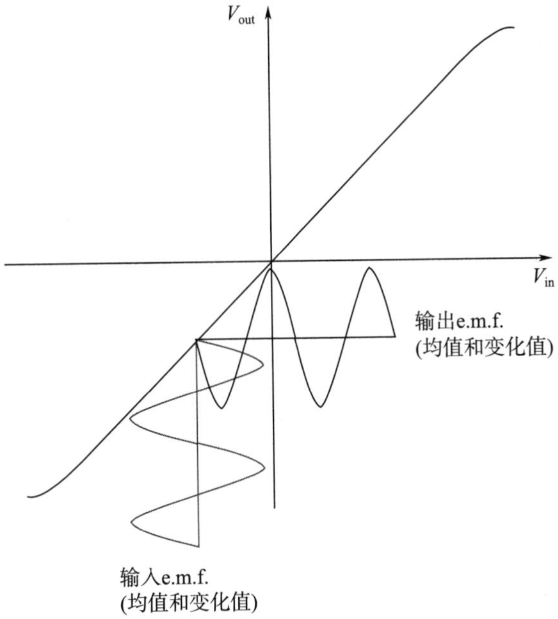

图 8－31　非线性系统特性和线性域处理

子系统可用的频率范围叫做带宽，定义为幅值特性中增益大于半功率点的增益所对应的频率范围。由于能量和电压的平方成正比，电压在半功率点的增益可以定义为

$$G_{(1/2)P}=10\ \log_{10}\left(\frac{1}{2}\left(\frac{v_{\text{out}}}{v_{\text{in}}}\right)^2\right)=20\ \log_{10}\left|\frac{v_{\text{out}}}{\sqrt{2}\,v_{\text{in}}}\right|=20\ \log_{10}\left|\frac{v_{\text{out}}}{v_{\text{in}}}\right|-20\ \log_{10}\sqrt{2} \tag{8-37}$$

于是

$$G_{(1/2)P}=20\ \log_{10}K-10\ \log_{10}2\approx 20\ \log_{10}K-3=(G-3)_{\text{dB}} \tag{8-38}$$

因此，当子系统的最大增益是 43 dB 时，半功率点就在 40 dB，这个子系统的带宽为 $0.2\leqslant f\leqslant 20\ 000$ Hz。

8.3.7 伯德图

在画开环幅相特性曲线时，更为方便的是在半对数分度的图纸上分别画出幅值和相位随着频率 ω 变化的曲线图。频率 ω 的数值对应对数分度的横轴，幅值和相位对应线性分度的竖轴。两幅不同图的横坐标是完全相同的，故可以在图上对照观察对应的幅值和相位的关系。这种图叫做伯德图，其在控制系统设计的验证中是非常有价值的工具。

8.3.8 奈奎斯特图

由于 $G(\mathrm{i}\omega)$ 的幅值和相位随着频率 ω 从 0 到无穷大变化，我们可以在以 $G(\mathrm{i}\omega)$ 的实部作为横坐标，虚部作为纵坐标的图上画出。$G(\mathrm{i}\omega)$ 在每个频率下被表示为一个原点到图像上一点的矢量，这个矢量的模就是 $G(\mathrm{i}\omega)$ 的幅值，矢量和横轴正方向的从横轴出发的逆时针方向的夹角是 $G(\mathrm{i}\omega)$ 的相角 $\phi(\omega)$。这种随着 ω 从 0 到无穷大变化时由 $G(\mathrm{i}\omega)$ 矢量描述的图叫做极图。奈奎斯特图是一种特殊的极图，必须按照轮廓线定义 ω 的变化。

8.3.9 频率域中的稳定性

为了定义频率域中的稳定条件，我们必须重新分析回差方程。对于一个单位反馈系统

$$1+G(\mathrm{i}\omega)=0 \tag{8-39}$$

由于 $G(\mathrm{i}\omega)$ 是一个复数，回差方程在幅值和相位上都必须同时满足。由于 $G(\mathrm{i}\omega)=-1$

$$|G(\mathrm{i}\omega)|=1\ 及\ \arg[G(\mathrm{i}\omega)]=\arg(-1)=180^\circ \tag{8-40}$$

由于稳定性要求复平面的右半边不能有极点，出于稳定性考虑

$$|G(\mathrm{i}\omega)|<1\ 及\ \arg[G(\mathrm{i}\omega)]<\arg(-1)=180^\circ \tag{8-41}$$

要使系统稳定，两个条件必须同时满足。这样，在频率域的稳定性评价不是那么直接。满足下式的频率

$$|G(\mathrm{i}\omega)|=1\ 及\ \arg[G(\mathrm{i}\omega)]<\arg(-1)=180^\circ \tag{8-42a}$$

称为增益截止频率，满足下式的频率

$$|G(\mathrm{i}\omega)|<1,\arg[G(\mathrm{i}\omega)]=\arg(-1)=180^\circ \tag{8-42b}$$

称为相位截止频率。这些频率用来定义频率域下的两个稳定裕度，而不是定义一个简单的稳定性准则。稳定裕度是相对稳定性的度量。如果两个裕度都充分稳定，则系统被认为是充分稳定的。

8.3.10　稳定裕度：幅值裕度和相角裕度

分析回差方程时可以发现，我们不能将环路增益无限增大，这样将使得系统对噪声过于敏感，甚至导致不稳定。设计任何一个控制系统都需要保证环路增益和临界增益之间有一个安全裕度，以允许控制系统在整个使用周期内产生误差和机械原件磨损。

导致系统不稳定的附加环路增益和实际增益的比值称作“幅值裕度”。一般的设计准则是：闭环增益如果加倍，系统将处于临界稳定状态。磨损和误差可以证明是由于系统的延时导致的额外不稳定相位滞后。导致系统在其工作点不稳定而增加的相位滞后称为“相位裕度”。这个稳定裕度的合适值大约在 45°。

幅值裕度：是在相位截止频率处，使得开环奈奎斯特曲线能包括（−1，0）点，还需要增加的开环增益。

相位裕度：是在增益截止频率处，使得开环奈奎斯特曲线能包括（−1，0）点，还需要变化的相位角大小。

稳定裕度在伯德图和耐奎斯特图上都很容易定义。在 $G(\mathrm{i}\omega)$ 的奈奎斯特图上，幅值裕度$=1/|G(\mathrm{i}\omega_{pc})|$，相位裕度$=\angle[G(\mathrm{i}\omega_{gc})-180°]$。

8.3.11　复变函数和奈奎斯特图的映射

我们可以概括极图的思想然后构造映射，也就是说，传递函数 $G(s)$ 在“$G(s)$”复平面上关于 s 值的图像在“s”复平面上对应一个曲线或者是区域。特定的闭轮廓线的映射在控制工程中非常重要，因为它包括了整个右半 s 平面，因此可以用来映射右半 s 平面。这个轮廓线就是“奈奎斯特 D 轮廓线”。“奈奎斯特 D 轮廓线”由一个从 $-\mathrm{j}\infty$ 到 $+\mathrm{j}\infty$ 的虚轴和一个半径 $R\to\infty$ 的半圆组成。当 $G(s)$ 在虚轴上有极点时，它们周围有半径极小的圆圈包围，使其不在奈奎斯特轮廓线上。复函数 $G(s)$ 沿着奈奎斯特 D 轮廓线在 $G(s)$ 复平面上关于变量 s 的所有值组成的图像叫做奈奎斯特图。它在确定是否有任何 $G(s)$ 的零点被轮廓线包含而处在 s 复平面的右端的问题上起重要作用。奈奎斯特稳定性判据就是以奈奎斯特图为基础。

8.3.12　时间域：状态变量表示

大多数系统的时域运算都是通过近似使用微分方程描述物理变量而实现。大多数动力学系统都可以用线性时不变的模型来表述。许多情况下，我们首先关注的是系统的稳态响应，也就是说系统已经运行了足够长的时间，所有的暂态分量都已平息和减弱。因此，渐进稳定性是首要关注的目标。一般来说，初始条件信息在稳定性分析中可以暂不考虑。在这些情况下，基于传函的方法相对更容易使用。

一个非常强大的控制系统分析方法是状态变量法。状态变量是系统的内部变量且它们可以用来重建输入输出的对应关系。弹簧阻尼质量块系统就可以通过一组一阶微分方程组建的单个高阶动力学微分方程来表达成状态空间的形式。例如，在弹簧阻尼质量块系统中，我们可以定义两个状态变量：质量块的位移和速度。假设只有质量块的位移可以测量，那么速度由于其不可测量性就是系统的内在变量。速度和位移的运动学关系是其中一个状态方程，同时，关于速度和位移的多个变量一阶微分的动力学方程是系统的第二个状态方程。两个方程构成了系统动力学状态空间形式的描述。一些其他的状态变量也可用来表示上文中的关系，状态变量的选取不是独一无二的。在上面的弹簧阻尼质量块系统中，可选择的状态变量可以是动量，因此，系统内在的动力学关系可通过不同状态变量组合的方式来表达。

通常我们选取能有效表示系统的最少的一组状态量，已知它们的初始值和系统输入就足够求解出系统任何时间点的状态。系统输出可以由状态变量矢量和输入矢量卷积的线性或者非线性组合得到。通常，状态变量方法要求选择的变量能最终将系统的表达式整合成矩阵形式。状态变量法其实就是改写 n 阶微分方程，使之成为 n 个一阶微分方程，然后用矩阵表达成标准形式。这种表达形式适用于系统的许多属性、分析和设计技术的形式化体现和归纳。许多和状态变量表达相关的方法均可以用在传递函数方法不适用的场合，包括时变系统、非线性系统、多输入多输出系统、随机非稳态系统等。

一个经典的例子就是多自由度弹簧质量块系统，其由一组耦合的二阶微分方程表达如下

$$\boldsymbol{M}\ddot{\boldsymbol{d}}(t)+\boldsymbol{D}\dot{\boldsymbol{d}}(t)+\boldsymbol{K}\mathbf{d}(t)=\boldsymbol{u}(t) \tag{8-43}$$

式中 $\mathbf{d}(t)$ ——一个 $q\times 1$ 位移自由度矢量；

$\boldsymbol{u}(t)$ ——一个 $q\times 1$ 的由执行机构产生的控制力矢量；

$\boldsymbol{M}$——一个 $q\times q$ 弹性结构质量矩阵；

$\boldsymbol{D}$——一个和结构有关的 $q\times q$ 阻尼矩阵；

$\boldsymbol{K}$——一个 $q\times q$ 的刚度矩阵。

在不使用计算机作为辅助技术的情况下，经典的传递函数方法相比于状态变量技术更易于使用。另一方面，大部分计算机辅助设计方法都是基于状态变量方法的，因为其非常贴合计算机的系统思维。弹簧质量块系统以状态空间形式表达为

$$\begin{bmatrix}\boldsymbol{M} & \boldsymbol{0}\\ \boldsymbol{0} & \boldsymbol{M}\end{bmatrix}\frac{\mathrm{d}}{\mathrm{d}t}\begin{bmatrix}\boldsymbol{d}\\ \dot{\boldsymbol{d}}\end{bmatrix}=\begin{bmatrix}\boldsymbol{0} & \boldsymbol{M}\\ -\boldsymbol{K} & -\boldsymbol{D}\end{bmatrix}\begin{bmatrix}\boldsymbol{d}\\ \dot{\boldsymbol{d}}\end{bmatrix}+\begin{bmatrix}\boldsymbol{0}\\ \boldsymbol{I}\end{bmatrix}\boldsymbol{u} \tag{8-44}$$

化简为

$$\frac{\mathrm{d}}{\mathrm{d}t}\begin{bmatrix}\mathbf{d}\\ \dot{\boldsymbol{d}}\end{bmatrix}=\begin{bmatrix}\boldsymbol{0} & \boldsymbol{I}\\ -\boldsymbol{M}^{-1}\boldsymbol{K} & -\boldsymbol{M}^{-1}\boldsymbol{D}\end{bmatrix}\begin{bmatrix}\boldsymbol{d}\\ \dot{\boldsymbol{d}}\end{bmatrix}+\begin{bmatrix}\boldsymbol{0}\\ \boldsymbol{M}^{-1}\end{bmatrix}\boldsymbol{u}$$

如果我们假设一个特定的位移、速度和输入的线性组合，上式可以表示成如下形式

$$\frac{\mathrm{d}}{\mathrm{d}t}\boldsymbol{x}(t)=\boldsymbol{A}\boldsymbol{x}+\boldsymbol{B}\boldsymbol{u},\ \boldsymbol{y}=\boldsymbol{C}\boldsymbol{x}+\boldsymbol{G}\boldsymbol{u} \tag{8-45}$$

式中

$$\boldsymbol{x}=\begin{bmatrix} d \\ \dot{d} \end{bmatrix}, \boldsymbol{A}=\begin{bmatrix} \boldsymbol{0} & I \\ -\boldsymbol{M}^{-1}\boldsymbol{K} & -\boldsymbol{M}^{-1}\boldsymbol{D} \end{bmatrix}, \boldsymbol{B}=\begin{bmatrix} \boldsymbol{0} \\ \boldsymbol{M}^{-1} \end{bmatrix} \tag{8-46}$$

一个线性时不变系统的状态空间表达式由上式给出，式中 $\boldsymbol{x}$，$\boldsymbol{u}$ 和 $\boldsymbol{y}$ 是 $n\times 1$ 状态矢量，$m\times 1$ 输入矢量和 $l\times k$ 输出矢量，$\boldsymbol{A}$，$\boldsymbol{B}$，$\boldsymbol{C}$ 和 $\boldsymbol{G}$ 是 $n\times n$，$n\times m$，$k\times n$ 和 $m\times m$ 的矩阵。式（8-45）的第一式表示状态变量和输入的关系，第二式表达了输入、状态变量、输出三者的关系。因此传递函数表达式可以通过将第一式代入第二式中，消除状态变量来获得。对于一个单输入单输出系统而言，输出变量和输入变量的数量都是 1，即 $m=k=1$。

8.3.13　状态方程求解和能控条件

当状态方程的规模很小时，可以通过常规方法而不用计算机来求解。求解它们最为简便的方法就是拉普拉斯变换方法。拉普拉斯变换可以将传递函数和状态空间方程组联系起来。对式（8-45）进行拉氏变换，可得

$$s\boldsymbol{X}(s)-\boldsymbol{x}(0)=\boldsymbol{AX}(s)+\boldsymbol{BU}(s) \tag{8-47a}$$

$$\boldsymbol{Y}(s)=\boldsymbol{CX}(s)+\boldsymbol{DU}(s) \tag{8-47b}$$

式中

$$\boldsymbol{X}(s)=L[\boldsymbol{x}(t)], \boldsymbol{U}(s)=L[\boldsymbol{u}(t)], \boldsymbol{Y}(s)=L[\boldsymbol{y}(t)] \tag{8-48}$$

从式（8-47a）中解得 $\boldsymbol{X}(s)$，可以得到

$$\boldsymbol{X}(s)=[s\boldsymbol{I}-\boldsymbol{A}]^{-1}[\boldsymbol{x}(0)+\boldsymbol{BU}(s)] \tag{8-49}$$

将其代入输出方程中，可以得到

$$\boldsymbol{Y}(s)=\boldsymbol{C}[s\boldsymbol{I}-\boldsymbol{A}]^{-1}\boldsymbol{x}(0)+[\boldsymbol{C}[s\boldsymbol{I}-\boldsymbol{A}]^{-1}\boldsymbol{B}+\boldsymbol{D}]\boldsymbol{U}(s) \tag{8-50}$$

在式（8-49）和式（8-50）中定义一个关键的项

$$\boldsymbol{R}(s)=[s\boldsymbol{I}-\boldsymbol{A}]^{-1}=\boldsymbol{L}[\boldsymbol{r}(t)]$$

式中，$\boldsymbol{r}(t)=\exp(-\boldsymbol{A}t)$。每一个矩阵都满足自己的特征方程，这称为“Cayley Hamilton”理论，这种理论的结果是一个矩阵的指数函数是矩阵的有限阶多项式函数。这就使得矩阵 $\boldsymbol{R}(s)$ 可以表达为矩阵 $\boldsymbol{A}$ 的各次幂的加和乘以一个关于拉普拉斯变量 s 的标量函数。这样，在理论上，$\boldsymbol{X}(s)$ 可以表达为

$$\boldsymbol{X}(s)=[\boldsymbol{B}\quad \boldsymbol{AB}\quad \boldsymbol{A}^2\boldsymbol{B}\quad \cdots\quad \boldsymbol{A}^{n-1}\boldsymbol{B}]\boldsymbol{f}(s) \tag{8-51}$$

式中　$\boldsymbol{f}(s)$——一个关于拉普拉斯变量 s 的矢量方程。

矩阵的逆通过该矩阵的伴随矩阵除以它对应的行列式得到。从行列式的理论中可以回想到矩阵的伴随矩阵定义为余子式矩阵的转置。矩阵 $\boldsymbol{R}(s)$ 在系统响应演变过程中扮演基础角色，被称作预解矩阵。下面多项式

$$\Delta(s)=\det(s\boldsymbol{I}-\boldsymbol{A}) \tag{8-52}$$

实际上是传递函数的分母多项式，因此又是下述特征方程的左侧项。

$$\Delta(s)=\det(s\boldsymbol{I}-\boldsymbol{A})=0 \tag{8-53}$$

因此，为了找到系统关于一个特定输入 $u(t)$ 在给定初始状态下的响应，最优方法是找到预解矩阵，然后对其进行拉氏反变换以找出状态转移矩阵。一旦状态转移矩阵已知，就可以预测任意输入和初始条件组合下，$\boldsymbol{B}$ 和 $\boldsymbol{C}$ 矩阵对应的系统状态。

我们需要一个高效的算法来求解预解矩阵。一般情况下，我们使用 Cramer 法则来评估矩阵的行列式。通常这不适合在计算机上编程实现。适于计算机实现的算法是反复使用迹函数。矩阵的迹定义为矩阵所有对角元素的总和。

矩阵

$$\boldsymbol{C}_o=[\boldsymbol{B}\quad \boldsymbol{AB}\quad \boldsymbol{A}^2\boldsymbol{B}\quad \cdots\quad \boldsymbol{A}^{n-1}\boldsymbol{B}] \tag{8-54}$$

在控制工程中扮演了关键角色，称作能控性矩阵。从定义响应的等式可以看出，如果想生成一组输入来得到期望的状态变量作为系统响应，能控性矩阵将被倒转来获得一个 $r(t)$ 合适的解。能控性矩阵基本要求是满秩。能观性的概念和能控性的概念类似。宽泛地说，如果一个系统的初始状态可以由合适的测量输出得到，则说这个系统可观。这是一个重要的特性，它可以用来开发从测量输出预测内在状态变量的滤波器。从实际的观点来看，我们期望知道系统的测量输出是否给出了系统状态变量的完整信息，或是否有系统模态没有被观测出来。能观性使由于传感器制约而不能被直接测量的状态变量的重建成为可能。

8.3.14 状态空间和传递函数的等值关系

由前文介绍可知状态空间和传递函数表达式对线性时不变系统来说是等价的。给出状态空间表达式，求出传函是很容易的，它们之间的关系独一无二。但是，给出传函表达式，系统内在动力学却有无数种状态空间的实现形式，因为状态空间对传函的实现形式不是唯一的。在后一种情况下，建立一个包含最少状态变量的空间形式是非常重要的。

如果我们假设初始条件 $x(0)$ 设定为 0，在拉普拉斯变换域中的输入输出关系如下

$$\boldsymbol{Y}(s)=[\boldsymbol{C}[s\boldsymbol{I}-\boldsymbol{A}]^{-1}\boldsymbol{B}+\boldsymbol{G}]\boldsymbol{U}(s) \tag{8-55}$$

因此，联系输入输出的传递函数可以表示为

$$\boldsymbol{H}(s)=[\boldsymbol{C}[s\boldsymbol{I}-\boldsymbol{A}]^{-1}\boldsymbol{B}+\boldsymbol{G}] \tag{8-56}$$

传递函数就是零初始状态下，输出的拉氏变换和输入拉氏变换的比值，也就是说

$$\boldsymbol{H}(s)=\boldsymbol{Y}(s)\boldsymbol{U}(s)^{-1}=[\boldsymbol{CR}(s)\boldsymbol{B}+\boldsymbol{D}] \tag{8-57}$$

传函的形式是

$$\boldsymbol{H}(s)=\boldsymbol{C}\ [s\boldsymbol{I}-\boldsymbol{A}]^{-1}\boldsymbol{D}=\boldsymbol{C}\times\mathrm{adjoint}\,[s\boldsymbol{I}-\boldsymbol{A}]\times\boldsymbol{D}/(\det[s\boldsymbol{I}-\boldsymbol{A}]) \tag{8-58}$$

其可以进一步表示为

$$\boldsymbol{H}(s)=\boldsymbol{N}(s)/(\det[s\boldsymbol{I}-\boldsymbol{A}]) \tag{8-59}$$

特征方程为

$$\det[s\boldsymbol{I}-\boldsymbol{A}]=a_0s^n+a_1s^{n-1}+\cdots+a_{n-2}s^2+a_{n-1}s+a_n=0 \tag{8-60}$$

特征多项式的根是传函的极点，它们决定系统对输入的自然响应。传函的零点由以下方程

的根给出

$$\boldsymbol{N}(s)=0 \tag{8-61}$$

一个线性系统对一个扰动的响应由一个补足解给出，有以下形式

$$y_c(t)=\sum_{i=1}^{n}A_i\exp(-p_i t) \tag{8-62}$$

式中，p_i 是传函的极点。因此它们必须有足够大的负的实部，以保证当时间趋于无穷时，扰动将衰减到 0。

8.3.15 状态变量的转换

状态矢量是一组用于描述系统内在动力学的变量。这个事实说明状态矢量在本质上不是单一的。因此，我们可以使用一个线性或者非线性的转换器将一组状态矢量转换到另一组。线性转换器保证了系统的线性度。举个例子，我们考虑一个针对于式（8－45）的转换器，考虑状态变量的转换器定义如下

$$\boldsymbol{x}=\boldsymbol{Tz} \tag{8-63}$$

因此，式（8－45）可以表达成

$$\frac{\mathrm{d}}{\mathrm{d}t}\boldsymbol{Tz}(t)=\boldsymbol{ATz}+\boldsymbol{B}u,\ \boldsymbol{y}=\boldsymbol{CTz}+\boldsymbol{G}u \tag{8-64}$$

假设 $\boldsymbol{T}$ 与时间无关，用它的逆乘以式（8－64）

$$\frac{\mathrm{d}}{\mathrm{d}t}\boldsymbol{z}(t)=\boldsymbol{T}^{-1}\boldsymbol{ATz}+\boldsymbol{T}^{-1}\boldsymbol{B}u,\ \boldsymbol{y}=\boldsymbol{CTz}+\boldsymbol{G}u \tag{8-65}$$

这样，式（8－45）转换成了另一组状态空间方程，其中，A 转换成了 $T^{-1}ATz$，B 转换成了 $T^{-1}B$，C 成了 CT，而矩阵 G 没有改变。值得注意的是上述转换叫做相似转换，且一般能保持系统关于稳定性和控制的关键属性不发生改变，特别是系统的特征方程保持不变。

8.3.16 一个全状态反馈控制律设计

如果我们想将一个有 n 个状态变量的单输入系统

$$\frac{\mathrm{d}}{\mathrm{d}t}\boldsymbol{x}_1(t)=\boldsymbol{A}_1\boldsymbol{x}_1+\boldsymbol{B}_1u,\ \boldsymbol{y}(t)=\boldsymbol{C}_1\boldsymbol{x}_1+\boldsymbol{G}u \tag{8-66}$$

转换成一个如下式所述的另外 n 个状态变量的系统

$$\frac{\mathrm{d}}{\mathrm{d}t}\boldsymbol{x}_2(t)=\boldsymbol{A}_2\boldsymbol{x}_2+\boldsymbol{B}_2u,\ \boldsymbol{y}(t)=\boldsymbol{C}_2\boldsymbol{x}_2+\boldsymbol{G}u \tag{8-67}$$

且如果 $\boldsymbol{A}_2$ 和 $\boldsymbol{B}_2$ 已经提前规定，我们可以建立能控性矩阵

$$\boldsymbol{C}_{x1}=[\boldsymbol{B}_1\quad \boldsymbol{A}_1\boldsymbol{B}_1\quad \boldsymbol{A}_1^2\boldsymbol{B}_1\quad \cdots\quad \boldsymbol{A}_1^n\boldsymbol{B}_1] \tag{8-68a}$$

$$\boldsymbol{C}_{x2}=[\boldsymbol{B}_2\quad \boldsymbol{A}_2\boldsymbol{B}_2\quad \boldsymbol{A}_2^2\boldsymbol{B}_2\quad \cdots\quad \boldsymbol{A}_2^n\boldsymbol{B}_2] \tag{8-68b}$$

可以看出，联系两组状态变量的转换器满足

$$\boldsymbol{C}_{x2}=\boldsymbol{T}^{-1}\boldsymbol{C}_{x1} \tag{8-69}$$

因此

$$\boldsymbol{T}=\boldsymbol{C}_{x1}\boldsymbol{C}_{x2}^{-1} \tag{8-70}$$

另一方面，如果 $\boldsymbol{A}_2$ 和 $\boldsymbol{C}_2$ 已经提前规定，我们可以建立能观性矩阵

$$\boldsymbol{O}_{x1}=[\boldsymbol{C}_1 \quad \boldsymbol{C}_1\boldsymbol{A}_1 \quad \boldsymbol{C}_1\boldsymbol{A}_1^2 \quad \cdots \quad \boldsymbol{C}_1\boldsymbol{A}_1^n] \tag{8-71a}$$

$$\boldsymbol{O}_{x2}=[\boldsymbol{C}_2 \quad \boldsymbol{C}_2\boldsymbol{A}_2 \quad \boldsymbol{C}_2\boldsymbol{A}_2^2 \quad \cdots \quad \boldsymbol{C}_2\boldsymbol{A}_2^n] \tag{8-71b}$$

可以看出，联系两组状态变量的转换器满足

$$\boldsymbol{O}_{x2}=\boldsymbol{O}_{x1}\boldsymbol{T} \tag{8-72}$$

进一步地

$$\boldsymbol{T}=\boldsymbol{O}_{x1}^{-1}\boldsymbol{O}_{x2} \tag{8-73}$$

改变状态空间表达式使得一组内在状态变量转化为另一组，在设计控制系统以体现闭环系统的动态响应上极为有用。在控制系统设计中，我们转化系统成为一个特定的规范形式，这种规范形式有利于控制系统的设计，最后再转化成原来的变量以完成设计。例如如果式（8-60）中的系数，$a_0=1$ 和 $n=4$，四阶系统的控制规范形式采用以下形式

$$\boldsymbol{A}_2=\boldsymbol{T}^{-1}\boldsymbol{A}\boldsymbol{T}=\begin{bmatrix}0 & 1 & 0 & 0\\ 0 & 0 & 1 & 0\\ 0 & 0 & 0 & 1\\ -a_4 & -a_3 & -a_2 & -a_1\end{bmatrix},\boldsymbol{B}_2=\boldsymbol{T}^{-1}\boldsymbol{B}=\begin{bmatrix}0\\0\\0\\1\end{bmatrix} \tag{8-74}$$

式中　a_i——式（8-60）特征方程中的系数。

考虑对应的状态空间表达式

$$\frac{\mathrm{d}}{\mathrm{d}t}\boldsymbol{x}_2(t)=\boldsymbol{A}_2\boldsymbol{x}_2+\boldsymbol{B}_2u,\boldsymbol{y}(t)=\boldsymbol{C}_2\boldsymbol{x}_2+\boldsymbol{G}u \tag{8-75}$$

给出控制律形式

$$u=v-\boldsymbol{K}_2\boldsymbol{x}_2=v-[k_1 \quad k_2 \quad k_3 \quad k_4]\boldsymbol{x}_2 \tag{8-76}$$

闭环系统的状态按下式定义

$$\frac{\mathrm{d}}{\mathrm{d}t}\boldsymbol{x}_2(t)=\{\boldsymbol{A}_2-\boldsymbol{B}_2\boldsymbol{K}_2\}\boldsymbol{x}_2+\boldsymbol{B}_2v \tag{8-77}$$

式中

$$\boldsymbol{A}_2-\boldsymbol{B}_2\boldsymbol{K}_2=\begin{bmatrix}0 & 1 & 0 & 0\\ 0 & 0 & 1 & 0\\ 0 & 0 & 0 & 1\\ -a_4-k_1 & -a_3-k_2 & -a_4-k_3 & -a_4-k_4\end{bmatrix},\boldsymbol{B}_2=\begin{bmatrix}0\\0\\0\\1\end{bmatrix} \tag{8-78}$$

期望的闭环动态由特定的极点位置刻画，而极点的位置又对应一组闭环特征方程的系数，期望的闭环系统用控制规范形式表达如下

$$\boldsymbol{A}_{2\_\mathrm{closed}}^{d}=\begin{bmatrix}0 & 1 & 0 & 0\\ 0 & 0 & 1 & 0\\ 0 & 0 & 0 & 1\\ -a_4^d & -a_3^d & -a_2^d & -a_1^d\end{bmatrix},\boldsymbol{B}_2=\begin{bmatrix}0\\0\\0\\1\end{bmatrix} \tag{8-79}$$

式中，a_i^d 是期望的闭环特征多项式的系数。因此控制增益满足

$$a_i^d = a_i + k_{n+1-i} \tag{8-80}$$

控制规范表达式中控制增益为

$$\boldsymbol{K}_2 = [k_i] = [a_{n+1-i}^d - a_{n+1-i}] \tag{8-81}$$

使用式（8-63），将上式转换为原来的状态空间表达式

$$\boldsymbol{K}_1 = \boldsymbol{K}_2 \boldsymbol{T}^{-1}$$

这样，就很容易地在状态空间域中建立起来一个全状态反馈控制律。

8.3.17　根轨迹方法

根轨迹是根据系统稳定性和瞬态响应设计控制律的有效方法。根轨迹将展现出一个系统参数变化时（一般是环路增益），是怎样影响闭环极点的位置，从而影响系统的稳定性和闭环特性的。它也可以用来设计环路增益以达到稳定性和期望的闭环特性。

考虑一个如图 8-27 所示的代表控制系统的简单框图。闭环系统的输出是 $y(t)$，同时也是反馈。在反馈回路中假设有一个滤波器改变反馈值，其传递函数是 $H(D)$ 或者 $H(s)$。滤波器的输出可以和输入指令 $y_i(t)$ 比对，误差信号定义如下

$$e(t) = y_i(t) - H(D)y(t) \tag{8-82}$$

误差信号是系统的控制输入，乘以一个传函 $KG(D)$ 或者 $KG(s)$ 到达输出端，K 是增益。

因此，输出的表达式为

$$y(t) = KG(D)e(t) \tag{8-83}$$

联立输出方程和误差方程，消去 $e(t)$

$$y(t) = KG(D)e(t) = KG(D)[y_i(t) - H(D)y(t)] \tag{8-84}$$

于是有

$$y(t) = \frac{KG(D)}{1+KG(D)H(D)} y_i(t) = T(D)y_i(t) \tag{8-85}$$

可以得到闭环传函

$$T(D) = \frac{KG(D)}{1+KG(D)H(D)} \text{或} \ T(s) = \frac{KG(s)}{1+KG(s)H(s)} \tag{8-86}$$

其中算子“D”可以替换为拉普拉斯变量“s”。

根轨迹技术主要是指在复平面上画出闭环特征根随着增益 K 变化时所形成的轨迹。当环路增益等于 0 时，闭环极点和开环极点重合。当环路增益很大时，闭环极点和开环零点重合。因此，基于开环传函的零极点分布，闭环传函的稳定性可以被确定为一个标量 K（回路增益）的函数。根轨迹可以被用来确定和一组闭环极点相关的回路增益。

常值回路增益是最容易考虑的。比例控制通常会减少上升时间，增加超调，减少稳态误差。积分控制也可以减少上升时间，增加超调和调节时间，但能消除稳态误差。另一方面，微分控制可以减少超调和调节时间，但是不能消除稳态误差。因此，当需要减少稳态误差时，可以将比例与积分相结合，比例积分控制器为

$$K(s)=K\frac{(s+T_I^{-1})}{s} \tag{8-87}$$

其中，T_I 为积分时间常数，该时间常数必须进行调整以获得期望的对静态误差消除的速率。在实际应用中，因为积分控制的作用也是减少上升时间，增加超调，与比例控制作用相同，因此，需要对比例系数适当减小。当稳态误差问题解决后，就可以利用比例微分控制了。比例微分控制器为

$$K(s)=K(T_d s+1) \tag{8-88}$$

选好 T_I 或者 T_d 后，就可以利用根轨迹方法设计这两种类型控制器了。

8.3.18 根轨迹准则

我们将在这一节中考虑特征方程的根是怎样影响闭环控制系统的稳定性和动态响应的。反馈的目标就是影响特征方程，使得特征方程的根在复平面上都位于期望位置上，即设计者利用改变反馈来选择闭环阻尼和固有频率。闭环特征方程可由下式得到

$$1+KG(D)H(D)=0 \tag{8-89}$$

上式右边的项可以被看做是闭环特征多项式和开环特征多项式的比值。上式常被叫做回差方程，其表示在没有实际输入的情况下，反馈回路末端的值和概念上的输入值之差。当回路闭合时，这个差值强制等于 0。函数 $KG(D)H(D)$ 是开环传函，闭环传函的特征方程可以通过使开环传函等于 -1 而获得。所以我们从开环传函中不仅可以获得闭环传函特征方程的增益 K，还可以获得闭环传函特征方程的根。假设 $H(D)$ 是已知的，闭环根可以随着 K 从 0 到无穷变化而形成一条轨迹，我们可以在轨迹上最优地选择 K。随着 K 从 0 到无穷变化时，闭环特征方程的根运动轨迹称为根轨迹。

8.3.19 根轨迹描绘步骤

考虑到一个简单的闭环传递函数

$$T(s)=\frac{C(s)}{R(s)}=\frac{KG(s)}{1+KG(s)H(s)} \tag{8-90}$$

一般开环传函可以表示为

$$KG(s)H(s)=\frac{K(s-z_1)(s-z_2)(s-z_3)\cdots(s-z_m)}{(s-p_1)(s-p_2)(s-p_3)\cdots(s-p_n)} \tag{8-91}$$

式中 m——有限位置零点的数量；

n——有限位置极点的数量。

如果 $n>m$，则在无穷远处有（$n-m$）个零点。

闭环传函的特征方程

$$1+KG(s)H(s)=0 \tag{8-92}$$

于是有

$$\frac{(s-p_1)(s-p_2)(s-p_3)\cdots(s-p_n)}{(s-z_1)(s-z_2)(s-z_3)\cdots(s-z_m)}=-K \tag{8-93}$$

观察式（8-93），在 s 平面上，作为特征方程的根 s，当 $0<K<\infty$时，其必须满足两个条件

1）

$$K=\frac{\text{从点 } s \text{ 到有限位置极点的标量距离积}}{\text{从点 } s \text{ 到有限位置零点的标量距离积}} \tag{8-94}$$

2）在点 s 处

$$\sum \text{angles of the zeros of } G(s)H(s)-\sum \text{angles of the poles of } G(s)H(s)=k(180^\circ) \tag{8-95}$$

式中，$k=\pm1$，±3，±5，…

如果 $G(s)=\dfrac{N(s)}{D(s)}$ 且 $H(s)=\dfrac{J(s)}{M(s)}$，特征方程简化为

$$D(s)M(s)+KN(s)J(s)=0 \tag{8-96}$$

根轨迹是特征方程所有根随着前向增益 K 从 0 到无穷变化时所经过的轨迹。因此，对特定的 K，其对应的特征方程的根都在根轨迹上。根轨迹上所有点都满足方程

$$1+KG(s)H(s)=1+K\frac{N(s)J(s)}{D(s)M(s)}=\frac{D(s)M(s)+KN(s)J(s)}{D(s)M(s)}=0 \tag{8-97}$$

上式也可以写成两个条件的形式

$$\left|K\frac{N(s)J(s)}{D(s)M(s)}\right|=1,\text{angle}\left(K\frac{N(s)J(s)}{D(s)M(s)}\right)=180^\circ \tag{8-98}$$

以上第一个式子称为幅值条件，第二个式子称为幅角条件。

在已知一些特定的点、渐近线、分离点、分离角等情况下，根轨迹可以被相当精确地描绘。描绘根轨迹的一般步骤总结如下。

（1）起点

当 K 等于 0 时，特征根是 $D(s)M(s)$ 的零点。因此，每条轨迹都从 $D(s)M(s)$ 的零点（图上用×表示）开始，轨迹的条数有 n 条，$D(s)M(s)$ 的零点个数也是开环传函极点的数目。

（2）终点

当 K 变得很大时，m 条根轨迹将接近 $N(s)J(s)$ 的 m 个零点，也就是说，$N(s)J(s)$ 的每个零点处都有一条轨迹终结，这些零点也是开环传函的零点（图上用⊙表示）。当 $n>m$时，有 $n-m$ 条根轨迹延渐近线伸向远处。当 $n=m$ 时，没有渐近线。

（3）渐进线

在表 8-5 中，给出了渐近线的数量和角度关系。

当 $n>m$ 时，$n-m$ 条伸向无穷的根轨迹渐近线的角度由下式决定

$$\varphi=\frac{180^\circ\pm k\,360^\circ}{n-m} \tag{8-99}$$

表 8-5　渐近线的数量和角度关系

渐过线的数量	渐近线的角度
1	180°
2	±90°
3	60°,180°,300°
4	45°,135°,225°,315°

渐近线与实轴的交点 σ 的计算公式：

$$\sigma=\frac{\sum[\text{zeros of } D(s)M(s)]-\sum[\text{zeros of } N(s)J(s)]}{n-m} \tag{8-100}$$

(4) 实轴上的轨迹

$D(s)K(s)$ 和 $N(s)J(s)$ 的共轭零点对根轨迹在实轴上的位置没有影响。根轨迹在实轴上的位置只由 $D(s)K(s)$ 和 $N(s)J(s)$ 在实轴上的零点决定。第一个开环零点或极点的右侧实轴上没有根轨迹，但左侧总是有；第二个开环零点或极点的左侧实轴上没有根轨迹，但右侧总是有；第三个开环零点或极点的右侧实轴上没有根轨迹，但左侧总是有；第四个左侧没有，第五个左侧总是有，依次类推。

因此，在实轴根轨迹右侧的实轴上的开环零点和极点的总数为奇数。

(5) 分离的角度

根轨迹从 $D(s)K(s)$ 的复共轭零点离开的角度可以通过选择一个非常靠近零点的试探点 $s=s_d$ 来获得，其满足幅角条件

$$\text{angle}\left(K\frac{N(s_d)J(s_d)}{D(s_d)M(s_d)}\right)=180° \tag{8-101}$$

(6) 终止角度

根轨迹到达 $N(s)J(s)$ 的复共轭零点的角度可以通过选择一个非常靠近零点的试探点 $s=s_a$ 来获得，其满足幅角条件

$$\text{angle}\left(K\frac{N(s_a)J(s_a)}{D(s_a)M(s_a)}\right)=180° \tag{8-102}$$

(7) 分离点或相遇点

要求解根轨迹进入或者离开实轴的点 b 的坐标，可以通过对任意距实轴一个小的垂直距离 Δ 的点应用幅角条件，再求解得到方程中未知项 b 来获得。b 的坐标也可以靠找到一个使得 $\mathrm{d}(KG(b)H(b))/\mathrm{d}b=0$ 成立的实数值 $s=b$ 来获得 。

(8) 虚轴交点

考察根轨迹与虚轴的交点，靠建立特征方程的 Routh 数列来进行。数列的第一列都必须为正，其是计算临界增益 K 的基础。在临界增益下的根的频域值可由辅助方程来解决。

8.3.20　使用 MATLAB 产生根轨迹

考虑一个三阶的闭环系统，前向通路传函和反馈回路传函是

$$H(s)=\frac{1}{(s+3)} \tag{8-103}$$

特征方程可表示为

$$1+K\frac{(s+1)}{s(s+2)(s+3)}=0 \tag{8-104}$$

能在 MATLAB 中使用 rlocus 画根轨迹的特征方程的一般形式

$$1+K\frac{p(s)}{q(s)}=0 \tag{8-105}$$

式中，参数 K 的变化范围是 $0\leqslant K\leqslant\infty$。

创造一个根轨迹应包含的步骤为：

1）获得如式（8-105）形式的特征方程；

2）使用 rlocus 函数形成图像。

对应式（8-104）的根轨迹如图 8-32 所示。

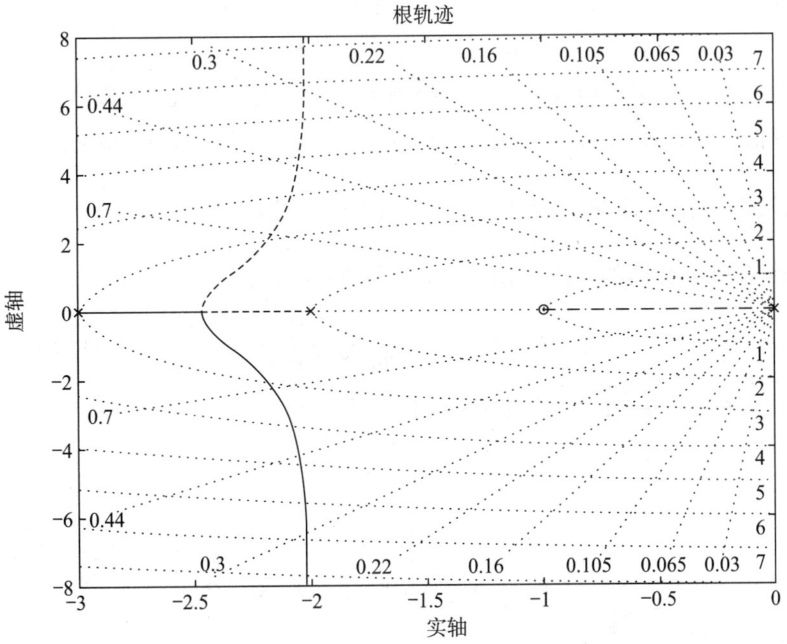

图 8-32　式（8-104）定义的回差方程的根轨迹

MATLAB 函数 rlocus 可以有两种使用方法

a）r=rlocus（num，den）b）r=rlocus（num，den，k）

以上语句直接生成根轨迹，a）中给出了 K 值，b）中未给出 K 值。

a）自动生成 K 的值，在情况 b）下，需要声明 K 的取值范围

a) [r, k] =rlocus (num, den) b) [r, k] =rlocus (num, den, k)

在有左侧参数 [r, k] 的情况下，函数返回根轨迹和对应增益 K 的矩阵。根轨迹还可以使用以下 MATLAB 语句画出。

```
plot (r,'x')
```

上面语句中，(num, den) 指的是式 (8-105) 中的 p 和 q ，r 是复数根的位置，k 是增益矢量。MATLAB 更倾向于使用方法 a)，从式 (8-104) 中取值

```
p= [11];
q= [1560];
[r, k] =rlocus (p, q);
plot (r,'x')
```

左侧参数 [r, k] 未明确给出时的情况是

```
p= [1, 1];
q= [1560];
rlocus (p, q)
```

该函数可自动做出根轨迹图。从轨迹中可以看出，当 K 增加时，根轨迹的两支从实轴上分离。对一个 K 值而言，沿着给出的轨迹来看，闭环系统特征方程有一对复根。

MATLAB 函数 rlocfind 可以用来找到复根对应的增益 K。

rlocfind (p, q)%这个函数需要在已经画出根轨迹之后才能使用，它需要一个激活的 MATLAB 图像窗口，使用光标选择感兴趣的点，随后将显示 K 和选中点的值。

8.3.21　根轨迹方法的应用：单位反馈系统的 PID 控制律设计

考虑一个有单位反馈的二阶传函系统，系统的传函为

$$G(s)=\frac{K}{(s^2+2\omega_p\zeta_p s+\omega_p^2)} \tag{8-106}$$

控制器传函由比例积分微分控制律 (PID) 得到

$$C(s)=K_P+\frac{K_I}{s}+K_D s=K_P\left(1+\frac{1}{\tau_I s}+\tau_D s\right) \tag{8-107}$$

式中

$$K_I=K_P/\tau_I \text{ 和 } K_D=K_P\tau_D \tag{8-108}$$

PID 控制律还可以表达为

$$C(s)=K_P+\frac{K_I}{s}+K_D s=\frac{K_D s^2+K_P s+K_I}{s}=K_P\tau_D\left(\frac{s^2+2\zeta_c\omega_c s+\omega_c^2}{s}\right) \tag{8-109}$$

式中

$$\omega_c=\sqrt{\frac{1}{\tau_D\tau_I}} \text{ 和 } \zeta_c=\frac{1}{2\omega_c\tau_D}=\sqrt{\frac{\tau_I}{4\tau_D}} \tag{8-110}$$

闭环传函为

$$G_c(s)=\frac{C(s)G(s)}{1+C(s)G(s)}=\frac{K_P\tau_D\left(\frac{s^2+2\zeta_c\omega_cs+\omega_c^2}{s}\right)\frac{K}{(s^2+2\omega_p\zeta_ps+\omega_p^2)}}{1+K_P\tau_D\left(\frac{s^2+2\zeta_c\omega_cs+\omega_c^2}{s}\right)\frac{K}{(s^2+2\omega_p\zeta_ps+\omega_p^2)}} \tag{8-111}$$

化简闭环传函

$$G_c(s)=\frac{KK_P\tau_D(s^2+2\zeta_c\omega_cs+\omega_c^2)}{s(s^2+2\omega_p\zeta_ps+\omega_p^2)+KK_P\tau_D(s^2+2\zeta_c\omega_cs+\omega_c^2)} \tag{8-112}$$

对单位阶跃输入的稳态响应可由终值理论得到

$$y_{ss}=\underset{t\to 0}{lt}\,y(t)=\underset{s\to 0}{lt}\,s\left(\frac{G_c(s)}{s}\right)=\underset{s\to 0}{lt}\,G_c(s)=\frac{KK_P\tau_D\omega_c^2}{KK_P\tau_D\omega_c^2}=1 \tag{8-113}$$

进一步地，闭环特征方程为

$$s^3+(2\omega_p\zeta_p+KK_P\tau_D)s^2+(\omega_p^2+2KK_P\tau_D\zeta_c\omega_c)s+KK_P\tau_D\omega_c^2=0 \tag{8-114}$$

如果设计的闭环特征多项式为

$$(s^2+2\zeta_d\omega_ds+\omega_d^2)(s+z_d)=s^3+(2\zeta_d\omega_d+z_d)s^2+(\omega_d^2+2\zeta_d\omega_dz_d)s+\omega_d^2z_d \tag{8-115}$$

对比两式的系数

$$2\omega_p\zeta_p+KK_P\tau_D=2\zeta_d\omega_d+z_d\Rightarrow K_P\tau_D=\frac{2\zeta_d\omega_d+z_d-2\omega_p\zeta_p}{K} \tag{8-116a}$$

$$\omega_p^2+2KK_P\tau_D\zeta_c\omega_c=\omega_d^2+2\zeta_d\omega_dz_d\Rightarrow\zeta_c\omega_c=\frac{\omega_d^2+2\zeta_d\omega_dz_d-\omega_p^2}{2KK_P\tau_D} \tag{8-116b}$$

$$KK_P\tau_D\omega_c^2=\omega_d^2z_d\Rightarrow\omega_c^2=\frac{\omega_d^2z_d}{KK_P\tau_D}\Rightarrow\omega_c=\omega_d\sqrt{\frac{z_d}{KK_P\tau_D}} \tag{8-116c}$$

这样，控制器参数 $K_D=\tau_DK_P$，合适地选择 ω_c 和 ζ_c，使得闭环极点处在期望位置。

但当 τ_I 和 τ_D 事先选定时，只有 K_P 需要通过画回差方程的根轨迹进行选择。

$$1+C(s)G(s)=1+K_{rl}\frac{(s^2+2\zeta_c\omega_cs+\omega_c^2)}{s(s^2+2\omega_p\zeta_ps+\omega_p^2)}=0 \tag{8-117a}$$

式中

$$K_{rl}=KK_P\tau_D \tag{8-117b}$$

这个方法可以应用在任何阶的系统中，不仅是二阶系统。如果系统是任意阶的系统，则回差方程是

$$1+C(s)G(s)=1+K_{rl}\frac{(s^2+2\zeta_c\omega_cs+\omega_c^2)}{s}G(s)=0 \tag{8-118}$$

为了选择控制器常数 τ_I 和 τ_D，我们可以应用 Zeigler - Nicholls 调节准则。基于两种独立方法存在两套调节准则，即四分之一衰减率法和极限灵敏度法。在实际中，一次只能使用其中一个方法。在四分之一衰减率法当中，使用调节准则首先要给出一个衰减率，两个相邻振荡波峰的大小比值等于 0.25。为了获得准则，考虑开环系统的一个阶跃输入，将系统开始响应的时间滞后记为 L。将系统响应中上升直到稳定状态的平均斜率记为 R。基于 L 和 R，我们可以选择控制参数。对于一个纯比例控制器，$K_P=1/RL$；对于一个 PI

控制器，$K_P=0.9/RL$ 且 $\tau_I=L/0.3$；对于一个 PID 控制器，$K_P=1.2/RL$，$\tau_I=2L$ 且 $\tau_D=0.5L$。这些准则能粗略地保证一个 0.25 的衰减率。如果 K_P 不使用根轨迹法进行调整，就应该考虑极限灵敏度法，增益 K_P 调整到 $K_P=K_O$，这时系统处于振荡的临界稳定状态。有必要的话，所有与阻尼有关的参数都化为 0。当系统处在临界稳定状态即连续的振荡状态下时，根轨迹需要有部分跨过虚轴。其与虚轴的交点给出了连续振荡的固有频率 ω_O。振荡的时间周期为 $T_O=2\pi/\omega_O$。对于 PI 控制器来说，$\tau_I=T_O/1.2$；对于一个 PID 控制器来说，$\tau_I=T_O/2$，$\tau_D=T_O/8$。增益 K_P 首先赋值为 $K_P=0.5K_O$，然后再利用根轨迹调整。

8.4 飞行动力学的最优控制

实现性能指标最优化的控制律设计可以通过如下代价函数取得极小值来完成

$$J_{\mathrm{LQR}}=\frac{1}{2}\int_0^\infty(\boldsymbol{x}^{\mathrm{T}}\boldsymbol{Q}\boldsymbol{x}+\boldsymbol{u}^{\mathrm{T}}\boldsymbol{R}\boldsymbol{u})\,\mathrm{d}t=\frac{1}{2}\int_0^\infty(\|\boldsymbol{x}\|_Q+\|\boldsymbol{u}\|_R)\,\mathrm{d}t \tag{8-119}$$

第一项 $\frac{1}{2}\int_0^\infty\|\boldsymbol{x}\|_Q\mathrm{d}t$ 代表状态响应的能量，且提供了状态组合的能量以评价性能。代价函数的第二项 $\frac{1}{2}\int_0^\infty\|\boldsymbol{u}\|_R\mathrm{d}t$ 代表输入控制系统的控制信号所包含的能量。线性二次型调节器（LQR）使用了一个将关于状态量和控制输入的二次型代价函数最小化的线性控制器。因此最优增益矩阵 $\boldsymbol{K}$ 在一个连续的状态空间模型中，状态反馈控制律 $\boldsymbol{u}=-\boldsymbol{K}\boldsymbol{x}$ 使得如下二次型代价函数达到最小

$$J_{\mathrm{LQR}}=\frac{1}{2}\int_0^\infty(\boldsymbol{x}^{\mathrm{T}}\boldsymbol{Q}\boldsymbol{x}+\boldsymbol{u}^{\mathrm{T}}\boldsymbol{R}\boldsymbol{u})\,\mathrm{d}t \tag{8-120}$$

状态矢量需要强制满足动力学模型：$\dot{\boldsymbol{x}}=\boldsymbol{A}\boldsymbol{x}+\boldsymbol{B}\boldsymbol{u}$（Ogata[2]）。代价函数表达式中的矩阵 $\boldsymbol{Q}$ 和 $\boldsymbol{R}$ 的选择可以遵循 Bryson 规则：将 $\boldsymbol{Q}$ 和 $\boldsymbol{R}$ 选作对角矩阵且各元素满足下式（Bryson & Ho[3]）

$$q_{ii}=1/\text{maximum expected value of } x_i^2 \tag{8-121a}$$

$$r_{ii}=1/\text{maximum expected value of } u_i^2 \tag{8-121b}$$

最优控制问题的解可以简要地表达为关于定常的矩阵 Riccati 矩阵 $\boldsymbol{P}$ 的函数，Riccati 矩阵定义如下

$$\mathrm{d}(\boldsymbol{x}^{\mathrm{T}}\boldsymbol{P}\boldsymbol{x})/\mathrm{d}t=-\boldsymbol{x}^{\mathrm{T}}(\boldsymbol{Q}+\boldsymbol{K}^{\mathrm{T}}\boldsymbol{R}\boldsymbol{K})\boldsymbol{x} \tag{8-122}$$

联立上式并消去状态反馈的输入

$$J_{\mathrm{LQR}}=\frac{1}{2}\int_0^\infty\boldsymbol{x}^{\mathrm{T}}(\boldsymbol{Q}+\boldsymbol{K}^{\mathrm{T}}\boldsymbol{R}\boldsymbol{K})\boldsymbol{x}\,\mathrm{d}t=-\frac{1}{2}(\boldsymbol{x}^{\mathrm{T}}\boldsymbol{P}\boldsymbol{x})\big|_0^\infty=\frac{1}{2}[\boldsymbol{x}^{\mathrm{T}}(0)\boldsymbol{P}\boldsymbol{x}(0)] \tag{8-123}$$

通过展开方程（8-122）并求解得到的代数矩阵 Riccati 方程，J_{LQR} 可以获得最小值

$$\boldsymbol{A}^{\mathrm{T}}\boldsymbol{P}+\boldsymbol{P}\boldsymbol{A}^{\mathrm{T}}-\boldsymbol{P}\boldsymbol{B}\boldsymbol{R}^{-1}\boldsymbol{B}^{\mathrm{T}}\boldsymbol{P}+\boldsymbol{Q}=0 \tag{8-124}$$

对代表最优解的式子进行特征值分解，最优增益表达如下

$$\boldsymbol{K}=\boldsymbol{R}^{-1}\boldsymbol{B}^{\mathrm{T}}\boldsymbol{P} \tag{8-125}$$

LQR 控制器的一个重要特点就是：只要系统可控，其闭环就是渐进稳定的。进一步来说，LQR 控制器关于不确定过程有固有的鲁棒性。另外，增益增加时，其幅值裕度趋近无穷大，当增益减小时，其幅值裕度为 −6 dB，其相位裕度至少是 60°。因此，LQR 控制器具有期望的鲁棒性能，并能够被调整以满足其他的要求，这使得 LQR 控制器非常适合飞行控制系统设计。

8.4.1　全状态反馈补偿：观测器和补偿器

最优全状态反馈的整套理论看起来有一种不真实的完美感。但是当这套理论用于实践时，有一个非常严重的问题。有些状态变量是系统内在属性，从而无法测量。也就是说，状态矢量当中只有有限的一些是可测量的。在这种情况下，反馈所有的状态变量是不可能的，而且期望能测量和反馈的状态变量正好就是控制输入需要的状态也是片面而不实际的。因此，必须对所有的状态变量都需要反馈而又不是都可测量这一现象进行“补偿”。一些补偿可以是对测量结果进行滤波而后重构其他的输出变量。要设计这种补偿系统有很多种方法。其中一种是基于观测器的理念。观测器在本质上是一个线性滤波器，被补偿系统（如一个人们想为之设计控制器的系统）的输入和输出都作为该线性滤波器的输入。然后观测器重构符合系统状态空间表达式形式的变量组合。最后观测器的输出和系统输出在合适的增益下线性组合以获得控制系统期望的反馈输入。

8.4.2　用于控制器实现的观测器

当无法获得一个系统的所有状态量作为反馈时，将采用一个“电子”的回路，即观测器（Friedland[4]），来保证附加的反馈状态量填充到可以测量的状态量矩阵中。相比使用整个系统的全部状态来构建反馈控制律，我们常常使用实际可测量的系统输出和观测器一起构建控制律来等效全状态反馈控制律。

为了补偿如下所示系统

$$\dot{\boldsymbol{x}}=\boldsymbol{A}\boldsymbol{x}+\boldsymbol{B}\boldsymbol{u}\,,\boldsymbol{y}=\boldsymbol{C}\boldsymbol{x} \tag{8-126}$$

并非所有状态量都可测量并用于反馈，我们将建立一个符合下式的观测器

$$\dot{\boldsymbol{z}}=\boldsymbol{F}\boldsymbol{z}+\boldsymbol{G}\boldsymbol{y}+\boldsymbol{H}\boldsymbol{u} \tag{8-127}$$

系统的框图形式如图 8－33 所示。

在稳定的状态下，观测器状态和系统的状态矢量有如下线性关系

$$\boldsymbol{z}=\boldsymbol{S}\boldsymbol{x} \tag{8-128}$$

式中　$\boldsymbol{S}$——常值转换矩阵。

全状态反馈控制律关于状态观测器状态 $\boldsymbol{z}$ 和输出 $\boldsymbol{y}$，可以表达为

$$\boldsymbol{u}=\boldsymbol{u}'-\boldsymbol{k}\boldsymbol{x}=\boldsymbol{u}'-\boldsymbol{E}\boldsymbol{z}-\boldsymbol{L}\boldsymbol{y} \tag{8-129}$$

如此状态观测器和状态量的测量值都用在了反馈当中。

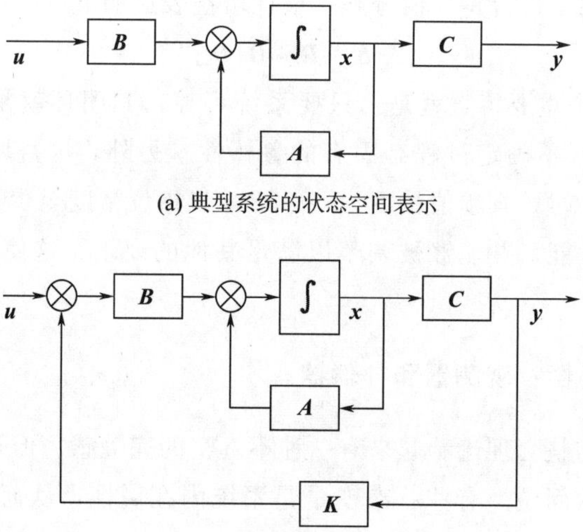

(a) 典型系统的状态空间表示

(b) 全状态反馈系统

图 8-33　系统的框图

8.4.3　观测器方程

为了定义观测方程，需要以下几个步骤：

定义观测误差矢量 $\boldsymbol{e}=\boldsymbol{z}-\boldsymbol{S}\boldsymbol{x}$，其导数是 $\dot{\boldsymbol{e}}=\dot{\boldsymbol{z}}-\boldsymbol{S}\dot{\boldsymbol{x}}$。

这样

$$\dot{\boldsymbol{e}}=\boldsymbol{F}\boldsymbol{z}+\boldsymbol{G}\boldsymbol{y}+\boldsymbol{H}\boldsymbol{u}-\boldsymbol{S}\boldsymbol{A}\boldsymbol{x}-\boldsymbol{S}\boldsymbol{B}\boldsymbol{u}=\boldsymbol{F}(\boldsymbol{z}-\boldsymbol{S}\boldsymbol{x})+(\boldsymbol{F}\boldsymbol{S}+\boldsymbol{G}\boldsymbol{C}-\boldsymbol{S}\boldsymbol{A})\boldsymbol{x}+(\boldsymbol{H}-\boldsymbol{S}\boldsymbol{B})\boldsymbol{u} \tag{8-130}$$

因此，误差矢量满足

$$\dot{\boldsymbol{e}}=\boldsymbol{F}\boldsymbol{e}+(\boldsymbol{F}\boldsymbol{S}+\boldsymbol{G}\boldsymbol{C}-\boldsymbol{S}\boldsymbol{A})\boldsymbol{x}+(\boldsymbol{H}-\boldsymbol{S}\boldsymbol{B})\boldsymbol{u} \tag{8-131}$$

要使观测器从状态和控制中解耦，观测器必须满足一般方程如下

$$\boldsymbol{S}\boldsymbol{A}-\boldsymbol{F}\boldsymbol{S}=\boldsymbol{G}\boldsymbol{C},\boldsymbol{H}=\boldsymbol{S}\boldsymbol{B} \tag{8-132}$$

$$\boldsymbol{k}=\boldsymbol{E}\boldsymbol{S}+\boldsymbol{L}\boldsymbol{C} \tag{8-133}$$

矩阵 $\boldsymbol{F}$ 的特征值必须都在 s 平面的左边，这样观测器误差矢量可以是渐进稳定的。

8.4.4　特殊情况：全阶和一阶观测器

在特殊情况 $\boldsymbol{S}=\boldsymbol{I}$ 时，观测器变为全阶观测器。这种情况下，观测器状态方程为

$$\dot{\boldsymbol{z}}=(\boldsymbol{A}-\boldsymbol{G}\boldsymbol{C})\boldsymbol{z}+\boldsymbol{G}\boldsymbol{y}+\boldsymbol{B}\boldsymbol{u},\boldsymbol{u}=\boldsymbol{u}'-\boldsymbol{k}\boldsymbol{z} \tag{8-134}$$

一个基于闭环系统的全阶状态观测器如图 8-34 所示。我们可以比对基于闭环系统的全状态反馈和全阶状态观测器。

考虑特殊情况 rank $[\boldsymbol{C}\quad \boldsymbol{C}\boldsymbol{A}]^{\mathrm{T}}=n$。在这种情况下观测器将满足一阶观测器的条件，如 $\boldsymbol{F}$ 和 z 是标量。观测方程在这种情况下可以随机地使 $\boldsymbol{F}$ 等于一个标量 $\boldsymbol{F}=f$ 来简单地求解。

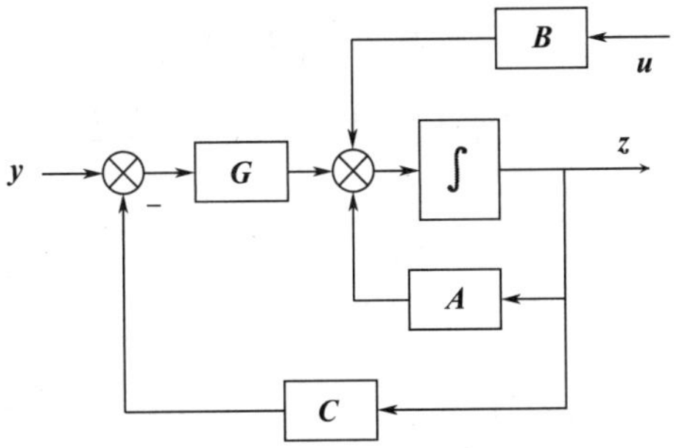

(a) 观测器的框图

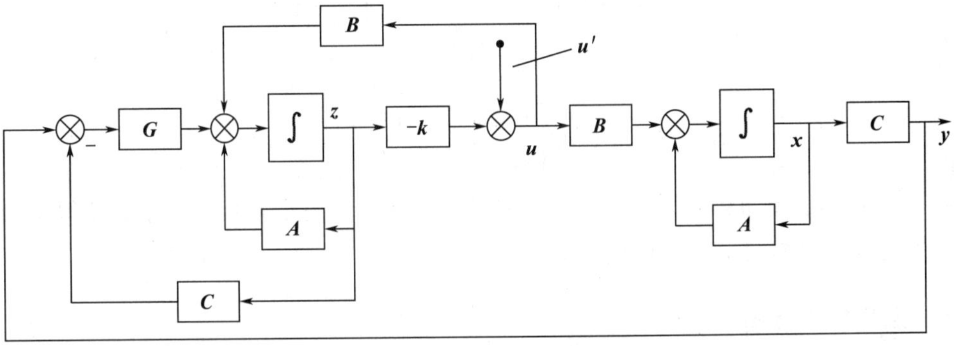

(b) 全阶观测器作为补偿器的闭环系统

图 8 - 34　全阶观测器

$$\boldsymbol{SA}-\boldsymbol{FS}=\boldsymbol{SA}-\boldsymbol{S}f=\boldsymbol{GC},\boldsymbol{S}=(\boldsymbol{A}-\boldsymbol{I}f)^{-1}\boldsymbol{GC},\boldsymbol{H}=\boldsymbol{SB} \tag{8-135}$$

$$\boldsymbol{k}=\boldsymbol{ES}+\boldsymbol{LC}$$

观测器设计成一个最低阶观测器来直接估计矩阵 $\boldsymbol{E}$ 和 $\boldsymbol{L}$，从而其获得了关于控制增益矢量 $\boldsymbol{k}$ 的元素的控制律。

8.4.5　解观测方程

首先考虑二阶观测器。假设 $\boldsymbol{F}$ 是一个 2×2 的矩阵，且其特征方程为

$$\lambda_F(s)=\frac{s^2}{\omega_n^2}+2\zeta_n\frac{s}{\omega_n}+1=0 \tag{8-136}$$

观察到

$$\boldsymbol{FSA}-\boldsymbol{F}^2\boldsymbol{S}=\boldsymbol{FGC},\boldsymbol{SA}^2-\boldsymbol{FSA}=\boldsymbol{GCA} \tag{8-137}$$

因此

$$\boldsymbol{SA}^2-\boldsymbol{F}^2\boldsymbol{S}=\boldsymbol{FGC}+\boldsymbol{GCA} \tag{8-138}$$

相似地

$$\boldsymbol{SA}^3-\boldsymbol{F}^3\boldsymbol{S}=\boldsymbol{F}^2\boldsymbol{GC}+\boldsymbol{FGCA}+\boldsymbol{GCA}^2 \tag{8-139}$$

一般地可以得到

$$SA^{i}-F^{i}S=\sum_{j=0}^{i-1}F^{j}GCA^{i-1-j} \tag{8-140}$$

然而，受 Cayley - Hamilton 理论的影响，矩阵 $\boldsymbol{F}$ 满足其特征多项式

$$\lambda_{F}(F)=\frac{F^{2}}{\omega_{n}^{2}}+2\zeta_{n}\frac{F}{\omega_{n}}+1=\mathbf{0} \tag{8-141}$$

于是有

$$S\lambda_{F}(A)-\lambda_{F}(F)S=S\lambda_{F}(A)=\frac{2\zeta_{n}}{\omega_{n}}GC+\frac{FGC+GCA}{\omega_{n}^{2}} \tag{8-142}$$

因此

$$S=\left(\frac{2\zeta_{n}}{\omega_{n}}GC+\frac{FGC+GCA}{\omega_{n}^{2}}\right)\lambda_{F}^{-1}(A) \tag{8-143}$$

上式也可以表达为

$$S=[G\quad FG]C\begin{bmatrix}(2\zeta_{n}\omega_{n}I+A)/\omega_{n}^{2}\\ I/\omega_{n}^{2}\end{bmatrix}\lambda_{F}^{-1}(A) \tag{8-144}$$

一旦 $\boldsymbol{S}$ 确定，就可以得到观测方程，紧接着，从增益矢量 $\boldsymbol{k}$ 的方程中能获得反馈控制律。这个方法可以推广到更高阶的观测器。

8.4.6 龙贝格观测器

在观测方程中，假设增益矩阵 $\boldsymbol{k}$ 和 $\boldsymbol{C}$ 有如下形式，

$$k=[0\quad I],C=C_{1}[I\quad 0] \tag{8-145}$$

式中，C_1 是非奇异的且 $kx=z+Ly$。观测器方程可以表达为如下形式

$$F=A_{22}-LC_{1}A_{12},G=(A_{21}-LC_{1}A_{11})C_{1}^{-1}+FL,\ H=B_{2}-LC_{1}B_{1} \tag{8-146}$$

在这种情况下，观测器即为估计状态矢量中一些元素的经典降阶龙贝格观测器。

8.4.7 最优化性能准则

在控制系统的设计过程中，需要定义对于扰动输入而言称之为“好”的响应。因此我们可以期望跟随扰动输入的一个特定的系统响应，假设控制系统应该设计满足一些期望的过渡过程性能指标。这些指标在时域里有：

1）最大超调量：阶跃响应中最大值和稳态值之间差值占稳态值的百分比；

2）上升时间：阶跃响应中系统从 0 第一次到稳态值 95%所经历的时间；

3）时间常数：阶跃响应中系统从 0 第一次到稳态值 63.2%所经历的时间；

4）调节时间：阶跃响应中系统响应值稳定在稳态值 5%以内所经历的最短时间；

5）振荡次数：在系统经历调节时间时，产生的振荡次数；

6）积分误差性能：表达为实际输出和期望输出误差的积分

$$I_{nm}=\int_{0}^{\infty}|e(t)|^{n}t^{m}\mathrm{d}t,\quad n=1,2,\quad m=0,1 \tag{8-147}$$

在频率域中，表示“好”的响应指标有：

1）最大放大率所对应的频率响应的振幅不应该超过达到较好的过渡过程品质的特定限制；

2）带宽：幅频特性的数值衰减－3 dB 时所对应的频率范围；

3）谐振频率：最大放大倍率对应的频率；

4）在带宽范围内放大率衰减的速率；

5）幅值裕度和相位裕度。

这些性能指标中的许多项会引起需求矛盾，这些需求常以最优理念满足。此外，在飞行控制系统的设计过程中，我们需要考虑确保飞行器获得良好操纵品质的系统性能需求，这将在下一节中讨论。

8.4.8　模态响应参数的“好”操纵性范围

大约 25 年前，NASA 的 Dryden 飞行研究中心的研究者将军用标准 MIL－F－8785B 应用于 YF－12 和 XB－70 两架飞行器的数据。但是，公平地说，也许只有飞行员才是判定飞行器操纵和性能好坏的最优人选。但是尽管一些技术逐步使得飞行员的观点转换和量化，表达成为量化指标，可飞行员的观点依旧很难量化。基于这些技术，人们已经建立了飞行器动力学模型小扰动参数与飞行员认为好的操纵品质和飞行品质之间的关系。飞行品质对于不同级别的飞行器有不同的要求，飞行器的级别一共分为 4 类。轻小型飞行器是级别Ⅰ，中等质量的飞行器是级别Ⅱ，大型重型飞行器是级别Ⅲ，高机动性飞行器是级别Ⅳ。Ⅰ型飞行器代表的就是一般的通用飞行器；Ⅱ型飞行器代表的是就质量而言不属于Ⅰ型和Ⅲ型的飞行器；Ⅲ型飞行器代表运输类飞行器，Ⅳ型飞行器代表战斗机。因此，飞行器如表 8－6 所示被划分为 4 个等级。

表 8－6　飞行器的级别

等级	特征	等级	特征
Ⅰ	小质量，<600 kg	Ⅲ	大质量，>30 000 kg
Ⅱ	中等质量，600～30 000 kg	Ⅳ	高机动性

飞行被划分为 3 类。A 类是指快速机动和精确航迹跟踪，B 类是指一般性机动，如巡航等不要求精确航线控制，C 类是指一般性机动但要求精确的航迹控制。A 类飞行主要考虑除起降以外需要精确控制航迹的情况；B 类主要考虑到除起降以外的爬升、下降、巡航时航迹精度要求较低的情况；C 类主要是关于飞行器起降时的情况。

飞行器设计者必须严格服从要求。这可以通过做飞行试验，将飞行器性能按 Cooper－Harper 等级量化表从 1 至 10 标度来检验。在这个分级标准下，1 代表良好的操纵性能，飞行工作强度较低，而 10 代表飞行器在操纵性方面有明显缺陷。飞行测试不仅针对飞行器本身，还可以针对飞行器和控制系统的整体。飞行要求一般按飞行品质分为 3 等。飞行品质要求的等级也可以按飞行工作强度划分。等级 1 是飞行品质充分满足飞行相的需求；等级 2 是在增加飞行工作强度及降低任务效率的情况下飞行品质能满足飞行相的需求；等级 3 是指较差的飞行品质，在这种情况下，飞行员必须维持较大的飞行工作强度和低下的任务效率来保证飞行器仍然可控。一般而言，在所有系统正常工作时，飞行器设计应满足等级 1 的飞行品质要求。表 8 - 7 简单归纳了每型飞行器在不同飞行相下的不同飞行模态品质要求。事实上，还有许多其他诸如稳定裕度的需求和度量标准来衡量飞行器的操纵品质和飞行品质。

表 8 - 7 “好”操控性的阻尼和响应时间要求

模式	类/分类/级别	最小阻尼	最小响应时间
Phugoid	Level 1	0.04～0.15	
	Level 2	0	
	Level 3	negative(?)	>55 s
Short Period	A - Level 1	0.35～1.3	less than 2 s
	A - Level 2	0.25～2	2～3 s
	A,B - Level 3	0.1	2～3 s
	B - Level 1	0.3～2	
	B - Level 2	0.2～2	
	C - Level 1	0.5～1.3	
	C - Level 2	0.35～2	
	C - Level 3	0.25	
Roll Subsidence	Ⅰ,Ⅳ,A/C,Level 1		1 s
	Ⅰ,Ⅳ,A/C,Level 1		1.4 s
	Ⅰ,Ⅲ,. A/C,Level 1		1.4 s
	Ⅰ,Ⅱ,Ⅳ,Ⅳ,B,Level 1		1.4 s
	Ⅱ,Ⅲ,. A/C,Level 2		3.0 s
	Ⅰ,Ⅱ,Ⅲ,Ⅳ,B,Level 2		3.0 s
	Level 3		6～8 s
Spiral	A/C Level 1		12 s
	A/C Level 2		8 s
	A/C Level 3		5 s
	B Level 1		20 s
	B Level 2		8 s
	B Level 3		5 s
Dutch Roll	Ⅰ,Ⅳ,A,Level 1	0.19	6 s
	Ⅱ,Ⅲ,A,Level 1	0.19	12 s

续表

模式	类/分类/级别	最小阻尼	最小响应时间
	B，Level 1	0.08	12
	Ⅰ，Ⅳ，C，Level 1	0.08	6
	Ⅱ，Ⅲ，C，Level 1	0.08	12
	Level 2	0.02	12
	Level 3	0.0	15

8.4.9　Cooper - Harper（C - H）等级量表

在军用标准中，驾驶员主观的飞行感受以 Cooper - Harper 等级的形式量化分级（在 1969 年由 Cooper 和 Harper[5] 第一次阐明）。这些都是基于飞行品质的特定解释，这些解释有必要按照飞行员的飞行感受做出量化。飞行员的飞行感受基于他们的技巧、背景和经验，这些飞行感受会因为场合和情况的不同而有变化。但是一个由多个有经验的飞行员给出的统计数据可以作为飞行感受的一个合理指示。Cooper - Harper 等级量表（及其早先版本 Cooper 等级量表），是从 1 到 10 的数字进行等级划分，其中 1 代表最好，10 代表最差。C - H 等级总共被划分成三个操纵品质等级，其对应关系如表 8 - 8 所示。

表 8 - 8　C - H 等级的三级划分

Level	C - H 等级
1	C - H<3.5
2	3.5<C - H<6.5
3	6.5<C - H<9.5

在实际操纵中，Cooper - Harper 量表中的 1～3 被称为等级 1，4～6 被称为等级 2，7～9 被称为等级 3。一个飞行器的操纵品质通常由测试飞行员测量，这样的评价是定性而非定量的。我们引入 Cooper - Harper 等级分配给这些飞行状态不同的数字以供比对。整个等级表有 10 分，1 指代完美的操纵性能，10 指可能存在的最差操纵性能。在划分等级时可能会产生歧义，为了增强评分的可重复性，可参照飞行员对飞行性能和飞行强度的评定。它是一个顺序的等级表，而不是一个间断的等级表。

飞行员的工作强度可以看做安全性的相反量度，飞行员的工作强度越大，他能花在其他重要任务上的精力就少。Cooper - Harper 等级建立了一个评估飞行器操纵品质的方法，最近这种方法又成功运用在了量化飞行员操纵飞行器时工作强度的激进度上。

图 8 - 35 给出了 C - H 等级划分表。较低的值（1～3）表示期望的操控性，这时飞行员的工作强度将不是问题。较高的值（7～9）表示飞行员的工作强度很大，当这个值达到 10 时，表示飞行器在这种条件下完全不可控。

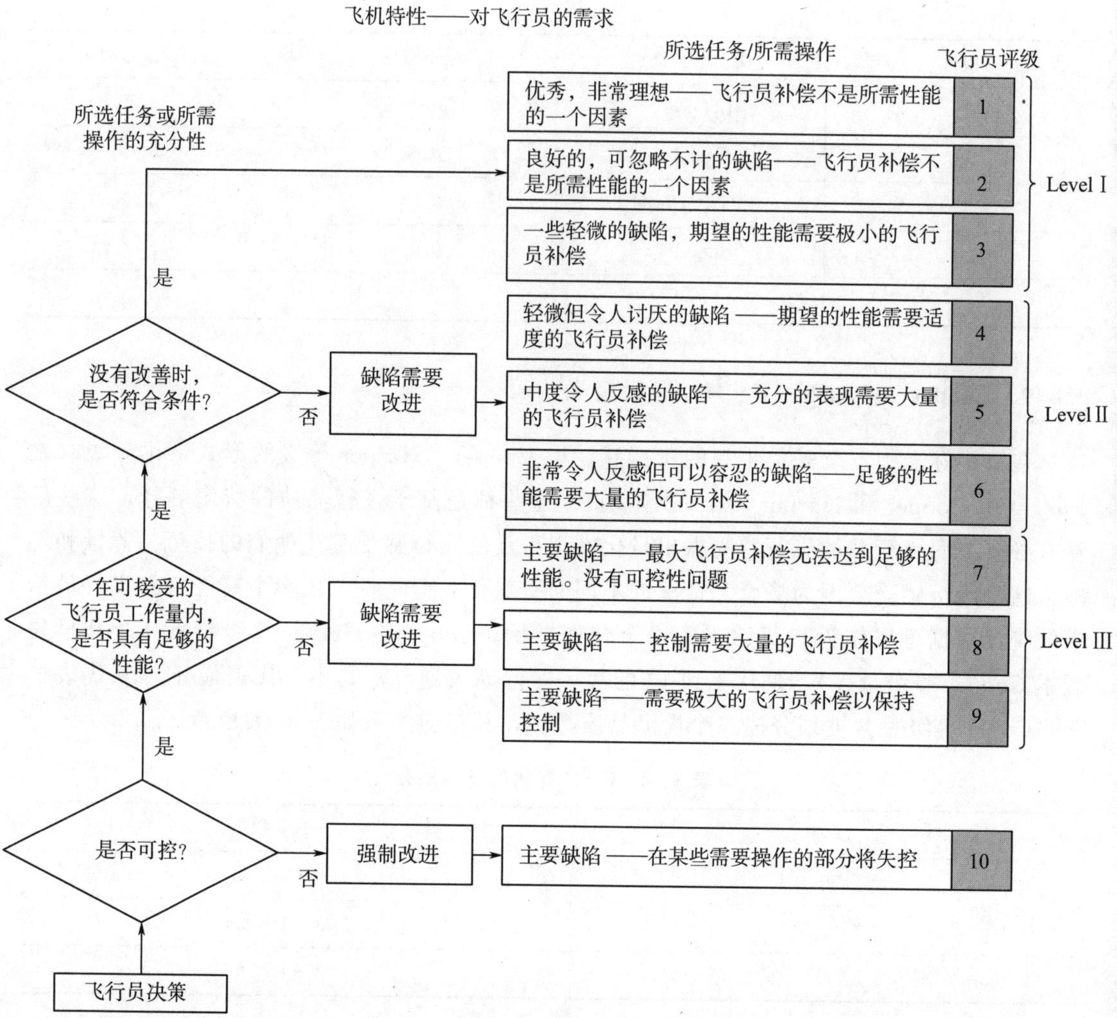

图 8-35　Cooper-Harper（C-H）等级量表

8.5　自动驾驶仪和增稳系统的设计与应用

下述几个小节将讨论一些飞行控制系统的设计实例。更多的例子可以在 Nelson[6] 和 Mclean[7] 的文献中看到。

8.5.1　使用 PID 反馈和根轨迹方法设计俯仰姿态驾驶仪

推力固定，稳定平飞的典型飞行器的简化纵向动力学方程可以表达为

$$\begin{bmatrix}\Delta\dot{u}_s\\\Delta\dot{\alpha}_s\\\Delta\dot{q}_s\\\Delta\dot{\theta}_s\\\Delta\dot{h}\end{bmatrix}=\begin{bmatrix}x_u & U_s^e x_w & 0 & -g & 0\\\dfrac{z_u}{U_s^e} & z_w & 1+z_q & 0 & 0\\m_u & U_s^e m_w & m_q & 0 & 0\\0 & 0 & 1 & 0 & 0\\0 & -U_s^e & 0 & U_s^e & 0\end{bmatrix}\begin{bmatrix}\Delta u_s\\\Delta\alpha_s\\\Delta q_s\\\Delta\theta_s\\\Delta h\end{bmatrix}+\begin{bmatrix}x_\eta\\\dfrac{z_\eta}{U_s^e}\\m_\eta\\0\\0\end{bmatrix}\Delta\eta \tag{8-148}$$

对该典型飞行器而言，升降舵偏量到俯仰角的传函

$$\frac{\Delta\theta_s}{\Delta\eta}=\frac{\{m_\eta s^2+s(x_\eta m_u+z_\eta m_w-m_\eta(x_u+z_w))+a_0\}}{\{s(s-m_q)\Delta_2+s[m_u(g-U_s^e x_w)+U_s^e x_u m_w]-U_s^e s^2 m_w+g(z_u m_w-m_u z_w)\}} \tag{8-149}$$

式中

$$\Delta_2=s^2-s(x_u+z_w)+x_u z_w-z_u x_w \tag{8-150}$$

且

$$a_0=x_\eta(m_w z_u-m_u z_w)+z_\eta(m_u x_w-m_w x_u)+m_\eta(x_u z_w-z_u x_w) \tag{8-151}$$

传函还可以写成

$$\frac{\Delta\theta_s}{\Delta\eta}=G(s)=\frac{\{a_2 s^2+a_1 s+a_0\}}{\{b_4 s^4+b_3 s^3+b_2 s^2+b_1 s+b_0\}} \tag{8-152}$$

或

$$\frac{\Delta\theta_s}{\Delta\eta}=G(s)=K_{\theta\eta}\frac{(s^2+2\zeta_\theta\omega_\theta s+\omega_\theta^2)}{(s^2+2\zeta_{sp}\omega_{sp}s+\omega_{sp}^2)(s^2+2\zeta_{ph}\omega_{ph}s+\omega_{ph}^2)} \tag{8-153}$$

在关联升降舵偏量和俯仰角姿态的传函中，角标“sp”表示短周期模态，角标“ph”表示长周期模态。

假设一个在前向通路中有比例、积分、微分（PID）控制器的单位反馈系统。控制器传递函数如下

$$C(s)=K_P+\frac{K_I}{s}+K_D s=\frac{K_D s^2+K_P s+K_I}{s}=K_D\left(\frac{s^2+2\zeta_c\omega_c s+\omega_c^2}{s}\right) \tag{8-154}$$

总的闭环传递函数可以写成

$$G_C(s)=\frac{\Delta\theta_s}{\Delta\theta_c}=\frac{C(s)G(s)}{1+C(s)G(s)}=\frac{K_D\left(\dfrac{s^2+2\zeta_c\omega_c s+\omega_c^2}{s}\right)\dfrac{\{a_2 s^2+a_1 s+a_0\}}{\{b_4 s^4+b_3 s^3+b_2 s^2+b_1 s+b_0\}}}{1+K_D\left(\dfrac{s^2+2\zeta_c\omega_c s+\omega_c^2}{s}\right)\dfrac{\{a_2 s^2+a_1 s+a_0\}}{\{b_4 s^4+b_3 s^3+b_2 s^2+b_1 s+b_0\}}} \tag{8-155}$$

将上式化简

$$G_C(s)=\frac{K_D(s^2+2\zeta_c\omega_c s+\omega_c^2)(a_2 s^2+a_1 s+a_0)}{b_4 s^5+b_3 s^4+b_2 s^3+b_1 s^2+b_0 s+K_D(s^2+2\zeta_c\omega_c s+\omega_c^2)(a_2 s^2+a_1 s+a_0)} \tag{8-156}$$

观察到闭环阶跃响应在时间 $t\to\infty$ 时，趋于 1。也就是说，作为闭环系统的稳态响应，俯仰姿态跟随指令的俯仰姿态输入。控制器参数是，K_D，ζ_c 和 ω_c。将 ζ_c 和 ω_c 赋予合适

的值，则只剩利用根轨迹法选择增益 K_D。

在控制器是 PI 控制器的情况下，控制器传递函数是

$$C(s)=K_P+\frac{K_I}{s}=\frac{K_P s+K_I}{s}=K_P\left(\frac{s+z_c}{s}\right) \tag{8-157}$$

闭环传函是

$$G_C(s)=\frac{K_P\left(\frac{s+z_c}{s}\right)\frac{\{a_2s^2+a_1s+a_0\}}{\{b_4s^4+b_3s^3+b_2s^2+b_1s+b_0\}}}{1+K_P\left(\frac{s+z_c}{s}\right)\frac{\{a_2s^2+a_1s+a_0\}}{\{b_4s^4+b_3s^3+b_2s^2+b_1s+b_0\}}} \tag{8-158}$$

化简成为

$$G_C(s)=\frac{K_P(s+z_c)(a_2s^2+a_1s+a_0)}{b_4s^5+b_3s^4+b_2s^3+b_1s^2+b_0s+K_P(s+z_c)(a_2s^2+a_1s+a_0)} \tag{8-159}$$

在这种情况下，需要选择 K_P 和 z_c。z_c 给定合适的值，而后通过画根轨迹来选择增益 K_P。选择合适的增益使得所有的闭环特征根均位于左半 s 平面，也就是说，特征方程的所有根都有负实部，以保证渐进稳定性。

下述例子是采用根轨迹方法设计自动驾驶仪和增稳系统的内回路。首先是一个俯仰姿态自动驾驶仪，它需要按要求响应俯仰姿态指令，获得或者保持一个俯仰姿态。在设计自动驾驶仪时，飞行器的某些固有响应也往往需要首先具有足够好的阻尼。就俯仰姿态自动驾驶仪来说，自驾的主要目标是保持飞行器的俯仰方向，在面对飞行过程中发生的持续的大气扰动时，长周期模态必须要有足够的阻尼。上述要求必须在保证其他模态，特别是短周期模态稳定的情况下进行。解决这个问题的其中一种办法就是考虑升降舵偏量和俯仰角之间的传函。假设该闭环系统是一个以俯仰姿态信息为反馈的单位反馈闭环系统（如图 8-36 所示），反馈的俯仰姿态信息是为了和俯仰指令相比较。

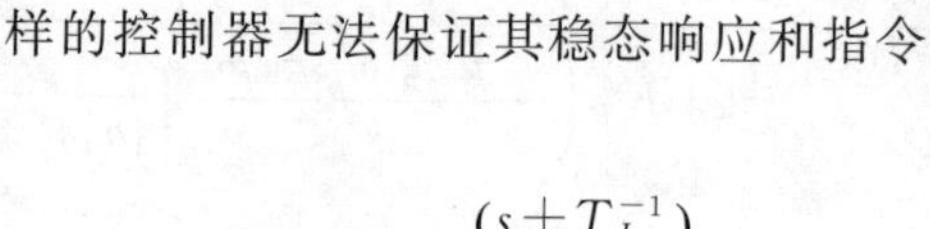

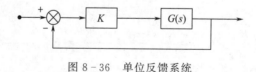

图 8-36　单位反馈系统

首先需要假设控制器是一个增益不变的控制器，这样才可以使用根轨迹方法选择合适的增益 K。我们会发现这样的控制器无法保证其稳态响应和指令相同。基于这个原因，引入比例积分补偿器

$$K(s)=K\,\frac{(s+T_I^{-1})}{s} \tag{8-160}$$

选择一个固定的 T_I，问题又简化为选择合适增益 K 的问题。

最后我们需要包含电-液压伺服舵机的动力学。假设舵机传函为

$$\eta/\eta_c=10/(s+10) \tag{8-161}$$

问题仍然简化为选择合适增益 K 的问题。

下个例子，我们考虑另一架飞行器——A-7A-Corsair，它需要一个适当大小的内部

预补偿反馈，以保证其未加入自驾仪时有充分的稳定特性。预先补偿是俯仰姿态变化率的反馈，其能提供足够的增稳特性。

8.5.2 使用根轨迹方法为 Lockheed F－104 设计俯仰姿态驾驶仪的示例

这个例子是设计对俯仰姿态命令进行响应，获得并保持俯仰姿态的自动驾驶仪。这个例子中，我们给定升降舵偏角对俯仰角的传函

$$\frac{\Delta\theta_s}{\Delta\eta}=G(s)=-\frac{\{4.66s^2+1.8733s+0.1667\}}{\{s^4+0.9260s^3+4.9187s^2+0.0924s+0.1026\}} \quad (8-162)$$

也可以表达为

$$G(s)=\frac{-K(s+z_{sp})}{(s^2+2\omega_{sp}\zeta_{sp}s+\omega_{sp}^2)}\times\frac{(s+z_{ph})}{(s^2+2\omega_{ph}\zeta_{ph}s+\omega_{ph}^2)} \quad (8-163)$$

期望是设计一个自动驾驶仪，使其按照指令值的大小获得和保持俯仰姿态。在这个例子中，首先要画出传递函数的阶跃响应，然后利用根轨迹方法设计一个纯比例控制器，用一个积分项补偿比例增益控制器，再次利用根轨迹方法确定增益以评估设计是否满足所有的性能要求。与比例增益和比例积分增益对应的根轨迹分别如图 8－37 和图 8－38 所示。比例积分控制器的形式如下

$$C(s)=K_P(1+1/10s) \quad (8-164)$$

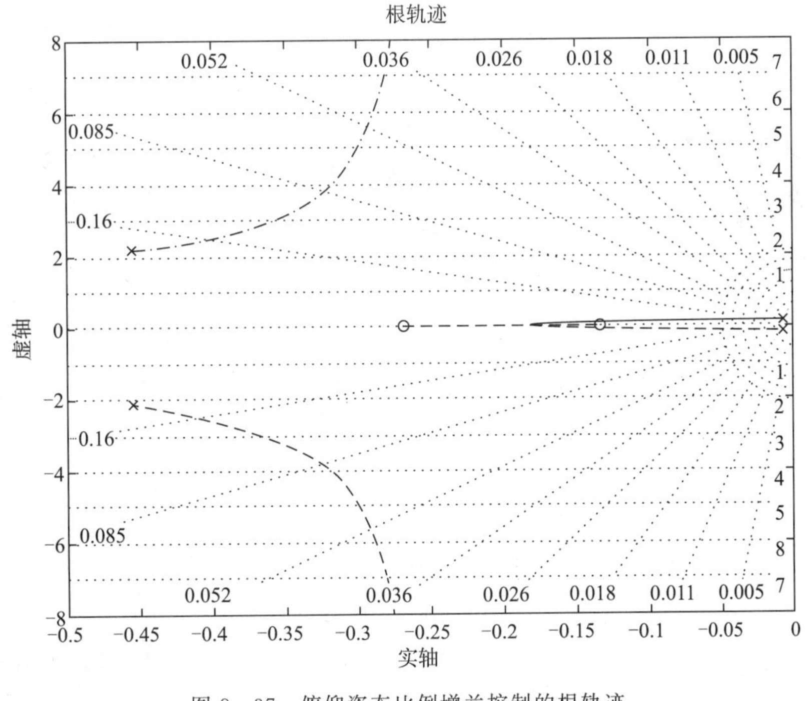

图 8－37　俯仰姿态比例增益控制的根轨迹

带有执行器动力学的比例积分增益的根轨迹如图 8－39 所示。执行器动力学串联在模型上，表达式如下

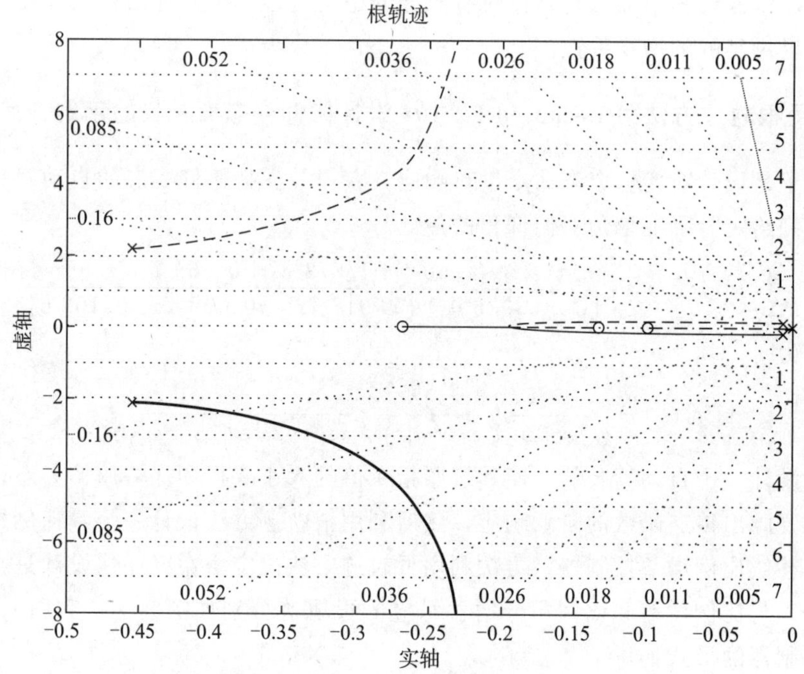

图 8-38　俯仰姿态比例积分增益控制的根轨迹

$$G_{act}(s)=\frac{10}{s+10} \tag{8-165}$$

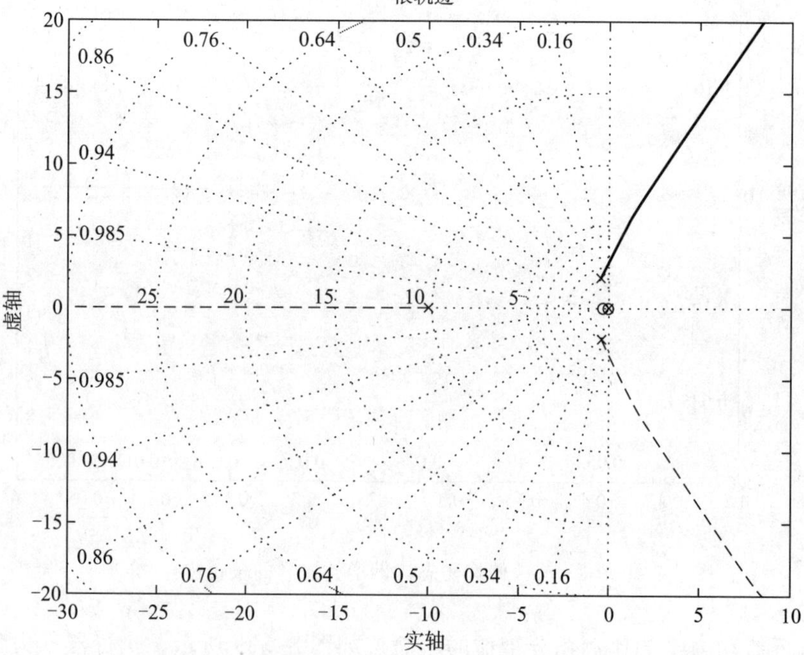

图 8-39　带有执行器和 PI 补偿的根轨迹

8.5.3　使用根轨迹方法设计具有增稳内回路的俯仰姿态自动驾驶仪

这个例子中，以状态空间的形式给出飞行器纵向动力学模型。在以 U_s^e 的速度配平平飞的关于状态变量、简化稳定性导数和升降舵输入 $\Delta\eta$ 的简化线性纵向小扰动方程组如下

$$\begin{bmatrix}\Delta\dot{u}_s\\\Delta\dot{w}_s\\\Delta\dot{q}_s\\\Delta\dot{\theta}_s\end{bmatrix}=\begin{bmatrix}x_u & x_w & x_q & x_\theta\\z_u & z_w & U_0+z_q & z_\theta\\m_u & m_w & m_q & m_\theta\\0 & 0 & 1 & 0\end{bmatrix}\begin{bmatrix}\Delta u_s\\\Delta w_s\\\Delta q_s\\\Delta\theta_s\end{bmatrix}+\begin{bmatrix}x_\eta\\z_\eta\\m_\eta\\0\end{bmatrix}\Delta\eta \tag{8-166}$$

状态变量是稳定性坐标系下的摄动，Δu_s 是纵向速度摄动，Δw_s 是垂直速度摄动，Δq_s 是俯仰角速度摄动，$\Delta\theta_s$ 是俯仰角摄动。通过测算阻尼和固有频率，阶跃响应和特征值范围可以被确定。

用 CorsairⅡ A-7A 的稳定性导数值取代字母，状态方程变为

$$\begin{bmatrix}\Delta\dot{u}_s\\\Delta\dot{w}_s\\\Delta\dot{q}_s\\\Delta\dot{\theta}_s\end{bmatrix}=\begin{bmatrix}-0.04225 & -0.11421 & 0 & -32.2\\-0.20455 & -0.49774 & 317.48 & 0\\0.00003 & -0.00790 & -0.39499 & 0\\0 & 1 & 0 & 0\end{bmatrix}\begin{bmatrix}\Delta u_s\\\Delta w_s\\\Delta q_s\\\Delta\theta_s\end{bmatrix}+\begin{bmatrix}0.00381\\-24.4568\\-4.51576\\0\end{bmatrix}\Delta\eta \tag{8-167}$$

初始时，飞行器靠引入一个俯仰角速率的内环反馈维持稳定。其对应的根轨迹如图 8-40 所示。在图上选取一个合适的增益（$K_P=0.01$），然后设计一个纯比例控制器和一个比例积分控制器，对应的根轨迹如图 8-41 和图 8-42 所示。最后还考虑了执行器动力学的影响，其对应的根轨迹如图 8-43 所示。

8.5.4　高度获取和保持自动驾驶仪设计

在现有内环反馈控制系统的基础上，引入外环反馈控制回路，就可以完成高度获取和保持自动驾驶仪的设计。内回路控制系统是一个俯仰姿态自动驾驶仪，当一个期望的姿态指令输入时，飞行器响应姿态随着时间 $t\to\infty$，趋近于俯仰姿态指令值。可以利用高度信息发布俯仰姿态指令到内回路以控制姿态响应实现高度控制。

为了设计一个高度获取和保持自动驾驶仪，观察到高度的变化率满足如下方程

$$\Delta\dot{h}=U_s^e(\Delta\theta_s-\Delta\alpha_s) \tag{8-168}$$

升降舵偏量和俯仰姿态传递函数之前已经给出

$$\frac{\Delta\theta_s}{\Delta\eta}=\frac{\{a_2s^2+a_1s+a_0\}}{\{b_4s^4+b_3s^3+b_2s^2+b_1s+b_0\}} \tag{8-169}$$

升降舵偏量和攻角的传函为

$$\frac{\Delta\alpha_s}{\Delta\eta}=\left(s(s-x_u)-g\frac{z_u}{U_s^e}\right)\frac{\Delta\theta_s}{\Delta\eta}+\left(\frac{z_\eta}{U_s^e}(s-x_u)+x_\eta\frac{z_u}{U_s^e}\right) \tag{8-170}$$

简化之后，为

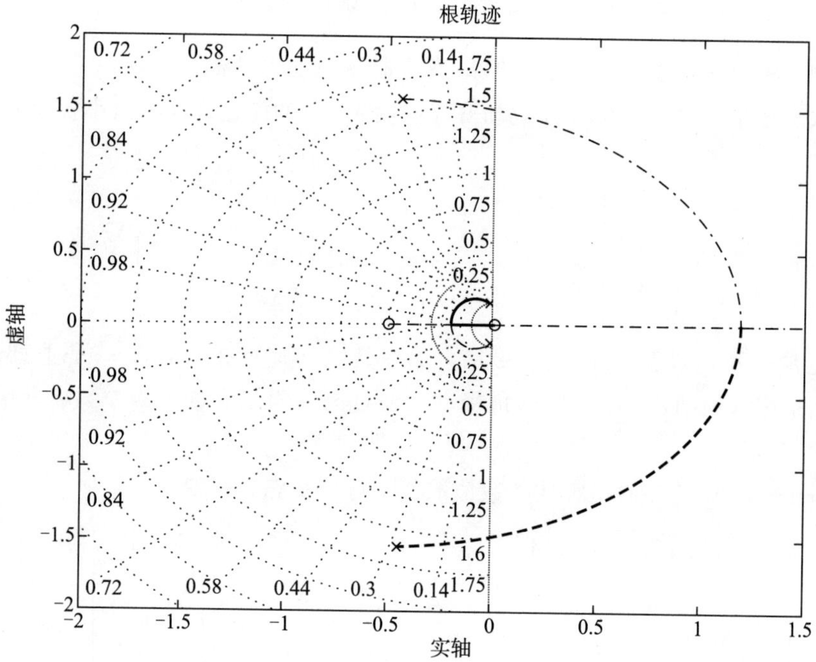

图 8-40　Corsair Ⅱ A-7A 有角速率反馈和内回路控制器的根轨迹

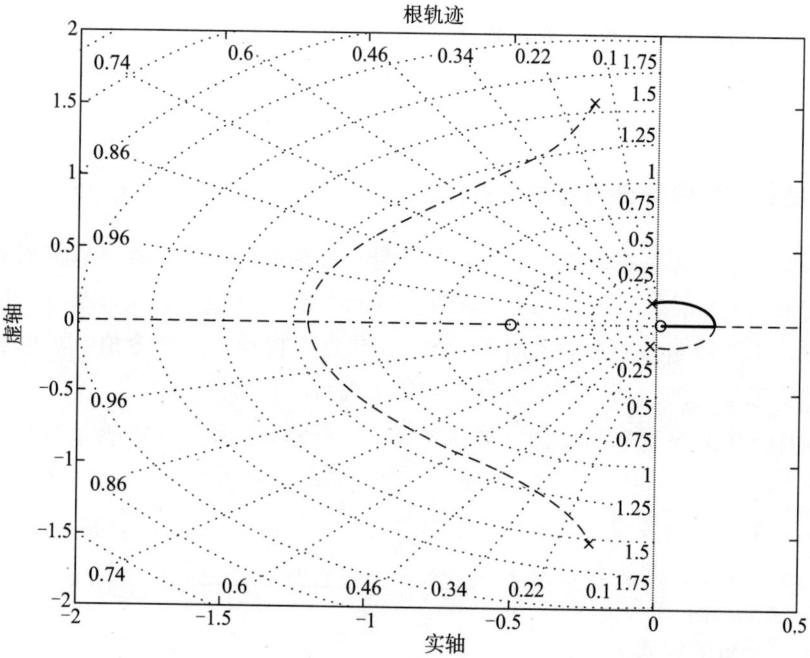

图 8-41　Corsair Ⅱ A-7A 有角速率反馈内回路和比例控制器的根轨迹

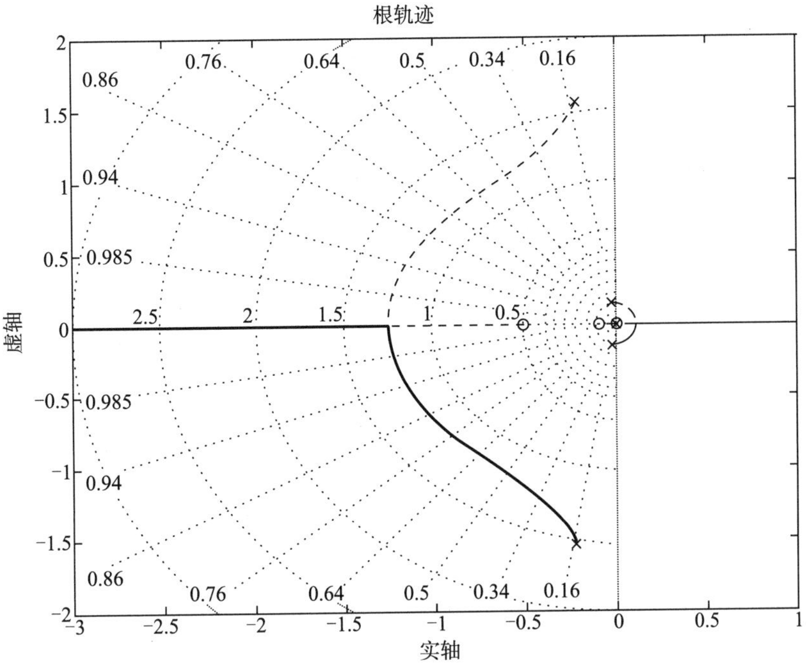

图 8－42　Corsair Ⅱ A－7A 有角速率反馈内回路和比例积分补偿的根轨迹

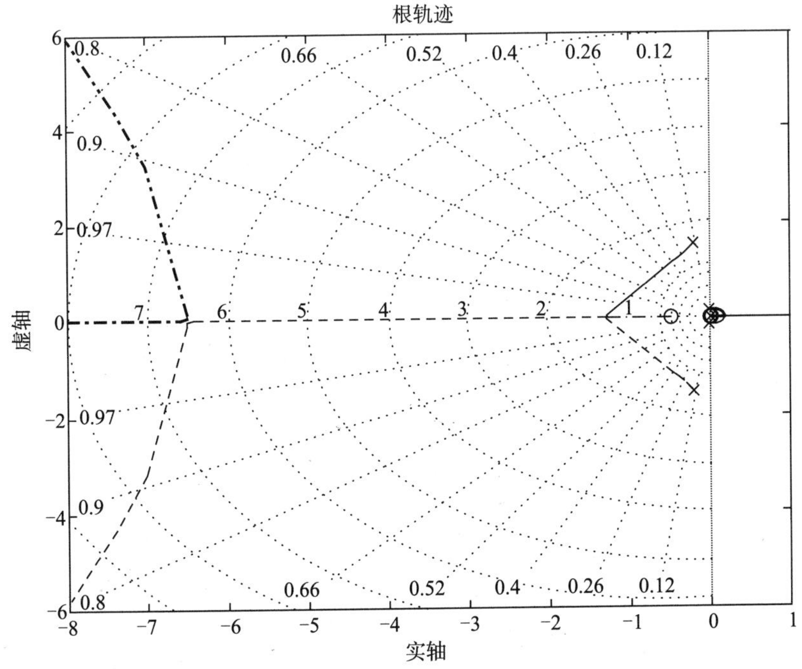

图 8－43　Corsair Ⅱ A－7A 有角速率反馈内回路、执行器动力学和比例积分补偿的根轨迹

$$\frac{\Delta\alpha_s}{\Delta\eta}=\left(s^2-sx_u-g\frac{z_u}{U_s^e}\right)\frac{\Delta\theta_s}{\Delta\eta}+\frac{1}{U_s^e}(z_\eta s-x_u z_\eta+x_\eta z_u) \tag{8-171}$$

由以上各式得

$$U_s^e\left(\frac{\Delta\theta_s}{\Delta\eta}-\frac{\Delta\alpha_s}{\Delta\eta}\right)=U_s^e\left(-s^2+sx_u+1+g\frac{z_u}{U_s^e}\right)\frac{\Delta\theta_s}{\Delta\eta}-(z_\eta s-x_u z_\eta+x_\eta z_u) \tag{8-172}$$

更进一步，闭环俯仰姿态传函

$$\frac{\Delta\eta}{\Delta\theta_c}=\left(1-\frac{\Delta\theta_s}{\Delta\theta_c}\right)C(s) \tag{8-173}$$

因此，俯仰姿态指令到高度变化率的传函为

$$\frac{\Delta\dot{h}}{\Delta\theta_c}=U_s^e\left(-s^2+sx_u+1+g\frac{z_u}{U_s^e}\right)\frac{\Delta\theta_s}{\Delta\theta_c}-(z_\eta s-x_u z_\eta+x_\eta z_u)\frac{\Delta\eta}{\Delta\theta_c} \tag{8-174}$$

消除升降舵偏量，俯仰姿态指令到高度变化率关于俯仰响应和俯仰指令比值的传函

$$\frac{\Delta\dot{h}}{\Delta\theta_c}=U_s^e\left(-s^2+sx_u+1+g\frac{z_u}{U_s^e}\right)\frac{\Delta\theta_s}{\Delta\theta_c}-(z_\eta s-x_u z_\eta+x_\eta z_u)\left(1-\frac{\Delta\theta_s}{\Delta\theta_c}\right)C(s) \tag{8-175}$$

这样，引入俯仰姿态指令到俯仰姿态响应的传函 $G_C(s)$

$$\frac{\Delta\dot{h}}{\Delta\theta_c}=U_s^e\left(-s^2+sx_u+1+g\frac{z_u}{U_s^e}\right)G_C(s)-(z_\eta s-x_u z_\eta+x_\eta z_u)\,[1-G_C(s)]C(s) \tag{8-176}$$

又因为

$$G_C(s)=\frac{K_D sC(s)(a_2s^2+a_1s+a_0)}{b_4s^5+b_3s^4+b_2s^3+b_1s^2+b_0s+K_D sC(s)(a_2s^2+a_1s+a_0)} \tag{8-177}$$

$$1-G_C(s)=\frac{b_4s^5+b_3s^4+b_2s^3+b_1s^2+b_0s}{b_4s^5+b_3s^4+b_2s^3+b_1s^2+b_0s+K_D sC(s)(a_2s^2+a_1s+a_0)} \tag{8-178}$$

因此可以得出，高度响应到俯仰姿态指令的传函形式

$$\frac{\Delta h}{\Delta\theta_c}=\frac{G_H(s)}{s}=\frac{\{q_6s^6+q_5s^5+q_4s^4+q_3s^3+q_2s^2+q_1s+q_0\}}{s\{p_6s^6+p_5s^5+p_4s^4+p_3s^3+p_2s^2+p_1s+p_0\}} \tag{8-179}$$

就期望摄动弹道倾角而言的期望的摄动下降率

$$\Delta\dot{h}_d=U_0\Delta\gamma_d=U_0(\Delta\theta_d-\Delta\alpha_d) \tag{8-180}$$

在飞行器下降时，期望的高度摄动应该满足拉平下降规律，如下所示

$$\tau_F\Delta\dot{h}_d=-\Delta h_d \tag{8-181}$$

式中 τ_F——拉平下降时间常数。

需要的俯仰角指令

$$\Delta\theta_c=K_{Ph}(\Delta h_d-\Delta h)+K_{Dh}\Delta\dot{h}_d=K_{Ph}(\Delta h_d-\Delta h)+K_{Dh}s\Delta h_d \tag{8-182}$$

因此，如果让 $\tau_{Dh}=K_{Dh}/K_{Ph}$，则

$$\frac{\Delta h}{\Delta h_d}=\frac{K_{Ph}(1+\tau_{Dh}s)G_H(s)}{s+K_{Ph}G_H(s)} \tag{8-183}$$

闭环外回路在单位阶跃响应作用下，随着时间 $t\to\infty$，趋于单位 1。通过画根轨迹选

择一个合适的 K_{Ph}，以保证外回路闭合情况下整个闭环的稳定性。

在指定期望的高度变化率时，PI 控制器作用在俯仰角指令到高度变化率的传函范围，然后使得在稳态时飞行器高度等于期望的高度。

这里简要介绍了 F-16 在 $M=0.45$，$h=10\,000$ ft，$cg=0.3\bar{c}$ 和 $\gamma=0°$ 的状态下，其俯仰姿态保持内回路和高度保持自动驾驶仪外回路的设计，纵向动力学状态空间方程为

$$
\begin{bmatrix}
\Delta\dot{u}_s \\
\Delta\dot{\alpha}_s \\
\Delta\dot{q}_s \\
\Delta\dot{\theta}_s \\
\Delta\dot{h} \\
\Delta\dot{\tau}
\end{bmatrix}
=
\begin{bmatrix}
-0.016\,7 & -4.773\,9 & -1.131\,6 & -32.17 & 0 & 0.300\,7 \\
-0.000\,3 & -0.727\,0 & 0.927\,7 & 0 & 0 & 0 \\
0.0 & -1.726\,0 & -0.997\,0 & 0 & 0 & 0 \\
0 & 0 & 1 & 0 & 0 & 0 \\
0 & -484.538\,4 & 0 & 484.538\,4 & 0 & 0 \\
0 & 0 & 0 & 0 & 0 & -1
\end{bmatrix}
\begin{bmatrix}
\Delta u_s \\
\Delta\alpha_s \\
\Delta q_s \\
\Delta\theta_s \\
\Delta h \\
\Delta\tau
\end{bmatrix}
+
$$

$$
\begin{bmatrix}
0 & 0.090\,2 \\
0 & -0.001\,5 \\
0 & -0.125\,3 \\
0 & 0 \\
0 & 0 \\
64.935\,1 & 0
\end{bmatrix}
\begin{bmatrix}
\Delta\tau_c \\
\Delta\eta
\end{bmatrix}
\tag{8-184}
$$

假设升降舵执行机构传递函数为

$$
\frac{\Delta\eta}{\Delta\eta_c} = \frac{20}{s+20} \tag{8-185}
$$

假设没有内部增稳回路。开环升降舵偏量到俯仰姿态传函和升降舵偏量到高度变化率传函为

$$
\frac{\Delta\theta_s}{\Delta\eta_c} = -0.01\frac{\{12.53s^3+21.59s^2+9.14s+0.08\}}{\{s^5+2.740\,7s^4+0.891\,7s^3-0.864\,5s^2+0.001\,2s+0.016\,7\}} \tag{8-186}
$$

和

$$
\frac{\Delta\dot{h}}{\Delta\eta_c} = U_s^e\left(\frac{\Delta\theta_s}{\Delta\eta_c} - \frac{\Delta\alpha_s}{\Delta\eta_c}\right) \tag{8-187}
$$

因此

$$
\frac{\Delta\dot{h}}{\Delta\eta_c} = -0.01\frac{\{0.15s^4-23.82s^3-33.20s^2-9.18s+0.04\}}{\{s^5+2.740\,7s^4+0.891\,7s^3-0.864\,5s^2+0.001\,2s+0.016\,7\}} \tag{8-188}
$$

没有补偿的俯仰姿态回路根轨迹如图 8-44 所示。比例增益应该选为 $K_P=42$。

在前向通路中提供一个 PI 补偿器，以保证俯仰姿态响应遵从俯仰姿态指令。补偿器的传递函数为

$$
C(s) = \frac{10s+1}{10s} \tag{8-189}
$$

有 PI 补偿的俯仰姿态回路的根轨迹如图 8-45 所示。

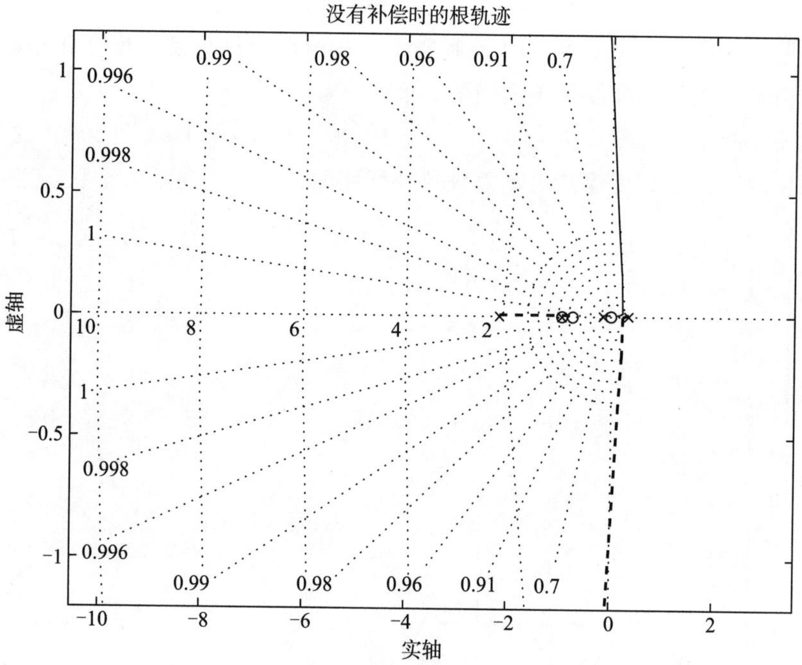

图 8-44　没有补偿时的俯仰姿态回路根轨迹

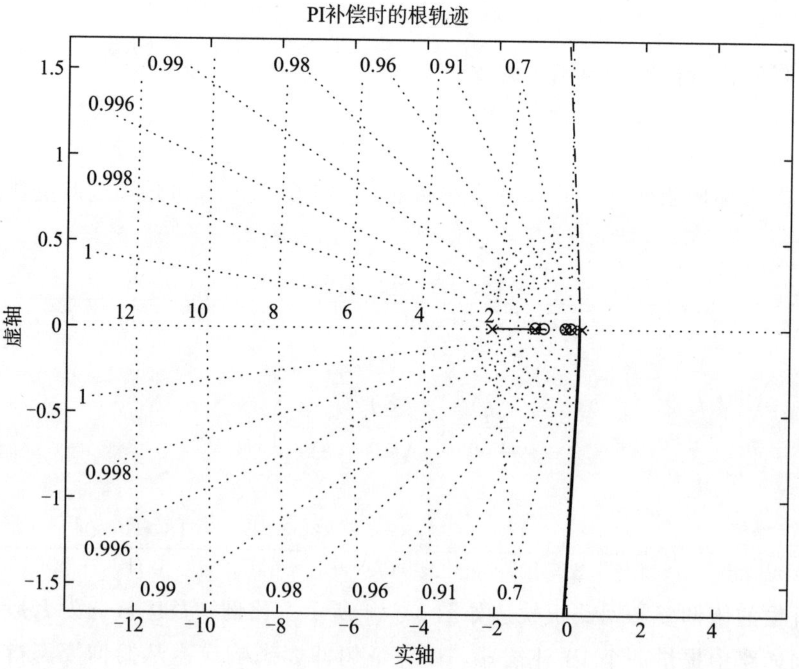

图 8-45　PI 补偿时的俯仰姿态回路根轨迹

此时增益的选择已不能改变。现在来设计高度回路。高度回路的根轨迹如图 8-46 所示。高度回路的前向通路由一个超前网络补偿，其传函为

$$C_h(s)=(1+0.1s) \tag{8-190}$$

高度回路增益选为 $K_{Ph}=0.06$。闭环极点图如图 8-47 所示。该图表明内部增稳回路的设计是令人满意的。

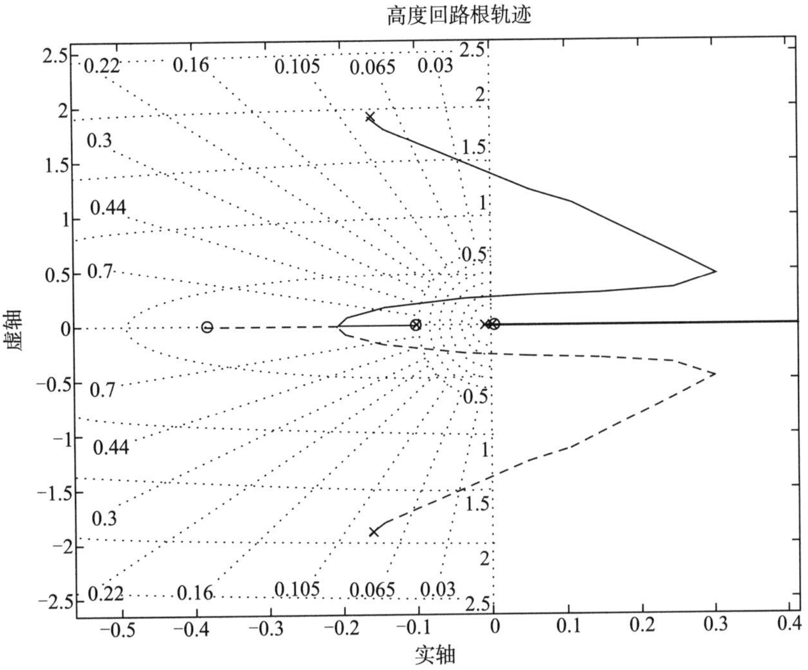

图 8-46　高度回路根轨迹

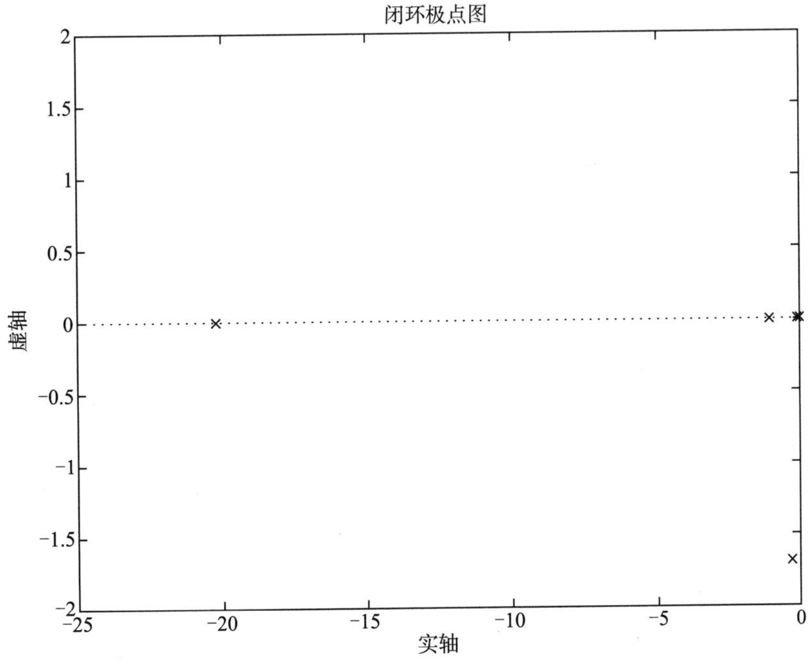

图 8-47　闭环极点图

8.5.5 横侧向滚转姿态自动驾驶仪设计

下面讨论横侧向滚转姿态自动驾驶仪的设计。滚转角自动驾驶仪作用于副翼来控制飞行器的滚转。当飞行器有一个适当的横侧向特性——良好阻尼的滚动模态，振荡的荷兰滚模态和一个缓慢的螺旋运动模态时，自动驾驶仪的设计主要包括比例积分补偿器的选取，也有可能需要改进过度欠阻尼的荷兰滚模态，最后也许还需要滚转角速率形式的预补偿来提供充分的增稳特性。

当推力固定，在稳定平飞状态下，典型飞行器的简化横侧向动力学为

$$\begin{bmatrix}\Delta\dot{\beta}_s\\ \Delta\dot{p}_s\\ \Delta\dot{r}_s\\ \Delta\dot{\phi}_s\\ \Delta\dot{\psi}_s\end{bmatrix}=\begin{bmatrix}y_v & \dfrac{y_p}{U_e^s} & \dfrac{y_r}{U_e^s}-1 & \dfrac{g}{U_e^s} & 0\\ U_e^s l_v & l_p & l_r & 0 & 0\\ U_e^s n_v & n_p & n_r & 0 & 0\\ 0 & 1 & 0 & 0 & 0\\ 0 & 0 & 1 & 0 & 0\end{bmatrix}\begin{bmatrix}\Delta\beta_s\\ \Delta p_s\\ \Delta r_s\\ \Delta\phi_s\\ \Delta\psi_s\end{bmatrix}+\begin{bmatrix}\dfrac{y_\xi}{U_e^s} & \dfrac{y_\zeta}{U_e^s}\\ l_\xi & l_\zeta\\ n_\xi & n_\zeta\\ 0 & 0\\ 0 & 0\end{bmatrix}\begin{bmatrix}\Delta\xi\\ \Delta\zeta\end{bmatrix} \tag{8-191}$$

对横侧向扰动方程进行拉普拉斯变换，消去滚转角速率、扰动偏航角和除了副翼以外的所有输入

$$\begin{bmatrix}s\Delta v_s\\ s^2\Delta\phi_s\\ s\Delta r_s\end{bmatrix}=\begin{bmatrix}y_v & sy_p+y_\phi & y_r-U_e^s\\ l_v & sl_p+l_\phi & l_r\\ n_v & sn_p+n_\phi & n_r\end{bmatrix}\begin{bmatrix}\Delta v_s\\ \Delta\phi_s\\ \Delta r_s\end{bmatrix}+\begin{bmatrix}y_\xi\\ l_\xi\\ n_\xi\end{bmatrix}\Delta\xi \tag{8-192}$$

因此

$$\begin{bmatrix}s-y_v & U_e^s-y_r\\ -n_v & s-n_r\end{bmatrix}\begin{bmatrix}\Delta v_s\\ \Delta r_s\end{bmatrix}=\begin{bmatrix}y_\xi\\ n_\xi\end{bmatrix}\Delta\xi+\begin{bmatrix}sy_p+y_\phi\\ sn_p+n_\phi\end{bmatrix}\Delta\phi_s \tag{8-193}$$

滚动动力学可以表示成

$$s^2\Delta\phi_s-(sl_p+l_\phi)\Delta\phi_s=[l_v\quad l_r]\,[\Delta v_s\quad \Delta r_s]^{\mathrm{T}}+l_\xi\Delta\xi \tag{8-194}$$

但是

$$\begin{bmatrix}\Delta v_s\\ \Delta r_s\end{bmatrix}=\begin{bmatrix}s-y_v & U_e^s-y_r\\ -n_v & s-n_r\end{bmatrix}^{-1}\begin{bmatrix}y_\xi\\ n_\xi\end{bmatrix}\Delta\xi+\begin{bmatrix}s-y_v & U_e^s-y_r\\ -n_v & s-n_r\end{bmatrix}^{-1}\begin{bmatrix}sy_p+y_\phi\\ sn_p+n_\phi\end{bmatrix}\Delta\phi_s \tag{8-195}$$

如果我们让

$$\Delta_2\equiv\det\begin{bmatrix}s-y_v & U_e^s-y_r\\ -n_v & s-n_r\end{bmatrix}=s^2-s(y_v+n_r)+y_vn_r+n_v(U_e^s-y_r) \tag{8-196}$$

$$\begin{bmatrix}\Delta v_s\\ \Delta r_s\end{bmatrix}=\mathrm{Adj}\begin{bmatrix}s-y_v & U_e^s-y_r\\ -n_v & s-n_r\end{bmatrix}\begin{bmatrix}sy_p+y_\phi\\ sn_p+n_\phi\end{bmatrix}\frac{\Delta\phi_s}{\Delta_2}+\mathrm{Adj}\begin{bmatrix}s-y_v & U_e^s-y_r\\ -n_v & s-n_r\end{bmatrix}\begin{bmatrix}y_\xi\\ n_\xi\end{bmatrix}\frac{\Delta\xi}{\Delta_2} \tag{8-197}$$

因此，从滚转动力学方程中

$$s^2\Delta\phi_s-(sl_p+l_\phi)\Delta\phi_s=[l_v\quad l_r]\,[\Delta v_s\quad \Delta r_s]^{\mathrm{T}}+l_\xi\Delta\xi \tag{8-198}$$

消去 $[\Delta v_s \quad \Delta r_s]^T$，求解传函

$$\frac{\Delta p_s}{\Delta \xi}=\frac{s\left\{[l_v \quad l_r]\operatorname{Adj}\begin{bmatrix} s-y_v & U_e^s-y_r \\ -n_v & s-n_r \end{bmatrix}\begin{bmatrix} y_\xi \\ n_\xi \end{bmatrix}+\Delta_2 l_\xi\right\}}{\left[(s^2-sl_p-l_\phi)\Delta_2-[l_v \quad l_r]\operatorname{Adj}\begin{bmatrix} s-y_v & U_e^s-y_r \\ -n_v & s-n_r \end{bmatrix}\begin{bmatrix} sy_p+y_\phi \\ sn_p+n_\phi \end{bmatrix}\right]} \tag{8-199}$$

然而

$$\operatorname{Adj}\begin{bmatrix} s-y_v & U_e^s-y_r \\ -n_v & s-n_r \end{bmatrix}=\begin{bmatrix} s-n_r & y_r-U_e^s \\ n_v & s-y_v \end{bmatrix} \tag{8-200}$$

因此

$$\frac{\Delta p_s}{\Delta \xi}=\frac{s\left\{[l_v \quad l_r]\operatorname{Adj}\begin{bmatrix} s-y_v & U_e^s-y_r \\ -n_v & s-n_r \end{bmatrix}\begin{bmatrix} y_\xi \\ n_\xi \end{bmatrix}+\Delta_2 l_\xi\right\}}{\left[(s^2-sl_p-l_\phi)\Delta_2-[l_v \quad l_r]\operatorname{Adj}\begin{bmatrix} s-y_v & U_e^s-y_r \\ -n_v & s-n_r \end{bmatrix}\begin{bmatrix} sy_p+y_\phi \\ sn_p+n_\phi \end{bmatrix}\right]} \tag{8-201}$$

$$\frac{\Delta p_s}{\Delta \xi}=\frac{s\left\{[l_v \quad l_r]\begin{bmatrix} s-n_r & y_r-U_e^s \\ n_v & s-y_v \end{bmatrix}\begin{bmatrix} y_\xi \\ n_\xi \end{bmatrix}+\Delta_2 l_\xi\right\}}{\left[(s^2-sl_p-l_\phi)\Delta_2-[l_v \quad l_r]\begin{bmatrix} s-n_r & y_r-U_e^s \\ n_v & s-y_v \end{bmatrix}\begin{bmatrix} sy_p+y_\phi \\ sn_p+n_\phi \end{bmatrix}\right]} \tag{8-202}$$

$$\frac{\Delta p_s}{\Delta \xi}=\frac{s\{[l_v(s-n_r)+l_rn_v]y_\xi+[l_v(y_r-U_e^s)+l_r(s-y_v)]n_\xi+\Delta_2 l_\xi\}}{[(s^2-sl_p-l_\phi)\Delta_2-[l_v(s-n_r)+l_rn_v](sy_p+y_\phi)+[l_v(y_r-U_e^s)+l_r(s-y_v)](sn_p+n_\phi)]} \tag{8-203}$$

且

$$\Delta_2 \equiv s^2-s(y_v+n_r)+y_vn_r-n_v(y_r-U_e^s) \tag{8-204}$$

因此，副翼偏量到滚动角速率传函可以表示为

$$\frac{\Delta p_s(s)}{\xi(s)}=\frac{sK_{pa}(s^2+2\zeta_{pa}\omega_{pa}s+\omega_{pa}^2)}{(s+1/T_s)(s+1/T_{rs})(s^2+2\zeta_d\omega_d s+\omega_d^2)} \tag{8-205}$$

副翼到倾斜角的传递函数

$$\frac{\Delta \phi_s(s)}{\xi(s)}=G(s)=\frac{K_{pa}(s^2+2\zeta_{pa}\omega_{pa}s+\omega_{pa}^2)}{(s+1/T_s)(s+1/T_{rs})(s^2+2\zeta_d\omega_d s+\omega_d^2)} \tag{8-206}$$

假设一个在前向通路上有比例、积分、微分（PID）控制器的闭环单位反馈系统。控制器传函为

$$C(s)=K_P+\frac{K_I}{s}+K_Ds=\frac{K_Ds^2+K_Ps+K_I}{s}=K_D\left(\frac{s^2+2\zeta_c\omega_c s+\omega_c^2}{s}\right) \tag{8-207}$$

联系滚倾斜响应和倾斜角指令的闭环传递函数为

$$\frac{\Delta \phi_s}{\Delta \phi_c}=G_C(s)=\frac{C(s)G(s)}{1+C(s)G(s)} \tag{8-208}$$

应用根轨迹方法选择增益 K_D。选择适当的倾斜角 $\Delta\phi_c$，例如假设飞行器处于水平稳定转弯时，则有

$$L\sin\phi = mg\sin\phi/\cos\phi = mU_e^s\dot{\psi} \tag{8-209}$$

就扰动变量而言

$$mg\tan\Delta\phi = mU_e^s\Delta\dot{\psi} \tag{8-210}$$

因此

$$\Delta\phi_c = \Delta\phi = \tan^{-1}(U_e^s\Delta\dot{\psi}/g) \tag{8-211}$$

式中

$$\Delta\dot{\psi} = \Delta r/\cos\theta\cos\Delta\phi \tag{8-212}$$

将这个关系线性化

$$\Delta\phi_c = \Delta\phi = \tan^{-1}(U_e^s r/g) \tag{8-213}$$

考虑到 DC-8 型飞行器的滚动姿态驾驶仪设计。其横侧向方程为

$$\frac{\mathrm{d}}{\mathrm{d}t}\begin{bmatrix}\Delta v\\ \Delta p\\ \Delta r\\ \Delta\phi\end{bmatrix} = \begin{bmatrix}-0.1008 & 0 & -468.2 & 32.2\\ -0.00579 & -1.232 & 0.397 & 0\\ 0.00278 & -0.0346 & -0.257 & 0\\ 0 & 1 & 0 & 0\end{bmatrix}\begin{bmatrix}\Delta v\\ \Delta p\\ \Delta r\\ \Delta\phi\end{bmatrix} + \begin{bmatrix}0\\ -1.62\\ -0.01875\\ 0\end{bmatrix}\xi \tag{8-214}$$

副翼偏量到滚转角的传递函数

$$\frac{\Delta\phi}{\xi} = -\frac{\{1.62s^2 + 0.5871s + 2.2021\}}{\{s^4 + 1.5898s^3 + 1.7820s^2 + 1.9171s + 0.0124\}} \tag{8-215}$$

没有补偿的倾斜角根轨迹如图 8-48 所示。选择比例增益 $K_\phi = 0.3$。有 PI 补偿的倾斜角根轨迹如图 8-49 所示。在这种情况下，比例增益增大到 $K_\phi = 0.75$，补偿器的传函形式是

$$C(s) = \frac{10s+1}{10s} \tag{8-216}$$

8.5.6 偏航阻尼器设计

当一个飞行器在较高的高度上以较低的速度飞行时，荷兰滚模态特性会减弱。为了避免这种情况，我们通常使用一个偏航阻尼器。该例中，展示了偏航阻尼器的设计过程。飞行器的横侧向动力学方程以状态空间的形式给出。为了提高闭环系统的阻尼，需要设计一个使用偏航角速率反馈的纯比例控制器。

偏航角速率响应到方向舵偏量的指令通常包括了所有自然模态。虽然荷兰滚模态的影响更为显著一些，但是螺旋和滚动模态对其也有影响。因此所有的模态都应该是充分稳定的。除此之外，我们使用一个合适的洗出滤波器以避免连续不断地使用方向舵。方向舵伺服执行器和洗出滤波器的传递函数假设为

$$\zeta/\zeta_c = 6/(s+6),\ W(s) = s/(s+0.3) \tag{8-217}$$

可以通过画出开环和闭环的阶跃响应评价冲洗滤波器的影响。

考虑 DC-8 型飞行器的偏航阻尼器设计。有关的横侧向方程可以表达为

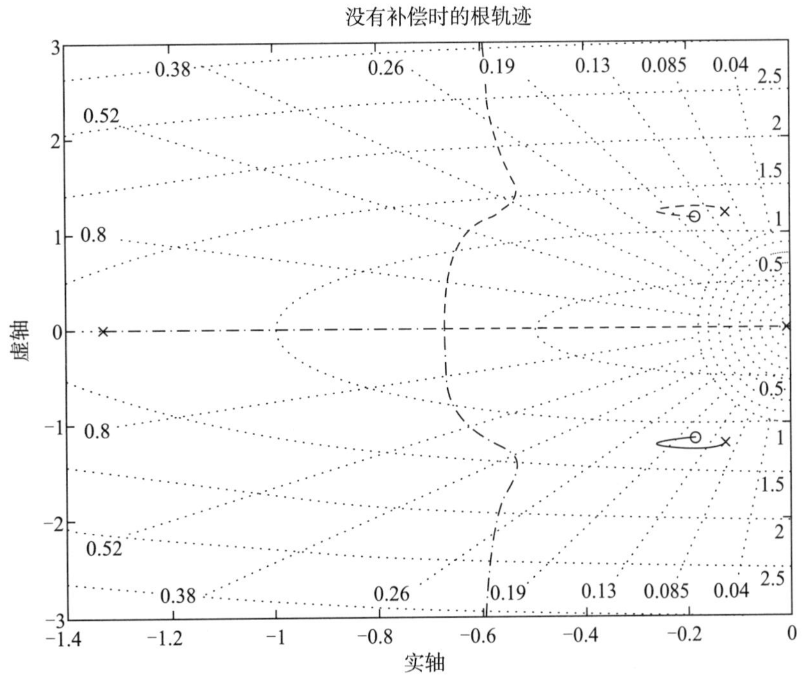

图 8 - 48　没有补偿的偏航角根轨迹

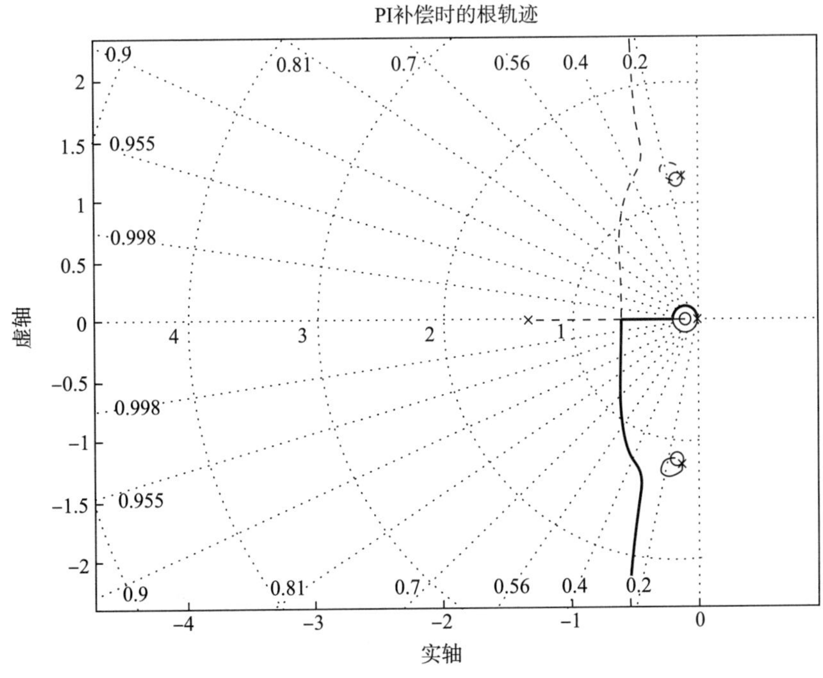

图 8 - 49　有 PI 补偿的倾斜角根轨迹

$$\frac{\mathrm{d}}{\mathrm{d}t}\begin{bmatrix}\Delta v\\ \Delta p\\ \Delta r\\ \Delta\phi\end{bmatrix}=\begin{bmatrix}-0.100\,8 & 0 & -468.2 & 32.2\\ -0.005\,79 & -1.232 & 0.397 & 0\\ 0.002\,78 & -0.034\,6 & -0.257 & 0\\ 0 & 1 & 0 & 0\end{bmatrix}\begin{bmatrix}\Delta v\\ \Delta p\\ \Delta r\\ \Delta\phi\end{bmatrix}+\begin{bmatrix}13.484\,16\\ 0.392\\ -0.864\\ 0\end{bmatrix}\xi \tag{8-218}$$

方向舵偏量到偏航角速率的传函

$$\frac{\Delta r}{\xi}=-\frac{\{0.864s^3+1.1276s^2+0.0598s+0.126\}}{\{s^4+1.5898s^3+1.7820s^2+1.9171s+0.0124\}} \tag{8-219}$$

没有补偿的偏航角速率根轨迹如图 8-50 所示。比例增益选择为 $K_r=3$。带有洗出滤波器的偏航角速率根轨迹如图 8-51 所示。比例增益增加到 $K_r=7.5$，洗出滤波器的传递函数为

$$W(s)=s/(s+0.3) \tag{8-220}$$

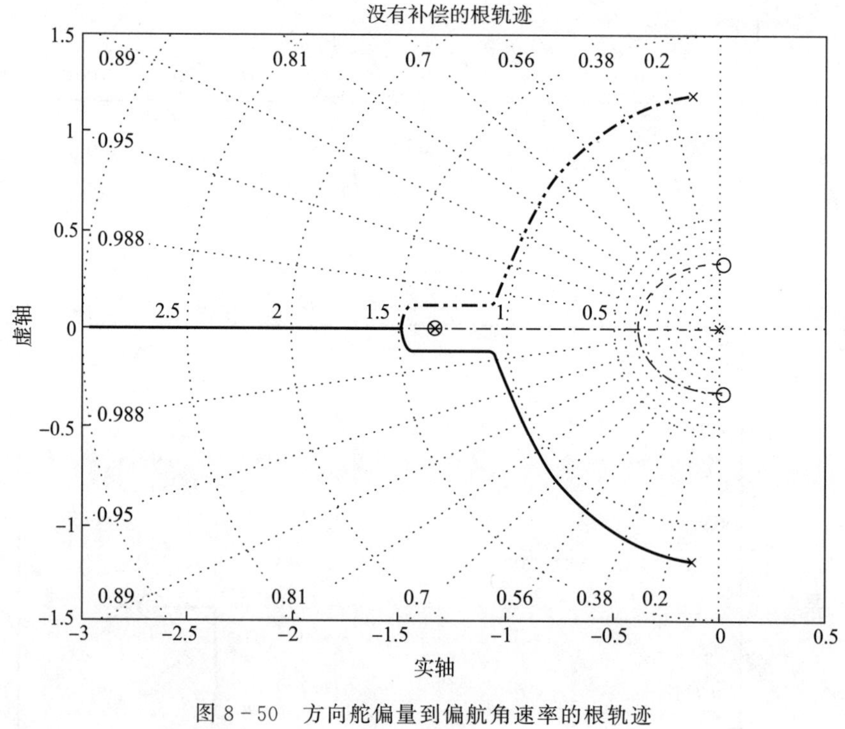

图 8-50　方向舵偏量到偏航角速率的根轨迹

8.5.7　横侧向航向自动驾驶仪设计

我们可以向内回路自动驾驶仪提供一个合适的指令使飞行器沿着期望的航向飞行，从而实现航向自动驾驶仪的设计。给出一个期望的扰动航向角 $\Delta\psi_d$，假设实际航向跟随期望航向信号的能力相对较慢，这样可以假设

$$\tau_\psi\Delta\dot{\psi}=(\Delta\psi_d-\Delta\psi) \tag{8-221}$$

因此保证飞行器沿着期望的航向飞行的合适的倾斜角驾驶仪指令是

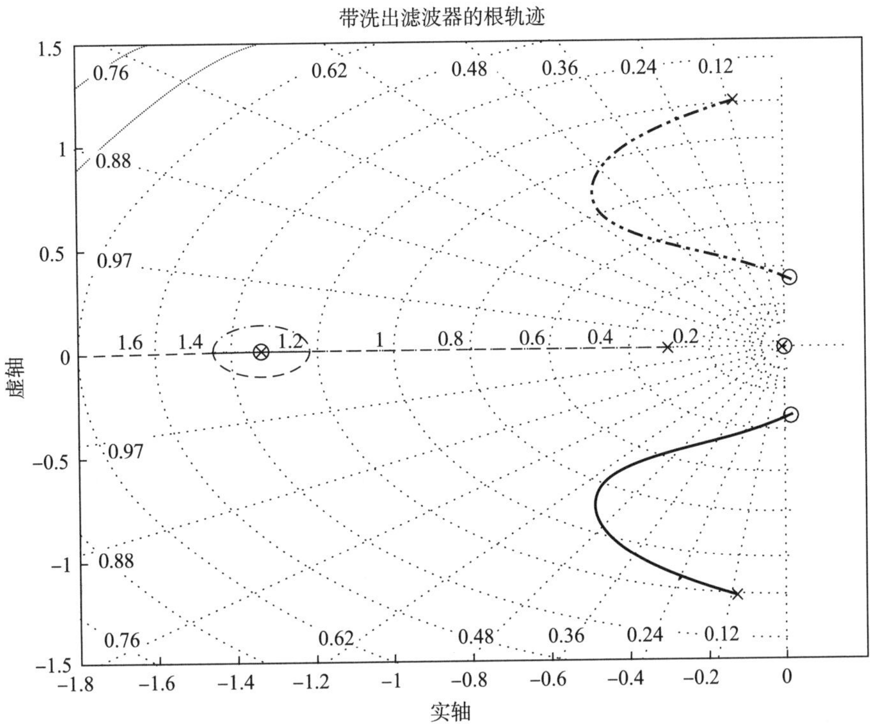

图 8 - 51　带有洗出滤波器的偏航角速率的根轨迹

$$\Delta\phi_c = \tan^{-1}(U_e^s \Delta\dot{\psi}/g) = \tan^{-1}[U_e^s(\Delta\psi_d - \Delta\psi]/\tau_\psi g) \tag{8-222}$$

依据这种倾斜角和航向关系，飞行器将获得期望的航向。

8.5.8　抑制侧滑的协调转弯

当使用副翼来完成飞行器滚动时，在机翼升起的一面，副翼向下偏转，将产生额外的诱导阻力，这将使飞行器向着滚转方向的反方向偏航。这叫做“副翼阻力”而且这种阻力在副翼偏转时总是会出现，其大小随着不同的飞行器而改变。副翼阻力产生的这种效果叫做“反向偏航”。因此，必须引入副翼和方向舵的协调使用来消除这种反向偏航。

实现协调转弯的其中一种方式是侧滑抑制。

当飞行器执行一个恰到好处的协调转弯时，侧滑速度将平稳地保持在 0。这表明飞行器上没有作用使其侧滑的力，整个飞行器的合力作用在其垂直平面内。从而飞行员会有飞行器在稳定平飞时相同的感觉。因此，在协调转弯中，飞行器保持稳定的俯仰姿态、滚转姿态和稳定的偏航角速率来保证航向按稳定的速率改变。当以这种方式配平时，倾斜角和转弯速率将满足一个约束，这个约束叫做“转弯协调约束”。这个约束可以通过强制侧滑角随时间常数衰减的办法来实现，定义如下式

$$\Delta\dot{\beta}_s = -(1/T)\Delta\beta_s \tag{8-223}$$

因此，从简化的横侧向方程组中的第一个方程

$$y_v\Delta\beta_s+\frac{y_p}{U_e^s}\Delta p_s+\frac{y_r}{U_e^s}\Delta r_s+\frac{g}{U_e^s}\Delta\phi_s+\frac{y_\xi}{U_e^s}\Delta\xi+\frac{y_\zeta}{U_e^s}\Delta\zeta=-\frac{1}{T}\Delta\beta_s \tag{8-224}$$

可以用来消除方向舵输入。协调转弯控制器的设计可以简化为一个单输入单输出系统的控制律设计的问题。转弯协调约束可以表达为

$$\Delta\zeta=-\frac{1}{y_\zeta}\left(U_e^s y_v+\frac{U_e^s}{T}\right)\Delta\beta_s-\frac{y_p}{y_\zeta}\Delta p_s-\frac{y_r}{y_\zeta}\Delta r_s-\frac{g}{y_\zeta}\Delta\phi_s-\frac{y_\xi}{y_\zeta}\Delta\xi \tag{8-225}$$

副翼到方向舵的交叉反馈增益通过副翼到方向舵的内在联系获得。因此这个增益被称为副翼到方向舵内在联系增益，表达式为

$$k_{ari}=-\frac{y_\xi}{y_\zeta} \tag{8-226}$$

引入转弯协调约束到横侧向方程组中以消除方向舵输入

$$\begin{bmatrix}\Delta\dot{p}_s\\ \Delta\dot{r}_s\\ \Delta\dot{\phi}_s\end{bmatrix}=\begin{bmatrix}l_p-\frac{y_p}{y_\zeta}l_\zeta & l_r-\frac{y_r}{y_\zeta}l_\zeta & -\frac{g}{y_\zeta}l_\zeta\\ n_p-\frac{y_p}{y_\zeta}n_\zeta & n_r-\frac{y_r}{y_\zeta}n_\zeta & -\frac{g}{y_\zeta}n_\zeta\\ 1 & 0 & 0\end{bmatrix}\begin{bmatrix}\Delta p_s\\ \Delta r_s\\ \Delta\phi_s\end{bmatrix}+ \tag{8-227}$$
$$\begin{bmatrix}l_\xi+k_{ari}l_\zeta\\ n_\xi+k_{ari}n_\zeta\\ 0\end{bmatrix}\Delta\xi+U_e^s\left(\begin{bmatrix}l_v\\ n_v\\ 0\end{bmatrix}-\left(\frac{y_v}{y_\zeta}+\frac{1}{y_\zeta T}\right)\begin{bmatrix}l_\zeta\\ n_\zeta\\ 0\end{bmatrix}\right)\Delta\beta_s$$

假设飞行器已经有了一个偏航阻尼器，定义到副翼的负反馈的横侧向增稳控制律为

$$\Delta\xi=-K_{Pyaw}\Delta r_s \tag{8-228}$$

增益 K_{Pyaw} 的选取可以在根轨迹上检查其传函极点后完成。

这种特殊的比例控制器有一个问题，它会使扰动偏航角速率趋于 0。飞行器飞行过程中，有很多诸如平稳转弯的飞行模态，其要求飞行器跟随一个不为 0 的偏航角速率信号 Δr_{d}。在这种情况下，控制律变化为

$$\Delta\xi=K_{Pyaw}\left(\Delta r_d-\frac{\tau_w s}{\tau_w s+1}\Delta r_s\right) \tag{8-229}$$

测量得到的偏航角速率将首先经过一个如下式所示的滤波器滤波

$$H_w(s)=\frac{\tau_w s}{\tau_w s+1} \tag{8-230}$$

其结果就是平稳状态的偏航角速率信号反馈被滤掉，然后平稳的角速率完全从向副翼的反馈中剔除。由于这个原因，用于洗出反馈信号的滤波器称为洗出滤波器。

8.5.9 最优控制在横侧向控制增稳设计中的应用

这个例子展示了使用最优控制器合成技术设计横侧向控制增稳系统。AFTI－16 型战斗机是一种非传统的战斗机，其左右副翼和升降舵均可以独立运动。在配平的前向速度 597 ft/s 下，AFTI－16 稳定平飞的横侧向线性小扰动方程组如下

$$\begin{bmatrix}\Delta\dot{v}_s\\\Delta\dot{p}_s\\\Delta\dot{r}_s\\\Delta\dot{\phi}_s\end{bmatrix}=\begin{bmatrix}y_v & y_p & y_r-U_s^e & g\\ l_v & l_p & l_r & 0\\ n_v & n_p & n_r & 0\\ 0 & 1 & 0 & 0\end{bmatrix}\begin{bmatrix}\Delta v_s\\\Delta p_s\\\Delta r_s\\\Delta\phi_s\end{bmatrix}+\begin{bmatrix}y_\xi & y_{\eta\mathrm{d}} & y_{ca} & y_\zeta\\ l_\xi & l_{\eta\mathrm{d}} & l_{ca} & l_\zeta\\ n_\xi & n_{\eta\mathrm{d}} & n_{ca} & n_\zeta\\ 0&0&0&0\end{bmatrix}\begin{bmatrix}\Delta\xi\\\Delta\eta_d\\\Delta c_a\\\Delta\zeta\end{bmatrix}\quad(8-231)$$

其简写的状态空间形式为

$$\begin{bmatrix}\Delta\dot{v}_s\\\Delta\dot{p}_s\\\Delta\dot{r}_s\\\Delta\dot{\phi}_s\end{bmatrix}=\boldsymbol{A}\begin{bmatrix}\Delta v_s\\\Delta p_s\\\Delta r_s\\\Delta\phi_s\end{bmatrix}+\boldsymbol{B}\begin{bmatrix}\Delta\xi\\\Delta\eta_d\\\Delta c_a\\\Delta\zeta\end{bmatrix}\quad(8-232)$$

将气动导数符号用这个飞行状态下的具体数值替代

$$\begin{bmatrix}\Delta\dot{v}\\\Delta\dot{p}\\\Delta\dot{r}\\\Delta\dot{\phi}\end{bmatrix}=\begin{bmatrix}-0.154\,099 & 49.185\,035 & -595.998 & 32.17\\ -0.032\,202 & -0.893\,601 & 0.318\,845 & 0\\ 0.003\,845\,6 & -0.000\,888 & -0.278\,676 & 0\\ 0 & 1 & 0 & 0\end{bmatrix}\begin{bmatrix}\Delta v\\\Delta p\\\Delta r\\\Delta\phi\end{bmatrix}+$$
$$\begin{bmatrix}0.213\,129 & 8.595\,606 & 4.378\,995 & 12.635\,505\\ -17.446\,8 & -13.583\,2 & 0.414\,519 & 3.923\,25\\ -0.268\,303 & -1.505\,47 & 1.510\,08 & -1.966\,51\\ 0&0&0&0\end{bmatrix}\begin{bmatrix}\Delta\xi\\\Delta\eta_d\\\Delta c_a\\\Delta\zeta\end{bmatrix}\quad(8-233)$$

控制输入分别为：副翼（差动偏转），升降副翼（差动偏转），鸭翼（差动偏转）和方向舵。虽然不经过补偿的飞行器是稳定的（其特征多项式的根都在 s 平面的左侧），但稳定裕度是不充分的。以评价指标最小化的线性最优控制理论为基础设计一个全状态反馈控制律，评价指标如下

$$J_{LQR}=\frac{1}{2}\int_0^\infty(\boldsymbol{x}^{\mathrm{T}}\boldsymbol{Qx}+\boldsymbol{u}^{\mathrm{T}}\boldsymbol{Ru})\,\mathrm{d}t\quad(8-234)$$

式中，矩阵 $\boldsymbol{Q}$ 和 $\boldsymbol{R}$ 分别如下所示

$$\boldsymbol{Q}=\begin{bmatrix}1/|\Delta v|_{\max}\\1/|\Delta p|_{\max}\\1/|\Delta r|_{\max}\\1/|\Delta\phi|_{\max}\end{bmatrix}^{\mathrm{T}}\begin{bmatrix}w_v&0&0&0\\0&w_p&0&0\\0&0&w_r&0\\0&0&0&w_\phi\end{bmatrix}\begin{bmatrix}1/|\Delta v|_{\max}\\1/|\Delta p|_{\max}\\1/|\Delta r|_{\max}\\1/|\Delta\phi|_{\max}\end{bmatrix}=\begin{bmatrix}1\\1/0.1\\1/0.1\\1/\sqrt{0.1}\end{bmatrix}^{\mathrm{T}}\begin{bmatrix}1&0&0&0\\0&1&0&0\\0&0&1&0\\0&0&0&0\end{bmatrix}\begin{bmatrix}1\\1/0.1\\1/0.1\\1/\sqrt{0.1}\end{bmatrix}\quad(8-235)$$

$$\boldsymbol{R}=\begin{bmatrix}1/|\Delta\xi|_{\max}\\1/|\Delta\eta_d|_{\max}\\1/|\Delta c_a|_{\max}\\1/|\Delta\zeta|_{\max}\end{bmatrix}^{\mathrm{T}}\begin{bmatrix}w_\xi&0&0&0\\0&w_\eta&0&0\\0&0&w_c&0\\0&0&0&w_\zeta\end{bmatrix}\begin{bmatrix}1/|\Delta\xi|_{\max}\\1/|\Delta\eta_d|_{\max}\\1/|\Delta c_a|_{\max}\\1/|\Delta\zeta|_{\max}\end{bmatrix}=\begin{bmatrix}10\\10/0.1\\10/0.1\\10/\sqrt{0.1}\end{bmatrix}^{\mathrm{T}}\begin{bmatrix}1&0&0&0\\0&1&0&0\\0&0&1&0\\0&0&0&0\end{bmatrix}\begin{bmatrix}10\\10/0.1\\10/0.1\\10/\sqrt{0.1}\end{bmatrix}\quad(8-236)$$

使用 MATLAB 中的 m 文件 lqr. m，控制增益矩阵 $\boldsymbol{K}$ 在如下状态反馈控制律中的值如式（8－238）所示

$$\begin{bmatrix} \Delta\xi \\ \Delta\eta_d \\ \Delta c_a \\ \Delta\zeta \end{bmatrix} \equiv \boldsymbol{u} = -\boldsymbol{K}\boldsymbol{x} + \boldsymbol{u}_f \equiv -\boldsymbol{K}\begin{bmatrix} \Delta v_s \\ \Delta p_s \\ \Delta r_s \\ \Delta\phi_s \end{bmatrix} + \boldsymbol{u}_f \tag{8-237}$$

$$\boldsymbol{K} = \begin{bmatrix} -0.0495 & -1.1126 & 3.5917 & -0.4642 \\ 0.0011 & -0.0028 & -0.1627 & 0.0035 \\ -0.0014 & -0.0059 & 0.2060 & -0.0076 \\ 0.0237 & 0.1164 & -3.0561 & 0.1221 \end{bmatrix} \tag{8-238}$$

其闭环动力学可以表达为

$$\dot{\boldsymbol{x}} = \boldsymbol{A}\boldsymbol{x} - \boldsymbol{B}\boldsymbol{K}\boldsymbol{x} + \boldsymbol{B}\,\boldsymbol{u}_f = (\boldsymbol{A} - \boldsymbol{B}\boldsymbol{K})\,[\boldsymbol{x} - (\boldsymbol{B}\boldsymbol{K} - \boldsymbol{A})^{-1}\boldsymbol{B}\,\boldsymbol{u}_f]$$

因此

$$\dot{\boldsymbol{x}} = (\boldsymbol{A} - \boldsymbol{B}\boldsymbol{K})\left(\begin{bmatrix} \Delta v_s \\ \Delta p_s \\ \Delta r_s \\ \Delta\phi_s \end{bmatrix} - \begin{bmatrix} \Delta v_d \\ 0 \\ \Delta r_d \\ \Delta\phi_d \end{bmatrix}\right) \tag{8-239}$$

式中

$$\begin{bmatrix} \Delta v_d \\ \Delta r_d \\ \Delta\phi_d \end{bmatrix} = \begin{bmatrix} -5.1925 & 12.0215 & -15.9667 & 26.1907 \\ -0.1414 & -0.2950 & 0.2316 & -0.2578 \\ -2.6477 & -5.4587 & 3.8294 & -4.7092 \end{bmatrix}\boldsymbol{u}_f \tag{8-240}$$

因此

$$\boldsymbol{u}_f = \begin{bmatrix} 1 & 0 & 0 & 0 \\ -1.0790 & -0.0519 & 12.5715 & -0.9769 \\ 0.0247 & 0.0090 & 43.2463 & -2.3173 \\ 0.7086 & 0.0675 & 20.5941 & -0.9643 \end{bmatrix}\begin{bmatrix} \Delta\xi \\ \Delta v_d \\ \Delta r_d \\ \Delta\phi_d \end{bmatrix} \tag{8-241}$$

8.6　指令或者控制增稳系统的性能评价

当评价一个指令增稳系统的性能时，通常定义一个称作 C^* 的性能度量标准。它混合了驾驶操纵位置对应的法向加速度和俯仰角速率。这个标准经常被飞行员用于评价一架飞行器的纵向操作性能。假设当飞行器低速飞行时，飞行员的前庭器官主要通过感受俯仰角速率来感知飞行器纵向的响应；当飞行器高速飞行时，飞行员对其座位处的法向加速度更为敏感。最后，我们考虑在设计一个控制增稳系统时使用基于飞行员运动感度的度量标准 C^* 的计算，这需要 C^* 的单位阶跃响应稳定并处于一个可接受的包线范围内。

综合考虑了飞行员座位处的纵向过载信息和俯仰角速率的 C^* 被定义为法向加速度和俯仰角速率的加权和

$$C^*=\frac{a_n}{g}+\frac{q}{q_0} \tag{8-242}$$

$$a_n=a_{n\_cg}+L_p\dot{q}=Uq-\dot{w}+L_p\dot{q}=[0\quad -1\quad L_p\quad U][\dot{u}\quad \dot{w}\quad \dot{q}\quad \dot{\theta}]^{\mathrm{T}} \tag{8-243}$$

式中　L_p——飞行员座位到飞行器重心的距离；

U——飞行员座位处的前向平飞速度。

于是可知如下等式成立

$$C^*=\frac{a_n}{g}+\frac{q}{q_0}=\frac{1}{g}[0\quad -1\quad L_p\quad U+U_{cr}][\dot{u}\quad \dot{w}\quad \dot{q}\quad \dot{\theta}]^{\mathrm{T}},U_{cr}=\frac{g}{q_0} \tag{8-244}$$

式中　U_{cr}——截止速度。

当飞行器的速度低于 U_{cr} 时，C^* 主要由俯仰角速率决定，而超过截止速度时，主要由法向过载决定。指令增稳系统的设计主要基于 C^* 的响应和稳定性。

8.7　使用局部动态逆方法的线性小扰动动力学飞行控制律设计

为了介绍局部动态逆的概念，我们考虑一个基于它的俯仰姿态自动驾驶仪设计。一架典型战斗机平飞的简化纵向动力学方程组表示如下（推力固定）

$$\begin{bmatrix}\Delta\dot{u}_s\\ \Delta\dot{\alpha}_s\\ \Delta\dot{q}_s\\ \Delta\dot{\theta}_s\\ \Delta\dot{h}\end{bmatrix}=\begin{bmatrix}x_u & U_s^e x_w & 0 & -g & 0\\ \dfrac{z_u}{U_s^e} & z_w & 1+z_q & 0 & 0\\ m_u & U_s^e m_w & m_q & 0 & 0\\ 0 & 0 & 1 & 0 & 0\\ 0 & -U_s^e & 0 & U_s^e & 0\end{bmatrix}\begin{bmatrix}\Delta u_s\\ \Delta\alpha_s\\ \Delta q_s\\ \Delta\theta_s\\ \Delta h\end{bmatrix}+\begin{bmatrix}x_\eta\\ \dfrac{z_\eta}{U_s^e}\\ m_\eta\\ 0\\ 0\end{bmatrix}\Delta\eta \tag{8-245}$$

为了设计俯仰姿态驾驶仪，假设控制命令的扰动角 $\Delta\theta_c$ 已知。第一步是建立需要的俯仰姿态角速率

$$\tau_\theta\Delta\dot{\theta}_d=\Delta\theta_c-\Delta\theta_s \tag{8-246}$$

下一步是定义扰动俯仰角速率命令

$$\Delta q_d=\Delta\dot{\theta}_d \tag{8-247}$$

假设前向速度的扰动量指令 $\Delta u_d=0$，且攻角的扰动量指令 $\Delta\alpha_d=0$。

由俯仰角速率的动力学方程组

$$\Delta\dot{q}_s=m_u\Delta u_s+U_s^e m_w\Delta\alpha_s+m_q\Delta q_s+m_\eta\Delta\eta \tag{8-248}$$

解出升降舵偏角，假设 $\Delta\eta_{aux}$ 是辅助的控制输入，则升降舵偏角的表达式为

$$\Delta\eta=\Delta\eta_{aux}-\frac{m_u\Delta u_s+U_s^e m_w\Delta\alpha_s+m_q\Delta q_s}{m_\eta} \tag{8-249}$$

俯仰角速率的动力学方程简化为

$$\Delta\dot{q}_s=m_\eta\Delta\eta_{aux} \tag{8-250}$$

假设控制律形式如下

$$\Delta\eta_{aux}=\frac{K_{Pq}(\Delta q_d-\Delta q_s)+K_{Iq}\int(\Delta q_d-\Delta q_s)\mathrm{d}t}{m_\eta} \tag{8-251}$$

必须选择增益 K_{Iq} 和 K_{Pq} 以保证充分的稳定裕度。稳定的结果就是：随着时间 $t\to\infty$，$\Delta q_s\to\Delta q_d$。

在其他自由度下的动力学方程可以表示为

$$\begin{bmatrix}\Delta\dot{u}_s\\ \Delta\dot{\alpha}_s\end{bmatrix}=\begin{bmatrix}x_u & U_s^e x_w\\ \dfrac{z_u}{U_s^e} & z_w\end{bmatrix}\begin{bmatrix}\Delta u_s\\ \Delta\alpha_s\end{bmatrix}+\begin{bmatrix}0\\ 1+z_q\end{bmatrix}\Delta q_s-g\begin{bmatrix}1\\ 0\end{bmatrix}\Delta\theta_s+\begin{bmatrix}x_\eta\\ \dfrac{z_\eta}{U_s^e}\end{bmatrix}\Delta\eta \tag{8-252}$$

将 $\Delta\eta$ 替换掉

$$\begin{bmatrix}\Delta\dot{u}_s\\ \Delta\dot{\alpha}_s\end{bmatrix}=\begin{bmatrix}x_u-\dfrac{x_\eta m_u}{m_\eta} & U_s^e\left(x_w-\dfrac{x_\eta m_w}{m_\eta}\right)\\ \dfrac{1}{U_s^e}\left(z_u-\dfrac{z_\eta m_u}{m_\eta}\right) & z_w-\dfrac{z_\eta m_w}{m_\eta}\end{bmatrix}\begin{bmatrix}\Delta u_s\\ \Delta\alpha_s\end{bmatrix}+\begin{bmatrix}\dfrac{m_q x_\eta}{m_\eta}\\ 1+z_q+\dfrac{m_q z_\eta}{m_\eta U_s^e}\end{bmatrix}\Delta q_s-g\begin{bmatrix}1\\ 0\end{bmatrix}\Delta\theta_s+\begin{bmatrix}x_\eta\\ \dfrac{z_\eta}{U_s^e}\end{bmatrix}\Delta\eta_{aux} \tag{8-253}$$

这就是不可控性（因为已规定 $\Delta\eta_{aux}$）且其他的输入都已规定。这就是所谓的“零动态”，如果控制器的设计是可以接受且可行的，那么“零动态”必须是稳定的。在许多情况下，“零动态”是最低限度的稳定或者是不稳定，在这些情况下，必须选择另一个如稳定状态下期望输出的状态变量作为控制变量来设计自动驾驶仪。

重新考量自动驾驶仪的设计，选取从法向加速度得到的状态变量作为控制变量。法向加速度定义为

$$a_n=\dot{w}\cos\alpha-\dot{u}\sin\alpha \tag{8-254}$$

在稳定坐标系下的扰动法向加速度是

$$\Delta a_{ns}=\Delta\dot{w}_s\cos\alpha-\Delta\dot{u}_s\sin\alpha\approx\Delta\dot{w}_s-\Delta\dot{u}_s\alpha_0\cong U_s^e\Delta\dot{\alpha}_s \tag{8-255}$$

扰动的攻角动力学方程

$$\Delta\dot{\alpha}_s=\frac{z_u}{U_s^e}\Delta u_s+z_w\Delta\alpha_s+(1+z_q)\Delta q_s+\frac{z_\eta}{U_s^e}\Delta\eta \tag{8-256}$$

假设 $\Delta\eta_{aux}$ 为辅助控制输入，升降舵舵偏角将表达为

$$\Delta\eta=\Delta\eta_{aux}-\frac{z_u}{z_\eta}\Delta u_s-\frac{U_s^e z_w}{z_\eta}\Delta\alpha_s-\frac{U_s^e(1+z_q)}{z_\eta}\Delta q_s \tag{8-257}$$

扰动的攻角动力学方程简化为

$$\Delta\dot{\alpha}_s=\frac{z_\eta}{U_s^e}\Delta\eta_{aux} \tag{8-258}$$

假设比例微分控制律形式如下

$$\Delta\eta_{aux}=\frac{U_s^e K_{P\alpha}(\Delta\alpha_d-\Delta\alpha_s)+U_s^e K_{D\dot{\alpha}}(\Delta\dot{\alpha}_d-\Delta\dot{\alpha}_s)}{z_\eta} \tag{8-259}$$

这个控制律等效为扰动法向加速度的比例积分控制器。

从“零动态”中解耦的扰动攻角动力学方程为

$$\Delta\dot{\alpha}_s+\frac{K_{P\alpha}}{(1+K_{D\dot{\alpha}})}\Delta\alpha_s=\frac{K_{P\alpha}}{(1+K_{D\dot{\alpha}})}\Delta\alpha_d+\frac{K_{D\dot{\alpha}}}{(1+K_{D\dot{\alpha}})}\Delta\dot{\alpha}_d \tag{8-260}$$

“零动态”动力学方程如下

$$\begin{bmatrix}\Delta\dot{u}_s\\ \Delta\dot{q}_s\\ \Delta\dot{\theta}_s\end{bmatrix}=\begin{bmatrix}x_u-\dfrac{z_u x_\eta}{z_\eta} & -\dfrac{U_s^e(1+z_q)x_\eta}{z_\eta} & -g\\ m_u-\dfrac{z_u m_\eta}{z_\eta} & m_q-\dfrac{U_s^e(1+z_q)m_\eta}{z_\eta} & 0\\ 0 & 1 & 0\end{bmatrix}\begin{bmatrix}\Delta u_s\\ \Delta q_s\\ \Delta\theta_s\end{bmatrix}+\begin{bmatrix}x_w-\dfrac{z_w x_\eta}{z_\eta}\\ m_w-\dfrac{z_w m_\eta}{z_\eta}\\ 0\end{bmatrix}U_s^e\Delta\alpha_s+\begin{bmatrix}x_\eta\\ m_\eta\\ 0\end{bmatrix}\Delta\eta_{aux} \tag{8-261}$$

“零动态”动力学方程需要保持稳定以保证控制器的可行性。为了选择 $\Delta\alpha_d$ 和 $\Delta\dot{\alpha}_d$，假设飞行器处于稳定的平飞状态，于是

$$\Delta\alpha_d=\Delta\theta_c \tag{8-262}$$

且

$$\Delta\dot{\alpha}_d=\Delta q_d \tag{8-263}$$

另外一个可选择的控制状态变量是扰动的航迹倾角，$\Delta\gamma=\Delta\theta-\Delta\alpha$。以扰动的航迹倾角作为状态变量的纵向扰动方程组如下

$$\begin{bmatrix}\Delta\dot{u}_s\\ \Delta\dot{\gamma}_s\\ \Delta\dot{q}_s\\ \Delta\dot{\theta}_s\\ \Delta\dot{h}\end{bmatrix}=\begin{bmatrix}x_u & -U_s^e x_w & 0 & -g & 0\\ -\dfrac{z_u}{U_s^e} & z_w & -1-z_q & -z_w & 0\\ m_u & -U_s^e m_w & m_q & 0 & 0\\ 0 & 0 & 1 & 0 & 0\\ 0 & U_s^e & 0 & 0 & 0\end{bmatrix}\begin{bmatrix}\Delta u_s\\ \Delta\gamma_s\\ \Delta q_s\\ \Delta\theta_s\\ \Delta h\end{bmatrix}+\begin{bmatrix}x_\eta\\ -\dfrac{z_\eta}{U_s^e}\\ m_\eta\\ 0\\ 0\end{bmatrix}\Delta\eta \tag{8-264}$$

扰动的航迹倾角动力学方程

$$\Delta\dot{\gamma}_s=-\frac{z_u}{U_s^e}\Delta u_s+z_w\Delta\gamma_s-(1+z_q)\Delta q_s-z_w\Delta\theta_s-\frac{z_\eta}{U_s^e}\Delta\eta \tag{8-265}$$

假设 $\Delta\eta_{aux}$ 是辅助控制输入，升降舵舵偏角将表达为

$$\Delta\eta=\Delta\eta_{aux}-\frac{z_u}{z_\eta}\Delta u_s+\frac{U_s^e z_w}{z_\eta}\Delta\gamma_s-\frac{U_s^e z_w}{z_\eta}\Delta\theta_s-\frac{U_s^e(1+z_q)}{z_\eta}\Delta q_s \tag{8-266}$$

扰动的航迹倾角动力学方程简化为

$$\Delta\dot{\gamma}_s=-\frac{z_\eta}{U_s^e}\Delta\eta_{aux} \tag{8-267}$$

假设比例控制律形式如下

$$\Delta\eta_{aux}=-\frac{U_s^e K_{P\gamma}(\Delta\gamma_d-\Delta\gamma_s)}{z_\eta} \tag{8-268}$$

从“零动态”中解耦的扰动航迹倾角动力学方程为

$$\Delta\dot{\gamma}_s+K_{P\gamma}\Delta\gamma_s=K_{P\gamma}\Delta\gamma_d \tag{8-269}$$

“零动态”方程如下所示

$$\begin{bmatrix}\Delta\dot{u}_s\\ \Delta\dot{q}_s\\ \Delta\dot{\theta}_s\end{bmatrix}=\begin{bmatrix}x_u-\dfrac{z_u x_\eta}{z_\eta} & -\dfrac{U_s^e(1+z_q)x_\eta}{z_\eta} & -g-\dfrac{U_s^e z_w x_\eta}{z_\eta}\\ m_u-\dfrac{z_u m_\eta}{z_\eta} & m_q-\dfrac{U_s^e(1+z_q)m_\eta}{z_\eta} & -\dfrac{U_s^e z_w m_\eta}{z_\eta}\\ 0 & 1 & 0\end{bmatrix}\begin{bmatrix}\Delta u_s\\ \Delta q_s\\ \Delta\theta_s\end{bmatrix}-$$

$$\begin{bmatrix}x_w-\dfrac{z_w x_\eta}{z_\eta}\\ m_w-\dfrac{z_w m_\eta}{z_\eta}\\ 0\end{bmatrix}U_s^e\Delta\gamma_s+\begin{bmatrix}x_\eta\\ m_\eta\\ 0\end{bmatrix}\Delta\eta_{aux}\tag{8-270}$$

同样地，“零动态”方程必须保持稳定以保证控制器是可行的。$\Delta\gamma_d$ 的选择取决于爬升率。在稳定平飞的状态下 $\Delta\gamma_d$ 应该被选为零。当上述 3 种方法都无法生成一个稳定的“零动态”动力学方程时，唯一的选择就是用一个变形得到的输出变量作为控制状态变量。数值算例展示了基于改进版输出变量和局部动态逆的自动驾驶仪设计。

8.7.1　基于局部动态逆的纵向自动驾驶仪设计实例

一架推力固定、稳定平飞的典型无人机的简化纵向动力学方程组表示成状态空间的形式

$$\frac{\mathrm{d}}{\mathrm{d}t}\begin{bmatrix}\Delta u_s\\ \Delta w_s\\ \Delta q_s\\ \Delta\theta_s\end{bmatrix}=\begin{bmatrix}-0.02272 & 0.06584 & 0 & -9.81\\ -0.27958 & -2.32639 & 54.2056 & 0\\ 0.00218 & -0.43254 & -1.0857 & 0\\ 0 & 0 & 1 & 0\end{bmatrix}\begin{bmatrix}\Delta u_s\\ \Delta w_s\\ \Delta q_s\\ \Delta\theta_s\end{bmatrix}+\begin{bmatrix}0\\ -14.59155\\ -16.98843\\ 0\end{bmatrix}\tag{8-271}$$

控制输入是升降舵指令。为了设计控制器，我们定义改进的状态变量

$$y_{m1}=(\Delta\dot{h}/U_e^s)+\bar{\omega}_0\Delta u_s\text{；i. e. }y_{m1}=\Delta\theta_s-\Delta w_s+\bar{\omega}_0\Delta u_s\tag{8-272}$$

式中，$\bar{\omega}_0$ 是常数。上式可以表示成矩阵形式

$$y_m=y_{m1}=\boldsymbol{C}\ [\Delta u_s\quad \Delta w_s\quad \Delta q_s\quad \Delta\theta_s]^{\mathrm{T}}\tag{8-273}$$

式中

$$\boldsymbol{C}=\boldsymbol{C}_1=[\bar{\omega}_0\quad -1\quad 0\quad 1]\tag{8-274}$$

另一种改进版输出变量的例子

$$y_{m2}=\Delta w_s+\bar{\omega}_0\Delta\theta_s\tag{8-275}$$

在这种情况下

$$\boldsymbol{C}=\boldsymbol{C}_2=[0\quad 1\quad 0\quad \bar{\omega}_0]\tag{8-276}$$

更进一步，选取合适的 $\bar{\omega}_0$ 值时有：$C^*=\dot{y}_{m2}$。C^* 是前文提到过的，与操纵品质相关的性能评价参数，它是飞行员位置的法向加速度和俯仰角速率的耦合。设计一个指令增稳系统的常见方法是确定 C^* 的响应，使用反馈进行调整。反馈的增益由根轨迹法确定，与

此同时 C^* 的响应通过绘出它的阶跃响应曲线获得。

这架飞行器的 C^* 被定义为

$$\boldsymbol{C}^* = a_n + 6.4\Delta q_s \tag{8-277}$$

因此

$$\dot{y}_m = \boldsymbol{C}\frac{\mathrm{d}}{\mathrm{d}t}[\Delta u_s \quad \Delta w_s \quad \Delta q_s \quad \Delta\theta_s]^{\mathrm{T}} = \boldsymbol{CAx} + \boldsymbol{CBu} \tag{8-278}$$

矩阵的乘积是非奇异的，$\boldsymbol{C}_1\boldsymbol{B} = -\boldsymbol{C}_2\boldsymbol{B} = 14.591\,55$。

定义辅助输入如下

$$v = \boldsymbol{CAx} + \boldsymbol{CBu} - \dot{r} \tag{8-279}$$

式中，r 是期望的改进版输出或者是 C^* 的响应 C_d^*。于是

$$\boldsymbol{u} = (\boldsymbol{CB})^{-1}(v - \boldsymbol{CAx} + \dot{r}) \tag{8-280}$$

$$\dot{y}_m = \boldsymbol{CAx} + \boldsymbol{CB}\ (\boldsymbol{CB})^{-1}(v - \boldsymbol{CAx} + \dot{r}) = v + \dot{r} \tag{8-281}$$

于是如果我们定义：$e = y_m - r$，那么，控制设计问题就简化成 $\dot{e} = v$。状态空间动力学方程给出如下

$$\dot{\boldsymbol{x}} = \boldsymbol{Ax} + \boldsymbol{B}\ (\boldsymbol{CB})^{-1}(v - \boldsymbol{CAx} + \dot{r}) = [\boldsymbol{I} - \boldsymbol{B}\ (\boldsymbol{CB})^{-1}\boldsymbol{C}]\boldsymbol{Ax} + \boldsymbol{B}\ (\boldsymbol{CB})^{-1}(v + \dot{r}) \tag{8-282}$$

“零动态”被定义为给定输入 v，y_m 等于 0 的情况下，系统的动力学方程。因此，$\dot{e} = v = -\dot{r}$，“零动态”方程如下

$$\dot{\boldsymbol{x}} = [\boldsymbol{I} - \boldsymbol{B}\ (\boldsymbol{CB})^{-1}\boldsymbol{C}]\boldsymbol{Ax},\ [\boldsymbol{I} - \boldsymbol{B}\ (\boldsymbol{CB})^{-1}\boldsymbol{C}] \neq \boldsymbol{0} \tag{8-283}$$

（注意：在下述情况

$$[\boldsymbol{I} - \boldsymbol{B}\ (\boldsymbol{CB})^{-1}\boldsymbol{C}] = \boldsymbol{0} \tag{8-284}$$

对应的是全动态逆，这时候误差动力学方程组是全阶的。）

给 $\bar{\omega}_0$ 选择一个合适的值使得“零动态”渐进稳定，除极点在原点处表示开环误差动力学。

“零动态”的根轨迹（$\boldsymbol{C} = \boldsymbol{C}_1$）如图 8-52 所示，$\bar{\omega}_0$ 被选作 $\bar{\omega}_0 = 10$。“零动态”的根轨迹（$\boldsymbol{C} = \boldsymbol{C}_2$）如图 8-53 所示，$\bar{\omega}_0$ 被选作 $\bar{\omega}_0 = 6.4$。观察到“零动态”在两种情况下 $\bar{\omega}_0 =$

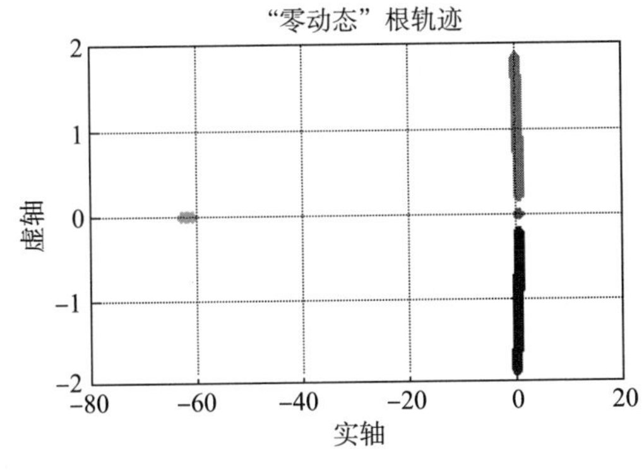

图 8-52　“零动态”根轨迹（$\boldsymbol{C} = \boldsymbol{C}_1$，$\bar{\omega}_0$ 从 0 变到 10，远离原点）

0 时，都是最低限度渐进稳定的。选择控制律形式 $v=-Ke-\dot{r}$，使得误差动力学 $\dot{e}=-Ke-\dot{r}$ 渐进稳定。K 的值 $K=10$ 对应了闭环 C^* 动态的时间常数为 0.1。可以对闭环系统的响应进行仿真，以评价纵向动力学的改进版输出响应。

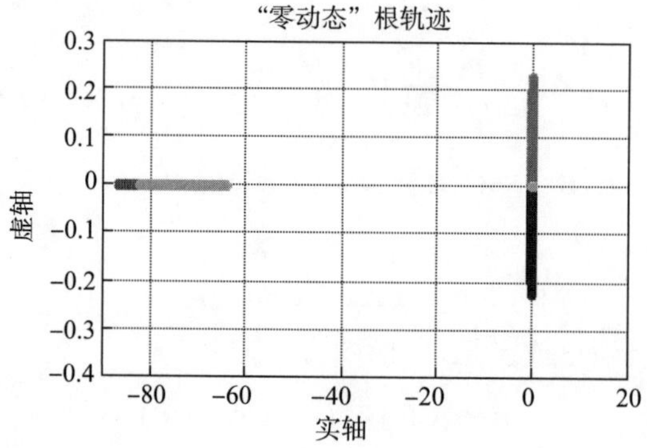

图 8－53 "零动态"根轨迹（$\boldsymbol{C}=\boldsymbol{C}_2$，$\bar{\omega}_0$ 从 0 变到 10，远离原点）

闭环"零动态"如下

$$\dot{\boldsymbol{x}}=[\boldsymbol{I}-\boldsymbol{B}\ (\boldsymbol{CB})^{-1}\boldsymbol{C}]\boldsymbol{Ax}-\boldsymbol{B}\ (\boldsymbol{CB})^{-1}Ke \tag{8-285}$$

8.8 多输入系统的控制器设计

8.8.1 使用局部动态逆方法的协调侧向转弯设计实例

推力固定的稳定平飞无人机的简化横侧向扰动方程组表示为状态空间的形式如下

$$\frac{\mathrm{d}}{\mathrm{d}t}\begin{bmatrix}\Delta\beta\\ \Delta p\\ \Delta r\\ \Delta\phi\end{bmatrix}=\begin{bmatrix}-0.139\ 49 & -0.000\ 098 & -1+0.008\ 61 & 0.180\ 98\\ -20.042\ 29 & -7.858\ 06 & 1.468\ 51 & 0\\ 10.334\ 3 & -0.084\ 19 & -1.376\ 73 & 0\\ 0 & 1 & 0 & 0\end{bmatrix}\begin{bmatrix}\Delta\beta\\ \Delta p\\ \Delta r\\ \Delta\phi\end{bmatrix}+\begin{bmatrix}0 & -0.119\ 91\\ -62.632\ 17 & -2.505\ 28\\ 0.939\ 48 & 15.971\ 2\\ 0 & 0\end{bmatrix}\begin{bmatrix}\Delta\xi\\ \Delta\zeta\end{bmatrix} \tag{8-286}$$

在上式中去掉了角标"s"，这些方程默认是在稳定坐标系中得到的。

确定了方向舵的控制律之后，闭环侧滑动力学方程为

$$\Delta\dot{\beta}=-0.5\Delta\beta \tag{8-287}$$

因此方向舵控制律为

$$\Delta\zeta=\frac{-(0.139\ 49-0.5)\Delta\beta-0.000\ 098\Delta p-0.991\ 39\Delta r+0.180\ 98\Delta\phi}{0.119\ 91} \tag{8-288}$$

引入方向舵控制回路的闭环系统如下

$$\Delta\dot{\beta}=-0.5\Delta\beta \tag{8-289}$$

$$
\frac{\mathrm{d}}{\mathrm{d}t}\begin{bmatrix}\Delta p\\ \Delta r\\ \Delta \phi\end{bmatrix}=\begin{bmatrix}-20.042\,29 & -7.858\,06 & 1.468\,51\\ 10.334\,3 & -0.084\,19 & -1.376\,73\\ 1 & 0 & 0\end{bmatrix}\begin{bmatrix}\Delta p\\ \Delta r\\ \Delta \phi\end{bmatrix}-
\begin{bmatrix}-2.505\,28\\ 15.971\,2\\ 0\end{bmatrix}\frac{1}{0.119\,91}[0.000\,098\quad 0.991\,39\quad -0.180\,98]\begin{bmatrix}\Delta p\\ \Delta r\\ \Delta \phi\end{bmatrix}+
\begin{bmatrix}-62.632\,17\\ 0.939\,48\\ 0\end{bmatrix}\Delta\xi-\begin{bmatrix}-2.505\,28\\ 15.971\,2\\ 0\end{bmatrix}\frac{(0.139\,49-0.5)\Delta\beta}{0.119\,91}
\tag{8-290}
$$

化简方程的第二项之后，可得

$$
\begin{bmatrix}\Delta \dot{p}\\ \Delta \dot{r}\\ \Delta \dot{\phi}\end{bmatrix}=\begin{bmatrix}-20.0402 & 12.8551 & -2.3127\\ 10.3212 & -132.1306 & 22.7286\\ 1 & 0 & 0\end{bmatrix}\begin{bmatrix}\Delta p\\ \Delta r\\ \Delta \phi\end{bmatrix}+\begin{bmatrix}-62.63217\\ 0.93948\\ 0\end{bmatrix}\Delta\xi+\begin{bmatrix}-7.5321\\ 48.0174\\ 0\end{bmatrix}\Delta\beta
\tag{8-291}
$$

外回路控制器的控制输入是副翼偏转角，为了设计控制器，定义改进版的输出

$$
y_{m1}=\Delta p+\bar{\omega}_0\Delta r \tag{8-292}
$$

式中，$\bar{\omega}_0$ 是常量，上式可表示为矩阵形式

$$
y_m=\boldsymbol{C}\ [\Delta p\quad \Delta r\quad \Delta\phi]^{\mathrm{T}} \tag{8-293}
$$

式中

$$
\boldsymbol{C}=[1\quad \bar{\omega}_0\quad 0] \tag{8-294}
$$

局部动态逆控制器的“零动态”的根轨迹如图 8-54 所示，$\bar{\omega}_0$ 被选作 $\bar{\omega}_0=10$。“零动态”在实轴上的极点分别为：$-271.963\,6$ 和 $-0.980\,5$。

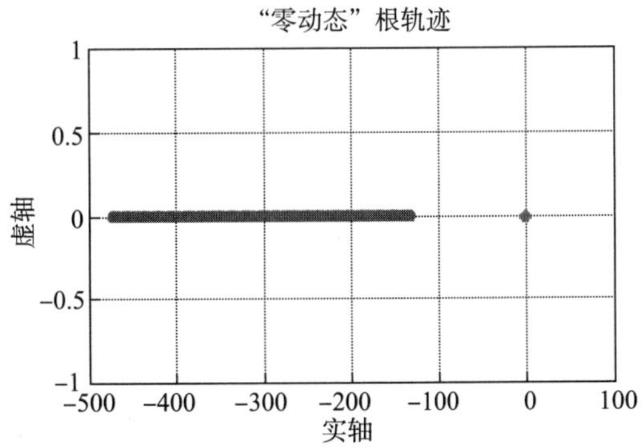

图 8-54 “零动态”根轨迹（$\bar{\omega}_0$ 从 0 变到 10，远离原点）

8.8.2 同时操作油门和俯仰姿态的自动驾驶仪设计实例

F-16 战斗机在 $M=0.45$，$h=10\ 000$ ft，$cg=0.3\ \bar{c}$ 和 $\gamma=0°$情况下，自动油门驾驶仪和俯仰姿态保持驾驶仪设计在前文已经讨论过，这里作简要说明。

F-16 飞行器的纵向扰动方程组在前文中已经给出，于是

$$\frac{\Delta\tau}{\Delta\tau_c}=\frac{64.935\ 1}{s+1} \tag{8-295}$$

定义一个辅助输入

$$\Delta u_{aux}=-0.016\ 7\Delta u_s-4.773\ 9\Delta\alpha_s-1.131\ 6\Delta q_s-32.17\Delta\theta_s+0.300\ 7\Delta\tau+0.090\ 2\Delta\eta \tag{8-296}$$

由上式解出 $\Delta\tau$

$$\Delta\tau=\frac{\Delta u_{aux}+0.016\ 7\Delta u_s+4.773\ 9\Delta\alpha_s+1.131\ 6\Delta q_s+32.17\Delta\theta_s-0.090\ 2\Delta\eta}{0.300\ 7} \tag{8-297}$$

于是有

$$\Delta\tau_c=\left(\frac{\Delta u_{aux}+0.016\ 7\Delta u_s+4.773\ 9\Delta\alpha_s+1.131\ 6\Delta q_s+32.17\Delta\theta_s}{0.300\ 7\times 64.935\ 1}\right)(s+1) \tag{8-298}$$

前向速度的扰动方程在一个合适控制律的作用下简化为

$$\Delta\dot{u}_s=\Delta u_{aux}=K_{Th}(\Delta u_c-\Delta u_s)=2(\Delta u_c-\Delta u_s) \tag{8-299}$$

剩余自由度的扰动方程组简化为

$$\begin{bmatrix}\Delta\dot{\alpha}_s\\ \Delta\dot{q}_s\\ \Delta\dot{\theta}_s\end{bmatrix}=\begin{bmatrix}-0.727\ 0 & 0.927\ 7 & 0\\ -1.726\ 0 & -0.997\ 0 & 0\\ 0 & 1 & 0\end{bmatrix}\begin{bmatrix}\Delta\alpha_s\\ \Delta q_s\\ \Delta\theta_s\end{bmatrix}+\begin{bmatrix}-0.001\ 5\\ -0.125\ 3\\ 0\end{bmatrix}\Delta\eta \tag{8-300}$$

得到俯仰角和升降舵之间的传函

$$\frac{\Delta\theta_s}{\Delta\eta}=G(s)=\frac{-0.125\ 3\{s+0.706\ 3\}}{s\{s^2+1.724s+2.326\}} \tag{8-301}$$

假设一个比例姿态控制器，其根轨迹如图 8-55 所示，从图上选择合适的增益为：$K_P=-4$。

$$\frac{\Delta\theta_s}{\Delta\theta_c}=G(s)=\frac{0.125\ 3\{s+0.706\ 3\}}{s\{s^2+1.724s+2.326\}-0.125\ 3K_P\{s+0.706\ 3\}} \tag{8-302}$$

可以观察到，这个设计和使用简化的短周期动力学得到的结果是一样的，整个过程中忽略前向速度的扰动。

考虑波音 747-400 飞行器的简化短周期扰动方程组，可得俯仰角和升降舵之间的传函

$$\frac{\Delta\theta_s}{\Delta\eta}=G(s)=\frac{-1.68964\{s+0.4998\}}{s\{s^2+2\zeta_n\omega_n s+\omega_n^2\}},\zeta_n=0.4662,\omega_n=1.2605 \tag{8-303}$$

假设一个比例姿态控制器，其根轨迹如图 8－56 所示，从图上选择合适的增益为：$K_P=-0.3$。

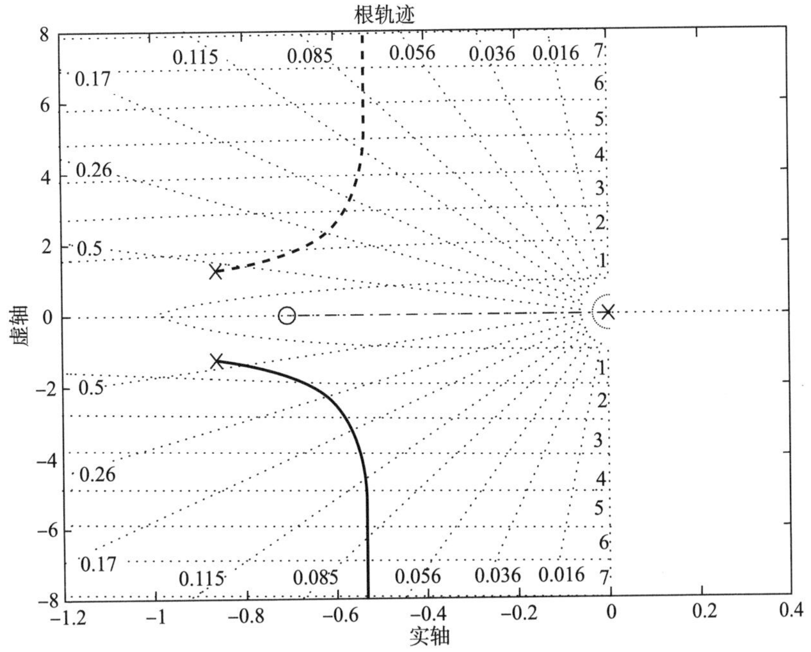

图 8－55　F－16 的俯仰姿态比例控制和自动油门自驾仪同时工作时的根轨迹

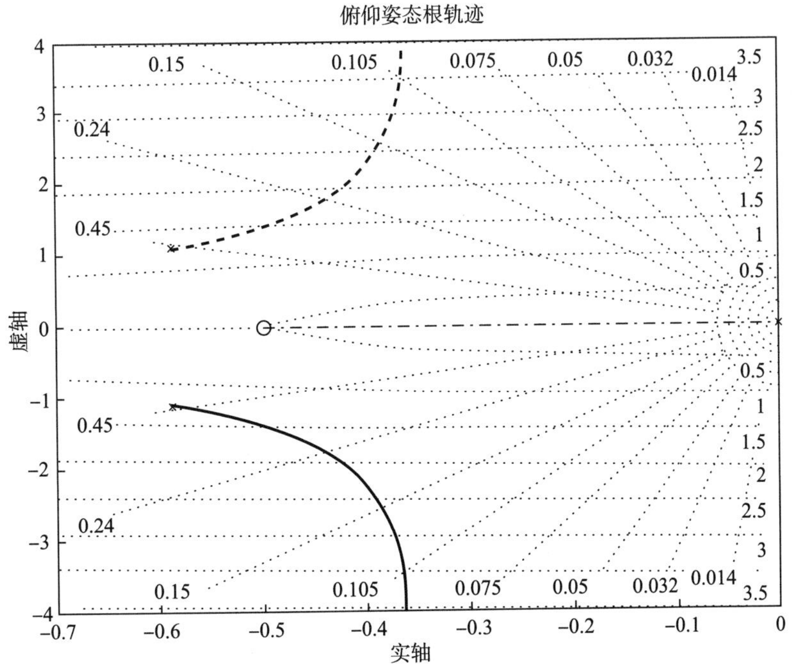

图 8－56　波音 747－400 的俯仰姿态比例控制根轨迹

8.8.3 二输入的横侧向姿态控制自动驾驶仪

考虑另一个有多输入的横侧向自动驾驶仪设计例子，推力固定，稳定平飞的典型战斗机的简化横侧向扰动方程组可以表示为

$$\begin{bmatrix}\Delta\dot{\beta}_s\\ \Delta\dot{p}_s\\ \Delta\dot{r}_s\\ \Delta\dot{\phi}_s\\ \Delta\dot{\psi}_s\end{bmatrix}=\begin{bmatrix}y_v & \dfrac{y_p}{U_e^s} & \dfrac{y_r}{U_e^s}-1 & \dfrac{g}{U_e^s} & 0\\ U_e^s l_v & l_p & l_r & 0 & 0\\ U_e^s n_v & n_p & n_r & 0 & 0\\ 0 & 1 & 0 & 0 & 0\\ 0 & 0 & 1 & 0 & 0\end{bmatrix}\begin{bmatrix}\Delta\beta_s\\ \Delta p_s\\ \Delta r_s\\ \Delta\phi_s\\ \Delta\psi_s\end{bmatrix}+\begin{bmatrix}\dfrac{y_\xi}{U_e^s} & \dfrac{y_\zeta}{U_e^s}\\ l_\xi & l_\zeta\\ n_\xi & n_\zeta\\ 0 & 0\\ 0 & 0\end{bmatrix}\begin{bmatrix}\Delta\xi\\ \Delta\zeta\end{bmatrix} \tag{8-304}$$

横侧向姿态控制驾驶仪在设计时，假设滚转角 $\Delta\phi_c$ 和偏航角 $\Delta\psi_c$ 的扰动指令是已知的。第一步是建立滚转和偏航姿态速率指令

$$\tau_\phi\Delta\dot{\phi}_d=\Delta\phi_c-\Delta\phi_s \tag{8-305a}$$

$$\tau_\psi\Delta\dot{\psi}_d=\Delta\psi_c-\Delta\psi_s \tag{8-305b}$$

在上式中，τ_ϕ 和 τ_ψ 是已经确定的时间常数。

下一步是定义扰动滚转角速率和扰动偏航角速率

$$\Delta p_d=\Delta\dot{\phi}_d \tag{8-306a}$$

$$\Delta r_d=\Delta\dot{\psi}_d \tag{8-306b}$$

假设侧滑速度扰动量 $\Delta v_d=0$ 或者是侧滑角扰动量 $\Delta\beta_d=0$。

有关滚转和偏航角速率的动力学方程

$$\Delta\dot{p}_s=U_s^e l_v\Delta\beta_s+l_p\Delta p_s+l_r\Delta r_s+l_\xi\Delta\xi+l_\zeta\Delta\zeta \tag{8-307a}$$

$$\Delta\dot{r}_s=U_s^e n_v\Delta\beta_s+n_p\Delta p_s+n_r\Delta r_s+n_\xi\Delta\xi+n_\zeta\Delta\zeta \tag{8-307b}$$

由上式解得副翼和方向舵偏角，假设 $\Delta\xi_{aux}=\Delta\dot{p}_d$ 和 $\Delta\zeta_{aux}=\Delta\dot{r}_d$ 是辅助控制输出，副翼和方向舵偏角表达为

$$\begin{bmatrix}\Delta\xi\\ \Delta\zeta\end{bmatrix}=\begin{bmatrix}\Delta\xi_{aux}\\ \Delta\zeta_{aux}\end{bmatrix}-\begin{bmatrix}l_\xi & l_\zeta\\ n_\xi & n_\zeta\end{bmatrix}^{-1}\left(\begin{bmatrix}l_p & l_r\\ n_p & n_r\end{bmatrix}\begin{bmatrix}\Delta p_s\\ \Delta r_s\end{bmatrix}+U_s^e\begin{bmatrix}l_v\\ n_v\end{bmatrix}\Delta\beta_s\right) \tag{8-308}$$

化简的滚转和偏航角速率动力学如下所示

$$\frac{\mathrm{d}}{\mathrm{d}t}\begin{bmatrix}\Delta p_s\\ \Delta r_s\end{bmatrix}=\begin{bmatrix}l_\xi & l_\zeta\\ n_\xi & n_\zeta\end{bmatrix}\begin{bmatrix}\Delta\xi_{aux}\\ \Delta\zeta_{aux}\end{bmatrix} \tag{8-309}$$

假设控制律形如下式

$$\begin{bmatrix}l_\xi & l_\zeta\\ n_\xi & n_\zeta\end{bmatrix}\begin{bmatrix}\Delta\xi_{aux}\\ \Delta\zeta_{aux}\end{bmatrix}=\boldsymbol{K}_{Ppr}\left(\begin{bmatrix}\Delta p_d\\ \Delta r_d\end{bmatrix}-\begin{bmatrix}\Delta p_s\\ \Delta r_s\end{bmatrix}\right)+\boldsymbol{K}_{Ipr}\int\left(\begin{bmatrix}\Delta p_d\\ \Delta r_d\end{bmatrix}-\begin{bmatrix}\Delta p_s\\ \Delta r_s\end{bmatrix}\right)\mathrm{d}t \tag{8-310}$$

选择矩阵$\boldsymbol{K}_{Ipr}$和$\boldsymbol{K}_{Ppr}$保证足够的稳定裕度。闭环方程组定义如下

$$\frac{\mathrm{d}^2}{\mathrm{d}t^2}\begin{bmatrix}\Delta p_s\\ \Delta r_s\end{bmatrix}=\boldsymbol{K}_{Ppr}\frac{\mathrm{d}}{\mathrm{d}t}\left(\begin{bmatrix}\Delta p_d\\ \Delta r_d\end{bmatrix}-\begin{bmatrix}\Delta p_s\\ \Delta r_s\end{bmatrix}\right)+\boldsymbol{K}_{Ipr}\left(\begin{bmatrix}\Delta p_d\\ \Delta r_d\end{bmatrix}-\begin{bmatrix}\Delta p_s\\ \Delta r_s\end{bmatrix}\right) \tag{8-311a}$$

$$\frac{\mathrm{d}}{\mathrm{d}t}\begin{bmatrix}\Delta\phi_s\\ \Delta\psi_s\end{bmatrix}=\begin{bmatrix}\Delta p_s\\ \Delta r_s\end{bmatrix},\begin{bmatrix}\Delta p_d\\ \Delta r_d\end{bmatrix}=\begin{bmatrix}\tau_\phi & 0\\ 0 & \tau_\psi\end{bmatrix}^{-1}\begin{bmatrix}\Delta\phi_c-\Delta\phi_s\\ \Delta\psi_c-\Delta\psi_s\end{bmatrix} \tag{8-311b}$$

$$\begin{bmatrix}\Delta p_s\\ \Delta r_s\end{bmatrix}-\begin{bmatrix}\Delta p_d\\ \Delta r_d\end{bmatrix}=\frac{\mathrm{d}}{\mathrm{d}t}\begin{bmatrix}\Delta\phi_s\\ \Delta\psi_s\end{bmatrix}+\begin{bmatrix}\tau_\phi & 0\\ 0 & \tau_\psi\end{bmatrix}^{-1}\begin{bmatrix}\Delta\phi_s\\ \Delta\psi_s\end{bmatrix}-\begin{bmatrix}\tau_\phi & 0\\ 0 & \tau_\psi\end{bmatrix}^{-1}\begin{bmatrix}\Delta\phi_c\\ \Delta\psi_c\end{bmatrix} \tag{8-311c}$$

因此

$$\frac{\mathrm{d}^3}{\mathrm{d}t^3}\begin{bmatrix}\Delta\phi_s\\ \Delta\psi_s\end{bmatrix}+\boldsymbol{K}_{Ppr}\frac{\mathrm{d}^2}{\mathrm{d}t^2}\begin{bmatrix}\Delta\phi_s\\ \Delta\psi_s\end{bmatrix}+\left(\boldsymbol{K}_{Ipr}+\boldsymbol{K}_{Ppr}\begin{bmatrix}\tau_\phi & 0\\ 0 & \tau_\psi\end{bmatrix}^{-1}\right)\frac{\mathrm{d}}{\mathrm{d}t}\begin{bmatrix}\Delta\phi_s\\ \Delta\psi_s\end{bmatrix}+\boldsymbol{K}_{Ipr}\begin{bmatrix}\tau_\phi & 0\\ 0 & \tau_\psi\end{bmatrix}^{-1}\begin{bmatrix}\Delta\phi_s\\ \Delta\psi_s\end{bmatrix}$$
$$=\boldsymbol{K}_{Ppr}\begin{bmatrix}\tau_\phi & 0\\ 0 & \tau_\psi\end{bmatrix}^{-1}\frac{\mathrm{d}}{\mathrm{d}t}\begin{bmatrix}\Delta\phi_c\\ \Delta\psi_c\end{bmatrix}+\boldsymbol{K}_{Ipr}\begin{bmatrix}\tau_\phi & 0\\ 0 & \tau_\psi\end{bmatrix}^{-1}\begin{bmatrix}\Delta\phi_c\\ \Delta\psi_c\end{bmatrix} \tag{8-312}$$

必须准确选取对角矩阵增益$\boldsymbol{K}_{Ipr}$和$\boldsymbol{K}_{Ppr}$，τ_ϕ和τ_ψ以保证渐进稳定性，其可以通过对比实际的三次特征方程和期望的三次特征方程的多项式系数来验证。

$$(s+1/\tau_d)(s^2+2\zeta_d\omega_d s+\omega_d^2)=0 \tag{8-313}$$

因此，将τ_ϕ或τ_ψ用τ_x替代，比对各项系数

$$\boldsymbol{K}_{Ppr}=(2\zeta_d\omega_d+1/\tau_d),\boldsymbol{K}_{Ipr}+\boldsymbol{K}_{Ppr}/\tau_x=(\omega_d^2+2\zeta_d\omega_d/\tau_d) \tag{8-314}$$

$$\boldsymbol{K}_{Ipr}/\tau_x=\omega_d^2/\tau_d\Rightarrow\tau_x=\boldsymbol{K}_{Ipr}\tau_d/\omega_d^2 \tag{8-315}$$

从上面的第二条式子中消去τ_x和$\boldsymbol{K}_{Ppr}$，$\boldsymbol{K}_{Ipr}$由方程的正根得到

$$\boldsymbol{K}_{Ipr}^2-\boldsymbol{K}_{Ipr}(\omega_d^2+2\zeta_d\omega_d/\tau_d)+(2\zeta_d\omega_d+1/\tau_d)(\omega_d^2/\tau_d)=0\Rightarrow\boldsymbol{K}_{Ipr} \tag{8-316}$$

这样，对角矩阵增益$\boldsymbol{K}_{Ipr}$和$\boldsymbol{K}_{Ppr}$，τ_ϕ和τ_ψ都可以选取以保证渐进稳定性。

当时间$t\to\infty$，稳定的结果为

$$\begin{bmatrix}\Delta p_s\\ \Delta r_s\end{bmatrix}\to\begin{bmatrix}\Delta p_d\\ \Delta r_d\end{bmatrix} \tag{8-317}$$

侧滑角的不可控动力学方程

$$\Delta\dot{\beta}_s=y_v\Delta\beta_s+\begin{bmatrix}\frac{y_p}{U_e^s} & \frac{y_r}{U_e^s}-1\end{bmatrix}\begin{bmatrix}\Delta p_s\\ \Delta r_s\end{bmatrix}+\frac{g}{U_e^s}\Delta\phi_s+\frac{1}{U_e^s}[y_\xi \quad y_\zeta]\begin{bmatrix}\Delta\xi\\ \Delta\zeta\end{bmatrix} \tag{8-318}$$

从式（8-308）中取代$[\Delta\xi \quad \Delta\zeta]^{\mathrm{T}}$，“零动态”方程如下

$$\Delta\dot{\beta}_s=\left(y_v-[y_\xi \quad y_\zeta]\begin{bmatrix}l_v\\ n_v\end{bmatrix}\right)\Delta\beta_s-\frac{1}{U_e^s}[y_\xi \quad y_\zeta]\begin{bmatrix}l_\xi & l_\zeta\\ n_\xi & n_\zeta\end{bmatrix}^{-1}\begin{bmatrix}l_p & l_r\\ n_p & n_r\end{bmatrix}\begin{bmatrix}\Delta p_s\\ \Delta r_s\end{bmatrix}+$$
$$\begin{bmatrix}\frac{y_p}{U_e^s} & \frac{y_r}{U_e^s}-1\end{bmatrix}\begin{bmatrix}\Delta p_s\\ \Delta r_s\end{bmatrix}+\frac{g}{U_e^s}\Delta\phi_s+\frac{1}{U_e^s}[y_\xi \quad y_\zeta]\begin{bmatrix}\Delta\xi_{aux}\\ \Delta\zeta_{aux}\end{bmatrix} \tag{8-319}$$

“零动态”的稳定性由下式的符号确定

$$a_\beta=y_v-y_\xi l_v+y_\zeta n_v \tag{8-320}$$

其符号应该为负。

考虑之前提到过的无人机横侧向动力学

$$a_\beta=-0.13949-0.11991\times0.93948=-0.2521 \tag{8-321}$$

“零动态”在这种情况下是渐进稳定的。

F－15 战斗机速度在 556.3 ft/s 亚声速稳定平飞情况下的横侧向扰动方程组如下

$$\frac{\mathrm{d}}{\mathrm{d}t}\begin{bmatrix}\Delta\beta\\\Delta p\\\Delta r\\\Delta\phi\end{bmatrix}=\begin{bmatrix}-0.2720 & 0.0032 & -1 & 0.0578\\-43.3660 & -2.4923 & 1.8964 & 0\\6.5529 & -0.0573 & -0.7759 & 0\\0 & 1 & 0.0032 & 0\end{bmatrix}\begin{bmatrix}\Delta\beta\\\Delta p\\\Delta r\\\Delta\phi\end{bmatrix}+\begin{bmatrix}-0.0003 & 0.0420\\8.5397 & 0.7107\\0.0849 & -3.4512\\0 & 0\end{bmatrix}\begin{bmatrix}\Delta\xi\\\Delta\zeta\end{bmatrix}\tag{8-322}$$

于是

$$a_{\beta}=-0.2720-0.0003\times43.366+0.042\times6.5529=-0.0098\tag{8-323}$$

在这种情况下，“零动态”是渐进稳定的，但几乎处于临界状态。

8.9 解耦控制及其应用：横纵向动力学解耦控制

飞行器的动力学能自然地解耦成为代表对称运动的纵向动力学和代表非对称响应的横侧向动力学。但是，当我们考虑到飞行器在不对称方向上的平衡飞行时，方程组就是横纵向耦合的。在这些情况下，反馈控制首先将会被用于方程组的解耦，其次才是控制器设计。简要介绍一个典型示例：F－16 战斗机，$M=0.45$，$cg=0.35\,\bar{c}$，$V_{tot}=152.4$ m/s。

忽略变化较慢的姿态自由度，关于 Δu，Δw，q，Δv，p 和 r 的六自由度的运动方程组可以表示成状态空间的形式 $\dot{\boldsymbol{x}}=\boldsymbol{Ax}+\boldsymbol{Bu}$，其中控制输入矢量分别是：左右升降舵，左右副翼和垂尾。$\boldsymbol{A}$ 矩阵和 $\boldsymbol{B}$ 矩阵为

$$\boldsymbol{A}=\begin{bmatrix}-0.0015 & 0.0481 & -5.9420 & 0.0021 & 0 & 0\\-0.910 & -0.9568 & 138.3608 & 0.0163 & 0 & 0\\0.0002 & 0.0046 & -1.0220 & -0.0005 & 0 & -0.0029\\0 & 0 & 0 & -0.2804 & 6.2767 & -151.1435\\0 & 0 & 0.0003 & -0.1821 & -3.4192 & 0.6401\\0 & 0 & 0.0025 & 0.0454 & -0.0304 & -0.4535\end{bmatrix}\tag{8-324}$$

$$\boldsymbol{B}=\begin{bmatrix}0.0239 & 0.0239 & 0.0250 & 0.250 & 0\\-0.1722 & -0.1722 & -0.1799 & -0.1799 & 0\\-0.0873 & -0.873 & -0.0076 & -0.0076 & 0\\-0.3149 & 0.3149 & 0.0233 & -0.0233 & 0.1205\\-0.1892 & 0.1892 & -0.3464 & 0.3464 & 0.1237\\-0.1678 & 0.1678 & -0.0147 & 0.0147 & -0.0587\end{bmatrix}\tag{8-325}$$

第一步是重新定义控制量是升降舵同向偏转的量，副翼同向偏转的量，方向舵偏量，升降舵差动偏转量，副翼差动偏转量。这时 $\boldsymbol{A}$ 矩阵不变，$\boldsymbol{B}$ 矩阵变成如下形式

$$\boldsymbol{B}=\begin{bmatrix} 0.0478 & 0.0500 & 0 & 0 & 0 \\ -0.3444 & -0.3598 & 0 & 0 & 0 \\ -0.1746 & -0.0152 & 0 & 0 & 0 \\ 0 & 0 & 0.0466 & 0.1205 & 0.6298 \\ 0 & 0 & -0.6928 & 0.1237 & 0.3784 \\ 0 & 0 & -0.0294 & -0.0587 & 0.3356 \end{bmatrix} \tag{8-326}$$

期望的 **A** 矩阵为

$$\boldsymbol{A}_d=\begin{bmatrix} -0.0015 & 0.0481 & -5.9420 & 0 & 0 & 0 \\ -0.910 & -0.9568 & 138.3608 & 0 & 0 & 0 \\ 0.0002 & 0.0046 & -1.0220 & 0 & 0 & 0 \\ 0 & 0 & 0 & -0.2804 & 6.2767 & -151.1435 \\ 0 & 0 & 0 & -0.1821 & -3.4192 & 0.6401 \\ 0 & 0 & 0 & 0.0454 & -0.0304 & -0.4535 \end{bmatrix} \tag{8-327}$$

这种选择导致 **B** 矩阵的秩只能是 5。控制律包括纵向控制上用扰动侧滑速度及扰动偏航角速率做补偿，横向上用俯仰角速率做补偿。显然的状态反馈控制律为 $\boldsymbol{u}=-\boldsymbol{K}\boldsymbol{x}$。假设 $\boldsymbol{A}_d=\boldsymbol{A}-\boldsymbol{B}\boldsymbol{K}$，然后解方程组对应的矩阵方程，显性状态控制增益矢量由下式解得

$$\boldsymbol{K}=[0\quad[[0\quad \boldsymbol{I}_{5\times5}]\boldsymbol{B}]^{-1}](\boldsymbol{A}-\boldsymbol{A}_d) \tag{8-328}$$

状态控制增益矩阵如下

$$\boldsymbol{K}=\begin{bmatrix} 0 & 0 & 0 & 0.0074 & 0 & 0.181 \\ 0 & 0 & 0 & -0.0524 & 0 & -0.0173 \\ 0 & 0 & -0.0018 & 0 & 0 & 0 \\ 0 & 0 & -0.0195 & 0 & 0 & 0 \\ 0 & 0 & 0.0039 & 0 & 0 & 0 \end{bmatrix} \tag{8-329}$$

闭环 **A** 矩阵为

$$\boldsymbol{A}_c=\boldsymbol{A}-\boldsymbol{B}\boldsymbol{K}=\begin{bmatrix} -0.0015 & 0.0481 & -5.9420 & 0.0044 & 0 & 0 \\ -0.910 & -0.9568 & 138.3608 & 0 & 0 & 0 \\ 0.0002 & 0.0046 & -1.0220 & 0 & 0 & 0 \\ 0 & 0 & 0 & -0.2804 & 6.2767 & -151.1435 \\ 0 & 0 & 0 & -0.1821 & -3.4192 & 0.6401 \\ 0 & 0 & 0 & 0.0454 & -0.0304 & -0.4535 \end{bmatrix} \tag{8-330}$$

纵向和横侧向子系统成功解耦。

8.10　利用局部动态逆设计飞行器六自由度控制器

假设作用在飞行器上只有重力、气动力、控制力和力矩（包括推力和推力矩），质心

平移运动和转动方程如下式所示

$$m\begin{bmatrix}\dot{u}\\ \dot{v}\\ \dot{w}\end{bmatrix}+m\begin{bmatrix}0 & -r_B & q_B\\ r_B & 0 & -p_B\\ -q_B & p_B & 0\end{bmatrix}\begin{bmatrix}u\\ v\\ w\end{bmatrix}-mg\begin{bmatrix}-\sin\theta\\ \sin\phi\cos\theta\\ \cos\phi\cos\theta\end{bmatrix}-\boldsymbol{T}_{BW}(\alpha,\beta)\boldsymbol{F}_{AS}=\boldsymbol{F}_{\text{control}} \tag{8-331a}$$

和

$$\begin{bmatrix}I_{xx}^s & -I_{xy}^s & -I_{xz}^s\\ -I_{xy}^s & I_{yy}^s & -I_{yz}^s\\ -I_{xz}^s & -I_{yz}^s & I_{zz}^s\end{bmatrix}\begin{bmatrix}\dot{p}_B\\ \dot{q}_B\\ \dot{r}_B\end{bmatrix}+\begin{bmatrix}0 & -r_B & q_B\\ r_B & 0 & -p_B\\ -q_B & p_B & 0\end{bmatrix}\begin{bmatrix}I_{xx}^s & -I_{xy}^s & -I_{xz}^s\\ -I_{xy}^s & I_{yy}^s & -I_{yz}^s\\ -I_{xz}^s & -I_{yz}^s & I_{zz}^s\end{bmatrix}\begin{bmatrix}p_B\\ q_B\\ r_B\end{bmatrix}-\boldsymbol{T}_{BW}(\alpha,\beta)\boldsymbol{M}_{AS}=\boldsymbol{M}_{\text{control}} \tag{8-331b}$$

矩阵

$$\boldsymbol{I}=\begin{bmatrix}I_{xx}^s & -I_{xy}^s & -I_{xz}^s\\ -I_{xy}^s & I_{yy}^s & -I_{yz}^s\\ -I_{xz}^s & -I_{yz}^s & I_{zz}^s\end{bmatrix}$$

是在稳定性坐标下的转动惯量矩阵。假设飞行器满足对称性条件，在对称配平条件下

$$\boldsymbol{I}=\begin{bmatrix}I_{xx}^s & 0 & -I_{xz}^s\\ 0 & I_{yy}^s & 0\\ -I_{xz}^s & 0 & I_{zz}^s\end{bmatrix}$$

为了对姿态（方向）进行定义，我们需要将滚转角 ϕ，俯仰角 θ，偏航角 ψ 的旋转角速率和机体系的角速度分量 $[p_B \quad q_B \quad r_B]^{\mathrm{T}}$ 联系起来

$$\begin{bmatrix}\dot{\phi}\\ \dot{\theta}\\ \dot{\psi}\end{bmatrix}=\begin{bmatrix}1 & \sin\phi\tan\theta & \cos\phi\tan\theta\\ 0 & \cos\phi & -\sin\phi\\ 0 & \sin\phi/\cos\theta & \cos\phi/\cos\theta\end{bmatrix}\begin{bmatrix}p_B\\ q_B\\ r_B\end{bmatrix} \tag{8-332}$$

进一步假设飞行器上有任意一点 P，其坐标为

$$P\equiv[x \quad y \quad z] \tag{8-333}$$

该点在机体系下的速度分量 $\boldsymbol{v}_P$ 为

$$u=U+zq-yr \tag{8-334a}$$

$$v=V+xr-zp \tag{8-334b}$$

$$w=W+yp-xq \tag{8-334c}$$

最后，上述方程组由点 P 满足的惯性系位置方程来补充

$$\frac{\mathrm{d}}{\mathrm{d}t}\begin{bmatrix}x_i\\ y_i\\ z_i\end{bmatrix}=\boldsymbol{T}_{IB}\boldsymbol{v}_P=\boldsymbol{T}_{IB}\begin{bmatrix}u\\ v\\ w\end{bmatrix} \tag{8-335}$$

式中 $[u \quad v \quad w]^{\mathrm{T}}$——飞行器上 P 点的速度分量在机体系下的分量。

要设计一个控制系统，期望的平移速度在惯性系中做出了规定

$$\frac{\mathrm{d}}{\mathrm{d}t}\begin{bmatrix} x_i \\ y_i \\ z_i \end{bmatrix} = \begin{bmatrix} \dot{x}_d \\ \dot{y}_d \\ \dot{z}_d \end{bmatrix} \tag{8-336}$$

垂直方向上，高度变化的速度用高度变化率来描述

$$\dot{z}_d = \dot{h} = \frac{1}{\tau_h}(h_d - h) \tag{8-337}$$

式中　h_d——期望高度；

h——实际高度；

τ_h——一个时间常数，决定实际高度向期望高度靠拢的速度。

在机体系中

$$\boldsymbol{v}_{\mathrm{Pd}} = \begin{bmatrix} u_d \\ v_d \\ w_d \end{bmatrix} = \boldsymbol{T}_{BI}\begin{bmatrix} \dot{x}_d \\ \dot{y}_d \\ \dot{z}_d \end{bmatrix} \tag{8-338}$$

如果速度矢量的大小和方向已经规定，期望的速度表达分量如下

$$u_d = V_{\mathrm{Td}}\cos\beta_d\cos\alpha_d, v_d = V_{\mathrm{Td}}\sin\beta_d, \; w_d = V_{\mathrm{Td}}\sin\alpha_d\cos\beta_d \tag{8-339}$$

用来求解控制力、估计控制输入的质心平移方程

$$\boldsymbol{F}_{\mathrm{control}} = m\begin{bmatrix} \dot{u}_c \\ \dot{v}_c \\ \dot{w}_c \end{bmatrix} + m\begin{bmatrix} q_{Bc}w_d - r_{Bc}v_d \\ r_{Bc}u_d - p_{Bc}w_d \\ p_{Bc}v_d - q_{Bc}u_d \end{bmatrix} - mg\begin{bmatrix} -\sin\hat{\theta} \\ \sin\hat{\phi}\cos\hat{\theta} \\ \cos\hat{\phi}\cos\hat{\theta} \end{bmatrix} - \boldsymbol{T}_{BW}(\hat{\alpha},\hat{\beta})\hat{\boldsymbol{F}}_{AS} \tag{8-340}$$

式中，上标“^”表示指令角速率的估计值来代替实际值。

矢量

$$\boldsymbol{F}_{aux} = m\begin{bmatrix} \dot{u}_c \\ \dot{v}_c \\ \dot{w}_c \end{bmatrix} \tag{8-341}$$

是一个辅助控制输入。

辅助控制输入可由下式构建

$$m\begin{bmatrix} \dot{u}_c \\ \dot{v}_c \\ \dot{w}_c \end{bmatrix} = m\begin{bmatrix} \dot{u}_d \\ \dot{v}_d \\ \dot{w}_d \end{bmatrix} + \frac{K_I}{s}\left(\begin{bmatrix} u_d \\ v_d \\ w_d \end{bmatrix} - \begin{bmatrix} u \\ v \\ w \end{bmatrix}\right) + K_p\left(\begin{bmatrix} u_d \\ v_d \\ w_d \end{bmatrix} - \begin{bmatrix} u \\ v \\ w \end{bmatrix}\right) \tag{8-342}$$

因此，消去辅助控制输入

$$\boldsymbol{F}_{\text{control}}=m\begin{bmatrix}\dot{u}_d\\\dot{v}_d\\\dot{w}_d\end{bmatrix}+\frac{K_I}{s}\left(\begin{bmatrix}u_d\\v_d\\w_d\end{bmatrix}-\begin{bmatrix}u\\v\\w\end{bmatrix}\right)+K_p\left(\begin{bmatrix}u_d\\v_d\\w_d\end{bmatrix}-\begin{bmatrix}u\\v\\w\end{bmatrix}\right)+$$

$$m\begin{bmatrix}q_{Bc}w_d-r_{Bc}v_d\\r_{Bc}u_d-p_{Bc}w_d\\p_{Bc}v_d-q_{Bc}u_d\end{bmatrix}-mg\begin{bmatrix}-\sin\hat{\theta}\\\sin\hat{\phi}\cos\hat{\theta}\\\cos\hat{\phi}\cos\hat{\theta}\end{bmatrix}-\boldsymbol{T}_{BW}(\hat{\alpha},\hat{\beta})\hat{\boldsymbol{F}}_{AS} \tag{8-343}$$

在质心平移方程中替换控制力，假设估计值较指令值更接近于实际值

$$m\begin{bmatrix}\dot{u}\\\dot{v}\\\dot{w}\end{bmatrix}+m\begin{bmatrix}(q_B-q_{Bc})w-(r_B-r_{Bc})v\\(r_B-r_{Bc})u-(p_B-p_{Bc})w\\(p_B-p_{Bc})v-(q_B-q_{Bc})u\end{bmatrix}+m\begin{bmatrix}q_{Bc}(w-w_d)-r_{Bc}(v-v_d)\\r_{Bc}(u-u_d)-p_{Bc}(w-w_d)\\p_{Bc}(v-v_d)-q_{Bc}(u-u_d)\end{bmatrix}$$

$$=m\begin{bmatrix}\dot{u}_d\\\dot{v}_d\\\dot{w}_d\end{bmatrix}+\frac{K_I}{s}\left(\begin{bmatrix}u_d\\v_d\\w_d\end{bmatrix}-\begin{bmatrix}u\\v\\w\end{bmatrix}\right)+K_P\left(\begin{bmatrix}u_d\\v_d\\w_d\end{bmatrix}-\begin{bmatrix}u\\v\\w\end{bmatrix}\right) \tag{8-344}$$

如果我们使得

$$\boldsymbol{e}_d=\begin{bmatrix}e_{\mathrm{d}u}\\e_{\mathrm{d}v}\\e_{\mathrm{d}w}\end{bmatrix}=\begin{bmatrix}u_d\\v_d\\w_d\end{bmatrix}-\begin{bmatrix}u\\v\\w\end{bmatrix} \tag{8-345}$$

于是有

$$m\frac{\mathrm{d}}{\mathrm{d}t}\dot{\boldsymbol{e}}_d-m\frac{\mathrm{d}}{\mathrm{d}t}\begin{bmatrix}0&-(r_B-r_{Bc})&(q_B-q_{Bc})\\(r_B-r_{Bc})&0&-(p_B-p_{Bc})\\-(q_B-q_{Bc})&(p_B-p_{Bc})&0\end{bmatrix}\begin{bmatrix}u\\v\\w\end{bmatrix}$$

$$-m\frac{\mathrm{d}}{\mathrm{d}t}\begin{bmatrix}0&-r_{Bc}&q_{Bc}\\r_{Bc}&0&-p_{Bc}\\-q_{Bc}&p_{Bc}&0\end{bmatrix}\boldsymbol{e}_d+K_P\frac{\mathrm{d}}{\mathrm{d}t}\boldsymbol{e}_d+K_I\boldsymbol{e}_d=\begin{bmatrix}0\\0\\0\end{bmatrix} \tag{8-346}$$

合适选择矩阵增益：K_P 和 K_I，可以发现

$$\boldsymbol{e}_d\rightarrow[0\quad 0\quad 0]^{\mathrm{T}}$$

为了设计方向控制器，假设已规定指令的欧拉角 ϕ_c，θ_c 和 ψ_c。外回路中，姿态角速率指令由下式生成

$$\begin{bmatrix}\tau_\phi\dot{\phi}_d\\\tau_\theta\dot{\theta}_d\\\tau_\psi\dot{\psi}_d\end{bmatrix}=\begin{bmatrix}\phi_c\\\theta_c\\\psi_c\end{bmatrix}-\begin{bmatrix}\phi\\\theta\\\psi\end{bmatrix} \tag{8-347}$$

式中　τ ——合适的时间常数。

其后，角速率指令使用逆矩阵计算

$$\begin{bmatrix} p_{Bc} \\ q_{Bc} \\ r_{Bc} \end{bmatrix} = \begin{bmatrix} 1 & \sin\phi\tan\theta & \cos\phi\tan\theta \\ 0 & \cos\phi & -\sin\phi \\ 0 & \sin\phi/\cos\theta & \cos\phi/\cos\theta \end{bmatrix}^{-1} \begin{bmatrix} \dot{\phi}_d \\ \dot{\theta}_d \\ \dot{\psi}_d \end{bmatrix} \tag{8-348}$$

从动力学方程来看，控制力矩可以表示成以下形式

$$\boldsymbol{M}_{\text{control}} = \boldsymbol{I} \begin{bmatrix} \dot{p}_{\text{Bd}} \\ \dot{q}_{\text{Bd}} \\ \dot{r}_{\text{Bd}} \end{bmatrix} + \begin{bmatrix} 0 & -r_{Bc} & q_{Bc} \\ r_{Bc} & 0 & -p_{Bc} \\ -q_{Bc} & p_{Bc} & 0 \end{bmatrix} \boldsymbol{I} \begin{bmatrix} p_{Bc} \\ q_{Bc} \\ r_{Bc} \end{bmatrix} - \hat{\boldsymbol{T}}_{\text{BW}}(\hat{\alpha},\hat{\beta})\hat{\boldsymbol{M}}_{\text{AS}} \tag{8-349}$$

式中

$$\boldsymbol{M}_{aux} = \boldsymbol{I} \begin{bmatrix} \dot{p}_{\text{Bd}} \\ \dot{q}_{\text{Bd}} \\ \dot{r}_{\text{Bd}} \end{bmatrix} \tag{8-350}$$

是一个辅助控制输入，辅助控制输入为

$$\boldsymbol{I} \begin{bmatrix} \dot{p}_{\text{Bd}} \\ \dot{q}_{\text{Bd}} \\ \dot{r}_{\text{Bd}} \end{bmatrix} = \boldsymbol{I} \begin{bmatrix} \dot{p}_{Bc} \\ \dot{q}_{Bc} \\ \dot{r}_{Bc} \end{bmatrix} - \frac{K_{I\omega}}{s} \left(\begin{bmatrix} p_B \\ q_B \\ r_B \end{bmatrix} - \begin{bmatrix} p_{Bc} \\ q_{Bc} \\ r_{Bc} \end{bmatrix} \right) - K_{P\omega} \left(\begin{bmatrix} p_B \\ q_B \\ r_B \end{bmatrix} - \begin{bmatrix} p_{Bc} \\ q_{Bc} \\ r_{Bc} \end{bmatrix} \right) \tag{8-351}$$

在平移方程中消去控制力矩，假设估计值较指令值更接近实际值，方程表示为

$$\begin{bmatrix} 0 & -r_{Bc} & q_{Bc} \\ r_{Bc} & 0 & -p_{Bc} \\ -q_{Bc} & p_{Bc} & 0 \end{bmatrix} = \begin{bmatrix} p_{Bc} \\ q_{Bc} \\ r_{Bc} \end{bmatrix} \times \boldsymbol{I} \left(\begin{bmatrix} \dot{p}_B \\ \dot{q}_B \\ \dot{r}_B \end{bmatrix} - \begin{bmatrix} \dot{p}_{Bc} \\ \dot{q}_{Bc} \\ \dot{r}_{Bc} \end{bmatrix} \right) + \frac{K_{I\omega}}{s} \left(\begin{bmatrix} p_B \\ q_B \\ r_B \end{bmatrix} - \begin{bmatrix} p_{Bc} \\ q_{Bc} \\ r_{Bc} \end{bmatrix} \right) +$$
$$K_{P\omega} \left(\begin{bmatrix} p_B \\ q_B \\ r_B \end{bmatrix} - \begin{bmatrix} p_{Bc} \\ q_{Bc} \\ r_{Bc} \end{bmatrix} \right) + \begin{bmatrix} p_B \\ q_B \\ r_B \end{bmatrix} \times \boldsymbol{I} \begin{bmatrix} p_B \\ q_B \\ r_B \end{bmatrix} - \begin{bmatrix} p_{Bc} \\ q_{Bc} \\ r_{Bc} \end{bmatrix} \times \boldsymbol{I} \begin{bmatrix} p_{Bc} \\ q_{Bc} \\ r_{Bc} \end{bmatrix} = \begin{bmatrix} 0 \\ 0 \\ 0 \end{bmatrix} \tag{8-352}$$

后一项可以被表达成

$$\boldsymbol{I} \left(\begin{bmatrix} \dot{p}_B \\ \dot{q}_B \\ \dot{r}_B \end{bmatrix} - \begin{bmatrix} \dot{p}_{Bc} \\ \dot{q}_{Bc} \\ \dot{r}_{Bc} \end{bmatrix} \right) + \frac{K_{I\omega}}{s} \left(\begin{bmatrix} p_B \\ q_B \\ r_B \end{bmatrix} - \begin{bmatrix} p_{Bc} \\ q_{Bc} \\ r_{Bc} \end{bmatrix} \right) + K_{P\omega} \left(\begin{bmatrix} p_B \\ q_B \\ r_B \end{bmatrix} - \begin{bmatrix} p_{Bc} \\ q_{Bc} \\ r_{Bc} \end{bmatrix} \right) +$$
$$\begin{bmatrix} p_B \\ q_B \\ r_B \end{bmatrix} \times \boldsymbol{I} \begin{bmatrix} p_B \\ q_B \\ r_B \end{bmatrix} - \begin{bmatrix} p_B \\ q_B \\ r_B \end{bmatrix} \times \boldsymbol{I} \begin{bmatrix} p_{Bc} \\ q_{Bc} \\ r_{Bc} \end{bmatrix} + \begin{bmatrix} p_B \\ q_B \\ r_B \end{bmatrix} \times \boldsymbol{I} \begin{bmatrix} p_{Bc} \\ q_{Bc} \\ r_{Bc} \end{bmatrix} - \begin{bmatrix} p_{Bc} \\ q_{Bc} \\ r_{Bc} \end{bmatrix} \times \boldsymbol{I} \begin{bmatrix} p_{Bc} \\ q_{Bc} \\ r_{Bc} \end{bmatrix} = \begin{bmatrix} 0 \\ 0 \\ 0 \end{bmatrix} \tag{8-353}$$

或者

$$
\boldsymbol{I}\left(\begin{bmatrix}\dot{p}_B\\\dot{q}_B\\\dot{r}_B\end{bmatrix}-\begin{bmatrix}\dot{p}_{Bc}\\\dot{q}_{Bc}\\\dot{r}_{Bc}\end{bmatrix}\right)+\frac{K_{I\omega}}{s}\left(\begin{bmatrix}p_B\\q_B\\r_B\end{bmatrix}-\begin{bmatrix}p_{Bc}\\q_{Bc}\\r_{Bc}\end{bmatrix}\right)+K_{P\omega}\left(\begin{bmatrix}p_B\\q_B\\r_B\end{bmatrix}-\begin{bmatrix}p_{Bc}\\q_{Bc}\\r_{Bc}\end{bmatrix}\right)+
$$

$$
\begin{bmatrix}p_B\\q_B\\r_B\end{bmatrix}\times\boldsymbol{I}\left(\begin{bmatrix}p_B\\q_B\\r_B\end{bmatrix}-\begin{bmatrix}p_{Bc}\\q_{Bc}\\r_{Bc}\end{bmatrix}\right)+\begin{bmatrix}0&-(r_B-r_{Bc})&(q_B-q_{Bc})\\(r_B-r_{Bc})&0&-(p_B-p_{Bc})\\-(q_B-q_{Bc})&(p_B-p_{Bc})&0\end{bmatrix}\boldsymbol{I}\begin{bmatrix}p_{Bc}\\q_{Bc}\\r_{Bc}\end{bmatrix}=\begin{bmatrix}0\\0\\0\end{bmatrix}
$$

(8 - 354)

令

$$
\boldsymbol{e}_c=\begin{bmatrix}e_{cp}\\e_{cq}\\e_{cr}\end{bmatrix}=\begin{bmatrix}p_{Bc}\\q_{Bc}\\r_{Bc}\end{bmatrix}-\begin{bmatrix}p_B\\q_B\\r_B\end{bmatrix} \tag{8-355}
$$

然后

$$
\frac{\mathrm{d}}{\mathrm{d}t}\boldsymbol{I}\dot{\boldsymbol{e}}_c+K_{P\omega}\dot{\boldsymbol{e}}_c+K_{I\omega}\boldsymbol{e}_c+\frac{\mathrm{d}}{\mathrm{d}t}\boldsymbol{f}(\boldsymbol{e}_c)=\begin{bmatrix}0\\0\\0\end{bmatrix} \tag{8-356}
$$

线性化该方程

$$
\boldsymbol{I}\ddot{\boldsymbol{e}}_c+K_{I\omega}\boldsymbol{e}_c+K_{P\omega}\dot{\boldsymbol{e}}_c+\frac{\mathrm{d}}{\mathrm{d}t}\begin{bmatrix}p_{Bc}\\q_{Bc}\\r_{Bc}\end{bmatrix}\times\boldsymbol{I}\dot{\boldsymbol{e}}_c+\frac{\mathrm{d}}{\mathrm{d}t}\boldsymbol{e}_c\times\boldsymbol{I}\begin{bmatrix}p_{Bc}\\q_{Bc}\\r_{Bc}\end{bmatrix}=\begin{bmatrix}0\\0\\0\end{bmatrix} \tag{8-357}
$$

$$
\begin{bmatrix}0&-e_{cr}&e_{cq}\\e_{cr}&0&-e_{cp}\\-e_{cp}&e_{cp}&0\end{bmatrix}=\boldsymbol{e}_c\times \tag{8-358}
$$

合适地选择矩阵增益 $K_{P\omega}$ 和 $K_{I\omega}$，可以得到如下结论

$$
\boldsymbol{e}_c\rightarrow[0\quad 0\quad 0]^{\mathrm{T}}
$$

通常精确地估计空气动力和力矩是不太可能的，所以它们被对应于期望速度和控制率的空气动力和力矩代替。而这些项会导致误差方程的产生。重新考量速度分量和角速度对应的误差方程

$$
m\frac{\mathrm{d}}{\mathrm{d}t}\dot{\boldsymbol{e}}_d-m\frac{\mathrm{d}}{\mathrm{d}t}\left(\begin{bmatrix}p_{Bc}\\q_{Bc}\\r_{Bc}\end{bmatrix}\times\boldsymbol{e}_d-\boldsymbol{e}_c\times\begin{bmatrix}u\\v\\w\end{bmatrix}\right)+K_P\frac{\mathrm{d}}{\mathrm{d}t}\boldsymbol{e}_d+K_I\boldsymbol{e}_d=\begin{bmatrix}0\\0\\0\end{bmatrix} \tag{8-359a}
$$

$$
\boldsymbol{I}\ddot{\boldsymbol{e}}_c+K_{I\omega}\boldsymbol{e}_c+K_{P\omega}\dot{\boldsymbol{e}}_c+\frac{\mathrm{d}}{\mathrm{d}t}\begin{bmatrix}p_{Bc}\\q_{Bc}\\r_{Bc}\end{bmatrix}\times\boldsymbol{I}\dot{\boldsymbol{e}}_c+\frac{\mathrm{d}}{\mathrm{d}t}\boldsymbol{e}_c\times\boldsymbol{I}\begin{bmatrix}p_{Bc}\\q_{Bc}\\r_{Bc}\end{bmatrix}=\begin{bmatrix}0\\0\\0\end{bmatrix} \tag{8-359b}
$$

右边项不再等于 0，而是等于一个特定的空气动力学误差矢量。

$$m\frac{\mathrm{d}}{\mathrm{d}t}\dot{\boldsymbol{e}}_d+K_P\frac{\mathrm{d}}{\mathrm{d}t}\boldsymbol{e}_d-m\frac{\mathrm{d}}{\mathrm{d}t}\left(\begin{bmatrix}p_{Bc}\\q_{Bc}\\r_{Bc}\end{bmatrix}\times\boldsymbol{e}_d-\boldsymbol{e}_c\times\begin{bmatrix}u\\v\\w\end{bmatrix}\right)+K_I\boldsymbol{e}_d=\begin{bmatrix}\varepsilon_x\\\varepsilon_y\\\varepsilon_z\end{bmatrix}\tag{8-360a}$$

$$\boldsymbol{I}\ddot{\boldsymbol{e}}_c+K_{I\omega}\boldsymbol{e}_c+K_{P\omega}\dot{\boldsymbol{e}}_c+\frac{\mathrm{d}}{\mathrm{d}t}\begin{bmatrix}p_{Bc}\\q_{Bc}\\r_{Bc}\end{bmatrix}\times\boldsymbol{I}\dot{\boldsymbol{e}}_c+\frac{\mathrm{d}}{\mathrm{d}t}\boldsymbol{e}_c\times\boldsymbol{I}\begin{bmatrix}p_{Bc}\\q_{Bc}\\r_{Bc}\end{bmatrix}=\begin{bmatrix}\varepsilon_p\\\varepsilon_q\\\varepsilon_r\end{bmatrix}\tag{8-360b}$$

在平衡状态下，质心平移动力学方程化简为

$$-mg\begin{bmatrix}0\\0\\1\end{bmatrix}-\boldsymbol{T}_{BW}(\alpha_e,\beta_e)\boldsymbol{F}_{ASe}=\boldsymbol{F}^e_{\mathrm{control}}\tag{8-361a}$$

力矩方程化简为

$$-\boldsymbol{T}_{BW}(\alpha_e,\beta_e)\boldsymbol{M}_{ASe}=\boldsymbol{M}^e_{\mathrm{control}}\tag{8-361b}$$

当不需要控制力来维持平衡态时

$$\boldsymbol{T}_{BW}(\alpha_e,\beta_e)\boldsymbol{F}_{ASe}=-mg\ [0\quad 0\quad 1]^{\mathrm{T}}\tag{8-362}$$

平衡态飞行状态的力和力矩扰动方程表达为

$$\boldsymbol{T}_{BW}(\alpha_e,\beta_e)\Delta\boldsymbol{F}_{AS}=\begin{bmatrix}X_e-X_{e0}\\Y_e-Y_{e0}\\Z_e-Z_{e0}\end{bmatrix}=\begin{bmatrix}X_{Au}\Delta u+X_{Aw}\Delta w+X_{Aq}q+X_{A\eta}\eta+X_{A\tau}\Delta\tau\\Y_{Av}\Delta v+Y_{Ap}p+Y_{Ar}r+Y_{A\xi}\xi+Y_{A\zeta}\zeta\\Z_{Au}\Delta u+Z_{Aw}\Delta w+Z_{Aq}q+Z_{A\eta}\eta+Z_{A\tau}\Delta\tau\end{bmatrix}\tag{8-363a}$$

和

$$\boldsymbol{T}_{BW}(\alpha_e,\beta_e)\Delta\boldsymbol{M}_{AS}=\begin{bmatrix}L_e-L_{e0}\\M_e-M_{e0}\\N_e-N_{e0}\end{bmatrix}=\begin{bmatrix}L_{Av}\Delta v+L_{Ap}p+L_{Ar}r+L_{A\xi}\xi+L_{A\zeta}\zeta\\M_{Au}\Delta u+M_{Aw}\Delta w+M_{Aq}q+M_{A\dot{w}}\Delta\dot{w}+M_{A\eta}\eta+M_{T\tau}\Delta\tau\\N_{Av}\Delta v+N_{Ap}p+N_{Ar}r+N_{A\xi}\xi+N_{A\zeta}\zeta\end{bmatrix}\tag{8-363b}$$

式中，角速率是相对于机体系而言的。

控制律的表达式为

$$\boldsymbol{F}_{\mathrm{control}}=m\begin{bmatrix}\dot{u}_d\\\dot{v}_d\\\dot{w}_d\end{bmatrix}+\frac{K_I}{s}\left(\begin{bmatrix}u_d\\v_d\\w_d\end{bmatrix}-\begin{bmatrix}u\\v\\w\end{bmatrix}\right)+K_P\left(\begin{bmatrix}u_d\\v_d\\w_d\end{bmatrix}-\begin{bmatrix}u\\v\\w\end{bmatrix}\right)+ m\begin{bmatrix}q_{Bc}w_d-r_{Bc}v_d\\r_{Bc}u_d-p_{Bc}w_d\\p_{Bc}v_d-q_{Bc}u_d\end{bmatrix}-mg\begin{bmatrix}-\sin\theta_d\\\sin\phi_d\cos\theta_d\\\cos\phi_d\cos\theta_d\end{bmatrix}-\boldsymbol{T}_{BW}(\alpha_d,\beta_d)\boldsymbol{F}_{AS}|_d\tag{8-364a}$$

$$\boldsymbol{M}_{\text{control}}=\boldsymbol{I}\begin{bmatrix}\dot{p}_{Bd}\\ \dot{q}_{Bd}\\ \dot{r}_{Bd}\end{bmatrix}+\begin{bmatrix}0 & -r_{Bc} & q_{Bc}\\ r_{Bc} & 0 & -p_{Bc}\\ -q_{Bc} & p_{Bc} & 0\end{bmatrix}I\begin{bmatrix}p_{Bc}\\ q_{Bc}\\ r_{Bc}\end{bmatrix}-\boldsymbol{T}_{BW}(\alpha_d,\beta_d)\boldsymbol{M}_{AS}\big|_d \tag{8-364b}$$

注意到泰勒级数可以表达为

$$\begin{bmatrix}-\sin\theta_d\\ \sin\phi_d\cos\theta_d\\ \cos\phi_d\cos\theta_d\end{bmatrix}=\begin{bmatrix}-\sin\theta\\ \sin\phi\cos\theta\\ \cos\phi\cos\theta\end{bmatrix}-\begin{bmatrix}\cos\theta\\ \sin\phi\sin\theta\\ \cos\phi\sin\theta\end{bmatrix}(\theta_d-\theta)+\begin{bmatrix}0\\ \cos\phi\cos\theta\\ -\sin\phi\cos\theta\end{bmatrix}(\phi_d-\phi) \tag{8-365}$$

假设欧拉角在飞行中都很小

$$\begin{bmatrix}-\sin\theta_d\\ \sin\phi_d\cos\theta_d\\ \cos\phi_d\cos\theta_d\end{bmatrix}=\begin{bmatrix}0\\ 0\\ 1\end{bmatrix}-\begin{bmatrix}1\\ 0\\ 0\end{bmatrix}(\theta_d-\theta)+\begin{bmatrix}0\\ 1\\ 0\end{bmatrix}(\phi_d-\phi) \tag{8-366}$$

因此，忽略由于控制输入产生的误差，考虑重力产生的误差项，有

$$\begin{bmatrix}\varepsilon_x\\ \varepsilon_y\\ \varepsilon_z\end{bmatrix}=\frac{\mathrm{d}}{\mathrm{d}t}\begin{bmatrix}X_{Au}e_{du}+X_{Aw}e_{dw}+X_{Aq}e_{cq}\\ Y_{Av}e_{dv}+Y_{Ap}e_{cp}+Y_{Ar}e_{cr}\\ Z_{Au}e_{du}+Z_{Aw}e_{dw}+Z_{Aq}e_{cq}\end{bmatrix}+\frac{\mathrm{d}}{\mathrm{d}t}\begin{bmatrix}-mge_{\Delta\theta}\\ mge_{\Delta\phi}\\ 0\end{bmatrix} \tag{8-367a}$$

$$\begin{bmatrix}\varepsilon_p\\ \varepsilon_q\\ \varepsilon_r\end{bmatrix}=\frac{\mathrm{d}}{\mathrm{d}t}\begin{bmatrix}L_{Av}e_{dv}+L_{Ap}e_{cp}+L_{Ar}e_{cr}\\ M_{Au}e_{du}+M_{Aw}e_{dw}+M_{Aq}e_{cq}+M_{A\dot{w}}\dot{e}_{dw}\\ N_{Av}e_{dv}+N_{Ap}e_{cq}+N_{Ar}e_{cr}\end{bmatrix} \tag{8-367b}$$

式中

$$\dot{e}_{\Delta\theta}=e_{cq},\dot{e}_{\Delta\phi}=e_{cp} \tag{8-367c}$$

误差等式可以进一步线性化简化，假设

$$[p_{Bc}\quad q_{Bc}\quad r_{Bc}]^{\mathrm{T}}\cong[0\quad 0\quad 0]^{\mathrm{T}} \tag{8-368}$$

在稳态飞行中，假设

$$[u\quad v\quad w]^{\mathrm{T}}=[U_0\quad V_0\quad W_0]^{\mathrm{T}} \tag{8-369}$$

进一步，让

$$\begin{bmatrix}U_0\\ V_0\\ W_0\end{bmatrix}\times=\begin{bmatrix}0 & -W_0 & V_0\\ W_0 & 0 & -U_0\\ -V_0 & U_0 & 0\end{bmatrix} \tag{8-370}$$

和

$$\boldsymbol{I}_A=\begin{bmatrix}I_{xx}^s & 0 & -I_{xz}^s\\ 0 & I_{yy}^s & 0\\ -I_{xz}^s & 0 & I_{zz}^s\end{bmatrix} \tag{8-371}$$

线性化两组误差方程，两组耦合的方程化简为

$$m\ddot{\boldsymbol{e}}_d-\begin{bmatrix}U_0\\V_0\\W_0\end{bmatrix}\times\dot{\boldsymbol{e}}_c-\begin{bmatrix}X_{Au}&0&X_{Aw}\\0&Y_{Av}&0\\Z_{Au}&0&Z_{Aw}\end{bmatrix}\dot{\boldsymbol{e}}_d-\begin{bmatrix}0&X_{Aq}&0\\Y_{Ap}&0&Y_{Ar}\\0&Z_{Aq}&0\end{bmatrix}\dot{\boldsymbol{e}}_c-$$
$$\begin{bmatrix}0\\mg\\0\end{bmatrix}\dot{e}_{\Delta\phi}+\begin{bmatrix}mg\\0\\0\end{bmatrix}\dot{e}_{\Delta\theta}+K_P\dot{\boldsymbol{e}}_d+K_I\boldsymbol{e}_d=\begin{bmatrix}0\\0\\0\end{bmatrix} \tag{8-372a}$$

$$\boldsymbol{I}\ddot{\boldsymbol{e}}_c-\begin{bmatrix}0&L_{Av}&0\\M_{Au}&0&M_{Aw}\\0&M_{Av}&0\end{bmatrix}\dot{\boldsymbol{e}}_d-\begin{bmatrix}L_{Ap}&0&L_{Ar}\\0&M_{Aq}&0\\N_{Ap}&0&N_{Ar}\end{bmatrix}\dot{\boldsymbol{e}}_c+K_{P\omega}\dot{\boldsymbol{e}}_c+K_{I\omega}\boldsymbol{e}_c=\begin{bmatrix}0\\0\\0\end{bmatrix} \tag{8-372b}$$

式中

$$\dot{e}_{\Delta\theta}=e_{cq},\dot{e}_{\Delta\phi}=e_{cp} \tag{8-372c}$$

这些矩阵方程可表达成标准形式，稳定性增益通过最优控制等标准合成技术并经一系列仿真验证而确定。

如果我们使：$\dot{\boldsymbol{e}}_d=\boldsymbol{e}_b$ 且$\dot{\boldsymbol{e}}_c=\boldsymbol{e}_\alpha$，包括外加的控制输入力和力矩，误差动力学的两个方程可以表达为

$$\dot{\boldsymbol{e}}_b=\frac{1}{m}\begin{bmatrix}U_0\\V_0\\W_0\end{bmatrix}\times\boldsymbol{e}_\alpha+\frac{1}{m}\begin{bmatrix}X_{Au}&0&X_{Aw}\\0&Y_{Av}&0\\Z_{Au}&0&Z_{Aw}\end{bmatrix}\boldsymbol{e}_b+$$
$$\frac{1}{m}\begin{bmatrix}0&X_{Aq}&0\\Y_{Ap}&0&Y_{Ar}\\0&Z_{Aq}&0\end{bmatrix}\boldsymbol{e}_\alpha+g\begin{bmatrix}0&-1&0\\1&0&0\\0&0&0\end{bmatrix}\boldsymbol{e}_c+\boldsymbol{u}_{in\_d} \tag{8-373a}$$

$$\boldsymbol{I}\dot{\boldsymbol{e}}_\alpha=\begin{bmatrix}0&L_{Av}&0\\M_{Au}&0&M_{Aw}\\0&M_{Av}&0\end{bmatrix}\boldsymbol{e}_b+\begin{bmatrix}L_{Ap}&0&L_{Ar}\\0&M_{Aq}&0\\N_{Ap}&0&N_{Ar}\end{bmatrix}\boldsymbol{e}_\alpha+\begin{bmatrix}0\\M_{\dot{w}}\\0\end{bmatrix}\dot{e}_{dw}+\boldsymbol{I}\boldsymbol{u}_{in\_c} \tag{8-373b}$$

用矩阵符号记为

$$\frac{\mathrm{d}}{\mathrm{d}t}\boldsymbol{x}(t)=\boldsymbol{A}\boldsymbol{x}+\boldsymbol{B}\boldsymbol{u} \tag{8-374}$$

式中，$\boldsymbol{B}$ 是一个 12 行 12 列的单位矩阵，且

$$\boldsymbol{x}=\begin{bmatrix}\boldsymbol{e}_d\\\boldsymbol{e}_c\\\boldsymbol{e}_b\\\boldsymbol{e}_\alpha\end{bmatrix},\boldsymbol{u}=\begin{bmatrix}0\\0\\\boldsymbol{u}_{in\_d}\\\boldsymbol{u}_{in\_c}\end{bmatrix} \tag{8-375}$$

一旦控制输入$\boldsymbol{u}_{in_d}$和$\boldsymbol{u}_{in_c}$形成了，飞行器的扰动控制力和力矩在平衡态飞行中，可以被定义为

$$\Delta \boldsymbol{F}_{\text{control}}=m\begin{bmatrix}\Delta\dot{u}_d\\ \Delta\dot{v}_d\\ \Delta\dot{w}_d\end{bmatrix}+\frac{m\,\boldsymbol{u}_{in\_d}}{s}+m\begin{bmatrix}q_{Bc}\Delta w_d-r_{Bc}\Delta v_d\\ r_{Bc}\Delta u_d-p_{Bc}\Delta w_d\\ p_{Bc}\Delta v_d-q_{Bc}\Delta u_d\end{bmatrix}-mg\begin{bmatrix}-\sin\theta_c\\ \sin\phi_c\cos\theta_c\\ \cos\phi_c\cos\theta_c\end{bmatrix}+L_e\begin{bmatrix}0\\0\\1\end{bmatrix}-\Delta\boldsymbol{F}_A \tag{8-376a}$$

$$\Delta\boldsymbol{F}_A=\begin{bmatrix}X_{Au}\Delta u_d+X_{Aw}\Delta w_d+X_{Aq}q_{Bc}\\ Y_{Av}\Delta v_d+Y_{Ap}p_{Bc}+Y_{Ar}r_{Bc}\\ Z_{Au}\Delta u_d+Z_{Aw}\Delta w_d+Z_{Aq}q_{Bc}\end{bmatrix} \tag{8-376b}$$

$$\Delta\boldsymbol{M}_{\text{control}}=\boldsymbol{I}\begin{bmatrix}\dot{p}_{Bc}\\ \dot{q}_{Bc}\\ \dot{r}_{Bc}\end{bmatrix}+\frac{\boldsymbol{I}\boldsymbol{u}_{in\_c}}{s}+\begin{bmatrix}0&-r_{Bc}&q_{Bc}\\ r_{Bc}&0&-p_{Bc}\\ -q_{Bc}&p_{Bc}&0\end{bmatrix}\boldsymbol{I}\begin{bmatrix}p_{Bc}\\ q_{Bc}\\ r_{Bc}\end{bmatrix}-\Delta\boldsymbol{M}_A \tag{8-376c}$$

$$\Delta\boldsymbol{M}_A=\begin{bmatrix}L_{Av}\Delta v_d+L_{Ap}p_{Bc}+L_{Ar}r_{Bc}\\ M_{Au}\Delta u_d+M_{Aw}\Delta w_d+M_{Aq}q_{Bc}\\ N_{Av}\Delta v_d+N_{Ap}p_{Bc}+N_{Ar}r_{Bc}\end{bmatrix}+\begin{bmatrix}0\\ M_{A\dot{w}}\Delta\dot{w}_d\\ 0\end{bmatrix} \tag{8-376d}$$

式中，“$1/s$”表示积分，角标“Bc”对应于机体系下的指令角速率，“$Ae0$”代表平衡控制状态时的空气动力和力矩。Δu_d，Δv_d 和 Δw_d 代表对应变量 u_d，v_d 和 w_d 的扰动变量；也就是说：$\Delta u_d=u_d-U_0$，$\Delta v_d=v_d-V_0$，$\Delta w_d=w_d-W_0$。项 L_e 是平衡态升力，其大小假设等于重力。

8.10.1 控制律合成

为了合成控制输入$\boldsymbol{u}_{in_d}$和$\boldsymbol{u}_{in_c}$，将飞行器方程组解耦成对应于对称运动的纵向运动和对应于非对称运动的横侧向运动。假设

$$V_0=0,W_0=0 \tag{8-377}$$

状态矢量和控制输入矢量为

$$\boldsymbol{x}_s=\begin{bmatrix}e_{du}\\ e_{dw}\\ e_{cq}\\ \dot{e}_{du}\\ \dot{e}_{dw}\\ \dot{e}_{cq}\end{bmatrix},\boldsymbol{u}_s=\begin{bmatrix}u_{in\_d}(1)\\ u_{in\_d}(3)\\ u_{in\_c}(2)\end{bmatrix},\boldsymbol{x}_a=\begin{bmatrix}e_{dv}\\ e_{cp}\\ e_{cr}\\ \dot{e}_{dv}\\ \dot{e}_{cp}\\ \dot{e}_{cr}\end{bmatrix},\ \boldsymbol{u}_a=\begin{bmatrix}u_{in\_d}(2)\\ u_{in\_c}(1)\\ u_{in\_c}(3)\end{bmatrix} \tag{8-378}$$

指令航迹偏差矢量的状态方程

$$\boldsymbol{E}_s\frac{\mathrm{d}}{\mathrm{d}t}\boldsymbol{x}_s(t)=\boldsymbol{A}_s\boldsymbol{x}_s+\boldsymbol{B}_s\boldsymbol{u}_s,\frac{\mathrm{d}}{\mathrm{d}t}\boldsymbol{x}_a(t)=\boldsymbol{A}_a\boldsymbol{x}_a+\boldsymbol{B}_a\boldsymbol{u}_a \tag{8-379}$$

矩阵$\boldsymbol{E}_s$ 是

$$\boldsymbol{E}_s=\begin{bmatrix}1&0&0&0&0&0\\0&1&0&0&0&0\\0&0&1&0&0&0\\0&0&0&1&0&0\\0&0&0&0&1&0\\0&0&0&0&M_{A\dot{w}}/mr_{yy}&1\end{bmatrix}\tag{8-380}$$

矩阵$\boldsymbol{A}_s$和$\boldsymbol{A}_a$是

$$\boldsymbol{A}_s=\frac{1}{m}\begin{bmatrix}0&0&0&1&0&0\\0&0&0&0&1&0\\0&0&0&0&0&1\\0&-mg&0&X_{Au}&X_{Aw}&X_{Aq}\\0&0&0&Z_{Au}&Z_{Aw}&U_0+Z_{Aq}\\0&0&0&M_{Au}/r_{yy}&M_{Au}/r_{yy}&M_{Au}/r_{yy}\end{bmatrix},\ \boldsymbol{B}_s=\begin{bmatrix}0&0&0\\0&0&0\\0&0&0\\1&0&0\\0&1&0\\0&0&1\end{bmatrix}\tag{8-381}$$

$$\boldsymbol{A}_a=\frac{1}{m}\begin{bmatrix}0&0&0&1&0&0\\0&0&0&0&1&0\\0&0&0&0&0&1\\mg&0&0&Y_{Av}&Y_{Ap}&Y_{Ar}-U_0\\0&0&0&\tilde{L}_{Av}&\tilde{L}_{Ap}&\tilde{L}_{Ar}\\0&0&0&\tilde{N}_{Av}&\tilde{N}_{Ap}&\tilde{N}_{Aq}\end{bmatrix},\ \boldsymbol{B}_a=\begin{bmatrix}0&0&0\\0&0&0\\0&0&0\\1&0&0\\0&1&0\\0&0&1\end{bmatrix}\tag{8-382}$$

式中

$$r_{yy}=I_{yy}^s/m,\ \begin{bmatrix}\tilde{L}_{Av}&\tilde{L}_{Ap}&\tilde{L}_{Ar}\\\tilde{N}_{Av}&\tilde{N}_{Ap}&\tilde{N}_{Ar}\end{bmatrix}=m\begin{bmatrix}I_{xx}^s&-I_{xz}^s\\-I_{xz}^s&I_{zz}^s\end{bmatrix}^{-1}\begin{bmatrix}L_{Av}&L_{Ap}&L_{Ar}\\N_{Av}&N_{Ap}&N_{Ar}\end{bmatrix}\tag{8-383}$$

靠推力控制的飞行器，推力分量和传统的控制面都可以用于飞行器控制，矩阵$\boldsymbol{B}_s$，$\boldsymbol{B}_a$有如下形式

$$\boldsymbol{B}_s=\frac{1}{m}\begin{bmatrix}0&0&0\\0&0&0\\0&0&0\\X_{A\tau_x}&X_{A\tau_z}&X_{A\eta}\\Z_{A\tau_x}&Z_{A\tau_z}&Z_{A\eta}\\M_{A\tau_x}/r_{yy}&M_{A\tau_z}/r_{yy}&M_{A\eta}/r_{yy}\end{bmatrix},\boldsymbol{B}_a=\frac{1}{m}\begin{bmatrix}0&0&0\\0&0&0\\0&0&0\\Y_{A\tau_y}&Y_{A\xi}&Y_{A\zeta}\\\tilde{L}_{A\tau_y}&\tilde{L}_{A\xi}&\tilde{L}_{A\zeta}\\\tilde{N}_{A\tau_y}&\tilde{N}_{A\xi}&\tilde{N}_{A\zeta}\end{bmatrix}\tag{8-384}$$

式中

$$\begin{bmatrix} \tilde{L}_{A\tau_y} & \tilde{L}_{A\xi} & \tilde{L}_{A\zeta} \\ \tilde{N}_{A\tau_y} & \tilde{N}_{A\xi} & \tilde{N}_{A\zeta} \end{bmatrix} = m\begin{bmatrix} I_{xx}^s & -I_{xz}^s \\ -I_{xz}^s & I_{zz}^s \end{bmatrix}^{-1}\begin{bmatrix} L_{A\tau_y} & L_{A\xi} & L_{A\zeta} \\ N_{A\tau_y} & N_{A\xi} & N_{A\zeta} \end{bmatrix} \tag{8-385}$$

控制量即为三个方向上的推力矢量，假定这些矢量与对应的油门位置、纵向对称情况下的升降舵偏转、横侧向非对称情况下的副翼和方向舵偏转成比例。前两个推力矢量假设只影响纵向运动，第三个矢量为差分形式，其影响飞行器的横侧向运动。它们被定义为如下形式

$$\boldsymbol{u}_s = [\tau_x \quad \tau_z \quad \eta]^{\mathrm{T}}, \boldsymbol{u}_a = [\tau_y \quad \xi \quad \zeta]^{\mathrm{T}} \tag{8-386}$$

上文中，默认有6个控制通道，它们直接影响外部的力和力矩，但是，当无需产生使3个速度和欧拉角发生变化的指令时，则不需要6个控制通道。传统飞行器中，只有4个控制通道：升降舵、副翼、方向舵和发动机推力。这样对传统飞行器来说，只能满足6个控制力和力矩方程中的4个。还有一些控制力和力矩方程可供选择，但它们取决于自动驾驶仪的自然属性。

这种情况下设计的自动稳定仪或者是增稳系统，没有需求响应变量，因此产生的结果有很多可能的选择。

在自动驾驶仪的设计中，由于控制输入和状态变量的耦合，满足跟随三维航迹仍然是可能的，也就是说，飞行器用4个控制通道是完全可控的，尽管在三个平移方向中有两个方向都不满足控制力方程。

8.10.2　运用局部动态逆合成线性控制律的实例：完全靠推力控制的 MD-11 飞行器

下面讨论一个完全靠推力控制的 MD-11 飞行器的线性纵向控制。飞行器假设在稳定状态下向前平飞。线性纵向动力学由无量纲运动学方程组给出（Burken，Burcham，Maine，Feather，Goldthorpe and Kahler[8]）。

$$\frac{\mathrm{d}}{\mathrm{d}t}\begin{bmatrix} \Delta u_s \\ \Delta w_s \\ \Delta q_s \\ \Delta\theta_s \end{bmatrix} = \begin{bmatrix} X_u & X_w & X_q & X_{th} \\ Z_u & Z_w & U_0+Z_q & Z_{th} \\ M_u & M_w & M_q & 0 \\ 0 & 0 & 1 & 0 \end{bmatrix}\begin{bmatrix} \Delta u_s \\ \Delta w_s \\ \Delta q_s \\ \Delta\theta_s \end{bmatrix} + \begin{bmatrix} X_{T1} & X_{T2} & X_{T3} \\ Z_{T1} & Z_{T2} & Z_{T3} \\ M_{T1} & M_{T2} & M_{T3} \\ 0 & 0 & 0 \end{bmatrix}\begin{bmatrix} T_1 \\ T_2 \\ T_3 \end{bmatrix} \tag{8-387}$$

第一步是建立一个解耦控制律

$$\begin{bmatrix} T_{1\mathrm{de}} \\ T_{2\mathrm{de}} \\ T_{3\mathrm{de}} \end{bmatrix} + \begin{bmatrix} T_{1u} \\ T_{2u} \\ T_{3u} \end{bmatrix} = -\begin{bmatrix} X_{T1} & X_{T2} & X_{T3} \\ Z_{T1} & Z_{T2} & Z_{T3} \\ M_{T1} & M_{T2} & M_{T3} \end{bmatrix}^{-1}\begin{bmatrix} X_{th} \\ Z_{th} \\ 0 \end{bmatrix}\Delta\theta_s \tag{8-388}$$

线性纵向方程组简化为

$$\frac{\mathrm{d}}{\mathrm{d}t}\begin{bmatrix} \Delta u_s \\ \Delta w_s \\ \Delta q_s \end{bmatrix} = \begin{bmatrix} X_u & X_w & X_q \\ Z_u & Z_w & U_0+Z_q \\ M_u & M_w & M_q \end{bmatrix}\begin{bmatrix} \Delta u_s \\ \Delta w_s \\ \Delta q_s \end{bmatrix} + \begin{bmatrix} X_{T1} & X_{T2} & X_{T3} \\ Z_{T1} & Z_{T2} & Z_{T3} \\ M_{T1} & M_{T2} & M_{T3} \end{bmatrix}\begin{bmatrix} T_{1u} \\ T_{2u} \\ T_{3u} \end{bmatrix} \tag{8-389}$$

$$\frac{\mathrm{d}}{\mathrm{d}t}\Delta\theta_s=\Delta q_s \tag{8-390}$$

最好是建立一个最优全状态内环反馈控制律，如下所示

$$\begin{bmatrix}T_{1u}\\T_{2u}\\T_{3u}\end{bmatrix}=-\begin{bmatrix}K_{uu}&K_{uw}&K_{uq}\\K_{wu}&K_{ww}&K_{wq}\\K_{qu}&K_{qw}&K_{qq}\end{bmatrix}\begin{bmatrix}\Delta u_s\\\Delta w_s\\\Delta q_s-\Delta q_d\end{bmatrix} \tag{8-391}$$

平衡状态下，需要的俯仰角速率是

$$\tau_\theta\Delta q_d=\tau_\theta\Delta\dot{\theta}_d=\Delta\theta_c-\Delta\theta_s \tag{8-392}$$

式中　$\Delta\theta_c$——指令俯仰角。完整的控制律由两部分控制律合成产生。

现在，考虑完全推力控制的 MD-11 飞行器的线性横侧向控制。线性横侧向动力学由无量纲运动学方程组给出（Burken，Burcham，Maine，Feather，Goldthorpe and Kahler [8]）。

$$\frac{\mathrm{d}}{\mathrm{d}t}\begin{bmatrix}\Delta v_s\\\Delta p_s\\\Delta r_s\\\Delta\phi_s\end{bmatrix}=\begin{bmatrix}Y_v&Y_p&Y_r-U_0&Y_\phi\\L_v&L_p&L_r&L_\phi\\N_v&N_p&N_r&N_\phi\\0&1&0&0\end{bmatrix}\begin{bmatrix}\Delta v_s\\\Delta p_s\\\Delta r_s\\\Delta\phi_s\end{bmatrix}+\begin{bmatrix}Y_{T1}&Y_{T2}&Y_{T3}\\L_{T1}&L_{T2}&L_{T3}\\N_{T1}&N_{T2}&N_{T3}\\0&0&0\end{bmatrix}\begin{bmatrix}T_{1\mathrm{d}}\\T_{2\mathrm{d}}\\T_{3\mathrm{d}}\end{bmatrix} \tag{8-393}$$

第一步是建立解耦控制律

$$\begin{bmatrix}T_{1\mathrm{dde}}\\T_{2\mathrm{dde}}\\T_{3\mathrm{dde}}\end{bmatrix}+\begin{bmatrix}T_{1\mathrm{du}}\\T_{2\mathrm{du}}\\T_{3\mathrm{du}}\end{bmatrix}=-\begin{bmatrix}Y_{T1}&Y_{T2}&Y_{T3}\\L_{T1}&L_{T2}&L_{T3}\\N_{T1}&N_{T2}&N_{T3}\end{bmatrix}^{-1}\begin{bmatrix}Y_\phi\\L_\phi\\N_\phi\end{bmatrix}\Delta\phi_s \tag{8-394}$$

线性横侧向运动简化为

$$\frac{\mathrm{d}}{\mathrm{d}t}\begin{bmatrix}\Delta v_s\\\Delta p_s\\\Delta r_s\end{bmatrix}=\begin{bmatrix}Y_v&Y_p&Y_r-U_0\\L_v&L_p&L_r\\N_v&N_p&N_r\end{bmatrix}\begin{bmatrix}\Delta v_s\\\Delta p_s\\\Delta r_s\end{bmatrix}+\begin{bmatrix}Y_{T1}&Y_{T2}&Y_{T3}\\L_{T1}&L_{T2}&L_{T3}\\N_{T1}&N_{T2}&N_{T3}\end{bmatrix}\begin{bmatrix}T_{1\mathrm{du}}\\T_{2\mathrm{du}}\\T_{3\mathrm{du}}\end{bmatrix} \tag{8-395}$$

$$\frac{\mathrm{d}}{\mathrm{d}t}\Delta\phi_s=\Delta p_s \tag{8-396}$$

最好是建立一个最优全状态内环反馈控制律，如下所示

$$\begin{bmatrix}T_{1\mathrm{du}}\\T_{2\mathrm{du}}\\T_{3\mathrm{du}}\end{bmatrix}=-\begin{bmatrix}K_{vv}&K_{vp}&K_{vr}\\K_{pv}&K_{pp}&K_{pr}\\K_{rv}&K_{rp}&K_{rr}\end{bmatrix}\begin{bmatrix}\Delta v_s\\\Delta p_s-\Delta p_d\\\Delta r_s\end{bmatrix} \tag{8-397}$$

平衡状态下，指令滚转角速率是

$$\tau_\phi\Delta p_d=\tau_\phi\Delta\dot{\phi}_d=\Delta\phi_c-\Delta\phi_s \tag{8-398}$$

式中　$\Delta\phi_c$——指令倾斜角。

完整的控制律由两部分控制律合成产生。图 8-57 和图 8-58 给出了 15°俯仰角指令和 15°倾斜角指令的经典状态响应。结果显示虽然飞行器是稳定的，但在整个过程中仍有初始的典型高频振荡，这需要用其他补偿措施进一步补偿。一般使用带有预补偿器的实际

执行器模型可以减弱这些振荡。

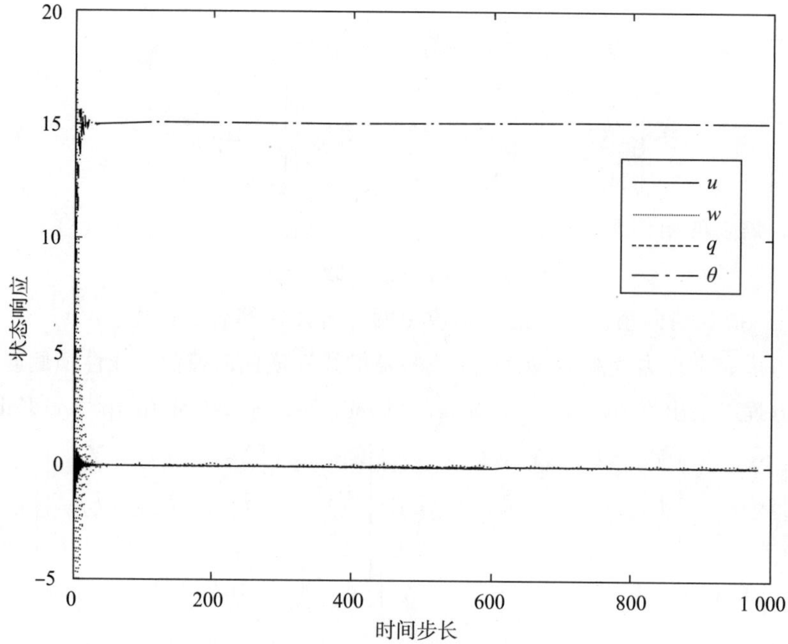

图 8-57　从施加控制指令起 10 s 内，MD-11 飞行器纵向状态响应

（俯仰角指令 15°，对应步长 1 000）

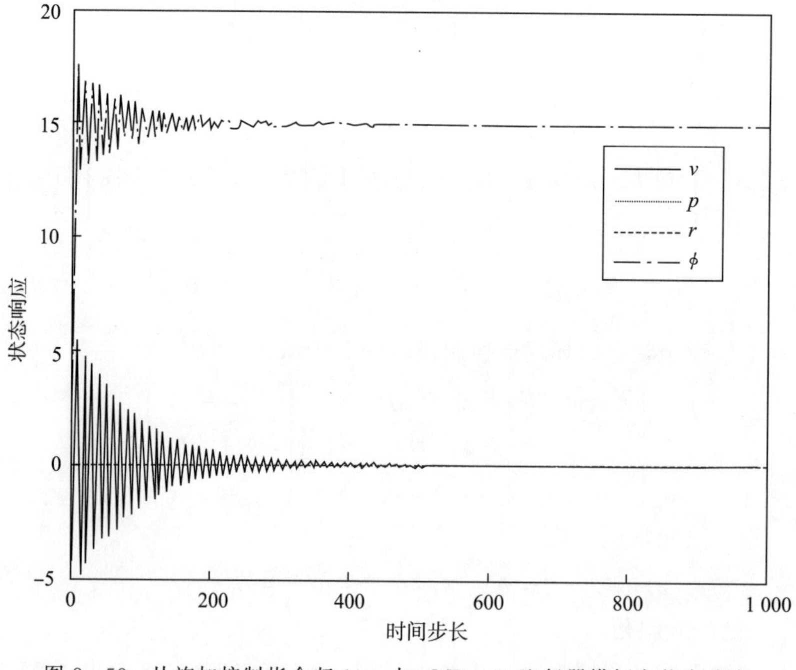

图 8-58　从施加控制指令起 10 s 内，MD-11 飞行器横侧向状态响应

（倾斜角指令 15°，对应步长 1 000）

8.10.3　运用局部动态逆合成准非线性控制律的实例：完全靠推力控制的 MD－11 飞行器

考虑 MD－11 飞行器的非线性完全推力控制。飞行器再次被设定在稳定状态下向前平飞。假设飞行器动力学是非线性的，空气动力学过载可以近似地用当地线性模型代替，耦合的飞行器纵向和横侧向非线性无量纲动力学方程可以用三个非线性函数表达，这些非线性函数也是惯性属性 $fm(\Delta p_s,\Delta r_s)$，$fl(\Delta p_s,\Delta q_s,\Delta r_s)$ 和 $fn(\Delta p_s,\Delta q_s,\Delta r_s)$ 的函数。

$$\begin{bmatrix} fm(\Delta p_s,\Delta r_s) \\ fl(\Delta p_s,\Delta q_s,\Delta r_s) \\ fn(\Delta p_s,\Delta q_s,\Delta r_s) \end{bmatrix} = \begin{bmatrix} I_{yy} & 0 & 0 \\ 0 & I_{xx} & -I_{xz} \\ 0 & -I_{xz} & I_{zz} \end{bmatrix}^{-1} \left\{ \begin{bmatrix} (I_z - I_x)\Delta q_s \Delta r_s \\ (I_y - I_x)\Delta p_s \Delta r_s \\ (I_x - I_y)\Delta p_s \Delta q_s \end{bmatrix} + I_{xz} \begin{bmatrix} \Delta r_s^2 - \Delta p_s^2 \\ \Delta p_s \Delta q_s \\ -\Delta q_s \Delta r_s \end{bmatrix} \right\} \tag{8-399a}$$

$$\frac{\mathrm{d}}{\mathrm{d}t}\begin{bmatrix} \Delta u_s \\ \Delta w_s \\ \Delta q_s \end{bmatrix} = \begin{bmatrix} X_u & X_w & X_q - \Delta w_s \\ Z_u & Z_w & U_0 + \Delta u_s + Z_q \\ M_u & M_w & M_q \end{bmatrix} \begin{bmatrix} \Delta u_s \\ \Delta w_s \\ \Delta q_s \end{bmatrix} + \begin{bmatrix} \Delta r_s \Delta v_s \\ -\Delta p_s \Delta v_s \\ fm(\Delta p_s,\Delta r_s) \end{bmatrix} + \tag{8-399b}$$

$$g\begin{bmatrix} -\sin\theta \\ \cos\phi\cos\theta \\ 0 \end{bmatrix} - \frac{L_e}{m}\begin{bmatrix} 0 \\ 1 \\ 0 \end{bmatrix} + \begin{bmatrix} X_{T1} & X_{T2} & X_{T3} \\ Z_{T1} & Z_{T2} & Z_{T3} \\ M_{T1} & M_{T2} & M_{T3} \end{bmatrix} \begin{bmatrix} T_1 \\ T_2 \\ T_3 \end{bmatrix}$$

$$\frac{\mathrm{d}}{\mathrm{d}t}\begin{bmatrix} \Delta v_s \\ \Delta p_s \\ \Delta r_s \end{bmatrix} = \begin{bmatrix} Y_v & Y_p + \Delta w_s & Y_r - \Delta u_s - U_0 \\ L_v & L_p & L_r \\ N_v & N_p & N_r \end{bmatrix} \begin{bmatrix} \Delta v_s \\ \Delta p_s \\ \Delta r_s \end{bmatrix} + \begin{bmatrix} 0 \\ fl(\Delta p_s,\Delta q_s,\Delta r_s) \\ fn(\Delta p_s,\Delta q_s,\Delta r_s) \end{bmatrix} +$$

$$g\begin{bmatrix} \sin\phi\cos\theta \\ 0 \\ 0 \end{bmatrix} + \begin{bmatrix} Y_{T1} & Y_{T2} & Y_{T3} \\ L_{T1} & L_{T2} & L_{T3} \\ N_{T1} & N_{T2} & N_{T3} \end{bmatrix} \begin{bmatrix} T_{1\mathrm{d}} \\ T_{2\mathrm{d}} \\ T_{3\mathrm{d}} \end{bmatrix} \tag{8-399c}$$

$$\begin{bmatrix} \dot\phi \\ \dot\theta \\ \dot\psi \end{bmatrix} = \begin{bmatrix} 1 & & \sin\phi\tan\theta \\ 0 & \cos\phi & -\sin\phi \\ 0 & \sin\phi/\cos\theta & \cos\phi/\cos\theta \end{bmatrix} \begin{bmatrix} p_B \\ q_B \\ r_B \end{bmatrix} \tag{8-399d}$$

在质心平移运动方程中，假设平衡升力等于重力，也就是说 $L_e = mg$。将前两组动力学方程和其对应的线性方程做对比，可以观察到，新增项是由于重力在机体系投影和非线性动力学项在机体系投影 $\Delta u_s \Delta q_s$ 和 $\Delta u_s \Delta r_s$ 等引起的。滚转角 ϕ、俯仰角 θ 和偏航角 ψ 在稳定平飞的状态下被假设为 0。在稳定飞行时，机体系滚转角速率 p_B、俯仰角速率 q_B、偏航角速率 r_B 也被假设为 0。

初始的解耦和反馈线性化控制律表示为

$$\begin{bmatrix} T_{1de} \\ T_{2de} \\ T_{3de} \end{bmatrix} = \begin{bmatrix} T_{1u} \\ T_{2u} \\ T_{3u} \end{bmatrix} - \begin{bmatrix} X_{T1} & X_{T2} & X_{T3} \\ Z_{T1} & Z_{T2} & Z_{T3} \\ M_{T1} & M_{T2} & M_{T3} \end{bmatrix}^{-1} g \begin{bmatrix} -\sin\theta + (\Delta r_s \Delta v_s - \Delta w_s \Delta q_s)/g \\ \cos\phi\cos\theta - 1 + (\Delta u_s \Delta q_s - \Delta p_s \Delta v_s)/g \\ fm(\Delta p_s,\Delta r_s)/g \end{bmatrix} \tag{8-400a}$$

$$\begin{bmatrix} T_{1\text{dde}} \\ T_{2\text{dde}} \\ T_{3\text{dde}} \end{bmatrix} = \begin{bmatrix} T_{1\text{du}} \\ T_{2\text{du}} \\ T_{3\text{du}} \end{bmatrix} - \begin{bmatrix} Y_{T1} & Y_{T2} & Y_{T3} \\ L_{T1} & L_{T2} & L_{T3} \\ N_{T1} & N_{T2} & N_{T3} \end{bmatrix}^{-1} \left\{ g \begin{bmatrix} \sin\phi\cos\theta \\ 0 \\ 0 \end{bmatrix} + \begin{bmatrix} \Delta w_s \Delta p_s - \Delta u_s \Delta r_s \\ fl(\Delta p_s, \Delta q_s, \Delta r_s) \\ fn(\Delta p_s, \Delta q_s, \Delta r_s) \end{bmatrix} \right\} \tag{8-400b}$$

解耦的线性飞行器方程简化为

$$\frac{\mathrm{d}}{\mathrm{d}t}\begin{bmatrix} \Delta u_s \\ \Delta w_s \\ \Delta q_s \end{bmatrix} = \begin{bmatrix} X_u & X_w & X_q \\ Z_u & Z_w & U_0 + Z_q \\ M_u & M_w & M_q \end{bmatrix} \begin{bmatrix} \Delta u_s \\ \Delta w_s \\ \Delta q_s \end{bmatrix} + \begin{bmatrix} X_{T1} & X_{T2} & X_{T3} \\ Z_{T1} & Z_{T2} & Z_{T3} \\ M_{T1} & M_{T2} & M_{T3} \end{bmatrix} \begin{bmatrix} T_{1u} \\ T_{2u} \\ T_{3u} \end{bmatrix} \tag{8-401a}$$

$$\frac{\mathrm{d}}{\mathrm{d}t}\begin{bmatrix} \Delta v_s \\ \Delta p_s \\ \Delta r_s \end{bmatrix} = \begin{bmatrix} Y_v & Y_p & Y_r - U_0 \\ L_v & L_p & L_r \\ N_v & N_p & N_r \end{bmatrix} \begin{bmatrix} \Delta v_s \\ \Delta p_s \\ \Delta r_s \end{bmatrix} + \begin{bmatrix} Y_{T1} & Y_{T2} & Y_{T3} \\ L_{T1} & L_{T2} & L_{T3} \\ N_{T1} & N_{T2} & N_{T3} \end{bmatrix} \begin{bmatrix} T_{1\text{du}} \\ T_{2\text{du}} \\ T_{3\text{du}} \end{bmatrix} \tag{8-401b}$$

为了设计方向控制器，假设指令欧拉角 ϕ_c，θ_c 和 ψ_c 是给定的。在外回路，姿态变化率需求由下式产生

$$\begin{bmatrix} \tau_\phi \dot{\phi}_d \\ \tau_\theta \dot{\theta}_d \\ \tau_\psi \dot{\psi}_d \end{bmatrix} = \begin{bmatrix} \phi_c \\ \theta_c \\ \psi_c \end{bmatrix} - \begin{bmatrix} \phi \\ \theta \\ \psi \end{bmatrix} \tag{8-402}$$

式中 τ——合适的时间常数。

滚转角速率、俯仰角速率和偏航角速率指令表达为

$$\begin{bmatrix} \Delta p_d \\ \Delta q_d \\ \Delta r_d \end{bmatrix} = \begin{bmatrix} p_{Bc} \\ q_{Bc} \\ r_{Bc} \end{bmatrix} = \begin{bmatrix} 1 & & \sin\phi_d \tan\theta_d \\ 0 & \cos\phi_d & -\sin\phi_d \\ 0 & \sin\phi_d/\cos\theta_d & \cos\phi_d/\cos\theta_d \end{bmatrix}^{-1} \begin{bmatrix} \dot{\phi}_d \\ \dot{\theta}_d \\ \dot{\psi}_d \end{bmatrix} \tag{8-403}$$

此时建立一个最优全状态反馈内回路控制律最为合适

$$\begin{bmatrix} T_{1u} \\ T_{2u} \\ T_{3u} \end{bmatrix} = -\begin{bmatrix} K_{uu} & K_{uw} & K_{uq} \\ K_{wu} & K_{ww} & K_{wq} \\ K_{qu} & K_{qw} & K_{qq} \end{bmatrix} \begin{bmatrix} \Delta u_s \\ \Delta w_s \\ \Delta q_s - \Delta q_d \end{bmatrix} \tag{8-404a}$$

$$\begin{bmatrix} T_{1\text{du}} \\ T_{2\text{du}} \\ T_{3\text{du}} \end{bmatrix} = -\begin{bmatrix} K_{vv} & K_{vp} & K_{vr} \\ K_{pv} & K_{pp} & K_{pr} \\ K_{rv} & K_{rp} & K_{rr} \end{bmatrix} \begin{bmatrix} \Delta v_s \\ \Delta p_s - \Delta p_d \\ \Delta r_s \end{bmatrix} \tag{8-404b}$$

这些控制律和在线性情况下设计的控制律一模一样，尽管控制器增益是飞行条件的函数，且根据飞行条件而改变。完整的控制律是由两部分控制率合并而成。这两部分控制律是指：在纵向和横侧向运动方程中的初始解耦和线性化控制律和随后的最优控制律。线性和非线性合成的主要不同在于初始的解耦和线性化控制律。

8.10.4 运用局部动态逆的飞行器方向控制律设计

前文中已简要介绍过应用上述方法为一架 3 通道控制的传统飞行器设计一个姿态或者

方向保持自动驾驶仪。角速率动力学的欧拉方程为

$$\begin{bmatrix} I_{xx}^s & -I_{xy}^s & -I_{xz}^s \\ -I_{xy}^s & I_{yy}^s & -I_{yz}^s \\ -I_{xz}^s & -I_{yz}^s & I_{zz}^s \end{bmatrix}\begin{bmatrix} \dot{p}_B \\ \dot{q}_B \\ \dot{r}_B \end{bmatrix}+\begin{bmatrix} 0 & -r_B & q_B \\ r_B & 0 & -p_B \\ -q_B & p_B & 0 \end{bmatrix}\begin{bmatrix} I_{xx}^s & -I_{xy}^s & -I_{xz}^s \\ -I_{xy}^s & I_{yy}^s & -I_{yz}^s \\ -I_{xz}^s & -I_{yz}^s & I_{zz}^s \end{bmatrix}\begin{bmatrix} p_B \\ q_B \\ r_B \end{bmatrix}-$$
$$\boldsymbol{T}_{BW}(\alpha_e,\beta_e)\Delta\boldsymbol{M}_{AS}=\Delta\boldsymbol{M}_{\text{control}} \tag{8-405}$$

飞行器在平衡状态时的控制力矩扰动方程

$$\Delta\boldsymbol{M}_{\text{control}}=\begin{bmatrix} 0 & L_{A\xi} & L_{A\zeta} \\ M_{A\eta} & 0 & 0 \\ 0 & N_{A\xi} & N_{A\zeta} \end{bmatrix}\begin{bmatrix} \eta \\ \xi \\ \zeta \end{bmatrix}=\begin{bmatrix} 0 & L_{A\xi} & L_{A\zeta} \\ M_{A\eta} & 0 & 0 \\ 0 & N_{A\xi} & N_{A\zeta} \end{bmatrix}\begin{bmatrix} \eta_e \\ \xi_e \\ \zeta_e \end{bmatrix}+$$
$$\begin{bmatrix} 0 & -r_B & q_B \\ r_B & 0 & -p_B \\ -q_B & p_B & 0 \end{bmatrix}\boldsymbol{I}\begin{bmatrix} p_B \\ q_B \\ r_B \end{bmatrix}-\begin{bmatrix} L_{Av}\Delta v+L_{Ap}p_B+L_{Ar}r_B \\ M_{Au}\Delta u+M_{Aw}\Delta w+M_{Aq}q_B \\ N_{Av}\Delta v+N_{Ap}p_B+N_{Ar}r_B \end{bmatrix}-\begin{bmatrix} 0 \\ M_{A\dot{w}}\Delta\dot{w} \\ 0 \end{bmatrix} \tag{8-406}$$

式中　$[\eta_e\quad\xi_e\quad\zeta_e]^{\mathrm{T}}$——一组辅助控制输入。

力矩平衡方程化简为

$$\boldsymbol{I}\begin{bmatrix} \dot{p}_B \\ \dot{q}_B \\ \dot{r}_B \end{bmatrix}=\begin{bmatrix} 0 & L_{A\xi} & L_{A\zeta} \\ M_{A\eta} & 0 & 0 \\ 0 & N_{A\xi} & N_{A\zeta} \end{bmatrix}\begin{bmatrix} \eta_e \\ \xi_e \\ \zeta_e \end{bmatrix} \tag{8-407}$$

假设控制律形式

$$\begin{bmatrix} 0 & L_{A\xi} & L_{A\zeta} \\ M_{A\eta} & 0 & 0 \\ 0 & N_{A\xi} & N_{A\zeta} \end{bmatrix}\begin{bmatrix} \eta_e \\ \xi_e \\ \zeta_e \end{bmatrix}=\boldsymbol{IK}_{Ppqr}\left(\begin{bmatrix} p_{Bc} \\ q_{Bc} \\ r_{Bc} \end{bmatrix}-\begin{bmatrix} p_B \\ q_B \\ r_B \end{bmatrix}\right)+\boldsymbol{IK}_{Ipqr}\int\left(\begin{bmatrix} p_{Bc} \\ q_{Bc} \\ r_{Bc} \end{bmatrix}-\begin{bmatrix} p_B \\ q_B \\ r_B \end{bmatrix}\right)\mathrm{d}t \tag{8-408}$$

选择矩阵增益$\boldsymbol{K}_{Ipqr}$和$\boldsymbol{K}_{Ppqr}$以保证足够的稳定裕度。当时间 $t\to\infty$，稳定的结果为

$$\begin{bmatrix} p_B \\ q_B \\ r_B \end{bmatrix}\to\begin{bmatrix} p_{Bc} \\ q_{Bc} \\ r_{Bc} \end{bmatrix}\to\begin{bmatrix} 0 \\ 0 \\ 0 \end{bmatrix} \tag{8-409}$$

扰动力方程组为

$$m\begin{bmatrix} \Delta\dot{u} \\ \Delta\dot{v} \\ \Delta\dot{w} \end{bmatrix}+m\begin{bmatrix} 0 & -r_B & q_B \\ r_B & 0 & -p_B \\ -q_B & p_B & 0 \end{bmatrix}\begin{bmatrix} \Delta u \\ \Delta v \\ \Delta w \end{bmatrix}-mg\begin{bmatrix} -\Delta\theta \\ \Delta\phi \\ 0 \end{bmatrix}-\Delta\boldsymbol{F}_A=\Delta\boldsymbol{F}_{\text{control}} \tag{8-410}$$

$$\Delta\boldsymbol{F}_A=\begin{bmatrix} X_{Au} & 0 & X_{Aw} \\ 0 & Y_{Av} & 0 \\ Z_{Au} & 0 & Z_{Aw} \end{bmatrix}\begin{bmatrix} \Delta u \\ \Delta v \\ \Delta w \end{bmatrix}+\begin{bmatrix} 0 & X_{Aq} & 0 \\ Y_{Ap} & 0 & Y_{Ar} \\ 0 & Z_{Aq} & 0 \end{bmatrix}\begin{bmatrix} p_B \\ q_B \\ r_B \end{bmatrix} \tag{8-411}$$

在前述的力方程中，指令姿态角速率 p_B，q_B 和 r_B 都假设为常数。由升降舵、副翼和方向舵偏转产生的控制力

$$\Delta\boldsymbol{F}_{\text{control}}=\begin{bmatrix} X_{A\eta} & 0 & 0 \\ 0 & Y_{A\xi} & Y_{A\xi} \\ Z_{A\eta} & 0 & 0 \end{bmatrix}\begin{bmatrix} \eta \\ \xi \\ \zeta \end{bmatrix} \tag{8-412}$$

假设控制律为

$$\begin{bmatrix} \eta \\ \xi \\ \zeta \end{bmatrix}=\begin{bmatrix} \eta_e \\ \xi_e \\ \zeta_e \end{bmatrix}+\begin{bmatrix} 0 & L_{A\xi} & L_{A\zeta} \\ M_{A\eta} & 0 & 0 \\ 0 & N_{A\xi} & N_{A\zeta} \end{bmatrix}^{-1}\times\left(\boldsymbol{f}\left(\begin{bmatrix} p_B \\ q_B \\ r_B \end{bmatrix}\right)-\begin{bmatrix} 0 & L_{Av} & 0 \\ M_{Au} & 0 & M_{Aw} \\ 0 & M_{Av} & 0 \end{bmatrix}\begin{bmatrix} \Delta u \\ \Delta v \\ \Delta w \end{bmatrix}-\begin{bmatrix} 0 \\ M_{A\dot{w}} \\ 0 \end{bmatrix}\Delta\dot{w}\right) \tag{8-413}$$

扰动力方程决定“零动态”,“零动态”的稳定性由下式决定

$$m\begin{bmatrix} \Delta\dot{u} \\ \Delta\dot{v} \\ \Delta\dot{w} \end{bmatrix}+m\begin{bmatrix} 0 & -r_B & q_B \\ r_B & 0 & -p_B \\ -q_B & p_B & 0 \end{bmatrix}\begin{bmatrix} \Delta u \\ \Delta v \\ \Delta w \end{bmatrix}-\begin{bmatrix} X_{Au} & 0 & X_{Aw} \\ 0 & Y_{Av} & 0 \\ Z_{Au} & 0 & Z_{Aw} \end{bmatrix}\begin{bmatrix} \Delta u \\ \Delta v \\ \Delta w \end{bmatrix}$$
$$=\begin{bmatrix} X_{A\eta} & 0 & 0 \\ 0 & Y_{A\xi} & Y_{A\xi} \\ Z_{A\eta} & 0 & 0 \end{bmatrix}\begin{bmatrix} \bar{\eta} \\ \bar{\xi} \\ \bar{\zeta} \end{bmatrix} \tag{8-414}$$

式中

$$\begin{bmatrix} \bar{\eta} \\ \bar{\xi} \\ \bar{\zeta} \end{bmatrix}=-\begin{bmatrix} 0 & L_{A\xi} & L_{A\zeta} \\ M_{A\eta} & 0 & 0 \\ 0 & N_{A\xi} & N_{A\zeta} \end{bmatrix}^{-1}\left(\begin{bmatrix} 0 & L_{Av} & 0 \\ M_{Au} & 0 & M_{Aw} \\ 0 & M_{Av} & 0 \end{bmatrix}\begin{bmatrix} \Delta u \\ \Delta v \\ \Delta w \end{bmatrix}+\begin{bmatrix} 0 \\ M_{A\dot{w}} \\ 0 \end{bmatrix}\Delta\dot{w}\right) \tag{8-415}$$

因此，如果可以设计一个控制器使得期望的指标都能满足，那么控制问题就解决了。

对设计一个可行的控制器而言，“零动态”的稳定性是必须的。闭环系统的性能必须由仿真和控制器设计验证来评估。

通过发出俯仰角控制指令到内环控制系统控制姿态响应的方式来控制高度。在巡航飞行或者是斜率不变的下降和爬升时，对于航迹跟随来说一个比例控制器就足够了。但这个控制器的性能不能满足着陆的要求。就期望的航迹角而言期望的下降速率为

$$\dot{h}_d=U_0\sin\gamma_d=U_0\sin(\theta_d-\alpha_d) \tag{8-416}$$

在着陆时，期望的下降高度需要满足如下拉平下降规律

$$\tau_F\dot{h}_d=-h_d \tag{8-417}$$

式中 τ_F——拉平下降时间常数。

指令俯仰角如下

$$\theta_c=K_{Ph}(h_d-h)+K_{Dh}\dot{h}_d \tag{8-418}$$

由于规定的控制指标是高度变化率，故上述控制器作用于俯仰角指令对高度变化率的传函时，可以看做一个比例积分控制器。因此飞行器在稳定状态时的高度等于期望高度值。

8.10.5　在风标坐标系下的飞行器飞行控制合成——V_T，β 和 α

在这一节中，通过讨论一个推力控制飞行器的控制器设计问题，来说明在风标坐标系下的控制系统合成准则。考虑风标系下的飞行器质心平移动力学方程组

$$\begin{bmatrix}\dot{V}_T\\ V_T\dot{\beta}\\ V_T\dot{\alpha}\cos\beta\end{bmatrix}=-V_T\begin{bmatrix}0&0&0\\ -\sin\alpha&0&\cos\alpha\\ \cos\alpha\sin\beta&-\cos\beta&\sin\alpha\sin\beta\end{bmatrix}\begin{bmatrix}p_B\\ q_B\\ r_B\end{bmatrix}+$$
$$\frac{1}{m}\begin{bmatrix}X_A\\ Y_A\\ Z_A\end{bmatrix}+\frac{1}{m}\begin{bmatrix}\cos\alpha\cos\beta&\sin\beta&\sin\alpha\cos\beta\\ -\cos\alpha\sin\beta&\cos\beta&-\sin\alpha\sin\beta\\ -\sin\alpha&0&\cos\alpha\end{bmatrix}\left\{\begin{bmatrix}T_1\\ T_2\\ T_3\end{bmatrix}+mg\begin{bmatrix}-\sin\theta\\ \sin\phi\cos\theta\\ \cos\phi\cos\theta\end{bmatrix}\right\}\tag{8-419}$$

左乘式（2－1）

$$\begin{bmatrix}\cos\alpha\cos\beta&\sin\beta&\sin\alpha\cos\beta\\ -\cos\alpha\sin\beta&\cos\beta&-\sin\alpha\sin\beta\\ -\sin\alpha&0&\cos\alpha\end{bmatrix}^{-1}=\begin{bmatrix}\cos\alpha\cos\beta&-\cos\alpha\sin\beta&-\sin\alpha\\ \sin\beta&\cos\beta&0\\ \sin\alpha\cos\beta&-\sin\alpha\sin\beta&\cos\alpha\end{bmatrix}\tag{8-420}$$

$$\begin{bmatrix}\cos\alpha\cos\beta&-\cos\alpha\sin\beta&-\sin\alpha\\ \sin\beta&\cos\beta&0\\ \sin\alpha\cos\beta&-\sin\alpha\sin\beta&\cos\alpha\end{bmatrix}\left\{\begin{bmatrix}\dot{V}_T\\ V_T\dot{\beta}\\ V_T\dot{\alpha}\,cos\,os\beta\end{bmatrix}+V_T\begin{bmatrix}0&0&0\\ -\sin\alpha&0&\cos\alpha\\ \cos\alpha\sin\beta&-\cos\beta&\sin\alpha\sin\beta\end{bmatrix}\begin{bmatrix}p_B\\ q_B\\ r_B\end{bmatrix}\right\}=$$
$$\frac{1}{m}\begin{bmatrix}\cos\alpha\cos\beta&-\cos\alpha\sin\beta&-\sin\alpha\\ \sin\beta&\cos\beta&0\\ \sin\alpha\cos\beta&-\sin\alpha\sin\beta&\cos\alpha\end{bmatrix}\begin{bmatrix}X_A\\ Y_A\\ Z_A\end{bmatrix}+\frac{1}{m}\left\{\begin{bmatrix}T_1\\ T_2\\ T_3\end{bmatrix}+mg\begin{bmatrix}-\sin\theta\\ \sin\phi\cos\theta\\ \cos\phi\cos\theta\end{bmatrix}\right\}\tag{8-421}$$

求解推力矢量

$$\begin{bmatrix}T_1\\ T_2\\ T_3\end{bmatrix}=-mg\begin{bmatrix}-\sin\theta\\ \sin\phi\cos\theta\\ \cos\phi\cos\theta\end{bmatrix}+\begin{bmatrix}\cos\alpha\cos\beta&-\cos\alpha\sin\beta&-\sin\alpha\\ \sin\beta&\cos\beta&0\\ \sin\alpha\cos\beta&-\sin\alpha\sin\beta&\cos\alpha\end{bmatrix}\times$$
$$\left\{m\begin{bmatrix}\dot{V}_T\\ V_T\dot{\beta}\\ V_T\dot{\alpha}\cos\beta\end{bmatrix}+mV_T\begin{bmatrix}0&0&0\\ -\sin\alpha&0&\cos\alpha\\ \cos\alpha\sin\beta&-\cos\beta&\sin\alpha\sin\beta\end{bmatrix}\begin{bmatrix}p_B\\ q_B\\ r_B\end{bmatrix}-\begin{bmatrix}X_A\\ Y_A\\ Z_A\end{bmatrix}\right\}\tag{8-422}$$

控制推力现在定义为

$$\begin{bmatrix} T_1 \\ T_2 \\ T_3 \end{bmatrix}_{\text{control}} = -mg\begin{bmatrix} -\sin\theta \\ \sin\phi\cos\theta \\ \cos\phi\cos\theta \end{bmatrix} + \begin{bmatrix} \cos\alpha\cos\beta & -\cos\alpha\sin\beta & -\sin\alpha \\ \sin\beta & \cos\beta & 0 \\ \sin\alpha\cos\beta & -\sin\alpha\sin\beta & \cos\alpha \end{bmatrix} \times$$

$$\left\{ m\begin{bmatrix} u_1 \\ V_T u_2 \\ V_T u_3 \cos\beta \end{bmatrix} + mV_T\begin{bmatrix} 0 & 0 & 0 \\ -\sin\alpha & 0 & \cos\alpha \\ \cos\alpha\sin\beta & -\cos\beta & \sin\alpha\sin\beta \end{bmatrix}\begin{bmatrix} p_B \\ q_B \\ r_B \end{bmatrix} - \begin{bmatrix} X_A \\ Y_A \\ Z_A \end{bmatrix} \right\} \tag{8-423}$$

在式（8-423）中消去推力，并假设 $\beta<\pi/2$，我们可以得到

$$\begin{bmatrix} \dot{V}_T \\ \dot{\beta} \\ \dot{\alpha} \end{bmatrix} = \begin{bmatrix} u_1 \\ u_2 \\ u_3 \end{bmatrix} \tag{8-424}$$

如果我们选择辅助控制输入

$$\begin{bmatrix} u_1 \\ u_2 \\ u_3 \end{bmatrix} = \begin{bmatrix} (V_{Td}-V_T)/\tau_V \\ (\beta_d-\beta)/\tau_\beta \\ (\alpha_d-\alpha)/\tau_\alpha \end{bmatrix} \tag{8-425}$$

式中，τ_V，τ_β，τ_α 是合适的时间常数，V_{Td}，β_d 和 α_d 分别是速度 V_T，侧滑角 β 和攻角 α 的指令值，闭环运动方程组如下

$$\begin{bmatrix} \dot{V}_T \\ \dot{\beta} \\ \dot{\alpha} \end{bmatrix} = \begin{bmatrix} u_1 \\ u_2 \\ u_3 \end{bmatrix} = \begin{bmatrix} (V_{Td}-V_T)/\tau_V \\ (\beta_d-\beta)/\tau_\beta \\ (\alpha_d-\alpha)/\tau_\alpha \end{bmatrix} \tag{8-426}$$

用其对应的估计状态变量来代替实际的状态变量，控制律就得以实现。

在上文中，我们已经再一次默认假设在三个方向上有三个推力矢量独立进行控制。实际上，对于传统飞行器而言，在前向方向上只有一个推力矢量。控制推力定义如下

$$T_{1\_\text{control}} = \frac{m}{\cos\alpha\cos\beta}\left(u_1 - \frac{1}{m}(X_A - mg\sin\theta)\right) \tag{8-427}$$

因此，假设 α 和 β 都小于 $\pi/2$，第一个闭环方程化简为

$$\dot{V}_T = u_1 = (V_{Td}-V_T)/\tau_V \tag{8-428}$$

通过选择一个合适的时间常数 τ_V 值，飞行器的速度可以很快地达到指令速度，因此，可以接着假设 $\dot{V}_T\approx 0$。剩余两式的短周期近似可以靠假设 $\dot{V}_T\approx 0$ 和 $\phi\approx 0$ 及 $\theta\approx 0$ 来获得。因此，两个短周期运动方程为

$$\begin{bmatrix} \dot{\beta} \\ \dot{\alpha}\cos\beta \end{bmatrix} = -\begin{bmatrix} -\sin\alpha & 0 & \cos\alpha \\ \cos\alpha\sin\beta & -\cos\beta & \sin\alpha\sin\beta \end{bmatrix}\begin{bmatrix} p_B \\ q_B \\ r_B \end{bmatrix} + \frac{1}{mV_T}\begin{bmatrix} Y_a \\ Z_a \end{bmatrix} +$$

$$\frac{1}{mV_T}\begin{bmatrix} -\cos\alpha\sin\beta & \cos\beta & -\sin\alpha\sin\beta \\ -\sin\alpha & 0 & \cos\alpha \end{bmatrix}\left\{ T_1\begin{bmatrix} 1 \\ 0 \\ 0 \end{bmatrix} + mg\begin{bmatrix} 0 \\ 0 \\ 1 \end{bmatrix} \right\} \tag{8-429}$$

两个短周期方程可以通过假设 α 和 β 非常小来进一步简化，只考虑关于 α 和 β 的线性方程

$$\dot{\beta} = -\alpha p_B - r_B - (\rho S V_T / 2m)(C_T \beta + C_Y) \tag{8-430a}$$

$$\dot{\alpha} = -\beta p_B + q_B - (\rho S V_T / 2m)(C_T \alpha + C_L - C_W) \tag{8-430b}$$

假设在平衡状态下：$C_L = C_W + C_{L\alpha} \alpha$

$$\dot{\alpha} = -\beta p_B + q_B - (\rho S V_T / 2m)(C_T + C_{L\alpha})\alpha \tag{8-431}$$

因此，当 p_B，q_B 和 r_B 非常小且是常数时，α 和 β 的渐进稳定性条件可以被确定。只有一个推力矢量控制的控制律设计是传统飞行器自动油门设计的基础。整个设计过程可以用仿真验证。使用上述方法，可以在真实飞行器上实现多种自动驾驶仪的设计。

本 章 重 点

• 反馈控制原理

建模和动力学分析

频域技术

状态空间方法

根轨迹

最优控制理论

观测器

性能度量

• 稳定性增强系统设计范例

设计动态响应

PID

动态逆

偏航阻尼器

• 自动驾驶仪设计范例

高度保持

俯仰姿态保持

横侧向自动驾驶仪

协调转弯和侧滑抑制

推力控制飞行器

参 考 文 献

[1] H. Hill, H., The Concorde Navigation System, *Canadian Aeronautics and Space Journal*, 18 (3), 61 - 66, March 1972.

[2] Ogata, K., *Modern Control Engineering*, 4th ed., Prentice Hall, 2001, Chapters 11 & 12.

[3] Bryson A. E. and Ho, Y. C., *Applied Optimal Control: Optimization, Estimation, and Control*, Hemisphere, 1975.

[4] Friedland, B., *Control System Design: An Introduction to State - Space Methods*, McGraw - Hill, 1986.

[5] Cooper, G. E. and Harper, R. P., Jr., The Use of Pilot Rating in the Evaluation of Aircraft Handling Qualities. NASA TN D - 5153, National Aeronautics and Space Administration, 1969.

[6] Nelson, R. C., *Flight Stability and Automatic Control*, 2nd ed., McGraw - Hill, New York, 1998.

[7] McLean, D., *Automatic Flight Control Systems*, Prentice Hall International Series in System and Control Engineering, 1990.

[8] Burken, J. J., Burham, Jr, F. W., Maine, T. A., Feather, J., Goldthorpe S., and Kahler, J. A., Flight Test of a Propulsion - Based Emergency Control System on the MD - 11 airplane with Emphasis on the Lateral Axis. *AIAA Guidance, Navigation and Control Conference*, San Diego, California, July 29 - 31, 1996.

[9] Du, Y. L., Development of a Real Time Flight Control System for Low - Cost Vehicle, M. Sc. by research Thesis, Cranfield University December 2010)

[10] Padfield, G. D., *Helicopter Flight Dynamics: The Theory and Application of Flying Qualities and Simulation Modelling*, 2nd ed., Blackwell Publishing, 2007, pages 282 - 287

练　习

1. 通过改变极点的位置设计动态响应。

a）一架典型战斗机在稳定平飞状态下的简化纵向动力学模型如下所示（推力固定）

$$\begin{bmatrix}\Delta\dot{u}_s\\ \Delta\dot{\alpha}_s\\ \Delta\dot{q}_s\\ \Delta\dot{\theta}_s\\ \Delta\dot{h}\end{bmatrix}=\begin{bmatrix}x_u & U_s^e x_w & 0 & -g & 0\\ \dfrac{z_u}{U_s^e} & z_w & 1 & 0 & 0\\ m_u & U_s^e m_w & m_q & 0 & 0\\ 0 & 0 & 1 & 0 & 0\\ 0 & -U_s^e & 0 & U_s^e & 0\end{bmatrix}\begin{bmatrix}\Delta u_s\\ \Delta\alpha_s\\ \Delta q_s\\ \Delta\theta_s\\ \Delta h\end{bmatrix}+\begin{bmatrix}x_\eta\\ \dfrac{z_\eta}{U_s^e}\\ m_\eta\\ 0\\ 0\end{bmatrix}\Delta\eta$$

求升降舵偏角为输入、俯仰角速度为输出的传递函数。

b）一架典型战斗机在稳定平飞状态下的简化短周期动力学模型如下所示（推力固定）

$$\begin{bmatrix}\Delta\dot{\alpha}_s\\ \Delta\dot{q}_s\end{bmatrix}=\begin{bmatrix}z_w & 1\\ U_s^e m_w & m_q\end{bmatrix}\begin{bmatrix}\Delta\alpha_s\\ \Delta q_s\end{bmatrix}+\begin{bmatrix}\dfrac{z_\eta}{U_s^e}\\ m_\eta\end{bmatrix}\Delta\eta$$

证明开环特征多项式为

$$\Delta(s)=s^2-(z_w+m_q)s+z_w m_q-U_s^e m_w=0$$

c）假设一个控制律，其定义升降舵输入如下

$$\Delta\eta=\Delta\eta_1-[K_1\quad K_2]\,[\Delta\alpha_s\quad \Delta q_s]^{\mathrm{T}}=\Delta\eta_1-[K_1\Delta\alpha_s+K_2\Delta q_s]$$

式中　$\Delta\eta_1$——输入的辅助控制指令。

求对应于该控制律的闭环特征多项式。

d）如果短周期闭环特征方程为

$$\Delta(s)=s^2+2\zeta_{sp}\omega_{sp}s+\omega_{sp}^2=0$$

求 K_1 和 K_2 的表达式。

2. 一架典型战斗机以速度 U_s^e 稳定平飞的简化横侧向线性化小扰动方程组可以用状态变量、稳定性导数和输入量（副翼 $\Delta\xi$，方向舵 $\Delta\zeta$）表示

$$\begin{bmatrix}\Delta\dot{v}_s\\ \Delta\dot{p}_s\\ \Delta\dot{r}_s\\ \Delta\dot{\phi}_s\end{bmatrix}=\begin{bmatrix}y_v & y_p & y_r & g\\ l_v & l_p & l_r & 0\\ n_v & n_p & n_r & 0\\ 0 & 1 & 0 & 0\end{bmatrix}\begin{bmatrix}\Delta v_s\\ \Delta p_s\\ \Delta r_s\\ \Delta\phi_s\end{bmatrix}+\begin{bmatrix}y_\xi & y_\zeta\\ l_\xi & l_\zeta\\ n_\xi & n_\zeta\\ 0 & 0\end{bmatrix}\begin{bmatrix}\Delta\xi\\ \Delta\zeta\end{bmatrix}$$

状态变量是稳定坐标系下的扰动量，Δv_s 是侧滑速度扰动量，Δp_s 是滚转角速度扰动量，Δr_s 是偏航角速度扰动量，$\Delta\phi_s$ 是滚转角扰动量。

a）获得荷兰滚模态的近似状态方程组，然后证明荷兰滚近似的开环特征方程可以表

示成如下形式

$$s^2+a_1s+a_2=0$$

式中系数 a_1 和 a_2 可以分别表示成

$$a_1=-y_v-n_r+\frac{(y_pl_v+n_pl_r)}{l_p}$$

$$a_2=\left(y_v-\frac{y_p}{l_p}l_v\right)\left(n_r-\frac{n_p}{l_p}l_r\right)-\left(n_v-\frac{n_p}{l_p}l_v\right)\left(y_r-\frac{y_p}{l_p}l_r\right)$$

b）建议采用反馈的办法增强荷兰滚模态的稳定性，假设一个从输入信号到副翼偏角的控制律定义如下

$$\Delta\xi=\Delta\xi_1-[K_1\quad K_2\quad K_3][\Delta v_s\quad \Delta p_s\quad \Delta r_s]^{\mathrm{T}}=\Delta\xi_1-[K_1\Delta v_s+K_2\Delta p_s+K_3\Delta r_s]$$

式中　$\Delta\xi_1$——辅助控制命令输入。

假设方向舵通道没有反馈，且滚动模态相对很快，滚动衰减模态的闭环时间常数和开环相等。

就 a_1 和 a_2，反馈增益 K_1，K_2 和 K_3 而言证明闭环状态方程有如下形式

$$s^2+(a_1+K_1b_{11}+K_3b_{13})s+(a_2+K_1b_{21}+K_3b_{23})=0$$

式中，系数 b_{11}，b_{13}，b_{21} 和 b_{23} 分别如下所示

$$b_{11}=y_\xi-\frac{y_p}{l_p}l_\xi,b_{13}=n_\xi-\frac{n_p}{l_p}l_\xi$$

$$b_{21}=\left(y_r-\frac{y_p}{l_p}l_r\right)\left(n_\xi-\frac{n_p}{l_p}l_\xi\right)-\left(n_r-\frac{n_p}{l_p}l_r\right)\left(y_\xi-\frac{y_p}{l_p}l_\xi\right)$$

$$b_{23}=\left(n_v-\frac{n_p}{l_p}l_v\right)\left(y_\xi-\frac{y_p}{l_p}l_\xi\right)-\left(y_v-\frac{y_p}{l_p}l_v\right)\left(n_\xi-\frac{n_p}{l_p}l_\xi\right)$$

c）如果期望的荷兰滚模态闭环特征方程是

$$\Delta(s)=s^2+2\zeta_{dr}\omega_{dr}s+\omega_{dr}^2=0$$

试获得反馈增益 K_1，K_2 和 K_3。

3. 一架典型战斗机稳定平飞的简化的纵向动力学模型可以表达为（推力固定）

$$\begin{bmatrix}\Delta\dot{u}_s\\ \Delta\dot{\alpha}_s\\ \Delta\dot{q}_s\\ \Delta\dot{\theta}_s\\ \Delta\dot{h}\end{bmatrix}=\begin{bmatrix}x_u & U_s^ex_w & 0 & -g & 0\\ \frac{z_u}{U_s^e} & z_w & 1 & 0 & 0\\ m_u & U_s^em_w & m_q & 0 & 0\\ 0 & 0 & 1 & 0 & 0\\ 0 & -U_s^e & 0 & U_s^e & 0\end{bmatrix}\begin{bmatrix}\Delta u_s\\ \Delta\alpha_s\\ \Delta q_s\\ \Delta\theta_s\\ \Delta h\end{bmatrix}+\begin{bmatrix}x_\eta\\ \frac{z_\eta}{U_s^e}\\ m_\eta\\ 0\\ 0\end{bmatrix}\Delta\eta\equiv\boldsymbol{A}\begin{bmatrix}\Delta u_s\\ \Delta\alpha_s\\ \Delta q_s\\ \Delta\theta_s\\ \Delta h\end{bmatrix}+\boldsymbol{B}\Delta\eta$$

a）证明特征多项式可以表达成

$$\det(s\boldsymbol{I}-\boldsymbol{A})=s^5+a_1s^4+a_2s^3+a_3s^2+a_4s$$

式中

$$a_1=-z_w-m_q-x_u,a_2=z_wm_q-U_s^em_w+x_u(z_w+m_q)-z_ux_w$$

$$a_3=-x_u(z_wm_q-U_s^em_w)+U_s^ex_w\left(\frac{z_u}{U_s^e}m_q-m_u\right),a_4=g(z_um_w-x_wm_u)$$

这表明特征方程根中有一个为零，为什么？

b）确定所有对零根有贡献的未解耦状态量，然后重建一个 4 阶模型来表示纵向动力学。

c）现在假设需要设计一个自动稳定装置，从而飞行器将具有期望的阻尼和固有频率（即操作品质）。一种设计这种自动稳定装置的方法是首先设计一个全状态反馈控制律来改变极点的位置，然后将极点安置在期望位置。假设控制律形式为：$u=u'-\boldsymbol{kx}$。现在需要选择 $\boldsymbol{k}$，这样根都在期望位置，闭环特征多项式表达如下

$$\det(s\boldsymbol{I}-\boldsymbol{A}+\boldsymbol{kB})=s^5+p_1s^4+p_2s^3+p_3s^2+p_4s$$

证明期望的反馈增益 $\boldsymbol{k}$ 有如下形式

$$\boldsymbol{k}=[0\quad p_4-a_4\quad p_3-a_3\quad p_2-a_2\quad p_1-a_1]\boldsymbol{T}^{-1}$$

其中，$\boldsymbol{T}$ 是一个关于原系统能控性矩阵和改变后系统的能控性矩阵的表达式，求其具体表达式。

4. Piper J3 Cub 通用飞行器的纵向扰动方程组如下，其中各导数进行了简化

$$\begin{bmatrix}\Delta\dot{u}\\ \Delta\dot{w}\\ \dot{q}_B\\ \Delta\dot{\theta}\end{bmatrix}=\begin{bmatrix}x_u & x_w & 0 & -g\\ z_u & z_w & U_e & 0\\ m_u & m_w & m_q & 0\\ 0 & 0 & 1 & 0\end{bmatrix}\begin{bmatrix}\Delta\dot{u}\\ \Delta\dot{w}\\ \dot{q}_B\\ \Delta\dot{\theta}\end{bmatrix}+\begin{bmatrix}0 & x_\tau\\ z_\eta & 0\\ m_\eta & 0\\ 0 & 0\end{bmatrix}\begin{bmatrix}\Delta\eta\\ \Delta\tau\end{bmatrix}$$

高度扰动的线性化方程

$$\Delta\dot{h}=U_e\theta-\Delta w$$

表 8-9 中给出了 5 种不同速度（U_e）下的简化纵向稳定性导数（见参考文献［9］）。重力加速度为 9.81 m/s²。

表 8-9 Piper J3 Cub 通用飞行器的简化稳定性导数

U_e/(m/s)	15.007	20.009 3	25.011 6	30.013 9	33.348 8
x_u	−0.084 8	−0.074 8	−0.080 4	−0.090 9	−0.098 9
x_w	0.350 0	0.242 4	0.166 5	0.115 7	0.096 9
z_u	−1.299 5	−0.978 3	−0.784 0	−0.654 3	−0.589 5
z_w	−4.694 0	−6.343 6	−7.960 8	−9.570 7	−10.644 2
m_u	0.492 0	0.363 7	0.274 9	0.219 3	0.195 8
m_w	−6.579 8	−6.639 7	−7.168 2	−7.927 1	−8.487 1
m_q	−15.212 6	−20.095 7	−24.679 3	−29.128 6	−32.120 5
x_τ	32.122 4	32.122 4	32.122 4	32.122 4	32.122 4
z_η	−4.778 7	−8.588 1	−13.451 2	−19.384 1	−23.937 7
m_η	−72.536 9	−129.483 6	−202.397 2	−291.527 6	−359.966 4

a）使用 MATLAB，画出飞行速度由最小到最大变化过程中，特征方程根的轨迹。

b）选择一个合适的速度，通过对长短周期选择合适的闭环阻尼比，设计一个满足所

有飞行速度状态的增稳系统，要求只使用升降舵作为反馈控制的控制输入。

c）确定在各种飞行速度下的特征根和稳定裕度，验证设计。

d）画出飞行速度由最小到最大变化过程中，闭环特征方程根的轨迹。评价随着速度增加，长短周期特征根的行为并与开环特征根进行比较。

5. 再次考察前一练习题，运用线性二次型调节器理论设计一个最优增稳系统，只使用升降舵作为反馈控制的控制输入。

a）比较前一练习题和本题得到的控制律结果。

b）确定在各种飞行速度下的特征根和稳定裕度，验证设计。

c）画出飞行速度由最小到最大变化过程中，闭环特征方程根的轨迹。评价随着速度增加，长短周期特征根的行为并与开环特征根进行比较。

d）假设速率陀螺只能测量到俯仰角速率，使用根轨迹的方法设计一个输出反馈控制律。

e）为 Piper J3 Cub 通用飞行器设计一个典型的俯仰姿态保持和高度保持自动驾驶仪，要求不需要任何增益调度。

6. Piper J3 Cub 通用飞行器的横侧向扰动方程组如下，其中各导数进行了简化

$$\begin{bmatrix}\Delta\dot{v}\\ \Delta\dot{p}\\ \Delta\dot{r}\\ \Delta\dot{\phi}\end{bmatrix}=\begin{bmatrix}y_v & y_p & y_r & y_\phi\\ l_v & l_p & l_r & 0\\ n_v & n_p & n_r & 0\\ 0 & 1 & 0 & 0\end{bmatrix}\begin{bmatrix}\Delta v\\ \Delta p\\ \Delta r\\ \Delta\phi\end{bmatrix}+\begin{bmatrix}0 & y_\zeta\\ l_\xi & l_\zeta\\ n_\xi & n_\zeta\\ 0 & 0\end{bmatrix}\begin{bmatrix}\Delta\xi\\ \Delta\zeta\end{bmatrix}$$

表 8 - 10 中给出了 5 种不同速度下简化的横侧向稳定性导数（见参考文献［9］）。

表 8 - 10　Piper J3 Cub 通用飞行器的简化稳定性导数

U_e/(m/s)	15.007	20.009 3	25.011 6	30.013 9	33.348 8
y_v	−0.135 3	−0.179 0	−0.222 6	−0.266 3	−0.295 5
y_p	0.011 0	0.005 0	0.002 3	0.000 8	0.000 2
y_r	−0.989 9	−0.989 0	−0.988 9	−0.988 9	−0.988 9
y_ϕ	0.653 7	0.490 3	0.392 2	0.326 8	0.294 2
l_v	−37.323 3	−41.852 5	−47.485 6	−54.335 2	−59.583 1
l_p	−18.947 7	−25.781 5	−32.433 8	−39.035 1	−43.427 4
l_r	7.323 4	6.054 4	5.420 1	5.105 5	5.002 4
n_v	17.351 0	27.424 4	41.290 9	58.581 3	71.946 1
n_p	−1.012 2	−0.603 1	−0.337 6	−0.137 8	−0.025 7
n_r	−1.714 2	−2.096 4	−2.532 6	−2.989 0	−3.298 9
y_ζ	−0.091 2	−0.122 6	−0.153 3	−0.183 9	−0.204 2
l_ξ	−163.186 8	−294.603 4	−462.307 1	−667.012 6	−824.213 1
l_ζ	−6.187 2	−11.3813	−17.995 4	−26.058 6	−32.245 0

续表

$U_e/(\mathrm{m/s})$	15.007	20.009 3	25.011 6	30.013 9	33.348 8
n_ξ	−3.356 1	−3.088 7	−2.746 0	−2.330 1	−2.012 0
n_ζ	13.742 3	24.600 5	38.433 1	55.300 9	68.244 1

a）使用 MATLAB，画出飞行速度由最小到最大变化过程中，特征方程根的轨迹。

b）选择一个合适的速度，通过对长短周期选择合适的闭环阻尼比，设计一个满足所有飞行速度状态的增稳系统，要求只使用副翼作为反馈控制的控制输入。

c）确定在各种飞行速度下的特征根和稳定裕度，验证设计。

d）画出飞行速度由最小到最大变化过程中，闭环特征方程根的轨迹。评价随着速度增加，长短周期特征根的行为并与开环特征根进行比较。

7. 再次考察前一练习题，运用线性二次型调节器理论设计一个最优增稳系统，同时使用方向舵和副翼作为反馈控制的控制输入。

a）比较前述习题和本题得到的控制律结果。

b）确定在各种飞行速度下的特征根和稳定裕度，验证设计。

c）画出飞行速度从最小到最大变化过程中，闭环特征方程根的轨迹。评价随着速度增加，长短周期特征根的行为并与开环特征根进行比较。

d）假设速率陀螺只能测量到滚转角速率和偏航角速率，使用根轨迹的方法设计一个输出反馈控制律。应先通过选择一个合适的交叉反馈，将系统转换成单输入情况。

e）为 Piper J3 Cub 通用飞行器设计一个典型的滚转姿态和航向保持自动驾驶仪，要求不需要任何增益调度。

8. 根据第 6 章练习题 1 中 F－15 战斗机的纵向动力学模型，设计一个增稳系统，高度保持自动驾驶仪和俯仰姿态保持自动驾驶仪，假设只有一个角速率陀螺能测量俯仰角速率。

9. 考虑第 6 章练习题 3 中 F－15 战斗机的横向动力学模型，设计一个偏航阻尼器，滚转姿态保持自动驾驶仪，航向保持自动驾驶仪，假设角速率陀螺只能测量滚转角速率和偏航角速率。

10. 波音 747－400 型飞行器以马赫数为 0.5 的速度在 20 000 ft 的高度稳定平飞，考虑其纵向动力学，小扰动运动方程组如下

$$
\begin{bmatrix}\Delta\dot{u}\\ \Delta\dot{w}\\ \Delta\dot{q}\\ \Delta\dot{\theta}\end{bmatrix}=\begin{bmatrix}-0.002\,5 & 0.078\,2 & -72.495\,8 & -31.898\,9\\ -0.069\,0 & -0.439\,9 & 563.138\,2 & -3.865\,0\\ 0.000\,3 & -0.001\,6 & -0.491\,4 & 0.000\,5\\ 0 & 0 & 1 & 0\end{bmatrix}\begin{bmatrix}\Delta u\\ \Delta w\\ \Delta q\\ \Delta\theta\end{bmatrix}+\begin{bmatrix}2.02 & 0.000\,1\\ -17.169\,6 & 0\\ -1.087\,9 & 0\\ 0 & 0\end{bmatrix}\begin{bmatrix}\Delta\eta\\ \Delta\tau\end{bmatrix}
$$

其在 Z 轴方向上的法向加速度，在飞行员座位处的法向加速度和高度变化率与状态矢量、控制矢量的关系如下

$$\begin{bmatrix} a_z \\ a_{zp} \\ \dot{h} \end{bmatrix} = \begin{bmatrix} -0.0690 & -0.4399 & 8.8411 & -0.0697 \\ -0.0905 & -0.3017 & 50.1181 & -0.1013 \\ 0.1184 & -0.9930 & 0 & 558.225 \end{bmatrix} \begin{bmatrix} \Delta u \\ \Delta w \\ \Delta q \\ \Delta\theta \end{bmatrix} + \begin{bmatrix} -17.1696 & 0 \\ 74.2102 & 0 \\ 0 & 0 \end{bmatrix} \begin{bmatrix} \Delta\eta \\ \Delta\tau \end{bmatrix}$$

曾在 8.7.1 中提到的参数 C^*，驾驶员座位处的高度变化率可以用以下等式定义

$$C^* = a_{zp} - 3\Delta q, \dot{h}_p = \dot{h} + 83.4089\Delta q$$

假设垂直加速度和俯仰角速度均在驾驶员座位处测量得到，通过使得 C^* 在闭环下充分渐进稳定，设计一个控制器来提高飞行器的操纵品质。该闭环系统的时间常数应该在 0.1 左右。使用 8.7.1 中提到的部分动态逆方法设计控制增益。该系统的零动态是否稳定？

11. PUMA 直升机在稳定平飞时的横纵向未解耦的扰动动力学方程组可表示成状态空间形式，$\dot{\boldsymbol{x}} = \boldsymbol{A}\boldsymbol{x} + \boldsymbol{B}\boldsymbol{u}$ 状态矢量和控制矢量分别是

$$\boldsymbol{x} = [u \quad w \quad q \quad \theta \quad v \quad p \quad \phi \quad r]^{\mathrm{T}}, \boldsymbol{u} = [\theta_0 \quad \theta_{1s} \quad \theta_{1c} \quad \theta_{0T}]$$

控制矢量由 4 个控制量组成，主旋翼桨距，主旋翼周期桨距（正弦），主旋翼周期桨距（余弦）和尾桨桨距。

状态导数和控制导数通过表格的形式给出[10]。42 个状态导数和 24 个控制导数所对应的飞行前向速度也以表格的形式列出，见表 8-11。

表 8-11　42 个状态导数和 24 个控制导数所对应的飞行前向速度

U_e/knots	0	20	40	60	80	100	120	140
U_e/(m/s)	0	10.288 9	20.577 8	30.866 6	41.155 5	51.444 4	61.733 3	72.022 2

状态矩阵和控制矩阵定义如下

$$\boldsymbol{A} = \begin{bmatrix} x_u & x_w & x_q & x_\theta & x_v & x_p & 0 & 0 \\ z_u & z_w & U_e + z_q & z_\theta & z_v & z_p & z_\phi & 0 \\ m_u & m_w & m_q & 0 & m_v & m_p & 0 & 0 \\ 0 & 0 & \theta_q & 0 & 0 & 0 & 0 & \theta_r \\ y_u & y_w & y_q & y_\theta & y_v & y_p & y_\phi & y_r - U_e \\ l_u & l_w & l_q & 0 & l_v & l_p & 0 & l_r \\ 0 & 0 & \phi_q & 0 & 0 & 1 & 0 & \phi_r \\ n_u & n_w & n_q & 0 & n_v & n_p & 0 & n_r \end{bmatrix}$$

$$\boldsymbol{B} = \begin{bmatrix} x_{\theta0} & x_{\theta1s} & x_{\theta1c} & x_{\theta0T} \\ z_{\theta0} & z_{\theta1s} & z_{\theta1c} & z_{\theta0T} \\ m_{\theta0} & m_{\theta1s} & m_{\theta1c} & m_{\theta0T} \\ 0 & 0 & 0 & 0 \\ y_{\theta0} & y_{\theta1s} & y_{\theta1c} & y_{\theta0T} \\ l_{\theta0} & l_{\theta1s} & l_{\theta1c} & l_{\theta0T} \\ 0 & 0 & 0 & 0 \\ n_{\theta0} & n_{\theta1s} & n_{\theta1c} & n_{\theta0T} \end{bmatrix}$$

a）使用 MATLAB，画出飞行速度由最小到最大变化过程中，特征方程根的轨迹。

b）选择一个合适的速度，用最优控制律设计一个满足所有飞行速度状态的增稳系统，要求只使用升降舵作为反馈控制的控制输入。

c）确定在各种飞行速度下的特征根和稳定裕度，验证设计。

d）画出飞行速度由最小到最大变化过程中，闭环特征方程根的轨迹。评价随着速度增加，长短周期特征根的行为并与开环特征根进行比较。

e）使用部分动态逆方法为未补偿系统设计俯仰姿态和滚转姿态自动驾驶仪，设计过程中是否需要预补偿？如果需要，初始反馈应该是什么？

第 9 章　驾驶仿真与驾驶模型

9.0　简介

飞行员在回路的仿真通常被称为“飞行模拟器”。模拟器是采用数学模型或其他方法模拟真实系统动态行为的设备。动态模型应该是对真实世界实体的物理或者数学描述，在飞行模拟器中通常采用数学模型。飞行模拟器会提供足够的感官信息，让飞行员感觉他正在驾驶一架真实的飞行器。其整体的感觉来自于视觉、运动、触觉和声学传感器。仿真的目的是为飞行员提供真实的感觉。飞行模拟主要包括对飞行器运动、外部视觉环境、全方位视觉环境以及大气环境的真实模拟。飞行模拟的历史始于 20 世纪 20 年代后期，钢琴制造商的儿子 Edwin Link 开发了 Link 模拟器。该模拟器支撑在一个万向节上，此万向节在运动学方面等效为万向平台，即一个二自由度陀螺仪。由于人类对系统认识的渐进性和局限性，该飞行模拟器仅具有模拟平动和转动的功能。

利用飞行模拟器训练飞行员是十分重要的。从这个角度来讲，飞行模拟器最重要的是视觉感官，它可以提高飞行员的空间意识，其次是复现飞行器的视觉环境和运动过程的“保真程度”。

9.1　驾驶仿真

在飞行器的发展历程中，已有大量的飞行模拟器得以应用。Rolfe 和 Staples[1]，以及 Allerton[2]分别讨论了飞行模拟器的设计和操作。飞行模拟器的发展可以根据其对实际飞行条件的“保真程度”进行分类[3]。自动驾驶仪“保真程度”的定义为：在给定的任务和环境中，使飞行员产生真实飞行的神经运动和认知行为的可感知状态。在这个意义上，保真程度主要涉及的是飞行员的仿真效果，即对飞行员感知的保真程度，而不是飞行动力学，尽管这两方面存在必然联系。在飞行器发展历程中，飞行模拟器可以大致分为两种类型：实时模拟器和非实时模拟器。

非实时模拟器：基于计算机进行模拟，回路中的飞行员采用标准的数学模型来表示。这类模拟器拥有灵活的模型，适用于对飞行动力学特性进行有效的高保真模拟的情况。而对于飞行员的行为则不是很有代表性。

实时模拟器：实时模拟器具有多种类型。最重要的是，它们都是飞行员在回路的地面模拟器。

基于地面的飞行员在回路的固定和移动基座模拟器：通常，用于特定飞行器的固定和移动基座模拟器，能够精确地再现驾驶舱的运动和环境（包括显示器和接收器），以及拓展的飞行器的刚体效应特性。飞行模拟器的运动信息可能是不存在的（基座固定），或是经过洗出滤波器或者是其他运动限制原件（移动基座）——例如模拟人类运动的传感器——预处理过。此外，此模拟器还可以提供补充视觉信息，从而可以很好地进行飞行模拟，但是仍然难以适应低空飞行的纹理、分辨率和速度要求。

空中飞行模拟器：空中飞行模拟器（IFS）是一个加强了“主机”的飞行器，它通过控制系统来模拟另一架飞行器的飞行特性和动力学特性。在空中飞行模拟器中，“模拟”的飞行器的实际制导、导航与控制系统在“主机”中运行。随后，在实际环境中对“模拟”的飞行器特性进行测试和评估。通过这种方式可以对具体的飞行控制系统变化（如故障模式、增益变化和控制系统测试）进行评估；可以提供制导、导航与控制系统所有的输入，包括地面或空中的指令，全球卫星定位系统（GPS）和惯性与机体坐标系测量量。此外，如果需要还可以提供遥测的上下链路。空中飞行模拟器是为驾驶舱和接收器特别设计的，所以与飞行员相关的部分保真度很高。由于它可以高度地近似拓展的飞行器刚体动力学效应，该模拟器的运动与视觉信息可能优于最好的地面模拟器。

热试验台和铁鸟台：飞行控制系统特性可以用数学描述，或采用“热试验台”（回路中使用实际的飞行固件）或“铁鸟台”（回路中使用实际的飞行控制硬件设备）进行更逼真的描述。这两种模拟器为飞行器硬件提供高保真的仿真环境。热试验台采用实际飞行硬件而不是数学模型，以实现较高的保真度。若上述组件位于一个模拟其在飞行器上相对位置的框架中，执行器受到模拟的气动载荷，则该模拟器被称为铁鸟台。铁鸟台可以装在基于地面的飞行员在回路模拟器中，应用广泛，它分为两种类型。

原型机和发展试验机：若飞行器是全尺寸的，则飞行器具有真实的保真度。飞行品质的评估质量随着缩放比例的增加而降低。原型机和试验机具有大量的数据传感与数据记录能力，从而为研究飞行器与飞行员的匹配可能性奠定了良好的基础。然而，它们的高成本和程序的重要性，可能会不利于模拟危险的人机耦合现象的尝试。毕竟，飞行员数量也是有限的。

操作式飞行器：该飞行器具有真实的保真程度，由大量的飞行员操作，但它们的数据记录能力有限。

上述飞行模拟器可以根据所涉及具体任务的性质，按照整体保真度进行排名。无一例外的是非实时仿真被认为具有最低的保真度，而原型机、发展试验机和操作式飞行器具有最高的保真度。这些模拟器的可用性也大不相同，较低保真度的模拟器比高保真度的模拟器更实用。发展模拟器在工业上的应用已有一段时间，并且在飞行许可中具有重要作用。一方面，模拟器用于航空电子设备的飞行许可，另一方面可降低飞行试验的成本。部分原因是模拟器可进行所有飞行品质的验证，以及在系统故障事件的飞行品质论证中得到了应用。在这方面，它不仅作为一种校正系统故障或开关逻辑、滤波和遥测等缺陷的工具，还可以为这些故障或缺陷对飞行器整体的影响进行评估。最重要的是，运动的保真度和视觉信息可以提高飞行员的空间意识。

当前运动系统仿真是基于采用电液驱动的三维运动学连杆机构系统（如 Stewart 平台——六足运动等效机构）。基于 Edwin Link 的原始概念和 Stewart 类型的复合运动平台也得到了应用，该类平台具有六个以上的自由度。提供高保真度需要有额外的运动灵活性，以满足飞行员训练的需要。运动系统产生必要的驱动信号，使执行机构驱动运动平台。运动平台信号由真实飞行器的动力学数学模型通过数值积分产生。数学模型通常非常庞大，可能包括 200 多个状态。然而，只有那些有助于飞行员提升感官的以及受到控制输入影响的状态，在高保真的仿真驾驶中才是重要的。因此，在生成驱动运动平台的最重要的信号时，通常采用一个平衡的降阶数学模型。采用系统化的方法来设计运动信号系统以产生适当的驾驶组合信号。运动仿真的逼真程度是飞行仿真的主要问题。当前飞行器运动在 MATLAB - SIMULINK 等环境中进行仿真。Stevens 和 Lewis[4] 以及 Zipfel[5] 介绍了完整的飞行器动力学仿真。在很大程度上，这些依赖于驱动运动平台执行机构的带宽，目前大部分运动平台系统的带宽为 60～100 Hz。然而，为了高保真度地再现湍流气动扰动，1 000 Hz 的带宽是必不可少的。解决这个问题的方法之一是采用双模式驱动：电液驱动提供低频高功率信号，电机提供高频激励。

视觉系统是以逼真的实时动画技术为基础，其核心是由多处理器计算机创建的综合视觉系统。飞行仿真采用的典型中型计算机是有 24 个处理器（400 MHz R12K 型处理器）和 12 GB 内存的 SGI Onyx2 计算机。显示画面由 2 到 12 个屏幕生成，由 2 个或以上的宽带宽、高分辨率的图形显示生成器驱动。此外通常还支持高带宽千兆网络。该系统采用包括立体全息技术在内的一系列技术建立合成视觉画面。

飞行模拟器也可以被视为一个分布式计算机控制系统，其计算功能任务分布在几台计算机上执行。独立的计算机，类似于上面提到的，一般用于运动控制系统，飞行动力学仿真和驾驶舱显示。仿真器的简化功能模型如图 9 - 1（a）所示。飞行模拟器总体结构如图 9 - 1（b）所示。

9.1.1　全运动平台仿真：Stewart 平台

飞行平台加装了模拟飞行过程中飞行员运动感觉的装置。飞行员使用这些装置时运动系统会向飞行驾驶舱发出适当的加速度信号、姿态信号和震动信号，从而为飞行员提供额外的真实度。飞行模拟器通常采用并联空间机器人产生适当的运动信号，具备更高的载荷、更高的精度、更高的速度和更小的重量；相对于类似的串联机器人，并联空间机器人的主要缺点是其工作空间受到严格的限制。并联空间机器人不仅用于昂贵的飞行模拟器，也可作为加工工具，以及高准确度、高重复性、高精确度的手术机器人使用。并联机器人的主要优点是由于其固有的刚度，因而具有高载荷比和位置准确度。

Stewart 平台是一种典型的并联空间机器人，广泛用于飞行模拟运动系统设计中。Stewart 平台的组件和反演也被用于开发一系列测量和仪器仪表应用平台。一般来说，只要整体结构保持稳定，Stewart 平台的底座和平台可以具有任何形状。但底座和平台同为正六边形结构则是不稳定的结构。

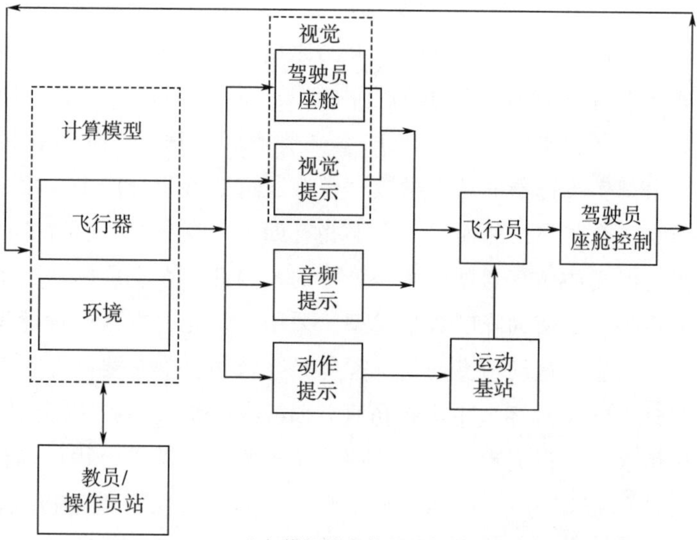

(a) 飞行模拟器的简化功能模型

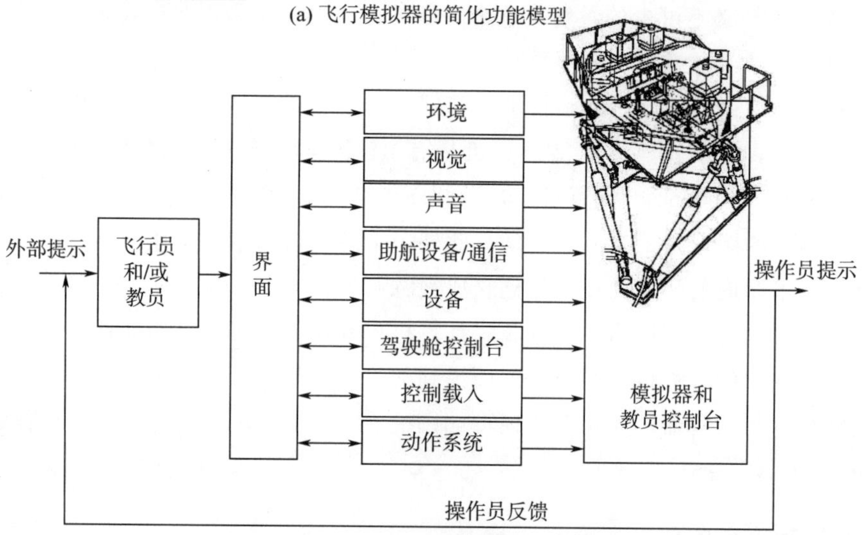

(b) 飞行模拟器结构

图 9-1 飞行模拟器的模型及结构

9.1.2 运动系统的运动学

六自由度并联空间机器人通常由六个连杆或支腿将运动平台与固定基座相连。支腿通过球铰和/或万向（Hooke）接头与基座和平台相连。最常见的是铰链同时固定在平台和基座上。铰链通过可变长度的运动链彼此相连。改变铰链的长度可以控制平台的位置和方位。因此，通过改变支腿的长度，可以改变平台相对于基座的姿态，从而引起平台的相对运动。Stewart 平台的逆运动是通过给定姿态计算支腿长度实现。实际上，这是将全局姿态转换为局部执行机构长度的转换过程。并联机器人的逆运动问题是很简单的。铰链长度方程的联合变量，可以很容易用固定在平台和基座上的铰链位置坐标表示。然而，在最一

般的形式中，铰链长度的变化为二次方程，有

$$l_{PB}^2=(x_P-x_B)^2+(y_P-y_B)^2+(z_P-z_B)^2 \tag{9-1}$$

其中，P 是平台上的点，B 是基座上铰链链接的点，其坐标用固定在基座上的参考坐标系表示。根据原理可以求得平台坐标 x_P，y_P，z_P，或利用球面三角关系求解平台正解问题，然而实际求解过程非常困难。除采用先进的运动学如对偶四元数和 Plücker 坐标系来描述外，还有许多实际的方法来简化正解问题的求解。

9.1.3　运动控制原理

运动平台可以通过计算机算法命令控制运动平台支腿的伸缩。支腿通常由电机、液压或气压传动机构驱动。驾驶舱和视觉显示系统安装在平台上，该平台有多个控制驾驶舱运动支腿的执行机构。支腿的数量决定了可以实现的自由度。这些支腿可以让平台跟踪飞行中的飞行员运动。例如，飞行员在起飞或着陆时，平台的前方会有俯仰运动，使飞行员有降低（着陆）或提升（起飞）的感觉。Stewart 平台有六条支腿，因此驾驶舱固定在该平台上，可以做刚体飞行器的六自由度运动。

9.1.4　运动感知的概念

为考虑运动感知滤波器的作用，仿真的基本目的将被重新审视。在典型仿真中，通过在飞行器中飞行员座椅的平动或转动来代替飞行器的一系列运动状态。这些运动状态是采用多处理器计算系统，通过对控制飞行器动态响应的方程进行数值积分得到的。在响应被转化为适当的仿真器执行机构运动指令之前，通常要对人类最不易感知的运动频率响应进行滤波。这些滤波器被称为运动感知滤波器。

运动感知滤波器的形式为洗出滤波器，所采用的运动感知模拟方法可以大致分为两类：第一类运动感知滤波器采用经典滤波器的形式，用于设计和开发阶段；第二类滤波器的增益或其他滤波参数通过最优控制或自适应控制分别更新。这两种类型如图 9－2 所示。

经过滤波运算后，运动状态通过逆运动学关系，转化为驱动模拟器平台的控制指令。模拟器飞行员的感觉是对平台动力学响应的响应。仿真的主要目标是保证这种感觉完全相同，尽可能多地让飞行员感受飞行的真实感觉。这个过程在原理上是最合适的，运动感知滤波器通常很难在概念上用正确的方法进行定义，因此可以采用另一种替代方法。

在替代方法中，仿真器运动状态不通过动力学响应的控制方程直接计算。而是将动态平衡方程或响应方程首先转化为等效的“导航问题”。因此，通常首先合成等效加速度计输出，其中真正的加速度是非重力分量和重力分量的总和。非重力分量或特定的力，在理论上可以被认为是三轴加速度计的输出。类似地，理论上假设采用三轴速率陀螺测量机体的角速率。现在问题简化为经典的导航问题，其位移或运动状态可以通过纯运动学关系计算。假设等效的加速度计和陀螺仪与人类前庭系统类似。因此这种方法通过模拟人的感官系统非常直观地实现了运动感知。前庭系统包括耳石器官和半规管，分别模拟加速度计和陀螺仪。耳石器官有两个小囊状器官（椭圆囊和球囊），嵌入在头部两边内耳的颞骨中。

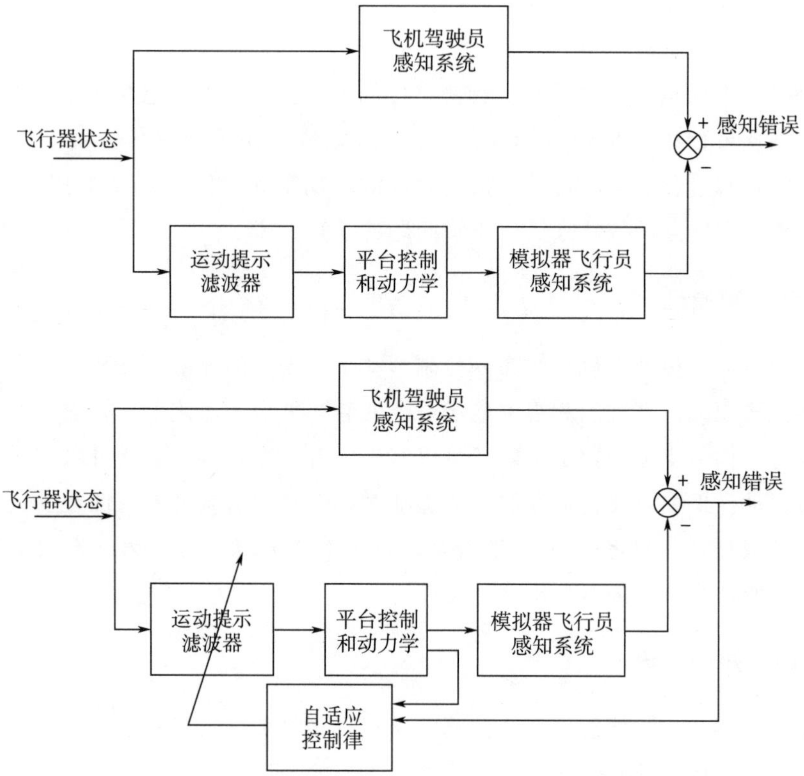

图 9-2　经典运动感知滤波器与自适应运动感知滤波器的对比

这些器官对头部的重力和线性加速度很敏感。半规管包括三个定向的圆形流体填充管，彼此大致呈直角，嵌在头部两边内耳的颞骨中。半规管对角加速度和角速度作出反应，帮助身体保持平衡。由于前庭系统的表现几乎和加速度计以及三轴速率陀螺一致，将运动感知滤波器应用在这些“传感器”输出或等效的测量值上是完全恰当的，且有物理意义。由此，问题转化为一个独立于飞行器动力学的纯运动学问题。

Nahon 和 Reid 的六自由度经典洗出算法[6]的单一平动和单一转动自由度部分如图 9-3 所示。Nahon 和 Reid 在其最早的论文中是意图让该算法适用于全动基座（六自由度）运动平台。

如图 9-3 所示的算法的输入是三轴加速度 a_x，a_y 和 a_z-g（用 f_{AA} 表示），以及飞行器的三个角速率 p，q 和 r（用 ω_{AA} 表示）。由于系统的物理限制，给定的力经过比例缩小，得到实际运动所需的值。采用欧拉角转换矩阵，将力从体轴系转换到惯性坐标系。这些特定的惯性力经高通滤波得到模拟器的平移加速度。加速度经过两次积分转换为控制执行机构位置的加速度指令、力经过低通滤波器、缩放和速度限幅，产生俯仰和滚转倾斜角。这个概念称为倾斜协调，其目的是标定重力矢量，使视觉显示保持不变的同时，让飞行员感受到持续的加速度。例如，为了感受 x 方向或机头方向的平动加速度，模拟器座舱上扬抬头，重力矢量将使飞行员感受到飞行模拟器 x 轴的加速度（即有一个力在推飞行员的背部）。

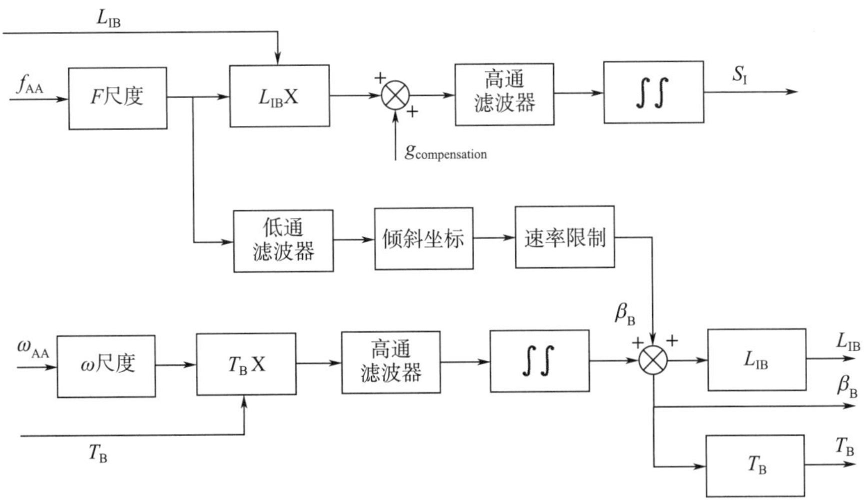

图 9－3　Nahon 和 Reid 的六自由度经典洗出算法

只要驾驶舱不倾斜得太多，飞行员不会感受到由于倾斜而引起的 z 方向法向加速度的减小。这是因为没有达到飞行员能够感知的加速度阈值（或最小加速度的值）。可以通过飞行员的测试得到该阈值，其范围为 0.17～0.28 m/s^2（线性加速度）。使用这些阈值，超过10°的倾斜就可能会引起明显的法向加速度差异。

与给定的力相似，身体角速率转换为角运动或姿态速率，通过高通滤波得到驾驶舱角运动的高频分量。这些角速率积分得到角运动，由于倾斜协调还增加了低频角运动。

在“垂直”或法向上，除运动感知滤波器之外，还需修改加速度分量以符合所需的感知加速度指令。加速度反馈算法被设计为带有垂直轴上输出回路加速度反馈的混合式经典洗出算法。图 9－4 所示为 z 方向上算法的基本框图。该方法在三个轴上均可实现。PID 控制器模块由比例、积分和微分增益，以及前面讨论的经典洗出滤波器的模块组成。最后一个模块表示执行器位置指令（伺服卡输入）到驾驶舱感知加速度之间的传递函数。该传递函数包括伺服卡电路、执行机构和运动平台内部的结构动力学等。

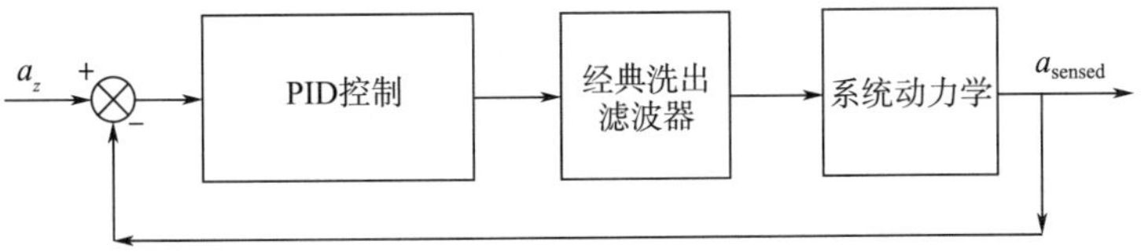

图 9－4　加速度反馈算法

为了从理论上分析系统，以选择理想的反馈增益，该传递函数必须首先通过适当的系统辨识技术进行近似。

表 9－1 为 Nahon 和 Reid 算法采用的一组典型高通和低通滤波器。

表 9-1　典型飞行模拟器中 Nahon 和 Reid 算法采用的运动感知滤波器

轴	高通	低通	阻尼参数,ζ	频率参数,ω_n
x	$\dfrac{s^2}{s^2+2\zeta\omega_n s+\omega_n^2}$	$\dfrac{4\omega_n^2}{s^2+4\zeta\omega_n s+4\omega_n^2}$	1.0	2.5
y	$\dfrac{s^2}{s^2+2\zeta\omega_n s+\omega_n^2}$	$\dfrac{4\omega_n^2}{s^2+4\zeta\omega_n s+4\omega_n^2}$	1.0	4.0
z	$\dfrac{s^2}{s^2+2\zeta\omega_n s+\omega_n^2}$	1.0	1.0	4.0
P,q,r	$\dfrac{s}{s+1}$			

假设所有输入的比例系数为 0.5，给定力输入的幅度限制为 10 m/s²，假设速率陀螺输入限幅为 34.4 (°) /s，俯仰的倾斜速率限幅为 3 (°) /s，滚转的倾斜速率限幅为 2.3 (°) /s。

9.2　人类飞行员生理建模原理

为了了解人类如何感知运动，首先需要简要介绍一下人类生理学。人类对运动的感知度在很大程度上决定了飞行模拟器高保真程度的运动感知特性。然而，在考虑运动感知之前，首先要对神经骨骼肌肉系统进行简要讨论。

为了讨论仿生控制技术，我们首先讨论小脑及其在骨骼肌肉系统中的控制作用。小脑是与大脑两半球后面的脑干连接的、位于脑下部的独特脑结构。小脑是人脑中通过存储的经验来学习运动的部位。具备了这些经验知识，小脑才能发挥其运动协调控制的作用。它能接收来自大脑和脊髓其他部分的感官信息。大脑中的一部分被称为下橄榄核。它首先接收感官信息，然后将其传递给小脑。小脑进行数据分析，并建立行动计划。为了将计划付诸实施，小脑将信息传递到专用神经细胞——浦肯雅细胞。每一条从小脑传递出的信息通过浦肯雅细胞，能够对运动活动的执行进行初步的控制。因此，它间接控制人体的姿态，并保持人体的平衡。小脑的作用有三方面，它有三种导入或导出的途径，三种主要输入以及三个深核的三种主要输出。其中一个深核叫顶核，它主要与平衡有关，并且向内耳的前庭神经核和眼睛的网状核发送信息；另外两个分别是齿状核及中间核，它们与自主运动有关。小脑的功能分为三个部分，古小脑负责姿态和前庭反射，旧小脑负责几何和肌肉伸缩，新小脑负责协调和定时运动。

大脑运动皮层作为大脑灰质层的一部分，提供运动控制指令，小脑的功能是这些大脑指令的“前馈”控制器，是大脑意识所在。大脑从骨骼肌肉行为模型基础上得到经验，对拮抗肌进行时间控制，以及对力量和僵硬进行控制。尽管脊髓独立控制肌肉长度和关节僵硬程度，但“传入”或感知反馈通过脊髓传递给大脑，使小脑间接控制骨骼肌肉系统，如图 9-5 所示。对小脑的作用和功能的理解促进了小脑模型关节控制器的发展，该控制器可作为机器人系统的功能控制器。

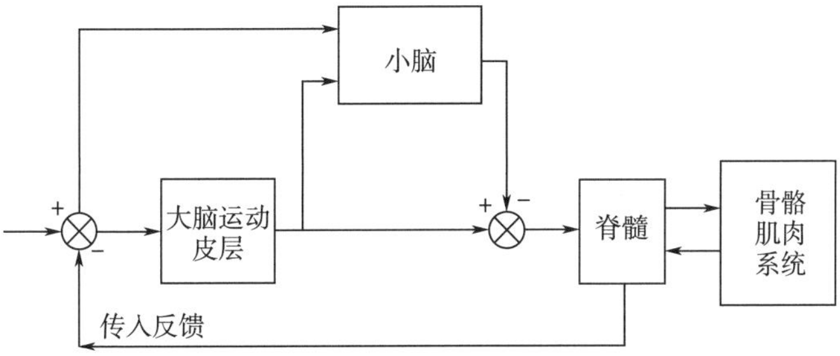

图 9 - 5　小脑与运动控制

9.2.1　耳和眼传感器

如图 9 - 6 所示，人耳是一个不可思议的天然“传感器”，接受不同类型和不同方向的刺激。人耳有三个主要区域：外耳、中耳和内耳。它不仅对 15 Hz ～ 15 kHz 频率范围内的声音敏感，还是提供人类平衡感的主要机构。声波进入外耳后，经过耳道，敲击鼓膜。鼓膜振动，然后传递到中耳，通过三骨杆（听小骨）放大三倍。放大的压力作用在一个膜上，使声波通过蜗牛状器官（耳蜗）中的液体。其本质上人耳是一个传感器，它传递信号并产生适当的感官神经活动，进一步传到大脑的听觉神经。听觉神经感知到的声音对空间范围的感知提供主要的信息。这些信息，与回声、声音频率校准、反射密度和回响的延迟时间一起，使我们感知到空间中的声音。

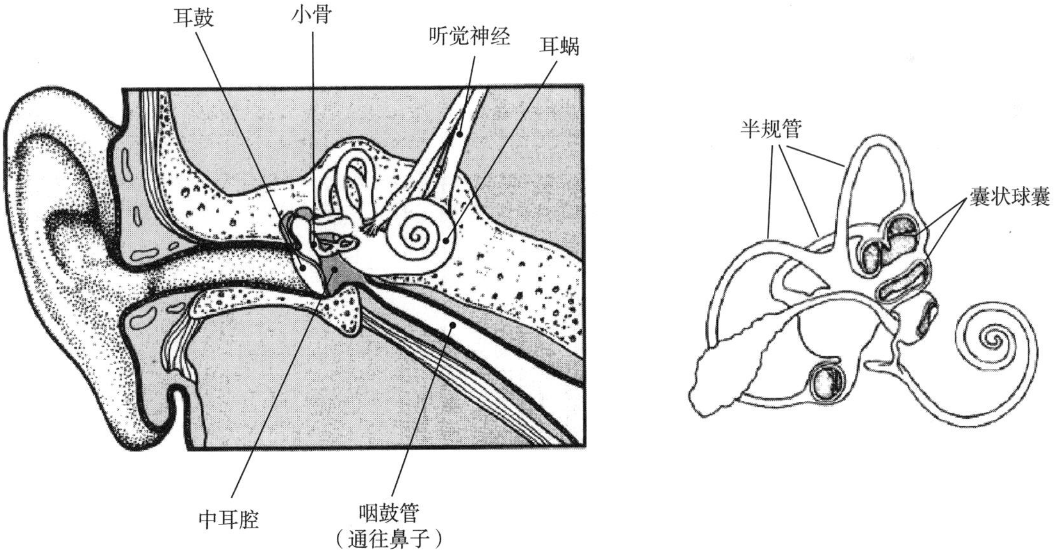

图 9 - 6　耳前庭系统示意图

内耳有三个半规管互成直角，里面充满了液体，类似三轴传感器。半规管响应低频角加速度和高频角速度。这是因为半规管响应各个平面旋转的加速度，加速度积分以响应高频速度。相比于角加速度，从半规管接收的“壶腹”的频率编码信号与头部角速度更加接近。它们协助保持身体平衡。

半规管也与耳蜗相连。半规管内的液体在肿块或壶腹中运动，从而刺激由圆锥状胶质（capula）覆盖的毛状细胞。头部在同一平面内运动，使得管道［非其中的液体（淋巴液）］也在平面内运动。由于惯性，淋巴液的运动存在滞后。淋巴液的惯性使圆锥状胶质（capula）发生摆动，造成毛发和毛细胞的变形。从而向听觉神经产生成比例的信号。因此半规管协作，感知头部的旋转角加速度或角速度。

半规管还有一项重要的功能，它们通过小脑向眼睛提供前庭眼反射（VOR）。前庭眼反射功能是指当头部旋转或平移运动时，保持眼睛视网膜上的图像稳定。前庭眼反射是设置点的指令信号，使得当头部做三轴旋转时，眼睛的位置保持稳定。眼睛是人类唯一的视觉传感器，它像一个立体相机，以人类大脑能够理解的形式对真实世界进行成像。眼睛产生一个反馈信号，这个反馈信号是前庭眼反射的精确负值，因此两者相加为零，表明眼睛运动与头部运动完全同步。当两个信号不同步时，眼睛与头部运动将产生矛盾，引起所谓的"晕动病"。

半规管与其他两个感觉器官（耳石器官、椭圆囊和球囊）一起构成前庭系统。耳石器官位于头部两边，靠近内耳，嵌在颞骨内。这些器官对重力和头部的线加速度十分敏感。它们测量头部的线加速度，以及线加速度矢量相对于重力加速度的方向（倾斜），在此基础上大脑可以计算如何保持平衡。耳石是生理学的重力感知器，它的主要功能是告诉我们上下方向。耳石是两个具有毛状结构的囊膜，其作用类似于加速度计。正是这些毛状结构将运动转换成感官神经放电。

人体某些强迫运动刺激耳朵附近的感觉器官，这些感觉器官产生的信号将转换成生理神经信号。生理神经信号是与各种运动和方位特征有关的编码。位于大脑中的中枢神经系统就像是一个神经估计器，能够准确地提取运动参数和定位参数，类似电动的滤波器能够从给定信号动力学模型带有噪声的测量值中提取出一组参数。中枢神经系统还参与一个多传感器融合过程，将各项运动与方位参数判断信息通过随后额外的运动和认知过程进行加权处理，引起反射性和感知反应。

认知过程取决于与感觉器官动力学、身体动力学和认知响应的内部模型相关联的控制策略。该模型还包括一个平滑跟踪模块，基于模型的控制策略，能够匹配在白天和黑暗各种运动感知信息中测量到的眼睛反应和知觉影响。处理后的输出是物理运动变量和伺服指令反射信号的内部估计，用于控制眼睛的准稳态运动。

除了前庭本体，人类还接收运动本体感觉的刺激。动觉是方向和身体不同部分运动速度的意识，源于关节、肌肉、肌腱受体受到的刺激。这里的重点是基本上全部动觉刺激通过中介感知。触觉是完全由皮肤刺激作为中介感知的。触觉感知可能是感知触觉信息（通过皮肤）、动觉信息（通过关节、肌肉和肌腱），或者二者同时。触觉感知是一个狭义的术语，是指感知由皮肤感觉和动觉传达的关于远端对象和时间重要信息的触觉和动觉信息（远端是指距身体重心或中线位置比较远的点）。听觉信息除被耳朵感知外，还可以被本体感知。

在模拟器的视觉中引入现实主义，使得比运动及与之匹配的视觉信息生成的真实感更加真实。触觉的生理意义包括两个不同的方面：皮肤的感觉，即通过皮肤表面感知纹理图案的能力；运动感觉，即感知力和力矩大小的能力。还需要有对触摸和感觉的感知，以及与感觉有关的接触信息和反馈过程。虽然前文已经讨论过视觉接触信息，但是与触摸和感觉感知相关的触觉接触信息具有两种反馈：对动觉的动觉反馈，即对体重、肌张力和运动的感知，以及 propriocentric 反馈，即对身体位置和运动变化的感知。这些反馈极大地影响了人与仿真器接口以及其他手动控制接口的性质，至少对近感、接触和触觉传感器提出了要求。近感传感器是一种在不需要物理接触的情况下探测对象存在与否的设备。接触和触觉传感器是测量物体与传感器接触时二者之间力的大小的设备。这种相互局限于一个有限的、预先定义的区域之中。接触传感器用于测量特定点上的接触力。基本的近感传感器和接触传感器的输出为二进制信息形式：若探测到物体存在，或接触到物体，则为“on”信号；如果没有探测到物体或没有接触到物体，则为“off”信号。触觉传感器用于检测和测量预先确定的敏感区的垂直力的空间分布，进而给出空间信息。触觉传感器阵列是由一组触觉传感器组成的，借滑动探测过程来测量和检测物体相对于传感器的运动。这可以通过专门设计滑动传感器测量滑动来实现，也可以通过对接触传感器或触觉阵列的数据处理实现。

9.3　人体生理控制机理

为了了解飞行员在飞行器驾驶舱中所扮演的角色，历来在航空航天中对飞行员行为进行建模是一项必须的任务。然而对人进行精确建模并不是一件容易的事情，对此 McRuer 和 Jex 有如下表述：

“飞行员是一个多状态、自适应、自主学习的控制器，其行为表现出很多的变化。”(McRuer 和 Jex[7])

作为一个控制器，人类行为的这种复杂和多模式特性，使飞行员的建模变得十分困难。然而一些心理学家研究表明，人类对飞行器的操纵倾向于以下三种模式中的一种，即补偿式、跟踪式和预知式，模式之间互不排斥。飞行员通过一种或多种模式的联合来达到最佳的操作效果。

补偿模式是指飞行员完全根据理想航迹和实际航迹之间的误差来操纵飞行器。从控制工程的角度讲，这一模式就像是传统的负反馈系统。采用补偿模式，飞行员经过足够的练习，可以实现稳定的闭环控制，实现期望的响应特性，并具有抗干扰和对控制回路中变化进行补偿的能力（McRuer 和 Jex[7]）。大多数情况下，补偿模式是航空航天飞行员最常采用的一种模式。其模型具有单输入单输出形式，除非是多任务补偿模型评估。类似地，补偿模式仅对操作者提供误差信息，不提供更多的关于理想航迹的信息。

跟踪式根据理想飞行轨迹，如同开环控制器一样操作，尽管飞行员可能具有一些动态界面的知识并可能对理想轨迹有一个预判。这正是经典控制的著名概念——前馈控制。在这种模式下，飞行员借助此信息，通过预判来调整飞行器的飞行状态。通常，跟踪式是对补偿式操作的补充和加强，要求飞行员模型具有两个输入量和一个输出量。分程传递的理想航迹和实际系统路径的视觉信息可以协助调整误差，从而改善跟踪行为。追踪式的一个经典示例是追踪一个飞行员熟悉的预定轨迹，如正弦波。研究表明，在初期飞行员的反应将滞后于理想轨迹，但最终能够实现锁定并跟踪。这就是飞行员对理想轨迹进行预判并对其操作进行相应调整的结果。

最后是预判模式，在飞行员十分专业，受过高水平的训练，并且对系统与任务十分熟悉的情况下启用。需要注意的是，本质上这是一种“程序化”、“自动化”的模式，几乎不存在反馈。这种模式可能增加飞行员的操作失误。该模式允许飞行员在对飞行器和飞行任务十分熟悉的基础上，“凭直觉”操控飞行器，通常这些行为还与肌肉记忆有关。类似的例子有：在大风道路上开车，用键盘打字，或者其他一些需要高度训练的技能。

飞行员表现出的另外一个特点是对位置变化的感知要比速度更敏锐，而对速度变化的感知则比加速度更敏锐。飞行员的输出通常被定义为一个位置，这个位置是操作所需要的力的导数，该位置根据操作所需要的力来自动地实现。此外，飞行员的响应包括一些由于决策和神经肌肉系统引起的延迟。实际延迟可能因为被控系统或工作信号频率而变得非常复杂。研究发现飞行员在控制 0 阶或 1 阶系统时的延迟为 150～300 ms，控制二阶系统时的延时则为 400～500 ms；二阶系统决策的复杂程度越高，也将导致延迟的时间更长。精确的延迟时间与操纵者有关，并且根据具体情况有所不同，如训练、环境以及不同的任务。需要注意的是，对于随机信号，飞行员的补偿控制操作带宽范围在 0.5～1 Hz，大致相当于在一秒内完成两次追踪动作，而如果是对于可以预判的信号，带宽可增至 2～3 Hz。

9.3.1 穿越模型

McRuer 和 Jex[7] 针对飞行中飞行员采取补偿模式操控提出了一种独特的建模方法。他们利用拟线性模型，在研究特定输入下的非线性系统响应时，将系统分解为线性系统和剩余量。线性响应基于一个与实际系统很相似的线性模型，剩余部分则是线性模型与实际系统响应的差异量，经常也被作为额外的宽带功率谱密度噪声量。另外，为了解决难题，McRuer[8] 对联合飞行员、界面的正反馈转化功能进行了建模，而非单独对飞行员建模。他发现飞行员会根据被控系统调整自己的操纵动作以达到所需的前馈组合。这种思路就是所谓“穿越模型”的基础。

“穿越模型”的经典形式被定义在飞行员-飞行器动力学系统中。这是描述飞行员行为的一个线性模型。该模型的特点是基于对非线性系统的线性近似，建立起随机输入描述函数。另外，该模型假设存在飞行员的诱导噪声输入，将该噪声表述为能量功率谱，并将其作为感知观测余量或简单地作为余量。在具体任务中，穿越模型的描述函数包括三个要素：有效的飞行器动力学传递函数，集中飞行员注意的描述函数和分散飞行员注意的感知描述函数。

一个典型的闭环飞行员-飞行器模型以穿越法则为基础，也就是拟线性的，可以被当做一个控制倾斜角的主动的单输入单输出控制元件。穿越法则规定，飞行员以这样一种方式控制被控系统 Y_C（飞行器）的动力学：飞行器-飞行员系统的开环动力学 Y_PY_C 可以被穿越频率 ω_c，以及在频域内 0dB 附近飞行器-飞行员系统的等价延迟时间 τ 近似为

$$Y_PY_C=\omega_c\exp(-\mathrm{j}\omega\tau)/\mathrm{j}\omega \tag{9-2a}$$

所以，当

$$\omega=\omega_c,\ \|Y_PY_C\|=1 \tag{9-2b}$$

穿越模型中有三个基本参数：穿越频率 ω_c，有效系统延迟 τ，或称为由飞行员和飞行器共同产生的时间延迟，以及剩余功率谱密度 Φ_{nn}。穿越频率有时候也被认为是飞行员-飞行器系统的带宽。它通常以单位反馈系统原理为度量将实频域分为两个部分：受反馈增益影响低于穿越频率的部分，以及可以忽略反馈增益影响高于穿越频率的部分，此时模型的行为类似于开环的情况，如图 9-7 所示。

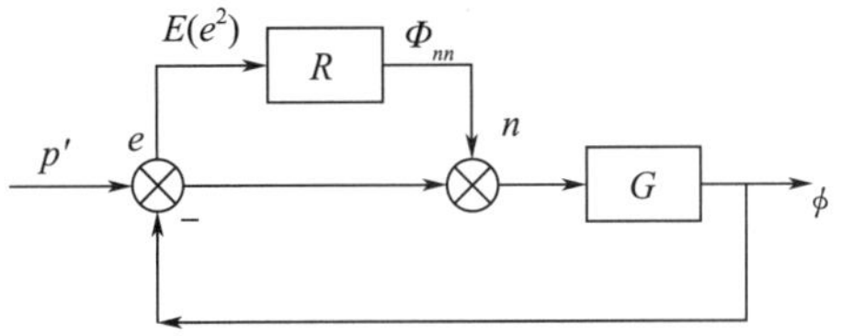

图 9-7　飞行员-飞行器行为的交叉模型

在穿越模型中

$$\boldsymbol{G}=\frac{\omega_c}{\mathrm{j}\omega}\exp(-\mathrm{j}\omega\tau) \tag{9-3a}$$

且

$$\Phi_{nn}(\omega)=\frac{T_s(1-\eta)(1-\delta)}{\pi\left(1+\left(\frac{\omega T_d}{2}\right)^2\right)}E(e^2) \tag{9-3b}$$

式中　$E(e^2)$——采样信号的均方差；

T_s——平均采样间隔；

η——有效控制停留分数。

$$\eta=T_d/T_s \tag{9-3c}$$

在方程（9-3）中，T_d 是考虑控制任务的有效停留间隔，而 δ 是正规化的 T_s 下界。通常假设 δ 的值取为 0.5，T_d 的取值为 0.6，η 的取值范围在 0.1 到 1 之间。

当飞行员只全神贯注于某一个控制任务时，系统的穿越频率是最高的，余量达到最小值，其具体值取决于控制任务的特性。当飞行员不得不分散他的注意力去执行多个任务时，这种分散注意的影响将通过描述函数近似的感知部分计算。分散注意的操作是显示扫描理论、信号采样或重建理论的拓展。其最重要的方面是对余量的建模。

将飞行员的控制动作假设成是最简单的，即飞行员控制指令通常是相对简练的，这并

非完全不合理。在此基础上，人们可以用最优控制理论的经典结果去解释。当控制成本相对较低时、闭环控制性能达到最优时，闭环极点配置倾向于 Butterworth 模式，且极点可由多项式方程左半平面的根来确定

$$(s/\omega_0)^{2k}=(-1)^{k+1} \tag{9-4}$$

其中 k 是左半平面根的个数。该模式中极点的分布被称为 Butterworth 排布。多项式因其零点分布符合 Butterworth 排布，而被称为 Butterworth 多项式 $B_k(z)$，$z=s/\omega_0$，其前几个值为

$$B_1(z)=z+1 \tag{9-5a}$$

$$B_2(z)=z^2+\sqrt{2}z+1 \tag{9-5b}$$

$$B_3(z)=z^3+2z^2+2z+1 \tag{9-5c}$$

$$\vdots$$

由最优控制理论，$E(e^2)$可以近似表示为

$$E(e^2)=\frac{K}{(1+(\omega T_d/2)^{2k})} \tag{9-6}$$

其中参数 K 和 k 有几个典型值，主要取决于飞行员的水平。因此噪声功率谱密度为

$$\Phi_{nn}(\omega)=\frac{KT_s(1-\eta)(1-\delta)}{\pi[1+(\omega T_d/2)^{2(k+1)}]} \tag{9-7}$$

该算法也可以用白噪声通过滤波器来模拟，滤波器的传递函数为

$$H(s)=\frac{1}{B_{k+1}(sT_d/2)}\sqrt{\frac{KT_s(1-\eta)(1-\delta)}{\pi}} \tag{9-8}$$

它表明飞行员的噪声对其集中注意力完成任务并无益处。

9.3.2 Neal - Smith 准则

Neal - Smith 准则从飞行中战机横向飞行性能——俯仰追踪准确性的观测和研究为基础发展而来。该准则在频域上由一个飞行员-飞行器俯仰姿态控制系统单位反馈模型的形式来描述，并假设飞行员-飞行器模型为前向通道。

Neal - Smith 准则基于假设在闭环单位反馈回路中，飞行员对执行任务的表现有一个标准。这个表现标准或对飞行员操纵的灵活性的评测在频域中描述，另外还有一个 Neal - Smith 准则最重要的参数——闭环带宽频率。闭环带宽（闭环传递函数幅度在 3 dB 处的频率在 0 以下）表示飞行任务的特性，这是依据任务不同而定的，其值由飞行任务和飞行性能共同决定。闭环模型有最低限频率“droop”。闭环频率响应特性定义为 90°相位上的带宽频率，且不低于“droop” 3 dB。带宽频率主要是基于飞行相位选取的。该准则基于飞行员模型的指示要求，与整个飞行员模型和飞行器的闭环系统的频率响应最大幅值或共振峰以及性能相对应。

考察 Neal - Smith 闭环俯仰准则，飞行器俯仰姿态（θ）、俯仰角指令（θ_c）的频率响应与二阶系统响应相类似

$$\dot{q}+2\eta_p\omega_p q+\omega_p^2\theta=\omega_p^2\theta_c \tag{9-9}$$

如果将这作为理想的飞行员增广俯仰响应，那么自然频率 ω_p 可以等同于 Neal - Smith 带宽，并且阻尼比 η_p 与共振峰相关。俯仰响应闭环系统中一项重要的性能是控制共振峰幅度，因此 $\eta_p=0.7$ 为最佳。在飞行性能相关文献中对俯仰带宽的理想值存在一个重要的讨论。美国军用标准 MIL - STD - 1797A 推荐着陆段采用 2.5 rad/s。该值是基于对战斗机配置的经典 Neal - Smith 研究得出的，研究人员经过评估指出其对于运输机来说，着陆段采用这样的带宽过于陡峭。另一项研究则认为，对于超大型飞行器（例如大约 100 万磅）的飞行员仿真，1.5 rad/s 的俯仰带宽在数据中比较具有代表性。

穿越模型中的开环穿越频率和闭环带宽存在一种关系，即 $\omega_c=0.56\times\omega_{BW}$。

Neal - Smith 准则是基于飞行员-飞行器闭环系统前提，通过估计输出参数对带宽频率变量的敏感度，提出一种评估飞行员潜在的诱导振动的方法（Bailey 和 Bidlack[9]）。

9.3.3 飞行员诱导振动

将飞行员模型简化为一个简单增益是可能的，并且这种同步模型已经应用于分析研究飞行员诱导振动，本章将对此作简单讨论。一种广为接受的假设是，飞行员驾驶飞行器时将尽全力保持飞行稳定。因此飞行员在回路中实现对一架不稳飞行器的稳定控制是正常的。因此，当感受到一个可复现的响应时，飞行员将利用跟踪控制的优势来实现飞行器的鲁棒稳定，并且采用补偿式控制来提高跟踪的准确性。

当响应/输入信号频率或系统的不稳定性超过了飞行员跟踪和补偿的控制能力时，不稳定的问题将增大。典型的情况是飞行员的控制接口、升降拉杆或方向舵踏板的增益增加超过了飞行员调节保持适当的开环相位的能力。这种情况经常导致“飞行员诱导振动”，即飞行员的操作滞后于补偿误差信号，以致于飞行员失去对飞行器的控制。

飞行员诱导振动（PIOs）的发生是由于飞行员不经意地采取了过大的纠偏动作，反而导致了反方向上的错误，接下来每一次试图纠正先前出现的过校正问题，都在相反的方向上引起了新的过校正。通常，停止这种振动的方法就是让飞行员停止施加控制动作。因此，PIOs 描述的是飞行员-飞行器的组合动力学，它可以造成一个稳定系统的不稳定。PIOs 也可以称为飞行员在回路中振动，由于飞行器和飞行员之间的耦合，二者之间的相互作用不经意间使飞行器的姿态和飞行轨迹发生变化。由于飞行员是飞行器的“控制器”，这实际上属于控制器耦合的不稳定性。事实上有一个普遍的模型就是在自适应的飞行员-飞行器开环模型的基础上加一个单位反馈构成闭环，而许多研究工作正是基于这个模型开展的。PIOs 的一个重要特性是 PIOs 的爆发迅速，迫使飞行员改变其行为模式，该特性进而使控制难度大大增加，这在其他控制系统中尚未见到。飞行员行为的自适应使对 PIOs 的预测成了一件比较困难的事。但是通过调整将这种自适应行为包含在飞行员模型中，PIO 预测和感知已经能够在某种程度上成功实现。Anderson 和 Page[10] 都已经分析过 PIOs。Liu[11] 则讨论了 PIO 模型的感知与减缓。

最危险的飞行员诱发振动发生在着陆期间。这时稍微过多一点的爬升都将引起飞行器十分危险的减速甚至可能失速。应对这种情况的自然反应是使飞行器低头，而非抬头，但是这将导致飞行器直接冲向地面；而更大的爬升将使整个周期不断重复。最终结果是飞行器持续地弹跳式着陆，这种危险着陆方式，有时可能会导致飞行器坠毁。

PIO 并不是一个新的现象。自二战后飞行器高速发展，许多避免出现 PIO 的研究结果已经以标准的形式编入军用标准中，例如 MIL - STD - 1797A。但是随着现代飞行器中更多新型 PIOs（如 Anderson 和 Page[10] Mitchell 和 Hoh[12]）的出现，避免出现 PIO 的参考标准也在不断更新。

9.3.4 PIO 的分类

因为某些类型的 PIOs 剩余振动在飞行员停止控制飞行器后仍将继续，所以需要对 PIOs 进行分类。有时飞行控制的硬件缺陷会诱发振动并且使飞行器的控制变得十分困难。因此区分真正可能导致灾难性后果的 PIO 和与 PIO 类似的多种其他振动形式就显得格外重要。区分闭环飞行员/飞行器振动究竟是飞行员航迹控制的副作用还是其他可能导致飞行器失去控制的行为，是十分必要的，它是对 PIOs 进行分类的基础之一。目前有很多方法对 PIOs 进行分类，其中有一种多维度的分类法可以极大地促进对这些振动的理解，它将 PIOs 大致分为三类（Mitchell and Hoh[12]，Bailey and Bidlack[9]）：

类型 I：由于操纵杆不够线性，如过度延迟或者敏感度有误诱发的 PIOs。

类型Ⅱ：由于飞行员-飞行器系统的非线性特性诱发的 PIOs。其中最重要的是控制面伺服系统的速率限制。它们已经被证实是一些 PIOs 的诱因，并具有一些常见特点，仅能采用特定的补偿控制滤波器来抑制。

类型Ⅲ：由于非线性以及非稳定特性诱发的 PIOs。这些通常是由飞行器动力学或飞行员控制行为的转变导致某些模式的切换而引起的。由于它最可能引起飞行器失控，因此该类型是最严重的一种 PIOs。

9.3.5 PIOs 在小扰动模式下的分类

PIOs 与线性小扰动模式的关系可以分为：

1）纵向 PIOs：俯仰振荡与高频 PIOs：当飞行员做出若干快速控制输入以试图对俯仰姿态进行调整时，就会产生纵向模式的 PIOs。飞行器会对每一个俯仰控制输入做出响应，但是如果飞行员缺乏经验和耐心就会加大控制量，不可避免地引起超调，使飞行器偏离原本期望的俯仰姿态。飞行员将需要再进行反向调整，期间这种偏差将再次循环，于是产生了 PIO。俯仰振荡似乎是一种恒定的能量模式，由于俯仰阻尼的缺失而产生了高频 PIO。

2）侧向 PIOs：偏航颤振和滚转振荡：PIOs 将产生频率约为 2Hz 的极限环，第一种情形是荷兰滚阻尼损失，第二种情形是滚转沉降模态的滚转阻尼损失。

3）全复合 PIOs：俯仰、滚转、偏航 PIO，这些复合 PIOs 与落叶式下降非常相似。但也有所不同，因为它们在本质上是由飞行员诱发的。就像落叶式下降不仅是全复合的，同时还有高速的滚转。PIOs 在本质上有两种类型，严重的 PIOs 可以重复发生，并导致飞行器失去控制，飞行员诱导过失速螺旋，其特点是俯仰值并不很高。

9.3.6 最优控制模型

目前广泛使用的有两种飞行员行为数学模型。其中一种是由 Hess[13] 提出的结构化方法，另一种则是飞行员行为的最优控制模型[14]。有些人曾使用最优控制理论来简化复杂的飞行员模型，在将飞行员的一些性能指标最小化的基础上，用一个代价函数表示。这些模型可能是基于一个简单的 bang - bang 控制模型或更复杂的线性模型，并加入了卡尔曼滤波器（见示例 McRuer[8]）。这些最优模型的价值函数通常是控制输入或输入变化率、系统状态和输出的二次函数，近似于一个复杂的性能指标。线性化模型可以通过选择代价函数并调整具体自由模型参数来匹配飞行员的响应，或通过调整代价函数的自由参数来调整模型响应，使其与飞行员的响应相匹配。可以通过向模型加入飞行员噪声、神经-肌肉延迟和时间延迟，使模型更好地匹配实验数据。飞行员肢体的神经-肌肉混合动力学模型是纯被动的。将飞行员作为最优控制器来进行建模已经表现出了一些成功之处，但是模型复杂性和参数的增加使得它难以实际应用。此外，一组参数模型和代价函数的最优解（如时间常数和噪声参数）对于另一组参数和代价函数来说可能不是最优的。最优控制模型的优点在于它可以解决线性多输入多输出系统的问题。这种模型的总体结构如图 9 - 8 所示。

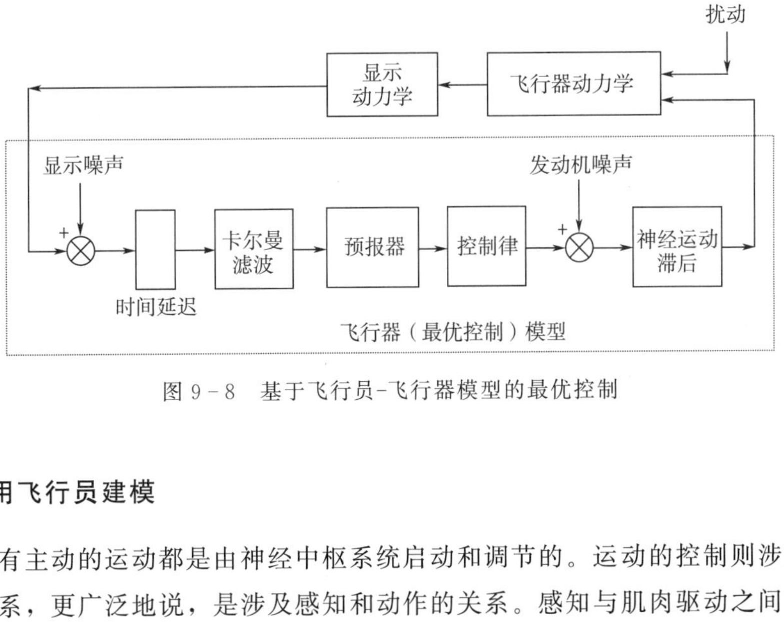

图 9 - 8　基于飞行员-飞行器模型的最优控制

9.3.7 通用飞行员建模

人的所有主动的运动都是由神经中枢系统启动和调节的。运动的控制则涉及感觉和运动之间的关系，更广泛地说，是涉及感知和动作的关系。感知与肌肉驱动之间的内在联系是人类行为可视化的基础。人们可能会提出这样一个问题：神经系统控制哪些参数以实现肢体协调？肢体协调涉及肢体动作的协调控制。正确的人类肢体控制及协调物理模型被用于飞行器驾驶的模拟。建模的基础是运动学、动力学，以及目标导向的肢体运动的肌肉模态。在飞行员驾驶的飞行器上，飞行员将受到自己指令引发的加速度影响。因此会出现这样一个后果：存在一定量的生物干扰，使得飞行员-飞行器模型倾向于形成闭环，即使没有视觉反馈亦是如此。正是这个后果影响了控制指令输入并导致了飞行员诱导振动。一方面生物动力学扰动的本质是一种对加速度的无意识的低通响应，使有意识的动作增大。在低频段，特别是当加速度恒定的时候，飞行员通过调整操纵杆的方式以减小它们的作用，本能地补偿这些影响。这种本能的补偿只能在低频段呈现，并且受到联合前庭系统和神经肌肉感觉的带宽限制。可以假设飞行员对加速度和振动的反应有低频高通、高频低通特性，因此生物动力学干扰倾向于表现为一个带通滤波器，使飞行员自己的加速度和振动影响自己的动作。广义上，飞行员动力学模型由四个模块构成：对可视化输入的响应模型 Y_p，描述神经感觉响应的运动直觉模型 Y_k，描述人工控制动力学的神经肌肉模型 Y_n，以及被动生物动力学传递模型 Y_b，它能够影响飞行员自主指令的输出 u_{vc} 以及剩余噪声 n。这些模块和它们之间的相互关系如图 9-9（a）所示。图中，生物动力学输入为 a，无意识的生物动力学对飞行员指令输出的影响为 u_{ivc}，而飞行员的总指令输出为 u_c。

图 9-9（b）是一个简化模型，其中运动学和生物动力学反馈被整合为一个模块。完整的生物动力学干扰模块的典型传递函数模型为带通结构，具有如下形式

$$Y_B = Y_b + Y_k Y_n = Y_{bk} Y_n = K_B \frac{s}{s+b_h} \times \frac{b_l}{s+b_l} \tag{9-10}$$

其中 $b_l = 30$ rad/s，$b_h = 0.7$ rad/s，$K_B = 3$ N/g。当结合了适当的飞行员模型时，联合飞行员-飞行器模型具有如图 9-10 所示的形式。

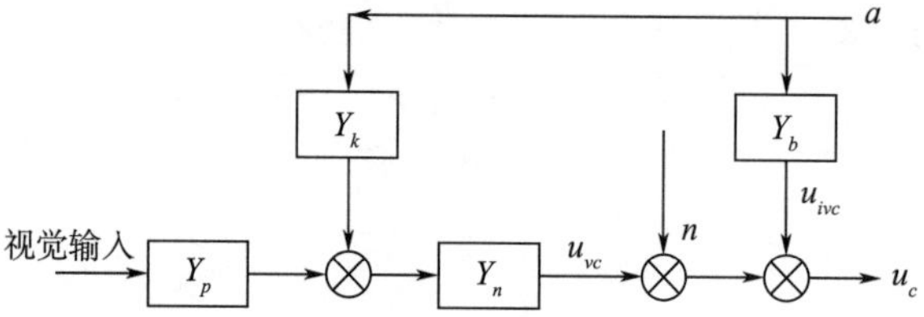

(a) 完整模型

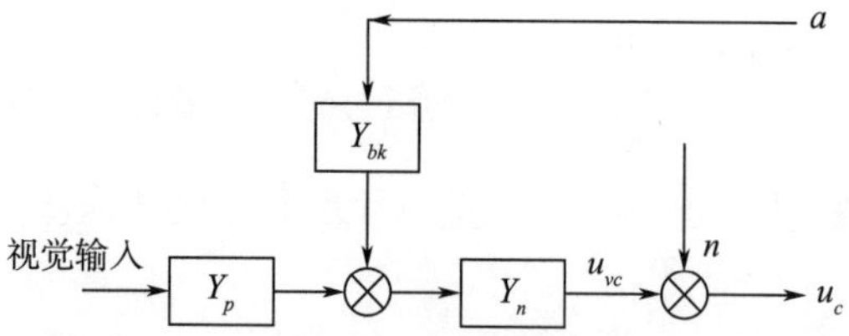

(b) 简化模型

图 9-9　飞行员模型组：包括视觉输入的影响和对加速度及振动的响应

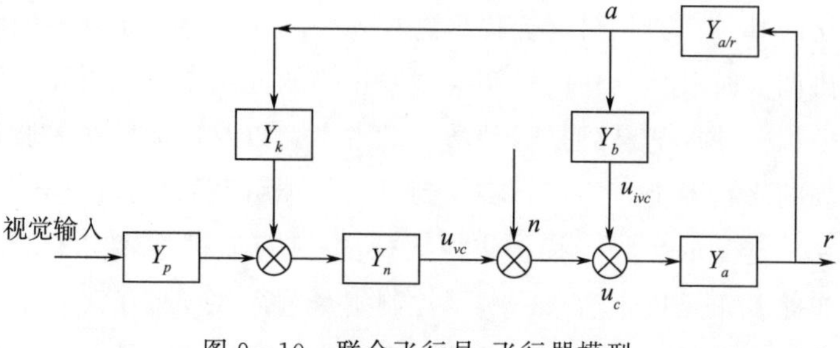

图 9-10　联合飞行员-飞行器模型

图 9－10 中，Y_a 为飞行器传递函数，r 为飞行器响应，$Y_{a/r}$ 为飞行器对飞行员的加速度传递函数的响应。该模型对于描述飞行员在飞行仿真中的行为尤其有用，其中 $Y_{a/r}$ 传递函数与真实飞行器对应的传函不同，不考虑动作保真度。

图 9－11 是一个典型的包括视觉和前庭以及神经肌肉的一般飞行员模型，其传递函数模型如表 9－2 所示。该模型包括一个概率的黄金时期，其行为用参数化的变量表示，P_1 是一个与输入相关的概率权重。

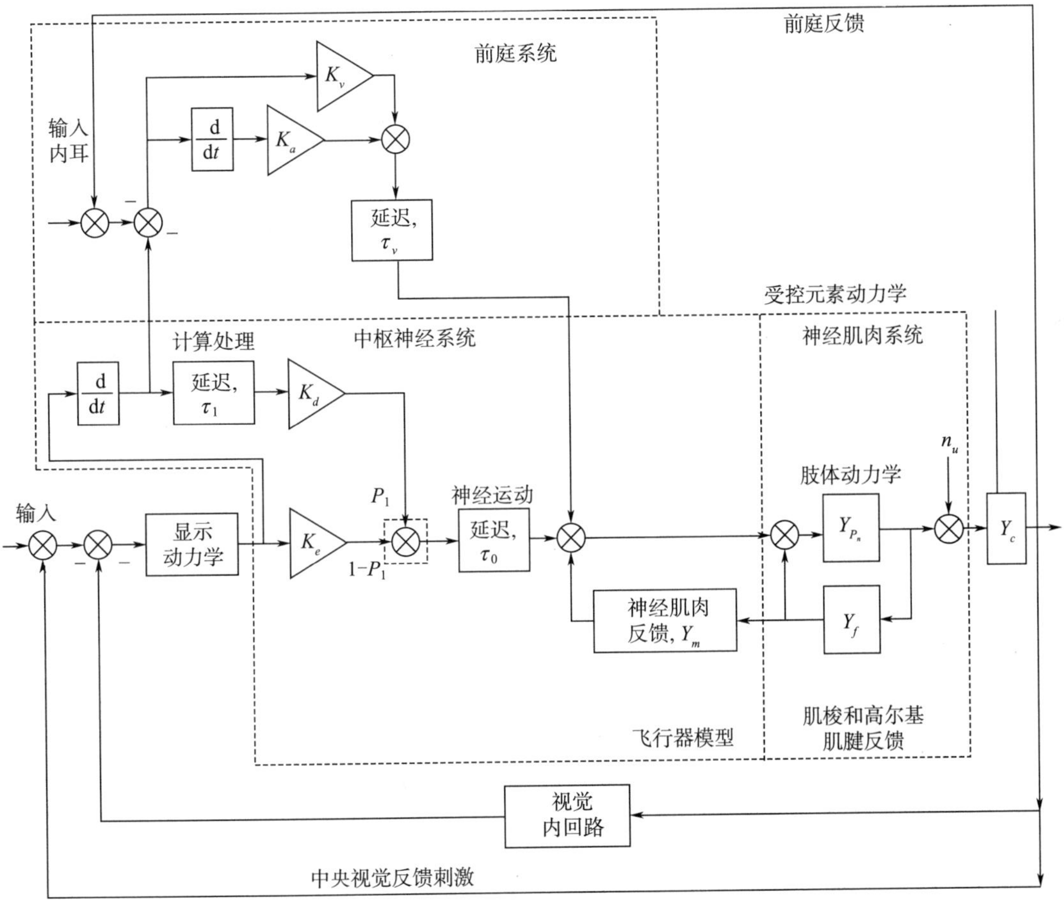

图 9－11　具有视觉和前庭以及神经肌肉系统单元的一般飞行员模型

表 9－2　对应图 9－11 的传递函数模型

Y_m	Y_f	Y_{P_n}
$\dfrac{K_2}{(s+1/T_2)^{k-1}}$	$\dfrac{K_1 s}{s+1/T_1}$	$\dfrac{s^2}{s^2+2\zeta\omega_n s+\omega_n^2}$

输入目标为眼睛和内耳。当除了显示以外没有其他视觉输入时，模型退化为简单的单输入单输出系统。三种不同的控制形式下的飞行员模型参数如表 9－3 所示，其中包括中枢神经系统、前庭系统，以及神经肌肉系统的参数。

表 9-3　飞行员模型的参数值，包括与简化的飞行员模型有关的控制元件指数 k，

$$Y_{ps}=\frac{K_p\exp(-\tau_p s)}{(T_p s+1)^{1-k}}$$ **(摘自 Hess[13])**

Y_c	k	K_e	K_d	K_2	P_1	T_2	τ_0	τ_1
K	0	11.1	2.13	2	0.05	5.0	0.14	0.2
K/s	1	22.2	3.42	2	0.05	—	0.14	0.2
K/s^2	2	26.2	10.50	10	0.2	2.5	0.14	0.2

Y_c	k	K_v	K_a	τ_v	K_1	T_1	ζ	ω_n
K	0	30	150	0.016	1	5	0.707	10
K/s	1	30	150	0.016	1	5	0.707	10
K/s^2	2	30	150	0.016	1	2.5	0.707	10

使用合适的技术，忽视视觉内环并假设显示动态的速度很快，可以合成一个简化的飞行员模型参数。针对一系列的模拟输入，将简化模型与包括全部动态的飞行员模型对比，以保证简化模型可以满足对飞行员表现的高保真度仿真。通常情况下，飞行员简化行为模型的形式如下

$$G_{Pi}(s)=K_{Pi}\frac{(1+T_L s)}{(1+T_g s)}\exp(-sT_{pi})\tag{9-11}$$

模型中的各项表明，飞行员的纠正动作受到飞行员能力的限制。同时飞行员延迟 T_{pi} 以及超前滞后时间常数都被纳入到飞行员模型中。

9.3.8　飞行员-飞行器仿真

一些飞行器设计者认为飞行员仿真是飞行控制系统研发“最佳实践”的一步。尤其是对新型飞行系统的研发而言，在飞行模拟器中进行飞行员仿真十分合适且是针对研发应用于飞行器的新系统特别规定的一项测试。飞行模拟器构造完整，内置飞行控制、显示以及各种飞行员-飞行器交互设备模块，能够进行飞行中各种情况的仿真模拟和不同控制条件下的实验控制。接受模拟器评估的飞行员可以将注意力集中在任务和实验条件上，而不必有意识或下意识地去担心飞行安全。飞行模拟器能够提供真实的驾驶任务、几乎等同于现实世界的飞行动作和视觉信息模拟，使得在评估飞行品质、飞行控制和人机界面技术这些极为重要的性能时具有很高的保真度。它们为接受模拟器评估的飞行员提供了高保真的飞行器飞行运动，可视化信息和真实的环境，并且没有纯计算机仿真中的飞行动作和视觉信息的限制。因此飞行模拟器给飞行测试的发展提供了自由的环境，而这一点对于飞行器系统的研发具有重大的意义。

加入飞行员典型行为模型对进行高保真度的飞行器计算机仿真是非常重要的。将飞行员-飞行器的数学模型作为分析工具的首要目标是降低高精度飞行模拟器的昂贵费用。对于一个多输入、多输出动力学飞行系统，如一架运输机在视觉着陆任务中的纵向控制，可以假想飞行器的初始位置和方向是错误的。值得关注的是闭环系统中，飞行员/飞行器对

于错误初始条件的响应是精确地接近预定高度。飞行员的目标是，在飞行器降落失控前，安全地将飞行器从错误的位置中调整到安全的位置和能量状态。由于初始空间上的巨大误差，这是一项获取状态任务，其间飞行员可能采用非线性的间断控制策略。这项任务的基础动力学是飞行器的飞行航迹动力学。我们假设飞行员利用飞行器俯仰姿态和推力控制飞行的航迹和速度；飞行员通过飞行动力学控制内回路稳定，来实现所期望的闭环俯仰动力学特性。为了将飞行员的注意力集中在外环，必须将良好的飞行员动作，即不连续的获取策略定义为增广的俯仰动力学。这个模型不是典型的飞行器在特殊任务下的性能评估的量化，而是用作任务和策略的分析。Hess[13] 的结构模型已经广泛地用于飞行模拟器中与飞行任务有关的高机动性飞行性能的定义。对飞行员-飞行器模拟的评价是通过对比实际的闭环响应和预先确定的理想闭环响应进行的。这个例子清楚地表明了飞行员-飞行器联合仿真的必要性，并指出了飞行员在回路中的仿真对基于模型的计算机仿真的优势所在。然而，这个例子也说明了基于费用和安全考虑，在实施完整的飞行员在回路中仿真之前，初步的基于模型的仿真也是必要的。

9.4　空间意识

简单地说空间意识，是指对我们周围空间中的对象有条理的感知，以及对我们自身在空间中位置的感知。缺少这种意识，我们将不能把地上的物体捡起来放到桌上；我们将无法阅读，因为我们不能感知字母与字母之间以及它在书页间的相互关系；飞行员也不能准确感知其他飞行器在空间中的位置，而准确获知其他飞行器在空间中的位置对于飞行安全和飞行效率是十分必要的。

空间感知要求我们拥有周围三维空间的模型，这要求我们能够整合我们能够感知到的各种信息。前庭系统将来自三个半规管的信息与来自耳石的重力方向相结合，构成了我们的惯性重力模型的基础，由此我们对三维空间及其上下方向有了一个清晰的感知。对于长时间飞行的飞行员来说，大脑系统的其他主要部分如动觉、触觉、听觉和视觉，也与前庭系统一起，为飞行员提供平衡感。

就目前所考察的模拟器而言，飞行员必须接受这样一个约束，即将三维空间的信息显示在一个二维屏幕上。

这些约束可能产生以下三方面偏差。第一，观察者会将斜面视为与其视觉平面平行，即“倾斜低估效应”；第二，空间中的三个轴中，至少有两个轴需要被压缩，才能将三维世界显示在二维屏幕中。压缩越大，分辨率越低，这将导致在被压缩的轴方向上，对距离估计的偏差。压缩后的轴将短于其实际长度；第三，实现模糊效应会降低对相对和绝对位置的认知，可用的线性信息将减少。一些或所有的这些效应，可能使飞行员对位置的感知产生偏差，从而影响他们对空间位置和方向的感知。

从飞行员的角度来看，最重要的是态势感知。其最为广泛接受的定义是：“态势感知是对一定时间和空间环境中的要素的感知，包括对其含义的理解以及对其将来的预测。”

因此，它不仅涉及到空间态势，还涉及到系统态势和任务态势，依赖于认知和工作记忆、对形势动态的认识以及能区分开是态势变化的过程还是结果的能力。

9.4.1 视觉显示

视觉显示是将三维空间中的景象显示在二维显示器中，在仿真器中有广泛的应用，但是它在紧急情况下并不是非常有用。然而，三维视觉显示有助于态势感知和空间定位。第三个维度不需要从（通常为二维）显示中计算得到，从而减少了在认知方面的工作量。

平视显示器（HUD）在军用飞行器上的应用可以追溯到 20 世纪 60 年代，随后被用于通用航空领域。平视显示器将信息投影到飞行员的前方视野中，这使得飞行员在观察前方环境时可以读取关键的信息。特别是在复杂情况下，如果飞行员需要不时低头观看驾驶舱内的信息显示，对于飞行器的驾驶是十分危险的。平视显示器现已用于飞行模拟器以提高模拟器的保真程度并增强驾驶舱仿真的真实感。

在大多数情况下，平视显示器比低头显示器能够带来更好和更安全的系统行为，但是它同样也有缺点。虽然平视显示器的设计使得飞行员聚焦于（有限的）外部世界，但是有证据证明，在某些情况下，飞行员可能出现“暗视”（大约一条手臂的长度）现象。这可以导致眼睛的错误定位，从而对距离的预估出现偏差。平视显示的信息由于重叠图像的原因，会掩盖驾驶舱之外的事件或对象，这当然会导致十分危险的结果。HUD 还有一个问题是显示信息十分杂乱。这将导致飞行性能的减弱和飞行员注意力的降低。这些问题很大程度上可以通过显示器的精心设计来克服。例如，对相关性不大的信息采用低亮度显示，避免造成混乱。总之，HUD 是利大于弊。

9.4.2 动画和视觉信息

如果没有准备好适当的传感和与之相匹配的视听信息，就无法对感知进行模拟。视听信息的处理在模拟器的计算机中完成，而传感系统架构的设计则与人类系统类似。对于特定功能而言，一个计算机视觉系统是最低要求，但这还不够，还需补充上适当的运动和声传感器。当模拟器操纵者控制它时可以根据其运动情况连续地观察外面的环境。从而帮助他在脑中描绘出一幅周围环境的地图，以辅助他完成首要的任务。外界环境和其他仪器的综合显示，旨在为模拟器操纵者提供他在执行实际任务时所获取的同样视觉信息。

显示或动画合成外部环境的方法有 2 种：关键帧和动作捕捉。关键帧技术要求动画师以帧的形式指定物体的限制条件或关键位置。计算机将在两个关键帧之中填充错失的帧，在关键帧的位置之间进行平滑插值，以呈现连续的图像。为了能够有效地实现该技术，动画师必须详细了解对象在一个时间框架内是如何运动的，并且需要具备通过关键帧结构进行信息编码的才能。另一方面，运动捕捉以外界景象三维画面的记录和回放为基础。这种计算机生成综合显示的关键问题是对最重要的视觉信息的识别与最优化呈现。

对仿真操作者所看的外界环境进行计算机仿真，可能是提供给受训操作者最重要、最合适的视觉信息的最好方法。模拟操作员自己的运动和感知，有助于深刻理解人类感知的视觉信息的本质。某些视觉信息包含了人类的行为风格与立场，这对于确保仿真的真实性是十分重要的。没有这些信息，虽然计算机合成技术也能合成正确的运动，但是会显得很不自然。

为了理解视觉信息，我们对大脑是如何存储和保存图像进行了研究。图像有两个组成部分：表层表征和深层表征。表层表征类似于人的经验，体现了准形象化的特征。表层表征由深层表征产生，深层表征具有复杂的知识结构，存储于大脑的长期记忆中。图像的深层表征包括了一系列的命题，它们对图像中的不同内容之间的关系进行编码。因此表层表征可以通过组成像素及深层表征来重构实际图像。像素以及构成深层表征的命题组成了与图像有关的视觉信息。视觉信息在广义上可以分为两组：以物体或图像为中心的信息和以观察者为中心的信息。以物体或图像为中心的信息包括形象化信息（角度、深度、投影平面中的高光、光线、遮挡、阴影及漫反射、相对大小、纹理梯度、亮度/空间视角）以及与动作视差有关的信息。与观察者有关的信息包括眼汇聚运动反馈、双目视差、立体、调节，以及眼中控制光学透镜的肌肉的伸缩。

操作员准确判断距离的难点在于计算机生成的图像是不充分的，产生这一问题的原因是将三维世界投影到了二维图像中显示。由于视觉信息可以增加视觉上的现实感以及对物体空间位置的感知，因此对于大规模的环境仿真而言，视觉信息是十分重要的。如同一个人要触摸或者抓取一个物体时，他/她将适当调整手的位置以实现与物体接触。由于这一调整过程发生在物理接触之前，所以它必定是由视觉刺激引起的而非触觉刺激。又因为光速较声速更快，所以空间意识先由视觉产生而非听觉刺激，而听觉刺激只是对视觉刺激的加强并提供 VOR。计算机生成图像的空间关系感知有六个主要信息：辅助投影、相对运动、阴影、对象纹理、地面纹理和高程。视觉运动信息涉及角度的变化率以及图像中的对比点流。

9.4.3　视觉错觉

很多时候大脑无法“看见”眼睛所看见的东西。广义上说，有三种类型的视觉错觉：自动运动错觉、预期的错误和对图案的误解。

自我运动的视觉错觉被称为自动运动错觉，通常发生在晚上。当一个人一直盯着黑暗背景中的同一点时就会产生自动运动错觉。它可以通过缓慢测量和监测目标周围的环境，而不是一直注视同一个点来避免。

预期的错误则是由于对看到的事物自动关联导致的。一个典型的例子就是：我们可能看见什么。它们看起来好像是大小相同的，虽然其中一个的距离更远一些，但是在我们视网膜上所占据的角度范围却是一样大的——这就和真实情况差距甚远。

最后一种视觉错误是由于我们的大脑简单地曲解了我们所看的东西。一个经典的例子如图 9-12 所示：我们认为图中两条线之间是一条路（或者是河床），进而认为这两条线是平行的。其他的几个关于我们可能曲解二维图像的例子如图 9-13～图 9-16 所示。

图 9-12　人类大脑解读两条线的经典例子

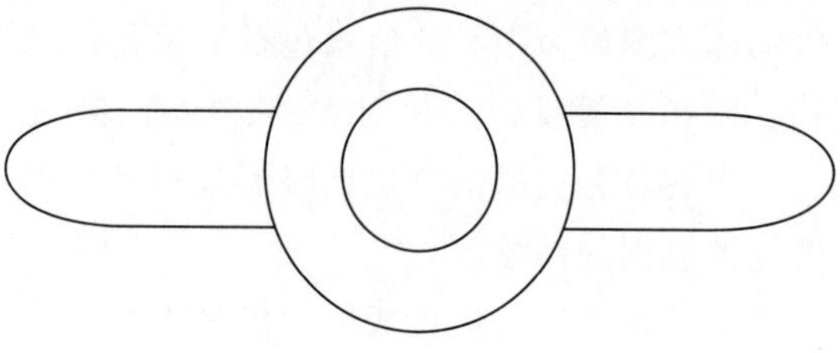

(a)

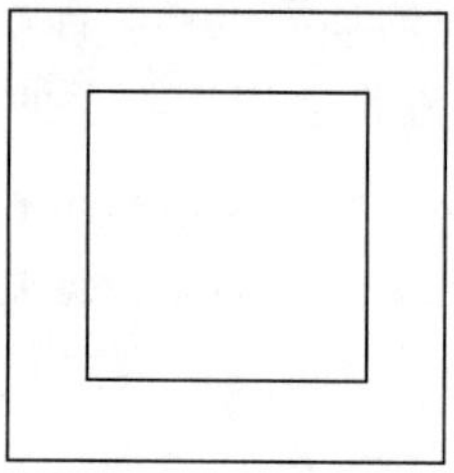

(b)

图 9-13　对这两张图片的其他两种理解是什么？

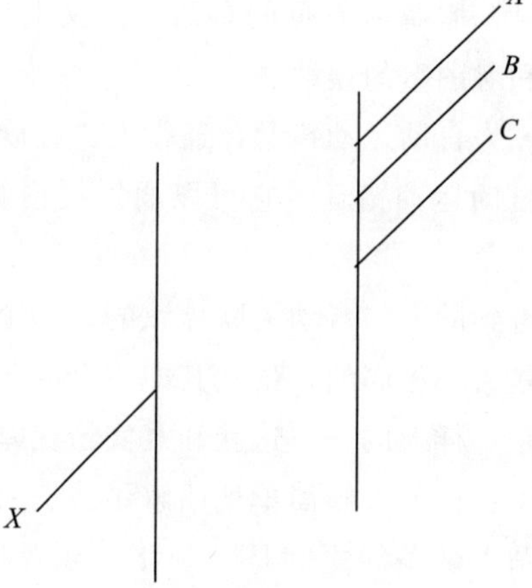

图 9-14　哪条线是直线 X 的延续？A，B 还是 C？

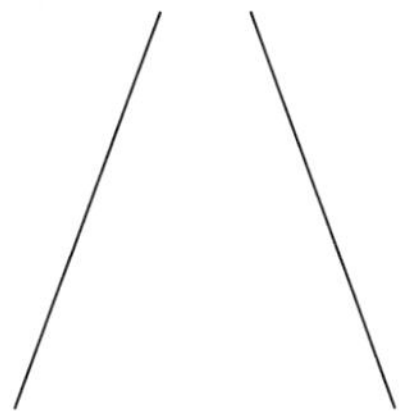

图 9 - 15　这两条线平行吗？

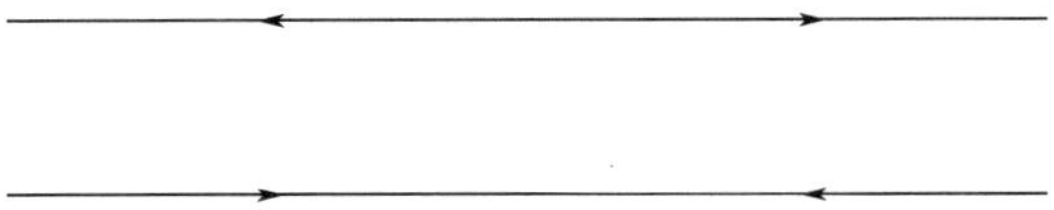

图 9 - 16　猜想：哪条线更短？

概括来说，飞行中的视觉错觉包括对水平面的错误认知、对跑道坡度和大小的错误理解，认为你的位置高于或低于实际情况的错误判断倾向，又或者当我们进入“黑洞”或者面对“全白”的情况时，例如我们在黑暗（晚上没有灯）的情况下或者是在全白色（被雪覆盖或者在极地地区）背景下飞进一条跑道。

本 章 重 点

- **飞行仿真原理**

运动平台

运动信息

- **飞行员生理建模的原理**

人体生理控制机制

飞行员建模

- **飞行员-飞行器耦合动力学**

飞行员诱导振动

穿越模型

参考文献

[1] Rolfe, J. M. and Staples K. J. , (Editors), *Flight Simulation*, Cambridge Aerospace Series, 1988.

[2] Allerton, D. J. , Principles of Flight Simulation (Aerospace Series), Wiley Blackwell (Oct 2009) (ISBN-10: 0470754362 , ISBN-13: 978-047075436)

[3] Committee on the Effects of Aircraft-Pilot Coupling on Flight Safety, Aviation Safety and Pilot Control: Understanding and Preventing Unfavorable Pilot-Vehicle Interactions, National Research Council, National Academies Press, Washington D. C. , (1997).

[4] Stevens B. L. and Lewis F. L. , *Aircraft Control and Simulation*, Interscience, 1st ed. , 1992.

[5] Zipfel, P. H. , *Modeling and Simulation of Aerospace Vehicle Dynamics*, AIAA Education Series, AIAA, 2nd revised ed. , 2007.

[6] Meyer A. Nahon and Lloyd D. Reid, *Simulator Motion Drive Algorithms: A Designers Perspective*, J. of Guidance, Control and Dynamics, 13, 2, pp. 356-362, 1990.

[7] McRuer, D. T. and Jex H. R. , A Review of Quasi-Linear Pilot Models. *IEEE Transactions on Human Factors in Electronics*, 8 (3), 231-249, 1967.

[8] McRuer, D. T. , Human Dynamics in Man-Machine Systems, *Automatica*, 16 (3), 237-252, 1980.

[9] Bailey, R. E. , and Bidlack, T. J. , A quantitative criterion for pilot-induced oscillations-Time domain Neal-Smith criterion, AIAA Paper 96-3434, AIAA Atmospheric Flight Mechanics Conference, San Diego, Ca. , USA, July 29-31, 1996.

[10] Anderson, M. R. and Page, A. B. , Multivariable Analysis of Pilot-in-the-Loop Oscillations, Paper No. 95-3203 AIAA Guidance, Navigation, and Control Conference, Baltimore, Md. , USA, Aug. 1995, 278-287.

[11] Liu, Q. , Pilot Induced Oscillation detection and mitigation, MSc Thesis, Department of Aerospace Engineering, School of Engineering, December, 2012.

[12] Mitchell, D. G. and Hoh, R. H. , Development of a unified method to predict PIO, AIAA Paper 96-3435, AIAA Atmospheric Flight Mechanics Conference, San Diego, Ca. , USA, July 29-31, 1996.

[13] Hess, R. A. , Structural model of the adaptive human pilot, *J. of Guidance and Control*, 3 (5), 416-423, 1979.

[14] Baron S. and Kleinman D. , The human as an optimal controller and information processor, *IEEE Transactions on Man Machine Systems*, 1 (1), 9-17, 1969.

练　习

1. 飞行员在侧向回路：思考第 6 章练习题 6 中 AFTI－16 的线性侧向动力学模型。

飞行员的行为模式满足

$$G_{Pi}(s)=K_{Pi}\frac{(1+T_L s)}{(1+T_g s)}\exp(-sT_{pi})$$

模型中的项揭示了飞行员做出修正动作的能力受到生理的限制。在这项研究中，模型中采用典型值来模拟人类的性能。飞行员延迟 T_{pi} 通常取 0.15 s，飞行员模型中的超前和滞后时间常数分别取 0.2 和 0.1。飞行员模型的输入是俯仰角指令和测得的俯仰角之间的误差。输出是升降舵的俯仰角指令。假设飞行器没有补偿。Padé 近似地给出了指数延迟形式如下

$$\exp(-sT_{pi})=\frac{(2-T_{Pi}s)}{(2+T_{Pi}s)}$$

1）采用根轨迹方法，研究在闭环的滚转响应中是否存在持续飞行员诱发振荡。

2）采用 Simulink 软件对闭环系统进行仿真，说明闭环系统响应中飞行员模型增益 K_{Pi} 的取值范围。

2. 飞行员在俯仰回路：思考第 6 章练习题 1 中 F－15 的模型。飞行员行为采用本章练习题 1 中模型，并假设飞行员对 CAS 给出一个俯仰角速率指令。

采用根轨迹法研究闭环响应。尤其要证明存在飞行员诱导振荡。

3. 飞行员-飞行器仿真：F－16 的侧向动力学模型是关于配平条件的线性模型。其中，$\phi_0=45°$，$V=213.4$ m/s，$h=1\ 000$ m，节流阀设置为 0.364 2，$\eta=-1.272\ 6°$，$\zeta=-0.769\ 1°$，$\xi=22.816\ 5°$，$\alpha_0=-0.032\ 6°$，$\beta_0=7.546\ 7°$，$\theta_0=5.33°$，$\psi_0=0°$，重心位置为 $0.35\ \bar{\bar{c}}$。系统矩阵用线性动力学状态矢量表示为 $\dot{\boldsymbol{x}}=\boldsymbol{A}\boldsymbol{x}+\boldsymbol{B}\boldsymbol{u}$，$\boldsymbol{y}=\boldsymbol{C}\boldsymbol{x}+\boldsymbol{D}\boldsymbol{u}$，其中状态矢量定义为 $\boldsymbol{x}=[v\quad p\quad r\quad \phi]^{\mathrm{T}}$（Stevens and Lewis［4］）

$$\boldsymbol{A}=\begin{bmatrix}-0.512\ 8 & -0.431\ 0 & -210.09 & 6.907\ 1\\ -0.281\ 7 & -4.769\ 2 & 0.617\ 1 & 0\\ 0.123\ 7 & 0.0180\ 3 & -0.626\ 0 & 0\\ 0 & 1 & 0.065\ 96 & 0\end{bmatrix},\boldsymbol{B}=\begin{bmatrix}0.130\ 4 & 0.234\ 1\\ -1.236\ 6 & 0.220\ 85\\ -0.0730\ 4 & -0.112\ 39\\ 0 & 0\end{bmatrix}$$

$$\boldsymbol{C}=[0.0\quad 0.0\quad 0.0\quad 57.296],\boldsymbol{D}=[0]$$

飞行员行为模型的形式为

$$G_{Pi}(s)=K_{Pi}\frac{(1+T_L s)}{(1+T_g s)}\exp(-sT_{pi})$$

飞行员延迟 T_{pi} 通常取 0.15 s，飞行员模型中的超前滞后时间常数分别取 0.2 和 0.1。该模型的输入是倾斜角指令与测量得到的倾斜角之间的误差。输出是副翼的滚转速率指

令。假定飞行器没有补偿。Padé 近似地给出了指数延迟形式如下

$$\exp(-sT_{Pi})=\frac{(2-T_{Pi}s)}{(2+T_{Pi}s)}$$

1）采用根轨迹的方法，研究在闭环的滚转响应中能否证明存在滚转振荡型的持续飞行员诱发振荡。

2）采用 Simulink 软件对闭环系统进行仿真，说明闭环系统响应中飞行员模型增益 K_{Pi} 的取值范围。

4. 穿越模型：一个典型的闭环飞行员-飞行器模型是以穿越法则为基础的，即是拟线性的，可以被理解为一个主动的单输入单输出倾斜角控制器。穿越法则规定，飞行员以这样一种方式控制被控系统 Y_C 的动力学：飞行器-飞行员系统的开环动力学 Y_PY_C，可以被穿越频率 ω_c，以及频域内 0 dB 附近的飞行器-飞行员系统的等价延迟时间 τ_a 近似为

$$Y_PY_C=\omega_c\ \frac{\exp(-\mathrm{j}\omega\tau_a)}{\mathrm{j}\omega}$$

因此，当 $\omega=\omega_c$ 时，$\|Y_PY_C\|=1$。

假设飞行器简单滚转动力学模型及参数化的飞行员模型为

$$Y_C=K_c\ \frac{1}{\mathrm{j}\omega(T_R\mathrm{j}\omega+1)},Y_P=G_{Pi}(\mathrm{j}\omega)=K_{Pi}\frac{(1+T_L\mathrm{j}\omega)}{(1+T_g\mathrm{j}\omega)}\exp(-\mathrm{j}\omega T_{Pi})$$

飞行员-飞行器系统的传递函数是

$$Y_PY_C=K_{Pi}K_c\ \frac{1}{\mathrm{j}\omega(1+T_R\mathrm{j}\omega)}\frac{(1+T_L\mathrm{j}\omega)}{(1+T_g\mathrm{j}\omega)}\exp(-\mathrm{j}\omega T_{Pi})\approx\omega_c\ \frac{\exp(-\mathrm{j}\omega\tau_a)}{\mathrm{j}\omega}$$

穿越法则的满足条件为

$$T_L=T_R,\text{且 }T_g=0,K_{Pi}=K_c/\omega_c\text{ 且 }T_{Pi}=\tau_a$$

当 T_g 是特定值时，可以近似得到

$$T_L=T_R,K_{Pi}=K_c/\omega_c\text{ 且 }T_{Pi}=\tau_a-T_g$$

时间常数 T_L，T_g 和延迟时间 T_{Pi} 取决于飞行器的动力学特性，并且必须根据被模拟的飞行器进行调整（针对一种特定飞行器，其典型值为：$T_L=0.5$ s，$T_g=0.01$ s，$T_{Pi}=0.28$ s。飞行员模型增益 K_{Pi} 必须根据动力学模型的滚转动力学进行调整，假设 $K_{Pi}=0.04$）。

考虑 X－15 侧向不稳定，其滚转控制面到滚转角速率的开环传递函数为

$$\frac{p(s)}{\xi(s)}=\frac{23700\times s\times\left(1+\frac{2(0.007)}{1.71}s+\left(\frac{s}{1.71}\right)^2\right)}{\left(1-\frac{s}{0.0033}\right)\left(1+\frac{s}{0.0645}\right)\left(1+\frac{2(0.0078)}{1.72}s+\left(\frac{s}{1.72}\right)^2\right)}$$

X－15 的螺旋模态是不稳定的，滚转沉降模态和荷兰滚模态是稳定的。通过适当合并近似，估计参数化飞行员模型中的时间常数 T_L 和 T_g 和时间延迟 T_{Pi} 的值，确定飞行员-飞行器系统的穿越频率和等效时间延迟。设计一个仿真方案证明你的估计方法是合理的。

5. Neal－Smith 准则是基于飞行员-飞行器闭环系统提出的，通过估计输出参数对带宽频率变量的敏感度，提供一种评估潜在 PIOs 的方法。

此外，穿越模型中的开环穿越频率与闭环带宽之间存在一个近似关系，即 $\omega_c=0.56\times\omega_{BW}$。提出至少两种可以确定 ω_{BW} 的方法，估计穿越频率 ω_c。

6. 穿越建模的应用：

1）采用练习题 3 中 F－16 的线性侧向模型，运用穿越模型方法获得 F－16 飞行员近似模型的一个适当参数。

2）用新的、改进的飞行员近似模型，重复练习题 4，判断 F－16 侧向动力学与 PIO 类似的行为的可能性。

7. 重新思考练习题 1。运用穿越模型的方法获得适当的参数化的 AFTI－16 飞行员近似模型。

8. 最优控制器的综合：重新思考 F－16 的侧向动力学模型，为该飞行器设计一个控制增强系统。F－16 在海平面高度水平直线飞行，重心位于 $0.3\bar{\bar{c}}$，水平飞行速度为 502 ft/s，稳定状态下攻角为 $\alpha_{s0}=0.03691\ \text{rad}(2.115°)$，$\gamma=0$，状态矢量表示下的系统矩阵为 $\dot{\boldsymbol{x}}=\boldsymbol{A}\boldsymbol{x}+\boldsymbol{B}\boldsymbol{u}$，$\boldsymbol{y}=\boldsymbol{C}\boldsymbol{x}+\boldsymbol{D}\boldsymbol{u}$（Stevens and Lewis[4]）

$$\boldsymbol{A}=\begin{bmatrix}-0.3220 & -0.038904 & -0.99156 & 0.064032\\ -30.919 & -3.6730 & 0.67425 & 0\\ 9.4724 & -0.026358 & -0.49849 & 0\\ 0 & 1 & 0.039385 & 0\end{bmatrix},\boldsymbol{B}=\begin{bmatrix}0.00029506 & 0.00080557\\ -0.73331 & 0.13154\\ -0.031865 & -0.062017\\ 0 & 0\end{bmatrix}$$

$$\boldsymbol{C}=\begin{bmatrix}-5.0249 & -0.0081179 & -0.11932 & 0.0\\ 0.0 & 57.296 & 0.0 & 0.0\\ 0.0 & 0.0 & 57.296 & 0.0\end{bmatrix},\boldsymbol{D}=\begin{bmatrix}0.0046043 & 0.012571\\ 0 & 0\\ 0 & 0\end{bmatrix}$$

副翼方向舵交联的形式由一个非对称的矩阵表示

$$\begin{bmatrix}\xi_i\\ \zeta_i\end{bmatrix}=\boldsymbol{K}\begin{bmatrix}\xi_c\\ \zeta_c\end{bmatrix},\boldsymbol{K}=\begin{bmatrix}1 & k_{ari}\\ 0 & 1\end{bmatrix}$$

对于 F－16，Stevens 和 Lewis［4］给出，$k_{ari}=0.13\alpha_{s0}-0.7$，其中 α_{s0} 是稳定状态下攻角的度数。假设副翼和方向舵的执行机构具有相同的传递函数。此处假设方向舵输入为零。

1）假设结构弯曲模式衰减器，即陷波滤波器的传递函数为 1，同时假设滚转角速率陀螺响应是理想的，且不受结构模式影响。假设偏航角速率和侧向加速度传感器是理想的。因此，反馈回路的传感器及其噪声衰减滤波器传递函数为 1。假设侧向加速度在飞行器的重心处测得，且飞行器的闭环极点符合 Butterworth 模式，有

$$s_{1,2}=\frac{a}{2}(-1\pm \mathrm{j}\sqrt{3})\text{且 }s_{3,4}=\frac{a}{2}(-\sqrt{3}\pm \mathrm{j})$$

选择一个合适的固有频率参数 a，并确定适当的增益，实现系统的稳定增强。

（提示：要解决这个设计问题，需要假设全状态反馈，并调用 MATLAB 控制系统工具箱中带有廉价成本控制函数 $\boldsymbol{R}$（小量，但不为零）和昂贵成本控制函数 $\boldsymbol{Q}$（取较大值）的 lqr 函数。函数调用语法为$[\boldsymbol{K},\boldsymbol{S},\boldsymbol{E}]=\text{lqr}(\boldsymbol{A},\boldsymbol{B},\boldsymbol{Q},\boldsymbol{R},\boldsymbol{N})$，计算得到连续时间状态空间模型的最优增益矩阵 $\boldsymbol{K}$，状态反馈律 $\boldsymbol{u}=-\boldsymbol{K}\boldsymbol{x}$，使二次成本函数最小化

$$J=\int_0^{\infty}(x'\boldsymbol{Q}x+u'\boldsymbol{R}u+2x'\boldsymbol{N}u)\,\mathrm{d}t$$

满足系统动力学方程 $\dot{\boldsymbol{x}}=\boldsymbol{A}\boldsymbol{x}+\boldsymbol{B}\boldsymbol{u}$）

2）观察可知，倾斜角可以通过滚转角和偏航角速率的线性组合积分得到。因此，对1）中设计做适当修改：设计一个控制器，实现系统的控制增强。

3）假设副翼和方向舵驱动器的传递函数为

$$\frac{u}{u_c}=\frac{20}{s+20}$$

采用 SIMULINK 对该闭环系统进行仿真，并评价系统的闭环性能。

第 10 章 柔性飞行器飞行动力学

10.0 前言

这一章的目标是使刚性和柔性飞行器运动方程的推导一体化。飞行器弹性带来的一个重要影响是质心位置会连续变化。由于这个原因，刚性飞行器质心不再适合作为原点推导动力学方程。以飞行器任意一个固定点作为参考系的原点建立运动方程更为可取，10.2 节中就是采用这样的做法。在结构动力学建模时，通常都是采用拉格朗日方法。为了在飞行器运动方程中考虑弹性自由度的影响，飞行器刚性机身的运动方程最好也基于拉格朗日方法推导。在 10.3 节中，在准坐标系下，基于拉格朗日方程推导了柔性飞行器的运动方程。10.4 节讨论了基本的气动弹性效应，如机翼发散、控制面反效、颤振。10.5 节介绍了基本的非定常翼型理论。在 10.6 节给出了柔性飞行器的普遍方程。

10.1 柔性飞行器飞行动力学

为了建立柔性飞行器的动力学模型，必须建立降阶模型的研究分析方法。建立降阶模型可以采用对全阶非线性动力学方程降阶的方法，也可以通过在建模之前采用适当的物理近似以至可以保留重要的非线性特征。这一方法的假设是当非常低的气动弹性频率存在时，相对较慢的刚性飞行器动力学模态和较快的气动弹性模态之间的区别最小化。现代飞行器趋于柔性设计或者可以设计成柔性的。Hodges 和 Patil[1]，Palacios，Murua 和 Cook[2]研究了可以直接适用于柔性飞行器非线性模型的建立方法。由于本章首要是建立线性动力学模型，综合刚性自由度和弹性自由度的柔性飞行器模型的推导基于模态方法计算飞行器的弹性模态。采用一组无约束自由－自由模态。10.7 节中建立的柔性飞行器综合动力学模型是用标准状态空间形式描述的六自由度刚体运动方程和广义坐标表示的弹性模态。接下来章节介绍的主题是针对不同类的弹性机翼在基本模型的基础上对结构动力学模型和气动力模型进行完善。

10.2 刚体飞行器的牛顿-欧拉方程

在第 4 章中，我们推导了刚性飞行器的牛顿-欧拉运动方程。本章我们尝试将其推广到柔性飞行器。为此，我们需要进行一些一般化处理。首先，我们尝试建立机身固定参考系的原点不位于飞行器质心的情况下的刚性飞行器运动方程。然后，我们将基于能量方法推导运动方程。这样做有利于柔性飞行器运动方程的一般化。

当机体系的原点与质心重合时，力矩平衡欧拉方程可表示为

$$\frac{\mathrm{d}\boldsymbol{h}_B}{\mathrm{d}t}+\boldsymbol{\omega}\times\boldsymbol{h}_B=\boldsymbol{M}_B \tag{10-1}$$

机身角速度矢量用分量表示为 $\boldsymbol{\omega}=[p_B \quad q_B \quad r_B]^{\mathrm{T}}$。叉乘 $\boldsymbol{\omega}\times\boldsymbol{h}_B$ 可以表示成矩阵乘积的形式。这样，力矩平衡方程可表示为

$$\frac{\mathrm{d}\boldsymbol{h}_B}{\mathrm{d}t}+\begin{bmatrix}0 & -r_B & q_B\\ r_B & 0 & -p_B\\ -q_B & p_B & 0\end{bmatrix}\boldsymbol{h}_B=\boldsymbol{M}_B \tag{10-2}$$

将动量矩矢量表示成机体坐标系下的分量形式

$$\boldsymbol{h}_B=\begin{bmatrix}h_x|_B\\ h_y|_B\\ h_z|_B\end{bmatrix}\equiv\begin{bmatrix}h_{xb}\\ h_{yb}\\ h_{zb}\end{bmatrix} \tag{10-3}$$

惯性矩矩阵和动量矩矢量定义如下

$$\boldsymbol{I}=\begin{bmatrix}I_{xx} & -I_{xy} & -I_{xz}\\ -I_{xy} & I_{yy} & -I_{yz}\\ -I_{xz} & -I_{yz} & I_{zz}\end{bmatrix},\boldsymbol{h}_B\equiv\begin{bmatrix}h_{xb}\\ h_{yb}\\ h_{zb}\end{bmatrix}=\begin{bmatrix}I_{xx} & -I_{xy} & -I_{xz}\\ -I_{xy} & I_{yy} & -I_{yz}\\ -I_{xz} & -I_{yz} & I_{zz}\end{bmatrix}\begin{bmatrix}p_B\\ q_B\\ r_B\end{bmatrix} \tag{10-4}$$

机体坐标系下刚体平动方程可由牛顿力平衡运动方程推导

$$m(\dot{\boldsymbol{v}}+\boldsymbol{\omega}\times\boldsymbol{v})=\boldsymbol{F}_B \tag{10-5a}$$

或者表示为

$$m\left(\dot{\boldsymbol{v}}+\begin{bmatrix}0 & -r_B & q_B\\ r_B & 0 & -p_B\\ -q_B & p_B & 0\end{bmatrix}\boldsymbol{v}\right)=\boldsymbol{F}_B \tag{10-5b}$$

即

$$m(\dot{u}+q_Bw-r_Bv)=X_B \tag{10-6a}$$

$$m(\dot{v}+r_Bu-p_Bw)=Y_B \tag{10-6b}$$

$$m(\dot{w}+p_Bv-q_Bu)=Z_B \tag{10-6c}$$

当机体固定参考系的原点不与质心重合时，转动运动方程和平动运动方程将不再是解耦的。

此时，平动方程为

$$m\left(\dot{\boldsymbol{v}}+\begin{bmatrix}0 & -z_C & y_C\\ z_C & 0 & -x_C\\ -y_C & x_C & 0\end{bmatrix}\begin{bmatrix}\dot{p}_B\\ \dot{q}_B\\ \dot{r}_B\end{bmatrix}+\begin{bmatrix}0 & -r_B & q_B\\ r_B & 0 & -p_B\\ -q_B & p_B & 0\end{bmatrix}\left[\boldsymbol{v}+\begin{bmatrix}0 & -z_C & y_C\\ z_C & 0 & -x_C\\ -y_C & x_C & 0\end{bmatrix}\begin{bmatrix}p_B\\ q_B\\ r_B\end{bmatrix}\right]\right)=\boldsymbol{F}_B \tag{10-7}$$

定义质心处的速度为

$$\bar{\boldsymbol{v}}=\boldsymbol{v}+\begin{bmatrix}0 & -z_C & y_C\\ z_C & 0 & -x_C\\ -y_C & x_C & 0\end{bmatrix}\begin{bmatrix}p_B\\ q_B\\ r_B\end{bmatrix}\tag{10-8}$$

平动方程可简化为

$$m\left(\dot{\bar{\boldsymbol{v}}}+\begin{bmatrix}0 & -r_B & q_B\\ r_B & 0 & -p_B\\ -q_B & p_B & 0\end{bmatrix}\bar{\boldsymbol{v}}\right)=\boldsymbol{F}_B\tag{10-9}$$

对应的转动方程为

$$\begin{aligned}&\begin{bmatrix}\dot{h}_{xb}\\ \dot{h}_{yb}\\ \dot{h}_{zb}\end{bmatrix}+m\begin{bmatrix}0 & -z_C & y_C\\ z_C & 0 & -x_C\\ -y_C & x_C & 0\end{bmatrix}\dot{\boldsymbol{v}}+\begin{bmatrix}0 & -r_B & q_B\\ r_B & 0 & -p_B\\ -q_B & p_B & 0\end{bmatrix}\times\\ &\left\{\begin{bmatrix}h_{xb}\\ h_{yb}\\ h_{zb}\end{bmatrix}+m\begin{bmatrix}0 & -z_C & y_C\\ z_C & 0 & -x_C\\ -y_C & x_C & 0\end{bmatrix}\boldsymbol{v}\right\}=\begin{bmatrix}L_b\\ M_b\\ N_b\end{bmatrix}\end{aligned}\tag{10-10}$$

定义质心处的动量矩为

$$\bar{\boldsymbol{h}}=\begin{bmatrix}h_{xb}\\ h_{yb}\\ h_{zb}\end{bmatrix}+m\begin{bmatrix}0 & -z_C & y_C\\ z_C & 0 & -x_C\\ -y_C & x_C & 0\end{bmatrix}\boldsymbol{v}=\boldsymbol{h}+m\begin{bmatrix}0 & -z_C & y_C\\ z_C & 0 & -x_C\\ -y_C & x_C & 0\end{bmatrix}\boldsymbol{v}\tag{10-11a}$$

$$\bar{\boldsymbol{h}}=\begin{bmatrix}I_{xx} & -I_{xy} & -I_{xz}\\ -I_{xy} & I_{yy} & -I_{yz}\\ -I_{xz} & -I_{yz} & I_{zz}\end{bmatrix}\begin{bmatrix}p_B\\ q_B\\ r_B\end{bmatrix}+m\begin{bmatrix}0 & -z_C & y_C\\ z_C & 0 & -x_C\\ -y_C & x_C & 0\end{bmatrix}\begin{bmatrix}u\\ v\\ w\end{bmatrix}\tag{10-11b}$$

转动方程可简化为

$$\dot{\bar{\boldsymbol{h}}}+\begin{bmatrix}0 & -r_B & q_B\\ r_B & 0 & -p_B\\ -q_B & p_B & 0\end{bmatrix}\bar{\boldsymbol{h}}=\begin{bmatrix}L_b\\ M_b\\ N_b\end{bmatrix}\tag{10-11c}$$

坐标系原点处的外部力矩分量可由原质心处的外界力矩分量 $[L\quad M\quad N]^{\mathrm{T}}$ 表示如下

$$\begin{bmatrix}L_b\\ M_b\\ N_b\end{bmatrix}=\begin{bmatrix}L\\ M\\ N\end{bmatrix}+\begin{bmatrix}0 & -z_C & y_C\\ z_C & 0 & -x_C\\ -y_C & x_C & 0\end{bmatrix}\boldsymbol{F}_B\tag{10-12}$$

矢量 $[x_C\quad y_C\quad z_C]^{\mathrm{T}}$ 定义了机体固定坐标系下质心的位置。

现在需要定义重力和重力矩。用矢量 $\boldsymbol{r}_{cg}=[x_G\quad y_G\quad z_G]^{\mathrm{T}}$ 定义重心位置。这两个位置矢量都和坐标系的原点位置相关。用一个单位矢量来定义重力的方向（在北东地惯性参考系下，向下为正），令 $[k_x\quad k_y\quad k_z]^{\mathrm{T}}=\boldsymbol{T}_{BI}\times[0\quad 0\quad 1]^{\mathrm{T}}$，可得

$$\begin{bmatrix}k_x\\ k_y\\ k_z\end{bmatrix}=\begin{bmatrix}-\sin\theta\\ \cos\theta\sin\phi\\ \cos\theta\cos\phi\end{bmatrix}\tag{10-13}$$

从而，重力矢量可表示为 $\boldsymbol{F}_G=\boldsymbol{W}$，$\boldsymbol{W}=mg\,[k_x \quad k_y \quad k_z]^{\mathrm{T}}$

$$\boldsymbol{F}_G=\begin{bmatrix}X_G\\Y_G\\Z_G\end{bmatrix}=\boldsymbol{W}=mg\begin{bmatrix}k_x\\k_y\\k_z\end{bmatrix}=mg\begin{bmatrix}-\sin\theta\\\cos\theta\sin\phi\\\cos\theta\cos\phi\end{bmatrix} \tag{10-14}$$

重力矢量在质心处产生的重力矩为

$$\begin{bmatrix}L_G\\M_G\\N_G\end{bmatrix}=\boldsymbol{r}_{cg}\times\boldsymbol{W}=mg\begin{bmatrix}0&-z_G&y_G\\z_G&0&-x_G\\-y_G&x_G&0\end{bmatrix}\begin{bmatrix}k_x\\k_y\\k_z\end{bmatrix} \tag{10-15}$$

同样可表示为

$$\begin{bmatrix}L_G\\M_G\\N_G\end{bmatrix}=mg\begin{bmatrix}k_zy_G-k_yz_G\\k_xz_G-k_zx_G\\k_yx_G-k_xy_G\end{bmatrix}=-mg\begin{bmatrix}0&-k_z&k_y\\k_z&0&-k_x\\-k_y&k_x&0\end{bmatrix}\begin{bmatrix}x_G\\y_G\\z_G\end{bmatrix} \tag{10-16}$$

其中

$$\begin{bmatrix}0&-z_G&y_G\\z_G&0&-x_G\\-y_G&x_G&0\end{bmatrix}=\boldsymbol{r}_{cg}\times \tag{10-17}$$

从而，转动方程可完整地表示为

$$\frac{\mathrm{d}}{\mathrm{d}t}\bar{\boldsymbol{h}}+\begin{bmatrix}0&-r_B&q_B\\r_B&0&-p_B\\-q_B&p_B&0\end{bmatrix}\bar{\boldsymbol{h}}=\begin{bmatrix}L\\M\\N\end{bmatrix}+\begin{bmatrix}0&-z_C&y_C\\z_C&0&-x_C\\-y_C&x_C&0\end{bmatrix}\boldsymbol{F}_B+mg\begin{bmatrix}k_zy_G-k_yz_G\\k_xz_G-k_zx_G\\k_yx_G-k_xy_G\end{bmatrix} \tag{10-18}$$

其中 $\bar{\boldsymbol{h}}$ 由方程（10-11b）给出。最终，动力学方程为

$$\begin{aligned}&\frac{\mathrm{d}}{\mathrm{d}t}\begin{bmatrix}u\\v\\w\end{bmatrix}+\begin{bmatrix}0&-z_C&y_C\\z_C&0&-x_C\\-y_C&x_C&0\end{bmatrix}\begin{bmatrix}\dot{p}_B\\\dot{q}_B\\\dot{r}_B\end{bmatrix}+\begin{bmatrix}0&-r_B&q_B\\r_B&0&-p_B\\-q_B&p_B&0\end{bmatrix}\\&\left[\begin{bmatrix}u\\v\\w\end{bmatrix}+\begin{bmatrix}0&-z_C&y_C\\z_C&0&-x_C\\-y_C&x_C&0\end{bmatrix}\begin{bmatrix}p_B\\q_B\\r_B\end{bmatrix}\right]\\&=\frac{\boldsymbol{F}_B}{m}+g\begin{bmatrix}-\sin\theta\\\cos\theta\sin\phi\\\cos\theta\cos\phi\end{bmatrix}\end{aligned} \tag{10-19a}$$

$$\begin{bmatrix} I_{xx} & -I_{xy} & -I_{xz} \\ -I_{xy} & I_{yy} & -I_{yz} \\ -I_{xz} & -I_{yz} & I_{zz} \end{bmatrix} \frac{\mathrm{d}}{\mathrm{d}t}\begin{bmatrix} p_B \\ q_B \\ r_B \end{bmatrix} + m\begin{bmatrix} 0 & -z_C & y_C \\ z_C & 0 & -x_C \\ -y_C & x_C & 0 \end{bmatrix}\frac{\mathrm{d}}{\mathrm{d}t}\begin{bmatrix} u \\ v \\ w \end{bmatrix} + \begin{bmatrix} 0 & -r_B & q_B \\ r_B & 0 & -p_B \\ -q_B & p_B & 0 \end{bmatrix} \times$$

$$\begin{bmatrix} I_{xx} & -I_{xy} & -I_{xz} \\ -I_{xy} & I_{yy} & -I_{yz} \\ -I_{xz} & -I_{yz} & I_{zz} \end{bmatrix}\begin{bmatrix} p_B \\ q_B \\ r_B \end{bmatrix} + m\begin{bmatrix} 0 & -r_B & q_B \\ r_B & 0 & -p_B \\ -q_B & p_B & 0 \end{bmatrix}\begin{bmatrix} 0 & -z_C & y_C \\ z_C & 0 & -x_C \\ -y_C & x_C & 0 \end{bmatrix}\begin{bmatrix} u \\ v \\ w \end{bmatrix}$$

$$= \begin{bmatrix} L \\ M \\ N \end{bmatrix} + \begin{bmatrix} 0 & -z_C & y_C \\ z_C & 0 & -x_C \\ -y_C & x_C & 0 \end{bmatrix}\boldsymbol{F}_B + mg\begin{bmatrix} 0 & -z_G & y_G \\ z_G & 0 & -x_G \\ -y_G & x_G & 0 \end{bmatrix}\begin{bmatrix} k_x \\ k_y \\ k_z \end{bmatrix}$$

$$\equiv \begin{bmatrix} L \\ M \\ N \end{bmatrix} + \begin{bmatrix} 0 & -z_C & y_C \\ z_C & 0 & -x_C \\ -y_C & x_C & 0 \end{bmatrix}\left\{\boldsymbol{F}_B + mg\begin{bmatrix} k_x \\ k_y \\ k_z \end{bmatrix}\right\}$$

(10 - 19b)

$$\frac{\mathrm{d}}{\mathrm{d}t}\begin{bmatrix} x_i \\ y_i \\ z_i \end{bmatrix} = \boldsymbol{T}_{IB}\boldsymbol{v} = \boldsymbol{T}_{IB}\begin{bmatrix} u \\ v \\ w \end{bmatrix} \tag{10 - 19c}$$

$$\frac{\mathrm{d}}{\mathrm{d}t}\begin{bmatrix} x_B \\ y_B \\ z_B \end{bmatrix} + \begin{bmatrix} 0 & -r_B & q_B \\ r_B & 0 & -p_B \\ -q_B & p_B & 0 \end{bmatrix}\begin{bmatrix} x_B \\ y_B \\ z_B \end{bmatrix} = \begin{bmatrix} u \\ v \\ w \end{bmatrix} \tag{10 - 19d}$$

$$\begin{bmatrix} x_i \\ y_i \\ z_i \end{bmatrix} = \boldsymbol{T}_{IB}\begin{bmatrix} x_B \\ y_B \\ z_B \end{bmatrix} \tag{10 - 19e}$$

考虑任意一点 P，在飞行器上的坐标为

$$P \equiv [x \quad y \quad z] \tag{10 - 20}$$

在 P 点处，飞行器的速度分量为

$$u_p = u + zq_B - yr_B \tag{10 - 21a}$$

$$v_p = v + xr_B - zp_B \tag{10 - 21b}$$

和

$$w_p = w + yp_B - xq_B \tag{10 - 21c}$$

最终，上述方程必须在 P 点的惯性位置推导方程。

$$\frac{\mathrm{d}}{\mathrm{d}t}\begin{bmatrix} x_{ip} \\ y_{ip} \\ z_{ip} \end{bmatrix} = \boldsymbol{T}_{IB}\boldsymbol{v}_P = \boldsymbol{T}_{IB}\begin{bmatrix} u_p \\ v_p \\ w_p \end{bmatrix} \tag{10 - 22}$$

式中 $[u \quad v \quad w]^{\mathrm{T}}$——机体坐标系下飞行器线速度矢量在点 P 处的分量。

10.3　拉格朗日体系

到目前为止，我们都以建立力和力矩平衡方程为基础建立刚体飞行器动力学方程，这一方法最早是由牛顿在 17 世纪晚期以及欧拉在 18 世纪早期提出。这些方法基于牛顿三大运动定律和欧拉两大运动定律，被称为牛顿－欧拉运动方程。第二种方法在 1788 年，大概在牛顿欧拉方法提出 100 年后由拉格朗日在建立能量平衡方程的基础上提出。这一方法基于系统在每个瞬时的能量建立动力学方程。拉格朗日基于标量能量的方法与牛顿基于力平衡的方法形成鲜明对比。与拉格朗日同时代的法国数学家达朗贝尔，对牛顿方法作出了不同的解释，他认为这两种方法在原理和应用上都是完全相同的。然而，对于复杂的动力学系统，拉格朗日方法提供了一个较为简单的方法。

10.3.1　广义坐标与完整动力学体系

应用于刚体的动力学系统运动是开始的基础。一个质点系可以被认为是动力学系统，因为它可以通过固定参考系下质点的位移以及其相对速度完整描述。由于刚体可以看成由相互约束的质点组成，因此刚体也同样可以被认为是一个动力学系统。如果我们考虑一个由 N 个质点组成的动力学系统且假设具有 n 个独立的坐标来确定任意瞬时每个质点的位置，则这 n 个独立的坐标被称为广义坐标。这个系统有 n 个自由度。每个无约束质点，具有 3 个自由度。所以 N 个无约束质点具有 $3N$ 个自由度。实际上，由于只有 n 个自由度，所以约束数至少为 $M=3N\ n$，当约束可以表示为

$$f(q_1,q_2,q_3,\cdots,q_n,t)=0 \tag{10-23}$$

其中 q_1，q_2，q_3，…，q_n 是 n 个广义坐标，约束为完整约束且系统为完整动力学系统。当约束不能用完整约束方程表示时，只能用如下微分形式表示

$$\sum_{i=1}^{n} g_i(q_1,q_2,q_3,\cdots,q_n,t)\mathrm{d}q_i=0 \tag{10-24}$$

则动力学系统称为非完整系统。一些包含圆球或薄片旋转的运动需要用非完整约束方程描述。

10.3.2　广义速度

考虑一个包含 N 个质量分别为 m_1，m_2，m_3，…，m_N 的质点的动力学系统，其在时间 t 的位移可以通过 n 个广义坐标 q_1，q_2，q_3，…，q_n 描述。则这 n 个量

$$\dot{q}_i=\frac{\mathrm{d}q_i}{\mathrm{d}t},i=1,2,3,\cdots,n \tag{10-25}$$

称为系统的广义速度。

令 $\boldsymbol{r}_i$ 为 t 时刻 m_i 的位置矢量

$$\boldsymbol{r}_i=\boldsymbol{r}_i(q_1,q_2,q_3,\cdots,q_n;t) \tag{10-26}$$

尽管我们已经广泛使用上标点表示对时间的导数。我们同样需要用上标点表示全微分

$$\dot{\boldsymbol{r}}_i=\frac{\mathrm{d}\boldsymbol{r}_i}{\mathrm{d}t}=\frac{\partial\boldsymbol{r}_i}{\partial t}+\sum_{j=1}^{n}\frac{\partial\boldsymbol{r}_i}{\partial q_j}\dot{q}_j \tag{10-27}$$

现在，我们将 $\dot{q}_1$，$\dot{q}_2$，$\dot{q}_3$，…，$\dot{q}_n$ 和 t 作为变量，可得到等式

$$\frac{\partial\dot{\boldsymbol{r}}_i}{\partial\dot{q}_j}=\frac{\partial\boldsymbol{r}_i}{\partial q_j},j=1,2,3,\cdots,n \tag{10-28}$$

10.3.3 虚位移与虚功

虚位移和虚功是十分有用的抽象概念，对于分析力学系统十分有益。假如构成动力学系统的质点经历了一个与时间独立的小的瞬时位移，这一位移满足系统约束且作用在系统的外力和外力矩大小和方向都保持不变。由于这个位移是假想的，因此这样的位移称为虚位移。令第 i^{th}个质量为 m_i 的质点在时间 t 经历一个虚位移，位置从 $\boldsymbol{r}_i$ 变为 $\boldsymbol{r}_i+\delta\boldsymbol{r}_i$。令 $\boldsymbol{F}_i$ 和 $\boldsymbol{R}_i$ 作为外力和内力作用在 m_i 上。则这个虚位移上，外力和内力作用在 m_i 上的虚功为 $(\boldsymbol{F}_i+\boldsymbol{R}_i)\cdot\delta\boldsymbol{r}_i$。所有力作用在系统上的虚功为

$$\delta W=\sum_{i=1}^{N}(\boldsymbol{F}_i+\boldsymbol{R}_i)\cdot\delta\boldsymbol{r}_i=\sum_{i=1}^{N}\boldsymbol{F}_i\cdot\delta\boldsymbol{r}_i+\sum_{i=1}^{N}\boldsymbol{R}_i\cdot\delta\boldsymbol{r}_i \tag{10-29}$$

表达式

$$\delta W_r=\sum_{i=1}^{N}\boldsymbol{R}_i\cdot\delta\boldsymbol{r}_i \tag{10-30}$$

为所有内力对系统做的功。在大多数质点动力学系统中，这一值都为零。我们必须假定这一点成立。当内力不作用在虚位移时

$$\delta W=\sum_{i=1}^{N}\boldsymbol{F}_i\cdot\delta\boldsymbol{r}_i=\sum_{i=1}^{N}X_i\delta x_i+Y_i\delta y_i+Z_i\delta z_i \tag{10-31}$$

其中

$$\boldsymbol{F}_i=[X_i,Y_i,Z_i],\delta\boldsymbol{r}_i=[\delta x_i,\delta y_i,\delta z_i]$$

δW 称为虚功函数，我们注意到其中 δx_i，δy_i 和 δz_i 前的系数是外力分量 X_i，Y_i 和 Z_i。

10.3.4 虚功原理

考虑静态平衡的机械系统，虚功原理可表述为：如果一个具有理想约束的系统处于静态平衡状态，则所有虚位移上的外力所做的总虚功为零。因此

$$\delta W=\sum_{i=1}^{N}X_i\delta x_i+Y_i\delta y_i+Z_i\delta z_i=0 \tag{10-32}$$

当约束中没有摩擦力时，它们的方向和虚位移的方向是垂直的。摩擦约束是不做功约束的典型例子。因此，作用在无功约束上的力在计算虚功时无须考虑。需要说明，应用虚功原理需要满足如下条件：

1）内力不做工，除非做功的“内力”被当做是“外力”；

2）反作用力中不能有摩擦力，除非摩擦力被明确定义为外力；

3）虚位移必须满足几何约束条件；

4）系统处于静态平衡状态。

应用达朗贝尔原理，系统可以处在动态平衡状态，而不需要满足第四个条件。达朗贝尔原理可表述如下：如果将惯性力也视为外力，则每一个运动状态都可以认为是瞬时平衡状态。惯性力可以通过质量和相关的加速度矢量乘积的负数表示。则包含惯性力的虚功原理可表示为

$$\delta W=\sum_{i=1}^{N}(X_i-m_i\ddot{x}_i)\delta x_i+(Y_i-m_i\ddot{y}_i)\delta y_i+(Z_i-m_i\ddot{z}_i)\delta z_i=0 \quad (10-33)$$

将这一方程和约束方程联立求解可以得到系统的运动方程。

10.3.5　欧拉—拉格朗日方程

拉格朗日方法用广义坐标表示系统动能，然后直接获得运动方程。它也可以扩展到包含势能和耗散能量。我们应该根据虚功原理推导单一质点的运动方程，然后将其推广到质点系和刚体。考虑一个质量为 m 的由 Cartesian 坐标 (x, y, z) 描述的质点。作用在相应方向上的力为（X，Y，Z）。根据虚功原理，可得

$$\delta W=(X\delta x+Y\delta y+Z\delta z)-(m\ddot{x}\delta x+m\ddot{y}\delta y+m\ddot{z}\delta z)=0 \quad (10-34)$$

可以写为

$$\delta W=\delta W_1+\delta W_2=0 \quad (10-35)$$

其中

$$\delta W_1=X\delta x+Y\delta y+Z\delta z \quad (10-36)$$

和

$$\delta W_2=-(m\ddot{x}\delta x+m\ddot{y}\delta y+m\ddot{z}\delta z) \quad (10-37)$$

如果系统是完整系统，坐标 (x, y, z) 和广义坐标 $(q_1, q_2, q_3, \cdots, q_n)$ 的关系为

$$x=x(q_1,q_2,q_3,\cdots,q_n,t) \quad (10-38a)$$

$$y=y(q_1,q_2,q_3,\cdots,q_n,t) \quad (10-38b)$$

$$z=z(q_1,q_2,q_3,\cdots,q_n,t) \quad (10-38c)$$

对于坐标无限小的变化，坐标间的函数关系为

$$\delta x=\sum_{j=1}^{n}\frac{\partial x}{\partial q_j}\delta q_j,\ \delta y=\sum_{j=1}^{n}\frac{\partial y}{\partial q_j}\delta q_j\ 和\ \delta z=\sum_{j=1}^{n}\frac{\partial z}{\partial q_j}\delta q_j \quad (10-39)$$

因此，$\delta W_1=X\delta x+Y\delta y+Z\delta z$，可表示为

$$\delta W_1=\sum_{j=1}^{n}\left(X\frac{\partial x}{\partial q_j}\delta q_j+Y\frac{\partial y}{\partial q_j}\delta q_j+Z\frac{\partial z}{\partial q_j}\delta q_j\right) \quad (10-40)$$

如果我们定义

$$Q_j=X\frac{\partial x}{\partial q_j}+Y\frac{\partial y}{\partial q_j}+Z\frac{\partial z}{\partial q_j} \quad (10-41)$$

那么 δW_1 可写为

$$\delta W_1=\sum_{j=1}^{n}Q_j\delta q_j \quad (10-42)$$

在方程（10－42）中，δW_1 为虚功，与作用在系统上的外力和虚位移 δq_j 相关。这样 Q_j 表示广义力，与虚位移 δq_j 相关。和表达式 δW_2 类似，与内力有关的虚功可表示为

$$\delta W_2 = -\sum_{j=1}^{n}\left(m\ddot{x}\ \frac{\partial x}{\partial q_j}\delta q_j + m\ddot{y}\ \frac{\partial y}{\partial q_j}\delta q_j + m\ddot{z}\ \frac{\partial z}{\partial q_j}\delta q_j\right) \tag{10-43}$$

这一虚功与虚位移 δq_j 和惯性力相关。这一方程可以进行化简，写成由动能表示的方程。

(x, y, z)坐标系下的动能函数为：$T=\dfrac{(m\dot{x}^2+m\dot{y}^2+m\dot{z}^2)}{2}$。

仅考虑 x 方向的力矩，可得

$$\frac{\partial T}{\partial \dot{x}} = m\dot{x},\ \frac{\mathrm{d}}{\mathrm{d}t}\left(\frac{\partial T}{\partial \dot{x}}\right) = m\ddot{x} \tag{10-44}$$

代入表达式 δW_2，$\delta W_2=\delta W_{21}+\delta W_{22}+\delta W_{23}$，其中

$$\delta W_{21} = -\sum_{j=1}^{n}\frac{\mathrm{d}}{\mathrm{d}t}\left(\frac{\partial T}{\partial \dot{x}}\right)\frac{\partial x}{\partial q_j}\delta q_j, \delta W_{22} = -\sum_{j=1}^{n}\frac{\mathrm{d}}{\mathrm{d}t}\left(\frac{\partial T}{\partial \dot{y}}\right)\frac{\partial y}{\partial q_j}\delta q_j \tag{10-45a}$$

和

$$\delta W_{22} = -\sum_{j=1}^{n}\frac{\mathrm{d}}{\mathrm{d}t}\left(\frac{\partial T}{\partial \dot{z}}\right)\frac{\partial z}{\partial q_j}\delta q_j \tag{10-45b}$$

δW_2 的表达式可通过以下关系进一步简化

$$\frac{\partial \dot{x}}{\partial \dot{q}_j} = \frac{\partial x}{\partial q_j}, \frac{\partial \dot{y}}{\partial \dot{q}_j} = \frac{\partial y}{\partial q_j}, \frac{\partial \dot{z}}{\partial \dot{q}_j} = \frac{\partial z}{\partial q_j} \tag{10-46}$$

考虑关系

$$\frac{\mathrm{d}}{\mathrm{d}t}\left(\frac{\partial T}{\partial \dot{x}}\frac{\partial x}{\partial q_j}\right) = \frac{\mathrm{d}}{\mathrm{d}t}\left(\frac{\partial T}{\partial \dot{x}}\right)\frac{\partial x}{\partial q_j} + \frac{\partial T}{\partial \dot{x}}\frac{\mathrm{d}}{\mathrm{d}t}\left(\frac{\partial x}{\partial q_j}\right) \tag{10-47}$$

可写为

$$\frac{\mathrm{d}}{\mathrm{d}t}\left(\frac{\partial T}{\partial \dot{x}}\right)\frac{\partial x}{\partial q_j} = \frac{\mathrm{d}}{\mathrm{d}t}\left(\frac{\partial T}{\partial \dot{x}}\frac{\partial x}{\partial q_j}\right) - \frac{\partial T}{\partial \dot{x}}\frac{\mathrm{d}}{\mathrm{d}t}\left(\frac{\partial x}{\partial q_j}\right) \tag{10-48}$$

代入 $\partial x/\partial q_j$

$$\frac{\mathrm{d}}{\mathrm{d}t}\left(\frac{\partial T}{\partial \dot{x}}\right)\frac{\partial x}{\partial q_j} = \frac{\mathrm{d}}{\mathrm{d}t}\left(\frac{\partial T}{\partial \dot{x}}\frac{\partial \dot{x}}{\partial \dot{q}_j}\right) - \frac{\partial T}{\partial \dot{x}}\frac{\mathrm{d}}{\mathrm{d}t}\left(\frac{\partial x}{\partial q_j}\right) \tag{10-49}$$

为了建立动能 T 和广义坐标$(q_1, q_2, q_3, \cdots, q_n)$的关系，我们假定 T 是 q_j，$\dot{q}_j$（$j=1, 2, 3, \cdots, n$）的唯一函数。因此

$$\frac{\partial T}{\partial \dot{q}_j} = \frac{\partial T}{\partial \dot{x}}\frac{\partial \dot{x}}{\partial \dot{q}_j}\text{和}\frac{\partial T}{\partial q_j} = \frac{\partial T}{\partial \dot{x}}\frac{\mathrm{d}}{\mathrm{d}t}\left(\frac{\partial x}{\partial q_j}\right) \tag{10-50}$$

从而可得

$$\frac{\mathrm{d}}{\mathrm{d}t}\left(\frac{\mathrm{d}T}{\mathrm{d}\dot{x}}\right)\frac{\partial x}{\partial q_j} = \frac{\mathrm{d}}{\mathrm{d}t}\left(\frac{\partial T}{\partial \dot{q}_j}\right) - \frac{\partial T}{\partial q_j} \tag{10-51}$$

包括 y 和 z 坐标，虚功 δW_2 可表示为

$$\delta W_2 = -\sum_{j=1}^{n}\left(\frac{\mathrm{d}}{\mathrm{d}t}\left(\frac{\partial T}{\partial \dot{q}_j}\right)-\frac{\partial T}{\partial q_j}\right)\delta q_j \tag{10-52}$$

根据式（4-35）、式（4-36）和式（4-32），虚功可表示为

$$\sum_{j=1}^{n}\left(\frac{\mathrm{d}}{\mathrm{d}t}\left(\frac{\partial T}{\partial \dot{q}_j}\right)-\frac{\partial T}{\partial q_j}-Q_j\right)\delta q_j = 0 \tag{10-53}$$

由于虚位移 δq_j 是任意的，我们必须有

$$\frac{\mathrm{d}}{\mathrm{d}t}\left(\frac{\partial T}{\partial \dot{q}_j}\right)-\frac{\partial T}{\partial q_j}-Q_j = 0 \tag{10-54}$$

这些方程就是根据拉格朗日力学体系推导的。为了表彰和拉格朗日密切合作的瑞士著名数学家欧拉的贡献，这些方程被称为欧拉—拉格朗日方程。

10.3.6　势能与耗散函数

广义力由三部分组成，可表示为 $Q_j = Q_j^c + Q_j^d + Q_j^n$，其中 Q_j^c 表示保守力，比如重力和弹性力，它们可以通过势函数推导得到。Q_j^d 表示耗散力，可以通过耗散函数得到；Q_j^n 表示其他所有的力，如脉冲扰动力和库伦摩擦力。如果外力在虚位移上对系统做的功仅与系统的初始和最终坐标相关，与具体路径无关，则力被称为保守力。如果作用在系统的力都是保守力，且系统最初状态和最终状态都静止。这虚位移上外力做的功和系统势能的变化量相等。即系统是通过损耗势能来做功的。

通过定义势能 $V = V(q_1, q_2, q_3, \cdots, q_n)$，根据方程（10-50），虚位移引起的势能变化量为

$$\delta V = \sum_{j=1}^{n}\frac{\partial V}{\partial q_j}\delta q_j \equiv -\sum_{j=1}^{n} Q_j^c \delta q_j \tag{10-55}$$

从而可得

$$Q_j^c = -\frac{\partial V}{\partial q_j} \tag{10-56}$$

当

$$V = \frac{1}{2}\sum_{i=1}^{n}\sum_{j=1}^{n} k_{ij} q_i q_j ,\ Q_j^c = -\frac{\partial V}{\partial q_j} = -\sum_{i=1}^{n} k_{ij} q_i \tag{10-57}$$

是与 q_i 相关的弹性恢复力。

如果考虑每个质量点的与速度成正比的粘性摩擦力，则会引起能量的耗散。通过类比势能，耗散函数可定义为 $D = D(\dot{q}_1,\ \dot{q}_2,\ \dot{q}_3,\ \cdots,\ \dot{q}_n)$，虚速度引起的耗散能变化为

$$\delta D = \sum_{j=1}^{n}\frac{\partial D}{\partial \dot{q}_j}\delta \dot{q}_j = -\sum_{j=1}^{n} Q_j^d \delta \dot{q}_j \tag{10-58}$$

与速度 $\dot{q}_i$ 相关的阻尼力 Q_j^d 为

$$Q_j^d = -\frac{\partial D}{\partial \dot{q}_j} \tag{10-59}$$

当

$$D=\frac{1}{2}\sum_{i=1}^{n}\sum_{j=1}^{n}c_{ij}\dot{q}_i\dot{q}_j,Q_j^c=-\frac{\partial D}{\partial \dot{q}_j}=\sum_{i=1}^{n}c_{ij}\dot{q}_i \tag{10-60}$$

可知耗散函数和能量耗散速度相等。

欧拉-拉格朗日方程可表示为

$$\frac{\mathrm{d}}{\mathrm{d}t}\left(\frac{\partial T}{\partial \dot{q}_j}\right)-\frac{\partial T}{\partial q_j}-Q_j=0 \tag{10-61}$$

或

$$\frac{\mathrm{d}}{\mathrm{d}t}\left(\frac{\partial T}{\partial \dot{q}_j}\right)-\frac{\partial T}{\partial q_j}-Q_j^c-Q_j^d-Q_j^n=0 \tag{10-62}$$

得

$$\frac{\mathrm{d}}{\mathrm{d}t}\left(\frac{\partial T}{\partial \dot{q}_j}\right)-\frac{\partial T}{\partial q_j}+\frac{\partial V}{\partial q_j}+\frac{\partial D}{\partial \dot{q}_j}-Q_j^n=0 \tag{10-63}$$

引入拉格朗日函数 $L=T-V$，欧拉－拉格朗日方程可表示为

$$\frac{\mathrm{d}}{\mathrm{d}t}\left(\frac{\partial L}{\partial \dot{q}_j}\right)-\frac{\partial L}{\partial q_j}+\frac{\partial D}{\partial \dot{q}_j}=Q_j^n \tag{10-64}$$

10.3.7　准坐标系下的欧拉-拉格朗日运动方程

为了得到运动方程，我们可以采用拉格朗日方法直接确定机体平动线速度和转动角速度表示的拉格朗日方程。此外，可以根据 Hamel[3] 和 Boltzmann[4] 提出的准坐标系方法，获得用机体平动线速度和转动角速度表示的更简洁的运动方程式。准坐标系是指我们（在三自由度运动中）不能直接通过对角速度的积分得到广义坐标。实际上，我们要做的是在应用拉格朗日方程之前进行转换，而不是在得到运动方程之后。Whittaker[5] 和 Meirovitch[6] 解释了准坐标方法在旋转运动特殊情况下的应用。Nayfeh 和 Mook[7] 讨论了它们的应用。拉格朗日算子定义为 $L=T-V$，T 是总动能，V 是总势能。同样，如果假定有 n 个广义坐标 q_i，则欧拉－拉格朗日方程可表示为

$$\frac{\mathrm{d}}{\mathrm{d}t}\frac{\partial L}{\partial \dot{q}_i}-\frac{\partial L}{\partial q_i}=Q_i \tag{10-65}$$

其中 Q_i 是与广义坐标 q_i 相关的广义力。拉格朗日算子可以在准坐标系下给出，这需要对机体系下的速度 u，v，w，平动 x_B，y_B，z_B 和实际的机体角速度 p_B，q_B 和 r_B 进行转换。位置分量和速度分量在北东地惯性参考系和机体固定坐标系的关系为

$$\begin{bmatrix} x_I \\ y_I \\ z_I \end{bmatrix}=\boldsymbol{T}_{IB}\times\begin{bmatrix} x_B \\ y_B \\ z_B \end{bmatrix} \tag{10-66a}$$

其中

$$\boldsymbol{T}_{IB}=\boldsymbol{T}_3(-\psi)\boldsymbol{T}_2(-\theta)\boldsymbol{T}_1(-\phi)$$
$$=\begin{bmatrix}\cos\psi & -\sin\psi & 0\\ \sin\psi & \cos\psi & 0\\ 0 & 0 & 1\end{bmatrix}\begin{bmatrix}\cos\theta & 0 & \sin\theta\\ 0 & 1 & 0\\ -\sin\theta & 0 & \cos\theta\end{bmatrix}\begin{bmatrix}1 & 0 & 0\\ 0 & \cos\phi & -\sin\phi\\ 0 & \sin\phi & \cos\phi\end{bmatrix} \tag{10-66b}$$

$$\begin{bmatrix}u_I\\ v_I\\ w_I\end{bmatrix}=\frac{\mathrm{d}}{\mathrm{d}t}\begin{bmatrix}x_i\\ y_i\\ z_i\end{bmatrix}=\boldsymbol{T}_{IB}\begin{bmatrix}u\\ v\\ w\end{bmatrix},\ \begin{bmatrix}u\\ v\\ w\end{bmatrix}=\boldsymbol{T}_{IB}^{\mathrm{T}}\begin{bmatrix}u_I\\ v_I\\ w_I\end{bmatrix}=\boldsymbol{T}_{BI}\begin{bmatrix}u_I\\ v_I\\ w_I\end{bmatrix} \tag{10-66c}$$

$\boldsymbol{T}_{IB}$满足

$$\frac{\mathrm{d}}{\mathrm{d}t}\boldsymbol{T}_{IB}=\boldsymbol{T}_{IB}\begin{bmatrix}0 & -r_B & q_B\\ r_B & 0 & -p_B\\ -q_B & p_B & 0\end{bmatrix} \tag{10-67}$$

已经建立了机体固定轴系（参考系）和惯性坐标系（空间固定参考系）的转化关系。我们的注意力转移到机体固定参考系下的角速度，即机体系下的角速度分量 p_B，q_B 和 r_B 与欧拉角速率 ϕ，θ 和 ψ 之间的转换关系。之前提到惯性系可以通过机体轴的三次连续旋转转化到机体系：首先绕 Z 轴旋转偏航角 ψ，然后绕已经经过一次旋转的 Y 轴旋转俯仰角 θ，最后绕经过两次旋转的 X 轴旋转滚转角 ϕ。机体系下的角速度可以通过将各旋转轴上的欧拉角速度在机体系下的投影叠加得到

$$\begin{bmatrix}p_B\\ q_B\\ r_B\end{bmatrix}=\begin{bmatrix}1\\ 0\\ 0\end{bmatrix}\dot{\phi}+\begin{bmatrix}1 & 0 & 0\\ 0 & \cos\phi & -\sin\phi\\ 0 & \sin\phi & \cos\phi\end{bmatrix}^{-1}\left\{\begin{bmatrix}0\\ 1\\ 0\end{bmatrix}\dot{\theta}+\begin{bmatrix}\cos\theta & 0 & \sin\theta\\ 0 & 1 & 0\\ -\sin\theta & 0 & \cos\theta\end{bmatrix}^{-1}\begin{bmatrix}0\\ 0\\ 1\end{bmatrix}\dot{\psi}\right\} \tag{10-68}$$

合并同类项得

$$\begin{bmatrix}p_B\\ q_B\\ r_B\end{bmatrix}=\begin{bmatrix}1\\ 0\\ 0\end{bmatrix}\dot{\phi}+\begin{bmatrix}0\\ \cos\phi\\ -\sin\phi\end{bmatrix}\dot{\theta}+\begin{bmatrix}-\sin\theta\\ \sin\phi\cos\theta\\ \cos\phi\cos\theta\end{bmatrix}\dot{\psi}=\begin{bmatrix}1 & 0 & -\sin\theta\\ 0 & \cos\phi & \sin\phi\cos\theta\\ 0 & -\sin\phi & \cos\phi\cos\theta\end{bmatrix}\begin{bmatrix}\dot{\phi}\\ \dot{\theta}\\ \dot{\psi}\end{bmatrix}=\boldsymbol{M}\begin{bmatrix}\dot{\phi}\\ \dot{\theta}\\ \dot{\psi}\end{bmatrix} \tag{10-69}$$

即

$$\begin{bmatrix}\dot{\phi}\\ \dot{\theta}\\ \dot{\psi}\end{bmatrix}=\begin{bmatrix}1 & \sin\phi\tan\theta & \cos\phi\tan\theta\\ 0 & \cos\phi & -\sin\phi\\ 0 & \sin\phi/\cos\theta & \cos\phi/\cos\theta\end{bmatrix}\begin{bmatrix}p_B\\ q_B\\ r_B\end{bmatrix}=\boldsymbol{L}\begin{bmatrix}p_B\\ q_B\\ r_B\end{bmatrix} \tag{10-70}$$

得

$$\begin{bmatrix}\dot{\phi}\\ \dot{\theta}\\ \dot{\psi}\end{bmatrix}=\begin{bmatrix}p_B+q_B\sin\phi\tan\theta+r_B\cos\phi\tan\theta\\ q_B\cos\phi-r_B\sin\phi\\ \dfrac{(q_B\sin\phi+r_B\cos\phi)}{\cos\theta}\end{bmatrix} \tag{10-71}$$

一个基本的想法是用转换后的拉格朗日算子 $\bar{L}$ 表示拉格朗日方程。拉格朗日算子 $\bar{L}$ 由机体系速度 u，v，w 和平动 x_B，y_B，z_B，以及真实机体角速度 p_B，q_B，r_B 可得

$$\begin{bmatrix}\dfrac{\partial L}{\partial u_I}\\ \dfrac{\partial L}{\partial v_I}\\ \dfrac{\partial L}{\partial w_I}\end{bmatrix}=\begin{bmatrix}\dfrac{\partial u}{\partial u_I} & \dfrac{\partial v}{\partial u_I} & \dfrac{\partial w}{\partial u_I}\\ \dfrac{\partial u}{\partial v_I} & \dfrac{\partial v}{\partial v_I} & \dfrac{\partial w}{\partial v_I}\\ \dfrac{\partial u}{\partial w_I} & \dfrac{\partial v}{\partial w_I} & \dfrac{\partial w}{\partial w_I}\end{bmatrix}\begin{bmatrix}\dfrac{\partial \bar{L}}{\partial u}\\ \dfrac{\partial \bar{L}}{\partial v}\\ \dfrac{\partial \bar{L}}{\partial w}\end{bmatrix}=\boldsymbol{T}_{IB}\begin{bmatrix}\dfrac{\partial \bar{L}}{\partial u}\\ \dfrac{\partial \bar{L}}{\partial v}\\ \dfrac{\partial \bar{L}}{\partial w}\end{bmatrix},\begin{bmatrix}\dfrac{\partial L}{\partial x_I}\\ \dfrac{\partial L}{\partial y_I}\\ \dfrac{\partial L}{\partial z_I}\end{bmatrix}=\boldsymbol{T}_{IB}\begin{bmatrix}\dfrac{\partial \bar{L}}{\partial x_B}\\ \dfrac{\partial \bar{L}}{\partial y_B}\\ \dfrac{\partial \bar{L}}{\partial z_B}\end{bmatrix} \quad (10-72)$$

$\boldsymbol{T}_{IB}$ 满足方程（10－67）。

从而，将上式乘以 $\boldsymbol{T}_{BI}$，平动的前三个欧拉－拉格朗日方程为（Whittaker[5]，Cameron and Book[8]）

$$\frac{\mathrm{d}}{\mathrm{d}t}\begin{bmatrix}\dfrac{\partial \bar{L}}{\partial u}\\ \dfrac{\partial \bar{L}}{\partial v}\\ \dfrac{\partial \bar{L}}{\partial w}\end{bmatrix}-\begin{bmatrix}\dfrac{\partial \bar{L}}{\partial x_B}\\ \dfrac{\partial \bar{L}}{\partial y_B}\\ \dfrac{\partial \bar{L}}{\partial z_B}\end{bmatrix}+\begin{bmatrix}0 & -r_B & q_B\\ r_B & 0 & -p_B\\ -q_B & p_B & 0\end{bmatrix}\begin{bmatrix}\dfrac{\partial \bar{L}}{\partial u}\\ \dfrac{\partial \bar{L}}{\partial v}\\ \dfrac{\partial \bar{L}}{\partial w}\end{bmatrix}=\boldsymbol{T}_{BI}\begin{bmatrix}\boldsymbol{Q}_1\\ \boldsymbol{Q}_2\\ \boldsymbol{Q}_3\end{bmatrix}=\boldsymbol{F}_B \quad (10-73)$$

转动方程为

$$\begin{bmatrix}\dfrac{\partial L}{\partial \dot{\phi}}\\ \dfrac{\partial L}{\partial \dot{\theta}}\\ \dfrac{\partial L}{\partial \dot{\psi}}\end{bmatrix}=\begin{bmatrix}\dfrac{\partial p_B}{\partial \dot{\phi}} & \dfrac{\partial q_B}{\partial \dot{\phi}} & \dfrac{\partial r_B}{\partial \dot{\phi}}\\ \dfrac{\partial p_B}{\partial \dot{\theta}} & \dfrac{\partial q_B}{\partial \dot{\theta}} & \dfrac{\partial r_B}{\partial \dot{\theta}}\\ \dfrac{\partial p_B}{\partial \dot{\psi}} & \dfrac{\partial q_B}{\partial \dot{\psi}} & \dfrac{\partial r_B}{\partial \dot{\psi}}\end{bmatrix}\begin{bmatrix}\dfrac{\partial \bar{L}}{\partial p_B}\\ \dfrac{\partial \bar{L}}{\partial q_B}\\ \dfrac{\partial \bar{L}}{\partial r_B}\end{bmatrix}=\boldsymbol{M}^{\mathrm{T}}\begin{bmatrix}\dfrac{\partial \bar{L}}{\partial p_B}\\ \dfrac{\partial \bar{L}}{\partial q_B}\\ \dfrac{\partial \bar{L}}{\partial r_B}\end{bmatrix},\frac{\mathrm{d}}{\mathrm{d}t}\begin{bmatrix}\dfrac{\partial L}{\partial \dot{\phi}}\\ \dfrac{\partial L}{\partial \dot{\theta}}\\ \dfrac{\partial L}{\partial \dot{\psi}}\end{bmatrix}=\boldsymbol{M}^{\mathrm{T}}\frac{\mathrm{d}}{\mathrm{d}t}\begin{bmatrix}\dfrac{\partial \bar{L}}{\partial p_B}\\ \dfrac{\partial \bar{L}}{\partial q_B}\\ \dfrac{\partial \bar{L}}{\partial r_B}\end{bmatrix}+\dot{\boldsymbol{M}}^{\mathrm{T}}\begin{bmatrix}\dfrac{\partial \bar{L}}{\partial p_B}\\ \dfrac{\partial \bar{L}}{\partial q_B}\\ \dfrac{\partial \bar{L}}{\partial r_B}\end{bmatrix}$$

(10－74)

然而，欧拉角并没有变换

$$\begin{bmatrix}\dfrac{\partial L}{\partial \phi}\\ \dfrac{\partial L}{\partial \theta}\\ \dfrac{\partial L}{\partial \psi}\end{bmatrix}=\begin{bmatrix}\dfrac{\partial \bar{L}}{\partial \phi}\\ \dfrac{\partial \bar{L}}{\partial \theta}\\ \dfrac{\partial \bar{L}}{\partial \psi}\end{bmatrix}+\begin{bmatrix}\dfrac{\partial p_B}{\partial \phi} & \dfrac{\partial q_B}{\partial \phi} & \dfrac{\partial r_B}{\partial \phi}\\ \dfrac{\partial p_B}{\partial \theta} & \dfrac{\partial q_B}{\partial \theta} & \dfrac{\partial r_B}{\partial \theta}\\ \dfrac{\partial p_B}{\partial \psi} & \dfrac{\partial q_B}{\partial \psi} & \dfrac{\partial r_B}{\partial \psi}\end{bmatrix}\begin{bmatrix}\dfrac{\partial \bar{L}}{\partial p_B}\\ \dfrac{\partial \bar{L}}{\partial q_B}\\ \dfrac{\partial \bar{L}}{\partial r_B}\end{bmatrix} \quad (10-75)$$

等于

$$\begin{bmatrix}\dfrac{\partial L}{\partial\phi}\\ \dfrac{\partial L}{\partial\theta}\\ \dfrac{\partial L}{\partial\psi}\end{bmatrix}=\begin{bmatrix}\dfrac{\partial\bar{L}}{\partial\phi}\\ \dfrac{\partial\bar{L}}{\partial\theta}\\ \dfrac{\partial\bar{L}}{\partial\psi}\end{bmatrix}+\left[\dfrac{\partial}{\partial\phi}\begin{bmatrix}p_B\\ q_B\\ r_B\end{bmatrix}\quad\dfrac{\partial}{\partial\theta}\begin{bmatrix}p_B\\ q_B\\ r_B\end{bmatrix}\quad\dfrac{\partial}{\partial\psi}\begin{bmatrix}p_B\\ q_B\\ r_B\end{bmatrix}\right]^{\mathrm{T}}\begin{bmatrix}\dfrac{\partial\bar{L}}{\partial p_B}\\ \dfrac{\partial\bar{L}}{\partial q_B}\\ \dfrac{\partial\bar{L}}{\partial r_B}\end{bmatrix}\tag{10-76}$$

从而，对于转动运动，我们可以将方程表示为

$$\frac{\mathrm{d}}{\mathrm{d}t}\begin{bmatrix}\dfrac{\partial\bar{L}}{\partial p_B}\\ \dfrac{\partial\bar{L}}{\partial q_B}\\ \dfrac{\partial\bar{L}}{\partial r_B}\end{bmatrix}-\boldsymbol{L}^{\mathrm{T}}\begin{bmatrix}\dfrac{\partial\bar{L}}{\partial\phi}\\ \dfrac{\partial\bar{L}}{\partial\theta}\\ \dfrac{\partial\bar{L}}{\partial\psi}\end{bmatrix}+\boldsymbol{L}^{\mathrm{T}}\left\{\dot{\boldsymbol{M}}^{\mathrm{T}}-\left[\dfrac{\partial}{\partial\phi}\begin{bmatrix}p_B\\ q_B\\ r_B\end{bmatrix}\quad\dfrac{\partial}{\partial\theta}\begin{bmatrix}p_B\\ q_B\\ r_B\end{bmatrix}\quad\dfrac{\partial}{\partial\psi}\begin{bmatrix}p_B\\ q_B\\ r_B\end{bmatrix}\right]^{\mathrm{T}}\right\}\begin{bmatrix}\dfrac{\partial\bar{L}}{\partial p_B}\\ \dfrac{\partial\bar{L}}{\partial q_B}\\ \dfrac{\partial\bar{L}}{\partial r_B}\end{bmatrix}=\boldsymbol{L}^{\mathrm{T}}\begin{bmatrix}\boldsymbol{Q}_4\\ \boldsymbol{Q}_5\\ \boldsymbol{Q}_6\end{bmatrix}\tag{10-77}$$

其中

$$\boldsymbol{L}^{\mathrm{T}}=(\boldsymbol{M}^{\mathrm{T}})^{-1}=\left(\begin{bmatrix}1 & 0 & -\sin\theta\\ 0 & \cos\phi & \sin\phi\cos\theta\\ 0 & -\sin\phi & \cos\phi\cos\theta\end{bmatrix}^{\mathrm{T}}\right)^{-1}=\begin{bmatrix}1 & \sin\phi\tan\theta & \cos\phi\tan\theta\\ 0 & \cos\phi & -\sin\phi\\ 0 & \sin\phi/\cos\theta & \cos\phi/\cos\theta\end{bmatrix}^{\mathrm{T}}\tag{10-78}$$

但是可以表示为（Whittaker［1904］，Cameron and Book［1993］）

$$\dot{\boldsymbol{M}}^{\mathrm{T}}-\left[\dfrac{\partial}{\partial\phi}\begin{bmatrix}p_B\\ q_B\\ r_B\end{bmatrix}\quad\dfrac{\partial}{\partial\theta}\begin{bmatrix}p_B\\ q_B\\ r_B\end{bmatrix}\quad\dfrac{\partial}{\partial\psi}\begin{bmatrix}p_B\\ q_B\\ r_B\end{bmatrix}\right]^{\mathrm{T}}=\boldsymbol{M}^{\mathrm{T}}\begin{bmatrix}0 & -r_B & q_B\\ r_B & 0 & -p_B\\ -q_B & p_B & 0\end{bmatrix}\tag{10-79}$$

转动运动可表示为

$$\frac{\mathrm{d}}{\mathrm{d}t}\begin{bmatrix}\dfrac{\partial\bar{L}}{\partial p_B}\\ \dfrac{\partial\bar{L}}{\partial q_B}\\ \dfrac{\partial\bar{L}}{\partial r_B}\end{bmatrix}-\boldsymbol{L}^{\mathrm{T}}\begin{bmatrix}\dfrac{\partial\bar{L}}{\partial\phi}\\ \dfrac{\partial\bar{L}}{\partial\theta}\\ \dfrac{\partial\bar{L}}{\partial\psi}\end{bmatrix}+\begin{bmatrix}0 & -r_B & q_B\\ r_B & 0 & -p_B\\ -q_B & p_B & 0\end{bmatrix}\begin{bmatrix}\dfrac{\partial\bar{L}}{\partial p_B}\\ \dfrac{\partial\bar{L}}{\partial q_B}\\ \dfrac{\partial\bar{L}}{\partial r_B}\end{bmatrix}=\boldsymbol{L}^{\mathrm{T}}\begin{bmatrix}\boldsymbol{Q}_4\\ \boldsymbol{Q}_5\\ \boldsymbol{Q}_6\end{bmatrix}\tag{10-80}$$

10.3.8　转换到质心坐标系

任意点 P 处的机体中心速度分量和质心处的机体中心速度分量以及点 P 的坐标关系为

$$\begin{bmatrix} u \\ v \\ w \end{bmatrix} = \begin{bmatrix} u_{CM} \\ v_{CM} \\ w_{CM} \end{bmatrix} + \begin{bmatrix} 0 & -r_B & q_B \\ r_B & 0 & -p_B \\ -q_B & p_B & 0 \end{bmatrix} \begin{bmatrix} x_B - x_{CM} \\ y_B - y_{CM} \\ z_B - z_{CM} \end{bmatrix}$$

$$= \begin{bmatrix} u_{CM} \\ v_{CM} \\ w_{CM} \end{bmatrix} - \begin{bmatrix} 0 & -(z_B - z_{CM}) & (y_B - y_{CM}) \\ (z_B - z_{CM}) & 0 & -(x_B - x_{CM}) \\ -(y_B - y_{CM}) & (x_B - x_{CM}) & 0 \end{bmatrix} \begin{bmatrix} p_B \\ q_B \\ r_B \end{bmatrix} \tag{10-81}$$

$$\begin{bmatrix} u_{CM} \\ v_{CM} \\ w_{CM} \end{bmatrix} = \begin{bmatrix} \dot{x}_{CM} \\ \dot{y}_{CM} \\ \dot{z}_{CM} \end{bmatrix} + \begin{bmatrix} 0 & -r_B & q_B \\ r_B & 0 & -p_B \\ -q_B & p_B & 0 \end{bmatrix} \begin{bmatrix} x_{CM} \\ y_{CM} \\ z_{CM} \end{bmatrix} = \begin{bmatrix} \dot{x}_{CM} \\ \dot{y}_{CM} \\ \dot{z}_{CM} \end{bmatrix} - \begin{bmatrix} 0 & -z_{CM} & y_{CM} \\ z_{CM} & 0 & -x_{CM} \\ -y_{CM} & x_{CM} & 0 \end{bmatrix} \begin{bmatrix} p_B \\ q_B \\ r_B \end{bmatrix} \tag{10-82}$$

用机体固定坐标系下的速度分量表示的拉格朗日算子 L，转换到用质心速度分量表示

$$\begin{bmatrix} \frac{\partial L}{\partial u} \\ \frac{\partial L}{\partial v} \\ \frac{\partial L}{\partial w} \end{bmatrix} = \begin{bmatrix} \frac{\partial u_{CM}}{\partial u} & \frac{\partial v_{CM}}{\partial u} & \frac{\partial w_{CM}}{\partial u} \\ \frac{\partial u_{CM}}{\partial v} & \frac{\partial v_{CM}}{\partial v} & \frac{\partial w_{CM}}{\partial v} \\ \frac{\partial u_{CM}}{\partial w} & \frac{\partial v_{CM}}{\partial w} & \frac{\partial w_{CM}}{\partial w} \end{bmatrix} \begin{bmatrix} \frac{\partial \bar{L}}{\partial u_{CM}} \\ \frac{\partial \bar{L}}{\partial v_{CM}} \\ \frac{\partial \bar{L}}{\partial w_{CM}} \end{bmatrix} = \begin{bmatrix} \frac{\partial \bar{L}}{\partial u_{CM}} \\ \frac{\partial \bar{L}}{\partial v_{CM}} \\ \frac{\partial \bar{L}}{\partial w_{CM}} \end{bmatrix}, \begin{bmatrix} \frac{\partial L}{\partial x_B} \\ \frac{\partial L}{\partial y_B} \\ \frac{\partial L}{\partial z_B} \end{bmatrix} = \begin{bmatrix} \frac{\partial \bar{L}}{\partial x_{CM}} \\ \frac{\partial \bar{L}}{\partial y_{CM}} \\ \frac{\partial \bar{L}}{\partial z_{CM}} \end{bmatrix} \tag{10-83}$$

和

$$\begin{bmatrix} \frac{\partial L}{\partial p_B} \\ \frac{\partial L}{\partial q_B} \\ \frac{\partial L}{\partial r_B} \end{bmatrix} = \begin{bmatrix} \frac{\partial \bar{L}}{\partial p_B} \\ \frac{\partial \bar{L}}{\partial q_B} \\ \frac{\partial \bar{L}}{\partial r_B} \end{bmatrix} + \begin{bmatrix} \frac{\partial u_{CM}}{\partial p_B} & \frac{\partial v_{CM}}{\partial p_B} & \frac{\partial w_{CM}}{\partial p_B} \\ \frac{\partial u_{CM}}{\partial q_B} & \frac{\partial v_{CM}}{\partial q_B} & \frac{\partial w_{CM}}{\partial q_B} \\ \frac{\partial u_{CM}}{\partial r_B} & \frac{\partial v_{CM}}{\partial r_B} & \frac{\partial w_{CM}}{\partial r_B} \end{bmatrix} \begin{bmatrix} \frac{\partial \bar{L}}{\partial u_{CM}} \\ \frac{\partial \bar{L}}{\partial v_{CM}} \\ \frac{\partial \bar{L}}{\partial w_{CM}} \end{bmatrix} \tag{10-84}$$

最后的关系式是

$$\begin{bmatrix} \frac{\partial L}{\partial p_B} \\ \frac{\partial L}{\partial q_B} \\ \frac{\partial L}{\partial r_B} \end{bmatrix} = \begin{bmatrix} \frac{\partial \bar{L}}{\partial p_B} \\ \frac{\partial \bar{L}}{\partial q_B} \\ \frac{\partial \bar{L}}{\partial r_B} \end{bmatrix} + \begin{bmatrix} 0 & -z_{CM} & y_{CM} \\ z_{CM} & 0 & -x_{CM} \\ -y_{CM} & x_{CM} & 0 \end{bmatrix} \begin{bmatrix} \frac{\partial \bar{L}}{\partial u_{CM}} \\ \frac{\partial \bar{L}}{\partial v_{CM}} \\ \frac{\partial \bar{L}}{\partial w_{CM}} \end{bmatrix} \tag{10-85}$$

进一步化为

$$
\frac{\mathrm{d}}{\mathrm{d}t}\begin{bmatrix}\dfrac{\partial L}{\partial p_B}\\[2ex]\dfrac{\partial L}{\partial q_B}\\[2ex]\dfrac{\partial L}{\partial r_B}\end{bmatrix}+\begin{bmatrix}0 & -r_B & q_B\\ r_B & 0 & -p_B\\ -q_B & p_B & 0\end{bmatrix}\begin{bmatrix}\dfrac{\partial L}{\partial p_B}\\[2ex]\dfrac{\partial L}{\partial q_B}\\[2ex]\dfrac{\partial L}{\partial r_B}\end{bmatrix}=\frac{\mathrm{d}}{\mathrm{d}t}\begin{bmatrix}\dfrac{\partial \bar{L}}{\partial p_B}\\[2ex]\dfrac{\partial \bar{L}}{\partial q_B}\\[2ex]\dfrac{\partial \bar{L}}{\partial r_B}\end{bmatrix}+\begin{bmatrix}0 & -r_B & q_B\\ r_B & 0 & -p_B\\ -q_B & p_B & 0\end{bmatrix}\begin{bmatrix}\dfrac{\partial \bar{L}}{\partial p_B}\\[2ex]\dfrac{\partial \bar{L}}{\partial q_B}\\[2ex]\dfrac{\partial \bar{L}}{\partial r_B}\end{bmatrix}
$$

$$
\left\{\frac{\mathrm{d}}{\mathrm{d}t}\begin{bmatrix}0 & -z_{CM} & y_{CM}\\ z_{CM} & 0 & -x_{CM}\\ -y_{CM} & x_{CM} & 0\end{bmatrix}+\begin{bmatrix}0 & -r_B & q_B\\ r_B & 0 & -p_B\\ -q_B & p_B & 0\end{bmatrix}\begin{bmatrix}0 & -z_{CM} & y_{CM}\\ z_{CM} & 0 & -x_{CM}\\ -y_{CM} & x_{CM} & 0\end{bmatrix}\right\}\begin{bmatrix}\dfrac{\partial \bar{L}}{\partial u_{CM}}\\[2ex]\dfrac{\partial \bar{L}}{\partial v_{CM}}\\[2ex]\dfrac{\partial \bar{L}}{\partial w_{CM}}\end{bmatrix}
\tag{10-86}
$$

因此

$$
\begin{bmatrix}\dfrac{\partial \dot{L}}{\partial p_B}\\[2ex]\dfrac{\partial \dot{L}}{\partial q_B}\\[2ex]\dfrac{\partial \dot{L}}{\partial r_B}\end{bmatrix}+\begin{bmatrix}0 & -r_B & q_B\\ r_B & 0 & -p_B\\ -q_B & p_B & 0\end{bmatrix}\begin{bmatrix}\dfrac{\partial L}{\partial p_B}\\[2ex]\dfrac{\partial L}{\partial q_B}\\[2ex]\dfrac{\partial L}{\partial r_B}\end{bmatrix}=
$$

$$
\begin{bmatrix}\dfrac{\partial \dot{\bar{L}}}{\partial p_B}\\[2ex]\dfrac{\partial \dot{\bar{L}}}{\partial q_B}\\[2ex]\dfrac{\partial \dot{\bar{L}}}{\partial r_B}\end{bmatrix}+\begin{bmatrix}0 & -r_B & q_B\\ r_B & 0 & -p_B\\ -q_B & p_B & 0\end{bmatrix}\begin{bmatrix}\dfrac{\partial \bar{L}}{\partial p_B}\\[2ex]\dfrac{\partial \bar{L}}{\partial q_B}\\[2ex]\dfrac{\partial \bar{L}}{\partial r_B}\end{bmatrix}+\begin{bmatrix}0 & -w_{CM} & v_{CM}\\ w_{CM} & 0 & -u_{CM}\\ -v_{CM} & u_{CM} & 0\end{bmatrix}\begin{bmatrix}\dfrac{\partial \bar{L}}{\partial u_{CM}}\\[2ex]\dfrac{\partial \bar{L}}{\partial v_{CM}}\\[2ex]\dfrac{\partial \bar{L}}{\partial w_{CM}}\end{bmatrix}
\tag{10-87}
$$

因此，平动的欧拉—拉格朗日方程转化为

$$
\frac{\mathrm{d}}{\mathrm{d}t}\begin{bmatrix}\dfrac{\partial \bar{L}}{\partial u_{CM}}\\[2ex]\dfrac{\partial \bar{L}}{\partial v_{CM}}\\[2ex]\dfrac{\partial \bar{L}}{\partial w_{CM}}\end{bmatrix}-\begin{bmatrix}\dfrac{\partial \bar{L}}{\partial x_{CM}}\\[2ex]\dfrac{\partial \bar{L}}{\partial y_{CM}}\\[2ex]\dfrac{\partial \bar{L}}{\partial z_{CM}}\end{bmatrix}+\begin{bmatrix}0 & -r_B & q_B\\ r_B & 0 & -p_B\\ -q_B & p_B & 0\end{bmatrix}\begin{bmatrix}\dfrac{\partial \bar{L}}{\partial u_{CM}}\\[2ex]\dfrac{\partial \bar{L}}{\partial v_{CM}}\\[2ex]\dfrac{\partial \bar{L}}{\partial w_{CM}}\end{bmatrix}=\boldsymbol{F}_B
\tag{10-88}
$$

转动的欧拉-拉格朗日方程转化为

$$\frac{\mathrm{d}}{\mathrm{d}t}\begin{bmatrix}\dfrac{\partial\bar{L}}{\partial p_B}\\ \dfrac{\partial\bar{L}}{\partial q_B}\\ \dfrac{\partial\bar{L}}{\partial r_B}\end{bmatrix}+\begin{bmatrix}0 & -r_B & q_B\\ r_B & 0 & -p_B\\ -q_B & p_B & 0\end{bmatrix}\begin{bmatrix}\dfrac{\partial\bar{L}}{\partial p_B}\\ \dfrac{\partial\bar{L}}{\partial q_B}\\ \dfrac{\partial\bar{L}}{\partial r_B}\end{bmatrix}+\begin{bmatrix}0 & -w_{CM} & v_{CM}\\ w_{CM} & 0 & -u_{CM}\\ -v_{CM} & u_{CM} & 0\end{bmatrix}\begin{bmatrix}\dfrac{\partial\bar{L}}{\partial u_{CM}}\\ \dfrac{\partial\bar{L}}{\partial v_{CM}}\\ \dfrac{\partial\bar{L}}{\partial w_{CM}}\end{bmatrix}-\boldsymbol{L}^{\mathrm{T}}\begin{bmatrix}\dfrac{\partial\bar{L}}{\partial\phi}\\ \dfrac{\partial\bar{L}}{\partial\theta}\\ \dfrac{\partial\bar{L}}{\partial\psi}\end{bmatrix}$$
$$=\boldsymbol{L}^{\mathrm{T}}\left[Q_4\quad Q_5\quad Q_6\right]^{\mathrm{T}}\tag{10-89}$$

10.3.9 拉格朗日方法在刚性飞行器上的应用

将拉格朗日方法应用于刚性飞行器是十分重要的。为了应用拉格朗日方法，首先必须给出飞行器的动能和势能的表达式。刚性飞行器的动能可表示为

$$T=\frac{m}{2}\begin{bmatrix}u\\ v\\ w\end{bmatrix}^{\mathrm{T}}\begin{bmatrix}u\\ v\\ w\end{bmatrix}+m\begin{bmatrix}x_C\\ y_C\\ z_C\end{bmatrix}^{\mathrm{T}}\begin{bmatrix}0 & -r_B & q_B\\ r_B & 0 & -p_B\\ -q_B & p_B & 0\end{bmatrix}\begin{bmatrix}u\\ v\\ w\end{bmatrix}+$$
$$\frac{1}{2}\begin{bmatrix}p_B\\ q_B\\ r_B\end{bmatrix}^{\mathrm{T}}\begin{bmatrix}\tilde{I}_{zz}+\tilde{I}_{yy} & -I_{xy} & -I_{xz}\\ -I_{xy} & \tilde{I}_{xx}+\tilde{I}_{zz} & -I_{yz}\\ -I_{xz} & -I_{yz} & \tilde{I}_{yy}+\tilde{I}_{xx}\end{bmatrix}\begin{bmatrix}p_B\\ q_B\\ r_B\end{bmatrix}\tag{10-90}$$

$\tilde{I}_{xx}$，$\tilde{I}_{yy}$，$\tilde{I}_{zz}$，I_{xy}，I_{xz}和I_{yz}是惯性积积分（二阶矩积分）。转动惯量可表示为

$$I_{xx}=\tilde{I}_{yy}+\tilde{I}_{zz},I_{yy}=\tilde{I}_{xx}+\tilde{I}_{zz},I_{zz}=\tilde{I}_{yy}+\tilde{I}_{xx}\tag{10-91}$$

转动惯量矩阵为

$$\boldsymbol{I}=\begin{bmatrix}I_{xx} & -I_{xy} & -I_{xz}\\ -I_{xy} & I_{yy} & -I_{yz}\\ -I_{xz} & -I_{yz} & I_{zz}\end{bmatrix}\tag{10-92}$$

表达式中关于动能的最后一项表明完全是旋转运动引起的。

刚性飞行器结构的重力势能

$$V_g=-mg\left(z_I-Z_{\mathrm{ref}}\right),z_I=\left|z_I\right|\left[0\quad 0\quad 1\right]\boldsymbol{T}_{IB}\times\begin{bmatrix}i_B\\ j_B\\ k_B\end{bmatrix}\tag{10-93}$$

式中 Z_{ref}——惯性系下的参考高度；

z_I——飞行器在惯性系下的高度；

i_B，j_B，k_B——机体坐标系下的单位矢量。

$$\frac{\partial}{\partial i_B}z_I=\left[0\quad 0\quad 1\right]\boldsymbol{T}_{IB}\times\begin{bmatrix}1\\ 0\\ 0\end{bmatrix},\frac{\partial}{\partial j_B}z_I=\left[0\quad 0\quad 1\right]\boldsymbol{T}_{IB}\times\begin{bmatrix}0\\ 1\\ 0\end{bmatrix},\frac{\partial}{\partial k_B}z_I=\left[0\quad 0\quad 1\right]\boldsymbol{T}_{IB}\times\begin{bmatrix}0\\ 0\\ 1\end{bmatrix}\tag{10-94}$$

其中 $\boldsymbol{T}_{IB}$ 满足方程（10－66b）和方程（10－67），因此

$$[0\quad 0\quad 1]\boldsymbol{T}_{IB}=[-\sin\theta\quad \cos\theta\sin\phi\quad \cos\theta\cos\phi] \tag{10-95}$$

进一步

$$\frac{\partial}{\partial\phi}[0\quad 0\quad 1]\boldsymbol{T}_{IB}=[0\quad \cos\theta\cos\phi\quad -\cos\theta\sin\phi]$$

$$\frac{\partial}{\partial\theta}[0\quad 0\quad 1]\boldsymbol{T}_{IB}=-[\cos\theta\quad \sin\theta\sin\phi\quad \sin\theta\cos\phi]$$

$$\begin{bmatrix}\dfrac{\partial}{\partial\phi}\\ \dfrac{\partial}{\partial\theta}\\ \dfrac{\partial}{\partial\psi}\end{bmatrix}[0\quad 0\quad 1]\boldsymbol{T}_{IB}=\begin{bmatrix}0 & \cos\theta\cos\phi & -\cos\theta\sin\phi\\ -\cos\theta & -\sin\theta\sin\phi & -\sin\theta\cos\phi\\ 0 & 0 & 0\end{bmatrix} \tag{10-96}$$

$$\begin{aligned}&\begin{bmatrix}1 & \sin\phi\tan\theta & \cos\phi\tan\theta\\ 0 & \cos\phi & -\sin\phi\\ 0 & \sin\phi/\cos\theta & \cos\phi/\cos\theta\end{bmatrix}^{\mathrm{T}}\begin{bmatrix}\dfrac{\partial}{\partial\phi}\\ \dfrac{\partial}{\partial\theta}\\ \dfrac{\partial}{\partial\psi}\end{bmatrix}[0\quad 0\quad 1]\boldsymbol{T}_{IB}\\ &=\begin{bmatrix}1 & 0 & 0\\ \sin\phi\tan\theta & \cos\phi & \sin\phi/\cos\theta\\ \cos\phi\tan\theta & -\sin\phi & \cos\phi/\cos\theta\end{bmatrix}\begin{bmatrix}0 & \cos\theta\cos\phi & -\cos\theta\sin\phi\\ -\cos\theta & -\sin\theta\sin\phi & -\sin\theta\cos\phi\\ 0 & 0 & 0\end{bmatrix}\\ &=\begin{bmatrix}0 & \cos\theta\cos\phi & -\cos\theta\sin\phi\\ -\cos\theta\cos\phi & 0 & -\sin\theta\\ \cos\theta\sin\phi & \sin\theta & 0\end{bmatrix}\end{aligned} \tag{10-97}$$

单位矢量的方向指向地球中心处，定义如下

$$\begin{bmatrix}k_x\\ k_y\\ k_z\end{bmatrix}=\begin{bmatrix}-\sin\theta\\ \cos\theta\sin\phi\\ \cos\theta\cos\phi\end{bmatrix} \tag{10-98}$$

因此

$$\begin{bmatrix}1 & \sin\phi\tan\theta & \cos\phi\tan\theta\\ 0 & \cos\phi & -\sin\phi\\ 0 & \sin\phi/\cos\theta & \cos\phi/\cos\theta\end{bmatrix}^{\mathrm{T}}\begin{bmatrix}\dfrac{\partial}{\partial\phi}\\ \dfrac{\partial}{\partial\theta}\\ \dfrac{\partial}{\partial\psi}\end{bmatrix}[0\quad 0\quad 1]\boldsymbol{T}_{IB}=-\begin{bmatrix}0 & -k_z & k_y\\ k_z & 0 & -k_x\\ -k_y & k_x & 0\end{bmatrix} \tag{10-99}$$

刚性飞行器的平动方程为

$$\frac{\mathrm{d}}{\mathrm{d}t}\begin{bmatrix}\dfrac{\partial \bar{L}}{\partial u}\\ \dfrac{\partial \bar{L}}{\partial v}\\ \dfrac{\partial \bar{L}}{\partial w}\end{bmatrix}-\begin{bmatrix}\dfrac{\partial \bar{L}}{\partial x_B}\\ \dfrac{\partial \bar{L}}{\partial y_B}\\ \dfrac{\partial \bar{L}}{\partial z_B}\end{bmatrix}+\begin{bmatrix}0 & -r_B & q_B\\ r_B & 0 & -p_B\\ -q_B & p_B & 0\end{bmatrix}\begin{bmatrix}\dfrac{\partial \bar{L}}{\partial u}\\ \dfrac{\partial \bar{L}}{\partial v}\\ \dfrac{\partial \bar{L}}{\partial w}\end{bmatrix}=\boldsymbol{T}_{BI}\begin{bmatrix}\boldsymbol{Q}_1\\ \boldsymbol{Q}_2\\ \boldsymbol{Q}_3\end{bmatrix}=\boldsymbol{F}_B \tag{10-100}$$

其中

$$\frac{\mathrm{d}}{\mathrm{d}t}\begin{bmatrix}\dfrac{\partial \bar{L}}{\partial u}\\ \dfrac{\partial \bar{L}}{\partial v}\\ \dfrac{\partial \bar{L}}{\partial w}\end{bmatrix}=m\begin{bmatrix}\dot{u}\\ \dot{v}\\ \dot{w}\end{bmatrix}+m\begin{bmatrix}0 & -z_C & y_C\\ z_C & 0 & -x_C\\ -y_C & x_C & 0\end{bmatrix}\begin{bmatrix}\dot{p}_B\\ \dot{q}_B\\ \dot{r}_B\end{bmatrix} \tag{10-101}$$

$$\begin{bmatrix}0 & -r_B & q_B\\ r_B & 0 & -p_B\\ -q_B & p_B & 0\end{bmatrix}\begin{bmatrix}\dfrac{\partial \bar{L}}{\partial u}\\ \dfrac{\partial \bar{L}}{\partial v}\\ \dfrac{\partial \bar{L}}{\partial w}\end{bmatrix}=m\begin{bmatrix}0 & -r_B & q_B\\ r_B & 0 & -p_B\\ -q_B & p_B & 0\end{bmatrix}\begin{bmatrix}u\\ v\\ w\end{bmatrix}-\begin{bmatrix}0 & -r_B & q_B\\ r_B & 0 & -p_B\\ -q_B & p_B & 0\end{bmatrix}\begin{bmatrix}z_C q_B-y_C r_B\\ x_C r_B-z_C p_B\\ y_C p_B-x_C q_B\end{bmatrix} \tag{10-102}$$

$$\begin{bmatrix}\dfrac{\partial V}{\partial x_B}\\ \dfrac{\partial V}{\partial y_B}\\ \dfrac{\partial V}{\partial z_B}\end{bmatrix}=-\begin{bmatrix}\dfrac{\partial \bar{L}}{\partial x_B}\\ \dfrac{\partial \bar{L}}{\partial y_B}\\ \dfrac{\partial \bar{L}}{\partial z_B}\end{bmatrix}=-mg\begin{bmatrix}\dfrac{\partial z_I}{\partial x_B}\\ \dfrac{\partial z_I}{\partial y_B}\\ \dfrac{\partial z_I}{\partial z_B}\end{bmatrix}=-mg\begin{bmatrix}-\sin\theta\\ \cos\theta\sin\phi\\ \cos\theta\cos\phi\end{bmatrix} \tag{10-103}$$

因此，机身平动速度和转动角速度表示的平动方程为

$$m\begin{bmatrix}\dot{u}\\ \dot{v}\\ \dot{w}\end{bmatrix}+m\begin{bmatrix}0 & -z_C & y_C\\ z_C & 0 & -x_C\\ -y_C & x_C & 0\end{bmatrix}\begin{bmatrix}\dot{p}_B\\ \dot{q}_B\\ \dot{r}_B\end{bmatrix}+m\begin{bmatrix}0 & -r_B & q_B\\ r_B & 0 & -p_B\\ -q_B & p_B & 0\end{bmatrix}\begin{bmatrix}u\\ v\\ w\end{bmatrix}-$$
$$\begin{bmatrix}0 & -r_B & q_B\\ r_B & 0 & -p_B\\ -q_B & p_B & 0\end{bmatrix}\begin{bmatrix}z_C q_B-y_C r_B\\ x_C r_B-z_C p_B\\ y_C p_B-x_C q_B\end{bmatrix}=mg\begin{bmatrix}-\sin\theta\\ \cos\theta\sin\phi\\ \cos\theta\cos\phi\end{bmatrix}+\boldsymbol{F}_B \tag{10-104}$$

刚性飞行器的转动方程为

$$\frac{\mathrm{d}}{\mathrm{d}t}\begin{bmatrix}\dfrac{\partial \bar{L}}{\partial p_B}\\ \dfrac{\partial \bar{L}}{\partial q_B}\\ \dfrac{\partial \bar{L}}{\partial r_B}\end{bmatrix}-\begin{bmatrix}1 & \sin\phi\tan\theta & \cos\phi\tan\theta\\ 0 & \cos\phi & -\sin\phi\\ 0 & \sin\phi/\cos\theta & \cos\phi/\cos\theta\end{bmatrix}^{\mathrm{T}}\begin{bmatrix}\dfrac{\partial \bar{L}}{\partial \phi}\\ \dfrac{\partial \bar{L}}{\partial \theta}\\ \dfrac{\partial \bar{L}}{\partial \psi}\end{bmatrix}+\begin{bmatrix}0 & -r_B & q_B\\ r_B & 0 & -p_B\\ -q_B & p_B & 0\end{bmatrix}\begin{bmatrix}\dfrac{\partial \bar{L}}{\partial p_B}\\ \dfrac{\partial \bar{L}}{\partial q_B}\\ \dfrac{\partial \bar{L}}{\partial r_B}\end{bmatrix}$$
$$=\begin{bmatrix}1 & \sin\phi\tan\theta & \cos\phi\tan\theta\\ 0 & \cos\phi & -\sin\phi\\ 0 & \sin\phi/\cos\theta & \cos\phi/\cos\theta\end{bmatrix}^{\mathrm{T}}\begin{bmatrix}\boldsymbol{Q}_4\\ \boldsymbol{Q}_5\\ \boldsymbol{Q}_6\end{bmatrix}\tag{10-105}$$

其中

$$\frac{\mathrm{d}}{\mathrm{d}t}\begin{bmatrix}\dfrac{\partial \bar{L}}{\partial p_B}\\ \dfrac{\partial \bar{L}}{\partial q_B}\\ \dfrac{\partial \bar{L}}{\partial r_B}\end{bmatrix}=\begin{bmatrix}I_{xx} & -I_{xy} & -I_{xz}\\ -I_{xy} & I_{yy} & -I_{yz}\\ -I_{xz} & -I_{yz} & I_{zz}\end{bmatrix}\begin{bmatrix}\dot{p}_B\\ \dot{q}_B\\ \dot{r}_B\end{bmatrix}+m\begin{bmatrix}0 & -z_C & y_C\\ z_C & 0 & -x_C\\ -y_C & x_C & 0\end{bmatrix}\begin{bmatrix}\dot{u}\\ \dot{v}\\ \dot{w}\end{bmatrix}$$

$$\begin{bmatrix}1 & \sin\phi\tan\theta & \cos\phi\tan\theta\\ 0 & \cos\phi & -\sin\phi\\ 0 & \sin\phi/\cos\theta & \cos\phi/\cos\theta\end{bmatrix}^{\mathrm{T}}\begin{bmatrix}\dfrac{\partial \bar{L}}{\partial \phi}\\ \dfrac{\partial \bar{L}}{\partial \theta}\\ \dfrac{\partial \bar{L}}{\partial \psi}\end{bmatrix}=-mg\begin{bmatrix}0 & k_z & -k_y\\ -k_z & 0 & k_x\\ k_y & -k_x & 0\end{bmatrix}\begin{bmatrix}x_B\\ y_B\\ z_B\end{bmatrix}\tag{10-106}$$

$$\begin{bmatrix}0 & -r_B & q_B\\ r_B & 0 & -p_B\\ -q_B & p_B & 0\end{bmatrix}\begin{bmatrix}\dfrac{\partial \bar{L}}{\partial p_B}\\ \dfrac{\partial \bar{L}}{\partial q_B}\\ \dfrac{\partial \bar{L}}{\partial r_B}\end{bmatrix}=\begin{bmatrix}0 & -r_B & q_B\\ r_B & 0 & -p_B\\ -q_B & p_B & 0\end{bmatrix}\begin{bmatrix}I_{xx} & -I_{xy} & -I_{xz}\\ -I_{xy} & I_{yy} & -I_{yz}\\ -I_{xz} & -I_{yz} & I_{zz}\end{bmatrix}\begin{bmatrix}p_B\\ q_B\\ r_B\end{bmatrix}+$$
$$m\begin{bmatrix}0 & -r_B & q_B\\ r_B & 0 & -p_B\\ -q_B & p_B & 0\end{bmatrix}\begin{bmatrix}0 & -z_C & y_C\\ z_C & 0 & -x_C\\ -y_C & x_C & 0\end{bmatrix}\begin{bmatrix}u\\ v\\ w\end{bmatrix}\tag{10-107}$$

用机身平动速度和转动角速度表示的转动方程为

$$\begin{bmatrix} I_{xx} & -I_{xy} & -I_{xz} \\ -I_{xy} & I_{yy} & -I_{yz} \\ -I_{xz} & -I_{yz} & I_{zz} \end{bmatrix}\begin{bmatrix} \dot{p}_B \\ \dot{q}_B \\ \dot{r}_B \end{bmatrix}+m\begin{bmatrix} 0 & -z_C & y_C \\ z_C & 0 & -x_C \\ -y_C & x_C & 0 \end{bmatrix}\begin{bmatrix} \dot{u} \\ \dot{v} \\ \dot{w} \end{bmatrix}+$$

$$\begin{bmatrix} 0 & -r_B & q_B \\ r_B & 0 & -p_B \\ -q_B & p_B & 0 \end{bmatrix}\begin{bmatrix} I_{xx} & -I_{xy} & -I_{xz} \\ -I_{xy} & I_{yy} & -I_{yz} \\ -I_{xz} & -I_{yz} & I_{zz} \end{bmatrix}\begin{bmatrix} p_B \\ q_B \\ r_B \end{bmatrix}+$$

$$m\begin{bmatrix} 0 & -r_B & q_B \\ r_B & 0 & -p_B \\ -q_B & p_B & 0 \end{bmatrix}\begin{bmatrix} 0 & -z_C & y_C \\ z_C & 0 & -x_C \\ -y_C & x_C & 0 \end{bmatrix}\begin{bmatrix} u \\ v \\ w \end{bmatrix}=\begin{bmatrix} L \\ M \\ N \end{bmatrix}-mg\begin{bmatrix} 0 & k_z & -k_y \\ -k_z & 0 & k_x \\ k_y & -k_x & 0 \end{bmatrix}\begin{bmatrix} x_B \\ y_B \\ z_B \end{bmatrix} \tag{10-108}$$

通过将动能用质心处速度分量表示，惯性特性用原点在质心的参考系表示，我们同样可以推导得到一组由质心处的平动速度分量表示的等价方程组。方程（10－104）和方程（10－108）是用拉格朗日方法推导的，它们与基于牛顿-欧拉方法推导的方程（10－19a）和方程（10－19b）是相同。这表明了牛顿-欧拉方法和拉格朗日方法的等价性。

10.4 流体介质中弹性结构的振动

有大量的实际工程振动涉及弹性结构和流体力之间的相互作用，如飞行器机翼扭转弯曲振动，高层建筑和浮桥的振动，船舶及海洋结构的振动，水轮机和直升机转子叶片振动，输电线路的振动，大型烟囱的振动。

在流动的流体介质中，弯扭耦合振动现象会导致颤振这一经典气动弹性现象的发生，而且会包含两种或两种以上的振动。对这一现象完整定性的解释需要深入了解非线性动态平衡点分岔的现象。基于结构振动和空气动力学线性理论可以对这一现象进行简单的解释。在流过机翼的流体力的作用下，扭转和弯曲模态耦合振动会减小相应模态自然频率的区别。流速的增加，会使弯扭自然频率的差异进一步减小。当速度达到临界流速时，两个自然频率之间的差异会消失。在这个临界流速，存在两种方式相互激励成共振的内部共振形式。结构的连续振动会导致结构的疲劳甚至是机翼结构的最终失效。因此，颤振现象被认为是一种自激振荡，此时气动驱动力大于弹性恢复力，从而使机翼连续振荡。在一些外部流速下，机翼从气流中获得的能量超过结构耗散和气动耗散的能量，将会导致振荡振幅连续增大。整个气动弹性现象涉及惯性力、弹性力和气动力的相互作用。

临界流速主要取决于翼型截面的质心、弹性中心与气动中心的相对位置。气动中心是沿截面轴的某一点，相对于此点的气动力矩不随翼型截面入射角（相对于来流）的变化而变化。在机翼理论中，这一角度被称为攻角（如图 10－1 所示），它对气动力和气动力矩的大小起着重要的作用。通过将翼型截面的质心向前移动，这个问题可能会在一定程度上得到缓解。对机翼颤振问题进行完整分析通常需要将机翼看成是“升力面”，这样方便计算作用在机翼上的广义力。通过对翼面上下两侧压力分布的积分可以得到气动力。力和力矩不仅与来流速度和机翼振荡频率相关，还与流动是否亚声速、可压缩，跨声速，超声速甚至高超声速相关。然而，可以通过对一个定常可压缩空气中的二维机翼剖面气动力和力矩的计算分析，简单地描述颤振现象。

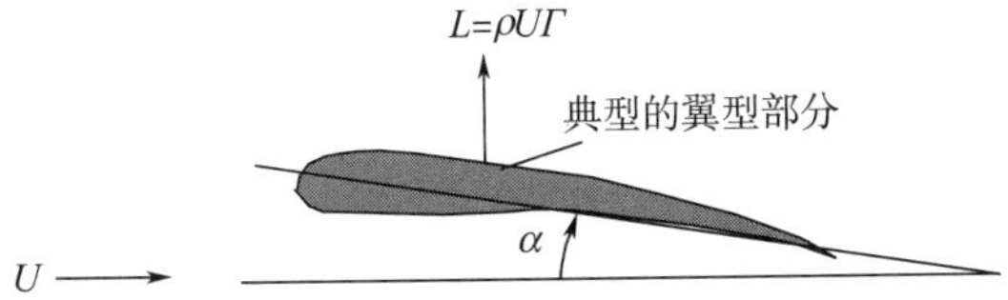

图10-1　攻角的定义

属于同一类不稳定性问题的其他现象，有，输电线的尾流驰振现象，涡轮叶片和直升机叶片颤振。

第二种类型颤振称为失速颤振，通常在单自由扭转问题中发生。这和大攻角下升力和力矩的迅速减小相关。大攻角情况下，后缘前部的气流会发生非线性气流分离现象。气流重新附着在机翼表面时的攻角通常会远小于气流分离时的攻角。这样会导致作用在机翼上的气动俯仰力矩的滞后。这种滞后会造成扭转模态持续振荡，这种运动本质上是非线性的。这种现象也可能在悬索桥桥面振动和输电线尾流驰振中发生。

另一种类型的颤振是壁板颤振，它与超声速流中张紧的薄膜相关。这种现象是在稳定的风中由于行波出现导致的类似于旗帜的颤振。这是一个不稳定颤振，可以被部分缓解以确保壁板的自然频率不过密。流体中柱体周期性的旋涡脱落现象是在小阻尼结构中产生的一系列被迫颤振。

这种现象的发生很大程度上取决于一个无量纲量，雷诺数 $Re=\rho Ud/\mu$。这是流动中惯性力与粘性力的比值。其中，ρ 是流体密度，U 是流速，d 的特征长度（如管的直径），μ 是粘性系数。在 Re 小于5时，通常不会发生流动分离。当雷诺数在 $Re=15$ 和 $Re=40$ 之间时，在圆柱体后面会出现两对独立的涡，这种涡被称为Foppl涡。当雷诺数在 $Re=40$ 和 $Re=150$ 之间时，上下层脱落涡街为层流状态。当雷诺数在 $Re=150$ 和 $Re=300$ 之间时，涡开始发生转捩，转变成湍流。当雷诺数在 $Re=300$ 和 $Re=3.5\times10^6$ 之间时涡街上下层湍流更加汹涌。脱落涡被称作冯·卡门涡街。当合力以较大的振幅振动圆柱体时，涡旋脱落放大了振动响应，导致连续的颤振。涡街脱落频率 f，和定常流速度之间的线性关系与斯特劳哈尔数研究相关，可由式 $S=fd/U$ 表示，其中 S 是斯特劳哈尔数，d 是物体的深度。这个数字通常是一个缓慢变化的雷诺数函数，$Re=Ud/\nu$，其中 ν 是流体的运动粘度。对于圆柱体，斯特劳哈尔数通常为0.2和0.1。

1911年，*Kármán* 和 Rubach 就对静止圆柱体尾流涡的涡结构的稳定性进行了分析研究。基于二维势流理论，他们假设除了集中涡外流体是无旋的。结果表明，涡结构是稳定的，如果旋涡组织是不对称双行模式（如图10-2所示）。这种稳定的结构满足关系 $h_k/b_k=\pi^{-1}\operatorname{arccosh}\sqrt{2}\approx0.281$ 和 $|\Gamma|=\sqrt{8}u_k b_k$。其中，Γ 是集中涡的强度，u_k 是涡速度，b_k 是同一排涡之间的距离，h_k 为行与行之间的距离。此外，涡迹诱导阻力几乎稳定，满足关

系 $D=qdC_D$。其中，D 是单位长度上水平诱导力的平均值。相关的阻力系数表示为

$$C_D=\frac{\Gamma}{\pi U^2 db_k}[2\pi h_k(U-2u_k)+1] \tag{10-109}$$

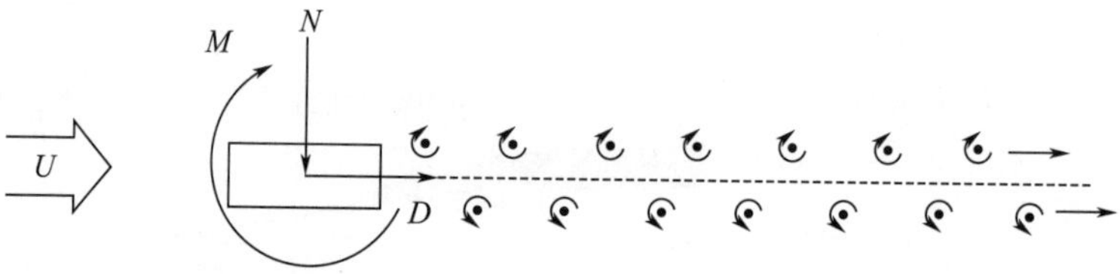

图 10-2　不对称旋涡，又称 Kármán—Bénard（or von Kármán）涡尾迹

人们试图计算出圆柱体在理想的 Kármán - Bénard 涡尾迹中承受的横向力波动解析式。考虑到无限的涡尾迹和圆形的横截面，单位长度非定常横向力或向下的法向力可表示为

$$N=\rho u_k\Gamma=qdC_N \tag{10-110a}$$

其中

$$C_N=\frac{\Gamma^2}{U^2 db_k}\tanh\left(\pi\frac{h_k}{b_k}\right) \tag{10-110b}$$

是法向力系数。

第五类振动问题包含风产生的随机力，如阵风、大气湍流和风切变。这些风力导致大型结构响应，还会伴随着流动分离旋涡等现象。20 世纪 50 年代，抖振分析的重要性逐渐被意识到，抖振分析模型是基于频域方法，以及随机振动理论的谱分析。在该模型中，需要求解的基本量是振动振幅的变化量，而不是确定的时间响应历程。随着荷载概率分布问题的解决，抖振在特定时间间隔下的峰值响应可以通过数学方法计算。在这个模型中，响应近似非耦合的单自由度模态响应。

推导可靠的抖振计算过程的首要问题是模态载荷谱密度的测定。这一问题涉及到以下方面内容：a）机翼结构的模态振型，b）湍流频谱，c）湍流沿机翼展向相干性特性，d）翼截面的定常或非定常气动力系数。抖振分析在飞行器的机翼和桥梁甲板中都有成功应用。

在海洋结构和海上船只的波浪诱发振荡中，可以观察到一种类似于抖振的现象。在这些情况下，由于海浪冲击产生的随机载荷，海洋结构和海上船只会发生受迫振动。

最后一类典型的流固耦合振动问题，与流体支撑或承载轴承的转轴相关。这主要表现为转子的旋转振动，通常包含两个或两个以上的旋转自由度。事实上，有至少两种不同类型的共振：直线旋转和锥旋转。第一种类型是由于在某临界速度下，所有平动模态阻尼都变为零。锥形旋转一般是在轴对称加载的轴承支撑下出现，类似于纵向荷载作用下梁的屈曲。后一种情况下，旋转轴开始像一个自由转子那样运动。旋转的条件与沿转子主轴的转动惯量比相关。

在下面的章节中，我们将讨论基准流固耦合的例子，说明这种系统的分析方法。该方法是十分通用的，可以应用于各种工程中的流固耦合问题。

10.4.1　结构柔性对飞行器的影响——气动弹性

到目前为止，飞行器动力学模型的建立都是基于刚体假设。实际的飞行器被设计得很轻而且具有一定的柔性，在许多设计应用中都必须考虑动力学模型的柔性。在飞行器设计中，必须考虑结构柔性带来的影响。其中一些不利因素是飞行器设计中必须满足的约束条件，而一些有利因素可以在飞行器优化设计中有效地利用。

结构弹性带来的主要影响为：

1）配平条件；

2）带来新的静不稳定性，如机翼发散和控制面反效；

3）引发飞行过程中飞行器的振动，引发新的动不稳定现象，如机翼颤振。

下面将简单介绍这些静态和动态不稳定性的实例。

10.4.2　机翼发散

机翼扭转变形会产生额外的气动扭矩，这一额外扭矩通常不是恢复力矩。作用在机翼上的气动扭转载荷会降低机翼刚度。因此，随着速度增加，作用在机翼上的气动扭转力矩也会增大。当速度达到某一临界值时，气动载荷的扭转刚度等于飞行器的结构刚度，这样的速度称为发散速度。在这种情况下，增加很小的气动载荷都会导致机翼的大角度偏转，进而导致机翼结构破坏。我们可以说明这一典型的柔性翼分析模型。

影响机翼发散速度的重要参数是翼型或截面的弹性中心的位置。弹性中心或扭转中心是翼截面弦线上的一点，作用在这点的扭矩只使机翼产生扭转运动和作用在该点的力只会使翼截面产生平移。因此，当只在弹性中心施加静态力时，机翼的平动和转动是解耦的。穿过翼截面连接弹性中心的线被称为弹性轴。考虑一个具有弹性约束的二元翼段，外部扭转载荷 $M_{\alpha e}$ 作用在质心。翼段在弹性恢复力矩和气动力矩的作用下保持平衡状态，静力平衡方程为

$$k_\alpha \alpha = M_{\alpha e} + M_{\alpha ero} \tag{10-111a}$$

其中

$$M_{\alpha ero} = \frac{1}{2}\rho U^2 (4\pi b^2)\left(a + \frac{1}{2}\right)\alpha \tag{10-111b}$$

可得

$$k_\alpha \alpha - \rho U^2 \pi b^2 (2a+1)\alpha = M_{\alpha e}$$

式中　k_α——弹性约束的弹簧刚度；

α——机翼攻角；

b——翼型半弦长；

ρ——自由流密度；

U——水平方向的相对气流速度；

a——弹性轴到气动弦重心轴的距离。

则机翼发散速度满足如下关系

$$k_{\alpha}\alpha-\pi b^{2}\rho U_{crit}^{2}(2a+1)\alpha=0 \tag{10-112}$$

求解 U_{crit}

$$U_{crit}=\sqrt{\frac{k_{\alpha}}{\pi b^{2}\rho(2a+1)}} \tag{10-113}$$

从式中可见，当 $a=0.5$ 时，即当弹性中心位于翼段前缘四分之一弦长时，发散速度是无限大的。实际上，我们可以观察到，当弹性轴位于四分之一弦长之前或者气动中心之前时发散现象不会发生。

10.4.3 控制反效

升力面上的控制面偏转产生的升力增量被机翼扭转产生的升力负增量抵消。超过某一临界反效速度后，会导致控制面偏转产生负的升力增量，这种现象称为控制面反效。飞行员会试图控制飞行器在相反方向响应。考虑控制面向下偏转的翼剖面（图 10-3），弹性中心位于气动中心之前。襟翼偏转的效果是产生气动力矩，减小机翼扭转。因此，由于机翼截面弹性，不仅会减小机翼的总升力，控制表面产生额外的升力也会消失。控制面控制力为零的相对风速称为控制反效的速度。

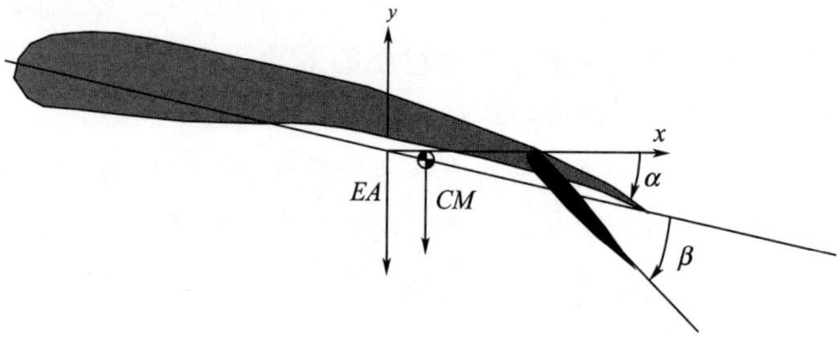

图 10-3 襟翼向下偏转和相对气流攻角的翼剖面

为了分析典型现象，考虑自由流中二元翼段某攻角下的升力，机翼后缘的控制面向下偏转。攻角和控制面偏角引起的升力增量为

$$\Delta L_{aero}=\frac{1}{2}\rho U^{2}(4\pi b)\left(\alpha+\frac{T_{10}}{\pi}\beta\right) \tag{10-114}$$

其中 $T_{10}=\sqrt{1-c^{2}}+\cos^{-1}c$ 和 c = 控制面铰链线到平均气动弦长中点的距离，升力增量为零。翼型的弹性扭转角为

$$\alpha=-\beta T_{10}/\pi \tag{10-115}$$

现在考虑作用在翼段上的扭转力矩，根据方程（10-111a）可得如下等式

$$M_{aero}=\frac{1}{2}\rho U^{2}(4\pi b^{2})\left[\left(a+\frac{1}{2}\right)\alpha-\frac{1}{2\pi}(T_{4}-2aT_{10})\beta\right] \tag{10-116}$$

其中 $T_{4}=c\sqrt{1-c^{2}}-\cos^{-1}c$，消去 α

$$M_{aero}=-\frac{1}{4\pi}\rho U^{2}(4\pi b^{2})(T_{10}+T_{4})\beta \tag{10-117}$$

因此从等式（10－111a）可得，式（10－115）和式（10－117）反效速度满足无载荷平衡条件

$$-\frac{T_{10}}{\pi}k_{\alpha}\beta=-\frac{1}{4\pi}\rho U_{rev}^{2}(4\pi b^{2})(T_{10}+T_{4})\beta \tag{10-118}$$

于是

$$U_{rev}=\sqrt{\frac{k_{\alpha}}{\rho\pi b^{2}\left(1+\frac{T_{4}}{T_{10}}\right)}} \tag{10-119}$$

控制面反效速度大于临界反效速度。

10.4.4　机翼颤振

如图 10－1 所示，考虑定常不可压缩理想流中具有定常攻角的机翼。升力与自由流的流动速度 U 和围绕翼型的环量 Γ 直接相关。在非定常运动中，机翼相对于自由流的攻击是不断变化的。因此，在运动开始时，起动涡从机翼后缘脱落，引起围绕机翼的初始环量。此后，机翼每一次到达新的攻角时，由于后缘涡脱落的连续变化引起环流大小发生变化。因此，涡街脱落后缘并在翼段后面扩展被称为尾迹。尾迹在机翼表面产生诱导速度，这对气动力和力矩都有很大影响，不能忽略。正是这种效应影响不断循环，产生的气动力和气动力矩一直滞后于机翼弯扭振动，从而在一定的临界流速下维持自激振动。这个临界流速称为颤振速度，当速度超过临界速度时，振荡幅值往往会迅速增加到一个更大值。

10.4.5　机翼颤振分析

流动介质中的振动理论的另一个重要应用是分析机翼颤振。颤振分析的目标是预测飞行器的颤振速度以确保在飞行包线内不发生机翼颤振。颤振分析通常基于理想的二维翼段模型，这样的翼段通常是具有单位长度的片条。然而，在气动计算时，通常假设这样的翼段在展向是无限延伸的，这样就可以忽略气动力的展向效应。机翼是悬浮在速度为 U 的均匀定常自由流中。机翼由两个弹簧支撑，与来流的攻角为 α，如图 10－4 所示。攻角是时间的函数，取决于用来描述翼型运动的广义坐标。

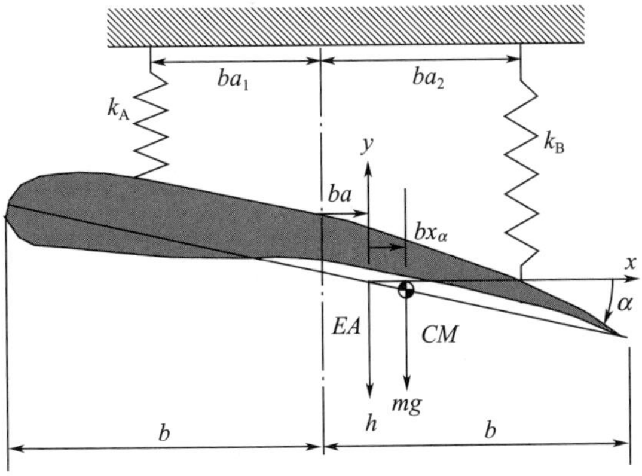

图 10－4　二维自由流中的经典翼段模型

假定参考系的原点处于翼截面的弹性中心或扭转中心，即作用在该点的扭矩只产生扭转位移和作用在这一点上的力只产生平动位移。因此，当只在弹性中心施加静态力时，机翼的转动和平动是解耦的。穿过翼截面连接弹性中心的线被称为弹性轴，在图中用 EA 表示。翼型的半弦为 b，弹性轴距离中点弦的距离为 ba，其中 a 是无量纲系数（这一表示方式是进行典型二元翼段动力学分析的常用形式）。最后，翼段的质心位于弹性轴右侧，距弹性轴的距离为 x_α 半弦长处。平移运动是通过沉浮位移 h 表示，这是其用来描述翼型运动的广义坐标。

为了得到运动方程，我们考虑采用拉格朗日方法，弹簧中存储的势能为

$$V=\frac{1}{2}K_A(h-b(a+a_1)\alpha)^2+\frac{1}{2}K_B(h+b(a-a_2)\alpha)^2 \tag{10-120}$$

根据弹性中心的特性可得

$$K_Bb(a-a_2)=-K_Ab(a+a_1) \tag{10-121}$$

弹性势能函数简化为

$$V=\frac{1}{2}(K_A+K_B)h^2+\frac{1}{2}b^2[K_A(a+a_1)^2+K_B(a-a_2)^2]\alpha^2 \tag{10-122}$$

翼段质心的位移量为

$$h_{cm}(t)=h(t)-bx_\alpha\alpha(t) \tag{10-123}$$

式中 x_α——质心到弹性轴距离的无量纲距离系数。

翼段的动能由两部分组成：一部分是平动动能，另一部分是转动动能，表示如下

$$T=\frac{1}{2}m[\dot{h}(t)+bx_\alpha\dot{\alpha}(t)]^2+\frac{1}{2}I_{cm}\dot{\alpha}(t)^2 \tag{10-124}$$

其中

$$I_{cm}=I_\alpha-mb^2x_\alpha^2$$

应用拉格朗日方法和拉格朗日方程（10-65），拉格朗日算子定义为 $L=T-V$，$q_1(t)=h(t)$，$q_2(t)=\alpha(t)$，$Q_1(t)=-L(t)$ 及 $Q_2(t)=M(t)$。广义力 $L(t)$ 和广义力矩 $M(t)$ 为作用在翼段上的气动升力和气动抬头俯仰力矩。气动升力和抬头俯仰力矩都是在弹性中心处给出的。假设升力向上，力矩与攻角方向一致，运动方程可表示为

$$m\ddot{h}(t)+mbx_\alpha\ddot{\alpha}(t)+k_hh(t)=-L \tag{10-125a}$$

和

$$mbx_\alpha\ddot{h}(t)+I_\alpha\ddot{\alpha}(t)+k_\alpha\alpha(t)=M \tag{10-125b}$$

西奥道森给出了非定常气动力和气动力矩的计算方法[9]。他通过计算翼型周围流场的速度势来估算非定常气动力。速度矢量定义为

$$\boldsymbol{V}=(U+u)\boldsymbol{i}+v\boldsymbol{j}+w\boldsymbol{k} \tag{10-126}$$

其中 u，v 和 w 均为远场流速度 U 在当地的扰动速度分量，扰动速度势通过以下变量定义

$$(u\quad v\quad w)=\nabla\phi=\left(\frac{\partial}{\partial x}\quad\frac{\partial}{\partial y}\quad\frac{\partial}{\partial z}\right)\phi \tag{10-127}$$

非定常流中的质量守恒连续关系为

$$\frac{D\rho}{Dt}+\rho\nabla\cdot(\nabla\phi)=0 \tag{10-128}$$

如果假定空气不可压缩，则上述连续方程可表示为

$$\nabla\cdot(u\quad v\quad w)=\nabla\cdot\nabla\phi=\frac{\partial^2}{\partial x^2}\phi+\frac{\partial^2}{\partial y^2}\phi+\frac{\partial^2}{\partial z^2}\phi=\nabla^2\phi=0 \tag{10-129}$$

在可压缩流体中，基于非定常伯努利关系，在没有较大机体作用力的情况下，可表示为

$$\frac{\partial\phi}{\partial t}+\frac{1}{2}[\mathbf{V}\cdot\mathbf{V}-U^2]+\int_{p\infty}^{p}\frac{\mathrm{d}p}{\rho}=0 \tag{10-130}$$

上述方程的最后一项积分项进行了简化

$$a^2=\left(\frac{\partial p}{\partial\rho}\right)_{s=c}=\frac{\mathrm{d}p}{\mathrm{d}\rho}=\frac{\gamma p}{\rho} \tag{10-131}$$

从而可得

$$\mathrm{d}(a^2)=\gamma\mathrm{d}\left(\frac{p}{\rho}\right)=(\gamma-1)\frac{\mathrm{d}p}{\rho} \tag{10-132}$$

伯努利关系中的最后一项积分项可通过下式计算

$$\int_{p\infty}^{p}\frac{\mathrm{d}p}{\rho}=\int_{a_\infty^2}^{a^2}\frac{\mathrm{d}(a^2)}{\gamma-1}=\frac{1}{\gamma-1}(a^2-a_\infty^2) \tag{10-133}$$

对总时间的微分可表示为

$$\frac{D}{Dt}\int_{p\infty}^{p}\frac{\mathrm{d}p}{\rho}=\frac{a^2}{\rho}\frac{D\rho}{Dt} \tag{10-134}$$

速度势能的质量守恒方程可表示为

$$\nabla^2\phi-\frac{1}{a^2}\left[\frac{\partial^2\phi}{\partial t^2}+\frac{\partial}{\partial t}(\mathbf{V}\cdot\mathbf{V})+\frac{1}{2}\mathbf{V}\cdot\nabla(\mathbf{V}\cdot\mathbf{V})\right]=0 \tag{10-135}$$

在不可压缩流的情况下，扰动压力与自由流（远场）压力 p_∞ 满足伯努利关系

$$\int_{p\infty}^{p}\frac{\mathrm{d}p}{\rho}=-\frac{\partial\phi}{\partial t}-\frac{1}{2}[\mathbf{V}\cdot\mathbf{V}-U^2] \tag{10-136}$$

可表示为

$$\frac{p-p_\infty}{0.5\rho U^2}=\frac{\Delta p}{0.5\rho U^2}=-\frac{1}{U^2}\left(\frac{\partial\phi}{\partial t}+U\frac{\partial\phi}{\partial x}\right) \tag{10-137}$$

对机翼表面的压力进行积分可以得到气动力和力矩。对于平板型翼型，同样可以通过对翼型表面的压力积分计算得气动力和力矩。为了获得机翼上压力分布必须得到速度势能的解。边界条件必须用于速度分布，它对确定压力分布起着至关重要的作用。主要的边界条件：

1）穿过翼型表面的流动速度的法向分量必须等于零的任何表面上的流动是不可能的。

2）Kutta - Joukowski 条件要求在后缘的流动速度是有限的。这确保了横跨后压差为零。

西奥道森的分析过程太过复杂，本节中不予详细讨论。下一节中，将单独对其进行详细分析。一般来说，升力和力矩可以表示为卷积积分。如果运动为简谐运动，它可表示为

$$\begin{bmatrix} L \\ -M \end{bmatrix} = \boldsymbol{M}_a \begin{bmatrix} \ddot{h} \\ \ddot{\alpha} \end{bmatrix} + \boldsymbol{C}_a \begin{bmatrix} \dot{h} \\ \dot{\alpha} \end{bmatrix} + \boldsymbol{K}_a \begin{bmatrix} h \\ \alpha \end{bmatrix} \tag{10-138a}$$

其中

$$\boldsymbol{M}_a = \pi\rho b^3 \begin{bmatrix} \dfrac{1}{b} & -a \\ -a & b\left(a^2+\dfrac{1}{8}\right) \end{bmatrix}, \boldsymbol{C}_a = \pi\rho b^2 U \begin{bmatrix} \dfrac{2C(k)}{b} & 1+C(k)(1-2a) \\ C(k)(1+2a) & b\left(\dfrac{1}{2}-a\right)[1-C(k)(1+2a)] \end{bmatrix}$$

和

$$\boldsymbol{K}_a = \pi\rho b U^2 C(k) \begin{bmatrix} 0 & 2 \\ 0 & -b(1+2a) \end{bmatrix} \tag{10-138b}$$

其中 $C(k)$ 是无量纲参数 k 的复函数，$k=\omega b/U$；U 为气流相对机翼的流动速度。气动刚度矩阵是速度平方 U^2 的函数，起初可以忽略气动惯性和阻尼的影响。西奥道森的重要贡献在于，他采用一种十分简洁的方式估算机翼尾迹的影响。他引入函数 $C(k)$，其中参数 k 称为减缩频率。它是从尾流产生的环流项中得出的，是减缩振动频率的复函数。西奥道森[9]将该函数表示成第一类和第二类贝塞尔函数和汉克尔函数形式，最常用的表达式为

$$C(k) = \frac{K_1(\mathrm{i}k)}{K_1(\mathrm{i}k)+K_0(\mathrm{i}k)} = \frac{H_1^{(2)}(\mathrm{i}k)}{H_1^{(2)}(\mathrm{i}k)+\mathrm{i}H_0^{(2)}(\mathrm{i}k)} \tag{10-139}$$

将实部和虚部分开，$C(k)$ 可表示为

$$C(k) = F(k) + \mathrm{i}G(k) \tag{10-140}$$

函数的典型值在表 10-1 中列出。

表 10-1　西奥道森函数值 $C(k)=F(k)+\mathrm{i}G(k)$

k	$F(k)$	$-G(k)$	k	$F(k)$	$-G(k)$
0	1.000	0.0	1.00	0.539	0.100
0.05	0.909	0.130	1.20	0.530	0.088
0.10	0.832	0.172	1.50	0.521	0.073 6
0.20	0.728	0.189	2.00	0.513	0.057 7
0.30	0.665	0.179	3.00	0.506	0.040 0
0.40	0.625	0.165	4.00	0.504	0.030 5
0.50	0.598	0.151	6.00	0.502	0.020 6
0.60	0.579	0.138	10.00	0.501	0.012 4
0.80	0.554	0.116	∞	0.5	0.0

在实际应用中，通常采用有理函数近似表示西奥道森函数

$$C(k)=\frac{0.5(\mathrm{i}k)^2+0.2813\mathrm{i}k+0.01365}{(\mathrm{i}k)^2+0.3455\mathrm{i}k+0.01365} \tag{10-141}$$

无量纲矩阵形式的运动方程为

$$\begin{bmatrix} mb^2 & mb^2x_\alpha \\ mb^2x_\alpha & I_\alpha \end{bmatrix}\begin{bmatrix} \frac{\ddot{h}}{b} \\ \ddot{\alpha} \end{bmatrix}+\begin{bmatrix} k_hb^2 & 0 \\ 0 & k_\alpha \end{bmatrix}\begin{bmatrix} \frac{h}{b} \\ \alpha \end{bmatrix}+\begin{bmatrix} Lb \\ -M \end{bmatrix}=\begin{bmatrix} 0 \\ 0 \end{bmatrix} \tag{10-142}$$

广义气动恢复力矩为

$$\begin{bmatrix} Lb \\ -M \end{bmatrix}=\pi\rho b^2U^2\left(\widetilde{\boldsymbol{M}}_a\begin{bmatrix} \frac{\ddot{h}}{b} \\ \ddot{\alpha} \end{bmatrix}+\widetilde{\boldsymbol{C}}_a\begin{bmatrix} \frac{\dot{h}}{b} \\ \dot{\alpha} \end{bmatrix}+\widetilde{\boldsymbol{K}}_a\begin{bmatrix} \frac{h}{b} \\ \alpha \end{bmatrix}\right) \tag{10-143a}$$

其中

$$\widetilde{\boldsymbol{M}}_a=\left(\frac{b}{U}\right)^2\begin{bmatrix} 1 & -a \\ -a & \left(a^2+\frac{1}{8}\right) \end{bmatrix},\widetilde{\boldsymbol{C}}_a=\frac{b}{U}\begin{bmatrix} 2C(k) & 1+C(k)(1-2a) \\ C(k)(1+2a) & \left(\frac{1}{2}-a\right)(1-C(k)(1+2a)) \end{bmatrix}$$

和

$$\widetilde{\boldsymbol{K}}_a=2C(k)\begin{bmatrix} 0 & 1 \\ 0 & -\left(\frac{1}{2}+a\right) \end{bmatrix} \tag{10-143b}$$

运动方程可表示为

$$(\boldsymbol{M}+Sq\widetilde{\boldsymbol{M}}_a)\ddot{\boldsymbol{x}}+(\boldsymbol{C}+Sq\widetilde{\boldsymbol{C}}_a)\dot{\boldsymbol{x}}+(\boldsymbol{K}+Sq\widetilde{\boldsymbol{K}}_a)\boldsymbol{x}=[0\quad 0]^{\mathrm{T}} \tag{10-144a}$$

其中

$$S=2\pi b^2,q=0.5\rho U^2,\ \boldsymbol{x}=[h/b\quad \alpha]^{\mathrm{T}} \tag{10-144b}$$

a）颤振方程参数：

m_{11}	9.686 88	k_{12}	32 618.585 6
m_{12}	0.484 344	k_{22s}	26 126.361 5
m_{22}	0.165 448 16	k_{22a}	−24 463.939 2
k_{11}	538.071 368	k_{22}	1 662.422 29

b）等价质量系数和 $C(k)=1$ 的刚度矩阵：

a_0	1.368 087 36	a_1	−394.091 881	a_2	894 501.833	ω_f	144.030 232

c）颤振行列式系数：

颤振现象的特点是持续的谐波振荡，颤振分析的目的是找出振荡频率和临界流速 $U=U_f$，或者这些振荡产生的颤振速度。因此假设

$$\boldsymbol{x}=[h_0/b\quad \alpha_0]^{\mathrm{T}}\exp(\mathrm{i}\omega t)=\boldsymbol{x}_0\exp(\mathrm{i}\omega t) \tag{10-145}$$

运动方程可表示为

$$[-\omega^2(\boldsymbol{M}+Sq\widetilde{\boldsymbol{M}}_a)+\mathrm{i}\omega(\boldsymbol{C}+Sq\widetilde{\boldsymbol{C}}_a)+\boldsymbol{K}+Sq\widetilde{\boldsymbol{K}}_a]\boldsymbol{x}_0=[0\quad 0]^{\mathrm{T}} \tag{10-146}$$

上述线性方程组的解存在的条件为系数矩阵的行列式为零，即

$$\left| -\omega^2 (\boldsymbol{M}+Sq\widetilde{\boldsymbol{M}}_a)+\mathrm{i}\omega(\boldsymbol{C}+Sq\widetilde{\boldsymbol{C}}_a)+\boldsymbol{K}+Sq\widetilde{\boldsymbol{K}}_a \right| = 0 \tag{10-147}$$

上式被称为颤振行列式，包含两个未知量，颤振频率 $\omega=\omega_f$ 和颤振速度 $U=U_f$。

上述两个解的求取可以通过数据表求得。首先假定一个西奥道森函数的初始值，然后在一系列流速下进行复特征值问题计算，直到找到颤振频率和颤振速度的近似值。函数值一直在更新，直到获得一个可接受值或更低的颤振速度边界。然后就可以保证估算的颤振速度超过飞行器在飞行包线内的飞行速度。

一个大展弦比滑翔翼颤振速度计算的典型算例在表 10－2 中给出。几种飞行条件下的颤振速度边界速度都远大于滑翔机的飞行速度。

表 10－2　颤振速度和颤振频率的典型算例

参数	数值	单位
机翼质量	70	kg
翼展	15.7	m
m=质量/跨度	4.46	kg/m
x_a	−0.05	
回转半径	0.186	m
I_a	0.165 448 16	kgm
弦在 0.7 半跨度	0.744	m
b	0.372	m
EA 位置	0.28	
$C.G.$ 位置	0.23	
$A.C.$ 位置	0.25	
U	175	m/s
ρ	1.225	kg/m³
ω_h	4.699 262 563	Hz
ω_a	63.245 354 92	Hz

10.5　翼型非定常气动力

考虑一个典型的二元翼段，且假定机翼向两端延伸到无限远处。翼型的自由度和几何形状，被理想化成如图 10－5 所示的平板。

西奥道森的原创性贡献是，将机翼后缘的脱落涡街模拟成一个连续的、平面二维的具有分布式涡度的涡流面，且从机翼后缘延伸至无穷远处，涡面形状为定常的。为了简化分析，涡片被限制在水平面上，涡流面形状不随涡片的自诱导速度变化。

假设机翼悬浮在一个流向为 x 轴正方向、流速为 U 的均匀自由来流中，攻角为 α，h 表示机翼的沉浮运动，如图 10－5 所示。翼型的半弦为 b 和翼型的转轴位于中点弦长后 ba 处，其中 a 是无量纲比例系数。参考系的原点位于机翼中点弦处，流场的速度矢量由方程

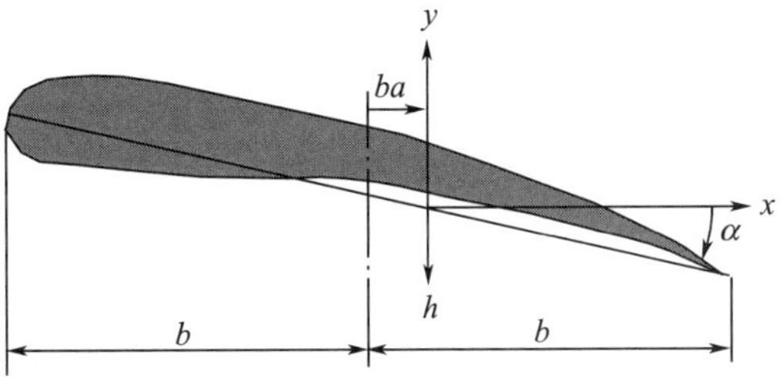

图 10 - 5　中心点具有沉浮和俯仰自由度的典型翼型截面

(10 - 126) 给出，其中 u，v 和 w 为均匀远场流速度 U 在当地的扰动速度分量。方程 (10 - 127) 给出了一个扰动速度势。方程 (10 - 128) 给出了非定常流的质量守恒连续关系。从方程 (10 - 135) 中得出了速度势方程。在不可压缩流的情况下，自由流（远场）的摄动压差 p_∞ 满足伯努利关系，由方程 (10 - 136) 给出。方程 (10 - 137) 给出了具体表达式。

通过对翼型表面的压力进行积分得到气动力和气动力矩。对于平板机翼表面情况，同样是通过对翼型表面的压力进行积分得到气动力和气动力矩。为了获得翼型表面的压力分布，需要求解翼型表面的速度势分布。速度势分布必须满足的边界条件对于确定翼型的压力分布起着至关重要的作用。主要的边界条件为：

1) 垂直于机翼表面的速度分量必须为零，因为流体无法穿越机翼。

2) 库塔条件要求后缘的流动速度为有限值，这能确保尾流的压力积分为零。

假定气流是不可压缩的，则有 $a=\infty$。这使得速度势的主导方程为拉普拉斯方程

$$\nabla^2\phi=0 \tag{10 - 148}$$

求解速度势和速度分布的一个方法是将平板翼型用一片分布涡代替。假定涡从机翼延伸到翼无穷远处，它代表尾流。一片涡片具有速度突变的特点，而法向速度是连续的。这是使用涡片代表升力面的主要原因。

由于涡流也满足拉普拉斯方程，因此涡流也是一种势流。我们用下式可以表示任意点 j 处的点涡的势（以涡源中心为原点的柱面参考系）

$$\phi_j=(\gamma_j/2\pi)\theta \tag{10 - 149}$$

从而，流场中任意点处的涡诱导速度可以由势梯度中得到

$$\underset{\rightarrow}{v_j}=\underset{\rightarrow}{\nabla}\phi_j=(\hat{k}/2\pi r_j)\gamma_j \tag{10 - 150}$$

其中 r_j 是从涡中心的距离，γ_j 是涡强。采用这种类型的源近似翼型流动是十分有用的，因为它自动满足拉普拉斯方程远场边界条件。使我们能够将势分解为两个分量：所有边界涡相互作用产生的势和无限远的势。我们也知道，一个二维涡满足拉普拉斯方程（即一个点涡）。因此，最后的一个条件是满足翼型表面的边界条件。翼型边界条件可以表示为诱导速度的总和，这些诱导速度包含涡机翼表面的涡片（近似为平板），并且机翼表面由尾迹自由涡产生的诱导速度必须等于机翼表面速度。因此

$$w_a=w_b+\lambda_{\text{wake}} \tag{10 - 151}$$

其中

$$w_b=\frac{1}{2\pi}\int_{-b}^{b}\frac{\gamma_b}{x-\xi}\mathrm{d}\xi,\lambda_{\mathrm{wake}}=\frac{1}{2\pi}\int_{b}^{\infty}\frac{\gamma_b}{x-\xi}\mathrm{d}\xi \tag{10-152}$$

w_a 是机翼表面速度，γ_b 是分布涡的涡强，满足如下关系

$$\gamma_b(x,t)=-2\phi_x(x,0+,t)=-2u(x,0+,t) \tag{10-153}$$

$\phi(x,z,t)$ 是相应的速度势，满足拉普拉斯方程（10-148）。假定 $u\approx U$ 为翼型远场流速以及 $v\cong 0$，我们可以得到机翼表面无量纲关系式 $z=z_a(x,y,t)$

$$w_a=\frac{w}{U}\bigg|_{z=z_a}=\left(\frac{\partial}{\partial t}+U\frac{\partial}{\partial x}\right)\frac{z_a(x,y,t)}{U} \tag{10-154}$$

于是

$$\frac{1}{2\pi}\int_{-b}^{b}\frac{\gamma_b}{x-\xi}\mathrm{d}\xi=w_a-\lambda_{\mathrm{wake}} \tag{10-155}$$

对涡流量从 $x=-b$ 到 x 进行积分，我们可以得到部分环流

$$\Gamma(x,t)=\int_{-b}^{x}\gamma_b(\xi,t)\,\mathrm{d}\xi=-2\int_{-b}^{x}\frac{\partial}{\partial\xi}\phi(\xi,z,t)\,|_{z=z_a=0+}\mathrm{d}\xi \tag{10-156}$$

和

$$\Gamma(x,t)=-2\phi(x,0+,t) \tag{10-157}$$

速度势，$\phi(x,z,t)$ 与无量纲的压力系数有如下关系

$$C_p=\frac{p}{(1/2)\rho U^2}=-2\left(\frac{\partial}{\partial x}+\frac{1}{U}\frac{\partial}{\partial t}\right)\phi(x,z,t) \tag{10-158}$$

穿过尾流没有压力差，即 $x\geqslant b$，$z=+0$ 和

$$C_p=\frac{p}{(1/2)\rho U^2}=-2\left(\frac{\partial}{\partial x}+\frac{1}{U}\frac{\partial}{\partial t}\right)\phi(x,z,t)=0 \tag{10-159}$$

在尾流表面，有下式成立

$$\phi(x,0+,t)=\phi(b,0+,t-(x-b)/U) \tag{10-160}$$

最终，在尾流表面有

$$\Gamma(x,t)=\Gamma(b,t-(x-b)/U) \tag{10-161}$$

方程（10-161）简化为全环流，当 $x=b$ 时为 $\Gamma(b,t)$，当 $x\geqslant b$，$z=+0$

$$\gamma_b(x,t)=-\frac{1}{U}\times\frac{\partial}{\partial t}\Gamma(b,t-(x-b)/U) \tag{10-162}$$

尾迹诱导速度为

$$\lambda_{\mathrm{wake}}=\frac{1}{2\pi}\int_{b}^{\infty}\frac{\gamma_b}{x-\xi}\mathrm{d}\xi=\frac{-1}{2\pi U}\int_{b}^{\infty}\frac{\mathrm{d}\xi}{x-\xi}\times\frac{\partial}{\partial t}\Gamma(b,t-(\xi-b)/U) \tag{10-163}$$

如果我们假设环流是正弦的

$$\Gamma(b,t)=\hat{\Gamma}(b)\exp(\mathrm{i}\omega t),\Gamma(x,t)=\Gamma(b,t)\exp(-\mathrm{i}\omega(x-b)/U) \tag{10-164}$$

可得

$$
\begin{aligned}
\lambda_{\text{wake}} &= \frac{-1}{2\pi U}\int_b^{\infty}\frac{1}{x-\xi}\times\frac{\partial}{\partial t}\Gamma(b,t-(x-b)/U)\,\mathrm{d}\xi \\
&= \frac{-\mathrm{i}\omega b}{U}\frac{\Gamma(b,t)}{2\pi b}\int_b^{\infty}\frac{\exp\{-\mathrm{i}(\omega b/U)((\xi-b)/b)\}}{x-\xi}\mathrm{d}\xi
\end{aligned}
\tag{10-165}
$$

为了计算 $\hat{\Gamma}(b)$，考虑从方程（10－153）计算得到的 γ_b 积分方程的解

$$
\gamma_b = \frac{2}{\pi}\sqrt{\frac{b-x}{b+x}}\int_{-b}^{+b}\sqrt{\frac{b+\xi}{b-\xi}}\frac{w_a-\lambda_{\text{wake}}}{x-\xi}\mathrm{d}\xi \tag{10-166}
$$

和

$$
\Gamma(b,t) = \int_{-b}^{b}\gamma_b(\xi,t)\,\mathrm{d}\xi = \frac{2}{\pi}\int_{-b}^{b}\left(\sqrt{\frac{b+\xi}{b-\xi}}\right)(w_a-\lambda_{\text{wake}})\int_{-b}^{+b}\sqrt{\frac{b-x}{b+x}}\frac{1}{x-\xi}\mathrm{d}x\,\mathrm{d}\xi \tag{10-167}
$$

或

$$
\Gamma(b,t) = \int_{-b}^{b}\gamma_b(\xi,t)\,\mathrm{d}\xi = 2\int_{-b}^{b}\sqrt{\frac{b+\xi}{b-\xi}}(w_a-\lambda_{\text{wake}})\,\mathrm{d}\xi \tag{10-168}
$$

如果使

$$
Q = \frac{1}{\pi}\int_{-b}^{b}\sqrt{\frac{b+\xi}{b-\xi}}w_a\,\mathrm{d}\xi \tag{10-169}
$$

从 λ_{wake} 的求解中可得下式

$$
2\pi Q = \Gamma(b,t) + 2\int_{-b}^{b}\sqrt{\frac{b+\xi}{b-\xi}}\lambda_{\text{wake}}\mathrm{d}\xi = \Gamma(b,t)\left(1-\frac{2ikI}{b}\right) \tag{10-170}
$$

积分 I 为

$$
I = \frac{1}{2\pi}\int_b^{\infty}\exp\{-\mathrm{i}(\omega b/U)((\xi-b)/b)\}\left(\int_{-b}^{+b}\sqrt{\frac{b-x}{b+x}}\frac{1}{x-\xi}\mathrm{d}x\right)\mathrm{d}\xi,\ \xi > b \tag{10-171}
$$

可由下式计算

$$
I = \frac{b}{2\mathrm{i}k}\left(1+\frac{\pi\mathrm{i}k}{2}\exp(\mathrm{i}k)\left(H_1^{(2)}(k)+\mathrm{i}H_0^{(2)}(k)\right)\right) \tag{10-172}
$$

于是

$$
\Gamma(b,t) = -\frac{4\exp(-\mathrm{i}k)Q}{\mathrm{i}k\left(H_1^{(2)}(k)+\mathrm{i}H_0^{(2)}(k)\right)} \tag{10-173}
$$

分布涡强的解 γ_b 已知。由方程（2－87）和方程（2－89）可得无量纲压力系数的解。如果令下洗速度的幅值为正弦函数

$$
w_a(x,t) = \hat{w}_a(x)\exp(\mathrm{i}\omega t) \tag{10-174}
$$

可得（Ashley and Landahl[10]）

$$\Delta C_p(x)=\frac{4}{\pi}\sqrt{\frac{b-x}{b+x}}\int_{-b}^{b}\sqrt{\frac{b+x_1}{b-x_1}}\frac{\hat{w}_a(x_1)}{x-x_1}\mathrm{d}x_1+\frac{4\mathrm{i}\omega}{\pi U}\sqrt{(b^2-x^2)}\int_{-b}^{b}\sqrt{\frac{1}{b^2-x_1^2}}\frac{\hat{p}_a(x_1)}{x-x_1}\mathrm{d}x_1+$$
$$\frac{4}{\pi\times b}(1-C(k))\sqrt{\frac{b-x}{b+x}}\int_{-b}^{b}\sqrt{\frac{b+x_1}{b-x_1}}\hat{w}_a(x_1)\,\mathrm{d}x_1 \tag{10-175}$$

其中减缩频率 k 和正弦振动的角频率相关，$k=\omega b/U$，同时

$$\hat{p}_a(x)=\int_{-b}^{x}\hat{w}_a(x_1)\,\mathrm{d}x_1,\ C(k)=\frac{\int_1^{\infty}\frac{\xi}{\sqrt{\xi^2-1}}\mathrm{e}^{-\mathrm{i}k\xi}\mathrm{d}\xi}{\int_1^{\infty}\frac{\xi+1}{\sqrt{\xi^2-1}}\mathrm{e}^{-\mathrm{i}k\xi}\mathrm{d}\xi} \tag{10-176}$$

可简化为

$$C(k)=\frac{K_1(\mathrm{i}k)}{K_1(\mathrm{i}k)+K_0(\mathrm{i}k)}=\frac{H_1^{(2)}(k)}{H_1^{(2)}(k)+\mathrm{i}H_0^{(2)}(k)} \tag{10-177}$$

从而，无量纲升力和相对于中心弦长处的俯仰力矩的幅值分别为

$$\frac{\hat{L}}{\frac{1}{2}\rho U^2 b}=-\frac{4C(k)}{b}\int_{-b}^{b}\sqrt{\frac{b+x_1}{b-x_1}}\hat{w}_a(x_1)\,\mathrm{d}x_1-\frac{4\mathrm{i}k}{b^2}\int_{-b}^{b}\sqrt{b^2-x_1^2}\,\hat{w}_a(x_1)\,\mathrm{d}x_1 \tag{10-178a}$$

$$\frac{\hat{M}}{0.5\rho U^2(2b^2)}=-\frac{1}{b}\int_{-b}^{b}\left(\sqrt{\frac{b+x_1}{b-x_1}}-\frac{2}{b}\sqrt{(b^2-x_1^2)}\right)\hat{w}_a(x_1)\,\mathrm{d}x_1+\frac{C(k)}{b}\int_{-b}^{b}\sqrt{\frac{b+x_1}{b-x_1}}\hat{w}_a(x_1)\,\mathrm{d}x_1-$$
$$\frac{\mathrm{i}\omega}{U}\int_{-b}^{b}\left(\sqrt{\frac{1}{b^2-x_1^2}}-\frac{2}{b}\sqrt{b^2-x_1^2}\right)\hat{p}_a(x_1)\,\mathrm{d}x_1 \tag{10-178b}$$

用西奥道森函数 $C(k)$ 这样一种简洁的形式表达尾迹对机翼气动力的影响，其中参数 k 表示减缩频率。它由尾迹引起的环量项产生，它是振动减缩频率的复函数。西奥道森将其表示成复数贝塞尔函数和汉克尔函数形式。典型值在表 10-1 中列出。减缩频率 k 同时和斯特劳哈尔数相关，斯特劳哈尔数定义为：$S=fA/U=\omega A/2\pi U=k(A/2\pi b)$，其中 A 是机翼后缘或其他关键点运动的幅值。

10.6 弹性体动力学的欧拉—拉格朗日方法

为了将拉格朗日方程应用于弹性体（Olson[11]），弹性体上任意点的速度矢量表示为刚体运动速度和弹性运动引起的额外速度之和的形式

$$\boldsymbol{v}_f=\begin{bmatrix}u\\v\\w\end{bmatrix}+\frac{\partial}{\partial t}\boldsymbol{q}_d+\begin{bmatrix}0&-r_B&q_B\\r_B&0&-p_B\\-q_B&p_B&0\end{bmatrix}\boldsymbol{q}_d \tag{10-179}$$

采用与刚体飞行器建模时相似的参考系，即参考系的原点固定于机体的某个点处。则平动动能密度（不包括刚体转动产生的转动动能）可表示如下

$$
\begin{aligned}
\mathcal{T}=&\frac{\rho}{2}\begin{bmatrix}u\\v\\w\end{bmatrix}^{\mathrm T}\begin{bmatrix}u\\v\\w\end{bmatrix}+\rho\begin{bmatrix}u\\v\\w\end{bmatrix}^{\mathrm T}\left\{\frac{\partial}{\partial t}\boldsymbol{q}_d+\begin{bmatrix}0&-r_B&q_B\\r_B&0&-p_B\\-q_B&p_B&0\end{bmatrix}\boldsymbol{q}_d\right\}+\rho\begin{bmatrix}x_C\\y_C\\z_C\end{bmatrix}^{\mathrm T}\begin{bmatrix}0&-r_B&q_B\\r_B&0&-p_B\\-q_B&p_B&0\end{bmatrix}\begin{bmatrix}u\\v\\w\end{bmatrix}+\\
&\rho\begin{bmatrix}x_C\\y_C\\z_C\end{bmatrix}^{\mathrm T}\begin{bmatrix}0&-r_B&q_B\\r_B&0&-p_B\\-q_B&p_B&0\end{bmatrix}\frac{\partial}{\partial t}\boldsymbol{q}_d-\rho\begin{bmatrix}x_C\\y_C\\z_C\end{bmatrix}^{\mathrm T}\begin{bmatrix}r_B^2+q_B^2&p_Bq_B&p_Br_B\\q_Bp_B&p_B^2+r_B^2&q_Br_B\\r_Bp_B&r_Bq_B&q_B^2+p_B^2\end{bmatrix}\boldsymbol{q}_d+\\
&\frac{\rho}{2}\boldsymbol{q}_d^{\mathrm T}\begin{bmatrix}r_B^2+q_B^2&p_Bq_B&p_Br_B\\q_Bp_B&p_B^2+r_B^2&q_Br_B\\r_Bp_B&r_Bq_B&q_B^2+p_B^2\end{bmatrix}\boldsymbol{q}_d+\frac{\rho}{2}\frac{\partial}{\partial t}\boldsymbol{q}_d^{\mathrm T}\left\{\frac{\partial}{\partial t}\boldsymbol{q}_d+\begin{bmatrix}0&-r_B&q_B\\r_B&0&-p_B\\-q_B&p_B&0\end{bmatrix}\boldsymbol{q}_d\right\}
\end{aligned}
\tag{10-180}
$$

弹性位移可表示成有限个模态的叠加

$$
\boldsymbol{q}_d=\sum_i q_i\boldsymbol{\phi}_i=\sum_i q_i\,[\phi_{ix}\quad\phi_{iy}\quad\phi_{iz}]^{\mathrm T}\tag{10-181}
$$

将整个飞行器的平动动能密度积分并加上刚体转动动能，可得

$$
\begin{aligned}
T=&\frac{m}{2}\begin{bmatrix}u\\v\\w\end{bmatrix}^{\mathrm T}\begin{bmatrix}u\\v\\w\end{bmatrix}+\begin{bmatrix}mx_C-\sum_i s_x^iq_i\\my_C-\sum_i s_y^iq_i\\mz_C-\sum_i s_z^iq_i\end{bmatrix}^{\mathrm T}\begin{bmatrix}0&-r_B&q_B\\r_B&0&-p_B\\-q_B&p_B&0\end{bmatrix}\begin{bmatrix}u\\v\\w\end{bmatrix}+\begin{bmatrix}u\\v\\w\end{bmatrix}^{\mathrm T}\begin{bmatrix}\sum_i s_x^i\dot q_i\\\sum_i s_y^i\dot q_i\\\sum_i s_z^i\dot q_i\end{bmatrix}+\\
&\begin{bmatrix}p_B\\q_B\\r_B\end{bmatrix}^{\mathrm T}\begin{bmatrix}\sum_i I_x^i\dot q_i\\\sum_i I_y^i\dot q_i\\\sum_i I_z^i\dot q_i\end{bmatrix}+\frac{1}{2}\begin{bmatrix}p_B\\q_B\\r_B\end{bmatrix}^{\mathrm T}\begin{bmatrix}I_{xx}&-I_{xy}&-I_{xz}\\-I_{xy}&I_{yy}&-I_{yz}\\-I_{xz}&-I_{yz}&I_{zz}\end{bmatrix}\begin{bmatrix}p_B\\q_B\\r_B\end{bmatrix}+\\
&\begin{bmatrix}p_B\\q_B\\r_B\end{bmatrix}^{\mathrm T}\begin{bmatrix}\sum_i\sum_j I_{yz}^{ij}(q_i\dot q_j-\dot q_iq_j)\\\sum_i\sum_j I_{zx}^{ij}(q_i\dot q_j-\dot q_iq_j)\\\sum_i\sum_j I_{xy}^{ij}(q_i\dot q_j-\dot q_iq_j)\end{bmatrix}+\sum_i\sum_j I^{ij}\frac{\dot q_i\dot q_j}{2}
\end{aligned}
\tag{10-182}
$$

其中

$$
[s_x^i\quad s_y^i\quad s_x^i]^{\mathrm T}=\int_V m\boldsymbol{\phi}_i^{\mathrm T}\mathrm{d}V,\ I^{ij}=\int_V m\boldsymbol{\phi}_i^{\mathrm T}\boldsymbol{\phi}_j\mathrm{d}V,\ \begin{bmatrix}I_x^i\\I_y^i\\I_z^i\end{bmatrix}=-\begin{bmatrix}0&-z_C&y_C\\z_C&0&-x_C\\-y_C&x_C&0\end{bmatrix}\begin{bmatrix}s_x^i\\s_y^i\\s_z^i\end{bmatrix}
$$

和

$$[I_{yz}^{ij} \quad I_{zx}^{ij} \quad I_{xy}^{ij}]^{\mathrm{T}} = \left[\int_V m\phi_{iy}\phi_{jz}\mathrm{d}V \quad \int_V m\phi_{iz}\phi_{jx}\mathrm{d}V \quad \int_V m\phi_{ix}\phi_{jy}\mathrm{d}V\right]^{\mathrm{T}} \quad (10-183)$$

上面的表达式中，在参考系的原点处求得惯性矩阵表达式。通常，动能的表达式为(Olson[11])

$$T = \frac{1}{2}m(u^2+v^2+w^2) - \begin{bmatrix} mx_C - \sum_i s_x^i q_i \\ my_C - \sum_i s_y^i q_i \\ mz_C - \sum_i s_z^i q_i \end{bmatrix}^{\mathrm{T}} \begin{bmatrix} vr_B - wq_B \\ wp_B - ur_B \\ uq_B - vp_B \end{bmatrix} +$$

$$\frac{1}{2}\tilde{I}_{xx}(q_B^2+r_B^2) + \frac{1}{2}\tilde{I}_{yy}(p_B^2+r_B^2) + \frac{1}{2}\tilde{I}_{zz}(p_B^2+q_B^2) - I_{xy}p_Bq_B - I_{xz}p_Br_B - I_{yz}q_Br_B +$$

$$u\sum_i s_x^i\dot{q}_i + v\sum_i s_y^i\dot{q}_i + w\sum_i s_z^i\dot{q}_i + r_B\sum_i I_z^i\dot{q}_i + p_B\sum_i I_x^i\dot{q}_i + q_B\sum_i I_y^i\dot{q}_i +$$

$$[p_B \quad q_B \quad r_B]\sum_i\sum_j \begin{bmatrix} I_{yz}^{ij}(q_i\dot{q}_j - \dot{q}_iq_j) \\ I_{zx}^{ij}(q_i\dot{q}_j - \dot{q}_iq_j) \\ I_{xy}^{ij}(q_i\dot{q}_j - \dot{q}_iq_j) \end{bmatrix} + \frac{1}{2}\sum_i\sum_j I^{ij}\dot{q}_i\dot{q}_j$$

(10-184)

$\tilde{I}_{xx}$，$\tilde{I}_{yy}$，$\tilde{I}_{zz}$，I_{xy}，I_{xz}和I_{yz}为惯性积（二阶矩）。对于柔性飞行器而言，这些量是弹性自由度和弹性速度的函数

$$I_{xx} = \tilde{I}_{yy} + \tilde{I}_{zz}, I_{yy} = \tilde{I}_{xx} + \tilde{I}_{zz}, I_{zz} = \tilde{I}_{yy} + \tilde{I}_{xx} \quad (10-185)$$

飞行器结构的重力势能（PE）为

$$V_g = -mg(z_I - Z_{\mathrm{ref}}) + g[0 \quad 0 \quad 1]\boldsymbol{T}_{IB}\sum_i \begin{bmatrix} s_x^i \\ s_y^i \\ s_z^i \end{bmatrix} q_i, z_I = |z_I|[0 \quad 0 \quad 1]\boldsymbol{T}_{IB} \times \begin{bmatrix} i_B \\ j_B \\ k_B \end{bmatrix}$$

(10-186)

式中 Z_{ref}——惯性坐标系下的参考高度；

z_I——惯性坐标系下的高度；

i_B，j_B，k_B——机体坐标系下的单位矢量。

由式（10-94）～式（10-96）可得

$$\begin{bmatrix} \dfrac{\partial z_I}{\partial x_B} \\ \dfrac{\partial z_I}{\partial y_B} \\ \dfrac{\partial z_I}{\partial z_B} \end{bmatrix} = \begin{bmatrix} -\sin\theta \\ \cos\theta\sin\phi \\ \cos\theta\cos\phi \end{bmatrix} \quad (10-187)$$

$$[0\quad 0\quad 1]\boldsymbol{T}_{IB}\begin{bmatrix}s_x^i\\ s_y^i\\ s_z^i\end{bmatrix}q_i=[-\sin\theta\quad \cos\theta\sin\phi\quad \cos\theta\cos\phi]\begin{bmatrix}s_x^i\\ s_y^i\\ s_z^i\end{bmatrix}q_i=q_i[s_x^i\quad s_y^i\quad s_z^i]\begin{bmatrix}-\sin\theta\\ \cos\theta\sin\phi\\ \cos\theta\cos\phi\end{bmatrix}\tag{10-188}$$

和

$$\begin{bmatrix}\dfrac{\partial}{\partial x_B}\\ \dfrac{\partial}{\partial y_B}\\ \dfrac{\partial}{\partial z_B}\end{bmatrix}[0\quad 0\quad 1]\boldsymbol{T}_{IB}\begin{bmatrix}s_x^i\\ s_y^i\\ s_z^i\end{bmatrix}q_i=q_i\begin{bmatrix}\dfrac{\partial s_x^i}{\partial x_B} & \dfrac{\partial s_y^i}{\partial x_B} & \dfrac{\partial s_y^i}{\partial x_B}\\ \dfrac{\partial s_x^i}{\partial y_B} & \dfrac{\partial s_y^i}{\partial y_B} & \dfrac{\partial s_y^i}{\partial y_B}\\ \dfrac{\partial s_x^i}{\partial z_B} & \dfrac{\partial s_y^i}{\partial z_B} & \dfrac{\partial s_y^i}{\partial z_B}\end{bmatrix}\begin{bmatrix}-\sin\theta\\ \cos\theta\sin\phi\\ \cos\theta\cos\phi\end{bmatrix}\tag{10-189}$$

方程（10－96）给出了与欧拉角相关的导数项在 z_I 方向上的分量，表示如下

$$\begin{aligned}&\begin{bmatrix}1 & \sin\phi\tan\theta & \cos\phi\tan\theta\\ 0 & \cos\phi & -\sin\phi\\ 0 & \sin\phi/\cos\theta & \cos\phi/\cos\theta\end{bmatrix}^{\mathrm{T}}\begin{bmatrix}\dfrac{\partial}{\partial\phi}\\ \dfrac{\partial}{\partial\theta}\\ \dfrac{\partial}{\partial\psi}\end{bmatrix}[0\quad 0\quad 1]\boldsymbol{T}_{IB}\\ &=\begin{bmatrix}1 & 0 & 0\\ \sin\phi\tan\theta & \cos\phi & \sin\phi/\cos\theta\\ \cos\phi\tan\theta & -\sin\phi & \cos\phi/\cos\theta\end{bmatrix}\begin{bmatrix}0 & \cos\theta\cos\phi & -\cos\theta\sin\phi\\ -\cos\theta & -\sin\theta\sin\phi & -\sin\theta\cos\phi\\ 0 & 0 & 0\end{bmatrix}\\ &=\begin{bmatrix}0 & \cos\theta\cos\phi & -\cos\theta\sin\phi\\ -\cos\theta\cos\phi & 0 & -\sin\theta\\ \cos\theta\sin\phi & \sin\theta & 0\end{bmatrix}\end{aligned}\tag{10-190}$$

但是

$$\begin{bmatrix}k_x\\ k_y\\ k_z\end{bmatrix}=\begin{bmatrix}-\sin\theta\\ \cos\theta\sin\phi\\ \cos\theta\cos\phi\end{bmatrix}\tag{10-191}$$

于是

$$\begin{bmatrix}1 & \sin\phi\tan\theta & \cos\phi\tan\theta\\ 0 & \cos\phi & -\sin\phi\\ 0 & \sin\phi/\cos\theta & \cos\phi/\cos\theta\end{bmatrix}^{\mathrm{T}}\begin{bmatrix}\dfrac{\partial}{\partial\phi}\\ \dfrac{\partial}{\partial\theta}\\ \dfrac{\partial}{\partial\psi}\end{bmatrix}[0\quad 0\quad 1]\boldsymbol{T}_{IB}=-\begin{bmatrix}0 & -k_z & k_y\\ k_z & 0 & -k_x\\ -k_y & k_x & 0\end{bmatrix}\tag{10-192}$$

由于柔性引发的弹性势能假定为 $V_E=V_E(q_i)$。于是拉格朗日算子可表示为 $L=T-V_g-V_E$。机体坐标系下和速度矢量分量相关的拉格朗日算子变分导数及它们的时间导数为

$$\begin{bmatrix}\dfrac{\partial\bar{L}}{\partial u}\\ \dfrac{\partial\bar{L}}{\partial v}\\ \dfrac{\partial\bar{L}}{\partial w}\end{bmatrix}=m\begin{bmatrix}u\\ v\\ w\end{bmatrix}-\begin{bmatrix}\left(mz_C-\sum_i s_z^i q_i\right)q_B-\left(my_C-\sum_i s_y^i q_i\right)r_B\\ \left(mx_C-\sum_i s_x^i q_i\right)r_B-\left(mz_C-\sum_i s_z^i q_i\right)p_B\\ \left(my_C-\sum_i s_y^i q_i\right)p_B-\left(mx_C-\sum_i s_x^i q_i\right)q_B\end{bmatrix}+\begin{bmatrix}\sum_i s_x^i\dot{q}_i\\ \sum_i s_y^i\dot{q}_i\\ \sum_i s_z^i\dot{q}_i\end{bmatrix}\tag{10-193a}$$

$$\frac{\mathrm{d}}{\mathrm{d}t}\begin{bmatrix}\dfrac{\partial\bar{L}}{\partial u}\\ \dfrac{\partial\bar{L}}{\partial v}\\ \dfrac{\partial\bar{L}}{\partial w}\end{bmatrix}=m\begin{bmatrix}\dot{u}\\ \dot{v}\\ \dot{w}\end{bmatrix}-\begin{bmatrix}0 & \left(mz_C-\sum_i s_z^i q_i\right) & -\left(my_C-\sum_i s_y^i q_i\right)\\ -\left(mz_C-\sum_i s_z^i q_i\right) & 0 & \left(mx_C-\sum_i s_x^i q_i\right)\\ \left(my_C-\sum_i s_y^i q_i\right) & -\left(mx_C-\sum_i s_x^i q_i\right) & 0\end{bmatrix}\begin{bmatrix}\dot{p}_B\\ \dot{q}_B\\ \dot{r}_B\end{bmatrix}+$$
$$\begin{bmatrix}0 & \sum_i s_z^i\dot{q}_i & -\sum_i s_y^i\dot{q}_i\\ -\sum_i s_z^i\dot{q}_i & 0 & \sum_i s_x^i\dot{q}_i\\ \sum_i s_y^i\dot{q}_i & -\sum_i s_x^i\dot{q}_i & 0\end{bmatrix}\begin{bmatrix}p_B\\ q_B\\ r_B\end{bmatrix}+\begin{bmatrix}\sum_i s_x^i\ddot{q}_i\\ \sum_i s_y^i\ddot{q}_i\\ \sum_i s_z^i\ddot{q}_i\end{bmatrix}\tag{10-193b}$$

坐标系旋转引起的时间导数为

$$\begin{bmatrix}0 & -r_B & q_B\\ r_B & 0 & -p_B\\ -q_B & p_B & 0\end{bmatrix}\begin{bmatrix}\dfrac{\partial\bar{L}}{\partial u}\\ \dfrac{\partial\bar{L}}{\partial v}\\ \dfrac{\partial\bar{L}}{\partial w}\end{bmatrix}=$$
$$m\begin{bmatrix}0 & -r_B & q_B\\ r_B & 0 & -p_B\\ -q_B & p_B & 0\end{bmatrix}\begin{bmatrix}u\\ v\\ w\end{bmatrix}-\begin{bmatrix}0 & -r_B & q_B\\ r_B & 0 & -p_B\\ -q_B & p_B & 0\end{bmatrix}\begin{bmatrix}\left(mz_C-\sum_i s_z^i q_i\right)q_B-\left(my_C-\sum_i s_y^i q_i\right)r_B\\ \left(mx_C-\sum_i s_x^i q_i\right)r_B-\left(mz_C-\sum_i s_z^i q_i\right)p_B\\ \left(my_C-\sum_i s_y^i q_i\right)p_B-\left(mx_C-\sum_i s_x^i q_i\right)q_B\end{bmatrix}+$$
$$\begin{bmatrix}0 & -r_B & q_B\\ r_B & 0 & -p_B\\ -q_B & p_B & 0\end{bmatrix}\begin{bmatrix}\sum_i s_x^i\dot{q}_i\\ \sum_i s_y^i\dot{q}_i\\ \sum_i s_z^i\dot{q}_i\end{bmatrix}=m\begin{bmatrix}wq_B-vr_B\\ ur_B-wp_B\\ vp_B-uq_B\end{bmatrix}+\begin{bmatrix}\left(\sum_i s_z^i\dot{q}_i\right)q_B-\left(\sum_i s_y^i\dot{q}_i\right)r_B\\ \left(\sum_i s_x^i\dot{q}_i\right)r_B-\left(\sum_i s_z^i\dot{q}_i\right)p_B\\ \left(\sum_i s_y^i\dot{q}_i\right)p_B-\left(\sum_i s_x^i\dot{q}_i\right)q_B\end{bmatrix}-$$
$$\begin{bmatrix}\left[\left(my_C-\sum_i s_y^i q_i\right)p_B-\left(mx_C-\sum_i s_x^i q_i\right)q_B\right]q_B-\left[\left(mx_C-\sum_i s_x^i q_i\right)r_B-\left(mz_C-\sum_i s_z^i q_i\right)p_B\right]r_B\\ \left[\left(mz_C-\sum_i s_z^i q_i\right)q_B-\left(my_C-\sum_i s_y^i q_i\right)r_B\right]r_B-\left[\left(my_C-\sum_i s_y^i q_i\right)p_B-\left(mx_C-\sum_i s_x^i q_i\right)q_B\right]p_B\\ \left[\left(mx_C-\sum_i s_x^i q_i\right)r_B-\left(mz_C-\sum_i s_z^i q_i\right)p_B\right]p_B-\left[\left(mz_C-\sum_i s_z^i q_i\right)q_B-\left(my_C-\sum_i s_y^i q_i\right)r_B\right]q_B\end{bmatrix}\tag{10-194}$$

机体系下位移势能的变分导数为

$$
\begin{bmatrix} \dfrac{\partial V}{\partial x_B} \\ \dfrac{\partial V}{\partial y_B} \\ \dfrac{\partial V}{\partial z_B} \end{bmatrix} = -\begin{bmatrix} \dfrac{\partial \bar{L}}{\partial x_B} \\ \dfrac{\partial \bar{L}}{\partial y_B} \\ \dfrac{\partial \bar{L}}{\partial z_B} \end{bmatrix} = -mg\begin{bmatrix} \dfrac{\partial z_I}{\partial x_B} \\ \dfrac{\partial z_I}{\partial y_B} \\ \dfrac{\partial z_I}{\partial z_B} \end{bmatrix} + g\sum_i q_i \begin{bmatrix} \dfrac{\partial s_x^i}{\partial x_B} & \dfrac{\partial s_y^i}{\partial x_B} & \dfrac{\partial s_y^i}{\partial x_B} \\ \dfrac{\partial s_x^i}{\partial y_B} & \dfrac{\partial s_y^i}{\partial y_B} & \dfrac{\partial s_y^i}{\partial y_B} \\ \dfrac{\partial s_x^i}{\partial z_B} & \dfrac{\partial s_y^i}{\partial z_B} & \dfrac{\partial s_y^i}{\partial z_B} \end{bmatrix} \begin{bmatrix} -\sin\theta \\ \cos\theta\sin\phi \\ \cos\theta\cos\phi \end{bmatrix}
$$

$$
= -g\left(m - \sum_i q_i \begin{bmatrix} \dfrac{\partial s_x^i}{\partial x_B} & \dfrac{\partial s_y^i}{\partial x_B} & \dfrac{\partial s_y^i}{\partial x_B} \\ \dfrac{\partial s_x^i}{\partial y_B} & \dfrac{\partial s_y^i}{\partial y_B} & \dfrac{\partial s_y^i}{\partial y_B} \\ \dfrac{\partial s_x^i}{\partial z_B} & \dfrac{\partial s_y^i}{\partial z_B} & \dfrac{\partial s_y^i}{\partial z_B} \end{bmatrix} \right) \begin{bmatrix} -\sin\theta \\ \cos\theta\sin\phi \\ \cos\theta\cos\phi \end{bmatrix} \tag{10-195}
$$

于是最终的平动运动方程为

$$
\frac{\mathrm{d}}{\mathrm{d}t}\begin{bmatrix} \dfrac{\partial \bar{L}}{\partial u} \\ \dfrac{\partial \bar{L}}{\partial v} \\ \dfrac{\partial \bar{L}}{\partial w} \end{bmatrix} + \begin{bmatrix} 0 & -r_B & q_B \\ r_B & 0 & -p_B \\ -q_B & p_B & 0 \end{bmatrix} \begin{bmatrix} \dfrac{\partial \bar{L}}{\partial u} \\ \dfrac{\partial \bar{L}}{\partial v} \\ \dfrac{\partial \bar{L}}{\partial w} \end{bmatrix} - \begin{bmatrix} \dfrac{\partial \bar{L}}{\partial x_B} \\ \dfrac{\partial \bar{L}}{\partial y_B} \\ \dfrac{\partial \bar{L}}{\partial z_B} \end{bmatrix} = \boldsymbol{T}_{BI}\begin{bmatrix} \boldsymbol{Q}_1 \\ \boldsymbol{Q}_2 \\ \boldsymbol{Q}_3 \end{bmatrix} = \boldsymbol{F}_B
$$

其中一阶，二阶和三阶项分别为

$$
\frac{\mathrm{d}}{\mathrm{d}t}\begin{bmatrix} \dfrac{\partial \bar{L}}{\partial u} \\ \dfrac{\partial \bar{L}}{\partial v} \\ \dfrac{\partial \bar{L}}{\partial w} \end{bmatrix} = m\begin{bmatrix} \dot{u} \\ \dot{v} \\ \dot{w} \end{bmatrix} - \begin{bmatrix} 0 & \left(mz_C - \sum_i s_z^i q_i\right) & -\left(my_C - \sum_i s_y^i q_i\right) \\ -\left(mz_C - \sum_i s_z^i q_i\right) & 0 & \left(mx_C - \sum_i s_x^i q_i\right) \\ \left(my_C - \sum_i s_y^i q_i\right) & -\left(mx_C - \sum_i s_x^i q_i\right) & 0 \end{bmatrix} \begin{bmatrix} \dot{p}_B \\ \dot{q}_B \\ \dot{r}_B \end{bmatrix} +
$$

$$
\begin{bmatrix} 0 & \sum_i s_z^i \dot{q}_i & -\sum_i s_y^i \dot{q}_i \\ -\sum_i s_z^i \dot{q}_i & 0 & \sum_i s_x^i \dot{q}_i \\ \sum_i s_y^i \dot{q}_i & -\sum_i s_x^i \dot{q}_i & 0 \end{bmatrix} \begin{bmatrix} p_B \\ q_B \\ r_B \end{bmatrix} + \begin{bmatrix} \sum_i s_x^i \ddot{q}_i \\ \sum_i s_y^i \ddot{q}_i \\ \sum_i s_z^i \ddot{q}_i \end{bmatrix} \tag{10-196a}
$$

$$\begin{bmatrix} 0 & -r_B & q_B \\ r_B & 0 & -p_B \\ -q_B & p_B & 0 \end{bmatrix} \begin{bmatrix} \dfrac{\partial \bar{L}}{\partial u} \\ \dfrac{\partial \bar{L}}{\partial v} \\ \dfrac{\partial \bar{L}}{\partial w} \end{bmatrix} = m \begin{bmatrix} wq_B - vr_B \\ ur_B - wp_B \\ vp_B - uq_B \end{bmatrix} + \begin{bmatrix} \left(\sum_i s_z^i \dot{q}_i\right) q_B - \left(\sum_i s_y^i \dot{q}_i\right) r_B \\ \left(\sum_i s_x^i \dot{q}_i\right) r_B - \left(\sum_i s_z^i \dot{q}_i\right) p_B \\ \left(\sum_i s_y^i \dot{q}_i\right) p_B - \left(\sum_i s_x^i \dot{q}_i\right) q_B \end{bmatrix} -$$

$$\begin{bmatrix} \left[\left(my_C - \sum_i s_y^i q_i\right) p_B - \left(mx_C - \sum_i s_x^i q_i\right) q_B\right] q_B - \left[\left(mx_C - \sum_i s_x^i q_i\right) r_B - \left(mz_C - \sum_i s_z^i q_i\right) p_B\right] r_B \\ \left[\left(mz_C - \sum_i s_z^i q_i\right) q_B - \left(my_C - \sum_i s_y^i q_i\right) r_B\right] r_B - \left[\left(my_C - \sum_i s_y^i q_i\right) p_B - \left(mx_C - \sum_i s_x^i q_i\right) q_B\right] p_B \\ \left[\left(mx_C - \sum_i s_x^i q_i\right) r_B - \left(mz_C - \sum_i s_z^i q_i\right) p_B\right] p_B - \left[\left(mz_C - \sum_i s_z^i q_i\right) q_B - \left(my_C - \sum_i s_y^i q_i\right) r_B\right] q_B \end{bmatrix}$$

$$\begin{bmatrix} \dfrac{\partial V}{\partial x_B} \\ \dfrac{\partial V}{\partial y_B} \\ \dfrac{\partial V}{\partial z_B} \end{bmatrix} = -\begin{bmatrix} \dfrac{\partial \bar{L}}{\partial x_B} \\ \dfrac{\partial \bar{L}}{\partial y_B} \\ \dfrac{\partial \bar{L}}{\partial z_B} \end{bmatrix} = -mg \begin{bmatrix} \dfrac{\partial z_I}{\partial x_B} \\ \dfrac{\partial z_I}{\partial y_B} \\ \dfrac{\partial z_I}{\partial z_B} \end{bmatrix} + g \sum_i q_i \begin{bmatrix} \dfrac{\partial s_x^i}{\partial x_B} & \dfrac{\partial s_y^i}{\partial x_B} & \dfrac{\partial s_y^i}{\partial x_B} \\ \dfrac{\partial s_x^i}{\partial y_B} & \dfrac{\partial s_y^i}{\partial y_B} & \dfrac{\partial s_y^i}{\partial y_B} \\ \dfrac{\partial s_x^i}{\partial z_B} & \dfrac{\partial s_y^i}{\partial z_B} & \dfrac{\partial s_y^i}{\partial z_B} \end{bmatrix} \begin{bmatrix} -\sin\theta \\ \cos\theta\sin\phi \\ \cos\theta\cos\phi \end{bmatrix}$$

$$= -g \left(m - \sum_i q_i \begin{bmatrix} \dfrac{\partial s_x^i}{\partial x_B} & \dfrac{\partial s_y^i}{\partial x_B} & \dfrac{\partial s_y^i}{\partial x_B} \\ \dfrac{\partial s_x^i}{\partial y_B} & \dfrac{\partial s_y^i}{\partial y_B} & \dfrac{\partial s_y^i}{\partial y_B} \\ \dfrac{\partial s_x^i}{\partial z_B} & \dfrac{\partial s_y^i}{\partial z_B} & \dfrac{\partial s_y^i}{\partial z_B} \end{bmatrix} \right) \begin{bmatrix} -\sin\theta \\ \cos\theta\sin\phi \\ \cos\theta\cos\phi \end{bmatrix} \tag{10-196b}$$

拉格朗日算子中关于机体构件的角速度变分导数为

$$\begin{bmatrix} \dfrac{\partial \bar{L}}{\partial p_B} \\ \dfrac{\partial \bar{L}}{\partial q_B} \\ \dfrac{\partial \bar{L}}{\partial r_B} \end{bmatrix} = \begin{bmatrix} I_{xx} p_B - (I_{xy} q_B + I_{xz} r_B) - \left(my_C - \sum_i s_y^i q_i\right) w + \left(mz_C - \sum_i s_z^i q_i\right) v \\ I_{yy} q_B - (I_{yz} r_B + I_{xy} p_B) - \left(mz_C - \sum_i s_z^i q_i\right) u + \left(mx_C - \sum_i s_x^i q_i\right) w \\ I_{zz} r_B - (I_{xz} p_B + I_{yz} q_B) - \left(mx_C - \sum_i s_x^i q_i\right) v + \left(my_C - \sum_i s_y^i q_i\right) u \end{bmatrix} +$$

$$\begin{bmatrix} \sum_i \sum_j I_{yz}^{ij} (q_i \dot{q}_j - \dot{q}_i q_j) \\ \sum_i \sum_j I_{zx}^{ij} (q_i \dot{q}_j - \dot{q}_i q_j) \\ \sum_i \sum_j I_{xy}^{ij} (q_i \dot{q}_j - \dot{q}_i q_j) \end{bmatrix} + \begin{bmatrix} \sum_i I_x^i \dot{q}_i \\ \sum_i I_y^i \dot{q}_i \\ \sum_i I_z^i \dot{q}_i \end{bmatrix} \tag{10-197}$$

可以表示成矩阵形式

$$\begin{bmatrix} \dfrac{\partial \bar{L}}{\partial p_B} \\ \dfrac{\partial \bar{L}}{\partial q_B} \\ \dfrac{\partial \bar{L}}{\partial r_B} \end{bmatrix} = \begin{bmatrix} I_{xx} & -I_{xy} & -I_{xz} \\ -I_{xy} & I_{yy} & -I_{yz} \\ -I_{xz} & -I_{yz} & I_{zz} \end{bmatrix} \begin{bmatrix} p_B \\ q_B \\ r_B \end{bmatrix} -$$

$$\begin{bmatrix} \left(my_C - \sum_i s_y^i q_i\right)w - \left(mz_C - \sum_i s_z^i q_i\right)v \\ \left(mz_C - \sum_i s_z^i q_i\right)u - \left(mx_C - \sum_i s_x^i q_i\right)w \\ \left(mx_C - \sum_i s_x^i q_i\right)v - \left(my_C - \sum_i s_y^i q_i\right)u \end{bmatrix} + \begin{bmatrix} \sum_i \sum_j I_{yz}^{ij}(q_i\dot{q}_j - \dot{q}_i q_j) \\ \sum_i \sum_j I_{zx}^{ij}(q_i\dot{q}_j - \dot{q}_i q_j) \\ \sum_i \sum_j I_{xy}^{ij}(q_i\dot{q}_j - \dot{q}_i q_j) \end{bmatrix} + \begin{bmatrix} \sum_i I_x^i \dot{q}_i \\ \sum_i I_y^i \dot{q}_i \\ \sum_i I_z^i \dot{q}_i \end{bmatrix} \tag{10-198}$$

这些变分导数关于时间的微分为

$$\frac{\mathrm{d}}{\mathrm{d}t}\begin{bmatrix} \dfrac{\partial \bar{L}}{\partial p_B} \\ \dfrac{\partial \bar{L}}{\partial q_B} \\ \dfrac{\partial \bar{L}}{\partial r_B} \end{bmatrix} = \begin{bmatrix} I_{xx} & -I_{xy} & -I_{xz} \\ -I_{xy} & I_{yy} & -I_{yz} \\ -I_{xz} & -I_{yz} & I_{zz} \end{bmatrix} \begin{bmatrix} \dot{p}_B \\ \dot{q}_B \\ \dot{r}_B \end{bmatrix} + \left(\frac{\mathrm{d}}{\mathrm{d}t}\begin{bmatrix} I_{xx} & -I_{xy} & -I_{xz} \\ -I_{xy} & I_{yy} & -I_{yz} \\ -I_{xz} & -I_{yz} & I_{zz} \end{bmatrix}\right) \begin{bmatrix} p_B \\ q_B \\ r_B \end{bmatrix} +$$

$$\begin{bmatrix} 0 & mz_C - \sum_i s_z^i q_i & -my_C + \sum_i s_y^i q_i \\ -mz_C + \sum_i s_z^i q_i & 0 & mx_C - \sum_i s_x^i q_i \\ my_C - \sum_i s_y^i q_i & -mx_C + \sum_i s_x^i q_i & 0 \end{bmatrix} \begin{bmatrix} \dot{u} \\ \dot{v} \\ \dot{w} \end{bmatrix} +$$

$$\begin{bmatrix} \sum_i s_y^i \dot{q}_i w - \sum_i s_z^i \dot{q}_i v \\ \sum_i s_z^i \dot{q}_i u - \sum_i s_x^i \dot{q}_i w \\ \sum_i s_x^i \dot{q}_i v - \sum_i s_y^i \dot{q}_i u \end{bmatrix} + \frac{\mathrm{d}}{\mathrm{d}t}\begin{bmatrix} \sum_i \sum_j I_{yz}^{ij}(q_i\dot{q}_j - \dot{q}_i q_j) \\ \sum_i \sum_j I_{zx}^{ij}(q_i\dot{q}_j - \dot{q}_i q_j) \\ \sum_i \sum_j I_{xy}^{ij}(q_i\dot{q}_j - \dot{q}_i q_j) \end{bmatrix} + \frac{\mathrm{d}}{\mathrm{d}t}\begin{bmatrix} \sum_i I_x^i \dot{q}_i \\ \sum_i I_y^i \dot{q}_i \\ \sum_i I_z^i \dot{q}_i \end{bmatrix} \tag{10-199}$$

坐标轴旋转运动对总时间导数的作用为

$$\begin{bmatrix}0 & -r_B & q_B\\ r_B & 0 & -p_B\\ -q_B & p_B & 0\end{bmatrix}\begin{bmatrix}\dfrac{\partial\bar{L}}{\partial p_B}\\ \dfrac{\partial\bar{L}}{\partial q_B}\\ \dfrac{\partial\bar{L}}{\partial r_B}\end{bmatrix}=\begin{bmatrix}0 & -r_B & q_B\\ r_B & 0 & -p_B\\ -q_B & p_B & 0\end{bmatrix}\begin{bmatrix}I_{xx} & -I_{xy} & -I_{xz}\\ -I_{xy} & I_{yy} & -I_{yz}\\ -I_{xz} & -I_{yz} & I_{zz}\end{bmatrix}\begin{bmatrix}p_B\\ q_B\\ r_B\end{bmatrix}+$$

$$\begin{bmatrix}0 & -r_B & q_B\\ r_B & 0 & -p_B\\ -q_B & p_B & 0\end{bmatrix}\begin{bmatrix}0 & mz_C-\sum_i s_z^i q_i & -my_C+\sum_i s_y^i q_i\\ -mz_C+\sum_i s_z^i q_i & 0 & mx_C-\sum_i s_x^i q_i\\ my_C-\sum_i s_y^i q_i & -mx_C+\sum_i s_x^i q_i & 0\end{bmatrix}\begin{bmatrix}u\\ v\\ w\end{bmatrix}+$$

$$\begin{bmatrix}0 & -r_B & q_B\\ r_B & 0 & -p_B\\ -q_B & p_B & 0\end{bmatrix}\begin{bmatrix}\sum_i\sum_j I_{yz}^{ij}(q_i\dot{q}_j-\dot{q}_iq_j)\\ \sum_i\sum_j I_{zx}^{ij}(q_i\dot{q}_j-\dot{q}_iq_j)\\ \sum_i\sum_j I_{xy}^{ij}(q_i\dot{q}_j-\dot{q}_iq_j)\end{bmatrix}+\begin{bmatrix}0 & -r_B & q_B\\ r_B & 0 & -p_B\\ -q_B & p_B & 0\end{bmatrix}\begin{bmatrix}\sum_i I_x^i\dot{q}_i\\ \sum_i I_y^i\dot{q}_i\\ \sum_i I_z^i\dot{q}_i\end{bmatrix}$$

(10 - 200)

机体坐标系中关于欧拉角的变分导数算子为

$$\begin{bmatrix}1 & \sin\phi\tan\theta & \cos\phi\tan\theta\\ 0 & \cos\phi & -\sin\phi\\ 0 & \dfrac{\sin\phi}{\cos\theta} & \dfrac{\cos\phi}{\cos\theta}\end{bmatrix}^{\mathrm{T}}\begin{bmatrix}\dfrac{\partial}{\partial\phi}\\ \dfrac{\partial}{\partial\theta}\\ \dfrac{\partial}{\partial\psi}\end{bmatrix}[0\quad 0\quad 1]\,\boldsymbol{T}_{IB}=-\begin{bmatrix}0 & -k_z & k_y\\ k_z & 0 & -k_x\\ -k_y & k_x & 0\end{bmatrix}$$

(10 - 201)

由于重力势能表达式可以用方程（10 - 186）表示，机体坐标系下，与欧拉角相关的势能变分导数为

$$\begin{bmatrix}1 & \sin\phi\tan\theta & \cos\phi\tan\theta\\ 0 & \cos\phi & -\sin\phi\\ 0 & \sin\phi/\cos\theta & \cos\phi/\cos\theta\end{bmatrix}^{\mathrm{T}}\begin{bmatrix}\dfrac{\partial\bar{L}}{\partial\phi}\\ \dfrac{\partial\bar{L}}{\partial\theta}\\ \dfrac{\partial\bar{L}}{\partial\psi}\end{bmatrix}$$

(10 - 202)

$$=mg\begin{bmatrix}0 & -k_z & k_y\\ k_z & 0 & -k_x\\ -k_y & k_x & 0\end{bmatrix}\begin{bmatrix}x_B\\ y_B\\ z_B\end{bmatrix}-g\begin{bmatrix}0 & -k_z & k_y\\ k_z & 0 & -k_x\\ -k_y & k_x & 0\end{bmatrix}\sum_i\begin{bmatrix}s_x^i\\ s_y^i\\ s_z^i\end{bmatrix}q_i$$

因此，最终转动运动方程可表示为

$$\frac{\mathrm{d}}{\mathrm{d}t}\begin{bmatrix}\dfrac{\partial \bar{L}}{\partial p_B}\\ \dfrac{\partial \bar{L}}{\partial q_B}\\ \dfrac{\partial \bar{L}}{\partial r_B}\end{bmatrix}-\begin{bmatrix}1 & \sin\phi\tan\theta & \cos\phi\tan\theta\\ 0 & \cos\phi & -\sin\phi\\ 0 & \sin\phi/\cos\theta & \cos\phi/\cos\theta\end{bmatrix}^{\mathrm{T}}\begin{bmatrix}\dfrac{\partial \bar{L}}{\partial \phi}\\ \dfrac{\partial \bar{L}}{\partial \theta}\\ \dfrac{\partial \bar{L}}{\partial \psi}\end{bmatrix}+\begin{bmatrix}0 & -r_B & q_B\\ r_B & 0 & -p_B\\ -q_B & p_B & 0\end{bmatrix}\begin{bmatrix}\dfrac{\partial \bar{L}}{\partial p_B}\\ \dfrac{\partial \bar{L}}{\partial q_B}\\ \dfrac{\partial \bar{L}}{\partial r_B}\end{bmatrix}$$

$$=\begin{bmatrix}1 & \sin\phi\tan\theta & \cos\phi\tan\theta\\ 0 & \cos\phi & -\sin\phi\\ 0 & \sin\phi/\cos\theta & \cos\phi/\cos\theta\end{bmatrix}^{\mathrm{T}}\begin{bmatrix}Q_4\\ Q_5\\ Q_6\end{bmatrix} \tag{10-203}$$

其中，一阶，二阶和三阶项分别为

$$\frac{\mathrm{d}}{\mathrm{d}t}\begin{bmatrix}\dfrac{\partial \bar{L}}{\partial p_B}\\ \dfrac{\partial \bar{L}}{\partial q_B}\\ \dfrac{\partial \bar{L}}{\partial r_B}\end{bmatrix}=\begin{bmatrix}I_{xx} & -I_{xy} & -I_{xz}\\ -I_{xy} & I_{yy} & -I_{yz}\\ -I_{xz} & -I_{yz} & I_{zz}\end{bmatrix}\begin{bmatrix}\dot{p}_B\\ \dot{q}_B\\ \dot{r}_B\end{bmatrix}+\left(\frac{\mathrm{d}}{\mathrm{d}t}\begin{bmatrix}I_{xx} & -I_{xy} & -I_{xz}\\ -I_{xy} & I_{yy} & -I_{yz}\\ -I_{xz} & -I_{yz} & I_{zz}\end{bmatrix}\right)\begin{bmatrix}p_B\\ q_B\\ r_B\end{bmatrix}+$$

$$\begin{bmatrix}0 & mz_C-\sum_i s_z^i q_i & -my_C+\sum_i s_y^i q_i\\ -mz_C+\sum_i s_z^i q_i & 0 & mx_C-\sum_i s_x^i q_i\\ my_C-\sum_i s_y^i q_i & -mx_C+\sum_i s_x^i q_i & 0\end{bmatrix}\begin{bmatrix}\dot{u}\\ \dot{v}\\ \dot{w}\end{bmatrix}+$$

$$\begin{bmatrix}\sum_i s_y^i\dot{q}_i w-\sum_i s_z^i\dot{q}_i v\\ \sum_i s_z^i\dot{q}_i u-\sum_i s_x^i\dot{q}_i w\\ \sum_i s_x^i\dot{q}_i v-\sum_i s_y^i\dot{q}_i u\end{bmatrix}+\frac{\mathrm{d}}{\mathrm{d}t}\begin{bmatrix}\sum_i\sum_j I_{yz}^{ij}(q_i\dot{q}_j-\dot{q}_i q_j)\\ \sum_i\sum_j I_{zx}^{ij}(q_i\dot{q}_j-\dot{q}_i q_j)\\ \sum_i\sum_j I_{xy}^{ij}(q_i\dot{q}_j-\dot{q}_i q_j)\end{bmatrix}+\frac{\mathrm{d}}{\mathrm{d}t}\begin{bmatrix}\sum_i I_x^i\dot{q}_i\\ \sum_i I_y^i\dot{q}_i\\ \sum_i I_z^i\dot{q}_i\end{bmatrix} \tag{10-204}$$

$$\begin{bmatrix} 1 & \sin\phi\tan\theta & \cos\phi\tan\theta \\ 0 & \cos\phi & -\sin\phi \\ 0 & \sin\phi/\cos\theta & \cos\phi/\cos\theta \end{bmatrix}^{\mathrm{T}} \begin{bmatrix} \dfrac{\partial \bar{L}}{\partial \phi} \\ \dfrac{\partial \bar{L}}{\partial \theta} \\ \dfrac{\partial \bar{L}}{\partial \psi} \end{bmatrix}$$

$$= -mg\begin{bmatrix} 0 & k_z & -k_y \\ -k_z & 0 & k_x \\ k_y & -k_x & 0 \end{bmatrix}\begin{bmatrix} x_B \\ y_B \\ z_B \end{bmatrix} + g\begin{bmatrix} 0 & k_z & -k_y \\ -k_z & 0 & k_x \\ k_y & -k_x & 0 \end{bmatrix}\sum_i \begin{bmatrix} s_x^i \\ s_y^i \\ s_z^i \end{bmatrix} q_i \tag{10-205}$$

和

$$\begin{bmatrix} 0 & -r_B & q_B \\ r_B & 0 & -p_B \\ -q_B & p_B & 0 \end{bmatrix}\begin{bmatrix} \dfrac{\partial \bar{L}}{\partial p_B} \\ \dfrac{\partial \bar{L}}{\partial q_B} \\ \dfrac{\partial \bar{L}}{\partial r_B} \end{bmatrix} = \begin{bmatrix} 0 & -r_B & q_B \\ r_B & 0 & -p_B \\ -q_B & p_B & 0 \end{bmatrix}\begin{bmatrix} I_{xx} & -I_{xy} & -I_{xz} \\ -I_{xy} & I_{yy} & -I_{yz} \\ -I_{xz} & -I_{yz} & I_{zz} \end{bmatrix}\begin{bmatrix} p_B \\ q_B \\ r_B \end{bmatrix} +$$

$$\begin{bmatrix} 0 & -r_B & q_B \\ r_B & 0 & -p_B \\ -q_B & p_B & 0 \end{bmatrix}\begin{bmatrix} 0 & mz_C - \sum_i s_z^i q_i & -my_C + \sum_i s_y^i q_i \\ -mz_C + \sum_i s_z^i q_i & 0 & mx_C - \sum_i s_x^i q_i \\ my_C - \sum_i s_y^i q_i & -mx_C + \sum_i s_x^i q_i & 0 \end{bmatrix}\begin{bmatrix} u \\ v \\ w \end{bmatrix} +$$

$$\begin{bmatrix} 0 & -r_B & q_B \\ r_B & 0 & -p_B \\ -q_B & p_B & 0 \end{bmatrix}\begin{bmatrix} \sum_i \sum_j I_{yz}^{ij}(q_i\dot{q}_j - \dot{q}_i q_j) \\ \sum_i \sum_j I_{zx}^{ij}(q_i\dot{q}_j - \dot{q}_i q_j) \\ \sum_i \sum_j I_{xy}^{ij}(q_i\dot{q}_j - \dot{q}_i q_j) \end{bmatrix} + \begin{bmatrix} 0 & -r_B & q_B \\ r_B & 0 & -p_B \\ -q_B & p_B & 0 \end{bmatrix}\begin{bmatrix} \sum_i I_x^i \dot{q}_i \\ \sum_i I_y^i \dot{q}_i \\ \sum_i I_z^i \dot{q}_i \end{bmatrix} \tag{10-206}$$

弹性坐标系下的欧拉—拉格朗日方程定义为

$$\frac{\mathrm{d}}{\mathrm{d}t}\frac{\partial \bar{L}}{\partial \dot{q}_i} - \frac{\partial \bar{L}}{\partial q_i} = Q_i \tag{10-207}$$

方程（10-207）给出了弹性运动模态的最终运动方程

$$\frac{\partial \bar{L}}{\partial \dot{q}_i} = \frac{1}{2}\sum_j I^{ij}\dot{q}_j + us_x^i + vs_y^i + ws_z^i + r_B I_z^i + p_B I_x^i + q_B I_y^i +$$
$$r_B\sum_j (I_{xy}^{ji} - I_{xy}^{ij})q_j + p_B\sum_j (I_{yz}^{ji} - I_{yz}^{ij})q_j + q_B\sum_j (I_{zx}^{ji} - I_{zx}^{ij})q_j \tag{10-208a}$$

和

$$\frac{\partial \bar{L}}{\partial q_i}=s_x^i(vr_B-wq_B)+s_y^i(wp_B-ur_B)+s_z^i(uq_B-vp_B)+$$

$$r_B\sum_j(I_{xy}^{ij}-I_{xy}^{ji})\dot{q}_j+p_B\sum_j(I_{yz}^{ij}-I_{yz}^{ji})\dot{q}_j+q_B\sum_j(I_{zx}^{ij}-I_{zx}^{ji})\dot{q}_j+$$

$$\frac{1}{2}\frac{\partial \tilde{I}_{xx}}{\partial q_i}(q_B^2+r_B^2)+\frac{1}{2}\frac{\partial \tilde{I}_{yy}}{\partial q_i}(p_B^2+r_B^2)+\frac{1}{2}\frac{\partial \tilde{I}_{zz}}{\partial q_i}(p_B^2+q_B^2)-$$

$$\frac{\partial I_{xy}}{\partial q_i}p_Bq_B-\frac{\partial I_{xz}}{\partial q_i}p_Br_B-\frac{\partial I_{yz}}{\partial q_i}q_Br_B+\frac{\partial}{\partial q_i}V_E(q_i)+g\begin{bmatrix}-\sin\theta & \cos\theta\sin\phi & \cos\theta\cos\phi\end{bmatrix}\begin{bmatrix}s_x^i\\ s_y^i\\ s_z^i\end{bmatrix} \tag{10-208b}$$

上述方程包含刚体平动、转动和弹性模态振动，这些方程可应用于实际飞行器。上述方程对刚体运动方程进行了一系列扩展，使之能够有效地应用于柔性飞行器。尤其是当我们希望忽略变形对惯性矩的影响时，这些方程是尤其方便的。

10.7 在具有弯扭振动的柔性翼飞行器中的应用

在本节中，我们将采用前一节中的方法，对于处在定常平飞状态的柔性飞行器，在小扰动方程中考虑弹性机翼的影响。我们将分别考虑纵向和横向运动的情况。

10.7.1 包含弹性自由度的纵向小扰动运动方程

典型翼段弹性自由度引起的动能和弹性势能，相对于弹性轴可表示为

$$T=\frac{1}{2}m_{ts}[\dot{h}_{ts}(t)+bx_\alpha\dot{\alpha}_{ts}(t)]^2+\frac{1}{2}I_{ts,cm}\dot{\alpha}_{ts}(t)^2 \tag{10-209}$$

和

$$V=\frac{1}{2}k_{ts,h}h_{ts}^2+\frac{1}{2}b^2k_{ts,\alpha}\alpha_{ts}^2 \tag{10-210}$$

假设位移只用一个模态近似

$$h_{ts}(t)=h(t)\zeta_{es}(y),\alpha_{ts}(t)=\alpha(t)\theta_{es}(y)$$

将动能和弹性势能延展向积分

$$T=\frac{1}{2}\int_{-s}^{s}m_{ts}\zeta_{es}^2(y)\mathrm{d}y[\dot{h}(t)+bx_\alpha\dot{\alpha}(t)]^2+\frac{1}{2}\int_{-s}^{s}I_{ts,cm}\zeta_{es}^2(y)\mathrm{d}y\dot{\alpha}(t)^2 \tag{10-211}$$

和

$$V=\frac{1}{2}\int_{-s}^{s}k_{ts,h}\zeta_{es}^2(y)\mathrm{d}yh^2+\frac{1}{2}b^2\int_{-s}^{s}k_{ts,\alpha}\zeta_{es}^2(y)\mathrm{d}y\alpha^2 \tag{10-212}$$

当刚性机身为对称运动时，弹性引起的动能和势能的增量为

$$\Delta T=\frac{1}{2}m_w\left[\dot{h}(t)+bx_\alpha\dot{\alpha}(t)+w+q_B(x_C-x_E)\right]^2+\frac{1}{2}I_{w,cm}(\dot{\alpha}(t)+q_B)^2$$
$$-\frac{1}{2}m_w\left[w+q_B(x_C-x_E)\right]^2-\frac{1}{2}I_{w,cm}q_B^2 \tag{10-213}$$

$$V=\frac{1}{2}k_h h^2+\frac{1}{2}b^2k_\alpha\alpha^2 \tag{10-214}$$

其中

$$m_w=\int_{-s}^{s}m_{ts}\zeta_{es}^2(y)\mathrm{d}y,I_{w,cm}=\int_{-s}^{s}I_{ts,cm}\zeta_{es}^2(y)\mathrm{d}y,k_h=\int_{-s}^{s}k_{ts,h}\zeta_{es}^2(y)\mathrm{d}y,k_\alpha=\int_{-s}^{s}k_{ts,\alpha}\zeta_{es}^2(y)\mathrm{d}y \tag{10-215}$$

方程（10-213）中，x_C 是机体坐标系下的质心位置，x_E 是机体坐标系下机翼弹性中心位置。

忽略所有其他项，包括重力影响。弹性方程为（对称运动下）

$$\begin{bmatrix}1 & x_\alpha\\ x_\alpha & I_{w,\alpha}/m_wb^2\end{bmatrix}\begin{bmatrix}\ddot{h}/b\\ \ddot{\alpha}\end{bmatrix}+\begin{bmatrix}k_h/m_w & 0\\ 0 & k_\alpha/m_wb^2\end{bmatrix}\begin{bmatrix}h/b\\ \alpha\end{bmatrix}+\begin{bmatrix}\bar{L}b\\ \bar{M}\end{bmatrix}$$
$$=-\frac{\mathrm{d}}{\mathrm{d}t}\begin{bmatrix}\left(\dfrac{w}{b}+q_B\dfrac{(x_C-x_E)}{b}\right)\\ x_\alpha\left(\dfrac{w}{b}+q_B\dfrac{(x_C-x_E)}{b}\right)+(I_{w,cm}/m_wb^2)q_B\end{bmatrix} \tag{10-216a}$$

弹性位移引起的非定常广义气动力为

$$\begin{bmatrix}\bar{L}b\\ \bar{M}\end{bmatrix}=\frac{\pi\rho b^2}{m}\left(\frac{U}{b}\right)^2\left(\widetilde{\boldsymbol{M}}_a\begin{bmatrix}\dfrac{\ddot{h}}{b}\\ \ddot{\alpha}\end{bmatrix}+\widetilde{\boldsymbol{C}}_a\begin{bmatrix}\dfrac{\dot{h}}{b}\\ \dot{\alpha}\end{bmatrix}+\widetilde{\boldsymbol{K}}_a\begin{bmatrix}\dfrac{h}{b}\\ \alpha\end{bmatrix}\right) \tag{10-216b}$$

其中

$$\widetilde{\boldsymbol{M}}_a=\left(\frac{b}{U}\right)^2\begin{bmatrix}1 & -a\\ -a & \left(a^2+\dfrac{1}{8}\right)\end{bmatrix} \tag{10-216c}$$

$$\widetilde{\boldsymbol{C}}_a=\frac{b}{U}\begin{bmatrix}0 & 1\\ 0 & \left(\dfrac{1}{2}-a\right)\end{bmatrix}+\frac{b}{2U}C(k)\begin{bmatrix}4 & 2(1-2a)\\ -2(1+2a) & -(1-2a)(1+2a)\end{bmatrix} \tag{10-216d}$$

$$\widetilde{\boldsymbol{K}}_a=2C(k)\begin{bmatrix}0 & 1\\ 0 & -\left(\dfrac{1}{2}+a\right)\end{bmatrix},I_{w,\alpha}=I_{w,cm}+m_wb^2x_\alpha^2 \tag{10-216e}$$

在刚性机身运动方程中由弹性引起的额外项为

$$\frac{\partial}{\partial w}\Delta T=m_w\left[\dot{h}(t)+bx_\alpha\dot{\alpha}(t)\right]=-m_wb\begin{bmatrix}1 & x_\alpha\end{bmatrix}\begin{bmatrix}\dot{h}(t)/b\\ \dot{\alpha}(t)\end{bmatrix} \tag{10-217}$$

刚性运动的方程中由弹性引起的额外项为

$$\begin{aligned}\frac{\partial}{\partial q_B}\Delta T &= (x_C - x_E)m_w[\dot{h}(t) + bx_a\dot{\alpha}(t)] + I_{w,cm}\dot{\alpha}(t)\\ &= \{(x_C - x_E)m_w b[1 \quad x_a] + [0 \quad I_{w,cm}]\}\begin{bmatrix}\dot{h}(t)/b\\ \dot{\alpha}(t)\end{bmatrix}\end{aligned} \tag{10-218}$$

假定弹性自由度与刚性自由度之间没有气动耦合，则稳定轴系（机体系）下刚体线性扰动运动方程可表示为

$$m\begin{bmatrix}1 & -X_{\dot{w}} & -X_{\dot{q}} & 0\\ 0 & 1-Z_{\dot{w}} & -Z_{\dot{q}} & 0\\ 0 & -k_{yy}^2M_{\dot{w}} & k_{yy}^2 - k_{yy}^2M_{\dot{q}} & 0\\ 0 & 0 & 0 & 1\end{bmatrix}\begin{bmatrix}\Delta\dot{u}_s\\ \Delta\dot{w}_s\\ \Delta\dot{q}_s\\ \Delta\dot{\theta}_s\end{bmatrix} = m\begin{bmatrix}X_u & X_w & X_q & -g\cos\theta_e\\ Z_u & Z_w & Z_q + U_e^s & g\sin\theta_e\\ k_{yy}^2M_u & k_{yy}^2M_w & k_{yy}^2M_q & 0\\ 0 & 0 & 1 & 0\end{bmatrix}\begin{bmatrix}\Delta u_s\\ \Delta w_s\\ \Delta q_s\\ \Delta\theta_s\end{bmatrix} +$$

$$m\begin{bmatrix}0 & 0\\ Z_h & Z_a\\ k_{yy}^2M_h & k_{yy}^2M_a\\ 0 & 0\end{bmatrix}\frac{\mathrm{d}}{\mathrm{d}t}\begin{bmatrix}\dot{h}(t)/b\\ \dot{\alpha}(t)\end{bmatrix} + m\begin{bmatrix}X_\eta & X_\tau\\ Z_\eta & Z_\tau\\ k_{yy}^2M_\eta & k_{yy}^2M_\tau\\ 0 & 0\end{bmatrix}\begin{bmatrix}\Delta\eta\\ \Delta\tau\end{bmatrix} \tag{10-219}$$

其中，$k_{yy}^2 = I_{yy}/m$，$\Delta w_s = w$，$\Delta q_s = q_B$

$$\begin{bmatrix}Z_h & Z_a\\ M_h & M_a\end{bmatrix} = -\frac{m_w}{m}\begin{bmatrix}b & x_a b\\ \frac{x_C - x_E}{b}\frac{b^2}{k_{yy}^2} & \frac{(x_C - x_E)}{b}\frac{b^2}{k_{yy}^2}x_a + \frac{b^2}{k_{yy}^2}\frac{I_{w,cm}}{m_w b^2}\end{bmatrix} \tag{10-220}$$

耦合的弹性运动方程为（对称运动）

$$\begin{aligned}&\begin{bmatrix}1 & x_a\\ x_a & I_{w,a}/m_w b^2\end{bmatrix}\begin{bmatrix}\ddot{h}/b\\ \ddot{\alpha}\end{bmatrix} + \begin{bmatrix}k_h/m_w & 0\\ 0 & k_a/m_w b^2\end{bmatrix}\begin{bmatrix}h/b\\ \alpha\end{bmatrix} + \begin{bmatrix}\bar{L}b\\ \bar{M}\end{bmatrix}\\ &= -\begin{bmatrix}1 & \frac{(x_C - x_E)}{b}\\ x_a & x_a\frac{(x_C - x_E)}{b} + \frac{I_{w,cm}}{m_w b\times b}\end{bmatrix}\frac{\mathrm{d}}{\mathrm{d}t}\begin{bmatrix}\Delta w_s/b\\ \Delta q_s\end{bmatrix}\\ &= -\begin{bmatrix}b & \frac{(x_C - x_E)}{b}\\ x_a b & x_a\frac{(x_C - x_E)}{b} + \frac{I_{w,cm}}{m_w b\times b}\end{bmatrix}\frac{\mathrm{d}}{\mathrm{d}t}\begin{bmatrix}\Delta w_s\\ \Delta q_s\end{bmatrix}\end{aligned} \tag{10-221}$$

其中

$$\begin{bmatrix}\bar{L}b\\ \bar{M}\end{bmatrix} = \frac{\pi\rho b^2}{m}\left(\frac{U}{b}\right)^2\left(\widetilde{\boldsymbol{M}}_a\begin{bmatrix}\frac{\ddot{h}}{b}\\ \ddot{\alpha}\end{bmatrix} + \widetilde{\boldsymbol{C}}_a\begin{bmatrix}\frac{\dot{h}}{b}\\ \dot{\alpha}\end{bmatrix} + \widetilde{\boldsymbol{K}}_a\begin{bmatrix}\frac{h}{b}\\ \alpha\end{bmatrix}\right), \widetilde{\boldsymbol{M}}_a = \left(\frac{b}{U}\right)^2\begin{bmatrix}1 & -a\\ -a & \left(a^2 + \frac{1}{8}\right)\end{bmatrix}$$

$$\widetilde{\boldsymbol{C}}_a=\frac{b}{U}\begin{bmatrix}0 & 1\\ 0 & \left(\frac{1}{2}-a\right)\end{bmatrix}+\frac{b}{2U}C(k)\begin{bmatrix}4 & 2(1-2a)\\ -2(1+2a) & -(1-2a)(1+2a)\end{bmatrix}$$

$$\widetilde{\boldsymbol{K}}_a=2C(k)\begin{bmatrix}0 & 1\\ 0 & -\left(\frac{1}{2}+a\right)\end{bmatrix}$$

于是短周期模态和对称弹性弯曲-扭转模态发生耦合。

10.7.2 考虑弹性的横侧向小扰动运动方程

当刚性机身进行非对称机动时，弹性引起的动能增量为

$$\Delta T=\frac{1}{2}m_{ts}\left[\dot{h}_{ts}(t)+bx_a\dot{\alpha}_{ts}(t)+py\right]^2-\frac{1}{2}m_{ts}p^2y^2 \tag{10-222}$$

假设位移用一个模态近似

$$h_{ts}(t)=h(t)\zeta_{ea}(y),\alpha_{ts}(t)=\alpha(t)\theta_{ea}(y) \tag{10-223}$$

将动能和弹性势能延展向积分

$$T=\frac{1}{2}m_{aw}\left[\dot{h}(t)+bx_a\dot{\alpha}(t)\right]^2+m_{aw}\left[\dot{h}(t)+bx_a\dot{\alpha}(t)\right]p\frac{S_f}{m_{aw}} \tag{10-224}$$

$$V=\frac{1}{2}k_{ah}h^2+\frac{1}{2}b^2k_{a\alpha}\alpha^2 \tag{10-225}$$

其中

$$S_f=2\int_0^s m_{ts}y\,\mathrm{d}y \tag{10-226}$$

弹性自由度满足

$$\begin{bmatrix}1 & x_a\\ x_a & I_{aw,a}/m_{aw}b^2\end{bmatrix}\begin{bmatrix}\ddot{h}/b\\ \ddot{\alpha}\end{bmatrix}+\begin{bmatrix}k_h/m_{aw} & 0\\ 0 & k_a/m_{aw}b^2\end{bmatrix}\begin{bmatrix}h/b\\ \alpha\end{bmatrix}+\begin{bmatrix}\bar{L}b\\ \bar{M}\end{bmatrix}=\begin{bmatrix}1\\ x_a\end{bmatrix}\dot{p}S_f/m_{aw} \tag{10-227a}$$

和

$$m_{aw}=\int_{-s}^{s}m_{ts}\zeta_{as}^2(y)\mathrm{d}y,I_{aw,cm}=\int_{-s}^{s}I_{ts,cm}\zeta_{as}^2(y)\mathrm{d}y,k_{ah}=\int_{-s}^{s}k_{ts,h}\zeta_{as}^2(y)\mathrm{d}y,k_{a\alpha}=\int_{-s}^{s}k_{ts,a}\zeta_{as}^2(y)\mathrm{d}y \tag{10-227b}$$

由弹性引起的刚性机身方程中滚转方程中的额外项为

$$\frac{\partial}{\partial p}\Delta T=S_f\left[\dot{h}(t)+bx_a\dot{\alpha}(t)\right] \tag{10-228}$$

滚转模态和非对称弯曲-扭转弹性模态发生耦合。

包含弹性影响的横侧向小扰动运动方程为

$$\begin{bmatrix} 1 & -Y_{\dot{p}} & -Y_{\dot{r}} & 0 \\ 0 & 1-L_{\dot{p}} & -\dfrac{I_{xz}^{s}}{I_{xx}^{s}}-L_{\dot{r}} & 0 \\ 0 & -\dfrac{I_{xz}^{s}}{I_{zz}^{s}}-N_{\dot{p}} & 1-N_{\dot{r}} & 0 \\ 0 & 0 & 0 & 1 \end{bmatrix}\begin{bmatrix} \Delta\dot{v}_s \\ \Delta\dot{p}_s \\ \Delta\dot{r}_s \\ \Delta\dot{\phi}_s \end{bmatrix}+\frac{1}{I_{xx}^{s}}\frac{\mathrm{d}}{\mathrm{d}t}\begin{bmatrix} 0 \\ S_f(\dot{h}(t)+bx_a\dot{\alpha}(t)) \\ 0 \\ 0 \end{bmatrix}$$

$$=\begin{bmatrix} Y_v & Y_p & Y_r-U_e^s & -g\cos\phi_e\cos\theta_e \\ L_v & L_p & L_r & 0 \\ N_v & N_p & N_r & 0 \\ 0 & 1 & 0 & 0 \end{bmatrix}\begin{bmatrix} \Delta v_s \\ \Delta p_s \\ \Delta r_s \\ \Delta\phi_s \end{bmatrix}+\begin{bmatrix} Y_\xi & Y_\zeta \\ L_\xi & L_\zeta \\ N_\xi & N_\zeta \\ 0 & 0 \end{bmatrix}\begin{bmatrix} \Delta\xi \\ \Delta\zeta \end{bmatrix}$$

于是

$$\begin{bmatrix} 1 & -Y_{\dot{p}} & -Y_{\dot{r}} & 0 \\ 0 & 1-L_{\dot{p}} & -\dfrac{I_{xz}^{s}}{I_{xx}^{s}}-L_{\dot{r}} & 0 \\ 0 & -\dfrac{I_{xz}^{s}}{I_{zz}^{s}}-N_{\dot{p}} & 1-N_{\dot{r}} & 0 \\ 0 & 0 & 0 & 1 \end{bmatrix}\begin{bmatrix} \Delta\dot{v}_s \\ \Delta\dot{p}_s \\ \Delta\dot{r}_s \\ \Delta\dot{\phi}_s \end{bmatrix}+\frac{S_f}{I_{xx}^{s}}\frac{\mathrm{d}}{\mathrm{d}t}\begin{bmatrix} 0 \\ [\dot{h}(t)+bx_a\dot{\alpha}(t)] \\ 0 \\ 0 \end{bmatrix}$$

$$=\begin{bmatrix} Y_v & Y_p & Y_r-U_e^s & -g\cos\phi_e\cos\theta_e \\ L_v & L_p & L_r & 0 \\ N_v & N_p & N_r & 0 \\ 0 & 1 & 0 & 0 \end{bmatrix}\begin{bmatrix} \Delta v_s \\ \Delta p_s \\ \Delta r_s \\ \Delta\phi_s \end{bmatrix}+\begin{bmatrix} Y_\xi & Y_\zeta \\ L_\xi & L_\zeta \\ N_\xi & N_\zeta \\ 0 & 0 \end{bmatrix}\begin{bmatrix} \Delta\xi \\ \Delta\zeta \end{bmatrix}$$

(10 - 229)

10.8　整个柔性飞行器的动能和势能

表 10 - 3 中列出了在一系列假定条件下，整个柔性飞行器的运动方程（Waszak 和 Schmidt[12]，Schmidt 和 Raney[12]）。推导这些方程需要首先定义动能和势能。动能和势能的主要参数是整个飞行器质量 M，整个飞行器的转动惯量，欧拉角，机体平动线速度和转动角速度分量，弹性模态位移，弹性广义模态质量，模态阻尼比，模态固有频率和广义力。同时给出了相应的广义力，其中 ρ 是密度，V_0 是自由流速度，$\bar{c}$ 是平均气动弦长，b 是翼展，S 是机翼平面面积。

表 10 - 3　柔性飞行器的完整运动方程

$m\begin{bmatrix} \dot{u} \\ \dot{v} \\ \dot{w} \end{bmatrix}+m\begin{bmatrix} 0 & -r_b & q_b \\ r_b & 0 & -p_b \\ -q_b & p_b & 0 \end{bmatrix}\begin{bmatrix} u \\ v \\ w \end{bmatrix}-mg\begin{bmatrix} -\sin\theta \\ \sin\phi\cos\theta \\ \cos\phi\cos\theta \end{bmatrix}=\begin{bmatrix} X_e \\ Y_e \\ Z_e \end{bmatrix}_{\text{elastic}}$

续表

$$\begin{bmatrix} I_{xx} & 0 & -I_{xz} \\ 0 & I_{yy} & 0 \\ -I_{xz} & 0 & I_{zz} \end{bmatrix}\begin{bmatrix} \dot{p}_B \\ \dot{q}_B \\ \dot{r}_B \end{bmatrix}+\begin{bmatrix} 0 & -r_B & q_B \\ r_B & 0 & -p_B \\ -q_B & p_B & 0 \end{bmatrix}\begin{bmatrix} I_{xx} & 0 & -I_{xz} \\ 0 & I_{yy} & 0 \\ -I_{xz} & 0 & I_{zz} \end{bmatrix}\begin{bmatrix} p_B \\ q_B \\ r_B \end{bmatrix}=\begin{bmatrix} L_e \\ M_e \\ N_e \end{bmatrix}_{\text{elastic}}$$

$$m_j(\ddot{\eta}_j+2\zeta_{jn}\omega_{jn}\dot{\eta}_j+\omega_{jn}^2\eta_j)=Q_{\eta j},j=1,2,3,\cdots J$$

$$\begin{bmatrix} X_e \\ Y_e \\ Z_e \end{bmatrix}_{\text{elastic}}=\begin{bmatrix} X_e \\ Y_e \\ Z_e \end{bmatrix}_{\text{rigid}}+\frac{\rho U_0^2 S_W}{2}\left(\sum_{j=1}^{J}\begin{bmatrix} C_{X\eta j} \\ C_{Y\eta j} \\ C_{Z\eta j} \end{bmatrix}\eta_j+\frac{\bar{c}}{2U_0}\begin{bmatrix} C_{X\dot{\eta}j} \\ C_{Y\dot{\eta}j} \\ C_{Z\dot{\eta}j} \end{bmatrix}\dot{\eta}_j\right)$$

$$\begin{bmatrix} L_e \\ M_e \\ N_e \end{bmatrix}_{\text{elastic}}=\begin{bmatrix} L_e \\ M_e \\ N_e \end{bmatrix}_{\text{rigid}}+\frac{\rho U_0^2 S_W}{2}\left(\sum_{j=1}^{J}\begin{bmatrix} C_{L\eta j} \\ C_{M\eta j} \\ C_{N\eta j} \end{bmatrix}\eta_j+\frac{\bar{c}}{2U_0}\begin{bmatrix} C_{L\dot{\eta}j} \\ C_{M\dot{\eta}j} \\ C_{N\dot{\eta}j} \end{bmatrix}\dot{\eta}_j\right)$$

$$Q_{\eta j}=\frac{\rho U_0^2 S_W}{2}\left[C_{Q0}+C_{Qu}\Delta u+C_{Q\alpha}\Delta\alpha+C_{Q\beta}\Delta\beta+C_{Q\eta}\eta+C_{Q\xi}\xi+C_{Q\zeta}\zeta+\sum_{j=1}^{J}(C_{Q\eta j}\eta_j)\right]+$$
$$\frac{\rho U_0^2 S_W}{2}\times\frac{\bar{c}}{2U_0}\left[C_{Q\dot{u}}\Delta\dot{u}+C_{Q\dot{\alpha}}\Delta\dot{\alpha}+C_{Q\dot{\beta}}\Delta\dot{\beta}+C_{Qp}p+C_{Qq}q+C_{Qr}r+\sum_{j=1}^{J}(C_{Q\dot{\eta}j}\dot{\eta}_j)\right]$$

10.8.1 动能

刚性机身上任意一点 P 在惯性系下的位置可表示为

$$\boldsymbol{r}^i=\boldsymbol{R}^i+\boldsymbol{A}^i(\boldsymbol{x}^i+\bar{\boldsymbol{u}}_d^i) \tag{10-230}$$

式中 $\boldsymbol{R}^i$——柔性飞行器未变形状态质心在惯性系下的位置矢量；

$\boldsymbol{x}^i$——柔性飞行器未变形状态下任意点在机体坐标系下的当地位置矢量；

$\boldsymbol{A}^i$——机体坐标系相对于惯性坐标系的坐标转换矩阵；

$\bar{\boldsymbol{u}}_d^i$——弹性变形矢量。

我们假定机体坐标系下这可以表示为

$$^B\boldsymbol{r}^i={}^B\boldsymbol{R}^i+\boldsymbol{x}^i+\bar{\boldsymbol{u}}_d^i \tag{10-231}$$

点 P 的速度可以用机体坐标系下的质心速度 $\boldsymbol{v}_{CM}$ 和机体角速度分量表示。假定机体的角速度分量已知，表示成矢量形式为

$$\tilde{\boldsymbol{\omega}}^{\mathrm{T}}=[p_B\quad q_B\quad r_B] \tag{10-232}$$

为了计算叉积，机身角速度矢量可表示成矩阵形式

$$\boldsymbol{\omega}=\begin{bmatrix} 0 & -r_B & q_B \\ r_B & 0 & -p_B \\ -q_B & p_B & 0 \end{bmatrix} \tag{10-233}$$

P 点在机体系下的速度

$$\boldsymbol{v}=\boldsymbol{v}_{CM}+\frac{\partial}{\partial t}\bar{\boldsymbol{u}}_d^i+\boldsymbol{\omega}(\boldsymbol{x}^i+\bar{\boldsymbol{u}}_d^i) \tag{10-234}$$

于是，比动能即每个单位质量的动能为

$$\frac{\boldsymbol{v}^{\mathrm{T}}\boldsymbol{v}}{2}=\frac{\boldsymbol{v}_{CM}^{\mathrm{T}}\boldsymbol{v}_{CM}}{2}+\left(\boldsymbol{v}_{CM}+\frac{\boldsymbol{\omega}(\boldsymbol{x}^i+\bar{\boldsymbol{u}}_d^i)}{2}\right)^{\mathrm{T}}\omega(\boldsymbol{x}^i+\bar{\boldsymbol{u}}_d^i)+\left(\boldsymbol{v}_{CM}+\frac{\partial}{2\partial t}\bar{\boldsymbol{u}}_d^i+\boldsymbol{\omega}(\boldsymbol{x}^i+\bar{\boldsymbol{u}}_d^i)\right)^{\mathrm{T}}\frac{\partial}{\partial t}\bar{\boldsymbol{u}}_d^i \tag{10-235}$$

机体总的动能为

$$T^i = \frac{1}{2}\int_{V^i} \boldsymbol{v}^{\mathrm{T}} \boldsymbol{v} \mathrm{d}m \tag{10-236}$$

总的动能的一般表达式为

$$T^i = \frac{m^i}{2}\boldsymbol{v}_{CM}^{\mathrm{T}}\boldsymbol{v}_{CM} + \frac{1}{2}\tilde{\boldsymbol{\omega}}^{\mathrm{T}}\boldsymbol{J}^i\tilde{\boldsymbol{\omega}} + T_f^i \tag{10-237}$$

前两项分别是平动和转动引起的动能，最后一项表示弹性自由度的动能。

$$T_f^i = \frac{1}{2}\int_{V^i}\left(\frac{\partial}{\partial t}\bar{\boldsymbol{u}}_d^i + 2\boldsymbol{v}_{CM}\right)^{\mathrm{T}}\frac{\partial}{\partial t}\bar{\boldsymbol{u}}_d^i \mathrm{d}m + \boldsymbol{v}_{CM}^{\mathrm{T}}\boldsymbol{\omega}\int_{V^i}(\boldsymbol{x}^i + \bar{\boldsymbol{u}}_d^i)\mathrm{d}m + \int_{V^i}(\boldsymbol{x}^i + \bar{\boldsymbol{u}}_d^i)^{\mathrm{T}}\boldsymbol{\omega}^{\mathrm{T}}\frac{\partial}{\partial t}\bar{\boldsymbol{u}}_d^i \mathrm{d}m \tag{10-238}$$

在动能表达式中，m^i 是机体的总质量，则

$$\boldsymbol{J}^i = \int_{V^i}(\boldsymbol{x}^i + \bar{\boldsymbol{u}}_d^i)(\boldsymbol{x}^i + \bar{\boldsymbol{u}}_d^i)^{\mathrm{T}}\mathrm{d}m \tag{10-239}$$

是机体在机体系下包含变形的惯性矩阵。

10.8.2　简化通用表达式

首先引入两个重要假设：

假设（a）：假设机体坐标系下的质心位置始终保持不变，则有下式成立

$$\int_{V^i}(\boldsymbol{x}^i + \bar{\boldsymbol{u}}_d^i)\mathrm{d}m = 0, \int_{V^i}\frac{\partial}{\partial t}\bar{\boldsymbol{u}}_d^i \mathrm{d}m = 0 \tag{10-240}$$

假设（b）：假设相对角动量为零，则有下式成立

$$\int_{V^i}(\boldsymbol{x}^i + \bar{\boldsymbol{u}}_d^i)^{\mathrm{T}}\boldsymbol{\omega}^{\mathrm{T}}\frac{\partial}{\partial t}\bar{\boldsymbol{u}}_d^i \mathrm{d}m = 0 \tag{10-241}$$

同时满足上述假设的坐标系称为 Tisserand 坐标系，Tisserand 坐标系是浮动坐标系。Tisserand 坐标系满足 Tisserand 条件，即相对动量和角动量都为零，Tisserand 坐标系不是唯一的。虽然有几种浮动参考系，所有这些参考系的原点总是位于瞬时质心位置。采用随着弹性运动浮动的参考系，便于对具有旋转运动的大型系统线性振动进行分析。当弹性连续体的变形用无约束系统的自由-自由模式表示时，刚体模态固定在相对动量为零的 Tisserand 坐标系上。这一结果也保证了参考系小幅振动和所有非零自然频率模态的独立性，此条件能够极大地简化运动方程的推导。

机体动能简化为

$$T^i = \frac{m^i}{2}\boldsymbol{v}_{CM}^{\mathrm{T}}\boldsymbol{v}_{CM} + \frac{1}{2}\tilde{\boldsymbol{\omega}}^{\mathrm{T}}\boldsymbol{J}^i\tilde{\boldsymbol{\omega}} + \frac{1}{2}\int_{V^i}\left(\frac{\partial}{\partial t}\bar{\boldsymbol{u}}_d^i\right)^{\mathrm{T}}\frac{\partial}{\partial t}\bar{\boldsymbol{u}}_d^i \mathrm{d}m \tag{10-242}$$

10.8.3　平均轴系

当第二部分中的假设（b）表示成积分形式

$$\int_{V^i}\boldsymbol{x}^{i\mathrm{T}}\boldsymbol{\omega}^{\mathrm{T}}\frac{\partial}{\partial t}\bar{\boldsymbol{u}}_d^i \mathrm{d}m = 0 \tag{10-243}$$

那么坐标轴就被称为平均轴系。

在此，动能表达式可简化为

$$T^i = \frac{m^i}{2}\boldsymbol{v}_{CM}^{\mathrm{T}}\boldsymbol{v}_{CM} + \frac{1}{2}\tilde{\boldsymbol{\omega}}^{\mathrm{T}}\boldsymbol{J}^i\tilde{\boldsymbol{\omega}} + \frac{1}{2}\int_{V^i}\left(\frac{\partial}{\partial t}\bar{\boldsymbol{u}}_d^i\right)^{\mathrm{T}}\frac{\partial}{\partial t}\bar{\boldsymbol{u}}_d^i\,\mathrm{d}m + \int_{V^i}(\bar{\boldsymbol{u}}_d^i)^{\mathrm{T}}\boldsymbol{\omega}^{\mathrm{T}}\frac{\partial}{\partial t}\bar{\boldsymbol{u}}_d^i\,\mathrm{d}m \tag{10-244}$$

重力势能为

$$V_g^i = -mg\boldsymbol{T}_{BI}z_{cg}^i\begin{bmatrix}0\\0\\1\end{bmatrix} = -mgz_{cg}^i\begin{bmatrix}-\sin\theta\\ \sin\phi\cos\theta\\ \cos\phi\cos\theta\end{bmatrix} \tag{10-245}$$

式中 z_{cg}^i——惯性系下第 i^{th}体的重心高度（向下为正）；

ψ，θ，ϕ——从机体系转化到惯性系的旋转角。

弹性势能可表示为

$$V_K^i = \frac{1}{2}\int_{V^i}K(m)(\bar{\boldsymbol{u}}_d^i)^{\mathrm{T}}\bar{\boldsymbol{u}}_d^i\,\mathrm{d}m \tag{10-246}$$

10.8.4 模态振幅表示的动能

假定弹性变形矢量 $\bar{\boldsymbol{u}}_d^i$ 的方向为单位矢量 $\boldsymbol{e}_u$ 的方向，同时假定弹性变形矢量可以由一系列模态形状 $\phi_j(\boldsymbol{x}^i)$［非变形状态空间中的任意点 $\boldsymbol{x}^i$ 和相应的模态幅值 $\eta_j(t)$］表达

$$\bar{\boldsymbol{u}}_d^i = \left(\sum_{j=1}^{J}\phi_j(\boldsymbol{x}^i)\eta_j(t)\right)\boldsymbol{e}_u \tag{10-247}$$

假定模态是相互正交的，满足下式

$$\int_{V^i}\phi_j(\boldsymbol{x}^i)\phi_k(\boldsymbol{x}^i)\,\mathrm{d}m = 0, j \neq k \tag{10-248}$$

假定模态是归一化的，则有

$$\int_{V^i}\phi_j(\boldsymbol{x}^i)\phi_j(\boldsymbol{x}^i)\,\mathrm{d}m = 1 \tag{10-249}$$

根据上述定义，有下式成立

$$\begin{aligned}\boldsymbol{J}^i &= \int_{V^i}(\boldsymbol{x}^i + \bar{\boldsymbol{u}}_d^i)(\boldsymbol{x}^i + \bar{\boldsymbol{u}}_d^i)^{\mathrm{T}}\mathrm{d}m\\ &= \int_{V^i}\left\{\boldsymbol{x}^i + \left[\sum_{j=1}^{J}\phi_j(\boldsymbol{x}^i)\eta_j(t)\right]\boldsymbol{e}_u\right\}\left\{(\boldsymbol{x}^i)^{\mathrm{T}} + \boldsymbol{e}_u^{\mathrm{T}}\left[\sum_{k=1}^{J}\phi_k(\boldsymbol{x}^i)\eta_k(t)\right]\right\}\mathrm{d}m\end{aligned} \tag{10-250}$$

$\boldsymbol{J}^i$ 可表示为

$$\boldsymbol{J}^i = \int_{V^i}\boldsymbol{x}^i(\boldsymbol{x}^i)^{\mathrm{T}}\mathrm{d}m + \sum_{j=1}^{J}[\psi_j\boldsymbol{e}_u^{\mathrm{T}}\eta_j(t) + \eta_j(t)\boldsymbol{e}_u\boldsymbol{\psi}_j^{\mathrm{T}}] + \boldsymbol{e}_u\boldsymbol{e}_u^{\mathrm{T}}\sum_{j=1}^{J}\eta_j^2(t), \boldsymbol{\psi}_j = \int_{V^i}\phi_j(\boldsymbol{x}^i)\boldsymbol{x}^i\,\mathrm{d}m \tag{10-251}$$

动能表达式中，由于弹性自由度引起的积分项表示如下

$$\int_{V^i}\left(\frac{\partial}{\partial t}\bar{\boldsymbol{u}}_d^i\right)^{\mathrm{T}}\frac{\partial}{\partial t}\bar{\boldsymbol{u}}_d^i\,\mathrm{d}m = \sum_{j=1}^{J}\left(\frac{\partial}{\partial t}\eta_j(t)\right)^2 \tag{10-252a}$$

$$\int_{V^i} (\bar{\boldsymbol{u}}_d^i)^{\mathrm{T}} \boldsymbol{\omega}^{\mathrm{T}} \frac{\partial}{\partial t} \bar{\boldsymbol{u}}_d^i \mathrm{d}m = \boldsymbol{e}_u^{\mathrm{T}} \boldsymbol{\omega}^{\mathrm{T}} \boldsymbol{e}_u \sum_{j=1}^{J} \eta_j(t) \left(\frac{\partial}{\partial t} \eta_j(t) \right) \tag{10-252b}$$

$$\int_{V^i} \boldsymbol{x}^{i\mathrm{T}} \frac{\partial}{\partial t} \bar{\boldsymbol{u}}_d^i \mathrm{d}m = \sum_{j=1}^{J} \boldsymbol{\psi}_j^{\mathrm{T}} \boldsymbol{e}_u \frac{\partial}{\partial t} \eta_j(t), \int_{V^i} \boldsymbol{x}^{i\mathrm{T}} \boldsymbol{\omega}^{\mathrm{T}} \frac{\partial}{\partial t} \bar{\boldsymbol{u}}_d^i \mathrm{d}m = \sum_{j=1}^{J} \boldsymbol{\psi}_j^{\mathrm{T}} \boldsymbol{\omega}^{\mathrm{T}} \boldsymbol{e}_u \frac{\partial}{\partial t} \eta_j(t)$$

和

$$\int_{V^i} \bar{\boldsymbol{u}}_d^i \mathrm{d}m = \sum_{j=1}^{J} \lambda_j \eta_j(t) \boldsymbol{e}_u, \ \lambda_j = \int_{V^i} \phi_j(\boldsymbol{x}^i) \mathrm{d}m \tag{10-252c}$$

于是弹性自由度引起的动能为 T_f^i

$$T_f^i = \sum_{j=1}^{J} \left(\frac{\partial}{\partial t} \eta_j(t) \right)^2 + \boldsymbol{v}_{CM} \boldsymbol{e}_u \sum_{j=1}^{J} \lambda_j \frac{\partial}{\partial t} \eta_j(t) + \boldsymbol{v}_{CM}^{\mathrm{T}} \boldsymbol{\omega} \boldsymbol{e}_u \left(\sum_{j=1}^{J} \lambda_j \eta_j(t) \right) + \sum_{j=1}^{J} (\boldsymbol{\psi}_j^{\mathrm{T}} + \eta_j(t) \boldsymbol{e}_u^{\mathrm{T}}) \boldsymbol{\omega}^{\mathrm{T}} \boldsymbol{e}_u \frac{\partial}{\partial t} \eta_j(t) \tag{10-253}$$

10.8.5　Tisserand 参考系

有限体的旋转运动满足微分方程

$$\frac{\mathrm{d}\boldsymbol{h}_I}{\mathrm{d}t} = \boldsymbol{M}_I \tag{10-254a}$$

其中

$$\boldsymbol{h}_I = \int_V (\boldsymbol{r} \times \boldsymbol{v}) \mathrm{d}m \tag{10-254b}$$

为惯性系或者空间固定坐标系下的角动量。

$$\boldsymbol{M}_I = \int_V (\boldsymbol{r} \times \boldsymbol{F}) \mathrm{d}m \tag{10-255}$$

为作用在有限体上的转矩，$\boldsymbol{v} = \dfrac{\mathrm{d}\boldsymbol{r}}{\mathrm{d}t}$是相同参考系下质量点的速度。$m$ 为有限体的总质量。

$$m = \int_V \mathrm{d}m \tag{10-256}$$

矢量 $\boldsymbol{F} = m\boldsymbol{a}$ 是作用在典型质量点上的外力矢量，$\boldsymbol{a}$ 是质量点相应的加速度。

由于旋转坐标系坐标轴上单位矢量的旋转，上述惯性系下的转动方程在旋转坐标系下具有更复杂的形式。假定参考系轴上的单位矢量转化成旋转坐标系坐标轴上的单位矢量，$\boldsymbol{e} = \boldsymbol{Q}\boldsymbol{e}_I$，单位矢量变化可以通过微分得到

$$\frac{\mathrm{d}}{\mathrm{d}t} \boldsymbol{e} = \frac{\mathrm{d}}{\mathrm{d}t} \boldsymbol{Q} \boldsymbol{e}_I = \frac{\mathrm{d}}{\mathrm{d}t} \boldsymbol{Q} \times \boldsymbol{Q}^{\mathrm{T}} \boldsymbol{e} = [\tilde{\boldsymbol{\omega}} \times] \boldsymbol{e} \tag{10-257}$$

其中 $\tilde{\boldsymbol{\omega}}^{\mathrm{T}} = [p_B \quad q_B \quad r_B]$是有限体的瞬时旋转矢量

$$[\tilde{\boldsymbol{\omega}} \times] = \boldsymbol{\omega} = \begin{bmatrix} 0 & -r_B & q_B \\ r_B & 0 & -p_B \\ -q_B & p_B & 0 \end{bmatrix} \tag{10-258}$$

从而可得

$$\boldsymbol{v}=\frac{\mathrm{d}(\boldsymbol{r}\cdot\boldsymbol{e})}{\mathrm{d}t}=\left(\frac{\mathrm{d}\boldsymbol{r}}{\mathrm{d}t}\cdot\boldsymbol{e}+\boldsymbol{r}\cdot\frac{\mathrm{d}\boldsymbol{e}}{\mathrm{d}t}\right)=\left(\frac{\mathrm{d}\boldsymbol{r}}{\mathrm{d}t}+\boldsymbol{\omega r}\right)\boldsymbol{e} \tag{10-259}$$

相似地

$$\frac{\mathrm{d}\boldsymbol{h}_I}{\mathrm{d}t}=\boldsymbol{Q}\left(\frac{\mathrm{d}\boldsymbol{h}_r}{\mathrm{d}t}+\boldsymbol{\omega h}_r\right)\boldsymbol{e}=\boldsymbol{M}_I \tag{10-260}$$

于是

$$\frac{\mathrm{d}\boldsymbol{h}_r}{\mathrm{d}t}+\boldsymbol{\omega h}_r=\boldsymbol{Q}^{-1}\boldsymbol{M}_I=\boldsymbol{M}_r \tag{10-261}$$

旋转坐标系下 $\boldsymbol{h}_I=\boldsymbol{h}\cdot\boldsymbol{e}$ 的分量为

$$\begin{aligned}\boldsymbol{h}_r&=\int_V(\boldsymbol{r}\times\boldsymbol{v})\,\mathrm{d}m=\int_V\left(\boldsymbol{r}\times\left(\frac{\mathrm{d}\boldsymbol{r}}{\mathrm{d}t}+\boldsymbol{\omega r}\right)\right)\mathrm{d}m\\&=\int_V\left(\boldsymbol{r}\times\frac{\mathrm{d}\boldsymbol{r}}{\mathrm{d}t}\right)\mathrm{d}m-\int_V(\boldsymbol{r}\times(\boldsymbol{r}\times))\,\mathrm{d}m\tilde{\boldsymbol{\omega}}=\boldsymbol{h}_R+\boldsymbol{I}\tilde{\boldsymbol{\omega}}\end{aligned} \tag{10-262}$$

其中 $\boldsymbol{I}$ 是惯性矩阵，方程

$$\boldsymbol{h}_R=\int_V\left(\boldsymbol{r}\times\frac{\mathrm{d}\boldsymbol{r}}{\mathrm{d}t}\right)\mathrm{d}m \tag{10-263}$$

为有限体相对角动量。

在旋转方程中用 $\boldsymbol{h}_R+\boldsymbol{I}\tilde{\boldsymbol{\omega}}$ 代替 $\boldsymbol{h}_r$ 可得 Liouville 方程

$$\frac{\mathrm{d}\boldsymbol{I}}{\mathrm{d}t}\tilde{\boldsymbol{\omega}}+\boldsymbol{I}\frac{\mathrm{d}\tilde{\boldsymbol{\omega}}}{\mathrm{d}t}+\boldsymbol{\omega}(\boldsymbol{I}\tilde{\boldsymbol{\omega}})+\frac{\mathrm{d}\boldsymbol{h}_R}{\mathrm{d}t}+\omega\boldsymbol{h}_R=\boldsymbol{M}_r \tag{10-264}$$

在研究有限体旋转运动时，旋转坐标系的选取取决于求解 Liouville 方程时需要简化的分析工作。有两种选择可以考虑：主轴（$\boldsymbol{I}$ 为对角矩阵）和 Tisserand 轴（相对角动量为零）

$$\boldsymbol{h}_R=\boldsymbol{0} \tag{10-265}$$

主轴坐标系更适合于刚体转动理论，在应用于弹性体时，主轴会产生旋转弹性变形。从这一点考虑，Tisserand 轴系更适用于描述变形有限体的旋转运动。而且，相对于旋转坐标系，在 Tisserand 轴系下机体的动能有最小化的优势。无论是主轴还是 Tisserand 轴都不能确定相对于原来轴系的位移，只能确定相对于原来轴系的转动。理论上它们都被认为集中在有限体的质心上。对任何体系来讲，主轴都是唯一确定的，因此对于有限体而言，主轴很好定义。

与此相反，Tisserand 轴系并不是唯一确定的。如果 $\boldsymbol{r}$ 是对应于一组 Tisserand 轴系的坐标，我们考虑一组由变换 $\tilde{\boldsymbol{r}}=\boldsymbol{Sr}$ 确定的新轴系，其中，$\boldsymbol{S}$ 是与时间无关的正交矩阵，则有

$$\begin{aligned}\tilde{\boldsymbol{h}}_R&=\int_V\left(\tilde{\boldsymbol{r}}\times\frac{\mathrm{d}\tilde{\boldsymbol{r}}}{\mathrm{d}t}\right)\mathrm{d}m=\int_V\left(\boldsymbol{Sr}\times\boldsymbol{S}\frac{\mathrm{d}\boldsymbol{r}}{\mathrm{d}t}\right)\mathrm{d}m=\int_V\left(\boldsymbol{S}\,[\boldsymbol{r}\times]\,\boldsymbol{S}^{\mathrm{T}}\boldsymbol{S}\frac{\mathrm{d}\boldsymbol{r}}{\mathrm{d}t}\right)\mathrm{d}m\\&=\boldsymbol{S}\int_V\left([\boldsymbol{r}\times]\frac{\mathrm{d}\boldsymbol{r}}{\mathrm{d}t}\right)\mathrm{d}m=\boldsymbol{Sh}_R=\boldsymbol{0}\end{aligned} \tag{10-266}$$

$\tilde{\boldsymbol{r}}$ 坐标系同样是 Tisserand 坐标系。为了选择一组特殊的 Tisserand 坐标系，我们必须

在初始时刻 $t=0$ 将它们的方向固定。

对于离散的质量点网格，我们可以首先通过令相应的相对动量为零，定义一组“Tisserand”坐标系

$$\boldsymbol{h}_R=\sum_i m_i\left(\tilde{\boldsymbol{r}}_i\times\frac{\mathrm{d}\tilde{\boldsymbol{r}}_i}{\mathrm{d}t}\right)=0 \tag{10-267}$$

下一步是找到转换旋转和平移参数，将已有参考系转换成“Tisserand”坐标系

$$\tilde{\boldsymbol{r}}=\boldsymbol{R}(\theta(t))\boldsymbol{r}+\boldsymbol{r}_0 \tag{10-268}$$

令

$$\tilde{\boldsymbol{h}}_R=\int_V\left(\tilde{\boldsymbol{r}}\times\frac{\mathrm{d}\tilde{\boldsymbol{r}}}{\mathrm{d}t}\right)\mathrm{d}m=\boldsymbol{0} \tag{10-269}$$

方程中有六个未知量，方程数量为三个，是一个不确定系统。我们可以令 $\boldsymbol{r}_0=\boldsymbol{0}$，则有

$$\tilde{\boldsymbol{h}}_R=\int_V\left(\tilde{\boldsymbol{r}}\times\frac{\mathrm{d}\tilde{\boldsymbol{r}}}{\mathrm{d}t}\right)\mathrm{d}m=\int_V\left(\boldsymbol{R}\boldsymbol{r}\times\left(\boldsymbol{R}\frac{\mathrm{d}\boldsymbol{r}}{\mathrm{d}t}+\frac{\mathrm{d}\boldsymbol{R}}{\mathrm{d}t}\boldsymbol{r}\right)\right)\mathrm{d}m=\int_V\left(\boldsymbol{R}\,[\boldsymbol{r}\times]\left(\frac{\mathrm{d}\boldsymbol{r}}{\mathrm{d}t}+\boldsymbol{R}^{-1}\frac{\mathrm{d}\boldsymbol{R}}{\mathrm{d}t}\boldsymbol{r}\right)\right)\mathrm{d}m \tag{10-270}$$

和

$$\tilde{\boldsymbol{h}}_R=\int_V\left(\boldsymbol{R}\,[\boldsymbol{r}\times]\frac{\mathrm{d}\boldsymbol{r}}{\mathrm{d}t}\right)\mathrm{d}m+\int_V\left(\boldsymbol{R}\,[\boldsymbol{r}\times]\boldsymbol{R}^{-1}\frac{\mathrm{d}\boldsymbol{R}}{\mathrm{d}t}\boldsymbol{r}\right)\mathrm{d}m=\boldsymbol{R}\boldsymbol{h}_R+\boldsymbol{R}\int_V\left([\boldsymbol{r}\times]\boldsymbol{R}^{-1}\frac{\mathrm{d}\boldsymbol{R}}{\mathrm{d}t}\boldsymbol{r}\right)\mathrm{d}m \tag{10-271}$$

如果

$$\frac{\mathrm{d}\boldsymbol{R}}{\mathrm{d}t}=-\boldsymbol{R}\boldsymbol{\omega}_T^{\mathrm{T}} \tag{10-272}$$

那么角速度矢量 $\boldsymbol{\omega}_T$ 必须满足方程

$$\int_V([\boldsymbol{r}\times]\boldsymbol{\omega}_T^{\mathrm{T}}\boldsymbol{r})\,\mathrm{d}m=\boldsymbol{I}\tilde{\boldsymbol{\omega}}_T=\boldsymbol{h}_R \tag{10-273}$$

这样的 $\tilde{\boldsymbol{r}}$ 轴系就是 Tisserand 轴系。当角速度矢量用三个姿态参数表示时，得到的微分方程可以通过积分求解，最终得到的 Tisserand 轴系与初始条件相关。例如，一种情况是，Tisserand 轴系将在初始时期与原始轴重合。确定 Tisserand 轴系具体形式的微分方程取决于三个姿态参数表示的旋转矩阵 $\boldsymbol{R}$。为了得到 Tisserand 轴系，除了要对坐标进行标准的偏航、滚转、俯仰欧拉角的旋转转换，还需要求解三个欧拉角的微分方程。这是应用 Tisserand 轴系的主要难点。

10.9　准坐标系下弹性体的欧拉—拉格朗日矩阵方程

我们可以在“平均轴系”机体参考坐标系下基于拉格朗日方法推导运动方程。进行另外两个基本假定之后，平均轴系可完全转化成 Tisserand 轴系。对于柔性飞行器，$\boldsymbol{J}^i$ 和 $\bar{\boldsymbol{u}}_d^i$ 独立，从而获得表 10－3 中所列的组合。相对于惯性系具有任意大转动运动的柔性体运动被分解成平均刚体运动（用于定义动参考系）和一个考虑弹性变形的相对运动。平均运动

满足 Tisserand 条件，即相对线动量和角动量都为零。拉格朗日算子定义为 $L=T-V$，T 是总的动能，V 是总势能。此外，假设有 n 个广义坐标 q_i。欧拉-拉格朗日方程由下式给出

$$\frac{\mathrm{d}}{\mathrm{d}t}\frac{\partial L}{\partial \dot{q}_i}-\frac{\partial L}{\partial q_i}=Q_i \tag{10-274}$$

式中　Q_i——与广义坐标 q_i 相关的广义力。

广义力既可以是力也可以是力矩，取决于广义坐标是平动还是转动。广义力可由非保守力所做的虚功求得

$$\delta W=\sum_{i=1}^{n}Q_i\delta q_i \tag{10-275}$$

结构阻尼的影响可以通过额外的广义力或者耗散函数的形式考虑。用矩阵形式表示，广义坐标矢量和广义力可以进行坐标变换

$$\dot{\boldsymbol{q}}=\boldsymbol{W}\boldsymbol{u}+\boldsymbol{W}_0,\ \boldsymbol{u}=\boldsymbol{W}^{-1}\dot{\boldsymbol{q}}-\boldsymbol{W}^{-1}\boldsymbol{W}_0,\ \boldsymbol{U}=\boldsymbol{W}^{-1}\boldsymbol{Q} \tag{10-276}$$

转换动能表达式 $\overline{T}$ 与初始动能表达式 T 满足如下关系

$$\frac{\partial T}{\partial \dot{\boldsymbol{q}}}=\frac{\partial \boldsymbol{u}}{\partial \dot{\boldsymbol{q}}}\frac{\partial \overline{T}}{\partial \boldsymbol{u}}=\boldsymbol{W}^{-1}\frac{\partial \overline{T}}{\partial \boldsymbol{u}},\ \frac{\partial T}{\partial \boldsymbol{q}}=\frac{\partial \overline{T}}{\partial \boldsymbol{q}}+\frac{\partial \boldsymbol{u}}{\partial \boldsymbol{q}}\frac{\partial \overline{T}}{\partial \boldsymbol{u}} \tag{10-277}$$

因此，当时变转换矩阵 $\boldsymbol{W}$ 满足

$$\frac{\mathrm{d}}{\mathrm{d}t}\boldsymbol{W}=-\boldsymbol{\omega}\boldsymbol{W} \tag{10-278}$$

且有

$$\frac{\mathrm{d}}{\mathrm{d}t}\boldsymbol{W}^{-1}=-\boldsymbol{W}^{-1}\left(\frac{\mathrm{d}}{\mathrm{d}t}\boldsymbol{W}\right)\boldsymbol{W}^{-1} \tag{10-279}$$

可得

$$\frac{\mathrm{d}}{\mathrm{d}t}\boldsymbol{W}^{-1}=\boldsymbol{W}^{-1}\boldsymbol{\omega} \tag{10-280}$$

将转换矩阵的时间导数代入动能偏导表达式中

$$\frac{\mathrm{d}}{\mathrm{d}t}\frac{\partial T}{\partial \dot{\boldsymbol{q}}}-\frac{\partial T}{\partial \boldsymbol{q}}=\frac{\mathrm{d}}{\mathrm{d}t}\left(\boldsymbol{W}^{-1}\frac{\partial \overline{T}}{\partial \boldsymbol{u}}\right)-\frac{\partial \overline{T}}{\partial \boldsymbol{q}}-\frac{\partial \boldsymbol{u}}{\partial \boldsymbol{q}}\frac{\partial \overline{T}}{\partial \boldsymbol{u}}=\boldsymbol{W}^{-1}\frac{\mathrm{d}}{\mathrm{d}t}\frac{\partial \overline{T}}{\partial \boldsymbol{u}}+\left(\frac{\mathrm{d}}{\mathrm{d}t}\boldsymbol{W}^{-1}-\frac{\partial \boldsymbol{u}}{\partial \boldsymbol{q}}\right)\frac{\partial \overline{T}}{\partial \boldsymbol{u}}-\frac{\partial \overline{T}}{\partial \boldsymbol{q}} \tag{10-281}$$

和

$$\boldsymbol{W}\frac{\mathrm{d}}{\mathrm{d}t}\frac{\partial T}{\partial \dot{\boldsymbol{q}}}-\boldsymbol{W}\frac{\partial T}{\partial \boldsymbol{q}}=\frac{\mathrm{d}}{\mathrm{d}t}\frac{\partial \overline{T}}{\partial \boldsymbol{u}}+\left(\boldsymbol{\omega}-\boldsymbol{W}\frac{\partial \boldsymbol{u}}{\partial \boldsymbol{q}}\right)\frac{\partial \overline{T}}{\partial \boldsymbol{u}}-\boldsymbol{W}\frac{\partial \overline{T}}{\partial \boldsymbol{q}}=\boldsymbol{U} \tag{10-282}$$

当

$$\boldsymbol{W}\frac{\partial \boldsymbol{u}}{\partial \boldsymbol{q}}=\boldsymbol{0},\boldsymbol{W}\frac{\partial \overline{T}}{\partial \boldsymbol{q}}=\boldsymbol{0} \tag{10-283}$$

$$\frac{\mathrm{d}}{\mathrm{d}t}\frac{\partial \overline{T}}{\partial \boldsymbol{u}}+\boldsymbol{\omega}\frac{\partial \overline{T}}{\partial \boldsymbol{u}}=\boldsymbol{U} \tag{10-284}$$

在机体固定坐标系下表示刚体飞行器动力学方程十分有益。假设势能和刚体机身坐标

系独立，则可以应用上述转化方法，在机体固定坐标系下建立刚体运动方程

$$\frac{\mathrm{d}}{\mathrm{d}t}\frac{\partial \bar{T}}{\partial \tilde{\boldsymbol{\omega}}}+\boldsymbol{\omega}\frac{\partial \bar{T}}{\partial \tilde{\boldsymbol{\omega}}}=\boldsymbol{M}_B \tag{10-285a}$$

$$\frac{\mathrm{d}}{\mathrm{d}t}\frac{\partial \bar{T}}{\partial \boldsymbol{v}_{CM}}+\boldsymbol{\omega}\frac{\partial \bar{T}}{\partial \boldsymbol{v}_{CM}}=\boldsymbol{F}_B \tag{10-285b}$$

式中　$\boldsymbol{M}_B$，$\boldsymbol{F}_B$——机体固定坐标系下的广义力矩和广义力，其中包含了重力梯度力矩和重力矢量。变换后的坐标不再是广义坐标，而是准坐标。

采用之前得到的结论，飞行器刚性机身的欧拉－拉格朗日方程可以表示成矩阵形式

$$\frac{\mathrm{d}}{\mathrm{d}t}\frac{\partial \bar{L}}{\partial \tilde{\boldsymbol{\omega}}}+\boldsymbol{\omega}\frac{\partial \bar{L}}{\partial \tilde{\boldsymbol{\omega}}}+[\boldsymbol{v}_{CM}\times]\frac{\partial \bar{L}}{\partial \boldsymbol{v}_{CM}}-\boldsymbol{W}_{\omega\theta}^{-1}\frac{\partial \bar{L}}{\partial \boldsymbol{q}_\theta}=\boldsymbol{M}_B \tag{10-286a}$$

$$\frac{\mathrm{d}}{\mathrm{d}t}\frac{\partial \bar{L}}{\partial \boldsymbol{v}_{CM}}+\boldsymbol{\omega}\frac{\partial \bar{L}}{\partial \boldsymbol{v}_{CM}}-\boldsymbol{T}_{BI}\frac{\partial \bar{L}}{\partial \boldsymbol{q}_r}=\boldsymbol{F}_B \tag{10-286b}$$

其中

$$\tilde{\boldsymbol{\omega}}=\boldsymbol{W}_{\omega\theta}\frac{\partial \boldsymbol{q}_\theta}{\partial t}$$

式中　$\bar{L}$——刚性机体的拉格朗日算子；

$\boldsymbol{M}_B$，$\boldsymbol{F}_B$——机体固定坐标系下的广义力矩和广义力矢量（不包含在势能表达式中）；

$\boldsymbol{\omega}\equiv[\tilde{\boldsymbol{\omega}}\times]$——表示机体角速度矢量的反对称矩阵；

$\boldsymbol{T}_{BI}$——机体系与惯性系的坐标变换矩阵；

$\boldsymbol{q}_\theta$——欧拉角矢量或通过刚性机身固定坐标系旋转得到的广义坐标。

任意点 P 的速度 $\boldsymbol{v}_P$ 与机体质心的速度 v_{CM} 有如下关系

$$\boldsymbol{v}_P=\boldsymbol{v}_{CM}+\tilde{\boldsymbol{\omega}}\times\boldsymbol{r}=\boldsymbol{v}_{CM}+\boldsymbol{\omega}\boldsymbol{r} \tag{10-287}$$

$\boldsymbol{r}$ 是机体固定坐标系下点 P 的位置矢量。

由多个部分组成的柔性飞行器的拉格朗日方程可表示为（Tuzcu and Meirovitch[14]，Meirovitch and Tuzcu[15]，Tuzcu，Marzocca and Awni[16]）

$$\frac{\mathrm{d}}{\mathrm{d}t}\frac{\partial \bar{L}}{\partial \tilde{\boldsymbol{\omega}}}+\boldsymbol{\omega}\frac{\partial \bar{L}}{\partial \tilde{\boldsymbol{\omega}}}+[\boldsymbol{v}_{CM}\times]\frac{\partial \bar{L}}{\partial \boldsymbol{v}_{CM}}-\boldsymbol{W}_{\omega\theta}^{-1}\frac{\partial \bar{L}}{\partial \boldsymbol{q}_\theta}=\boldsymbol{M}_B \tag{10-288a}$$

$$\frac{\mathrm{d}}{\mathrm{d}t}\frac{\partial \bar{L}}{\partial \boldsymbol{v}_{CM}}+\boldsymbol{\omega}\frac{\partial \bar{L}}{\partial \boldsymbol{v}_{CM}}-\boldsymbol{T}_{BI}\frac{\partial \bar{L}}{\partial \boldsymbol{q}_r}=\boldsymbol{F}_B \tag{10-288b}$$

$$\frac{\partial}{\partial t}\left(\frac{\partial \hat{L}_i}{\partial \boldsymbol{v}_i}\right)-\frac{\partial \hat{L}_i}{\partial \boldsymbol{u}_i}+\frac{\partial \hat{D}_{ui}}{\partial \dot{\boldsymbol{u}}_i}+\hat{K}_{ui}\boldsymbol{u}_i=\hat{\boldsymbol{U}}_i \tag{10-288c}$$

$$\frac{\partial}{\partial t}\left(\frac{\partial \hat{L}_i}{\partial \boldsymbol{\alpha}_i}\right)+\frac{\partial \hat{D}_{\psi i}}{\partial \dot{\boldsymbol{\psi}}_i}+\hat{K}_{\psi i}\boldsymbol{\psi}_i=\hat{\boldsymbol{\Psi}}_i \tag{10-288d}$$

式中　$\boldsymbol{u}_i$，$\boldsymbol{v}_i$——单元 i 的弹性位移和速度矢量；

$\boldsymbol{\psi}_i$，$\boldsymbol{\alpha}_i$——单元 i 的弹性角位移和角速度矢量；

$\hat{L}_i$——单元 i 的不包括应变能的拉格朗日密度；

$\hat{D}_{ui}$，$\hat{D}_{\psi i}$——单元 i 的瑞利耗散函数密度；

$\hat{K}_{ui}$，$\hat{K}_{\psi i}$——单元 i 的刚度微分算子矩阵；

$\hat{\boldsymbol{U}}_i$，$\hat{\boldsymbol{\Psi}}_i$——单元 i 的重力、气动力、推力和广义控制力和力矩密度矢量。

10.10 细长柔性飞行器

考虑一个细长的柔性飞行器，飞行器的轴线与机翼固定轴系的 x 轴重合。假定该细长体在横向和侧向都能够扭转变形。飞行器的弹性变形是轴对称的。可以用一系列扭转和弯曲模态表示机体上各组件的位移，其中位移与假定模态相关，且满足下式

$$\theta_{xe}=\sum_{i=1}^{m}\theta_i(x)\gamma_i(t),v_{ye}=\sum_{i=1}^{m}\varphi_i(x)\eta_i(t),w_{ze}=\sum_{i=1}^{m}\varphi_i(x)\zeta_i(t) \tag{10-289}$$

其中，$\varphi_i(x)$ 是第 i^{th} 阶弯曲模态振型，并且 $\eta(t)$ 和 $\zeta(t)$ 分别对应面内或侧弯和横向弯曲模态振幅的广义坐标；$\theta_i(x)$ 是第 i^{th} 阶扭转模态振型；$\gamma_i(t)$ 是对应扭转模态振幅的广义坐标。由于飞行器是一个细长体，因此其弯曲和扭转运动可以用梁来建模。每个组件由于弯曲和扭转产生的弹性位移可以表示为相应位移的叠加形式

$$\boldsymbol{d}_e=\begin{bmatrix}u_{xe}\\v_{ye}\\w_{ze}\end{bmatrix}+\begin{bmatrix}0\\-z\\y\end{bmatrix}\theta_{xe}=\begin{bmatrix}u_{xe}\\0\\0\end{bmatrix}+\sum_{i=1}^{n}\begin{bmatrix}0\\\eta_i(t)\\\zeta_i(t)\end{bmatrix}\phi_i(x)+\begin{bmatrix}0\\-z\\y\end{bmatrix}\theta_i(x)\gamma_i(t) \tag{10-290}$$

u_{xe}可以通过欧拉-伯努利假设求得

$$u_{xe}=-z\frac{\partial w_{xe}}{\partial x}-y\frac{\partial v_{xe}}{\partial x} \tag{10-291}$$

弯曲和扭转引起的应变矢量为

$$\boldsymbol{\varepsilon}=[\varepsilon_{xx}\quad\gamma_{xy}\quad\gamma_{xz}]=z\boldsymbol{\kappa}^z+y\boldsymbol{\kappa}^y \tag{10-292a}$$

其中

$$\boldsymbol{\kappa}^z=[-\partial^2w_{ze}/\partial^2x\quad-\partial\theta_{xe}/\partial x\quad 0] \tag{10-292b}$$

和

$$\boldsymbol{\kappa}^y=[-\partial^2v_{ye}/\partial^2x\quad 0\quad\partial\theta_{xe}/\partial x] \tag{10-292c}$$

压力矢量为

$$\boldsymbol{\sigma}=[E\varepsilon_{xx}\quad G\gamma_{xy}\quad G\gamma_{xz}] \tag{10-293}$$

应变能可以通过虚功原理求得，沿 L_b 和机身横截面积分可得

$$U=\frac{1}{2}\int_0^{L_b}\int_A\boldsymbol{\sigma\varepsilon}^{\mathrm{T}}\mathrm{d}A\,\mathrm{d}x \tag{10-294}$$

上式可表示为

$$U=\frac{1}{2}\int_0^{L_b}EI(x)\left(\left(\frac{\partial^2v_{ye}}{\partial^2x}\right)^2+\left(\frac{\partial^2w_{ze}}{\partial^2x}\right)^2\right)\mathrm{d}x+\frac{1}{2}\int_0^{L_b}GJ(x)\left(\frac{\partial\theta_{xe}}{\partial x}\right)^2\mathrm{d}x \tag{10-295}$$

用部分惯性积表示如下

$$\int_A z\,\mathrm{d}A = 0, I(x) = \int_A z^2\,\mathrm{d}A \text{ 和 } J(x) = \int_A (y^2 + z^2)\,\mathrm{d}A \tag{10-296}$$

动能、势能和耗散函数可表示为

$$T = T_{\text{rigid}} + T_{\text{flex}} \tag{10-297a}$$

$$T_{\text{rigid}} = \frac{1}{2}(m\boldsymbol{v}_{CM} \cdot \boldsymbol{v}_{CM} + I_{xx}p^2 + I_{yy}q^2 + I_{zz}r^2) \tag{10-297b}$$

$$T_{\text{flex}} = \frac{1}{2}\left(\left(p^2 + \frac{1}{2}(q^2 + r^2)\right)\sum_{i=1}^{n} J_i\gamma_i^2 + \sum_{i=1}^{n} J_i\dot{\gamma}_i^2\right) \tag{10-297c}$$

$$+ \frac{1}{2}\sum_{i=1}^{n} M_i\{\dot{\eta}_i^2 + \dot{\zeta}_i^2 + p^2(\eta_i^2 + \zeta_i^2) + (q\zeta_i - r\eta_i)^2 - 2p(\dot{\eta}_i\zeta_i - \dot{\zeta}_i\eta_i)\} \tag{10-297d}$$

$$U = \frac{1}{2}\sum_{i=1}^{n} M_i\omega_{\text{ben},i}^2(\eta_i^2 + \zeta_i^2) + \frac{1}{2}\sum_{i=1}^{n} J_i\omega_{\text{tor},i}^2\gamma_i^2 \tag{10-297e}$$

和

$$D = \frac{1}{2}\sum_{i=1}^{n} 2M_i z_{\text{ben},i}\omega_{\text{ben},i}(\dot{\eta}_i^2 + \dot{\zeta}_i^2) + \frac{1}{2}\sum_{i=1}^{n} 2J_i z_{\text{tor},i}\omega_{\text{tor},i}\dot{\gamma}_i^2 \tag{10-297f}$$

上述表达式中，M_i，J_i 为弯曲和扭转的广义质量，$\omega_{\text{ben},i}$，$\omega_{\text{tor},i}$ 是弯曲和扭转的模态自然频率；$z_{\text{ben},i}$，$z_{\text{tor},i}$ 是弯曲和扭转的模态阻尼。

广义弹性力和力矩分别以分布的侧向力，沿机身（L_b）分布的升力和力矩表示

$$Q_{\eta i} = \int_0^{Lb} f_y(x,t)\varphi_i(x)\mathrm{d}x, Q_{\zeta i} = \int_0^{Lb} f_z(x,t)\varphi_i(x)\mathrm{d}x, Q_{\gamma i} = \int_0^{Lb} m_x(x,t)\theta_i(x)\mathrm{d}x \tag{10-298}$$

平动和转动方程为

$$m\begin{bmatrix}\dot{u}\\ \dot{v}\\ \dot{w}\end{bmatrix} + m\begin{bmatrix}0 & -r_b & q_b\\ r_b & 0 & -p_b\\ -q_b & p_b & 0\end{bmatrix}\begin{bmatrix}u\\ v\\ w\end{bmatrix} - mg\begin{bmatrix}-\sin\theta\\ \sin\phi\cos\theta\\ \cos\phi\cos\theta\end{bmatrix} = \begin{bmatrix}X_e\\ Y_e\\ Z_e\end{bmatrix}_{\text{elastic}} \tag{10-299a}$$

$$I_{xx}\dot{p} - (I_{yy} - I_{zz})qr + \sum_{i=1}^{n} J_i(\gamma_i^2\dot{p} + 2\gamma_i\dot{\gamma}_i p) + M_i(\eta_i^2\dot{p} + \zeta_i^2\dot{p} + 2\eta_i\dot{\eta}_i p + 2\zeta_i\dot{\zeta}_i p) +$$

$$\sum_{i=1}^{n} M_i[\ddot{\eta}_i\zeta_i - \eta_i\ddot{\zeta}_i + (q\eta_i - r\zeta_i)(q\zeta_i - r\eta_i)] = L_e \tag{10-299b}$$

$$(I_{yy} - mx_{cm}^2)\dot{q} + (I_{xx} - I_{zz})pr + \sum_{i=1}^{n}\left(M_i\zeta_i^2 + J_i\frac{\gamma_i^2}{2}\right)(\dot{q} + pr) +$$

$$\sum_{i=1}^{n} M_i[2q\zeta_i\dot{\zeta}_i - 2r\zeta_i\dot{\eta}_i + \zeta_i\eta_i(pq - \dot{r})] + qJ_i\gamma_i\dot{\gamma}_i = M_e \tag{10-299c}$$

$$(I_{zz} - mx_{cm}^2)\dot{r} + (I_{yy} - I_{xx})qp + \sum_{i=1}^{n}\left(M_i\eta_i^2 + J_i\frac{\gamma_i^2}{2}\right)(\dot{r} - qp) +$$

$$\sum_{i=1}^{n} M_i[2r\eta_i\dot{\eta}_i - 2q\eta_i\dot{\zeta}_i - \zeta_i\eta_i(pr + \dot{q})] + rJ_i\gamma_i\dot{\gamma}_i = N_e \tag{10-299d}$$

10.11　弹性平面构件组成的柔性飞行器

在定常飞行状态或机动飞行状态下，用于求解具有弹性平面机身组件的柔性飞行器静态响应、动态响应和稳定性的方程可以从柔性飞行器一般运动方程推导得到。它们是非线性的，整体刚体运动与弹性变形相互耦合的方程。它们可以用于飞行器性能，稳定性和控制，飞行载荷，控制效率，气动弹性发散和颤振分析。当然它们比传统的非线性方程和求解气动弹性响应的线性方程（与刚体运动方程仅通过气动力耦合）更复杂。

在由平面机身组件构成的柔性飞行器例子中，假定：

1）飞行器质量关于 y 轴对称；

2）机体坐标系的原点始终位于质心位置；

3）横向振动模态和自由-自由模态是正交式。

可以得出，该方程将弹性模态的振幅近似为

$$m_j\{\ddot{\eta}_j+2\zeta_{jn}\omega_{jn}\dot{\eta}_j+[\omega_{jn}^2-(p_B^2+q_B^2)]\eta_j\}=Q_{\eta_j},j=1,2,3,\cdots,J \quad (10-300)$$

10.11.1　弹性大展弦比飞翼模型

考虑一个飞行器模型，其机身模型为可以在两个正交平面弯曲的平面弹性体。同时，机身还可以绕机体轴扭转。机翼模型为垂直附着在机身上的平面弹性体，机翼也可以在两个正交平面弯曲，同时可以绕机翼弹性轴扭转。则机体弹性引起的动能、应变能和瑞利耗散函数分别可表示如下

$$T_{\text{flex}}=T_{\text{flex-fus}}+T_{\text{flex-wing}},U=U_{\text{fus}}+U_{\text{wing}},D=D_{\text{fus}}+D_{\text{wing}} \quad (10-301\text{a})$$

其中

$$T_{\text{flex-fus}}=\frac{1}{2}\left\{\left[p^2+\frac{1}{2}(q^2+r^2)\right]\sum_{i=1}^{nf}J_{fi}\gamma_{fi}^2+\sum_{i=1}^{nf}J_{fi}\dot{\gamma}_{fi}^2\right\}+\frac{1}{2}\sum_{i=1}^{nf}M_{fi}[\dot{\eta}_{fi}^2+\zeta_{fi}^2+p^2(\eta_{fi}^2+\zeta_{fi}^2)+(q\zeta_{fi}-r\eta_{fi})^2-2p(\dot{\eta}_{fi}\zeta_{fi}-\zeta_{fi}\eta_{fi})] \quad (10-301\text{b})$$

$$T_{\text{flex-wing}}=\frac{1}{2}\left\{\left[q^2+\frac{1}{2}(r^2+p^2)\right]\sum_{i=1}^{nw}J_{wi}\gamma_{wi}^2+\sum_{i=1}^{nw}J_{wi}\dot{\gamma}_{wi}^2\right\}+\frac{1}{2}\sum_{i=1}^{nw}M_{wi}[\dot{\eta}_{wi}^2+\zeta_{wi}^2+q^2(\eta_{wi}^2+\zeta_{wi}^2)+(r\zeta_{wi}+p\eta_{wi})^2+2q(\dot{\eta}_{wi}\zeta_{wi}-\zeta_{wi}\eta_{wi})] \quad (10-301\text{c})$$

$$U_{\text{fus}}=\frac{1}{2}\sum_{i=1}^{nf}M_{fi}\omega_{\text{fus-ben},i}^2(\eta_{fi}^2+\zeta_{fi}^2)+\frac{1}{2}\sum_{i=1}^{nf}J_{fi}\omega_{\text{fus-tor},i}^2\gamma_{fi}^2 \quad (10-301\text{d})$$

$$U_{\text{wing}}=\frac{1}{2}\sum_{i=1}^{nw}M_{wi}\omega_{\text{wing-ben},i}^2(\eta_{wi}^2+\zeta_{wi}^2)+\frac{1}{2}\sum_{i=1}^{nw}J_{wi}\omega_{\text{wing-tor},i}^2\gamma_{wi}^2 \quad (10-301\text{e})$$

$$D_{\mathrm{fus}}=\sum_{i=1}^{nf}M_{fi}z_{f-\mathrm{ben},i}\omega_{\mathrm{fus-ben},i}(\dot{\eta}_{fi}^{2}+\zeta_{fi}^{2})+\sum_{i=1}^{nf}J_{fi}z_{f-\mathrm{tor},i}\omega_{\mathrm{fus-tor},i}\dot{\gamma}_{fi}^{2} \tag{10-301f}$$

和

$$D_{\mathrm{wing}}=\sum_{i=1}^{nw}M_{wi}z_{w-\mathrm{ben},i}\omega_{\mathrm{wing-ben},i}(\dot{\eta}_{wi}^{2}+\zeta_{wi}^{2})+\sum_{i=1}^{nw}J_{wi}z_{w-\mathrm{tor},i}\omega_{\mathrm{wing-tor},i}\dot{\gamma}_{wi}^{2} \tag{10-301g}$$

另外，在上述方程中，p，q 和 r 是机体角速度矢量在机体系下的分量；M_{fi}，J_{fi} 和 M_{wi}，J_{wi} 分别是机身和机翼的弯曲广义质量和扭转广义质量；$\omega_{\mathrm{fus-ben},i}$，$\omega_{\mathrm{fus-tor},i}$ 和 $\omega_{\mathrm{wing-ben},i}$，$\omega_{\mathrm{wing-tor},i}$ 是机身和机翼弯曲和扭转模态的固有频率；$z_{f-\mathrm{ben},i}$，$z_{f-\mathrm{tor},i}$ 和 $z_{w-\mathrm{ben},i}$，$z_{w-\mathrm{tor},i}$ 分别是机身和机翼弯曲和扭转阻尼比。此外，$\eta_{fi}(t)$ 和 $\zeta_{fi}(t)$，$\eta_{wi}(t)$ 和 $\zeta_{wi}(t)$ 分别是机身和机翼对应于面内或侧向弯曲和横向弯曲模态振幅的广义坐标，$\gamma_{fi}(t)$ 和 $\gamma_{wi}(t)$ 分别为所述机身和机翼对应的扭转模态振幅的广义坐标。

假设在面内机翼弯曲振动振幅相对非常小，可以忽略。因此，上述动能、应变能和瑞利耗散函数表达式可以进行简化。

10.11.2　柔性飞行器的滚转机动

采用平均轴系假设，柔性飞行器（飞翼）的纯滚动运动方程可简化为

$$I_{xx}\dot{p}=L,m_{qp}(\ddot{q}_{p}+2z_{qp}\omega_{pq}\dot{q}_{p}+\omega_{pq}^{2}q_{p})=Q_{pq,ext} \tag{10-302a}$$

$$m_{qp}=2\int_{0}^{s}i_{w,qq}\theta^{2}(y)\mathrm{d}y,L=L_{p}p+L_{\xi}\xi+L_{qp}q_{p} \tag{10-302b}$$

$$Q_{pq,ext}=Q_{p}p+Q_{\xi}\xi+Q_{qp}q_{p} \tag{10-302c}$$

$$L_{p}p=-2\int_{0}^{s}\frac{1}{2}\rho U_{0}^{2}\bar{\bar{c}}(y)[C_{la}(y)+C_{D}(y)]\frac{py}{U_{0}}y\mathrm{d}y \tag{10-302d}$$

$$L_{\xi}\xi=2\int_{y_{\mathrm{in}}}^{y_{\mathrm{out}}}\frac{1}{2}\rho U_{0}^{2}\bar{\bar{c}}(y)a_{1}\xi\times y\times\mathrm{d}y \tag{10-302e}$$

$$L_{qp}q_{p}=-2\int_{0}^{s}\frac{1}{2}\rho U_{0}^{2}\bar{\bar{c}}(y)C_{la}(y)\theta(y)q_{p}\times y\times\mathrm{d}y \tag{10-302f}$$

$$Q_{p}p=2\int_{0}^{s}\frac{1}{2}\rho U_{0}^{2}\bar{\bar{c}}(y)C_{la}(y)\frac{py}{U_{0}}l_{ac}\theta(y)\mathrm{d}y \tag{10-302g}$$

$$Q_{\xi}\xi=2\int_{y_{\mathrm{in}}}^{y_{\mathrm{out}}}\frac{1}{2}\rho U_{0}^{2}\bar{\bar{c}}(y)a_{1}\xi\times(l_{col,\xi}-l_{ac})\theta(y)\times\mathrm{d}y \tag{10-302h}$$

和

$$Q_{qp}q_{p}=2\int_{0}^{s}\frac{1}{2}\rho U_{0}^{2}\bar{\bar{c}}(y)C_{la}(y)\theta^{2}(y)q_{p}\times l_{ac}\times\mathrm{d}y \tag{10-302i}$$

在上述方程中，p 为滚转速度，I_{xx} 是飞行器绕 x 轴的转动惯量，ξ 是副翼偏转角，U_0 是自由流速度，ρ 是自由流密度，$\bar{\bar{c}}$ 是平均气动弦长，s 是半展长，C_{la} 是翼段升力曲线斜率（假定机身和机翼相同），C_D 是飞行器阻力系数，$i_{w,qq}$ 是单位展长翼段的扭转惯性积，ω_{pq} 是弹性模式的固有频率，z_{pq} 为弹性模态阻尼比，$\theta(y)$ 是关于弹性轴扭转模态的模

态阵型，q_p 是绕机翼弹性轴弹性扭转变形的振幅，l_{ac} 是从机翼弹性轴的原点到翼段气动中心的距离，$l_{col,\xi}$ 是到由于副翼偏转引起的附加升力的升力中心的距离，向后为正，y_{in}，y_{out} 是部分跨度副翼的在板和外板边缘的翼展方向位置，a_1 是由于副翼偏转引起的额外升力系数。这些通常是横侧向短周期方程。

10.12 气动导数计算：修正片条分析

对于后掠梯形翼，在弯扭耦合振动中，与弯曲和扭转对应的广义力和力矩可表示为

$$L_{\text{down}}b=-\pi\rho b^4\left\{\frac{\partial}{\partial t}\left(\frac{\dot{h}}{b}+\frac{U_n}{b}\alpha+\frac{U_n}{b}\tan(\Lambda_{ea})\sigma\right)-a\frac{\partial}{\partial t}\left(\dot{\alpha}+\frac{U_n}{b}\tan(\Lambda_{ea})\tau\right)\right\}-C_{l\alpha,n}\rho b^4\frac{U_n}{b}C(k)Q \tag{10-303a}$$

$$\begin{aligned}M_\alpha=&-\pi\rho b^4\left\{\left(\frac{1}{8}+a^2\right)\frac{\partial}{\partial t}\left(\dot{\alpha}+\frac{U_n}{b}\tan(\Lambda_{ea})\tau\right)-a\frac{\partial}{\partial t}\left(\frac{\dot{h}}{b}+\frac{U_n}{b}\alpha+\frac{U_n}{b}\tan(\Lambda_{ea})\sigma\right)\right\}+\\&\pi\rho b^4\left(\frac{U_n}{b}\right)\left\{\left(\frac{\dot{h}}{b}+\frac{U_n}{b}\alpha+\frac{U_n}{b}\tan(\Lambda_{ea})\sigma\right)-a\left(\dot{\alpha}+\frac{U_n}{b}\tan(\Lambda_{ea})\tau\right)\right\}-\\&2\pi\rho b^4\left(\frac{U_n}{b}\right)\left(\frac{1}{2}-(a-a_{c,n})\frac{C_{l\alpha,n}}{2\pi}C(k)\right)Q\end{aligned} \tag{10-303b}$$

其中，四分之一弦长处的机翼速度为

$$Q=\frac{\dot{h}}{b}+\frac{U_n}{b}\alpha+\frac{U_n}{b}\tan(\Lambda_{ea})\sigma+\left(\frac{C_{l\alpha,n}}{2\pi}+a_{c,n}-a\right)\left(\dot{\alpha}+\frac{U_n}{b}\tan(\Lambda_{ea})\tau\right) \tag{10-303c}$$

b 是参考长度，等于半弦长；h 是弹性轴处的弯曲位移，竖直向下为正；α 为弹性轴的弹性扭转角；a 是中心弦长到弹性轴无量纲垂直距离，向后为正，表示成参考半弦长 b 的分式形式；$a_{c,n}$ 是中点弦长到当地气动中心的无量纲距离（定常流），垂直于弹性轴测量，向后为正，表示成半弦长 b 的分式形式（通常等于$-1/2$，当气动中心位于四分之一平均气动弦长处）；U_n 是自由流速度沿弹性轴垂直方向的速度分量；τ 是当地无量纲沿弹性轴扭转变化率；σ 是当地无量纲沿弹性轴弯曲变化率。

因此，广义气动力可表示成矩阵形式

$$\begin{aligned}\begin{bmatrix}L_{\text{down}}b\\M_\alpha\end{bmatrix}=&-\pi\rho b^4\left\{\begin{bmatrix}1&-a\\-a&\frac{1}{8}+a^2\end{bmatrix}\frac{\partial}{\partial t}\begin{bmatrix}\dot{\bar{h}}_{eq}\\\dot{\alpha}_{eq}\end{bmatrix}+\frac{U_n}{b}\begin{bmatrix}0&0\\0&\frac{C_{l\alpha,n}}{2\pi}+a_{c,n}\end{bmatrix}\begin{bmatrix}\dot{\bar{h}}_{eq}\\\dot{\alpha}_{eq}\end{bmatrix}\right\}-\\&\pi\rho b^4\left\{\frac{U_n}{b}\frac{C_{l\alpha,n}}{\pi}C(k)\begin{bmatrix}1\\-(a-a_{c,n})\end{bmatrix}\begin{bmatrix}1&\left(\frac{C_{l\alpha,n}}{2\pi}+a_{c,n}-a\right)\end{bmatrix}\begin{bmatrix}\dot{\bar{h}}_{eq}\\\dot{\alpha}_{eq}\end{bmatrix}\right\}\end{aligned} \tag{10-304a}$$

$$\begin{bmatrix}\bar{\dot{h}}_{eq}\\ \dot{\alpha}_{eq}\end{bmatrix}=\begin{bmatrix}\left(\dfrac{\dot{h}}{b}+\dfrac{U_n}{b}\alpha+\dfrac{U_n}{b}\tan(\Lambda_{ea})\sigma\right)\\ \left(\dot{\alpha}+\dfrac{U_n}{b}\tan(\Lambda_{ea})\tau\right)\end{bmatrix},\begin{bmatrix}\sigma\\ \tau\end{bmatrix}=b\frac{\partial}{\partial y}\begin{bmatrix}h/b\\ \alpha\end{bmatrix} \tag{10-304b}$$

进一步，如果认为 $U_n\tan(\Lambda_{ea})$ 是沿弹性轴的自由流速度分量，则方程可表示为

$$\begin{bmatrix}\bar{\dot{h}}_{eq}\\ \dot{\alpha}_{eq}\end{bmatrix}=\begin{bmatrix}\left(\dfrac{\dot{h}}{b}+\dfrac{U_n}{b}\alpha+\dfrac{U_n}{b}t_{ean}\sigma\right)\\ \left(\dot{\alpha}+\dfrac{U_n}{b}t_{ean}\tau\right)\end{bmatrix} \tag{10-305}$$

其中 t_{ean} 是自由流速度沿弹性轴的分量与垂直于弹性轴的分量的比值。假设全机只有机翼是弹性的且忽略上反角影响，任意点 P 在机体系下的速度分量为

$$u=u_{cg}+zq-yr,v=v_{cg}+xr-zp,w=w_{cg}+yp-xq \tag{10-306}$$

对于机翼上的任意一点有 $z=0$。

1）对于纯纵向振动，可以假定 $p=r=0$。因此

$$u=u_{cg},v=v_{cg}=0,w=w_{cg}-xq \tag{10-307}$$

因而，对于柔性翼飞行器纵向运动，有如下方程

$$\begin{bmatrix}\bar{\dot{h}}_{eq}\\ \dot{\alpha}_{eq}\end{bmatrix}=\begin{bmatrix}\left(\dfrac{\dot{h}+w_{cg}-xq}{b}+\dfrac{U_n}{b}(\alpha+\theta)+\dfrac{U_n}{b}t_{ean}\sigma\right)\\ \left(\dot{\alpha}+q+\dfrac{U_n}{b}t_{ean}\tau\right)\end{bmatrix},\begin{bmatrix}\sigma\\ \tau\end{bmatrix}=b\frac{\partial}{\partial y}\begin{bmatrix}h/b\\ \alpha\end{bmatrix} \tag{10-308}$$

飞行器稳定性导数的弹性部分（假定一阶弯曲模态和一阶扭转模态的表达式）可以得到。四分之一弦长处机翼的速度为

$$Q_{ext}=Q_h h+Q_\alpha\alpha+Q_{\dot{h}}\dot{h}+Q_{\dot{\alpha}}\dot{\alpha}+Q_u u+Q_\theta\theta+Q_q q+Q_w w+Q_\eta\eta \tag{10-309}$$

2）对于纯横向运动，可以假定 $q=0$。从而

$$u=u_{cg}-yr,v=v_{cg}+xr,w=w_{cg}+yp\approx yp \tag{10-310}$$

因而，对于柔性翼飞行器横侧向运动，有如下方程

$$\begin{bmatrix}\bar{\dot{h}}_{eq}\\ \dot{\alpha}_{eq}\end{bmatrix}=\begin{bmatrix}\left(\dfrac{\dot{h}+yp}{b}+\dfrac{U_n}{b}\alpha+\dfrac{U_n}{b}t_{ean}\sigma\right)\\ \left(\dot{\alpha}+\dfrac{U_n}{b}t_{ean}\tau\right)\end{bmatrix},\begin{bmatrix}\sigma\\ \tau\end{bmatrix}=b\frac{\partial}{\partial y}\begin{bmatrix}h/b\\ \alpha\end{bmatrix} \tag{10-311}$$

右侧机翼表明沿弹性轴自由流速度分量和垂直于弹性轴速度分量分别为

$$U_n=(U_\infty+u_{cg}-yr)\cos(\Lambda_{ea}+\psi)-(v_{cg}+xr)\sin(\Lambda_{ea}+\psi) \tag{10-312a}$$

$$U_{ea}=(U_\infty+u_{cg}-yr)\sin(\Lambda_{ea}+\psi)+(v_{cg}+xr)\cos(\Lambda_{ea}+\psi) \tag{10-312b}$$

在定常平飞状态下的小扰动下

$$U_n=(U_\infty+u_{cg}-yr)\cos(\Lambda_{ea})-(U_\infty\psi+v_{cg}+xr)\sin(\Lambda_{ea}) \tag{10-313a}$$

$$U_{ea}=(U_\infty+u_{cg}-yr)\sin(\Lambda_{ea})+(v_{cg}+xr)\cos(\Lambda_{ea}) \tag{10-313b}$$

对于一阶

$$U_n = U_\infty \cos(\Lambda_{ea}) + (u_{cg} - yr)\cos(\Lambda_{ea}) - (U_\infty \psi + v_{cg} + xr)\sin(\Lambda_{ea}) \tag{10-314}$$

从而 U_{ea} 与 U_n 的比率为

$$t_{ean} = \frac{U_{ea}}{U_n} = \frac{(U_\infty + u_{cg} - yr)\sin(\Lambda_{ea}) + (v_{cg} + xr)\cos(\Lambda_{ea})}{(U_\infty + u_{cg} - yr)\cos(\Lambda_{ea}) - (U_\infty \psi + v_{cg} + xr)\sin(\Lambda_{ea})} \tag{10-315}$$

在定常平飞状态下的小扰动下

$$t_{ean} = \frac{U_{ea}}{U_n} = \frac{\dfrac{v_{cg} + xr}{U_\infty} + \left(1 + \dfrac{u_{cg} - yr}{U_\infty}\right)\tan(\Lambda_{ea})}{1 + \dfrac{u_{cg} - yr}{U_\infty} - \left(\psi + \dfrac{v_{cg} + xr}{U_\infty}\right)\tan(\Lambda_{ea})} \tag{10-316}$$

$$\begin{aligned} t_{ean} = \frac{U_{ea}}{U_n} &\approx \left(\frac{v_{cg} + xr}{U_\infty} + \left(1 + \frac{u_{cg} - yr}{U_\infty}\right)\tan(\Lambda_{ea})\right)\left(1 - \frac{u_{cg} - yr}{U_\infty} + \left(\psi + \frac{v_{cg} + xr}{U_\infty}\right)\tan(\Lambda_{ea})\right) \\ &\approx \left(\tan(\Lambda_{ea})(1 + \psi\tan(\Lambda_{ea})) + \frac{v_{cg} + xr}{U_\infty}(1 + \tan^2(\Lambda_{ea}))\right) \end{aligned} \tag{10-317}$$

从而，对于一阶

$$\begin{aligned} U_n t_{ean} \approx\ & [(U_\infty + u_{cg} - yr)\cos(\Lambda_{ea}) - (U_\infty \psi + v_{cg} + xr)\sin(\Lambda_{ea})]\times \\ & \left(\tan(\Lambda_{ea})(1 + \psi\tan(\Lambda_{ea})) + \frac{v_{cg} + xr}{U_\infty}(1 + \tan^2(\Lambda_{ea}))\right) \\ \cong\ & U_{n0}\tan(\Lambda_{ea}) + \tan(\Lambda_{ea})[(u_{cg} - yr)\cos(\Lambda_{ea}) - (U_\infty \psi + v_{cg} + xr)\sin(\Lambda_{ea})] + \\ & U_\infty \cos(\Lambda_{ea})\left(\psi\tan^2(\Lambda_{ea}) + \frac{v_{cg} + xr}{U_\infty}(1 + \tan^2(\Lambda_{ea}))\right) \end{aligned} \tag{10-318}$$

从以上假设可以得到 $\dot{t}_{ean}$ 的表达式。

对于零阶

$$U_{n0} = U_\infty \cos(\Lambda_{ea}),\ t_{ean0} = \tan(\Lambda_{ea}) \tag{10-319}$$

和对于一阶

$$\begin{bmatrix} \dot{h}_{eq} \\ \dot{\alpha}_{eq} \end{bmatrix} = \begin{bmatrix} \left(\dfrac{\dot{h} + yp}{b} + \dfrac{U_{n0}}{b}\alpha + \dfrac{U_{n0}}{b} t_{ean0}\sigma\right) \\ \left(\dot{\alpha} + \dfrac{U_{n0}}{b} t_{ean0}\tau\right) \end{bmatrix},\ \begin{bmatrix} \sigma \\ \tau \end{bmatrix} = b\frac{\partial}{\partial y}\begin{bmatrix} h/b \\ \alpha \end{bmatrix} \tag{10-320}$$

飞行器稳定性导数的弹性部分（假定一阶弯曲模态和一阶扭转模态的表达式）可以得到。四分之一弦长处的机翼速度可以表示为

$$Q_{ext} = Q_h h + Q_\alpha \alpha + Q_{\dot{h}}\dot{h} + Q_{\dot{\alpha}}\dot{\alpha} + Q_p p + Q_\xi \xi + Q_\zeta \zeta \tag{10-321}$$

3）假定翼根处的机翼安装角为 α_w；定常飞行器俯仰角为 θ_0；机翼上反角为 Γ_0，且不为零。柔性翼飞行器纵向运动方程为

$$\begin{bmatrix}\bar{\dot{h}}_{eq}\\ \dot{\alpha}_{eq}\end{bmatrix}=\begin{bmatrix}\left(\dfrac{\dot{h}+w_{cg}-xq}{b}+\dfrac{U_{n0}}{b}(\alpha+\alpha_{w}+\theta+\theta_{0})+\dfrac{U_{n0}}{b}t_{ean}(\Gamma_{0}+\sigma)\right)\\ \left(\dot{\alpha}+q+\dfrac{U_{n0}}{b}t_{ean}\tau\right)\end{bmatrix}+\begin{bmatrix}\dfrac{(U_{n}-U_{n0})}{b}(\alpha_{w}+\theta_{0})+\dfrac{(U_{n}t_{ean}-U_{n0}t_{ean0})}{b}\Gamma_{0}\\ 0\end{bmatrix}$$

(10-322)

4）假定翼根处的机翼安装角为 α_{w}；定常飞行器俯仰角为 θ_{0}；机翼上反角为 Γ_{0}，且不为零。柔性翼飞行器横侧向运动方程为

$$\begin{bmatrix}\bar{\dot{h}}_{eq}\\ \dot{\alpha}_{eq}\end{bmatrix}=\begin{bmatrix}\left(\dfrac{\dot{h}+yp}{b}+\dfrac{U_{n}}{b}(\alpha+\alpha_{w}+\theta_{0})+\dfrac{U_{n}}{b}t_{ean}(\Gamma_{0}+\sigma)\right)\\ \left(\dot{\alpha}+\dfrac{U_{n}}{b}t_{ean}\tau\right)\end{bmatrix}+\begin{bmatrix}\dfrac{(U_{n}-U_{n0})}{b}(\alpha_{w}+\theta_{0})+\dfrac{(U_{n}t_{ean}-U_{n0}t_{ean0})}{b}\Gamma_{0}\\ 0\end{bmatrix}\quad(10-323)$$

本章重点

- **弹性体建模**

比较牛顿-欧拉方法和拉格朗日方法

准坐标系下的拉格朗日方法

柔性飞行器的拉格朗日运动方程

- **气动弹性**

机翼发散，控制反效与颤振

飞行器升力面的弯扭颤振

- **线性刚性机身和机翼弯扭耦合建模**

纵向对称运动方程

横侧向非对称运动方程

- **刚柔耦合动力学**

能量表达式与近似

Tisserand 轴系和平均轴系

刚性和细长弹性机身耦合

飞翼近似

滚转机翼近似

- **修正片条分析**

刚柔耦合气动力和力矩

参考文献

[1] Chang, C-S., Hodges, D. H. and Patil, M. J., Flight Dynamics of Highly Flexible Aircraft, *Journal of Aircraft*, 45 (2), 538-544, March-April 2008.

[2] Palacios, R., Murua J. and Cook R., Structural and Aerodynamic Models in Nonlinear Flight Dynamics of Very Flexible Aircraft, *AIAA Journal*, 48 (11), 2648-2658, 2010.

[3] Hamel, A., *Zeitschrift fur Mathematiks und Physiks* (ZAMP), 1904.

[4] Boltzmann R., *Sitzungsberichte*, Wien, 1902.

[5] Whittaker, E. T., *A Treatise on the Analytical Dynamics of Particles and Rigid Bodies*, Cambridge University Press, 1904 (Dover Publications New York, 1944).

[6] Meirovitch, L., *Methods of Analytical Dynamics*, McGraw-Hill Book Company, 1970.

[7] Nayfeh A. H. and Mook D. T., *Nonlinear Oscillations*, Wiley; New York, 1979;

[8] Cameron, J. M. And Book W. J., Modeling Mechanisms with Nonholonomic Joints Using the Boltzmann-Hamel Equations, *International Journal on Robotics Research*, 1-21, September, 1993.

[9] Theodorsen, T., General Theory of Aerodynamic Stability and the Mechanism of Flutter, NACA TR 496, National Advisory Committee for Aeronautics, 1935.

[10] Ashley, H. and Landahl, M. T., *Aerodynamics of Wings and Bodies*, Addison-Wesley Publishing Co. Inc., Reading, Ma., US, 1965, Chapter 10. [Also available as a Dover paperback from Dover Publications, Inc., New York.]

[11] Olson, J. J., Coupled Flight Mechanics and Aeroelasticity-Some Effects of Aircraft Maneuvers on Aeroelastic Divergence and Flutter, 19th ICAS Congress, Los Angeles, USA, 1994.

[12] Waszak, M. R. and Schmidt, D. K., Flight Dynamics of Aeroelastic Vehicles, *Journal of Aircraft*, 25 (6), 563-571, Jun. 1988.

[13] Schmidt, D. K. and Raney, D. L., Modeling and Simulation of Flexible Flight Vehicles, *Journal of Guidance, Control and Dynamics*, 24 (3), 539-546, May-Jun. 2001.

[14] Tuzcu I. and Meirovitch L., Control of Flying Flexible Aircraft Using Control Surfaces and Dispersed, *Journal of Smart Materials and Structures*, 15, 893-903, 2006.

[15] Meirovitch L. and Tuzcu I., Unified Theory for the Dynamics and Control of Maneuvering Flexible Aircraft, *AIAA Journal*, 42 (4), 714-727, 2004.

[16] Tuzcu, I., Marzocca P. and Awni, K., Nonlinear Dynamical Modeling of a High Altitude Long Endurance Unmanned Aerial Vehicle, 50th AIAA/ASME/ASCE/AHS/ASC Structures, Structural Dynamics, and Materials Conference, 2009.

练　习

1. 在风洞中测试一个非均匀翼段，将翼段通过一个弹性系数为 K 的扭转弹簧固定，扭转弹簧通过一个弹性系数为 k 的线弹簧悬挂。重心距离弹簧固定点的距离为 x_{cg}。翼段的质量为 m，转动惯量为 I_{cg}。假定气动力和力矩作用在重心位置，写出运动方程。

2. 一根非均匀的水平杆由两根弹簧支撑，一根弹簧位于重心左侧与重心的距离为 l_1，第二根弹簧位于重心右侧与重心的距离为 l_2。弹簧的弹性系数分别为 k_1 和 k_2。杆的质量为 m，关于重心处的转动惯量为 I_{cg}。考虑这样一个参考系，参考系的坐标轴 x 指向下，θ 表示杆以重心为轴顺时针旋转的偏转角，使得杆的运动方程如下式所示

$$\begin{bmatrix} m & 0 \\ 0 & I_{cg} \end{bmatrix}\begin{bmatrix} \ddot{x} \\ \ddot{\theta} \end{bmatrix}+\begin{bmatrix} k_1+k_2 & (k_2 l_2-k_1 l_1) \\ (k_2 l_2-k_1 l_1) & (k_2 l_2^2+k_1 l_1^2) \end{bmatrix}\begin{bmatrix} x \\ \theta \end{bmatrix}=m\begin{bmatrix} g \\ 0 \end{bmatrix}$$

3. 重新考虑上一练习题中的非均匀杆，假定坐标系的原点移动到重心左侧距重心距离 x_{cg} 处的 O 点处，两根弹簧到原点的距离分别是 l_3 和 l_4。相对于原点的转动惯量为 I_o。

1）运动方程可表示为

$$\begin{bmatrix} m & m x_{cg} \\ m x_{cg} & I_o \end{bmatrix}\begin{bmatrix} \ddot{x} \\ \ddot{\theta} \end{bmatrix}+\begin{bmatrix} k_1+k_2 & (k_2 l_4-k_1 l_3) \\ (k_2 l_4-k_1 l_3) & (k_2 l_4^2+k_1 l_3^2) \end{bmatrix}\begin{bmatrix} x \\ \theta \end{bmatrix}=mg\begin{bmatrix} 1 \\ x_{cg} \end{bmatrix}$$

2）存在一点 E，距离原点右端的距离为 e。作用的外力仅引起向下的平动运动，作用的外力矩仅引起转动运动，即平动运动和转动运动的静位移是不耦合的，因此可得

$$k_2(l_4-e)-k_1(l_3+e)=0$$

在杆上原点 O 处作用一个向上的外力 L_e 和一个逆时针的外力矩 M_e。运动方程可表示为

$$\begin{bmatrix} 1 & x_{cg} \\ x_{cg} & r_o^2 \end{bmatrix}\begin{bmatrix} \ddot{x} \\ \ddot{\theta} \end{bmatrix}+\omega_T^2\begin{bmatrix} 1 & e \\ e & l_e^2 \end{bmatrix}\begin{bmatrix} x \\ \theta \end{bmatrix}=\begin{bmatrix} g \\ 0 \end{bmatrix}-\begin{bmatrix} L_e \\ M_e \end{bmatrix}$$

其中

$$\omega_T^2=(k_2+k_1)/m, mr_o^2=I_o, \ l_e^2=(k_2 l_4^2+k_1 l_3^2)/(k_2+k_1)$$

3）特征方程可表示为

$$\left(\frac{\omega^2}{\omega_T^2}\right)^2-\left(\frac{\omega^2}{\omega_T^2}\right)\left(1+\frac{l_e^2-e^2}{r_0^2-x_{cg}^2}+\frac{(x_{cg}-e)^2}{r_0^2-x_{cg}^2}\right)+\frac{l_e^2-e^2}{r_0^2-x_{cg}^2}=0$$

或

$$\left(\frac{\omega^2}{\omega_T^2}-1\right)\left(\frac{\omega^2}{\omega_T^2}-\frac{l_e^2-e^2}{r_0^2-x_{cg}^2}\right)-\left(\frac{\omega^2}{\omega_T^2}\right)\frac{(x_{cg}-e)^2}{r_0^2-x_{cg}^2}=0$$

讨论两个振动模态之间的耦合程度随着 E 点距离的变化。E 点代表系统是静态非耦合的，C 点代表系统是动态耦合的。

4. 飞行器机翼被建模为一个质量为 m 的平板，如图 10-4 所示。机翼的刚度是理想化的，用两个弹簧卡 k_A 和 k_B 表示。机翼的弦长为 $2b$，所有距离都用半弦长 b 进行无量纲化处理。坐标系的原点位于横截面弹性中心 EA 处。连接不同截面弹性中心的连线假定为直线，这条直线为弹性轴。假定弹性轴位于中心弦之后，到中心弦的距离为 ba。质心位置在弹性轴后 bx_α 处。机翼相对于弹性轴的转动惯量为 I_α。

1）中心弦处距弹性轴的无量纲距离满足

$$a=\frac{k_B a_2-k_A a_1}{k_B+k_A}$$

等效平动刚度为

$$k_h=k_B+k_A$$

等效扭转刚度为

$$k_\alpha=k_B b^2(a_2^2-a^2)+k_A b^2(a_1^2-a^2)$$

2）动能和势能表达式为

$$V=\frac{1}{2}k_h h^2+\frac{1}{2}k_\alpha\alpha^2,T=\frac{1}{2}m(\dot{h}+bx_\alpha\dot{\alpha})^2+\frac{1}{2}[I_\alpha-m(bx_\alpha)^2]\dot{\alpha}^2$$

3）关于弹性轴的气动恢复力和恢复力矩分别为 L 和 M，惯性耦合形式的运动方程为

$$m\ddot{h}+mbx_\alpha\ddot{\alpha}+k_h h+L=0$$

和

$$mbx_\alpha\ddot{h}+I_\alpha\ddot{\alpha}+k_\alpha\alpha+M=0$$

4）通常，恢复升力和恢复力矩只能表示成卷积的形式。然而，通过引入一些限制，如假设运动是简谐振荡运动，则恢复力和恢复力矩可表示为

$$\begin{bmatrix}L\\M\end{bmatrix}=\boldsymbol{M}_\alpha\begin{bmatrix}\ddot{h}\\\ddot{\alpha}\end{bmatrix}+\boldsymbol{C}_\alpha\begin{bmatrix}\dot{h}\\\dot{\alpha}\end{bmatrix}+\boldsymbol{K}_\alpha\begin{bmatrix}h\\\alpha\end{bmatrix}$$

根据 T·西奥道森（1935）可得

$$\widetilde{\boldsymbol{M}}_\alpha=\left(\frac{b}{U}\right)^2\begin{bmatrix}1 & -a\\-a & \left(a^2+\frac{1}{8}\right)\end{bmatrix}$$

$$\widetilde{\boldsymbol{C}}_\alpha=\frac{b}{U}\begin{bmatrix}0 & 1\\0 & \left(\frac{1}{2}-a\right)\end{bmatrix}+\frac{b}{2U}C(k)\begin{bmatrix}4 & 2(1-2a)\\-2(1+2a) & -(1-2a)(1+2a)\end{bmatrix}$$

和

$$\widetilde{\boldsymbol{K}}_\alpha=2C(k)\begin{bmatrix}0 & 1\\0 & -\left(\frac{1}{2}+a\right)\end{bmatrix}$$

其中 $C(k)$ 是关于 $k=\omega b/U$ 的复函数（即西奥道森函数）（称为减缩频率）。U 是相对于机翼的自由流速度。由于气动刚度矩阵本身是速度 U^2 的函数，因此，开始时可以忽略气动惯性和阻尼的影响。那么当 $C(k)$ 逼近 1 时，将运动方程写成矩阵形式的二阶微分方程，

表示振动系统，即

$$\boldsymbol{M}\ddot{\boldsymbol{x}}+\boldsymbol{C}\dot{\boldsymbol{x}}+\boldsymbol{K}\boldsymbol{x}=\boldsymbol{F}(t)$$

因此，确定矩阵 $\boldsymbol{M}$，$\boldsymbol{C}$，$\boldsymbol{K}$，$\boldsymbol{x}$ 和 $\boldsymbol{F}(t)$。

5）将方程除以 mb^2 可得无量纲矩阵形式，考虑外界扰动力和扰动力矩的情况下，运动方程为

$$\begin{bmatrix}1 & x_\alpha\\ x_\alpha & I_\alpha/mb^2\end{bmatrix}\begin{bmatrix}\ddot{h}/b\\ \ddot{\alpha}\end{bmatrix}+\begin{bmatrix}k_h/m & 0\\ 0 & k_\alpha/mb^2\end{bmatrix}\begin{bmatrix}h/b\\ \alpha\end{bmatrix}+\begin{bmatrix}\bar{L}b\\ \bar{M}\end{bmatrix}=\begin{bmatrix}\bar{L}_Gb\\ \bar{M}_G\end{bmatrix}$$

广义气动恢复力矩为

$$\begin{bmatrix}\bar{L}b\\ \bar{M}\end{bmatrix}=\frac{\pi\rho b^2}{m}\left(\frac{U}{b}\right)^2\left(\widetilde{\boldsymbol{M}}_\alpha\begin{bmatrix}\dfrac{\ddot{h}}{b}\\ \ddot{\alpha}\end{bmatrix}+\widetilde{\boldsymbol{C}}_\alpha\begin{bmatrix}\dfrac{\dot{h}}{b}\\ \dot{\alpha}\end{bmatrix}+\widetilde{\boldsymbol{K}}_\alpha\begin{bmatrix}\dfrac{h}{b}\\ \alpha\end{bmatrix}\right)$$

$\bar{L}_G$ 和 $\bar{M}_G$ 为外部无量纲垂直扰动力和典型阵风引起的逆时针扰动力矩。

6）如果参考系的原点从弹性轴向上移动距离 r_o 或从四分之一弦长点处向下移动，运动方程和气动载荷为

$$\begin{bmatrix}1 & 0\\ a+1/2-r_o & 1\end{bmatrix}\begin{bmatrix}1 & x_\alpha\\ x_\alpha & I_\alpha/mb^2\end{bmatrix}\begin{bmatrix}1 & a+1/2-r_o\\ 0 & 1\end{bmatrix}\begin{bmatrix}\ddot{h}_L/b\\ \ddot{\alpha}\end{bmatrix}+$$

$$\begin{bmatrix}1 & 0\\ a+1/2-r_o & 1\end{bmatrix}\begin{bmatrix}k_h/m & 0\\ 0 & k_\alpha/mb^2\end{bmatrix}\begin{bmatrix}1 & a+1/2-r_o\\ 0 & 1\end{bmatrix}\begin{bmatrix}h_L/b\\ \alpha\end{bmatrix}+$$

$$\begin{bmatrix}1 & 0\\ a+1/2-r_o & 1\end{bmatrix}\begin{bmatrix}\bar{L}_Lb\\ \bar{M}_L\end{bmatrix}=\begin{bmatrix}1 & 0\\ a+1/2-r_o & 1\end{bmatrix}\begin{bmatrix}\bar{L}_{LG}b\\ \bar{M}_{LG}\end{bmatrix}$$

或

$$\begin{bmatrix}1 & x_\alpha+a+1/2-r_o\\ x_\alpha+a+1/2-r_o & I_\alpha/mb^2+(x_\alpha+a+1/2-r_o)^2-x_\alpha^2\end{bmatrix}\begin{bmatrix}\ddot{h}_L/b\\ \ddot{\alpha}\end{bmatrix}+$$

$$\begin{bmatrix}k_h/m & (a+1/2-r_o)k_h/m\\ (a+1/2-r_o)k_h/m & (a+1/2-r_o)^2(k_h/m)+(k_\alpha/mb^2)\end{bmatrix}\begin{bmatrix}h_L/b\\ \alpha\end{bmatrix}+\begin{bmatrix}1 & 0\\ a+1/2-r_o & 1\end{bmatrix}\begin{bmatrix}\bar{L}_Lb\\ \bar{M}_L\end{bmatrix}$$

$$=\begin{bmatrix}1 & 0\\ a+1/2-r_o & 1\end{bmatrix}\begin{bmatrix}\bar{L}_{LG}b\\ \bar{M}_{LG}\end{bmatrix}$$

和

$$\begin{bmatrix}\bar{L}_Lb\\ \bar{M}_L\end{bmatrix}=\frac{\pi\rho b^2}{m}\left(\frac{U}{b}\right)^2\times$$

$$\left(\widetilde{\boldsymbol{M}}_\alpha\begin{bmatrix}1 & a+1/2-r_o\\ 0 & 1\end{bmatrix}\begin{bmatrix}\dfrac{\ddot{h}_L}{b}\\ \ddot{\alpha}\end{bmatrix}+\widetilde{\boldsymbol{C}}_\alpha\begin{bmatrix}1 & a+1/2-r_o\\ 0 & 1\end{bmatrix}\begin{bmatrix}\dfrac{\dot{h}_L}{b}\\ \dot{\alpha}\end{bmatrix}+\widetilde{\boldsymbol{K}}_\alpha\begin{bmatrix}1 & a+1/2-r_o\\ 0 & 1\end{bmatrix}\begin{bmatrix}\dfrac{h_L}{b}\\ \alpha\end{bmatrix}\right)$$

进一步可得

$$\begin{bmatrix}1 & 0\\ a+1/2-r_o & 1\end{bmatrix}\widetilde{\boldsymbol{M}}_a\begin{bmatrix}1 & a+1/2-r_o\\ 0 & 1\end{bmatrix}=\left(\frac{b}{U}\right)^2\begin{bmatrix}1 & 0\\ a+1/2-r_o & 1\end{bmatrix}\begin{bmatrix}1 & -a\\ -a & \left(a^2+\frac{1}{8}\right)\end{bmatrix}\begin{bmatrix}1 & a+1/2-r_o\\ 0 & 1\end{bmatrix}$$

$$=\left(\frac{b}{U}\right)^2\begin{bmatrix}1 & 1/2-r_o\\ 1/2-r_o & (1/2-r_o)^2+1/8\end{bmatrix}$$

$$\begin{bmatrix}1 & 0\\ a+1/2-r_o & 1\end{bmatrix}\widetilde{\boldsymbol{C}}_a\begin{bmatrix}1 & a+1/2-r_o\\ 0 & 1\end{bmatrix}=\frac{b}{U}\begin{bmatrix}1 & 0\\ a+1/2-r_o & 1\end{bmatrix}\begin{bmatrix}0 & 1\\ 0 & \left(\frac{1}{2}-a\right)\end{bmatrix}\begin{bmatrix}1 & a+1/2-r_o\\ 0 & 1\end{bmatrix}+$$

$$\frac{b}{2U}C(k)\begin{bmatrix}1 & 0\\ a+1/2-r_o & 1\end{bmatrix}\begin{bmatrix}4 & 2(1-2a)\\ -2(1+2a) & -(1-2a)(1+2a)\end{bmatrix}\begin{bmatrix}1 & a+1/2-r_o\\ 0 & 1\end{bmatrix}$$

可简化为

$$\begin{bmatrix}1 & 0\\ a+1/2-r_o & 1\end{bmatrix}\widetilde{\boldsymbol{C}}_a\begin{bmatrix}1 & a+1/2-r_o\\ 0 & 1\end{bmatrix}=\frac{b}{U}\begin{bmatrix}0 & 1\\ 0 & 1-r_o\end{bmatrix}+\frac{2b}{U}C(k)\begin{bmatrix}1\\ -r_o\end{bmatrix}[1\quad 1-r_0]$$

和

$$\begin{bmatrix}1 & 0\\ a+1/2-r_o & 1\end{bmatrix}\widetilde{\boldsymbol{K}}_a\begin{bmatrix}1 & a+1/2-r_o\\ 0 & 1\end{bmatrix}$$

$$=2C(k)\begin{bmatrix}1 & 0\\ a+1/2-r_o & 1\end{bmatrix}\begin{bmatrix}0 & 1\\ 0 & -\left(\frac{1}{2}+a\right)\end{bmatrix}\begin{bmatrix}1 & a+1/2-r_o\\ 0 & 1\end{bmatrix}$$

$$=2C(k)\begin{bmatrix}1\\ -r_o\end{bmatrix}[0\quad 1]$$

5. Wagner 指数响应函数表示均匀流场中单位纵向速度突变引起的翼型环量的变化。Wagner 指数响应函数为拉普拉斯逆变换 $\Phi(s)/s$；$\phi(\bar{t})=L^{-1}(\Phi(s)/s)$，其中 $\Phi(s)|_{s=\mathrm{i}k}=C(k)$ 为西奥道森经典升力函数。从而，它的拉普拉斯形式为

$$L[\phi(\bar{t})]=\Phi(s)/s \text{ 和 } \Phi(\mathrm{i}k)/\mathrm{i}k=C(k)/\mathrm{i}k,k=\omega b/U,\mathrm{i}=\sqrt{-1}$$

实际上，西奥道森函数和 Wagner 指数响应函数在频域有如下积分关系

$$\phi(\bar{t})=\frac{1}{\pi}\int_0^{\infty}\frac{C(k)}{\mathrm{i}k}\exp(\mathrm{i}k\bar{t})\,\mathrm{d}k=\frac{2}{\pi}\int_0^{\infty}\frac{\mathrm{Re}[C(k)]}{k}\sin(k\bar{t})\,\mathrm{d}k$$

1）考虑不可压缩流中的广义瞬态运动，运动方程可表示为

$$\begin{bmatrix}1 & x_\alpha\\ x_\alpha & I_\alpha/mb^2\end{bmatrix}\begin{bmatrix}\ddot{h}/b\\ \ddot{\alpha}\end{bmatrix}+\begin{bmatrix}k_h/m & 0\\ 0 & k_\alpha/mb^2\end{bmatrix}\begin{bmatrix}h/b\\ \alpha\end{bmatrix}+\begin{bmatrix}\bar{L}b\\ \bar{M}\end{bmatrix}=\begin{bmatrix}\bar{L}_G b\\ \bar{M}_G\end{bmatrix}$$

广义气动恢复力矩定义如下

$$\begin{bmatrix}\bar{L}b\\ \bar{M}\end{bmatrix}=\frac{\pi\rho b^2}{m}\left(\frac{U}{b}\right)^2\left(\widetilde{\boldsymbol{M}}_a\begin{bmatrix}\frac{\ddot{h}}{b}\\ \ddot{\alpha}\end{bmatrix}+\widetilde{\boldsymbol{C}}_{a-nc}\begin{bmatrix}\frac{\dot{h}}{b}\\ \dot{\alpha}\end{bmatrix}\right)+\frac{\pi\rho b^2}{m}\left(\frac{U}{b}\right)^2\begin{bmatrix}\widetilde{L}_c b\\ \widetilde{M}_c\end{bmatrix},\widetilde{\boldsymbol{M}}_a=\left(\frac{b}{U}\right)^2\begin{bmatrix}1 & -a\\ -a & \left(a^2+\frac{1}{8}\right)\end{bmatrix}$$

和

$$\widetilde{\boldsymbol{C}}_{a-nc}=\frac{b}{U}\begin{bmatrix}0 & 1\\ 0 & \left(\frac{1}{2}-a\right)\end{bmatrix}$$

2）同样气动广义力矩右端的矢量项，气动激励的环量部分可表示成包含叠加积分的卷积形式

$$\begin{bmatrix}\widetilde{L}_c b\\ \widetilde{M}_c\end{bmatrix}=$$

$$\int_0^{\bar{t}}\left(\frac{U}{2b}\begin{bmatrix}4 & 2(1-2a)\\ -2(1+2a) & -(1-2a)(1+2a)\end{bmatrix}\frac{\mathrm{d}^2}{\mathrm{d}\bar{\tau}^2}\begin{bmatrix}\frac{h}{b}\\ \alpha\end{bmatrix}+\frac{U}{b}\begin{bmatrix}0 & 2\\ 0 & -(1+2a)\end{bmatrix}\frac{\mathrm{d}}{\mathrm{d}\bar{\tau}}\begin{bmatrix}\frac{h}{b}\\ \alpha\end{bmatrix}\right)\phi(\bar{t}-\bar{\tau})\,\mathrm{d}\bar{t}$$

其中气动时间变量 $\bar{t}$ 和 $\bar{\tau}$ 定义为 $\bar{t}=\frac{Ut}{b}$ 和 $\bar{\tau}=\frac{U\tau}{b}$，$\phi(\bar{t})$ 为瞬态变化下环量 Wagner 指数响应函数。

3）外部典型阵风引起的扰动力和扰动力矩 L_G 和 M_G，定义为

$$\begin{bmatrix}\bar{L}_G b\\ \bar{M}_G\end{bmatrix}=\frac{\pi\rho b^2}{m}\left(\frac{U}{b}\right)^2\left(\begin{bmatrix}-2\\ (2a+1)\end{bmatrix}\int_0^{\bar{t}}\frac{\mathrm{d}}{\mathrm{d}\bar{\tau}}\left(\frac{w_G(\bar{\tau})}{U}\right)\psi(\bar{t}-\bar{\tau})\,\mathrm{d}\bar{t}\right)$$

其中 $\psi(\bar{t})$ 指锐边阵风指数响应函数，模拟阶跃输入；$w_G(\bar{t})$ 是与时间相关的垂直速度分量。

6. 使用 MATLAB 的插值功能画出西奥道森函数精确的幅值和相位图。将这些图与函数 $C(k)=\Phi(s)|_{s=ik}$ 的计算结果进行比对，其中 $\Phi(s)$ 由下式近似

$$\Phi(s)=\frac{s^4+0.761\,036s^3+0.102\,058s^2+0.002\,550\,67s+9.557\,32\mathrm{E}-06}{2s^4+1.063\,996s^3+0.113\,928s^2+0.002\,616\,80s+9.557\,32\mathrm{E}-06}$$

在控制工程中，传递函数的分子幂次要小于分母幂次。对于西奥道森近似函数不是严格限定的。

7. 典型翼段的运动方程的惯性耦合形式为

$$m\ddot{h}+mbx_\alpha\ddot{\alpha}+k_h h+L=0$$

和

$$mbx_\alpha\ddot{h}+I_\alpha\ddot{\alpha}+k_\alpha\alpha+M=0$$

引入限定假设，运动为简谐振动运动，恢复力和力矩可表示为

$$\begin{bmatrix}L\\ M\end{bmatrix}=\boldsymbol{M}_a\begin{bmatrix}\ddot{h}\\ \ddot{\alpha}\end{bmatrix}+\boldsymbol{C}_a\begin{bmatrix}\dot{h}\\ \dot{\alpha}\end{bmatrix}+\boldsymbol{K}_a\begin{bmatrix}h\\ \alpha\end{bmatrix}$$

其中

$$\boldsymbol{M}_a=\pi\rho b^3\begin{bmatrix}\frac{1}{b} & -a\\ -a & b\left(a^2+\frac{1}{8}\right)\end{bmatrix},\boldsymbol{K}_a=\pi\rho bU^2C(k)\begin{bmatrix}0 & 2\\ 0 & -b(1+2a)\end{bmatrix}$$

和

$$\boldsymbol{C}_a=\pi\rho b^2U\begin{bmatrix}\dfrac{2C(k)}{b} & 1+C(k)(1-2a)\\ -C(k)(1+2a) & b\left(\dfrac{1}{2}-a\right)(1-C(k)(1+2a))\end{bmatrix}$$

其中 $C(k)$ 是关于减缩速度 $k=\dfrac{\omega b}{U}$ 的西奥道森复函数，U 是气流相对于机翼的速度。

1）将练习题 5 中 1）描述的方程除以 mb^2 得到任意外界扰动下无量纲矩阵形式的运动方程

$$\begin{bmatrix}1 & x_\alpha\\ x_\alpha & I_\alpha/mb^2\end{bmatrix}\begin{bmatrix}\ddot{h}/b\\ \ddot{\alpha}\end{bmatrix}+\begin{bmatrix}k_h/m & 0\\ 0 & k_\alpha/mb^2\end{bmatrix}\begin{bmatrix}h/b\\ \alpha\end{bmatrix}+\begin{bmatrix}\bar{L}b\\ \bar{M}\end{bmatrix}=\begin{bmatrix}\bar{L}_Gb\\ \bar{M}_G\end{bmatrix}$$

其中，广义气动恢复力矩为

$$\begin{bmatrix}\bar{L}b\\ \bar{M}\end{bmatrix}=\frac{\pi\rho b^2}{m}\left(\frac{U}{b}\right)^2\left(\widetilde{\boldsymbol{M}}_a\begin{bmatrix}\dfrac{\ddot{h}}{b}\\ \ddot{\alpha}\end{bmatrix}+\widetilde{\boldsymbol{C}}_a\begin{bmatrix}\dfrac{\dot{h}}{b}\\ \dot{\alpha}\end{bmatrix}+\widetilde{\boldsymbol{K}}_a\begin{bmatrix}\dfrac{h}{b}\\ \alpha\end{bmatrix}\right)$$

其中

$$\widetilde{\boldsymbol{M}}_a=\left(\frac{b}{U}\right)^2\begin{bmatrix}1 & -a\\ -a & \left(a^2+\dfrac{1}{8}\right)\end{bmatrix},\widetilde{\boldsymbol{K}}_a=2C(k)\begin{bmatrix}0 & 1\\ 0 & -\left(\dfrac{1}{2}+a\right)\end{bmatrix}$$

和

$$\widetilde{\boldsymbol{C}}_a=\frac{b}{U}\begin{bmatrix}0 & 1\\ 0 & \left(\dfrac{1}{2}-a\right)\end{bmatrix}+\frac{b}{2U}C(k)\begin{bmatrix}4 & 2(1-2a)\\ -2(1+2a) & -(1-2a)(1+2a)\end{bmatrix}$$

2）开始时，可以忽略广义气动恢复力矩。只采用简单环节框图，如求和，积分器和增益或衰减器以及适当的源和汇，画一个简洁的框图表示机翼部分动力学。标记图表以清晰识别相关的输入和输出，信号符号的变化，以及块传递函数。

3）假设

$$C(k)\approx1-\frac{0.165(\mathrm{i}k)}{\mathrm{i}k+0.0455}-\frac{0.335(\mathrm{i}k)}{\mathrm{i}k+0.3}$$

由于 $\mathrm{i}k$ 等于 bs/U，其中 s 为拉普拉斯变量，仅采用纯积分环节，建立如下输入输出传递函数的框图

$$T(s)=1-\frac{0.165s}{s+\dfrac{0.0455U}{b}}-\frac{0.335s}{s+\dfrac{0.3U}{b}}$$

从而给出 $T(s)$ 表示的输入输出系统的框图传递函数。

4）修改和重绘 2）中的原理框图，包括广义气动恢复力矩。

8. 无扰动情况下，惯性耦合的典型翼段的无量纲气动弹性运动方程为

$$\begin{bmatrix}1 & x_\alpha\\ x_\alpha & I_\alpha/mb^2\end{bmatrix}\begin{bmatrix}\ddot{h}/b\\ \ddot{\alpha}\end{bmatrix}+\begin{bmatrix}k_h/m & 0\\ 0 & k_\alpha/mb^2\end{bmatrix}\begin{bmatrix}h/b\\ \alpha\end{bmatrix}+\begin{bmatrix}\bar{L}b\\ \bar{M}\end{bmatrix}=\begin{bmatrix}0\\ 0\end{bmatrix}$$

忽略气动惯性和气动阻尼项，广义气动恢复力矩可表示为

$$\begin{bmatrix}\bar{L}b\\ \bar{M}\end{bmatrix}=\frac{\pi\rho b^2}{m}\left(\frac{U}{b}\right)^2 2C(k)\begin{bmatrix}0 & 1\\ 0 & -\left(\dfrac{1}{2}+a\right)\end{bmatrix}\begin{bmatrix}\dfrac{h}{b}\\ \alpha\end{bmatrix}$$

1）气动刚度矩阵是一个速度的平方 U^2 的函数。开始时，可以忽略气动惯性和气动阻尼的影响。基本参数在表 10－4 中给出，获得振荡的最低自然频率等于零时的无量纲速度 $\bar{U}$ 值。解释所得结果的物理意义。

表 10－4 基本参数

参数	值	参数	值
x_α	0.2	$\omega_{\alpha0}^2=k_\alpha/I_\alpha$	100
$r_\alpha^2=I_\alpha/mb^2$	0.25	$\mu=m/\pi\rho b^2$	10
$\omega_{h0}^2=k_h/m$	33	A	－0.4

2）假定 $C(k)=1$，其他基本参数在表 10－5 中给出。写出系统的特征方程。

表 10－5 基本参数

参数	值	参数	值
x_α	0.2	$\omega_{\alpha0}^2=k_\alpha/I_\alpha$	4 000
$r_\alpha^2=I_\alpha/mb^2$	0.25	$\mu=m/\pi\rho b^2$	10
$\omega_{h0}^2=k_h/m$	33	A	－0.4

3）因此当一个特征根的实部等于零时，可以得到最低无量纲速度 $\bar{U}$。说明所得结果的物理意义。

4）说明速度 $\bar{U}$ 与机翼在飞行包线内第一次发生发散时的最低速度的大小关系。

9. 翼型的运动方程表示成无量纲形式为

$$\begin{bmatrix}1 & x_\alpha\\ x_\alpha & I_\alpha/mb^2\end{bmatrix}\begin{bmatrix}\ddot{h}/b\\ \ddot{\alpha}\end{bmatrix}+\begin{bmatrix}k_h/m & 0\\ 0 & k_\alpha/mb^2\end{bmatrix}\begin{bmatrix}h/b\\ \alpha\end{bmatrix}+\begin{bmatrix}\bar{L}b\\ \bar{M}\end{bmatrix}=\begin{bmatrix}\bar{L}_G b\\ \bar{M}_G\end{bmatrix}$$

考虑超声速流中的双楔机。采用 Ashley 和 Zartarian 的二阶 Piston 理论，广义气动力矩可表示为

$$\begin{bmatrix}\bar{L}b\\ \bar{M}\end{bmatrix}=\frac{1}{\mu T_s^2}\left\{T_s\begin{bmatrix}1+\tau C_1M^2 & -C_1M\\ -C_1M & \dfrac{1+\tau C_1M^2}{3}\end{bmatrix}\begin{bmatrix}\dot{h}/b\\ \dot{\alpha}\end{bmatrix}+M\begin{bmatrix}0 & 1+\tau C_1M^2\\ 0 & -C_1M\end{bmatrix}\begin{bmatrix}h/b\\ \alpha\end{bmatrix}\right\}$$

其中

$$\mu=\frac{m}{4\rho b^2},C_1=\frac{\gamma+1}{4}\tau,T_s=\frac{b}{a_0},M=\frac{U}{a_0}$$

式中　m——单位长度翼段质量；

ρ——自由流速度；

a_0——声速；

$\omega_h^2 \equiv k_h/m$——翼段在真空中上下运动的自然频率；

$\omega_\alpha^2 \equiv k_\alpha/I_\alpha$——翼段在真空中俯仰运动的自然频率；

b——机翼半弦长；

$r_\alpha^2 \equiv I_\alpha/mb^2$——旋转半径的平方；

x_α——中心弦到中心的距离；

τ——最大厚度与半弦长的比值；

M——自由流马赫数；

γ——比热。

1）得到由上述参数表示的特征方程。

2）临界发散马赫数的平方为

$$M_{crit}^2=\frac{4\mu r_\alpha^2}{(1+\gamma)\tau}\omega_\alpha^2 T_s^2$$

3）考虑表 10－6 列出的参数典型值。

表 10－6　参数值

参数	值	参数	值
x_α	0.0	T_s	0.00134
$r_\alpha^2=I_\alpha/mb^2$	0.25	τ	0.04
$\omega_{h0}^2=k_h/m$	55.85	μ	250
$\omega_{\alpha 0}^2=k_\alpha/I_\alpha$	111.7	γ	1.4

忽略上述给出的广义气动阻尼项（$\dot{h}/b$ 和 $\dot{\alpha}$），得到特征方程。从而得到当其特征根的实部等于零时的最低马赫数 M。解释所得结果的物理含义。

4）说明上面得到的马赫数与机翼在飞行包线内第一次发生发散时的最低马赫数的大小关系。

10. 考虑一个具有后缘操控面，扭转刚度为 k_α，限制扭转的典型翼段。攻角 α 和后缘操控面转动角 β 引起的额外线性升力和力矩为

$$\Delta L_{aero}=\frac{1}{2}\rho U^2(4\pi b)\left(\alpha+\frac{T_{10}}{\pi}\beta\right)$$

$$\Delta M_{aero}=\frac{1}{2}\rho U^2(4\pi b^2)\left[\left(a+\frac{1}{2}\right)\alpha-\frac{1}{2\pi}(T_4-2aT_{10})\beta\right]$$

其中 $T_4=c\sqrt{1-c^2}-\cos^{-1}c$，$T_{10}=\sqrt{1-c^2}+\cos^{-1}c$，$c$ 为控制面铰链线到终点弦的距离；b 是半弦长；ρ 为自由流体密度；U 是自由流体速度。

1）解释为什么控制面反效发生的一个必要条件是：$\Delta L_{aero}=0$。

2）采用俯仰力矩的静平衡条件，得到关键控制面的反效速度。

3）当后缘操纵面固定不动时（$\beta=0$），如何表述控制面反效速度与近似发散速度？指出近似反效速度小于近似发散速度的条件。

11. 机翼的变形会引起机翼上气动载荷重新分布，而重新分布的气动载荷又会引起机翼新一轮变形，这是一个交互反馈的过程。在一定的动压和马赫数下，这个过程可能会导致颤振，自激振荡和具有破坏性的振荡。一个典型的后掠翼，如图 10 - 6 所示，可以用一个非均匀的悬臂弹性薄板建立其数学模型。进一步假设，薄板是质量均匀的，可以估计颤振速度。

存储在一个厚度为 h 的薄板中的弹性能量具有如下积分形式

$$U_{strain}=\frac{1}{2E}\int_{-\frac{h}{2}}^{\frac{h}{2}}\int_{S}U\mathrm{d}S\mathrm{d}z\,,\ U=\sigma_{xx}^{2}+\sigma_{yy}^{2}-2\mu\sigma_{xx}\sigma_{yy}+2(1+\mu)\sigma_{xy}^{2}$$

对于矩形均匀平面，上式可简化为

$$U_{strain}=\frac{D}{2}\int_{0}^{L}\int_{-b}^{b}\bar{U}\mathrm{d}x\,\mathrm{d}y\,,\ \bar{U}=\left(\frac{\partial^{2}w}{\partial x^{2}}\right)^{2}+\left(\frac{\partial^{2}w}{\partial y^{2}}\right)^{2}+2\mu\frac{\partial^{2}w}{\partial x^{2}}\frac{\partial^{2}w}{\partial y^{2}}+2(1-\mu)\left(\frac{\partial^{2}w}{\partial x\partial y}\right)^{2}$$

和

$$D=\frac{Eh^{3}}{12(1-\nu^{2})}$$

厚度为 h 的薄板的动能可表示成如下积分形式

$$T=\frac{1}{2}\int_{0}^{L}\int_{-b}^{b}m\ (\mathrm{d}w/\mathrm{d}t)^{2}\mathrm{d}x\,\mathrm{d}y$$

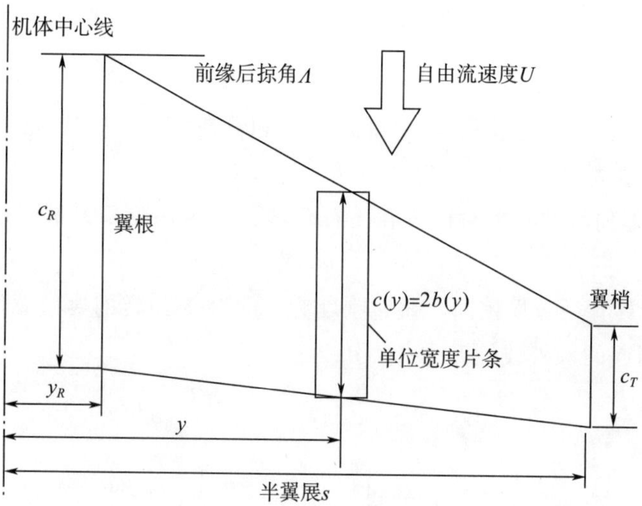

图 10 - 6　一种典型的后掠翼

1）假定机翼弦长沿着翼展方向不变。假设前三阶模态为前两阶悬臂式弯曲模态和第一阶扭转模态即

$$w(x,y,t)=\sum_{i=1}^{3}\psi_i(x)\phi_i(y)q_i(t)$$

其中假定弹性模态在表 10－7 中列出。作用在每个模态上的广义力为 Q_i 。应用瑞利－Ritz 能量方法得到运动方程。

表 10－7　假定的机翼模态

i	展向模态 $\phi_i(y)$	弦向模态 $\psi_i(x)$
1	第一悬臂	1
2	第二悬臂	1
3	$\sin\left(\frac{\pi y}{2s}\right)$	$\frac{x}{b}$

2）中心弦长处的上下运动为

$$h(y,t)=w(0,y,t)=\sum_{i=1}^{2}\phi_i(y)q_i(t)$$

3）假定中心弦长线的后掠角为 Λ_0，中心弦长处的等效攻角为

$$\alpha(y,t)=\frac{\mathrm{d}}{\mathrm{d}x}w(x,y,t)\cos\Lambda_0+\frac{\mathrm{d}}{\mathrm{d}y}w(x,y,t)\sin\Lambda_0$$

可以表示为

$$\alpha(y,t)=\frac{1}{b}\phi_3(y)q_3(t)\cos\Lambda_0+\sin\Lambda_0\sum_{i=1}^{2}\frac{\mathrm{d}}{\mathrm{d}y}\phi_i(y)q_i(t)$$

4）假定二维不可压缩理论在延翼展方向的每个单位片条上都是有效的。推导作用在后掠机翼上的升力和力矩表达式。

5）推导出作用在机翼上广义力的表达式，并且将复杂的方程表示成矩阵形式。

12.

1）考虑一个展弦比为 6 的均匀矩形机翼。假设第一阶弯曲模态为 $\phi_1(y)=(y/s)^2$。第一阶扭转模态为 $\phi_2(y)=\sin(\pi y/2s)$ 。利用给出的模态近似函数写出机翼的运动方程。

2）假设机翼截面特性在第 3 章表 3－1 给出，写出运动方程（准定常假设）。

3）画出不同自由流速下两个自然频率的变化曲线，并分析结果。

13. 考虑翼型运动方程的推导（图 10－7），翼型具有后缘操纵面和三个自由度，分别是上下运动，俯仰运动和操纵面偏转。

1）在此例中，势能函数为

$$V=\frac{1}{2}k_h h^2+\frac{1}{2}k_\alpha\alpha^2+\frac{1}{2}k_\beta\beta^2$$

2）动能函数为

$$T=\frac{1}{2}m\left(\dot{h}(t)+b\,x_\alpha\,\dot{\alpha}(t)\right)^2+\frac{1}{2}I_{cm}\,\dot{\alpha}(t)^2+$$
$$\frac{1}{2}m_\beta\left[\left(\dot{h}_\beta(t)+b\,x_\beta\,\beta(t)\right)^2-\dot{h}_\beta^2(t)\right]+\frac{1}{2}I_{\beta cm}\left[\left(\dot{\alpha}(t)+\beta(t)\right)^2-\dot{\alpha}^2(t)\right]$$

其中，$x_\alpha b$ 是机翼质心到机翼弹性轴的距离，$I_{cm}=I_\alpha-mb^2x_\alpha^2$，$I_{\beta cm}=I_{\beta hinge}-m_\beta b^2x_\beta^2$ 是后缘

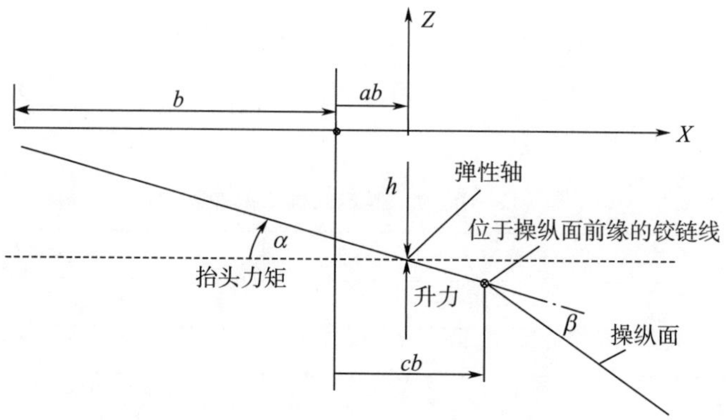

图 10-7 具有后缘操纵面的理想化翼型

操纵面惯性矩，操纵面关于铰链线的惯性矩为 $I_{\beta hinge} = I_\beta$，$h_\beta(t) = h(t) + \alpha(t)(c - a + x_\beta)b$ 是操纵面固定情况下控制面质心的上下位移量；ab 为机翼弹性轴到半弦长之间的距离；cb 给出了后缘操纵面铰链线到半弦长之间的距离；$x_\beta b$ 为控制面质心到铰链之间的距离。操纵面的前缘假定与铰链线重合。

3）于是，欧拉-拉格朗日方程可以表示为

$$\begin{bmatrix} mb^2 & mb^2x_\alpha & m_\beta b^2x_\beta \\ mb^2x_\alpha & I_\alpha & m_\beta b^2x_\beta(c-a)+I_\beta \\ m_\beta b^2x_\beta & m_\beta b^2x_\beta(c-a)+I_\beta & I_\beta \end{bmatrix}\begin{bmatrix} \dfrac{\ddot{h}}{b} \\ \ddot{\alpha} \\ \ddot{\beta} \end{bmatrix}+$$

$$\begin{bmatrix} k_hb^2 & 0 & 0 \\ 0 & k_\alpha & 0 \\ 0 & 0 & k_\beta \end{bmatrix}\begin{bmatrix} \dfrac{h}{b} \\ \alpha \\ \beta \end{bmatrix}+\begin{bmatrix} Lb \\ -M \\ -M_\beta \end{bmatrix}=\begin{bmatrix} 0 \\ 0 \\ 0 \end{bmatrix}$$

其中广义气动恢复力矩由方程左侧表示。

14. 考虑典型的具有后缘操纵面的平面翼，运动方程以惯性耦合的形式给出

$$\begin{bmatrix} mb^2 & mb^2x_\alpha & m_\beta b^2x_\beta \\ mb^2x_\alpha & I_\alpha & m_\beta b^2x_\beta(c-a)+I_\beta \\ m_\beta b^2x_\beta & m_\beta b^2x_\beta(c-a)+I_\beta & I_\beta \end{bmatrix}\begin{bmatrix} \dfrac{\ddot{h}}{b} \\ \ddot{\alpha} \\ \ddot{\beta} \end{bmatrix}+$$

$$\begin{bmatrix} k_hb^2 & 0 & 0 \\ 0 & k_\alpha & 0 \\ 0 & 0 & k_\beta \end{bmatrix}\begin{bmatrix} \dfrac{h}{b} \\ \alpha \\ \beta \end{bmatrix}+\begin{bmatrix} Lb \\ -M \\ -M_\beta \end{bmatrix}=\begin{bmatrix} 0 \\ 0 \\ 0 \end{bmatrix}$$

1）重构运动方程，使惯性矩阵以刚度矩阵耦合形式解耦。

2）只采用简单的块，如求和点、积分器、增益或衰减器以及适当的源和汇，画一个

简洁的框图表示机翼部分的动力学模型。对每一个模块进行标注，明确每个模块的输入和输出信号，符号变化和模块传递函数。

3）采用合适的图表来解释主动颤振抑制的目标和概念，以及在现代电传控制系统的飞行器，如 F-16 战斗机上的应用。讨论如何利用后缘操纵面进行颤振抑制的原理。

15. E. C. Yates 修正片条分析：对于弯曲和扭转耦合振动的后掠梯形翼，与弯曲和扭转相关的广义气动力可表示为

$$L_{down}b = -\pi\rho b^4\left\{\frac{\partial}{\partial t}\left(\frac{\dot{h}}{b}+\frac{U_n}{b}\alpha+\frac{U_n}{b}\tan(\Lambda_{ea})\sigma\right)-a\frac{\partial}{\partial t}\left(\dot{\alpha}+\frac{U_n}{b}\tan(\Lambda_{ea})\tau\right)\right\}-$$

$$C_{l\alpha,n}\rho b^4\frac{U_n}{b}C(k)Q$$

$$M_\alpha = -\pi\rho b^4\left\{\left(\frac{1}{8}+a^2\right)\frac{\partial}{\partial t}\left(\dot{\alpha}+\frac{U_n}{b}\tan(\Lambda_{ea})\tau\right)-a\frac{\partial}{\partial t}\left(\frac{\dot{h}}{b}+\frac{U_n}{b}\alpha+\frac{U_n}{b}\tan(\Lambda_{ea})\sigma\right)\right\}+$$

$$\pi\rho b^4\left(\frac{U_n}{b}\right)\left\{\left(\frac{\dot{h}}{b}+\frac{U_n}{b}\alpha+\frac{U_n}{b}\tan(\Lambda_{ea})\sigma\right)-a\left(\dot{\alpha}+\frac{U_n}{b}\tan(\Lambda_{ea})\tau\right)\right\}-$$

$$2\pi\rho b^4\left(\frac{U_n}{b}\right)\left(\frac{1}{2}-(a-a_{c,n})\frac{C_{l\alpha,n}}{2\pi}C(k)\right)Q$$

其中

$$Q=\frac{\dot{h}}{b}+\frac{U_n}{b}\alpha+\frac{U_n}{b}\tan(\Lambda_{ea})\sigma+\left(\frac{C_{l\alpha,n}}{2\pi}+a_{c,n}-a\right)\left(\dot{\alpha}+\frac{U_n}{b}\tan(\Lambda_{ea})\tau\right)$$

b 是参考长度，等于半弦长；h 是弹性轴处的弯曲位移，竖直向下为正；α 为弹性扭转角；a 是中心弦长到弹性轴无量纲垂直距离，向后为正，表示成参考半弦长的分式形式；$a_{c,n}$ 是中点弦长到当地气动中心的无量纲距离（定常流体），垂直于弹性轴测量，向后为正，表示成半弦长 b 的分式形式（通常等于 $-1/2$，当气动中心位于四分之一平均气动弦长处时），U_n 是自由流体速度沿弹性轴垂直方向的速度分量，τ 是当地无量纲沿弹性轴扭转变化率；σ 是当地无量纲沿弹性轴弯曲变化率。

从而可得，广义气动力可表示为如下矩阵形式

$$\begin{bmatrix} L_{down}b \\ M_\alpha \end{bmatrix} = -\pi\rho b^4\left\{\begin{bmatrix} 1 & -a \\ -a & \frac{1}{8}+a^2 \end{bmatrix}\frac{\partial}{\partial t}\begin{bmatrix} \dot{\bar{h}}_{eq} \\ \dot{\alpha}_{eq} \end{bmatrix}+\frac{U_n}{b}\begin{bmatrix} 0 & 0 \\ 0 & \frac{C_{l\alpha,n}}{2\pi}+a_{c,n} \end{bmatrix}\begin{bmatrix} \dot{\bar{h}}_{eq} \\ \dot{\alpha}_{eq} \end{bmatrix}\right\}-$$

$$\pi\rho b^4\left\{\frac{U_n}{b}\frac{C_{l\alpha,n}}{\pi}C(k)\begin{bmatrix} 1 \\ -(a-a_{c,n}) \end{bmatrix}\begin{bmatrix} 1 & \left(\frac{C_{l\alpha,n}}{2\pi}+a_{c,n}-a\right) \end{bmatrix}\begin{bmatrix} \dot{\bar{h}}_{eq} \\ \dot{\alpha}_{eq} \end{bmatrix}\right\}$$

$$\begin{bmatrix} \dot{\bar{h}}_{eq} \\ \dot{\alpha}_{eq} \end{bmatrix}=\begin{bmatrix} \left(\frac{\dot{h}}{b}+\frac{U_n}{b}\alpha+\frac{U_n}{b}\tan(\Lambda_{ea})\sigma\right) \\ \left(\dot{\alpha}+\frac{U_n}{b}\tan(\Lambda_{ea})\tau\right) \end{bmatrix},\quad \begin{bmatrix} \sigma \\ \tau \end{bmatrix}=b\frac{\partial}{\partial y}\begin{bmatrix} h/b \\ \alpha \end{bmatrix}$$

进一步，当 $U_n\tan\Lambda_{ea}$ 作为沿弹性轴自由流速度的分量时，倒数第二个方程可表示为

$$\begin{bmatrix}\bar{\dot{h}}_{eq}\\ \dot{\alpha}_{eq}\end{bmatrix}=\begin{bmatrix}\left(\dfrac{\dot{h}}{b}+\dfrac{U_n}{b}\alpha+\dfrac{U_n}{b}t_{ean}\sigma\right)\\ \left(\dot{\alpha}+\dfrac{U_n}{b}t_{ean}\tau\right)\end{bmatrix}$$

其中，t_{ean} 是延弹性轴的自由流体速度分量与垂直于弹性轴的自由流体速度分量的比值。

16.

1）推导柔性飞行器横侧向的线性运动方程，包含气动耦合。即刚体运动方程中由弹性自由度引起的气动载荷和力矩以及弹性运动方程中由刚性自由度引起的气动载荷和力矩。这些气动载荷和力矩可以通过 10.12 节中的修正片条理论计算。

2）推导由前面 10.7.2 节得到的柔性飞行器的横侧向线性运动方程，包含气动耦合。

17. 考虑一款 747－400 的改进机翼，飞行速度为 $U_e=517$ ft/s。

1）对于这一机翼，有如下参数，$r_\alpha^2=I_\alpha/mb^2$，$\omega_{h0}^2=k_h/m$ ，$\omega_{\alpha0}^2=k_\alpha/I_\alpha$ ，$C(k)$ 近似等于 1，写出如练习题 4 中相同的状态空间形式的运动方程

$$\boldsymbol{M}=\begin{bmatrix}1 & x_\alpha\\ x_\alpha & r_\alpha^2\end{bmatrix}+\frac{1}{\mu}\begin{bmatrix}1 & -a\\ -a & (a^2+1/8)\end{bmatrix},\boldsymbol{K}=\begin{bmatrix}\omega_{h0}^2 & \\ 0 & r_\alpha^2\omega_{\alpha0}^2\end{bmatrix}+\frac{\bar{U}^2}{\mu}\begin{bmatrix}0 & 2\\ 0 & -(1+2a)\end{bmatrix},$$

$$\boldsymbol{C}=\frac{\bar{U}}{\mu}\left[\begin{bmatrix}0 & 1\\ 0 & \left(\dfrac{1}{2}-a\right)\end{bmatrix}+2\begin{bmatrix}1\\ -(a+1/2)\end{bmatrix}\begin{bmatrix}1 & \left(\dfrac{1}{2}-a\right)\end{bmatrix}\right]$$

2）假设参数值如表 10－8 所示。计算颤振速度和颤振频率为 $\omega_f\approx14$ 时的准确的颤振速度，$\omega_f\approx14$。

表 10－8

参数	值	参数	值
x_α	0.2	$\omega_{\alpha0}^2=k_\alpha/I_\alpha$	85
$r_\alpha^2=I_\alpha/mb^2$	0.35	$\mu=m/\pi\rho b^2$	2
$\omega_{h0}^2=k_h/m$	77	a	−0.4

3）在这样的飞行条件下，波音 747－400 的纵向刚体动力学在第 8 章中的练习题中给出。已知机翼广义质量与飞行器质量的比值 m_w/m_a 为 0.07，计算考虑弹性自由度的飞行器长周期和短周期自然频率。典型翼段的气动平均半弦长假定为 $b=16$ ft 。可以假定飞行器的质心气动平均半弦长在机翼弹性中心之前 $[(x_C-x_E)/b=-1]$。绕俯仰轴的旋转半径为 $k_{yy}=39.67$ ft 。将计算结果与刚体飞行器的计算结果进行比较并且给出评价。如果考虑机翼弹性影响，飞行器是否是稳定的？

18. 重新考虑练习题 16 的推导过程。采用修正的片条方法和适当的阵风扰动输入，得到包含阵风扰动的耦合运动方程。考虑可压缩性之后，气动导数如何修正？